AF397573

ANIMAUX
DE NOS PAYS

LIBRAIRIE ARMAND COLIN

DICTIONNAIRES-MANUELS

DICTIONNAIRE-MANUEL-ILLUSTRÉ DES ÉCRIVAINS ET DES LITTÉRATURES, par M. *Frédéric Loliée*, avec la collaboration de *M. Charles Gidel*. In-18 de 910 pages, 300 gravures, relié toile, tranches rouges........ **6** »

DICTIONNAIRE-MANUEL-ILLUSTRÉ DES IDÉES SUGGÉRÉES PAR LES MOTS, par *M. P. Rouaix*. In-18 de 550 pages, 16 planches de figures hors texte, relié toile, tranches rouges........................... **6** »

DICTIONNAIRE-MANUEL-ILLUSTRÉ DE GÉOGRAPHIE, par *M. A. Demangeon*. In-18 de 860 pages, relié toile, tranches rouges.............. **6** »

DICTIONNAIRE-MANUEL-ILLUSTRÉ D'AGRICULTURE, par *M. Daniel Zolla*. In-18 de 780 pages, 1900 gravures, relié toile, tranches rouges... **6** »

DICTIONNAIRE-MANUEL-ILLUSTRÉ DES SCIENCES USUELLES, par *M. E. Bouant*. In-18 de 810 pages, 2500 gravures, relié toile, tr. rouges.. **6** »

DICTIONNAIRE-MANUEL-ILLUSTRÉ DES CONNAISSANCES PRATIQUES, par *M. E. Bouant*. In-18 de 744 pages, 1600 gravures, relié toile, tranches rouges .... **6** »

MOTS DÉRIVÉS DU LATIN ET DU GREC (*Édition complète*), par *M. I. Carré*. In-18 de 600 pages, broché, **4 25**; relié toile, tranches rouges... **5 50**

LE VOCABULAIRE PHILOSOPHIQUE, par *M. Ed. Goblot*. In-18 de 490 pages, relié toile, tranches rouges........................... **5** »

VOCABULAIRE-MANUEL D'ÉCONOMIE POLITIQUE, par *M. A. Neymarck*. In-18 de 480 pages, relié toile, tranches rouges............... **5** »

LA PRATIQUE DES AFFAIRES (Droit civil et Droit fiscal), par *M. P. Bégis*. In-18 de 500 pages, relié toile, tranches rouges.............. **5** »

ÉLÉMENTS ET NOTIONS PRATIQUES DE DROIT, par *M. Henri Michel*. In-18 de 712 pages, relié toile, tranches rouges.............. **6** »

ANIMAUX DE NOS PAYS, par *M. Henri Coupin*. In-18 de 500 pages, relié toile, tranches rouges............................ **6** »

DICTIONNAIRE ENCYCLOPÉDIQUE ILLUSTRÉ ARMAND COLIN : 85 000 mots, 2500 articles encyclopédiques, 4500 gravures, 300 cartes et plans. In-4° (19° × 24° × 6°,5) de 1030 pages, relié toile rouge ou orange. **10** »
Avec reliure demi-chagrin, plats toile. 14 fr.

N° 726.

HENRI COUPIN

Docteur ès sciences, Lauréat de l'Institut.

ANIMAUX

DE NOS PAYS

ANIMAUX DOMESTIQUES D'UTILITÉ ET D'AGRÉMENT
ANIMAUX SAUVAGES UTILES ET NUISIBLES
DESCRIPTION — EMPLOIS — DESTRUCTION
CHASSE — PÊCHE — COLLECTIONS

DICTIONNAIRE PRATIQUE

*permettant instantanément et sans connaissances spéciales
de déterminer le nom d'un animal ou de trouver, sur un animal donné,
tous les renseignements pratiques dont on peut avoir besoin.*

---

660 GRAVURES et 46 TABLEAUX

PARIS

LIBRAIRIE ARMAND COLIN

5, RUE DE MÉZIÈRES, 5

1909

PRÉFACE

Cet ouvrage, qui renferme la description des animaux les plus communs de France, de Belgique et de Suisse, rangés suivant leur ordre dans la classification, ne s'adresse pas aux naturalistes de profession, mais au grand public, et plus spécialement aux chasseurs qui veulent connaître le gibier qu'ils ont tué, aux pêcheurs curieux de savoir le nom du poisson que leur ligne ramène, aux instituteurs qui cherchent à déterminer les échantillons de leur musée scolaire, aux écoliers qui veulent avoir des renseignements sur les bêtes qui leur sont familières, aux jardiniers désireux de connaître leurs amis et leurs ennemis, etc.

Il est divisé en deux parties dont l'importance et l'esprit diffèrent :

1º L'étude des Vertébrés, c'est-à-dire des mammifères, des oiseaux, des reptiles, des batraciens et des poissons, où l'on trouvera la description de *toutes les espèces* de France, de Belgique et de Suisse et où l'étude des mœurs a, par suite, été forcément réduite le plus possible.

2º L'étude des Invertébrés, c'est-à-dire des insectes, vers, mollusques, etc. dont nous n'avons pu citer toutes les espèces, qui sont *innombrables*. Aussi nous sommes-nous contentés de citer *les espèces les plus communes* et, à l'occasion, d'insister sur quelques particularités de leurs mœurs.

Pour guider le lecteur dans la recherche des noms des animaux, nous avons semé dans l'ouvrage quelques tableaux de classification plus ou moins empiriques. En commençant par le tableau général qui se trouve au verso de cette préface et en se reportant aux pages indiquées, on arrivera à serrer de près la question et, finalement, à arriver au nom cherché. Le « tâtonnement » de cette détermination est rendu assez facile par les nombreuses gravures qui accompagnent le texte et qui, à elles seules, pourraient suffire au même but.

A la fin du livre on trouvera un index alphabétique très détaillé dans lequel on a répandu à profusion les noms vulgaires des principales espèces, et qui fait de cet ouvrage un véritable dictionnaire.

H. C.

CLASSIFICATION GÉNÉRALE

Principes de classification. — Tous les animaux qui se ressemblent au point d'être presque absolument identiques, de même que chacun d'eux est presque identique à ses parents, appartiennent à la même *espèce*, et sont désignés dans le langage ordinaire par un nom commun, Ex.: *espèce* cheval, *espèce* loup, etc.

Une espèce comprend quelquefois plusieurs *races* ou *variétés*, qui présentent entre elles quelques différences secondaires. Ainsi le cheval arabe, le cheval normand, le cheval percheron diffèrent l'un de l'autre; mais cependant ils se ressemblent beaucoup plus que l'un quelconque d'entre eux ne ressemble à l'*âne*, qui est une espèce voisine.

Comme certaines espèces présentent entre elles des ressemblances assez grandes, on les a réunies en un seul groupe appelé *genre*. Ex. : le genre *chien*, qui comprend, outre l'espèce *chien domestique*, les espèces loup, renard, chacal.

On groupe de même les genres qui se ressemblent le plus en une même *famille*, puis, toujours d'après les ressemblances, plusieurs familles en un *ordre*, plusieurs ordres en une *classe*, plusieurs classes en un *embranchement*.

C'est selon ces principes qu'a été établie la classification du présent ouvrage ainsi que l'indique le tableau suivant :

Division (Vertébrés)				Embranchement
A[nimaux] [p]ourvus [d']un sque-[lette] interne [(V]ertébrés).	Peau garnie de poils.			*Mammifères*, p. 2.
	Peau garnie de plumes.			*Oiseaux*, p. 60.
	Peau dépourvue de poils et de plumes.	Animal aquatique pourvu de nageoires.		*Poissons*, p. 174.
		Animal non pourvu de nageoires.	Peau lisse.	*Batraciens*, p. 166.
			Peau couverte d'écailles.	*Reptiles*, p. 156.

Division (Invertébrés)					Embranchement
[V]ertébrés). ... interne (Invertébrés).	Animaux pourvus de pattes articulées.	Six pattes.			*Insectes*, p. 226.
		Huit pattes.			*Arachnides*, p. 378
		Ni six, ni huit pattes.	Pattes toutes semblables.		*Myriapodes*, p. 394.
			Pattes non toutes semblables, animal généralement aquatique.		*Crustacés*, p. 393.
	Animaux non pourvus de pattes articulées.	Corps sensiblement plus long que large.			*Vers*, p. 431.
		Corps non démesurément allongé.	Corps mou, généralement pourvu d'une ou de deux coquilles.		*Mollusques*, p. 413.
			Pas de coquille.	Animal microscopique.	*Protozoaires*, p. 471.
				Animal non microscopique. Hérissé de piquants.	*Échinodermes*, p. 459.
				Non hérissé de piquants.	*Cœlentérés*, p. 461.
					Spongiaires, p. 471.

ANIMAUX
DE NOS PAYS

PREMIÈRE PARTIE

—

VERTÉBRÉS

Les *Vertébrés* constituent l'embranchement du règne animal qui comprend les animaux dont l'organisation est la plus parfaite. Ils sont caractérisés par la présence dans leur corps d'un **squelette**, osseux ou cartilagineux, qui en forme la charpente. Ce squelette est formé d'un nombre plus ou moins grand d'os, mais comprend toujours au moins, dans la région dorsale, une colonne osseuse formée de *vertèbres* — d'où leur nom — placées les unes à la suite des autres.

Si on considère les animaux dans leur position habituelle, c'est-à-dire la face ventrale tournée vers le sol, on remarque que l'ensemble des centres nerveux est disposé tout entier au-dessus de l'appareil digestif.

Enfin, leur appareil respiratoire — qu'il soit représenté par des poumons ou par des branchies — est *toujours en relation avec la partie antérieure du tube digestif ;* c'est ainsi que les poumons sont en relation par la trachée-artère avec la bouche et que les branchies sont des dépendances de la cavité buccale.

On peut faire une distinction importante parmi les Vertébrés en considérant leur température : les uns sont en effet à *sang froid,* c'est-à-dire que leur température interne suit cee du milieu extérieur, ce sont les Reptiles, les Batraciens, les Poissons ; les autres sont au contraire à *sang chaud,* c'est-à-dire qu'ils ont le pouvoir d'élever leur température interne au-dessus de celle du milieu extérieur ; ce sont les Mammifères et les Oiseaux, qui sont les plus élevés des Vertébrés. L'écart thermique qu'ils réalisent peut être très considérable, la température interne des Mammifères carnivores et ruminants atteignant 39 à 41°, en quoi ces animaux sont dépassés par les Oiseaux, dont la température peut atteindre 44° ; celle de la Poule est de 42°.

On divise les Vertébrés en cinq classes :
1° Mammifères : 2° Oiseaux ; 3° Reptiles ; 4° Batraciens ; 5° Poissons, ainsi que l'indique le tableau ci-dessous :

Animaux pourvus de poils et de mamelles.			*Mammifères* (p. 2).
Animaux pourvus de plumes.			*Oiseaux* (p. 60).
Animaux dépourvus de poils et de plumes.	Corps couvert d'écailles.	Animaux terrestres non pourvus de nageoires. . .	*Reptiles* (p. 156).
		Animaux aquatiques pourvus de nageoires	*Poissons* (p. 174).
	Corps non couvert d'écailles.		*Batraciens* (p. 166).

VERTÉBRÉS

CLASSE DES MAMMIFÈRES

Vertébrés à sang chaud, pourvus de mamelles, à peau garnie de poils, mettant au monde leurs petits tout vivants.

La classe des Mammifères comprend une très grande variété de formes, et elle a des représentants sur les terres (c'est le plus grand nombre), dans les airs (comme les Chiroptères), dans les eaux (comme les Phoques ou Pinnipèdes) et elle s'étend sur tous les continents.

En France, les Mammifères ne sont représentés que par les neuf ordres suivants : 1° Chiroptères ; 2° Insectivores ; 3° Rongeurs ; 4° Carnivores ; 5° Cétacés ; 6° Phoques ; 7° Équidés ; 8° Porcins ; 9° Ruminants, comme l'indique le tableau ci-dessous :

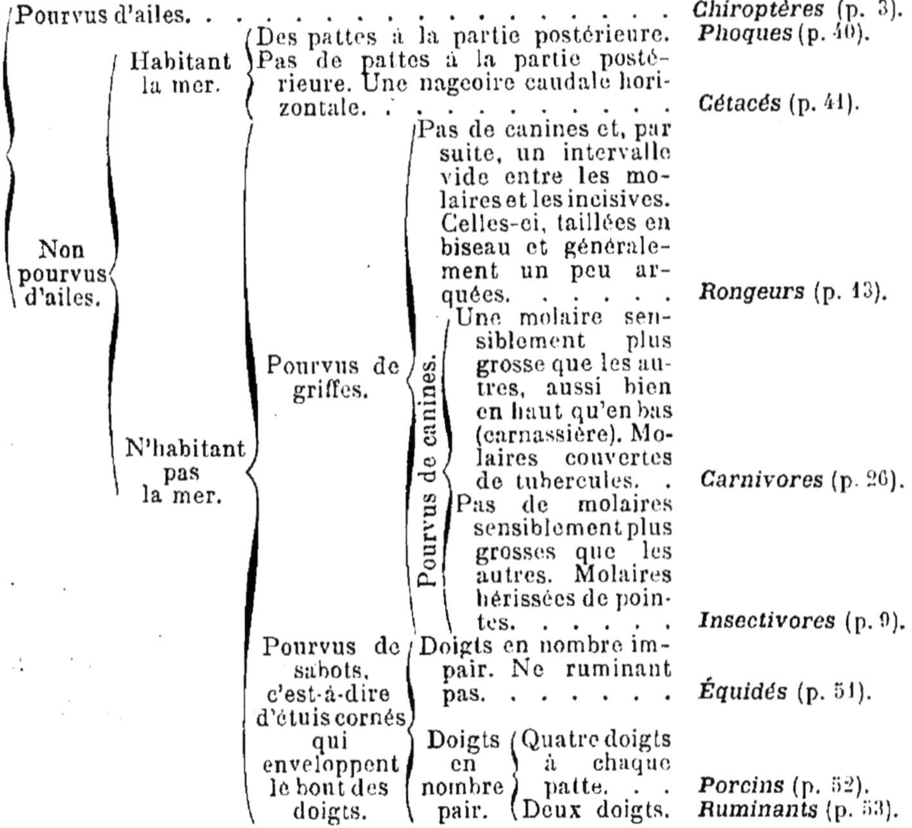

Les Mammifères sont pour l'homme les êtres les plus utiles : c'est en effet d'eux qu'il obtient la plus grande partie de ses ressources capitales (nourriture et vêtement), et c'est par leur domestication, par l'utilisation de leur force, qu'il a pu accroître, avant les découvertes mécaniques, son empire sur la nature.

Ordre des CHIROPTÈRES ou CHAUVES-SOURIS

Mammifères pourvus d'une dentition complète ; d'ailes formées par des membranes cutanées entre les doigts allongés de la main et entre les membres et les parties latérales du tronc. Deux mamelles placées sur la poitrine.

Généralités. — On parle toujours de la protection des petits oiseaux (ce qui est bien) ; on devrait aussi s'occuper de la protection des chauves-souris (ce qui serait mieux). En effet, l'agriculteur n'a pas de meilleurs amis. La plupart des insectivores sont, en effet, sujets à caution ; ainsi les petits oiseaux, s'ils détruisent de nombreux insectes, ne se font pas faute de grignoter souvent des fruits et d'ingurgiter les graines semées. De même le hérisson n'hésite pas à pénétrer dans les poulaillers et à tordre le cou à d'infortunées volailles. Quant à la taupe, bien que grand amateur d'insectes, elle bouleverse vraiment par trop les terres, surtout dans les jardins. Avec les chauves-souris, aucun de ces aléas n'est à craindre ; elles sont exclusivement insectivores. Il y a bien des chauves-souris frugivores, c'est-à-dire mangeuses de fruits, mais ce n'est pas chez nous qu'on les rencontre. Chez nous, elles ne mangent que des insectes, ou plutôt elles ne les mangent pas..., elles les dévorent. Leur appétit est, en effet, formidable. Une seule noctuelle peut manger 13 hannetons en un seul repas. Une pipistrelle dévore près de 80 mouches en 24 heures. Un vespertillon n'est pas rassasié avec 15 vers de farine, 6 phalènes et une grosse araignée.

Les observations suivantes, faites par M. Mension sur deux pipistrelles tenues en cage pendant tout un été, établissent mieux encore l'extrême voracité des chauves-souris en général, car leur taille est minuscule. Les deux détenues mesuraient en effet à peine 18 centimètres du bout d'une aile à l'autre ; leur corps proprement dit n'était pas, par suite, plus gros qu'une noix. Leur propriétaire les avait habituées, sans trop de difficultés, à venir prendre entre ses doigts leur nourriture consistant surtout en mouches, papillons, vers de farine, viande crue hachée en petits morceaux. Leur appétit était tel qu'elles dévorèrent plus d'une fois, à elles deux et en un jour, 100 vers de farine ou 200 mouches domestiques. Ayant donné à l'une des pipistrelles un énorme sphinx-tête de mort, bien vigoureux et d'une envergure atteignant près de la moitié de la sienne propre, elle mit à peine 25 secondes pour arracher les pattes et les ailes et dévorer complètement l'abdomen, le thorax et la tête du gros lépidoptère. Pour immobiliser sa volumineuse proie et afin de l'empê-cher de s'évader, la chauve-souris se renversa sur le dos et ne trouva rien de mieux à faire que d'envelopper de ses ailes le trop pétulant insecte. Les femelles du papillon Liparis semblaient plus particulièrement faire les délices des deux pensionnaires, sans doute à cause de la grande quantité d'œufs tendres dont est bourré l'abdomen obèse de ces papillons nuisibles. Autant qu'on leur en donnât, les chauves-souris ne refusaient jamais ce délicat morceau : un jour l'une d'elles en mangea une vingtaine sans s'arrêter.

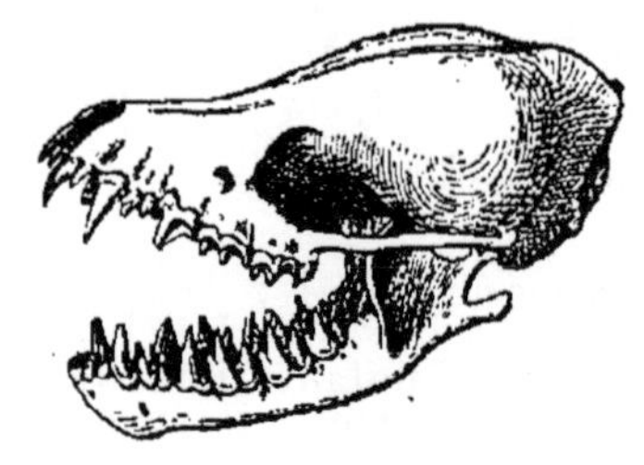

Crâne et denture d'une Chauve-souris
(Murin).

On voit, sans qu'il soit besoin d'y insister, combien elles peuvent rendre de services à l'agriculture. Malheureusement, leur nombre est assez restreint, ce qui tient sans doute à ce que tous les ans, chaque femelle ne donne naissance qu'à un seul petit. Il semble cependant qu'en multipliant les refuges où elles pourraient se réfugier en hiver et surtout en faisant disparaître le préjugé qui les fait détruire comme étant des animaux de mauvais augure, on pourrait augmenter leurs rangs dans des proportions fort notables.

Les chauves-souris—tout le monde sait cela aujourd'hui — ne sont pas des oiseaux, mais des mammifères, c'est-à-dire qu'elles sont couvertes de poils, possèdent des mamelles et mettent au monde leurs petits tout vivants. Leurs ailes ne sont pas formées de plumes, mais simplement par la peau des flancs démesurément étendue et soutenue par les doigts des membres antérieurs, doigts allongés d'une manière invraisemblable. Chaque aile peut se replier un peu à la manière d'un parapluie sur le dos de l'animal ; au point où se fait ce reploiement, il y a un crochet, grâce auquel l'animal peut se pendre verticalement la tête en haut ; il peut aussi se suspendre la tête en bas en se cramponnant à l'aide de ses pattes postérieures. Leurs ailes sont loin d'être des instruments aussi parfaits que chez les oiseaux ; aussi leur vol est-il plutôt « papillonnant ».

Quiconque, remarque Blasius, observera les chauves-souris à l'état libre, pourra se convaincre du rapport qui existe toujours entre la forme des ailes et la rapidité du vol. La noctuelle est, de nos chauves-souris, celle qui vole avec le plus de vitesse et facilité. On la voit quelquefois, avant le coucher du soleil, tourner autour de nos clochers, en compagnie des hirondelles, des cercles rapides et hardis. C'est elle aussi qui a les ailes les plus étroites et les plus allongées ; elles sont à peu près trois fois plus larges que longues. Toutes les espèces dont les membranes aliformes répondent à ce type volent haut, rapidement, sans efforts et font des courbes avec une si grande sûreté, qu'elles bravent la tempête et les orages. Leur aile décrit pendant le vol un petit angle aigu, et n'agit avec énergie que dans les crochets, les détours brusques que fait l'animal. Les vespertillons et les rhinolophes ont le vol plus lourd ; aussi leurs ailes ont, non seulement peu d'étendue, mais sont plus larges que longues et décrivent pendant le vol un grand angle presque toujours obtus, ce qui rend ce vol lent et incertain. Ordinairement ces chauves-souris volent bas et en ligne droite, au-dessus des routes et des allées, sans jamais dévier brusquement de leur direction ; quelques espèces rasent presque le sol et la surface de l'eau.

Il n'est pas difficile de distinguer les espèces d'après l'élévation du vol, à la manière dont ce vol s'exécute et la taille de l'animal ; on ne peut non plus se tromper en concluant l'aptitude au vol de la structure des ailes.

Leur vol est d'ailleurs toujours de courte durée et, pour prendre leur essor, il leur faut être suspendues. A terre, elles s'enlèvent très difficilement et seulement après plusieurs sauts successifs.

Elles ne sortent que la nuit dès l'apparition du crépuscule et rentrent chez elles avant le lever du soleil. Dans le jour, elles restent immobiles, accrochées la tête en bas, par les pattes postérieures, dans diverses cavités. Les unes préfèrent les clochers, les autres les grottes, d'autres les troncs d'arbres, en un mot les lieux dans lesquels on ne les dérange pas souvent, mais qui, cependant, ne sont pas tout à fait déserts. Dans nos campagnes, on les voit souvent se réfugier dans les cheminées, d'où cette opinion très répandue et absurde qu'elles recherchent le lard et autres viandes fumées. Il existe des grottes où elles se réfugient en très grand nombre. On peut encore en trouver dans les puits.

Les chauves-souris ne sont actives que pendant la belle saison ; tout l'hiver elles demeurent endormies dans les diverses cavités où elles élisent domicile. Elles restent ainsi immobiles, suspendues la tête en bas aux aspérités des grottes, aux crochets des piliers, aux poutres des greniers. Leur sommeil est cependant léger.

Certains de leurs sens, le toucher notamment, sont très développés. Pour s'en convaincre, on prive quelques chauves-souris de la vue au moyen de petites bandelettes de taffetas nouées sur les yeux et on les lâche dans une salle où l'on a entre-croisé de mille manière des fils ne laissant entre eux que des espaces égaux à l'envergure de la petite bête. Au milieu de ce labyrinthe, les chauves-souris volent sans toucher aucun fil. Le sens du toucher réside surtout dans les ailes, le pavillon des oreilles, très développé chez quelques-unes et les appendices en forme de lamelle qui, se développant sur leur nez, donnent à certaines un aspect des plus étranges.

Elles s'accouplent à l'automne, mais leur progéniture ne naît qu'au printemps suivant, c'est-à-dire après la saison de l'hivernage. Elles ne mettent au monde, en général, qu'un seul petit. Celui-ci, à peine né, se cramponne à la toison de sa mère et va chercher les tétines situées au même endroit que chez la femme. La femelle ne s'en sépare pour ainsi dire jamais, et c'est un spectacle vraiment curieux de voir la mère voler avec sa progéniture accrochée, tel un volumineux parasite, sous son ventre.

Les chauves-souris comprennent sept genres ; on peut les déterminer au moyen du tableau ci-contre.

1. Rhinolophe. — Ouverture des narines située au fond d'un repli cutané en forme de fer à cheval et surmontée d'une sorte de feuille plissée sur le front. Oreilles bien séparées, dépourvues d'oreillon.

Trois espèces :

a) Rhinolophe grand fer-à-cheval (*Rhinolophus ferrum equinum*). — Longueur : 0ᵐ,06. Queue : 0ᵐ,04. Envergure : 0ᵐ,40. Oreilles plus courtes que la tête, à pointe très aiguë. Fer à cheval petit ne cachant pas les côtés du museau. Saillie du centre de la feuille (selle) concave sur le côté, avec son sommet formant un plateau arrondi. Extrême pointe de la queue seule libre. Seconde dent prémolaire supérieure accolée à la ca-

Nez surmonté d'un repli membraneux en forme de feuilles.

Seconde prémolaire supérieure accolée à la canine. . . . . — *Rhinolophe grand fer-à-cheval* (n° 1 a).

Seconde prémolaire supérieure séparée de la canine par un espace dans le milieu duquel se place la première petite prémolaire.

Lobe antérieur de l'oreille séparé postérieurement de celle-ci par une échancrure aiguë. — *Rhinolophe petit fer-à-cheval* (n° 1 b).

Lobe antérieur de l'oreille séparé postérieurement de celle-ci par une échancrure obtuse. — *Rhinolophe Euryale* (n° 1 c).

Queue épaisse dépassant la membrane comprise entre les deux pattes de la moitié de sa longueur, et formant avec elle un angle droit quand elle est tendue. Museau de bouledogue tronqué carrément. Oreilles larges. . . . . — *Molosse de Ceston* (n° 2).

Nez non surmonté d'un repli membraneux en forme de feuilles.

Queue longue et mince, complètement engagée dans la membrane comprise entre les deux pattes et formant avec elle un angle aigu. Queue libre seulement à son extrémité, dans une étendue de 2 à 3 millimètres.

Narines s'ouvrant à la partie supérieure du museau.

Bord externe de l'oreille s'insérant latéralement près de l'angle de la bouche. . . . . — *Oreillard* (n° 4).

Bord externe de l'oreille s'insérant en avant entre les yeux et la bouche. . — *Barbastelle* (n° 5).

Sommet de la tête plat ou peu élevé au-dessus du museau. Incisives supérieures accolées deux à deux, de chaque coté, à la canine correspondante.

Narines s'ouvrant à l'extrémité du museau.

Museau conique et poilu sur la face : oreilles généralement aussi longues ou plus longues que la tête. Bord externe de l'oreille s'insérant brusquement en face du bord interne et près de la base de l'oreillon. . . — *Vespertilion* (n° 6).

Museau presque nu en avant des yeux, couvert d'éminences glandulaires très développées. Oreilles généralement plus courtes que la tête. Bord externe de l'oreille s'insérant très bas et en avant, près et même au-dessous de la commissure des lèvres. . . — *Vespérien* (n° 7).

Sommet de la tête considérablement élevé au-dessus du museau. Incisives supérieures séparées des canines. . . . — *Minioptère* (n° 3)

nine. Première dent prémolaire supé-rieure très petite et située tout à fait

Très sociable. Vit dans tous les en-droits habités. Vole à nuit close dès le

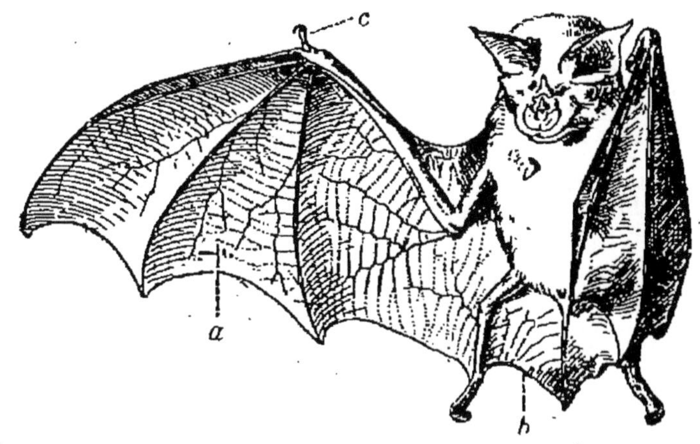

Une Chauve-souris (Grand Fer-à-cheval).

en dehors de la ligne dentaire. Assez commun dans toute la France.

Vit dans les grottes et les vieux édifices. Ne sort qu'au crépuscule et vole jus-qu'à ce qu'il fasse com-plètement nuit. Hi-verne dans les grottes en bandes immenses toujours du même sexe dans la même cavité.

Tête du Grand Fer-à-cheval.

b) **Rhinolophe petit fer-à-cheval** (_Rhinolophus hipposideros_). Longueur : 0ᵐ,04. Queue : 0ᵐ,03. Envergure : 0ᵐ,25. Seconde dent prémolaire supérieure sépa-rée de la canine par un espace dans le milieu du-quel se place la première petite pré-molaire. Lobe antérieur de l'oreille sépa-ré postérieu-rement de celle-ci par une échan-crure aiguë. Membrane de l'aile s'unissant au talon. Extrême pointe de la queue est seule libre. Saillie du milieu ayant la forme d'un cornet quand on la regarde de face, avec la partie pos-térieure formant une protubérance ob-tuse, arrondie. Vit dans toute la France. Assez rare dans le Nord-Est.

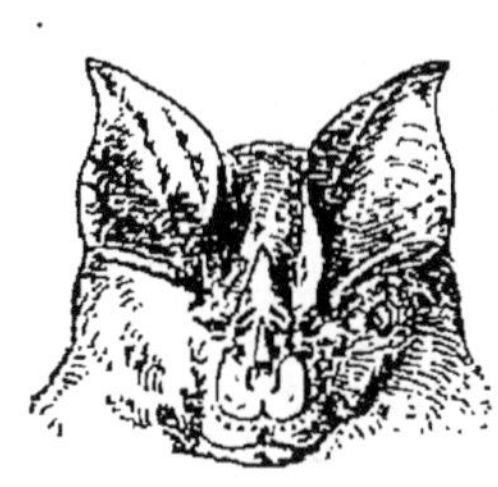

Tête du Petit Fer-à-cheval.

commencement du printemps. Quand il est au repos, il s'enveloppe complète-ment de ses ailes. A ordinairement deux petits. Attaque quelquefois les autres chauves-souris et leur suce le sang. Ce sont les mœurs du vampire, mais inoffensives.

c) **Rhinolophe Euryale** (_Rhinolophus Euryale_). Longueur : 0ᵐ,05. Queue : 0ᵐ,025. Enver-gure : 0ᵐ,27. Dif-fère de l'espèce précédente en ce que le lobe antérieur de l'o-reille est séparé postérieurement de l'oreille par une échancrure obtuse. Pointe de la queue libre. Vit dans le Midi de la France.

Tête du Rhinolophe Euryale.

2. **Molosse.** — Queue épaisse, dé-passant la membrane située entre les pattes de la moitié de sa longueur et formant avec elle un angle droit quand elle est tendue. Une seule espèce.

Molosse de Ceston (_Nyctinomus Cestonii_). — Longueur : 0ᵐ,06. Se reconnaît fa-cilement à son museau de bouledogue tronqué carrément. Oreilles larges, ar-rondies et réunies entre elles, à leur base, par une sorte de visière rabattue sur les yeux. Zone méditerranéenne. (Exceptionnel).

3. **Minioptère.** — Sommet de la tête considérablement élevé au-dessus du museau. Incisives supérieures sépa-rées des canines, aussi bien qu'entre

elles, en avant. Ailes longues et très étroites. Une seule espèce.

Minioptère de Schreberg (*Miniopterus Schrebersii*). — Longueur 0ᵐ,05. Queue : 0ᵐ,055. Envergure : 0ᵐ,28. Ailes très longues, sinueuses, étroites. Oreilles très courtes, triangulaires. Première phalange du deuxième au plus long doigt de l'aile, très courte. Queue aussi longue que la tête et le corps. Vit dans les Alpes, le Jura, la région méditerranéenne.

Vol puissant et rapide lui donnant l'aspect d'une hirondelle. Apparaît tard le soir.

4. Oreillard. — Narines s'ouvrant à la partie supérieure du museau, au fond d'une rainure profonde constituant une feuille nasale rudimentaire. Oreilles grandes, soudées ensemble à leur base. Front caverneux. Bord externe de l'oreille s'insérant latéralement près de l'angle de la bouche. Oreilles très grandes. Une seule espèce.

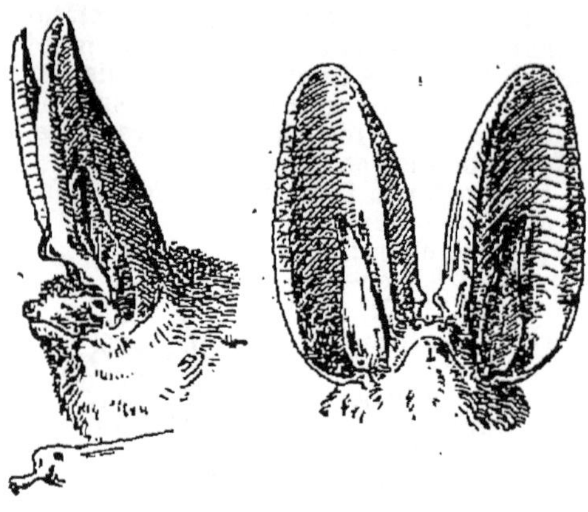

Tête de la Chauve-souris Oreillard.

Oreillard ordinaire (*Plecotus auritus*) — Longueur : 0ᵐ,05. Queue : 0ᵐ,05. Envergure : 0ᵐ,23. Dessus brun clair. Commun partout. En été il se tient dans les arbres creux. L'hiver, il dort dans les creux des vieux édifices. Ne sort que très tard, le soir, mais vole toute la nuit. Cri aigu et perçant particulier. Marche à terre avec facilité et peut grimper contre les murs. A deux petits vers la fin de juin. Supporte bien la captivité et peut même être apprivoisé. Mange des mouches vivantes et d'autres insectes.

5. Barbastelle. — Narines s'ouvrant à la partie supérieure du museau, au fond d'une rainure constituant une feuille nasale rudimentaire. Oreilles moyennes soudées ensemble à leur base. Front caverneux. Bord externe de

l'oreille s'insérant en avant, entre les yeux et la bouche.

Une seule espèce :

Barbastelle synote (*Synotus barbastellus*). — Longueur : 0ᵐ,05. Queue : 0ᵐ,05. Envergure : 0ᵐ,25. Dessus et dessous uniformément d'un brun très foncé, fuligineux ou noirâtre. Vit dans toute la France, mais rare partout. Vit isolée. Vol paresseux ; elle frôle souvent l'homme en volant. N'a pas de lieu de repos bien déterminé. Résiste bien aux intempéries. Se montre le soir de très bonne heure. S'apprivoise facilement.

Tête de la Barbastelle synote.

6. Vespertilion. — Narines s'ouvrant, comme d'ordinaire, par une fente circulaire ou en croissant à l'extrémité du museau. Oreilles généralement moyennes, bien séparées, front non caverneux. Bord extérieur de l'oreille s'insérant très bas et en avant, près et même au-dessous de la commissure des lèvres. Oreilles généralement plus courtes que la tête, triangulaires ou rhomboïdales. Oreillon couché en dedans ou droit. Museau presque nu en avant des yeux, couvert d'éminences glandulaires très développées. Ailes longues et étroites. Première prémolaire supérieure petite ou nulle.

Huit espèces :

a) Vespertilion de Cappacinius (*Vespertilio Cappacinii*). — Longueur : 0ᵐ,05. Queue : 0ᵐ,04. Envergure : 0ᵐ,24. Membrane située entre les pattes formant un angle aigu vers le milieu de son bord libre. Membrane de l'aile s'insérant au talon. Oreillon très aigu à sa partie supérieure qui est recourbée en dehors, son bord extérieur étant convexe. Vit dans la région méditerranéenne.

b) Vespertilion des étangs (*Vespertilio dasycneme*). — Longueur : 0ᵐ,06. Queue : 0ᵐ,05. Envergure : 0ᵐ,28. Diffère de l'espèce précédente en ce que l'oreillon est obtus à sa partie supérieure qui est recourbée en dedans, son bord interne étant légèrement concave. Vit dans les régions marécageuses, surtout dans le Nord. Rare.

c) Vespertilion de Daubenton (*Vespertilio Daubentonii*). — Longueur : 0ᵐ,05. Queue : 0ᵐ,045. Envergure : 0ᵐ,23. Dessus roux brun. Dessous cendré blanc avec les poils noirs à la base. Diffère des deux espèces précédentes, en ce que la membrane de l'aile s'insère, non au talon, mais aux métatarsiens. Oreillon droit médiocrement pointu. Assez commun partout.

d) **Vespertilion échancré** (*Vespertilio emarginatus*).—Longueur : 0ᵐ,045. Queue : 0ᵐ,043. Envergure : 0ᵐ,23. Dessus brun clair. Dessous rouge clair. Membrane tendue entre les jambes formant un angle obtus dans le milieu de son bord libre. Orcillon effilé par en haut, à pointe aiguë et recourbée en dehors. Oreille presque aussi longue que la tête, ayant un bord externe profondément échancré à angle droit. Vit un peu partout, mais assez rare.

e) **Vespertilion de Natterer** (*Vespertilio Nattereri*). — Longueur : 0ᵐ,04. Queue : 0ᵐ,04. Envergure : 0ᵐ,25. Dessus brun roux. Dessous blanc. Diffère de l'espèce précédente en ce que l'oreille, plus longue que la tête, est à peine échancrée sur son bord externe. Bord libre de la membrane située entre les pattes frangé de poils raides. Queue aussi longue que la tête et le corps. Vit un peu partout. Mais assez rare.

f) **Vespertilion de Bechstein** (*Vespertilio Bechsteini*). — Longueur : 0ᵐ,05. Queue : 0ᵐ,038. Envergure : 0ᵐ,26. Dessus roux clair. Dessous blanc. Diffère des deux espèces précédentes en ce que l'oreille, plus longue que la tête, est à peine échancrée sur son bord externe et que le bord libre de la membrane située entre les pattes est

Tête du Vespertilion de Bechstein.

nu. Queue plus courte que la tête et le corps. Assez rare, dans presque toute la France. Vit isolé. Apparaît tard au printemps. Vole lentement, assez près du sol, dans les allées des forêts.

g) **Vespertilion murin** (*Vespertilio murinus*), appelé aussi *Murin.* — Longueur : 0ᵐ,073. Queue : 0ᵐ,052. Envergure : 0ᵐ,36. Membrane située entre les pattes formant un angle obtus dans le milieu de son bord libre. Orcillon droit, à

Tête du Vespertilion murin.

pointe subaiguë ou obtuse. Oreille beaucoup plus longue que la tête, à peine échancrée sur son bord externe à son tiers supérieur. Pelage brun fuligineux clair sur le dos et vert blanc sale. Vit près des villes et des villages. Se met à voler quand le vent tombe. Mouvements lents. Vol bas. Se réveille quelquefois en hiver, par un temps doux. N'a qu'un seul petit que la femelle transporte avec elle de fin mai en juillet. Assez commun partout.

h) **Vespertilion à moustaches** (*Vespertilio mystacinus*). — Longueur : 0ᵐ,04. Queue : 0ᵐ,034. Envergure : 0ᵐ,20. Diffère de l'espèce précédente en ce que l'oreille, de la longueur de la tête, est profondément échancrée sur son bord externe, à sa moitié supérieure. La partie intérieure, au-dessous de l'échancrure est convexe et légèrement arrondie. Face couverte de longs poils. Poils brun foncé. Assez commun partout.

7. Vespérien. — Narines s'ouvrant, comme d'ordinaire, par une fente circulaire ou en croissant à l'extrémité du museau. Oreilles bien séparées. Front non caverneux. Bord externe de l'oreille s'insérant très bien et en avant, près et même au-dessous de la commissure des lèvres. Oreilles généralement plus courtes que la tête, triangulaires ou rhomboïdales. Orcillon courbé en dedans ou droit. Museau presque nu en avant des yeux, couvert d'éminences glandulaires très développées. Ailes longues et étroites. Première prémolaire supérieure petite ou nulle.

Huit espèces :

a) **Vespérien sérotin** (*Vesperugo serotinus*), appelé aussi *Sérotine.* — Longueur : 0ᵐ,072. Queue : 0ᵐ,052. Envergure : 0ᵐ,33. Dessus brun. Dessous brun jaunâtre, plus velu. Prémolaires supérieures, au nombre de deux seulement. Orcillon de longueur moyenne, ayant sa plus grande largeur immédiatement au-dessus de la base de son bord interne. Se trouve un peu partout, mais assez rare. C'est la chauve-souris qui

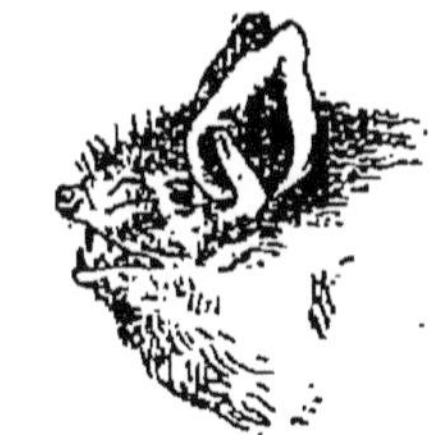

Tête du Vespérien sérotin.

a l'aire dispersive la plus vaste. Apparaît tardivement le soir et vole jusqu'à l'aurore. Vol lent et peu vif.

b) **Vespérien boréal** (*Vesperugo borealis*). — Diffère du précédent en ce que l'orcillon est court, avec son bord interne droit, non courbé en dedans. Orcillon ayant sa plus grande largeur vers le milieu de son bord interne. Exceptionnel en France.

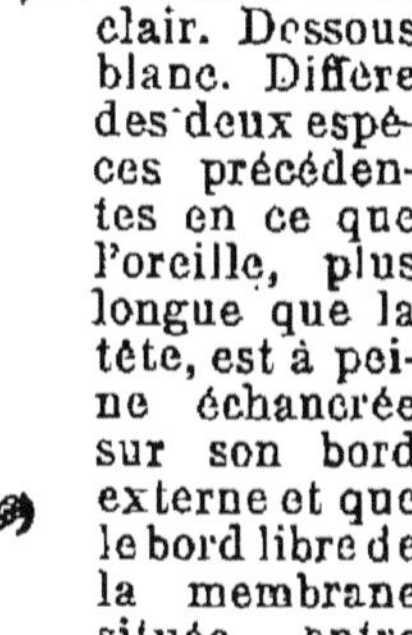

c) **Vespérien discolore** (*Vesperugo discolor*). — Longueur : 0ᵐ,048. Queue : 0ᵐ,045. Envergure : 0ᵐ,27. Dessus blanc jaunâtre. Dessous brun foncé avec les poils cendrés à la pointe. Prémolaires supérieures au nombre de deux seulement. Oreillon court, avec son bord interne droit, non courbé en dedans, élargi par en haut, ayant sa plus grande largeur immédiatement au-dessus du milieu de son bord interne. Oreilles plus courtes que la tête. Vit dans les montagnes et le Nord-Est, dans le voisinage des habitations ou des forêts. Se tient souvent autour du sommet des arbres.

d) **Vespérien noctule** (*Vesperugo noctula*), appelé aussi *Noctule.* — Longueur : 0ᵐ,076. Queue : 0ᵐ,05. Envergure : de 0ᵐ,30 à 0ᵐ,45. Dessus et dessous brun roussâtre. Prémolaires supérieures au nombre de quatre. Membrane de l'aile s'insérant au talon. Pelage d'une seule couleur en dessus. Assez commun partout, de préférence dans les forêts, les vergers. Se réunit en troupes dans les arbres creux. Sommeil hivernal dur et profond. Vole le soir, avant le coucher du soleil. Vol vif très élevé, changeant brusquement de direction. Vit de coléoptères qu'elle chasse autour des arbres. Cri aigu et perçant.

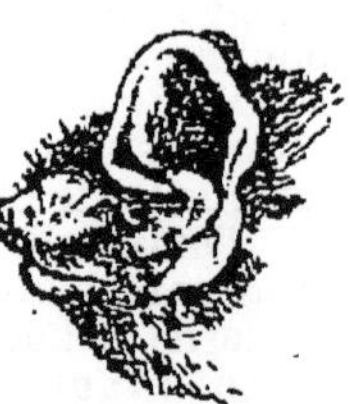

Tête du Vespérien noctule.

e) **Vespérien de Leisler** (*Vesperugo Leisleri*). — Longueur : 0ᵐ,055. Queue : 0ᵐ,045. Envergure : 0ᵐ,27. Diffère du précédent en ce que le pelage est de deux couleurs en dessus. Vit dans le Nord, la Lorraine, les Alpes.

f) **Vespérien Maure** (*Vesperugo Maurus*). — Longueur : 0ᵐ,05. Queue : 0ᵐ,03. Envergure : 0ᵐ,22. Pelage brun foncé, avec l'extrémité des poils gris cendré. Prémolaires supérieures au nombre de quatre. Membrane de l'aile s'insérant à la base des orteils. Oreillon ayant sa plus grande largeur vers son milieu. Montagnes du Sud-Est, Corse.

g) **Vespérien pipistrelle** (*Vesperugo pipistrella*), appelée aussi *Pipistrelle.* — Longueur : 0ᵐ,04. Queue : 0ᵐ,035. Envergure : 0ᵐ,18. Prémolaires supérieures au nombre de quatre. Membrane de l'aile s'insérant à la base des orteils. Oreillon ayant sa plus grande largeur immédiatement au-dessus de la base de son bord interne. Bord externe de l'oreille échancré profondément à son tiers supérieur. Les deux bords de l'oreillon sensiblement parallèles. Première incisive supérieure bilobée. Se trouve partout, mais assez rarement dans le Sud-Est. Vol vif, changeant brusquement de direction. Se cache dans les vieux édifices et les arbres creux. Vit de mouches. Sort quelquefois dans le jour, quand il y a beaucoup d'insectes.

h) **Vespérien de Kuhlius** (*Vesperugo Kuhlii*). — Longueur : 0ᵐ,045. Queue : 0ᵐ,035. Envergure : 0ᵐ,21. Diffère de l'espèce précédente par sa première incisive supérieure qui est unilobée. Commun dans le Midi.

Tête du Vespérien pipistrelle.

Ordre des INSECTIVORES

Mammifères plantigrades à doigts armés de griffes, à système dentaire complet, à canines petites et à molaires pointues.

Ce sont, en général, des animaux de faible taille. Ils se nourrissent d'insectes. Les mamelles sont situées sur l'abdomen. La tête est terminée par un museau pointu et porte deux petits yeux, cachés sous la peau chez certaines espèces.

Comme les insectivores creusent souvent la terre pour y trouver gîte et nourriture, que certains ont des aspects de rongeurs, les paysans s'imaginent qu'ils ne cherchent qu'à dévorer des racines. Ils les poursuivent et les détruisent. En réalité, ces insectivores sont très utiles à l'agriculture et dévorent une quantité prodigieuse d'insectes nuisibles : ils mangent certainement, par jour, en insectes, plus du poids de leur corps. Mais le rôle utilitaire des insectivores est sujet à caution en ce qui concerne la taupe si commune chez nous. Cet animal dévore en effet beaucoup d'insectes,

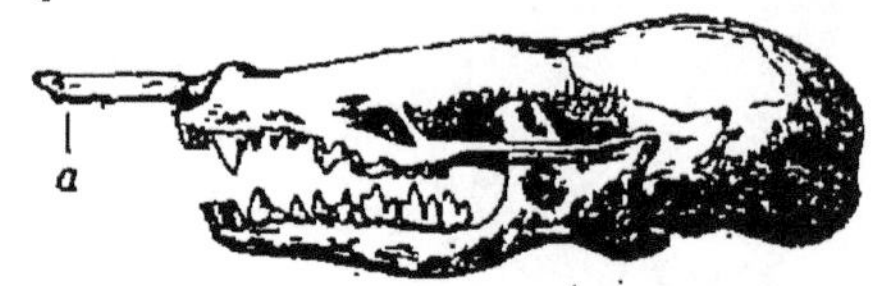

Crâne et denture d'un Insectivore (Taupe)
(*a*, os prénasal).

mais, en revanche, creuse dans le sol des galeries très longues et ne se fait pas faute de couper les racines qui gênent son passage. Ces galeries deviennent particulièrement désagréables dans les jardins où les taupes bouleversent les allées bien alignées et les plates-bandes soigneusement entretenues. Dans les jardins, il faut donc les détruire, mais les conserver dans les grandes cultures, à moins qu'elles ne deviennent par trop abondantes.

Cinq genres :

Animal couvert de piquants.				*Hérisson* (n° 2).
Animal non couvert de piquants.	Yeux cachés ou presque invisibles.			*Taupe* (n° 1).
	Yeux bien visibles.	Queue plus ou moins comprimée.		*Crossope* (n° 4).
	Aspect général d'une souris.	Queue non comprimée.	32 dents.	*Musaraigne* (n° 5).
			De 26 à 30 dents. .	*Crocidure* (n° 3).

1. Taupe. — Forme allongée. presque cylindrique. Tête conique. Queue courte munie de poils. Pelage à poils courts, très doux, gris de fer. Pattes de devant très larges, avec de grands ongles, aplatis et tournés en dehors. Pattes de derrière ordinaires. Oreilles non visibles extérieurement. Yeux peu ou pas visibles. 44 dents. En haut et en bas, 8 incisives, 2 canines, 8 prémolaires, 8 molaires.

C'est avec ses pattes de devant, moitié pelles, moitié râteaux, que la taupe creuse ses galeries dans le sol avec une rapidité extraordinaire. Les chemins que fait la taupe sont indiqués à la surface par la présence d'amas de terre, appelées *taupinières :* ce sont les difficultés de la recherche de la nourriture qui l'obligent à les étendre au loin.

D'après la description qu'en donne Blasius, son habitation proprement dite ou donjon est établie avec tout l'art possible. Ordinairement

Taupe.

ce donjon se trouve dans un endroit où il est difficile d'arriver de l'extérieur; par exemple, sous des racines, sous un mur, et il est assez éloigné du terrain de ses chasses. Sur ce terrain qu'un

centimètres de diamètre. servant de lieu de repos. Elle est entourée de deux conduits circulaires, concentriques, disposés, l'externe sur le même plan que la chambre dont il est éloigné de 15 à 25 centimètres, l'interne sur un plan un peu plus élevé. De la chambre partent trois conduits qui, se dirigeant obliquement en haut, s'ouvrent dans le couloir circulaire interne; celui-ci se relie avec le couloir circulaire externe par cinq ou six couloirs obliques descendants, alternant avec les premiers. De celui-là partent huit à dix conduits rayonnants, alternés avec les couloirs précédents ; ils vont dans toutes les di-

Patte postérieure de la Taupe.

rections et suivent une courbe pour s'ouvrir dans le couloir principal. Un couloir de sûreté descend de la chambre, se recourbe en haut et vient aboutir au conduit d'aération. Les parois du

Patte antérieure de la Taupe.

couloir généralement droit relie au donjon, les galeries souterraines se croisent et s'entre-croisent de mille manières. Le donjon se manifeste à l'extérieur par un tas de terre bombée, et de grandeur assez considérable. A l'intérieur se trouve une chambre arrondie, de 9 à 10

Galeries souterraines de la Taupe.

donjon et des galeries sont épaisses, fortement comprimées et lisses. Dans la chambre se trouve un lit rembourré de feuilles, d'herbes, etc., que la taupe a ramassées en grande partie à la surface de la terre. Les couloirs principaux étant plus larges que l'animal n'est gros, celui-ci peut s'y mouvoir facilement ; les parois en sont très épaisses et consolidées par la compression que la taupe exerce sur elles ; ces couloirs ne sont marqués à l'extérieur par aucune taupinière ; la terre qui en provient est tassée sur les côtés, et c'est ainsi que la taupe s'en débarrasse. Le terrain de chasse est situé loin du donjon et, chaque jour, été et hiver, la taupe le parcourt en tous sens. Les couloirs du terrain de chasse n'ont qu'une durée temporaire : l'animal ne les utilise que pour chercher sa nourriture, il ne les consolide pas, rejette de temps à autre, à la surface, la terre qu'il a déplacée et indique ainsi sa marche. Les taupes vont à la chasse trois fois par jour, le matin, à midi et le soir.

Dans ses couloirs, l'animal peut se déplacer avec la vitesse d'un cheval au trot. Sa voracité est insatiable, il lui faut une nourriture animale ; il se laisse mourir de faim à côté des racines et des tubercules. Quand les taupes n'ont rien à manger, elles se dévorent entre elles. Tous leurs sens sont très développés, sauf la vue qui est nulle ou à peu près.

Après quatre semaines de gestation, la femelle met bas de trois à cinq petits. Ils sont sans poils, aveugles, de la grosseur d'un gros pois. Mais, tout jeunes, ils font déjà preuve de la même voracité que leurs parents, et croissent très rapidement. A l'âge de cinq semaines, ils ont à peu près la moitié de la taille de la taupe adulte ; cependant ils vivent encore dans le nid, où leurs parents viennent les nourrir. Si on leur enlève leur mère, les jeunes taupes, que la faim pousse, se hasardent dans le couloir principal, probablement pour chercher leur nourriture.

Si rien ne les dérange, les jeunes taupes sortent enfin de leur nid, arrivent à la surface du sol, où elles folâtrent et se provoquent. Leurs premières tentatives de creuser sont encore très imparfaites ; elles se tiennent à fleur de terre, à peine recouvertes ; mais bientôt elles se perfectionnent, et au bout d'un an, elles ont toute l'habileté de leurs parents.

On trouve de jeunes taupes depuis avril jusqu'en août, et plus tard encore ; on ne peut cependant admettre que la femelle mette bas deux fois l'an, il est plus raisonnable de croire que l'accouplement, et par suite la mise-bas, se passe dans des mois très différents.

Pour détruire les taupes, on se sert de *pièges à pinces,* qui sont formées de deux branches croisées et mues par un ressort ; les branches étant maintenues écartées par un anneau, on pose le piège dans l'intérieur d'une galerie.

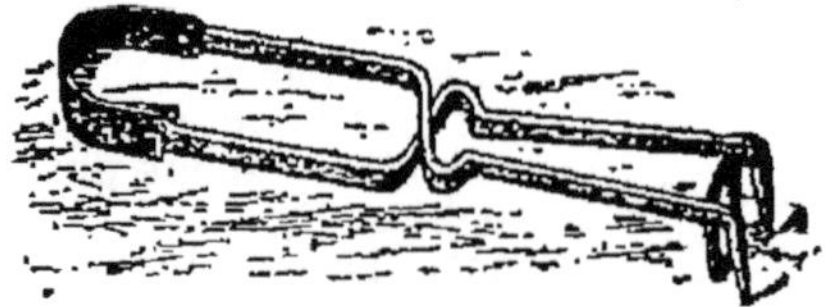

Piège à Taupe.

Lorsque la taupe vient à passer, elle fait tomber l'anneau et les deux branches de la pince se rabattent sur elle.

Deux espèces :

a) Taupe européenne (*Talpa europœa*). — Longueur : 0ᵐ,14. Queue : 0ᵐ,03. Yeux un peu visibles, munis de paupières mobiles. Incisives supérieures égales entre elles. Pelage dense, velouté, noir, variant au blanc et au gris. Vit partout.

b) Taupe aveugle (*Talpa cæca*). — Longueur : 0ᵐ,14. Queue : 0ᵐ,03. Yeux invisibles, dépourvus de paupières. Incisives supérieures fortement inégales. Pattes et queue à poils blancs. Vit dans la zone méditerranéenne.

2. Hérisson. — Corps convert de longs poils transformés en piquants. Queue très courte. Incisives médianes, allongées en avant. 36 dents.

Une seule espèce :

Hérisson européen (*Erinaceus europœus*). — Longueur moyenne : 0ᵐ,20. Oreilles courtes, arrondies. Dos et flancs couverts de piquants de 2 à 3 centimètres de long, blancs dans leur moitié inférieure, brun ou noir au milieu. Ventre et tête à poils longs, couchés, brun foncé, avec l'extrémité plus claire. Moustaches peu fournies. Une raie noire horizontale sur l'œil.

C'est un animal très calomnié. Aucun autre animal n'est cependant plus utile que lui et ne fait payer moins cher les services qu'il nous rend. Mal-

Hérisson.

heureusement son corps arrondi et couvert de piquants n'est pas des plus jolis et certaines personnes, n'écoutant que leur premier sentiment, le tuent bêtement. Dans un jardin, cependant, le hérisson est peu encombrant ; il est très timide et se réfugie dans les coins. Quand on l'agace par trop ou qu'il voit l'approche d'un ennemi, il se roule en boule n'offrant ainsi que ses piquants hérissés à l'agresseur. Il ne se déroule que lorsqu'il juge le danger passé. Le hérisson vit un peu partout, en plaine comme en forêt, dans les endroits qui lui offrent une retraite. Il n'en sort guère que la nuit, pour se promener et flairer le sol, cherchant les insectes dont il se nourrit. Cet animal a un goût immodéré pour les couleuvres et les vipères. Aucun ne s'entend aussi bien que lui pour saisir un reptile par la nuque et lui briser la colonne vertébrale. Si le reptile a la vie trop dure, le hérisson se roule en boule et l'animal rampant vient lui-même s'y faire de profondes blessures; il paraît d'ailleurs que les morsures de vipères le laissent absolument indemne. Le hérisson s'élève facilement en captivité; chaque jardin devrait en posséder un ou deux, car il détruit les insectes nuisibles, les reptiles et les souris... quelquefois aussi, il faut bien l'avouer, les œufs et les volailles. Il peut grimper le long des murs en s'aidant de ses piquants et en choisissant un coin favorable.

Le hérisson dépose ses trois à huit petits sur une couche bien rembourrée, large, placée sous une haie, un tas de feuilles ou dans un champ de blé. Les jeunes sont à peu près dépourvus de piquants. Les piquants reposent sur un substratum élastique, très mou ; le dos est très mou aussi ; quand on touche un piquant, il s'enfonce dans le dos, et en revient dès qu'on retire le doigt. Ce n'est que quand on comprime le piquant que l'on voit qu'il est dur. De plus, les petits naissent la tête la première, les piquants étant inclinés en arrière, et ainsi la mère n'est pas blessée. Mais les piquants s'accroissent d'un bon centimètre pendant les vingt-quatre premières heures qui suivent la naissance. Ils sont d'abord blancs, puis, au bout d'un mois, deviennent gris. Les jeunes ne peuvent se tourner en boule qu'assez tard; la mère leur apporte des vers, des limaces, des fruits qu'ils croquent avec délices, tout en continuant à téter. A l'automne, ils sont assez grands pour se suffire à eux-mêmes. Ils en profitent pour s'engraisser beaucoup, ce qui leur permet d'hiverner pendant la mauvaise saison.

3. Crocidure. — Aspect de souris. Mâchoire inférieure à 12 dents, la supérieure à 14 à 20 dents. Incisives médianes volumineuses et robustes, les supérieures en hameçon. 6 à 8 mamelles inguinales. Dents blanches. Oreilles ovales, presque sans poils. Queue moins longue que le corps, s'atténuant à l'extrémité, avec des poils larges disséminés.

Trois espèces :

a) Crocidure étrusque (*Crocidura etrusca*). — Longueur : 0ᵐ,035. Queue : 0ᵐ,025. Possède trente dents. Un des plus petits mammifères connus. Pelage brun clair ou gris roux. Museau et pattes couleur de chair. Vit dans les jardins, les maisons, les villages. Passe l'hiver dans des retraites chaudes. Assez commun dans la Provence et le Plateau central.

b) Crocidure blanche (*Crocidura leucodox*). — Longueur : 0ᵐ,07. Queue : 0ᵐ,03. 28 dents. Coloration brun noirâtre du dessus bien distincte de la couleur claire du dessous. Se trouve dans la Somme, le Centre, l'Est, la Provence, les Alpes.

c) Crocidure des sables (*Crocidura aranea*) appelée aussi *Muselle des sables* et *Musaraigne Muselle*) — Longueur : 0ᵐ,06, Queue : 0ᵐ,04. 28 dents. Pelage gris brun ou gris souris en dessus, plus ou moins lavé de roux, gris en dessous, sans ligne de démarcation bien nette entre les deux teintes. Vit dans les champs, les jardins, le voisinage des habitations, dans toute la France. Mange des insectes, des vers, des oiseaux, de petits mammifères. En hiver, on le trouve quelquefois dans des étables et des granges. 5 à 10 petits.

4. Crossope. — Aspect d'une souris. Mâchoire inférieure à 12 dents, la supérieure à 18 dents. Incisives médianes volumineuses et robustes, les supérieures en hameçon. 6 à 8 mamelles inguinales. Dents à pointes rouge brun. Queue plus ou moins comprimée, culier en dessous. Pattes très larges, propres à la natation, avec des poils raides. Oreilles cachées dans les poils.

Une seule espèce :

Crossope aquatique (*Crossopus fodiens*) appelée aussi *Musaraigne d'eau*. — Longueur : 0ᵐ,10 à 0ᵐ,20. Queue : 0ᵐ,05 à 0ᵐ,07. Pelage velouté. Dos noir ou brun foncé. Ventre blanc. Une petite tache en arrière de l'œil. Se trouve partout, autour des eaux des pays montagneux, notamment les

Crossope aquatique.

sources qui ne gèlent pas en hiver. Se tient aussi dans les étangs à eau claire, recouvert de lentilles d'eau, quelquefois près des moulins. Court dans les prairies, pénètre dans les granges et les meules de foin. Se creuse des galeries près de l'eau, avec une ouverture au-dessus de l'eau et une autre au-dessous. Passe le jour dans son trou. Nage souvent en frappant l'eau avec force de ses pattes de derrière. Mange des vers, des crustacés, des poissons, des écrevisses, des insectes. Donne 5 à 6 petits que la mère élève dans un nid rembourré de mousse, de feuilles, de filasse.

5. **Musaraigne.** — Aspect d'une souris. Dents à pointe rouge orange. Queue à poils uniformes. Oreilles plus ou moins cachées dans les poils. Doigts dépourvus de poils raides. 32 dents.

Trois espèces :

a) **Musaraigne vulgaire** (*Sorex vulgaris*), appelée aussi *Musaraigne carrelet*. — Longueur : 0m,06 à 0m,07. Queue : 0m,04 à 0m,045. Se reconnaît à sa queue un peu plus courte que le corps. Couleur variant du brun rouille au noir luisant. Flancs plus clairs que le dos. Ventre gris blanchâtre. Lèvres blanches. Moustaches longues et noi-

Musaraigne vulgaire.

res. Pattes brunes. Se trouve partout, aussi bien dans les prairies et les vallées que dans les montagnes. Vit solitaire, continuellement à flairer. Mange des insectes, des larves, des vers, des escargots, des limaces, des mulots. Très querelleur. La femelle bâtit son nid de mousse, d'herbes et de feuilles dans le trou d'un mur ou entre les racines d'un arbre. Répand une forte odeur de musc, émanée de deux glandes placées assez près des pattes de derrière, sur les flancs.

b) **Musaraigne des Alpes** (*Sorex alpinus*). — Longueur : 0m,06 à 0m,07. Queue: 0m,06 à 0m,07. Pelage gris noirâtre, lavé de brunâtre sur le dos, plus clair en dessous. Se reconnait à sa queue longue et à la dentelure de la deuxième incisive inférieure. Vit dans les forêts des hauteurs, surtout dans les sapins. Aime le voisinage de l'eau.

c) **Musaraigne pygmée** (*Sorex pygmœus*). — Longueur : 0m,045 à 0m,050. Queue : 0m,035 à 0m,038. Dessus brun. Dessous gris blanc. C'est le plus petit mammifère d'Europe. Se reconnaît à sa troisième incisive supérieure, qui n'est pas plus longue que la quatrième. Habite les contrées boisées, les forêts, les taillis. Assez rare.

Ordre des RONGEURS

Mammifères à doigts mobiles et armés d'ongles, à système dentaire composé d'incisives taillées en biseau, de molaires à replis d'émail transversaux et dépourvus de canines.

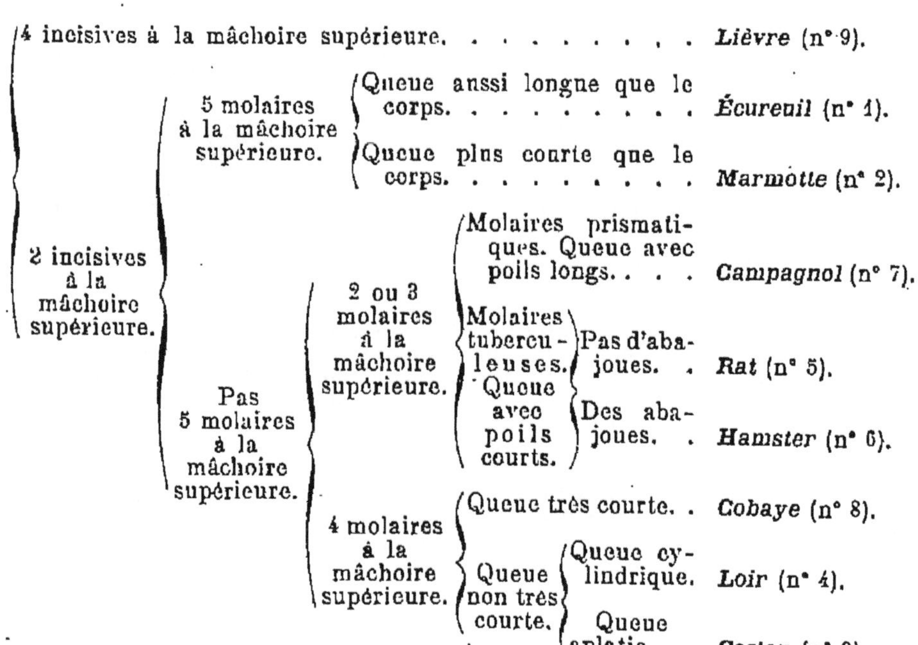

- 4 incisives à la mâchoire supérieure. . . . . **Lièvre** (n° 9).
- 2 incisives à la mâchoire supérieure.
  - 5 molaires à la mâchoire supérieure.
    - Queue aussi longue que le corps. . . . . **Écureuil** (n° 1).
    - Queue plus courte que le corps. . . . . **Marmotte** (n° 2).
  - Pas 5 molaires à la mâchoire supérieure.
    - 2 ou 3 molaires à la mâchoire supérieure.
      - Molaires prismatiques. Queue avec poils longs. . . . **Campagnol** (n° 7).
      - Molaires tuberculeuses. Queue avec poils courts.
        - Pas d'abajoues. . **Rat** (n° 5).
        - Des abajoues. . **Hamster** (n° 6).
    - 4 molaires à la mâchoire supérieure.
      - Queue très courte. . **Cobaye** (n° 8).
      - Queue non très courte.
        - Queue cylindrique. **Loir** (n° 4).
        - Queue aplatie. . **Castor** (n° 3).

Tous nuisibles. Neuf genres :

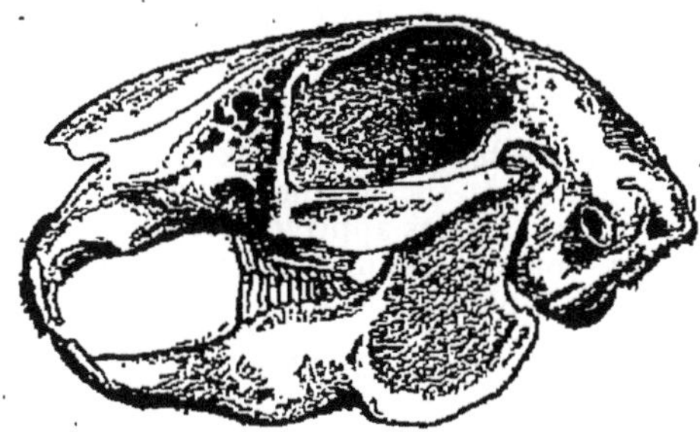

Crâne et denture d'un Rongeur (Lapin).

1. Écureuil. — Deux incisives supérieures seulement. Cinq molaires à la mâchoire supérieure. Queue aussi longue que le corps et pourvue de longs poils.

Une seule espèce :

Écureuil commun (*Sciurus vulgaris*) — Longueur : 0ᵐ,22. Queue : 0ᵐ,20. Pelage roux plus ou moins vif, blanc en dessous. Pattes et queue plus foncées. Dans les bois où il vit, on le voit toujours en mouvement, sautant de branche en branche, disparaissant comme un éclair dès qu'il se sent aperçu. Il fait des bonds considérables et retombe à terre souvent d'une grande hauteur sans se faire de mal. Au repos, il se tient presque toujours sur ses pattes de derrière, le corps plus ou moins

Écureuil commun.

vertical, la queue très touffue, élégamment relevée. Sa petite tête garnie de petites moustaches est animée par de petits yeux pétillants de malice, et deux oreilles assez larges et hirsutes relevées comme celles d'un chien de

chasse écoutant l'approche du gibier. Ses pattes de devant, relativement courtes, lui servent surtout de bras : c'est avec elles qu'il récolte les fruits, les graines, les écorce et les porte à sa bouche. Il se rencontre dans toutes les forêts, surtout celles de pins, dont il apprécie les fruits. Il ne peut vivre sans habitation : il lui en faut même plusieurs et il n'est pas rare de voir un seul individu avoir jusqu'à quatre nids. Il s'établit surtout dans les forêts de pins et ne se fait pas faute de voler les nids d'oiseaux, notamment ceux des corbeaux et des pies qui ressemblent le plus au sien, pour les aménager à son usage ou en utiliser les matériaux. Mais ces logis ne sont ordinairement que temporaires et lui servent surtout dans le jour. Pour ceux où il passe la nuit et où la femelle fait ses petits, il les construit lui-même avec des branchettes cueillies à même dans la forêt ou empruntées à des nids d'oiseaux. Dans sa forme générale le nid de l'écureuil est une boule placée sur les branches des arbres ; le fond en est constitué par des branchettes entrelacées tout à fait comme celui d'un nid d'oiseau ; il est recouvert par un dôme un peu conique de bûchettes suffisamment tassées les unes contre les autres pour empêcher la pluie de pénétrer à l'intérieur. La cavité intérieure est mollement rembourrée avec de la mousse. Chaque nid possède deux ouvertures : l'une, la principale, se trouve vers la base, du côté du soleil levant. Au point diamétralement opposé se trouve une autre ouverture plus petite, moins bien limitée et servant sans doute à la fuite de l'animal surpris.

Il est à noter que la présence d'un dôme au nid de l'écureuil est bien en rapport avec ses mœurs. Peu d'animaux sont en effet plus sensibles que lui à la pluie et aux orages. Même une demi-journée avant l'arrivée d'un orage, il montre une agitation extrême, et, dès que le mauvais temps survient, se réfugie dans son nid jusqu'à ce que la bourrasque cesse. Si le vent vient du côté de l'ouverture, l'animal a soin de la boucher soigneusement pour éviter à sa robe la souillure de la pluie. Les nids lui servent beaucoup aussi en hiver pour le mettre à l'abri du froid et pour accumuler des provisions dans certains d'entre eux.

Sa nourriture consiste en graines, cônes de pins, bourgeons et jeunes pousses.

La femelle dépose 3 à 7 petits dans un de ses nids, le mieux rembourré. Une portée en mars. Une autre un peu plus tard, quand les petits sont suffisamment forts.

2. Marmotte (*Arctomys marmotta*). — Longueur : 0ᵐ,40 à 0ᵐ,50. Queue : 0ᵐ,14. Deux incisives en haut. Cinq molaires à la mâchoire inférieure. Queue plus courte que le corps. Oreilles assez petites, arrondies. Ongles robustes, recourbés. Tête forte, aplatie. Yeux grands. Poil rude. Dessus gris roux. Tête presque noire, ainsi que la queue. Dessous mêlé de roux. Dents jaune orange.

La marmotte habite les hautes cimes des Alpes et des Pyrénées, dans les régions où l'hiver dure au moins sept mois et souvent plus. Il faut donc que, pendant les quatre ou cinq mois d'été, le rongeur fasse une ample provision de nourriture qui s'accumulera dans ses tissus sous forme de graisse, substance qu'il utilisera pendant l'hiver. A cet effet, la marmotte se met en quête d'herbes et de racines

Marmotte.

nourrissantes et en absorbe des quantités considérables. Le repas achevé, elle va boire un peu et fait sa sieste à l'abri d'un rocher ou d'un sapin. Elle ne tarde pas à se réveiller et à engloutir de nouveau un repas succulent de racines. On comprend facilement qu'à ce régime l'embonpoint devienne de plus en plus considérable : ce n'est plus un animal, c'est une vraie boule de graisse : on en a trouvé qui pesaient jusqu'à dix kilogrammes. Vers le commencement de l'automne, elle fait des siestes de plus en plus prolongées, pour, enfin, s'endormir profondément dans un creux de rocher. Elle reste ainsi sans bouger, ne se réveillant que tous les quinze jours pour se débarrasser de ses déjections. Pendant qu'elle est endormie, la marmotte résorbe la graisse accumulée dans ses tissus : on la voit maigrir petit à petit, mais moins encore qu'on pourrait le croire, car elle ne perd pas plus de 300 grammes pendant l'hibernation. Si la marmotte peut se contenter d'une aussi faible quantité de nourriture, c'est que sa force vitale est beaucoup diminuée. Le cœur bat beaucoup moins vite et la température devient très faible. En même temps, les marmottes présentent une insensibilité remarquable : c'est ainsi qu'on peut leur piquer la tête sans qu'elles manifestent la moindre douleur. La chasse aux marmottes est fort difficile en été parce qu'elles sont très prudentes. A la moindre alerte, elles sifflent et tous les individus des environs se réfugient dans leurs terriers. En hiver, la chasse est au contraire des plus faciles, lors-

qu'on a découvert leurs nids. La chair et la graisse sont très estimées et la peau sert à faire des fourrures grossières. Elles s'apprivoisent très facilement et on arrive même à leur faire exécuter des tours assez compliqués. Autrefois les petits Savoyards pauvres parcouraient la France avec une ou deux marmottes apprivoisées qui constituaient leur gagne-pain. Les femelles ont 4 à 5 petits.

3. Castor (*Castor fiber*), appelé aussi *Bièvre*. — Longueur : 0ᵐ,65. Queue : 0ᵐ,30. Deux incisives supérieures. Vingt dents. Quatre molaires en haut et en

Castor.

bas. Queue déprimée en palette, couverte d'écailles. Forme trapue. Pattes courtes. Oreilles peu développées. Yeux petits. Pattes postérieures palmées. Près de l'anus, deux glandes sécrétant une substance odorante, le *castoréum*. Poils de deux sortes : les uns, longs et soyeux, châtains ; les autres, courts, bruns ou gris, forment une bourre.

Très répandu autrefois en France, le castor ne se trouve plus qu'à l'état de quelques rares individus sur les bords du Rhône. C'est un animal très industrieux capable d'élever des cabanes et même des digues; chez nous, traqué de toute part, il ne peut guère mettre en œuvre son ingéniosité (1).

4. Loir. — Pattes de devant à quatre doigts, avec un pouce rudimentaire. Pattes postérieures à cinq doigts. Ongles incurvés, faits pour grimper. Museau conique. Oreilles à poils ras. Vingt dents.

Trois espèces :

a) **Muscardin** (*Myoxus avellanarius*). — Longueur : 0ᵐ,08. Queue : 0ᵐ,07. Se distingue surtout par sa denture : la première molaire supérieure a deux saillies transversales, la seconde en a cinq, la troisième sept, la quatrième six, la dixième molaire inférieure trois et les autres six. Queue d'une seule couleur, couverte de poils assez courts et égaux. Pelage épais, lisse, roux jaune, un peu

(1) Voir la description complète de ces travaux dans HENRI COUPIN : *Les Arts et Métiers chez les Animaux*. Paris, 1903.

plus clair au dos. Poitrine blanche. En hiver, dos à reflets noirâtres. Assez commun partout.

Vit dans les jardins et les bois. Habitudes nocturnes. Mange toutes sortes de fruits, surtout les noisettes et les baies de sorbier. Grimpe à merveille dans les arbres. Construit un petit nid pour ses petits. Dort en hiver.

b) Loir vulgaire (*Myoxus glis*). — Longueur : 0ᵐ,15. Queue : 0ᵐ,13. Molaires à

Loir vulgaire.

couronne plane, marquée de plusieurs sillons et de saillies transversales. Queue longue, très touffue dans toute son étendue, d'un gris cendré, avec reflets d'un brun noir. Ventre à reflets argentés. Gorge blanche. Moustaches noires. Queue gris brun avec une bande longitudinale blanchâtre à sa partie inférieure. Commun dans le Centre et le Midi. Rare dans le Nord-Est.

Aime surtout les forêts de chênes et de hêtres. Le jour se tient dans les arbres creux. Ne sort que la nuit. Vif et agile, il court dans les arbres. Mange de tout, surtout des fruits. En automne, il amasse des provisions dans un trou et mange beaucoup. En hiver, il s'endort complètement, on peut le manier sans le réveiller. Ne se réveille que très tard au printemps. 3 à 6 petits.

c) Lérot (*Myoxus quercinus*). — Longueur : 0ᵐ,12. Queue : 0ᵐ,09. Molaires à couronne concave, avec cinq saillies transversales. Queue de deux couleurs,

Lérot.

couverte de poils courts et couchés dans la première moitié de son étendue à partir de la racine et de poils longs et touffus dans la moitié postérieure. Dos et tête d'un gris brun roux. Ventre blanc. Un anneau moins brillant autour de l'œil. Commun partout.

Pénètre dans les habitations et vole de la graisse, du beurre, du lait. Pille les nids. Le jour, se repose dans le creux des murs ou des arbres. L'hiver s'endort, mais se réveille souvent. Fait de grands dégâts dans les vergers, en dévorant les meilleurs fruits. On le détruit avec un bon chat.

5. Rat. — Deux incisives à la mâchoire inférieure. 2, 3 ou 4 molaires à la mâchoire supérieure, 2 ou 3 à la mâchoire inférieure. Queue plus ou moins longue, sans poils ou avec des poils courts. Pattes courtes. Forme trapue. Oreilles ordinairement sans poil.

Cinq espèces :

a) Surmulot (*Mus decumanus*). — Longueur : 0ᵐ,30. Queue : 0ᵐ,20. Queue moins longue que le corps, munie de 210 anneaux d'écailles. Oreilles égalant le tiers de la tête. Dessus brun roux. Dessous gris ou blanchâtre.

Originaire de l'Asie, le surmulot s'est répandu chez nous vers 1750 et a presque anéanti le véritable rat, moins fort que lui.

b) Rat (*Mus rattus*). — Longueur : 0ᵐ,15. Queue : 0ᵐ,20. Queue plus longue que le corps, munie de 250 à 260 anneaux d'écailles. Oreilles atteignant la moitié de la tête. Dessus gris noir. Dessous cendré foncé.

Autrefois, seul rat de nos contrées. Il subsiste encore, mais il est devenu rare par suite de l'envahissement du surmulot.

Les rats et les surmulots vivent partout et mangent de tout. Ils font des ravages considérables. C'est par eux et surtout par leurs puces que se transmet la peste. Pour les détruire, il faut de bons chats ou des chiens spéciaux.

Ils sont trop connus pour que nous ayions à insister sur eux. Cependant il nous faut signaler un fait peu connu.

L'appendice caudal des rats peut parfois leur être nuisible ; à cette question se rattache celle vraiment curieuse au premier chef du *roi-de-rats*.

En liberté, les rats, dit Brehm, sont quelquefois sujets à une maladie des plus curieuses. Un grand nombre se soudent par la queue et forment ainsi ce que le vulgaire a nommé un *roi-de-rats*, dont l'imagination faisait autrefois un être bien différent de ce qu'il est en réalité. On croyait que le roi des rats,

Rat.

orné d'une couronne d'or, trônait sur un groupe de rats entrelacés, et gouvernait tout l'empire souriquois. Ce qui est positif, c'est que parfois un grand nombre de rats se soudent ensemble par la queue, et que, ne pouvant se mouvoir, ils sont nourris par leurs semblables. La cause de ce fait curieux nous est encore inconnue. On croit que c'est une exsudation particulière de la queue qui maintient ces organes collés ensemble. A Altenbourg, on conserve un *roi-de-rats*, formé par vingt-sept individus. A Bonn, à Schnepfenthal, à Francfort, à Erfurth, à Lindenau, près de Leipzig, on a trouvé de pareils groupes.

Il est possible que de pareilles réunions soient plus communes qu'on ne le croit généralement ; cependant, on en voit très rarement dans les collections. A la vérité, les gens du peuple sont tellement superstitieux à l'endroit du roi-de-rats, qu'ils s'empressent de le détruire quand ils en rencontrent.

Lenz en donne un exemple. A Dœllstedt, village à deux milles de Gotha, on trouva en même temps deux rois-de-rats, en décembre 1822. Trois batteurs en grange entendirent un long piaulement dans la grange du forestier, ils cherchèrent avec l'aide du domestique, et virent qu'une partie était creuse. Dans la cavité se tenaient quarante-deux rats vivants. Cette cavité avait été probablement faite par eux ; elle avait environ 15 centimètres de profondeur ; on ne voyait aux alentours ni excréments ni débris de nourriture. Elle était d'un accès facile surtout pour des rats, et restait couverte de paille toute l'année. Le domestique retira les rats qui ne voulaient ou ne pouvaient quitter leur demeure. Les quatre hommes virent alors avec horreur vingt-huit de ces rats attachés par la queue et formant un cercle autour du nœud ; les quatorze autres présentaient la même disposition.

Ces quarante-deux rats paraissaient tous souffrir de la faim et piaulaient continuellement ; du reste, ils paraissaient bien portants. Ils étaient tous de même grandeur, et, d'après leur taille, on pouvait conclure qu'ils étaient nés le printemps précédent. Leur couleur était celle des rats ordinaires. Aucun ne paraissait mort. Ils étaient très tranquilles et supportaient paisiblement tout ce que leur faisaient les hommes qui les trouvèrent. Les quatorze rats furent portés vivants dans la chambre du forestier, où arrivèrent une foule de gens, curieux de voir cette monstruosité. Quand la curiosité publique fut satisfaite, les batteurs les transportèrent en triomphe dans la grange, et les tuèrent à coups de fléau. Ils prirent ensuite deux fourches, les transpercèrent, tirèrent de toutes leurs forces en sens opposé, et sous cet effort trois rats se séparèrent du groupe. Leur queue n'en fut point arrachée ; elle paraissait intacte, et montrait seulement l'empreinte des autres queues à la façon d'une courroie qui aurait été longtemps serrée par une autre. Les vingt-huit furent apportés à l'auberge et exposés aux yeux de tous les curieux. Finalement, ils les tuèrent aussi, puis jetèrent leurs cadavres sur un tas de fumier et les abandonnèrent.

M. Oustalet a signalé la découverte d'un roi-de-rats par M. Henri Richer, avoué à Châteaudun. Il était composé de sept rats rattachés les uns aux autres par leurs queues dont les extrémités étaient entrelacées ou plutôt nouées. Ils avaient été trouvés dans cet état à Courtalain, au mois de novembre 1899 ; ils ont été donnés par M. Henry Lecomte au musée de Châteaudun. Chaque rat mesurait dix centimètres de la naissance de la queue au bout du museau.

Un roi-de-rats trouvé à Lindenau, près de Leipzig, a donné lieu à un procès qui équivaut à une véritable observation zoologique. Voici le rapport de ce curieux procès.

Le 17 janvier 1774, se présente, devant le tribunal de Leipzig, Christian Kaiser, meunier à Lindenau ; il déclare : que le mercredi d'auparavant il a trouvé dans un moulin de Lindenau un roi-de-rats, formé de seize individus attachés par la queue, et qu'il a tués parce qu'ils voulaient sauter sur lui.

Que Jean-Adam Fasshauer, de Lindenau, est venu demander à son maître, Tobias Jaegern, meunier à Lindenau, ce roi-de-rats, disant qu'il voulait le peindre ; que depuis il ne l'a plus rendu ; qu'il a gagné, avec, beaucoup d'argent. Il prie en conséquence le tribunal de condamner Fasshauer à lui rendre son roi-de-rats, l'argent qu'il a gagné, et aux frais du procès.

Le 22 février 1774, comparaît de nouveau devant le tribunal Christian Kaiser, garçon meunier, et dépose : Il est parfaitement vrai que le 12 janvier j'ai trouvé dans le moulin de Lindenau un roi-de-rats formé de seize individus. Ce jour, ayant entendu du bruit dans le moulin, près d'un escalier, je montai et vis quelques rats regarder sous une poutre, je les tuai avec un bâton. J'appliquai ensuite une échelle à l'endroit pour voir s'il y avait encore des rats et je trouvai le roi-de-rats que je tuai sur place à coups de hache. Seize rats étaient entrelacés, quinze par la queue, le seizième était retenu par sa queue entortillée dans les poils du dos de l'un des quinze premiers. En tombant de la poutre où ils étaient, aucun ne se détacha, plusieurs vécurent encore quelque temps, mais sans pouvoir se détacher. Ils étaient entrelacés si solidement que je crois qu'il eût été impossible de les détacher si ce n'est à grand peine.

Voici comment l'on suppose qu'a pu se faire cette réunion. Par les grands froids qu'il faisait quelques jours avant la découverte de ce rassemblement, ces animaux s'étaient blottis dans un coin, pour chercher ainsi à se réchauffer mutuellement ; ils avaient pris évidemment une position telle que leurs queues étaient tournées vers l'ouverture de leur trou, et la tête vers l'endroit le plus protégé. Dans cette position, les excréments des rats placés au-dessus étant tombés sur les queues de ceux qui étaient au-dessous, n'ont-ils pas pu se geler et maintenir les queues ensemble ? N'est-il pas possible que ces rats, ayant aussi la queue gelée, quand ils voulurent chercher leur nourriture, ne purent se débrouiller, et par leurs efforts causèrent un tel entrelacement qu'ils ne purent plus se défaire, même en danger de mort ?

La difficulté de la lutte pour l'existence a rendu les rats très habiles pour échapper à l'homme et lui voler une partie de son bien. Les anecdotes que l'on possède sur ce point sont fort intéressantes. Ainsi Rodwel raconte comment des rats réussirent à descendre une assez grande quantité d'œufs du haut en bas d'une maison en se mettant deux à chaque œuf et en se le passant de l'un à l'autre à chaque marche de l'escalier.

D'après Mme Lee, les rats peuvent aussi faire l'inverse, c'est-à-dire remonter des œufs dans un escalier. A cet effet, le mâle se dresse sur ses pattes de devant, la tête en bas, et pousse l'œuf qu'il tient entre ses jambes de derrière vers la femelle ; celle-ci le reçoit sur la marche suivante et le maintient avec ses pattes de devant pendant que son compagnon saute à ses côtés. Le procédé se répète de marche en marche jusqu'au bout de l'escalier.

M. Tesse raconte de son côté que le capitaine d'un vaisseau marchand qui fréquentait le port de Boston, dans le comté de Lincoln, avait remarqué qu'il lui manquait constamment des œufs. Soupçonnant son équipage, sans trop savoir qui accuser, il résolut de surveiller le magasin. Aussitôt qu'il eut renouvelé sa provision d'œufs, il s'établit pendant la nuit de manière à les avoir bien en vue. Mais quel ne fut pas son étonnement lorsqu'il vit paraître une troupe de rats, qui firent la chaîne entre le panier aux œufs et leur trou, et commencèrent à se passer les œufs avec leurs pattes de devant.

Le même observateur raconte qu'une boîte ouverte, contenant des bouteilles d'huile de Florence, avait été placée dans un magasin où l'on n'entrait que rarement. Un jour que le propriétaire était venu chercher une bouteille, il s'aperçut que des morceaux de verre et de coton, qui servaient de bouchons, avaient disparu, et que l'huile avait beaucoup baissé dans les bouteilles. Voulant en avoir le cœur net, il remplit de nouveau quelques-unes des bouteilles et il eut soin de les boucher comme la première fois. Le lendemain matin, les bouchons avaient disparu, ainsi qu'une partie de l'huile. Alors il se mit à guetter par une lucarne, et il vit des rats se glisser dans la boîte, introduire leurs queues dans le cou des bouteilles, les retirer et lécher les gouttes d'huile qui y adhéraient.

Rodwell cite un cas analogue avec cette différence que chaque rat léchait la queue de son voisin au lieu de lécher la sienne.

Romanes a voulu voir par lui-même si ces curieux faits étaient exacts. S'étant procuré deux bouteilles au col étroit et tant soit peu court, il les remplit de gelée de groseilles à moitié liquide, jusqu'à trois pouces de l'orifice, qu'il recouvrit d'un morceau de vessie, puis il les mit dans un endroit infesté de rats. Le lendemain matin, chaque morceau de vessie se trouvait percé d'un petit trou au centre, et le niveau de la gelée avait baissé également dans les deux bouteilles. Or, comme la distance de l'orifice à la surface correspondait à peu près à la longueur d'une queue de rat passée par les trous en question, et comme d'ailleurs ces trous n'étaient guère plus grands que la racine de ce membre, il semble qu'il soit assez prouvé que les rats s'étaient procuré de la gelée en y plongeant leur queue et en la léchant ensuite.

Mais pour tirer les choses plus au clair, Romanes remplit de nouveau les bouteilles de manière à exhausser d'un demi-pouce le niveau de la gelée dont il recouvrit la surface d'une rondelle de papier mouillé. Puis, ayant bouché les orifices avec des morceaux de vessie comme auparavant, il plaça les bouteilles dans un endroit où il n'y avait ni rats ni souris. Quand il vit dans l'une d'elles une couche épaisse de moisissure à la surface du papier qui recouvrait la gelée, il la remit à la portée des rats, et le lendemain, il put constater que la peau de vessie avaient été rongée d'un côté de l'orifice et que la couche de moisissure portait de nombreuses empreintes tracées par les bouts de queues de rat, comme par l'extrémité d'un porte-plume. Evidemment ils s'étaient évertués à trouver dans la rondelle de papier un trou où leurs queues puissent passer.

Tout cela témoigne d'une intelligence très fine.

c) **Souris naine** (*Mus minutus*), appelée aussi *Rat des moissons.* — Longueur : 0^m.06. Queue : 0^m.06. Cette gentille petite bête se distingue de toutes les autres souris par ses oreilles couvertes de poils ràs et au plus aussi longues que le tiers de la tête. Dessus fauve. Dessous blanc. Queue jaunâtre. Assez commune dans les moissons.

La souris naine construit un nid, non pas pour elle-même, mais pour y élever ses petits ; à ce point de vue, comme à celui de la finesse du travail, elle se rapproche des oiseaux.

D'après ce qu'en dit Brehm, ce nid est arrondi et de la grosseur du poing ou d'un œuf d'oie. Suivant les endroits il est placé sur vingt ou trente feuilles de graminées, réunies de manière à l'entourer de tous les côtés, ou bien il est suspendu à près d'un mètre de terre, aux branches d'un buisson, à une tige de roseau et se balance dans l'air. L'enveloppe extérieure est formée de feuilles de roseaux ou d'autres graminées, dont les tiges forment la base de tout l'édifice. Le petit architecte prend chaque feuille entre ses dents, la divise en six, huit, dix lanières, qu'il entrelace et tisse en quelque façon de la manière la plus remarquable. L'intérieur est tapissé avec le duvet des épis des roseaux, avec des chatons, des pétales de fleurs. L'ouverture est petite et latérale. Toutes les parties sont si étroitement unies, que le nid en a une forme solide. Quand on compare les organes imparfaits de la souris avec le bec bien mieux approprié des oiseaux, on ne peut assez admirer cette construction, et l'on est forcé d'attribuer plus d'adresse à la souris naine qu'à bien des volatiles.

Ce nid étant toujours construit, au moins en très grande partie, avec des feuilles des végétaux qui lui servent de support, il en résulte qu'il a la même couleur que les plantes environnantes. La souris naine ne se sert de cette habitation que pour y déposer ses petits, par conséquent elle n'est que très temporaire ; les petits l'ont même quittée avant que les feuilles soient fanées et aient pris une couleur différente de celle de la plante.

Les vieilles femelles construisent des nids plus parfaits que les jeunes ; mais celles-ci tendent déjà à imiter leurs aînées, et, au bout d'un an, elles se font des nids de repos assez solides et réguliers.

On croit que la souris naine a deux ou trois portées par an, chacune de cinq à neuf petits. Ceux-ci restent ordinairement dans le nid jusqu'à ce qu'ils puissent y voir. La femelle les recouvre chaudement, ou pour mieux dire ferme la porte de la loge qui les recèle, quand elle doit la quitter pour chercher de la nourriture. Elle s'accouple quelquefois en allaitant, et comme la gestation n'est que de vingt et un jours, une seconde mise-bas suit presque le sevrage de la première portée. Dès que les petits peuvent se nourrir eux-mêmes, elle les abandonne.

Lorsqu'on est assez heureux, ajoute le même auteur, pour surprendre une mère sortant pour la première fois avec sa progéniture, on assiste à une des scènes de famille les plus charmantes. Quelque adroites que soient les jeunes souris naines, elles ont cependant besoin de quelques leçons avant de pouvoir faire leur entrée dans le monde. Une d'elles est grimpée au haut d'un chaume, une seconde sur un autre, celle-ci appelle sa mère, celle-là lui demande à téter ; l'une se lave et se nettoie, l'autre a trouvé un grain de blé, elle le tient entre ses pattes de devant et le croque ; la plus faible est encore au nid ; la plus hardie, un mâle généralement, s'est déjà éloigné, il nage dans l'eau d'où s'élèvent les joncs. En un mot, toute la famille est en mouvement, et la mère est au milieu, veillant sur elle, l'aidant, l'appelant, la conduisant, la guidant.

d) **Souris** (*Mus musculus*). Longueur 0^m,09. Queue : 0^m,09. Oreilles sans poils. Dessus gris brunâtre se continuant sans ligne de démarcation avec le dessous plus clair. Queue à 180 anneaux d'écailles. Talon sans tache brune. 10 mamelles. Vit dans les habitations. Une variété (*Mus hortulanus*) vit dans les champs et les jardins ; son pelage est plus nettement roux et la queue est plus courte que le corps. Commune partout.

La souris est constamment occupée à grignoter tout ce qu'elle rencontre ; elle est à ce point de vue très désagréable dans les habita-tions. Dans les 

Souris.

boiseries, elle se creuse de longs couloirs et diverses cavités. Elle a de cinq à six portées par an et chaque fois, de quatre à huit petits.

Le meilleur moyen de détruire les souris est l'emploi du chat, car elles sont très malignes et apprennent vite à éviter les pièges et les pâtes empoisonnées.

e) **Mulot** (*Mus sylvaticus*), appelé aussi *souris des bois.* — Longueur : 0^m,12. Queue : 0^m,11. Dessus fauve roussâtre se continuant par une ligne de démarcation avec le dessous blanc. Queue à 150 anneaux d'écailles. Talon avec une tache brune. Six mamelles. Commun partout dans les champs, où il cause de grands ravages. Il se creuse des terriers dans le sol.

Les trois espèces de souris que nous venons de décrire sont des animaux parfois très nuisibles aux moissons. Quand elles sont en petit nombre, leurs dégâts sont, somme toute, assez restreints ; on les détruit d'ailleurs avec les pièges ordinaires. Mais lorsqu'elles se multiplient beaucoup, ou, ce qui est fréquent,

Mulot..

lorsque une invasion s'abat sur un pays, les souris deviennent un véritable fléau pour les moissons. Aussi sommes-nous heureux de pouvoir donner ici un moyen de destruction très efficace qui a été imaginé il y a peu de temps. On sait que Pasteur a trouvé un moyen de détruire les lapins de l'Australie, en répandant parmi eux une maladie mortelle, contagieuse, le *choléra des poules*. C'est quelque chose d'analogue qui a été imaginé par un bactériologiste, M. Lœffler. Ce savant avait remarqué que beaucoup de souris étaient atteintes d'une sorte de fièvre typhoïde, très voisine, mais non identique, de celle dont souffre notre pauvre humanité. Il isola et cultiva le microbe de cette maladie : en l'injectant à des souris, on leur donnait la fièvre typhoïde ; au contraire, le même bacille ne produisait aucun désordre chez l'homme et les animaux domestiques. M. Lœffler se demanda alors s'il ne serait pas possible de détruire les souris en répandant parmi elles le microbe en question. Il ne tarda pas à pouvoir mettre son idée en exécution. Au mois de mars 1892, la Grèce fut littéralement envahie par un flot de mulots qui détruisirent toutes les moissons sur leur passage. Détruire un si grand nombre d'individus avec des pièges ou avec des pâtes raticides, il n'y fallait pas songer. Après avoir tenté, mais en vain, de résister au fléau, le gouvernement des Hellènes fit demander à M. Lœffler s'il voulait venir essayer son procédé. Le savant se rendit dans la capitale de la Thessalie et, aidé du Dr Pampouki, il se mit au travail. Ils imprégnèrent des morceaux de pain de la culture microbienne, et les firent répandre dans les champs par les cultivateurs. M. J. Danysz a pu se rendre compte de la façon de préparer cet engin de destruction ; voici la description qu'il en a donné. « Le mode d'emploi de la myoktanine est des plus simples. On prépare une solution d'une cuillerée de sel de cuisine dans un litre d'eau ; on fait cuire dans une casserole

et on laisse refroidir. Avec ce liquide refroidi, on remplit jusqu'aux deux tiers environ (après avoir enlevé le bouchon d'ouate) le tube contenant le bacille, on secoue fortement et on verse le contenu dans une casserole. On écrase avec les mains les morceaux qui sont restés compacts et on remue le tout soigneusement de façon à obtenir un liquide parfaitement uniforme. On coupe ensuite du pain rassis, de préférence du pain blanc, en cubes de 1 à 2 centimètres, que l'on jette dans la casserole. Lorsque ces morceaux de pain sont imprégnés de liquide, on les retire pour les placer dans une corbeille ou un vase quelconque. On n'a alors, pour atteindre les mulots, que de parcourir les champs contaminés et de jeter un morceau de pain imprégné dans chaque trou de souris. Au bout de huit jours, on trouve un peu partout des souris mortes ou malades ; quinze jours après l'opération, on ferme les trous. Dans le cas où des trous nouveaux viendraient à s'ouvrir, on n'a qu'à préparer une solution nouvelle et à jeter du pain imprégné dans les trous qui se sont rouverts. Le résultat est alors assuré. Selon le nombre de souris ou trous de souris qu'on voit dans ces champs, il faut compter un ou deux tubes par hectare. »

Le point important est, nous le rappelons, que ces morceaux de pain ne présentent aucun danger soit pour l'homme soit pour les animaux domestiques : pour le prouver, M. Lœffler n'a pas reculé à en absorber. Les résultats dépassèrent toute attente ; en Grèce, les cultivateurs bénissent le nom du savant bactériologiste. On estime à 50 millions le prix de la récolte ainsi sauvée du fléau.

6. Hamster (*Cricetus frumentarius*).— Longueur : 0ᵐ,30. Queue : 0ᵐ,03. Forme courte. Tête obtuse. Oreilles arrondies, presque sans poils. Joues pouvant former des cavités (abajoues). Queue courte. Pattes munies d'ongles larges, fouineurs. Molaires tuberculeuses. Poils, les uns courts, les autres grands, allongés comme des soies. Dessus brun jaunâtre. Bouche blanche. Joues avec une tache jaune. Poils blancs.

Se rencontre en Belgique et sur le versant alsacien des Vosges.

Le hamster se creuse dans la terre de vastes demeures qui lui servent d'habitations et d'autres qui lui servent de greniers pour mettre ses provisions à l'abri. « Le terrier du hamster commun est assez artistement construit. Il consiste en une grande chambre, située à une profondeur de 1 à 2 mètres, en un couloir de sortie obli-

que et un couloir d'entrée vertical.
Des galeries profondes mettent le réduit
principal, ou chambre de repos, en
communication avec les chambres de
provision. Les terriers varient suivant
l'âge et le sexe de l'animal; ceux des
jeunes sont plus courts, les plus superficiels; ceux des femelles sont plus
grands, et ceux des vieux mâles ont
plus de développement et de profondeur.

Hamster.

Un terrier de hamster se reconnaît
facilement à l'amas de terre qui est devant le couloir de sortie, et qui est généralement recouvert de grains de blé.
Le couloir d'entrée est vertical, on peut
y plonger souvent un bâton de 1 à 2
mètres de long; ce couloir n'arrive pas
directement à la chambre de repos, il
s'infléchit et y arrive tantôt obliquement, tantôt horizontalement. Le couloir de sortie, par contre, est toujours
sinueux. Les deux ouvertures sont distantes de 1ᵐ,20 au moins, souvent même
de 1ᵐ,50 à 4 mètres. On peut voir facilement si un terrier est habité ou non.

Est-il revêtu de mousse, de champignons, d'herbes, les parois sont-elles
dégradées, il est abandonné; car le
hamster tient toujours son habitation
en parfait état. Dans un terrier qui est
habité depuis longtemps, le frottement
de l'animal polit les parois, les fait
même brillantes. Les ouvertures sont
un peu plus larges que les conduits qui
y aboutissent; ceux-ci ont au plus 5 à
8 cm. de diamètre. Les chambres varient sous le rapport des dimensions.
Celle qui sert de demeure habituelle à
l'animal est plus petite. Elle est remplie
de paille fine, de gaines de chaumes,
qui forment une couche molle; les parois en sont lisses et polies. Trois couloirs y aboutissent, celui d'entrée, celui
de sortie et celui qui conduit à la chambre aux provisions. Celle-ci ressemble
à la première pour la forme. Elle est
ovale ou arrondie; sa partie supérieure
est bombée; ses parois sont lisses.

A la fin de l'automne, elle est remplie
de blé. Les jeunes hamster n'en construisent qu'une, les vieux en creusent
de trois à cinq, et l'on y trouve de 2 à
4 hl. de grains. Souvent le hamster
bouche avec de la terre le couloir qui
conduit à cette chambre; parfois, il le

remplit aussi de grains. Ceux-ci sont
comprimés de telle sorte que l'homme
qui découvre un terrier de hamster
doit y porter la pioche avant de pouvoir les ramasser. — On croyait autrefois que le hamster séparait les diverses
espèces de semences; c'est une erreur:
il prend les grains et les enterre tels
qu'il les recueille.

Ils sont souvent mélangés de débris
d'épis. Si l'on trouve les diverses espèces séparées dans un terrier, cela ne
provient pas de l'instinct d'ordre qui
présiderait aux opérations du hamster;
on ne peut l'attribuer qu'à ce que ces
diverses espèces ont été récoltées dans
différentes saisons. Dans le couloir
d'entrée, on trouve souvent avant d'arriver à la chambre de repos une place
élargie où l'animal dépose ses ordures.

Le terrier de la femelle diffère un
peu; il n'a qu'une ouverture de sortie,
mais le nombre de ses ouvertures d'entrée varie de deux à huit; cependant,
tant que les petits ne sortent pas du
terrier, une seule sert. Plus tard,
ceux-ci les utilisent toutes. La chambre de repos est circulaire, elle a 33 cm.
de diamètre; sa hauteur est de 8 à
14 cm., et elle renferme une couche
de menue paille. Il en part autant de
couloirs qu'il y a d'ouvertures d'entrée;
souvent ces couloirs communiquent
entre eux. Les chambres à provisions y
sont rares. Tant que la femelle a des
petits elle n'amasse rien.

Le hamster est un animal hibernant;
dès que la terre se réchauffe et se ramol-
lit, il se réveille. Ce réveil a lieu en
mars, et quelquefois en février. Il n'ouvre pas immédiatement son terrier; il y
reste encore quelque temps, et se nourrit des provisions qu'il a amassées. Au
milieu de mars les mâles, au commencement de février les femelles, quittent
leur demeure pour aller à la recherche
de jeunes pousses de blé, de coqueli-
cots, de grains nouvellement semés,
qu'ils rapportent dans leurs terriers;
un peu plus tard toutes les plantes fraîches leur sont bonnes.

« En abandonnant leur retraite l'hiver
les hamsters se creusent un nouveau
terrier où ils passent l'été, et, dès que
leur travail est fini, l'accouplement a
lieu. Ce terrier d'été a 30 ou, au plus
60 cm. de profondeur; dans la chambre principale est établi un nid où la
femelle met bas. Il ne renferme qu'une
seule chambre à provisions.

A la fin d'avril, le mâle se rend dans
la demeure de la femelle; l'un et l'autre vivent quelque temps en très bons
rapports; ils se donnent même des té-
moignages d'attachement et se défendent mutuellement, au besoin. Deux
mâles qui se rencontrent dans le terrier

d'une femelle, se livrent un combat acharné, jusqu'à ce que le plus faible succombe ou s'enfuie; on trouve souvent de vieux hamsters mâles, couverts de cicatrices, restes de ces luttes. Mais après l'accouplement, les deux époux deviennent aussi étrangers l'un à l'autre qu'auparavant.

La femelle a au mois deux portées de 6 à 7 petits par an : la première a lieu au mois de mai. Les petits naissent nus et aveugles, mais avec des dents, et pèsent alors un peu plus de 4 grammes. Ils grandissent très rapidement, et leur poids est de 50 grammes à la fin de leur première semaine ; leurs yeux sont alors encore fermés : ils ne s'ouvrent que du huitième au neuvième jour. Dès ce moment, les petits commencent à marcher autour de leur nid. La mère les élève avec tendresse ; du reste, elle adopte et soigne avec tout autant de dévouement d'autres nourrissons qu'on lui donne à élever, lors même qu'ils sont plus âgés que les siens. Le quinzième jour, les jeunes hamsters se mettent à creuser ; la mère les émancipe, c'est-à-dire qu'elle les chasse de son terrier, et les force à se tirer d'affaire tout seuls, ce qui ne leur est pas difficile » (Brehm).

7: Campagnol. — Les campagnols ressemblent beaucoup aux rats et aux souris, mais en diffèrent en ce qu'il y a, chez eux, trois molaires à chaque mâchoire, portant des lignes d'émail triangulaire. De plus, la queue est beaucoup plus velue. La tête est assez épaisse, à museau arrondi. Les ongles sont faits pour fouir dans la terre. Queue courte, mais toujours plus longue que les pieds postérieurs. Seize dents. Molaires jamais tuberculeuses.

Cinq espèces:

a) Campagnol rougeâtre (*Arvicola rutilus*). — Longueur : 0ᵐ,09 à 0ᵐ,10. Queue: 0ᵐ,05 à 0ᵐ,06. Oreilles aussi longues que la moitié de la tête. Pied postérieur à plante munie de 6 tubercules arrondis. Dessus rouge vif ou roux marron. Dessous blanc. Vit dans les prairies, au bord des eaux, les taillis, les jardins.

Campagnol amphibie.

b) Campagnol amphibie (*Arvicola amphibius*), appelé aussi Rat d'eau. — Longueur : 0ᵐ,17. Queue: 0ᵐ,09. Oreilles plus courtes que la moitié de la tête, dépassant notablement les poils. Plante des pieds postérieurs avec cinq tubercules. Dessus brun gris nuancé de roux. Dessous plus clair. Commun au bord des eaux.

c) Campagnol des neiges (*Arvicola nivalis*). — Longueur : 0ᵐ,12. Queue: 0ᵐ,06. Oreilles plus courtes que la moitié de

Campagnol des neiges.

la tête. Plante des pieds postérieurs à six tubercules. Dessus brun gris clair. Dessous jaunâtre. Dans les Alpes et les Pyrénées.

d) Campagnol des champs (*Arvicola agrestis*). — Longueur : 0ᵐ,10 à 0ᵐ,12. Queue : 0ᵐ,03 à 0ᵐ,05. Oreilles égalant au plus le tiers de la tête, dépassant légèrement les poils. Queue égalant le tiers de la longueur du corps. Plante des pieds postérieurs à 6 tubercules. Huit mamelles. Commun dans les champs.

e) Campagnol souterrain (*Arvicola subterraneus*). — Longueur : 0ᵐ,09. Queue: 0ᵐ,03. Oreilles très courtes, cachées par les poils. Quatre mamelles. Pieds postérieurs à cinq tubercules. Dessus gris noirâtre. Dessous cendré. Vit un peu partout.

Les campagnols vivent dans les champs où ils se creusent de vastes terriers ; ils sont très préjudiciables à l'agriculture.

« Les campagnols vivent par couples, lorsqu'ils sont adultes ; aussi, à part les petits qui sont encore sous la tutelle de leurs parents, ne rencontre-t-on ordinairement dans chaque terrier qu'un mâle et une femelle. Cependant les cas de polygamie ne sont pas sans exemple, et l'on trouve parfois deux ou trois femelles cohabitant avec plusieurs mâles, à moins que ceux-ci ne soient jeunes. Jaloux à l'excès, les adultes ne sauraient s'accommoder d'un pareil partage. Un mâle ne s'introduit jamais impunément dans la retraite d'un autre mâle. A peine celui-ci l'a-t-il reconnu qu'il se précipite sur lui avec fureur, le mord à belles dents, s'acharne à sa poursuite, le tue s'il ne parvient à se soustraire à ses attaques, et le dévore en partie. Les femelles agissent souvent de même vis-à-vis d'une femelle étrangère, et souvent aussi une mère, qui vient de mettre bas, ne souffre plus à côté d'elle une compagne avec laquelle elle avait jusqu'alors vécu en bonne harmonie.

« Contrairement à l'opinion généralement admise que les campagnols, et notamment le campagnol vulgaire ou des champs, ne mettent bas que deux fois par an, au printemps et à l'été, la plupart d'entre eux, sinon tous, se reproduisent en toutes saisons ; car on trouve des nichées de diverses espèces depuis janvier jusqu'en décembre. Il semblerait donc que les influences qui déterminent le rut, au lieu d'être temporaires, comme on le croit, sont, au contraire, permanentes pour ces animaux, comme elles le sont en général pour les petits rongeurs, qui vivent à l'abri de nos demeures. Toutefois, l'on peut dire que les campagnols ont aussi leur saison d'amour et que cette saison comprend une partie de l'hiver et le printemps. En effet, c'est plus particulièrement du milieu de janvier à la fin de juin que les sexes se recherchent ; c'est aussi durant cette période que l'on rencontre le plus de femelles en gestation, et que les jeunes se montrent en plus grand nombre. Il n'y a sous ce rapport aucune différence entre les individus que l'on retient captifs, dans de bonnes conditions, et ceux qui vivent en pleine liberté.

« Deux couples de Campagnol incertain, gardés en expérience pendant plus d'un an, ont eu, l'un cinq portées, en 4 mois (du 24 février au 21 juin), l'autre six portées en 5 mois (du 8 décembre au 12 mai). Plusieurs autres couples de campagnols vulgaires, souterrains, etc., ont donné à peu près le même résultat, c'est-à-dire de 4 à 5 portées dans les six premiers mois de l'année, et 2 ou 3 au plus de juillet en janvier.

« Une telle faculté génératrice, sans exemple peut-être dans l'histoire des mammifères, exercée un grand nombre de fois, en aussi peu de temps, a certainement de quoi surprendre ; mais le fait, sans perdre de son intérêt, paraîtra moins étonnant si l'on veut considérer que les campagnols ne portent que 20 jours et que l'allaitement n'a pas d'influence sur les autres fonctions génitales, puisque la femelle reçoit de nouveau le mâle 4 ou 5 jours après avoir mis bas.

« Lorsque la gestation touche à son terme, la femelle et le mâle creusent ordinairement à côté de l'une des galeries du terrier et à quelques centimètres seulement de profondeur, une loge particulière qu'ils garnissent, comme la loge de repos, de brins d'herbe grossiers à la périphérie, déliés et très finement découpés au centre.

Toutefois, durant la belle saison, les individus établis dans les prairies, sur les bords des ruisseaux et des étangs, quelle qu'en soit l'espèce, ne font pas toujours leur nid dans la terre ; assez fréquemment ils le construisent au milieu d'une épaisse touffe d'herbes parmi les roseaux, leur donnent une forme sphérique, et n'y ménagent qu'une ouverture à laquelle aboutissent plusieurs des coulées pratiquées dans les herbes. Quoique les matériaux employés soient peu cohérents de leur nature, ils forment cependant, lorsqu'ils sont coordonnés et tassés, une paroi aussi solide que celle du nid du muscadin ou de la souris naine.

« Le nombre de petits n'est pas le même chez tous les campagnols : il varie aussi, pour chaque espèce, d'une portée à l'autre. Pour expliquer l'apparition de ces hordes innombrables dont on a de si fréquents exemples, les auteurs admettaient que les campagnols, et notamment l'espèce vulgaire, mettaient bas jusqu'à 12 petits ; c'est là une exagération. Les espèces à 8 mamelles ont rarement plus de 6 petits, et les espèces à 4 mamelles n'en ont jamais plus de 4.

« Les petits naissent entièrement nus, avec les paupières et les oreilles closes. De ces imperfections originelles, la cécité est la dernière à disparaître : le méat auditif s'ouvre le 5e ou le 6e jour ; vers le 3e, quelques poils excessivement fins percent, surtout à la place qu'occuperont les moustaches, et vers le 6e jour, la peau est entièrement à couvert. Cependant, les paupières restent toujours soudées et ne commencent à s'ouvrir que 9 ou 10 jours après la naissance. Avant qu'ils puissent y voir, les petits font en tâtonnant des excursions dans les galeries qui communiquent avec la loge, où ils sont nés ; déjà aussi, ils s'exercent à manger, quoique la mère les allaite encore.

« Ce n'est que du 15e au 18e jour qu'ils cessent de téter.

« Si l'on ne savait combien l'instinct de conservation est développé chez les êtres qui n'ont pas la force en partage, les actes dont on est témoin, les manœuvres auxquelles on assiste lorsque une mère croit ses petits menacés, étonneraient à bon droit. Chez les campagnols, la sollicitude maternelle se trahit alors par certains mouvements de trépidation brusques et fréquents. A ce signal, qui probablement est pour eux l'indice d'un danger imminent, les petits, trop faibles encore pour fuir, saisissent aussitôt avec leurs bouches les tétines de leur nourrice, s'y greffent en quelque sorte et se laissent entraîner loin du nid sans faire résistance. Le danger a-t-il disparu, la mère les ramène de la même manière, et si, par cas fortuit, l'un d'eux s'est détaché de la mamelle, elle va à sa recherche et le rapporte entre ses lèvres, à l'exemple d'une foule d'autres mammifères. Cet instinct de conservation constitue, sans contredit, le fait le plus curieux de l'histoire des campagnols.

« Cependant la sollicitude de la mère tiédit, se convertit en indifférence à mesure que les petits peuvent se passer de ses soins. Enfin vient le moment où ceux-ci, après s'être formés par couples, abandonnent leurs parents, creusent un terrier non loin de celui où ils sont nés et se livrent bientôt eux-mêmes à l'acte de la reproduction. Ils sont aptes à engendrer et la plupart engendrent réellement un mois et demi après la naissance, bien avant qu'ils aient acquis leur complet développement.

« Doit-on être surpris de la prompte et prodigieuse multiplication des campagnols, lorsqu'à cette précoce aptitude génératrice est jointe la faculté de procréer à peu près en toutes les saisons de l'année, et le fameux privilège d'avoir plusieurs portées dans un temps assez limité ? — Que l'on suppose un couple de campagnol vulgaire produisant en quelques mois 12 petits seulement, soit en moyenne 4 par gestation ; que les six couples que ces petits formeront, en admettant un nombre égal de mâles et de femelles, donnent eux-mêmes trois portées de quatre petits, soit 72 ; que ceux-ci s'accouplant à leur tour, aient la même fécondité, ce que les faits viennent confirmer et l'on comptera pour la 3ᵉ génération, avant que l'année soit écoulée, plus de 500 individus d'âge pour la plupart à se reproduire et descendant d'un seul couple.

« Que de milliers n'en compterait-on pas, si, au lieu d'un couple unique, l'on supposait l'existence simultanée, sur le même terrain de quelques centaines de couples ?

« Ainsi s'expliquent, sans qu'il soit nécessaire d'exagérer, comme on l'a fait, le produit des gestations, ces nombres prodigieux de campagnols qui ont été dénoncés à diverses époques. Ainsi s'expliquent également ces migrations à la suite desquelles des contrées où la présence de ces animaux était à peu près nulle, ont été subitement envahies et dévastées. » (Brehm.)

8. Cobaye (*Cavia aperea*), appelé aussi *Cochon d'Inde*. — Rongeur originaire de l'Amérique et domestiqué chez nous depuis longtemps. Facile à élever quand on lui donne une niche spacieuse et des plantes succulentes. Deux portées par an, chaque fois de 2 à 5 petits. Ce sont de gentilles petites bêtes inoffensives.

Cobaye à poils rebroussés.

Leur chair n'est pas mauvaise. Ils sont très employés pour les expériences de physiologie. Certains, comme le cobaye à poils rebroussés, sont « angora ».

9. Lièvre. — Il est inutile de donner les caractères de ce genre si connu.

Trois espèces :

a) Lapin (*Lepus cuniculus*). — Il se distingue du lièvre par ses membres postérieurs à peine plus longs que les antérieurs. Ses oreilles, plus courtes que la tête, ont la pointe grise. Dessus gris fauve nuancé de brun. Queue blanche en dessous, noirâtre en dessus. Ventre blanc.

Il vit à l'état sauvage, un peu partout, se creusant des terriers dans le sol et se nourrissant de matières végétales. A l'état domestique, c'est un animal d'un très bon produit, présen-

Lapin russe.

tant diverses races. La lapine porte de trente à trente et un jours.

A l'état sauvage, les petits ne sont pas simplement déposés au pied d'un buisson ou dans une touffe d'herbes, comme le sont ceux du lièvre, mais la mère creuse exprès pour eux un terrier. Quelques jours avant de mettre bas, elle fait en pleine terre un terrier de trois pieds environ de profondeur, tantôt droit, le plus souvent plus ou moins coudé, et toujours dirigé obliquement en bas. Le fond en est évasé, circulaire et garni d'une couche d'herbes sèches, au-dessus de laquelle se trouve une autre couche de poils duveteux que la femelle a arrachés de son ventre. C'est sur ce lit moelleux qu'elle dépose ses petits, dont le nombre varie de quatre à huit. Après qu'elle a mis bas, qu'elle a donné son premier lait, la lapine abandonne le nid, en ayant soin d'en boucher l'entrée. Pour ce faire, elle y pousse une grande partie de la terre provenant du déblai, et quand elle en est obstruée, elle la tasse avec ses pieds et se vautre dessus. Tant que les petits ont les paupières closes, l'entrée du nid est complètement fermée ; mais lorsqu'ils commencent à voir, la mère y ménage une petite ouverture qu'elle agrandit de plus en plus à mesure qu'ils deviennent plus forts. L'allaitement est à peu près de vingt jours. L'heure à laquelle la lapine se rend auprès de ses petits est encore inconnue : il est certain qu'elle ne les visite pas de la journée, et l'on suppose qu'elle ne va à son nid que le matin de très bonne heure.

On a cru que la femelle ne cachait ainsi ses nourrissons que pour les dérober à la fureur du mâle : c'est une erreur. Celui-ci ne les aime pas moins que sa compagne. Une fois sortis de leur nid, il les reconnaît, les prend entre ses pattes, leur lèche les yeux, leur lustre le poil, les instruit avec leur mère à chercher leur nourriture, et partage également entre tous ses caresses et ses soins. On dit même que ses rapports avec eux se prolongent au delà de leur enfance, qu'à leur tour, ils apprennent bientôt à le connaître, et ne cessent jamais de témoigner une sorte de déférence pour son autorité, une apparence de respect pour sa dignité paternelle et pour son âge (Dietrich). Ce dernier point est une pure invention.

_b)_ Lièvre (_Lepus timidus_). — Se reconnaît à sa queue presque aussi longue que la tête, blanche en dessous, noire en dessus sur la ligne médiane. Membres postérieurs notablement plus longs

Lièvre.

que les antérieurs. Dessus gris fauve mêlé de brun. Dessous blanc. Oreilles plus longues que la tête, grises, à la pointe noire. Animal timide, vivant surtout dans les plaines, se nourrissant de matières végétales. Il n'a nullement le caractère du lapin ; il ne creuse pas de terrier et ne peut être domestiqué. La reproduction commence en mars ou fin février.

La femelle porte pendant trente jours, et reste en chaleur tout le temps de la gestation. Elle met bas pour la première fois dans la dernière quinzaine de mars, pour la quatrième et dernière fois en août. La première portée est d'un ou deux petits. La seconde de trois à cinq, la troisième de deux, la quatrième d'un ou deux. Ce n'est qu'exceptionnellement, et dans les hivers très doux, qu'elle a cinq portées. Elle met bas dans un endroit tranquille, sur un tas de fumier, dans le creux d'un vieux tronc, sur un lit de feuilles sèches, ou même sur le sol nu.

Les petits naissent les yeux ouverts, couverts de poils, et déjà assez développés. D'après bien des chasseurs, ils se mettent aussitôt à se sécher et à se nettoyer eux-mêmes. La mère ne reste avec eux que cinq ou six jours, puis les abandonne à leur sort. De temps à autre, seulement, elle revient à l'endroit où ils sont, les appelle en faisant battre ses oreilles l'une contre l'autre, et leur donne à téter. En cas de danger, elle fuit au loin. On a vu cependant les hases défendre leurs petits contre des corbeaux et des oiseaux de faible taille.

En général, le peu d'attachement de la mère pour ses petits est la principale cause de la mort d'un grand nombre de levrauts. Beaucoup meurent en naissant, si la température est trop froide. Echappent-ils à ce premier danger, ils sont exposés à bien d'autres, et ils ont surtout à redouter leur père, qui se comporte d'une manière vraiment cruelle à leur égard et les torture jusqu'à la mort.

« J'entendis un jour, près d'un village, les gémissements d'un levraut, dit Dietrich de Winckell ; je supposai qu'il avait été pris par un chat et je m'approchai pour tuer le ravisseur. Mais je vis un lièvre mâle assis devant le levraut, le repoussant alternativement avec une patte, puis avec l'autre ; le pauvre petit en était tout épuisé. Le vieux paya sa cruauté de la vie.

Une jeune famille ne quitte pas volontiers l'endroit où elle est née. Les frères et sœurs ne s'éloignent pas beaucoup l'un de l'autre, bien que chacun ait son gîte à part. Le soir, ils vont brouter de compagnie ; le matin, ils retournent ensemble dans l'endroit où se trouve leur gîte, et ainsi jusqu'à ce qu'ils aient la moitié de leur taille. Alors ils se séparent. A quinze mois, ils sont complètement adultes, mais, à un an, ils sont déjà capables de se reproduire » (Brehm).

_c)_ Lièvre changeant (_Lepus variabilis_). — Membres postérieurs notablement plus longs que les antérieurs. Queue plus courte que la moitié de la tête, d'une seule couleur. Oreilles plus courtes que la tête, avec la pointe noire en toute saison.

Se trouve dans les Alpes et les Pyrénées, à une altitude de 1 000 à 3 500 m. Il gîte entre les pierres. Ce qu'il représente de remarquable, c'est qu'en hiver, lorsque le sol est couvert de neige, il est entièrement blanc (sauf le bout de la queue). L'été, il devient fauve.

Ordre des CARNIVORES

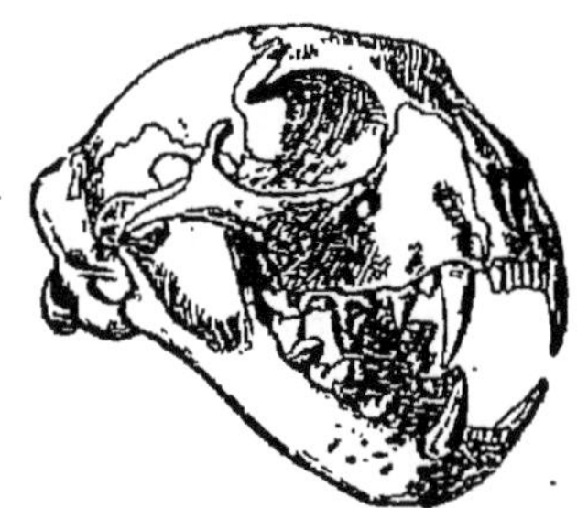

Crâne et denture d'un Carnivore (Chat).

Mammifères carnassiers, à système dentaire composé de trois incisives en haut et en bas, de canines très saillantes, de prémolaires pointues, d'une carnassière (prémolaire volumineuse) tranchante et d'un petit nombre de molaires tuberculeuses, à doigts armés de griffes puissantes, munis ou non de clavicules rudimentaires.

On peut les déterminer avec le tableau ci-dessous :

Pelage avec taches noires. . . . , ...   *Genette* (n° 3)

Pas de taches noires sur le pelage.

  Grande taille (1 m. 50 environ). . . . . . .   *Ours brun* (n° 8).

  Taille moyenne ou petite.

    Cinq doigts en avant, quatre en arrière.

      Ongles ne se relevant pas quand l'animal marche. (Sauvage.)

        Pelage roux. Queue plus longue que la moitié du corps.   *Renard* (n° 1 b).

        Pelage noirâtre. Queue plus courte que la moitié du corps. . . . . .   *Loup* (n° 1 a).

      Domestique. . . . . .   *Chien* (n° 1 c).

      Ongles rétractiles, c.-à-d. se relevant quand l'animal marche.

        Queue aussi longue que la moitié du corps. . . . . .   *Chat* (n° 2 b et c).

        Queue plus courte que la moitié du corps. .   *Lynx* (n° 2 a).

    Cinq doigts en avant et en arrière.

      36 dents. Aquatique en partie. . .   1. *Loutre* (n° 6).

      38 dents.

        Queue moins longue que la moitié du corps. . . . . . .   2. *Blaireau* (n° 7).

        Queue aussi longue que la moitié du corps.

          Poitrine blanche.   3. *Fouine* (n° 4 a).

          Poitrine jaune. .   4. *Marte* (n° 4 b).

      34 dents.

        Dessous blanc.

          Queue d'une seule couleur. . . . . . .   5. *Belette* (n° 5 a).

          Queue noire au bout .   6. *Hermine* (n° 5 b).

        Dessous brun foncé.

          Taches au menton. . .   7. *Vison* (n° 5 c).

          Taches au museau, au-dessus des yeux et au bord des oreilles.

            Yeux non rouges.   8. *Putois* (n° 5 d).

            Yeux rouges.   9. *Furet* (n° 5 e).

(5 à 9 : *Vulgairement : Bêtes puantes.*)

---

1. Chien (*au sens large du mot*). — Pieds nettement digitigrades, les antérieurs à trois doigts, les postérieurs à quatre doigts. Ongles non rétractiles. Tête longue. Museau allongé. 42 dents. langue non hérissée de papilles rudes. Trois espèces :

a) Loup (*Canis lupus*). — Longueur :

1m,15. Queue : 0m,40. Queue peu touffue, atteignant au plus le tiers de la longueur du corps. Jambes assez longues. Œil à pupille arrondie. Oreilles aiguës, dressées. Dessus gris fauve. Dessous fauve clair. Museau noir. Extrémité de la queue rembrunie. La louve est un peu plus petite que le mâle; son museau est plus mince et sa queue moins touffue. Le loup devient de plus en plus rare.

La trace du loup ne peut guère se confondre qu'avec celle du chien. On la reconnaîtra cependant à ce que le talon marque dans le sable trois fossettes nettement dessinées, et plus détachées du reste du pied que chez le chien. Le pied de devant est plus large que celui de derrière. Enfin les empreintes des quatre pattes ne sont pas en ligne droite comme celles du renard.

Le loup habite pour ainsi dire toute l'Europe, plus commun dans les régions montagneuses et surtout peu peuplées.

Loup.

On le trouve aussi au centre et au nord de l'Asie et dans l'Amérique septentrionale. En France, on détruit en moyenne 1200 loups par an.

Tant qu'il trouve une nourriture suffisante, le loup reste dans les lieux solitaires et tranquilles, tels que les forêts sombres, les ravins des montagnes, les marais et les steppes. Il attaque tous les vertébrés à sang chaud : moutons, cerfs, chevreuils, mulots, souris, petits oiseaux, etc. Ses instincts sanguinaires sont très développés : souvent il tue pour le seul plaisir de tuer, puisqu'il ne dévore pas sa victime. Il a une affection toute spéciale pour la chair du chien, son frère domestiqué, peut-être même son descendant. La charogne est aussi pour lui un plat de choix; il la préfère aux animaux vivants.

Les loups chassent assez rarement seuls; le plus souvent, ils se réunissent en bandes de trois, quatre ou cinq, et quand ils veulent aller faire un mauvais coup, marchent à la file indienne, en posant leurs pattes, exactement, paraît-il, sur les traces de celui qui tient la tête. C'est seulement en hiver qu'ils se réunissent, souvent en bandes considérables. Comme dit le proverbe, la faim fait sortir le loup du bois. En été, quoique très vorace et très fort, il est horriblement poltron : il suffit de battre le briquet, de souffler dans une corne ou dans une trompette pour le mettre en fuite. Au contraire, en hiver, pressé par la faim, sa lâcheté l'abandonne et il devient très hardi, s'attaquant à l'homme même, pénétrant jusque dans les villages où il sème partout le carnage et la mort.

Le loup est surtout l'ennemi des bestiaux, des moutons en particulier. Les bergers défendent tant bien que mal leurs troupeaux à l'aide de chiens. Mais, dans certains pays, le nombre des loups est si grand qu'il est impossible de lutter contre eux : dans les montagnes du sud de la Norwège, on a dû renoncer à l'élevage des rennes, qui réussissait cependant très bien, parce que les loups les faisaient disparaître rapidement.

Le loup est un ennemi difficile à détruire à cause de la finesse de ses instincts et de ses sens. Il arrive souvent qu'un couple, un mâle et une femelle s'entendent pour attaquer un clos rempli de moutons; la louve s'approche du troupeau, attire sur elle l'attention du chien qui se met à sa poursuite. Pendant ce temps, le mâle enlève un mouton dont la louve vient plus tard réclamer sa part quand elle a suffisamment fatigué le chien.

Son ouïe, sa vue et surtout son odorat sont d'une très grande délicatesse. On cite des loups qui sentaient un troupeau ou un animal mort à plus de six kilomètres. Cet odorat si subtil, le guide constamment dans tous ses voyages; quand il veut sortir d'une forêt, il ne manque pas de prendre le vent.

Autrefois, quand le loup était très commun, on employait beaucoup pour sa chasse, la *trappe* ou la *fosse*. Le trou avait 3 à 4 mètres de profondeur. Aujourd'hui, on a presque complètement renoncé à ce mode de chasse, car il peut causer la mort d'un homme ou d'un animal domestique.

Le vrai et presque seul engin de destruction du loup est le piège, mais il exige de nombreuses précautions, souvent minutieuses, toujours indispensables. On peut employer le piège à planchette et surtout le piège à engrenages ou piège à détente.

La première chose à faire, après s'être procuré un piège, est de fabriquer une graisse spéciale, à odeur forte, capable de masquer celle de l'homme qui a manipulé l'instrument. Pour cela on fait fondre dans une bassine 125 grammes de graisse de porc, à laquelle on ajoute un oignon fendu en quatre que l'on retire dès qu'il commence à roussir. On ajoute ensuite un peu de camphre et de la poudre d'iris et l'on remue avec une branche de noisetier. Quand le mélange est bien homogène, on y jette une petite poignée de jeunes rameaux de douce-amère. Quand ces tiges commencent à brûler, on retire la bassine du feu et on additionne la graisse d'une demi-cuillerée de jus de fumier de cheval. On réchauffe alors jusqu'à évaporation et on filtre au travers d'un linge. Cette graisse ainsi préparée peut se conserver longtemps, à la condition d'y mêler quelques gouttes d'essence d'anis, avant qu'elle ne se fige. Pendant que la bassine était encore sur le feu, on a eu soin d'y jeter des petits croûtons de pain que l'on retire ensuite pour les sécher sur une feuille de papier.

L'odorat du loup étant très subtil, on doit constamment faire attention à ce que l'animal ne puisse se douter du passage de l'homme. Or, si le piégeur allait faire ses différentes manipulations avec des souliers de cuir, il est certain que le loup éventerait sa piste et s'éloignerait. Autrefois les piégeurs s'entouraient les pieds de peaux de lapin ou de lièvre. Aujourd'hui, on se sert plus simplement de sabots enduits complètement avec la graisse dont nous avons donné la recette plus haut.

Le piégeur ayant ainsi graissé ses sabots, se munit d'abord de deux sacs, l'un renfermant de la paille hachée ou des balles d'avoine ou de blé, l'autre contenant les croûtons de pain graissés.

Il doit aussi se pourvoir d'un morceau de drap imprégné de graisse odorante. Un autre objet également important est la *pièce de traînée* ; nous verrons plus loin à quoi elle sert. C'est un lapin frais éventré, une peau de lapin retournée ou encore des intestins de lapin. L'une quelconque de ces pièces est solidement attachée à une corde de deux à trois mètres de longueur et dont l'autre extrémité est attachée au bras du piégeur.

Quant au piège, comme il serait dur à mettre en batterie sur le lieu même où il doit fonctionner, l'homme l'emporte tout armé, muni du cran de sûreté et suspendu à la ceinture de telle sorte que les mors se rabattent au dehors, si par un accident imprévu le cran venait à manquer.

La chasse se fait exclusivement en hiver et pendant la nuit. Le piège est déposé en son lieu et placé au crépuscule ; on doit venir le rechercher le matin, vers six heures.

Si l'on n'était prévenu, on serait tenté de croire que le piège doit être placé au plein cœur de la forêt. Point ; il ne faut pas que le piège se trouve dans un endroit où le loup pourrait soupçonner une embuscade ; l'animal est très méfiant de sa nature, et s'il trouvait un croûton de pain près d'un rocher, il ne manquerait pas de s'éloigner soupçonnant qu'il y a un homme derrière, prêt à lui faire un mauvais parti. Le piège doit donc être placé en rase campagne, à 200 ou 300 mètres du bois infesté. Les piégeurs ont habituellement deux endroits spéciaux, à l'opposite l'un de l'autre. Selon la direction du vent, ils s'adressent au premier ou au second.

Le piégeur part de chez lui entre cinq et six heures du soir, muni des pièces suivantes : 1° le piège graissé et armé ; 2° un morceau de drap gras ; 3° un sac avec des croûtons de pain ; 4° un sac avec de la paille hachée ; 5° la pièce de traînée, et 6° un petit instrument pour gratter la terre. — Il se rend à l'endroit qu'il a choisi, et, posant le piège à terre, il en dessine grossièrement les contours. Il enlève le piège et creuse les sillons tracés de façon à ce qu'en replaçant l'instrument à la même place, il disparaisse complètement à la vue. Ce travail est assez délicat, il ne faut pas que le loup puisse s'en apercevoir. Chaque parcelle de terre enlevée doit être enlevée et jetée à la volée, loin de là, à une centaine de pas environ. L'endroit où on met le piège s'appelle un *placeau*. L'appareil est une dernière fois frotté avec le drap graissé, mis en place, toujours avec le cran de sûreté, et enfin, recouvert de menue paille. Inutile de dire que l'anneau est solidement attaché au sol par un petit piquet fiché en terre.

Si l'on se fiait au hasard pour amener le loup au piège, on serait presque sûr de ne jamais l'attraper. Il faut : 1° l'amener du bois au piège, en l'alléchant par l'espoir de prendre un lièvre ou un lapin, et 2° endormir sa méfiance en semant sur son chemin des placeaux non armés, mais pourvus cependant d'appâts. Ces deux *desiderata* sont remplis par l'opération de la traînée.

Le piégeur, la pièce de traînée à la ceinture, part du piège, dans une direction variable avec le vent : il faut que la traînée ait le piège à bon vent. Arrivé dans un endroit où il estime que les loups passent souvent, il dispose les entrailles du lapin à terre et se met en marche, en traînant celles-ci derrière lui. Dès qu'il a fait une centaine de pas, il s'arrête pour fabriquer sur son chemin un placeau artificiel. Il saupoudre la terre de paille ou de balles d'avoine, de manière à dessiner sur le sol les contours d'un piège, et dépose au milieu un ou deux croûtons. Il continue ensuite la traînée et tous les cent pas environ dépose un nouveau placeau artificiel. Toujours traînant son gibier, il fait à peu près tout le tour du bois, en passant par les chemins, et, enfin, arrive au piège. Là, un croûton de pain est attaché à la détente, deux ou trois autres sont placés sous les attaches et le cran de sûreté est enlevé avec précaution. Le piège est ainsi prêt à fonctionner ; mais il ne faut pas s'arrêter là ; on doit continuer la traînée au delà du piège, fabriquer encore quelques placeaux artificiels, tout en entrant à la maison. Cette seconde piste peut, tout aussi bien que la première, amener le loup à se faire prendre.

Le matin, dès quatre à six heures, il faut aller relever le piège. S'il n'a rien pris, on se contente de le graisser. Si une pièce a été saisie, il faut le nettoyer avec des soins méticuleux. On doit le démonter et frotter chaque pièce jusqu'à ce qu'elle devienne lisse et brillante. Il ne doit pas y avoir la moindre trace de rouille ni de sang, bien entendu. Ce sont là des opérations très importantes. On a cité souvent des loups qui avaient mangé tous les croûtons de pain de la traînée et qui laissaient celui d'un piège qui avait déjà fait une victime.

b) **Renard** (*Canis vulpes*). — Longueur : 0,60. Queue : 0,38. Queue touffue, plus longue que la moitié du corps. Jambes assez courtes. Œil à pupilles allongées verticalement. Oreilles grandes, aiguës, dressées. Dessus fauve, quelquefois gris. Dessous pâle. Extrémité de la queue blanche. La coloration varie beaucoup et donne naissance à des variétés :

Renard charbonnier. — Roux foncé. Extrémité des membres et de la queue noire.

Renard croisé. — Roux foncé, avec une bande dorsale. Epaules et pieds noirs. Extrémité de la queue blanchâtre.

Renard.

Renard à ventre noir. — Dessous noir.

Le renard a le pelage abondant, serré et la queue longue et touffue : on le croirait épais, mais il est en réalité très élancé et très vigoureux. La tête est large, le front plat, les yeux obliques, les oreilles dressées et le museau brusquement allongé, long et pointu. Les pattes sont minces et courtes. Les traces du renard ressemblent à celles d'un petit chien basset : on les reconnaît cependant à ce que l'empreinte de chaque pas est plus petite et plus allongée. Les ongles y sont plus saillants. Quand le renard marche lentement, les traces alternent un peu obliquement : s'il y a de la neige, la queue y trace une ligne très visible. Le plus souvent le renard marche au trot, et dans ces conditions, les traces des quatre pattes sont en ligne droite, comme si l'animal marchait sur une corde. Enfin, au galop, l'allure est la même que celle du chien et du lièvre. Quand on veut bien chasser le renard, il est indispensable de connaître ses mœurs à fond ; elles sont sensiblement différentes de celles du loup, desquelles on serait tenté de les rapprocher. Tout d'abord il faut mettre en relief l'intelligence du renard qui peut se plier à toutes les circonstances, sa ténacité dans les mauvaises actions, sa témérité et enfin son adresse et ses autres qualités corporelles. Une fois pris, il ne désarme pas, mais il cherche par tous les moyens possibles à se sauver, il met alors en œuvre toutes les ressources de son intelligence, de sa souplesse et de sa force.

Il vit presque toujours solitaire ou par couple : jamais il ne se réunit en bandes nombreuses, même au moment le plus fort de la disette. Il se creuse un vaste terrier pour se mettre à l'abri des intempéries et pour posséder un grenier. Généralement il installe sa demeure à la lisière d'un épais fourré ou sur le penchant d'une colline rocailleuse. Il creuse rarement son terrier lui-même. Il choisit plutôt un creux naturel qu'il agrandit ensuite ou un terrier de lapin dont il dévore tout d'abord les habitants. Il a plusieurs terriers et change de domicile quand il ne se sent pas en sûreté dans l'un d'eux. Généralement chaque renard a un terrier principal autour duquel sont disposés des terriers secondaires. Ceux-ci sont rameux, pénètrent dans les ravins entre les massifs. Le terrier principal a souvent une profondeur de 3 mètres, un périmètre de 15 mètres : il est composé de canaux anastomosés, réunis par des galeries transversales et aboutissant dans une chambre unique de 1 mètre de diamètre. Les chasseurs de renards distinguent trois portions dans ces terriers : 1° Le donjon, c'est-à-dire la chambre principale qui sert d'habitation ; 2° la fosse, qui sert de grenier et qui a au moins deux issues: et 3° le maire c'est-à-dire l'antichambre, où l'animal vient se mettre en observation. Poursuivi, le renard ne se rend pas en ligne droite à l'un des terriers mais, pour dérouter le chasseur, fait plusieurs tours avant d'y arriver. Serré de trop près, il se réfugie dans le terrier d'un camarade ou dans un trou quelconque. Quand il s'est établi à un endroit, il commence d'abord par explorer les environs et il finit par les connaître avec beaucoup de détail. Dans la journée, il reste souvent chez lui, mais lorsque le soleil brille, il va faire une petite promenade et se réchauffer : on le voit s'étaler voluptueusement au soleil, faire la sieste. Il ne se fait pas faute non plus de chasser quand l'occasion s'en présente. Ce qui fait surtout l'une des forces du renard, c'est qu'il s'accommode un peu de tous les mets et qu'il trouve ainsi à manger en tout temps et en tout lieu. Il s'attaque aux mulots, aux lapins, aux oiseaux voire même aux insectes. Il pénètre souvent dans les poulaillers et y fait de grands ravages. L'un de ses mets favoris est le miel ; pour se le procurer il bouleverse les ruches, et en écrase ou mange les habitants. Dans ses excursions nocturnes, le renard pèse pour ainsi dire tous ses pas : il marche avec une extrême prudence et cherche avant tout sa sûreté.

c) **Chien domestique** (*Canis familiaris*).— Cet animal domestique présente de si nombreuses races que la place nous fait ici défaut pour les décrire. Elles sont d'ailleurs bien connues de tout le monde. — La chienne porte neuf semaines et met bas de trois à dix petits. Ceux-ci restent aveugles de deux à douze jours. Il y a de très nombreuses races de chiens, mais un volume ne suffirait pas à les énumérer.

2. **Chat** (*au sens large du mot*). — Pieds nettement digitigrades. Pattes de devant à cinq doigts. Pattes de derrière à quatre doigts. Ongles rétractiles. Tête arrondie à museau court. Langue rude. Molaires tuberculeuses. Oreilles grandes, triangulaires. Pattes allongées, fortes. Pupille de l'œil allongée, verticale en pleine lumière, se dilatant dans l'obscurité. Trente dents.

Trois espèces :

a) **Lynx** (*Felis lynx*), appelé aussi *Loup cervier.* — Longueur : 0^m,80. Queue : 0^m,20. Vit dans les montagnes, où, d'ailleurs, il est devenu très rare. C'est, pourrait-on dire, un gros chat avec une tête rappelant celle du lion. Ce qui donne à sa physionomie un aspect particulier, ce sont ses grandes oreilles pointues et garnies à leur extrémité d'un pinceau de poils. Il habite les forêts les

plus sombres et les plus impénétrables des montagnes. Sa voix ressemble au

Lynx.

hurlement du chien. La puissance de sa vue est très grande et devenue proverbiale. Il ne mange que des animaux vivants et les capture surtout par la ruse ; il cause parfois des ravages dans les troupeaux de chèvres. La peau du lynx constitue une belle fourrure.

b) **Chat sauvage** (*Felis cattus*). — Longueur : 0^m,60. Queue : 0^m,30. Il ne faut pas le confondre avec le chat domestique redevenu sauvage. Il habite les régions montagneuses où d'ailleurs il est extrêmement rare. Il se distingue par sa taille d'un tiers plus grande, sa vigueur plus grande, sa queue moins allongée, plus épaisse, se terminant par un bout arrondi, sa tête moins aplatie, ses intestins moins longs. C'est un animal très sanguinaire.

c) **Chat domestique** (*Felis domesticus*). — Inutile d'insister sur ce charmant animal que tout le monde connaît avec ses nombreuses races. Il est très utile dans les maisons pour chasser les rats et les souris.

Chat angora.

La chatte met bas en général deux fois par an, une première fois fin avril ou au commencement de mai ; une seconde fois en août. Elle porte cinquante-cinq jours et donne chaque fois naissance à cinq ou six petits, qui ne commencent à voir que le neuvième jour.

La mère adore ses petits et joue avec eux quand ils sont un peu plus grands. Rien n'est joli comme une portée de chats s'amusant entre eux ou avec leur maman : gracieux et espiègles, ils ne pensent qu'à se divertir et le moindre objet devient pour eux un motif de cabrioles et de gambades joyeuses. « Leur première voix, dit Scheitlin, est extrêmement douce et tout à fait enfantine. Ces petits êtres sont tellement remuants que, tout aveugles encore, ils quittent déjà leur couche, dans laquelle la mère est ensuite obligée de les reporter. A peine y voient-ils qu'ils n'y tiennent plus et rampent tout autour du nid en poussant de fréquents miaulements. Ils se mettent immédiatement à jouer avec tout ce qui roule, court, glisse ou vole ; c'est déjà l'instinct de la chasse aux souris et aux oiseaux qui commence à percer. Ils jouent continuellement avec la queue de leur mère et avec la leur propre, dès qu'elle est assez longue pour qu'ils puissent la saisir avec leurs pattes ; ils la mordent aussi et ne remarquent pas immédiatement qu'elle fait partie de leurs corps, de même que nos enfants se mordent les doigts des pieds, qu'ils considèrent comme quelque chose qui leur est étranger. Les petits chats font les sauts les plus singuliers et les mouvements les plus gracieux. Leurs gestes et leurs jeux, auxquels ils se plaisent comme des enfants, les amusent, eux et les personnes qui les aiment, pendant des heures entières. Dès que leurs yeux sont ouverts, ils savent distinguer le bon du mauvais, l'ami de l'ennemi. Lorsqu'un chien aboie contre eux, ils font déjà leur gros dos et le reçoivent en grinçant : ce sont de petits lions. L'amour de la mère pour ses petits est admirable. Elle leur prépare un nid avant la naissance, et les porte immédiatement dans un autre endroit dès qu'elle redoute le moindre danger pour eux ; elle saisit, avec les lèvres seulement, la peau de la nuque et les transporte si doucement que les petits êtres s'en aperçoivent à peine. Pendant qu'elle nourrit, elle ne quitte sa couche que pour chercher de la nourriture pour eux et pour elle. Certaines chattes ne savent pas comment s'y prendre pour élever leurs premiers petits, et il faut que l'homme ou qu'une chatte expérimentée leur vienne en aide. Une personne digne de foi m'a assuré avoir vu une vieille chatte en soigner une jeune, la première fois que celle-ci avait mis bas, lécher ses petits, et les réchauffer. Une autre chatte avait pris l'habitude de porter par la queue toutes les souris dont elle s'emparait ; lorsqu'elle eut des chatons, elle voulut faire de même à eux, mais ceux-ci s'accrochant au sol avec leurs pattes s'opposaient à ce que la mère les emportât. La dame de la maison lui montra alors de quelle manière il fallait qu'elle saisit ses petits ; elle le comprit instantanément, et, à partir de ce moment, elle les porta comme toutes les autres chattes. On sait d'ailleurs très bien que les chattes se perfectionnent peu à peu dans l'art d'élever et de soigner leurs nourrissons. »

Un fait curieux, c'est qu'au moment où une chatte nourrit, elle adopte avec une grande facilité toutes sortes de jeunes animaux, soit spontanément, soit qu'on les lui offre dans ce but : l'adoption réussit naturellement d'autant mieux que l'on enlève à la chatte un plus grand nombre de petits et qu'on lui donne des animaux susceptibles de sucer son lait. On comprend ainsi jusqu'à un certain point qu'elle accepte avec plaisir ces individus qui la soulagent du surplus de son lait, et même, ainsi qu'on l'a vu sans le moindre doute, des rats et des souris ! Mais, à côté de cette cause utilitaire, il y en a une autre d'origine morale : la chatte, au moment de son allaitement, a une certaine quantité de sentiments affectifs à distribuer ; privée de ses petits en totalité ou en partie, elle les reporte sur d'autres animaux ; on en a vu ainsi adopter des poussins, petites bêtes qui cependant n'en voulaient point à son lait.

Les faits de cet ordre abondent. Je n'en citerai que quelques-uns : « Une chienne épagneule à longues soies, dit le capitaine Marryat, avait eu d'une seule portée cinq petits, très bien conformés et qui semblaient ne demander qu'à vivre. Cependant comme on les laissait tous à la mère, on craignait qu'elle ne s'épuisât sans parvenir à les élever. Il paraissait indispensable d'en sacrifier une partie pour sauver le reste. La maîtresse de la chienne, ne pouvant se résoudre à ce sacrifice, eut l'idée qu'on pourrait nourrir au biberon deux des petits, en les tenant d'ailleurs dans un endroit suffisamment chaud ; mais une autre personne, consultée sur les moyens d'exécution, émit l'avis de faire allaiter les deux chiens par une chatte qui justement venait de mettre bas. On résolut d'essayer, et, en conséquence, on enleva un des chatons, qu'on remplaça par un petit chien. La chatte ayant bien accueilli l'étranger, reçut peu de jours après un second nourrisson qu'elle traita comme le premier, et, bientôt elle n'en eut plus d'autres, car on eut le soin, afin qu'ils ne souffrissent pas, faute de nourriture, de faire disparaître l'un après l'autre, tous leurs frères de lait. Voilà mes petits chiens qui profitent à merveille, et non seulement au bout d'une quinzaine ils étaient très bien portants ; mais, chose remarquable, ils semblaient beaucoup plus avancés que ceux qui étaient élevés par la vraie mère. Tandis que ceux-ci étaient encore de gros patauds, roulant plutôt qu'ils ne marchaient, les autres étaient lestes, agiles et gais comme de jeunes chats. La chatte semblait prendre plaisir à les exercer et les faisait jouer avec sa queue. Bientôt ils purent manger de la viande et, à une époque où leurs trois frères étaient tout à fait incapables de se suffire à eux-mêmes, eux pouvaient sans inconvénient se passer de nourrice, de sorte qu'on ne tarda pas à les donner. La pauvre chatte en fut inconsolable ; pendant deux jours elle n'eut pas un momemt de repos, et courut la maison de la cave au grenier. Enfin, ayant trouvé moyen de pénétrer dans la chambre où la chienne nourrissait les petits qui lui avaient été laissés, elle crut que c'était la chienne qui lui avait volé ses enfants et leva la patte sur elle ; mais la vraie mère *répondit par un coup de dent*. La bataille, une fois engagée, fut soutenue vigoureusement de part et d'autre ; l'avantage resta pourtant à la chatte, qui prit un des petits et l'emporta en triomphe. A peine l'eût-elle déposé en lieu sûr, qu'elle revint pour en chercher un autre, qu'elle parvint également à emporter, après avoir soutenu un nouveau combat. Le curieux de l'affaire, c'est que ce double succès ne lui tourna pas la tête, et qu'elle ne chercha pas à le pousser trop loin. On lui avait pris deux nourrissons, elle en avait pris deux ; elle savait fort bien son compte. »

Voici un autre cas encore plus curieux : « Dans une ferme d'Angleterre, raconte Brehm, une chatte avait mis bas pendant la nuit, et dès le matin, elle avait perdu ses petits : on avait profité de ses premières absences pour les aller noyer au loin. La pauvre mère s'était fatiguée à courir la maison, cherchant, appelant, et donnant tous les signes d'une douleur bien naturelle en pareil cas, mais qui, chez les animaux abâtardis par la domesticité est souvent beaucoup moins vive. Elle était encore en quête, lorsqu'un enfant qui la voulait régaler, déposa dans le panier d'où l'on avait enlevé les chatons, une nichée de jeunes rats qu'il venait de découvrir. La chatte, revenant au bout de quelques instants, trouva ces petits êtres demi-nus et gémissants, auxquels d'abord elle prit à peine garde. Elle se *coucha dans son panier sans prendre aucune précaution, mais aussi sans* faire aucun mal aux nouveaux occupants. Ceux-ci, dans le premier moment, furent-ils effrayés en sentant si près d'eux l'ennemi constant de leur race ? Je serais très porté à le croire. Quoi qu'il en soit, ils se remirent promptement et, *le besoin leur aidant à surmonter une antipathie naturelle*, ils saisirent les mamelons de la chatte et commencèrent à téter de bon appétit. La nourrice les laissa faire d'abord sans colère ; puis, éprouvant peut-être quelque soulagement par suite de la succion, elle commença à y prendre plaisir ; bientôt elle s'intéressa aux petits rats et avant la fin de la journée, elle s'était déjà occupée de faire leur toilette. De ce moment elle les avait adoptés.

« Tous les habitants de la ferme étaient venus voir cette singulière famille ; les voisins accoururent à leur tour ; enfin les visites se multiplièrent au point de devenir une véritable incommodité, et, pour y mettre un terme, on prit le parti de détruire les petits rats. Je regrette que l'expérience n'ait pas été poussée jusqu'au bout : il eût été curieux de voir si, une fois capables de vivre par eux-mêmes, nos jeunes animaux n'eussent pas été empressés de fuir leur nourrice ; de voir si elle-même, du moment où elle ne leur aurait plus été nécessaire, n'eût pas perdu pour eux toute affection, qui peut dire, si l'ancien instinct reprenant le dessus, elle n'eût pas un beau jour fait curée de ces êtres dont elle avait pris d'abord tant de soins ?

Je me suis moi-même amusé pendant mon jeune âge à faire de pareils essais, qui ont toujours réussi. J'ai donné, une fois, à une chatte que j'avais élevée, un petit écureuil encore aveugle, *resté seul de toute une nichée les autres étant morts malgré mes soins. Pour* sauver celui-ci, j'essayai donc de le confier à notre chatte, qui venait de mettre bas pour la première fois. Elle répondit complètement à mon attente ; elle reçut avec tendresse le pauvre orphelin au milieu de ses petits, l'échauffa de son mieux et le soigna, dès les premiers jours, avec une tendresse toute maternelle. Le petit écureuil prospéra avec ses nouveaux frères et resta auprès de sa mère d'adoption lorsque déjà ceux-ci en avaient été séparés. La chatte sembla alors concentrer toute son affection sur l'écureuil. Il s'établit entre eux des liens aussi intimes que possible.

La mère et l'enfant adoptif s'entendaient admirablement ; la chatte miaulait, l'écureuil répondait à sa façon. Bientôt il suivit sa mère nourricière à travers toute la maison et dans le jardin. Obéissant à son instinct naturel, l'écu-

reuil grimpait avec la plus grande facilité sur un arbre, la chatte le regardait
tout ébahie et tout étonnée de l'adresse
du petit étourdi et le suivait tant bien
que mal. Les deux animaux jouaient
ensemble, l'écureuil s'y prenait bien un
peu gauchement, mais leur amitié n'en
souffrait pas; la mère était si patiente
qu'elle recommençait toujours le jeu.
Je serais entraîné trop loin, si je voulais
citer toutes les particularités de leurs
rapports; l'écureuil étant mort par
suite d'un malheureux accident, la
chatte n'en conserva pas moins l'habitude d'aimer tous les orphelins qu'on
lui donnait à nourrir, tels que lapins, rats et petits chiens. Ses descendants se montrèrent en tout point
dignes d'elle, et se prêtèrent de même
à l'adoption d'autres petits animaux.

Voici un autre fait qui ne manque
pas d'intérêt. Une chatte ayant été accidentellement séparée de ses petits,
ceux-ci étaient exposés à périr, lorsque
le maître de la maison eut l'heureuse
idée de confier la jeune nichée à la
chatte de son voisin. Celle-ci, qu'on
venait de priver de ses chatons, se
prêta à la substitution, et soigna ces
nourrissons étrangers comme les siens
propres. Un jour, cependant, la vraie
mère eut la joie de trouver vivante sa
progéniture. L'on vit alors les deux
nourricières, s'unir pour soigner, élever,
allaiter et défendre en commun les chers
petits.

G. White raconte qu'un de ses amis
avait reçu, en présence d'un paysan,
un levraut âgé à peu près d'une semaine,
et que, vers le même temps, sa chatte
lui donna six chatons. L'arrêt de ces
derniers était prononcé d'avance; ils
furent étouffés et enterrés dans un coin
du potager. Quant au levraut, les domestiques avaient demandé la permis-
sion de l'élever. Tout d'abord leurs
soins paraissaient réussir, car le jeune
animal prenait fort bien le lait qu'on
lui donnait avec une cuiller; mais un
beau matin, on ne le trouva plus, et
l'on supposa qu'il avait eu le sort ré-
servé à presque tous ces petits favoris,
c'est-à-dire qu'il était devenu la proie
d'un chat ou d'un chien. Cependant,
quelques jours après, mon ami, étant
assis dans son jardin, vers le coucher
du soleil, aperçut de loin sa chatte qui
venait vers lui la queue levée et miau-
lant doucement comme si elle eût appelé
ses chatons. Ce ne fut pourtant point un
petit chat qui accourut à sa voix, mais
notre levraut, qu'elle avait adopté et
qu'elle continua de nourrir de son lait
jusqu'au moment où il put manger seul.

3. Genette (*Viverra genetta*). — Longueur : 55 centimètres, avec une queue
de 44 centimètres. Hauteur : 15 centimètres. Corps très allongé. Tête petite, large en arrière. Pupille réduite
à une fente en plein jour. Ongles
longs et rétractiles. Près de l'anus, une
glande sécrétant un liquide gras sentant le musc. Poils courts et épais.
Fond du pelage : jaune tirant sur le
gris clair. Taches de couleur noire disposées sur les flancs en quatre ou cinq
bandes longitudinales. Sur le cou, quatre bandes longitudinales. Gorge grise.
Museau brun foncé. Une ligne pâle sur
le dos du nez. Deux taches claires près
de l'œil. Queue marquée de 7 à 8 anneaux noirs.

Genette.

Vit dans les montagnes, mais descend aussi dans la plaine, surtout dans
les endroits humides, les buissons, les
flancs ravinés des montagnes. Surtout
nocturne. Mange des petits rongeurs,
des oiseaux, des œufs, des insectes.
Souple et agile, elle rampe sans bruit.
En mangeant, elle hérisse son poil.
Grimpe et nage fort bien. S'apprivoise
facilement; fait bon ménage avec ses
compagnes.

Dans le midi de la France (très rare).

4. Marte (*au sens large du mot*). —
Forme très allongée. Tête longue. Museau en pointe. Oreilles arrondies.
Queue longue, touffue. Pattes courtes.
Pied arrondi, velu en dessous, digiti-
grade. Ongles non rétractiles, aigus,
recourbés. Doigts libres. Langue non
rude. 38 dents.

Deux espèces :

a) Fouine (*Martes foina*). — Longueur :
0m,45. Queue : 0m,20. Pelage gris brun

Fouine.

sur le dos. Poitrine blanc pur. Bord
externe de la 3e prémolaire supérieure convexe. Ressemble beaucoup
à la Marte, mais elle a les pattes
plus courtes et la tête moins conique. Pattes et queue d'un noir brun

foncé. En été, robe de couleur plus pâle, poils plus courts et moins brillants. Habite les granges, les maisons en ruine, les hangars isolés, sous les toits, dans les arbres creux, dans les rochers, sous les tas de bois. Dort tout le jour dans son repaire. Chasse de neuf heures du soir jusqu'au lever du soleil. Agile et nage bien. Saute en bondissant. Pénètre souvent dans les poulaillers où elle égorge toutes les poules. Dans les bois, s'attaque aux lapins et même aux chevreuils. Fientes à odeur de musc très forte. Très surexcitée en temps d'orage. Suce le sang et mange la cervelle de ses victimes. En automne, recherche les fruits. Elle aime par dessus tout les pruneaux sucrés, le hareng et autres poissons secs, les fruits séchés au four. Se reproduit en février et, à ce moment, miaule un peu comme des chats. La femelle porte neuf semaines et fait six petits dans un endroit retiré. Adultes à un an. Sa fourrure vaut moitié moins que celle de la

Pied de la Fouine.

marte. La voie de la fouine est moins régulière que celle de la marte et montre que le pied est velu. Le piégeage est le même que pour la marte (voir plus loin). On amorce avec un œuf que l'on perce d'un trou d'un millimètre, dans lequel on fait pénétrer un bout d'allumette attaché à un fil; on fixe celui-ci au piège. On la prend en toute saison, mais plus facilement en hiver.

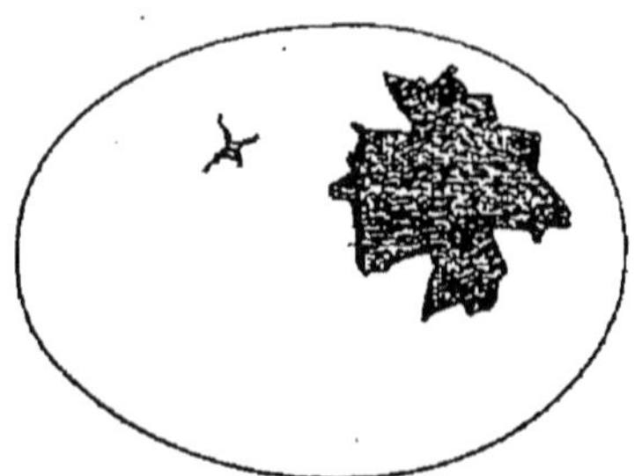

Travail de la Fouine sur un œuf de poule.

On tend dans les coulées au voisinage de l'endroit où elle vit et que l'on re-

une pierre plate, d'où la fouine prend l'habitude de s'emparer des amorces.

On peut aussi se servir de la boîte à fermoir double ou simple en amorçant avec de petits oiseaux fraîchement tués, ainsi que des œufs empoisonnés.

b) Marte (*Martes abietum*) s'écrit aussi : *Martre.* — Longueur : 0ᵐ,45. Queue : 0ᵐ,20. Pelage brun marron foncé. Poitrine

Marte.

jaune. Bord externe de la 3ᵉ prémolaire supérieure concave. Assez rare en France. Vit surtout dans les forêts. Dans le jour, dort dans un arbre creux ou un ancien nid d'écureuil. Se reproduit entre janvier et mars. Porte neuf semaines. Trois à quatre petits. Sa voie ressemble à celle du chat, mais le pied est plus petit et entre moins dans le sol.

Pied de la Marte.

Quelquefois, la voie ressemble à celle du lièvre, mais moins allongée.

Empreintes des pas de la Marte.

Attaque tous les oiseaux, détruit les œufs, les lapins. Mange des fruits. Sa fourrure d'hiver vaut de 20 à 25 francs. On la prend au piège allemand en amorçant avec des pruneaux enveloppés de sucre, un morceau de pomme, du miel, un hareng plongé dans la graisse d'oie des intestins de lièvre. On frotte le piège avec mélange de beurre frais, d'écorce de douce-amère, de fenouil, de miel, de camphre, ou, plus simplement avec un peu de musc mêlé à l'huile d'anis. On place le piège dans le fourré où l'on a découvert la marte et on le dissimule avec des feuilles. On peut

Autres empreintes des pas de la Marte.

connaît surtout à la présence de sa fiente musquée. Au préalable, on met des amorces et on ne tend que lorsque celles-ci ont été enlevées. Près du piège, du côté opposé au ressort, on enterre

utiliser aussi le piège à planchette, ainsi que l'assommoir qu'on place à travers des coulées et que l'on amorce avec des petits oiseaux fraîchement tués. On la rencontre parfois sur les branches des arbres : elle se laisse tirer, même plusieurs fois de suite sans prendre la fuite.

5. **Putois** *(au sens large du mot)*. — Forme très allongée. Pieds courts, velus en dessous, digitigrades. Doigts réunis par une courte membrane. Langue rude. 34 dents.

Cinq espèces :

a) Belette (*Mustela vulgaris*). Longueur : 0ᵐ,17. Queue : 0ᵐ,03. Dessus roux clair ;

Belette.

dessous blanc. Queue de la même couleur de la base à l'extrémité. Tache brune aux joues. En hiver, se retire dans les bâtiments sous les piles de bois, dans les creux des arbres, les trous de taupes. S'attaque au gibier plume et poil, à la volaille, aux œufs qu'elle

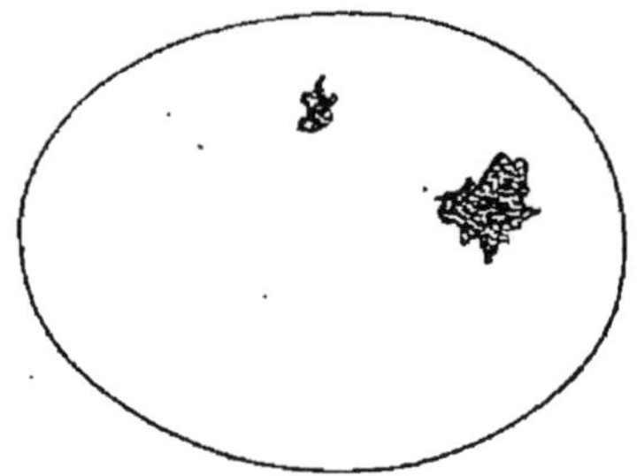

Travail de la Belette sur un œuf de poule.

perce d'un trou. Noctambule. Se prend avec un petit piège à planchette, que l'on frotte avec un peu d'huile d'anis ou de jusquiame et qu'on recouvre de menue paille. On amorce avec un petit oiseau, du miel, un pruneau,

Piste de belette.

un œuf. On tend à portée de leur demeure. Le piège français en fort laiton est aussi très pratique. On peut faire sortir une belette de son trou en imitant le cri des souris ou des petits oiseaux en détresse ou en versant de l'eau sur son repaire. L'engin de destruction le meilleur est l'assommoir surtout en temps de neige. Il est bon de tendre à l'entrée de l'assommoir des ficelles peu écartées qui permettent aux belettes seules de passer. Les sentiers doivent être fréquemment balayés.

b) Hermine (*Mustela herminea*). — Lon-

gueur : 0ᵐ,23. Queue : 0ᵐ,09. En hiver : pelage blanc. En été : dessus fauve. Queue toujours noire à l'extrémité.

Hermine.

Assez rare en France. Mêmes mœurs et mêmes moyens de destruction que la belette (Voir ci-dessus). Sa fourrure a

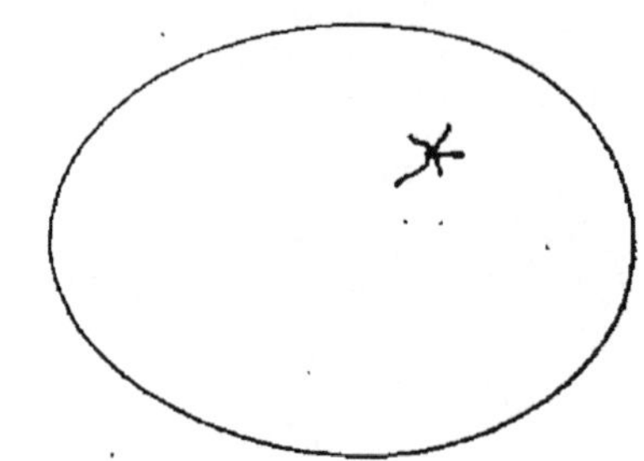

Travail de l'Hermine sur un œuf de poule.

une valeur appréciable surtout quand elle est bien blanche.

c) Vison (*Mustela lutreola*). — Vulg. : *Petite loutre*. Longueur : 0ᵐ,40. Queue : 0ᵐ,13. Pelage épais, brun foncé. Ventre

Vison.

brun clair. Extrémité de la queue noirâtre. Pieds palmés. Oreilles à peine visibles. Une tache blanche au menton et au bord de la lèvre supérieure. Au bord des eaux dans la vallée de la Loire. Nuisible.

d) Putois (*Mustela putorius*). — Longueur : 0ᵐ,38. Queue : 0ᵐ,15. Poils laineux du ventre jaune pâle ou foncé. Fourrure brun marron. Tête, pattes et queue d'un noir marron. Du blanc autour du nez, de la gueule, sur le front.

Putois.

Museau pointu. Monte difficilement aux arbres. Odeur très désagréable. Vit dix ans. Se rencontre dans les champs, les bois, les villes, les villages, sous les tas de fagots, dans les arbres creux, dans les étables, dans les granges, dans les conduites d'eau desséchées, les trous des vieux murs. Mange des volailles,

Travail du Putois sur un œuf de poule.

des oiseaux, des rats, du miel, des lapins, des fruits frais ou secs. Dans les poulaillers, il tue une ou deux poules et les emporte. Suce le sang, puis mange la chair. Vide les œufs en perçant un tout petit trou. Très nuisible aux faisanderies et aux garennes. Très courageux. Se reproduit en février

Traces des pas du Putois.

et pousse alors des grognements. La femelle porte 63 jours. Trois à six petits. Sa piste ressemble à celle de la fouine, mais pied plus petit et allure irrégulière. On le prend avec un piège à planchette avec ressort en dessous. On amorce avec des petits oiseaux, ou une tête de hareng grillée dans de la graisse et saupoudrée de sucre, un œuf ou un morceau de miel dans la cire. On recouvre de terre. On met le piège dans une coulée ou dans une ruche vide sentant encore le miel. — Fourrure belle et durable, mais à mauvaise odeur.

e) **Furet** (*Mustela furo*). — Paraît être une simple variété du précédent. Pelage blanc jaunâtre, et yeux rouges. Animal domestique. Utilisé dans la chasse au lapin.

Furet.

6. Loutre (*Lutra vulgaris*). — Le genre loutre est caractérisé par des pieds courts, palmés, non velus en dessous et 36 dents. En France, il n'y en a qu'une seule espèce.

Longueur : 0ᵐ,70. Queue : 0ᵐ,35. Tête plate et petite. Nez écrasé. Lèvres épaisses. Moustache en poils rigides de 6 centimètres. Queue large à la racine.

Loutre.

Doigts palmés avec fortes griffes. Poils du dessous laineux. Poils du dessus longs et pointus. Partie supérieure du corps châtain, jambes café brun clair, gorge, poitrine et ventre gris. En hiver, robe plus foncée. Toison ne se mouille pas dans l'eau. Quatre mamelles. Femelle de couleur plus claire. Vit seize ans. Vit au bord des eaux, dans des trous qui vont en remontant dans la berge. On reconnaît son habitation à l'odeur de poisson qu'elle exhale. Au voisinage, elle dépose ses déjections sur des pierres. A plusieurs habitations et suit très irrégulièrement ses coulées. Se nourrit presque exclusivement de poisson qu'elle va chercher dans l'eau en nageant ou qu'elle guette en se reposant sur une branche. Accouplement en février : elles s'appellent en sifflant. Porte neuf semaines. Trois ou quatre petits. S'apprivoise très facilement. Très nuisible.

Piste de la Loutre.

Sa piste se reconnaît aux doigts palmés. La queue raye le sol. On la capture avec un piège à planchette que l'on attache avec une forte chaîne de fer de 3 mètres de long. « Pour préparer l'appât, on prend les intestins d'un poisson d'une livre, 4 grammes de racines de valériane, le double de camphre et environ autant de déjection fraîche de loutre. On broie le tout bien menu dans un mortier bien propre, on remue le tout dans 125 grammes de saindoux très frais. On fait chauffer à une chaleur très douce dans un vase en terre, jusqu'à ce que la graisse soit liquide. On met cette pâte dans un gros linge bien propre, on le tord pour en faire sortir la graisse. On conserve l'appât au frais, dans un petit pot verni, sans odeur, qu'on recouvre d'une vessie. Pour piéger, il faut chercher des endroits où la loutre sort, soit pour y dévorer sa proie, soit pour y déposer ses excréments. Le piège doit être placé d'aplomb, le ressort du côté de la terre si c'est à une sortie de l'eau. Il faut creuser le sol, juste pour y placer le piège, qu'on recouvre d'herbe ou de sable, de manière que la loutre en se prenant puisse se noyer. On met des petits morceaux d'appât sur les côtés du piège, mais par dessus, car elle gratterait, découvrirait le fer et se manquerait très probablement ; dans tous les cas, jamais entre le piège et l'eau. Les plages de sable sont très favorables pour la tente d'un piège. Pour que la loutre, qui recule à l'eau aussitôt qu'elle s'est prise, se noie plus vite, si toutefois on jugeait que le piège n'est pas suffisamment lourd, on attache avec un fil de fer à l'extrémité du ressort, soit un poids en fonte, soit un morceau de plomb » (A. de la Rue).

On peut aussi se servir d'un piège particulier que l'on tend dans l'eau, au moyen d'un fil placé en travers. On peut encore se servir de nasses particulières, de filets que l'on tend dans la rivière ou chasser à l'affût en s'embusquant la nuit et en mettant près de l'habitation de la loutre une pierre blanche, qui l'attire. Plomb n°° 3 et 4. Fourrure de valeur.

7. Blaireau (*Meles taxus*). — Le genre blaireau est caractérisé par une queue

Blaireau.

à peine plus longue que la tête, des pieds longs, non velus en dessous et 38 dents, les premières molaires tombent facilement. En France, il n'y en a qu'une seule espèce.

Longueur : 0ᵐ,70. Queue : 0ᵐ,20. Oreilles courtes et rudes. Yeux petits. Sous la queue, glandes odorantes. Dessus gris brun, à poils annelés. Dessous noir. Poils raides. Tête blanche avec de chaque côté une bande noire. Aspect lourdeau. Reproduction en novembre. 3 à 5 petits. Mange de tout : des fruits, du gibier, etc. Très vorace.

Vit dans les bois, dans les vastes cavités souterraines qu'il se creuse lui-même ou qu'il emprunte à divers animaux en les agrandissant. Le terrier a de nombreuses ouvertures, mais une ou deux servent plus spécialement : il n'en sort que la nuit. Dans le jour, on peut l'acculer au fond de son terrier en y faisant pénétrer un petit chien spécialement dressé dans ce but. Quand

Au pas.

Fuyant.

Empreintes de pas du Blaireau.

on n'entend plus les aboiements s'éloigner, on creuse le sol avec des instruments spéciaux et on prend le blaireau avec des pinces ou en le faisant étrangler par des chiens. S'il se débat de trop, on le tue d'un coup de bâton sur le nez, son point vulnérable. On peut aussi le prendre au piège à planchette tendu sans appât au voisinage de l'endroit où il sort, mais, s'il remarque quelque chose d'insolite, il reste plusieurs jours sans sortir de son terrier ou se creuse une autre galerie de sortie. On peut aussi le détruire avec des assommoirs, avec des collets, en le forçant avec des chiens, en le tuant la nuit à l'affût. Chair délicate. Fourrure de peu de valeur. Poils utilisés pour faire des pinceaux.

8. Ours brun (*Ursus arctos*). — Longueur : 1ᵐ,50. Queue : 0ᵐ,09. Autrefois très commun, il est devenu très rare. On ne le trouve que dans les régions montagneuses et encore exceptionnellement. Ce qu'il recherche surtout, ce sont des retraites où l'homme ne pénètre pas : taillis épais, gorges profondes, roches, trous d'arbres, etc. C'est un des plus grands mammifères d'Europe. Ses pattes sont courtes, avec des ongles longs et puissants. Son alimentation est presque exclusivement herbivore : il mange des herbes, des bourgeons, des feuilles, des racines, des champignons et surtout les fruits. Au moment de la maturité de ceux-ci, sa gourmandise le pousse même à abandonner les bois et les montagnes pour pénétrer dans les vergers et absorber les raisins, poires, pommes, etc. Il lui arrive souvent de manger à tel point qu'il ne peut plus bouger et se laisse prendre dans le jardin où il était venu en maraude. L'ours a aussi un faible pour les fourmis, dont il bouleverse les fourmilières afin d'en dévorer les larves, et pour le miel des abeilles. Ce n'est qu'en vieillissant qu'il devient carnassier et il s'attaque dès lors à toutes sortes de petits mammifères et notamment aux animaux de la ferme. Il pénètre même dans les étables en défonçant la porte et le toit. Sa marche paraît lourde,

Ours brun.

mais néanmoins il peut rattraper un homme courant en plaine. Il grimpe et nage avec une grande facilité, n'attaque presque jamais l'homme, mais il se défend avec beaucoup de courage. On le voit alors se dresser sur ses pattes de derrière et chercher à étouffer son agresseur avec ses pattes de devant, ce à quoi il arrive, si le chasseur ne profite de ce moment pour lui plonger un poignard dans le cœur ou lui trancher la gorge. L'ours passe l'hiver endormi dans des trous qu'il a préalablement creusés dans la terre ou dans les creux d'arbres.

Les renseignements sont assez peu concordants en ce qui concerne la reproduction de l'ours brun, mais cela tient sans doute à ce que le caractère diffère assez suivant les individus. Voici les faits recueillis par Brehm :

Linné dit que le rut a lieu en octobre et que la femelle porte 112 jours. Un chasseur illyrien, auquel nous devons de bons renseignements sur la manière dont se comportent les ours en liberté, croit aussi que l'accouplement a lieu en octobre, mais que la femelle ne met bas qu'en mars.

Les naturalistes les plus récents sont très peu fixés sur ce point et cependant l'ours est un des carnassiers que l'on voit le plus souvent en captivité. Le chasseur illyrien assure qu'au moins le petit ours roux, que dans toute l'Europe méridionale on distingue de l'ours brun, recherche sa femelle en septembre et en octobre ; qu'il se livre alors, à l'égard de celle-ci, à des démonstrations des plus comiques et des plus amusantes ; qu'il se bat avec acharnement contre ses rivaux et devient même dangereux pour l'homme qui se trouve sur son chemin. A-t-il perdu sa compagne, il suit sa piste, le nez à terre, mugissant, tuant tout ce qui se rencontre sur son passage et ne fuyant devant rien. Il témoigne son amour à sa femelle par de vigoureux coups de patte. Notre chasseur cite un de ses confrères qui fut témoin du fait.

Malheureusement, ce ne sont là, à mon avis du moins, que des présomptions et s'il est permis de conclure, d'après ce qu'on observe chez l'ours captif, les faits ne seraient pas tels que les ont présentés Linné, les chasseurs qui en ont parlé, et après eux bien des naturalistes. On a pu faire sur la reproduction des ours en captivité toute une série d'observations tellement conformes entre elles qu'on est autorisé à penser que les choses ne doivent pas se passer différemment en liberté.

La période du rut pour les ours de nos ménageries est en mai et en juin. Elle dure tout un mois. Jamais, dans le jardin zoologique de Hambourg, on n'a vu le mâle battre la femelle à grands coups de patte. En outre, rien n'est plus faux que l'ours soit un modèle de fidélité. Nous avions un couple qui vivait dans la plus étroite amitié. Je fis entrer dans la fosse qui leur avait été donnée pour demeure, une seconde paire et aussitôt le combat commença entre les deux mâles pour la possession, non pas de l'une, mais des deux femelles. Ce combat fut très divertissant. Les deux ours y firent suffisamment preuve de lâcheté. Tous deux s'avançaient prudemment, se flairaient l'un l'autre, se regardaient de côté et se retiraient dès que l'un d'eux levait la patte. Le combat commença par quelques coups de patte, rapides comme l'éclair ; l'animal touché se retirait à chaque fois, mais avançait aussitôt, prêt à renouveler l'attaque. Les deux ours enfin se dressèrent, s'empoignèrent comme deux lutteurs, rugirent, la gueule largement ouverte, mais sans se mordre. Après quelques secousses, ils lâchèrent prise, puis la lutte recommença.

Le chasseur illyrien raconte qu'en liberté, l'ourse qui a des petits devient dangereuse pour l'homme et les animaux ; elle ne quitte pas ses nourrissons, les soigne, les allaite pendant 8 ou 9 semaines, et plus tard leur fournit du gibier, qu'elle leur dépèce.

Une opinion des plus anciennes est celle qui veut que ce soit en les léchant que la femelle de l'ours donne à ses petits la forme qu'ils doivent avoir. Cette opinion s'est conservée dans le vulgaire et elle est devenue proverbiale parmi nous : c'est en ce sens que l'on dit d'un homme mal tourné, que *c'est un ours mal léché.* Quelque étrange qu'elle soit, cette idée est consignée comme une vérité acquise par l'observation dans les ouvrages de Pline, de Solin, d'Élien ; Aristote lui-même n'en est pas éloigné. On la trouve aussi dans les poètes, où elle semble moins déplacée.

« Ce qu'enfante l'ourse, dit Ovide, n'est pas un petit, mais une chair informe que la mère façonne en membres, en les léchant et qu'elle amène ainsi à la forme qu'elle désire. »

Solin cherche à expliquer le fait en l'attribuant à ce que la gestation de l'ourse ne dure que peu de temps.

« La délivrance de l'ourse, dit-il, arrive au 30ᵉ jour ; il résulte de cette fécondité précipitée, que ses petits demeurent informes. »

Aristote dit aussi que l'ourse ne porte que 30 jours.

Mais ce n'est là qu'une erreur ajoutée à tant d'autres. Il est certain que la portée de l'ourse dure, non pas un mois comme le veulent ces auteurs, mais 4 mois au moins.

L'opinion singulière que les oursons naissent informes, préoccupa les savants de la Renaissance. Elle leur paraissait déranger les plans de la nature. En effet, prise à la lettre, elle est visiblement absurde : aussi n'eurent-ils pas de peine à s'assurer de sa fausseté : « Dans la vallée d'Anania, près de Trente, dit Matthiole, nous ouvrîmes le ventre d'une ourse que des chasseurs avaient prise, et j'y trouvai des petits, non informes, comme se l'imaginent ceux qui se fient plus à Aristote et à Pline qu'à l'expérience ou au témoignage de leur sens, mais ayant tous leurs membres distinctement formés. » Aldrovande rapporte que l'on conservait dans le cabinet du Sénat de Bologne un ours à l'état de fœtus, et que toutes ses parties étaient déjà développées.

Buffon me paraît avoir touché la véritable source de cette erreur ; il la rapporte simplement à la lourdeur de l'ours, qui paraît encore plus disgra-

cieuse dans les jeunes que dans les adultes.

« Les femelles, dit-il, combattent et s'exposent à tout pour sauver leurs petits qui ne sont point informes en naissant, comme l'ont dit les anciens, et qui, lorsqu'ils sont nés, croissent à peu près aussi vite que les autres animaux. Ils sont parfaitement formés dans le sein de leur mère et si les fœtus ou les jeunes oursons ont paru informes au premier coup d'œil, c'est que l'ours adulte l'est lui-même par la masse, la grosseur et la disproportion des *membres* ; et *l'on sait que dans toutes les espèces, le fœtus ou le petit nouveau-né est plus disproportionné que l'animal adulte.* »

A l'âge de 3 mois, les petits commencent à aller à la chasse. La mère, pendant les premières semaines après sa mise bas, ne se nourrit que de végétaux.

Un naturaliste consciencieux, Pietrusky, dit que la mère n'abandonne jamais ses petits dans les deux premières semaines, lors même qu'elle souffre de la soif et de la faim. Ce ne fut qu'au bout de 15 jours qu'une femelle qui venait de mettre bas but un peu de lait, qu'il fallut placer tout près d'elle. Elle entourait ses petits de ses pattes, les couvrait de son museau et leur formait ainsi une couche très chaude. Trois semaines après leur naissance, elle se levait souvent et s'éloignait de quelques pas. Les petits restèrent aveugles 4 semaines et ne commencèrent à marcher qu'à l'âge de deux mois. En avril, ils jouaient dans la cour ; en mai, ils avaient à peu près la taille d'un caniche et sautaient partout en folâtrant.

Mes observations ne sont pas tout à fait d'accord avec celles-ci. Une de nos ourses eut deux petits l'avant-dernière semaine de janvier. Nous leur fîmes une couche de paille dans l'intérieur de sa fosse et elle s'en montra reconnaissante. L'un des petits mourut peu après la naissance, par suite d'une hémorragie ombilicale ; l'autre était robuste, éveillé et avait 15 centimètres de long. Son poil était ras, gris d'argent, ses paupières étaient closes, sa voix consistait en un murmure plaintif, mais assez fort. L'ourse avait été séparée de son mâle ; elle montrait peu de tendresse à son nourrisson et témoignait au contraire beaucoup de plaisir à revoir son compagnon de captivité. Dès qu'il s'approchait de la porte de sa cellule, elle quittait son petit et s'approchait aussi de la porte en soufflant et en flairant.

Elle traitait l'ourson avec cruauté, le traînait par le museau comme si c'eût été un morceau de chair, le laissait tomber à terre, lui marchait dessus si bien qu'il mourut au bout de 3 jours. Tout cela, par désir de revoir son ours ; lorsqu'elle fut réunie à lui, elle redevint aussitôt parfaitement tranquille, tandis qu'elle avait été très agitée les jours précédents.

J'ai observé longtemps des oursons de 5 à 6 mois, et je puis dire qu'à cet âge ils sont très divertissants, très comiques. Ils sont toujours en mouvement, mais en même temps très lourds. Tout révèle leur caractère enfantin. Ils aiment à folâtrer ; ils grimpent aux arbres sans nécessité, se battent, sautent à l'eau, courent sans cesse, font mille tours des plus drôles. Ils ne témoignent à leur gardien aucune affection particulière, se montrent familiers et doux vis-à-vis d'un chacun et semblent ne reconnaître personne.

Celui qui leur donne à manger est leur ami, celui qui les irrite est leur ennemi. Ils sont aussi impressionnables que des enfants ; en un instant on gagne leur amitié mais pour la perdre aussi rapidement. Grossiers, inhabiles, oublieux, inattentifs, lourds, sots, voilà ce qu'ils sont autant et plus que leurs parents. Laissés seuls, ils resteront des heures entières à se lécher les pattes, en faisant entendre un murmure particulier. Chaque objet nouveau, chaque animal étranger les effraye, dans ces circonstances, ils se lèvent et font claquer les dents. Les vieux ours font de même. Le chasseur illyrien que j'ai déjà cité dit que l'ours effrayé frappe ses bras l'un contre l'autre, en produisant ainsi une sorte de claquement. Il s'est probablement trompé ; c'est avec les mâchoires, sans doute, que l'ours produit ce bruit.

Ceux qui ont observé les ours en liberté, disent que les parents restent avec leurs petits jusqu'à la saison du rut suivant, mais qu'alors ils les chassent et les forcent à se rendre indépendants. Les jeunes ours rôdent tout l'été aux environs de leur ancienne demeure, et l'utilisent, durant la mauvaise saison, aussi longtemps qu'ils n'en ont pas été expulsés. Ils se réunissent souvent plusieurs ensemble. Un naturaliste russe, Eversmann, donne à ces réunions une signification particulière. Il croit que la mère met ses petits sous la garde de leurs aînés ; aussi les Russes nomment *pestun*, c'est-à-dire gardien d'enfants, les ours d'un an qui courent avec leur mère et leurs frères et sœurs. Voici ce qu'Eversmann raconte d'une femelle d'ours, qui avait traversé la Kama :

« En abordant à la rive, la mère vit un pestun qui la suivait lentement, sans aider ses frères qui étaient sur l'autre rive. Lorsqu'il arriva, il reçut de sa mère un soufflet, retourna sur ses pas et chercha un petit qu'il porta dans sa gueule. La mère le regardait faire. Il apporta bien le premier, puis le second, mais il le laissa tomber à l'eau. Elle s'élança de nouveau sur lui ; mais il avait déjà réparé la faute et la famille s'en alla en paix. »

Souvent, à défaut de la mère, si elle périt, par exemple, c'est le pestun qui se charge d'élever les enfants.

Ordre des PINNIPÈDES ou PHOQUES

Mammifères couverts de poils, vivant dans l'eau, munis de pieds à cinq doigts transformés en nageoires, dont les postérieurs sont dirigés en arrière et d'un système dentaire complet, dépourvus de nageoire caudale.

Ils vivent dans les mers froides et ce n'est qu'exceptionnellement qu'on les rencontre sur nos côtes, surtout celles de la mer du Nord et de la Manche. Voici les principales espèces qui viennent nous visiter :

a) **Phoque proprement dit** (*Phoca vitu-*

Phoque.

lina), appelé aussi *Veau marin, Chien marin, Loup marin.* — Longueur : 1ᵐ,50 à 2 mètres. Tête grosse, arrondie. Nez large. Molaires distantes, disposées obliquement. Dessus gris fauve avec des taches brunes. Dessous blanc jaunâtre avec des macules brunes, quelquefois effacées.

b) **Phoque marbré** (*Phoca fœtida*). — Taille : 1ᵐ,20 à 1ᵐ,50. Forme allongée. Tête assez petite. Museau en pointe. Molaires assez petites, bien séparées, non obliques. Pelage brun noirâtre avec les flancs plus clairs. Des taches ovales, blanchâtres, ayant ordinairement un point central noir. Dessous jaunâtre.

c) **Phoque barbu** (*Erignathus barbatus*). — Taille : 2ᵐ,20 à 3 mètres. Museau large. Doigt médian des membres antérieurs plus long que les autres. Membres courts. Pelage gris, plus foncé sur le dos, plus pâle sous le ventre. Ordinairement pas de taches.

d) **Phoque moine** (*Pelagius monachus*). — Taille : 2ᵐ,20 à 3ᵐ,30. Deux incisives de chaque côté à la mâchoire supérieure, munies d'entailles transversales. Molaires épaisses, robustes, rapprochées, insérées obliquement dans les gencives. Museau déprimé, allongé. Moustaches lisses, à poils effilés. Membres antérieurs courts. Poils ras. 32 dents. Dessus noir. Dessous blanc ou gris jaunâtre. Quatre mamelles. Vit dans la Méditerranée.

e) **Phoque à casque** (*Stemmatopus cristatus*). — Taille : 2ᵐ,20 à 2ᵐ,40. Deux incisives de chaque côté et à la mâchoire supérieure. Molaires non tuberculeuses, lisses, souples. Ongles tous robustes et bien constitués. Le mâle a, sur la tête, du nez à l'occiput, un sac en forme de bonnet, susceptible de se dilater. 30 dents. Dessus noir bleuâtre. Ventre et côtés plus clairs. Tête et pied noirâtres, presque sans taches. Le reste du corps avec de petites taches nombreuses, irrégulières, blanchâtres.

Ordre des CÉTACÉS

Mammifères marins, à corps fusiforme non revêtu de poils, à membres antérieurs transformés en nageoires, à nageoire caudale horizontale, dépourvus de membres postérieurs.

Les cétacés étaient autrefois rangés parmi les poissons ; tout le monde sait aujourd'hui que ce sont des mammifères aussi bien caractérisés qu'un mouton ou un chien. Mais ces mammifères se sont si bien adaptés au milieu liquide dans lequel ils vivent qu'ils ont pris par « convergence » les caractères extérieurs ou tout au moins la forme des poissons. Aucun groupe ne présente d'une manière aussi nette l'influence que peut exercer le milieu sur la structure des organismes.

La forme extérieure des cétacés est à peu de choses près toujours la même : c'est celle d'un fuseau où, comme chez les poissons, le corps est tout d'une venue avec la tête et la queue. La tête est toujours énorme. Quant à la queue, elle se termine par une large nageoire bifide ; on sait que la nageoire caudale du poisson est verticale ; celle-ci est au contraire horizontale.

Sur la ligne médiane dorsale, on aperçoit souvent une petite éminence servant sans doute à la stabilité de l'animal dans l'eau. Les membres postérieurs font entièrement défaut, mais les membres antérieurs existent et sont représentés par deux nageoires en général bien développées.

Le corps est lisse et dépourvu de poils ; on en trouve cependant des traces sur la lèvre supérieure, mais seulement pendant la vie fœtale. La forme du corps et la nature de la peau sont évidemment destinées à faciliter la progression dans l'eau.

Quand on voit l'épaisseur qu'atteint l'épiderme chez les rhinocéros et les éléphants, on est tenté de croire qu'il en est de même chez les cétacés. Point ; l'épiderme est extrêmement mince et se laisse transpercer sans la moindre difficulté. Par contre, le derme est très épais et chargé de graisse. Ainsi, chez le balénoptère, la couche de lard est de 37 centimètres aux angles de la mâchoire inférieure, de 10 centimètres à la face ventrale et de 40 centimètres en avant de la nageoire dorsale. Cette graisse qui donne aux cétacés leur valeur commerciale a un double rôle, d'alléger le poids de l'animal et d'empêcher les déperditions de chaleur.

Les os des cétacés ne sont pas compacts comme ceux des mammifères terrestres, mais plutôt spongieux et creusés de cavités remplies de graisse. Celle-ci, comme celle de la peau, allège le poids de l'animal grâce à sa légèreté spécifique ; elle est fort difficile à séparer de la matière osseuse et fait le désespoir de ceux qui préparent les squelettes pour les musées publics.

La tête osseuse est toujours très développée par rapport au reste du squelette et cette grande extension tient surtout aux régions maxillaires très étendues. Les os sont d'ailleurs très lâchement réunis les uns aux autres par des parties molles.

Dans le squelette du corps, il convient de citer la soudure des vertèbres cervicales et le nombre considérable des vertèbres caudales. La courbure générale de la colonne vertébrale est unique. Les vertèbres sont articulées de manière à laisser un certain jeu entre elles sans danger pour la moelle épinière ; l'animal flottant a les mouvements plus réguliers et moins saccadés que l'animal terrestre, et il fait des efforts beaucoup moins considérables (Van Beneden).

Les membres antérieurs sont transformés en nageoires ; les os du bras et de l'avant-bras sont très épais. Les os du carpe sont noyés dans une masse cartilagineuse. Le pouce fait très souvent défaut et les phalanges de chaque doigt sont en forme de sablier séparés par des disques cartilagineux plus gros qu'elles, ce qui donne aux doigts une apparence noueuse.

Quant aux membres postérieurs, ils ne sont jamais visibles à l'extérieur, mais le bassin est toujours représenté par deux os rudimentaires, situés l'un à droite et l'autre à gauche de la colonne vertébrale. Les membres sont aussi représentés par des nodules osseux ou cartilagineux, dont les homologies sont loin d'être établies. En somme, tous ces os indiquent une régression très nette ; nul doute qu'autrefois ils étaient plus importants : c'est l'adaptation profonde au milieu aquatique qui a amené leur désuétude et leur régression.

Les muscles se font remarquer par leur couleur rouge intense, presque noire. J'ai eu l'occasion de manger un morceau de chair d'un hyperoodon ; je dois avouer qu'elle était des moins savoureuses : c'était en somme de la véritable charpie. Elle est d'ailleurs trop graisseuse.

Les muscles du corps sont séparés du lard par une aponévrose fibreuse qui constitue une véritable cuirasse interne : les faisceaux fibreux sont d'une dureté dont on ne peut se faire une idée. Dans l'hyperoodon dont je viens de parler, on pouvait à peine les entamer avec un couteau de boucher fraîchement aiguisé.

La queue, très musculeuse, est l'agent principal de la locomotion. On connaît l'agilité proverbiale du dauphin et du marsouin. Chez la baleine, la queue est en même temps un organe de défense ; d'un seul coup elle peut briser une embarcation. La queue est composée d'une série de plans fibreux entrecroisés dans tous les sens ; c'est sur eux que viennent se fixer les tendons des muscles de la queue. « Si, remarque M. Delage, les énormes tendons moteurs de la nageoire s'inséraient directement sur les os, comme cela a lieu d'ordinaire, le bout du rachis serait infailliblement rompu. Avec la disposition existante au contraire, toutes les parties sont liées entre elles et chacune concourt pour sa part à la solidité de l'ensemble. » La nageoire caudale, en battant l'eau de bas en haut, permet à l'animal de plonger.

Tous les cétacés possèdent des dents à l'état larvaire. Mais tantôt elles persistent toute la vie (Cachalot), tantôt elles disparaissent un peu avant la naissance (Baleine) ; dans ce dernier cas, elles sont souvent remplacées alors par des fanons.

Le cachalot ne possède de dents qu'à la mâchoire inférieure. Ces 43 ou 45 dents sont puissantes, coniques, un peu recourbées à l'extrémité ; elles sont en nombre inégal de chaque côté et ne se correspondent pas exactement d'un côté à l'autre. Chez l'adulte, on peut retrouver quelques dents à la mâchoire supérieure, mais elles ne servent à rien, car elles sont logées dans la muqueuse. Comme tous les cétacés, les cachalots sont monophyodontes, c'est-à-dire qu'ils ne possèdent qu'une seule dentition. Les dents tombées ne sont pas remplacées.

Les dents n'existent pour ainsi dire pas chez les hyperoodons ; elles sont au contraire très nombreuses (60) chez les dauphins. Toutes les dents sont semblables entre elles.

Chez les baleines, les dents existent à l'état larvaire, mais, plus tard, la denture prend une structure qui la rapproche de la substance osseuse, ce qui fait qu'elle se confond finalement avec les os voisins. L'armature buccale se compose alors de lames et de papilles cornées qui sont insérées sur la face inférieure des deux maxillaires supérieurs et appelés *fanons* ou *baleines*. Voici les renseignements que M. Bouvier nous donne sur ces derniers.

Chez les baleines, les fanons forment deux séries qui ne se réunissent pas sur la ligne médiane en avant ; chez les mégaptères les deux séries se réunissent ; enfin, chez les baleinoptères, non seulement les deux séries se réunissent en avant, mais convergent en arrière vers la ligne médiane et se terminent en avant de l'isthme du gosier par une ligne courbe à tendance spirale et à cavités dirigées en avant chez les baléinoptères ; les fanons ont au maximum 0^m,95 de long : ils atteignent 5 mètres chez les baleines.

Les fanons sont implantés de chaque côté dans la muqueuse qui recouvre les mâchoires supérieures ; les os maxillaires sont excavés pour les recevoir. Les fanons sont disposés par rangées transverses sur la muqueuse des maxillaires supérieures ; dans chaque rangée, les fanons externes ont des lames assez larges ; du côté interne, les lames deviennent de plus en plus étroites et, bientôt, sont remplacées par des fanons filiformes. Si l'on examine une rangée en particulier, on trouve qu'elle forme un triangle presque rectangle dont la base est le maxillaire, la hauteur, le côté externe et l'hypoténuse, le côté interne. Ce dernier est un peu arqué : il porte une série de longs filaments qui représentent les extrémités libres et flottantes des fanons filiformes.

Les fanons reposent sur le derme soulevé en lames terminées par des papilles. Il est facile de se rendre compte de leur structure, en les considérant comme d'énormes papilles cornées ; ce ne sont donc pas des poils gigantesques, comme on serait tenté de le croire ; ils sont bien plutôt comparables dans leur ensemble au bec de l'ornithorynque.

Le reste du tube digestif ne présente pas de particularités dignes d'être signalées, à part l'estomac, divisé le plus souvent en chambres successives.

A voir la grande taille des cétacés, on s'imagine volontiers qu'ils peuvent avaler de grandes proies, telles qu'un requin ou un matelot tombé à la mer.

En réalité, la plupart des cétacés se nourrissent de proies extrêmement petites, et c'est une chose bien curieuse que ces géants des mers s'attaquant à des êtres aussi infimes.

Au point de vue de la nourriture, on peut diviser les cétacés en quatre groupes :

1° *Ptéropodophages.* — Vraies Baleines.

2° *Teuthophages.* — Physétérides, Ziphoïdes, Delphinaptères, Narvals, Globicéphales.

3° *Ichtyophages.* — Marsouins, Dauphins, Platanistes, Baleinoptères.

4° *Sarcophages.* — Orques.

Les baleines absorbent des quantités fantastiques de ces petits êtres qui nagent dans la mer et dont la taille varie depuis un centimètre jusqu'à 1 millimètre et même moins. En ouvrant la gueule, elle avale une grande quantité d'eau et, en même temps, les petits animaux qu'elle contient. En refermant la gueule, l'eau ressort par les intervalles des fanons, mais la matière animale est retenue par eux comme par un filtre. La baleine absorbe, bien entendu, toutes ces proies sans les mâcher.

Les animaux pélagiques que mangent les baleines sont surtout de petits crustacés, des protozoaires et des petits mollusques, les ptéropodes, garnis de deux ailes charnues qui leur permettent de voler dans la mer, comme le font les papillons dans l'air. En somme, elles mangent ce que les naturalistes allemands, Hensen en particulier, appellent le *plankton*, c'est-à-dire « tous les organismes qui nagent passivement à la surface des eaux ». Ce plankton est l'objet de nombreuses études ; les naturalistes ont entrepris de le « doser », c'est-à-dire de déterminer la quantité de plankton contenue dans un volume d'eau donné, et cela dans les différentes mers, les différentes profondeurs, etc. L'avenir dira l'intérêt de ces recherches au point de vue de la pêche des poissons.

Les cachalots mangent des proies plus volumineuses que les baleines. Ce

sont des mollusques céphalopodes groupes auxquels appartiennent les Poulpes, les Seiches, les Calmars, les Elédones. Les cachalots engouffrent ces animaux nageurs sans les mâcher : leurs dents ne servent qu'à les retenir. Les dauphins font de même et, comme l'ont fait remarquer MM. Richard et de Guerne, c'est une manière très fructueuse de recueillir des céphalopodes que d'ouvrir rapidement l'estomac des dauphins. On arrive ainsi à posséder des échantillons très difficiles à capturer autrement : c'est de cette façon qu'a été recueilli le *chlenopteryx cyprinoïdes*, curieux céphalopode nouveau, décrit par M. L. Joubin.

Les céphalopodes sont naturellement des animaux très mous et se digérant facilement. Si l'on ouvre trop tard l'estomac du cétacé, on ne trouve que les becs cornés plus ou moins accrochés aux parois de l'estomac. Souvent aussi on rencontre les autres organes durs des mêmes céphalopodes, tels que les os des seiches, les plumes de calmars ou les ventouses cornées d'autres espèces. Vrolik a pu compter une fois 10000 becs cornés dans l'estomac et l'intestin d'un seul hyperoodon. Quand on cherche à se procurer des céphalopodes par les engins de pêche ordinaires, on n'en rencontre qu'un assez petit nombre : on voit l'étendue considérable que doivent parcourir les cétacés pour trouver leur nourriture.

« Les ichtyophages, dit M. Bouvier, se nourrissent de poissons et comprennent, d'après Eschricht, la plupart des delphinidés ainsi que les balénoptères. Dans la panse du marsouin que j'ai eu l'occasion d'étudier, se trouvait, recourbée en cercle, une alose de 60 centimètres de longueur et parfaitement en chair ; à côté d'elle, je pus observer un merlan et les restes dissociés de quelques autres poissons. Dans le dauphin, la dissociation de tous les poissons était achevée, et il ne restait plus dans la panse qu'un nombre considérable de têtes, de nageoires, de vertèbres. Les balénoptères paraissent être beaucoup moins franchement ichtyophages que les dauphins ; dans la *Balænoptera musculus* qu'il a étudiée, Murie ne signale que les fragments de méduses et des restes d'entomostracés ; la *balænoptera borealis*, d'après R. Collett, se nourrit exclusivement d'un petit crustacé copépode, le *Calanus fuimarchicus* et la *Balænoptera sibboldii*, d'après M. Pouchet, d'un très petit palémon des mers du nord. Eschricht considère les mégaptères comme des formes intermédiaires entre les balénoptères et les baleines, au point de vue de la nourriture du moins. La *Megaptera longimana*, d'après Scammon, se nourrit, en effet, de poissons et de petits crustacés, mais elle ne diffère pas beaucoup en cela, des ichtyophages décrits plus haut. »

Les orques font exception à cette série, car, contrairement aux autres cétacés, ils s'attaquent à de grosses proies et ne reculent même pas à attaquer les baleines. Les orques sont peut-être les animaux les plus redoutables de la mer ; quand une baleine a le malheur de voyager dans leurs parages, ils s'élancent à plusieurs sur sa langue et ses gencives et les dévorent à pleine dent. Ils s'attaquent aussi à des espèces plus petites et, bien que leur taille ne soit pas très considérable (7 mètres), Eschricht a pu compter dans l'estomac de l'un d'eux, treize marsouins et quinze phoques entiers ou un peu dissociés ! « La frayeur que ces animaux inspirent est si grande, dit Van Beneden, qu'à la vue d'une lame de bois qui imite leur nageoire dorsale, les phoques se sauvent comme les poules à la vue d'un oiseau de proie, et les pêcheurs ont tiré parti de cette frayeur pour mettre les phoques en déroute. Une planchette de bois peint, fichée dans la glace, suffit à cet effet. » Les orques possèdent pour cette chasse des dents très aiguës et solidement implantées.

La respiration présente des particularités intéressantes.

Les narines, reportées très haut, vers le sommet de la tête, sont toujours au nombre de deux, mais viennent s'ouvrir au dehors par deux orifices, chez les baleines, et par un orifice seulement chez les cachalots. Ces orifices prennent ici le nom d'*évents* ; ils sont pourvus de muscles qui permettent leur oblitération quand l'animal est sous l'eau.

Les cétacés nagent presque toujours à fleur d'eau, c'est-à-dire la bouche presque complètement immergée et engloutissant des proies presque sans discontinuer. Aussi ne pourraient-ils respirer que très difficilement s'il n'existait une disposition propre à faciliter cet acte. Le tube laryngien est muni de muscles spéciaux qui lui permettent de s'élever dans l'arrière-gorge et de venir se mettre en rapport directement avec les narines où un sphincter le maintient en place. De cette façon, les poumons sont mis directement en rapport avec l'extérieur : l'air absorbé par l'évent s'introduit immédiatement dans l'appareil respiratoire. Comme le tube ne remplit pas l'arrière-gorge, l'animal peut continuer à manger ; les aliments, pour arriver à l'œsophage, doivent seulement passer à droite et à gauche du pilier laryngien.

Les poumons sont toujours considérables pour pouvoir emmagasiner une grande réserve d'air. Le diaphragme est très fort, car l'animal pour respirer doit effectuer un travail considérable.

Dans tous les traités élémentaires, on représente les baleines ou les cachalots, rejetant par l'évent un jet d'eau très puissant et l'on explique que cette eau est celle que l'animal a ingérée par la bouche. Cette explication est évidemment absurde. Le jet en question existe bien, mais c'est un jet de vapeur. La température du corps étant très chaude, l'air qui sort des poumons est également à une haute température. Venant en contact avec l'air froid du dehors, la vapeur d'eau expirée se condense immédiatement et donne au souffle un aspect blanc et opaque très visible de loin. L'air expiré, en sortant de l'évent, produit un bruit, un *souffle,* qui s'entend à de grandes distances : on donne souvent aux cétacés carnivores le nom de *cétacés souffleurs.* Le souffle du cachalot a une très mauvaise odeur : senti de près, il produit des nausées.

Les cétacés viennent respirer de temps à autre à la surface, et plongent presque immédiatement dans la mer. Ils peuvent rester sous l'eau pendant une heure et même une heure un quart ; on a calculé que le temps qu'ils mettent à respirer remplit à peu près le septième de leur existence.

Les animaux échoués meurent très rapidement sans doute parce que les mouvements respiratoires ne peuvent plus s'effectuer ; mais la question est encore à examiner.

Dans l'appareil circulatoire, il convient de noter surtout la quantité de sang, extraordinairement grande. On sait que c'est là un caractère général des animaux plongeurs d'avoir beaucoup de sang. Pour ne citer qu'un exemple bien connu, le canard, oiseau aquatique, a beaucoup plus de sang que le poulet. Ici la quantité de sang dépasse tout ce que l'on pourrait imaginer ; elle sert de réservoir d'oxygène quand l'animal plonge.

De plus les gros vaisseaux se résolvent très rapidement en « plexus » d'une richesse inouïe. Les plexus sont des ramifications anastomosées et entrelacées dans tous les sens, de manière à donner un paquet vasculaire extrêmement épais, dans les mailles duquel il serait impossible de placer la pointe d'une épingle.

Les réservoirs de sang se présentent aussi sous une autre forme : ce sont des dilatations de gros vaisseaux. On en rencontre par exemple sur la veine cave inférieure en arrière du diaphragme et dans des veines sushépatiques, à l'intérieur même du foie.

La température du corps paraît très élevée.

L'encéphale se fait remarquer par ses faibles dimensions relativement au reste du corps. Ainsi chez un balénoptère de 5ᵐ,20, le cerveau ne pesait que 2ᵏᶠ,320. Cet encéphale, plus large que long, est encore remarquable par la puissance du cervelet et la richesse du cerveau en circonvolutions.

Les yeux sont aussi très réduits par rapport au volume. Leur sclérotique est très épaisse.

L'orifice auditif est si petit qu'on a souvent beaucoup de peine à le trouver : on dirait une piqûre d'épingle. L'oreille externe ne leur sert d'ailleurs pas. « Puisque les cétacés, remarque Rapp, habitent normalement un milieu plus dense et qui conduit mieux le son que le milieu aérien, je pense que la surface entière du corps doit recevoir les vibrations sonores et les conduire à l'oreille interne par l'intermédiaire des os. Les sinus remarquables qui agrandissent la cavité tympanique, paraissent être disposés comme des membranes tendues destinées à recevoir une grande partie des vibrations par l'intermédiaire des os et à les conduire jusqu'au labyrinthe. » Ce sont surtout les os du crâne qui transmettent les vibrations à l'oreille interne.

L'olfaction, si elle existe, est très atténuée. On cite cependant des baleines qui ont fui parce qu'on avait jeté dans la mer de l'eau pourrie.

La femelle possède deux mamelles sous-cutanées. Elles viennent déboucher dans deux poches placées à droite et à gauche sur la face ventrale, non loin de l'anus. C'est tout au fond de ces poches, que se trouvent les tétines. La femelle met bas en général un seul petit; celui-ci se fixe immédiatement aux tétines et dès lors ne les quitte plus. Les mamelles très volumineuses sont recouvertes par un muscle grâce aux contractures duquel le lait s'écoule : le jeune ne tète donc pas en réalité. C'est la mère elle-même qui fait couler son lait dans la bouche du nourrisson.

Le lait est très gras ; j'ai eu l'occasion de goûter celui de l'hyperoodon et je puis affirmer qu'il est excellent : son goût de noisette est très agréable.

***

On peut déterminer les cétacés avec le tableau suivant :

Des dents. Pas de fanons.	2 évents.				Cachalot (n° 7).
	Un seul évent.	Plus de 6 dents	Museau allongé.	Rostre comprimé latéralement.	*Delphinorhynque* (n° 5).
				Rostre comprimé de haut en bas.	*Dauphin* (n° 4).
			Museau court.	Dents comprimées latéralement.	*Marsouin* (n° 1).
				Dents coniques. Front légèrement convexe.	*Orque* (n° 2).
				Dents coniques. Front très renflé.	*Globicéphale* (n° 3).
		Moins de 6 dents.			*Hyperoodon* (n° 6)
Pas de dents. Des fanons.	Une nageoire dorsale.		Nageoires pectorales peu importantes.		*Baleinoptère* (n° 8).
			Nageoires pectorales très longues.		*Mégaptère* (n° 9).
	Pas de nageoire dorsale.				*Baleine* (n° 10).

Dix genres :

1. Marsouin (*Phocæna communis*). — Longueur : 1ᵐ,65. Les marsouins sont des cétacés familiers de nos côtes. Dans une promenade en mer, il est fréquent de les voir suivre le sillage de l'embarcation en nageant avec une grande rapidité. Ils exécutent dans l'eau une série de cabrioles, montrant tantôt la tête, tantôt la queue, quelquefois même ils bondissent hors de l'eau ; ce sont d'excellents nageurs.

Les marsouins sont très cosmopolites, mais leur véritable patrie est le nord de l'océan Atlantique ; comme tous les cétacés de petite taille, ils préfèrent le voisinage des côtes à la pleine mer. Au

Marsouin.

sud, ils arrivent jusqu'à la Méditerranée ; au nord, ils traversent le détroit de Behring et se répandent dans l'océan Pacifique. Certains d'entre eux remontent les fleuves et on en a tué jusque dans la Seine, à Paris. Ils se nourrissent surtout de poissons, dans les bandes desquels ils causent des ravages considérables.

Les pertes que les marsouins font subir aux pêcheurs ont depuis longtemps attiré l'attention des pouvoirs publics, mais les mesures appliquées n'ont pas donné encore de résultats bien nets. On a essayé de donner des primes de 5 à 25 francs par tête de marsouin, mais, comme toujours ce moyen a été très peu efficace.

M. Ocellus, de la Ciotat, a imaginé d'attirer les marsouins près d'un filet rempli de poissons et de les foudroyer avec de la dynamite. Pour cela, le long de la ralingue du filet, on place de 15 en 15 mètres des cartouches de dynamite et on provoque leur détonation au moyen d'un fil électrique. L'expérience a été tentée récemment et n'a pas donné les résultats qu'on en attendait : le filet a été presque seul endommagé et les marsouins ont à peine été blessés. Le système d'ailleurs n'est pas applicable dans le cas le plus important, c'est-à-dire lorsque les marsouins poursuivent des bandes de harengs ou de morue : la dynamite effraye le poisson. D'ailleurs une deuxième expérience a démontré que les marsouins sont plus malins qu'ils n'en ont l'air, car ils ne se sont plus approchés de l'engin au sonore souvenir.

M. Belot a eu une idée différente. Son engin se compose essentiellement d'un anneau de caoutchouc traversé de part en part par deux aiguilles de 10 centimètres de long, placées perpendiculairement l'une par rapport à l'autre. On tord le caoutchouc de manière à rendre les deux aiguilles parallèles ; on les fixe dans cette position avec deux petits fils. L'engin ainsi préparé est introduit dans le corps d'une sardine : si un marsouin a la malencontreuse idée d'avaler celle-ci, les fils se digèrent et les aiguilles reprenant leur position croisée transpercent son estomac. Tout cela paraît bien beau : il n'y a qu'un malheur, c'est que les marsouins ont une affection toute spéciale pour les sardines fraîches et n'absorbent que très rarement les sardines garnies d'un engin, c'est-à-dire mortes. L'expérience directe à Marseille a d'ailleurs donné fort peu de résultats.

Le mieux serait encore d'équiper des pêcheurs spéciaux armés de harpons ou d'armes à feu : ils trouveraient certainement dans la graisse du marsouin et dans l'indemnité qu'ils recevraient de quoi payer leurs frais et même avoir des bénéfices ; ils pourraient également utiliser la chair du marsouin qui n'est pas non plus détestable, paraît-il et dont les Romains faisaient des saucissons, et la peau avec laquelle on peut faire du cuir. Les pouvoirs publics semblent d'ailleurs vouloir se rallier à cette idée.

Le marsouin se rencontre dans l'Atlantique et la Manche.

2. Orque (*Orca Duhameli*), appelé aussi *Épaulard.* — Longueur : 6 à 9ᵐ. Apparaît exceptionnellement dans la Manche, l'Océan et la Méditerranée.

On donne quelquefois aux orques le nom de *Poissons-épées,* par allusion à leur nageoire dorsale très longue (30 centimètres), large à la base et amincie

Orque.

du bout. Comme nous l'avons dit plus haut, ils sont renommés pour leur voracité et le goût très prononcé qu'ils affectent pour la langue des baleines.

3. Globicéphale (*Globicephalus melas*), appelé aussi *Conducteur.* — Longueur : 6 à 7ᵐ. Corps entièrement noir. Apparaît exceptionnellement dans l'Océan, la Manche et la Méditerranée. Ils vivent en troupes très nombreuses, guidées par de vieux mâles ; ils se suivent d'une manière presque passive et un peu comme les moutons de Panurge. Si les chefs viennent à s'échouer, le reste de la troupe s'échoue à leur suite.

4. Dauphin. — Tête s'atténuant en pointe, à museau en forme de rostre

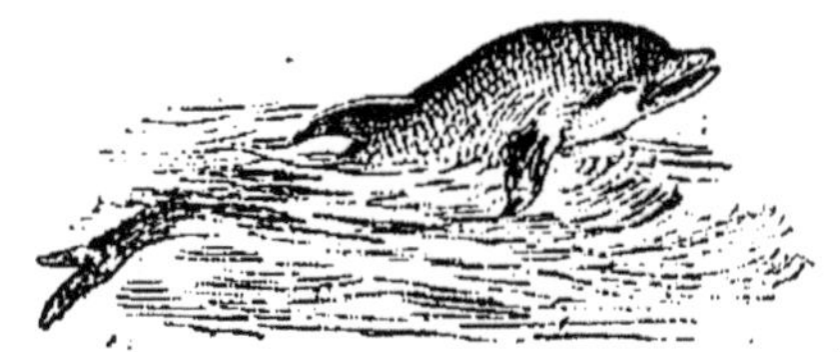

Dauphin commun.

bridé à la base. Les deux mâchoires sont munies de nombreuses dents coniques, égales. Nageoire dorsale presque au milieu.

Quatre espèces :

a) **Dauphin commun** (*Delphinus Delphis*). — Longueur : 2 mètres à 2ᵐ,40. Palais muni sur la tête osseuse d'une rainure longitudinale. 160 à 200 dents Coloration variable. Vit dans l'Atlantique, la Manche, la Méditerranée.

b) **Souffleur** (*Delphinus nesarnack*), appelé aussi *Grand Dauphin*. — Longueur : 2ᵐ,80 à 3ᵐ,10. Palais dépourvu d'une rainure longitudinale. Moins de trente dents. Vit dans l'Atlantique, la Manche, la Méditerranée.

c) **Dauphin bordé** (*Delphinus marginatus*). — Longueur : 2ᵐ,10. Palais dépourvu d'une rainure. 43 à 47 dents de chaque côté à chaque mâchoire. Côtes de la Seine-Inférieure et de la Charente-Inférieure.

d) **Dauphin douteux** (*Delphinus dubius*). — Longueur : 1ᵐ,40. Palais dépourvu d'une rainure. 35 à 38 dents de chaque côté. Noir. Ventre blanc. Côtes de Bretagne.

5. Delphinorhynque. — Tête prolongée en pointe. Museau en forme de rostre, comprimé latéralement, non bridé à la base. Dents grosses ; 20 à 40 dents de chaque côté à chaque mâchoire. Palais canaliculé. Environ 2 mètres de long. Deux espèces : *Delphynorhynchus rostratrus* (84 dents). Côtes de Bretagne) et *D. santonicus* (142 dents).

6. Hyperoodon. — Dents très peu nombreuses, 2, 1 ou 0. Un seul évent, en croissant. De 5 à 7 mètres de long. Quatre espèces : *Hyperoodon sowerbyensis* (dents insérées vers le milieu de la mâchoire. Mâchoire inférieure plus large que haute. Manche). *H. europæus* (dents insérées vers le milieu de la mâchoire. Mâchoire inférieure plus haute que large. Manche). *H. rostratus* (dents insérées à la partie antérieure de la mâchoire. Front fortement convexe. 7ᵐ,5. Noir. Manche, Atlantique, Méditerranée). *H. cavirostris* (dents insérées à la partie antérieure de la mâchoire. Front faiblement convexe. Gris. 5 à 7 mètres. Atlantique, Méditerranée).

7. Cachalot (*Physester macrocephalus*). — Les cachalots (18 à 20 mètres) sont les animaux les plus monstrueux de la création et aussi les plus disgracieux. Leur tête énorme est presque aussi grosse que le reste du corps et la mâchoire inférieure est très petite comparativement à la mâchoire supérieure. Celle-ci est surmontée d'une masse considérable, appelée la *bosse*, coupée verticalement en avant. L'évent, unique, s'ouvre un peu sur le côté gauche. Son souffle se reconnaît de loin à ce qu'il est poussé obliquement en avant et qu'il est moins durable que celui de la baleine ; il ressemble plutôt à une énorme bouffée de tabac, dont il a un peu la couleur bleutée.

Les cachalots habitent pour ainsi dire toutes les mers du globe, mais ils semblent préférer cependant les mers tropicales ou subtropicales ; leur habitat favori est le voisinage des Galapagos, ainsi que le cap San Lucar, les îles Kingsmill, Marshall et les parages du Japon. Mais ils s'aventurent très loin et vont parfois jusque dans les mers boréales. Leur humeur est d'ailleurs très vagabonde, car on a recueilli au Chili des cachalots portant des harpons japonais. Un autre cachalot harponné au Chili est venu se faire tuer au large des Etats-Unis. Malgré leur lourdeur ils peuvent parcourir de si vastes espaces. Il en est venu plusieurs fois s'échouer sur nos côtes.

Cachalot.

Ces monstres gigantesques vivent presque toujours en bandes plus ou moins nombreuses, se suivant à la queue leu-leu, plongeant et revenant à la surface tous en même temps. Ces bandes d'environ 50 ou 100 individus paraissent avoir à leur tête un vieux mâle qui leur sert de pilote. Ils nagent très rapidement et parcourent 10 à 12 milles à l'heure. Souvent, on les rencontre filant en ligne droite, sans doute pour chercher leur nourriture, puis s'arrêter et se disperser un peu dans tous les sens, comme s'ils étaient tombés dans un bon endroit, riche en victuailles. Ils aiment surtout les mers profondes et fuient les côtes en pente douce pour les côtes abruptes : évidemment, ils risquent moins ainsi de s'échouer.

On croyait autrefois que le cachalot est un animal féroce : aujourd'hui, on le considère comme un animal très timide. On peut s'approcher de lui sans crainte ; il reste tranquille ou se sauve avec rapidité. Cette fuite a surtout lieu lorsque les cachalots ont été déjà chassés. Mais si l'on leur lance un harpon, aussitôt la scène change. « Au lieu de s'enfuir sous le coup de la douleur, comme la baleine, le cachalot souvent fait face à l'ennemi ; il s'avance la bouche ouverte, vers l'embarcation pour la broyer avec ses formidables dents, quelquefois grosses comme le poignet ; souvent dans les convulsions de son agonie, d'un coup de queue, il brise la pirogue, envoyant ses débris à 15 ou 20 pieds en l'air : heureux les hommes qui en sont quittes pour un bain ! On cite même des exemples de navires coulés par le choc d'un cachalot : tel fut le cas de l'*Essex* en 1819, dans la mer du Sud. On ne parlait plus de cet accident, ni des mésaventures d'autres navires qui avaient été plus ou moins maltraités, lorsqu'un fait pareil se produisit en 1851, au large de la côte du Pérou. Le 20 août de cette année-là, l'*Annalexander* rencontra un énorme cachalot qui débuta par briser trois pirogues envoyées à sa poursuite. On le chassa alors avec le navire lui-même, et on réussit à lui planter une lance sur la tête ; quelques temps après on le vit plonger. Debout sur des bossoirs, le capitaine veillait le moment où il reparaîtrait, lorsque, tout à coup, il aperçut le monstre se ruant sur le navire avec une vitesse de peut-être 15 milles à l'heure. L'*Annalexander* trembla dans toute sa charpente comme s'il avait touché sur un écueil, et se coucha immédiatement sur le flanc, tout rempli d'eau ; l'équipage n'eut que le temps de le quitter sans pouvoir rien emporter. » (H. Jouan.)

La bosse qui surmonte la tête du cachalot est formée par une masse graisseuse dont la nature morphologique n'est pas encore établie, mais ce n'est certainement pas, comme on l'a cru longtemps, une sécrétion de la muqueuse du nez, pas plus qu'une dépendance du cerveau. C'est plutôt une simple couche de graisse hypodermique. Cette masse pèse de 3 000 à 4 000 kilogrammes, et renferme jusqu'à 2 000 litres d'un liquide huileux, blanc, se figeant rapidement en une masse solide qui constitue le *spermacéti* ou *blanc de baleine;* on l'emploie en médecine pour faire des cérats. Une bonne partie est utilisée pour la confection de belles bougies : une tonne de spermaceti vaut plus de 500 francs.

On chasse le cachalot, non seulement pour le spermacéti, mais surtout pour l'huile que l'on extrait de son lard, lequel atteint une épaisseur de 0ᵐ,20 à 0ᵐ,25. L'huile du cachalot est beaucoup plus fine pour le graissage que celle de la baleine. Les femelles ne donnent que 20 barils d'huile, tandis que les mâles en fournissent jusqu'à 120.

Sur les plages des îles de Sumatra, des Moluques et de Madagascar, on rencontre, rejetées par le flot, des masses grises, poreuses comme de la ponce, et dégageant une odeur musquée : c'est *l'ambre gris.* On a écrit des volumes entiers sur l'origine de cette substance. Aujourd'hui, on sait qu'elle prend naissance dans l'intestin des cachalots et qu'ils doivent être considérés comme des *calculs* analogues à ceux que l'on rencontre dans le foie ou la vessie. Quant à l'odeur que cet ambre présente à un haut degré, on s'accorde aussi à l'attribuer non au cachalot lui-même, mais aux céphalopodes dont il fait sa nourriture et dont quelques-uns, l'élédone par exemple, ont aussi une forte odeur. Ce qui tend à faire croire qu'il en est ainsi, c'est que l'on trouve presque toujours, engagés dans le calcul, des becs cornés appartenant à ces mollusques. Quand les pêcheurs capturent un cachalot, ils ne manquent jamais d'ouvrir l'intestin et d'y prendre l'ambre gris qui peut s'y trouver.

L'ambre gris, dont le prix est très élevé, est très employé en parfumerie. En outre de son odeur agréable, il a la propriété importante de donner aux autres odeurs de la *fixité,* c'est-à-dire de les empêcher de s'évaporer trop vite. On s'en sert aussi dans la confection des cassolettes, pour préparer la peau d'Espagne et parfumer le papier à lettres.

8. Baleinoptère. — Les *Baleinoptères* ou *Rorquals* sont les plus longs des cétacés : ils atteignent jusqu'à 33 mètres de longueur. Ce sont avec les hyperoodons, les mieux connus des cétacés au point de vue anatomique, car ils viennent fréquemment échouer sur nos côtes. M. Y. Delage a donné une belle monographie d'un baleinoptère échoué à Luc-sur-Mer. Comme les baleines, ils possèdent des fanons, mais d'assez

Baleinoptère à bec.

faible taille (0ᵐ,75 au plus). Le seul point à signaler, c'est que la face ventrale est garnie de sillons longitudinaux, parallèles : on suppose qu'en se déployant, ils servent à l'animal à présenter un plus grand volume pour flotter ou pour pouvoir emmagasiner une plus grande quantité d'eau dans ses poumons. On ne chasse pas beaucoup les Baleinoptères parce qu'ils ne donnent pas suffisamment d'huile (20 barils environ) et parce qu'ils se laissent couler à fond une fois harponnés. C'est à la faveur de cette impunité qu'ils sont encore aujourd'hui si communs.

Les espèces qui viennent le plus fréquemment s'échouer chez nous sont : la *Balenoptera rostrata* (nageoires blanches à la base), la *B. borealis* (nageoires, entièrement noires, fanon noirs) et la *B. musculus* (nageoires entièrement noires. Fanons blanchâtres en avant).

9. Mégaptère (*Megaptera boops*). — Les mégaptères se distinguent des baleinoptères par la longueur considérable

Mégaptère.

de leurs nageoires pectorales. Ils viennent rarement s'échouer sur la côte de Provence.

10. Baleine (*Balœna Biscayensis*) — 12 à 18 mètres.

La forme des baleines est connue de tout le monde ; leur taille varie de 15 à 20 mètres et même plus. Leur corps est plus trapu que celui des baleinoptères. La tête occupe environ le tiers du corps et porte de 300 à 1000 fanons ;

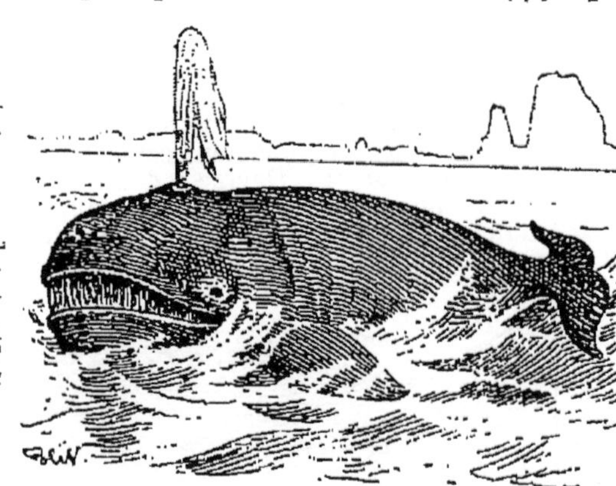

Baleine des Basques.

chez l'animal vivant, il en sort par les évents deux jets de vapeur qui s'écartent l'un de l'autre comme les deux branches d'un V.

Nous savons déjà comment elles se nourrissent, aussi les trouve-t-on presque toujours dans les points où la mer est colorée en rouge ou en vert par des bancs innombrables de petits animalcules.

Les baleines viennent respirer bien entendu à la surface de l'eau ; elles « soufflent » alors sept ou huit fois de suite. La dernière expiration est plus longue que les autres ; elle avertit les pêcheurs que l'animal va plonger, « sonder » comme ils disent. Elles nagent assez lentement (5 à 7 kilomètres à l'heure), mais vont très vite quand on les poursuit. Au moment des amours, mâles et femelles se rapprochent et, au moins pendant un certain temps on constate un grand attachement entre les conjoints. Pour mettre bas, les femelles semblent se rapprocher des côtes. Elles veillent avec grand soin sur leur petit « baleineau » et, pour lui permettre de téter sans être axphyxié, elles se penchent de côté de manière à venir faire affleurer les mamelles au niveau de l'eau.

On croyait autrefois qu'il n'y avait que deux espèces de baleines : la *baleine franche* et la *baleine australe* ; on sait aujourd'hui qu'il y en a plusieurs.

Les *Balœna Biscayensis* étaient autrefois beaucoup plus abondantes qu'aujourd'hui où on peut les considérer comme presque éteintes. Elle habite les régions tempérées de l'Atlantique nord en janvier et février, elle vient dans le golfe de Gascogne.

La *Vraie Baleine* ou *Baleine du Nord* (*Balœna mysticetus*) habite le Spitzberg et la baie de Baffin : en été, elle descend jusqu'au 60° degré de latitude. Elle va aussi se promener dans la mer de Behring.

La *Balœna aleoutensis* habite la région marine comprise entre l'Asie et l'Amérique du Nord.

La *Balœna Australis* habite l'Atlantique dans sa partie sud tempérée.

Disons quelques mots sur *l'histoire de la pêche à la baleine.*

Ce sont les Basques et les Espagnols qui se livrèrent les premiers à la chasse à la baleine.

Au début les Basques se contentaient de chasser dans le golfe de Gascogne, mais, bientôt, voyant leur proie leur échapper, ils poursuivirent les baleines jusque dans la Manche et la mer du Nord (xie siècle environ) ; plus tard (xive siècle), ils se lancèrent même jusque dans les parages de Terre-Neuve.

Au xvie siècle, les Hollandais découvrirent les baleines des mers boréales : aussitôt les Basques accoururent, mais aussi les Hollandais et les Anglais. Ces deux derniers étant plus près du lieu de chasse eurent bientôt l'avantage et restèrent bientôt seuls en présence. Des conflits éclatèrent souvent entre les Anglais et les Hollandais : les premiers s'en allèrent dans le Nord et les Anglais dans le Sud. Au xviie siècle, apogée de cette chasse, la Hollande envoyait jusqu'à 400 navires au Spitzberg.

Bientôt (xviiie siècle), la pêche se déplaça et alla s'effectuer dans la baie de Baffin : de 1669 à 1778, on ne tua pas moins de 57560 baleines. Depuis cette époque, la pêche n'a fait que diminuer et disparaître presque entièrement. Aujourd'hui, elle n'est guère effectuée que par les Norvégiens entre leur littoral est et l'île Jan Mayen.

C'est de 1788 que date la pêche dans le Pacifique. Pendant de nombreuses années, on s'y livra sur une étendue de 80 degrés de latitude et de 100 degrés de longitude.

Un peu plus tard, les pêcheurs se rendirent sur les côtes de la Californie, au détroit de Behring, au Kamstchatka au Japon, etc. et firent une ample moisson. Cette « pêche du Nord-Ouest » est encore aujourd'hui une des plus florissantes. Il y a environ 35 ans, la flotte baleinière des États-Unis comptait 655 navires. Aujourd'hui, l'industrie baleinière a pour centre d'action San-Francisco, où se tient entre autres le marché des fanons. Dans les cinq dernières années, il s'est vendu en moyenne 450000 livres de fanon par an. En 1893, on a recueilli 298 baleines et, en 1894, 87 seulement ; c'est dire la décroissance rapide de cette industrie.

La pêche à la baleine se fait de deux façons : ou bien, on l'attend sur la côte; ou bien on va la chercher en pleine mer. La première s'effectue par exemple en Norwège. Là, on chasse ce que les marins appellent la *baleine bleue*. La pêche n'est autorisée que de juin en septembre ; elle est surtout concentrée à Vadsö, petite ville du Varangerfyord, où elle a été établie par M. Foyn. Quand une baleine est signalée dans les parages, les pirogues vont l'attaquer. Jadis on se servait d'un harpon, aujourd'hui, on emploie des armes à feu, des canons, placés à l'avant de baleinières de 25 mètres de longueur et montées par 10 hommes d'équipage.

« Le canon, dit le Prince Roland Bonaparte, est placé sur un pivot et porte une espèce de crosse qui permet de le pointer dans toutes les directions; un chien dont la détente est mue par une longue corde fait partir le coup au moment voulu. Ce canon se pointe avec un cran de mire et un guidon, absolument comme un fusil. L'extrémité de ce harpon porte un petit obus à pointe d'acier qui éclate lorsqu'il est entré dans le corps de la baleine ; à ce moment, plusieurs tiges longues de 25 centimètres, qui jusque là étaient couchées le long du harpon, s'ouvrent comme un parapluie et empêchent la ligne de sortir du corps du cétacé. Au harpon est attaché un long câble enroulé dans la cale à l'arrière et qui passe sur plusieurs freins mus par la vapeur. Le pointeur qui doit être un homme très habile et de grand sang froid, tient la crosse du canon d'une main et la ficelle qui commande le chien de l'autre. Quand on a aperçu l'animal signalé par le guetteur qui se trouve dans un *nid de pie*, au sommet d'un mât, le bateau s'avance dans la direction où il a plongé pour être prêt à le recevoir à l'endroit où il reviendra à la surface pour respirer. C'est l'expérience seule qui apprend à calculer quelle distance la baleine parcourt entre deux eaux. En général, on tue la baleine à 25 mètres de distance. La plus grande difficulté, paraît-il, est de toucher l'animal de manière que le harpon ne traverse pas une région du corps, mais bien s'y implante et fasse explosion. C'est pourquoi le canon ne peut avoir qu'une très faible charge. Mais d'autre part, il en résulte que le harpon décrit une parabole très accentuée et qu'il est difficile de toucher juste. Quand l'animal se sent frappé, il plonge subitement en déroulant l'immense câble qui se trouve à bord du navire, entraînant celui-ci avec une vitesse vertigineuse; pour s'opposer à cette folle course on fait machine en arrrière et l'on étend de chaque côté du navire, perpendiculairement à ses flancs, des espèces d'ailes analogues à celles qui se trouvent sur les bateaux hollandais. »

La baleine une fois tuée, on l'attache par des chaînes de fer à la mâchoire inférieure et à la queue, puis on l'attire sur le rivage, composé d'un plan incliné. Le dépècement dure huit jours : avec de grands couteaux on enlève le lard et on le porte à l'usine pour le faire fondre. Quant à ce qui reste, on le réduit en poudre et on en fait du guano, surtout utilisé en Allemagne.

La chasse en mer est beaucoup plus pénible et plus dangereuse, surtout en raison de l'élément dans lequel vivent les baleines et qui présente déjà tant de dangers par lui-même. Cette pêche s'opère avec des navires spéciaux qu'on appelle des *baleiniers ;* leurs dimensions et leur construction sont très diverses, mais, presque toujours ils ont de 400 à 600 tonneaux de jauge. Plus petits, ils ne sont pas assez solides; plus grands, ils reviennent trop cher : l'équipement d'un bon baleinier ne revient pas à moins de 300 000 francs.

Les baleiniers doivent être construits

pour tenir la mer pendant longtemps, trois ou quatre ans même ; ils parcourent parfois de très vastes espaces avant de trouver ce qu'ils désirent. Ils doivent aussi être agencés non seulement pour chasser la baleine, mais encore pour extraire l'huile et la conserver. A cet effet, sur le pont sont placés des fourneaux munis de bassines dans lesquelles on plonge les morceaux de lard. Quand l'huile est fondue, on se sert encore des « gratons » pour alimenter le foyer. Ordinairement ce sont des bateaux à voile; aujourd'hui on tend à se servir de petits vapeurs.

Le navire porte en outre quatre pirogues fixées de manière qu'on puisse les descendre et les remonter avec une grande rapidité. La forme de ces pirogues est toujours la même. Leur longueur est de 8 à 9 mètres et elles sont aiguës aux deux bouts de manière à pouvoir aller en avant ou en arrière à volonté. Le gouvernail est remplacé par un grand aviron qui permet de faire pivoter la pirogue sur place, même au repos. Sur un axe est enroulée une corde, longue de plusieurs centaines de brasses et à laquelle est fixé le harpon. Sur la pirogue, il y a en outre des lignes, des couteaux, des pavillons, etc. Le harpon principal a un mètre de long; il est fabriqué avec un fer malléable de manière à pouvoir résister aux torsions que lui imprime le cétacé. Quant à la lance, elle a 1ᵐ,50 et s'adapte à une corde de sept à huit brasses. Enfin un *louchet* ou *sparde* sert surtout au dépècement.

Lorsque le navire baleinier se trouve dans une région habitée par des baleines, des marins se placent au sommet des mâts et interrogent sans cesse l'horizon. Dès qu'ils aperçoivent au loin ces jets d'eau ou plutôt ces jets de vapeur dont nous avons parlé à plusieurs reprises, ils en informent l'équipage et, tout de suite, on met à l'eau les pirogues. Ces pirogues se rapprochent lentement de la baleine, et quand elles sont suffisamment rapprochées, l'homme qui se trouve au gouvernail lance le harpon qui vient s'enfoncer dans les chairs. La baleine est tellement surprise qu'elle ne bouge pas et qu'on a le temps de lui envoyer un second harpon. Sous le coup de la douleur, elle s'enfuit en plongeant, mais elle reste toujours réunie au bateau par la corde qui se déroule au fur et à mesure.

Le harpon n'est pas destiné comme on le croit souvent à tuer l'animal, mais seulement à l'amarrer. Quand la baleine reparaît à la surface de l'eau, les hommes tirent sur la corde et se rapprochent du cétacé. Quand ils en sont très près, celui qui commande la pirogue saisit la lance et la jette sur l'animal pour le tuer. Généralement il vise en arrière de la nageoire : c'est le lieu le plus favorable pour transpercer le poumon ou le cœur. Un coup n'est pas suffisant ; l'animal se sauve de nouveau entraînant avec lui la pirogue et son équipage. Un deuxième coup, puis un troisième l'affaiblissent de plus en plus ; finalement il meurt et grâce à sa légèreté spécifique flotte sur l'eau le ventre en l'air. L'officier fait un signe au navire baleinier qui vient se placer près de la baleine; on procède alors au dépècement.

L'huile de baleine vaut 800 francs les 1000 kilogrammes. Les fanons coûtent 3000 francs les 1000 kilogrammes; leur prix devient chaque année plus élevé.

Ordre des ÉQUIDÉS

Mammifères ongulés de grande taille. Doigts en nombre impair, dont le médian subsiste parfois seul. Estomac simple. Denture d'ordinaire complète, les canines faisant exceptionnellement défaut.

Cheval (*Equus caballus*). — Le cheval est trop connu pour que nous le décrivions ici. Pour son emploi dans l'agriculture, voir D. ZOLLA, *Dictionnaire d'Agriculture*.

Ane (*Equus asinus*). — Les ânes diffèrent des chevaux par divers caractères : le long de l'épine dorsale, le pelage n'est pas le même que sur le reste du corps ; les oreilles sont longues ; la queue ne porte de crins qu'à l'extré-

Cheval normand.

mité ; la crinière est courte. Il est originaire d'Asie. Son croisement avec le cheval produit des *mulets*. L'ânesse porte onze mois.

Ane du Poitou.

Mulet.

Ordre des PORCINS

Mammifères à dentition complète. 2 à 6 incisives à la mâchoire supérieure ; 4 à 6 à la mâchoire inférieure à direction presque horizontale. Canines fortes. Ne ruminent pas. Pieds fourchus, à quatre doigts, terminés chacun par un sabot.

Porc (*Sus domesticus*). — Voir D. ZOLLA : *Dictionnaire d'Agriculture.*

Porc périgourdin.

Sanglier (*Sus scrofa*). — Longueur : 1ᵐ,60. Queue : 0ᵐ,50. Il rappelle un peu le porc (qui en dérive probablement) par son allure gauche, mais il est aplati latéralement et possède une tête très volumineuse. Le corps est recouvert d'un poil rude ; la tête est pourvue de défenses se montrant au dehors et constituant des armes terribles, grâce auxquelles, dans les chasses, il peut éventrer les chiens et même les chasseurs qui le poursuivent. Il dégage une odeur désagréable, mais sa chair est excellente. C'est un animal nuisible ; dans les champs de pommes de terre notamment, il fouille le sol et dévore une grande quantité de tubercules. Il vit dans les grands bois.

La femelle pleine, la *laie*, se prépare dans un fourré une couchette de feuilles, d'aiguilles de pin, de mousse et y dépose ses petits. Elle ne quitte sa progéniture que juste le temps d'aller manger quelques racines.

Sanglier.

Bientôt elle l'emmène avec elle et souvent plusieurs laies se rencontrent et surveillent en commun leurs *marcassins*. L'une d'elles vient-elle à périr, les autres se chargent des orphelins. Une bande de ces petits animaux offre un intéressant spectacle. Les marcassins sont des créatures charmantes : leur pelage tacheté est très joli ; leur gentillesse, leur vivacité contrastent vivement avec la paresse et la lourdeur de leurs parents. Les laies marchent en avant, sérieuses ; derrière elles courent les petits, criant, grognant, se dispersant, se réunissant, s'arrêtant, faisant quelque lourde culbute, ou entourant leur mère, la forçant à s'arrêter, lui demandant à téter. C'est là leur manège de toute la nuit, et le jour, cette bande turbulente peut à peine rester tranquille dans le bouge, elle est continuellement en mouvement. — Rien ne surpasse le courage et la hardiesse avec laquelle la laie défend ses petits ou ceux qu'elle a adoptés. Au premier cri d'un marcassin, elle arrive, méprisant le danger, et fond sur l'agresseur, quel qu'il soit. Un homme, dans une promenade à cheval, rencontra de petits marcassins et voulut en enlever un. A peine celui-ci avait-il poussé un gémissement que la mère arrive, poursuit le ravisseur, s'élance sur le cheval et cherche à le mordre au pied ; l'homme, pour en finir, lui ayant lancé son petit, elle le prit soigneusement dans sa bouche et rejoignit avec lui sa famille (Winckell).

Comme les autres bestiaux élevés par l'homme, le cochon, qui dérive du sanglier, est plus intéressant au point de vue de la reproduction : il s'accouple deux fois l'an. La femelle ne se fait pas faute de manger ses petits quand ils l'ennuient.

Ordre des RUMINANTS

Mammifères à estomac composé de quatre parties, à incisives antérieures au nombre de deux ou nulles. Doigts en nombre pair garnis de sabots. Pas de canines. Molaires avec des replis d'émail.

1. Bœuf (*Bos taurus*). — Animal domestique d'une grande importance économique, de même que sa femelle, la domestique utilisé pour sa viande et sa laine (Voir D. Zolla, *Dictionnaire d'Agriculture*).

Bœuf limousin.

vache, et ses petits, les *veaux* (Voir D. Zolla : *Dictionnaire d'Agriculture*).

Mouton du Plateau central.

2. Mouton (*Ovis aries*). — Animal

3. Mouflon (*Ovis musimon*). — Longueur : 1ᵐ,20. Queue : 8 ou 10 centimètres. Hauteur : 80 centimètres. Poids, de 25 à 40 kilogrammes. Cornes : 66 centimètres et poids de 4 à 6 kilogrammes. Corps ramassé. Poils courts, couchés, très épais. Menton sans barbe. Couleur rousse. Museau, croupe, bord de la queue, ventre blancs. Ligne médiane du dos brun foncé. Le mâle seul a des cornes, longues, fortes, très

Mouflon.

épaisses à la base, se touchant presque à la racine, se courbant en faucille, garnies de rugosités serrées. La femelle a quelquefois des rudiments de cornes.

Ne se trouve que dans les montagnes rocheuses de la Corse. Vit en société. Leste, agile, adroit, mais se fatigue vite. Grimpe très bien. mais, en plaine, un chien peut l'atteindre. Très craintif.

4. Chèvre (*Capra hircus*). — Animal domestique utilisé pour son lait. C'est un animal très agréable, un peu trop curieux de sa nature, peut-être, mais

Chèvre commune.

rustique et facile à élever. La femelle porte 21 semaines. Les petits *cabris* sont des êtres charmants, sans cesse occupés à jouer, à bondir et à grimper.

5. Bouquetin (*Capra ibex*). — Longueur : 1ᵐ,45. Hauteur : 66 centimètres à 1 mètre. Poids : 75 à 100 kilogrammes. Corps ramassé, vigoureux. Tête relativement petite. Front fortement bombé. Jambes fortes. Yeux vifs à expression

Bouquetin des Alpes.

hardie. Poil long, grossier, crépu, terne, en hiver ; court, fin et brillant en été. Couleur : gris roux en été ; gris fauve en hiver. Menton fauve roux. Les cornes existent chez les deux sexes ; elles se recourbent en arrière en forme d'arc

ou de croissant. Leur tranche représente un quadrilatère allongé. La surface est couverte de saillies très prononcées. Elles peuvent atteindre une longueur de 90 centimètres à 1ᵐ,15 et un poids de 7 à 15 kilogrammes. Les cornes de la femelle ressemblent à celles de la chèvre domestique.

Ne se trouve que dans les Alpes où il est très rare. Vit par petits troupeaux. Les mâles recherchent les crêtes escarpées, où ils restent couchés tranquillement. Ils gravissent les montagnes avec une remarquable agilité et bondissent comme une balle. La voix ressemble à un sifflement prolongé. Ils se nourrissent de plantes alpines.

« La saison de la reproduction a lieu en janvier. Les mâles se livrent alors à de violents combats. Ils fondent l'un sur l'autre, se lèvent sur leurs jambes de derrière, cherchant à donner des coups de tête ; les échos des montagnes retentissent du choc de leurs cornes. Souvent ces combats deviennent dangereux, à cause du lieu où ils se livrent, et plus d'un jeune mâle y perd la vie. La femelle se donne au vainqueur. Cinq mois après, à la fin de juin ou au commencement de juillet, elle met bas un seul petit qui a à peu près la taille d'un cabri ; après l'avoir nettoyé, elle part avec lui. Le jeune bouquetin est un animal charmant. Il est recouvert d'un poil laineux, et ce n'est qu'en automne qu'apparaissent les soies longues et raides. Quelques heures après sa naissance, c'est un montagnard presque aussi hardi que sa mère. Celle-ci le soigne avec tendresse, le tient propre, le lèche, le conduit, lui bêle affectueusement, l'appelle, tant qu'elle l'allaite, se cache avec lui dans une caverne de rochers, et ne l'abandonne jamais que lorsque l'homme lui paraît devenir trop dangereux, et qu'elle doit sauver sa propre vie, nécessaire à son petit. Elle se réfugie dans les endroits les plus escarpés, les lieux les plus impraticables. Le petit, lui, se cache derrière une pierre, dans une fente de rochers, et y reste immobile, l'œil et l'oreille au guet. Sa robe grise, qui s'harmonise avec la couleur des rochers, le fait échapper aux regards ; l'œil du faucon même ne peut reconnaître cet animal. J'ai vu par expérience combien il est difficile de distinguer un bouquetin couché sur le sol ; j'ai examiné pendant des heures entières, avec une excellente lunette, les rochers du Sinaï sans y voir ces animaux, dont les Bédouins m'affirmaient la présence, et qui n'échappaient quelquefois pas à leur œil perçant. Dès que le danger est passé, la mère revient à son petit ; tarde-t-elle trop, celui-ci sort de sa retraite, appelle sa nourrice et se cache de nouveau. Sa mère est-elle blessée ou tuée, il fuit d'abord plein d'effroi, mais il revient sur ses pas, et demeure longtemps, triste et inconsolable, à l'endroit où il l'a perdue. Ce qu'il y a de curieux, c'est que quand la mère revient blessée vers son petit, celui-ci court à elle tout joyeux ; mais dès qu'il a senti l'odeur du sang, il prend la fuite et aucune caresse ne peut le rappeler. On observe le même fait chez d'autres ruminants » (Brehm).

6. **Chamois** (_Capella rubicapra_), appelé aussi _Izard_. — Corps court, ramassé. Jambes longues et fortes. Cou allongé. Oreilles pointues, dirigées en avant. 1ᵐ,10 à 1ᵐ,20 de longueur. Queue : 8 centimètres. Hauteur au garot : 0ᵐ,76. Cornes : 0ᵐ,28 à 0ᵐ,30. Poids moyen : 30 kilogrammes Pelage brun roux sale passant au jaune roux clair sous le ventre. Une ligne brun foncé au milieu du dos. Gorge jaune fauve. Nuque d'un blanc jaune. Poitrine et flancs d'un gris brun foncé. En hiver : brun foncé, avec le ventre blanc. Cornes petites, lisses, placées immédiatement au-dessus des orbites, droites, mais brusquement recourbées en hameçon à leur sommet. Les cornes existent dans les deux sexes.

Chamois d'Europe.

C'est le type parfait de l'animal montagnard. Il habite les cimes les plus élevées des Alpes et des Pyrénées et bondit au milieu des rochers et des précipices avec une habileté sans pareille. Sa tête à l'air fûté est remarquable par la présence de ses cornes de forme si particulière. Prudent, il veille sans cesse à sa sûreté ; il a toujours l'œil au guet. Sa chasse est très agréable, mais difficile.

Au moment de la reproduction, les mâles sont encore plus excités et plus turbulents que d'ordinaire, et ce n'est pas peu dire. « Ils sautent, dit Tschudi, comme des fous, sur des arêtes étroites, cherchent à se donner des coups de tête et à se renverser ; ils feignent d'attaquer l'un d'eux et se précipitent tout à coup sur un autre qui est pris à l'improviste ; en un mot, ils s'agacent et s'amusent de mille manières. Dès qu'ils aperçoivent une forme humaine, même à une grande distance, la scène change subitement. Tous les animaux de la bande depuis le vieux bouc jusqu'au plus jeune faon, se mettent aux aguets et se préparent à fuir. Lors même que l'observateur reste immobile, c'en est fait de leur belle humeur. Ils remontent lentement vers les hauteurs, s'arrêtent pour examiner chaque bloc, chaque paroi de rocher, et ne perdent pas un instant de vue l'endroit d'où les menace le danger. D'ordinaire ils ne s'arrêtent que très haut. Tout le troupeau se serre sur le plus élevé des escarpements ; chaque animal sonde du regard les profondeurs, et balance gravement sa tête blanche. En été, il est rare que les chamois qui ont été dérangés sur un pâturage y reparaissent de toute la journée : en automne, quand tout est déjà désert dans l'Alpe, au bout d'une heure à peine, on les voit redescendre au galop, et ils recommencent leurs jeux dans leur endroit favori. » Mais ils ne se contentent pas de jouer ; ils se battent aussi : souvent même un mâle, d'un coup de tête du rival, roule dans un précipice et paye de sa vie ses velléités amoureuses. Le vainqueur, débarrassé de ses rivaux, s'isole avec la femelle et ne la quitte plus jusqu'au milieu de l'hiver, époque où le couple rejoint le troupeau. « Vingt semaines après l'accouplement de la fin d'avril à la fin de mai, la femelle met bas un, rarement deux petits. Au bout de quelques heures, le jeune chamois suit sa mère, et après quelques jours, il est déjà presque aussi agile qu'elle. Celle-ci le soigne avec tendresse, l'instruit. Le mâle n'a nul souci de sa progéniture. Le jeune chamois reste avec sa mère jusqu'à la fin de mai. Avant de mettre bas, la femelle s'est séparée du troupeau, et a cherché un pâturage convenable où elle demeure avec son petit, sans jamais s'écarter des endroits les plus escarpés et les plus solitaires. Elle conduit son nourrisson par ses bêlements ; c'est en bêlant qu'elle lui apprend tout ce qui est nécessaire au chamois, à grimper, à sauter : elle bondit devant lui, lui donne l'exemple qu'il a à suivre. Le petit, de son côté, rend à sa mère l'amour qu'elle lui témoigne, et ne la quitte même pas, lorsqu'elle est morte. Plus d'une fois des chasseurs ont vu de jeunes chamois rester près du cadavre de leur mère ; ils trahissaient par leurs bêlements la peur que leur causait la vue de l'homme, mais se laissaient enlever facilement. Comme cela arrive chez les bouquetins, les jeunes chamois orphelins sont parfois recueillis et soignés par d'autres femelles. Leur croissance est très rapide : à trois mois, les cornes apparaissent ; à trois ans, ils sont adultes, aussi bien les mâles que les femelles. On estime qu'ils peuvent atteindre l'âge de vingt ou trente ans. »

7. Cerf (*Cervus elaphus*). — Plus de 2ᵐ,30 de long. Queue : 1ᵐ,50. La biche est plus petite. Corps allongé. Flancs rentrés. Poitrine large. Epaules saillantes. Dos droit et plat. Garrot un peu élevé. Cou long, mince, comprimé latéralement. Tête longue. Museau aminci. Front plat, rentrant entre les yeux. Dos du nez droit. Lèvres non pendantes. Teint fauve, très variable.

Les mâles seuls portent des bois, au nombre de deux et insérés sur la tête.

Ils sont caducs, c'est-à-dire tombent tous les ans pour être remplacés par de nouveaux.

« Leur chute et leur développement, dit Brehm, sont en rapport intime avec l'activité reproductrice. Les cerfs châtrés ne présentent pas ces variations ; ils gardent leur bois, s'ils en portaient au moment où ils ont subi la castration ; s'ils en étaient dépouillés à cette époque,

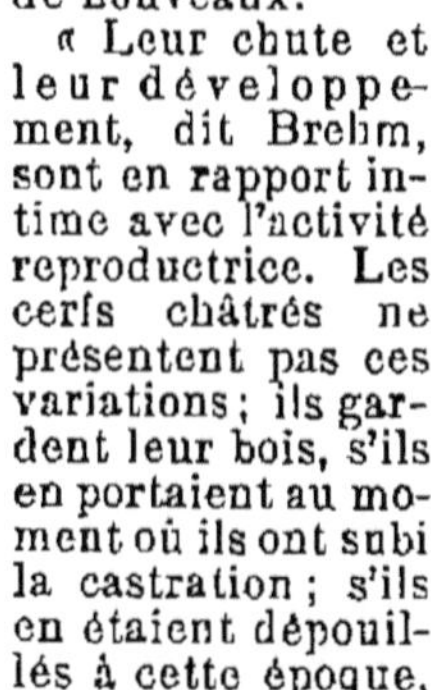

Cerf.

ils n'en reprennent plus ; chez ceux qui n'ont subi qu'une castration unilatérale, les bois ne se reproduisent que du côté sain.

Déjà, chez le nouveau-né, le lieu d'insertion des cornes est indiqué par un plus grand développement des os du crâne. A six ou huit mois apparaît une saillie osseuse qui persiste toute la vie ; c'est elle qui portera les bois. Au commencement, l'andouiller est simple et pointu, mais plus tard, il se ramifie ; de l'andouiller principal partent les andouillers secondaires, dont le nombre peut aller jusqu'à douze.

Le bois, dit Blasius, subit des métamorphoses à mesure que le cerf vieillit. Tout d'abord, les saillies osseuses s'accroissent, s'élargissent en convergeant vers la ligne médiane ; en même temps, la crête frontale se développe : ces saillies s'unissent de plus en plus au crâne. Mais les changements dans la forme du bois et le nombre des andouillers sont encore plus considérables. Les jeunes bois sont recouverts d'une peau très vasculaire, poilue ; ils sont mous et flexibles. Les andouillers plus inférieurs se détachent d'abord du tronc principal, puis les plus élevés, et lorsque enfin tous sont développés et ont atteint leur forme définitive, la circulation s'arrête, et le cerf dépouille alors ses bois de la peau, qui tombe en partie d'elle-même.

Avant que le cerf ait atteint la fin de sa première année, la saillie osseuse se continue par un andouiller qui, chez plusieurs espèces, n'est jamais remplacé par un andouiller pareil ; tandis que, chez les autres, le bois de la seconde année porte deux andouillers. Ce bois à deux andouillers tombe et est remplacé au printemps de la troisième année par un bois à trois andouillers, et ainsi de suite jusqu'à ce que soit atteint le plus grand développement possible. Des maladies, une mauvaise nourriture, amènent parfois une marche rétrograde dans la réalisation du phénomène, et alors ce nouveau bois a un ou deux andouillers de moins que celui de l'année précédente.

La chute du bois est précédée par un développement des vaisseaux qui entourent sa base. Ils la pénètrent, la séparent de la saillie osseuse, et le bois tombe, entraîné par son poids, ou bien l'animal s'en débarrasse. Par suite de la rupture des vaisseaux, une légère hémorragie se produit, et au niveau de la partie découronnée se fait une croûte sous laquelle commence le nouveau travail réparateur. L'accroissement du bois dure dix ou treize semaines. Le bois est d'abord gélatineux, puis il s'ossifie par le dépôt de phosphate et de carbonate de chaux. La peau qui le recouvre est molle, couvertes de poils épais, de couleur généralement claire ; elle est très vasculaire, saigne à la moindre blessure, qui peut amener une malformation du bois.

Chez le cerf, le bois est porté par une courte saillie.

Le cerf vit dans les grandes forêts, où il est assez rare. Il se nourrit de matières végétales, de feuilles, de bourgeons.

La reproduction du cerf elaphe a été fort bien décrite par Dietrich de Winckell.

« La saison du rut, dit-il, commence

en septembre et finit à la mi-octobre. — Déjà à la fin d'août, quand les cerfs sont très gras et très forts, ils commencent à être en rut. Ils poussent des cris agréables au chasseur mais qui sont bien loin de flatter une oreille musicale ; le cou leur en gonfle. Le cerf retourne toujours à l'endroit où il a été en rut pour la première fois tant que les bois n'y sont pas coupés et qu'il n'y est pas inquiété. C'est ce qu'on appelle des *places du rut.*

Les biches se rassemblent aux environs par petits troupeaux de 6 à 12 têtes et se cachent, peut-être par coquetterie. Le cerf trotte le nez à terre, il flaire où le troupeau a passé. Trouve-t-il des daguets ou de jeunes mâles avec les biches, il les chasse et devient le seul maître du troupeau, sur lequel il exerce son autorité. Aucune des femelles ne peut s'écarter, même d'une trentaine de pas ; il les réunit à la place du rut.

Matin et soir la forêt retentit des cris des cerfs en rut. A peine ceux-ci se donnent-ils le temps de manger ou de se rafraîchir dans un ruisseau ou dans une mare voisine où les biches doivent les accompagner. Des rivaux moins heureux leur répondent par des cris d'envie. Ils arrivent, résolus à tout braver, à conquérir leurs compagnes par ruse ou par valeur. Mais à peine le cerf en aperçoit-il un, qu'il se précipite sur lui, les yeux brillants de jalousie.

Un combat se livre, qui se terminera par la mort de l'un des combattants, et peut-être par celle des deux. Les cornes baissées, ils se précipitent l'un sur l'autre, ils s'attaquent, se défendent avec une agilité surprenante. La forêt résonne du choc de leurs bois, malheur à celui qui se découvre, l'autre s'élance et de l'extrémité de son andouiller d'œil lui fait une blessure. On a vu des cerfs qui avaient entrelacé leur bois de telle façon qu'ils moururent sans pouvoir se dégager. Après leur mort, toute la force humaine fut même insuffisante pour séparer les bois sans couper les andouillers. Dans ces luttes, la victoire reste longtemps indécise. Ce n'est que complétement épuisé que le vaincu se retire ; le vainqueur reste sur le champ de bataille. L'amour des biches, qui assistent spectatrices intéressées à ce combat et à son issue, est le prix de la victoire.

Mais souvent il arrive que de jeunes cerfs profitent de la bataille pour jouir quelques instants des droits du vainqueur.

La biche n'est pas un modèle de fidélité. Elle cherche à se dédommager tant qu'elle peut du joug que lui impo-sent les caprices jaloux de son maître. On lui a attribué trop de retenue ; on a dit qu'elle se séparait insensiblement du cerf dès qu'elle était pleine ; de nouvelles observations ont démontré le contraire.

La biche porte de 40 à 41 semaines. Suivant qu'elle a été fécondée au commencement ou à la fin de la période du rut, elle met bas à la fin de mai ou en juin. Elle a un faon par portée, rarement deux.

Au moment de la mise à bas, elle cherche du repos et de la solitude dans les fourrés. Les faons sont faibles dans les trois premiers jours de leur vie ; ils ne peuvent bouger de place, et se laissent prendre à la main.

Pendant ce temps, la mère les quitte peu, même lorsqu'elle est effrayée et ne s'éloigne qu'autant qu'il faut pour fuir le danger. Elle atteint son but avec beaucoup d'adresse, surtout si c'est un chien ou un

Faon du cerf.

carnassier qui se montre. Malgré sa timidité habituelle, elle ne s'éloigne que lentement, détourne et trompe ainsi l'ennemi en attirant sur elle son attention. A peine celui-ci est-il éloigné de son faon, qu'elle retourne en toute hâte à l'endroit où elle l'a laissé.

Quand le faon a une semaine, on chercherait en vain à le prendre sans filet. Il suit partout sa mère, et se tapit dans les hautes herbes dès que celle-ci pousse un cri d'effroi ou frappe fortement le sol de ses pieds de devant. Il tète jusqu'à la saison du rut suivante ; sa mère lui apprend à trouver sa nourriture dans la forêt. »

8. **Daim** (*Cervus dama*). — Longueur : 1^m,60. Hauteur : 1 mètre. Se distingue du cerf par ses jambes plus courtes et moins fortes, son corps moins robuste, son cou plus court et surtout sa couleur, bien que celle-ci soit très variable. En été, le dos, les cuisses et le bout de la queue sont d'un roux brun, le ventre et la face interne des jambes blancs, la bouche et les yeux entourés de cercles noirs. En hiver, la tête, le cou et les oreilles sont d'un gris brun, et le ventre gris cendré. Il est surtout caractérisé par son bois dont la tige est ronde, par un andouiller basilaire pointu et un

nombre variable d'andouillers marginaux, ceux du sommet réunis en une empaumure unique, allongée, aplatie.

Vit à demi sauvage dans les grandes forêts et les parcs. Vit comme le cerf.

Les daims vivent aussi en troupes, les mâles rejoignent les femelles et éloignent les jeunes qui font alors bandes à part et ne rejoignent les précédentes que lorsque l'époque du rut est passée. Le rut dure environ douze jours pendant lequel les mâles brament à tue-tête et se livrent des combats acharnés.

Daim.

Un daim suffit généralement à huit biches. Celles-ci ont beaucoup d'amour pour leurs petits ; elles écrasent en les piétinant les animaux qui veulent les attaquer. Si ces ennemis sont trop forts elles simulent la fuite, les entraînent au loin, puis, emballant brusquement, reviennent, par un crochet, retrouver leur progéniture.

9. Chevreuil (*Cervus capreolus*). — Les bois du chevreuil sont droits, petits. 1ᵐ,15 de long. 0ᵐ,74 de haut. Queue : 0ᵐ,02. Tête courte et oblique. Corps peu élancé. Avant-train un peu plus fort que l'arrière-train. Dos presque droit. Jambes hautes et minces. Oreilles écartées. Le bois est porté sur de larges saillies. La tige principale ne porte que deux andouillers ; les malformations en sont très communes. Poil épais, lisse et couché. Dos roux foncé en été, gris brun en hiver. Ventre de couleur claire. Front bien noir. Le jeune (*faon*) est roux, avec de petites taches rondes, blanches ou jaunes.

Vit dans la plupart de nos forêts, surtout dans les taillis où il peut trouver de l'ombre. Mouvements vifs et gra

cieux. Peut faire des bonds énormes. Très doux. Vit en petites familles, guidé par le mâle (*broquart*). Se nourrit de feuilles et de bourgeons. Il s'accouple deux fois par an, d'abord et surtout en août, ensuite en novembre.

4 ou 5 jours avant de mettre bas, la chevrette s'éloigne du broquart pendant quelques heures seulement, les premiers jours, puis elle s'isole complètement. La mise bas a lieu dans un endroit bien tranquille, caché, solitaire. Les jeunes chevrettes n'ont d'ordinaire qu'un petit ; les vieilles 2 ou 3. La mère cherche à mettre sa progéniture à l'abri des ennemis qui la menacent ; au moindre signe de danger, elle l'avertit en frappant le sol du pied, ou en poussant un cri particulier. Les faons, s'ils sont tout jeunes, se tapissent à terre ; plus tard, ils fuient avec leur mère. Lorsqu'ils ne peuvent l'accompagner, elle cherche à détourner l'ennemi, en l'attirant sur elle comme font les autres cervidés. Lui enlève-t-on un petit, elle suit longtemps le ravisseur, court de côté et d'autre, appelle, montrant ainsi son inquiétude.

Chevreuil.

Cette tendresse maternelle, dit Dietrich de Winkell, m'a plus d'une fois touché, et m'a fait remettre en liberté le faon que j'avais enlevé ; la mère pour m'en récompenser, examinait soigneusement si rien n'était arrivé à son nourrisson : elle témoignait par ses caresses et ses gambades toute la joie qu'elle éprouvait à le retrouver sain et sauf.

A 8 jours, les petits accompagnent leur mère au pâturage ; à 10 ou 12 jours, ils sont assez forts pour la suivre. Elle retourne alors avec eux à son ancien canton, et les faons l'accompagnent de leurs bêlements ; quand le mâle arrive, elle le caresse tendrement et témoigne ainsi le plaisir qu'elle a de le revoir. Le broquart reprend alors la direction de la famille.

Les faons tètent jusqu'en août ou

septembre ; à deux mois cependant, ils commencent à manger des herbes que leur mère leur apprend à choisir. A 10 mois, quand la chevrette est de nouveau pleine, les faons la quittent. A 14 mois ils sont aptes à se reproduire et deviennent à leur tour chefs de famille. A 4 mois, le frontal du jeune chevreuil commence à se bomber ; le mois suivant, apparaissent des saillies qui s'accroissent de plus en plus, et, en hiver, se montrent les premiers andouillers longs de 8 à 10 centimètres. En mars, le jeune broquart les dépouille de leur peau ; en décembre, il les perd. En 3 mois, le bois de seconde tête se développe. Il tombe en automne, un peu plus tôt que le premier bois n'est tombé. Les vieux broquarts le perdent en novembre comme tous les cervidés. La mue est en rapport avec les fonctions génitales : elle a lieu après le rut, ainsi que la chute des bois. Le nouveau bois pousse en hiver, il est complètement développé quand l'animal a son pelage d'été.

Il s'apprivoise très facilement. Dans les parcs, c'est un charmant animal.

Tête de Cerf dix-cors.

CLASSE DES OISEAUX

Vertébrés à sang chaud, pondant des œufs, couverts de plumes, aux membres antérieurs transformés en ailes.

Les oiseaux sont essentiellement organisés pour vivre dans l'air et voler. La forme de leur corps est ovoïde et bien comprise pour fendre l'air; pour que le poids à soulever soit moins considérable, les os sont creux et dépourvus de moelle. Le squelette présente d'ailleurs des particularités nombreuses. A citer notamment le sternum qui, chez la plupart des oiseaux, présente une carène médiane, connue sous le nom de *bréchet;* ce dernier sert surtout à donner une large surface d'insertion aux muscles des ailes. Le membre supérieur est transformé en organe du vol et ne présente guère qu'un seul doigt aplati. Dans le membre postérieur, qui sert à la progression, le tarse est représenté par un seul os, terminé par le pied, lequel présente de nombreuses modifications. Il y a de cinq à trois doigts terminés par des griffes. Chez les animaux aquatiques les doigts sont réunis entre eux par une membrane; ils sont palmés.

Les oiseaux voient fort bien et les yeux sont protégés par trois paupières, il y a dans chaque œil, un organe, le *peigne,* qui va du fond jusqu'au cristallin.

Comme chez les mammifères le sang est chaud, mais sa température est plus élevée que chez ces derniers.

L'œsophage présente sur son trajet un renflement où s'accumulent les matières nutritives que l'animal récolte : c'est le *jabot* que l'on a soin d'enlever quand on veut faire cuire une volaille. Un peu plus loin, les aliments arrivent dans un estomac très musculeux : le *gésier,* où ils sont broyés. De là, ils passent dans l'estomac chimique.

Les poumons présentent une particularité fort curieuse : ils émettent de larges sacs à parois très minces et remplis d'air : ces sacs aériens s'insinuent entre tous les organes et pénètrent même dans les os qu'ils rendent pneumatiques. Ils servent à alléger le poids de l'animal.

Ce qui caractérise encore plus les oiseaux, c'est la présence de plumes sur leurs téguments. Les plumes des ailes portent le nom de *rémiges;* celles de la queue, de *rectrices.* Sur le corps, il y a les *tectrices* et, au-dessous d'elles, le *duvet.*

Les rémiges sont d'autant plus longues que l'animal est meilleur voilier; l'*envergure* est la distance qui sépare les deux extrémités des ailes étendues.

Les oiseaux sont, on le sait, pour la plupart d'excellents chanteurs : ils produisent ces sons mélodieux à l'aide d'un larynx inférieur situé à l'endroit où la trachée se divise pour donner les deux bronches.

Les oiseaux pondent des œufs revêtus d'une coquille.

Pour qu'ils éclosent, il est presque toujours nécessaire que les parents les couvent, c'est-à-dire leur procurent de la chaleur. A cet effet ils construisent des nids, qui, presque tous, sont des merveilles d'architecture.

Quelques oiseaux restent dans la même localité pendant toute l'année, ils sont *sédentaires,* comme le fait est bien connu, chez nous, pour le moineau et le rougegorge. Mais la grande majorité d'entre eux, au moment de l'hiver, s'éloignent des endroits où ils ont passé la saison chaude pour se rendre dans des régions plus clémentes; ils sont *migrateurs.* Plus de la moitié de nos oiseaux nous quittent en même temps; de ce nombre sont surtout les petits oiseaux chanteurs, dont la complexion trop faible ne peut supporter le froid et l'absence de nourriture, ainsi que les oiseaux d'eau que la glace force à émigrer. Quelques-uns, comme les bécasses, voyagent *seuls* ou par *paires.* Le plus grand nombre émigrent *en troupes* plus ou moins nombreuses,

On peut diviser les oiseaux comme l'indique le tableau suivant :

Pattes ayant deux doigts dirigés en avant et deux en arrière (Exemple : pic, grimpereau, etc.). . . . . **Grimpeurs** (p. 117).

Doigts réunis par une membrane (palmure), servant à la natation. Pattes courtes. Ailes bien développées (Exemple : canard, sarcelle, poule d'eau, goéland, etc.). . . . . **Palmipèdes** (p. 72)

Pattes ayant trois doigts en avant et (quand il existe) un seul en arrière.

Doigts non réunis par une palmure.

Les trois doigts externes réunis à leur base. . . . . — Dos jaune. . . **Guêpier** (p. 155). / Dos vert bleu. **Martin-pêcheur** (p. 154).

Bec crochu, fort. Doigts puissants, armés d'ongles crochus pouvant se relever (Oiseaux de proie). . . . . . . **Rapaces** (p. 108).

Tous les doigts libres.

Bec non crochu ni fort.

Pattes longues, minces et frêles, ongles longs, effilés. Bec ordinairement lisse et mince. Pouce généralement nul ou peu important (Ex. : grue, cigogne, bécasse, chevalier, vanneau, etc.). . . . **Échassiers** (p. 89).

Doigts peu puissants, armés d'ongles à peine crochus et ne pouvant pas se relever.

Pattes courtes, assez épaisses présentant souvent un ergot. Oiseaux épais ordinairement volumineux.

Bec dur (Ex. : faisan, perdrix, francolin, caille, etc.). . . . . **Gallinacés** (p. 64).

Bec mou en partie. . . **Pigeons** (p. 61).

Oiseaux ne rentrant pas dans les catégories précédentes (Exemple : mésanges, corbeaux, moineaux, pinsons, fauvettes, etc.).. . . . . . . **Passereaux** (p. 120).

Ordre des PIGEONS

Pigeons sauvages. — Les oiseaux du groupe des pigeons sont caractérisés par un bec droit ; un peu infléchi à la pointe et muni à la base de la mandibule supérieure d'une membrane un peu cartilagineuse, molle, renflée, dans laquelle sont percées les narines. Les jambes sont emplumées jusqu'à l'articulation. Monogames. Se nourrissent de grains et de fruits. Au moment de la reproduction, leur jabot sécrète une matière crémeuse très analogue au lait et dont ils nourrissent leurs petits. Les espèces sauvages sont peu abondantes :

1. **Tourterelle** (*Turtur auritus*). — Taille : 30 centimètres. Envergure : 53 centimètres. Aile : 10 centimètres. Queue : 14 centimètres. Plumes du dos d'un brun roux sur les bords, tachetées au milieu de noir et de gris cendré. Sommet de la tête et derrière du cou bleu de ciel un peu grisâtre. Sur les côtés

Tourterelle.

du cou quatre bandes transversales noires, bordées de blanc d'argent. Gorge et poitrine d'un rouge vineux. Ventre rouge bleuâtre un peu grisâtre. Œil jaune brun entouré d'un cercle rouge bleuâtre. Bec noir. Pattes carminées. — Vit dans les bois voisins des champs cultivés. Arrive chez nous au commencement d'avril et nous quitte en septembre. Plus abondante certaines années que d'autres. Mouvements pleins de grâce. Marche bien. Vole facilement, rapidement, sans faire de bruit, avec une trajectoire très capricieuse, même au milieu des arbres touffus. Son roucoulement (*tour tour*) est très doux, mais finit par être horripilant. Par le vent et le mauvais temps, elle demeure silencieuse. Le roucoulement a lieu surtout au moment de la reproduction. Le mâle et la femelle se témoignent une très grande tendresse. Mange des céréales, des grains de toutes espèces; de petits colimaçons. Deux couvées par an. Nid grossièrement fait de brins de bruyères, placé à une faible hauteur sur un arbre; forme aplatie. Les deux parents couvent alternativement.

On sait qu'elle s'élève fort bien en captivité et s'apprivoise très facilement. Ce serait un charmant oiseau sans son roucoulement.

2. Palombe à collier (*Columba palumbus*), appelée aussi *Ramier, Pigeon ramier.* — Stature vigoureuse. Queue ample et longue. Doigt médian légèrement emplumé. Tête, nuque et gorge d'un bleu foncé. Haut du dos et des ailes gris-bleu foncé. Bas du dos et croupion bleu clair. Tête et poitrine gris vineux. Bas du ventre blanc : le reste bleu clair. Une tache blanche brillante à la partie inférieure du cou. Derrière et côtés du cou d'un vert doré, à reflets bleu et cuivre. Plumes des ailes gris ardoisé, dont certaines bordées de blanc. Queue cendrée, noire au bout, avec une large bande gris bleuâtre en dessous. Œil jaune de soufre clair. Bec jaune pâle à la pointe, rouge à la racine. Pattes rouge bleuâtre. Taille : 45 centimètres. Envergure : 79 centimètres. Ailes : 25 centimètres. Queue : 18 centimètres. — Vit dans les forêts, un peu partout, surtout celles des conifères. Les ramiers vivent

Palombe à collier.

aussi dans les villages et dans les villes, s'installent dans les jardins publics où ils deviennent si familiers qu'on les voit venir manger dans la main des promeneurs, surtout ceux qu'ils connaissent. Tantôt sédentaires, tantôt migrateurs; dans ce dernier cas, ils arrivent en mars et repartent en février. Le ramier

marche bien mais assez lentement et en inclinant et retirant successivement le cou. Perche de préférence sur les branches, surtout dans certains arbres plus élevés que les autres, qu'il affectionne particulièrement et où il se rassemble avec ses camarades. Vol élégant, rapide, facile, faisant du bruit quand il prend son essor. Voix plus forte que celle du pigeon : *rouckkouck-kouck* ou *koukoukou* ou *roukoukou kou-kou*. La femelle seule travaille au nid, profond et élevé, placé à 10 ou 30 pieds du sol, formé de bûchettes sèches agencées lâchement. Aplati avec une petite excavation pour les œufs. Deux œufs minces, d'un blanc brillant, également arrondis aux deux extrémités. Les parents témoignent peu d'attachement à leur progéniture. Mange toutes sortes de graines, mais préfère celles des pins, sapins et autres conifères.

3. Pigeon colombin (*Columba œnas*), appelé aussi *Colombin, Pigeon blanc.* — Taille : 33 centimètres. Envergure : 70 centimètres. Aile : 23 centimètres. Queue : 14 centimètres. Tête, cou, bas du dos, croupion bleus. Haut du dos gris bleu foncé. Dessous du cou rouge vineux. Ventre et poitrine d'un bleu terne. Grandes plumes des ailes et extrémité de la queue blanc ardoise. Aile traversée par une légère bande foncée. Gorge couleur gorge-de-pigeon. Œil brun foncé. Bec jaune pâle, rouge avec du blanc à la base. Pattes rouge foncé terne. — Vit dans les forêts. Arrive un à un au mois de mars et repart en bandes en octobre. Passe l'hiver dans le Sud de l'Europe. Peu sauvage. Mouvements vifs. Marche le corps relevé. Vole facilement. Se pose sans faire du bruit, en planant. Fait du bruit en prenant son essor. Roucoule (*hou, hou, hou*) en gonflant son cou et en restant immobile sur la branche. Mange toutes sortes de graines, qu'il va chercher dans les champs, le matin de 8 à 9 heures, le soir de 3 à 4 heures. Le mâle et la femelle s'aiment beaucoup. Niche dans un tronc d'arbre vieux. 3 nichées par an, mais change de nid parce que les petits y déposent leurs déjections, ce qui fait qu'ils deviennent inhabitables.

4. Colombe bizet (*Columba livia*), appelé aussi *Pigeon bizet, Bizet, Pigeon de roche, Pigeon des champs.* — Taille : 36 centimètres. Envergure : 63 centimètres. Aile : 22 centimètres. Queue : 12 centimètres. Dos bleu cendré clair. Ventre bleuâtre. Tête d'un bleu d'ardoise. Cou bleu d'ardoise avec des reflets vert bleu clair par dessus, pourpres en dessous. Bas du dos blanc. Aile traversée par deux bandes noires. Grandes plumes des ailes d'un gris cendré. Plumes de la queue d'un bleu foncé avec la pointe noire et les barbes externes des latérales blanches. Œil jaune. Bec noir à la pointe, bleu clair à la base. Pattes d'un rouge violet foncé. S'établit sur les rochers et les vieux murs, jamais sur les arbres. Se rencontre surtout le long des falaises. Agile. Vol rapide. Marche bien, en saluant à chaque pas. Parcourt 110 kilomètres à

Tête de la Colombe bizet.

l'heure. Claque des ailes avant de s'envoler. Plane avant de se poser. Aime à s'élever haut dans les airs et décrire de grands cercles. Se pose exceptionnellement sur les arbres. Vit en bande et en paix avec des camarades. Les mâles se disputent un peu au moment de la reproduction. Roucoule (*maroukoah, mourkoukouh, marhoukoukouh*) en inclinant la tête à chaque syllabe. Se nourrit de graines. Le mâle va chercher les éléments du nid et la femelle les coordonne. Le nid est placé dans des excavations de rochers.

C'est, paraît-il, le bizet qui est la souche des pigeons domestiques.

Pigeons domestiques. — Les pigeons domestiques sont trop connus pour que nous y insistions (incubation : 18 jours). Contentons-nous de donner, d'après Henri Beauregard, une énumération des principales races domestiques :

Le *pigeon mondain* qui comporte jusqu'à 14 variétés : très voisin du bizet, il doit ses nombreuses formes à des croisements et à une sélection tout à fait inconsciente ;

Le *pigeon grosse-gorge* ou *boulant* doit son nom à la propriété qu'il a de gonfler son jabot en forme d'une grosse sphère (*boulant d'Amiens*) ou en forme d'une poire ovoïde (*boulant de Lille*), qu'il semble porter fièrement devant lui ;

Le *pigeon carrier* (du groupe des *messagers* anglais) était autrefois employé comme pigeon messager, mais les excroissances charnues (morilles ou caroncules) qui garnissent la base de son long bec, ainsi que le pourtour des yeux, l'ont fait éliminer du nombre des vrais pigeons voyageurs, car, par suite de la fatigue, ces excroissances deviennent turgescentes et l'animal aveuglé par elles ne peut plus rendre un bon service ;

Le *pigeon romain* se rattache au groupe des pigeons à long bec avec caroncules.

Il est de grosse taille. Une sous-race, le pigeon de Montauban, est estimé pour sa fécondité ;

Le *pigeon bagadais,* assez élevé sur pattes ;

Le *pigeon polonais,* au bec très court ;

Le *pigeon barbue,* au bec très court, comme la race précédente, il a un cercle de peau nue, spongieuse, autour des yeux ;

Le *pigeon cravaté,* à bec court, se caractérise encore par une touffe de plumes frisées saillantes au devant du cou ;

Le *pigeon paon* ou *trembleur* doit son nom de *paon* à la propriété qu'il possède d'étaler les plumes de sa queue à la façon de celles du paon ; mais lorsqu'il se pavane ainsi, sa tête se porte en arrière en même temps qu'il est saisi d'un tremblement de tout le corps qui lui vaut le nom de *trembleur ;*

Le *pigeon culbutant,* à bec plus court, qui a la singulière propriété d'opérer dans l'air des culbutes plus ou moins répétées, au cours desquelles il peut d'ailleurs parfaitement se briser sur le sol, cette acrobatie n'étant point voulue de sa part, mais résultant évidemment d'un trouble du système nerveux qui se transmet aux descendants. Darwin dit qu'avant la seconde année, les culbutants volent bien, tout en culbutant davantage à mesure qu'ils avancent en âge, si bien qu'à la deuxième année, ils renoncent presque complètement au vol, à cause de la succession rapide de leurs culbutes à ras de terre ;

Le *pigeon capucin* ou *nonain* se caractérise par son bec court et un large capuchon de plumes qui, partant du cou, enveloppe la tête ;

Le *pigeon tambour* ou *gloaglou* doit son nom à un roucoulement fait de battements rapides longuement prolongés. Une touffe de plumes brisées se dresse à la base du bec ;

Le *pigeon hirondelle,* qui rappelle l'hirondelle de mer ;

Le *pigeon frisé,* dont les plumes sont frisées ;

Le *pigeon voyageur,* qui a la faculté (inexpliquée jusqu'ici) de revenir au pigeonnier même à de très longues distances et à une grande vitesse (jusqu'à 1200 m. par minute). Les plus estimés des pigeons voyageurs nous viennent de Belgique et sont connus sous les noms de *liégeois* et d'*anversois ;*

Le *pigeon liégeois* est originaire d'une race grecque de pigeon cravaté, et se distingue par sa légèreté, son intelligence et le développement extrême de l'instinct d'orientation qui lui permet de traverser sans perdre son chemin d'immenses distances. Malheureusement, sa légèreté, si elle favorise la rapidité de sa course, le met un peu trop à la merci des vents violents et des grandes pluies ;

Pigeon volant ou Pigeon voyageur.

Le *pigeon anversois*, dont on attribue souvent la paternité au carrier anglais, descendrait du pigeon de Lierre (petite localité voisine d'Anvers). Il est plus volant que le liégeois, son vol est plus puissant, d'où meilleure résistance au vent. Sa plume est grasse et ne se laisse pas mouiller par la pluie : ce sont là de précieuses qualités pour les voyages ; mais il est plus lourd que le liégeois et, vers 3 ou 4 ans, il prend trop de poids pour conserver ses qualités de vol, tandis qu'à cet âge le liégeois est excellent pour les parcours d'une moyenne étendue.

Le croisement du liégeois et de l'anversois a donné quelques produits recherchés comme pigeons voyageurs, parmi lesquels une variété dite de *Paris,* qui unit en elle les qualités de ses deux parents belges.

Ordre des GALLINACÉS

Oiseaux terrestres, de taille moyenne, ordinairement épaisse, à corps ramassé, à ailes courtes, arrondies, à bec fort, généralement convexe, plus ou moins recourbé à la pointe, à jambes couvertes de plumes, à doigts antérieurs réunis par une courte membrane. Tête présentant souvent des places nues et calleuses, des crêtes érectiles. Plumage raide, peu flexible. Mâle différent de la femelle. Vol lourd et bruyant. Pattes fortes. Bons coureurs. Nid grossièrement fait, placé sur le sol. Polygames. Nous parlerons des coqs et des poules au mot : poule (p. 70).

Le nombre des espèces sauvages de nos pays est assez restreint. On les déterminera à l'aide du tableau suivant :

Queue égalant environ la longueur du corps au moins chez le mâle. . . . . *Faisan* (n° 1).

Queue plus courte que la longueur du corps.

Narines cachées par les plumes.

Queue formée de 14 grandes plumes. Doigts couverts de plumes. . . . . . . *Lagopède* (n° 2).

Queue formée de 16 à 18 grandes plumes.

Tarses emplumés jusqu'aux doigts. Queue formée de 18 grandes plumes. . . . . . *Tétras* (n° 3).

Tarses en partie nus, surtout en bas. Queue formée de 16 grandes plumes. . . . . . *Gélinotte* (n° 4).

Narines non cachées par les plumes.

Mandibule supérieure sensiblement plus longue que l'inférieure et se recourbant vers le bas. . . . . *Francolin* (n° 5).

Mandibule supérieure dépassant à peine l'inférieure.

Bec plus long que la moitié de la tête. . . . . *Perdrix* (n° 6).

Bec moins long que la moitié de la tête.

Une large tache en fer à cheval marron foncé sur l'abdomen. . . . . . . *Starne* (n° 7).

Pas de large tache en fer à cheval marron sur l'abdomen. . . *Caille* (n° 8).

1. Faisan (*Phasianus colchicus*). — Le faisan est originaire d'Orient, mais il s'est si bien naturalisé chez nous qu'on peut le considérer maintenant comme une espèce indigène. « Sa tête est petite et oblongue, le tour des yeux muni de papilles ; le bec convexe et de médiocre longueur ; à mandibule supérieure légèrement recourbée et recouvrant l'inférieure, qui est plus courte ; la langue épaisse et charnue ; les narines recouvertes d'une écaille très prononcée ; les ailes courtes et concaves ; les jambes emplumées, à tarses nus ; les doigts antérieurs réunis à la base par une membrane, le pouce libre et posant à terre ; la queue très longue, étagée, à formes ployées chacune en deux places et se recouvrant comme les tuiles d'un toit.

Faisan.

Les faisans ont le corps allongé, moins massif que celui des autres gallinacés, des formes élégantes, une démarche aisée. Leur plumage, assez rude au toucher, se fait remarquer par l'éclat et la variété de ses couleurs chez les mâles. Les femelles ont une taille plus petite, des couleurs plus sombres, presque grises ; mais il arrive souvent que, lorsque la faculté de se reproduire s'est éteinte en elles, leur plumage prend des teintes plus vives, sans arriver toutefois à la richesse des mâles ; elles ressemblent alors à des mâles dont le plumage serait terne et décoloré. Les chasseurs désignent ces femelles sous le nom de *faisans coquards,* que l'on donne surtout aux métis de faisan et de la poule. Les faisans recherchent surtout les lieux humides et les plaines boisées ; pendant le jour, ils se tiennent à terre et s'avancent quelquefois assez loin dans les champs cultivés ; la nuit ils se retirent sur les grands arbres, perchant à la cime quand le temps est beau et à la partie inférieure s'il est mauvais. Ils se nourrissent de graines et de petits fruits de toute sorte, d'insectes, de vers, de colimaçons. Le cri du mâle tient le milieu entre celui du paon et de la pintade ; la femelle a la voix plus faible et plus douce. Le faisan est d'une nature sauvage ; il fuit même la société des oiseaux de son espèce ; à la moindre apparence de danger il s'enfuit d'un vol plus rapide qu'on ne le croirait au premier abord ; son vol est très bruyant et souvent accompagné de cris aigus. A l'époque des amours les individus se rapprochent. Les mâles se livrent alors de furieux combats et souvent même se tuent en se donnant de grands coups de bec sur la tête. Ces oiseaux sont polygames. La femelle fait son nid à terre dans les buissons épais ; elle le construit de menus brins de bois et de plantes sèches ; elle y pond des œufs, au nombre de douze à vingt-quatre, un peu moins grands que ceux de poule, à la coquille mince, de couleur olivâtre, marquetée de taches brunes disposées en zones circulaires. La faisane est seule à faire son nid et à couver. L'incubation dure en moyenne vingt-cinq jours. Les petits courent au sortir de l'œuf et se nourrissent d'abord d'insectes ; c'est plus tard qu'ils deviennent baccivores et granivores. La mère n'a pas pour eux la même sollicitude que la poule pour ses poussins, elle donne des soins indifféremment à tous les faisandeaux qui la suivent ; aussi n'est-il pas rare de voir une faisane accompagnée de petits de différents âges. Les mâles et les femelles se distinguent par la couleur de l'iris, blanc dès le premier jour chez les premiers, brun chez les autres. Les deux sexes sont alors de couleurs ternes ; ils muent à l'automne et les mâles commencent à prendre peu à peu leur plumage d'adulte, qui chez certains n'est complet qu'au bout de deux ou trois ans. La durée ordinaire de la vie du faisan est d'une dizaine d'années » (G. Voulquin). Intelligence médiocre. Chair délicieuse. Se chasse au chien d'arrêt sur la lisière des bois ou dans les bois même, en commençant aussi matin que possible.

2. Lagopède (*Lagopus mutus*). — Taille : 0^m,41. Envergure : 0^m,67. Aile pliée : 0^m,21. Queue : 0^m,12. En hiver, le plumage est entièrement blanc, de manière à ne pas se distinguer de la neige. En été : sommet de la tête et partie postérieure du cou brun roux, moiré de noir. Plumes des épaules, du dos, du croupion, du milieu de la queue, bordées d'un liséré blanc et rayées transversalement, dans une de leur moitié, de brun roux ou de jaune roux. Face et gorge d'un roux marron. Tête, poitrine et flancs roux, moirés de noir. Habite les hautes montagnes (Savoie, Dauphiné, Provence, Pyrénées, etc.). Alerte, adroit dans ses mouvements. Remue constamment. Court pas à pas, puis s'arrête sur une éminence pour inspecter les environs, en se dressant autant qu'il le peut. Vol léger et facile.

Avant de s'envoler, crie: *err, reck, eck, eck.* Se creuse de longs couloirs dans la neige pour trouver sa nourriture, ou se cacher des rapaces. Il n'est pas rare de rencontrer des bandes entières de la-

Lagopède (plumage d'hiver). gopèdes enfouis dans la neige, les uns à côté des autres, ne laissant sortir que leur tête à la surface. Sens très développés. Hardi, courageux, prudent et méfiant. Se nourrit de substances végétales (bourgeons, baies desséchées, en hiver; feuilles, fleurs, jeunes pousses en été). La fe-

Lagopède (plumage d'été). melle creuse son nid dans une touffe de bruyère, dans un buisson de rouche et le tapisse de quelques herbes sèches et de plumes. Le mâle ne quitte pas la femelle et la défend en criant: *gabaouh!* Ponte terminée fin mai: 9 à 16 œufs piriformes, lisses, jaune d'ocre, avec des points bruns. La femelle seule couve. Eclosion en juillet: la femelle se rend alors dans les marécages. Bon gibier.

3. **Tétras.** — Deux espèces:

a) Tétras urogalle (*Tetrao urogallus*), appelé aussi *Grand coq de bruyère.* — Disparaît de plus en plus. « De la taille d'une dinde (il arrive à peser 15 à 16 livres et a parfois un mètre de longueur de la pointe du bec à l'extrémité de la queue), fier, robuste, majestueux, de formes harmonieuses, tout en étant puissantes, il est, en outre: revêtu des plus riches couleurs. La tête et le cou sont d'un beau noir lustré qui passe au brun à mesure qu'on descend sur le dos et vers la queue, avec une poitrine vert foncé à reflets métalliques alternativement bleus et violacés, couleurs rappelant un peu celles du faisan versicolore; l'œil est enchâssé, comme chez les faisans, dans une zone d'un bel écarlate exempte de plumes, et qui se détache violemment comme un disque de feu au milieu des tonalités sombres de la tête et du cou. La queue est longue, épaisse, composée de grandes plumes brunes susceptibles de se relever en éventail comme chez le paon et la dinde quand l'oiseau fait la roue. Quelques taches blanches sont parsemées sur les rémiges des ailes, les plumes de la queue et le dessous du ventre. Enfin, comme signe caractéristique, une barbe noire lustrée pendant sous son bec, lequel est couleur d'ivoire jauni, fort tranchant, capable, en un mot, de déchiqueter les cônes des résineux pour y chercher les graines dont l'oiseau fait sa nourriture.

Tétras urogalle..

Les pattes sont courtes, robustes et couvertes entièrement de plumes ou plutôt de poils jusqu'aux pieds. Voilà pour la livrée du coq. La poule, la *rousse,* comme on l'appelle souvent, est beaucoup plus petite: elle n'atteint que la taille d'une bonne poule de ferme et son poids dépasse rarement 2 kilos, Elle a un plumage moins somptueux, d'aspect général moins sombre, mais très beau néanmoins. Le dos est régulièrement teinté de brun foncé presque noir et de roux avec des taches blanc cendré inégalement semées principalement sur la tête et sur les plumes de la queue; la gorge est rousse, la poitrine mordorée. Elle a, comme le coq, le tour des yeux écarlate, mais moins grand et moins accentué; enfin les pattes complètement velues comme lui. C'est un oiseau essentiellement de montagnes et de pays froids. Tout en lui est d'ailleurs approprié à cette destination, depuis son plumage remarquablement épais qui lui permet de supporter les basses températures des altitudes élevées jusqu'à ses tarses empennés précieux pour piéter dans la neige. Très commun autrefois en France, dans toutes les régions montagneuses, le grand coq de bruyère ne se rencontre plus que très rarement et pour ainsi dire à l'état de familles isolées dans les Vosges, le Jura et les Pyrénées. Encore peut-on prévoir sa disparition à brève échéance, en raison de la chasse inintelligente qu'on lui fait et l'abandon dans lequel on le laisse relativement au braconnage alors qu'il mériterait tant d'être protégé. Le grand tétras habite les parties intermédiaires des versants des montagnes où il se cantonne sur un espace relativement peu étendu, ne descendant jamais dans la plaine et vivant exclusivement des fruits et mets sauvages que lui procure la végétation des pâtures élevées et des bois. Il y trouve, en effet, en abondance, les aiguilles, les bourgeons et les graines des pins et des sapins, les faines dans les forêts de hêtres, les fruits du genévrier, les pousses tendres et les chatons des peupliers, des coudriers, des bouleaux et des saules, les baies des airelles myrtilles et des framboisiers sauvages, sans omettre les fourmilières dont les larves sont la première et la plus précieuse nourriture pour ses petits. C'est un oiseau dont les habitudes sont plutôt casanières et peu bruyantes, au moins en dehors de la saison des amours, bien qu'il soit fort, très brave, et qu'il ne craigne pas de lutter contre les petits carnassiers et les oiseaux de proie qui viennent assaillir les siens. Le grand coq de bruyère est polygame comme le faisan. C'est vers le milieu du mois de février que commence pour lui la saison des amours. A ce moment, les coqs qui avaient vécu jusque-là presque constamment isolés ou par petits groupes de deux ou trois, loin des femelles, commencent à se rapprocher de leurs compagnes et, d'amis fidèles qu'ils étaient entre eux, devenus ennemis inconciliables, ils se livrent des combats acharnés. Perché assez haut dans la cime d'un vieux pin où il a passé sa nuit, le coq guette les premières lueurs du jour et là il pousse un cri strident que les poules entendent de fort loin aux alentours. S'excitant alors à ce manège, et à mesure que le soleil tend à émerger à l'horizon, il continue par un concert assourdissant, fait alternativement de gloussements sourds, de cris aigus, de bruits de claquette, incohérents, sans modulations, constituant un véritable charivari ; tout cela accompagné d'une mimique singulière, de contorsions étranges, tous les muscles tendus, le cou en avant, la tête gonflée et faisant la roue en tournant et retournant comme un paon ou comme un dindon. Il perd à ce moment tout sentiment de prudence tant la passion l'aveugle, et on peut alors l'approcher facilement. Les poules, ravies et comme hypnotisées par les charmes bruyants et si comiquement majestueux de leur maître et seigneur, arrivent bientôt et se réunissent au pied du royal perchoir. Le coq, tout en continuant à se donner des grâces, descend peu à peu, de branche en branche, et vient enfin se pavaner à terre au milieu de ses belles. Cette cérémonie se reproduit chaque jour, le matin au lever du soleil et le soir un peu avant le coucher.

La poule pond de cinq à dix œufs blancs tachetés de jaune un peu plus gros que ceux des poules ordinaires et qu'elle dépose dans un nid fort rudimentaire sur la mousse, près d'une racine d'arbre ou d'une touffe de bruyère en lieu sec. Elle couve, d'après de la Rue, vingt-cinq jours avec la plus grande assiduité, recouvrant son nid avec des feuilles dès qu'elle le quitte pour aller manger et, malgré son naturel sauvage, se laissant prendre plutôt que de l'abandonner. A peine éclos, les petits courent et suivent leur mère, qui les mène aux fourmilières, aux buissons de ronces et de framboisiers, aux champs de myrtilles et de rhododendrons. Ils ont le plumage roux de la mère et restent en compagnie jusqu'à la fin de septembre et le commencement d'octobre, époque à laquelle ils se dispersent » (de Poncins). Se laisse approcher difficilement. Se chasse au chien d'arrêt en septembre et octobre. Chair assez délicate, mais immangeable après l'hiver.

b) **Tétras lyre** (*Tetrao tetrix*), appelé aussi *Coq à queue fourchue, Petit coq de bruyère, Lyrure des bouleaux.* — Vit sur les versants élevés des Pyrénées, des Alpes, du Dauphiné, du Jura, du Bugey, des Ardennes et des Vosges, le canton des Grisons. Taille : 0m,66. Envergure : 1 mètre. Aile repliée : 0m,33. Queue : 0m,10. Préfère les futaies dont le sol est tapissé de bruyères, de myrtilles, de genêts. Tête, cou, bas du dos bleu azur à éclat métallique. Ailes coupées de bandes blanches. Dessous de la queue blanc. Le reste du plumage noir. Bec noir. Sédentaire dans les hautes régions. Ailleurs il erre dans les environs. Court vite et se tient souvent à terre. Vole bien, en ligne droite, en

Tétras lyre.

battant très vite des ailes. Vol bruyant. Prudent sauf pendant les tourmentes. Mange des bourgeons, des feuilles, des baies, des graines, des insectes, de petits escargots. Vit en troupe surtout en automne et en hiver. Au moment des amours, il émet un son ressemblant à un remoulage. Bon gibier.

4. Gélinote (*Bonasia sylvestris*), appelée aussi *Poule des coudriers.* — Taille : 0m,50 Envergure : 0m,65. Aile pliée : 0m,20. Queue : 0m,14. Dos tacheté de gris roux, avec plumes marquées de noir. Dessus

Gélinotte.

des ailes mélangé de roux et de gris, semé de taches et de raies blanches. Gorge tachetée de blanc et de brun. Grandes plumes des ailes gris brun, avec les barbes externes finement tachetées de blanc. Grandes plumes de la queue noirâtres, avec des taches cendrées. Œil brun. Bec noir. Dans les grandes forêts sombres (Alpes, Pyrénées, Ardennes, Auvergne). En mai-juillet se tient sur la lisière. En août rentre dans l'intérieur. Monogame. Vit très retirée. Perchée sur une branche, elle y aplatit sa tête quand elle perçoit un danger. Se tient généralement sur le sol, accroupie ou courant d'un buisson à l'autre. Bon gibier.

5. Francolin (*Francolinus vulgaris*).— Taille : 0ᵐ,37. Envergure : 0ᵐ,55. Aile repliée : 0ᵐ,16. Queue : 0ᵐ,10. Devant de la tête, joues et poitrine d'un noir foncé. Plumes de l'occiput bordées de rougeâtre et rayées en long de blanc. Milieu du cou brun roux formant un large collier. Dos noir avec bordures rougeâtres et des petites taches blanches. Bas du dos rayé transversalement de noir et de blanc. Poitrine brun foncé, rayée et tachetée de blanc. Cuisses et dessus de la queue brunâtres. Grandes plumes de l'aile rouge et noir. Queue rayée de gris et de noir. Bec noir. Pattes jaune rougeâtre. Vit dans l'Europe méridionale, la Corse, etc. Dans le voisinage des régions humides. Peu craintif. Court vite. Vol peu rapide, fort et bruyant, le conduisant à des buissons.

6. Perdrix. Deux espèces :

a) **Perdrix grecque** (*Perdrix græca*), appelée aussi *Perdrix saxatile, Bartavelle*. — Taille : 0ᵐ,37. Envergure : 0ᵐ,54. Aile repliée : 17 centimètres. Queue : 11 centimètres. Autrefois très répandue. Aujourd'hui rare. Dans les montagnes du Jura, les Alpes, les Pyrénées. Vive, agile, prudente, courageuse. Humeur batailleuse. Court très vite. Grimpe avec agilité sur les rochers. Vol léger, rapide, silencieux. Vue perçante. Dos et poitrine gris bleu, à reflets rougeâtres. Gorge blanche entourée d'une bande noire. Sur le front, une bande noire, ainsi qu'au menton. Plumes des flancs rayées alternativement de roux, de jaunâtre et de noir. Ventre jaune roux.

Perdrix grecque.

Grandes plumes des ailes brun noir, avec la tige blanc jaunâtre et les barbes internes rayées de jaune roux. Plumes de la queue rouge-roux. Œil brun roux. Bec rouge corail. Pattes rouge pâle. Prudente et vigilante, elle sait reconnaître le chasseur. Glousse comme la poule. Mange des bourgeons, des rhododendrons, des baies, des feuilles, des graines, des araignées, des insectes, des larves, les jeunes pousses des céréales, des baies de génévrier, des aiguilles de sapin. A la fin de l'automne, se réunissent en bandes. Nid très simple sur le sol.

b) **Perdrix rouge** (*Perdrix rubra*). — Taille : 0ᵐ,39. Envergure : 0ᵐ,55. Aile pliée : 16 centimètres. Queue : 12 centimètres. Plumage d'un rouge plus vif que l'espèce précédente. Collier plus large se continuant en-dessous par une série de taches. Sommet de la tête gris. Poitrine gris cendré brunâtre. Bas-ventre jaune sale. Plumes des flancs gris cendré clair, coupées de raies transversales d'un blanc roux limité par un liséré noir foncé. Une bande blanche partant du front et

Perdrix rouge.

se prolongeant par l'arcade sourcilière. Gorge blanche. Bec rouge de sang. Pattes rouge carmin pâle. Sud-Ouest de l'Europe. Régions montagneuses. Sédentaire. Course rapide et aisée ; grimpe adroitement sur les rochers ; se sert rarement de ses ailes ; plane ; perche volontiers. Vit en troupes de 10 à 20 individus. Silencieux dans la journée. Place son nid sous des buissons.

7. Starne (*Starna cinerea*), appelée aussi et surtout *Perdrix grise, Perdrix commune, Perdreaux* (jeunes). — Taille : 0ᵐ,33. Envergure : 0ᵐ,55. Aile pliée : 0ᵐ,16. Queue : 0ᵐ,08. Sur le front, une large bande s'étendant au-dessus et en arrière de l'œil. Côtés de la tête, gorge d'un roux clair. Dessus de la tête brun, rayé en long de jaunâtre. Dos gris, avec raies transversales rouge roux, de petites lignes noires en zigzag et des lignes claires le long des tiges des plumes. Sur la poitrine, une large bande gris cendré, moirée de noir et se prolongeant sur les côtés du ventre, où elle est entrecoupée de raies transversales rouge roux, bordées de blanc.

Starne.

Ventre blanc, avec un fer à cheval brun châtain. Plumes de la queue rouge roux, les médianes rayées transversalement. Œil brun, entouré d'un cercle nu étroit et rouge ; une bande de même couleur part de l'œil et se dirige en arrière. Bec gris bleuâtre. Tarses pourvus d'écailles en avant et en arrière. Vit réuni en famille. Ne s'éloigne guère de l'endroit où elle est née. Se plaît dans les pays de plaines couvertes de moissons et de luzernières. Reproduction à la fin de l'hiver. Ponte en mai. Nid formé d'un peu de paille grossièrement rassemblé à terre. 18 œufs environ gris jaunâtre. Femelle seule couve. Marche le cou rentré dans ses épaules, sauf quand elle se hâte. Sait à merveille se cacher. Vol assez lourd la fatiguant vite. Ne perche jamais, mais sait nager. Cri retentissant : *girrhik*. Vieux mâles : *girrhaek*. Cri d'effroi : *ripripriprip* ou *raert*. Les jeunes piaillent comme des poussins. Prudente. Craintive. Fidèle, dévouée pour ses petits. — Les jeunes ne mangent que des insectes. Les adultes, des végétaux. En hiver, le froid en fait mourir beaucoup : quelques-uns viennent manger du grain dans les fermes.

8. Caille (*Coturnix communis*).—Taille : 0^m,21. Envergure : 0^m,36. Aile pliée : 0^m,11. Queue : 0^m,05. Dos brun, rayé transversalement et longitudinalement de jaune roux. Tête brune plus foncée. Gorge brun roux. Jabot jaune roux. Milieu du ventre blanc jaunâtre. Flancs roux, à raies longitudinales jaune clair ; une ligne brun jaune clair partant de la racine de la mandibule supérieure, passant au-dessus de l'œil et descendant sur les côtés du cou et entourant la gorge, où elle est limitée de chaque côté par une ligne étroite d'un brun foncé. Grandes plumes des ailes brun noirâtre semées de taches jaunâtres disposées en séries transversales. Ne se trouve chez nous que d'avril en septembre. A ce moment, part en Afrique, d'où elle revient isolément ou par bandes qui semblent s'être formées accidentellement. Arrive

très fatiguée. En été, elle vit dans les plaines fertiles couvertes de moissons, surtout dans les champs de blé et de seigle, jamais près des marais. Son cri semble dire : *Paye les dettes !* Marche rapidement, le cou rentré dans ses épaules. Vole vite, avec bruit, par saccades. Craintive. Le matin reste tranquille. A midi prend un bain de sable et s'endort.

Caille.

Ne devient active que vers le soir. Mange des graines, des feuilles, des bourgeons, des insectes. Avale de petites pierres pour faciliter sa digestion. Boit la rosée sur les feuilles. Polygame. Son nid est une légère dépression dans les champs de blé.

En terminant cette revue des Gallinacés de nos pays, citons encore cinq espèces accidentelles ou domestiques.

Ganga cata (*Pterocles alchata*). — Oiseau africain qui vient quelquefois en Provence. Taille : 0^m,27. Sur la poitrine une large ceinture pectorale rousse, limitée en haut et en bas par une bande noire. Bec très court.

Syrrapte paradoxal (*Syrrhaptes paradoxus*) ou *Poule des steppes*. — Originaire de la Chine et de la Mongolie. Se trouve vers le mois de juin, sur les dunes et les grèves. Ne nous arrive que tous les vingt-cinq ans ! A été rencontré en 1863.

Syrrapte paradoxal.

Revu en 1888. Taille d'un pigeon. Large envergure. Ailes et queues terminées par de longues plumes effilées. Couleur isabelle coupée de traits noirs. Plastron entouré d'un collier noir et blanc. Bec très court et très fin. Pattes couvertes. Trois doigts couverts de poils fauves. On le verra peut-être en 1913.

Pintade.

Pintade. — C'est un oiseau domestique importé des côtes d'Afrique. Plumage d'un noir gris, marqué de taches blanches arrondies. Forme générale du corps ovoïde. Tête dénudée, bleuâtre, avec une protubérance conique. Œufs et chair excellents.

Dindon. — Oiseau exotique, originaire de l'Amérique, naturalisé en France et élevé dans les basses-cours.

Dindon.

Remarquable par les peaux rouges qui garnissent sa tête et sa gorge, et qui se gonflent quand l'animal est excité. Sait chercher lui-même sa nourriture dans les champs. Deux pontes par an d'une quinzaine d'œufs chaque fois. Incubation : 32 jours. Chair excellente.

Poules et **Coqs.** — Ils sont domestiqués d'une époque si lointaine que l'on ignore quelle est leur origine. Omnivores, pondant sans cesse, surtout en été. Utilisés pour leurs œufs, leur chair et leur plume. Incubation: 24 jours. La poule conserve sa grande fécondité pendant quatre ans.

Poule de Houdan.

Voici, d'après Henri Beauregard,

quelques renseignements sur les races élevées en France.

Il est à peu près impossible d'établir la filiation des nombreuses races ou sous-races qu'on trouve dans les poulaillers en France. Il semble toutefois qu'en dehors de quelques races étrangères directement importées, nos races principales peuvent être considérées comme descendant du coq gaulois, qui, lui-même n'est que le résultat de l'acclimation du coq des jungles de l'Inde ou du coq de Padoue croisé avec le précédent. Le *coq de l'Inde* est un beau gallinacé des îles de la Sonde, à queue peu relevée, de sorte que les longues plumes qui la forment touchent le sol ; les couleurs du plumage sont des plus brillantes, variées de jaune d'or, de rouge orangé et de brun. Les parties dénudées de la face sont d'un rouge carmin. La race de *Padoue* ou de *Bologne* offre un caractère ostéologique très remarquable. Le crâne est renflé en une bosse creuse sur laquelle est implantée une huppe volumineuse. Cette race qui comporte de multiples variétés (*dorée, argentée, chamois, blanche, noire, coucou, herminée*) est de port élégant avec un plumage régulièrement bordé de noir, la partie centrale des plumes étant brune, dorée, argentée, etc., suivant la variété considérée. La queue chez le coq est ornée de longues faucilles arquées et les plumes de la huppe sont longues et en lancettes très aiguës, tandis que chez la poule, queue et huppes sont lourdes. Enfin, la crête est rudimentaire et les barbillons sont remplacés par un faisceau de petites plumes, sauf chez la variété *hollandais* où les barbillons sont longs. La race de Padoue est estimée pour sa chair et pour la fécondité des poules. — Ceci posé, nous allons passer rapidement en revue nos races principales; ce sont d'abord la *race gauloise*, très facile à distinguer par la richesse de ses couleurs, la perfection de ses formes et l'allure du coq qui a mérité d'être pris pour emblème. On ne trouve plus guère cette race que dans les fermes éloignées des centres, là où les croisements à outrance n'ont point encore fait leur œuvre. Parmi ses caractères fondamentaux, signalons : la crête simple, droite, dentelée, haute en arrière. Les oreillons peuvent être blancs ou rouges. Les barbillons moyens sont rouges. Les pattes sont gris plomb. Des tons dorés et à reflets métalliques verts relèvent la couleur rouge acajou et jaune de l'ensemble du plumage. Chez la poule, la couleur générale est d'un brun cendré : les ailes sont couleur cannelle, rayées de brun foncé. La crête est petite et droite. Cette race est une excellente volaille de ferme. Très voisines sont les races : d'*Elberfeld,* qui paraît être un croisement avec la race Padoue, comme l'indique le croissant noir qui marque les plumes du plastron chez le coq, et la race des *Ardennes,* à camail rouge orangé, chez le coq, avec

Coq gaulois.

plastron et faucilles d'un noir brillant à reflets métalliques verts. La femelle a les teintes de la perdrix. Les suivantes sont intermédiaires entre le type de l'Inde et la race Padoue. Ce sont la race de *Bresse,* à plumage noir, crête droite, dentelée, tombante chez la poule. Dans le Midi surtout cette race est estimée ; elle est d'ailleurs bien en chair et précoce à l'engraissement. La race de *Barbezieux,* de taille plus volumineuse, avec des caractères analogues, se distingue par la fécondité des poules et le volume des œufs. La race de la *Flèche,* haute sur pattes, d'un noir brillant à reflets violacés, présente comme crête deux lobes en forme de cornes rouges entre lesquelles on voit une petite crête dentée, courte, et, en arrière, une hupe rudimentaire.

Tête du Coq du Mans.

Oreillons blancs, barbillons longs, pattes couleur plomb foncé. Même crête un peu moins développée chez la poule. Cette race est appréciée pour sa chair. C'est une de ses variétés plus précoce à l'engraissement qui donne lieu à l'industrie bien connue des *poulardes* et des *chapons du Mans.* Cette dernière race, race du *Mans,* n'en diffère que par la forme de la crête qui est épaisse, frisée et prolongée en pointe en arrière. La race du *Houdan,* originaire de Normandie, manifeste ses relations avec la race Padoue par le développement, chez la poule surtout, d'une huppe de longues plumes

recourbées en arrière et en avant; ce qui n'est pas sans gêner la vue de l'oiseau. La crête, rudimentaire chez la poule, est bien développée chez le coq. Elle est triple, c'est-à-dire qu'entre deux lames élevées, crénelées, il en existe une

Coq de la Flèche.

plus petite, basse et lobulée. La couleur générale du plumage est caillouttée de noir et de blanc. Il y a cinq doigts. Cette race est très appréciée pour sa chair abondante; elle peut atteindre un poids de 3 kilos et demi. La poule est bonne pondeuse, mais couve mal. La race de *Nantes* en est assez voisine par la cou-

Grand coq de combat du Nord (variété blanche).

leur générale, mais la huppe n'existe pas et la crête est simple, longue et dentelée. La race de *Caumont,* et celle de *Crèvecœur* (Calvados), qui en est dérivée, sont remarquables par le développement de leur huppe, la forme de la crête constituée de deux cornes droites. Le plumage est noir. Les doigts, au nombre de cinq. Elle est réputée comme celle de Houdan, pour l'excellence de sa chair. La poule est bonne pondeuse, mais mauvaise couveuse. Parmi les races étrangères importées en France, signalons : les races de *combat,* venues d'Angleterre ; le *combattant* a les pattes très hautes, le cou long, le plumage serré au corps ; on a poursuivi chez lui

race *Leghorn* ou race *italienne* a beaucoup l'allure du coq gaulois, avec une crête simple profondément dentelée ; son plumage est brun avec des teintes grises ou blanc, suivant les variétés. La race *espagnole* est facile à distinguer

Coq de Padoue.

Coq de Langshan.

la suppression de la crête et des barbillons qui offraient trop de prise à l'adversaire ; l'éperon est fort et acéré. La race de *Hambourg* et la race *campine,* dite *Hambourg crayonné,* vu que les plumes chez le coq sont d'un blanc pur crayonné de noir ; la queue est à reflets verts. Chez ces races, la crête épaisse et frisée se prolonge en pointe en arrière et s'avance en proue en avant au-dessus du bec. La race *belge de Bréda* se distingue par sa crête rudimentaire creusée d'une fossette au milieu ; elle donne de bons produits de table. La

à sa couleur noire, à sa grande crête simple, très dentelée, tombante chez la poule, et à ses longs barbillons d'un blanc farineux, comme la face, qui tranchent sur le fond noir du plumage. Enfin citons encore la race *Dorking,* les races *Coucou de Rennes, Cambodge, Cour tes pattes, cochinchinoise,* cette dernière à taille souvent considérable, à pieds emplumés, à ailes courtes ; la race *Brahma-Pastre,* également emplumée jusqu'aux doigts, à petite tête sur un corps massif ; les races *naines* ou *Ban tam* et les races *frisées.*

Ordre des **PALMIPÈDES**

Oiseaux aquatiques à pattes placées souvent très en arrière et à doigts palmés. Plumage épais, serré. Chaude couche de duvet. Au croupion, une glande qui sert à huiler leurs plumes pour les empêcher de se mouiller. Cou long. Pattes courtes très emplumées. Nagent admirablement. Marchent difficilement à terre. Ordinairement grande puissance de vol. Beaucoup plongent très bien. Vivent d'animaux aquatiques : les uns les pêchent ; les autres les trouvent en fouillant la vase. Vivent souvent en troupe. Monogames. La plupart sont des oiseaux de passage. Nichent généralement à terre ou dans les trous de rochers. Nids grossiers ou nuls. Habitent soit le bord de la mer, soit les marais.

On peut les grouper de la façon suivante :

Bec garni sur les bords de dentelures en forme de lamelles (habitant surtout les eaux douces). . . . . Voir *Tableau* **A.**

Bec non garni sur les bords de dentelures en forme de lamelles (habitant la mer). Ailes pointues, longues, dépassant sensiblement la queue (Oiseaux de plages). Voir *Tableau* **B.**

Ailes courtes, ne dépassant pas la queue ou à peine, Mauvais voiliers, . . . , Voir *Tableau* **C.**

PALMIPÈDES (TABLEAU A)

Lamelles du bec dirigées en arrière et très visibles même quand le bec est fermé. . . . . *Harle* (n° 1).

Lamelles du bec non très visibles quand le bec est fermé.
- Bec plus large à la base qu'au bout.
  - Pouce lisse en dessous.
    - Lamelles débordant un peu la mandibule supérieure.
      - Tarse plus long que le doigt du milieu. . . . . *Chen* (n° 2).
      - Tarse à peu près égal au doigt du milieu. . . . . . . *Oies* (n° 3).
    - Lamelles ne débordant pas la mandibule supérieure.
      - Bas des jambes emplumé. . . . . *Bernache* (n° 4).
      - Bas des jambes non emplumé. . . . . *Chenalopex* (n° 5).
  - Pouce bordé en dessous.
    - Queue courte.
      - Bec plus court que la tête.. . . . . *Éniconette* (n° 6).
      - Bec aussi long que la tête.
        - Teintes ternes.. . . . . *Macreuse* (n° 7).
        - Teintes brillantes par places.
          - Lamelles des mandibules petites.. . . . . . . *Eider* (n° 8).
          - Lamelles des mandibules larges.
            - Lamelles visibles sur la moitié antérieure du bec fermé. . . *Brante* (n° 9).
            - Lamelles non visibles sur la moitié antérieure du bec fermé. *Fuligule* (n° 10).
    - Queue allongée.
      - Bec plus court que la tête.
        - Narines placées au milieu du bec.. . . . . . . *Garrot* (n° 11).
        - Narines placées à la base du bec. . . . . . . *Harelde* (n° 12).
      - Bec non plus court que la tête. . . . . *Érimisture* (n° 13).
- Bec non plus large à la base qu'au bout.
  - Doigt externe non de même longueur que le doigt médian.
    - Bec un peu retroussé à l'extrémité. . . . . *Tadorne* (n° 14).
    - Bec non retroussé à l'extrémité.
      - Bec très élargi à l'extrémité, en forme de spatule. . . . . *Souchet* (n° 15).
      - Bec non très élargi en cuiller à l'extrémité.
        - Mandibule inférieure à peine visible quand le bec est fermé. . . . . *Chipeau* (n° 16).
        - Mandibule inférieure bien visible quand le bec est fermé.
          - Bec sensiblement plus large en avant qu'en arrière. . . . . *Canard* (n° 17).
          - Bec non sensiblement plus large en avant qu'en arrière.
            - Narines éloignées l'une de l'autre. . . . . *Marèque* (n° 18).
            - Narines rapprochées l'une de l'autre.
              - Queue relativement longue terminée par des filets fourchus.. . . *Pilet* (n° 19).
              - Queue courte, non terminée par des filets fourchus.. . *Sarcelle* (n° 20).
  - Doigt externe de même longueur que le doigt médian. . . . . *Cygne* (n° 21).

PALMIPÈDES (Tableau B)

Narines s'ouvrant à l'extrémité d'un tube en saillie.
- Tubes des narines éloignés l'un de l'autre. . *Albatros* (n° 22).
- Tubes des narines se touchant ou se fusionnant.
  - Narines distinctes. . . . . . *Puffin* (n° 23).
  - Narines réunies.
    - Bec légèrement comprimé. Queue courte à 14 plumes. Ongles recourbés creusés en dessous. . . . . . *Pétrel* (n° 24).
    - Bec très comprimé. Mandibule inférieure un peu courbée à l'extrémité. Jambes plus ou moins nues au-dessus de l'articulation. . . . . *Thalassidrome tempête* (n° 25).

Narines ne s'ouvrant pas à l'extrémité d'un tube en saillie, mais percées de part en part dans la partie dure du bec.
- Bec recouvert en partie d'une peau molle. *Stercoraire* ou *Labbe* (n° 26).
- Bec entièrement dur.
  - Narines placées au milieu du bec.
    - Palmure des pattes échancrées au centre. . . . *Pagophile blanche* (n° 27).
    - Palmure non échancrée.
      - Au moment de la reproduction, tête recouverte de plumes noires (sauf chez la mouette tridactyle). . . *Mouette* (n° 28).
      - Tête jamais recouverte de plumes noires. *Goéland* (n° 29).
  - Narines placées vers le bout du bec.
    - Bec plus court que la tête. *Guifette* (n° 30).
    - Bec au moins aussi long que la tête. Narines n'allant pas jusqu'au milieu du bec. . . . . *Sterne* (n° 31).

PALMIPÈDES (Tableau C)

Jambes fixées vers le milieu du corps.
- Tarses nus.
  - Bec fendu jusqu'aux yeux. . . *Pélican* (n° 32).
  - Bec fendu au delà des yeux.
    - Bec finement denté sur le bord. Mandibule supérieure droite. . *Fou* (n° 33).
    - Bec non finement denté sur le bord. Mandibule supérieure crochue au bout. . . . *Cormoran* (n° 34).
- Tarses à demi-recouverts de plumes. . . *Frégate* (n° 35).

(*Voir la suite du tableau à la page suivante*).

Jambes fixées très en arrière du corps de sorte que l'animal en marchant a une attitude presque verticale.

- Un pouce.
  - Tarses couverts d'un réseau en saillie. . . . . **Plongeon** (n° 36).
  - Tarses couverts de larges écailles. Doigts garnis d'une membrane formant des lobes. . . **Grèbe** (n° 37).
- Pas de pouce.
  - Bec lisse.
    - Narines étroites et ovales. . . . . **Guillemot** (n° 38).
    - Narines larges et arrondies. . . . **Mergule** (n° 39).
  - Bec garni de bourrelets.
    - Peau du bord des narines avec quelques plumes. . . **Pingouin** (n° 40).
    - Peau du bord des narines nue. . . **Macareux** (n° 41).

Voici quelques détails sur les genres inscrits aux trois tableaux précédents. Nous avons puisé beaucoup de ces renseignements dans l'ouvrage de M. Louis Ternier : *La Sauvagine en France.*

1. Harle. — Les harles ont la forme des canards, mais leur bec est plat à la base, cylindrique, mince dans le reste de sa longueur, terminé par un crochet acéré et recourbé, garni de lamelles visibles sur toute son étendue. Vol soutenu. Excellents plongeurs. Tous huppés. Ne se rencontrent que pendant les grands froids. Peuvent nager la tête seule hors de l'eau.

Trois espèces :

a) Harle bièvre (*Mergus merganser*), appelé aussi *Grand Harle, Harle commun, Bièvre, Harle blanc, Bec-de-scie, Grande Ridenne, Hère.* — Taille : 0m,70. Mâle :

Harle bièvre.

tête et cou noirs à reflets verts, avec huppe. Dos noir en haut, gris cendré en arrière. Queue grise avec teintes brunes. Poitrine rosée devenant blanche quelques instants après la mort. Dessus des ailes blanc jaunâtre bordé de noir. Grandes plumes des ailes brunes à l'extrémité. Bec rougeâtre avec crochet noir. Iris rouge. Pieds rouge vermillon. — Femelle : tête brune, dos grisâtre, gorge blanche. Milieu du cou roux. Poitrine grise sur les côtés. Niche en avril au Nord de l'Europe ; nid dans les rochers. Nous visite pendant les hivers rigoureux. Sifflement plaintif. Recherche les anses de la mer où les eaux sont calmes. Gibier médiocre.

Sa chair est si mauvaise que les paysans disent : « Qui voudrait régaler le diable, lui vaudrait bièvre et cormoran. »

b) Harle huppé (*Mergus serrator*), appelé aussi *Ripoupée.* — Taille 0m,60. Tête noire. Huppe très prononcée. Cou blanc, avec ligne noire longitudinale en arrière. Iris rouge. Dos noir foncé en avant, gris cendré en arrière, avec des stries noires. Queue brune. Ventre blanc pur. Poitrine rousse, grivelée de noir. Sur les épaules, une sorte d'épaulette de plumes gonflées et arrondies. Dessus des ailes blanches coupé de deux étroites lignes noires. Grandes plumes des ailes noires. Pieds orangés. — Femelle : tête d'un brun roux, iris brun, dos gris brun, poitrine blanche. Passe régulièrement sur nos côtes, on les trouve aussi en hiver, notamment en Picardie.

c) Harle piette (*Mergus albellus*), appelé aussi *Piette, Piotte, Religieuse.* — Taille : 0m,45. Tête huppée, blanche avec sur le sommet une tache noire à reflets verts. Une grande tache noire à reflets verts autour des yeux. Iris roux. Bec bleu. Ventre blanc argenté. Dos noir. Sur les côtés de la poitrine, deux demi-colliers noirs. Queue grise et brune. Flancs gris striés de noir. Ailes blanches par-dessus, noirâtres au bout. Doigts bleus.

Tête du Harle piette.

Fréquente les bords de la mer, les marais, l'embouchure des fleuves, le bord des rivières et des lacs. Vole assez haut. Se rencontre surtout dans les hivers rigoureux. Niche au Nord de l'Europe.

2. **Chen** (*Chen hyperboreus*), appelé aussi *Oie de neige, Oie des Esquimaux.* — Oiseau des zones arctiques, très accidentel en Europe. Taille : 0^m,72. Bec obliquement ridé à l'origine de la mandibule supérieure. Narines médianes. Plumage blanc. Une large bande noirâtre sur les bords des deux mandibules. Bec rougeâtre. Pieds bruns.

3. **Oies.** — Les premiers migrateurs à la fin de l'été. Voyagent jour et nuit, mais s'abattent surtout la nuit dans les marais. En bande de 15 à 20, se disposant en triangle pour le vol. Parcourent 800 mètres par minute. Le jour, se posent quelquefois sur les grands espaces

Oie.

d'eau et sont alors presque impossibles à approcher. En hiver, elles se débandent et on peut alors approcher les isolés ou les petites bandes surtout le long des rivières et en mer. Au dégel, s'approchent souvent de terre. Pendant le brouillard, elles s'égarent facilement. Gibier médiocre. Pour les chasser, il est bon de se vêtir de blanc.

Cinq espèces :

a) **Oie cendrée** (*Anser cinereus*). — Taille : 0^m,80. Mâle : tête et cou roux cendré, front blanchâtre, iris brun foncé, paupières jaune rouge, dos brun cendré, avec lignes transversales blanches, queue blanche et brune, ventre blanc, poitrine grise, ailes brun cendré, plumes du dessus des ailes bordées de blanc, grandes plumes des ailes noires, bec jaune orange, pieds jaune rouge. Femelle plus grise et plus petite. Europe tempérée, surtout l'Est. Couve en mars-mai. Nid de roseaux et de duvet. 5 à 12 œufs blancs jaunâtres quelquefois un peu mouchetés. Surtout au bord de la mer, à l'embouchure des fleuves. C'est d'elle que proviennent les oies domestiques. La plus productrice, parmi ces dernières, est l'*oie de Gascogne* ou *oie de Toulouse* que l'on élève pour l'obtention des foies gras.

b) **Oie des moissons** (*Anser sylvestris*), appelée aussi *Oie sauvage vulgaire.* — Taille : 0^m,85. S'arrête la nuit dans les champs, un peu partout. Tête et cou brun cendré clair. Dessus brun avec quelques plumes bordées de blanc. Queue noirâtre blanche au bout. Poitrine gris clair. Flancs brunâtres. Ailes gris cendré bordées de blanc. Grandes plumes des ailes noires. Bec jaune orangé, noir à la base et au bout. Pieds rouge orange. Iris brun. Couve au Nord dans les marais.

c) **Oie rieuse** (*Anser albifrons*), appelée aussi *Oie à front blanc.* — Taille : 0^m,73. Tête et cou brun cendré. Front blanc, ainsi que le tour du bec. Dos brunâtre. Queue blanche et noire. Ventre blanc. Poitrine grise, ondée de plaques noires. Ailes brun roux, noires à l'extrémité. Bec

Tête de l'Oie à front blanc.

jaune orange, noirâtre au bout, avec onglet blanc. Pattes jaune orange. Iris brun. Cri moqueur. Sur les bords de la mer en hiver, par exemple dans la baie de la Somme.

d) **Oie à bec court** (*Anser brachyrhynchus*). — Taille : 0^m,66. Bec court noir avec un peu de jaune vers la pointe. Tête et cou brun. Dos brun gris, nuancé de blanc. Queue noire et blanche. Ventre blanc. Flancs bruns. Poitrine grise. Pieds rougeâtres. Sur nos côtes Nord. Rare.

e) **Oie naine** (*Anser erythropus*). — Taille : 0^m,55. Bec court, de couleur chair blanchâtre. Un bandeau blanc au-dessous du bec. Tête grise. Iris brun. Ventre blanc. Poitrine gris brun, nuancée de noir et de roux sur les flancs. Ailes grises et brunes avec grandes plumes bordées de blanc. Pieds de couleur chair livide. Très rare.

4. **Bernache.** — Trois espèces :

a) **Bernache nonette** (*Bernicla leucopsis*), appelée aussi *Ouette, Religieuse.* — Taille : 0^m,65. Bec noir. Pieds noirs. Tête noire. Front, joues et gorge blanchâtres. Iris noir. Cou et haut de la poitrine noir. Dos gris cendré. Ventre blanc sale. Ailes grises terminées de noir. Niche au Nord. Arrive chez nous en octobre. Très abondante sur les côtes de l'Océan, plus rare dans la Manche

b) **Bernache cravant** (*Bernicla brenta*), appelée aussi *Ouelle, Religieuse, Mangeuse de varech.* — Taille : 0ᵐ,60. Pieds très noirs. Bec noir. Tête noire. Cou brun noir, chiné de blanc, avec une

Bernache cravant.

bande blanche. Dos gris brun. Queue brune en dessus, blanche en dessous. Ventre gris foncé marqué de noir. Poitrine grise, un peu ardoisée. Ailes brunes et noires marquées de blanc. Iris noir. Aspect général très sombre. Mange du varech. S'isole souvent au bord de la mer. Peu farouche au début de la chasse. Chair huileuse et coriace.

c) **Bernache à cou roux** (*Bernicla ruficollis*). — Taille : 0ᵐ,55. Dans l'Est de l'Europe surtout. Dessus du corps noir. Tête noire avec un peu de blanc entre les yeux. Queue blanche, Bas-ventre blanc. Poitrine roux vif avec ceinturon blanc. Gorge noire. Ailes noires avec une tache blanche. Bec brun. Pieds noirs. Accidentel en France.

5. Chenalopex (*Chenalopex ægyptiaca*), appelé aussi *Oie d'Égypte, Oie-renard, Oie du Nil.* — Oiseau d'Afrique, accidentel chez nous. Taille : 0ᵐ,65. Aspect d'une oie. Tête et cou d'un blanc ocreux. Tour des yeux marron. Cou roux. Bas du dos brun. Queue noire et brune. Ventre blanchâtre. Poitrine jaunâtre, striée de brun avec une large tache marron. Aile blanche avec tache noire. Bec et pieds rougeâtres. Iris rouge orange.

6. Éniconette (*Eniconetta stelleri*). — Oiseau américain, très accidentel en Europe. Taille : 0ᵐ,45. Dessus noir bleuâtre. Ailes violacées.

7. Macreuse. — Les macreuses ont la forme générale des canards, mais ne quittent pas la mer où, en bandes considérables, elles pêchent sur les hauts-fonds. Plongent toutes en même temps. Volètent en rasant l'eau. Se tiennent constamment au large et doivent être chassées en bateau. Se prennent souvent dans les filets destinés au poissons. Abondantes en carême. Considérées comme aliment maigre par l'Église. Gibier assez bon.

Trois espèces :

a) **Macreuse ordinaire** (*Oidemia nigra*), appelée aussi *Grizette, Bizette.* — Taille : 0ᵐ,52. Mâle entièrement noir, avec teintes violacées à la tête et au cou. Une protubérance noire à la base du bec, qui est jaune aux narines. Iris rouge. Paupières jaune orange. Pieds noirs. — La femelle a le dessus du corps brun noirâtre, dessous du cou gris, tacheté de brun, haut de la poitrine brun, ventre brun cendré. Niche dans les petites îles du Nord de l'Europe. Arrive en France en automne et y passe l'hiver surtout dans la Manche.

b) **Double macreuse** (*Oidemia fusca*), appelée aussi *Macreuse brune.* — Taille : 0ᵐ,58. Mâle d'un beau noir avec une tache blanche sur l'aile et autour des yeux. Bec rougeâtre à la pointe. Femelle brune avec du blanc aux joues. Assez commune en France une partie de l'hiver.

c) **Macreuse à lunettes** (*Oidemia perspicillata*), appelée aussi *Macreuse à large bec, Canard marchand.* — Taille : 0ᵐ,53. Mâle entièrement noir, mais le front porte une place blanche. La nuque et le haut du cou sont entièrement blancs. Bec difforme, avec, sur le côté, deux protubérances noires. Bec rougeâtre. Iris

Tête de la Macreuse à lunettes.

blanc. Pieds rouges. Palmures noires. Assez rare.

8. Eider. — Deux espèces :

a) **Eider vulgaire** (*Somateria mollissima*), appelé aussi *Oie à duvet, Canard édredon, Édredon.* — Taille : 0ᵐ,68. Contrairement à ce qui se passe chez les autres animaux, le ventre est plus foncé que le dos. Dessus de la tête noir, avec une raie

Eider vulgaire.

blanche au milieu. Joues blanches.

Plumes vont jusqu'aux narines. Bec vert. Iris clair. Sur la nuque, large tache vert clair. Dessus blanc, sauf près de la queue où il est noir, ainsi que la queue. Pieds verts. La femelle a la tête rousse, avec des traits noirs, le dessus du corps gris brun, le ventre brun foncé, la poitrine rousse. En été le mâle lui ressemble. Il niche dans le Nord de l'Europe dans des creux de rochers qu'il tapisse de son duvet, lequel, exploité par les indigènes constitue l'édredon. Cri: *kr! kr! kr!* Cri d'amour: *Ah! o!* Ne vient qu'exceptionnellement chez nous, surtout pendant les grands froids. Se cantonne en mer. Bon plongeur.

b) **Eider à tête grise** (*Somateria spectabilis*). — Taille: 0m,65. Dessus de la tête et de la nuque d'un gris bleuâtre clair. Bec jaune avec deux protubérances rouge vif à la base. Dessus blanc. Ailes avec un peu de brun. Pieds jaunes. Palmures noires. Aussi accidentel que le précédent et mêmes mœurs.

9. Brante roussâtre (*Branta rufina*), appelé aussi *Siffleur huppé*. — Taille: 0m,59. Tête rouge, forte, huppée. Nuque noire. Dessus du corps gris brun roux. Epaulettes blanchâtres. Dessus de la queue brun, presque noir. Gorge, poitrine, ventre noirs. Flancs blancs. Ailes blanches et brunes avec grandes plumes cendrées. Bec rouge. La femelle est moins huppée, avec un bec brunâtre. Assez commun dans le Midi. Marche difficilement. Plonge bien.

10. Fuligule. — Quatre espèces:

a) **Morillon** (*Fuligula cristata*), appelé aussi *Pilet huppé, Jacobin*. — Forme d'un petit canard trapu. Taille: 0m,42. Sur la tête, une huppe tombante en arrière, noire à reflets violets, de même que la tête et le cou. Dos sombre, brun noir. Epaules tachetées de points blancs. Queue noirâtre. Poitrine noire. Ventre gris ou blanc. Ailes noirâtres avec tache

Tête du Fuligule morillon.

blanche bordée de noir foncé. Bec bleu clair. Pattes bleuâtres. Commun en hiver sur nos côtes. Ne s'éloigne guère de la mer où il cherche à se cacher. Plonge bien. Chair noire et coriace.

b) **Milouin** (*Fuligula ferina*), appelé aussi *Vignon, Pilet maillé, Pilet cendré, Pilet lanné, Plumard, Morelon*. — Taille: 0m,47. Tête et cou d'un roux vif au printemps, presque noir en automne. Dos noir, avec le milieu gris cendré strié de bleuâtre. Queue noire et brune. Ventre gris sale au milieu. Flancs variés de zigzags noirs. Poitrine noire en avant, gris perle strié de lignes noires en arrière. Ailes grises striées de bleu cendré, avec de grandes plumes brunes. Bec petit, bleu foncé. Doigts bleus avec palmure noire. Iris jaune orange. Passent au printemps sur nos côtes Nord et Ouest et, pendant les grands froids, vont dans le Midi. Vol assez rapide et irrégulier. Cri: *Croac! kro! kro! kro!*

c) **Milouinan** (*Fuligula marila*). — Taille: 0m,48. Tête et cou noirs. Bec bleuâtre. Iris jaune. Dos blanc avec des raies noires, en haut, noir en bas. Queue brune. Ventre blanc strié légèrement de noir. Poitrine blanche et noire. Ailes noires marbrées de gris avec une tache blanche. Reste volontiers chez nous en hiver.

d) **Fuligule nycora** (*Fuligula nycora*), appelé aussi *Petit canard rouge aux yeux blancs* et, improprement, *sarcelle d'Egypte*. — Taille: 0m,42. Habite le Midi, rarement le Nord. Niche dans les climats tempérés, sur les marécages. Huit à dix œufs gris jaune clair. Reconnaissable à son iris blanc. Tête et cou roux. Gorge blanche et roux brun. Dos noir et roux. Poitrine marron. Ventre blanc sale. Ailes noirâtres avec tache blanche coupée par une ligne brune. Bec brun. Pieds bleuâtres.

11. Garrot. — Deux espèces:

a) **Garrot vulgaire** (*Clangula glaucion*), appelé aussi *Canard-pie, Gros Pilet à tête noire, Canard aux yeux d'or*. — Taille: 0m,52. Yeux vifs jaune d'or. De chaque côté du bec deux plaques de plumes blanches chez le mâle. Tête et haut du cou mordorés. Dos noir. Ailes blanches, avec grandes plumes noires. Devant blanc. Pattes jaune foncé. Bec bleuâtre plus haut que large. Plumes un peu retroussées sur la tête. Tient la tête penchée, ce qui lui donne l'air narquois.

Tête du Garrot vulgaire.

Marche difficilement. Vol raide et rapide. Au printemps et en automne dans les marais du Midi.

b) **Garrot histrion** (*Clangula histrionica*), appelé aussi *Arlequin*. — Taille: 0m,40. Accidentel en France. Mâle entièrement noir avec flancs roux et une ligne blanche de chaque côté des yeux, une tache blanche derrière les joues et un collier blanc au-dessous du cou. Habite plutôt l'Amérique.

12. Harelde glaciale (*Harelda glacialis*), appelé aussi *Fuligule miquelonaise, Canard de Miquelon, Canard à longue queue de Terre-Neuve, Petit Pilet, Petit dériveux.* — Taille : 0ᵐ,62 avec les filets de la queue. Tête blanche. Côtés et dessus du cou noirs. Dessus noir avec une bande rousse de chaque côté des épaules. Poitrine noire et rousse.

Harelde glaciale.

Ventre blanc. Ailes noires et blanches. Queue blanche, avec deux longs filets bruns. Bec noir, rougeâtre au milieu. Doigts jaunes. Palmures noires. Iris roux. En hiver, le mâle a la tête blanche et la poitrine brune. Tête très rude. Front proéminent. Bec très aplati. Se rencontre accidentellement par paire ou isolé sur les côtes de la mer du Nord ou de l'Océan.

13. Érimisture (*Erimistura leucocephala*). — Oiseau de la Sibérie très accidentel chez nous. Taille : 0ᵐ.50. Dessus roux avec zigzags bruns. Tête blanchâtre. Nuque brun foncé. Ailes courtes.

14. Tadorne de Belon (*Tadorna Belonii*), appelé aussi *Canard hollandais, Canard de Flandre, Ringan.* — Taille : 0ᵐ,60. Tête et cou vert foncé. Dos roux vif en avant, blanc en arrière. Plumes des épaules noires. Queue blanche en dessus avec extrémité noire, dessous roux. Ventre blanc aux flancs, noir au milieu. Large ceinture couleur cannelle. Gorge blanche. Ailes blanches avec tache vert pourpre et les grandes plumes noires. Pattes couleur chair. Iris brun. Bec retroussé, avec, à la base, deux protubérances rouge vif (tombant en hiver). Niche quelquefois en France dans les trous des falaises, par exemple sur les côtes de Picardie. Cri : *kor !* Fréquente les bords de la mer. En hiver se réunissent par petites troupes.

15. Souchet (*Spatula clypeata*), ap-

pelé aussi *Canard spatule, Canard cuiller, Louchard, Rouge, Rouget de rivière.* — Taille : 0ᵐ,52. Caractérisé par son bec long, large, évasé du bout comme une cuiller ou une spatule et garni d'une dentelure très nette. Chair très délicate, restant rouge après la cuisson. Tête vert noir à reflets métalliques. Dos chiné de gris cendré et de noir. Sur le dessus des ailes, des plumes bleues en faucilles. Bas du dos noir vert. Grandes plumes de la queue blanches et brunes

Souchet.

Ventre marron. Poitrine blanche, quelquefois avec de petits croissants bruns. Pieds jaune orangé. Les femelles ont le bec de la cane sauvage. Couve quelquefois en France en mai. Nid de roseaux et de duvet dans les marais non loin de la mer. 7 à 14 œufs roux ou gris verdâtre. Vit seul dans les marais non loin de la mer. Fréquente quelquefois la Seine. Se rencontre surtout à l'automne. Craint les grands froids. Cri : *croak ! peuk, peuk !*

16. Chipeau bruyant (*Chaulelasmus streprera*), appelé aussi *Ridenne, Tierce.* — Taille : 0ᵐ,55. Dessus de la tête roux foncé, moucheté de blanc et de noir. Côtés du cou et de la tête gris cendré avec taches brunes. Dos noir et gris en haut, brun et gris en bas, avec de longues plumes grises bordées de roux clair. Queue noire avec l'extrémité grise. Ventre blanc un peu jaune. Flancs rayés de noir et de blanc. Poitrine écaillée de noir et de gris. Ailes brun cendré avec trois bandes blanche, noire et rousse. Mandibule supérieure recouvrant complètement l'inférieure, de couleur noire. Pattes orangées, avec palmure noire. Passe en France en novembre et février. Vol rapide. Cri : *couac ! couac !* Excellent plongeur.

17. Canard sauvage (*Anas boschas*), appelé aussi *Canard franc, Malard, Colvert, Cane, Bourre* (femelle), *Halbran* (jeune), *Ainette* (femelle). — Taille : 0ᵐ,55. Mâle : tête et cou d'un beau vert à reflets dorés. A la base du cou, un collier blanc. Haut du dos brun gris strié de noir. Bas du dos noirâtre. Dessus de la queue noir vert, avec quatre grandes plumes noir mordoré, relevées en demi-cercle sur le croupion. Ventre noir et blanc en bas, gris cendré avec des stries noires plus haut. Bas de la poitrine blanc, avec de très fines stries brunes. Flancs blancs avec croissants noirâtres. Poitrine marron.

Canard sauvage.

Bec vert jaunâtre, avec onglet noir. Iris brun. Pieds rouge orangé. — Femelle : Dessus du corps roussâtre grivelé de brun foncé. Queue brune et blanche sans crochets. Poitrine roussâtre, striée de brun. Vole (en compagnie) en triangle ou en ligne droite. Vol rapide : 1200 m. en une minute. Niche dans les marais, dans les herbes ou sur les saules taillés en têtards. S'apparie fin février. 10 à 18 œufs gris verdâtre clair, la femelle seule couve. Nid disposé de telle façon que l'oiseau doit y entrer par un bout et ressortir par l'autre. Les jeunes muent en juin et juillet et sont, alors, incapables de voler pendant 15 jours (chasse aux halbrans du 1er au 20 juillet, se faisant surtout au chien ou en bateau). Les premières bandes venant du Nord arrivent vers le 15 octobre et parcourent les grands espaces d'eau pendant le jour. Départ bruyant. Vole très haut avant de partir horizontalement ordinairement, ou s'élève obliquement. Abondant dans les marais et étangs.

Il existe une variété entièrement blanche, appelée souvent *Vollandoise* ou *Canard blanc hollandais.*

Canard domestique.

Se croise souvent avec les canards domestiques qui, d'ailleurs, dérivent de lui (*Canard de Rouen*) et divers autres palmipèdes.

18. Marèque (*Mareca penelope*), appelé aussi *Canard siffleur, Vingeon, Canard pénélope, Double sarcelle, Vignon, Wuiol, Oigne, Penru, Oignard.* — Taille : 0m,49. Bec petit, court, bleu à la base, noir à la pointe. Arrive un des premiers sur nos côtes, dès septembre. Passe en bandes ou isolés. Repasse en mars. Tête rousse, avec ligne blanche sur le front et petites taches noires sur les joues et la nuque. Col brun, pointillé de noir. Gorge noire. Poitrine roux vineux. Ventre blanc. Flancs brun cendré piqueté de blanc. Dos blanc strié de noir et ressemblant à du canevas. Ailes blanches et noires, avec tache verte bordée de blanc et de noir. Grandes plumes des ailes noires. Pieds cendrés. Niche rarement en France. Faciles à approcher à leur arrivée. Fréquentent les bords de la mer et l'embouchure des fleuves. Mangent des herbes. Barbottent dans la vase. Emettent un son de flûte très sifflé. Arrivent surtout par vents du Nord et de l'Est.

19. Pilet (*Dafila acuta*), appelé aussi *Canard-faisan, Canard à queue fourchue, Pailles-en-cul, Pennard, Pointard, Woinibre à longue queue.* — Taille : 0m,68 (filets de la queue compris). Excellent plongeur. Bec mince noir bleuâtre. Tête brune tachetée de noir et de roux foncé. Nuque noire. Cou avec deux lignes blanches. Dessous du corps blanc, avec bas du ventre strié de brun. Dos rayé de noir et de gris. Queue s'allongeant en filets longs d'environ 10 centimètres. Ailes grisâtres avec tache verte. Pieds noirs roux. Passent en France au printemps et à l'automne et s'arrêtent à l'embouchure des fleuves. Cri : *couac !*

20. Sarcelle. — Deux espèces :

a) Sarcelle d'été (*Querquedula circia*), appelée aussi *Criquar, Cartier, Crèpe, Sarcelle de mars.* — Taille : 0m,38. Bec bleu cendré. Tête et cou roux foncé, piquetés de blanc avec bande blanche partant de l'œil. Dos brun cendré, varié de gris. Queue brunâtre, avec plumes bordées de blanc. Ventre blanc roux, rayé de noir. Poitrine avec petits croissants noirs. Gorge noire. Dessus des ailes gris bleu avec tache verte encadrée de blanc. De grandes plumes brunes et blenâtres partant des épaules. Pieds cendrés. Iris brun. Femelle plus grise, avec dessous roux brun, gorge blanche, poitrine blanche tachetée de brun. Cri : *kneck !* Nous arrive à l'automne et nous quitte aux premières gelées. Revient en mars et séjourne dans les marais, en bandes d'une dizaine d'individus. Fréquente aussi les rivières, les étangs, les flaques d'eau. Facile à tirer.

b) Sarcelle d'hiver (*Querquedula crecca*), appelée aussi *Petite sarcelle, Arcanette, Sarcelle-sarcelline, Trufleur, Sarcé, Criquel, Crac, Moret, Moralon, Biganon.* — Taille : 0m,34. Tête et cou roux marron, avec tache blanche près du bec. Une ligne blanche autour des yeux encadrant une plaque verte qui entoure l'œil. Bec noirâtre. Iris brun. Dos rayé de blanc et de noir, orné de longues plumes effilées. Queue brune, noire et blanche. Ventre gris très clair. Flancs gris avec zigzags noirs. Poitrine roussâtre, pointillée de noir. Gorge noirâtre.

Sarcelle d'hiver.

Ailes brun cendré, avec tache vert azuré. La femelle est grivelée de brun et de noir sur fond grisâtre, avec ventre blanc. Couve en France, en mai. Nid tapissé d'herbes et de joncs, à terre dans les roseaux. 8 à 15 œufs blanchâtres ou jaunâtres. Cri : *crac!* Reste en France jusqu'aux gelées ou toute l'année. Aux premiers froids, forme de nombreuses bandes au bord de la mer et à l'embouchure des fleuves. Repasse en février, par paires, le long des rivières et des marais. Vol rapide et silencieux, avec départ brusque. Se pose rapidement. Chair excellente.

21. Cygnes. — Deux espèces :

a) Cygne sauvage (*Cygnus ferus*). — Taille : 1ᵐ,50. Plumage entièrement blanc, avec duvet fin. Les jeunes sont gris. Bec noir surmonté d'une protubérance jaune. Pieds noirs. Son long cou

Cygne sauvage.

lui donne une apparence des plus élégantes. Couve dans le Nord de l'Europe. Passent en France en hiver où ils ne sont pas rares à l'embouchure des fleuves. Vol rapide.

b) Cygne de Bervick (*Cygnus minor*). — Taille : 1ᵐ,25. Tout blanc, avec bec jaune à la base, à peine renflée, avec pointe noire.

22. Albatros (*Diomedea exulans*). —

Oiseau africain, très accidentel en France. Taille : 1ᵐ,70. Bec long et robuste, crochu au bout de la mandibule supérieure. Dessus blanc avec fines

Albatros.

raies noires. Dessous blanc. Bec jaunâtre. Pieds rougeâtres.

23. Puffins. — Cinq espèces :

a) Puffin majeur (*Puffinus major*). — Taille : 0ᵐ,62. Tête et haut du cou noir. Bas du cou blanc. Dos noir, grivelé de gris, blanchâtre vers le bas. Queue noire. Dessous blanc argenté. Flancs tachetés de brun. Ailes noires, avec du blanc. Pieds grisâtres très palmés. Bec noir et long. Mandibule inférieure terminée en pointe. Se montre quelquefois au large des côtes françaises; surtout en Bretagne. Vole en rasant la surface des flots.

b) Puffin cendré (*Puffinus cinereus*). — Taille : 0ᵐ,50. Sur les côtes de la Mé-

Puffin cendré.

diterranée. Dessus noir et brun. Dessous blanc. Bec et pieds jaunes. Pond sur les rochers un seul œuf blanc.

c) Puffin de Maux (*Puffinus anglorum*), appelé aussi *Puffin des Anglais*. — Taille : 0ᵐ,45. Dessus brun noir. Ventre blanc. Gorge avec lignes noirâtres. Bec brun. Pieds jaunes. Assez fréquent sur nos côtes de la Manche et de l'Ouest.

d) Puffin Yelkouan (*Puffinus Yelkouan*). — Taille : 0ᵐ,34. Sommet de la tête noir. Gorge blanche. Dos noir brun luisant. Dessous blanc. Pieds jaunâtres. Bec long, brunâtre en dessus, blanc en dessous. Méditerranée.

e) Puffin fuligineux (*Puffinus fuliginosus*). — Taille : 0ᵐ,45. Dessus brun foncé. Dessous gris ardoisé. Pattes brunes. Bec verdâtre, court. Descend parfois sur les côtes de la Manche.

24. Pétrels. — Deux espèces :

a) **Pétrel glacial** (*Procellaria glacialis*), appelé aussi *Fulmar*. — Taille : 0ᵐ,46. Tête et cou blancs. Dessus bleu cendré. Grandes plumes des ailes brunâtres.

Pétrel glacial.

Queue arrondie, bleu cendré. Dessous blanc. Pieds jaunâtres, largement palmés. Bec jaune court, épais, avec crochet recourbé à la mandibule supérieure et semblant comme rajouté. Narines ressemblant à deux canons de pistolet. Se rencontre quelquefois au large de nos côtes.

b) **Pétrel du Cap** (*Procellaria capensis*), appelé aussi *Pétrel damier*. — Taille : 0ᵐ,46. Tête noirâtre. Dos en damier noir et blanc. Queue blanche et noire. Dessous blanc. Dessus des ailes blanc, tacheté de noir. Grandes plumes des ailes noires au bout. Bec noir. Habite les régions australes. Très accidentel en France.

25. Thalassidrome tempête (*Thalassidroma pelagica*), appelé aussi *Oiseau des tempêtes, Epouvantail*. — Taille : 0ᵐ,16 (comme une hirondelle). Tête et dessus du corps d'un brun noir. Queue blanche à la base, noire au bout. Dessous noir un peu ardoisé. Bas-ventre blanchâtre. Ailes noires avec tache blanc grisâtre. Bec noir et crochu. Pieds noirs. Fréquente la Manche, l'Océan, la Méditerranée. Vit en société. Se montre surtout pendant les tempêtes. Suit quelquefois les ouragans. Traverse les vagues en volant. Niche quelquefois en Bretagne.

26. Stercoraire ou **Labbe.** — Bec recouvert en partie d'une peau molle, terminé par un crochet recourbé, semblant surajouté. Plumes du milieu de la queue dépassant les autres plumes (queue en fer de lance). Tête aplatie. Yeux brillants. Regard fier. Aspect hardi. Poursuit les oiseaux pêcheurs, les frappe sur la tête pour leur faire lâcher les poissons capturés et dont il s'empare. On croyait autrefois que la proie qu'il saisit ainsi était les déjections des oiseaux (d'où le nom de *stercoraires*). Oiseaux de proie ; toujours isolés.

Quatre espèces :

a) **Labbe cataracte** (*Stercorarius cataractes*), appelé aussi *Goéland brun, Stoéland brun, Cordonnier, Poule de mer.* — Taille : 0ᵐ,55. Tête et dessus du corps brun noir grivelé de roux et de gris. Ventre brun cendré lavé de roux. Cou brun gris ondé de roussâtre. Queue brune. Ailes brunes pointillées de blanchâtre, avec taches blanches, brunes à l'extrémité. Bec noir et brun. Pattes noirâtres. En hiver, le plumage s'assombrit. Accidentel sur nos côtes du Nord, de l'Ouest et du Midi. Cri : *skaa ! egg !*

b) **Labbe pomarin** (*Stercorarius pomarinus*), appelé aussi *Penmarin*. — Taille : 0ᵐ,45. Peut redresser les plumes de la nuque. Dessus noir brun foncé. Queue brune. Ventre blanc. Flancs tachetés

Labbe pomarin ou Stercoraire.

de brun. Poitrine blanche, avec petites taches brunes sur les côtés. Cou blanc-jaune. Ailes brunes. Bec jaune, avec crochet noir. L'hiver, le dessus du corps se couvre de mouchetures cendrées. Se rencontre parfois sur nos côtes de l'Atlantique et de la Manche.

c) **Labbe parasite** (*Stercorarius parasiticus*). — Taille : 0ᵐ,40. Surtout sur nos côtes du Nord. Mâle noir foncé, grivelé sur le dessus, noir cendré en dessous. En été, poitrine blanche. Bec et pieds bleuâtres. Cri : *miel ! auk !*

d) **Labbe longicaude** (*Stercorarius longicaudus*). — Taille : 0ᵐ,38. Le plus commun des Labbes en France. Filets de la queue atteignant 20 centimètres. Sur nos côtes Nord et Ouest.

27. Pagophile blanche (*Pagophila eburnea*), appelé aussi *Sénateur, Mouette blanche*. — Taille : 0ᵐ,45. Entièrement blanc. Dessous d'une teinte rosée disparaissant après la mort. Bec court jaunâtre, avec point rouge. Pieds à palmures très échancrées, noirs. Rare en France.

28. Mouette. — Les mouettes ou *mauves* sont très communes sur nos côtes, mêlées aux goélands dont aucun caractère bien important ne les sépare. On les voit voler au voisinage des côtes, poussant des cris désagréables. A marée basse, elles s'abattent sur la plage où elles font la chasse aux petits animaux qui vivent dans les flaques d'eau et s'attaquent aux détritus quand elles ne trouvent pas autre chose. Intelligence médiocre. Reviennent bavoler au-dessus de leurs blessés ou morts.

Mouette.

Les blessés se battent quelquefois ensemble. Sur les grèves, difficiles à approcher. Moins farouches en mer, en embarquant dans un bateau de pêcheur. Préparées comme les macreuses, écorchées et en civet, elles sont bonnes à manger. Ne plongent jamais. Vont souvent sur les grands lacs de Suisse.

Six espèces :

a) **Mouette tridactyle** (*Larus tridactylas*). appelée aussi *Petite mauve, Petite mouette cendrée.* — Taille : 0ᵐ,40. Pouce rudimentaire. Cou blanc. Bec noir, quelquefois jaunâtre, avec intérieur rouge orangé. Iris noir. Dos bleu cendré. Queue blanche. Ventre blanc. Ailes bleues cendrées par dessus, avec grandes plumes blanches et noires. Pieds noir vert. En hiver, la nuque devient gris cendré. Vol très vif et très droit. Cri : *kittl ée! quelle! éoué!* Niche en Angleterre. Vient sur nos côtes de

Patte de la Mouette tridactyle.

l'Ouest, du Nord et du Midi, au printemps, en automne, en hiver. Au moment de la reproduction, la tête ne devient pas noire comme cela se voit chez les autres mouettes.

b) **Mouette atricille** (*Larus atricilla*). — Taille : 0ᵐ,40. Assez peu répandue en France. Tête et cou noirs en été. Dos gris brun. Queue blanche. Dessous blanc nuancé de rose. Ailes gris brun avec grandes plumes noires. Bec et

pieds rouge brun. En hiver, tête blanche.

c) **Mouette rieuse** (*Larus ridibundus*), appelée aussi *Miaule, Mouette à capuchon, Elaillet, Poveret.* — Taille : 0ᵐ,40. Très commune sur nos côtes du Nord, de l'Ouest, du Midi. En été, la tête est recouverte de plumes noires, formant un capuchon qui descend le long du cou. Bec rouge. Iris brun. Bas du cou blanc. Dessus du dos gris cendré bleuâtre, Queue blanche. Dessous blanc un peu rosé. Ailes cendré bleuâtre, blanches au bout, avec une petite ligne noirâtre sur le bord des plumes. Pieds rouges. L'hiver, la tête devient blanche. Niche

Patte de la Mouette rieuse.

en avril mai, en Angleterre, rarement en France. Nid à terre, tapissé d'herbes sèches. Deux à trois œufs de la couleur du sol. Fréquente aussi les rivières et les lacs. Cri : *kèque! kric! kriie.* Vit chez nous une grande partie de l'année.

d) **Mouette mélanocéphale** (*Larus melanocephalus*). — Taille : 0ᵐ,44. Tête noire en été. Iris brun foncé. Bec rouge, avec bande noire près de la pointe de la mandibule inférieure. Dessus cendré très clair. Aspect général blanc, sauf à la tête. En hiver, tête blanche. Dans les contrées méridionales, rare au Nord. Cri : *krie! pirre!*

e) **Mouette pygmée** (*Larus minutus*). — Taille : 0ᵐ,28. En été, tête noire ; blanche tachetée de noir en hiver. Iris noir. Bec rouge sombre. Dos bleu cendré clair. Queue blanche. Dessus blanc rosé. Pieds rouges. Assez rare.

f) **Mouette de Sabine** (*Larus Sabinei*). — Taille : 0ᵐ,36. Queue fourchue. En été, tête et cou ardoisés, avec collier noir. Iris noir. Bec renflé à l'extrémité. Dos bleu cendré. Ailes cendrées avec grandes plumes noires tachetées de blanc. En automne, tête blanche. Sur nos côtes du Sud-Ouest. Rare.

29. **Goéland.** — Les goélands ont les mêmes mœurs que les mouettes (voir ci-dessus, page 82). Les jeunes sont appelés *grisards.* Sept espèces :

a) **Goéland bourgmestre** (*Larus glaucus*), appelé aussi *Goéland à manteau gris.* — Taille : 0ᵐ,70. Tête et cou blancs. Iris jaune. Bec jaune citron, avec une tache rouge à l'angle de la mâchoire. Dessus cendré bleuâtre, ainsi que la couverture des ailes. Reste blanc. Pieds couleur chair. Queue non échancrée. En hiver, tête un peu brune. Cantonné au Nord. Rare.

b) **Goéland leucoptère** (*Larus leucopterus*). — Taille : 0ᵐ,55. Tête et cou blancs. Dessus presque blanc. Queue blanche non échancrée. Bec court, jaune, avec

Goéland leucoptère.

tache rouge à l'angle de la mâchoire. Pieds jaunâtres. Iris jaune d'or. L'hiver, la tête a des grivelures brunes. A l'embouchure de la Seine. Accidentel.

c) **Goéland à manteau noir** (*Larus marinus*), appelé aussi *Goéland marin, Goéland à ailes de velours, Tartane.* — Taille : 0ᵐ,37. Tête et cou blancs. Dos noir velouté. Dessous blanc. Ailes noires, avec du blanc au bout des grandes plumes. Bec jaune avec tache rouge à l'angle de la mâchoire. Iris blanc jaunâtre. Regard fier. Paupières rouges. Pieds de couleur chair. En hiver, quelques traits bruns sur la tête. Quand ils sont jeunes : grivelés de brun sur fond blanc sale, avec yeux et bec noirs. Très commun sur nos côtes d'août à la fin de l'hiver. Femelles en majorité. Cri : *qua! qua!* Au repos, crie en allongeant le cou.

d) **Goéland à pieds jaunes** (*Larus fuscus*), appelé aussi *Goéland brun, Petite tartane, Aile de velours.* — Taille : 0ᵐ,50 Tête et cou blancs. Dos noir cendré très foncé. Dessous blanc. Ailes noir cendré, blanches à l'épaule. Bec jaune citron, avec angle de la mâchoire rouge vif. Paupières rouge orangé. Iris jaune clair. Pieds jaunes. En hiver, du brun apparaît sur la tête. Assez commun sur nos côtes. Niche en France. Nid d'herbes marines desséchées. Deux ou trois œufs grisâtres. Cri : *ah! ah!* Arrive en mai. Revient en juillet et reste une partie de l'hiver.

e) **Goéland à manteau blanc** (*Larus argentatus*), appelé aussi *Goéland à manteau argenté, Gros margas, Miaulard, Goéland à manteau gris, Grande mauve.* — Taille : 0ᵐ,60. Tête et cou blancs. Bec jaune avec angle de la mâchoire rouge vif. Iris jaune clair. Dos bleu cendré clair. Queue blanche Dessous blanc.

Ailes cendrées, avec grandes plumes noires, avec quelquefois du blanc. Pieds jaune chair. En hiver, des lignes brunes sur la tête. Très agressif. Détruit beaucoup d'œufs. Niche en France, sur le gazon. 2 à 3 œufs brun olive. Sur nos côtes du Nord et de l'Ouest. En hiver, dans la Méditerranée. Cri : *hiaue! ki iok!*

f) **Goéland railleur** (*Larus gelastes*), appelé aussi *Mouette à bec grêle.* — Taille : 0ᵐ,45. Bec long, mince et rouge. Tête et cou blancs. Dos bleu cendré. Queue blanche. Dessous blanc teinté de rose. Pieds rouges. Dans la Méditerranée. Couve dans les marais de Provence.

g) **Goéland cendré** (*Larus canus*), appelé aussi *Goéland à pieds bleus, Margadon, Grande miaule.* — Taille : 0ᵐ,50. Yeux noirs. Tête et cou blancs. Dos mauve pâle. Queue blanche. Dessous blanc. Paupières rouges. Bec jaune, orangé à l'intérieur. Pieds un peu bleus, très bleus en hiver. Niche en France en mai. Arrive chez nous en août et reste une partie de l'hiver. Commune. 2 à 4 œufs jaunâtres très tachetés.

30. Guifette. — Les guifettes partagent avec les sternes dont elles ont les mœurs (voir ci-dessous, page 85) les noms d'*hirondelles de mer* et d'*étaillets.*

Trois espèces :

a) **Guifette fissipède** (*Hydrochelidon fissipes*), appelé aussi *Epouvantail, Epouvantail satanite, Gachet, Guifette noire.* — Bec court, mince, un peu courbé. Ailes plus longues que la queue. Queue fourchue. Pieds plutôt frangés que palmés. Niche dans les roseaux des marais.

Guifette fissipède.

Taille : 0ᵐ,25. Tête et cou noirs. Iris noir. Bec noir, avec du rouge à l'angle des mâchoires. Dessus gris brun. Bas-ventre blanchâtre. Dessous noir. Ailes gris foncé, noires au bout. Pieds rouge obscur. En hiver, les teintes sont plus claires. Plus répandues sur nos côtes du Nord qu'à l'Ouest et au Midi. 3 ou 4 œufs brunâtres ou olivâtres très tachetés.

b) **Guifette leucoptère** (*Hydrochelidon leucoptera*), appelée aussi *Guifette noire.* — Taille : 0ᵐ,25. Corps noir. Queue blanche. Dessus des ailes blanc, varié d'un peu de gris. Iris noir. Bec et pieds rouges. Niche dans les roseaux. 3 ou 4 œufs brunâtres très tachetés. Se rencontre surtout dans le Midi.

c) **Guifette hybride** (*Hydrochelidon hybrida*), appelée aussi *Hirondelle de mer moustac.* — Taille : 0ᵐ,27. Dessus de la tête et du cou noirs. Bec fin et rouge. Iris noir. Dessus gris cendré. Queue un peu échancrée, grise bordée de blanc. Ventre gris. Poitrine gris ardoisé. Cou et gorge blanchâtres. Ailes gris cendré. Pieds rouges. L'hiver, la tête est blanche avec tache noire derrière l'œil. Surtout dans le Midi, notamment la Camargue. Couve dans les marais. 3 à 4 œufs vert clair, pointillés de noirs.

31. Sterne. — Les sternes partagent avec les guifettes les noms d'*hirondelles de mer* et d'*étaillets.* Vol capricieux et léger. Bec assez long. Sociables, même au moment de la couvaison. Reviennent avec acharnement aux blessés, qu'on laisse à terre pour attirer le reste de la bande. Se chassent avec du petit plomb. Communes sur nos côtes. Gibier très médiocre.

Sept espèces :

a) **Sterne tschegrava** (*Sterna caspia*).— Taille : 0ᵐ,58. Queue non fourchue. Tête noire. Cou blanc. Dos bleu cendré clair. Bas du dos et queue blancs. Ventre blanc. Dessus des ailes bleu cendré, avec grandes plumes brun gris. Bec gros, long, très pointu, rouge avec la pointe noire. Mandibule inférieure légèrement anguleuse à son milieu. Pieds noirs. Iris brun jaunâtre. En hiver, la tête se couvre de points blancs. Habite le Midi, mais peut remonter dans le Nord.

b) **Sterne Hansel** (*Sterna anglica*). — Taille : 0ᵐ,36. Bec noir et court, semblable à celui des mouettes. Queue non fourchue. Dessus de la tête et du cou noir. Dos bleu cendré clair. Queue blanc grisâtre. Dessus des ailes brun cendré avec grandes plumes terminées de brun. Iris brun. Pieds noirs. Habite surtout le Midi. Couve dans le S.-E. de l'Europe.

c) **Sterne caujek** (*Sterna cantiaca*).— Taille : 0ᵐ,45. Queue très fourchue. Bec noir long avec pointe émoussée. Tête noire. Plumes de la nuque pouvant se relever en huppe. Cou blanc. Ventre bleu cendré. Bas du dos blanc. Dessous blanc un peu rose. Dessus des ailes brun cendré, à extrémité gris foncé. Pieds noirs en dessus, jaunes en dessous. Iris brun. Couve au Nord, dans les îles désertes, en mai et juin. Commune en France sur nos côtes Nord et Ouest, surtout en août et septembre. Cri : *kir! hit!*

d) **Sterne hirondelle** (*Sterna hirundo*), appelée aussi *Grande hirondelle de mer*

Pierre-Garin, Goëlette, Petit criard, Hirondelle de fleuve. — Taille : 0ᵐ,42. Tête et dessus du cou noir. Bec long et pointu, rouge cramoisi, avec base noire. Iris noirâtre. Dos bleu cendré. Queue blanche très fourchue. Ventre blanc, moiré de gris argenté. Ailes gris clair avec la pointe blanche. Pieds rouges. Fréquente nos côtes du Midi et du Nord. Niche rarement en France, sur le sol. Se rencontre surtout en septembre et octobre, puis en mai. Cri perçant : *pirre!* Vol rapide.

e) **Sterne arctique** (*Sterna paradisea*), appelée aussi *Sterne paradis.* — Taille : 0ᵐ,39. Queue très longue. Tête noire. Bec fin et rouge. Iris brun noir. Cou blanc.

Sterne arctique.

Dos bleu cendré. Queue gris argentée, très fourchue. Ventre blanc bleuâtre. Ailes gris cendré, très longues et très aiguës. Pattes très courtes. Passe en France en mai, août et septembre. Assez fréquente sur nos côtes du Nord. Cri : *krr! ie!*

f) **Sterne de Dougal** (*Sterna Dougallii*). — Taille : 0ᵐ,37. Tête et nuque noires. Bec long, fin, noir et rouge. Dos blanc bleuté. Queue dépassant les ailes, terminée par deux pointes aiguës. Ventre blanc rosé. Pieds rouge orangé. Assez commune sur les côtes de l'Atlantique. Vol moelleux. Cri : *krie! ie!* Niche dans les îles de la Bretagne. Nid entre les pierres. 2 à 3 œufs gris jaune, avec des taches violettes et noires.

g) **Sterne minule** (*Sterna minuta*), appelée aussi *Sterne naine.* — Taille : 0ᵐ,24 (comme une alouette). Grosse tête noire avec front blanc. Bec jaune avec du noir vers la pointe. Iris noir. Niche dans le Midi de la France. 2 à 4 œufs gris jaunâtre ou verdâtre, pointillé de noir. Cri criard : *pirre! pirre!* Très commune en France, au bord de la mer, sur les fleuves, les lacs, les rivières, les embouchures.

32. Pélican (*Pelicanus onocrotalus*).— Taille : 1ᵐ,90 environ. Ce volumineux oiseau, que l'on voit dans tous les jardins zoologiques, est bien connu par la vaste poche qui forme le plancher de la mandibule inférieure et qui pend comme un goître. Il vit dans l'Europe orientale. Ce n'est que très exceptionnellement qu'il vient chez nous.

Pélican.

33. Fou de Bassan (*Sula Bassana*). — Taille : 0ᵐ,89. Se pose souvent sur les navires en mer et se laisse prendre avec d'autant moins de difficulté qu'une fois posé, il s'enlève très difficilement. Couve en mai en Écosse et en Irlande.

Fou de Bassan.

Envergure considérable. Bec très fort et verdâtre. Yeux blancs ou jaune clair entourés d'une peau bleuâtre qui rejoint la base du bec. 4 doigts réunis par une palmure. Vit généralement en pleine mer. Par les grands vents se rapproche des côtes. Cri semblable à celui de l'oie. Chair sentant le musc. Jeunes bruns grivelés de blanc.

34. Cormoran. — Gibier très médiocre. Vit en mer, mais a besoin de se reposer souvent. Plonge très bien, mais n'en abuse pas parce que ses plumes se mouillent facilement. Par les gros temps, se rapproche des côtes. Traverse les vagues. Marche lourdement à terre. Quelques-uns se cantonnent à l'embouchure de quelques rivières. A marée basse, ils se posent sur les rochers et, de loin, donnent l'impression de grands corbeaux.

Cormoran.

Peut nager la tête et le cou seulement hors de l'eau. On sait que les Chinois le dressent à la pêche en lui mettant un anneau autour du cou pour l'empêcher d'avaler le poisson qu'il capture ; en France, quelques chasseurs se livrent à ce sport.

Trois espèces :

a) Cormoran ordinaire (*Phalacrocorax carbo*), appelé aussi *Cropécherot*. — Taille : 0ᵐ, 80. Aspect sombre. Tête et cou noirs à reflets métalliques, avec quelques fines plumes blanches au printemps. Sorte de huppe tombante. Cou chiné de blanc sur noir. Ventre et poitrine noirs avec reflets verts et bleus. Gorge blanche. Bec long et fort, terminé par un crochet acéré, garni en dessus d'une membrane jaunâtre. Tour des yeux verdâtre et dénudé. Ailes noirâtres. Pieds noirs. Iris vert très clair. Femelle grivelée de noir sur fond brun clair. Niche sur les côtes de la Manche et de l'Océan. Nid large, tapissé de plantes marines et de brindilles, situé sur le bord des rochers, quelquefois dans l'intérieur des îles, rarement sur les arbres. Commun. 3 à 6 œufs bleu verdâtre, recouverts d'une couche calcaire rugueuse et blanche.

b) Cormoran huppé (*Phalacrocorax cristatus*). — Taille : 0ᵐ,55. Entièrement noir vert bronzé. Une bande noir pur sur les ailes. Pas de col blanc. Une membrane jaunâtre sous le bec. Huppe bien nette, en mars et en avril, disparaissant en mai. Plus commune dans le Midi que dans le Nord. Se rencontre quelquefois sur les côtes de la Manche et de l'Océan.

c) Cormoran pygmée (*Phalacrocorax pygmœus*). — Taille : 0ᵐ,50 (plus petit que le canard). Noir vert à reflets cuivrés. Une huppe de plumes effilées. Des grivelures blanches à la tête et au cou. Autour du bec et des yeux, une membrane noire. Bec court. Iris bleuâtre. Se cantonne au Sud-Est de l'Europe. Rare au Nord.

35. Frégate marine (*Fregata marina*). — Taille : 1 mètre. Envergure :

Frégate marine.

jusqu'à 4 mètres. Entièrement noir.

Plaque rouge sanglant dénudée sous la gorge. Bec rouge, long et droit, avec un crochet très recourbé à la pointe. Queue longue et fourchue. Pattes courtes. 4 doigts réunis par une membrane rouge orangé. Croise constamment dans la haute mer.

36. Plongeon. — Les trois doigts antérieurs réunis par une palmure, avec doigt externe plus long. Bec conique et pointu. Cuisses collées à l'arrière du corps, ce qui lui interdit la marche. Vit sur l'eau et plonge sans cesse. Nage la tête et le cou seuls hors de l'eau. S'approche du rivage quand le temps est très calme. Préfère la mer à l'eau douce.

Trois espèces :

a) Plongeon imbrin (*Colymbus glacialis*), appelé aussi *Grand plongeon du Nord.* — Taille : 0m,82. Tête noire. Cou rayé de blanc sur le devant et sous la nuque. Côtés du cou blanchâtres. Dos noir avec deux taches carrées à l'extrémité de chaque plume. Bec pointu et noir, de la longueur de la tête. Pieds larges, de couleur brun foncé. Assez rare sur nos côtes. Se voit surtout en hiver sur nos côtes, le long des rivières, les lacs de Suisse. Niche au Nord de l'Europe dans les îles inabordables.

b) Plongeon lumme (*Colymbus articus*), appelé aussi *Lumme, Plongeon damier.* — Taille : 0m,70. Dessus du cou et tête bruns. Haut du dos noir, à reflets verts, avec deux bandes blanches sur les côtés. Sur les épaules et au-dessus des ailes des taches blanches, carrées, disposées en damier. Bas du dos noir peu foncé. Dessous de la queue noire. Ventre blanc, avec quelques raies noires aux flancs. Gorge avec un rectangle d'un beau

Plongeon lumme.

vert noir à reflets violets, encadré de lignes ondulées, avec un hausse col formé de petites lignes blanches. Bec noir. Pieds bruns. Iris roux. Cri : *drinnk!* Se voyait autrefois sur les lacs de Suisse. Habituellement ne se rencontre plus qu'en mer. Rare.

c) Plongeon cat-marin (*Colymbus septentrionalis*), appelé aussi *Cat marin, Chat de mer, Plongeon ordinaire.* — Taille : 0m,62. Bec un peu relevé en l'air. Tête brune, piquetée de noir. Joues grises. Cou noir et blanc. Dos brun avec taches blanches. Bas-ventre blanc avec

une bande brune. Ventre blanc, avec taches noires aux flancs. Une plaque marron vif sur la gorge et le haut du cou. Ailes brunes. Bec noir. Iris rouge. En hiver, tête grise avec taches noires, dos avec points blancs, pas de bande marron sur la gorge. Commun sur nos côtes Nord en hiver. Remonte quelquefois la Seine. Cri : *kèkèré!*

37. Grèbe. — Pas de queue. Doigts non reliés par une palmure, mais chacun entouré d'une lame festonnée qui les fait ressembler à des feuilles de châtaignier d'Inde. Ongles plats et larges. Bec droit, conique, pointu. Plumes brillantes duvetées, employées dans l'ornement. Ne peut se tenir sur le sol que verticalement. Ne peut prendre son vol à terre. Plongeur excellent, il nage longtemps sous l'eau. Préfère l'eau douce à l'eau de mer. A mer basse, s'approche de la grève. Doit être tué dès qu'il émerge. Nage le corps presque entièrement dans l'eau et si vite qu'on l'a comparé à la course du lièvre. Gibier présentable, gras.

Cinq espèces :

a) Grèbe huppé (*Podiceps cristatus*), appelé aussi *Grèbe cornu, Trelle* et, à tort *Plongeon.* — Taille : 0m,55. Tête avec deux houppes de plumes ressemblant à des cornes. Joues garnies d'une sorte de collerette. Dessus de la tête noir. Collerette blanchâtre au milieu, noire sur ses bords. Dos noir brun. Ventre blanc argenté, brillant, avec du roussâtre aux flancs. Ailes noir brun avec le

Grèbe huppé.

bord blanc. Bec brun avec la pointe blanchâtre. Paupières et iris rouges. A l'automne, ni huppe, ni collerette. Passe en France, au printemps et à l'automne, surtout à l'embouchure des fleuves, qu'il remonte souvent. Dans quelques localités, niche en France. Nid aménagé dans les roseaux. 3 à 5 œufs blancs, souvent salis. Cri semblable au coassement de la grenouille.

b) Grèbe jougris (*Podiceps griscgena*). — Taille : 0m,43. Plus rare que le précédent. Une huppe formant deux cornes noires. Front et haut du cou noir. Joues et gorge gris bleuâtre très clair. Dos brun foncé. Ventre blanc. Dessous du cou et de la poitrine roux ardent. Ailes brunes. Bec noir et jaune. Pieds noir vert avec doigts jaunâtres. Iris jaune orange. En hiver, pas de cornes.

c) Grèbe esclavon (*Podiceps aurilus*), appelé aussi *Esclavon, Oreillard, Grèbe à cou brun.* — Taille : 0ᵐ,38. Une collerette noir lustré garnissant les joues. Au-dessus des yeux, deux cornes rousses. Dos noir. Poitrine blanche. Gorge noire. Ailes noires avec une bande blanche. Bec rougeâtre. Pieds vert foncé. Iris rouge clair. A l'automne, pas de collerette. — Se trouve au mois de mars, dans la baie de la Somme. Niche dans les marais.

d) Grèbe à cou noir (*Podiceps nigricollis*). — Taille : 0ᵐ,34. Dessus de la tête huppé et noir. Joues garnies de plumes effilées retombant en arrière. Dos, gorge, cou, poitrine noirs. Ventre blanc, avec teintes rousses aux flancs. Bec petit, mince, noir. Iris rouge. Pieds verdâtres. Plus fréquent dans le Midi, dans les lacs et les rivières. Niche au bord des étangs.

e) Grèbe castagneux (*Podiceps fluviatilis*), appelé aussi *Petit plongeon, Lulu. Poussin d'eau, Pattes en cul.* — Taille : 0ᵐ,25. Commun au bord de la mer, à la limite du flot, dans les marécages inondés, les fleuves, les rivières, les lacs, les mares. Niche en France, en Belgique, en Suisse. Nid très grand, dans les marais ; en mars et mai. 3 à 5 œufs blancs ou jaunâtres, quelquefois pointillés. Ailes peu visibles. Teinte générale varie du jaune au brun. Ressemble à un plongeon, mais facilement reconnaissable à ses pattes. Cri : *ouil!* Chair sentant un peu le musc. Difficile à tuer dans les marais, sauf la nuit, au gabion, au milieu des appelants.

38. Guillemot.

— Les guillemots ou *niais* sont assez communs sur le littoral Nord et Ouest, où ils vivent en grandes bandes et nichent. Excellents plongeurs. Vol bas et soutenu. Se chassent en mer quand ils descendent des rochers ou quand ils s'abandonnent au courant. Intelligence médiocre. Ne se sauvent pas souvent.

Trois espèces :

a) Guillemot troïle (*Uria troïle*), appelé aussi *Corneille de mer, Guiot, Corbeau plongeon, Plongeon.* — Taille : 0ᵐ,45 (comme le canard). Tête et cou noir, avec une sorte de balafre noire derrière l'œil et sur les côtés du cou. Iris brun. Dos et ailes noirs. Dessous blancs. Bec droit, pointu, comprimé, noir et gris. Pieds bruns. Niche souvent aux Aiguil-les d'Etretat, à Aurigny et les îles de la Bretagne : un seul œuf sur le rocher. Gibier acceptable.

b) Guillemot bridé (*Uria ringvia*). — Taille : 0ᵐ,40. Autour des yeux un cercle blanc se continuant en une balafre blanche. Plus rare que les précédents dont il n'est qu'une variété et auxquels il se mêle.

c) Guillemot grylle (*Uria grylle*), appelé aussi *Guillemot à miroir.* — Taille : 0ᵐ,36 Entièrement noir, avec une large place blanche sur les ailes. Bec peu pointu, à intérieur rouge vif. Iris brun. Pieds rouges. En hiver, tête pointillée de blanc. A terre, il est assis ou couché. Rare ; apparaît en automne et en hiver.

Guillemot troïle.

39. Mergule nain (*Mergulus alle*). — Taille : 0ᵐ,23 (comme la grive). Tout noir sauf au ventre qui est blanc. Un peu de blanc aux plumes des épaules. Bec petit, anguleux, avec des narines en bosses. Pieds brunâtres. En hiver, la gorge et le cou deviennent blancs. Passe quelquefois sur nos côtes Ouest et Nord en hiver. Ne peut supporter les violentes tempêtes qui le font périr

40. Pingouin macroptère (*Alca torda*). — Taille : 0ᵐ,40. Ailes peu développées, mais lui permettant de voler. Tête et cou noirs. Une petite ligne blanche réunissant l'œil au bec. Dos noir. Ailes noires, avec une bande blanche. Dessous blanc lustré. Bec très comprimé latéralement, noir avec trois lignes blanches, garni à l'intérieur d'une peau jaune. Iris blanc. Pieds noirs. Visite nos côtes Nord en hiver. Niche quelquefois sur les côtes de Bretagne et à Etretat. Pond un seul œuf dans les crevasses des rochers.

Pingouin macroptère.

Le *Pingouin macroptère* ou *Grand Pingouin* (*Alca impennis*), facilement reconnaissable à ses ailes réduites à des moignons et, par suite incapable de voler, ne fait, en France que des apparitions très accidentelles, Il est en voie de disparition, si même il n'est pas entièrement disparu.

Macareux arctique.

41. Macareux arctique (*Fratercula arctica*), appelé aussi *Perroquet de mer, Bec de perroquet, Moine de mer, Petit moine, Petit plongeon.*—Taille: 0ᵐ,30. Bec remarquable, triangulaire, aplati, occupant presque toute la tête, avec 3 ou 4 sillons blanchâtres à la mandibule supérieure, et 2 ou 3 à la mandibule inférieure, gris de fer, blanc à la base, rouge vif en haut. Dessus de la tête et du corps noir. Un collier noir autour du cou. Tour des yeux gris blanc. Pieds rouge orange. Œil à iris blanc, encadré dans une excroissance de peau grise. Paupières rouges. Attitude droite, sérieuse et grave. Ordinairement immobile. Marche pénible. Vol bas. Cri sonore : *o-r! ar-ar!* Niche en mai et juin dans les îles de Bretagne et à Etretat: Un seul œuf grisâtre pointillé caché dans les trous garnis de duvet au fond. Niche souvent en communauté et alors le sol est miné. Arrive en avril et repart en août vers le Midi. Bon plongeur. Presque constamment en mer. Ne peut supporter les tempêtes qui le tuent et le rejettent sur la grève. Brehm, qui a observé le macareux marin, dit de lui ce qui suit : « Ce qui me frappa tout d'abord dans cet oiseau, ce fut la façon vraiment surprenante dont il vole sur les vagues, qu'il rase sans paraître jamais en quitter la surface. Il emploie, à cet effet, ses ailes aussi bien que ses pieds, et se transporte rapidement d'une lame à une autre lame, comme un poisson moitié nageant et moitié volant; il frappe l'eau des ailes et des pattes tout à la fois, décrit une courbe après l'autre, se pliant au caprice des flots et avançant sans cesse avec une rapidité et une force tout à fait merveilleuse. De son bec il fouille la lame tout en volant. Quand il se lève de la surface des eaux pour s'envoler, il le fait avec une rapidité si extraordinaire et en ligne si directe que, lorsqu'on le voit, on tire toujours trop en arrière, au commencement. Pour la nage, il n'est dépassé par aucun autre membre de la famille ou de l'ordre auquel il appartient. Il repose légèrement sur les vagues, ou s'enfonce à volonté au-dessous de leur surface; il plonge sans effort et sans bruit. »

Ordre des ÉCHASSIERS

Oiseaux à cou long et grêle, à bec allongé et à pattes également très longues, très peu emplumées. Vivent presque constamment dans l'eau, ou plutôt en errant sur le bord. Mangent des animaux aquatiques. Beaucoup dépourvus de pouce. Nagent peu. Vol rapide et durable. Ailes et taille moyenne. Queue courte. Plumage généralement simple et uniforme. La plupart sont voyageurs. Au vol, on les reconnaît facilement à ce qu'ils tiennent alors leurs pattes pendantes en arrière d'eux, au lieu de les ramener au-dessous de leur corps, comme le font la plupart des autres oiseaux. Monogames. Nids grossiers, ordinairement sur le bord de l'eau, exceptionnellement sur les arbres ou même les maisons.

On peut les grouper de la façon suivante (1).

Pouce nul ou très court, ne portant généralement pas à terre, muni d'un ongle très petit. Tour des yeux garni de plumes. Coureurs et vivant dans les lieux découverts.

(Exemple : *Vanneau, Huîtrier, Courvite, Courlis, Chevalier, Maubèche, Bécasse, Bécassine, Barge,* etc.)   Voir **Tableau A.**

Bec plus ou moins comprimé, relativement court. Narines larges atteignant au moins la moitié du bec. Ailes quelquefois pourvues d'un éperon. Tarses présentant toujours en avant de larges écailles. Doigts antérieurs longs et effilés, surtout le médian qui est aussi long au moins que le tarse. Pouce touchant le sol. Corps comprimé.

(Exemple : *Foulque, Râle, Poule d'eau,* etc.)   Voir **Tableau B.**

Bec ordinairement plus long que la tête, comprimé. Bord des mandibules tranchant. Pouce ordinairement bien développé portant en majeure partie sur le sol. Oiseau de grande taille.

(Exemple : *Héron, Grue, Cigogne, Butor,* etc.)   Voir **Tableau C.**

(1) Pour la description des espèces et de leurs mœurs, nous nous sommes beaucoup servi de l'excellent ouvrage de M. Louis Ternier : *La Sauvagine en France.*

ÉCHASSIERS (TABLEAU A).

Bec robuste légèrement courbé vers le bas à la pointe. . . . .
- Bec plus court que la tête et narines placées à la base du bec. . . . . *Outarde* (n° 1).
- Bec aussi long que la tête et narines placées vers le milieu du bec. . . . . *Houbara* (n° 2).

Bec droit, plus court que la tête, déprimé à la base de la mandibule supérieure, comprimé à l'extrémité.

Tarses recouverts exclusivement de larges écailles. . . . . *Glaréole* (n° 3).

Tarses recouverts en partie d'un réseau en saillie sur la peau

Les grandes plumes de dessous la queue n'arrivent pas jusqu'à l'extrémité des plumes latérales de la queue.
- Les doigts antérieurs bordés de larges callosités raboteuses. . . . . *Huîtrier* (n° 4).
- Les doigts antérieurs non bordés de larges callosités raboteuses.
  - Bec grêle aussi long que la tête. . . . . *Chétusie* (n° 5).
  - Bec plus court que la tête.
    - Ventre piqueté de nombreuses petites taches. . . . *Pluvier* (n° 6).
    - Ventre non piqueté de nombreuses petites taches, mais coloré par larges plaques.
      - Un pouce. . . . . *Vanneau* (n° 7).
      - Pas de pouce.
        - Les doigts médian et externe unis par une forte membrane n'atteignant pas la première articulation. . . . . . . *Guignard* (n° 8).
        - Les doigts médian et externe unis par une membrane presque insignifiante et n'atteignant pas la première articulation. . . . . *Gravelot* (n° 9).

Les grandes plumes de dessous la queue atteignant ou dépassant l'extrémité des plumes latérales de la queue. . . . .
- Bec peu fendu. . . . . *Tourne-pierre* (n° 10)
- Bec fendu au moins jusqu'au milieu des yeux.
  - Plumage tacheté. . . . . *Édicnème* (n° 11).
  - Plumage non tacheté, mais coloré par larges plaques. . . . . *Courvite* (n° 12).

Bec faible aussi long ou plus long que la tête, quelquefois arqué, présentant toujours un sillon sur les côtés de la mandibule supérieure surtout à la base.

— Bec retroussé vers le haut.
  - Fortement, avec la pointe de la mandibule supérieure tournée vers le haut. . . . . *Avocette* (n° 13).
  - Faiblement, avec la pointe de la mandibule supérieure tournée vers le bas. . . . . *Échasse* (n° 14).

— Bec non retroussé vers le haut.
  - Les trois doigts antérieurs réunis en partie par une palmure prolongée jusqu'à l'ongle. . *Phalarope* (n° 15).
  - Les trois doigts antérieurs non réunis par une palmure prolongée jusqu'à l'ongle.
    - Mandibule supérieure dure à l'extrémité.
      - Tarses presque entièrement recouverts d'un réseau en saillie. . *Courlis* (n° 16).
      - Tarses non recouverts d'un réseau en saillie mais présentant de larges écailles en avant et en arrière.
        - Ailes plus courtes que la queue.
          - Bec plus long que la tête. . . . . . . *Guignette* (n° 17)
          - Bec plus court que la tête. . . . . . . *Bartramie* (n° 18).
        - Ailes au moins aussi longues que la queue.
          - Pouce court touchant à peine à terre.
            - Bec aussi long que la tête. . . . . *Combattant* (n° 19).
            - Bec plus long que la tête. . . . . *Chevalier* (n° 20).
          - Pouce touchant à terre en grande partie. . . . . *Symphémie* (n° 21).
    - Mandibule supérieure molle à l'extrémité.
      - Tarses présentant des écailles en avant et en arrière.
        - Ailes plus courtes que la queue. . . . . *Sanderling* (n° 22).
        - Ailes au moins aussi longues que la queue.
          - Ailes atteignant l'extrémité de la queue. . . . . *Maubèche* (n° 23).
          - Ailes un peu plus longues que la queue. . . . . *Bécasseau* (n° 24).
      - Tarses présentant des écailles en avant.
        - Bec lisse à l'extrémité. . . . . *Barge* (n° 25).
        - Bec criblé de petits renfoncements à l'extrémité.
          - Jambes complètement emplumées. . *Bécasse* (n° 26).
          - Jambes en partie nues.
            - Narines linéaires. . . . *Macroramphe* (n° 27).
            - Narines ovales. . . . . *Bécassine* (n° 28).

Oiseaux : *Échassiers.*

ÉCHASSIERS (TABLEAU B).

Tarse très aplati. Pouce semblant remonté assez haut sur le tarse. . . . . ***Foulque*** (n° 29).

Tarse non comprimé ou à peine. Pouce inséré au même niveau que les autres doigts.

— Bec plus long que la tête. . . . . ***Râle aquatique*** (n° 30).

— Bec non plus long que la tête.

  — Doigt médian (avec son ongle), plus court que le tarse. . . . . ***Râle des genêts*** (n° 31).

  — Doigt médian (avec son ongle) plus long que le tarse.

    — Mandibule supérieure convexe, dilatée en une large plaque frontale nue, étendue au delà des yeux. . . . . ***Poule sultane*** (n° 32).

    — Mandibule supérieure non dilatée en une large plaque frontale nue, étendue au delà des yeux.

      — Plumes de la queue pointues, souples, courbées, étroites. . . . ***Porzane*** (n° 33).

      — Plumes de la queue larges, résistantes, droites. . . . . . ***Poule d'eau*** (n° 34).

ÉCHASSIERS (TABLEAU C).

Doigts antérieurs unis jusqu'à l'extrémité par une large palmure. Bec comme cassé, brusquement courbé en bas vers le milieu. Teinte rose. . . . . ***Flamant rose*** (n° 35).

Doigts antérieurs non unis jusqu'à l'extrémité par une large palmure. Bec non brusquement couché en bas vers le milieu.

— Bec très long, arqué vers le bas, en forme de faulx, mince au bout. . . . . ***Falcinelle*** (n° 36).

— Bec épais, pointu, droit (dans sa partie moyenne au moins).

  — Bec fendu au moins jusqu'au milieu de l'œil.

    — Bec environ aussi long que la tête.

      — Bec notablement plus long que la tête.

        — Plumage entièrement blanc. . . ***Aigrette*** (n° 37).

        — Plumage non entièrement blanc. . . ***Héron*** (n° 38).

      — Doigt médian (avec son ongle), plus court que le tarse. . . ***Garde-bœuf*** (n° 39).

    — Doigt médian (avec son ongle) au moins aussi long que le tarse.

      — Bec non fléchi vers le bout.

        — Bec fléchi vers le bout. ***Bihoreau*** (n° 40).

        — Pas de huppe sur la tête.

          — Une huppe sur la tête. . . . . . . ***Crabier*** (n° 41).

          — Plumage marqué de raies transversales. . . . ***Butor*** n° 42).

          — Plumage non marqué de raies transversales. . . ***Blongios nain*** (n° 43).

  — Bec non fendu jusqu'au milieu de l'œil.

    — Narines placées vers le milieu du bec. . . . . ***Grue cendrée*** (n° 44).

    — Narines placées à la base du bec.

      — Bec étalé au bout en forme de cuiller. . ***Spatule blanche*** (n° 45).

      — Bec pointu. . . . . . ***Cigogne*** (n° 46).

1. Outarde. — Le genre outarde contient deux espèces :

a) **Outarde barbue** (*Otis tarda*), appelée aussi *Grande outarde, Oie-outarde, Autruche d'Europe.* — Hauteur : 1 mètre à 1ᵐ,08, apparence générale d'une oie. « Le mâle a la tête, le haut de la poitrine, une partie de la face supérieure de l'aile d'un gris cendré clair ; les plumes du dos d'un jaune roux, rayées de noir en travers ; celles de la nuque rousses, celles du ventre d'un blanc sale ou d'un blanc jaunâtre ; les rectrices externes presque entièrement blanches, les autres d'un rouge roux, marquées à leur pointe d'une tache blanche, précédée d'une bande noire ; les rémiges d'un gris brun foncé, avec les barbes externes et l'extrémité d'un brun noir et les tiges d'un blanc jaunâtre : les plumes de l'avant bras blanches à leur racine, noires dans le reste de leur étendue, les dernières étant presque entièrement blanches ;

Tête de l'Outarde barbue.

la barbe formée d'une trentaine de plumes ébarbées, longues, étroites, d'un blanc gris ; l'œil brun foncé ; le bec noirâtre ; les pattes grises » (Brehm). De passage irrégulier en France. Parfois, en de très rares endroits, elle se cantonne et se reproduit. Vit dans les plaines. Démarche lente et mesurée. Établit son nid dans une dépression du sol. Œufs d'un grain grossier, d'un moiré foncé avec fond vert gris. Excellent gibier.

b) **Petite outarde** (*Otis tetrax*), appelée aussi *Canepetière.* — Oiseau à l'allure fière. Cou noir. Un collier blanc en sautoir, allant des oreilles vers la gorge. Un demi-collier plus large, de même couleur, sur le haut de la poitrine, suivi d'une bande noire.

Petite Outarde.

Haut de la tête jaune clair. Manteau jaune rougeâtre ondulé de noir. Bord des ailes blanc. Ventre blanc. Queue blanche avec deux bandes foncées. Hauteur : 0ᵐ,45. Se reproduit en France sur quelques points. Vit dans la plaine et la montagne. Mouvements vifs et agiles. Course rapide. Vol léger et soutenu. Prudente et craintive. Se nourrit surtout de vers et d'insectes. Pond dans un trou à terre. Chair exquise.

2. Houbara. — Les houbaras sont très accidentels en Europe.

L'*houbara ondulé* (hauteur 0ᵐ,65) ne se rencontre guère qu'en Algérie. Il a sur la tête une épaisse touffe de plumes blanches recourbées ; de chaque côté du cou, il y a une série de plumes tombantes, noires et blanches ; sur le jabot, les plumes sont blanches. Le dessus est jaune, le dessous blanc avec des taches noirâtres. La queue a trois larges bandes cendrées.

L'*houbara mac queenii* est accidentel et se rencontre rarement en Belgique.

Hauteur : 0ᵐ,57. Sur le sommet de la tête, une petite touffe de plumes allongées, très peu recourbées, blanches à la base, noires au milieu, grises au sommet. Sur chaque côté du cou une touffe de plumes, dont les plus longues atteignent tout au plus le bas du cou. Les plumes qui recouvrent le jabot sont cendrées. Dos gris brun roux. Ventre blanc.

3. Glaréole (*Glareola pratincola*), appelée aussi *Perdrix de mer, Poule des sables, Hirondelle de marais.* — Hauteur : 0ᵐ,25. Dessus de la tête, du cou et du dos gris brun. Gorge jaunâtre, avec un collier noir, bordé de blanc.

Glaréole.

Poitrine brun cendré. Ailes rousses et noirâtres au bout. Bec assez gros, court, courbé et très fendu. Visite régulièrement les départements du Midi où elle arrive au printemps et d'où elle repart en août. Voyage en bandes, et, en volant, pousse des cris ressemblant à ceux des hirondelles de mer. Chair grasse et succulente.

4. Huîtrier (*Hæmatopus ostralegus*), appelé aussi *Huîtrier-pie, Pie de mer.* — Se nourrit de coquillages et de vers, mais pas d'huîtres. Plus gros que la pie (0ᵐ,45) dont elle a la livrée noire et blanche. Cri : *huip! huipp!* Tête, cou et dos noirs. Bas du dos blanc. Ailes noires bordées de blanc. Ventre blanc. Bec long, aplati sur les côtés, terminé en forme de coin. Trois doigts légèrement palmés. Queue très courte. Niche en mai et juin dans le Nord, sur les grèves et les rochers. Œufs jaune crème ou verdâtres avec taches brunes. Reste sur nos plages tout l'été et une partie de l'hiver. A marée haute, sur les

Huîtrier.

galets ou les prairies du bord de la mer. A marée basse, sur les endroits abandonnés par la mer. Difficile à approcher sauf au milieu de la journée. Vole avec des mouvements d'ailes précipités. Les huîtriers se suivent au vol les uns derrière les autres. Impossible à prendre quand, blessés, ils tombent à l'eau. Chair coriace ne valant rien.

5. Chétusie (*Chetusia gregaria*). — Hauteur : 0ᵐ,30. Accidentel ; dans le Midi. Pieds et bec noirs. Sommet de la tête noir, avec une couronne blanche. Dos gris cendré. Gorge blanchâtre. Ventre cendré.

6. Pluvier. — Il y a deux espèces de pluviers :

a) Pluvier doré (*Pluvialis apricarius*). — Hauteur : 0ᵐ,30. Manteau et tête d'un beau noir, mouchetés de taches jaune doré. Ventre blanc. Poitrine avec grivelures brunes et jaunes. Au moment de la reproduction, les deux sexes se revêtent d'un plastron d'un beau noir velouté couvrant les joues, le dessous du cou, la gorge, la poitrine et le ventre, avec une bande blanche prenant au-dessus de l'œil et descendant le long des ailes. Trois doigts. Niche dans le Nord sur le sol. Trois à cinq œufs jaune verdâtre, avec de gros points gris ou noirs. Arrive en septembre c'est-à-dire au moment des pluies (d'où son nom) et repart aux gelées. Il y a aussi un passage régulier en mars. Vit sur le rivage, au bord des flots. Cri : *hi-hieu-huil!* Quelquefois gagne les marais et les plaines détrempées. On doit le chasser de grand matin, moment des réunions nombreuses. Très sauvage. Chair excellente, bien qu'ayant surtout en automne, un goût huileux.

b) Pluvier varié (*Pluvialis varius*), appelé aussi *Vanneau suisse, Vanneau à gorge noire, Pluvier gris, Vanneau pluvier, Houvière.* — Hauteur : 0ᵐ,33. Ressemble au précédent, sauf que les taches sont blanches au lieu d'être jaune doré. Le cou est plus blanc. Il y a trois doigts et un pouce rudimentaire. En hiver, les mouchetures du dos disparaissent et le dessous du corps devient blanc tacheté de gris. Niche dans le Nord. Quatre œufs olive clair. Voyage par bande de trois à quatre. Passe de mai au 15 juillet et d'août à septembre. Pas farouche. Vit sur les plages. Cri : *pit-houit.* Sa chair a un léger goût de marécage.

7. Vanneau huppé (*Vanellus cristatus*). — Taille : 0ᵐ,35. Se rencontre dans les marais, le bord de la mer, les plaines ensemencées, les prairies humides. Mange des vers de terre. Taille du pigeon. Dessus du corps vert-bronzé. Tête noire à reflets mordorés.

Vanneau huppé.

Gorge et poitrine noir bleu. Ailes vertes, noires à l'extrémité. Ventre blanc pur. Queue rousse, noire et blanche. Bec court et mince. Sur la tête, il y a de larges plumes effilées qui forment une crête, une aigrette retombant sur la nuque. Trois doigts en avant, un petit pouce en arrière. Iris noir. Niche à terre. En Belgique, en Hollande, en Angleterre, on récolte ses œufs en grande quantité pour les manger ; ces œufs sont vert olive clair, avec des taches grises formant une couronne au gros bout. Arrive en France en mars. En octobre, repasse pour aller dans le Midi. Au printemps, vit par couples, facile à approcher. En octobre, en bande, farouche. Vol gracieux et rapide. Son cri rappelle le chiffre : *dix-huit.* En volant, fait un bruit rappelant celui qu'on fait en vannant le blé (d'où son nom). Chair exquise surtout en octobre, d'où le dicton : « Qui n'a pas mangé vanneau n'a pas mangé un bon morceau ». On en prend beaucoup au filet au moment des passages.

8. Guignard (*Morinellus sibericus*). — Hauteur : 0ᵐ,32. Vit dans les plaines. Était autrefois très commun aux environs de Chartres où il servait à la confection des pâtés. Passe en mai et en août. Niche au Nord sur les hauteurs. Trois ou cinq œufs gris roux ou jaune olive, tachetés de noir. Pas farouche. Vient tournoyer autour d'un camarade blessé.

Guignard.

Tête noire, mouchetée de roux. Dessus gris brun, un peu verdâtre, grivelé de roussâtre. Gorge gris roux avec une ligne noire et une ceinture blanche. Poitrine rousse. Ventre noir. Dessus de la queue blanc. En hiver, la bande noire disparaît. Cri : *deur! drou!* Chair excellente.

9. Gravelots. — Il y a trois espèces de gravelots :

a) Gravelot proprement dit (*Charadrius hialicula*), appelé aussi *Moineau de mer, Maillotin, Pluvier ribaudet, Grande mouchette. Grand pluvier à collier, Alouette de mer.* — Hauteur : 0ᵐ,16 à 0ᵐ,20 (Taille d'une grive). Apparaît en juillet et août au bord de la mer. Dos gris brun. Front blanc. Cou blanc. Haut de la poitrine ceint par un large plastron noir. Ventre blanc. Ailes noires variées de diverses couleurs. Bec très court jaune et noir. Yeux grands et noirs. De passage au printemps et à l'automne. Niche en Picardie. Trois ou quatre œufs jaune olivâtre, tachetés de noir, déposés sur le sol. Fréquente toutes les contrées maritimes. Facile à approcher, surtout aux endroits des grèves les plus vaseux. Chair bonne, sentant légèrement le marécage.

b) Gravelot fluviatile (*Charadrius fluviatilis*), appelé aussi *Petit pluvier à collier, Pluvier fluviatile.* — Vit avec le précédent, mais surtout au bord des rivières et à l'embouchure des fleuves. Taille inférieure à celle de l'alouette (0ᵐ,15). Bec entièrement noir. Queue assez longue et échancrée. Pieds jaunâtre. Peu sauvage. Pond un peu partout des œufs grisâtres tachetés de brun.

c) Gravelot à collier interrompu (*Charadrius cantianus*), appelé aussi *Pluvier à collier interrompu, Pluvier de Kent, Petite mouchette, Religieuse.* — Taille : 0ᵐ,16. Très répandu sur les rivages. Bec assez long, noir. Pieds noirâtres. Dessus de la tête brun roux. Dos brun cendré, Ailes brunes et blanches, à l'extrémité noirâtre. Queue blanchâtre. Gorge et cou blancs. A la base du bec et aux joues, un bandeau noirâtre. Tour des yeux blanc. Poitrine avec plastron noir coupé en avant par une ligne blanche. Yeux très gros. Niche souvent en France, sur le sable. Deux à quatre œufs jaune crème, piquetés de noir. Cri : *tiour!*

pit-pit! pouie. Même mœurs que le garvelot (voir ci-dessus : 9 *a*).

10. Tourne-pierre (*Strepsilas interpres*), appelé aussi *Chevalier tourne-pierre, Coulombe, Bure, Bune, Pieds-rouges, Coulon-chaud.* — Taille de la grosse grive (0ᵐ,22). Dos noir tacheté. Dessous blanc. Ailes brunes piquetées et ondées. Tête et cou blanc. Cou entouré d'un collier noir. Sur la poitrine un plastron noir. Bec noir, de la longueur

Tourne-pierre.

de la tête. Pattes rouges. Un petit pouce touchant un peu le sol. La femelle a moins de blanc sur la tête. Corps un peu ramassé. Niche au Nord. Œufs verdâtres avec larges taches. Passe en France en mai. Repasse en août, époque où il est moins sauvage. Chasse sur les pierres et les galets mis à nu par la mer qui se retire, qu'ils fréquentent en petites bandes. Cri : *tieu! haït!*

11. Édicnème (*OEdicnemus crepitans*), appelé aussi *Édicnème criard, Grand Pluvier, Courlis de terre, Turlu, Turlui, Saint-Germer, Petite Canepetière.* — Hauteur : 0ᵐ,45. Teinte générale roussâtre. Dessus foncé. Ventre blanc. Plumage moucheté de brun et de noir, surtout sur le dos. Ailes brun cendré. Rémiges noires. Une légère moustache. Pattes à trois doigts. Iris jaune doré. Vit rarement dans les marais. Surtout dans les grandes plaines, de préférence sur les hauteurs, dans les terrains pierreux et déserts. Court vite. Part en novembre et repasse au printemps. Couve dans le Centre. Niche à terre. Ne s'agite guère que le soir. Cri : *tir-ruit.* Commun dans les plaines du centre de la France (Beauce, Sologne, Nivernais). Assez sauvage.

12. Courvite (*Cursorius gallicus*), appelé aussi *Courvite gaulois.* — Hauteur : 0ᵐ,26. Couleur fauve isabelle. En arrière des yeux : deux traits noirs coupés par une bande blanche. Ailes bordées de noir. Dans le Midi, se montre rarement dans les dunes et les plaines.

13. Avocette (*Recurvirostra avocetta*), appelée aussi *Cleppe, Kluit, Oiseau-pipe.* — Hauteur : 0ᵐ,55. Pattes hautes. Bec long mince, noir, s'incurvant en l'air, comme une faucille. Cou long et blanc. Tête petite et noire. Corps blanc. Ailes blanches et noires. Pieds palmés, bleuâtres. Vit surtout dans le Midi, sur le bord de la Méditerranée. Niche quelquefois dans le Languedoc et le Roussillon. Trois œufs vert clair ou gris roux, parsemés de taches plus foncées.

Courvite.

Passe au Nord, sur les bords de la Manche et de l'Océan, en octobre ; y repasse en avril. Ne fait que de courtes stations, de sorte qu'il est assez rare.

Avocette.

Mange le frai de poisson déposé au bord des eaux qu'il écume en quelque sorte en effleurant la surface avec son bec. Ne se pose pas sur le sable découvert, mais se tient au bord du flot. Vit surtout dans les marais, sur le bord de la mer et surtout dans l'estuaire des fleuves. Se garde facilement en captivité.

14. Échasse blanche (*Himantopus candidus*). — Du bout du bec au bout de la queue : 0^m,35. Pattes longues, démesurées avec le corps. Dos et ailes noirs à reflets verdâtres (comme ceux du vanneau). Tête brun noir. Cou blanc dessous, chiné en dessus, ventre et poitrine blancs, un peu rosés. Bec mince et droit, noir. Pas de pouce. Pattes rouge pur. Iris rouge cramoisi. En hiver, tête et cou entièrement blancs. Niche dans l'Europe tempérée, rarement en France, sauf sur les côtes du Midi. En volant, tient le cou tendu et non rentré comme le font les autres échassiers. Vit dans les endroits vaseux et les queues de marais et d'étangs. Quatre œufs brunâtres, pointillés de taches surtout au gros bout.

15. Phalarope dentelé (*Phalaropus fulicarius*). — Hauteur : 0^m,24. Bas sur patte. Mâle : dessus de la tête noirâtre avec taches blanches. Plumes du dos noires bordées de roux ; gorge noire. Poitrine rousse. Grandes plumes des ailes noires. Bec noir. Pieds bordés en feston d'une membrane. Iris brun. Femelle : Dessus de la tête noir, dessus du cou rouge. Dessus du corps noir et roux. Ventre roux. En hiver, le mâle et la femelle deviennent surtout cendrés. Passe en France très irrégulièrement. Quelquefois à l'automne à l'embouchure de l'Orne. Fréquente les bords de la mer. Nage bien. Trois ou quatre œufs d'une couleur jaune verdâtre très pointillés.

16. Courlis. — Trois espèces :

a) Courlis cendré (*Numenius arcuatus*), appelé aussi *Grand courlis*, *Corlui*, *Courlieu*, *Couricu*, *Corla*, *Turlui*, *Turlu*, *Cordigeau*, *Corbichet*, *Courvageol*, *Courbagest*, *Bécasse de mer* (nom sous lequel il est vendu à Paris). — Taille de la poule sultane 0^m,60. Envergure : 1 mètre. En avant trois doigts légèrement palmés et un pouce rudimentaire en arrière. Dos, tête, couverture des ailes brun noisette, grivelé de roux et de blanc. Rémiges noir brun. Ventre blanc. Queue blanche avec des ondulations noires. Poitrine d'un blanc flammé de noir brun. Bec de quinze centimètres, recourbé vers le bas en forme de faucille. Les courlis nichent dans l'Europe N. Ils pondent à terre ; trois à quatre œufs jaunâtres tachetés de gris. Chez nous, on les trouve presque en tous temps sur les côtes maritimes. Quelques-uns remontent vers le Nord en avril et reparaissent au milieu d'avril.

Courlis cendré.

A mer basse, cherchent des vers dans la vase. A haute mer, abandonnent généralement la mer pour aller dans les marais ou sur les plaines. Suivent le flot quand il descend. Vivent en bandes farouches. On ne peut guère les tuer qu'en se cachant, mais ils fuient s'ils voient le chapeau du chasseur : il vaut mieux se découvrir. On tire quand ils s'envolent. Prendre du plomb assez fort. Quelquefois ils reviennent au blessé. Ils se prennent quelquefois aux hameçons tendus par les pêcheurs avant que le flot arrive. La lumière les attire : on peut les chasser en les attirant avec une lanterne. Au mois de juillet, les jeunes sont moins méfiants. Vol rapide (900 mètres par minute). Cri caractéristique : *cour-li*, quelquefois *houil-hut!* et *cruilt-cruilt*. Chair coriace, sauf celle des jeunes, et sentant un peu le marécage.

b) **Petit courlis** (*Numenius phœopus*). appelé aussi *Corlieu, Livergin, Courlieu, Berge, Ourel, Cotterel.* — Taille : 0ᵐ,45. Bec plus petit que celui du précédent. noir en dessus. Dessus de la tête brun, avec une raie blanc jaunâtre au milieu. Cou grivelé de brun. Dos brun et blanc grisâtre. Ventre blanc. Poitrine flammée de brun. Couverture des ailes brunes, ondées de gris blanc. Rémiges brun foncé. Pondent dans le Nord. Trois ou quatre œufs brun olive, avec, au gros bout, une couronne de points sombres. Arrive sur les côtes de la Manche au mois d'avril. Les uns restent tout l'été en France et ne la quittent qu'en septembre. D'autres remontent au Nord et repassent en septembre. Ne couvent pas en France. Cri : *hi! hi! hi! hi!* ressemblant à un ricanement *decrescendo*. En avril, on peut les tirer sur la plage nue. Se tiennent plutôt sur les galets qu'au bord du flot. Vivent en bandes. Moins farouches que les courlis cendrés.

c) **Courlis à bec grêle** (*Numenius tenuirostris*). — Taille : 0ᵐ,45. Bec très délié, à peu près de la même grosseur de la base au sommet. Grivelures de la poitrine presque noires. Rare dans le Nord, plus commun dans la Méditerranée. Siffle sur un ton doux. Couve en Afrique et dans le Midi de l'Europe. Quatre œufs blanchâtres, tachetés, surtout au gros bout de petits points bruns.

17. Guignette vulgaire (*Actilis hypoleucos*), appelé aussi *Cul-blanc de Paris, Pivette, Pieds-verts, Sifflasson, Farlin.* — Taille : 0ᵐ,20. Souvent confondue avec le cul-blanc, dont elle a les mêmes mœurs. Plus petite. Dessus vert bronzé. Ailes variées de noir et de fauve verdâtre. Ventre blanc. Poitrine blanche. Gorge blanche un peu mouchetée de noir. Queue sombre (brune barrée de blanc). Iris brun. C'est la guignette qui fait le fond des chasses de rivière et du bord de la mer. Vit sur les rives des fleuves, des rivières, au bord de la mer, sur le lac de Genève. Cri vif et saccadé : *tiri-tui-tui-tui!* Niche en mai et juin, à terre, dans les laiches. Quatre œufs couleur crème. Nid en roseaux et herbes sèches. Toujours en bandes considérables. Se poursuit en bateau sur les fleuves, avec un chien dans les marais. Rare dans les marais. Passage : fin avril à fin mai et fin juillet à fin septembre. Se chasse en mai sur la Seine.

18. Bartramie à longue queue (*Bartramia longicauda*). — Oiseau des Etats-Unis venant très accidentellement en Europe. Taille : 0ᵐ,25. Bec brun. Pieds rougeâtre. Dessus brun noir avec bordures jaunes. Gorge, ventre et jambes blancs. Flancs couleur isabelle avec zigzags noirs transversaux.

19. Combattant (*Macheles pugnax*), appelé aussi *Combattant variable, Chevalier combattant, Paon de mer, Sotte.* — Taille : 0ᵐ,35. Dos brun roussâtre. Plastron blanc, moucheté de gris. Pattes et pieds jaunes. Bec droit et brun. Iris brun. Femelles plus petites que les mâles. Du mois de mai à juillet, le mâle prend une brillante parure. La face se dénude et se couvre de papilles rouges. Le cou se garnit d'une large collerette que

Combattant.

l'oiseau a la faculté d'hérisser et qui lui constitue un véritable bouclier. Des deux côtés de la tête apparaissent deux oreillons emplumés. Cette parure varie beaucoup chez les divers individus noir, violet, noir avec taches rouges ou jaunes ou rousses, roux, blanc, piqueté de brun, etc.). A ce moment les mâles se livrent de longs combats, mais sans grand dommage. Passe l'hiver dans le Midi. Arrive en France en mars et reste trois mois. En mai, gagne le Nord où il niche, surtout en Hollande, jamais en France. Quatre ou cinq œufs pointus vert clair tachetés de brun. Repasse en automne. Surtout sur les grèves.

20. Chevalier. — Six espèces :

a) Chevalier aboyeur (*Totanus griseus*). appelé aussi *Chevalier gris, Chevalier aux pieds verts, Barge grise, Tilvau, Braillou.* — Taille : 0ᵐ,40. Dessus de la tête et du cou, noir varié de bleu. Plumes du dos bordées de blanc et de gris. Bas du dos blanc. Dessus des ailes brun foncé. Grandes plumes des ailes brun noir. Queue blanche barrée de brun. Poitrine grivelée de noir et de roux. Ventre blanc. Pieds verdâtres. Iris noir. En hiver, le dessus de la tête et du cou

Tête du Chevalier aboyeur.

devient plus terne, le dessus du corps brun foncé, le ventre blanc, la poitrine blanche grivelée sur les côtés. Bec retroussé vers le haut. Niche en Ecosse. Passe en France en mai et repasse de juillet à octobre. Vit au bord de la mer où il se tient dans les pierres. plus rarement au bord des flots. Vit isolé et par paire. Facile à approcher. Dur à tuer. Vol saccadé. Cri : *tiou! ou! ou! kiic! ouit! kiie ouit!* Chair assez bonne.

b) Chevalier arlequin (*Totanus fuscus*). Taille : 0ᵐ,35. appelé aussi *Chevalier brun, Barge brune, Noir-brouillard, Grand chevalier à pieds rouges.* — Pattes et pieds rouges. Teinte générale sombre. Dessus du corps noir mordoré. avec plumes piquetées de blanc. Dessous du corps noir ardoisé. Ailes noires, variées de blanc et de gris. Queue blanche barrée de noirâtre. Bec long et droit, noir en dessus, rouge en dessous. Iris brun foncé. La femelle a les plumes du dessous pointillées de blanc. — En hiver, le mâle et la femelle ont une teinte grise et blanche en dessus, blanche en dessous, avec les côtés gris et des ailes brunes piquetées de blanc, noires sur le bord. Niche au Nord. Passe en France en mai et août. Toujours en troupes. Très sauvage. Difficile à approcher. Suit le flot à marée montante, puis s'envole à marée haute. Très difficile à chasser : il faut se cacher

c) Chevalier à pieds rouges (*Totanus calidris*). appelé aussi *Chevalier Gambette, Bouillard, Gambelle, Pied-rouge, Tirançon.* — Taille : 0ᵐ,35. Pieds d'un beau roux de corail. Bec rouge, nuancé de noir vers la pointe, quelquefois un peu retroussé. Dos brun clair avec plumes frangées de noir et d'un peu de blanchâtre. Poitrine blanche grivelée de brun. Ventre blanc. Queue blanche, lavée et rayée de brun. Dessus des ailes brun cendré. Grandes plumes des ailes noires et blanches. Iris brun. A l'automne, la teinte devient grisâtre ; les côtés se nuancent de brun. Couve dans les régions tempérées. Sédentaire dans le Midi de la France. Se reproduit aussi dans le Nord en avril et mai. Quatre œufs jaune vert, avec une couronne de taches au gros bout. Niche au milieu des marais ou sur les dunes, à terre ou dans le gazon. Passe au Nord en avril. Redescend au Midi en juillet. Suit le flot à mesure qu'il monte. A marée haute, gagne les prairies avoisinantes. Mange de petits crustacés dans les flaques d'eau. Toujours en troupe. On peut les approcher en se baissant. Cri d'appel : *tiou,* qui appelle les autres oiseaux du rivage. Excellent gibier.

d) Chevalier des étangs (*Totanus stagnatilis*). appelé aussi *Chevalier à longs pieds, Demi tilvau.* — Taille élancée : 0ᵐ,26. Pattes noir verdâtre. Bec long et mince. Iris brun. Tête et cou blancs, rayés de noir. Dos roussâtre, grivelé de noir. Poitrine blanche, mouchetée de noir. Ventre blanc. Ailes brunes. Queue blanche rayée de brun et de noir. En hiver, la teinte générale devient blanc moucheté. Fréquente les bordures d'étangs, les marais, les rives des fleuves. Surtout dans le Nord. Assez rare. Niche dans le Nord-Est. Cri : *fli! hiou!*

e) Chevalier sylvain (*Totanus glareola*), appelé aussi *Bécasseau des bois, Pluvier épielle, Titi, Pililti, Ramage.* Taille : 0ᵐ,22. Dessus du corps noir avec beaucoup de taches pâles. Poitrine blanc pur, grivelée sur les côtés. Flancs blancs mouchetés de noir et de brun. Ailes brun noirâtre. Queue blanche rayée de brun. Pieds verdâtres. Iris noir. L'hiver, la poitrine est blanche, légèrement lavée de brun vers le milieu. Produit un sifflement assez doux. Fréquente les marais boisés et les étangs des forêts. En Normandie surtout. Assez rare.

f) Chevalier cul-blanc (*Totanus ochropus*), appelé aussi *Cul-blanc, Hoche-cul, Pied-vert, Pivelle, Sifflasson, Bécasseau cul-blanc.* — Taille : 0ᵐ,24. Bec droit, mince et noir. Pattes vert tendre. Dos et dessus des ailes vert noir bronzé, avec le bord des plumes bordé de blanc verdâtre. Grandes plumes des ailes noires. Cou, poitrine et flancs, blancs, grivelés de noir. Dessus du corps blanc. Queue blanche coupée à l'extrémité de trois bandes noires. Iris brun noir. Niche un peu partout, même dans le centre de l'Europe. Nid de brindilles et de feuilles mortes posé sur le sol. Quatre œufs jaune clair ou verdâtre pointillés de taches rousses convergeant vers le gros bout. Remue la queue en marchant. Passe en France de fin avril à fin mai, puis de fin juillet à fin septembre. Quelques-uns se cantonnent sur le bord de la mer, sur les bancs à l'embouchure des fleuves, les criques et les crevasses, les mares, les trous d'eau, les étangs ou remontent les fleuves. En mai, ils sont plutôt le long des fleuves, en juillet sur le bord de la mer. Se chasse sur la Seine en bateau, même près de Paris, à Asnières. Il faut le chasser en bateau de grand matin. Se laisse plus facilement approcher par un temps de pluie. Plonge très bien ou même s'enlève quand on le serre de trop près. Assez farouche au bord de la mer. Vole droit en rasant le sol. Cri : *iut! hui! tui! hui!* Bon gibier, un peu amer.

21. Symphémie (*Symphemia semipalmata*). — Oiseau américain venant accidentellement sur les côtes de Picardie. Taille : 0^m,40. Bec long et droit. Pieds noirâtres, un peu palmés. Dessus du corps gris rayé de noir. Dessous blancs, avec grivelures brunes à la gorge et à la poitrine. Queue grise, marquée de noir. Grandes plumes des ailes noires. Bec très fort. Se voit surtout dans les hivers rigoureux.

22. Sanderling des sables (*Calidris arenaria*). — Taille : 0^m,17. Pas de pouce. Plumes du dos noires, bordées de roux et de blanc. Dessous roux tacheté de noir et de blanc. Ventre blanc. Queue pointue. Ailes brunes et blanches, noires à l'extrémité. Bec noir. Pieds noirs. En hiver, le dos est brun, ondé de gris et de blanc. Passe en France en avril. En juillet, fait une station sur nos côtes Ouest et Nord. Ressemble à une petite maubèche. Facile à approcher. Chair assez délicate.

23. Maubèche. — Deux espèces :

a) **Maubèche canut** (*Tringa canutus*), appelé aussi *Bécasseau maubèche, Wiard, Canalon.* — Bec un peu étranglé au milieu. Trois doigts légèrement frangés d'une petite membrane. Pouce rudimentaire. Taille : 0^m,28. En été, mâle avec le dessus de la tête et du cou noir

et fauve, dessus du corps noirâtre, avec plumes bordées de roux, le bas du dos grisâtre, les grandes plumes des ailes noires, la poitrine et le ventre roux. En hiver, devient gris cendré, avec des mouchetures brunes et blanches, ventre blanc grivelé de noir. Passe sur nos côtes Ouest et Nord en mai et repasse en août. A marée basse, sur la plage, à marée haute, sur les prairies environnantes. Pas farouche. Revient au coup de fusil. Cri : *ti-ouhi.* Excellent gibier en août.

b) **Maubèche maritime** (*Tringa maritima*), appelé aussi *Bécasseau violet.* — Taille : 0^m,23. Pattes peu élevées. Dessus du corps violet en été, pourpré en hiver. Passages irréguliers sur nos côtes Ouest et Nord. Rare.

24. Bécasseau. — Six espèces :

a) **Bécasseau cocorli** (*Pelidna subarcuata*), appelé aussi *Cocorli, Bécasseau falcinelle.* — Taille : 0^m,23. Bec long et arqué vers le bas comme ceux des courlis. Dos noir, avec des plumes liserées de roux. Bas du dos brun ondé de blanc. Queue blanche et noire, grivelée surtout en dessous. Cou roux foncé, de même que le ventre. Grandes plumes des ailes noires. Pouce rudimentaire. En hiver, le dessus est brun. Commun sur nos côtes. Facile à approcher.

b) **Bécasseau cincle** (*Pelidna cinclus*), appelé aussi *Alouette de mer, Petite de mer, Petite maubèche, Pélidne cincle.* — Taille : 0^m,20. Toujours en bande. Cri pur et doux. Dessus de la tête et cou noir, avec plumes frangées de roux. Dessus du corps fauve, marqué de noir. Queue brune, blanche et rousse. Dessus des ailes gris roux avec bordures

Bécasseau cincle.

noirâtres. Grandes plumes des ailes noires, avec milieu blanc. Poitrine gris clair grivelé de brun. Ventre noir bordé de blanc. Bec long, un peu arqué, noir. Pattes très fines, noires. Iris noir. En hiver, le dessus devient brun cendré, varié de blanchâtre ; les dessous sont blancs avec des grivelures. Niche en mai et juin dans le Nord. Trois ou quatre œufs jaunâtres, pointillés de roux. Nid à terre, bien caché. Passe en France sur les côtes du Nord (printemps et automne) et du Midi (hiver).

c) **Bécasseau brunette** (*Pelidna Schingii*), appelé aussi *Petite de mer*, *Bécot*, *Alouette de mer*, *Pélidne à collier*. — Taille : 0ᵐ,19. Tache blanche coupant le noir du ventre. Tout clair. Peu de grivelures. Niche dans le Nord de l'Europe. Vit en bandes assez considérables. Court beaucoup et vite. Se massent en groupe quand ils voient le chasseur. Vie dure. Vient souvent se poser près des blessés. Cri : *ouit ! ouit !* Chair bonne. A Paris, se vend sous le nom de *bécassine*.

d) **Bécasseau platyrhynque** (*Pelidna platyrhyncha*). — Taille : 0ᵐ,17. Teinte roussâtre sur la poitrine. Plumes du bord des ailes avec liséré blanc. Bec plus long que la tête, relativement large et recourbé vers le bas. Côtes Nord et Ouest de la France.

e) **Bécasseau de Temminck** (*Pelidna Temminckii*), appelé aussi *Pétrot gris*. — Taille : 0ᵐ,15. Dessus du corps noir, avec plumes liserées de roux. Poitrine gris roussâtre un peu grivelée de noir. Dessus des ailes brunes et rousses. Grandes plumes des ailes noires. Ventre blanc. Queue brune et blanche. Bec brun, plus court que la tête. Pattes brun verdâtre. Passe en France au printemps et en automne. Fréquent sur les bords de la Loire en été. Voyage en grande troupe.

f) **Bécasseau minule** (*Pelidna minuta*), appelé aussi *Bécasseau échasse*, *Pétrot rouge*. — Taille : 0ᵐ,14. Avec l'espèce précédente, c'est le plus petit des échassiers. Voyage seul ou par paires. Apparaît en France en avril-mai et repasse en septembre. Fréquente le bord de la mer. Court comme une souris entre les galets. Cri : *hîte ! hîte !* Dessus du corps noir grivelé de fauve. Queue doublement échancrée, noire, rousse et blanche. Ventre blanc. Poitrine grise, grivelée de petites taches brunes. Ailes noires et rousses. Bec plus court que la tête. Pattes noires.

25. Barge. — Deux espèces :

a) **Barge à queue noire** (*Limosa œgocephala*), appelé aussi *Grande Barge*, *Barge œgocéphale*, *Barge commune*, *Pilai*, *Pilui*. — Taille : 0ᵐ,45. Pattes hautes et noires. Ongle du milieu dentelé. Bec deux fois aussi long que la tête, flexible,

épais, devenant fin à l'extrémité et relevé vers le haut. Dessus des ailes gris cendré avec des festons roux et blancs. Grandes parures noires, un peu bordées de blanc. Dessus de la tête roux. Cou grivelé de brun. Haut du dos noir, bordé de roux. Bas du dos brun foncé. Queue blanche à la base, noire au bout. Poitrine et flancs roux, avec des ondulations noires. Ventre blanc strié de noir en été, roux en hiver. Passe en France vers avril et repasse en automne. Ordinairement dans les marais, rarement le bord de la mer. Cri : *todzo !* Peu farouche. Chair assez délicate.

b) **Barge rousse** (*Limosa rufa*), appelé aussi *Bécasse de mer*, *Barge aboyeuse*, *Barge à queue carrée*, *Bouflémi*, *Venelo roux*. — Taille : 0ᵐ,40. Bec très long et très relevé. Pattes noires. Ongle du doigt médian non dentelé. Doigt externe réuni au doigt médian par une légère

Tête de la Barge rousse.

palmure. Tête rousse. Dos noir festonné de brun foncé. Queue blanche barrée de brun. Dessous roux vif. Couvertures des ailes gris cendré et bordées de blanc. Rémiges noires. En hiver, devient brun en dessus, roux en dessous : ressemble alors au corlieu. Passe en France en mai et octobre. Voix saccadée et chevrotante : *pidi ! pidi !* A marée basse, fréquente la plage. A marée haute, gagne généralement les marais. Peu farouche. A l'automne, le meilleur gibier des plages.

26. Bécasse (*Scolopax rusticula*). — Bec environ une fois plus long que la tête, droit, à l'extrémité obtuse et rude. Narines disposées en long, recouvertes par une membrane. Ailes aiguës. Queue très courte presque cachée par le bout des ailes. Jambes entièrement recouvertes de plumes. Tarses courts et épais. Sur la tête, deux bandes transversales noires. Dessous de l'aile avec des zigzags bruns et roux. Sur les barbes externes des grandes plumes de l'aile des taches triangulaires. Dessus varié de cendré, de roux, de jaunâtre, de marron. Dessous roux jaunâtre, avec des zigzags brun en travers. Gorge blanche. Taille : 0ᵐ,40 à 0ᵐ,50. — Arrive dans nos régions, venant du Nord, en octobre. Voyage seul ou à deux, volant la nuit. Arrive surtout par les temps de brouillard et les vents d'Est et de Nord-Est. Reste six semaines, puis repart en novembre pour aller dans les Pyrénées et en Espagne. En mars, vers le 9, elle revient et reste alors deux mois, puis part vers le Nord où elle se repro-

Bécasse.

duit. Chez nous, elle se cantonne dans les fonds boisés, humides, dans les grandes haies, le long des prairies, les futaies, les hauts perchés à couvert épais. Quand le temps est pluvieux, elle préfère les taillis de chênes assez clairs. Demande un sol friable, frais, sans grandes herbes ni trop d'arbustes. En hiver, vit dans les fonds humides et abrités. En été, se trouve au flanc des montagnes élevées, où elle fouille les bouses, surtout dans les bois dont les dessous sont riches en terreau. Timide. Habitudes régulières. Ne bouge pas pendant le jour. Le soir fait sa toilette au bord de l'eau, puis vole en suivant les grandes allées des bois et va dans les prairies humides environnantes, où elle cherche les insectes et autres bestioles dont elle se nourrit. Revient au matin en suivant le même chemin. Rarement niché en France. Nid rudimentaire de feuilles et d'herbes sèches au pied d'un arbre. Quatre œufs roux marqués de taches noirâtres. Les petits courent aussitôt sortis de l'œuf, mais ne volent qu'à dix ou quinze jours. Si un danger les menace, la mère les emporte au vol entre ses pattes. Se chasse au chien d'arrêt, en battue, en s'embusquant sur le passage habituel de la bécasse (chasse à la « passée »), en la guettant quand elle s'abat au printemps (chasse à la « croûle »), en la guettant quand elle va se baigner (chasse au « gué »). Cri : *piiill! piill! croûh! croûh!*

27. Macroramphe (*Macroramphus griscus*). — Oiseau américain ne venant que très accidentellement sur nos côtes.

Taille : 0ᵐ,29. Tête arrondie. Doigts légèrement palmés. Dessus du corps roux, marqué de noir. Dessous roux clair, tacheté. Les grandes plumes des ailes noires. Queue blanche barrée de noir.

28. Bécassine. — Trois espèces :

a) **Double bécassine** (*Gallinago major*), appelée aussi *Madeleine.* — Taille : 0ᵐ,28. Rare en France. Arrive en France en mars et avril, quelquefois en août-septembre. Poitrine grivelée. Ailes, aux couvertures et à l'articulation noires, marquées de jaune et de blanc. Deux lignes noires sur le front. Plumes latérales de la queue blanches. Seize rectrices. Dos noir brun velouté. Sur les couvertures des ai-

Double Bécassine.

les et le dos, il n'y a pas quatre lignes jaune fauve doré. Part sans crier et sans faire de crochets dans les marais.

b) **Bécassine ordinaire** (*Gallinago scolopacina*). — Un peu plus grosse que la grive (0ᵐ,27). Bec droit, mince et long. Tête avec deux lignes noires alternant avec des lignes fauves. Cou grivelé. Gorge et poitrine lavées de roux et tachetées de noir. Ventre blanc. Queue noire, marquée de blanc et de roux, bordée de noir. Couvertures des ailes d'un brun foncé avec quatre lignes claires sur le dos. Couve surtout en Angleterre. Arrive en France du mois d'août à novembre. Reste un peu dans les marais du littoral, puis va dans le Midi. Ordinairement, passe la nuit au marais et, le jour, va dans les prairies, les bruyères, les hauteurs incultes. Passage de retour en mars, plus fourni, mais de courte durée. Dans les marais, se tient là où l'eau est peu profonde, surtout dans les courtes laiches, les prés où le sol a été défoncé par les bestiaux, les clairières tapissées d'herbes vertes, le bord des flaques d'eau. Se tient le long des fossés quand il y a une bourrasque. Dans les marais larges, si une part, les autres la suivent. On la chasse avec un chien arrêtant de loin (pointer ou setter). Ne piète pas beaucoup. Il faut battre le marais le dos au vent, parce que la bécassine file droit au vent. Elle s'enlève rapidement, mais fait quelques évolutions avant de filer. Calibre 12 avec 50 grammes de plomb nº 8 de Paris. Difficile à tirer, parce qu'elle vole très vite (1500 mètres par minute). Elle a une grande vitalité. Gibier excellent.

c) **Petite bécassine** (*Gallinago gallinula*), appelée aussi *Bécassine sourde, Pas de bœuf, Bécot, Bécasson, Gallinule.* — Taille : 0ᵐ,20. Tête noire, tachetée de roux. Dessus du cou nuancé. Dos noir avec de longs traits jaunes. Bas du dos irisé. Queue noire et rousse. Ventre blanc. Poitrine blanche, marquée de roux. Ailes brunes. Bec noir. Pieds vert tendre. Arrive en France à la mi-septembre. Reste dans les marais jusqu'en décembre. Paresseuse. Repasse rapidement en mars. Reste constamment dans les couverts moyens des marécages. Ne part que sous le nez du chien ou sous les pas du chasseur (d'où son nom). Se gîte souvent au milieu des herbes. Vol court ; redescend au bout d'une cinquantaine de mètres. Difficile à tuer. Plomb n° 10. Ne prend pas le vent comme la bécassine ordinaire. Excellent gibier.

29. Foulque. — Deux espèces :

a) **Foulque proprement dite** (*Fulica atra*), appelée aussi *Macroule, Judelle, Morelle, Baguette, Genderelle, Blérie, Bléraude, Joselle*, quelquefois et à tort *Macreuse*. — Plaque frontale blanc rosé et lisse. Corps peu comprimé. Pieds garnis à chaque articulation d'un large feston. Hauteur : 0ᵐ,45. Plus grosse que la poule d'eau. Dos noir grisâtre. Dessous bleu cendré. Tête et cou noirs. Aile avec une ligne blanche. Bec court,

Patte de la Foulque.

fort et comprimé. Iris rouge. Pieds vert-plombé. Couve sur le bord des étangs, dans toute la France. Huit à quinze œufs jaunâtres, très piquetés. Se trouve toute l'année dans les étangs

du Nord et surtout du Midi. Se trouve, l'hiver, en bande dans les marais qui ne gèlent pas. Difficile à faire lever. Se dissimule dans les fourrés et les troncs des saules. Passages irréguliers. Peut se chasser à la hutte : vient aux appelants. Vol lourd et droit.

Tête de la Foulque.

Blessée, elle se défend. Chair médiocre.

b) **Foulque à crête** (*Fulica cristata*). — Plaque rouge foncé, surmontée de deux tubercules. Plumage noir bleuâtre. Taille : 0ᵐ,44. Marais de Provence (très accidentel).

30. Râle aquatique (*Rallus aqualicus*), appelé aussi *Râle d'eau, Râle noir*. — Ventre cendré un peu bleuâtre. Bas ventre roux. Dos olive. Plumes sous caudales rousses, noires et blanches. Pattes rouge obscur. Bec rouge vif. Iris rouge orangé. Hauteur : 0ᵐ,27. Très répandu dans les marécages. N'émigre pas, mais change de canton quelquefois. Dans certains marais, il est sédentaire. Reproduction en mars. Nid en herbes aquatiques sur une butte de terre, de forme ovale et oblongue. Six à dix œufs, quelquefois dix-huit, allongés, blanc jaunâtre, piquetés de points, plus serrés au gros bout. Couve pendant vingt jours. — Piète beaucoup devant les chiens. Se réfugie dans les grands massifs de roseaux, d'où il ne sort guère que le matin ou le soir. Cri de ralliement : *hi oui oui ! hi oui !* On le chasse avec un chien n'arrêtant pas, mais fonçant sur le gibier, par exemple le cocker. Se tire avec du plomb n° 8 ou n° 10 de Paris : l'oiseau vole droit, mais vite. Gibier médiocre.

31. Râle des genêts (*Crex pratensis*), appelé aussi *Râle doré, Râle rouge, Crex des prés.* — Tête, cou et poitrine roux. Ventre blanc gris. Sous-caudales avec des bandes blanches, rousses et brunes, dos brun noir, avec bordures cendrées. Hauteur : 0ᵐ,26. De mai en septembre : oiseau de marais ; de septembre à fin novembre : oiseau de plaine. Émigre l'hiver dans le Midi. Corps gros, aplati latéralement. Femelle plus petíte que le mâle. Arrive en même temps que la caille et appelé quelquefois, pour cela, *Roi des cailles.*

Râle des genêts.

Pond dans les marais légèrement inondés, surtout au voisinage de la mer. Une dizaine d'œufs. Cri: *cran! cran! crek! creck!* rappelant le croassement des grenouilles. Quitte les marais quand on les fauche. Vers la mi-octobre émigre dans le Midi, où on le trouve dans les blés noirs et les genêts. Quelquefois traverse la Méditerrannée. Piète beaucoup devant les chiens. Chien à employer : cocker. Se cantonne dans les endroits peu fourrés. Gibier délicieux.

32. Poule sultane (*Porphyrio cœsius*), appelé aussi *Porphyrion.* Plumage bleu indigo. Plaque frontale rouge vif. Dessous des ailes noirâtre et blanc. Taille: 0ᵐ,40. Accidentel dans les marais du Midi.

33. Porzane. — Trois espèces :

a) Porzane poussin (*Porzana minuta*), appelée aussi *Râle poussin, Crève-chien.* — Ailes atteignant l'extrémité de la queue. Très élancé. Haut sur pattes. Bec court. Iris rouge. Couleur grise lavée de roux. Gorge blanche. Rare dans le Nord. Niche dans le Midi. Les chiens le font lever difficilement. Œufs marqués de taches brunes. Hauteur: 0ᵐ,19.

b) Porzane Baillon (*Porzana Baillonii*), appelée aussi *Râle Baillon.* — Ailes n'atteignant pas l'extrémité de la queue. Poitrine non tachetée de blanc. Commune en Picardie et dans les marais de l'Ouest. Dos brun verdâtre. Gorge et poitrine couleur ardoise. Six à huit œufs roux verdâtre, parsemés de petites taches plus colorées. Emigre vers le Midi. Hauteur: 0ᵐ,17.

c) Porzane marouette (*Porzana marouella*), appelée aussi *Marouelh, Girardine, Râle perlé.* — Ailes n'atteignant pas l'extrémité de la queue. Poitrine tachetée de blanc. Bec verdâtre. Ailes brun bronzé. Dos brun, tacheté de blanc. Dos et ailes piquetés de petits points blancs. Pattes vert tendre. Doigts très longs. Iris brun verdâtre. Gibier de passage. Arrive au printemps. Pond et couve dans le Nord et le Nord-

Ouest, dans les prairies inondées et les marais fourrés. Une douzaine d'œufs grivelés de noir. Repart en novembre et disparaît en hiver. Se lève assez

Porzane marouette.

vite devant les chiens. Vol assez court. Plonge facilement et reste longtemps sous l'eau. D'août en novembre, voyage d'un marais à l'autre. Se tire avec du 8 ou 10 de Paris. Excellent gibier, gras (doit être rôtie et servie froide). La chair se gâte vite. Hauteur : 0ᵐ,25.

34. Poule d'eau (*Gallinula chloropus*), appelée aussi *Gallinule.*— Doigts légèrement garnis d'une petite membrane qui en augmente la surface. Hauteur: 0ᵐ,35. Une plaque dénudée à la base du bec supérieur. Bec jaunâtre, chez la femelle; rouge à la base chez le mâle. Iris rouge. Pattes verdâtres. Tache rouge ou jaune au-dessus du genou. Dos vert olive brunâtre. Plastron gris ardoise. Ventre gris. Queue blanche, noire et brune. Ailes bordées d'une ligne blanche. Ne quitte pas nos pays mais voyage d'un marais à l'autre, abandonne ceux qui gèlent. Revient à l'endroit où elle est née. Se trouve surtout au bord des étangs du Nord et du Centre. Pond en juin six à dix œufs très irrégulière-

Tête de la Poule d'eau.

ment tachetés. Quitte les fourrés le matin et le soir, surtout. Cri: *klip! klip!* Se cache dans les grands massifs de roseaux. Plonge beaucoup. Se rencontre surtout là où il y a de larges espaces d'eau où elle peut nager. Se chasse au chien ou à l'affût. S'envole difficilement; file très droit. Chair coriace et à goût de marais: il faut l'écorcher avant de la faire cuire et en faire un salmis.

35. Flamant rose (*Phœnicopterus roseus*), appelé aussi *Phénicoptère.* — Hauteur: 1ᵐ,50 environ. Pattes longues et roses. Corps relativement petit. Cou long et se contortionnant d'une singulière façon quand l'oiseau prend sa nourriture ou le cache sous son aile pour dormir. Plumage rose clair très

Tête du Flamant.

tendre. Couverture des ailes rouge ardent. Grandes pennes noires. Bec épais et comme camé. Niche très rarement en France (nids en forme de pain de

Flamants roses.

sucre, en bouc, et sur lequel l'oiseau s'assied). Se rencontre assez souvent dans les étangs du Midi de la France. Chair succulente, suivant certains, exécrable suivant d'autres.

36. Falcinelle (*Falcinellus igneus*), appelé aussi *Ibis falcinelle. Falcinelle éclatant, Courlis vert*. — Bec brun, long et recourbé vers le bas en forme de faucille. Hauteur: 0ᵐ,65. Tête marron foncé. Dos roux, vert bronzé et vert pur. Devant du corps rouge marron. Flancs verdâtres. Ailes brunes. Pieds minces avec un pouce très développé. Rare dans le Nord. Plus commun dans le Midi. Niche à terre. Œufs blanc vert.

Falcinelle.

37. Aigrette. — Genre d'oiseaux échassiers, caractérisé par la partie nue des jambes irrégulièrement aréolée en avant, couverte en arrière d'un rang de larges plaques, un plumage entièrement blanc, un bec notablement plus long que la tête.

Deux espèces:

a) **Aigrette blanche** (*Egretta alba*), appelée aussi *Grande aigrette*. — Hauteur: 1 mètre. Doigt médian plus court que la moitié du tarse et deux fois plus long que le pouce. Dos et haut des ailes ornées au printemps de plumes (aigrettes) utilisées dans la parure.

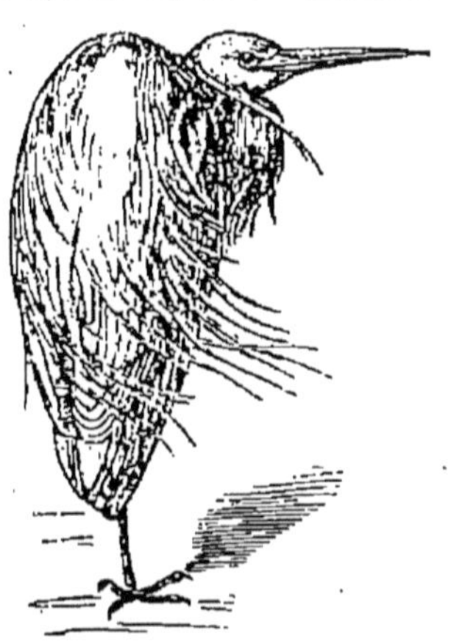

Aigrette blanche.

Autrefois assez commun dans les marais en Provence, en Languedoc, dans les Landes et la Bretagne. Aujourd'hui extrêmement rare. Niche dans les arbres ou les roseaux. Trois à quatre œufs verdâtres.

b) **Aigrette garzette** (*Egretta garzetta*), appelée aussi *Garzette, Héron garzette*. — Hauteur: 1ᵐ,50. Doigt médian au moins d'un cinquième plus long que la moitié du tarse, une fois plus long que le pouce. De passage irrégulier et accidentel dans le Midi.

38. Héron. — Trois espèces :

a) **Héron pourpré** (*Ardea purpurea*). — Hauteur : 0ᵐ,80. Riche parure. Tête noire avec deux plumes formant une aigrette tombante. Joues avec lignes roux ardent et noir. Devant du cou roussâtre grivelé et flammé de noir. Dos roux cendré, à reflets verts. Ventre gris cendré. Poitrine et flancs pourprés. Rémiges brunes. Bec jaune. Iris orangé. Pieds verdâtres. Visiteur régulier des marais et

Héron pourpré.

des bordures d'étangs. Niche quelquefois dans le Midi, où il est assez répandu. Rare dans le Nord et l'Ouest. Peu farouche. Deux ou trois œufs verdâtres.

b) **Héron cendré** (*Ardea cinerea*), appelé aussi *Héron commun.* — Hauteur: 1 mètre à 1ᵐ,10. Pattes et cou longs. Dessus du dos gris perle. Ailes bleu cendré au-dessus. Rémiges noires. Ventre blanc. Flancs noirs. Cou avec plumes longues et effilées, blanc avec des fines plumes noires. Iris jaune clair. Fréquente les marais, les bords des rivières et des étangs, quelquefois le bord de la mer. Niche sur les arbres. Au moment de la reproduction, ils se réunissent dans les grandes futaies qui prennent alors le nom de *héronnières*: il y en a deux ou trois en France. Les anciens nids resservent. Les hérons y arrivent vers le 3 mars. Trois ou quatre œufs bleu pâle. En août, commun en France, surtout le long des rivières et des ruisseaux, les prairies voisines de la mer. Le jour, court sur les grèves. La nuit se perche sur les arbres. Très méfiant. Effrayé, il s'envole obliquement et très haut, tenant son cou renversé. Vol disgracieux. En volant, pousse un cri intermittent rappelant celui de l'oie. Vol rapide (1 kilomètre en une minute). Il faut le surprendre quand il cherche sa nourriture en contrebas d'un talus. Inabordable sur les grèves. Se chassait autrefois au faucon. Chair maigre, peu savoureuse.

c) **Héron mélanocéphale** (*Ardea melanocephala*), appelé aussi *Héron à tête noire.* — Tête, dessus du cou et le haut du corps d'un beau noir. Taille: 1 mètre. Accidentel dans les étangs du Midi.

39. Garde-bœuf (*Bubulcus ibis*). — Moitié moins grand que le héron (0ᵐ,46). Plumage blanc. Cou en partie dénudé. Tête recouverte d'une aigrette pendante roussâtre. Longues plumes fauves ébarbées au bas du cou. De passage très irrégulier dans le Midi de la France. Niche en Afrique où il est utilisé comme un chien à la garde des bestiaux.

40. Bihoreau (*Nycticorax europœus*), appelé aussi *Héron de nuit.* Hauteur: 0ᵐ,60. Voit fort bien dans les ténèbres. Vol doux et silencieux comme celui des hiboux. Se trouve surtout dans les marécages boisés. Le jour, reste tapis dans

Bihoreau.

les roseaux. Vole le soir pour chercher sa nourriture. Tête, cou, épaules noirs. Trois ou quatre plumes très longues, blanches et ébarbées, partant de l'occiput et se dirigeant vers le dos. Dos gris. Ventre blanc, ondé de gris. Iris rouge. Midi de la France. Rarement dans le Nord.

41. Crabier chevelu (*Buphus comatus*). — Hauteur: 0ᵐ,45. Picardie, Artois, côtes Ouest, centre de la France, Savoie. Assez commun dans le Midi, surtout en Camargue. Passe chez nous au printemps et à l'automne. Niche dans les roseaux. Œufs vert bleu sans taches. Les crabiers aiment à se réunir;

Crabier chevelu.

ils se défendent quand ils sont blessés. Volent sans bruit, en rentrant la tête dans les épaules. Dos roux fauve. Ailes et queue blanches. Gorge jaunâtre. Bec bleu et noir. Iris jaune.

42. Butor (*Botaurus stellaris*), appelé aussi *Butor étoilé, Héron étoilé, Cacheux de bœufs.* — Vit dans les marécages recouverts de roseaux épais. Hauteur: 0ᵐ,65. Doigts de dix centimètres. Ongle du pouce recourbé et pointu. Ongle du doigt médian dentelé. Envergure : un mètre. Pennes des ailes brun rouge,

Butor.

rayées de lignes noires, ondulées. Couvertures des ailes fauve clair, ondées de noir. Dos et ventre jaune roux. Cou d'une grande longueur garni d'une collerette de plumes légères, séparée en dessus par une raie. Rentre souvent le cou dans les épaules, ce qui lui donne l'air bossu et change complètement sa physionomie. Niche dans les marais du Nord. Quatre œufs olivâtres. Vers l'automne, descend dans le Midi. Se chasse quand les bandes se mettent en mouvement (octobre, novembre, décembre). Difficile à faire lever : piète beaucoup devant les chiens. Se défend avec courage. Le soir, émet un cri rauque: *ho! ho! raouch.* Au moment des amours, pousse un mugissement extraordinaire qu'il paraît produire en mettant sa tête en partie dans l'eau. Chair mangeable, mais huileuse. Le nom de « cacheux de bœufs » provient de son cri ressemblant à celui des herbagers pourchassant leurs bestiaux.

43. Blongios nain (*Ardeola minuta*),

appelé aussi *Porchat, Pouacre.* — Hauteur: 0ᵐ,36. Cou garni de plumes en jabot, pattes énormes. Teintes rousses dominantes. Dos noir, à reflets verts. Cou jaune roux, grivelé de roux. Rémiges noires. Bec jaune et brun. Iris jaune brillant. Arrive dans le Nord et l'Ouest en mai. Niche dans les roseaux, en juin. Six œufs de couleur blanc sale. Part prestement. Vit dans les marais et au bord des rivières. Dès les premiers froids, descend dans le Midi. Se branche assez souvent. Piète quelque temps devant les chiens. Se défend avec courage. Cri: *beum! beum! geek! geek!*

Très exceptionnellement se rencontre dans les Pyrénées l'*Ardeola Sturmi* reconnaissable à ses teintes noirâtres dominantes et le bas de sa jambe bien dénudé.

44. Grue cendrée (*Grus cinerea*). — Plumage gris cendré. Bec rougeâtre à pointe. Sommet de la tête nu et rouge. Rémiges noires. Pieds noirs. Hauteur : 1ᵐ,40. Ne fait que passer sur la France, en s'arrêtant à peine dans les grandes plaines et les marais du Centre et du Midi. Voyage en files bien ordonnées. Apparaît en France en avril et mai.

Grue cendrée.

Repasse à la mi-octobre pour aller en Égypte. Niche en Pologne et en Russie. Vol élevé (et rapide : 1200 mètres par minute, quelquefois 72 kilomètres en une heure). Chair excellente pour faire du potage.

45. Spatule blanche (*Platalea leucorodia*), appelée aussi *Palette, Pale.* — Hauteur: 0ᵐ,75. Bec mou, large et aplati, s'évasant en forme de spatule ou de cuiller. Corps blanc. Poitrine jaunâtre, quelquefois roux. Sur la tête, une huppe tombante composée de longues plumes

Spatule blanche.

effilées. Niche dans le Nord. Deux à quatre œufs bleuâtres. Emigre en bandes s'avançant de front sur une même ligne. Passe régulièrement sur les côtes Nord et Ouest, à l'automne et au printemps. On la tue surtout dans les marais avoisinant la mer.

46. **Cigogne.** — Deux espèces :

a) **Cigogne blanche** (*Ciconia alba*), appelée aussi *Dinde sauvage*. Dans l'Est, niche dans les villes, sur les toits, les cheminées, les clochers. Corps blanc, sauf les ailes qui sont noires. Pieds et becs rouges. Hauteur : 1ᵐ,20. A l'automne, émigre en masse dans le Midi. Passe quelquefois la nuit dans le Centre où elle se branche. Vole très haut. Fait claquer son bec pour exprimer ses sentiments. — Deux à quatre œufs blancs. Nid formé de branches d'arbres, entrelacées en une masse volumineuse.

b) **Cigogne noire** (*Ciconia nigra*). — Hauteur : 1 mètre. Dessus du corps foncé. Tête noirâtre. Niche dans les arbres, surtout dans les forêts de sapin. Ne fréquente pas les villes. Se trouve dans les parties montagneuses du Sud-Est, quelquefois dans les marais de la Somme.

Cigognes et leur nid.

Ordre des **RAPACES.**

Grands oiseaux à bec puissant, crochu, à pattes composées de quatre doigts, un postérieur et trois antérieurs, réunis à la base par une courte membrane et armés d'ongles puissants (serres). Se nourrissent principalement de mammifères et d'oiseaux. Conformation robuste. Développement extraordinaire des organes des sens, surtout de la vue. Tête grosse. Plumes grandes et en général peu nombreuses. Ailes longues. Les aliments, avant d'être digérés, sont ramollis dans le jabot : les plumes ou le poil se séparent et sont rejetés en dehors par la bouche sous forme de boulettes. Volent avec aisance et longtemps. Nichent sur les rochers, les arbres, les murs, les tours. La femelle couve seule : le mâle la nourrit. Nid ordinairement grossier, appelé aire.

Ils se divisent de la façon suivante :

Yeux placés sur les côtés de la tête. Oiseaux chassant pendant le jour. Plumage rude. . . . . Voir *Tableau A.*

Yeux placés sur le devant de la face. Oiseaux à habitudes nocturnes. Plumage doux et moelleux. . . . . Voir *Tableau B.*

RAPACES (Tableau A : Rapaces diurnes).

Yeux enfoncés, protégés par une saillie de l'arcade sourcilière.

- Bec muni à la mandibule supérieure d'une ou deux dents.
  - Narines arrondies. . . . . . . *Faucon* (n° 1).
  - Narines ovales. . . . . *Gerfault blanc* (n° 2)
- Bec non muni de dents à la mandibule supérieure. — Bord de la mandibule supérieure droit.
  - Bec presque droit à la base.
    - Narines transversales un peu enflées en avant.
      - Pattes emplumées jusqu'aux pieds. . . . . *Aigle* (n° 3).
      - Pattes non emplumées jusqu'aux pieds. . *Pygargue* (n° 4).
    - Narines obliques. . . . . . *Balbuzard* (n° 5).
  - Bec courbé dès la base.
    - Queue arrondie ou tronquée.
      - Narines ovales transversales. . . . . *Circaète* (n° 6).
      - Narines oblongues, obliques. . . . . *Bondrée* (n° 7).
      - Narines arrondies.
        - Tarses presque pas emplumés. . *Buse* (n° 8).
        - Tarses emplumés en avant et en arrière. . . *Archibuse* (n° 9).
    - Queue fourchue ou échancrée.
      - Queue légèrement échancrée. . . . *Élanion* (n° 10).
      - Queue fourchue. . . *Milan* (n° 11).
  - Bord de la mandibule supérieure formant des festons.
    - Doigts longs et ailes courtes.
      - Narines placées à la base du bec. . . . *Autour* (n° 12).
      - Narines placées au milieu du bec. . . . *Épervier* (n° 13).
    - Doigts courts et ailes longues. . *Busard* (n° 14).

Yeux non enfoncés, c'est-à-dire à fleur de tête.

- Peau molle recouvrant en partie le bec et cachée par de longs poils dirigés en avant.
  - Cou nu ou garni de duvet.
    - Tête couverte sur le sommet d'un duvet laineux.
      - Bec non renflé latéralement. . . *Vautour moine* (n° 15).
      - Bec renflé latéralement. . . . . *Gyps fauve* (n° 16).
    - Tête nue. . . . . *Otogyps* (n° 17).
  - Cou emplumé. . . . . *Néophron* (n° 18).
- Pas de peau molle recouvrant en partie le bec. Ailes ne dépassant pas l'extrémité de la queue. . *Gypaète* (n° 19).

RAPACES (TABLEAU B : RAPACES NOCTURNES).

Tête avec un bouquet de plumes.	Tarses entièrement emplumés.	Doigts emplumés jusqu'à la base de la dernière phalange.	*Hibou* (n° 20).
		Doigts emplumés jusqu'aux ongles.	*Grand-Duc* (n° 21).
	Tarses emplumés seulement en avant.		*Petit-Duc* (n° 22).
Tête sans bouquet de plumes.	Face entourée d'une collerette présentant en bas une échancrure.	Narines à la base du bec. Oreille non entourée d'une rosette de plumes. Ailes allongées, obtuses. Queue large où les plumes forment des étages. Ventre nu, peu rayé transversalement.	*Chevêchette* (n° 23).
		Narines placées sur le bord du bec. Oreilles entourées d'une petite rosette de plumes. Ailes arrondies. Doigts couverts de soie.	*Chevêche* (n° 24).
		Narines placées sur le bord du bec. Oreille entourée d'une très grande rosette de plumes. Ailes allongées, obtuses. Queue arrondie.	*Nyctale* (n° 25).
		Oreille entourée d'une médiocre rosette de plumes. Ailes obtuses, presque aussi longues que la queue. Queue arrondie. Doigts avec épais duvet.	*Hulotte* (n° 26).
	Face entourée d'une collerette complète.		*Effraie* (n° 27).

Bec de l'Aigle fauve.

Serre de l'Aigle fauve.

Rapaces diurnes.

1. Faucon. — Six espèces :

a) Faucon commun (*Falco communis*), appelé aussi *Faucon pèlerin*. — Taille : 0ᵐ,40 à 0ᵐ,48. Dos gris ardoisé clair, avec des taches triangulaires gris foncé, disposées en bandes. Front gris. Joues noires. De larges moustaches noires se prolongeant sur les côtés du cou. Queue rayée de gris cendré clair. Grandes plumes des ailes noir ardoisé, jaunâtres à l'extrémité, semées de taches jaune de rouille sur les barbes internes. Haut de la poitrine et gorge jaune blanchâtre. Bas de la poitrine jaune rougeâtre, marqué de raies et de taches cordiformes jaune brunâtre. Ventre jaune rougeâtre marqué de taches transversales foncées. Iris brun foncé. Œil entouré d'un cercle nu, jaune. Bec bleu clair avec pointe noire. Pattes jaunes. 1 mètre à 1ᵐ,10 (mâle), 1ᵐ,25 à 1ᵐ,26 (femelle) d'envergure. Voyage partout. Se rencontre surtout dans le Nord, les falaises de Dieppe, la Provence, les Pyrénées. Emigre en Afrique. Habite surtout les grandes forêts où il y a des rochers escarpés. Fort, courageux, agile. Vol rapide. Bat fréquemment des ailes. Plane rarement. Vole à peu de distance de terre, défiant et prudent. Perché la nuit. Au repos rentre le cou. Cri: *kgiak, kaïac.* Mange des oiseaux qu'il capture au vol, et sur lesquels il se précipite comme une flèche ; les plume en partie avant de les manger. Avale les petits oiseaux avec leurs entrailles. Niche dans les crevasses inabordables des rochers, rarement sur un arbre élevé. Nid grossier de branches sèches. Fin mai: 3 ou 4 œufs arrondis jaune rougeâtre tachetés de brun. Nourrit les petits avec de la chair à demi digérée. Nuisible. On peut le dresser à la chasse au lapin.

Faucon commun.

b) **Kobez vespéral** (*Falco* ou *Erythropus vesperlinus*), appelé aussi *Faucon à pieds rouges.* — Taille: 0^m,28 à 0^m,30. Envergure: 0^m,82. Queue: 0^m,14. Bas-ventre, cuisses, dessous de la queue rouge rouille foncé. Le reste bleu ardoise uniforme, avec une queue plus foncée. Tour des yeux rouge. Pattes rouge brique. Bec jaune, avec la pointe bleuâtre. La femelle a la tête et la nuque roux, le dos avec des bandes foncées, le cou blanc. De passage régulier dans les Pyrénées et le Dauphiné. Dévore sa proie en volant. Cri: *kiki.* Arrive en bandes vers avril. Fait de nombreuses évolutions en l'air. Le soir, vole bas. Perche la nuit. Mange des insectes, surtout des fourmis, des coléoptères, des sauterelles. Blessé, se défend avec ses ongles, en se renversant sur le dos. Niche en mai et s'empare souvent de nids de pie. 4 à 5 œufs petits, arrondis, blanc roux, parsemés de taches brun rouge.

c) **Hobereau commun** (*Falco* ou *Hypotriorchis subbuteo*). — Taille: 0^m,30 à 0^m,33. Envergure: 0^m,82. Queue: 0^m,16. Dos bleu noir. Tête grise. Une tache blanchâtre sur la nuque. Grandes plumes des ailes et de la queue noires. Queue avec bandes transversales noires. Ventre blanc jaunâtre, avec taches noires longitudinales. Cuisses et dessous de la queue roux de rouille. Moustache, brun noir, bien dessinée. Œil entouré de brun. Pattes jaunes. Bec bleu, plus foncé à la pointe. Vit dans toute l'Europe. Assez commun en France. Vit dans les bois peu touffus, en été. Nous quitte en septembre et revient en avril. Vif, agile, hardi. Vole comme l'hirondelle, en tenant ses ailes recourbées en faucille. Change de direction en planant. Se pose rarement à terre, sauf pour dévorer sa proie. Mâle et femelle très unis et voyageant ensemble. Cri: *gaeth!gaeth! gick!* Craintif et méfiant. Ne perche qu'au milieu de la nuit. Mange des petits oiseaux: c'est la terreur des alouettes. Mange aussi des insectes. Nid placé sur un arbre dans un bouquet de bois. Nid tapissé de poils et de laine. En juin: 3 à 5 œufs allongés, blanc gris semés de taches rouge brun. Nuisible. Facile à élever en captivité.

d) **Émerillon** (*Falco* ou *Æsalon lithofalco*). — Taille: 0^m,28. Dessus noir cendré. Dessus de tête et bout de la queue noir foncé. Collier roux, maculé de noir au bas du cou. Gorge blanche. Ventre roux avec des bandes larges suivant la baguette de chaque plume, Dessous de la queue grise avec des bandes noirâtres. Bec bleuâtre. Tour des yeux et pattes jaunes. Iris brun. Émigre au Midi en été. Niche dans les fentes des rochers, sur les

Émerillon.

grands arbres. Se nourrit d'oiseaux et de petits mammifères. Peut être facilement dressé pour la chasse à l'alouette.

c) **Crécerelle vulgaire** (*Falco* ou *Tinnunculus alaudarius*) (on écrit aussi *Cresserelle*). — Taille: 0^m,35. Envergure: 0^m,44. Queue: 0^m,17. Tête, nuque et queue gris cendré. Extrémité de la queue avec une bande bleu noir bordée de blanc. Dos rouille, avec une tache triangulaire blanche sur chaque plume. Gorge jaune blanchâtre. Poitrine et ventre jaune pâle ou gris rouge, avec une tache longitudinale noire sur chaque plume. Grandes plumes des ailes noires, marquées de taches triangulaires blanchâtres ou roux de rouille, et avec

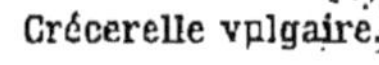
Crécerelle vulgaire.

un liséré clair à la pointe. Bec brun. Tour des yeux jaune verdâtre. Pattes jaune citron. La femelle a le dos rouge brique avec des taches noires. Très commune en été. Émigre ordinairement en hiver. Habite les forêts. Niche sur les arbres les plus élevés ou dans les édifices inhabités. 4 à 7 œufs arrondis, blanc jaune avec des taches rouge brun. Mange des petits rongeurs et des insectes. Utile. Même caractère que l'espèce suivante.

f) Crécerelle crécerine (*Falco* ou *Tinnunculus cenchris*), appelée aussi *Cresserine, Crécerine, Crécerellette, Crécerelle rouge*. — Taille : 0ᵐ,33. Envergure : 71 centimètres. Tête, dessus des ailes, extrémité de la queue, gris cendré. Dos rouge brique. Poitrine jaune rougeâtre. Queue marquée d'une bande noire. Ongles blanc jaunâtre. Assez rare. De passage dans le Midi de la France. Au voisinage des villages de la plaine. Niche dans les murs ou les vieilles maisons. Ne fait pas de nid. On peut prendre la femelle à la main quand elle couve. Vol léger, rapide, à faible hauteur. Assez adroite à terre. Gaie et hardie. Aime à harceler le hibou. Dort peu. Cri : *kli! kli!* Utile.

A citer encore parmi les faucons, quelques espèces accidentelles : *Falco sacer* (dessus brun cendré) ; *Falco barbarus* (front roux) ; *Falco lanarius* (moustaches étroites) ; *Falco concolor* (entièrement gris ardoisé) ; *Falco eleonoræ* (bec noir et un peu de jaune).

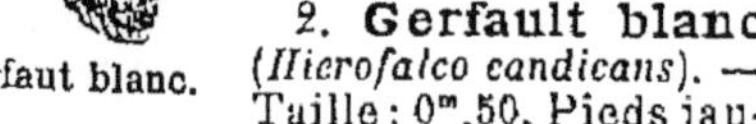
Gerfaut blanc.

2. Gerfault blanc (*Hierofalco candicans*). — Taille : 0ᵐ,50. Pieds jaune bleuâtre. Dos avec taches blanches échancrées en cœur ou formant des bandes transversales interrompues. Bec jaunâtre, avec pointe brune. Très accidentel.

3. Aigle. — Cinq espèces :

a) Aigle fauve (*Aquila fulva*). — Taille : 0ᵐ,90 à 1 mètre. Envergure : 2ᵐ,20 à 2ᵐ,30. Aile pliée : 0ᵐ,60 à

Aigle fauve.

0ᵐ,66. Queue : 0ᵐ,36 à 0ᵐ,39. Tête et queue jaune brun rouille ; le reste brun foncé. Queue blanche à la base, puis variée de bandes noires, noire au bout. Cuisses brunes. Dessous de la queue blanchâtre. Dessous des ailes taché de blanc. Dans les Alpes, le Dauphiné, les Pyrénées, accidentel dans l'Est, l'Ouest et le Nord. Errant. Niche sur les parois rocheuses des hautes montagnes. Fort. A part cela, mêmes mœurs que l'aigle royal.

b) Aigle doré (*Aquila chrysaelos*). — Plus élancé que le précédent. Taille : 0ᵐ,70 à 1ᵐ,15. Envergure : 2ᵐ,40. Aile pliée : 0ᵐ,77. Queue : 36 à 40 centimètres. Plus couleur de rouille que le précédent, surtout à la poitrine, aux cuisses et dessous la queue. Une tache blanche sur l'épaule. Queue gris cendré à larges raies noires transversales irrégulières. Dessous de l'aile foncé ; sans blanc. Dans les montagnes. Errant. Niche sur les arbres dans les grandes forêts. Agile. A part cela, même mœurs que l'espèce suivante.

c) Aigle royal (*Aquila imperialis*). — Taille : 0ᵐ,83 à 0ᵐ,90. Envergure : 2 mètres à 2ᵐ,20. Aile pliée : 0ᵐ,66 à 0ᵐ,74. Queue : 0ᵐ,28 à 0ᵐ,34. Corps ramassé. Queue courte. Ailes longues atteignant l'extrémité de la queue. Brun foncé uniforme. Tête et nuque rouille. Une grande tache blanche à l'épaule. Queue gris cendré avec raies noires et bande terminale étroite. Hautes montagnes. Très noir. Migrateur. Faible.

Fidèle au domaine qu'il s'est choisi. Ne vole que longtemps après le lever

Aigle royal.

du soleil. Mâle et femelle chassent ensemble. A midi revient à son aire ou se repose dans un endroit tranquille et digère. Puis va boire beaucoup et se plonge dans l'eau. Puis chasse à nouveau et, le soir, revient chez lui. Quand il voit une proie, il s'en rapproche doucement en spirale, puis fond sur elle et lui enfonce ses serres dans le corps. Attaque les mammifères, même des renards et des petits enfants, et aussi les gros oiseaux, qu'il plume grossièrement avant de les manger. Fend d'abord la tête. Ne touche pas aux intestins. N'avale que de petites bouchées. Vingt minutes pour digérer une corneille. Mange avec prudence, en regardant autour de lui. Mange les os. Tous les huit jours, rejette une boulette de plumes ou de poils. Niche en mars. Œufs ovales, rugueux, blanchâtres avec des taches. Nid vaste et formé de branchages. S'attaque courageusement à l'homme.

d) **Aigle criard** (*Aquila naevia*). — Taille : 0^m,69 à 0^m,74. Envergure : 1^m,76 à 1^m,87. Aile pliée : 0^m,50. Queue : 0^m,26. Dessus brun glacé de noir. Plumes de la nuque avec lignes de rouille. Poitrine et ventre brun clair. Dessous de la queue bleu fauve. Queue avec une bande claire à l'extrémité. Habite les bois au voisinage des cours d'eau. Arrive en mars et repart en octobre. Lâche et inoffensif. Plane des heures entières. Mange des petits vertébrés, surtout des rongeurs et des grenouilles, même de la charogne. Voix perçante : *ief! ief!* Aire bâtie sur un arbre, avec partie supérieure formée de branches vertes. Un ou rarement deux œufs. Couve en mai.

e) **Aigle botté** (*Aquila pennata*). — Taille : 0^m,50. Envergure : 1^m,20. Aile pliée : 0^m,38. Queue : 0^m,20. Front d'un blanc jaunâtre. Sommet de la tête avec des taches longitudinales foncées. Nuque brun rougeâtre. Dos et ailes brun marron, ondulé de brun clair. Epaule blanche. Ventre jaunâtre, avec des traits bruns. Pattes jaune citron. Tarses totalement couverts de plumes. Assez rare. Vol facile, léger. Se perche sur les branches basses. Toujours par couple. Poursuit les petits oiseaux. Chasse surtout en forêt. Niche en avril sur un arbre élevé.

4. Pygargue (*Haliaetus albicilla*), appelé aussi *Aigle de mer.* — Taille : 1 mètre. Envergure : 2^m,33 à 2^m,66. Aile 0^m,66. Queue : 0^m,33. Brun fauve. Tête et cou gris brun. Queue

Pygargue.

blanche. Bec et yeux jaunâtres. Blanchit en vieillissant. Au bord de la mer ou des eaux douces. Vit en société. Chasse les oiseaux de mer et de marais. Les enlève quand ils nagent. Attaque aussi les mammifères et les petits enfants. Adroit à terre. Vol lent. Cruel.

5. Balbuzard (*Pandion haliaetus*). — Taille : 0^m,55 à 0^m,60. Sur la tête et la nuque, plumes minces blanc jaunâtre, avec traits longitudinaux brun noir. Plumes du dos brunes avec liséré clair. Queue rayée de brun et de noir. Ventre blanc jaunâtre. Sur la poitrine, une tache brune. Une bande foncée descendant de l'œil sur le milieu du cou. Pattes gris de plomb. Vit au bord des eaux. Ne se nourrit que de poissons. Emigre. Niche sur les arbres les plus

Balbuzard.

élevés. Vole à 20 mètres au-dessus de l'eau et fond rapidement sur sa proie. Enfonce profondément ses serres dans le corps du poisson. N'en mange que les meilleurs morceaux.

6. Circaète (*Circaetus gallicus*), appelé aussi *Jean-le-blanc.* — Taille : 0^m,70 à 0^m,77. Envergure : 1^m,80. Aile repliée : 0^m,50. Queue : 0^m,25. Dos brun. Sur la tête et la nuque, plumes pointues brunes avec liséré clair. Grandes plumes des ailes brun noir, bordées de brun clair, à tiges blanches et marquées de raies transversales noires. Queue avec trois larges bandes transversales, terminée par une large bande blanche. Front, gorge et joues blanchâtres, avec des raies brunes. Ventre blanc, avec taches transversales brun clair. Œil jaune. Bec noir bleuâtre. Pattes brun clair. Dans les grandes forêts. Vie silencieuse, indolente. Il plane avec placidité. Chasse surtout les reptiles. Assez rare. Çà et là.

7. Bondrée apivore (*Pernis apivorus*). — Taille : 0^m,63 à 0^m,66. Envergure : 1^m,45. Aile pliée : 0^m,41. Queue : 0^m,25. Plumage variable. Brun avec trois grandes bandes et de petites raies sur la queue. Tête gris bleu. Œil blanc ou jaune d'or. Bec noir. Poitrine souvent blanche. Lâche, sot, craintif, débonnaire. Vole lentement et lourdement à petite distance du sol. Mange surtout des guêpes incomplètement formées et ne pouvant le piquer : déterre leurs nids. Mange aussi d'autres insectes. Nid à une faible hauteur sur un arbre : branches sèches entrelacées très lâchement. Alpes, Auvergne, Pyrénées, Nord. Utile.

8. Buse vulgaire (*Buteo vulgaris*).

— Taille : 0^m,60 à 0^m,69. Envergure : 1^m,37 à 1^m,60. Queue : 0^m,22 à 0^m,25. Couleur variable. Brun noir uniforme, avec queue rayée ou partiellement gris clair. Quelques-uns blanc jaunâtre. Pattes jaunes. Bec bleuâtre à la base, noirâtre à la pointe. Bec petit, court, à dos arrondi. Oiseau errant. Vole lentement à une assez grande hauteur, se fixe surtout dans les forêts au voisinage des champs et des prairies. S'élève haut dans les montagnes. Se reconnaît facilement : lent, maladroit ; au repos, se tient ramassé, les ailes rabattues, posé sur une seule patte.

Buse vulgaire.

Reste ainsi des heures sans bouger, mais néanmoins fait le guet. Vole lentement et sans bruit. Au printemps, émet un miaulement de chat. Niche sur les arbres. Se nourrit principalement de petits rongeurs. Se rencontre partout. Commune. Utile.

9. Archibuse (*Archibuteo lagopus*), appelée aussi *Buse pattue*. — Taille : 0^m,50. Dessus brun jaunâtre rayé de brun sur la tête et le cou. Dessous de la queue blanc. Gorge blanche striée de brun. Bec noir. Doigt jaunes. Iris brun. Rare. Niche sur les rochers. Mange des rongeurs. Utile.

10. Élanion (*Elanus cinereus*), appelé aussi *Blac*. — Accidentel (Nord, Côte-d'Or, Gard). Taille : 0^m,30. Dessus gris cendré. Dessous blanc. Bec noir. Doigt interne plus long que l'externe. Ongles forts.

11. Milan. — Deux espèces :

a) Milan noir (*Milvus niger*). — Taille : 0^m,58 à 0^m,63. Envergure : de 1^m,32 à 1^m,38. Aile repliée : 0^m,44. Queue : 0^m,27 à 0^m,30. Tête, gorge et cou blanc sale, avec taches longitudinales gris foncé. Poitrine d'un brun rougeâtre, avec des traits foncés ; ventre et cuisses brun roux, rayés de noir ; le dos, les épaules, les tectrices brun foncé. Bord de l'aile roux. Queue brune avec neuf à douze bandes étroites noires et brunes. Bec noir avec une dent bien distincte. Pattes jaune orange. Surtout dans les Landes, le Languedoc, les Pyrénées, la Champagne. De passage. Arrive en mars et part fin octobre. Vole avec aisance et longtemps. Plane souvent. Marche assez bien. Au repos, se tient droit. Poursuit les autres rapaces et les tourmente jusqu'à ce qu'ils lui aient abandonné leur capture. Mange des rats des souris, des taupes, des le-

vrauts. Poursuit les poissons à l'époque du frai, mais ne sait pas plonger. Pénètre avec impudence dans les cours et les fermes pour voler les poussins. Lâche devant une poule en colère. Reproduction en mai. Le mâle fait des exercices de haut vol. Aire établie sur un arbre élevé. 3 à 4 œufs jaunâtres à marbrures brunes.

b) Milan royal (*Milvus regalis*). — Taille : 0^m,66. Envergure : 1^m,57. Aile pliée : 0^m,50. Queue : 0^m,39. Plumage roux de rouille, semé de taches et de raies brun noir au centre des plumes. Tête et cou blancs, à flammèches brunes. Pointe des ailes noire. Queue rouille avec des bandes brunes. Dans les Pyrénées, les Landes, la Provence, la Champagne. Arrive en mars. Repart en octobre. Paresseux, lourd, un peu lâche. Vol lent très soutenu. Plane très longtemps. A terre, sautille. Perché, reste droit. Prudent et rusé. Voix désagréable : *hihihiœœ*. Mange des petits mammifères, des jeunes oiseaux, des reptiles, des crapauds, des insectes. Enlève les poussins dans les fermes.

Milan royal.

Enlève leur proie aux faucons en les harcelant. Plutôt utile. Se reproduit comme le précédent.

12. Autour des palombes (*Astur palumbarius*). — Taille : 0^m,58. Envergure : 1^m,15. Aile pliée : 0^m,33. Queue : 0^m,23. Dos gris brun noirâtre, à reflets gris cendré. Ventre blanc avec de petites lignes ondulées brun noir. Bec noir. Œil jaune. Pattes jaunes. Assez commun. Dans les bois alternant avec les champs et les prairies. Surtout dans les grandes forêts. Solitaire. Farouche. Sauvage. Hardi. Actif. Fort Prudent. Vol rapide et bruyant.

Autour des palombes

Plane, la queue étalée. Sautille à terre. Voix désagréable : *iwiaek*. Chasse toute la journée, même à midi. Très vorace. Attaque tous les oiseaux et les petits mammifères. Surtout les pigeons qu'il capture au vol. Nid sur les arbres les plus élevés, servant plusieurs années de suite. Nuisible.

13. Épervier. — Deux espèces:

a) Épervier commun (*Accipiter nisus*). — Taille: 0ᵐ,33. Envergure: 0ᵐ,66. Aile repliée: 0ᵐ,21. Queue: 0ᵐ,16. Dos gris cendré noirâtre. Ventre blanc marqué de rouille. Queue, avec cinq à six bandes noires, blanche au bout. Bec bleuâtre. Iris jaune. Pieds jaune pâle. Çà et là, assez commun; surtout dans les petits bouquets de bois des régions montagneuses. Agile et courageux. Vol facile, léger. Sautille à terre. Méfiant et hardi. Pousse sa proie jusque dans les maisons. L'ennemi le plus terrible des petits oiseaux. Il porte sa proie dans un endroit déterminé et l'avale après lui avoir arraché les grandes

Épervier commun.

ailes. Mange aussi des œufs. Cri: *ki ki kaek*. Niche dans les fourrés à peu de distance du sol. 3 à 5 œufs, à coque lisse et épaisse. La femelle seule sait préparer à manger aux petits. Nuisible.

b) Grand épervier (*Accipiter major*). — Taille: 0ᵐ,36 à 0ᵐ,40. Sud-Ouest, Centre, Nord-Ouest. Dessus brun. Mêmes mœurs que l'espèce précédente.

14. Busard. — Deux espèces:

a) Busard harpaye (*Circus æruginosus*), appelé aussi *Harpaye, Busard des marais*. — Taille: 0ᵐ,58, dont 0ᵐ,28 pour la queue. Envergure: 1ᵐ,30 à 1ᵐ,38. Plumage bigarré. Plumes du front brunes, bordées de jaunâtre. Dos brun café. Joues jaune pâle avec des traits foncés. Haut de la poitrine jaune à taches brunes longitudinales.

Busard harpaye.

Ventre rouille, avec pointe des plumes plus claire. Sur les bords des lacs, des marais, des étangs couverts de roseaux. Arrive au mois de mars. Se nourrit d'oiseaux aquatiques, ou, à défaut, de grenouilles, de poissons, d'insectes. Détruit les couvées des oiseaux de marais en mangeant les œufs. Nid au milieu des roseaux. Nuisible.

b) Busard Saint-Martin (*Circus cyaneus*), appelé aussi *Saint-Martin, Strigiceps bleuâtre*. — Taille: 0ᵐ,47. Envergure:

1ᵐ,15. Aile repliée: 0ᵐ,39. Queue: 0ᵐ,23. Ailes longues. Tête, dos, devant de la poitrine, bleu cendré. Ventre blanc, avec des traits rouille. Plumes des ailes noires. Raies noires sur le bord de l'aile. Queue avec quatre ou cinq bandes noires. Œil jaune. Bec noir. Provence, Pyrénées, Nord. Agile, hardi, rusé. Vol lent, vacillant, incertain, les ailes fortement relevées et la queue peu étalée. Plane en balançant son corps. Vole de préférence au ras du sol. Se perche plutôt sur les pierres que sur les arbres. A terre, court et saute, assez vif. Craintif et défiant. Curieux. Lâche. Reproduction à la fin du printemps. Nid au pied des buissons ou dans les herbes. Mange des mulots, des campagnols, des grenouilles, des reptiles, quelquefois des œufs et des petits oiseaux. Utile.

15. Vautour moine (*Vultur monachus*), appelé aussi *Grand vautour*. — Le plus grand des oiseaux d'Europe. Taille: 1ᵐ,14. Envergure: 2ᵐ,34. Aile pliée: 0ᵐ,80. Queue: 0ᵐ,41. Brun foncé uniforme. Œil brun. Bec bleu à la base, rougeâtre par places, violet vif à la pointe. Pattes blanches, à reflets violets. Cou nu d'un gris de plomb clair. Midi de la France; Pyrénées. Port noble. Mange la chair des animaux morts, rarement les intestins. Avale les os. Niche sur les arbres. Se pose sur les rocs élevés pour guetter la mort des moutons.

16. Gyps fauve (*Gyps fulvus*), appelé aussi *Vautour fauve*. — Aspect du vautour moine. Taille: 1ᵐ,13. Envergure: 2ᵐ,72. Aile pliée: 0ᵐ,72. Queue: 0ᵐ,32. Brun fauve clair uniforme, un peu

Gyps fauve.

moins foncé au ventre. Chaque plume bordée d'un liséré clair. Grandes plumes de dessus les ailes bordées de blanc. Œil brun clair. Bec brun de corne. Pattes gris brunâtre. Se trouve en Provence, accidentellement dans le Languedoc, le Dauphiné et le Nord. Habite les rochers, dans le voisinage des montagnes escarpées. Vole facilement. Marche assez bien. Rusé. Coléreux. Intelligence bornée. Vit en société. Blessé, se défend avec rage, en s'élançant à la figure. Mange les cadavres, surtout les organes contenus dans une cavité. Avale les intestins, le cœur, le foie sans retirer la tête de la cavité abdominale. Tête et cou couverts de sang. Dort longtemps pendant le jour. Se met en chasse vers midi. Reproduction fin février. Aire dans une crevasse de rocher. Un seul œuf de la grosseur de celui de l'oie.

17. Otogyps (*Otogyps auricularis*). — Taille : 1ᵐ,20 à 1ᵐ,25. Tête et cou couleur chair. Bec bleuâtre. Plumage brun fuligineux. Plumes de l'abdomen contournées en sabre. En Provence. Accidentel.

18. Néophron (*Neophron percnopterus*), appelé aussi *Percnoptère.* — Taille : 0ᵐ,70. Blanc sale. Face nue. Ailes noires au bout. Tache jaune au jabot. Hautes montagnes. Midi de la France ; Suisse. Apparence hideuse. Craintif. Sociable. Mange les cadavres, les détritus de l'homme et tout ce qu'il peut se procurer. Niche sur les rochers.

19. Gypaète (*Gypaetos barbatus*), appelé aussi *Vautour des agneaux.* — Taille : 1ᵐ,04 à 1ᵐ,20. Envergure : 2ᵐ,50 à 2ᵐ,80. Aile pliée : 0ᵐ,83. Queue : 0ᵐ,50. Front, sommet et côtés de la tête blanc jaunâtre, à plumes soyeuses plus foncées, Nuque jaune rouille. Plumes du dos, du croupion, le dessus des ailes et de la queue noir foncé, avec la tige blanchâtre et l'extrémité tachée de jaunâtre. Ventre jaune rouille, plus foncé à la gorge. Poitrine avec un collier de plumes blanc jaunâtre, à taches noires Une ligne noire va du bec à

Gypaète.

l'œil. Dans les Alpes, les Pyrénées, accidentel dans le Jura et les Vosges. Aime les lieux élevés. Descend quelquefois en plaine. Isolé ou avec sa femelle. Ne se met en course que deux heures après le lever du soleil. Suit la chaîne de montagne dans sa longueur. Avance avec rapidité sans battre des ailes. Allure élégante. Quand il aperçoit une proie, il descend à terre en spirale, puis court après elle. Mange surtout les os des charognes en les brisant avec son bec ou en les laissant tomber de haut. Les histoires terribles qu'on lui impute (enlèvement des enfants, des bestiaux, etc.) doivent être attribuées à l'aigle. Le gypaète est inoffensif.

Rapaces nocturnes.

Les rapaces nocturnes, à cause de leur aspect quelque peu mystérieux et de leurs habitudes nocturnes, ont donné naissance à des fables absurdes : on les poursuit à tort et on les tue bêtement. Ils sont au contraire très utiles en détruisant énormément de rongeurs et doivent être respectés. Inutile de dire qu'il n'y a pas à craindre qu' « ils portent malheur ». Ce sont là des superstitions d'un autre âge.

La plupart sont appelés vulgairement Chouettes.

20. Hibou. — Deux espèces :

a) **Hibou vulgaire** (*Otus vulgaris*), appelé aussi *Moyen Duc, Hibou des forêts.* — Taille : 0ᵐ,36 à 0ᵐ,39. Envergure : 0ᵐ,96 à 1ᵐ,04. Touffes de plumes bien développées au-dessus des oreilles. Dos jaune roux sale, tacheté de gris brun foncé. Ventre jaune roux clair avec des taches brunes. Pavillon de l'oreille noir en dehors, blanchâtre en dedans. Face jaune roux grisâtre. Bec noirâtre. Œil jaune vif. Ne se rencontre que dans les forêts, mais, la nuit, vient quelquefois rôder autour des villages. Sociable, se réunit en bande. On peut s'en approcher sans qu'il s'envole. Se nourrit de mulots, de campagnols, de musaraignes. Dépose

Hibou.

ses œufs dans un nid abandonné de corneille, de ramier, d'un rapace, d'un écureuil. La femelle seule couve. Mâle et femelle nourrissent les petits qui piaillent sans cesse. 4 œufs arrondis blancs. Utile.

b) **Hibou brachyote** (*Otus brachyotus*), appelé aussi *Hibou de marais.* — Taille : 38 à 44 centimètres. Envergure : 1ᵐ,15. Aigrette formée seulement de deux à quatre plumes courtes. Ailes dépassant la queue. Plumage jaune pâle. Bec noir. Iris jaune. Barbes internes des plumes de la queue coupées par 4 à 5 bandes espacées, brunâtres. Passe le jour caché au milieu des herbes et des roseaux. Vole lentement à une faible distance du sol. Cri: *gae gae*. Siffle et souffle quand il est en colère. Chasse les petits rongeurs. Nid sur le sol. Entreprend de grands voyages.

21. Grand-duc (*Bubo maximus*), appelé aussi *Chat-huant*. — Taille: 0ᵐ,66. Envergure: 1ᵐ,60. Aile pliée: 0ᵐ,44. Queue: 0ᵐ,27. Dessus jaune roux foncé marqué de noir. Dessous jaune roux taché longitudinalement de noir. Plumes des oreilles noires bordées de jaune en dedans. Gorge blanche. Queue et ailes semées de points d'un brun jaune, alternativement clairs et foncés. Bec gris bleu foncé. Œil jaune, bordé de rouge. Habite surtout les régions montagneuses. Reste caché pendant le jour, buché dans un creux de rocher ou sur un arbre, dans un demi-sommeil. S'éveille au moindre bruit. S'éveille au coucher du soleil et émet un cri sourd: *bahu*, sinistre. Chasse tous les vertébrés. Vole la nuit en rasant le sol, silencieusement. Mange surtout des rats, des mulots et des écureuils. Se reproduit au commencement de mars. Nid dans une crevasse de rocher, dans un terrier, un peu partout. Haï de tous les oiseaux. Utile.

Grand-Duc.

22. Petit-duc (*Scops Aldrovandi*), appelé aussi *Scops*. — Taille: 0ᵐ,18 à 0ᵐ,20. Envergure: 1ᵐ,50. Aile pliée: 15 centimètres. Queue: 7 centimètres. Plumage très bigarré. Dos brun roux, mêlé de gris cendré, rayé de noirâtre en long. Ailes marquées de blanc. Epaules marquées de rougeâtre. Ventre mêlé de brun roussâtre et de gris blanchâtre. Bec gris bleu. Pieds gris de plomb. Tour des oreilles peu marqué. Dans le Centre et le Midi. Se tient dans les plaines couvertes d'arbres isolés, les champs, les jardins. Le jour, reste appuyé contre un tronc d'arbre, tapi sur le sol, caché sous un pied de vigne. Même couleur que le sol. Vole la nuit comme le faucon. Se nourrit surtout d'insectes. Dépose ses œufs dans les fentes et les trous des murs. Œufs sphériques. Utile.

Petit-Duc.

23. Chevêchette (*Slurnia passerina*). — Taille: 0ᵐ,18. Envergure: 0ᵐ,43. Dos gris brun souris taché de blanc. Ventre blanc, taché longitudinalement de brun. Face gris blanchâtre, semée de petits points foncés. Bec jaune. Iris jaune. Queue avec quatre bandes blanches. Pyrénées-Orientales, Savoie, Jura. Gai, vif, actif. Grimpe comme un perroquet. Chasse les insectes, rarement les petits oiseaux. On l'attire en criant *kirr! kirr*. Niche sur les arbres élevés. Habitudes diurnes. Utile.

24. Chevêche (*Noctua minor*). — Taille: 0ᵐ,23. Envergure: 0ᵐ,55. Aile pliée: 0ᵐ,15. Queue: 0ᵐ,09. Dessus brun gris de souris, à taches blanches irrégulières. Face gris blanchâtre. Dessous blanchâtre, à taches brunes longitudinales. Ailes gris brun, marquées de taches triangulaires et de bandes transversales d'un blanc roussâtre. Bec jaune verdâtre. Pieds gris jaunâtres. Œil jaune. Vit dans les bosquets de bois clairsemés, dans les villages entourés de vergers et de vieux arbres. Niche aussi dans les grandes villes. Ne craint pas l'homme. Chasse la nuit, mais ne craint pas la lumière. Se réveille au moindre bruit. Vole en décrivant des courbes. Regard sournois, rusé.

Chevêche.

La nuit, vole autour de tout, du feu, des fenêtres, etc. Mange de petits mammifères, des oiseaux, des insectes. Reproduction en avril. Dépose ses œufs dans une cavité quelconque, creux de rocher ou de tronc d'arbres. Utile.

25. Nyctale (*Nyctalis tengmalmi*). — Taille: 0ᵐ,20. Dessus brun roux avec taches blanches. Dessous blanc, tacheté de flammicules brunes et de macules en croissant. Queue avec quatre raies transversales blanches. Bec nuancé de jaune et de noir. Dans les forêts. Solitaire. Craintif. Fuit la lumière. Mange de petits rongeurs. Utile.

26. Hulotte (*Syrnium aluco*), appelé aussi *Chat-huant*. — Taille: 0ᵐ,40. Plumage très variable. Dessus brun gris ou roux, avec des taches dentelées. Dessous blanc ou roussâtre, avec taches dentelées. Queue rayée de brun et de roux. Dans les grandes forêts. Ebloui par la lumière. Lourd et lent. Voix retentissante: *houhouhou*, ressemble à un ricanement. Se nourrit de petits rongeurs.

Reproduction fin avril. Niche dans les troncsd'arbres creux. Utile.

Chat-Huant et son nid.

27. Effraie (*Strix flammea*). — Taille: 0ᵐ,33 à 0ᵐ,38. Envergure: 1 mètre à 1ᵐ,08. Aile pliée: 0ᵐ,30. Queue: 0ᵐ,14.

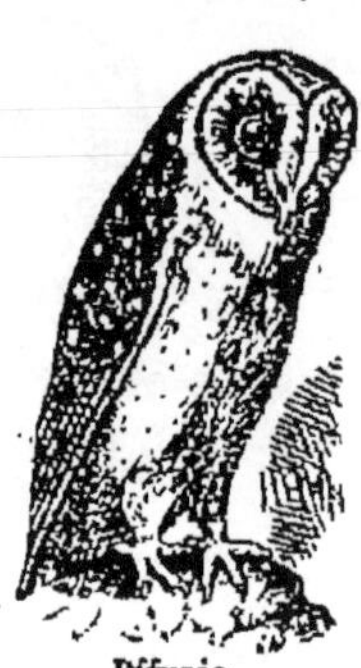

Effraie.

Dos gris cendré foncé. Côtés de la tête et du cou jaune roux, à taches longitudinales blanches et noires, très petites. Dessus des ailes cendré foncé. Ventre jaune roux foncé à taches brunes et blanches. Bec blanc rougeâtre. Pieds gris bleu sale. Œil brun foncé. Face en forme de cœur. La journée, se tient immobile dans les endroits obscurs. S'éveille au moindre bruit. Au crépuscule, vole à ras du sol. Cri très désagréable: *chéi, chéi, gréi, gréi*. Vole sans crainte autour de l'homme. Se nourrit de souris, de rats, de musarai-

Patte de l'Effraie.

gnes, de taupes, de petits oiseaux, d'insectes. Œufs déposés sur un tas de plâtras. Jeunes émigrent à la recherche d'un domaine. Utile.

« Partout, dit Lenz, on devrait ménager des endroits où nicheraient les effraies. Dans chaque pignon de ma maison est pratiquée une ouverture de la grandeur de celle d'un pigeonnier. Cette ouverture conduit dans une sorte de caisse, présentant, à droite et à gauche, des endroits convenables pour nicher. La lumière ne peut y pénétrer. Ils tuent beaucoup de souris et vivent en bons rapports avec les chats. »

Ordre des GRIMPEURS.

Les grimpeurs constituent parmi les oiseaux un groupe facile à reconnaître à ce que, chez eux, deux doigts sont dirigés en avant et en arrière. Ce sont des oiseaux migrateurs qui ne passent chez nous que la belle saison. Le nombre des espèces indigènes est restreint.

On les divise comme il est indiqué ci-dessous:

Mandibule supérieure crochue. . . . . *Coucou* (n° 1).

Mandibule supérieure non crochue.
Plumes de la queue molles à leur extrémité. Oiseau tournant souvent le cou.. . . . . *Torcol* (n° 2).
Plumes de la queue dures à leur extrémité. Oiseau courant généralement le long des troncs d'arbres. . . . . *Pic* (n° 3).

1. Coucou gris (*Cuculus canorus*). — Taille: 0ᵐ,39. Envergure: 0ᵐ,67. Longueur de l'aile: 0ᵐ,25. Longueur de la queue: 0ᵐ,24. Dos gris cendré foncé ou d'un cendré bleuâtre. Ventre gris, presque blanc, avec des ondulations noires transversales. Gorge et joues gris cendré. Ailes d'un noir de plomb,

Queue noire tachetée de blanc. Œil jaune vif. Bec noir. Base de la mandibule inférieure jaune. Pattes jaunes. La femelle a, à la nuque et sur les côtés du cou, de légères bandes rougeâtres. Vit dans les forêts et revient tous les ans au même endroit. Vif et agile, il est constamment en mouvement. Vol rapide, léger, élégant, rappelant celui du faucon. Marche mal. Incapable de

Coucou gris.

grimper. Très vorace, il mange un nombre considérable d'insectes nuisibles aux forêts. Sa reproduction est très singulière, mais, malgré le nombre considérable d'ouvrages qu'elle a suscité, nous sommes encore mal renseignés sur ce sujet. Tout ce que l'on sait, c'est que le coucou ne couve pas lui-même ses œufs et confie à divers oiseaux chanteurs le soin de les faire éclore. Il s'adresse pour cela à un très grand nombre d'espèces, même celles dont les œufs diffèrent beaucoup du sien et dépose un œuf dans leur nid pendant que le propriétaire est absent ou en le chassant lorsqu'il est là. Il est difficile de comprendre pourquoi le légitime propriétaire du nid ne rejette pas cet œuf parasite quand il le trouve : on suppose qu'il a peur du coucou, lequel resterait dans les environs pour effectuer une « pression morale » sur lui (!). Quand il éclôt, le jeune coucou est très imparfait, mais on le reconnaît facilement à sa grosse tête et à ses grands yeux. Les possesseurs du nid le nourrissent conjointement avec leurs petits, ce qui n'est pas une sinécure car il est d'une voracité extrême. Devenu un peu plus fort, il rejette au dehors du nid ses petits compagnons qui se tuent en tombant, à moins que ce ne soit la mère coucou qui commette ce meurtre. Les parents frustrés dans leur progéniture n'en continuent pas moins à nourrir l'envahisseur. — Le chant le plus habituel du coucou est : *coucou!* Quelquefois, il crie doucement *coua*, ou *haghag, hag, hag*, tandis que la femelle ricane *kwikwikwik*. — Œufs très variables de forme et de couleur. Utile.

2. Torcol (*Yunx torquilla*). — Taille : 0ᵐ,19. Envergure : 0ᵐ,30. Aile : 0ᵐ,09. Queue : 0ᵐ,07. Dos gris cendré clair finement ondulé et ponctué de gris plus foncé. Ventre blanc, avec taches triangulaires, éparses, foncées. Gorge et cou jaunes, avec des raies transversales. Du sommet de la tête au bas du dos, il y a une raie noirâtre. Dos semé de taches noirâtres-brun roux. Grandes plumes des ailes rayées de brun roux. Queue ponctuée de noir ; marquée de cinq raies courbes. Iris brun jaune. Bec et pattes jaune verdâtre. — Commun partout. Arrive au printemps et nous quitte avant la fin de

Torcol.

l'été. Voyage la nuit. Recherche les forêts ayant de larges éclaircies et surtout les bouquets de bois au milieu des champs. S'établit quelquefois près des maisons. Répète sans cesse : *wii id, wii id*. La femelle répond au mâle. Vit sur les branches des arbres ou à terre. Un peu paresseux, il ne se remue guère. Ne peut pas grimper sur les troncs des arbres. Pour voler, il monte d'abord à la cime d'un arbre, puis s'élance. Tourne sans cesse la tête dans toutes les directions, en faisant des grimaces et hérissant ses plumes. Mange des fourmis et préfère les larves aux adultes ; il les perce avec sa langue ou les laisse se coller à elle. Niche dans les creux placés au bas des arbres. 7 à 11 œufs, petits, obtus, à coquille lisse, mince, blanche. Couve 14 jours. On peut regarder la mère qui couve sans la voir se sauver. Utile.

3. Pic. — Six espèces :

a) Pic épeiche (*Picus major*), appelé aussi *Grand pic, Epeiche, Pic bigarré, Pic rouge*. — Taille : 0ᵐ,25. Dos noir. Ventre jaune sale. Front avec une bande jaunâtre. Sur les côtés du cou, une grande tache. Bandes blanches au travers des ailes. Derrière de la tête et bas ventre rouge carmin. Une raie noire descend le long du cou. Œil rouge brun. Bec gris de plomb. Pattes gris verdâtre. La femelle n'a pas l'occiput rouge. Vit dans les grandes forêts et dans les bouquets de bois, surtout les pins. Arrive à la fin de l'hiver. En été, ne souffre aucun de ses semblables dans son voisinage. Fort, vigoureux, leste, agile, hardi. Court sans cesse le long des troncs d'arbres où ses belles couleurs appellent l'attention. Vol saccadé, bruyant; ne franchissant qu'un faible espace d'une seule traite. A terre, il sautille avec maladresse. Cri : *pick pick* ou *kik kik*; il tambourine sur les arbres en les frappant du bec. On l'attire facilement en imitant le bruit qu'il fait en frappant les arbres : il croit que c'est un rival. Mange surtout des insectes et quelquefois des fruits durs ou des baies. Il décortique les arbres pour s'emparer du scarabée du pin. Il frappe du bec sur les arbres, pour effrayer les insectes et les obliger à sortir de leur trou. Niche dans des creux qu'il perce dans les troncs des arbres (Voir la description dans : H. COUPIN. *Les Arts et Métiers chez les Animaux*). 4 à 6 œufs petits, allongés, d'un blanc lustré, couvés par les deux sexes. Utile.

b) **Pic épeichette** (*Picus minor*), appelé aussi *Epeichette, Petit pic*. — Taille : 0ᵐ,17. Envergure : 30 centimètres. Aile : 8 centimètres. Queue : 6 centimètres. Bec court, peu conique. Queue arrondie. Front gris jaunâtre. Sommet de la tête rouge. Haut du dos noir. Ailes rayées de noir et de blanc. Bas du dos blanc rayé de noir. Joues blanches. Sur les côtés du cou une raie noire. Ventre gris, avec des raies longitudinales noires sur les côtés. Plumes du milieu de la queue noires, les latérales blanchâtres, rayées de noir. La femelle n'a pas la tête rouge. Œil jaune rougeâtre ou rouge. Bec gris, à pointe noire. Pattes grises. Vit dans les plaines couvertes d'arbres fruitiers, où on le rencontre toute l'année, ou ne se déplace que peu. A un domaine d'où il chasse toutes les autres épeichettes. Vif, agile. Grimpe rapidement le long des arbres, toujours la tête en haut. Se suspend en dessous des petites branches. Cri : *kick kick*. Le mâle ronfle. Frappe les arbres pour en faire sortir les insectes. Creuse son nid dans les troncs des arbres. Utile. Commun.

c) **Pic mar** (*Picus medius*). — Ressemble beaucoup au pic épeiche mais s'en distingue par l'absence de moustache noire. Le dessus de la tête est rouge aussi bien chez la femelle que chez le mâle. Bec noir. Œil rouge. Surtout dans le Midi, les Vosges et les Ardennes.

d) **Pic vert** (*Picus viridis*), appelé aussi *Gécine vert, Pivert*. — Taille : 0ᵐ,33. Envergure : 55 centimètres. Aile : 19 centimètres. Queue : 12 centimètres. Dos vert jaune verdâtre. Ventre vert clair. Face noire. Nuque gris cendré, avec un peu de rouge carmin. Croupion jaune clair. Au-dessous des joues, une ligne rouge chez le *mâle*, noire chez la femelle. Grandes plumes des ailes d'un brun noir terne, avec des taches transversales jaunâtres ou blanc brunâtre. Plumes de la queue d'un gris vert, rayées de noir. Bec gris de plomb sale, à pointe noir. Œil gris foncé. Pattes gris verdâtre. Voyage ou ne voyage pas suivant les années. Rare dans les forêts, surtout celles de conifères. Préfère les bouquets de bois alternant avec des lieux découverts. Vient dans les jardins, près des maisons. Gai, vif, rusé, prudent. Grimpe facilement et marche bien. Vol bruyant, fortement ondulé. Voix : *gluck* ou *guck gaeck* ou *kipp*. Ne tambourine pas. Visite les arbres. Si on s'en approche, il passe de l'autre côté. Creuse des

Pic vert.

trous dans les charpentes et les murs, ainsi que les arbres pour en extraire les insectes. Court aussi sur le sol pour chasser les vers et les larves. Aime beaucoup les fourmis rouges qu'il prend en les laissant se coller à sa longue langue visqueuse. Niche dans les arbres creux pourris. 6 à 8 œufs oblongs, renflés à un bout, à coquille lisse, d'un blanc lustré. Couvaison par le mâle et la femelle. Utile.

e) **Pic noir** (*Picus martius*). — Taille : 0ᵐ,45. D'un noir uniforme. Dessus de la tête rouge. Bec jaunâtre à la base. Iris blanc. Dans les forêts des montagnes.

f) **Pic cendré** (*Picus canus*), appelé aussi *Gécine cendré*. — Taille : 0ᵐ,32. Ressemble au pic vert, mais la femelle a le dessus de la tête gris cendré, tandis que chez le mâle, il est rouge à fond cendré clair. Le mâle a des étroites moustaches noires. Le tour des yeux est gris cendré avec un trait noir rejoignant le bec et l'œil. Bec jaunâtre. Iris rouge clair. Dans les forêts du Nord.

Ordre des PASSEREAUX.

Les oiseaux du groupe des Passereaux n'ont pas une définition bien précise : on y met surtout les espèces qui ne rentrent pas dans les autres groupes. C'est là notamment que se placent les petits oiseaux chanteurs dont la taille est approximativement celle des moineaux. On y trouve ainsi des oiseaux plus volumineux comme les grives et les corbeaux. Les tableaux suivants (en partie d'après Em. Deyrolle) aideront à la reconnaissance des espèces, qui n'est pas toujours facile, mais à laquelle on arrivera en tâtonnant dans les petites monographies qui suivent les tableaux et les vignettes qui les accompagnent (1).

(1) Pour plus de détails sur leurs nids, voir: Henri Coupin, *Les Arts et Métiers chez les Animaux*, et pour leur chant, lire : Henri Coupin, *Les Animaux excentriques*.

Bec long mince avec l'extrémité supérieure ne formant pas de crochet (Ex. : *Huppe, Sittelle, Grimpereau*). . . . . **V. *Tableau A.***

Bec de formes diverses présentant le plus souvent un crochet plus ou moins accusé à l'extrémité de la mandibule supérieure. — Bec de longueur variable mais toujours plus long proportionnellement que celui des hirondelles.

Bec très court, fendu jusqu'aux yeux (Ex.: *Hirondelle, Engoulevent*). . . . . **V. *Tableau B.***

Bec relativement court.

Bec cylindrique à la base. Oiseaux à plumage très fourni et duveteux. Formes ramassées. Taille petite (Ex. : *Mésange, Roitelet, Troglodyte*). . . . . **V. *Tableau C.***

Bec élevé à la base, courbé en dessus vers l'extrémité. Bord de la mandibule supérieure présentant une dent avant le bout qui est crochu. Taille au-dessus de celle du moineau (Ex. : *Pie-grièche*). . . . . **V. *Tableau D.***

Bec conique, fort, robuste. Pattes assez courtes et fortes. Oiseaux granivores et percheurs (Ex. : *Bouvreuil*). . . . . . **V. *Tableau E.***

Bec relativement long.

Bec très déprimé, presque parallèle latéralement dans une grande partie de sa longueur (Ex. : *Gobe-mouches*). . . . . **V. *Tableau F.***

Bec peu déprimé allant en s'effilant assez sensiblement.

Oiseaux ayant de 0^m,30 à 0^m,50 de la tête à la queue (Ex.: *Corbeau*). . . . . **V. *Tableau G.***

Oiseaux ayant moins de 0^m,30 de la tête à la queue.

Oiseaux d'une taille plus grande que celle des moineaux (Ex. : *Merle*). . . . . **V. *Tableau H.***

Oiseaux ayant à peu près la taille des moineaux.

Oiseaux marcheurs à tarses longs et grêles. Ongles longs et minces, peu courbés, celui du pouce étant presque droit chez quelques-uns (Exemples: *Alouette, Bergeronnette*). . . . . **V. *Tableau I.***

Oiseaux percheurs. Ongles courbés, très sensiblement égaux (Exemples : *Fauvette, Rouge-gorge*). . **V. *Tableau J.***

PASSEREAUX (Tableau A).

Bec droit. *Sittelle* (n° 1).

Bec courbe.
- Une huppe. . . . . *Huppe* (n° 2).
- Pas de huppe.
  - Plumage brun varié de points blanchâtres.. . . . . *Grimpereau* (n° 3).
  - Plumage gris cendré, les ailes rouges aux épaules. . . . . *Trichodrome des murailles* (n° 4).

PASSEREAUX (Tableau B).

Ventre coloré autrement qu'en blanc ou en jaune très clair. Doigts antérieurs entièrement divisés. . . . . . .
- Plumage très mélangé de noir et de brun, varié de roux. Bec avec des soies raides à la base.. . . . . . *Engoulevent* (n° 5)
- Plumage uniformément noir ou brun avec des parties blanches. Bec sans soies raides à la base. . *Martinet* (n° 6).

Ventre blanc ou jaune très pâle. Doigt médian soudé à l'externe à la base. . . . . *Hirondelle* (n° 7).

PASSEREAUX (Tableau C).

Queue très courte et relevée. . . . . *Troglodyte* (n° 8).

Queue moyenne baissée dans la position du repos.
- Une huppe de couleur différente de celle du plumage. . . . . *Roitelet* (n° 9).
- Pas de huppe ou une huppe de même couleur que le plumage. . . . . *Mésange* (n° 10).

PASSEREAUX (Tableau D).

Dos brun, roux ou noir.
- Ailes avec une tache blanche.. . . . *Pie-grièche rousse* (n° 11).
- Ailes sans tache blanche. . . . . . *Pie-grièche écorcheuse* (n° 12).

Dos cendré.
- Un trait blanc sur la paupière.
  - Dessous blanc rosé. . . . *Pie-grièche méridionale* (n° 13).
  - Dessous sans teinte rosée. . *Pie-grièche grise* (n° 14).
- Pas de trait blanc sur la paupière. . . . . *Pie-grièche d'Italie* (n° 15)

PASSEREAUX (Tableau E).

Mandibule inférieure présentant une dent bien développée à la base. . . . . *Bruants* (n° 16).

Mandibule inférieure sans dent.
- Mandibule inférieure prolongée en l'air au point de se croiser avec la supérieure. . . *Bec-croisé* (n° 17).
- Mandibule inférieure ne dépassant pas la supérieure.
  - Mandibule inférieure presque égale en hauteur à la supérieure. . . . . *Bouvreuils* (n° 18).
  - Mandibule inférieure sensiblement moins haute que la supérieure (Ex. : *Gros-bec, verdier, moineau domestique, friquet, moineau soulcie, pinson, chardonneret, tarin, linotte, cabaret*). . . . . . *Fringilles* ou **Moineaux** (n° 19),

PASSEREAUX (Tableau F).

Plumage du corps d'un brun roux uniforme. . . . . . . *Jaseur* (n° 20).
Plumage noir et blanc ou gris, avec le ventre blanchâtre. *Gobe-mouches* (n° 21).

PASSEREAUX (Tableau G).

Plumage entièrement noir.
- Bec noir. . . . . *Corbeaux* (n° 22).
- Bec jaune. . . . . *Chocard* (n° 23).
- Bec rouge. . . . . *Crave* (n° 24).

Plumage brun avec du bleu brillant.
- Tête entièrement bleue. . . . . . *Rollier* (n° 25).
- Tête non entièrement bleue. . . . *Geai* (n° 26).

Plumage blanc et noir à reflets métalliques. . . . . . . *Pie* (n° 27).
Plumage brun avec de petites taches blanches. . . . . *Casse-noix* (n° 28).

PASSEREAUX (Tableau H).

Queue courte relevée. Tarses longs et grêles. Oiseau coureur. . . . . *Cincle plongeur* (n° 29).

Queue moyenne non relevée quand l'oiseau est perché.
- Plumage noir et rose tendre.. . . . . . . *Martin-roselin* (n° 30).
- Plumage entièrement bleu cendré ou bleu avec le ventre roux. . . . . *Pétrocincle* (n° 31).
- Plumage noir à reflets métalliques et pointillé de blanc. . . . . *Étourneau* (n° 32).
- Plumage entièrement noir ou noir brun avec un collier blanc. . . . . *Merles* (n° 33).
- Plumage varié de gris et de brun avec le ventre plus clair. . . . . *Grives* (n° 34).
- Plumage noir et jaune chez le mâle.. . . *Loriot* (n° 35).

PASSEREAUX (Tableau I).

Ongle du pouce long et presque droit. . . . . *Alouettes* (n° 36).

Ongle du pouce courbé.
- Plumage brun varié. . . . . *Pipis* (n° 37).
- Plumage jaune, noir, blanc ou gris, de teinte uniforme. . . . . . . *Bergeronnette* ou **Hoche-queue** (n° 38).

PASSEREAUX (Tableau J).

Tarses d'un noir profond uniforme. . . . . *Traquets* (n° 39).
Tarses plus ou moins bruns. (*Rossignol, Rouge-queue, Rouge-gorge, Gorge-bleue, Accenteur, Fauvette tête noire, Fauvette babillarde, Fauvette des jardins, Orphée, Grisette, Pouillots, Rousserolles, Cettis, Locustelle, Phragmyte, Cysticole,* etc.). Ce groupe se divise assez vaguement en trois groupes que nous étudierons successivement plus bas. . . . .
- *Fauvettes terrestres* (n° 40).
- *Pouillots* (n° 41).
- *Fauvettes de roseaux* (n° 42).

1. Sittelle (*Sitta cœsia*), appelée aussi *Torchepot, Grimpereau bleu, Pic bleu.* — Taille : 17 centimètres. Envergure : 28 centimètres. Aile : 9 centimètres. Queue : 5 centimètres. Dos gris de plomb. Ventre roux de rouille. Une ligne noire sur les côtés de la tête. Menton et gorge blancs. Plumes des flancs et de dessous la queue brun châtain. Grandes plumes des ailes noir brunâtre, bordées d'un liséré clair, avec une tache blanche à la base. Plumes du milieu de la queue d'un cendré bleuâtre et portant sur les barbes externes, une tache blanchâtre près de leur bout. Œil brun. Mandibule supérieure noire, l'inférieure gris de plomb. Pattes jaunâtres. Chez la femelle, la bande noire de la tête est moins large. — Dans les grandes forêts, à arbres élevés où abondent les buissons. Pas une minute en repos. Il grimpe le long des arbres, monte, descend, le contourne, se suspend aux branches, la tête en bas. Aime la société des autres oiseaux, surtout des mésanges et des grimpereaux. Cri : *sit*. Cri d'appel : *tu tu tu*. Mange des insectes, des araignées, des baies, des graines et avale du sable pour faciliter la trituration des aliments.

Il cherche surtout les insectes sous les écorces ou la mousse des arbres. Arrive souvent près de nos maisons. Aime beaucoup les graines des pins

Sittelle.

qu'il mange quand les cônes s'ouvrent d'eux-mêmes, ainsi que les faînes du hêtre. Fait des provisions pour l'hiver ; il dépose les graines dans une fente d'un tronc d'arbre, dans un lambeau d'écorce, sous le toit d'une maison. Niche surtout dans les trous des arbres et s'empare souvent des cavités creusées par le pic. Pour en diminuer l'entrée, il le garnit de mortier. Dans l'intérieur, il entasse beaucoup de substances sèches. 6 à 9 œufs, blancs, semés de petits points rouges. La femelle couve seule. Les parents nourrissent les petits de chenilles.

2. Huppe (*Upupa epops*), appelée aussi *Robin, Bout Bout, Coq d'été, Coq de bois, Coq puant*. — Taille : 27 centimètres. Envergure : 50 centimètres. Aile : 14 centimètres. Queue : 11 centimètres. Parties supérieures du corps couleur de terre glaise avec le milieu du dos marqué de raies transversales alternativement

Huppe.

noires et d'un blanc jaunâtre. Sur la tête, il y a une huppe qui peut s'abaisser et se relever en s'étalant à volonté ; cette huppe est d'un jaune roux foncé, chaque plume terminée par une pointe noire. Ventre jaune terreux. Des taches noires longitudinales sur les côtés. Queue noire, marquée de raies longitudinales blanches. Œil brun foncé. Bec noir. Pattes gris de plomb. La femelle a la huppe plus courte que celle du mâle. — Aime surtout les champs alternant avec de petits bois, ou possédant de petits bouquets d'arbres. Fréquemment dans les vignobles. Prudente et craintive, elle fuit l'homme. Tout l'effraie. Relève sa huppe, quand elle est en colère. Marche facilement. Vol très irrégulier. Avant de se poser, elle plane et relève sa huppe. Cri d'appel : *chrr* ou *schwaer*. Cri de bonne humeur : *couc, coueg*. Au moment de la reproduction : *houp houp* ou *hup hup!* (d'où vient son nom). Mange des insectes qu'elle capture avec son long bec, soit dans la terre, soit dans les trous où ils se cachent. Elle aime surtout les insectes et les vers qui vivent dans les déjections des animaux et dans les ordures. Elle crible de trous les bouses des bestiaux. Pour avaler sa proie, elle la jette en l'air et la rattrape dans son bec ouvert. Niche dans le creux d'un tronc d'arbre, quelquefois dans le trou d'un mur. Souvent, elle ne met rien dans la cavité. Exceptionnellement, elle niche à terre. Toujours le nid dégage une odeur insupportable par suite de la fiente des petits qui s'y accumule. 4 à 7 œufs petits, allongés, verdâtres, avec de tout petits points blancs.

Se garde bien en captivité : on peut lui donner à manger du fromage, de la viande crue, des œufs durs, des vers. Autant que possible, ne pas l'enfermer dans une cage. Utile.

3. Grimpereau (*Certhia familiaris*). — Taille : 14 centimètres. Envergure : 19 centimètres. Aile : 6 centimètres. Queue : 3 centimètres. Dos gris foncé, tacheté de blanc. Ventre blanc. Une ligne gris brun allant du bec à l'œil. Une raie blanche au-dessus de l'œil.

Grimpereau.

Croupion gris brun, rayé de roux jaunâtre. Grandes plumes des ailes d'un brun noir et marquées d'une tache à leur extrémité ainsi que d'une bande d'un blanc jaunâtre en leur milieu. Plumes de la queue gris brun, bordées de jaune clair en dehors. Œil brun foncé. Mandibule supérieure noire, inférieure rougeâtre. Pattes rougeâtres. Bec long, très pointu, arqué. Plumes molles et soyeuses comme des poils. — Vit dans les bois et les bouquets d'arbres. Sans cesse en mouvement, il grimpe le long des arbres, en ligne droite ou en spirale, il fouille les écorces, les mousses et les lichens. Descend rarement à terre, où il sautille maladroitement. Vol rapide et irrégulier. Cri : *sit*. Cri d'appel : *sri*. Vient souvent dans les jardins, grimpe aux murs. Niche dans un tronc d'arbre, dans une crevasse de mur, dans les tas de bois, surtout dans les trous les plus profonds. Nid fait de brindilles sèches réunies par des fils d'araignées, avec l'intérieur tapissé d'écorces et de plumes. 8 à 9 œufs blancs, ponctués finement de rouge. Les deux parents les couvent. Recherche la compagnie des autres oiseaux. Ne peut être gardé en capture. Utile.

4. Trichodrome des murailles (*Trichodroma muraria*), appelé aussi *Echelette, Grimpereau des Alpes, Piéchion, Grimpereau des murailles.* — Taille : 17 centimètres. Envergure : 29 centimètres. Aile : 10 centimètres. Queue : 6 centimètres. Bec : 4 à 5 centimètres, mince, arrondi sauf à la base, pointu, légèrement recourbé. — Vit dans les montagnes (Pyrénées et Alpes, notamment) ; l'hiver, descend dans la vallée. Gorge noire en été, blanche en hiver. Plumes des ailes noires et, de la troisième à la quinzième, d'un beau rouge vif dans leur moitié inférieure. Plumes de la queue, avec taches et lisérés blancs ou jaunâtres. Œil brun. Bec noir. Dessus gris cendré. Gorge et poitrine noires. Sifflement : *du du du duiii*. Grimpe le long des rochers, et ressemble à un papillon explorant un mur. Cherche des insectes dans les traînées d'herbes. Ne grimpe jamais aux arbres. Dévore son butin en s'accrochant aux rochers les plus abrupts. Il grimpe avec une rapidité incroyable et sans s'appuyer sur la queue, qui est trop molle. Mais il s'aide de ses ailes. Habituellement solitaire. Niche dans les crevasses de rochers. Se nourrit d'insectes et d'araignées. Rare, parce qu'il habite les parties les plus hautes des montagnes.

5. Engoulevent (*Caprimulgus europœus*), appelé aussi *Crapaud volant, Tette-chèvre.* — Corps allongé. Cou court. Ailes longues, étroites, aiguës. Queue tronquée. Bec court et très petit, un peu recourbé à la pointe, très largement fendu. Taille : 28 centimètres. Envergure : 58 centimètres. Aile : 20 centimètres.

Queue : 12 centimètres. Dos gris cendré, semé de taches et de traits d'un brun noir. Ventre gris clair, à points et à rayons brun foncé.

Tête de l'Engoulevent.

Deux bandes blanchâtres, une au-dessus de l'œil, l'autre le long de l'ouverture de la bouche. Les trois premières plumes de l'aile tachées de blanc (mâle) ou de jaune (femelle). Les deux plumes du milieu de la queue d'un gris cendré à bandes noires, les autres roussâtres et tachetées avec une tache blanche à l'extrémité. De longs poils le long et au-dessus de la mandibule supérieure. — Vit dans le voisinage des forêts, surtout dans le Midi, et le long des montagnes. Prend ses repas à terre, rarement sur

Engoulevent.

les arbres, et alors se place parallèlement à la branche. Vol tremblant et incertain, pendant le jour ; mais la nuit, il vole et plane comme une hirondelle. Pendant tout le crépuscule, il ne s'arrête pas et alors engloutit quantité d'insectes volumineux comme des hannetons, des sphinx, des géotrupes. Puis il se repose et digère. Sa voix est une sorte de grognement. Peu intelligent. Niche à terre, sur quelques feuilles grossièrement rassemblées. Peut déplacer ses œufs en les emportant dans son bec. L'hiver, va dans le Sud. Très utile.

6. Martinet. — Deux espèces :

a) Martinet noir (*Cyspelus apus*). — Taille : 17 à 19 centimètres. Envergure : 45 centimètres. Aile : 15 centimètres. Queue : 7 centimètres. Plumage noir de suie, sauf à la gorge qui est blanche. Œil brun foncé. Bec noir. Pattes noires. — Arrive vers le 1ᵉʳ mai et nous quitte vers le 1ᵉʳ août. Quelques retardataires restent plus tard. Voit la nuit. Vit dans les villes où il vole dans les nues et tournoie autour des clochers. Vif, et actif, il passe presque toute sa vie en l'air. Vol facile, léger, mais il ne peut changer brusquement de direction comme le fait l'hirondelle.

Martinet noir.

Peut parcourir 6 milles en 5 minutes. Ses ailes s'agitent si vite qu'on ne peut en suivre le mouvement. Plane souvent. A terre, il est extrêmement maladroit; il ne réussit à s'enlever qu'en donnant des coups d'ailes qui, frappant sur le sol, le font sauter à une

Patte du Martinet noir.

certaine hauteur, d'où il peut voler. Cri : *spi spi* ou *kri*. Querelleur. Etourdi, violent. Niche dans les crevasses des murs, des clochers, des grands édifices; chasse les autres oiseaux de leur nid pour s'en emparer. Se nourrit d'insectes, qu'il capture au vol. Ne se baigne que quand il pleut. 2 œufs allongés, presque cylindriques, obtus aux extrémités. La femelle couve seule.

b) Martinet alpin (*Pypselus melba*). — Taille : 21 centimètres. Envergure : 53 centimètres. Aile pliée : 22 centimètres. Queue : 8 centimètres. Gris brun foncé, avec gorge et bas ventre blancs. Une

Martinet alpin.

raie brune traverse la poitrine. Iris brun foncé. Bec et pattes noirs. Au Sud des Alpes. Assez commun en Suisse autour des clochers. Arrive en mars et repart au commencement d'octobre. Mêmes mœurs que l'espèce précédente. Ont l'habitude de s'accrocher à des blocs de pierre au voisinage de leur nid et se cramponnent ainsi les uns aux autres.

7. **Hirondelle.** — Quatre espèces se distinguant ainsi :

Queue fortement échancrée ou fourchue.
- Tarses nus. . . . . *Hirondelle rustique.*
- Tarses complètement emplumés. Ailes dépassant la queue. . . . . . *Hirondelle de fenêtre.*

Queue médiocrement ou non échancrée.
- Queue un peu échancrée. Tarses avec quelques plumes en arrière. . . . *Hirondelle de rivage.*
- Queue non échancrée. Tarses nus. . *Hirondelle de rocher.*

a) Hirondelle rustique (*Hirundo rustica*), appelée aussi *Hirondelle de cheminée, Hi-*

Hirondelle rustique.

rondelle. domestique. — Taille : 19 centimètres. Envergure : 33 centimètres.

Aile pliée : 12 centimètres. Queue : 9 centimètres. Dos noir bleu à éclat métallique. Front et gorge brun châtain. Gorge avec une large bande noire. Face inférieure du corps jaune roux clair. Queue marquée de blanc en dessous. Queue très fourchue. Bec petit. — Les hirondelles, on peut le dire, jouissent de l'amitié de tout le monde. Elles passent l'hiver en Afrique et ne reviennent chez nous qu'au début du printemps: on voit toujours leur retour avec plaisir. Elles arrivent en France, soit seules, soit par couples. A l'automne au contraire, elles partent en bandes nombreuses: elles se rassemblent alors et s'élèvent toutes ensemble pour se diriger, ensuite, droit vers la Méditerrannée. Quelques-unes cependant restent chez nous et hivernent dans les greniers ou les clochers, mais c'est l'exception. Les hirondelles sont de charmants petits oiseaux qui volent presque toute la journée en poussant de petits cris ou plutôt une sorte de sifflement. Leur vol est magnifique : elles n'agitent que rarement leur ailes ; elles progressent en restant les ailes étendues, en planant comme l'on dit : l'élan et la résistance de l'air suffit à les maintenir. Quand il fait beau, elles volent à une grande hauteur. Mais, dès que le temps va devenir mauvais, elles se rapprochent beaucoup du sol et volent presque à ras de terre : c'est le meilleur baromètre pour indiquer l'approche de l'orage. Ce vol continu n'est pas seulement destiné à leur procurer ce besoin de mouvement dont elles sont friandes : c'est encore pendant leur vol qu'elles capturent les petits insectes dont elles font leur nourriture. On comprend combien leur vue doit être bonne pour leur permettre de voir un petit insecte en volant et de l'engloutir. Les hirondelles ne se posent guère que lorsque le temps est très lourd : on les voit alors côte à côte sur les fils télégraphiques, ou le bord des gouttières où elles piaillent et sifflent à qui mieux mieux. Au printemps, elles reviennent exactement à l'endroit qu'elles ont quitté six ou huit mois auparavant et reprennent souvent aussi possession de leur ancien nid. Elles construisent leur nid à l'angle des fenêtres, sur les cheminées et surtout sous les gouttières : ces nids sont formés d'une sorte de mortier fait avec de la boue agglutinée par la salive de l'oi-

Patte de l'hirondelle.

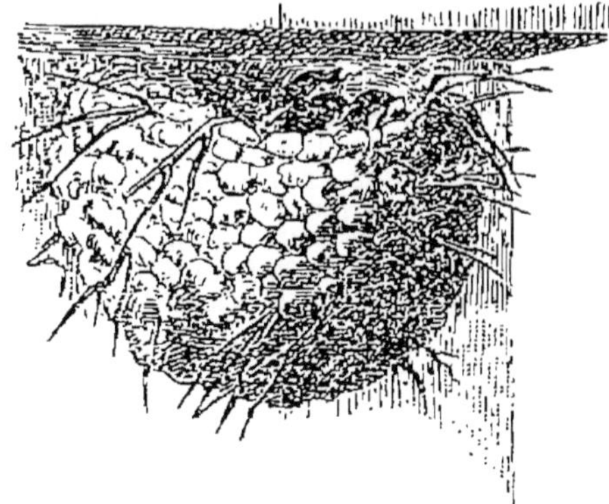

Nid de l'Hirondelle de fenêtre.

seau. 4 à 6 œufs blancs, marqués de points.

b) Hirondelle de fenêtre (*Chélidon urbica*), appelée aussi *Hirondelle à cul blanc, Chélidon de fenêtre, Chélidon de muraille.* — Taille : 15 centimètres. Envergure : 30 centimètres. Aile pliée : 11 centimètres. Queue : 7 centimètres. Dos bleu noir. Face inférieure et croupion blancs. Œil brun foncé. Bec noir. Tarses couverts de plumes. — Vit dans les villes mélangée à l'espèce précédente, mais arrive un peu plus tôt et nous quitte plus tard. Elle remonte aussi moins loin dans le Nord. Cri d'appel particulier : *schaer* ou *skru*. Mêmes mœurs que l'espèce précédente. 2 à 3 nichées par an. 4 à 6 œufs d'un blanc de neige à coquille mince.

c) Hirondelle de rivage (*Cotyle riparia*), appelée aussi *Cotyle de rivage.* — Taille : 14 centimètres. Envergure : 30 centimètres. Aile : 11 centimètres. Queue : 6 centimètres. Dos gris brun. Ventre blanc. Poitrine avec une bande d'un brun cendré. Habite le long des cours d'eau, surtout ceux qui ont des rives escarpées, où elle creuse des trous profonds. Vole comme l'hirondelle ordinaire en rasant la surface de l'eau. Vol vacillant comme celui des papillons. Sociable. Arrive au commencement de mai et repart au commencement de septembre. Revient à son ancienne demeure et, si elle ne la trouve pas, en creuse une autre.

d) Hirondelle de rocher (*Biblis rupestris*). — Taille : 0^m.15. Dessus brun. Dessous plus clair. Plumes de la queue, avec une grande tache blanche sur la plupart des plumes. Vit près des cours d'eau entourés de rochers. Construit son nid dans les crevasses. Vol assez lourd. Commune dans les Pyrénées, les Alpes et le Dauphiné.

Les renseignements que nous donnons ci-après sur les autres passereaux sont empruntés en partie à Em. Deyrolle.

8. Troglodyte (*Troglodytes parvulus*). Taille : 10 centimètres environ. Brun en dessous, marqué de bandes transversales brunes plus visibles aux parties inférieures ; sourcils gris, dessous plus cendré, bas du ventre marqué de raies comme le dos ; bec et iris brun. Œufs de 15 sur 12 millimètres, d'un blanc pur, parsemé de petits points bruns surtout vers le gros bout. Le troglodyte, que beaucoup appellent *roitelet* par erreur, est peut-être le plus familier des oiseaux sauvages ; souvent il est à peine à un mètre de distance, il ne semble pas se préoccuper de la présence d'une personne, il sautille, se cache, reparaît, se pose en haut d'une brindille, le corps dressé, la queue complétement relevée, il dit sa petite chanson et le voilà parti, il a traversé le roncier le plus fourni comme s'il connaissait tous les trous capables de lui livrer passage, il va y chercher les chenilles, les insectes qui sont la base de sa nourriture, il y ajoute quelques petites graines et des fruits à pulpe tendre; l'hiver, par les grands froids, il se rapproche des habitations, visite les greniers, les granges, les étables, il entre même dans la maison, ne restant jamais en place; plein de vivacité autant que de familiarité, dans beaucoup de contrées il est protégé; cette protection qu'on lui accorde, c'est bien plus pour sa grâce, sa gentillesse que par calcul pour les services qu'il nous rend. Si l'homme n'est pas un ennemi, l'un de nos compagnons lui fait une guerre sans relâche, c'est le chat.

Troglodyte.

Le troglodyte fait son nid n'importe où; pourvu qu'il trouve un endroit où il compte être tranquille, il ne regarde pas si c'est un buisson, un trou d'arbre, une touffe d'herbe, le dessous d'un toit de chaume, un vieux mur, peu lui importe, ce qu'il veut avant tout c'est d'y être tranquille; ce desideratum réalisé, il s'occupe de sa construction; les matériaux sont aussi divers que les situations, il prend ce qu'il trouve; pourvu que ce soit bien chaud, bien doux pour tapisser le dedans, c'est le point essentiel; il se servira aussi bien de paille, de feuilles sèches que de mousse, de crins, de poils; si on le dérange, si même on le regarde, il s'en va et construit un autre gîte, dans un endroit qu'il considère comme plus propice.

9. Roitelet. — Les roitelets sont les plus petits oiseaux de notre pays et aussi peut-être les plus élégants; lorsqu'ils sont en colère ou qu'ils veulent faire le beau, ils dressent leur huppe couleur de feu bordée de noir et ont des airs et des tournures des plus gracieuses; on les voit souvent en automne, les deux espèces confondues, voletant en compagnie d'arbre en arbre, de buisson en buisson; rarement ils font un grand bond; ils se nourrissent surtout d'insectes et particulièrement des chenilles de petite taille, ainsi que de petites graines. Leur nid, placé à l'extrémité des pins ou des sapins est très artistement construit, il

est sphérique, avec une ouverture dans le haut; bien que d'un naturel peu craintif, ils ne supportent pas facilement la captivité.

Deux espèces :

a) Roitelet huppé (*Regulus cristatus*). — Taille: 9^{cm},5. Dessus d'un brun olivâtre. Dessous gris. Tête ornée d'une huppe de plumes feu au milieu, celles-ci bordées de noir sur les côtés. La femelle ne diffère que par les plumes de la huppe plus pâles. Bec noir. Iris brun très foncé.

Roitelet huppé.

Œufs de 13 millimètres sur 9 millimètres, d'un blanc gris ou rosé avec de petits points gris et roux assez pâles.

b) Roitelet à moustaches (*Regulus ignicapillus*), appelé aussi *Roitelet à triple bandeau*. — Ressemble beaucoup au précédent, mais en diffère par les bandes sourcilières blanches qui passent devant le front et s'y rejoignent et par le noir qui entoure les phases de la huppe même sur le devant de la tête et à la nuque. La femelle présente les mêmes caractères, la huppe est plus jaunâtre. Œuf comme le précédent.

10. Mésange. — Le type le plus accompli de grâce et d'agilité est, parmi les oiseaux, les mésanges. Toujours vives et alertes, elles parcourent sans relâche les troncs, les branches, grimpant, sautant, parfois la tête en bas, toujours dans les postures les plus gracieuses, elles sont à la recherche des œufs d'insectes, de chenilles, de moucherons et de larves de toutes sortes; il n'est pas un sillon de l'écorce, une fourche de branche qui ne soit visité et où elles ne trouvent quelques bestioles à leur convenance. Les mésanges construisent des nids très douillettement tapissés à l'intérieur; la mésange à longue queue et la rémiz y mettent de plus un art tout à fait remarquable; elles le suspendent aux branches et lui donnent la forme d'une bourse avec un trou ou deux sur le côté vers le haut, l'ouverture de celui de la rémiz est même précédé d'un tube qui forme vestibule; les autres espèces recherchent les troncs des arbres, des murailles, des rochers, elles pondent généralement un grand nombre d'œufs, quelquefois jusqu'à dix-huit et vingt; aussi il faut voir le va-et-vient incessant des parents lorsqu'il s'agit au printemps de donnée la béquée à un peloton d'affamés aussi nombreux, qui sont toujours le bec ouvert se disputant à qui aura la chenille ou l'insecte apporté. Lorsqu'on pense à la quantité considérable de bêtes que les parents doivent trouver pour pourvoir pendant des semaines à la subsistance de ces petits voraces, on arrive à une multiplication formidable qui est une preuve sans conteste des services que peut rendre un couple de mésanges ; aussi doit-on les protéger et favoriser leur multiplication. L'hiver, elles voyagent en petites bandes, sautant de branche en branche, voletant d'arbre en arbre mais ne se quittant pas ; elles sont d'un caractère des plus sociables et s'accoutument assez bien à la captivité. Elles ont cependant aussi quelques défauts ; pour les autres espèces, elles sont querelleuses et féroces ; lorsqu'elles rencontrent un oiseau faible, elles n'hésitent pas à l'attaquer, même s'il est plus gros et plus fort qu'elles. C'est aux yeux qu'elles s'en prennent d'abord. Leur ennemi aveuglé, elles lui fendent le crâne et se délectent de leur cervelle. Aussi ne peut-on en captivité les mettre avec d'autres oiseaux, car elles les exterminent tous les uns après les autres. Maintes fois, on a eu des exemples de mésanges dévorant la cervelle de cailles qu'elles avaient aveuglées.

Huit espèces :

a) **Mésange noire** (*Parus ater*). — Taille : 12 centimètres. Tête noire ; dessus, avec une tache blanche ; derrière et côtés blancs. Gorge et poitrine noires. Dos gris. Queue et ailes brunes. Ventre blanc sale, brun sur les côtés. La femelle est semblable ; toutefois le noir de la gorge et de la poitrine est moins étendu. Œuf de 15 sur 12 millimètres, d'un blanc douteux avec de petites taches rouges pâles. L'été, elle vit dans les bois, sur les montagnes ; l'hiver, elle descend dans la plaine et voyage par petites bandes ; elle place son nid dans les trous des vieux murs ou des rochers.

b) **Mésange bleue** (*Parus cœruleus*). — Taille : 12 centimètres. Dessus de la tête bleu entouré de blanc, côtés blancs. Dessus du corps vert sombre. Ailes et queue bleu cendré, gor-

Mésange bleue.

ge d'un noir bleu d'où part un collier bleu

foncé. Ligne bleue traversant les yeux. Ventre jaune, vers le milieu noir. La femelle est pareille. Œuf de 16 sur 12 millimètres, marqué de petits points bruns et de taches rousses. C'est l'une des espèces les plus cruelles ; quand elle peut attraper un oiseau, elle ne manque pas de le tuer pour manger sa cervelle. Elle niche dans les trous des vieux murs et pond de 8 à 10 œufs.

c) **Mésange charbonnière** (*Parus major*). — Taille : 15 centimètres. Tête noire à reflets bleus de même que la gorge et le milieu du ventre. Joues blanches. Dos olivâtre. Aile et queue grises. Flancs jaunes. La femelle est semblable au mâle. Œuf de 19 sur 14 millimètres, d'un blanc douteux avec de petits points brun rouge, plus nombreux au gros bout. C'est la plus répandue et la plus commune partout. Elle niche dans les trous des murs, des rochers, dans les troncs des arbres, et pond de huit à quinze œufs, quelquefois jusqu'à dix-huit.

d) **Mésange huppée** (*Parus cristatus*). — Taille : 12 centimètres. Tête blanche sur les côtés, garnie d'une huppe de plumes noires bordées de blanc. Dos brun. Gorge noire. Ventre blanc sale. Fauve sur les côtés. La femelle est

Mésange huppée.

pareille au mâle, peut-être un peu plus enfumée. Œuf de 15 sur 13 millimètres, blanc, avec de petites taches brun rouge. Elle niche dans les trous des arbres ou des murailles et pond de cinq à dix œufs. Elle paraît plus répandue dans l'est de la France, où elle est sédentaire. Elle est de passage l'hiver dans les autres contrées.

e) **Mésange nonette** (*Parus palustris*), appelée aussi *Nonette*. — Taille : 12 centimètres. Dessus de la tête noir. Dos gris brun. Joues blanchâtres. Gorge noire. Ventre blanc sale, les côtés brunâtres. La femelle ressemble au mâle. Œuf de 15 sur 12 millimètres, blanc, avec de petits points rouge brun, quelquefois confluents au gros bout. La nonette habite les parties humides des bois ; elle fait son nid dans les troncs des arbres surtout des pommiers et des saules. Elle est commune partout, mais toujours en assez petit nombre.

f) **Mésange à longue queue** (*Parus cau-

datus). — Taille : 15ᶜᵐ,5. Tête, cou et poitrine blanc varié de brun et de noir. Dos noir au milieu, d'un roux rosé sur les côtés. Ailes noires, avec quelques plumes frangées de blanc. Ventre blanc sale tacheté de rosé sur les côtés et les parties inférieures. Queue très

Mésange à longue queue.

étagée noire, les trois plumes latérales marquées de blanc. La femelle diffère du mâle par une bande noirâtre qui passe au-dessus des yeux et se prolonge jusqu'au dos. Œuf de 13 millimètres sur 10 millimètres, blanc, avec de petits points rouge brique plus ou moins nombreux manquant parfois complètement. L'hiver, elle voyage par petites troupes ; jamais l'on ne rencontre d'individus isolés ; son nid, qu'elle place dans les buissons, est en forme de bourse. Elle pond de dix à quinze œufs, quelquefois plus.

g) **Mésange à moustaches** (*Parus biarmicus*). — Taille : 17 centimètres. Tête gris cendré avec de grandes moustaches noires, qui partent au-dessus des yeux. Dessus d'un roux vif. Ventre blanc, roux sur les flancs. La femelle est

Tête de la Mésange à moustaches.

presque uniformément rousse, sans gris sur la tête, ni de moustaches noires. Œuf de 15 sur 12 millimètres, d'un blanc rosé avec des taches et des traits rouge pâle ou brun violacé. Cette espèce est rare en France et peu commune partout. Elle habite les marais et particulièrement ceux des environs de Péronne. L'hiver, elle voyage en petites bandes d'une douzaine d'individus au plus.

h) **Mésange rémiz** (*Parus pendulinus*), appelée aussi *Rémiz penduline*. — Taille : 10 centimètres. Dessus de la tête et gorge d'un blanc plus ou moins lavé de gris. Côtés noirs. Dos d'un roux vif, taché de brun dans le haut. Dessous d'un gris clair roussâtre. Ailes et queue noires. Plumes frangées de roux clair. Femelle à peu près pareille au mâle ; les teintes plus sombres et le dessus de la tête roux parfois comme le dos. Œuf de 14 sur 11 millimètres d'un blanc légèrement azuré. C'est une espèce méridionale qui ne s'égare qu'accidentellement dans le Nord et le Centre de la France. Son nid est un modèle de construction : il est généralement attaché à une branche d'arbre pendant au-dessus de l'eau. On l'a comparé à une cornemuse. Il représente une sorte de besace pendant à une bifurcation de branches, ayant d'une part une entrée circulaire, puis, sur le côté, un prolongement qui forme couloir et donne accès à l'intérieur. Lorsque la période d'incubation est terminée, les parents bouchent le trou circulaire et ne laissent d'autre issue que le

Mésange rémiz et son nid.

tube de côté. Parfois cependant on trouve à l'arrière-saison, des nids abandonnés qui ont encore les deux ouvertures. On voit cette espèce commune aux environs de Pézenas et en Provence.

11. Pie-grièche rousse (*Lanius rufus*). — Pourvues d'un bec crochu, avec une dent bien accusée comme les faucons, des pattes fortes armées d'ongles très recourbés et forts, les pies grièches sont des oiseaux de proie en miniature, aussi bien par leur conformation que par leurs mœurs. Elles se nourrissent d'insectes surtout et aussi de petits oiseaux, à l'instar des pies, des geais avec lesquelles elles ne manquent pas d'analogie; elles font des provisions pour les mauvais jours, mais comme leurs réserves se composent de matières animales qui seraient certainement détruites par la décomposition si elles les mettaient dans un trou d'arbre toujours humide, elles conservent surtout des insectes qu'elles embrochent sur une épine d'arbre et les laissent là se démener au soleil jusqu'à ce que mort s'ensuive. Elles s'attaquent aussi aux jeunes oiseaux encore au nid; leur appétit rassasié, elles les piquent sur une épine comme elles le pratiquent pour les insectes. Toutes viennent dans nos contrées au moment de la reproduction; elles arrivent au printemps pour repartir en automne, habitent géralement les bois ou les plaines où il y a de grands arbres, se posent volontiers à terre pour chercher des insectes dont elles font une grande destruction. Lorsqu'elles sont jeunes, leur plumage est toujours bariolé transversalement de brun, le dessus est d'un brun fauve avec des ondes noirâtres. Elles ont le talent d'imiter le chant des oiseaux qui fréquentent les mêmes parages qu'elles.

La pie grièche rousse a une taille de 19 centimètres. Dessus noir, sauf la calotte de la tête et le cou qui sont roux. Deux taches blanches au-dessus des ailes. Ailes noires avec une tache blanche au milieu. Queue noire, blanche à la base, dessous blanc sale. La femelle a des teintes noires tranchées. Œuf de 25 sur 17 millimètres, d'un blanc verdâtre avec des taches brunes formant une couronne vers le gros bout. Très répandues par toute la France, elles fréquentent plus volontiers les coteaux boisés et la lisière des bois. Elles nichent le plus souvent dans les buissons. Lorsque les petits sont sortis du nid, ils restent quelque temps en compagnie de leurs parents.

12. Pie-grièche écorcheuse (*Lanius collurio*). — Taille : 27 centimètres.

Dessus de la tête et du cou gris cendré. Dos roux. Ventre blanc rosé. Une bande noire passe au-dessus du bec, traverse les yeux, couvre les oreilles; la femelle diffère du mâle par les teintes moins nettes et plus enfumées,

Tête de la Pie-Grièche écorcheuse.

et surtout le ventre qui, au lieu d'être uni, est marqué de traits bruns disposés transversalement. Œuf de 24 sur 16 millimètres, d'un blanc douteux avec des points et des taches brun rougeâtre souvent plus nombreuses vers le gros bout. C'est l'espèce la plus répandue en France, et celle qui a l'habitude d'embrocher sur les épines les insectes ou les petits oiseaux qu'elle ne peut dévorer séance tenante. Elle niche surtout dans les buissons.

13. Pie-grièche méridionale (*Lanius meridionalis*). — Taille : 25 centimètres. Elle ressemble beaucoup à l'espèce suivante, mais elle en diffère par les teintes du dessus ardoisées et le ventre rose vineux; la femelle ne diffère du mâle que par ses teintes plus sombres, le noir de la tête moins étendu. Bec brun, plus élevé à la mandibule inférieure. Iris brun très foncé. Cette espèce peut être considérée comme exclusivement méridionale. Elle est commune, dit-on, aux environs de Nîmes. Elle fréquente les endroits arides et pierreux.

14. Pie-grièche grise (*Lanius excubitor*). — Taille : 24 centimètres. Gris cendré en dessus. Ailes noires avec deux taches blanches. Plumes du dos qui recouvrent les ailes blanches. Sourcils blancs. Une tache noire derrière

Pie-Grièche grise.

l'œil qui se prolonge au delà est en dessous. Queue noire et blanche. Ventre blanc. La femelle est un peu plus foncée. Dessous marqué de taches brunes peu apparentes. Bec brun. Base de la mandibule inférieure jaunâtre. Iris brun. Œuf de 27 sur 20 millimètres d'un vert sale, avec des taches plus foncées et plus nombreuses au gros bout. Elle est sédentaire dans le Nord de la France, fréquente surtout les bois, niche sur les arbres les plus élevés.

15. Pie-grièche d'Italie (*Lanius minor*). — Taille : 22 centimètres. Outre sa taille plus petite, cette espèce diffère des deux autres par le front noir; les plumes du dos qui recouvrent les ailes sont gris cendré comme le reste du dessus. Le ventre est blanc lavé de rose. La femelle ne présente d'autre différence que le noir de la tête moins pur et le dessus plus sombre. Œuf de 25 sur 17 millimètres, d'un vert douteux, avec des taches plus foncées et plus nombreuses au gros bout. Bien que peu répandue, elle peut se trouver aussi bien dans le Nord qu'au Midi; peut-être toutefois est-elle plus fréquente dans le Sud; elle habite les bois, et plus volontiers les grands arbres isolés dans les plaines.

16. Bruants. — Les bruants forment une petite famille bien distincte par les mœurs et la forme caractéristique de leur bec, dont la mandibule inférieure forme une dent vers la base, ayant sa contre partie à la mâchoire supérieure qui est échancrée pour recevoir cette proéminence. Ils vivent à terre, construisent leur nid dans les herbes ou dans les broussailles à une faible distance du sol. Ils se nourrissent d'insectes, de graines, de baies; vers l'automne, alors qu'ils sont très gras, ils sont très recherchés; il en est même, comme l'ortolan, qui font les délices des plus fins gourmets.

Sept espèces :

a) Bruant des roseaux (*Emberiza schœniculus*), appelé aussi *Diale, Moineau des roseaux.* —

Bruant des roseaux.

Taille : 15 centimètres. Tête noire. Un collier blanc. Dos noir varié de roux. Gorge noire. Un trait blanc partant de la mandibule inférieure rejoint le collier. Ventre : blanc sale. En automne, les plumes de la tête et du cou sont bordées de brun. — Le mâle a le dessus brun varié de roux; la gorge et les moustaches blanches nuancées de brun, la poitrine roux clair flammêchée de brun, de même que les flancs, le milieu du ventre blanchâtres, le bec noir en dessous, l'iris brun. — La femelle a les teintes plus rembrunies, la gorge blanc sale, la tête brunâtre et pas de collier blanc sur le dos. Œuf de 20 sur 14 millimètres, d'un gris violet avec des traits et des taches brun foncé. Le bruant des roseaux habite les marais et construit son nid au milieu des joncs. Il est de passage régulier, arrive en avril pour repartir en septembre ou octobre. Il émigre par petites troupes et se nourrit de graines ou d'insectes.

b) Bruant jaune (*Emberiza citrinella*), appelé aussi *Verdière*. — Taille : 17 centimètres. Dessus brun, sauf le milieu de la tête qui est jaune de même que les sourcils. Dos mélangé de brun foncé au milieu des plumes. Parties inférieures rousses. Dessous jaune. La poitrine et les flancs flammêchés de brun. Le bas des joues brun. En dessous, de petites plumes disséminées roussâtres formant une moustache peu marquée. Bec noir gris. Iris brun. Femelle plus sombre. Moins de jaune en dessous. Œuf de 22 sur 16 millimètres, d'un blanc gris violacé avec des traits bruns et des taches brunes et rousses. Il est sédentaire par toute la France et commun partout. L'été, il fréquente le bord des plaines. L'hiver il se mêle volontiers aux bandes de pinsons et de moineaux, et vient jusqu'auprès des habitations.

c) Bruant zizi (*Emberiza circlus*), appelé aussi *Bruant des haies*. — Taille : 16ᶜᵐ,5. Dessus brun, nuancé de verdâtre à la tête, au cou et aux parties inférieures. Dos roussâtre. Sourcils jaunes. Une bande jaune sous les yeux. Gorge noire bordée de jaune. Poitrine gris verdâtre. Ventre jaune sale. Flancs roux et bruns. Bec brun en dessus, plus clair en dessous. Iris brun. — Femelle : pas de jaune autour des yeux, ni de noir à la gorge. Toutes les teintes plus sombres. Œuf de 22 sur 16 millimètres, d'un gris cendré avec des traits et des taches brunes. Cette espèce est commune en Provence; elle est de passage dans le Centre et le Nord.

d) Bruant fou (*Emberiza cia*). — Taille : 16 centimètres. Tête grise, plus foncée sur les côtés. Sourcils blanchâtres. Un trait noir entourant la joue qui est gris clair. Dos roux uniforme aux parties inférieures, mélangé de noir sur le dos. Gorge et poitrine gris cendré. Ventre roux clair. Queue noire, avec les deux plumes externes marquées de blanc à leur partie inférieure. Bec noir en dessus, plus clair en dessous. Iris brun. Femelle plus sombre et d'une teinte plus uniforme. Œuf de 20 sur 15 millimètres, blanchâtre avec des traits bruns, surtout vers le gros bout.

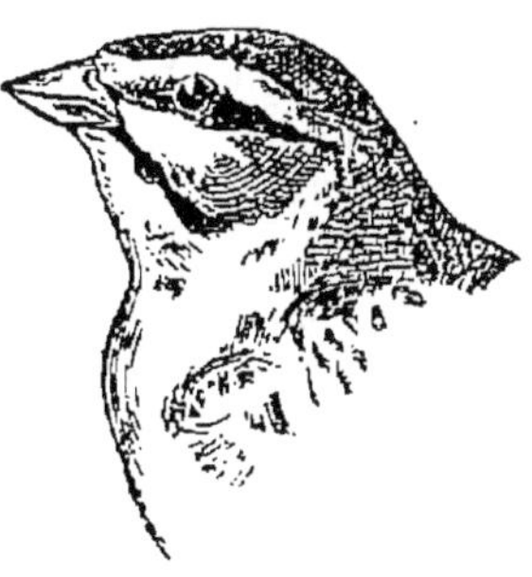

Tête du Bruant fou.

Il vit sédentaire dans le Midi de la France. Ce n'est qu'au passage qu'on le voit dans le Centre et le Nord.

c) **Bruant ortolan** (*Emberiza hortulana*), appelé aussi *Ortolan*. — Taille : 16 centimètres. Dessus d'un brun olive sur la tête et le cou, roussâtre sur le dos avec des taches brunes. Gorge jaune. Deux traits bruns descendent du bec. Poitrine grise. Ventre roux. Bec et pieds rougeâtres. Iris brun. La femelle ressemble au mâle ; les teintes sont cependant plus enflammées, la tête brune, la gorge roussâtre. Œuf de 20 sur 15 millimètres, d'un gris roussâtre avec des traits bruns et quelques points. L'ortolan est un fin gibier. De tout temps, on a élevé et engraissé des ortolans et de nos jours encore, leur chasse et leur culture est, dans certaines contrées du Midi de la France et de l'Italie, l'objet d'un commerce assez important. Les amateurs affirment que l'ortolan bien gras et bien dodu est préférable à la bécasse. Ce bruant vit comme ses congénères surtout à la lisière des bois. Il fait son nid dans les broussailles, presque à fleur de terre. Il est sédentaire dans le Midi et de passage régulier dans le Nord où on lui fait une guerre à outrance pour les profits qu'on en tire.

f) **Bruant proyer** (*Emberiza miliaria*), appelé aussi *Proyer*. — Taille : 19 centimètres. Dessus brun avec des bandes noires au centre des plumes. Dessous blanc jaunâtre avec des taches anguleuses à l'extrémité des plumes. Femelle semblable au mâle. Œuf de 26 sur 10 millimètres, d'un gris cendré roussâtre, de petits traits en zigzag bruns et des taches plus ou moins brunes. Ce bruant, plus gros que tous les autres, habite dans les champs, fait son nid par terre, se pose volontiers sur les buissons bas. L'hiver il vole en troupe, se mêle aux bandes de moineaux et de pinsons et s'approche des habitations avec eux ; à l'automne,

lorsqu'il est bien gras, il est excellent à manger. Il se nourrit de graines de toutes sortes et aussi d'insectes.

g) **Bruant des neiges** (*Emberiza nivalis*), appelé aussi *Ortolan de neige, Moineau des dunes, Pinson du Nord*. — Taille : 17 à 18 centimètres. Dessus de la tête et cou blancs, lavés de roussâtre. Dos noir. Croupion roux. Dessous blanc avec des taches rousses sur les côtés de la poitrine. La femelle a le dessus plus brun, le dessous varié de roux et de brun. Cet oiseau ne vient en France que l'hiver ; nous ne le voyons donc que dans ce plumage. Cependant, l'été, le mâle est noir et blanc pur. Toutes les teintes rousses de la tête, du cou, du croupion, de la poitrine, sont remplacées par un blanc immaculé. Il arrive souvent avec les bandes d'alouettes, volant de compagnie avec elles. Il a du reste beaucoup de leurs mœurs, arrivant à vivre par terre comme elles, se nourrissant de graines et d'insectes.

17. Bec-croisé (*Loxia curvirostra*). — En France, il n'y a qu'une espèce de bec croisé : c'est un oiseau facilement reconnaissable à la forme singulière de son bec dont les pointes se croisent. Il n'est pas commun. Il en arrive cependant certaines années des bandes considérables de sorte qu'on en voit des quantités apportées sur le marché des grandes villes ; mais ces passages sont

Bec-croisé.

très irréguliers et nous ne connaissons pas les raisons qui les provoquent. En 1888, sa présence a été signalée dans l'est de la France par les dégâts considérables qu'il a commis dans les plantations de crucifères du Doubs, où il coupait les bourgeons des pins et des sapins. — Taille : 20 centimètres. Tout le corps rouge brique, plus ou moins jaunâtre suivant les exemplaires ; le haut du dos toujours plus sombre. Ailes et queue brunes. La femelle ressemble au mâle, mais le rouge est remplacé par un jaune verdâtre. Bec brun. Yeux rouge cramoisi chez les adultes, plus ternes chez les jeunes. Œuf de 20 sur 15 millimètres, d'un blanc verdâtre, avec de petits points bruns plus nombreux vers le gros bout. Il habite les forêts de conifères et paraît se nourrir presque exclusivement des graines de pins et de mélèze. Il est sédentaire dans certaines contrées des Vosges, des Alpes, des Pyrénées et de passage dans d'autres, surtout vers l'automne. Il voyage toujours en bandes nombreuses.

18. Bouvreuils ou **Ébourgeonneurs.** — Les bouvreuils ont pour caractère principal un bec court presque aussi haut que long, à mandibules barbées, la supérieure dépassant l'inférieure. Ce sont des granivores qui, au printemps, aiment beaucoup trop les bourgeons des arbres fruitiers, car ils commettent souvent des dégâts importants.

Deux espèces :

a) Bouvreuil vulgaire (Pyrrhula vulgaris), appelé aussi *Pionne.* — Taille : 16 centimètres. La tête et le tour du bec sont noirs. Dos gris cendré. Croupion blanc. Ailes et queue noires. Tout le dessous d'un rouge ponceau vif. La femelle ressemble au mâle, mais le dessous est cendré. Bec noir. Œil brun foncé. Œuf de 21 sur 15 millimètres, blanc bleuâtre, avec des taches brunes, formant couronne vers le gros bout. Le bouvreuil est l'un des plus beaux oiseaux de notre pays ; on le garde

Bouvreuil vulgaire.

facilement en cage ; on en a même obtenu des petits. Il s'apparie quelquefois avec le serin. Son gazouillement ne manque pas de charme. On obtient assez facilement des variétés toutes noires en nourrissant les mâles exclusivement avec du chènevis.

Sous le nom de *Bouvreuil-ponceau,* on a distingué une variété alpine qui ne dif-

fère de l'ordinaire que par une taille un peu plus forte. Il mesure 18 centimètres de longueur.

b) Bouvreuil cini (Fringilla serinus), appelé aussi *Cini.* — Taille : 11 centimètres. Front et sourcils jaunes. Tout le dessus verdâtre avec des bandes brunes longitudinales au centre des plumes. Une ligne au milieu de la tête et un collier jaune taché de gris. Joues grises. Dessous jaune lavé de gris. Ventre blanc, avec les plumes, de même que celles des flancs, marquées de traits bruns. Femelle plus foncée en dessus et le jaune plus pâle en dessous. Bec brun en dessus. Jaune en dessous. Iris brun. Œuf de 15 sur 10 millimètres, blanchâtre, teinté de cendré, avec de rares taches brunes et rougeâtres, avec des traits rouge brun. Le cini habite volontiers les environs des jardins ; son chant est agréable et assez retentissant ; aussi est-il recherché des oiseleurs. Il se nourrit de petites graines de toutes sortes et ne s'en prend pas aux bourgeons des arbres fruitiers.

19. Fringilles ou **Moineaux.** — Les fringilles forment une tribu assez homogène dont le moineau peut être considéré comme le type ; les espèces, bien que variant beaucoup comme coloration, ont cependant un air de famille indéniable. Ils paraissent assez lourds de forme ; cela tient surtout à ce qu'ils ont le cou court et la tête forte. Leur bec est robuste, pointu, bien fait pour fouiller les gousses, décortiquer les fruits. Ce sont en effet des granivores, bien que la plupart ne se contentent pas d'un régime exclusivement végétal. Tous, en effet, mangent plus ou moins des insectes, surtout au printemps. Ils en font alors une très grande consommation pour nourrir leurs jeunes. La plupart vivent par groupes isolés au printemps. Mais dès que vient l'automne, ils se réunissent en bandes plus ou moins considérables, soit qu'ils aient l'intention de voyager, soit même pour rester dans les lieux qu'ils habitent.

Quatorze espèces (nous ne parlerons pas du *serin,* quoiqu'il vive chez nous à l'état sauvage, parce qu'il a été importé des Canaries) :

a) Gros-bec (Coccothraustes vulgaris), appelé aussi *Pinson royal.* — Taille : 12 centimètres. Dessus et côté de la tête d'un gris roux suivi d'un collier gris. Dos brun. Croupion roux. Gorge noire. Dessous du corps d'un cendré rosé. Une bande longitudinale grise sur les ailes ; une tache blanche le long et vers le milieu des grandes plumes de l'aile qui est noire. Queue noire à la base ; les plumes médianes rousses, les autres blanches, bordées de noir extérieurement. Femelle seulement un peu plus sombre. Bec nacré, noirâtre. Iris blanc. Œuf de 25 sur 18 millimètres, d'un blanc plus ou moins gris, avec des raies brun noir. Le grosbec est un oiseau lourd, d'aspect hébété et très défiant. Il se nourrit surtout de graines et de fruits. Il mange aussi des insectes au printemps et

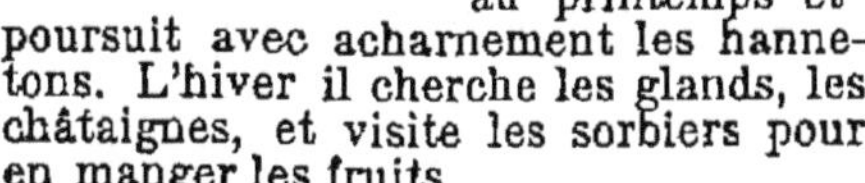

Gros-bec.

poursuit avec acharnement les hannetons. L'hiver il cherche les glands, les châtaignes, et visite les sorbiers pour en manger les fruits.

b) **Verdier** (*Fringilla chloris*). — Taille : 15 centimètres. Entièrement d'un vert sombre. Le ventre et les cuisses jaunes. Les ailes lisérées extérieurement à la base de jaune brillant. La base de la queue de même couleur avec l'extrémité brune ; les plumes médianes toutes brunes. Femelle semblable un peu plus sombre. Bec et pieds couleur de chair. Iris brun. Œuf de 19 sur 15 millimètres, d'un blanc bleuâtre avec des points bruns ou violets, plus fréquents vers le gros bout. Le verdier est un granivore qui commet parfois de réels dégâts dans les champs de chanvre et de lin. C'est un oiseau assez brillant

Verdier.

de couleur, mais peu recherché comme oiseau de cage, son chant n'ayant rien qui puisse charmer.

c) **Moineau domestique** (*Fringilla domestica*), appelé aussi *Pierrot*. — Taille : 15 centimètres. Dessus de la tête gris foncé. Une bande rousse part des yeux et se rejoint derrière la tête. Dos noir avec les plumes bordées de roux. Gorge noire. Joues d'un blanc sale. Ventre gris cendré, plus clair au centre. Ailes brunes, frangées de roux. Queue brune. La femelle est d'un brun uniforme ; plumes du dos et des ailes bordées de roux. Bec noir. Iris brun. Le moineau habite volontiers autour des maisons. On l'a transporté dans tous les pays et partout il sait se tirer d'affaire et prospérer. C'est un oiseau turbulent autant que bruyant, voleur autant que méfiant, poussant l'audace jusqu'à prendre dans les mains des enfants le gâteau qu'ils vont manger, devenant d'une effronterie sans vergogne avec ceux dont il n'a pas peur et restant d'une prudence que toutes les ruses ne mettront pas en défaut envers ceux qu'il soupçonne capables d'en vouloir à sa liberté, car la captivité lui est très pénible, surtout dans une cage étroite, mais il devient familier si on lui laisse une certaine liberté. Dans les squares, il vient manger jusque dans la main de ceux qui lui jettent des miettes de pain et qu'il peut attraper au vol. Il fait des nids grossiers, en boule, soit dans le coin des fenêtres, soit sur les arbres. Paraît plus utile que nuisible.

d) **Friquet** (*Fringilla montana*). — Taille : 13 centimètres environ. Dessus de la tête d'un brun chocolat. Joues blanchâtres. Une tache noire au centre. Haut du dos brun avec des bandes noires le long du centre des plumes. Ailes brunes bordées de roussâtre. Dos et queue bruns. Gorge noire. Ventre blanchâtre. Bec noir. Iris brun. Œuf de 20 sur 15 millimètres d'un blanc sale vermiculé de petites lignes brunâtres. Très commun partout, excepté toutefois dans le Midi, il vit surtout dans les champs à la lisière des bois. D'un naturel très farouche, il se réunit en bandes après les couvées et émigre souvent dans les régions les plus froides. Ses mœurs

Moineaux domestiques.

sont à peu près celles du moineau.

e) **Moineau soulcie** (*Fringilla petronia*), appelé aussi *Soulcie*. — Taille : 16 centimètres. Dessus d'un brun varié de roux clair et de blanchâtre. Dessous d'un blanc gris taché de brun, avec une tache jaune soufre bien tranchée à la poitrine, plumes de la queue brunes avec une tache blanche à l'extrémité de chacune. La femelle ne diffère du mâle que par la tache jaune de la poitrine un peu moins étendue. Œuf de 24 sur 15 millimètres, blanc sale avec des taches brunes nombreuses et formant couronne au gros bout. Il vit dans les pays montagneux et boisés; ce n'est que l'hiver qu'il voyage en bandes considérables et descend dans les plaines à la recherche de la nourriture. C'est une espèce méridionale qui ne se trouve qu'accidentellement et de passage dans le centre et le nord.

f) **Pinson ordinaire** (*Fringilla cœlebs*). — Taille : 17 centimètres. Tête gris ardoisé, noir près du bec. Haut du dos brun roux. Croupion verdâtre. Tout le dessous brun chocolat, plus foncé aux joues et à la poitrine qu'aux parties inférieures. Ailes brunes lisérées de jaunâtre. Queue noire, avec les deux

Pinson ordinaire.

plumes externes marquées de blanc et les plumes du dessous blanches. Bec noir. Iris brun. La femelle a le dessus d'un gris brun, nuancé de vert sombre, le bas du dos cendré, le dessous d'un gris cendré, le bec jaunâtre, l'iris brun. Le nid en forme de coupe du pinson est l'un des plus artistement construits que soient capables de faire les oiseaux indigènes; il est douillettement rembourré de coton, de crin et autres substances molles. Ses œufs mesurent 20 sur 15 millimètres, blanc bleuâtre avec des taches brunes rougeâtres. On dit « gai comme un pinson », ce qui prouve assez que c'est un oiseau à allures vives et faisant retentir un chant joyeux auquel on ne peut reprocher que de n'être pas très varié. Les amateurs d'oiseaux en cage tiennent en très haute estime le pinson; il y a des sujets dits remarquables, qui répètent leur chant 300 fois et plus en une heure. Sa nourriture est celle de presque tous les granivores, des insectes au printemps, des graines et des fruits le reste de l'année.

g) **Pinson des neiges** (*Fringilla nivalis*). — Taille : 19 centimètres. Dessus gris cendré à la tête et au cou, brun nuancé de noirâtre sur le dos. Ailes noires avec une bande blanche longitudinale. Dessous blanc, légèrement teinté de gris aux flancs. Le mâle a à la gorge une tache noire qui le distingue de la femelle. Queue blanche, avec une tache noire à l'extrémité de chaque plume. Les médianes noires frangées de roux. Bec noir l'été et jaune l'hiver. Œuf de 25 sur 17 millimètres, d'un blanc pur avec des points rouges. Il ne vit que dans les régions neigeuses des Alpes. L'hiver lorsqu'il ne trouve plus de nourriture dans les contrées les plus froides, il descend dans les plaines.

h) **Pinson des Ardennes** (*Fringilla montifringilla*). — Taille : 18 centimètres. Tête et dos noir. Plumes plus ou moins frangées de brun. Dos gris varié de noir. Une bande d'un roux vif sur les épaules. Ailes noires frangées de blanc roussâtre. Queue noire. Gorge et poitrine rousses. Ventre blanchâtre. La femelle ressemble au mâle. Les teintes sont plus ternes. Le dessus plus maculé de brun. Œuf de 20 sur 15 millimètres, d'un blanc sale avec des taches brunes, formant couronne au gros bout.

Pinson des Ardennes.

Le pinson des Ardennes ne vient que l'hiver dans nos contrées lorsque le froid le chasse du Nord. On le trouve alors en bandes considérables et serrées. Ses mœurs sont les mêmes que celles du pinson ordinaire.

i) **Chardonneret** (*Fringilla carduelis*). — Taille : 14 centimètres. Mâle : toute la face rouge, cette couleur entourée de blanc, sauf sur le dessus de la tête qui est noir, de même que le derrière des joues. Dos brun. Ailes noires, avec une large bande d'un jaune brillant. Queue noire, tachée de blanc. Dessous blanc sale. Flancs et poitrine brun roux. La femelle a les teintes rouges moins étendues et plus pâles, le dessous plus brunâtre, les teintes moins brillantes. Œuf de 17 millimètres sur 12, d'un blanc azuré avec des points rouge brique épars, mêlés parfois à des taches brunes. Le chardonneret est l'un des plus élégants et des plus brillants de nos

Chardonneret.

oiseaux. Sa face rouge dont les couleurs vives sont relevées par des taches noires et blanches qui les accompagnent, les marques jaunes de ses ailes, tout est brillant et cependant harmonieux ; *il supporte aisément la captivité.* Les métis avec les serins ne sont pas rares. Ils sont très appréciés des amateurs de chant, par leur voix mélodieuse qui n'a pas ce qu'il y a d'aigu dans celle du serin à laquelle elle ressemble. En liberté, il niche dans les jardins, souvent presque à portée de la main ; d'un naturel peu sauvage ; il aime beaucoup se percher sur les chardons dont il extrait les graines à l'aide de son bec conique et pointu. Il mange des insectes au printemps, des fruits, des graines, des baies de toutes sortes le reste de l'année.

j) **Tarin** (*Fringilla spinus*). — Taille : 12 centimètres. Dessus de la tête noir bordé de jaune sur les côtés. Dessus du corps d'un brun verdâtre. Croupion jaune. Ailes noires avec deux bandes vert jaunâtre. Dessous d'un jaune verdâtre, plus brillant à la gorge. Bec et iris bruns. La femelle a le dessus de la tête gris, le dos plus sombre, le ventre d'un blanc quelque peu verdâtre avec les plumes marquées de bandes brunes au centre, surtout aux flancs et à la poitrine. Œuf de 15 sur 10 millimètres, d'un blanc sale, avec des taches rouge brique. Le tarin est de passage régulier dans le Nord de la France, où il vient en bandes parfois considérables ; il niche dans les forêts de pins. C'est un des plus charmants oiseaux qu'on puisse tenir en captivité : sa grâce, sa vivacité

et son chant le font rechercher ; il est susceptible d'éducation et même d'attachement.

k) **Linotte ordinaire** (*Fringilla linota*). — Taille : 14 centimètres. Dessus de la tête rouge. Cou gris cendré. Dos brun roux. Gorge blanchâtre avec des taches grises. Poitrine et flancs rouge cramoisi. Ventre blanchâtre. Ailes noires, avec les plumes du milieu frangées de blanc. Queue noire frangée de blanc. Bec plus foncé en dessus qu'en dessous. Femelle comme le mâle, plus uniformément brune sans rouge à la tête, ni à la poitrine. Œuf de 18 sur 13 millimètres, d'un blanc azuré, orné de traits et de points rouge brique. Elle fréquente surtout le Nord et le Centre de la

Linotte ordinaire.

France. Elle niche dans les buissons. L'hiver, elle se rassemble en troupes nombreuses et émigre vers le Sud. Le mâle est très estimé comme oiseau de cage à cause de son chant mélodieux, mais, en captivité, il ne revêt pas au printemps sa belle livrée rouge cramoisi.

l) **Linotte montagnarde** (*Fringilla flavirostris*). — Taille : 13 centimètres. Dessus brun avec les plumes bordées de roux, sauf celles du croupion qui sont bordées de rose sombre, gorge et côté de la tête roux vif. Flancs roussâtres flamméchés de brun. Ventre blanc sale. Bec jaune plus foncé à la pointe. Iris brun. Femelle sans rouge au croupion. Les teintes rousses sont plus claires et le ventre plus brunâtre. Œuf de 18 sur 13 millimètres, d'un beau vert bleu orné de points rougeâtres. Cette espèce niche dans le Nord de l'Europe ; elle est de passage régulier l'hiver dans notre contrée. Elle paraît moins vive que la linotte ordinaire.

m) **Linotte venturon** (*Fringilla citrinella*. — Taille : 13 centimètres environ. Face d'un jaune verdâtre. Dessous d'un gris cendré, verdâtre sur le dos. Croupion plus jaune. Ailes et queue brun noir, les plumes frangées de gris jaunâtre. Dessous d'un vert jaunâtre plus frais au milieu du ventre. La femelle ressemble au mâle ; toutes les teintes sont plus rembrunies ; la poitrine est gris cendré, de même que les flancs. Bec brun. Iris brun clair. Œuf de 18 sur 14 millimètres, blanc azuré, avec des taches brunes et brique vers le gros bout. Cette espèce habite de préférence les contrées méridionales. Elle est de passage régulier dans certaines localités. L'été, elle se retire dans les régions montagneuses.

n) Cabaret (Fringilla linaria). — Taille : 11 centimètres. Dessus de la tête rouge. Dos brun clair, avec des taches brun foncé au centre des plumes. Ailes et queue brun noir, les plumes frangées de brun clair. Gorge noire. Poitrine rouge cramoisi. Flancs roux. Ventre blanc. Au printemps, le rouge de la tête et de la poitrine sont plus brillants et les plumes du croupion prennent une teinte rouge assez vive. Bec tout brun à l'époque des amours, avec le dessous jaune le reste de l'année. Iris brun. La femelle n'a pas de rouge à la poitrine et cette coloration est moins brillante sur la tête. Œuf de 16 sur 13 millimètres, d'un blanc sale ou bleuâtre, avec des taches très petites et des traits rouge brun, plus nombreux vers le gros bout. Le cabaret habite les contrées du Nord de l'Europe. Ce n'est que l'hiver qu'il émigre en France ; c'est un oiseau recherché des oiseleurs à cause de sa vivacité et de son doux ramage.

Sous le nom de *Sizerin boréal*, on distingue une variété plus blanche qu'on rencontre parfois en France. Elle diffère en ce que la tache noire de la gorge est plus grande. Les plumes du croupion sont plus blanches ou d'un rouge rosé.

20. Jaseur *(Bombycilla garrula).* — Taille : 22 centimètres. Tout le plumage d'un brun roux lavé de gris, cendré aux parties inférieures. Gorge noire. Un trait noir traverse les yeux. Tête ornée d'une huppe érectile. Ailes noires, avec une ligne blanche, transversale, vers le milieu. Les grandes plumes des ailes bordées de jaune extérieurement, et celles plus courtes terminées par un prolongement corné d'un rouge vif. Queue noire, terminée de jaune, avec des prolongements rouges comme aux ailes chez les très vieux mâles. Gorge noire. La femelle ressemble au mâle, mais le noir de la gorge n'existe intense que près du bec. Le jaseur n'est pas de passage régulier. Ce n'est que de temps à autre, poussé par le froid, qu'il vient en France, mais alors c'est en troupes nombreuses qu'il voyage. Aussi ses apparitions sont-elles très remarquées et son plumage tout à fait particulier, présentant des taches rouges cornées aux plumes des ailes et parfois aussi celles de la queue, a contribué à le distinguer de tous les autres passagers. Œuf de 26 sur 18 millimètres, verdâtre avec des points noirs.

21. Gobe-mouches. — Un bec large, et déprimé à la base, caractérise les animaux du groupe des gobe-mouches. Comme leur nom l'indique, ce sont des insectivores acharnés qui poursuivent volontiers les insectes ailés. Mais, n'ayant pas la puissance de vol des hirondelles ou des martinets, ils se tiennent perchés sur quelque branche élevée et guettent les papillons ou les moucherons qui passent à portée. D'un bond ils les rejoignent. Si la bestiole aperçoit son ennemi à temps et cherche à fuir, on les voit suivant au vol les mouvements saccadés de l'insecte qui cherche à leur échapper ; sitôt la proie avalée, le gobe-mouches reprend

Tête du Gobe-Mouches.

son poste d'observation et y reste presque immobile jusqu'à ce qu'un insecte le fasse se déranger à nouveau. Comme tous les insectivores, ces oiseaux ne passent en France que la belle saison.

Trois espèces :

a) Gobe-mouches gris *(Muscicapa griseola),* appelé aussi *Bec-figue, Tape-à-mouques.* — Taille : 15 centimètres. Dessus gris cendré. Plumes de la tête marquées de brun au centre. Dessous blanc avec les côtés du cou. Poitrine et flancs marqués de brun, bec noir. Iris brun. Femelle semblable au mâle. Œuf de 20 sur 15 millimètres, d'un blanc sale, avec des taches rousses plus nombreuses vers le gros bout. Le bec-figue est très commun par toute la France. L'automne, au moment de son départ, il est très gras. Dans cet état, c'est un mets recherché des gourmets. Il se perche volontiers sur les poteaux isolés, les branches mortes, et ouvre ses ailes très souvent comme s'il allait s'envoler. Il arrive en France vers le mois d'avril et en repart en octobre. Il se nourrit surtout d'insectes ailés qu'il gobe avec beaucoup d'habileté en les poursuivant au vol. Il place son nid dans les arbrisseaux, toujours assez près de terre.

b) Gobe-mouches noir *(Muscicapa nigra),* appelé aussi *Bec-figue, Traquet d'Angleterre.* — Taille : 14 centimètres. Dessus noir, excepté le front et deux grandes taches sur les ailes. Dessous blanc pur. Chez la femelle, les parties du dessus sont brunes. Le dessous est d'un blanc moins pur. Les deux plumes latérales de la queue sont marquées de blanc extérieurement dans les deux sexes. Première rémige plus courte que la quatrième. Œuf de 18 millimètres sur 12, d'un bleu verdâtre. Il est commun surtout dans le Midi de la France. Il arrive dans le courant d'avril et repart vers septembre. Il se tient de préférence dans les taillis, sur les lisières des bois, se nourrit d'insectes ailés et devient très gras vers l'automne comme le bec-figue. Aussi est-il apprécié à son égal comme gibier.

c) **Gobe-mouches à collier** (*Muscicapa albicollis*). — Taille: 14 centimètres. Le mâle, au printemps, est comme l'espèce précédente, mais avec un collier d'un blanc pur au cou. En hiver, il est brun en dessus. Le collier un peu plus clair est souvent à peine indiqué. Dessous blanc sale. Il ressemble beaucoup dans cet état à la livrée de la femelle en toute saison. Œuf de 18 sur 12 millimètres, d'un bleu verdâtre sans taches. Cette espèce est la plus rare des trois; on la dit très répandue en Lorraine et de passage irrégulier dans d'autres contrées de la France. Elle fait son nid à la cime des plus hautes branches.

22. Corbeaux. — Les corbeaux sont très disgraciés par la nature: leur plumage est sombre; leur cri des plus désagréables; ils dégagent une mauvaise odeur; ils sont méchants, querelleurs, pillards et voleurs. On a dit qu'ils représentaient parmi les oiseaux le même type que le renard chez les mammifères; il y a beaucoup de vrai dans cette comparaison. Rusés et méfiants autant qu'oiseaux peuvent l'être, ils savent éviter les pièges et connaissent les fusils comme engins dont ils doivent passer à distance, ce qui a fait dire que les corbeaux sentaient la poudre; un laboureur est-il à la charrue, ils viennent sans vergogne voltiger autour, cherchant les vers blancs que le soc a mis à la surface, mais si cet homme avait près de lui un fusil chargé ou non, ils se garderaient bien d'approcher. Ils savent apprécier la distance où le plomb meurtrier peut les atteindre et se tiennent sagement au delà de cette limite; il n'est de convoitise qui puisse les faire départir de cette prudente réserve. Pillards au suprême degré, tout leur est bon; s'ils passent près d'une huître qui bâille, ils fourrent leur bec entre les deux coquilles, secouent l'animal jusqu'à ce qu'il n'adhère plus à ses parois protectrices et l'avalent; rencontrent-ils un rat, une souris, une taupe, c'est juste une bouchée; un nid de fauvette est-il reconnu dans un buisson, ils gobent les petits les uns après les autres; un colimaçon à la coquille cassée passe dans leurs gosiers en moins de temps qu'il n'en faut pour le dire; trouvent-ils une charogne, aussitôt les voilà à table. Tout en un mot est de leur goût, les graines aussi bien que la chair, l'herbe et les insectes. Ils sont aussi doués d'un appétit toujours inassouvi. Tout le monde connaît leurs croassements désagréables qu'ils répètent si souvent lorsqu'ils sont en liberté; réduits en captivité, ils deviennent presque silencieux et crient rarement. Par contre, ils apprennent facilement à parler et à répéter des airs; ils les disent et les redisent à satiété; bien traités, ils s'habituent vite à leur maître et lui témoignent souvent de l'affection. Ils construisent leur nid soit à la cime des plus grands arbres, soit dans les trous des rochers ou des vieilles tours. Ils montrent l'amour le plus vif pour leur progéniture. Si on enlève leurs œufs, ils pondent une seconde fois. Mais si on leur prend leurs petits, ils ne recommencent pas d'autres couvées.

Cinq espèces:

a) **Corbeau ordinaire** (*Corvus corax*), également appelé *Grand Corbeau.* — Taille: 67 centimètres. Entièrement noir, à reflets bleus violacés. Bec noir, plus long que la tête. Les deux sexes sont semblables. Œuf de 47 sur 31 millimètres, d'un brun verdâtre, avec des

Corbeau ordinaire.

traits bruns et des taches irrégulières de même couleur. Le grand corbeau vit sédentaire dans les grandes forêts et surtout au pied des Alpes; on le rencontre aussi dans les Vosges, le Jura et même le Centre et le Nord de la France. Il est beaucoup moins commun que les autres espèces.

b) **Corbeau corneille** (*Corvus corone*), appelé aussi *Corneille.* — Taille: 50 centimètres. Entièrement noir à reflets violet foncé. Bec moins long que la tête, mais presque de sa longueur. Les deux sexes semblables. Œuf de 45 sur

35 millimètres, d'un vert sale, marqué de taches irrégulières d'un gris cendré olivâtre, très nombreuses au gros bout. La corneille est très commune partout en France, elle niche dans les prairies, sur les arbres très élevés. Elle se nourrit d'insectes, d'oiseaux, de petits mammifères et ne nous est utile qu'au point de vue agricole. Mais elle est nuisible comme mangeur de petits oiseaux.

c) **Corbeau mantelé** (*Corvus cornix*). — Taille 53 centimètres. Tête, gorge, ailes et queue noirs ; le reste gris cendré. Pattes et bec noirs. Les deux sexes pareils. Œuf de 42 sur 28 millimètres, d'un vert sale avec des taches et des points bruns, plus nombreux vers le gros bout. Cette espèce niche sur les arbres et dans les trous des dunes. Elle est surtout commune en France, l'hiver, où elle est de passage. Elle se nourrit comme ses congénères de mammifères, d'oiseaux, d'insectes, d'immondices de toutes sortes, mais ne se gêne pas pour piller les champs des graines nouvellement semées. Dans certaines contrées, elle devient un fléau. Elle pêche quelquefois et rase l'eau.

d) **Corbeau freux** (*Corvus frugilegus*), appelé aussi *Freux*. — Taille : 50 centimètres. Entièrement noir à reflets bleu violacé. Tour du bec dénudé et d'un gris cendré. Bec et pattes noirs. Les deux sexes semblables. Œuf de 44 sur 30 millimètres, variant du vert sale au blanc bleuâtre, avec des taches brunes, parfois très nombreuses, surtout vers le gros bout. Cette espèce se reconnaît aisément à la partie nue et farineuse qui entoure le bec ; c'est un animal plutôt nuisible ; car, s'il mange des insectes, il se nourrit aussi de graines de fruits et cause souvent des dégâts importants.

Corbeau freux.

e) **Corbeau choucas** (*Corvus monedula*), appelé aussi *Choucas* ou *Corbeau des clochers*. — Taille : 38 centimètres. Noir partout, excepté le cou et les côtés de la tête qui sont d'un gris ardoisé sombre. Pas de différence dans les deux sexes. Œuf de 35 sur 25 millimètres, d'un gris verdâtre pâle avec des taches noirâtres plus voisines vers le gros bout. Il se nourrit d'insectes, de vers, de fruits, de graines. L'hiver il se réunit en troupes considérables et voyage parfois. Il est très commun dans toute la France, là où il y a des ruines ou des clochers inaccessibles. A Paris, il y en a plusieurs colonies.

Corbeau choucas.

23. Chocard (*Pyrrhocorax alpinus*). — Taille : 40 centimètres environ. Entièrement noir. Iris brun foncé. Œuf de 32 sur 22 millimètres, d'un blanc sale avec des taches plus foncées et jaunâtres. Il ne se trouve que dans les contrées les plus inaccessibles des Alpes et des Pyrénées. Le mauvais temps seul peut le contraindre à descendre dans les vallées. Il se nourrit d'insectes, de vers, de baies et de graines.

Chocard.

24. Crave (*Coracia gracula*). — Taille : 42 centimètres. Entièrement noir. Bec et pattes rouges. Iris brun. Œuf de 35 sur 25 millimètres, d'un gris verdâtre, avec des taches brunes et rousses. Il habite les montagnes des Alpes et des Pyrénées. L'hiver, il descend dans la vallée pour chercher dans les excréments du bétail les insectes qui y fourmillent. Il fait son nid dans les rochers escarpés, dans les vieux édifices. Vole par petites bandes. On le trouve aussi dans les falaises de Belle-Isle sur l'Océan, où on l'appelle la *Corneille de Belle-Isle*.

Tête du Crave.

25. Rollier (*Coracia garrula*), appelé aussi *Crave*. — Taille: 33 centimètres. D'un bleu pâle verdâtre. Dos brun. Croupion bleu foncé. Epaules et bout des ailes, ainsi que la queue variés de bleu plus ou moins foncé. Bec noir. Pieds jaunes brun clair. Iris brun noisette. La femelle est semblable. Œuf de 38 sur 22 millimètres, d'un blanc très lisse sans taches. Cet oiseau est rare en France. On ne le rencontre que dans les contrées les plus méridionales, dans les coteaux très chauds et arides. Il se nourrit d'insectes, surtout de sauterelles, de cigales et aussi de petits reptiles et batraciens.

26. Geai (*Garrulus glandarius*). — Taille: 35 centimètres environ. Tête garnie en dessus de plumes longues d'un blanc sale, noires le long de la tige. Moustaches noires. Dessus et dessous d'un gris vineux. Gorge blanc sale. Ailes noires avec les couvertures des grandes plumes rayées de noir bleu et de bleu clair. Les femelles ressemblent aux mâles. Bec noir. Iris bleu cendré. Œuf de 31 sur 22 millimètres, d'un gris verdâtre, avec des taches rousses, plus nombreuses vers le gros bout. Il vit dans les bois et fréquente aussi volontiers le bord des plaines. Il mange de tout: des fruits, des graines, des insectes, puis même des œufs, des petits mammifères, des reptiles. Le geai est méfiant autant que

Geai.

roué, mais, pour son malheur, il est curieux. Dès qu'un des siens est pris ou blessé, il se met à crier tant et si fort qu'il émeut tous ses semblables qui viennent voir et tombent ainsi dans le panneau du chasseur. Pris jeune, il s'apprivoise facilement, devient même familier et apprend à répéter des airs et dire des paroles, qu'il rabâche à satiété, car, s'il est défiant, il est encore plus bavard. Il est prévoyant, car il emmagasine volontiers pour les mauvais jours; sa provision se compose principalement de glands et de châtaignes qu'il cache dans un trou d'arbre ou de rocher; lorsqu'il croit que sa cachette est découverte ou seulement soupçonnée, il déménage son grenier. L'hiver, souvent il émigre en troupe sans direction définie, errant un peu au hasard. A cette époque, il voyage par petites bandes et devient plus criard encore. Dès que l'un d'eux change de place, il crie et les autres répondent. Comme il ne sait rester un instant tranquille, il s'ensuit que ses criailleries deviennent assourdissantes. Poussins, canetons, perdreaux et même levrauts et lapereaux, font trop souvent les frais de son ordinaire. S'il détruit quelques insectes au printemps, cela ne doit pas lui être porté en compte, car, d'autre part, il prive l'agriculture de maints oisillons qui sont aussi des insectivores: il est donc nuisible.

27. Pie (*Pica caudata*). — Taille: 50 centimètres environ. Tête, dos et poitrine noirs. Epaules et ventre blancs. Ailes et queue noires, à reflets métalliques verts et bleus. Queue longue. Les deux sexes sont semblables. Œuf de 32 sur 23 millimètres d'un gris verdâtre avec des taches foncées nombreuses surtout vers le gros bout. Fait son nid au sommet des arbres, en forme de boule. La pie, qui vit sédentaire dans toutes les contrées de la France reste presque toujours isolée. Ce n'est que l'hiver que l'on voit les familles se réunir en

Pie.

troupes qui ne sont composées que de quelques individus. Il est peu d'oiseaux aussi voleurs, pillards et bavards que la pie; voleur sans but, car elle prend des objets brillants en métal, qui lui sont absolument inutiles, pour les cacher dans un coin quelconque; maintes fois, elle a volé des dés à coudre, des clefs, des pièces d'argenterie, dont elle ne peut tirer aucun parti. D'un naturel défiant, elle sait très bien faire la différence d'un fusil et d'un bâton portés par la même personne. Elle a appris que le fusil fait grand bruit et lance du plomb meurtrier. Si donc elle voit un homme avec un fusil, à moins d'être surprise et de tomber dans une embuscade, elle ne s'approchera qu'en laissant près d'un demi-kilomètre entre elle et son ennemi. Si, au contraire, il ne cache rien sous ses vêtements et se promène la canne à la main, c'est à quelques mètres qu'elle sautillera sur la route devant lui. Dénicheuse de petits oiseaux, voleuse d'œufs, destructrice de gibiers, fouilleuse de champs fraîchement ensemencés, pillarde par plaisir, tels sont à peu près ses rôles.

Nid de la Pie.

Si elle nous rend quelques services au printemps en détruisant des insectes nuisibles et quelques petits rongeurs, ils ne paraissent pas compensés par la dîme trop importante qu'elle prélève sur nos moissons et la guerre qu'elle fait à nos meilleurs auxiliaires.

28. Casse-noix (*Nucifraga caryocatactes*). — Taille : 35 centimètres. Entièrement brun, les plumes terminées par des taches blanches en forme de larmes, plus larges en dessous, manquant complètement sur la tête. Souscaudales blanches. Ailes et queue noires, celle-ci terminée de blanc. La femelle ressemble au mâle. Œuf de 35 sur 24 millimètres, d'un gris bleu, parsemé de points brunâtres surtout au gros bout. Cet oiseau ne se rencontre en France que dans les Vosges et le Jura et peut-être quelques localités des Alpes. Il habite les forêts de conifères, place son nid vers le sommet des arbres, se nourrit de graines de

Casse-noix.

pin et de sapin, de noisettes et autres fruits sylvestres et aussi d'insectes. Il est assez farouche ; l'hiver, il vit en bandes et parfois se rencontre de passage dans le Nord et l'Est. Il présente une particularité curieuse ; à la base de la langue, il a une poche près de l'ouverture de l'œsophage où il emmagasine la nourriture pour la transporter dans son grenier à réserve, situé généralement dans un trou d'arbre. Il va quelquefois fort loin faire sa récolte. C'est toujours par petites bandes dont un ou deux sujets restent en sentinelle pour avertir d'un danger pendant que les autres sont tout à la provende.

29. Cincle-plongeur (*Cinclus aquaticus*). — Taille : 17 centimètres. Dessus brun. Tête et queue plus rousses. Gorge et poitrine blanches. Ventre brun. Femelle semblable au mâle. Œuf de 25 sur 19 millimètres, d'un blanc pur. Cet oiseau ne vit que dans les contrées montagneuses et toujours au bord des torrents où il pénètre

Cincle plongeur.

souvent se trouvant complètement submergé et courant sur le fond comme s'il était sur la terre sèche. Il se nourrit de vers, d'insectes et de petits mollusques. Il est surtout commun dans les Alpes et les Pyrénées.

30. Martin-roselin (*Pastor roseus*). — Taille : 22 centimètres. Tête, cou, queue et cuisses noir brillant violacé ; le reste du corps d'un beau rose, la tête garnie d'une huppe de plumes longues et effilées. Femelle pareille au mâle, la huppe plus courte, les couleurs moins vives. Les jeunes sont entièrement bruns. Le fond du plumage de la gorge est blanc. Bec d'un rose sale avec la pointe brune. Œuf de 24 sur 18 millimètres, d'un blanc verdâtre pâle. Assez rare et de passage irrégulier en France. D'une nature très sociable, leurs nids sont toujours groupés. Ils les établissent dans les trous des rochers et recherchent des endroits absolument tranquilles. Ils ont beaucoup des mœurs des étourneaux et, comme eux, vivent l'hiver en bandes nombreuses, parcourant les prairies pour chercher leur nourriture. Mangent des insectes et surtout des sauterelles.

31. Pétrocincle. — Deux espèces :
a) Pétrocincle de roche (*Turdus saxatilis*). — Taille : 21 centimètres. Tête et cou d'un bleu cendré. Dos ardoisé varié de blanc. Ailes et queue rousses, de même que la poitrine et le ventre. Fe-

melle d'un blanc cendré ; quelques taches blanc sale sur le dos ; gorge blanche variée de brun. Poitrine et ventre jaune roux avec de fines raies transversales brunes. Œuf de 28 sur 20 millimètres, d'un vert clair uniforme. C'est une espèce essentiellement méridionale, fréquentant les montagnes. Aussi ne la rencontre-t-on en France que dans les Alpes, les Pyrénées et le littoral méditerranéen. Elle fait son nid dans les trous des rochers ou des vieux murs. L'hiver, elle descend dans les vallons et se hasarde parfois jusqu'au milieu des grandes villes.

b) **Pétrocincle bleu** (*Turdus cyancus*). — Taille : 23 centimètres. Entièrement d'un bleu cendré, les plumes de la poitrine et du ventre bordées de brun, finement lisérées de blanc sale, les ailes et la queue presque noires. La femelle a les teintes plus enfumées, la poitrine et la gorge marquées de roussâtre, les plumes du ventre plus brunes. Œuf de 28 sur 20 millimètres d'un vert clair uniforme. Mêmes mœurs que l'espèce précédente. Il est peut-être moins frugivore. Comme lui, il arrive à se percher sur les points isolés, mais il préfère les coins de rochers, les vieilles tours, les grands édifices, et choisit rarement les hautes branches sans feuilles qui paraissent être le poste favori du pétrocincle de rocher. Cette espèce est aussi méridionale que la précédente.

32. **Étourneau** (*Sturnus vulgaris*), appelé aussi *Sansonnet*. — Taille : 23 centimètres. Entièrement d'un noir brillant à reflets verts et violacés, les plumes terminées par une tache d'un blanc roussâtre ou d'un blanc pur. Fe-

Tête de l'Étourneau.

melle pareille au mâle. Œuf de 27 sur 20 millimètres, vert d'eau pâle sans taches. Il est sédentaire en France. L'hiver, il se réunit par bandes énormes de plusieurs milliers d'individus. Il fréquente particulièrement les prairies où paissent les troupeaux. Il n'est pas rare de le voir se poser sur le dos des moutons et des bœufs. Il se nourrit surtout d'insectes et trouve une abondante nourriture dans les pacages où les fientes des animaux sont criblés de bousiers et de myriades de larves et d'insectes parfaits. Les amateurs d'oiseaux de cage le recherchent pour ses aptitudes naturelles à siffler les airs qu'on lui répète souvent. Il arrive même à imiter assez bien la voix humaine. On le nour-

Étourneau.

rit de pâtée composée de graines pilées (chènevis, colza, alpiste), auxquelles on ajoute du cœur de bœuf haché ou de la viande coupée en très minces morceaux. Il supporte la captivité assez aisément et arrive même à reconnaître la personne qui le soigne et le nourrit, et devient parfois des plus familiers. Il niche dans les trous des murailles, des arbres, des rochers. Certains édifices vieux n'ont pas une cavité sans un nid de sansonnet, à moins que ce ne soient les choucas les premiers occupants ; ils habitent même le centre des grandes villes et, par conséquent, vont plus loin chercher leur nourriture.

33. **Merles.** — Les merles et les grives forment une famille bien naturelle, dont tous les oiseaux qui la composent ont à peu de chose près la même taille et surtout les mêmes mœurs et la même conformation de bec. Tous sont insectivores et frugivores, préférant les baies et les fruits pulpeux aux graines sèches et dures. Ils vivent dans les bosquets, les jardins, les bois. Ils nichent dans les arbres et quelques-uns dans les trous des vieux murs. Quelques-uns restent l'hiver dans les contrées froides de la France : il n'y a que le mâle noir qui puisse être cité comme sédentaire ; encore tous les individus de cette espèce ne le sont-ils pas. Bon nombre émigrent l'hiver par bandes.

Deux espèces :

a) **Merle noir** (*Turdus merula*). — Taille : 26 centimètres. Mâle tout noir. Bec jaune. Femelle brun uniforme en dessus, d'un brun roux tacheté en dessous, blanchâtre à la gorge, d'un roux plus vif à la poitrine. Œuf de 30 sur 20 millimètres, d'un vert bleuâtre sale avec des taches brunes ou rougeâtres. Il fréquente les bosquets, les jardins. Il vit volontiers par couples, construit son nid dans les buissons, les taillis. S'il mange quelques fruits au printemps, par contre il détruit des quantités considérables d'insectes. Il est d'un caractère très défiant et farouche. Il supporte aisément la captivité et apprend à siffler, à répéter des airs et même des paroles, mais il ne se reproduit pas en volière.

Merle noir.

b) **Merle à plastron** (*Turdus torquatus*). — Taille : 23 centimètres. D'un brun foncé partout, excepté à la poitrine, qui est traversée par un large trait blanc. Le ventre a des plumes bordées de cendré blanchâtre. La femelle est brune avec les plumes bordées de plus clair. Le collier d'un blanc pâle roussâtre. Les jeunes ont toutes les teintes plus enfermées ; le collier est à peine visible. Œuf de 30 sur 22 millimètres, d'un vert sale avec des taches brunes. Cette espèce est surtout fréquente dans l'Est de la France. On la rencontre cependant un peu partout au moment de ses migrations, surtout en octobre comme le merle noir. Elle mange beaucoup d'insectes au printemps, des baies et des fruits tendres, plus tard. L'hiver, les fruits du sorbier font ses délices. Contrairement à ses congénères, elle niche souvent par terre au pied d'un buisson, dans un roncier bien abrité. Elle est d'un naturel farouche et ne fréquente pas les jardins, mais se tient de préférence dans les endroits montagneux et solitaires. Elle émigre par petites familles en automne pour revenir vers la fin d'avril.

34. Grives. — Mêmes mœurs que les merles décrits ci-dessus.
Quatre espèces :

a) **Grive musicienne** (*Turdus musicus*). Taille : 23 centimètres. Dessus d'un brun uniforme. Dessous blanc lavé de roux clair, chaque plume marquée au bout d'une tache brune. Première plume des ailes ayant à peine deux centimètres, la deuxième plus longue que la cinquième, les 3e et 4e égales en longueur. Dessous des ailes roux de rouille clair. Femelle semblable au mâle. Œuf de 28 sur 15 millimètres, d'un blanc verdâtre avec quelques points bruns vers le gros bout, parfois unicolores. C'est la vraie grive, bien que l'on confonde sous ce nom la litorne, la draine et la mauvis. C'est à l'automne qu'on la chasse au moment de ses mi-

grations pour se rendre dans des contrées où l'existence leur est plus facile. A cette époque, elle est très grasse et devient un mets des plus délicats. Elle se tient alors de préférence dans les vignes, les bosquets qui avoisinent les champs. Les fruits du sorbier lui plaisent beaucoup ; aussi s'en sert-on pour amorcer les places autour desquelles on dispose des collets et des gluaux. Sa gourmandise cause sa perte ; elle s'empoisse les ailes et

Grive.

ne peut plus voler. Elle s'étrangle dans les nœuds coulants de crins ; on en prend ainsi des quantités considérables. C'est surtout dans les Ardennes que cette chasse destructive est ainsi pratiquée.

b) **Grive draine** (*Turdus viscivorus*), appelée aussi *Draine*. — Taille : 29 centimètres. Dessus brun clair, marqué de roux au bas du dos. Ventre blanc roussâtre marqué de taches brunes au bout de chaque plume, triangulaires au cou, ovales au ventre. Première grande plume des ailes ayant à peine 25 millimètres de long ; la deuxième aussi longue que la cinquième. La femelle ne diffère du mâle que par les teintes du dessus plus claires ; celles du dessous plus rousses. Œuf de 30 sur 21 millimètres, d'un blanc gris avec des taches peu nombreuses brun roux. C'est la plus grosse espèce de grive de nos contrées ; elle habite principalement le Nord de la France. C'est là qu'elle niche dans les arbres.

Grive draine.

Elle se nourrit d'insectes, de vers et de fruits, et affectionne particulièrement ceux du gui ; on l'accuse même de propager cette plante parasite par les graines mal digérées qu'elle répand sur les arbres ; l'automne, elle voyage par petites familles et se rencontre partout.

c) **Grive litorne** (*Turdus pilaris*), appelée aussi *Litorne*. — Taille : 26 centimètres. Dessus gris cendré uniforme à la tête et au cou. Dos brun, les plumes bordées de roux. Dessous roux clair à la gorge et à la poitrine, avec des taches noires au bout de chaque plume excepté au milieu de la gorge. La femelle ne diffère que par les teintes de dessus un peu plus sombres et la gorge plus blanche. Œuf de 28 sur 20 millimètres, d'un gris verdâtre avec de petites taches roux foncé. Fréquentant aussi volontiers les forêts, elle est surtout un oiseau de passage qui se répand chaque année dans presque toutes les contrées de la France; il n'est pas rare de la rencontrer en compagnie de la mauvis et de la draine, et souvent en troupes nombreuses; bien que sa chair soit loin de valoir celle des autres espèces, on la vend sans distinction sur les principaux marchés.

d) **Grive mauvis** (*Turdus iliacus*), appelée aussi *Mauvis*. — Taille : 22 centimètres. Dessus brun uniforme. Large sourcil blanc au-dessus des yeux. Dessous blanc, excepté sur les flancs qui sont d'un roux vif. Gorge et poitrine marquées de taches brunes. Dessous des ailes d'un roux vif. Première grande plume de l'aile n'ayant que deux centimètres de long; la 2° plus longue que la 5°. La femelle ne diffère du mâle que par la bande sourcillière plus rousse. Œuf de 27 sur 20 millimètres, pareils à ceux du merle noir. C'est surtout à l'automne, lors de ses migrations en grandes bandes qu'on la voit fréquemment en France; sa chair est très délicate. Aussi est-elle recherchée sur tous les marchés. Elle fréquente les vergers; son vol est des plus rapides.

35. Loriot (*Oriolus galbula*). — Taille : 26 centimètres, entièrement d'un jaune vif, sauf les ailes et la base de la queue qui sont noires. La femelle a le dos brun jaunâtre, les ailes brunes, la poitrine blanc gris, les flancs et les sous caudales jaunes. De longs traits bruns au ventre. Extrémité des plumes de la queue tachée de jaune. Œuf de 30 sur 20 millimètres, d'un blanc pur semé de points assez distincts d'un brun plus ou moins foncé. Le loriot est un siffleur émérite, son chant est mélodieux; on l'a traduit par cette phase qui dépeint bien en même temps les mœurs de l'oiseau : « Compère Loriot qui

Loriot.

mange les cerises et laisse les noyaux ». C'est en effet un mangeur de fruits qui semble avoir une affection toute particulière pour les cerises; il fréquente la lisière des bois, surtout lorsqu'il y a des arbres fruitiers aux environs capables de lui procurer des fruits mûrs, de juin en août, car, dès le mois de septembre, il part pour ne revenir qu'en avril ou mai; il se nourrit aussi d'insectes. Doté de couleurs très vives et très voyantes, le loriot semble avoir conscience d'être trop visible au milieu des arbres; il sait se cacher si soigneusement qu'il est fort difficile de le voir, même lorsqu'on l'entend chanter au-dessus de sa tête. Son nid est d'une construction remarquable : il a la forme d'un hamac suspendu à l'enfourchement d'une branche.

36. Alouettes. — Chanteuses matinales, les alouettes ont été prises comme type de la vigilance. C'est surtout lorsqu'elles s'élèvent dans les airs qu'elles font entendre leur gai ramage. Elles montent même parfois si haut qu'on les entend bien encore, mais qu'on les aperçoit à peine comme un tout petit point noir perdu dans le ciel. Les alouettes sont de très bonnes coureuses; elles marchent, et ne sautent pas comme les gros-becs; elles perchent aussi, mais rarement. Il n'y a que la lulu qui puisse être considérée comme vraiment percheuse. Toutes font leur nid par terre. Quelques brins d'herbe sèche à l'extérieur, des crins et des plumes à l'intérieur en sont tous les matériaux. L'hiver,

Tête de l'Alouette.

elles se réunissent en bandes pour voyager. Il en est cependant, comme la cochevis, qui vivent solitaires et isolées. L'alouette des champs et la calandrelle sont celles qui composent les bandes les plus considérables; la lulu vit par petites familles. La calandre va aussi en troupe, mais paraît plus sédentaire que les autres espèces. La conformation du pied des alouettes indique bien que ce sont des oiseaux surtout marcheurs. Le pouce est plat et terminé par un ongle très long, mince et peu recourbé qui rappelle celui des poules d'eau. Elles se nourrissent de graines et d'insectes : ce sont des oiseaux de plaines qui ne résident jamais dans les bois. Elles recherchent les contrées rases et non accidentées. Cinq espèces :

a) **Alouette des champs** (*Alauda arvensis*). — Taille : 18 centimètres. Dos brun, les plumes bordées de roussâtre. Plumes de la tête ne formant pas huppe. Dessous d'un blanc teinté de roussâtre clair, avec les plumes de la poitrine marquées de brun au centre. Ongle du pouce très long. Première grande plume des ailes n'ayant pas un centimètre de long. La 2ᵉ aussi longue au moins que la 4ᵉ. La femelle est semblable au mâle; la poitrine a seulement un plus grand nombre de taches brunes. Œuf de 23 sur 17 millimètres blanc gris pointillé et taché d'un brun gris. L'alouette commune, dès le mois d'octobre, se réunit en bandes considérables, fait de grands voyages. Il en est un bon nombre qui restent sédentaires. Sa chair est très estimée, surtout à l'automne, quand elle est bien grasse. On la prend à l'aide de collets de crins qu'on place dans les sillons des champs. On la tue aussi au fusil en l'attirant avec le miroir tournant appelé *miroir aux alouettes.*

b) **Alouette lulu** (*Alauda arborea*), appelée aussi *Alouette percheuse, Petite alouette, Lulu.* — Taille: 15 centimètres, de même coloration que l'alouette des champs, le ventre plus blanc, la région de l'oreille plus foncée, les plumes de la tête formant huppe. La 2ᵉ grande plume de l'aile est plus courte que la 4ᵉ. Femelle semblable. Iris brun. L'alouette percheuse est la seule espèce du genre qui mérite cette qualification.

Alouette.

Elle a des mœurs différentes de l'alouette des champs, préfère les plateaux des coteaux aux grandes plaines et ne se réunit qu'à l'automne en bandes de vingt individus au plus pour entreprendre ses migrations hivernales. Elle est commune partout à l'automne et presque aussi nombreuse que l'alouette des champs.

c) **Alouette cochevis** (*Alauda cristata*), appelée aussi *Cochevis, Alouette huppée.* — Taille: 18 centimètres. Dessus brun, le bord des plumes un peu plus clair. Tête ayant une huppe bien accusée. Dessous d'un blanc roussâtre, avec les plumes de la poitrine marquées de brun. Première grande plume des ailes de moins de deux centimètres de long. Deuxième plus courte que la cinquième. Femelle semblable. Œuf de 22 sur 17 millimètres, d'un gris jaunâtre avec des points roussâtres plus nombreux vers le gros bout. Elle fréquente surtout le bord des routes; elle fouille volontiers les fientes des animaux pour rechercher les graines non digérées ou les insectes. Bien que commune partout, elle est bien moins nombreuse que les espèces précédentes et vit toujours isolée, et par couple seulement au printemps.

d) **Alouette calandrelle** (*Alauda brachydactyla*), appelée aussi *Calandrelle.* — Taille: 14 centimètres. Dessus brun, les plumes bordées de roux. Dessous d'un blanc roux. La gorge plus pâle. Deux taches brunes sur les côtés du cou. Première grande plume des ailes nulle.

Patte de l'Alouette calandre.

Les deuxième, troisième et quatrième presque égales. La femelle ne diffère du mâle que par les taches foncées du cou beaucoup plus réduites, et les parties inférieures du corps plus pâles. Œuf de 17 sur 15 millimètres, d'un roux clair avec des taches plus foncées peu visibles. Elle a l'ongle du pouce beaucoup plus court que les autres espèces du genre. Elle n'est cependant pas percheuse: c'est une habitante de la France méridionale qui, à l'automne, se réunit en grandes troupes pour voyager; elle fréquente surtout les plaines arides et pierreuses.

e) **Alouette calandre** (*Alauda calandra*), appelée aussi *Calandre.* — Dessus brun roussâtre. Les plumes du haut du dos marquées de brun noir au centre. Gorge et ventre blancs. Flancs bruns. Les côtés de la poitrine noirs, avec des taches de même couleur sur fond blanc au centre. La femelle ne diffère que par sa taille un peu plus petite et les taches noires plus réduites. Œuf de 26 sur 17 millimètres, d'un blanc sale avec des taches roux brun. La calandre est la plus grosse espèce d'alouette que l'on ait en France. Elle n'habite que le Midi et particulièrement les terrains secs et pierreux. Son bec est gros et fort. Elle se nourrit de graines et d'insectes: c'est une des espèces qui apprend le plus facilement à répéter des airs; elle est appréciée des oiseleurs à ce point de vue. Sa chair est dure et peu estimée.

37. Pipis. — Les pipis semblent faire le passage entre les alouettes et les fauvettes. Quelques-uns nichent par terre comme les premières et sont plutôt marcheurs. L'hiver ils suivent souvent les bandes d'alouettes et, comme elles, viennent se faire tuer au miroir. D'autres qui, comme conformation et extérieur, ne diffèrent en rien de leurs congénères, sont plutôt des oiseaux sylvains ayant beaucoup des mœurs des fauvettes. Leurs pattes sont grêles, allongées, le pouce long, mince, peu arqué. Les plumes latérales de la queue sont marquées de blanc comme chez les alouettes. Leur démarche est gracieuse ; ils courent avec agilité et chantent en voletant comme elles. Le mâle et la femelle sont semblables pour la robe. A l'automne, ils sont très gros et deviennent paresseux à voler au point de se laisser approcher presque à portée de la main.

Sept espèces :

a) **Pipi richard** (*Anthus Richardi*). — Taille : 18 centimètres. Dessus brun. Plumes bordées de roux. Une bande sourcilière d'un blanc roux, étroite sur l'œil, se prolongeant en s'élargissant derrière. Une moustache brune descend du bec ; dessous d'un blanc sale avec la poitrine marquée de taches brunes sur un fond un peu roussâtre. Ongle du pouce d'un tiers plus long que le doigt. Queue brune, les plumes médianes bordées de roussâtre, les latérales marquées de blanc, surtout l'externe qui est à peine brune à la base de la barbe interne. La femelle est semblable. Œuf de 20 sur 15 millimètres, d'un gris souvent rougeâtre, avec des taches parfois très nombreuses et recouvrant presque toute la coquille.

b) **Pipi rousseline** (*Anthus campestris*), appelé aussi *Rousseline*. — Taille : 17 centimètres, d'un brun cendré, marqué de brun au centre des plumes, bien accusé surtout sur la tête. Ailes et queue brunes bordées de roux clair. Une bande sourcilière blanc roussâtre. Les joues brun gris. Une moustache noire bien accusée chez les adultes. Dessous d'un gris roux. La poitrine marquée de taches brunes chez les femelles. Œuf de 22 sur 16 millimètres, d'un blanc sale, couvert de petites taches plus ou moins nombreuses. Il se plaît particulièrement dans les terrains arides, les bruyères, les dunes. Il court avec agilité et remue sa queue, un peu comme les bergeronnettes ; c'est surtout dans le Midi de la France qu'on le rencontre et pendant la belle saison d'avril à septembre. Il se nourrit principalement d'insectes et de vers et fort peu de graines.

c) **Pipi des prés** (*Anthus pratensis*), appelé aussi *Farlouse, Pieuquette*. — Taille : 15 centimètres. Dessus brun. Les plumes bordées plus clair. Dessous d'un blanc roux très clair. Ventre presque blanc pur. Poitrine, côtés du cou et flancs tachés de bandes brun foncé. Ongle du pouce plus long que le doigt : c'est le caractère principal qui le distingue du pipi des arbres dont il est très voisin. Œuf de 19 sur 14 millimètres, d'un blanc sale verdâtre, avec de petites taches et des raies d'un brun rougeâtre. Il préfère les endroits humides, les prairies basses. Il est de passage régulier dans toute la France au printemps et à l'automne. Il est très commun partout. L'hiver, il se réunit en bandes qui se confondent parfois et volent de compagnie avec l'alouette des champs.

d) **Pipi à gorge rousse** (*Anthus cervinus*). — Taille : 14^{cm},5. Dessus brun, les plumes bordées plus clair. Gorge et poitrine roux vif. Côtés du cou et poitrine marqués de taches brunes. Ventre d'un blanc roussâtre. Ongle du pouce aussi long que le doigt. Femelle semblable. Œuf de 21 sur 14 millimètres, d'un blanc gris violacé avec des taches et des stries brunâtres. Il est de passage dans le Centre et niche plutôt dans les contrées méridionales.

e) **Pipi des arbres** (*Anthus arboreus*), appelé aussi *Bec-figue, Alouette pipi*. — Taille : 15 centimètres. Dessus brun, les plumes bordées de brun olivâtre, plus clair sur les ailes et la queue. Dessous d'un blanc sale, roussâtre sur les côtés du cou et à la poitrine. Ces parties sont marquées de taches brunes presque noires. Femelle semblable. Ongle du pouce plus court que le doigt : c'est la grande différence qui permet de le distinguer aisément du pipi des prés auquel il ressemble beaucoup ; il est très commun partout, mais ne va jamais par bandes ; il niche sur les arbres et fréquente les prairies, les vignes et les coteaux. Œuf de 20 sur 15 millimètres, variant beaucoup de coloration du gris au rougeâtre, avec des taches plus ou moins nombreuses, recouvrant parfois toute la surface. Il est sédentaire en France et, s'il voyage au printemps et à l'automne, c'est plutôt pour changer de contrées que pour s'éloigner de ses parages habituels. Il n'y a que dans les hivers très rigoureux, lorsque la terre est couverte de neige qu'il abandonne le canton qu'il fréquentait.

Pipi des arbres.

f) **Pipi spioncelle.** (*Anthus spinolella*), appelé aussi *Pipi spipolelle*. — Taille : 18

centimètres. Dessus brun presque uniforme, plus roussâtre aux parties inférieures. Deux bandes grises diagonales sur les ailes. Des teintes ardoisées à la tête ; d'un blanc sale en dessous. Devant du cou, poitrine et flancs variés de roux rosé et marqués de taches brunes. Femelle semblable mais un peu plus claire en dessous. Œuf de 22 sur 16 millimètres, d'un gris violacé, avec des taches plus foncées et plus ou moins rougeâtres. L'été, il habite les régions élevées et arides. L'hiver, il descend dans les plaines, fréquente le bord des eaux. Il est commun partout surtout à l'époque des migrations, au printemps et à l'automne.

g) **Pipi obscur** (*Anthus obscurus*). — Taille : 16^{cm},5. Dessous brun cendré olivâtre, marqué de bandes brunes, bien accentuées seulement sur le dos. Ailes avec deux bandes diagonales d'un gris cendré, queue brune. Un liséré gris plus clair à la plume extérieure, qui est marquée de gris aux barbes internes le long de la baguette. Dessus d'un blanc sale, rosé à la poitrine marquée de taches brunes. Cet oiseau varie sensiblement de livrée ; il est parfois d'un gris brun en dessus. Le dessous est d'un roux clair peu tacheté de brun. Femelle semblable. Œuf de 22 sur 16 millimètres, d'un blanc gris verdâtre, pointillé de roux brun surtout vers le gros bout. Le pipi obscur est surtout répandu en Normandie et en Bretagne pendant la belle saison. Il paraît affecter particulièrement les côtes maritimes.

38. Bergeronnettes ou Hoche-queue ou Lavandières.

Appelées aussi *Hoche-queue*, à cause de leur habitude de balancer constamment la queue, les bergeronnettes fréquentent surtout le bord des eaux. Ce n'est que

Patte de la Bergeronnette.

pendant leurs migrations qu'on les voit dans les prairies, sur le bord des routes, à la recherche de leur nourriture, qui se compose de vers, d'insectes et de petits mollusques. Leurs poses sont très gracieuses. Elles courent avec rapidité, s'arrêtent pour repartir bientôt et chaque pause est accompagnée de balancements de tête et de hochements de queue. Leur vol se fait par bonds assez courts. Leur queue est très longue. Leurs pattes rappellent celles des alouettes, mais avec l'ongle plus court. Elles construisent leur nid toujours très long, souvent au fond des berges, dans les roseaux, dans un trou de rocher bas. La plupart émigrent en automne, en petites bandes, pour revenir à la belle saison. Celles qui habitent les régions tempérées méridionales sont sédentaires.

Quatre espèces :

a) **Bergeronnette boarule** (*Motacilla sulfurea*), appelée aussi *Boarule, Bergeronnette jaune*. — Taille : 18^{cm},5. Queue : 10 centimètres. Dessus gris. Croupion jaune. Plumes latérales de la queue entièrement blanches. Sourcils blancs. Moustache blanche. Gorge noire. Ventre jaune. La queue est plus longue que le corps. La femelle a les teintes du dessus plus brunâtres, le croupion ver-

Bergeronnette jaune.

dâtre, le dessous d'un blanc roux aux parties supérieures, jaunâtres aux inférieures. Œuf de 20 sur 15 millimètres, d'un blanc sale, avec une infériorité de stries et de taches peu marquées, plus foncées que le fond. Elle est sédentaire dans la France méridionale et de passage dans le Centre et le Nord. Elle fréquente constamment le bord de l'eau et est volontiers isolée, étant d'un naturel plus querelleur que toutes ses congénères.

b) **Bergeronnette printanière** (*Motacilla flava*). — Taille : 15 centimètres. Queue : 7^{cm},5. Dos brun verdâtre. Tête grise. Sourcil blanc. Dessous jaune. La dernière plume de la queue bordée de noir intérieurement sur deux tiers de sa longueur. Femelle semblable au mâle, les teintes du dessus plus sombres, la gorge blanche. Très commune partout où il y a de l'eau. Elle se réunit en petites bandes l'hiver pour émigrer, surtout dans les années très rigoureuses.

c) **Bergeronnette grise** (*Motacilla alba*). — Taille : 19 centimètres. Queue : 9ᶜᵐ,5. Dessus gris cendré. Tête noire. Front et joues blancs. Gorge et poitrine noires. Ventre blanc. La femelle ressemble au mâle, mais, à cette époque de l'année, elle a le noir de la tête moins étendu. En automne, les deux sexes se ressemblent. Le dessous du corps est plus pâle, le front est d'un blanc maculé de gris, le noir de la tête est taché de brun, la gorge est blanche, un collier noir rejoignant les épaules, se montre sur la gorge, le ventre est blanc. Œuf de 20 sur 15 millimètres, d'un blanc gris avec des marques brunâtres. Elle a les mêmes mœurs que la précédente ; on les voit souvent dans les mêmes parages.

Bergeronnette grise.

d) **Bergeronnette à tête noire** (*Motacilla melanocephala*). — Reconnaissable à la teinte noire de sa tête et de ses joues.

39. Traquets. — Les traquets forment une petite famille bien homogène. Un des caractères qui permet de les distinguer à première vue au milieu des nombreux genres voisins, ce sont leurs tarses toujours d'un noir profond. Ils aiment à se percher sur un point culminant. Le pâtre et le tarier sont souvent sur des fils télégraphiques, le long des voies des chemins de fer. Le motteux se tient immobile sur les plus grosses mottes de terre, s'élance de son observatoire sur un insecte qu'il saisit fortement et revient à son poste. Ils recherchent les contrées arides, caillouteuses et sont tous des insectivores qui méritent toute notre sollicitude ; ils nichent par terre dans les broussailles, émigrent l'hiver pour aller dans les contrées plus tempérées.

Six espèces :

a) **Traquet motteux** (*Saxicola œnanthe*), appelé aussi *Motteux, Cul blanc, Œnanthe.* — Taille : 16ᶜᵐ,5. Mâle, en été : Dessus gris cendré. Sourcils et croupion blancs, de même que la base de la queue. Un trait noir traversant les yeux. Dessous fauve. Ailes noires. En hiver : le dessus est plus roux, le dessous est d'un roux plus sombre. La femelle ressemble au mâle en hiver. La bande qui traverse les yeux est moins nette et d'un brun roussâtre. Œuf de 22 sur 16 millimètres

d'un bleu vert d'eau pâle. Il reste toujours perché sur une pierre, une motte

Traquet motteux.

de terre. Il court avec rapidité, un peu comme les alouettes. Il ne se met pas en bandes pour émigrer à l'automne. A peine quelques couples se réunissent-ils pour ces longs voyages qu'ils font par petites étapes.

b) **Traquet stapazin** (*Saxicola stapazina*), appelé aussi *Stapazin.* — Taille : 15 centimètres. Dessus roux enfumé. Bas du dos blanc. Ailes noires, les plumes les recouvrant bordées de rouge. Le tour des yeux, les joues et la gorge noirs. Le dessous blanc roux plus foncé à la poitrine. La femelle a les teintes du dessus plus brunes, ce qui fait que le sourcil se détache moins. Le noir de la gorge est moins net, le ventre plus clair, les ailes brunes au lieu d'être noires. Œuf de 20 sur 15 millimètres, d'un bleu pâle uniforme, parfois parsemé de taches rousses. Il est plutôt méridional ; l'été on ne le rencontre qu'au Sud du Rhône, dans les plaines arides et caillouteuses où il niche dans les tas de pierres, dans les trous de murailles. Il n'est pas commun.

c) **Traquet oreillard** (*Saxicola aurita*). — Taille : 15 centimètres. Dessus d'un blanc roux, blanc pur au bas du dos. Une large bande noire traverse les yeux. Ailes noires. Dessous entièrement d'un blanc lavé de roussâtre, surtout à la poitrine. En hiver, le plumage se rembrunit. La femelle lui ressemble, mais ce qui est noir devient chez elle d'un brun roux. Les plumes qui recouvrent les ailes sont bordées de roux. Œuf comme celui du stapazin, mais avec des taches plus nombreuses. Cette espèce vit dans les mêmes contrées que le stapazin ; il a les mêmes mœurs ; il est peut-être un peu plus rare.

d) **Traquet rieur** (*Saxicola leucura*). — Taille : 10 centimètres. Entièrement noir, sauf les plumes qui recouvrent la queue et la base de celle-ci qui est d'un blanc pur. La femelle lui ressemble, mais le noir est un peu roussâtre. Œuf de 24 sur 17 millimètres, d'un bleu pâle, souvent sans taches ; lorsqu'elles se produisent, elles forment une couronne vers le gros bout. D'un naturel sauvage et méfiant, il recherche les contrées les plus arides et les parties montagneuses. Aussi ne le trouve-t-on en France qu'au pied des Alpes et des Pyrénées où il ne séjourne que l'été. L'hiver, il émigre vers le Sud.

e) **Traquet tarier** (*Saxicola rubetra*), appelé aussi *Tarier, Fichelette, Grand Traquet.* — Taille : 14ᶜᵐ,5. Mâle, en été : dessus brun, les plumes bordées de cendré roussâtre. Sourcils et deux taches sur les ailes d'un blanc pur. Joues noires, bordées en dessous de blanc qui s'étend jusque sous le bec. Gorge et poitrine roux clair. Ventre blanc sale. La femelle ne diffère du mâle que par les teintes plus enfermées et moins nettes. En hiver : dessus brun, les plumes au centre bordées de roux et terminées de gris, les parties blanches passant au roussâtre, la poitrine est pointil-

Traquet tarier.

lée de noir. Œuf de 18 sur 13 millimètres, d'un bleu verdâtre sans taches. Il est très répandu dans le Centre et le Nord de la France où il niche l'été. A l'automne, il devient très gras, se perche sur un point isolé, un chardon sec, la branche la plus élevée d'un buisson, le bout d'une palissade, et devient familier parce qu'il est paresseux. Il fréquente les champs et les prairies.

f) **Traquet pâtre** (*Saxicola rubicola*), appelé aussi *Pâtre, Traquet rubicole.* — Taille : 12 centimètres. Dessus noir. Plumes du dos lisérées de roux, celles recouvrant la queue blanches. Une tache blanche sur les ailes et aux épaules. Ailes et queue brunes lisérées de roux. Gorge noire. Poitrine rousse. Ventre blanc roussâtre sur les côtés. La femelle ne diffère du mâle que par les bordures rousses des plumes du dessus plus étendues, et le dessous d'un roux moins vif. Œuf de 16 sur 13 millimètres, d'un bleu verdâtre pâle avec des taches roussâtres parfois confluentes vers le gros bout. Il paraît remplacer le traquet pâtre dans les contrées méridionales de la France. Il a les mêmes mœurs que lui, paraît préférer les endroits où la végétation est abondante. Ce sont les plaines de bruyères, les coteaux couverts d'arbres nains qui paraissent l'attirer davantage. Comme ses congénères, c'est un insectivore émérite.

40. Fauvettes terrestres. — Les fauvettes sont de petits oiseaux sylvains, préférant les buissons, les jeunes taillis aux grands arbres. La plupart émigrent l'hiver, et ne viennent en France que pour la saison de la reproduction. Leur nid est le plus souvent une construction légère. Ils élèvent leurs jeunes avec sollicitude ; pendant le temps d'incubation les mâles font entendre leurs plus mélodieuses chansons, car c'est parmi ces oiseaux qu'on peut chercher les plus savants et les plus brillants chanteurs. Presque toutes les espèces ont une livrée modeste. Le rossignol de murailles et la gorge bleue font à peu près seuls exception à cette tenue grise et brune. Il n'est peut-être pas d'oiseaux plus utiles, car non seulement ils nous charment par leur ramage, mais ils font une chasse incessante aux myriades d'insectes qui, au printemps, foisonnent partout. Si quelques espèces pendant la saison des fruits picorent les cerises, les figues, les prunes, c'est une bien légère dîme prélevée sur la quantité de récolte sauvée par la guerre acharnée qu'ils ont fait avant aux insectes destructeurs.

Seize espèces :

a) **Rossignol** (*Sylvia luscinia*). — Taille : 16 centimètres. Dessus d'un brun roux uniforme. Dessous d'un blanc roux, clair surtout à la gorge et au milieu du ventre. Première grande plume des ailes très petite ; la deuxième égale à la cinquième. Les jeunes sont souvent marqués de taches brunes transversales, peu apparentes. Il est commun par toute la France. Il habite surtout les petits bois, les bosquets et arrive dans le courant d'avril. Dès qu'il a trouvé la compagne de son choix, il commence à chanter. Les amateurs d'oiseaux de volière le tiennent en très haute estime à cause de sa belle

Rossignol.

voix et la façon mélodieuse et variée dont il agrémente les roucoulades de son chant. Il est du reste très facile à prendre et supporte assez facilement la domesticité. Le moment toujours difficile à lui faire passer est l'époque du départ, comme pour tous les oiseaux migrateurs : le besoin de déplacement est si puissant, les tourments qu'il ressent de ne pouvoir émigrer sont si violents que beaucoup en périssent malgré tous les soins dont on les entoure.

b) **Rubiette rouge-queue** (*Sylvia tithys*), appelé aussi *Tithys, Rouge-queue.* — Taille : 15 centimètres. Dessus brun ardoisé. Queue roux vif ainsi que les plumes de sa base. Deuxième grande plume des ailes bordée de blanc gris. Côtés de la tête, gorge et poitrine noirs. Ventre gris, cette coloration se mariant peu à peu avec le noir des parties supérieures. Femelle entièrement d'un gris brun, un peu plus clair au ventre. Queue rousse. Œuf de 18 à 12 centimètres d'un blanc pur. Il arrive dans nos contrées vers le mois d'avril pour repartir en octobre, après avoir élevé une couvée ou deux. Il niche dans les trous des murs, sous les toits des maisons souvent dans les écuries, les granges, les greniers. Familier et sociable, il ne s'inquiète guère des personnes qui passent près de lui, mais si on l'inquiète ou si on le poursuit, il part pour ne plus jamais revenir dans les endroits inhospitaliers. Il est moins commun que le rossignol de murailles.

c) **Rossignol de muraille** (*Sylvia phœnicura*). — Taille : 14^{cm},5. Front et sourcils blancs. Tête et dos gris cendré. Bas du dos et queue roux vif, sauf les deux plumes médianes qui sont brunes. Gorge et côtés des joues noirs. Poitrine et ventre roux, plus clair au centre. Les teintes se rembrunissent l'hiver. La femelle ressemble au mâle. Le dessus est plus brun, le front est blanc sale, de même que les sourcils. Les joues et le devant du cou sont gris. Œuf de 18 sur 13 millimètres, d'un beau bleu clair. C'est l'un des plus jolis et des plus gracieux oiseaux de nos contrées. Il est répandu partout, mais vivant par couple isolé. Il fait son nid dans les trous des murs, sous les toits de chaume, dans un coin quelconque, aussi bien chez le forgeron que chez le meunier. Le bruit, les allées et venues lui importent peu. Ce qu'il recherche c'est la sécurité pour lui et sa famille. Quand il s'aperçoit qu'on le guette, il craint d'être inquiété et part pour ne plus revenir.

d) **Rouge-gorge** (*Sylvia rubicola*). — Taille : 14^{cm},5. Dessus d'un brun roussâtre. Front, côtés de la tête, gorge, poitrine, d'un roux vif. Ventre blanc gris. Flancs bruns. La femelle ressemble au mâle ; le roux de la gorge est moins foncé et moins étendu. Œuf de 20 sur

16 millimètres, d'un blanc sale avec des points roux plus nombreux vers le gros bout. Il est commun partout. La plupart émigrent l'hiver. Quelques-uns sont sédentaires. Le froid, la neige les oblige à se rapprocher des habitations. Les chats leur font

Rouge-gorge.

alors une guerre où les trop confiants oiseaux périssent souvent. Son chant ne manque pas de charme. Il fait son nid dans les buissons, dans les taillis, souvent près de terre.

e) **Fauvette à gorge bleue** (*Sylvia succisa*), appelée aussi *Gorge-bleue.* — Taille : 15 centimètres. Dessus brun à peu près uniforme. Base de la queue rousse. Sourcils blanc roussâtre. Gorge d'un beau bleu, avec une tache blanc d'argent au centre. Poitrine rousse. Ventre blanc sale roussâtre. On trouve des sujets où la tache blanche manque complètement ; d'autres où elle est remplacée par du roux qui s'étend parfois jusque sous le bec. La femelle ressemble au mâle, mais n'a pas de bleu et la gorge est d'un blanc sale, avec une bande noire sur la poitrine, souvent accompagnée de roux en dessous. Œuf de 20 sur 15 millimètres, d'un vert clair douteux avec des taches plus foncées. La gorge bleue ne se reproduit que dans les départements du Centre de la France, dans une zone qu'on peut circonscrire de la Charente à la Saône-et-Loire. Elle est très familière et construit un nid grossier placé toujours très bas. C'est un des oiseaux les plus brillants, car sa tache bleu turquoise, souvent relevée par une macule d'un blanc brillant ou d'un roux vif entouré de blanc, a une vivacité d'éclat très remarquable ; avec ces variétés de coloration, on a voulu faire des espèces.

f) **Accenteur alpin** (*Sylvia alpinus*). — Taille : 17 centimètres. Dessus d'un brun flammèché de noirâtre, surtout au milieu du dos. La tête, presque cendrée. Gorge blanche. Les plumes terminées de brun. Dessous brun gris, les flancs flammèchés de roux. Vers la base des ailes, on remarque quelques points blancs épars. Femelle semblable. Œuf de 21 sur 14 millimètres, d'un bleu pâle sans taches. Cet oiseau ne vit que dans les régions les plus élevées des Alpes et des Pyrénées. Ce n'est que l'hiver, lorsque la neige couvre entièrement les contrées qui l'ont vu naître qu'il descend dans les vallées. Ce n'est pas un oiseau farouche, tant s'en faut : il est aussi confiant que le rouge-gorge.

g) **Accenteur mouchet** (*Sylvia modularis*), appelé aussi *Fraine-buisson*. — Taille : 14 centimètres. Dessus brun flammèché de noirâtre. Les côtés du cou brun ardoisé. Dessous d'un gris cendré uniforme, le ventre un peu plus clair. Femelle pareille. Œuf de 19 sur 13 millimètres. Il vole souvent dans les taillis bas, en rasant la terre. On le prendrait facilement pour une souris quand il passe d'une touffe à une autre ; il vit sédentaire dans beaucoup de localités et se nourrit principalement de vers et d'insectes surtout au printemps. Son chant est assez monotone. Il supporte difficilement la captivité.

h) **Fauvette à tête noire** (*Sylvia atricapilla*). — Taille : 14 centimètres. Tête noire dessus. Côtés cendrés. Tout le reste du dessus d'un brun olivâtre. Dessous d'un cendré plus clair à la gorge et au milieu du ventre. Queue entièrement brun foncé. La femelle diffère du mâle par le dessus de la tête qui

Fauvette à tête noire et son nid.

est d'un brun roux et les teintes plus rousses en général. Œuf de 20 sur 14 millimètres, d'un blanc rougeâtre, avec des traits et des taches brunes. Cette espèce est très commune partout ; elle fréquente le bord des bois, mais surtout les parcs et les jardins. D'un naturel très familier, elle se laisse facilement prendre au trébuchet. Elle fait son nid dans les buissons assez près de terre et

n'émigre l'hiver que des parties Nord de la France où la neige et la glace lui rendraient la vie trop difficile.

i) **Fauvette mélanocéphale** (*Sylvia melanocephala*). — Taille : 13^{cm},5. Tête et joues noires. Le dessus d'un cendré noirâtre. Queue noire, les trois plumes externes de chaque côté terminées de blanc. Dessous blanc, presque pur à la gorge, un peu gris au-dessous, avec les flancs cendrés. Femelle pareille avec les teintes plus enfumées ; le noir de la tête d'un brun cendré. Œuf de 18 sur 13 millimètres, d'un blanc roussâtre, avec des taches plus foncées, plus nombreuses au gros bout. Bien que ressemblant beaucoup à l'espèce précédente, elle s'en distingue aisément par le dessous des yeux noirs, tandis que cette partie est gris clair chez la fauvette à tête noire. La femelle n'a pas la calotte rousse de la précédente. C'est une espèce essentiellement méridionale qui ne dépasse guère le bassin méditerranéen ; par ses mœurs, ses habitudes, elle se rapproche beaucoup de la fauvette à tête noire.

j) **Fauvette babillarde** (*Sylvia curruca*). — Taille : 14 centimètres. Dessus et côtés de la tête d'un brun ardoisé, plus clair sur le dos. Dessous d'un blanc presque pur, teinté de roussâtre à la poitrine et aux flancs. Bec noir. Pieds gris ardoisé. Iris brun clair. Femelle semblable. Œuf de 20 sur 16 millimètres, d'un blanc roussâtre avec des taches plus foncées, nombreuses surtout vers le gros bout. Le Midi de la France est le séjour habituel de cette espèce qui préfère les buissons très touffus où elle se sait à l'abri des regards.

k) **Fauvette des jardins** (*Sylvia hortensis*). — Taille : 15 centimètres. Dessus d'un brun olivâtre uniforme. Ailes et queue brunes, bordées de clair. Dessous d'un blanc sale plus foncé sur les flancs qui deviennent presque de la couleur du dos. Le ventre et la gorge presque blanc pur. Femelle semblable. Œuf de 20 sur 14 millimètres, d'un blanc sale avec des taches et des points plus foncés. On la confond parfois avec le becfigue à l'automne lorsqu'elle est très grasse. Elle est surtout commune dans le Nord et le Centre de la France ; elle devient rare dans les départements méridionaux. Elle habite les jardins, les taillis et, au printemps, fait entendre son gai ramage. Elle part vers le mois d'octobre et revient dans le courant d'avril.

l) **Fauvette orphée** (*Sylvia orphea*), appelée aussi *Orphée*. — Taille : 16^{cm},5. Dessus brun noirâtre, plus foncé sur la tête. Dessous blanc, d'un roux rosé à la poitrine, aux flancs et aux sous-caudales. La femelle a les teintes du dessus plus claires. La tête est de même couleur que le dos. Œuf de 20 sur 15 millimètres d'un blanc sale, avec des taches brunes. L'orphée n'est pas répandue partout; elle semble plutôt confinée dans l'Est de la France. Elle est aussi commune en Provence; elle a les mêmes mœurs que ses congénères.

m) **Fauvette grisette** (*Sylvia cinerea*), appelée aussi *Grisette*. — Taille : 14 centimètres. Dessus brun. Tête plus cendrée. Petites plumes des ailes bordées de roussâtre. Dessous blanc sale. Poitrine roux rose de même couleur que les flancs. La femelle ressemble au mâle. Dessus d'un brun un peu plus roussâtre. Tête de même couleur. Le rose du dessous est rempli par du roux isabelle clair. Œuf de 18 sur 13 millimètres, d'un blanc sale pointillé de brun. La grisette est commune partout. Elle habite les vergers, les parcs, les bois humides. Elle a l'habitude de s'élever en l'air en chantant, de tourner et pirouetter et de s'enfoncer dans le bosquet d'où elle était partie en continuant son ramage.

n) **Fauvette passerinette** (*Sylvia subalpina*), appelée aussi *Passerinette*. — Taille : 12ᶜᵐ,5. Mâle, au printemps: dessus d'un cendré ardoisé, lavé de roussâtre au milieu du dos; queue plus foncée que le dos, la plume externe la plus courte, blanche extérieurement et sur la plus grande partie des barbes internes, les deux suivantes terminées de blanc à l'extrême pointe, les autres frangées d'un liséré brun; dessous roux foncé plus clair au ventre et aux sous-caudales. Une moustache blanche part de la mâchoire inférieure. Les yeux sont entourés d'une rangée de plumes rousses. La femelle ressemble au mâle, mais les teintes sont plus claires, le ventre est d'un blanc rose, la gorge est presque blanche chez certains individus. Cette espèce sera toujours facile à distinguer des fauvettes pitchou et à lunettes parce que le dessus est gris cendré, et l'œil bordé de plumes rousses. Œuf de 13 sur 10 millimètres d'un blanc gris avec des points plus foncés parfois peu visibles, mais toujours plus nombreux vers le gros bout. Cette espèce méridionale recherche les collines couvertes de broussailles et d'arbustes. Son chant n'a rien de remarquable.

o) **Fauvette à lunettes** (*Sylvia conspicillata*). — Taille : 12 centimètres. Mâle, en été: dessus brun, la tête presque cendrée. Plumes des ailes bordées de roux. Les yeux entourés de plumes blanches, suivies d'un cercle de plumes presque noires. Gorge blanche, de même

que le milieu de l'abdomen. Poitrine et flancs d'un rouge vineux, foncé au printemps, plus clair l'hiver. Femelle semblable, le dessus plus cendré; le dessous au lieu d'être roux vineux à la gorge et à la poitrine est d'un blanc isabelle. Cette espèce est toujours facilement reconnaissable au double cercle blanc et noir qui entoure l'œil. Œuf de 16 sur 10 millimètres, d'un blanc gris, avec des taches plus nombreuses vers le gros bout. Elle ne se montre que dans certaines localités du midi de la France, et n'y est pas sédentaire; arrivant en avril, elle repart en septembre. Elle a les mêmes mœurs et habite les mêmes localités que la passerinette.

p) **Fauvette pitchou** (*Sylvia provincialis*), appelée aussi *Pitchou*. — Taille : 11ᶜᵐ,5. Dessus d'un brun foncé olivâtre sur le dos, plus cendré à la tête. Paupières orangées. Dessous d'un roux vineux intense. Les plumes de la gorge souvent tachetées de blanchâtre. Ventre d'un blanc sale au milieu seulement. La femelle ressemble au mâle. Le dessus est un peu plus clair, plus ardoisé, le dessous d'un rouge plus clair et plus lie de vin. La gorge a plus de taches blanches. Œuf de 13 sur 10 millimètres, d'un blanc gris avec des points roussâtres qui forment parfois une couronne au gros bout. Le pitchou se trouve dans le Midi de la France, en Anjou, en Bretagne, sur les coteaux secs et arides. Il se tient constamment caché au plus épais des touffes; d'un naturel vif et pétulant, il tient les plumes de la queue presque constamment relevées à la manière des troglodytes.

41. Pouillots. — Les pouillots se ressemblent beaucoup par leurs formes. Leur bec est comprimé à la base. Leur couleur est toujours brun gris en dessus et plus ou moins jaunâtre en dessous. Il n'y a que le bonelli et le véloce qui ne soient pas franchement jaunes. Ce sont des oiseaux gais et agiles, aimant à se percher sur une branche isolée pour faire entendre leur chant joyeux. Ils arrivent au printemps pour repartir à l'automne après les couvées faites. Quelques-uns passent l'hiver dans le Midi de la France; d'autres vont en Italie ou en Espagne. Ils se nourrissent surtout d'insectes. Ils ajoutent à ce régime de très petits colimaçons, des fruits et des baies. Ce sont des destructeurs de chenilles. Les espèces, étant fort difficiles à distinguer les unes des autres, nous nous contenterons de les citer :

Pouillot Bonelli (*Phyllopneuste Bonelli*).

Pouillot véloce (*Phyllopneuste rufa*).
Pouillot fitis (*Phyllopneuste trochilus*).
Pouillot luscinoïde (*Hypolais polyglotta*).
Pouillot icterine (*Hypolais icterina*).

42. Fauvettes de roseaux. — Le petit groupe qui comprend les cysticoles, les phragmites, les locustelles, les celtis et les rousserolles comporte de petits passereaux qui tous, sauf la locustelle, n'habitent que les contrées marécageuses et suspendent leurs nids aux joncs et aux roseaux. Ils les construisent avec beaucoup d'art en leur donnant la forme d'une bourse avec une seule ouverture. D'un naturel timide, ils se cachent soigneusement. Cependant ils ne sont pas farouches. Aussi est-il très difficile de les dérober de leur retraite. Ils volent peu et paraissent très paresseux lorsqu'il s'agit de prendre leur essor. Quelques-uns restent sédentaires dans les contrées les plus méridionales de la France; d'autres émigrent. Aussi les rencontre-t-on assez régulièrement un peu partout, au printemps et à l'automne. Leur chant est assez mélodieux, perçant et strident. Tous sont surtout insectivores. Ils se nourrissent aussi de petits mollusques et de vers. Leurs ailes sont courtes et arrondies, leur queue longue et étagée. Ils la remuent de bas en haut à la manière des bergeronnettes.

Dix espèces:

a) Rousserolle turdoïde (*Sylvia turdoïdes*), appelée aussi *Turdoïde*. — Taille: 19 centimètres. Dessus brun, plus cendré à la tête. Aux sourcils un trait étroit, blanchâtre. Dessous d'un brun blanchâtre, plus clair à la gorge et au ventre. La femelle a la même livrée que le mâle. Œuf de 23 sur 19 millimètres, d'un blanc verdâtre

Rousserolle turdoïde et son nid.

avec des points vineux plus ou moins foncés et des taches plus larges et plus

claires. Elle arrive en mai dans le Nord et nous quitte dès les premiers jours de septembre. C'est surtout le bord des rivières et des marais qu'elle fréquente.

b) Rousserolle effarvate (*Sylvia arundinacea*), appelée aussi *Effarvate*. — Taille: 13 centimètres. Dessus brun roussâtre. Croupion plus clair. Dessous d'un blanc roussâtre, plus foncé à la poitrine et aux flancs. La femelle est semblable. Œuf de 18 sur 14 millimètres, d'un gris verdâtre, avec des taches étendues verdâtres, plus fréquentes au gros bout. Elle est commune par toute la France. Elle niche au milieu des roseaux et construit avec art un nid long, attaché aux tiges. Elle arrive vers la fin d'avril et repart dès le commencement de septembre.

c) Rousserolle verderolle (*Sylvia palustris*), appelée aussi *Verderolle*. — Taille: 13^{cm},3. Ressemble absolument à l'espèce précédente, mais elle est plus olivâtre en dessus. Le dessous est d'un blanc presque pur. La poitrine et les flancs sont à peine un peu plus teintés. Œuf de 19 sur 14 millimètres d'un gris verdâtre, avec des taches et des points plus foncés et plus fréquents au gros bout. La verderolle est moins commune que les espèces précédentes, bien que signalée dans un grand nombre de localités, depuis le Nord jusqu'au Midi. Elle paraît confinée dans certains cours d'eau ou marais assez peu étendus. C'est un des oiseaux qui paraît posséder au plus haut point l'art d'imiter le chant des autres oiseaux. C'est peut-être à cela et à sa ressemblance avec l'effarvate, qu'il faut attribuer sa prétendue rareté, son chant l'ayant fait prendre pour un autre.

d) Cetti bouscarle (*Sylvia cetti*), appelé aussi *Bouscarle*. — Taille: 13 à 14 centimètres. Dessus d'un brun roux uniforme, l'œil entouré de plumes blanches. Dessous d'un blanc sale, gris brun sur les côtés de la poitrine, aux flancs et au bas du ventre, où il tourne au roux. Les deux sexes se ressemblent. Œuf de 19 sur 14 millimètres d'un brun rougeâtre plus ou moins ochracé et sans taches. Elle est surtout méridionale. Elle fait son nid au milieu des roseaux, se nourrit d'insectes et reste constamment cachée dans les plantes aquatiques.

e) Cetti luscinoïde (*Sylvia luscinoïdes*), appelée aussi *Luscinoïde*. — Taille: 14 centimètres. Dessus brun roux uniforme. La queue très étagée, les plumes traversées par des ondes plus foncées, visibles sous un certain jour. Dessous brun clair presque blanchâtre à la gorge et au milieu du ventre. Femelle semblable au mâle. Œuf de 20 sur 15 millimètres, d'un blanc grisâtre, marqué de taches et de stries plus foncées. C'est surtout dans le Midi de la France qu'on rencontre la luscinoïde. Elle vit dans les roseaux et les joncs des bords des marais. Comme ses congénères, elle se nourrit principalement d'insectes.

f) Cetti à moustaches (*Sylvia mélanopogon*). — Taille : 13 centimètres. Dessus brun foncé. Le reste de même coloration, avec une raie longitudinale noire au centre des plumes du dos. Le dessous roussâtre, avec le cou et le milieu du ventre blanc presque pur. Raie sourcilière blanchâtre ne dépassant pas l'œil en avant. Ailes et queue brun foncé avec les plumes lisérées de roussâtre. Bec, pieds et iris bruns. La femelle ressemble au mâle. De toutes les espèces de ce groupe, c'est la plus rare. Elle n'a été rencontrée que dans le bassin méditerranéen ; elle vit dans les contrées inondées et construit un nid en forme de bourse appendu aux arbrisseaux.

g) Locustelle tachetée (*Locustella nœvia*). — Taille : 14 centimètres. Dessus brun, olivâtre au bord des plumes, le centre brun noir. Dessous d'un blanc sale à la gorge et au milieu du ventre. La poitrine brun très clair, les côtés du cou et les flancs brun olivâtre. Œuf de 18 sur 12 millimètres, d'un blanc sale avec des taches et de fines stries rouge brique, plus fréquentes vers le gros bout. Cet oiseau est surtout commun en Bretagne, dans les landes. On l'a rencontré aussi dans beaucoup de localités de la France. Il vit le plus souvent à terre, court avec agilité au milieu des touffes. Sa nourriture se compose principalement d'insectes.

h) Phragmite des joncs (*Sylvia phragmitis*). — Taille : 13 centimètres. Dessus brun, olivâtre sur le bord des plumes, le centre plus foncé, surtout sur la tête, où il reste à peine de trace d'olivâtre. Sourcils blancs s'élargissant derrière les yeux, les plumes des ailes bordées de brun clair, le dessous d'un blanc enfumé plus foncé sur les côtés. Œuf de 18 sur 14 millimètres, d'un blanc sale avec une multitude de taches plus foncées, formant souvent une maculation irrégulière. Le Nord et l'Est de la France paraissent être ses contrées préférées. C'est toujours au bord des marais, au milieu des joncs et des roseaux qu'on la rencontre.

Phragmite des joncs.

i) Phragmite aquatique (*Sylvia aquatica*). — Taille : 13 centimètres. Dessus brun roux clair, le centre des plumes presque noir. Tête plus foncée. Une ligne rousse claire au milieu. Les sourcils de même couleur. Le dessous d'un blanc roux plus foncé sur les côtés, parfois avec des taches noires à la poitrine. La gorge et le milieu du ventre sont d'un blanc presque pur. Œuf de 17 sur 13 millimètres, d'un blanc gris avec des points plus foncés et formant parfois une couronne vers le gros bout. Le phragmite aquatique se plaît dans les roseaux. Il paraît confiné à la France méridionale. On le cite cependant de passage assez régulier dans les marais du Nord au printemps et à l'automne.

j) Cysticole (*Sylvia cysticola*). — Taille : 10 centimètres. Dessus brun foncé. Le bord des plumes liséré de roux. Croupion roux unicolore. Dessous d'un blanc teinté de roussâtre, plus clair à la gorge et à la poitrine. La femelle est pareille. Œuf de 16 sur 12 millimètres, d'un blanc plus ou moins rose ou azur, le plus souvent sans taches. Fréquentent les marais, surtout ceux du littoral de la Méditerranée, cette espèce n'est commune que dans quelques localités privilégiées.

Martin-pêcheur (*Alcedo hispida*), appelé aussi *Alcyon*. — Oiseau d'un type particulier, facile à reconnaître à son dos vert bleu, le ventre brun jaune, son œil brun foncé, son bec rouge vif, ses pattes rouge vermillon. Taille : 18 centimètres. Envergure : 29 centimètres. Aile : 7 centimètres. Queue : 4 centimètres. Bec long, mince et pointu. Queue courte. Solitaire, il vit au bord des eaux douces, claires et limpides, surtout dans les rivières qui traversent les forêts ou dont les rives sont garnies de nombreux bouquets de saules. Il y reste toute l'année quand il ne gèle pas. Si oui, il émigre. On le voit rarement perché, mais on l'aperçoit quand il traverse comme une flèche, la rivière. En général, il se choisit un endroit d'où il ne s'éloigne guère et où il revient constamment, ce qu'on reconnaît à la fiente abondante qui s'y trouve. Il reste immobile, dans l'attitude du recueillement. Quand il aperçoit un poisson dans l'eau il se précipite sur lui comme une flèche, pénètre entièrement dans le liquide.

En quelques coups d'ailes, il revient à la surface et regagne son observatoire où il se secoue. S'il est obligé d'attendre une proie trop longtemps, il change de place. Vole péniblement en agitant très vite ses ailes. Vole en ligne droite, en conservant la même hauteur au-dessus de l'eau. Assez rarement, il vole haut et plane pour redescendre à terre tout à coup : il agit ainsi surtout lorsqu'il a besoin de faire une copieuse récolte pour ses petits. Mange toutes sortes de poissons qu'il ne saisit qu'avec son bec, ce qui est assez difficile et lui fait manquer

Martin-pêcheur.

souvent son coup. Ne peut pêcher que là où le fond n'est ni trop élevé ni trop bas. L'eau doit être claire pour qu'il aperçoive le poisson. Si, après des orages répétés, l'eau devient trouble, il meurt de faim. Il rejette par la bouche les écailles et les arêtes. Cri : *tit tit* ou *si si*. Se reproduit au commencement d'avril. Etablit son nid sur une rive sèche, escarpée, dégarnie d'herbe : c'est un trou d'environ 5 centimètres de diamètre et de 60 centimètres à 1 mètre de longueur. Ce terrier se dirige un peu vers le haut et se termine par une excavation arrondie. Le plancher est couvert d'écailles et d'arêtes de poissons, le tout répandant une odeur infecte. 6 à 7 œufs presque ronds, d'un blanc lustré comme de l'émail. Reste sur ses œufs avec un acharnement rare. La femelle couve seule, mais le mâle lui apporte à manger. Ne cause guère de dégâts parce qu'il est toujours en petite quantité dans une région.

Guêpier (*Merops apiaster*). — Oiseau faisant en France des apparitions accidentelles, surtout dans le Midi. Taille : 28 centimètres. Envergure : 47 centimètres. Aile : 15 centimètres. Queue : 11 centimètres. Front blanc. Devant de la tête vert. Occiput, nuque, milieu des ailes d'un brun cannelle. Dos jaune à reflets verdâtres. Une ligne noire va du bec au milieu du cou en passant sur l'œil. Gorge jaune d'or clair, entourée de noir. Ventre et croupion bleus ou verts. Grandes plumes des ailes d'un vert d'herbe, frangées de bleu, avec une pointe noirâtre. Plumes de la queue d'un vert bleu, rayées de jaune ; celles du milieu dépassent les autres et sont noires au bout. Œil carmin. Pattes rougeâtres. Bec long et pointu, noir. —

Guêpier.

Vit en familles assez nombreuses. Généralement au vol quand il fait beau. Cri : *schurr schurr* et *guep guep*. Au crépuscule chasse les insectes sur les arbres. Recherche surtout les bruyères. Quand le temps est à la pluie, il vole bas et se rapproche des habitations. Il se perche alors sur une branche et happe les abeilles au passage, causant ainsi de grands dégâts aux ruchers. Aime surtout les insectes à aiguillon. S'attaque non seulement aux ruches, mais aussi aux nids de frelons et de guêpes. Mange aussi les sauterelles, les cigales, les mouches, les coléoptères, les libellules et rejette par la bouche les parties cornées des insectes qui n'ont pas été digérées. Le nid est creusé dans la rive escarpée, argileuse ou sablonneuse, d'un cours d'eau. Le couloir n'a pas moins de 1^m,30 à 2 mètres ; il est creusé à coups de bec et d'ongles et aboutit à une chambre de 22 centimètres de long, où la femelle dépose ses œufs, au nombre de 4 à 7, d'un blanc pur, assez globuleux. Peu craintif, on peut le chasser facilement. Chair dure et indigeste. Nuisible.

CLASSE DES REPTILES

Vertébrés à sang froid, écailleux ou cuirassés, à respiration exclusivememt pulmonaire.

Le corps des Reptiles, souvent allongé, diffère d'aspect d'un type à un autre. Les uns, comme les Serpents, n'ont pas trace de pattes et sont bien forcés de ramper (d'où leur nom) sur le sol et de se mouvoir par des ondulations de leur corps. Les autres, comme les Lézards et les Tortues, possèdent des pattes ; mais celles-ci sont trop courtes et trop faibles pour soutenir entièrement le corps, lequel est ainsi amené à toucher le sol, de sorte que l'animal donne encore l'impression de ramper, poussé qu'il est par les pattes et non soulevé par elles.

Leur peau ne possède ni poils, ni plumes, mais des écailles, placées les unes à côté des autres et représentant autant de parties de la peau épaissies et, parfois, devenues osseuses : c'est une véritable cuirasse protectrice.

Les dents sont généralement nombreuses et disséminées non seulement sur les maxillaires, mais encore sur d'autres os de la bouche. Elles sont toutes semblables, c'est-à-dire qu'on ne peut les distinguer en incisives, canines, molaires. Généralement dépourvues de racines, elles sont simplement implantées par leur base sur les os, auxquels elles adhèrent fort peu. Les Tortues n'ont pas de dents. Certains Serpents possèdent des dents venimeuses.

Presque tous les Reptiles sont carnassiers.

Ils pondent des œufs de même constitution que ceux des oiseaux, mais généralement à coque non calcaire, mais seulement parcheminée. Les petits qui en naissent respirent par des poumons, comme leurs parents, contrairement à ce qui a lieu dans la classe suivante, celle des Batraciens.

Le tube digestif aboutit dans un cloaque. Celui-ci est transversal chez les Sauriens et les Serpents, longitudinal chez les Tortues.

Le cœur est à trois cavités chez les Lézards, les Tortues et les Serpents : deux oreillettes et un ventricule. De celui-ci partent deux arcs ou crosses aortiques, l'une à droite, l'autre à gauche, qui se réunissent ensuite en un seul tronc. Dans le ventricule, il y a un mélange de sang noir, venant de l'oreillette droite, et de sang rouge venant de l'oreillette gauche. Et, naturellement, ces deux sangs sont aussi mélangés dans l'aorte et, par suite, dans toutes les artères du corps.

On les divise en trois ordres :

<table>
<tr><td rowspan="2">Quatre membres.</td><td>Corps protégé par une carapace. . . . .</td><td>*Tortues* (p. 160.)</td></tr>
<tr><td>Corps recouvert d'écailles.. . . . .
Ventre recouvert de petites écailles semblables à celles du dos (Orvet). . . . .</td><td>*Lézards* (p. 157.)</td></tr>
<tr><td>Pas de membres.</td><td>Ventre recouvert de larges écailles se recouvrant en partie mutuellement, et différentes de celles du dos. . . . .</td><td>*Serpents* (p. 160.)</td></tr>
</table>

Ordre des LÉZARDS.

Ordre de Reptiles caractérisés par un anus (cloaque) *disposé transversalement, le corps couvert de petites écailles, une bouche non dilat comme l'est celle des serpents, et, ordinairement, par la présence de pattes* (sauf chez l'Orvet). Le tableau ci-dessous permet de déterm les douze espèces que l'on trouve chez nous.

- Des membres.
  - Sous le ventre des écailles plus grandes que celles du dos.
    - Doigts non pourvus de disques adhésifs en forme de petits boutons.
      - Écailles de la partie inférieure des membres postérieurs non en forme de carène.
        - Un collier de grandes écailles sous le cou.
          - Sur la nuque, une plaque très grande. . . . . ***Lézard ocellé*** **(n° 1).**
          - Sur la nuque, une plaque petite.
            - Sur chaque tempe, entre l'œil et l'oreille, une plaque circulaire entourée de petites plaques formant des granulations. ***Lézard des murailles*** **(n**
            - Sur chaque tempe, pas de plaque se distinguant de ses voisines.
              - En avant de l'anus, une plaque entourée de deux demi-cercles écailleux. . . . . ***Lézard des souches*** **(n°**
              - En avant de l'anus, une plaque entourée de deux demi-cercles écailleux.
                - Queue conservant son diamètre sur une bonne partie de sa longueur. . ***Lézard vivipare*** **(n° 4).**
                - Queue s'amincissant graduellement depuis sa base. . . . . ***Lézard vert*** **(n° 5).**
        - Pas de demi-collier de grandes écailles sur le cou. . . . ***Tropidosaure*** **(n° 6).**
      - Écailles de la partie inférieure des membres postérieurs en forme de carène.
        - Doigts dentelés latéralement. . . . . ***Acanthodactyle*** **(n° 7).**
        - Doigts non dentelés latéralement. . . . . ***Psammodrome*** **(n° 8).**
    - Doigts pourvus de disques adhésifs.
      - Disques atteignant l'extrémité des doigts. . . . . ***Platydactyle*** **(n° 9).**
      - Disques atteignant seulement le milieu des doigts. . . . . ***Hémidactyle*** **(n° 10).**
  - Sous le ventre, des écailles égales à celles du dos. . . . . ***Seps*** **(n° 11).**
- Pas de membres. . . . . ***Orvet*** **(n° 12).**

1. Lézard ocellé *(Lacerta ocellata).*
— Chez les lézards, la queue se brise facilement mais repousse plus ou moins mal, quelquefois en formant deux queues. Très agiles. Se plaisent au soleil. Changent de peau par lambeaux. Le lézard ocellé atteint jusqu'à 0^m,70.

Lézard ocellé.

Fond brun verdâtre, ondé de jaune citron. Flancs avec taches ocellées bleu cendré et entourées de brun. Tête verte. Dessous du corps blanc jaunâtre. Ecailles du dos arrondies. Sur les pentes rapides et abruptes bien exposées au midi, sur le sable dur, les racines des vieilles souches et les vieilles murailles. Mange les gros insectes. S'engourdit dès le commencement de l'automne. Mord quand on veut le prendre. 7 à 9 œufs oblongs, blanchâtres. Midi de la France, surtout aux environs de Nice et de Montpellier.

2. Lézard des murailles *(Lacerta*

Lézard des murailles.

muralis), appelé aussi *Lézard gris, Sangogne.* — Longueur: 0^m,20. Coloration grise ou rousse. Flancs avec bande noire bordée de blanchâtre. Le plus commun en France, sur les murs et les talus, se chauffant au soleil et se cachant rapidement dans les trous quand il est inquiété. Se nourrit de petits insectes. Quand l'automne est déjà avancé, il se cache en terre et s'endort. Se ré-

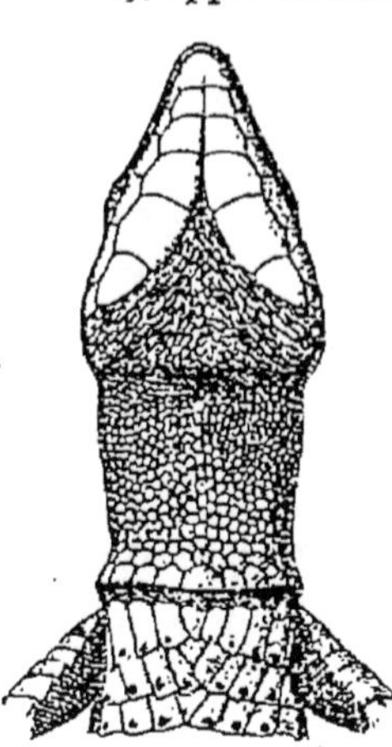

Cou du Lézard des murailles.

veille en février. 9 à 14 œufs élastiques, blancs, quelquefois un peu mouchetés de gris. Quand on le conserve dans l'alcool, il prend souvent des teintes bleues.

3. Lézard des souches *(Lacerta stirpium).* — Longueur : 0^m,20. Ressemble au lézard vert, mais en diffère par son museau court et ses formes trapues, sa queue plus courte que le double de la longueur du reste du corps. Dos brunâtre. Flancs verts, gris ou brun, maculés de taches. Dans les plaines et coteaux, dans les haies, sur la lisière des bois, dans les vignes, les bruyères, les buissons rabougris. Vit dans un trou. Se nourrit de petits insectes. 9 à 13 œufs cylindriques, tronqués aux deux bouts. Grimpe sur les buissons. Commun dans les fossés des fortifications de Paris. Assez répandu en France, sauf dans le Midi. Supporte mal la captivité.

4. Lézard vivipare *(Lacerta vivipara).* — Longueur : 0^m,10. Gorge bronzée. Ventre orange ponctué de noir. Queue ne diminuant pas progressivement de la base à l'extrémité, un peu plus longue que le reste du corps. Dans les montagnes, le voisinage des eaux, les prairies herbeuses et humides. Les petits sortent des œufs presque aussitôt qu'ils sont pondus. Commun en France.

5. Lézard vert *(Lacerta viridis).* — Longueur : jusqu'à 0^m,35. Queue presque deux fois aussi longue que le corps. Ecailles du dos granuleuses, arrondies. Coloration générale verte ou verdâtre, mais très variable. Dans les herbes touffues, les bruyères, les genêts. Vit d'insectes. Agile et sauvage. Mord. Sociable et facilement apprivoisable; s'élève facilement avec des vers de farine et de

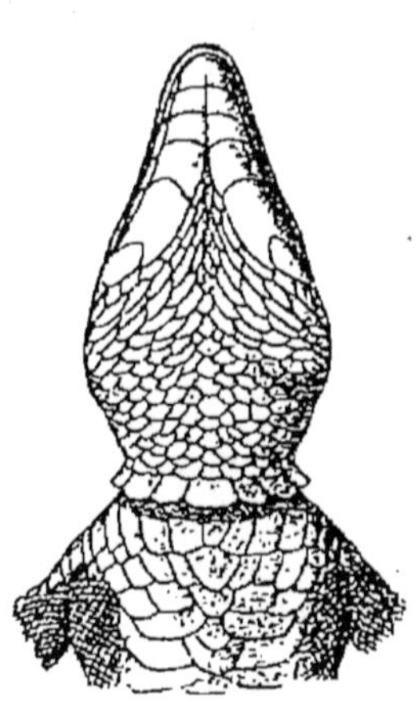

Cou du Lézard vert.

l'eau. 11 à 13 œufs de la grosseur d'un pois et d'un blanc sale. Centre et Midi de la France. Commun à Fontainebleau.

6. Tropidosaure *(Tropidosaura algira).* — Longueur : 0^m,25 à 0^m,30. Six séries d'écailles ventrales. Dessus jaune un peu vert métallique. Quatre raies jaune doré allant de la tête à la queue. Pourtour méditerranéen.

7. Acanthodactyle (*Acanthodactylus vulgaris*). — Longueur : 0ᵐ,20. Aspect d'un lézard. Brun. Quatre lignes blanches longitudinales. Queue rougeâtre. Dessous blanc. Dans les endroits pierreux. Pourtour de la Méditerranée. Mange des mouches.

8. Psammodrome hispanique (*Psammodromus hispanicus*), appelé aussi *Psammodrome d'Edwards*. — Longueur : 0ᵐ,15. Aspect d'un lézard. Corps grêle, élancé. Museau effilé. Queue aplatie. Couleur gris bleuâtre ou cendrée. Dos avec trois raies longitudinales jaunâtres, interrompues par de petites taches. Dessous blanc luisant, avec reflets irisés. Dans les dunes du bord de la mer. Se creuse un trou au pied des graminées. Marche vite. Mange des insectes. Région littorale de la Méditerranée.

9. Platydactyle des murailles (*Platydactylus muralis*), appelé aussi *Tarente, Gecko des murailles*. — Longueur : 0ᵐ,15. Aspect d'un lézard. « Le dessus du corps présente des bandes transversales de tubercules ovalaires, relevés d'une carène saillante et entourés à la base de fortes écailles ou d'autres petits

Platydactyle des murailles.

tubercules ; les bords du trou de l'oreille sont dentelés, tous les doigts sont aplatis et il n'y a que le troisième et le quatrième doigt de chaque patte qui soient garnis d'ongles. Les mâles ont la base de la queue hérissée d'un rang d'épines de chaque côté ; la queue, légèrement déprimée, présente en dessus des épines formant des demi-anneaux. Le dessus de la tête est revêtu de petites plaques polygones, convexes, disposées en pavé » (Brehm). Teinte générale grise ou brun noir. Ventre blanchâtre. Rochers et vieux murs. Pénètre dans les caves. Mouvements vifs. Court surtout la nuit. Dépose ses œufs entre les pierres. Grimpe facilement. Littoral méditerranéen, où il a été importé par les navires.

10. Hémidactyle verruculeux (*Hemidactylus mauritanicus*). — Longueur : 0ᵐ,12. Aspect d'un lézard. Tête courte. Museau obtus. Deux séries d'écailles à la partie inférieure de chaque doigt. Écailles du dos entremêlées de tubercules. Coloration grisâtre ou rougeâtre, rarement noire. Nocturne. Vit dans les habitations. Littoral de la Méditerranée, surtout le Var.

11. Seps (*Seps chalcis*). — Quatre pattes très courtes, ne lui servant que dans la marche paisible. Court par les ondulations du tronc. Tête brun olivâtre. Dessus du corps rayé de brun noir

Seps.

sur fond jaune roux. Dessous blanc grisâtre. Inoffensif malgré les légendes qui courent à son sujet. Longueur : 0ᵐ,40. Vivipare. Vit d'insectes. Dans les prairies, les endroits herbeux et chauds. Pourtour méditerranéen.

12. Orvet (*Anguis fragilis*), appelé aussi *Orvet fragile, Serpent de verre, Anvin, Anvronais, Lauveau, Sourd, Borgne, Serpent aveugle, Nielle*. — Ressemble à un serpent. Tête conique. Queue courte et obtuse se brisant facilement (d'où son nom de *serpent de verre*). Yeux petits.

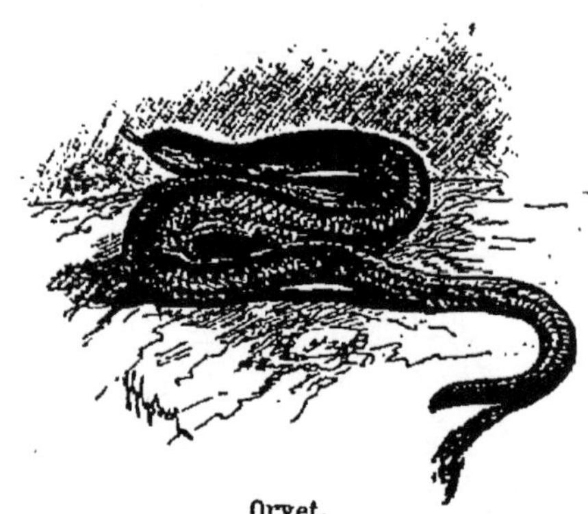

Orvet.

Longueur : de 0ᵐ,25 à 0ᵐ,50. Dos gris blanchâtre. Sur le ventre : petits points brun-noir. Flancs mouchetés. Inoffensif malgré les légendes qui courent sur lui. Dans les localités sèches, herbeuses ; dans les bois ; sous la mousse ; dans les prés. Se nourrit d'insectes et de limaçons. Dort souvent. Fuit quand on l'attaque. Se creuse des galeries dans le sol. S'endort en hiver. Accouplement au printemps. Ses œufs éclosent aussitôt pondus. Rampe lentement. En juillet, perd sa peau par lambeaux. Très commun en France. Utile. On le distingue facilement des serpents en ce que les écailles du ventre sont petites comme celles du dos, tandis que, chez les serpents, la face ventrale est garnie de larges écailles.

Ordre des TORTUES.

Ordre de Reptiles caractérisés par un corps revêtu en dessus par une carapace et en dessous par un plastron. L'anus (cloaque) est longitudinal.

Deux espèces.

a) **Cistude d'Europe** (*Cistudo europœa*), appelée aussi *Tortue jaune, Tortue bourbeuse*. — Carapace d'un noir rougeâtre. avec, souvent, des stries jaunâtre. Plastron marbré. Corps assez déprimé. Longueur : 0^m,30. Ces tortues vivent dans les étangs et les marais peu profonds. En mai, on peut les prendre au troubleau ou à la ligne de fond. On les voit se reposer sur les tas de broussailles ou flotter à la surface de l'eau,

b) **Tortue grecque** (*Testudo grœca*). — Carapace très bombée, jaune vert avec des taches d'un noir foncé. Longueur : 0^m.30. Dans les endroits sablonneux et boisés, où elle aime à se réchauffer aux rayons du soleil. Se nourrit de végétaux, de vers, de mollusques, d'insectes. En hiver, s'enfouit dans le sol. Œufs à peu près sphériques, à coque calcaire. Littoral de la Méditerranée où elle a été importée du Sud de l'Italie. Se vend souvent sur les marchés, conjoin-

Tortue Caret.
(Long. 1 à 2 mètres.)   Cistude d'Europe.
(Long. 0^m,20 à 0^m,80.)   Tortue grecque.
(Long. 0^m,15 à 0^m,40.)

mais, à la moindre crainte, elles disparaissent dans la profondeur. Elles passent tout l'hiver enfoncées dans la vase. Se nourrissent de mollusques, de vers, d'insectes ; en captivité on peut leur donner de la viande. Nagent avec rapidité. Pondent dans un trou creusé par elles sur le bord des marais des œufs à coque calcaire, très allongés, blancs, légèrement marbrés de gris sale (30 × 20 millimètres). Elles habitent principalement le Midi, dans les marais des environs de Royan, de Soulac, de Verdon et surtout de Facture (Gironde).

tement avec la *Tortue mauresque* (*Testudo Mauritanica*), qui vient d'Algérie, et qui n'en diffère qu'en ce que son sternum est immobile en arrière, et par sa queue, dont l'extrémité est recouverte d'un revêtement corné.

Accidentellement, arrivent jusque sur nos côtes, entraînées par les courants, la *Tortue luth* ou *Luth*, la *Tortue Caret*, la *Chélonée franche*, la *Chélonée caouanne*, toutes tortues nageuses qui vivent dans les mers chaudes et ont les pattes transformées en nageoires.

Ordre des SERPENTS

Les serpents sont des reptiles dépourvus de pattes. La plupart de nos espèces sont inoffensives, à l'exception des vipères. Ils sont facilement reconnaissables à leur forme allongée bien connue. Il n'y a qu'une espèce que l'on peut confondre avec eux : c'est l'*Orvet*, décrit plus haut (p. 159), qui est un saurien. Tandis que, chez l'orvet, toutes les écailles du corps sont semblables, c'est-à-dire que le ventre est recouvert de

petites écailles semblables à celles du dos, chez les serpents, le ventre est recouvert de larges écailles se recouvrant en partie mutuellement et différentes de celles du dos : la distinction est donc facile. Il n'en est pas de même des diverses espèces de serpents, qui se ressemblent beaucoup et dont les teintes sont souvent très différentes d'un individu à un autre.

Les serpents vivent de proies vivantes

(insectes, grenouilles, petits rongeurs, etc.). Ils pondent des œufs à coque parcheminée, surtout dans les matières végétales en décomposition.

Les deux serpents les plus communs sont la couleuvre (*couleuvre à collier*) et la vipère (*vipère aspic*) qu'il faut savoir reconnaître au premier coup d'œil parce que la première est inoffensive, tandis que la seconde est venimeuse. La chose est facile : chez les couleuvres, la tête est presque tout d'une venue avec le corps, tandis que chez la vipère, elle est triangulaire et s'en distingue nettement.

Tableau de classification :

Quatre raies brunes ou noires parcourant tout le corps. . . . . *Couleuvre à quatre raies* (n° 1).

Écailles lisses sur la partie antérieure du dos, carénées sur la partie postérieure. . . . . *Serpent d'Esculape* (n° 2).

Queue mesurant environ le tiers total de l'animal. (Nota : la queue compte à partir de l'anus.). . . . . *Jaune-verte* (n° 3).

Écaille terminant en avant la mâchoire inférieure, aiguë et fortement rabattue sur le museau. . *Coronelle légère* (n° 4).

Écaille terminant en avant la mâchoire supérieure, obtuse et non rabattue sur le museau. . . . . . *Coronelle bordelaise* (n° 5).

Museau conique et pointu, en forme de boutoir. . . . . *Couleuvre à échelons* (n° 6).

Une écaille en avant de l'œil.. . *Couleuvre à collier* (n° 7).

Deux raies claires, bien distinctes, courant sur le haut des flancs. . . . *Couleuvre chersoïde* (n° 8).

Pas de raies claires, longitudinales ; une raie sinueuse foncée sur le dos, une rangée de taches plus ou moins effacées sous les flancs. . . . . . . *Couleuvre vipérine* (n° 9).

Queue longue. Pas de crochets à venin. Une fossette sur le sommet de la tête. . . . . *Couleuvre maillée* (n° 10).

Trois plaques très nettes sur le sommet de la tête, entre les yeux ; museau arrondi. . . . . *Vipère bérus* (n° 11).

Museau tronqué, légèrement retroussé. *Vipère aspic* (n° 12).

Museau prolongé en pointe molle relevée. . . . . *Vipère ammodyte* (n° 13).

1. Couleuvre à quatre raies (*Elaphis quaterradiatus*), appelée aussi *Elaphe, Elaphe à quatre raies*. — Peut atteindre 2 mètres de long. Queue très effilée. Corps brun jaunâtre, parcouru par quatre raies brunes ou noires. Vit au pied des buissons. Se nourrit de divers petits vertébrés. Douce et sociable. Inoffensive. Dans le Midi de la France.

2. Serpent d'Esculape (*Callopeltis Æsculapii*), appelé aussi *Couleuvre d'Esculape, Elaphe d'Esculape, Callopeltis d'Esculape*. — Atteint 1ᵐ,50. Brun olivâtre ponctué de petites taches blanches. Vit dans les endroits rocheux, couverts de broussailles, sur le tronc des arbres où il s'enroule. Il sait grimper sur les murs. Midi de la France. Inoffensif. S'apprivoise facilement.

3. Jaune-verte (*Zamenis viridiflavus*), appelée aussi *Couleuvre verte et jaune, Liron, Verte et jaune*. — Tête oblongue. Dos et flancs vert foncé. Écailles tachées de jaune. Jusqu'à 1ᵐ,20. En avant: quatre séries parallèles de grosses taches brun foncé. Lieux secs et rocailleux, lisière des bois bien exposés. Grimpe dans les buissons. Mange des lézards et de petits oiseaux. Très irascible. Inoffensive. Commune dans le Midi et le Sud-Ouest.

4. Coronelle légère (*Coronella Austriaca*), appelée aussi *Coronelle lisse, Couleuvre lisse*. — Museau arrondi. Queue moyenne. De larges plaques sur la tête.

Coronelle légère.

Dents lisses. Tronc allongé. Longueur: jusqu'à 0ᵐ,80. Coloration rousse ou olivâtre à reflets brillants; deux séries longitudinales de marbrures noirâtres. Ventre presque noir. Yeux enfoncés. Habite les lieux arides. Caractère hargneux. Inoffensif. Çà et là en France.

5. Coronelle bordelaise (*Coronella Girundica*), app-lée aussi *Couleuvre bordelaise, Couleuvre lisse*. — Museau arrondi. Queue de longueur moyenne. Larges plaques sur la tête. Dents lisses. Tronc allongé. Tête gris roux, avec petits points à reflets irisés. Une ligne noire formant un arc réunit les deux

yeux. Les écailles du dos présentent de petits points noirs et rouges. Dégage une odeur désagréable de poisson. Longueur: jusqu'à 80 centimètres. Inoffensif. Midi de la France, surtout dans le Sud-Ouest.

6. Couleuvre à échelons (*Rhinechis scalaris*), appelée aussi *Rhinéchis à échelons*. — Museau pointu terminé par une saillie, de telle sorte que la mâchoire supérieure dépasse l'inférieure. Longueur: jusqu'à 1ᵐ,50. Sur le dos et la queue, deux lignes longitudinales, noires, réunies par des bandes transversales placées à intervalles égaux, comme les barreaux d'une échelle. Coloration roussâtre. Dans les lieux arides, les dunes. Mange des reptiles et des oiseaux. Très irascible, elle mord vigoureusement, mais sa morsure n'est pas dangereuse. Dans le Midi de la France.

7. Couleuvre à collier (*Tropidonotus natrix*), appelée aussi *Couleuvre proprement dite, Couleuvre des dames, Serp. Tropidonote à collier*. — Le serpent de France le plus commun et que l'on reconnaît facilement à sa tête tout d'une venue avec le corps, la tache jaune en arrière de la tête qui lui forme un collier, sa démarche rapide, avec la tête un peu soulevée, ses habitudes aquatiques. Elle se trouve dans toute la France. Elle peut atteindre jusqu'à 1ᵐ,70. Dessus de la tête rouge brun.

Couleuvre à collier.

Dos et flancs verdâtres. Quatre séries longitudinales de taches brunes irrégulières. Dessous verdâtre ou noir blanchâtre. Vit dans les prairies humides, les bois ombragés, les bois marécageux, le bord des fossés. S'introduit quelquefois dans le fumier pour hiverner ou pour y pondre. Nage bien et on la rencontre souvent dans l'eau où elle plonge ou nage près de la surface. Mange des grenouilles, des crapauds, des tritons, des insectes, de petits mammifères, exceptionnellement des petits oiseaux. Dort de novembre à mars. Pond 9 à 15 œufs, de la grosseur de ceux du pigeon, mais à coque molle et parcheminée, réunis comme les grains d'un collier par une matière collante, dans le fumier, les étables, les amas de feuilles. Répand par l'anus une odeur répugnante. Très commune et inoffensive. S'élève facilement.

8. Couleuvre chersoïde (*Tropidonotus chersoïdes*), appelée aussi *Tropidonote chersoïde*. — Tête plate, large en arrière. Profil remarquable par la proéminence de la lèvre supérieure. Museau arrondi. Sud et Sud-Ouest de la France. Rare.

9. Couleuvre vipérine (*Tropidonotus viperinus*), appelée aussi *Tropidonote vipérine*. — Un rang de taches brunes ou noirâtres sur la ligne dorsale. Dessus

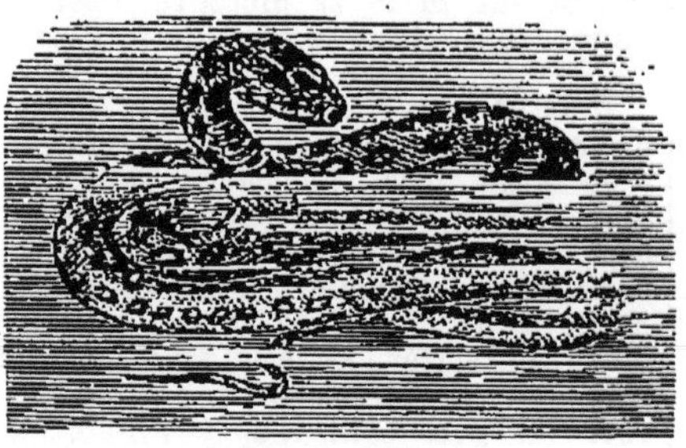

Couleuvre vipérine.

de la tête avec une bande en forme de V renversé. Ressemble à la vipère, mais s'en distingue par ses formes un peu moins ramassées, aux taches en damier de son ventre et par les larges

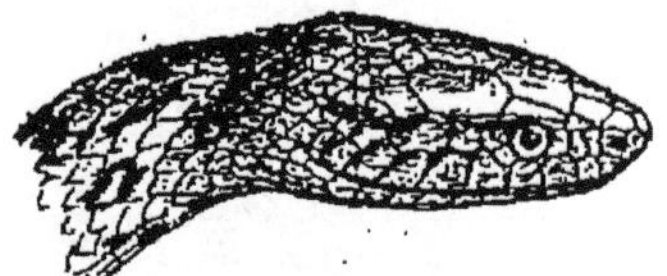

Tête de la Couleuvre vipérine.

plaques de la tête. Longueur : jusqu'à 1 mètre. Ecailles très nettement carénées. Aquatique. Se rencontre dans les mares remplies de plantes. Se nourrit de grenouilles, de poissons, d'insectes, de vers. Sociable. Pond 15 à 20 œufs sous la mousse, entre les pierres ou dans la terre au bord de l'eau. Hiverne dans la vase et les vieux troncs d'arbres. Commune dans le Sud et le Sud-Ouest. Inoffensive.

10. Couleuvre maillée (*Cœlopeltis monspessulanus*), appelée aussi *Célopeltis, Couleuvre de Montpellier*. — Museau comprimé. Plaques sourcilières saillantes. Couleur brune olivâtre, devenant rougeâtre sur le dos. Sur la tête,

lignes brun sombre. Dos et queue marbrés de petites taches noirâtres, souvent bordées de jaune. Dessous blanc jaunâtre. Se trouve dans le pourtour méditerranéen, dans les terrains arides et rocailleux. Assez agressif. S'élance sur l'homme en poussant un sifflement aigu, lorsqu'on lui veut du mal. Si on ne s'en occupe pas, elle se sauve sous les pierres. Mange des petits mammifères, des oiseaux, des lézards. Morsure non dangereuse.

11. Vipère bérus (*Vipera berus*), appelée aussi *Vipère péliade, péliade, bérus*. — Les vipères, d'une manière générale, sont reconnaissables surtout à la tête large triangulaire, bien distincte du corps (tandis que chez les couleuvres, elle est tout d'une venue avec lui) ; la queue est courte et conique ; les écailles du corps non aplaties, mais carénées ; à la machoire supérieure, deux crochets à venin creusés d'un canal à venin. Marche ondoyante.

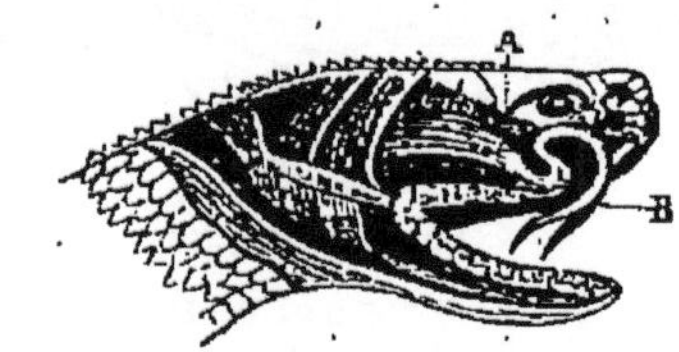

Tête de la Vipère.

Chez la vipère bérus, la région comprise sur le dos de la tête entre la lèvre et les deux yeux est occupée par de larges écailles, tandis que le reste de la tête est occupé par des écailles sensiblement plus petites. Sur le dos : une ligne noire ou brune, parfois remplacée par une série de taches. Teinte générale variant du gris au noir ; il y a des variétés rouge et brune. Sur la tête : deux lignes s'écartant en arrière en formant un angle. Longueur : 0^m,35 à 0^m,70. — Dans les landes, les bois, les pentes pierreuses, les parois des rochers recouverts de broussailles, les cavités sous

Appareil à venin de la Vipère (En A est la poche à venin ; en B le crochet percé d'un canal, par lequel s'écoule le venin).

les arbres déracinés, les amas de pierres. Chasse surtout la nuit, mais, dans le jour, se rencontre au voisinage de son habitation où elle se réfugie au moindre danger. Mange des taupes, des musaraignes, des mulots, des petits oiseaux. En août et en septembre, les femelles donnent naissance à de petites vipères de 23 centimètres. Se trouve surtout dans l'Ouest. Commune en Normandie et en Vendée. L'hiver, elles se réunissent à plusieurs dans une cavité ou même en plein soleil et s'enroulent les unes autour des autres. Sur l'ensemble des

Vipère bérus.

personnes piquées par les vipères, dix pour cent environ meurent, mais les autres sont longtemps malades, quelquefois même toute leur vie. Le venin conserve son activité, même desséché.

12. **Vipère aspic** (*Vipera aspic*), appelée aussi *Aspic*. — Toute la tête recouverte d'écailles petites. Tête elliptique. Museau tronqué carrément. Cou très distinct. Queue courte décroissant rapidement. Longueur : jusqu'à 0ᵐ,70.

Tête de la Vipère aspic.

« Sa coloration est très variable : généralement le corps est lavé de brun, de roux, d'olivâtre, la teinte rousse prédominant. Parfois aussi la coloration varie du verdâtre, du noirâtre, ou du gris cendré au jaunâtre, au fauve, au rouge brique, teintes sur lesquelles des taches tranchent par leurs tons plus foncés. On remarque sur la tête une ligne transversale brune, un peu concave antérieurement, quelquefois interrompue au milieu et joignant les bords antérieurs des deux yeux ; sur le ventre, se trouvent des points, généralement au nombre de quatre ou cinq, puis, plus en arrière, et au sommet de la tête, deux traits bruns placés obliquement et convergeant dans la forme d'un V renversé. Sur la nuque, existe une grande tache noire commençant la série des taches du dos qui forment, le plus souvent, une ligne sinueuse. Le dessous du corps est également très variable : il est ordinairement gris d'acier ou noir. Ces variétés de coloration ont fait diviser les vipères par les chasseurs et les paysans en trois espèces : la *grise*, la *rouge*, et la *noire*. » (A. Granger).

Avance lentement, le corps plaqué au sol, décrivant de larges S. Vit sur les coteaux secs et rocailleux, dans les bois, le long des baies, surtout lorsqu'il y a des pierres où elle peut se réfugier. Dans le Midi, le Centre, l'Est. Commune dans la forêt de Fontainebleau. Chasse dans le jour, après la disparition de la rosée. L'hiver, dort enroulée dans un tronc d'arbre. Pariade en mars. En avril, 8 à 15 petits sortent tout vivants du corps de la mère. Se nourrit de petits mammifères et d'oiseaux. Ne s'attaque pas à l'homme qui la laisse tranquille, mais peut le mordre grièvement quand, par exemple, il vient à lui marcher sur la queue ou mettre la main dans une cavité, où elle se trouve.

13. **Vipère ammodyte** (*Vipera ammodytes*). — Museau terminé en une

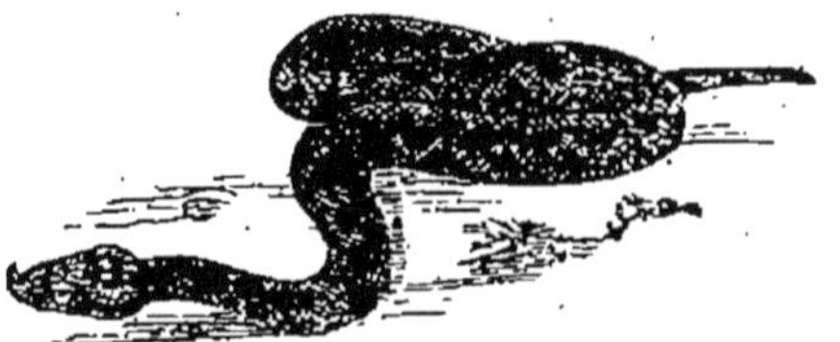

Vipère ammodyte.

pointe cornée, saillante, relevée. Dans les Alpes.

Piqûre des vipères. — Les vipères sont les seuls serpents dangereux de France. Leur piqûre provoque une douleur vive et cuisante, suivie d'un gonflement parfois très fort, tandis qu'une sérosité roussâtre s'écoule par la blessure. Une heure ou deux après, le blessé devient faible, est oppressé et éprouve un sentiment d'angoisse, avec nausées, vomissements, évacuations intestinales, douleurs au niveau de l'estomac et du ventre. Il y a des sueurs froides et visqueuses. Puis tous ces troubles disparaissent progressivement : l'aggravation et la mort sont relativement rares, sauf chez les enfants.

Quand on est piqué, il est bon d'agrandir un peu la plaie avec un canif et de la faire saigner abondamment. Il est encore meilleur de faire sucer la plaie par quelqu'un ou par soi-même, en crachant à plusieurs reprises : cette opération n'a aucun inconvénient à la condition qu'il n'y ait aucune blessure ou gerçure dans la bouche. Au préalable, il est bon de serrer le membre mordu à l'aide d'un mouchoir, le plus près possible de la morsure, entre celle-ci et la racine du membre. Laver la plaie à grande eau et l'arroser ensuite avec une solution récente de chlorure de chaux à 1 gramme pour 60 grammes d'eau distillée ou avec une solution de chlorure d'or pur à 1 gramme pour 100 (celui qui sert en photographie peut être utilisé). Inutile de cautériser la plaie au fer rouge ou avec des substances chimiques. Mettre un pansement antiseptique.

Quand on habite dans un pays à vipères, il est bon d'avoir une provision de sérum antivenimeux que l'on demande au Dr Calmette, à l'Institut Pasteur de Lille. Lorsqu'une personne est mordue, on lui injecte sous la peau, au flanc droit ou gauche, à l'aide d'une seringue de Pravaz, 10 centimètres cubes (c'est-à-dire un flacon entier) de sérum.

En même temps, remonter le blessé avec du thé, du café, le frictionner et l'envelopper de couvertures chaudes.

CLASSE DES BATRACIENS OU AMPHIBIENS

Classe de vertébrés à sang froid caractérisés par la présence de branchies dans leur jeune âge (têtards) et de poumons à l'état adulte.

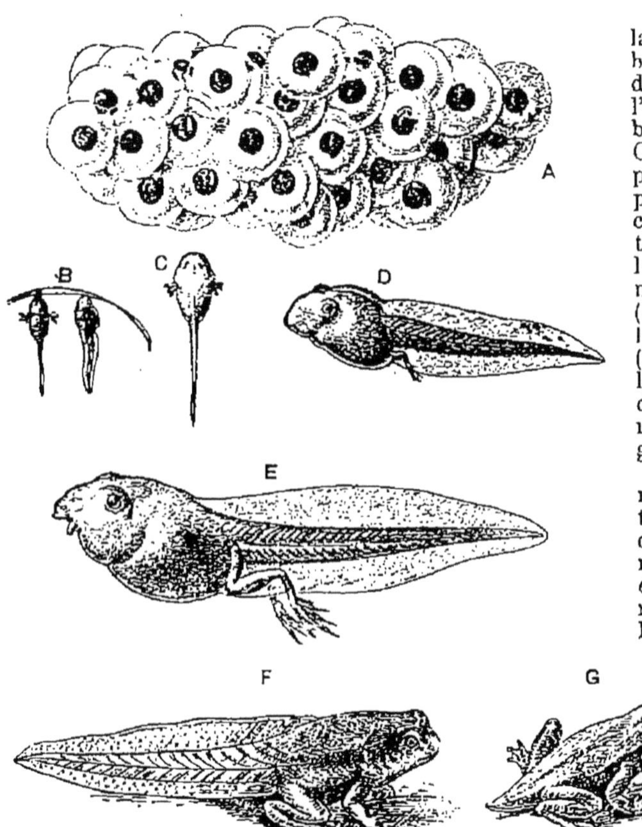

Métamorphoses de la grenouille

Les têtards sont les larves aquatiques des batraciens. Ils possèdent, à la sortie de l'œuf, des panaches de branchies externes (B, C). Puis celles-ci disparaissent et sont remplacées par des branchies internes. Bientôt entre la queue et le corps naissent les membres postérieurs (D, E); puis, en avant, les membres antérieurs (F). Chez les urodèles, la queue persiste, tandis que, chez les anoures (grenouilles et genres voisins) elle disparaît progressivement (G). En même temps, les branchies disparaissent, les poumons se développent et les têtards viennent respirer à la surface de l'eau. On peut les élever dans des bocaux pleins d'eau, en y plongeant des morceaux de cressons ou différentes autres plantes, aquatiques de préférence. Tous les têtards se ressemblent et sont difficiles à distinguer.

On divise les batraciens en deux groupes :

Pas de queue à l'état adulte (*Grenouilles et crapauds*). . . . . **Anoures** (p. 167.)

Une queue à l'état adulte (*Salamandres et tritons*). , . . . , **Urodèles** (p. 172.

Groupe des ANOURES.

Amphibiens à peau nue, à corps ramassé, dépourvus de queue, munis de membres bien développés.
Ils pondent leurs œufs dans l'eau ou les endroits humides et il en sort des têtards.

La plupart émettent des sons qui, pour une oreille exercée permettent de reconnaître de loin l'espèce qui les émet, ainsi que l'indique le curieux tableau que F. Lataste a établi sous le titre « Chants de noces des grenouilles et des crapauds, » et que nous reproduisons ci-dessous :

Chant varié, comprenant plus de deux notes dans son ensemble. Le plus souvent une seule note très longtemps prolongée et fortement chevrotante; d'autres fois un cri rapide et comme une sorte de ricanement; d'autres fois une exclamation sur deux notes que l'on peut exprimer par le mot *koaarr!* . . . . — *Grenouille verte.*

Chant composé d'une ou de deux notes.

— D'une seule note. Et d'une seule articulation. De deux notes bien distinctes, la première plus élevée que la deuxième; ces couples de notes se succédant rapidement. . . . — *Sonneur à ventre de feu*

Bien détachées l'une de l'autre. Chaque note, isolée, formant à elle seule tout le chant; cette note, faible, élevée, flûtée, brève. . . . — *Crapaud accoucheur.*

Plusieurs notes se suivant. Bien détachées l'une de l'autre.

Brèves, assez élevées. Très faibles, très rapides. . . . — *Grenouille agile.*

Moins faibles, moins rapides.. . . . — *Pélobate cultripe.*

Prolongées, graves. Pleines, sonores, puissantes, rapprochées; un grand nombre d'individus forment des chœurs qui s'entendent de loin. . . . — *Rainette verte.*

Chevrotantes, assez faibles, très distantes; chaque individu faisant isolément sa partie, sans s'inquiéter de ses voisins, d'ailleurs peu nombreux en général.. . . . — *Pélodyte ponctué.*

Et tellement rapides et rapprochées, qu'on n'entend plus qu'un bruit continu assez semblable à la stridulation de la courtilière ou au chant de l'engoulevent. . . . — *Crapaud calamite.*

Et de deux articulations liées ensemble, la seconde plus prolongée et plus ouverte que la première, timbre grave, plaintif; le musicien s'arrêtant après trois ou quatre notes lentes et espacées. . . . — *Crapaud vulgaire.*

Le tableau ci-dessous (d'après F. Lataste) permettra de déterminer les espèces que nous possédons.

Bout des doigts très dilaté, et terminé par des disques ou des pelotes visqueuses. . . . . **Rainette verte** (n° 1).

Bout des doigts peu ou point dilaté.

Pas de dents.

Pas de pli saillant sur le côté interne de la jambe. Iris doré. . . . . **Crapaud vulgaire** (n° 2).

Un pli saillant sur le côté interne de la jambe. Iris généralement verdâtre, mais quelquefois doré. . . . .
- Une ligne longitudinale jaune sur le dos. . . . . . **Crapaud calamite** (n°).
- Pas de ligne jaune sur le dos ; livrée chamarrée de grandes taches vertes sur fond clair. . . . . . . **Crapaud vert** (n° 4).

Des dents à la mâchoire supérieure et au palais.

En arrière de la commissure des lèvres on voit un espace arrondi qui est le tympan.

Pupille verticale. Langue non échancrée.
- Dents du palais placées en deux groupes en avant des orifices internes des narines. . . . . **Pélodyte ponctué** (n° 5).
- Dents du palais placées en deux groupes en avant des orifices internes des narines. . . . . **Crapaud accoucheur** (n° 6).

Pupille horizontale. Langue échancrée de manière à être bifide.
- Dents du palais placées entre les orifices internes du palais. Teinte générale en dessus verte ou vert brunâtre. . . . . **Grenouille verte** (n° 7).
- Dents du palais placées en arrière des orifices internes des narines.
  - Muscau obtus. Le talon arrivant à l'œil ou à la narine quand on ramène en avant la patte de derrière. . . . **Grenouille rousse** (n° 8).
  - Teinte jaunâtre en dessus tirant sur le roux ou le brun roussâtre. . . Museau un peu pointu. Le talon dépassant grandement le museau quand on ramène en avant la patte de derrière. . . **Grenouille agile** (n° 9).

Pas de tympan.
- Peau lisse. Ventre blanc roussâtre. Pupille verticale. . . . . **Pélobate** (n° 10).
- Peau très rugueuse en dessus. Ventre orangé à taches bleues. Pupille triangulaire. . . . . **Sonneur à ventre de feu** (n° 11).

---

1. Rainette verte (*Hyla arborea*), appelée aussi *Raine*. — Les rainettes ressemblent aux grenouilles proprement dites, mais en diffèrent par les extrémités de leurs doigts qui sont dilatés en forme de disques adhésifs, grâce auxquels les rainettes peuvent se coller aux objets lisses, grimper à un bocal de verre.

Longueur : 0,m03. Gentille petite bête d'un beau vert clair sur le dos. Dessous blanchâtre. Une bande jaunâtre entre l'œil et l'épaule. Grimpe sur les arbres et reste immobile sur les feuilles. Quand il pleut, elle se met sous les feuilles. Se nourrit de petits insectes sur lesquels elle s'élance d'un bond. Vue perçante. En automne, se blottit dans la vase. Les mâles chantent en gonflant énormément le plancher de leur bouche (*Krac, krac, carac*). Vit très bien en captivité, mais n'indique pas l'approche de la pluie comme on le croit, Dans toute la France,

Le têtard est en partie d'un vert brun, en partie plus ou moins clair ; le ventre

Rainette verte.

est blanc brillant avec des teintes plus sombres sur son pourtour.

2. Crapaud vulgaire (*Bufo vulgaris*). — Les crapauds, de forme bien connue, sont caractérisés par un corps trapu, aux membres postérieurs relativement courts, à la mâchoire supérieure sans dents, à la pupille allongée dans le sens de l'axe longitudinal, à l'épiderme couvert de verrues (tous caractères que ne possèdent pas les grenouilles).

Le crapaud vulgaire est reconnaissable à son deuxième doigt interne des mains plus petit que le quatrième et à son tarse dépourvu d'appendice membraneux. Coloration variable, ordinairement roux olivâtre, mais pouvant passer au brun, au rougeâtre et au verdâtre. La femelle est marbrée de taches jaunes. Dessous blanc jaunâtre. Pond dans l'eau des cordons glaireux de 3

Crapaud vulgaire.

mètres de long qui remontent autour des herbes et où les œufs sont disposés en série alterne. Animal très disgracieux ; quand il est en danger, il voûte son dos, baisse le museau et se soulève sur ses quatre membres. Il ne faut pas le détruire, parce qu'il mange un grand nombre d'escargots et d'insectes nuisibles. A l'époque de la reproduction, il chante : *crraa, crraa, quera*. Ne sort guère que la nuit, et aussi le jour quand il pleut et que la température est douce. Se cache sous les pierres ou dans les trous de mulots. Marche en sautant. On le trouve dans les prés, les jardins, les bois humides. Longueur : jusqu'à 20 centimètres. Le liquide qui imprègne les crapauds, leur venin comme l'on dit, n'est pas dangereux pour l'homme, mais seulement pour les petits animaux : il faut éviter par exemple de mettre

ensemble des crapauds avec d'autres batraciens, ceux-ci ne tardent pas à périr. Hiverne dans la vase, sous les décombres, dans le fumier. Très commun partout.

Le têtard est petit et atteint à peine 16 à 29 millimètres ; il a le corps ovalaire, sans ligne de démarcation entre la tête et le tronc. La queue est une fois et demie plus longue que le corps. Ce têtard est d'un noir foncé en dessus, bleuâtre en dessous.

3. Crapaud calamite (*Bufo calamita*), appelé aussi *Crapaud des joncs*. — Caractérisé par le deuxième doigt interne des mains plus grand que le quatrième, un tarse garni d'un appendice membraneux longitudinal, les tubercules des articulations groupés deux par deux, l'iris avec une saillie au milieu du bord supérieur et une dépression au bord inférieur. Longueur : 0ᵐ,10 à 0ᵐ,15. Une bande s'étend sur le milieu du dos. Corps vert jaunâtre avec des taches. Pond des cordons glaireux qui s'enroulent autour des plantes aquatiques et où les œufs sont placés à la file les uns des autres. Chant : *crau, crau, crreu*. Nocturne. Vit en grand nombre au bord des étangs. Tracassé, il laisse suinter un abondant liquide blanc dont l'odeur est analogue à celle des vieilles pipes. Vit dans toute la France. Utile.

Le têtard ressemble à celui de l'espèce précédente, mais il est d'une taille un peu plus grande ; le dos est d'un brun roussâtre foncé, finement chagriné et couvert çà et là de grosses granulations espacées.

4. Crapaud vert (*Bufo viridis*). — Ressemble beaucoup au précédent, mais en diffère par les tubercules des articulations des doigts qui sont isolés, par l'iris déprimée à ses bords supérieur et inférieur, par l'absence de ligne colorée sur le dos, et par sa marche qui a lieu par petits sauts, tandis que le crapaud calamite marche. Nocturne. Sud-Est de la France. Utile.

5. Pélodyte ponctué (*Pélodytes punctatus*). — Le genre pélodyte est caractérisé par des doigts non dilatés en disques adhésifs, une langue non échancrée, le premier doigt sans éperon corné, une paupière non triangulaire, des dents disposées en deux groupes situés entre les arrière-narines, un épiderme verruqueux.

Le pélodyte ponctué ressemble à une rainette. Museau arrondi. Peau couverte de verrues, surtout sur les côtés. Dessus cendré, verdâtre ou brunâtre, avec des marbrures vertes. Dessous blanc mat. Longueur : 0ᵐ,04. Œufs en grappes de six à huit centimètres de long fixées aux herbes aquatiques. Nocturne. Le jour se cache sous les pierres. Le soir se promène le long des murs des vieux parcs ou des petits ruisseaux. Se nourrit d'insectes. Grimpe sur les buissons. « Le cri du pélodyte, que l'on entend surtout aux mois d'avril et de mai, le soir, dans les petites mares, les eaux pluviales, les fossés qui bordent les chemins, n'a pas la puissance de celui de la rainette, auquel il ressemble beaucoup. La note est pleine, lente, chevrotante et très grave ; on s'étonne de la voir produite par un si petit animal. Le pélodyte la répète sept ou huit fois sans se presser, puis il s'arrête quelque temps pour recommencer ensuite » (Lataste). Une bonne partie de la France.

Le têtard a le corps ovale allongé et paraissant déprimé lorsqu'on le regarde de profil ; la queue est très longue ; le dessus du corps est parsemé de points et de taches d'un brun effacé sur fond roux. Le ventre est d'un blanc assez pur.

6. Crapaud accoucheur (*Alytes obstetricans*), appelé aussi *Alyte accoucheur*.

— Le genre alyte est caractérisé par la forme générale des crapauds ; une mâchoire supérieure pourvue de dents ; une langue non échancrée ; le premier doigt sans éperon corné ; une pupille non triangulaire ; les dents situées sur le palais en deux groupes très séparés, après la ligne correspondant aux arrière-narines ; l'épiderme légèrement verruqueux.

Le crapaud accoucheur a un corps trapu comme celui des crapauds, et la peau couverte de pustules mousses et arrondies. Teinte générale jaune sale ou brun, avec mouchetures brunes ou vertes. Longueur : 0^m,05 à 0^m,10. Œufs reliés entre eux en forme de chapelets. Le mâle les aide à sortir (d'où son nom) et les enroule comme un bracelet autour de ses pattes postérieures, les emportant ensuite partout avec eux, sans en paraître trop gênés (pour son têtard, voir ce mot). D'avril à septembre, chante le soir (*clock, clock*). Vit dans les talus, le long des murailles, les vieilles carrières, les antiques constructions, où il se creuse une cavité d'où il ne sort que la nuit. Se nourrit d'insectes. En captivité, abandonne ses œufs. Son corps sécrète un liquide blanchâtre non dangereux. Très commun, surtout aux environs de Paris.

Le têtard a le corps ovalaire, raccourci, le museau arrondi et très busqué, la queue assez longue ; il est d'une coloration rousse ou noirâtre selon les eaux qu'il habite ; le ventre est gris blanchâtre et granuleux ; la partie membraneuse de la queue est couverte de points bruns disposés sans ordre ; l'iris est doré.

7. Grenouille verte (*Rana esculenta* ou *Rana viridis*), appelée aussi *Grenouille commune*.

— Le genre grenouille est caractérisé par une mâchoire supérieure pourvue de dents, les doigts non dilatés en disque à l'extrémité, une peau lisse, une langue fortement échancrée en arrière, une pupille allongée dans le sens vertical ou arrondie. Les larves (têtards) sont à peu près toutes semblables.

Grenouille verte.

La grenouille verte n'a pas de bande noire en travers de la tempe. Sur les flancs une série de verrues. Teinte générale verdâtre. Mâle avec deux vessies vocales qui se montrent, quand il chante, à la commissure des lèvres. Œufs réunis en un paquet volumineux, glaireux, flottant dans l'eau. Croassement : *brekeke, koarr*. A fin d'octobre se retire dans la vase. Chante en juin. Au bord des étangs. Plonge quand elle est inquiétée. Mange des insectes et de petits mollusques. Très commune partout. On la pêche à la ligne ; il suffit d'amorcer avec un morceau de drap rouge ou un pétale de coquelicot. Le rouge l'attire. Cuisses excellentes à manger. Longueur : 0^m,20.

Le têtard a le corps ovalaire, le museau très obtus et longuement arrondi ; sa coloration présente des reflets très variables : le dessus est lavé de brun, de roux et de jaune ; les flancs ont des reflets d'un rouge cuivreux. La membrane caudale, rousse à son origine supérieure, est transparente et semée de nombreux points blancs très petits. Le dessous du corps est blanc entouré de bleuâtre.

8. Grenouille rousse (*Rana fusca* ou *Rana temporaria*).

— Plus terrestre que la précédente. Ne se rapproche guère de l'eau qu'au moment de la ponte. Présente une bande noire en travers de la tempe. La patte antérieure, ramenée en avant, n'atteint pas le niveau de l'œil. Teinte très variable, mais généralement rousse. Sort de son engourdissement dès le mois de février. Œufs en forme de masses épaisses, gélatineuses, d'abord au fond de l'eau, puis remontant à la surface. Dans les jardins, les prairies, les champs, les forêts. Coassement court et peu prolongé. Mange des insectes et des limaces. Un peu moins commune que la précédente : certains départements en sont dépourvus. Mêmes usages culinaires. Longueur : 0ᵐ,20.

9. Grenouille agile (*Rana agilis*), appelée aussi *Grenouille pisseuse, Pichouse, Papegay*. — Ressemble beaucoup à la précédente et a, comme elle, une bande noire en travers de la tempe, mais en diffère par son membre antérieur, qui, ramené en avant, dépasse le niveau de l'œil. Œufs attachés (au printemps) aux bois morts et aux rameaux flottants. Voix faible. Vit dans les prairies et bois humides. Hiverne sous les feuilles ou la vase. Surtout dans le Centre et le Midi.

Le têtard a le corps ovale, le dos taché de gris brun sur un fond jaunâtre clair, le ventre blanc, séparé de la gorge par une bande obscure. La queue a sa portion membraneuse toute marbrée de taches d'un gris roux, grosses, nombreuses et très rapprochées, ce qui permet de distinguer ce têtard de celui de la grenouille verte.

10. Pélobate. — Forme générale des grenouilles. Langue non échancrée en avant. Mâchoire supérieure avec des dents. Premier doigt pourvu d'un fort éperon corné, aplati et tranchant. Doigts non dilatés en disques adhésifs.

Deux espèces :

a) **Pélobate brun** (*Pelobates fuscus*). — Longueur : 0ᵐ,10. Eperon jaunâtre. Crâne rugueux avec deux élévations saillantes. Peau un peu rugueuse. Rœsel a comparé sa peau à une carte géographique coloriée sur laquelle on verrait les fleuves et les îles avec les côtes de nuance claire. Mars ou avril, au bord des eaux pour la ponte. Œufs en cordons longs qui se fixent aux plantes aquatiques. Essentiellement terrestre : le jour se cache dans des trous. Emet des notes basses : *crôoc, crôoc.* Sa peau

Pélobate brun.

sécrète un venin. Assez commun, sauf dans le Midi. Dans l'eau : se cache dans la vase et la trouble.

b) **Pélobate cultripe** (*Pelobates cultripes*). — Eperon noir. Tête plane. Yeux en saillie. Brun rougeâtre, avec taches. Ponte en cordons. Coassement : *cô, cô, cô.* Sable du littoral méditerranéen et de l'océan. Il se nourrit d'insectes. Ne sort que la nuit. Le jour s'enfonce dans le sable.

Le têtard a le corps ovoïde, arrondi à ses deux extrémités ; la queue est très large ; la bouche, dont les lèvres se prolongent en avant en un tube large et écourté, est armée de deux mandibules cornées fort résistantes. La coloration sur les faces supérieures est jaune ou rousse, avec des reflets bleuâtres. Le ventre est gris blanchâtre avec des lignes irrégulières et des points nacrés.

11. Sonneur à ventre de feu (*Bombinator igneus*), appelé aussi *Sonneur igné, Crapaud pluvial.* — Le genre bombinator est caractérisé par une mâchoire supérieure pourvue de dents, le premier doigt sans éperon corné, une langue non échancrée, les doigts non dilatés en disques adhésifs, une pupille triangulaire.

Sonneur à ventre de feu.

L'espèce de nos pays a une forme intermédiaire entre les grenouilles et les crapauds. Peau recouverte de pustules. Longueur : 0ᵐ,04. Yeux saillants. Dessus brun terreux. Dessous d'une belle couleur orangée, avec taches irrégulières d'un beau bleu noirâtre. Œufs en paquets de 20 à 30, flottant dans l'eau. Chant : *houhou.* Fréquente les eaux stagnantes. Reste sur le bord. Peu méfiant. D'après Fatio, il rejette la tête en arrière, relevant les pattes postérieures et se fourrant les poings dans les yeux, comme pour ne pas voir le danger ; ainsi tordu, quelquefois sur le ventre, le plus souvent renversé sur le dos, il attend que le danger soit éloigné. Ses pustules sécrètent un liquide. Se nourrit d'insectes et de petits mollusques. Habite toute la France où il est assez commun (voir ce mot).

Le têtard est facile à reconnaître : son corps est ovale, arrondi, déprimé, un peu acuminé vers le museau ; le dessus du corps est gris roussâtre, le dessous d'un bleu cendré. La queue est courte et parsemée de points bruns.

Ordre des URODÈLES.

Amphibiens à peau nue, de forme allongée, munis de quatre membres courts et d'une queue persistante.

Le tableau suivant permet la détermination des adultes, qui est assez difficile.

Queue raide. . . . . **Salamandre tachetée** (n° 1).

Queue comprimée aplatie latéralement.

  Peau rugueuse ou chagrinée. Orteils toujours libres.

    Dents en deux séries parallèles. Crête du mâle haute et à déchirures profondes et aiguës. Dos gris brun. Ventre orangé. . . . . . . **Triton à crête** (n° 2).

    Dents en deux séries se rencontrant à angle aigu en avant. Crête moyenne et à dentelures arrondies.

      Vert vif en dessus. Brun noir pointillé de blanc en dessous. . . **Triton marbré** (n° 3).

      Vert terne en dessus. Ventre orangé, maculé de noir. . . . . **Triton alpestre** (n° 4).

  Peau lisse. Orteils lobés ou palmés chez le mâle à l'époque de la reproduction.

    Crête assez élevée et ondulée. Orteils lobés. Queue arrondie au bout. . . . . **Triton ponctué** (n° 5).

    Crête très basse. Un pli saillant sur chaque flanc, chez les mâles, au moment de la reproduction. Queue tronquée, terminée chez le mâle par un petit filet. . . . . . **Triton palmé** (n° 6)

1. Salamandre.

Deux espèces :

a) Salamandre terrestre (*Salamandra maculosa*). — Corps lourd, trapu. Tête large, arrondie en avant. Queue cylindrique. Apparence générale d'un lézard très boursouflé et paresseux. Cinq doigts postérieurs avec palmure. Peau criblée de petits pores qui sécrètent un liquide blanc quand on irrite l'animal. Coloration noire avec de larges taches jaunes distribuées irrégulièrement. Dessous noir bleuâtre. Dépose ses œufs dans les flaques d'eau, les fontaines. Jeunes avec branchies sur les côtés du cou. Vit dans les endroits humides et sombres, les épaisses forêts, les vallées encaissées. Essentiellement terrestre, elle ne se rap-

proche de l'eau que pour pondre. Reste cachée dans le jour. Longueur : 0ᵐ,15.

Salamandre terrestre.

Mange des insectes, des vers, des mollusques. En hiver, s'engourdit dans les carrières. Dans toute la France, mais peu commune. On croit qu'elle peut continuer à vivre dans le feu : ce n'est qu'une légende.

b) Salamandre noire (*Salamandra atra*). — Corps entièrement noir. Dans les régions alpestres, surtout la Savoie. Longueur : 4 à 5 centimètres.

Son têtard a le dessus de la tête, du corps et des membres gris roussâtre, avec des taches brunes irrégulières et de petits points bruns. Les branchies sont courtes, ramifiées et ressemblant à une houppe épaisse flottant derrière et sur les côtés de la tête.

2. Triton à crête (*Triton cristatus*). — Le genre triton est ainsi caractérisé : Corps allongé reposant sur quatre pattes courtes. Queue assez longue, aplatie latéralement et lui servant à nager, de même que les ondulations du corps. Les tritons vivent dans les eaux claires et viennent souvent sur le bord. Ils vivent de vers, de mollusques et d'insectes aquatiques : leur voracité est extrême.

Triton à crête.

Ils changent souvent de peau. Au moment de la reproduction, le dos du mâle se garnit d'une crête longitudinale, irrégulière. Les œufs sont disposés par petites grappes sur les plantes submergées. En captivité, on les élève avec des vers de vase : ils n'ont pas de si belles couleurs qu'en liberté. Vulgairement, on les appelle : *Salamandres d'eau*. La coloration est variable dans la même espèce et change avec les saisons.

Le triton à crête a les verrues du dos et des flancs très apparentes. Abdomen de couleur claire (jaune orangé) avec des taches noires arrondies. Le mâle est pourvu d'une crête à bord découpé, festonné. Longueur : 0^m,16. Tête plus longue que large. Peau ridée. Dessus brun noirâtre. Flancs avec petites granulations blanches. Sort souvent de l'eau après la ponte. Dans toute la France, rare dans l'Ouest.

3. Triton marbré (*Triton marmoratus*), appelé aussi *Salamandre élégante*. — Abdomen rouge brun semé de points noirs ou blancs chez les mâles. Abdomen vert terne, avec taches brunes chez les femelles. Le mâle a une crête dorsale plissée et sinueuse. Le dos et

les flancs sont garnis de verrues très apparentes. Longueur : 0^m,10. Le dos est vert vif piqueté de brun. Flancs ornés d'une bande de taches brunes. Sur le dos de la femelle, une ligne orangée.

Triton marbré.

Sort surtout la nuit. Hiverne en terre. En mars, abonde dans les fontaines et les réservoirs d'eau pluviale, surtout dans le Midi. Va souvent à terre, sous les pierres et les vieilles souches.

Son têtard a le dessus du corps gris roussâtre assez clair, avec de petites taches d'un brun foncé. Les branchies sont rouges.

4. Triton alpestre (*Triton alpestris*). — Pas de verrues sur les flancs. Du bout du museau aux yeux il n'y a pas de ligne obscure. Le mâle a au printemps une crête dorsale bleue. Abdomen sans taches. Coloration généralement grise, avec marbrures. Flancs avec trois séries de gros points. Longueur : 0^m,10. Vit dans les lieux humides. Centre et Nord.

Son têtard a une coloration brune, avec deux bandes sombres.

5. Triton ponctué (*Triton punctatus*), appelé aussi *Triton lobé*, *Triton vulgaire*. — Pas de verrues sur le dos et les flancs. Une ligne obscure va du bout du museau aux yeux. Entre les yeux, il y a trois sillons convergents en avant. Taches du corps formant une série médiane et deux latérales. Abdomen avec des taches foncées. Langue non anguleuse sur les côtés. Dos olivâtre, blond ou brun. Ventre jaune. Large crête dorsale découpée en feston. Longueur : 0^m,08. Vit dans toute la France sauf le Midi.

6. Triton palmé (*Triton palmatus*), appelé aussi *Triton helvétique*. — Pas de verrues sur le dos et les flancs. Une ligne obscure allant du bout du museau aux yeux. Trois sillons convergents en avant entre les yeux. Taches du dos petites et ne formant pas de lignes longitudinales. Milieu de l'abdomen sans tache noire. Langue anguleuse sur les côtés. Longueur : 0^m,06. Crête lisse, foncée. Dos brun olivâtre. Joues jaunes au moment de la reproduction. Dans les eaux claires. En été se retire sous les pierres. Dans toute la France.

CLASSE DES POISSONS

Vertébrés aquatiques, respirant par des branchies situées sur les côtés du cou, à membres transformés en nageoires, à peau ordinairement recouverte d'écailles (1).

Le corps des Poissons est généralement allongé en fuseau de manière à fendre facilement l'eau dans laquelle ils nagent. Il se termine en arrière par une queue bifurquée, aplatie dans le même sens que le corps : c'est un puissant agent de natation et de direction, car elle agit à la fois comme une rame — agissant comme une godille — et comme un gouvernail. Cette *nageoire caudale,* étant unique et médiane, est impaire ; il en est de même d'autres replis de la peau analogues, qui se trouvent sur la ligne médiane du dos (*nageoires dorsales*) ou en arrière de l'anus (*nageoire anale*) et qui servent plutôt à la stabilité de l'animal en diminuant les chances d'inclinaison à droite ou à gauche. Les Poissons possèdent d'autres nageoires *paires*, celles-là correspondant aux membres des autres vertébrés : ce sont des palettes, soutenues par des os ou arêtes, et qui sont placées, non sur la ligne médiane du corps, mais sur les flancs, un peu à la face ventrale, presque immédiatement en arrière de la tête. Celles qui correspondent aux membres antérieurs sont les nageoires pectorales; celles qui représentent les membres postérieurs sont les nageoires abdominales. C'est en battant l'eau avec ces nageoires que l'animal progresse dans l'eau. Le corps des Poissons est recouvert d'écailles ayant leur origine dans le derme et recouvertes par un épiderme très mince. La forme de ces écailles est variable; mais, le plus souvent, leur disposition rappelle celle des tuiles d'un toit, chacune d'elles recouvrant plus ou moins celle qui est plus en arrière. La tête est relativement volumineuse et tout d'une venue avec le reste du corps. Chez les Poissons osseux, elle présente à droite comme à gauche un volet ou *opercule,* laissant en arrière une fente appelée *ouïe.* En ouvrant celle-ci, on aperçoit un certain nombre de branchies rouges et formant des lamelles ayant un peu la forme de peignes.

Pour la facilité de l'étude nous les diviserons, comme l'indique le tableau suivant, en quinze groupes, où le lecteur cherchera l'espèce par tâtonnement. La détermination des poissons est en général fort difficile parce que les espèces diffèrent peu les unes des autres. Un moyen simple d'y arriver est de demander leur nom vulgaire à des marins ou à des paysans et de le chercher à l'index de cet ouvrage.

(1) Nous laisserons de côté les espèces rares, pour nous attacher plus spécialement aux espèces que l'on a le plus de chance de rencontrer. La plupart des renseignements relatifs à leurs caractères et à leur habitat ont été puisés dans le livre classique du Dr EMILE MOREAU: *L'Ichthyologie française,* ainsi que les noms vulgaires, à l'aide desquels on arrive, en somme, très facilement à trouver leurs dénominations scientifiques.

Poissons non osseux. Peau nue ou recouverte de rugosités mais non d'écailles imbriquées comme celles, par exemple, du poisson rouge.
- Bouche terminée par une sorte de ventouse. Corps allongé (*Lamproies*) . . . . **Groupe 5** (p. 185).
- Bouche non terminée par une ventouse.
  - Poisson minuscule, allongé, sans nageoires (*Amphioxus*) . . . . **Groupe 6** (p. 186).
  - Poisson plus ou moins volumineux.
    - Corps avec des tubercules osseux sur le dos et les flancs, rangés en lignes (*Esturgeons*) . . . . **Groupe 4** (p. 185).
    - Corps ne possédant pas de tubercules osseux plus gros que le voisin et disposés en ligne.
      - Corps aplati de bas en haut (*Raies*) . . . . . . **Groupe 2** (p. 181).
      - Corps non aplati de bas en haut.
        - Aspect d'un requin à museau un peu allongé, à bouche placée sur la face ventrale, à orifices latéraux du cou non recouverts par un opercule. Queue à deux lobes inégaux, le supérieur plus long (*Squales*) . . . **Groupe 1** (p. 176).
        - Poisson ne présentant pas ces caractères. Face à l'aspect étrange (*Chimères*) . . . . **Groupe 3** (p. 185).

Poissons osseux, ordinairement recouverts d'écailles imbriquées les unes sur les autres.
- Tête ressemblant à celle d'un cheval (*Hippocampes*) . . . . **Groupe 8** (p. 186).
- Tête ne ressemblant pas à celle d'un cheval.
  - Corps allongé comme celui d'une anguille.
    - Museau non élargi au bout (*Anguilles*) . . . . **Groupe 9** (p. 186).
    - Museau élargi au bout (*Syngnathes*). **Groupe 7** (p. 186).
  - Corps non allongé comme celui des anguilles.
    - Corps non recouvert d'écailles imbriquées (*Môle, Coffre*) . . . . . . **Groupe 15** (p. 223).
    - Corps recouvert d'écailles imbriquées.
      - Premiers rayons de la nageoire dorsale épineux.
        - Nageoires ventrales placées en avant des pectorales . . . . **Groupe 10** (p. 187).
        - Nageoires ventrales placées au-dessous des pectorales . . . . **Groupe 11** (p. 191).
        - Nageoires ventrales placées en arrière des pectorales . . . . **Groupe 12** (p. 203).
      - Premiers rayons de la nageoire dorsale non épineux.
        - Corps aplati, à tête comme tordue (*Sole*, etc.) . . . . **Groupe 14** (p. 221).
        - Corps non aplati, ni dissymétrique . . . **Groupe 13** (p. 205).

PREMIER GROUPE.

Squales.

1. Grande Roussette (*Scyllium canicula*), appelée aussi *Roussette à petites taches, Pintou roussou, Pata roussa, Patonyé, Rousse.* — Caractéres du genre roussette : Tête aplatie en dessus. Museau court, demi-circulaire. Bouche arquée. Dents à 3 ou 5 pointes chez les jeunes. Narines pourvues de valvules. Orifices assez étroits (*évents*) ouverts près de l'angle postérieur de l'œil. Première nageoire dorsale placée sur la seconde moitié de

Grande Roussette.

la longueur totale, commençant plus en arrière que les nageoires ventrales. Œufs allongés, quadrangulaires, portant à chaque extrémité deux longs filaments, qui les attachent aux algues et ressemblent aux vrilles que possédent les végétaux. Nageoire caudale à bord supérieur non dentelé.

La grande roussette se reconnaît à ses valvules qui se touchent et à ses nageoires ventrales qui sont triangulaires. Longueur : 50 à 80 centimètres. Dos et côtés gris rougeâtres, marqués de nombreuses petites taches de nuance foncée. Le ventre est d'un gris sale.

Commune sur toutes nos côtes, surtout sur les côtes de la Manche.

2. Petite Roussette (*Scyllium catulus*), appelée aussi *Roussette à grandes taches, Galla d'Arga, Cata rouquiêyda, Vache.* — Se distingue de la précédente par ses valvules nasales qui sont bien séparées et ses nageoires ventrales qui sont quadrangulaires. Longueur : 60 centimètres à 1ᵐ,90. La coloration est d'un brun cendré, parfois d'un gris jaunâtre ou rougeâtre avec de grandes

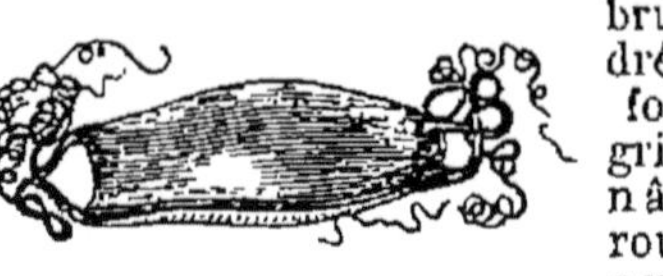

Œuf de la Roussette.

taches arrondies d'un violet noirâtre, à centre souvent moins foncé.

Se trouve sur toutes nos côtes ; mais elle est moins commune que la précédente surtout dans la Manche.

Les roussettes vivent en bandes. Se nourrissent surtout de crustacés, de mollusques, de poissons. S'éloignent peu des côtes. Elles suivent les bandes de harengs et y font des ravages. Elles pondent des œufs en forme de rectangle

allongé, de consistance de la corne, terminés aux deux bouts par deux prolongements contournés en vrille et servant

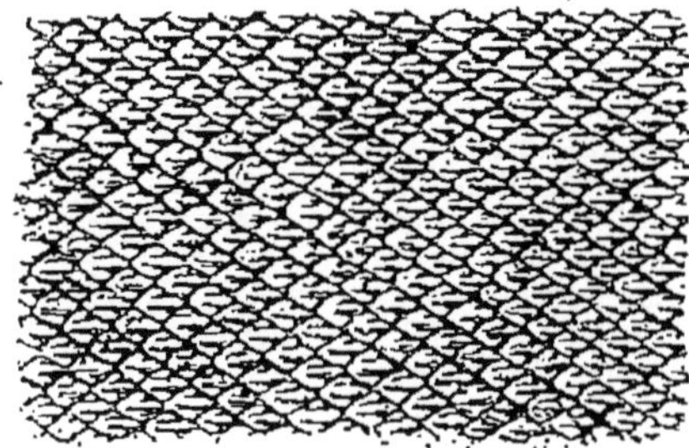

Peau de la Roussette.

à les cramponner aux varechs dans lesquels ils sont déposés. L'incubation dure neuf mois. — La chair est mangée partout, mais elle est dure. Celle des petites est plus fine. La peau sert aux ébénistes pour polir le bois.

3. Pèlerin (*Selache maximus*). — Corps allongé, fusiforme, avec petites rugosités épineuses. Museau peu développé, conique. Dents nombreuses petites, non dentelées. Fentes branchiales très étendues. 8 à 12 mètres. Dos brun

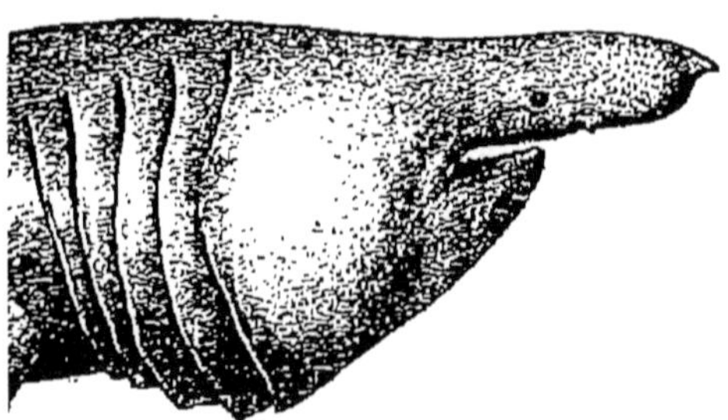

Tête du Squale pèlerin.

ardoisé ou noirâtre. Ventre grisâtre. Boulogne, Dieppe, Saint-Malo, Concarneau. Peu commun.

Vit dans les profondeurs. Mais sa denture ne lui permet que de s'adresser à des proies peu volumineuses. Lent et paresseux. Chair coriace d'un goût désagréable ; peut servir, découpée en lanières, d'appât pour la pêche de certains poissons.

4. Pristiure à bouche noire (*Pristiurus melanostomus*), appelée aussi *Bardoulin.* — Diffère des roussettes par sa nageoire caudale à bord supérieur dentelé et à son museau allongé. Longueur : 50 à 90 centimètres. Gris rougeâtre. Dans la Méditerranée ; assez commune à Nice.

5. Renard (*Alopias vulpes*), appelé

aussi *Singe de mer*, *Poisson épée*, *Faux*, *Touille à l'épée*, *Péi espaza*, *Péi ratou*. —

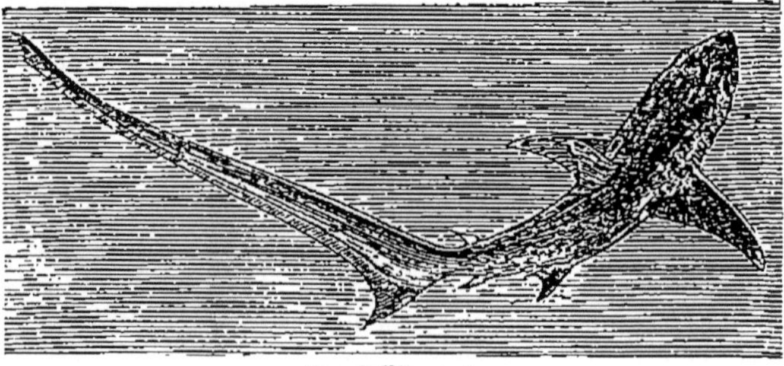

Squale Renard.

Corps à peu près fusiforme. Nageoire caudale aussi longue que le corps. Première nageoire dorsale placée en avant des nageoires ventrales. Museau conique très court. Dents non dentelées sur les bords. Events très étroits. Longueur : 2 à 5 mètres. Dos et flancs d'un gris ardoise. Ventre blanchâtre.

Sur toutes nos côtes, principalement sur les côtes de la Méditerranée. Passe pour très malin. Se défend avec sa queue.

6. Lamie long-nez (*Lamia cornubica*), appelée aussi *Nez*, *Taupe*, *Touille-bœuf*, *Touille*, *Long nez*, *Nas-Harg*, *Mélantoun*. — Corps fusiforme couvert de

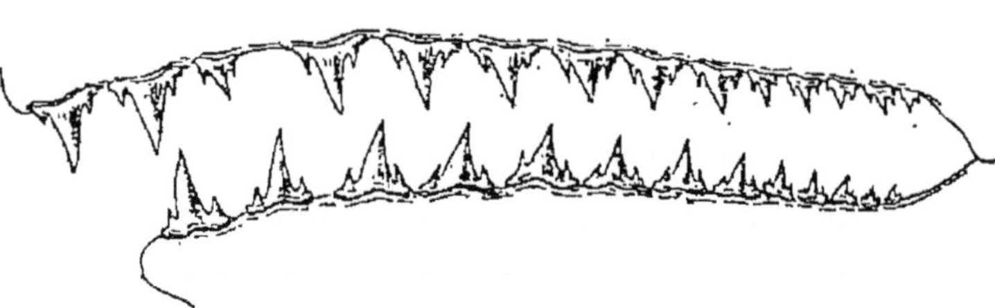

Mâchoire de la Lamie long-nez.

très petites élevures lisses. Museau pointu, pyramidal. Dents pointues, triangulaires, aplaties, non dentelées sur les bords, portant de chaque côté, sur la base, un cône pointu. Taille : 1 mètre à 3 mètres et plus. Coloration ardoisée sur le dos, blanchâtre sous le ventre.

Assez commune dans la Méditerranée et dans le golfe de Gascogne. Commune entre la Gironde et la Loire. Assez rare dans la Manche.

Mâchoire du Requin bleu.

7. Oxyrhine de Spallanzani (*Oxyrhina Spallanzanii*), appelée aussi *Lamie*, *Lamia*. — Corps fusiforme couvert de petites élevures à peu près lisses. Tête allongée. Museau pointu. Dents longues, pointues, sans dentelures sur les bords, ni cônes latéraux à la base. Longueur : 2 à 4 mètres. La coloration est d'un gris ardoisé sur le dos et les flancs, blanchâtre sous le ventre. Vit surtout dans la Méditerra-

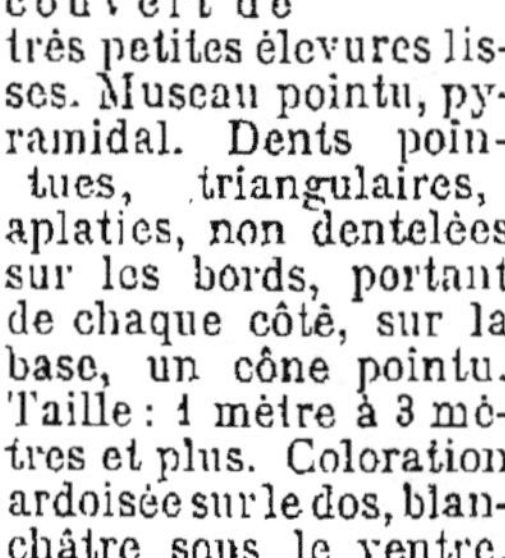

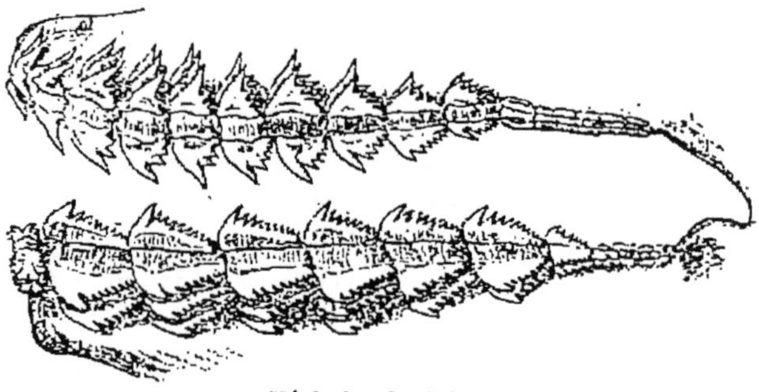

Mâchoire du Griset.

née ; assez commune à Nice et à Cette.

8. Charcharodonte lamie (*Carcharodon lamia*), appelé aussi *Lamea*, *Lamie*. — Corps allongé, fusiforme, couvert de très petites rugosités. Tête forte, grosse. Museau assez court. Bouche grande, arquée. Dents longues, larges, aplaties, triangulaires, dentelées sur les bords, à peu près semblables aux deux mâchoires. Longueur : 3 à 5 mètres et plus. Le dos est d'un gris bleuâtre ou brunâtre. Ventre blanchâtre. Assez commun à Nice et à Cette.

9. Émissole commune (*Mustelus vulgaris*), appelée aussi *Moutelle, Chien de mer, Doucette, Lentillat, Missola, Meissolo, Mustela de mar.* — Caractères du genre émissole. Corps allongé, couvert de très petites rugosités. Tête aplatie

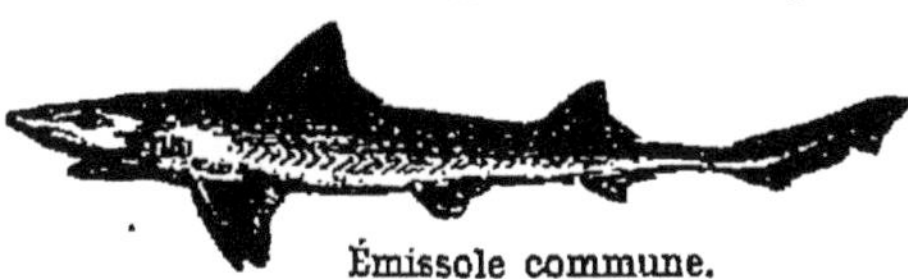

Émissole commune.

en dessus. Museau avancé, arrondi sur les bords. Bouche arquée, avec des plis latéraux bien marqués. Dents nombreuses, en petits pavés serrés, avec l'angle postérieur moussu ou légèrement pointu, disposées par rangées obliques. Events en arrière de l'œil. Fentes des ouïes assez petites, régulières, la dernière au-dessus de l'origine de la base de la nageoire pectorale.

L'émissole commune se distingue par ses dents n'ayant pas de saillie pointue sur le côté externe. Longueur : 1 à 2 mètres. La coloration est d'un gris brunâtre ou ardoisé sur le dos et les flancs, gris blanchâtre sous le ventre. Commune sur toutes nos côtes.

10. Émissole lisse (*Mustellus lœvis*), appelée aussi *Missoila, Palloun.* — Se distingue de l'espèce précédente par ses dents ayant une saillie pointue sur le côté extérieur. Océan, Golfe de Gascogne. Assez commune à Nice et à Cette. Longueur : 1 mètre à 1ᵐ,50.

Les émissoles sont beaucoup moins carnassiers que les autres squales. Ils se nourrissent de zoophytes et de crustacés.

11. Milandre (*Galeus canis*), appelé aussi *Palloun, Cagnol, Canicule, Milandré, Granda Missola, Touille, Has, Haut, Chien de mer.* — Longueur : 1 mètre à 1ᵐ,50. Corps allongé, fusiforme, couvert d'une peau très rugueuse. Museau allongé, aplati en dessus. Dents

dentelées sur les deux côtés. Dos gris ardoisé. Ventre gris plus clair. Possède des évents. Yeux pourvus d'une troisième paupière. La première nageoire

Milandre.

dorsale est assez basse. Elle est un peu plus rapprochée des nageoires pectorales que des nageoires ventrales. La seconde nageoire dorsale est moitié moins grande que la première. La nageoire caudale ne mesure pas le quart de la longueur totale. Commun sur toutes nos côtes.

12. Marteau commun (*Zygœna malleus*),

Marteau commun.

appelé aussi *Marteu, Peï luna, Chandarma.* — Facilement reconnaissable à sa tête très large, possédant deux prolongements latéraux qui portent les yeux. Tête trois fois aussi large que longue, peu arquée. Longueur : 2 à 3 mètres et plus. Bouche demi-circulaire. Dents aplaties à leur face antérieure. un peu convexes à leur face postérieure, Dos brunâtre. Ventre gris blanchâtre. Méditerranée (assez rare), Océan (rare), Manche (accidentellement).

Les marteaux se tiennent surtout dans les fonds vaseux et font la chasse aux raies. Ils rôdent quelquefois autour des navires.

13. Requin bleu (*Carcharias glaucus*), appelé aussi *Bleu, Peau bleue, Plu, Cagnol, Cagnol bleu, Peï can.* — Lon-

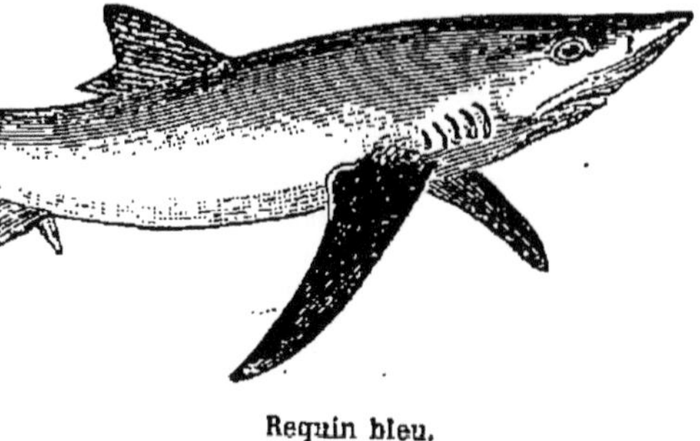

Requin bleu.

gueur : 1ᵐ,50 à 2ᵐ,50 et plus. Corps fusiforme, effilé en arrière. Sa hauteur est contenue huit fois dans la longueur totale. Tête aplatie en dessus, d'une longueur beaucoup plus grande que la hauteur du tronc. Le museau est pointu très allongé ; sa longueur, prise de la pointe à la mâchoire supérieure, dépasse d'un tiers et plus la largeur de la bouche. Les dents ont les bords finement dentelés. A la mâchoire supérieure, elles sont larges, aplaties, plus ou moins triangulaires, avec la pointe rejetée en dehors. Il y a généralement une dent médiane. La première nageoire dorsale est reculée ; elle est plus rapprochée des nageoires ventrales que des nageoires pectorales. La première nageoire dorsale est située au-dessus de la nageoire anale. La nageoire caudale mesure le quart et parfois plus encore, de la longueur totale. Les nageoires pectorales sont en forme de faux. Dos bleu foncé ou ardoisé chez les grands, plus clair chez les jeunes. Ventre blanchâtre. Se trouve sur toutes nos côtes.

14. Requin à museau obtus (*Carcharias obtusirostris*), appelé aussi *Souras*. — Longueur : 2 à 4 mètres. Se distingue de l'espèce précédente par son museau ayant une longueur à peu près égale à la largeur de la bouche et par sa nageoire pectorale faisant le double de sa largeur. Assez rare dans la Méditerranée. Dessus brun cendré. Ventre blanchâtre.

15. Requin de Milbert (*Carcharias Milberti*), appelé aussi *Méchant Requin, Méchant Souras*. — Longueur : 0ᵐ,60 à 3 mètres. Se reconnaît à son museau ayant une longueur à peu près égale à la largeur de la bouche et à sa nageoire pectorale dont la longueur ne fait pas le double de sa largeur. Dos gris bleuâtre, plombé. Ventre blanchâtre. Rare dans la Méditerranée.

Tous ces requins vivent dans la pleine mer et n'ont par suite pas souvent l'occasion de s'attaquer à l'homme. Ils sont d'ailleurs moins féroces que dans les pays chauds. Ils accompagnent souvent les navires pour recueillir les débris de nourriture.

Leur chair est médiocre mais se laisse manger.

16. Griset (*Hexanchus griseus*), appelé aussi *Hexanche, Mounge gris, Bouca-douça*. — Longueur : 2 à 4 mètres. Le corps est fusiforme. Sa hauteur est le huitième environ de la longueur totale. Peau couverte d'un chagrin assez fin. Tête large, aplatie. Museau court, arrondi. Bouche arquée, plus large que longue. Pas de dent au milieu de la mâchoire

supérieure. Six fentes branchiales. La nageoire dorsale commence un peu en arrière de l'insertion des nageoires ventrales. La nageoire caudale fait le tiers au moins de la longueure totale. Dos brun ou gris rougeâtre. Teinte grisâtre sur les flancs avec une bande longitudinale blanchâtre. Assez commun à Nice.

17. Perlon (*Heptanchus cinereus*), appelé aussi *Mounge rous, Bouca-douça à sept trous*. — Longueur : 2 à 3 mètres et plus. Corps couvert de plaques carénées très rudes au toucher. Museau pointu. Bouche à peu près aussi longue que large. Sept fentes branchiales. Yeux très grands. Dos grisâtre. Ventre blanchâtre. Assez rare à Nice et à Cette.

18. Aiguillat de Blainville (*Acanthias Blainvillei*), appelé aussi *Mangin, Aiguïat*. — Longueur : 0ᵐ,50 à 0ᵐ,70. Se distingue du précèdent par ses nageoires ventrales commençant avant le milieu de la longueur totale. Dos gris ardoisé. Assez commun à Nice. Plus rare à Cette. Se tient dans les profondeurs de la mer.

19. Aiguillat commun (*Acanthias vulgaris*), appelé aussi *Acanthias commun, Agugliat, Aguïat, Bilan, Chien broquiu, Epinette, Chien de mer, Chien de mer épineux*. — Longueur : 0ᵐ,50 à 0ᵐ,70 et plus. La hauteur du tronc est comprise neuf à dix fois dans la largeur totale. Sur le tronçon de la queue, il y a deux sillons longitudinaux. Tête aplatie en dessus. Museau allongé. L'angle postérieure des paupières se prolonge en un sillon qui remonte plus ou moins vers l'évent. La première nageoire dorsale commence ordinairement à l'aplomb de l'angle postérieur et supérieur de la nageoire pectorale ; son aiguillon est assez court ; il est à peu près d'un tiers moins haut que la membrane qui le suit. L'aiguillon de la seconde nageoire dorsale est un peu moins haut que la nageoire. La longueur de la nageoire caudale est comprise à peu près quatre fois et demie dans la longueur totale. Le dos et les flancs sont d'un gris brunâtre ou ardoisé ; le ventre est blanchâtre. Le corps est souvent marqué de taches blanchâtres lenticulaires. Commun sur toutes nos côtes.

Les aiguillats vivent en bandes et s'attaquent aux poissons. Font aussi beaucoup de tort aux pêcheurs en déchirant les filets. Œufs volumineux, mais peu nombreux (on les mange à Nice). Chair dure et sèche, ne pouvant guère servir que d'engrais.

20. Ange (*Squalina angelus*) appelé

aussi *Ange de mer, Angelot, Mordacle, Bourget, Bourgeois, Martrame, Angel, Anchou, Pei ange*. — Longueur : 1 mètre à $1^m,50$. Corps aplati, déprimé, beaucoup plus large que haut. Queue développée. Tête déprimée, semi-circulaire sur un

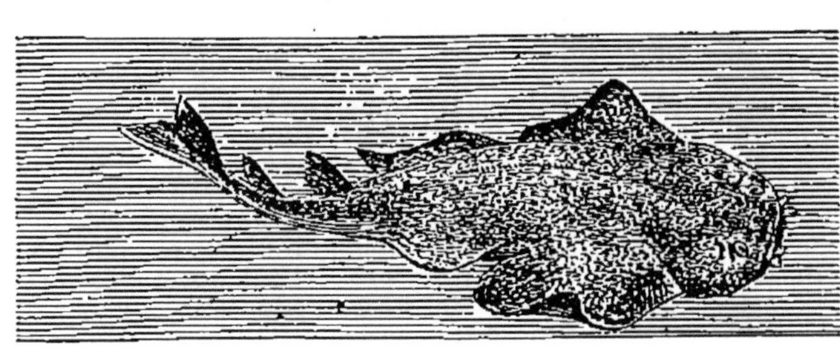

Ange.

bord libre, logée dans une échancrure formée par les nageoires pectorales. Museau court, Bouche au bout du museau. Dents semblables aux deux mâchoires, pointues, disposées en rangées symétriques. Yeux très petits, placés en dessus. Nageoires dorsales en arrière des nageoires ventrales tout à fait sur la queue, rapprochées l'une de l'autre. Nageoire caudale à deux lobes assez larges. Dessus vert brunâtre avec de petites taches plus ou moins foncées, parfois blanchâtres. Dessous blanchâtre. Se trouve sur toutes nos côtes, mais semble plus commun sur nos côtes de l'Ouest que dans la Méditerranée.

Elle se tient au fond de l'eau et fait la chasse aux poissons plats et aux raies dont elle a un peu la forme. Se cache à moitié dans le sable. Vivipare. Se prend à l'hameçon. Chair dure et coriace. Sa peau sert au polissage de l'ivoire ; on en fait aussi des étuis et des fourreaux.

21. Sagre (*Spinax niger*), appelé aussi *Morou, Bardoulin*. — $0^m,25$ à $0^m,50$. Dos arrondi. Flancs légèrement comprimés. Ventre large. La tête est aplatie, large au niveau des évents, échancrée dans la région des yeux. Lèvres noirâtres. Intérieur de la bouche d'un violacé noirâtre. Les dents de la mâchoire supérieure ont une pointe médiane plus longue que les pointes latérales ; celles de la mandibule ont le bord tranchant, oblique, avec une pointe tournée en dehors. Events ovales. La première nageoire dorsale est moins développée que la seconde ; elle est placée entre les nageoires pectorales et les nageoires ventrales. Son aiguillon est court ; il est creusé d'un petit sillon de chaque côté ; son bord antérieur est épais. Dos et flancs d'un ardoisé foncé, noirâtre. Ventre complètement noir. Une bande

d'un gris blanchâtre s'étend le long des flancs. Peu commun à Nice.

22. Centrophore granuleux (*Centrophorus granulosus*). — Longueur : $0^m,50$ à $1^m,20$ et plus. Corps allongé, en forme de prisme triangulaire. Ventre aplati en dessous. Le tronçon de la queue est en pyramide triangulaire avec un sillon en dessus et en dessous. Museau court. Dents très différentes sur les deux mâchoires. Yeux très grands. Narines plus rapprochées du bout du museau que de la bouche. La coloration est variable, souvent d'un gris jaunâtre, avec des lignes noirâtres séparant les petits tubercules. Nice.

23. Centrine humantin (*Centrina vulpecula*), appelé aussi *Puorc marin, Porc, Peï porc, Porquet, Triochà, Coffre, Cochon de mer*. — Longueur : $0^m,70$ à 1 mètre. Corps trapu, en forme de prisme triangulaire. Dos assez étroit. Ventre large, aplati, avec un fort repli cutané allant de la nageoire pectorale à la nageoire ventrale. Museau obtus. La mâchoire supérieure porte une plaquette de dents en crochets coniques à pointe très fine, disposées sur trois à cinq rangées et formant une espèce de carde ; à la mandibule, les dents sont aplaties, pentagonales. Corps couvert de petites plaques très rudes. La première nageoire dorsale, fort développée, commence au dessus des nageoires pectorales ; elle est traversée par une épine inclinée d'arrière en avant et sortant sur le bord antérieur de la nageoire. Coloration noirâtre sur le dos, brunâtre en dessous. Assez rare à Nice et à Cette. Rare dans l'Océan.

24. Liche (*Scymnus lichia*), appelé aussi *Scymne commun, Galla causieriera, Galle, Liche*. — Longueur : 1 mètre à $1^m,50$. Corps allongé, arrondi, couvert de tubercules extrêmement rudes. Tête aplatie. Bouche presque transversale. Les dents de la mâchoire supérieure sont allongées, étroites, à pointe très effilée à peine rejetée en dehors. Dents latérales ayant la forme d'une plaque quadrangulaire dont la partie supérieure ou libre est surmontée d'une pointe triangulaire, à bords latéraux dentelés. Yeux très grands, ovales. Narines près du bord du museau. Events larges, en arrière et au dessus des yeux. Seconde nageoire dorsale plus grande que la première. Teinte générale d'un brun violacé, avec des taches noirâtres mal limitées. Assez commun à Nice. Rare à Cette. Commun à Saint-Jean-de-Luz. Très rare au-dessus de la Gironde.

25. Bouclé (*Echinorhinus spinosus*), appelé aussi *Mounge clavelat, Broucu, Bilan, Chenille*. — Corps allongé, plus ou moins fusiforme, couvert de boucles à base large, striées. Tête aplatie. Un sillon à l'angle des mâchoires. Dents semblables aux deux mâchoires, à bord libre, oblique et tranchant, à bords latéraux avec une ou deux dentelures. Première nageoire dorsale reculée, placée au-dessus des nageoires ventrales. La teinte générale est d'un brun violacé, moucheté de taches irrégulières plus foncées, parfois d'un brun olivâtre. Assez rare à Nice et à Cette. Commun au fond du golfe de Gascogne.

Deuxième groupe.

Raies.

1. Raie bouclée (*Raia clavata*), appelée aussi *Bouclée, Clouée, Clavelada*. — Taille : 0ᵐ,80 à 1 mètre et plus. Corps formant un disque ondulé sur son bord antérieur. Sa largeur fait presque les

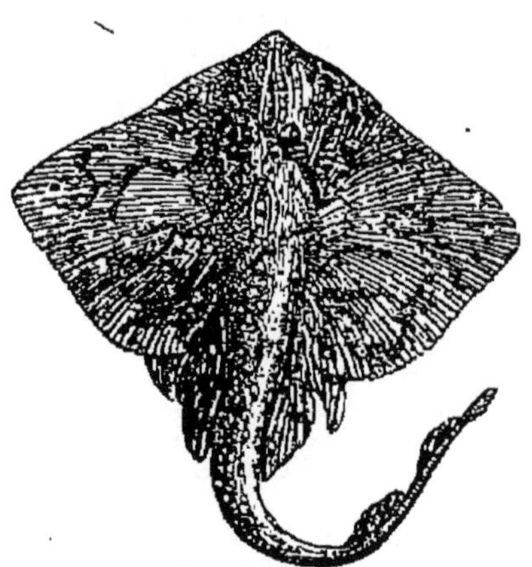

Raie bouclée.

deux tiers de la longueur totale. En dessus il est couvert d'aspérités, au milieu desquelles se trouvent généralement des nodules osseux et épineux, des boucles plus ou moins nombreuses, plus ou moins développées ; en dessous les aspérités sont moins prononcées, les boucles plus rares. Le milieu du dos porte une rangée d'aiguillons, qui se continue sur la queue, dont elle forme la rangée médiane. Le museau est couvert d'aspérités, il porte souvent des boucles ; chez les femelles, les dents sont

semblables à des têtes de clous carrés, disposés en rangées obliques. Chez les mâles adultes, les dents sont placées en séries verticales et plus ou moins pointues. Dessus ordinairement gris verdâtre, avec des taches brunes. Commune sur toutes nos côtes.

2. Raie au long bec (*Raia macrorhynchus*), appelée aussi *Alène, Lentillat, Fumal, Augustine, Pisova, Raie grise, Tire*. — Longueur : 1ᵐ,50 à 2 mètres. Le disque est d'un quart environ plus large que long. Le bord antérieur est très échancré, plus grand que le bord postérieur qui est arrondi. La queue n'est pas très développée. Sa longueur ne mesure généralement pas la moitié de la longueur totale ; il y a une ou trois rangées d'aiguillons. La tête est longue ; sa longueur fait un peu plus du tiers de la largeur du disque. Le museau est allongé, pointu ; sa largeur au niveau du bord antérieur des orbites est d'un quart environ plus grande que sa longueur et que l'espace inter-orbitaire. La bouche est fort peu arquée ; elle est placée un peu avant le milieu de la ligne allant du bout du museau à l'anus. Teinte variable. Pêchée sur toutes nos côtes.

3. Raie batis (*Raia batis*), appelée aussi *Raie cendrée, Raie commune, Coliart, Tire, Augustine*. — 1ᵐ,50 à 2 mètres. Disque rhomboïdal, plus large que long ; le bord antérieur est sinueux, doublement échancré, d'un tiers plus

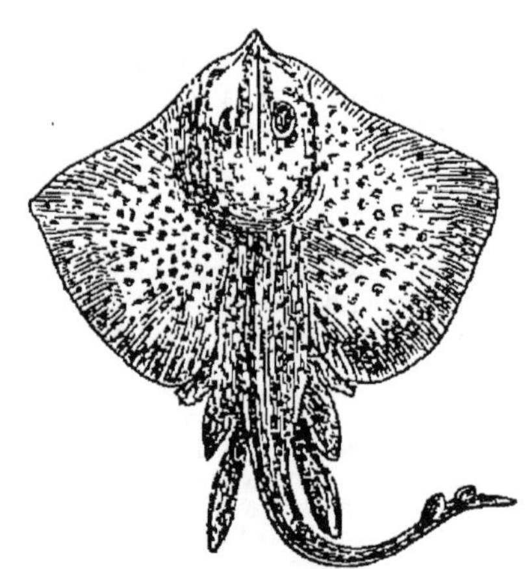

Raie batis.

long que le bord postérieur qui est convexe. La queue est beaucoup plus courte que le disque ; elle porte le plus ordinairement trois rangées d'aiguillons. La tête est allongée ; elle mesure à peu près le quart de la longueur totale. Le museau est développé. La bouche est largement fendue. Les dents sont pointues dans les deux sexes. Dessus généralement gris. Se trouve sur toutes nos côtes. Commune surtout dans la Manche et dans l'Océan.

4. Raie blanche (*Raia alba*), appelée aussi *Blanquetta*. — 1ᵐ,50 à 2 mètres. Disque du corps très épais, rhomboïdal, plus large que long, à bord antérieur ondulé ou doublement échancré, plus développé que le bord postérieur. Queue large, grosse, déprimée, courte, garnie de trois rangées d'aiguillons. L'anus se trouve très en arrière du milieu de la longueur totale. La tête est allongée. Le museau est très long, étroit, assez épais, puis s'élargissant subitement. Toute la partie rétrécie du museau est, en dessous, garnie d'aiguillons assez forts, arrondis, à pointe tournée en arrière, ressemblant à une carde ; ces aiguillons sont plus développés que ceux de la partie supérieure du bec. La bouche est large, peu arquée, armée de dents pointues dans les deux sexes et disposées par séries verticales bien séparées. En dessus, le disque est de couleur cendrée ou d'un gris uniforme, parfois avec des taches arrondies d'un gris blanchâtre. En dessous, il est d'un blanc laiteux, sans mouchetures noirâtres. Les nageoires pectorales sont ordinairement bordées de noir. Pêchée sur toutes nos côtes.

5. Raie à petits yeux (*Raia microcellata*), appelée aussi *Rat, Raie mêlée, Raie bâtarde*. — Longueur : 0ᵐ,60 à 0ᵐ,90. Chez les grands individus, la largeur du disque mesure les trois quarts de la la longueur totale, un peu moins chez les jeunes animaux. Le bord antérieur du disque est légèrement ondulé. La queue est courte. Il y a généralement trois rangées d'aiguillons assez faibles. Le museau est assez court, légèrement arrondi, couvert de petites aspérités. Les dents sont rangées par séries verticales. Teinte gris jaunâtre. Océan, et principalement le golfe de Gascogne.

6. Raie à courte queue (*Raia brachyura*), appelée aussi *Raie blanche, Raie lisse*. — 0ᵐ,80 à 1ᵐ,10. Dents sur 80 rangées environ. Œil très petit, beaucoup moins grand que l'évent. Museau assez court ; la ligne menée du bout du museau à l'angle de la nageoire pectorale coupe le bord antérieur du disque. Milieu de la queue portant des aiguillons. Assez commune à Arcachon.

7. Raie ponctuée (*Raia punctata*), appelée aussi *Miraiete, Raie douce, Demoiselle*. — Longueur : 0ᵐ,40 à 0ᵐ,70. Dents au nombre de 60 au plus. Aiguillons ne formant pas de ligne sur le sourcil. Pas de bandes ondulées sur le disque. Pas de tache en forme d'œil sur chaque nageoire pectorale. Museau pointu. Œil au moins aussi grand que l'évent. Chez certains sujets, il y a, de chaque côté de la ceinture scapulaire, une tache arrondie, à fond jaunâtre avec un bridon d'un brun foncé (*Raie miroir*). Commune sur toutes nos côtes.

8. Raie étoilée (*Raia asterias*), appelée aussi *Raie douce*. — Longueur : 0ᵐ,70 à 1 mètre. Dents au nombre de 70 au moins. Aiguillons ne formant pas de ligne sur le sourcil. Pas de bandes ondulées sur le disque. Museau pointu. Œil au moins aussi grand que l'évent. Dessus gris, avec nombreuses taches noirâtres arrondies et, entre elles, souvent de petites taches grises. Très commune dans l'Océan et dans la Manche. Assez commune dans la Méditerranée.

9. Raie ondulée (*Raia undulata*), appelée aussi *Raie mosaïque, Razza, Blanquetta, Marbrada, Brunelle, Rat*. — Longueur : 0ᵐ,50 à 1ᵐ,20. Se reconnaît à ses bandes ondulées bien dessinées sur le disque. Museau pointu. Œil au moins aussi grand que l'évent. Assez commune partout.

10. Raie au bec pointu (*Raia oxyrhynchus*), appelée aussi *Alène, Flossade, Capoulchin, Fuma*. — Longueur : 0ᵐ,80 à 1 mètre. Le disque du corps est seulement un peu plus large que long. Le bord antérieur est très échancré, beaucoup plus long que le bord postérieur. L'angle externe de la nageoire pectorale est légèrement pointu. La queue est courte, sa longueur étant comprise deux fois et quart dans la longueur totale. La tête est longue ; elle mesure environ la moitié de la longueur du disque. Le museau est très pointu. Les dents sont pointues chez les deux sexes. Dessus brun noirâtre ou légèrement violacé. Dessous jaunâtre. Assez commune dans la Méditerranée.

11. Raie miraillet (*Raia miraletus*), appelée aussi *Miragliet*. — Longueur : 0ᵐ,50. Une tache en forme d'œil sur chaque nageoire pectorale, avec un centre rougeâtre. Museau pointu. Œil au moins aussi grand que l'évent. La ligne menée du bout du museau à l'angle de la nageoire pectorale coupe le bord antérieur du disque. Milieu de la queue portant des aiguillons. Assez commune à Cette et à Nice.

Les raies vivent au fond de la mer.

On les pêche avec des lignes de fond et aussi avec des chaluts. C'est un aliment excellent.

12. **Myliobate aigle** (*Myliobatis aquila*), appelé aussi *Mourine, Aigle de mer, Terre, Tare, Madame, Terrefranche, Epervier, Mourina, Chouch, Lancelle, Ferraza.* — Longueur : 0ᵐ,80 à 1ᵐ,50 et plus. Queue très longue, très grêle, flexible. Peau lisse et nue. Museau large et court. Queue armée d'un ou de deux aiguillons dentelés. Dessus cuivré jaunâtre. Vit sur toutes nos côtes. Assez rare dans la Manche. Assez commun sur les côtes de Bretagne. Assez commun dans la Méditerranée.

13. **Torpille marbrée** (*Torpedo marmorata*), appelée aussi *Tremble, Tremblard, Tremblant, Arounce-bras, Tourpya, Galina, Eudourmidoüyda, Tremoulina.* — Longueur : 0ᵐ,35 à 0ᵐ,50 et plus. Forme d'un disque avec une queue. Disque à peu près circulaire avec le bord antérieur rectiligne ou légèrement concave; parfois il est ovale, avec les bords latéraux peu convexes. La bouche est médiocrement fendue. Le diamètre de l'œil est égal au grand diamètre de l'évent qui est ovale. Sept à huit tentacules formant des espèces de dentelure. La première nageoire dorsale est à peu près aussi développée que la seconde. La teinte générale est très variable; tantôt la peau est en dessus d'un jaune rougeâtre sans taches et d'un blanc légèrement roussâtre en dessous; tantôt elle est en dessus d'un gris assez clair avec des marbrures sinueuses brunâtres,

Torpille marbrée.

des taches brunes plus ou moins nombreuses, quelquefois encore avec des taches blanches. La face centrale est d'un blanc rougeâtre. Rare dans la Manche. Moins rare dans l'Océan. Commune en Vendée. Assez commune dans le golfe de Gascogne. Commune dans la Méditerranée.

La torpille se tient au fond de l'eau, plaquée sur le sol. Son corps, plat et arrondi, se prolonge en arrière en une queue charnue portant des nageoires.

Lorsqu'on saisit dans l'eau avec la main une torpille vivante, on éprouve immédiatement une commotion douloureuse, analogue à celle produite par une machine électrique, ce qui s'explique par ce fait que la commotion est due à une véritable décharge électrique. Le ventre et le dos de la torpille sont chargés d'électricité de noms contraires; la main établit une communication entre les deux surfaces, et c'est à son intérieur qu'a lieu la reconstitution de l'électricité neutre.

Dans le corps de l'animal, sous la peau du dos, on trouve deux grosses masses en forme de croissant, situées à droite et à gauche; ce sont les *organes électriques.* A leur surface, ces masses portent un dessin très régulier de petits polygones, serrés les uns contre les autres, figurant une sorte de marqueterie. Chaque polygone correspond à la partie supérieure d'une des colonnettes, dont l'ensemble constitue l'organe électrique. Chacune de ces colonnettes, prise en particulier, est composée de nombreuses lamelles électrogènes, alternant avec des lamelles gélatineuses. On le voit, l'appareil ainsi constitué peut être comparé à la pile de Volta, la lame électrique représentant le couple de cuivre et zinc, et la lame gélatineuse la rondelle de drap humide interposée entre les couples. On a calculé que les organes électriques de la torpille étaient composés chacun de deux millions trois cent mille piles semblables. De plus, ils reçoivent de nombreux nerfs qui activent plus ou moins, selon les nécessités, la production de l'électricité. Si l'on réunit par un fil métalique les deux extrémités d'une de ces colonnettes, on peut y constater la présence d'un courant électrique; vient-on, par exemple, à couper le fil, on obtient une étincelle électrique petite, mais très nette.

A l'aide d'instruments spéciaux de son invention, M. d'Arsonval est arrivé à faire inscrire par la torpille elle-même tous les phénomènes qui accompagnent sa décharge électrique.

L'intensité du courant que l'animal émet *volontairement* est, d'après ces expériences, beaucoup plus grande qu'on ne pouvait le penser. Une raie-torpille de taille moyenne (trente centimètres de diamètre) donne un courant variant entre deux et dix ampères, avec une force électro-motrice de quinze à vingt volts.

M. d'Arsonval met en évidence cette production d'électricité d'une manière frappante. Une lampe électrique à incandescence de dix bougies environ est mise en rapport métallique avec l'organe électrique de la torpille. Si l'on vient alors à irriter la bête en lui pinçant légèrement la peau, elle envoie sa décharge, et la lampe aussitôt brille d'un vif éclat. M. d'Arsonval a montré à l'Académie une lampe qui a été brûlée par la décharge d'une torpille un peu trop vigoureusement excitée. Ce même courant, actionnant une bobine de Ruhmkorf, illumine très vivement des tubes de Geissler. Enfin, mis en rapport avec une amorce électrique, il fait détoner des cartouches de dynamite, etc. Ces expériences ne laissent aucun doute pour le grand public sur la nature électrique de la décharge de la torpille, et sur sa grande intensité.

En poursuivant cette analyse, M. d'Arsonval a montré, que l'organe électrique se comporte, au point de vue physiologique, comme un muscle transformé qui donne de l'énergie électrique au lieu de donner de l'énergie mécanique. Ainsi la décharge est discontinue et se compose d'une série de décharges partielles (quinze à vingt) se succédant à un centième de seconde environ, et étant toutes de même sens, de façon que le dos de la torpille constitue le pôle positif, et le ventre le pôle négatif de ce nouveau générateur d'électricité. La courbe qui représente la production d'électricité est tout à fait semblable à la courbe de contraction d'un muscle. Enfin, lors de la décharge, l'organe électrique rend un son comme le fait un muscle en contraction qu'on ausculte. L'organe s'échauffe pendant la décharge comme le fait un muscle, mais seulement si le courant est fermé sur lui-même. Le mécanisme de la production d'électricité est le même que le mécanisme de la contraction musculaire, si bien mis en lumière par M. d'Arsonval. Dans l'un et dans l'autre cas, la production du phénomène est due aux variations de la tension superficielle, comme cela a lieu dans l'électromètre capillaire de M. Lippmann. Depuis longtemps, M. d'Arsonval avait donné la théorie scientifique de cette production d'électricité. Les expériences que je viens de rapporter la confirment définitivement.

Évidemment, leur appareil électrique est pour les torpilles un organe de défense. Un ennemi, en effet, s'avise-t-il de saisir un de ces poissons, la commotion électrique qu'il éprouve ne tarde pas à lui faire lâcher prise. C'est aussi un appareil d'attaque, car le poisson lui-même, grâce aux nerfs qui se rendent à l'organe, a le pouvoir de produire une décharge électrique, ce qui foudroie tous les petits animaux qui se trouvent autour de lui ; la décharge est même assez forte pour tuer un animal gros comme un canard. Il y a bien longtemps que l'on connaît cette propriété si curieuse de la torpille ; Aristote en parle dans ses écrits. On raconte même que, du temps de Tibère, un homme du nom de Anthéro utilisa les chocs de la torpille pour se guérir de la goutte.

14. Pastenague commune (*Try-*

gon vulgaris), appelée aussi *Terre, Touare, Touare, Tére, Pasténagra.* — Longueur : 1 mètre à 1^m,50. Disque à peu près rhomboïdal. Queue longue, faisant plus de trois quarts de la longueur du disque, grêle, armée d'un ou plusieurs

Aiguillon de la Pastenague commune.

aiguillons, pourvue en dessus et en dessous d'un repli cutané qui cesse après un assez court trajet, ou qui, du moins, ne va pas jusqu'à l'extrémité de la queue. Tête non dégagée. Bouche presque transversale. Mâchoires garnies de dents assez petites, rangées par séries régulières. Yeux en dessus. Dessus gris bleuâtre. Dessous blanc grisâtre. Sur toutes nos côtes, surtout commune au Sud de la Loire.

Les pastenagues, appelées aussi *trygons* ou *turturs*, sont des sortes de raies qui diffèrent des espèces ordinaires en ce que les nageoires latérales se réunissent au-dessous de l'extrémité du museau. Leur queue, en forme de fouet, est pointue, et présente de chaque côté, non loin de la base, un ou plusieurs aiguillons barbelés, dont la piqûre est très redoutable.

Les anciens, qui appelaient la pastenague « tourterelle », à cause de son aspect en nageant, redoutaient beaucoup sa piqûre. Rondelet nous apprend que son épine « est plus venimeuse que les flèches envenimées des Perses, laquelle garde son venin encore que le poisson soit mort, estant pernicieux non seulement aux bestes, mais aussi aux herbes et arbres, car ils sèchent et meurent étant touchés d'icelui-ci. Circé en donna à Télégone pour en user contre ses ennemis ; toutefois, il en tua son père sans y mal penser. Du venin de cet aiguillon, autant en disent Œlien et Pline. L'estant brûlé, mis en cendres, appliqué sur la plaie, avec vinaigre, est remède à son venin mesme. Le poisson, ouvert et appliqué sur la plaie, guesrit le mal qu'il a fait. Pline escrit que la pressure du lièvre, ou du chevran ou de l'agneau, prise du poids d'une drachme, profite contre la piqueure de la pastenague et morsure de tous autres poissons marins. ».

En Europe, on trouve une espèce de pastenague qui se tient sur les fonds de sable au voisinage des côtes. Elle mange des petits poissons, des mollusques, des crustacés qu'en été elle vient chercher dans les bas-fonds formés à marée basse. Lorsqu'on cherche à s'en emparer, sa queue s'enroule immédiatement autour du bras, et de telle sorte que l'aiguillon fasse une large plaie. Aussi les pêcheurs cherchent-ils toujours à éviter cette queue, que la pastenague lance avec la rapidité d'une flèche, et ont-ils soin de la lui couper dès qu'ils l'ont prise.

Troisième groupe.

Chimères.

Chimère monstrueuse (*Chimœra monstrosa*), appelée aussi *Rat de mer, Roi des harengs, Cat.* — Longueur : 0ᵐ,60 à 1 mètre. Aspect étrange à cause de son museau. Corps allongé, se terminant par une queue grêle, très longue, extrêmement effilée. Le museau est mou ; il s'avance au-dessus de la bouche qui est transversale, étroite. Les branchies d'un même côté donnent dans une cavité qui communique avec l'extérieur par une seule ouverture placée à la partie latérale inférieure de la gorge. La muqueuse de la bouche est d'un lilas assez foncé. Teinte générale gris argenté nuancé de brun. Nageoires impaires d'un gris jaunâtre, bordées de noir. Vit dans la Méditerranée, où elle est assez rare.

Mange des mollusques et des crustacés. Se tient généralement dans les profondeurs de la mer. Œufs recouverts d'une enveloppe cornée plus ou moins épaisse. Chair immangeable.

Quatrième groupe.

Esturgeons.

Esturgeon ordinaire (*Acipenser sturio*), appelé aussi *Créac, Estorjeon, Estidioum, Sturioun.* — Longueur : 1ᵐ,50 à

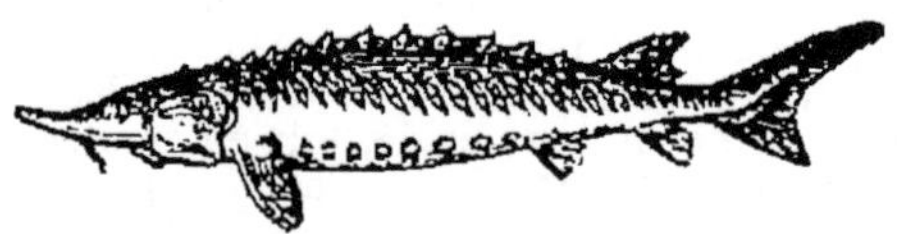

Esturgeon ordinaire.

2 mètres et plus. Corps allongé ayant la forme d'une pyramide à cinq pans,

avec la crête dorsale très prononcée. Ventre aplati en dessous. Angles du corps couverts de boucliers osseux. Tronçon de la queue non complètement enveloppé par les écussons. Tête couverte de plaques osseuses. Museau plus ou moins allongé. Bouche transversale, très protractile. Quatre barbillons placés sur une rangée transversale, en dessous, entre la bouche et le bout du museau. Coloration grise. Se trouve sur la plupart de nos côtes, mais il est surtout pêché dans l'Yonne, le Doubs, la Saône, etc. au moment où il remonte ces rivières. C'est avec les œufs que l'on fait le caviar. De la vessie natatoire on retire la colle de poisson. La chair a une saveur très fine.

Cinquième groupe.

Lamproies.

1. Lamproie marine (*Petromyzon marinus*), appelée aussi *Lampré, Haoutboy, Set-ulls, Anguille lampresse, Grande Lamproie, Lamproie marbrée.* — Longueur : 0ᵐ,60 à 1 mètre. Sa tête se continue directement avec le tronc (aspect d'une anguille molle). Bouche circulaire entourée d'une lèvre charnue, garnie sur le côté interne de petites tentacules fort nombreuses. Elle est munie de dents coniques, placées en séries régulières. Les dents qui sont en avant et sur les côtés du fond de la bou-

Lamproie marine.

che, sont généralement à deux pointes. Sur les côtés du cou on voit les orifices des branchies, placées en files. Le dos et les côtés sont d'un blanc grisâtre ou jaunâtre, marqués de taches irrégulières d'un noir plus ou moins foncé. Le ventre est blanchâtre. Commune sur nos côtes. Au printemps remonte les fleuves à une grande distance de leur embouchure.

2. Lamproie fluviatile (*Petromyzon fluviatilis*), appelée aussi *Lamprillon, Lamproie d'Alose, Fifre, Lampré, Set-ulls, Petite Lampresse, Piballe, Bête à sept trous, Lamprillon, Sept-œil.* — Ressemble beaucoup à la précédente, mais en diffère par la taille (0ᵐ,09 à 0ᵐ,30). Le dos est plombé noirâtre ; le côté est grisâtre : le ventre est blanc argenté ou jaunâtre. Quelquefois, le corps est marqué de bandes noirâtres transversales. Parfois teinte générale argentée ou rougeâtre. Vit dans la plupart de nos rivières. Avant de devenir adultes, les lamproies passent par la forme d'une larve dont

on faisait autrefois le genre *Ammocète.*
Ces larves sont connues sous les noms
vulgaires de *Chatouille, Satoille, Lamprillon, Sucet, Suce-pierre, Sept œil rouge,
Sept œil aveugle.* On les trouve dans les
petits cours d'eau.

Les lamproies vivent du sang des
poissons auxquels elles se collent par
leur ventouse. Chair assez délicate, mais
un peu grasse. On les pêche avec des
nasses ou en les cherchant dans les rivières et en les prenant avec une pince.

Sixième groupe.

Leptocandierus.

Amphioxus (*Amphioxus lanceolatum*),
appelé aussi *Branchiostome.* — Longueur :
0ᵐ,04 à 0ᵐ,06. Face lancéolée. Effilé à
ses deux extrémités. Dos anguleux.
Ventre bordé par un repli très bas, allant, de chaque côté de la bouche à
l'anus. La tête n'est pas distincte du
corps. Bouche entourée d'une rangée
de tentacules mobiles. Corps transparent. Se trouve sur toutes nos côtes, où
il vit plus ou moins enfoui dans le
sable à une certaine distance du bord.

Septième groupe.

Syngnathes.

1. Syngnathe aiguille (*Syngna-
thus acus*), appelé aussi *Trompette, Serpent de mer, Cunaote.* — 0ᵐ,20 à 0ᵐ40. Les
syngnathes se reconnaissent facilement
à leur corps allongé comme celui d'une
anguille, mais résistant à la surface et

Syngnathe aiguille.

plus ou moins anguleux. De plus la tête
se prolonge en un bec allongé et élargi
du bout comme celui des chevaux marins. Teinte générale grise. Assez commun sur nos côtes (nous ne citons que
cette espèce qui est la plus commune).
Le mâle porte les œufs dans une longue
poche placée sous le ventre.

2. Siphonostome typhle (*Siphonos-
toma typhle*), appelé aussi *Anguille vésarde,
Ser de mar.* — 0ᵐ,20 à 0ᵐ,30. Ressemble
aux syngnathes, dont il diffère en ce
que le museau est comprimé, au lieu
d'être à peu près arrondi. Couleur gris
verdâtre. Commun dans l'Océan.

Huitième groupe.

Hippocampes.

1. Hippocampe moucheté (*Hippocampus guttulatus*), appelé aussi *Cheval

marin, Chibaon de ma, Cavau.* — Longueur : 0ᵐ,10 à 0ᵐ,14. Ce poisson étrange
est bien facile à reconnaître à sa tête
ressemblant en miniature à celle d'un
cheval, à son corps anguleux, dur, re-

Hippocampe moucheté.

haussé par des côtes et des épines, à sa
queue longue, généralement arquée et
que l'animal peut enrouler autour des
algues et des coraux comme les singes
du nouveau monde le font avec la leur.
Coloration brun foncé, avec des points
et des lignes d'un blanc argenté. Vit
dans l'Océan (rare au Nord de la Loire).
Commun à Arcachon. Assez commun
dans la Méditerranée.

L'hippocampe mange des œufs ou des
débris d'animaux. Le mâle conserve les
œufs dans une poche placée sous le
ventre ou simplement attachés à celui-
ci.

2. Hippocampe à museau court
(*Hippocampus brevirostris*), appelé aussi
Cheval marin. — Diffère du précédent
par son museau court, ses appendices
cutanés peu développés ou nuls. Ses
nageoires pectorales à 15 rayons (au
lieu de 17). Couleur brune maculée de
blanchâtre. Vit sur toutes nos côtes,
surtout l'Atlantique (commun à Arcachon). Assez commun dans la Méditerranée. Très rare dans la Manche.

Neuvième groupe.

Anguilles.

1. Anguille vulgaire (*Anguilla vulgaris*), appelée aussi *Verniaux.* Les
jeunes sont souvent désignées sous le
nom de *Civelles* ou de *Bouiron.* — Longueur : 0ᵐ,40 à 1 mètre et plus. Corps
allongé comme celui des serpents, couvert d'une peau très épaisse dans laquelle sont cachées de fort petites
écailles. Les mâchoires sont garnies de
dents en cardes fines. Mâchoire supé-

rieure plus courte que l'inférieure. Dos brun olivâtre. Ventre blanchâtre.

Anguille vulgaire.

L'*Anguille à museau large* est une variété (appelée aussi *Pimperneau*) commune à l'embouchure des égouts, dans la retenue des ports, dans les parcs à huîtres. Le museau est large, aplati, ayant plus de largeur que de hauteur.

L'*Anguille plat-bec* est une autre variété dont le museau, à bord assez arrondi, est assez semblable à un bec de canard. Coloration gris jaunâtre.

Les anguilles sont communes dans toutes nos rivières. Tout le monde connaît leur peau gluante, leur agilité extrême et leur grande vitalité qui les font s'agiter même coupées et dans la poêle à frire. Elles vont pondre dans la mer, on ne sait trop où. Les jeunes anguilles, transparentes comme du cristal, remontent les fleuves en amas considérable ; on les mange en omelettes. Ce n'est que dans les eaux douces qu'elles deviennent adultes. Chair excellente.

2. **Congre commun** (*Conger vulgaris*), appelé aussi *Anguille de mer, Grouch, Félal, Coungré, Cungre, Mussole.* — Longueur : 0ᵐ,50 à 2 mètres et plus. Le congre diffère de l'anguille, par son habitat marin et par sa mâchoire supérieure plus longue que l'inférieure. En avant la mâchoire supérieure est garnie de dents en cardes assez fortes. Sur les côtés, le maxillaire porte une rangée de dents égales, serrées les unes contre les autres. Dos gris jaunâtre. Ventre blanchâtre. Commun sur toutes nos côtes. Les plus petits se trouvent souvent sous les pierres et les anfractuosités des rochers. Les autres nagent dans la pleine mer où on les prend à l'hameçon. Chair bonne.

3. **Murène Hélène** (*Murœna Helena*), appelée aussi *Mourena.* — Longueur :

0ᵐ,60 à 1ᵐ,30. Corps allongé comme celui des anguilles. Peau nue enduite d'une mucosité épaisse. Pas de nageoire pectorale. Dents de la mâchoire supé-

Murène Hélène.

rieure sur une ou deux rangées. Museau pointu. Bouche largement fendue. Teinte brune. Assez commune dans la Méditerranée. Rare dans l'Océan. Chair très estimée.

4. **Ophisure serpent** (*Ophisurus serpens*), appelé aussi *Bissa de mar, Ser de mer, Colubro de mer.* — Longueur : 1 mètre à 2ᵐ,20. Corps très allongé, cylindrique, tout à fait nu. Museau avancé. Narines ayant l'orifice postérieur vers le bord de la lèvre supérieure. Pas de nageoire caudale. Dos jaune doré, teinté de brun. Ventre grisâtre. Assez commun dans la Méditerranée.

DIXIÈME GROUPE.

1. **Uranoscope rat** (*Uranoscopus scaber*), appelé aussi *Muou, Rascasse blanche, Responsadoux, Rat, Biooa, Rose, Oreille.* — Longueur : 0ᵐ,15 à 0ᵐ,25. Corps plus ou moins en forme de coin, couvert d'écailles lisses très petites. Tête grosse et large, aplatie en des-

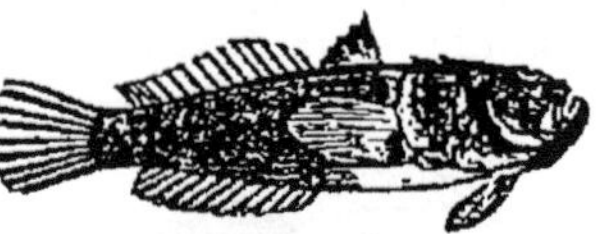

Uranoscope rat.

sus, en partie cuirassée. Museau très court. Bouche à fente verticale. Yeux placés à la région supérieure de la tête, dirigés en haut. Fente des ouïes très grande. Dos gris brunâtre. Tache plus claires sur les côtés. Nageoires verticales rosées. Assez commun dans la Méditerranée.

2. **Vive.** — Les vives ont le corps allongé, comprimé, couvert de petites écailles minces. L'anus très avancé. Tête comprimée, museau court. Bouche à fente très oblique. Dents en velours sur les mâchoires. Langue non dentée. Yeux placés latéralement, vers le profil supérieur de la tête. Fente des ouïes étendue. Opercule armé d'une épine longue, dirigée en arrière. Première nageoire dorsale à six ou sept aiguillons très acérés. Seconde nageoire dorsale et anale très longue, à plus de vingt rayons. Pas de vessie natatoire.

Quatre espèces :

a) **Petite Vive** (*Trachinus vipera*), appelée aussi *Toquet, Bouderoc, Boudereux, Lapouriche.* — Longueur : 0ᵐ,12 à 0ᵐ,15. Pas d'épine sur le bord antérieur du sourcil. Gris jaunâtre sur le dos avec un pointillé brun sur les bandes d'écailles. Dessous du ventre blanc d'argent. Joues argentées avec un léger pointillé brun. Toutes nos côtes. Commune dans la Manche, l'Océan, la Méditerranée.

b) **Vive commune** (*Trachinus draco*), appelée aussi *Grande Vive, Avive, Lièvre, Chaquedil, Idagna.* — Longueur : 0ᵐ,20 à 0ᵐ,30. Une épine plus ou moins développée sur le bord antérieur du sourcil. Première nageoire dorsale à six rayons. Pas de taches ocellées sur le corps. La première nageoire dorsale est marquée d'une tache noire.

Vive commune.

Dos gris roussâtre ou jaunâtre à reflets bleus, avec des bandes ou des taches brunâtres dirigées obliquement de haut en bas et d'avant en arrière. La partie inférieure du corps est rayée de jaune. La tête est d'un gris foncé ou roussâtre avec des lignes bleuâtres qui se voient également sur les opercules. Commune sur toutes nos côtes.

c) **Vive à tête rayonnée** (*Trachinus radius*). — Longueur : 0ᵐ,30 à 0ᵐ,40. Une épine sur le bord antérieur du sourcil. Première nageoire dorsale à six rayons. Taches ocellées sur le corps bien marquées. Vit dans la Méditerranée (rare).

d) **Vive araignée** (*Trachinus arancus*). — Longueur : 0ᵐ,30 à 0ᵐ,40. Une épine sur le bord antérieur du sourcil. Première nageoire dorsale à sept rayons. Méditerranée (assez rare).

Les vives sont les plus connues des poissons venimeux, que l'on rencontre malheureusement sur la plupart de nos plages. Il y en a deux espèces principales ; la *vive commune*, qui a quarante centimètres de longueur, et la *petite vive*, dont la taille ne dépasse guère douze centimètres. Toutes deux possèdent des épines très acérées, placées sur la région dorsale de la tête, et aussi sur les opercules qui recouvrent les ouïes. A l'état de repos, ces épines sont appliquées sur le corps ; mais, à la moindre excitation, le poisson les redresse, et elles se présentent alors sous un aspect menaçant.

Ce qu'il y a de fâcheux chez ces poissons, c'est qu'ils vivent le plus habituellement presque entièrement cachés dans le sable, d'où ils ne laissent passer que la tête. Il arrive par suite souvent qu'un baigneur ou un pêcheur mette le pied sur l'un d'eux. Les piquants se dressent aussitôt et pénètrent dans le pied. Or chaque épine est en rapport avec une glande à venin, dont le contenu se déverse de suite dans la plaie.

On connaît depuis très longtemps ces propriétés venimeuses des vives. Élien, Oppien et Pline en parlent dans leurs écrits. Belon dit que la vive « est un poisson moult bien armé de forts aiguillons, desquels la poincture est si venimeuse, principalement quand ils sont en vie, qu'ils font périr la main si l'on n'y remédie bien tost. Ia en avons veu en fiebvre et resverie, avec grande inflammation de tout le brachs d'une seule petite poincture au doigt. Le commun bruit est entre les mariniers, qu'il s'engendre des petits poissons en la playe : de laquelle chose i' en a ay veu plus de cent, qui m'ont affermé l'avoir veu ; et que le souverain remède est de repoindre la playe plusieurs fois avec ledict aiguillon. »

De son côté, Rondelet écrit que : « L'araignée de mer, ou la vive, est nommée dragon, comme très bien dist Œllian, à cause de sa teste, des ieux, des éguillons venimeux... Nature n'ha point desprouvé les homes de remède contre le venin de ce poisson ; car il est lui-même remède à son venin ; la chair du surmulet appliquée proufícte autant. J'ai veu autrefois partie piquée de ce poisson devenir fort enflée et enflammée, avec grandissimes doleurs ; que si on n'en tient conte, la partie se gangrène. Les pescheurs è poissonniers en maniant ce poisson se prennent bien garde. En France, an ne les sert à table que la teste coupée. »

Voici ce que dit Lacépède :

« Cet animal a tant de facilité de creuser son asile dans le limon, que lorsqu'on le prend et qu'on le laisse échapper, il disparaît en un clin d'œil et s'enfonce dans la vase.

« Lorsque la vive est ainsi retirée dans le sable humide, elle n'en conserve pas moins la faculté de frapper autour d'elle avec force et promptitude par le moyen de ses aiguillons, et particulièrement de ceux qui composent sa première nageoire dorsale. La vive n'emploie pas seulement contre les marins qui la pêchent et les grands poissons qui l'attaquent l'énergie, l'agilité et les armes dangereuses dont elle est armée ; elle s'en sert aussi pour se procurer plus facilement sa nourriture, lorsque, ne se contentant pas d'animaux à coquilles, de mollusques ou de crabes, elle cherche à dévorer des poissons d'une taille presque égale à la sienne. Si plusieurs marins vont sans cesse à la recherche des vives, la crainte fondée d'être cruellement blessé par les piquants de ces animaux, et surtout par les aiguillons de la première nageoire dorsale, leur fait prendre de grandes précautions. Les accidents occasionnés par ces dards ont été regardés comme assez graves pour que dans le temps l'autorité publique ait cru, en France, devoir donner à ce sujet des ordres très sévères.

« Les pêcheurs s'attachent surtout à briser ou arracher les aiguillons des vives qu'ils tirent de l'eau. Lorsque malgré leur attention ils ne peuvent pas parvenir à éviter la blessure qu'ils redoutent, ceux de leurs membres qui sont piqués présentent une tumeur accompagnée de douleurs très cuisantes et quelquefois de fièvre. La violence de ces symptômes dure ordinairement pendant douze heures, et comme cet intervalle de temps est celui qui sépare une haute marée de celle qui la suit, les pêcheurs de l'Océan n'ont pas manqué de dire que la durée des accidents occasionnés par les piquants des vives avait un rapport très marqué avec les phénomènes de flux et de reflux, auxquels ils sont forcés de faire une attention continuelle, à cause de l'influence des mouvements de la mer sur toutes leurs opérations. Au reste, les moyens dont les marins de l'Océan et de la Méditerranée se servent pour calmer leurs souffrances, lorsqu'ils ont été piqués par les trachines vives, ne sont pas très nombreux ; et plusieurs de ces remèdes sont très anciennement connus. Les uns se contentent d'appliquer sur la partie malade le foie ou le cerveau encore frais du poisson ; les autres, après avoir lavé la plaie avec beaucoup de soin, emploient une décoction de lentisque, ou les feuilles de ce végétal, ou des joncs de marais. Sur quelques côtes septentrionales, on a recours quelquefois à l'urine chaude ; le plus souvent on y substitue du sable mouillé, dont on enveloppe la tumeur, en tachant d'empêcher tout contact de l'air avec les membres blessés par la trachine. »

Le venin de la vive est liquide et légèrement bleuâtre pendant la vie, opalescent et un peu épaissi après la mort. Il est coagulable par la chaleur, les acides forts et les bases caustiques. Son action physiologique a été étudiée par Schmidt, puis par Gressin. A la dose d'une demi-goutte ou d'une goutte, il cause rapidement la mort chez les poissons et le rat, plus lentement chez la grenouille. Une première période de contracture est suivie d'une phase de paralysie avec abaissement de la température. On connaît un grand nombre d'observations de piqûres de vives. La douleur est excessive, mais les accidents se bornent le plus souvent à une forte inflammation locale avec fièvre et tuméfaction étendue : des phlegmons, des panaris, des eschares peuvent en résulter. Ambroise Paré cite le cas d'une femme dont le bras tomba promptement en mortification, ce qui causa la mort ; mais c'est là une termination exceptionnelle (R. Blanchard.)

Les vives se nourrissent de petits calmars et de petits poissons. Elles se rapprochent des côtes au mois de juin pour frayer. On les pêche au moyen de nasses ou de filets.

3. Blennie. — Les blennies ont le corps allongé. Peau nue et visqueuse. Tête comprimée dans sa partie supérieure. Museau court. Bouche petite. Dents sur une seule rangée qui se termine souvent aux deux mâchoires, ou à la mandibule seulement, par une canine à crochet tournée en arrière, plus ou moins isolée ; parfois il y a deux canines. Nageoire dorsale très longue, très avancée, ayant onze à quatorze rayons épineux ou souples et un nombre plus ou moins grand de rayons articulés dont le dernier est généralement pourvu d'une membrane, qui s'insère sur le tronçon de la queue et parfois se prolonge sur la caudale. Nageoire anale longue. Nageoire caudale plus ou moins arrondie. Nageoires ventrales peu développées, à deux ou trois rayons, parfois quatre.

Il y a quinze espèces ; nous nous contenterons d'énumérer les suivantes :

a) **Blennie paon** (*Blennius pavo*), appelée aussi *Bigoula, Bavecca*. — 0ᵐ,09 à 0ᵐ,11. Méditerranée. Assez rare dans l'Océan.

b) **Blennie papillon** (*Blennius ocellaris*),

Blennie papillon.

appelée aussi *Bavecca, Baveuse, Lébra, Diablé, Bigoula*. — Commune dans la Méditerranée.

c) **Blennie gagnette** (*Blennius gagnota*), appelée aussi *Chasseur, Lièvre, Bavecca.* — 0^m,10 à 0^m,13. Eaux douces, Garonne, Canal du Midi, Lez, lac du Bourget et ses affluents.

d) **Blennie gattorugine** (*Blennius gattorugine*), appelée aussi *Cabot.* — 0^m,15 à 0^m,20. Toutes nos côtes, surtout la Méditerranée.

e) **Blennie tentaculaire** (*Blennius tentacularis*), appelée aussi *Bavecca, Bavoua.* — Assez commune à Nice.

f) **Blennie palmicorne** (*Blennius palmicornis*), appelée aussi *Bavecca, Loca, Cabot.* — 0^m,12 à 0^m,15. Assez commune à Nice et à Guétary.

g) **Blennie pholis** (*Blennius pholis*), appelée aussi *Baveuse, Lentèque, Mordocet, Syrène, Serène, Sirène, Cabot.* — 0^m,10 à 0^m,15. Sur les côtes de l'Ouest.

4. Zoarcès vivipare (*Zoarces viviparus*), appelé aussi *Loquette, Lolle.* — 0^m,15 à 0^m,25. Corps allongé, effilé en arrière. Ecailles très petites, non imbriquées. Tête longue. Dents sur les mâchoires. Nageoires impaires réunies. Nageoire caudale non distincte. Mer du Nord. Assez commune à Dunkerque.

5. Callionyme lyre (*Callionymus lyra*), appelé aussi *Chiqueur, Lavandière, Six-deniers, Savary, Cornard, Doucet.* — 0^m,25 à 0^m,30. Corps allongé, déprimé, en forme de coin. Peau lisse et nue. Tête plus large que le tronc, triangulaire, aplatie. Bouche petite. Mâchoire supérieure très protractile, plus longue et plus large que la mandibule, garnies

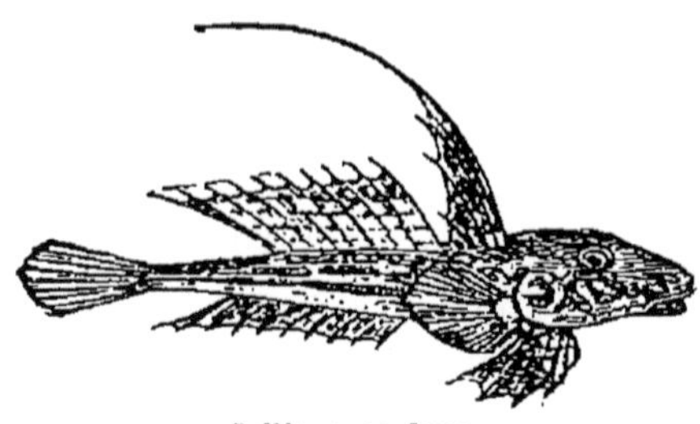

Callionyme lyre.

l'une et l'autre de petites dents en velours ou en cardes très fines. Palais lisse. Yeux très rapprochés l'un de l'autre, plus ou moins tournés en haut. Deux nageoires dorsales, dont la première est très élevée. Le dessus du corps est d'un jaune orangé, avec des taches lilas, à bordure violacée. Chez quelques animaux, la teinte générale est lilas ou violet clair avec des taches jaunâtres et brunâtres. Le dessous du corps est blanc ou d'un gris très clair. La tête et les pièces operculaires sont marquées

de taches lilas plus étroites que celles du corps. Commun dans la Manche.

6. Callionyme tacheté (*Callionymus maculatus*), appelé aussi *Moulette, Lambert, Pinaou.* — 0^m,08 à 0^m,10. En dessus le corps est d'un jaune verdâtre fort pâle, parfois grisâtre. Sur les côtés il y a quelques taches brunes et deux rangées de taches nacrées ou plutôt d'un blanc laiteux. Parfois les taches nacrées sont dispersées sans ordre. La tête est d'un jaune clair, avec une teinte d'un blanc laiteux sur les côtés. La nuque est d'un rouge lilas. Quand elles sont déployées, les nageoires dorsales sont magnifiques, surtout la seconde. Chez les mâles, le fond est d'un gris pâle relevé par des taches noires et des taches d'un blanc laiteux à milieu plus foncé formant des espèces d'ocelles. Chez les femelles, les nageoires dorsales sont pâles, marquées de taches noires. Méditerranée.

7. Callionyme lacert (*Callionymus dracunculus*), appelé aussi *Lambert.* — 0^m,09 à 0^m,11. Se reconnaît à ce que la 2e nageoire dorsale n'a que 6 à 7 rayons (au lieu de 8 à 10). La teinte générale est grisâtre avec des points et des bandes d'un ton nacré. Les parties latérales de la tête portent deux ou trois rangées de points argentés cerclés de noir. Le dos est marqué de points noirs et de points argentés. Les côtés sont traversés par seize à dix-huit bandes verticales, nacrées et bordées de noir. Chez les mâles, la seconde dorsale est parcourue par des bandes obliques nacrées ou d'un bleu légèrement jaunâtre à bordure violette. Méditerranée.

8. Callionyme bélène (*Callionymus belenus*), appelé aussi *Lambert.* — 0^m,06 à 0^m,08. Chez les mâles, la coloration est d'un gris verdâtre ou jaunâtre avec des taches d'un rouge jaunâtre. Ventre blanc. Chez les femelles, la teinte est d'un gris plus foncé, jaunâtre avec des points noirs. La queue est d'une teinte à peu près uniforme ; elle a, chez les mâles, une bordure d'un bleu plus ou moins foncé. Méditerranée.

9. Baudroie commune (*Lophius piscatorius*), appelée aussi *Crapaud, Marache, Cabot-l'orage, Madeleine, Diable, Ange, Grenouille pêcheuse.* — 0^m,70 à 1^m,50 et plus. Corps déprimé, large en avant. Peau complètement nue. Sur les côtés, appendices cutanés plus ou moins frangés. Squelette formé d'un tissu spongieux, de faible consistance. Tête énorme, aplatie, épineuse, portant deux ou trois tentacules libres, allongés, mobiles. Bouche très fendue. Mandibule avancée. Mâchoires armées de dents pointues, plus ou moins mobile. Palais denté. Yeux placés en dessus. Sur le dos une série de tentacules dont celui de devant est très long et se termine par une sorte de petit drapeau. Corps brun olivâtre en dessus, gris blanchâtre ou blanc sale en dessous. Se trouve sur toutes nos côtes.

Elle vit plus ou moins enfoncée dans le sable, au fond de la mer, ne laissant sortir que son petit drapeau qu'elle agite. Les petits poissons du voisinage accourent vers celui-ci, croyant avoir affaire à une proie. Lorsqu'ils sont bien réunis, la baudroie ouvre brusquement sa large bouche et les engloutit.

10. Baudroie budegassa (*Lophius budegassa*), appelée aussi *Gianelli*. — 0ᵐ,40 à 0ᵐ,70. Dos roussâtre avec de petites taches étoilées le plus souvent blanchâtres. Méditerranée.

ONZIÈME GROUPE.

1. Gobie. — Corps allongé, arrondi, couvert d'écailles. Tête plus ou moins allongée. Mâchoires à dents en velours ou en cardes. Yeux rapprochés du profil supérieure de la tête. Première nageoire dorsale à rayons simples, au nombre de cinq à sept. Deuxième nageoire dorsale avec un rayon simple et des rayons composés en nombre variable de neuf à seize. Taille : environ de 0ᵐ,05 à 0ᵐ,20. Une vingtaine d'espèces vivent dans la mer. L'espèce la plus commune est la *Gobie buholte* (*Gobius minutus*), appelée aussi *Bourguelle, Buholte, Boucaud, Tout-nu, Cabau, Mougnon*. 0ᵐ,06 à 0ᵐ,08.

2. Aphye pellucide (*Aphya pellucida*), appelée aussi *Nonnat* et *Nounal*. — 0ᵐ,04 à 0ᵐ,05. Diffère des gobies en ce que les mâchoires n'ont de dents que sur une seule rangée. Très commune d'Antibes à Menton.

3. Mulle. — Corps ovale, légèrement comprimé, couvert de grandes écailles à spirales extrêmement faibles. Tête à profil supérieur arqué, écailleuse, comprimée. Museau arrondi. Bouche petite, au dessous du museau. Mâchoire supérieure plus longue et plus large que la mandibule. Dentition faible, parfois incomplète. Sous la mandibule, deux barbillons. Yeux latéraux, près du profil supérieur de la tête. Deux nageoires dorsales éloignées l'une de l'autre, assez courtes. Nageoire anale semblable et opposée à la seconde dorsale. Nageoires ventrales ayant un aiguillon et cinq rayons mous.

Trois espèces :

a) **Mulle Surmulet** (*Mullus surmuletus*),

appelé aussi *Rouget, Rouge d'Yport, Barbarin, Barbeau, Rouget-barbet*: — 0ᵐ,20 à 0ᵐ,40. La teinte est rouge sur le dos, rosée sur les flancs, d'un blanc rosé sur le ventre. Les côtés portent trois ou quatre bandes longitudinales jaunâtres. La première nageoire dorsale est parcourue à la base par une bande lilas très clair. Au-dessus elle est jaune, souvent avec une bande noirâtre. La seconde nageoire dorsale

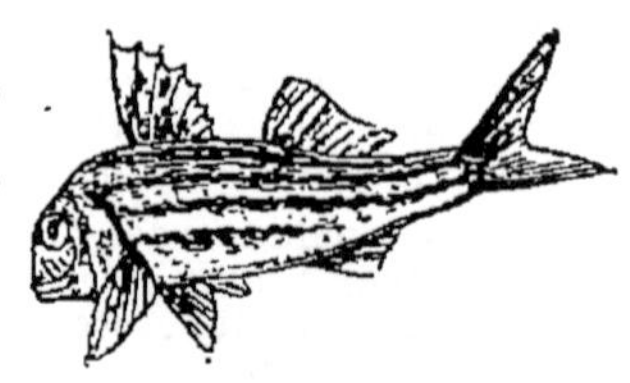

Mulle Surmulet.

est d'un jaune rougeâtre nuancé de brun. Les nageoires ventrales sont rosées. Extrémité postérieure de la mâchoire supérieure n'arrivant pas à l'aplomb du bord antérieur de l'orbite. Longueur de la tête plus grande que la hauteur du tronc. Sur toutes nos côtes.

b) **Mulle Rouget** (*Mullus barbatus*), appelé aussi *Petit Barbarin*. — 0ᵐ,15 à 0ᵐ,25. Le système de coloration est rouge plus ou moins foncé sur le dos, non argenté sur les flancs et le ventre. Pas de bandes jaunâtres sur les flancs. La première nageoire dorsale est d'un blanc rosé, sans macule noirâtre. Les rayons sont rougeâtres. Les autres nageoires sont pâles ou d'un jaune rosé. Extrémité postérieure de la mâchoire supérieure arrivant au moins à l'aplomb du bord antérieur de l'orbite. Commun dans la Méditerranée. Rare dans l'Océan et, encore plus, dans la Manche.

c) **Mulle brun** (*Mullus fuscatus*), appelé aussi *Streglia de fanga*. — 0ᵐ,15 à 0ᵐ,25. Dos et côtés rougeâtres. Les écailles ont le bord libre marqué d'un pointillé brun plus ou moins foncé. Le ventre est jaune rougeâtre, parfois tout à fait jaunâtre. Trois ou quatre bandes longitudinales, assez larges, jaunâtres, s'étendent sur les côtés. La première nageoire dorsale est d'une teinte violacée avec une bande jaunâtre et une macule noirâtre; la seconde dorsale est d'un blanc rougeâtre, ainsi que la nageoire anale. Commun dans la Méditerranée.

Les mulles vivent en petites troupes. Au milieu de l'été, ils visitent les côtes sablonneuses pour y frayer. Cherchent leur nourriture en remuant la vase et mangent un peu de tout. Se prennent à la senne, au tramail. Sautent souvent par-dessus les filets. Chair très délicate, de digestion facile.

4. Dactyloptère volant (*Dactylopterus volitans*), appelé aussi *Gallina, Rata-*

penada, Peï-boulant. Aronde. Arondelle, Landole, Rondole. — 0^m,30 à 0^m,40. Ce curieux poisson volant a le corps allongé, couvert d'écailles très adhérentes, carénées ou striées. Tête grosse, garnie de pièces osseuses. Museau court. Mâchoires munies de dents granuleuses. Palais lisse. Première nageoire dorsale à rayons antérieurs détachés. Seconde nageoire dorsale et anale à rayons peu nombreux. Les nageoires pectorales sont divisées en deux parties sans rayons libres; la partie antérieure est relativement assez courte; la partie postérieure est très développée : c'est avec cette partie que vole le dactyloptère. Teinte générale brunâtre ou rougeâtre avec des taches bleu de ciel. Les côtés sont d'un rouge assez clair, Ventre rosé. Méditerranée (assez rare).

Les dactyloptères volants peuvent quitter la mer pour s'élever dans le milieu aérien. Au dire des voyageurs qui les ont observés, ils peuvent parcourir d'un seul bond des arcs de cent mètres de longueur. On n'est pas d'accord sur les raisons qui engagent ces poissons à se livrer à cet exercice aérien. La plupart des naturalistes pensent qu'ils sortent de l'eau quand ils sont poursuivis par des requins ou autres ennemis des mers. Ils ne quittent d'ailleurs un danger que pour retomber dans un autre au moins aussi grand, car les mouettes et les pétrels leur font une chasse acharnée.

Lacépède nous a laissé un joli tableau de la vie des dactyloptères, également appelés *hirondelles de mer.*

« Lorsque les circonstances favorables, dit-il, éloignent de la partie de l'atmosphère qu'elles traversent les ennemis dangereux, on les voit offrir au-dessus de la mer un spectacle assez agréable. Ayant quelquefois un demi-mètre de longueur, agitant vivement dans l'air de larges et longues nageoires, elles attirent d'ailleurs l'attention par leur nombre, qui souvent est de plus de mille. Mues par la même crainte, cédant au même besoin de se soustraire à une mort inévitable dans l'Océan, elles s'envolent en grandes troupes; et lorsqu'elles se sont confiées ainsi à leurs ailes au milieu d'une nuit obscure, on les a vues briller d'une lueur phosphorique semblable à celle dont resplendissent plusieurs autres poissons, et à l'éclat que jettent pendant les belles nuits des pays méridionaux les insectes auxquels le vulgaire a donné le nom de vers luisants. Si la mer est alors calme et silencieuse, on entend le petit bruit que font naître le mouvement rapide de leurs ailes et le choc de ces instruments contre les couches de l'air; et on distingue aussi quelquefois un bruissement d'une autre nature, produit au travers des ouvertures branchiales par la sortie accélérée du gaz que l'animal exprime, pour ainsi dire, de diverses cavités intérieures de son corps. Le bruissement a lieu d'autant plus facilement que ses ouvertures branchiales, étant très étroites, donnent lieu à un frôlement plus considérable; et c'est parce que ces orifices sont très petits que les dactyloptères, moins exposés à un dessèchement subit de leurs organes respiratoires, peuvent vivre assez longtemps hors de l'eau. »

5. **Malarmat** (*Peristedion cataphractum*), appelé aussi *Pei fuorca.* — 0^m,20 à 0^m,30. Corps allongé, en pyramide octogone, cuirasssé de larges pièces carénées. Partie inférieure du tronc garnie d'une espèce de plastron. Tête couverte de plaques osseuses, prolongée en museau profondément bifurqué. Bouche en dessous. Mâchoires et palais non dentés. Barbillons filamenteux sous la mandibule. Nageoires dorsales rapprochées, la seconde de même longueur que la nageoire anale. Deux rayons libres détachés de chaque nageoire pectorale. Corps d'un rose couleur chair. Ventre d'un rose argenté. Nageoires dorsales et caudale rouges. Nageoires ventrales et anales d'un blanc pâle. Assez commun dans la Méditerranée. Rare dans l'Océan.

6. **Trigle** ou **Grondin**. — Corps allongé; couvert d'écailles. Tête développée, en forme de parallélipipède à profil antérieur déclive, armée d'épines plus ou moins fortes, garnie de plaques osseuses striées. Museau crénelé, ordinairement échancré dans son milieu. Bouche ouverte en dessous. Mâchoire supérieure plus longue et plus large que la mandibule, munies l'une et l'autre de petites dents en velours. Yeux ovales placés vers le profil supérieur de la tête. Sourcil épineux. Fentes des ouïes très grande. Opercule épineux. Deux nageoires dorsales logées dans un sillon bordé par des saillies, la première plus courte et plus haute que l'autre. Nageoires pectorales à trois rayons libres. Nageoires ventrales ayant une épine et cinq rayons mous. Nageoires pectorales à trois rayons libres constituant à l'animal de véritables pattes, avec lesquelles il marche au fond de la mer. Taille : environ 0^m,25 à 0^m,30. Teinte ordinairement rosée.

Huit espèces communes sur la plupart de nos côtes que nous nous contenterons d'énumérer :

a) **Trigle pin** (*Trigla pini*), appelé aussi *Caraman, Calinetta, Rouget, Grondin rouge.*

b) **Trigle imbriato** (*Trigla lineata*), appelé aussi *Belugan, Imbriaco, Camard.*

c) **Trigle morrude** (*Trigla cuculus*), appelé aussi *Grondin barbarin, Galinella, Linota, Orgue.*

d) **Trigle gornard** (*Trigla gurnardus*), appelé aussi *Gragnao, Bélugan, Cabioana, Grondin gris, Gurnard.*

e) **Trigle milan** (*Trigla milvus*), appelé aussi *Grano, Bélugo, Belugan, Cabiouna, Lloumbrigna.*

f) **Trigle lyre** (*Trigla lyra*), appelé aussi

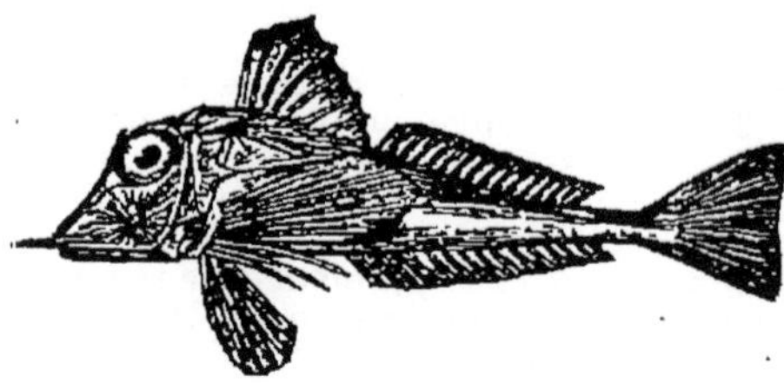

Trigle lyre.

Gallina, Pinaou, Grougnant, Bourreau, Cardinal.

g) **Trigle corbeau** (*Trigla corax*), appelé aussi *Perlon, Gallina, Gallinella, Cabote, Galliné, Perlan, Pirlou, Rouget.*

h) **Trigle cavilonne** ou **Trigle rude** (*Trigla aspera*), appelé aussi *Cavilloun, Rascasson, Rascoun.*

Les grondins font entendre, quand on les sort de l'eau, une sorte de grondement (d'où leur nom). Chair sèche, mais bonne.

7. Cotte. — Corps allongé. Peau nue ou n'ayant que de rares tubercules. Tête forte. Dents en velours sur les mâchoires. Ligne latérale bien marquée. Seconde nageoire dorsale plus longue que la première et que la nageoire anale. Nageoire ventrale ayant une épine et trois ou quatre rayons mous. Trois espèces :

a) **Cotte Chabot** ou **Chabot de rivière** (*Cottus gobio*), appelé aussi *Cabot, Grosse tête, Teslard, Sassot, Séchot. Vilain, Chaca, Gravelet, Ravard, Bûne, Jacquard, Gau, Cafard, Chapsot, Chamsol, Chaboiseau, Godel, Echabot, Meunier, Mouné, Chabaon, Asé, Tête d'aze, Botld.* — 0{m},10 à 0{m},12, Teinte grisâtre. Très commun dans la plupart des rivières et des lacs. Le mâle creuse une cavité dans le sable ou sous une pierre et y amène la femelle pour la ponte. Sa chair devient saumonée en cuisant, peu estimée. Excellent appât pour l'anguille. On pêche le chabot en soulevant les pierres et en l'embrochant avec une fourchette de fer.

b) **Cotte scorpion** (*Cottus scorpius*), ap-

pelé aussi *Vive de mousse, Barlan.* — 0{m},15 à 0{m},20. Dos et flancs gris, avec des marbrures et des taches noirâtres. Commun dans la Manche et l'Océan.

c) **Cotte à longues épines** (*Cottus bubalis*). — 0{m},10 à 0{m},13. Nageoires pectorales tachées de brun. Commun dans l'Océan et surtout la Manche.

8. Aspidophore armé (*Aspidophorus cataphractus*), appelé aussi *Souris de mer.* — 0{m},10 à 0{m},15. Corps en forme de pyramide, allongé, cuirassé de plaques écailleuses. Tête large, couverte de pièces osseuses. Museau épineux. Dents sur les mâchoires. Deux nageoires dorsales courtes. Teinte générale sombre. Commun à l'embouchure de la Seine.

9. Scorpène. — Corps oblong, à lambeaux cutanés plus ou moins nombreux. Tête forte, comprimée, non écailleuse ou n'ayant que des écailles sous épidermiques, armée de piquants, généralement pourvue de franges cutanées. Région occipitale avec une dépression transversale. Dents en velours sur les mâchoires et le palais. Nageoire dorsale très avancée, plus ou moins échancrée, à rayons épineux plus nombreux que les rayons mous. Deux espèces principales.

a) **Scorpène truie** (*Scorpæna scrofa*), appelée aussi *Capoun, Rascasse, Escorpil, Saccarailla, Sabanelle.* — 0{m},20 à 0{m},40. Moins de cinquante écailles sur une même ligne, de la tête à la queue. Teinte générale rougeâtre, tachetée. Commune dans la Méditerranée et à Saint-Jean-de-Luz.

b) **Scorpène rascasse** ou **brune** (*Scorpæna scrofa*), appelée aussi *Rascasse, Rascassa, Gornito, Crapaud de mer.* — Plus de 50 écailles sur une même ligne, de la tête à la queue. Dos et côtés grisâtres, va-

Rascasse.

riés de noir. Très commune dans la Méditerranée. Commune dans le golfe de Gascogne.

Les scorpènes ont la chair coriace. La rascasse sert surtout dans le Midi à la confection de la bouillabaisse.

10. Sébaste dactyloptère (*Sebastes dactyloptera*), appelé aussi *Cardouniera, Vaca.* — 0{m},20 à 0{m},30. Corps oblong, couvert d'écailles aliées. Tête écailleuse, plus ou moins épineuse, sans lambeaux cutanés. Dents sur les mâchoires et à l'intérieur de la bouche. Nageoire dorsale longue, échancrée. Nageoire pectorale à rayons inférieurs à moitié libres, non branchus. Méditerranée.

11. Perche de rivière (*Perca fluviatilis*), appelée aussi *Perchaude, Perdrix de mer, Hurlin*. — 0ᵐ,25 à 0ᵐ,40. Corps oblong, couvert d'écailles pectinées assez petites, très adhérentes. Tête allongée. Crâne sans écailles. Dents en velours. Langue nue, lisse. Deux nageoires dorsales rapprochées ; la première ayant de treize à quinze aiguillons. Nageoire anale à deux épines. Pièces scapulaires dentelées. Ligne latérale rapprochée du dos. En général, teinte d'un vert doré ou d'un gris azuré sur le dos et les côtés,

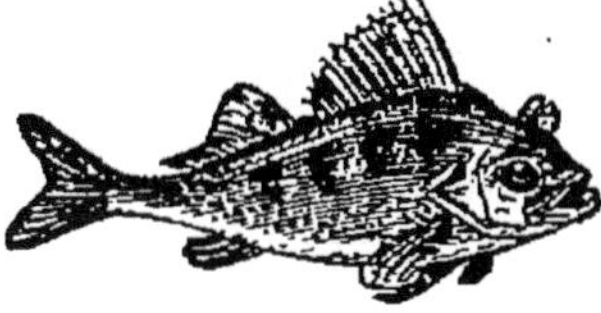

Perche de rivière.

avec 5 à 7 bandes verticales d'un brun plus ou moins foncé. La première nageoire dorsale est d'un gris teinté de brunâtre avec une tache noire. La seconde dorsale est grisâtre. Les nageoires anale, caudale, ventrale sont d'un rouge assez vif. — Vit dans la plupart de nos eaux douces.

La perche préfère les eaux claires, transparentes. Vit dans les lacs et les rivières. A une tendance à remonter vers la source. Se tient surtout au bord de la rive, à deux ou trois pieds sous l'eau. En hiver, s'enfonce davantage. Au moment de la ponte, se trouve dans les herbes. La perche n'est pas très sociable. Elle nage en s'arrêtant de temps à autre. Elle fait le guet et se précipite sur les petits poissons qui viennent à passer. Elle est d'une voracité extrême et mange toutes sortes d'animaux. Attaquée, elle redresse ses fortes épines et gonfle ses joues. Ne devient apte à frayer qu'à 6 ans. Fraye du milieu de mars à fin mai, environ. A ce moment, la femelle se frotte contre les corps durs, où se collent les œufs en un cordon semblable à ceux des œufs de grenouille. Ce cordon qui a quelquefois plus de six pieds, est replié sur lui-même en divers sens. Une seule femelle pond 300 000 œufs. — Se pêche avec une ligne menue et forte. « Ce poisson, une fois pris, ne se défend pas, il est sur le pré avant d'avoir fait des efforts sérieux. Il faut une ligne mince pour endormir sa méfiance et tromper sa gloutonnerie. Un seul brin de florence suffit, mais il faut en faire une avancée d'au moins 2 mètres. La perche cependant emploie un bon moyen pour se remettre en liberté : elle s'efforce, quand elle est prise, de couper la monture de l'hameçon avec ses dents. Il faut faire choix d'une flotte qui soit la plus petite possible et parfaitement équilibrée pour se tenir verticalement dans l'eau, afin que le pêcheur soit constamment averti de l'attaque de la perche, attaque quelquefois foudroyante. Ordinairement elle attaque par une ou deux secousses, et plonge franchement, emportant la flotte sous l'eau ; c'est une attaque à laquelle on ne se méprend pas quand on l'a vu quelquefois. Pour pêcher la perche on se sert de ver rouge le plus vif possible, et que l'on renouvelle souvent pour qu'il frétille sans cesse. On emploie également de petites grenouilles que l'on laisse nager et que l'on enferre par la peau du dos ou de petits vérons que l'on pêche au vif. Les pattes d'écrevisses crues font également bien ; à défaut de vérons, on prend le gardon, le goujon, l'ablette, etc. Les grosses perches se tiennent ordinairement plus au fond ; il faut les pêcher au vif avec une bricole de deux hameçons n° 9 à 12. On l'enfile sur une très forte florence ou une corde en six brins. Le meilleur moment pour pêcher la perche est en août, le matin, au point du jour. Masqué par un arbre, le pêcheur fera passer sa canne par-dessus les roseaux et laissera descendre dans l'eau sa ligne tout en florence, ou mieux en crin et sans flotte aucune si l'eau est très claire. Puis, quand l'esche de ver rouge qu'il a mise à l'hameçon sera descendue jusqu'au fond de l'eau, il la fera remonter à la surface en élevant la main et le bout du scion, puis la laissant redescendre, la fera remonter et ainsi de suite, par un mouvement lent et régulier. Le ver frétillant dans l'eau claire est un appel séduisant auquel ne résistent pas les perches des environs. Le pêcheur n'a pour se garder que la sensibilité de son tact ; il sent à la tension du fil de la ligne que la perche tient le ver, l'attaque et qu'il peut ferrer parce qu'il l'entraîne. Il ne faut pas ferrer la perche trop fort, car elle a la bouche tendre, et si elle n'est accrochée qu'au palais et aux lèvres, ce qui arrive souvent, elle achève, en se débattant, de déchirer la peau et s'échappe. Pendant les jours orageux et chauds de l'été, quand souffle le vent du midi, la perche chasse toute la journée ; dans les autres jours, elle mord beaucoup le matin, un peu le soir, point le jour. De novembre en février suivant la température, elle ne mord plus aux esches, à moins que le temps ne soit très doux et qu'on ne la pêche qu'au vif » (de la Blachère).

12. Bar commun (*Labrax lupus*), appelé aussi *Loubas, Loup, Pique, Ladalle, Loubineau, Lupin, Brigue, Loubine.* — 0ᵐ,50 à 0ᵐ,70, quelquefois 1 mètre. Corps oblong, couvert d'écailles pectinées de moyenne grandeur. Crâne écailleux. Dents en velours, jusque sur la langue. Deux nageoires dorsales rapprochées,

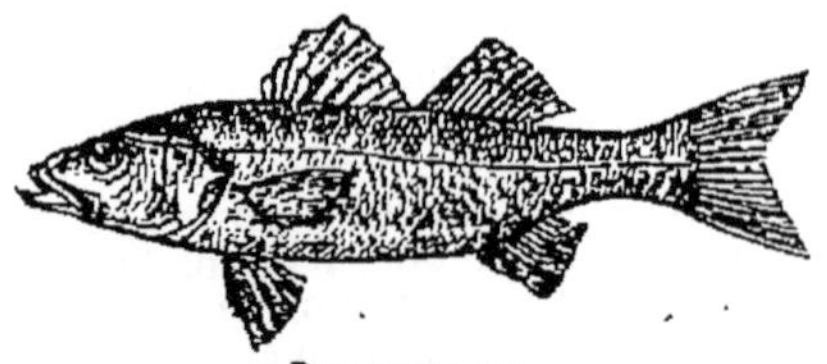

Bar commun.

la première à huit ou neuf aiguillons. Nageoire anale à trois épines. Pièces scapulaires non dentelées. La teinte est d'un gris plombé sur le dos, gris plus clair, argenté sur les flancs. Le ventre est blanc argenté. Les nageoires dorsales, anale, et caudale sont grisâtres. Les nageoires pectorales et ventrales sont blanchâtres. Une tache d'un brun foncé marque la partie postérieure de l'opercule. Commun sur toutes nos côtes.

13. Bar tacheté (*Labrax punctatus*), appelé aussi *Loubasson, Loup licassal.* — Moins commun que le précédent dont on peut le distinguer par son dos et ses flancs marqués de petites taches noirâtres, ordinairement disposées par séries longitudinales.

Les bars fraient au commencement de l'automne, près du rivage. Très voraces, se nourrissent de poissons, de vers, de crustacés. Se tiennent dans les endroits rocheux. Se pêchent à l'hameçon. Chair ferme et délicate.

13. Apron commun (*Aspro vulgaris*), appelé aussi *Dauphin, Roi-poisson, Sorcier, Anadélo.* — 0ᵐ,12 à 0ᵐ,15. Corps allongé, arrondi, couvert d'écailles petites et rudes. Tête aplatie. Crâne écailleux. Museau avancé au-dessus de la bouche. Dents en velours. Langue lisse. Joues rose écailleuses. Nageoires dorsales assez éloignées l'une de l'autre. La région supérieure du corps, d'un brun marron ou jaunâtre, est traversée par trois, quatre, quelquefois cinq bandes noirâtres descendant obliquement sur les côtés. Le dessous du corps est d'un gris blanchâtre. Les nageoires sont d'un jaune nuancé de gris. Aime les eaux pures et courantes. Vit dans le Rhône et ses affluents, Ain, Isère, Gard. Ponte en mars. Ne nage guère qu'au mauvais temps (contrairement aux autres poissons). Chair excellente.

14. Grémille commune (*Acerina cernua*), appelée aussi *Perche goujonnière, Goujon perchat, Chagrin, Grimon.* — 0ᵐ,12 à 0ᵐ,15. Corps oblong, couvert d'écailles assez petites, pectinées. Tête non écailleuse, creusée de fossettes. Dents en velours sur les mâchoires. Une seule nageoire dorsale échancrée. Nageoire anale à deux aiguillons. La coloration est en dessus brunâtre tirant sur le vert, d'un brun jaunâtre sur les flancs, d'un blanc argenté sous le ventre, d'un blanc rosé sous la poitrine et la gorge. Les pièces operculaires sont nuancées de teintes chatoyantes variant du rose au verdâtre. La tête, le dos et les côtés sont, chez les vieux individus surtout, marqués de petites taches noirâtres. La nageoire dorsale est d'un gris jaunâtre avec des macules noires. Ne se montre que quand il fait beau. Aime les fonds de sable et les eaux vives. Dépose ses œufs sur les pierres. Se prend au moyen de vers de vase. Est attiré par le bruit. Chair légère et de bon goût.

15. Cernier brun (*Polyprion cernium*), appelé aussi *Lernia, Méro.* — 0ᵐ,60 à 1ᵐ,50. Corps ovale, couvert de petites écailles cténoïdes très rudes. Tête forte, hérissée d'arêtes, de crénelures. Museau court. Bouche grande, fendue obliquement. Dents en cardes ou en velours, jusque sur la langue. Aiguillons des nageoires plus ou moins âpres. La base des nageoires impaires, celle des nageoires pectorales, est recouverte d'écailles. Teinte générale d'un gris brunâtre, parfois tirant sur le jaune. Les nageoires sont d'un bleu noirâtre, ou d'un gris brunâtre. Méditerranée (assez commun). Océan (commun à Saint-Jean-de-Luz). Chair blanche, tendre, de bon goût. Se nourrit surtout de sardines. Accompagne souvent les débris flottés, surtout ceux où sont cramponnés des anatifes.

16. Serran. — Corps oblong, comprimé, couvert d'écailles pectorées. Des écailles sur le crâne et les joues. Mâchoires nues, munies de dents en velours, quelquefois de canines. Langue lisse. L'espèce la plus commune est le

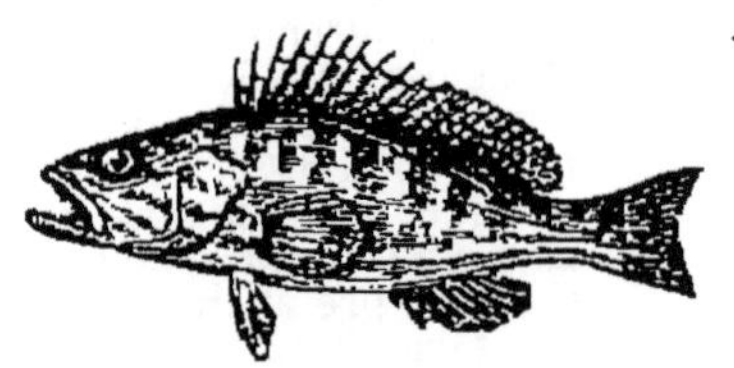

Serran cabrille.

Serran cabrille (*Serranus cabrilla*), appelé aussi *Roussignoou, Crak, Cabre, Fougère,*

Sonneur, Violon. 0ᵐ,15 à 0ᵐ,20. Teinte générale d'un gris jaunâtre ou d'un rouge assez clair, avec sept à neuf bandes verticales d'un rouge brunâtre et trois ou quatre bandes longitudinales jaunâtre ou d'un rouge vermillon. Sur la tête, qui est d'un fond rougeâtre, se remarquent généralement trois bandes jaunes ou lilas dirigées obliquement de haut en bas et d'avant en arrière. Vit sur toutes nos côtes, surtout les côtes pierreuses où vivent les crevettes.

17. Anthios sacré (*Anthias sacer*), appelé aussi *Barbier*. — 0ᵐ,12 à 0ᵐ,15. Corps ovale, couvert de grandes écailles ciliées. Tête écailleuse. Museau court. Mâchoire supérieure moins avancée que la mandibule, toutes deux écailleuses, munies de dents en velours et de canines. Langue lisse. Nageoire dorsale à troisième aiguillon beaucoup plus grand que les autres. Nageoire caudale très fourchue. Coloration magnifique. C'est un rouge rosé sur le dos et les côtés, un rouge assez vif sur la partie inférieure des flancs, un rose pâle argenté sous le ventre. La tête est d'une teinte rosée, traversée par trois bandes jaunâtres, dirigées d'avant en arrière. Assez commun dans la Méditerranée.

18. Ombrine commune (*Umbrina cirrosa*), appelée aussi *Caine, Chrau, Daîné, Bourruque, Verrue, Bourrugal.* — 0ᵐ,30 à 0ᵐ,50. Corps oblong, comprimé, couvert d'écailles assez grandes. Tête à profil supérieur courbé. Museau arrondi. Mâchoire supérieure recouvrant l'inférieure, garnies l'une et l'autre de dents en velours. Un barbillon court sous la mandibule. Dos et flancs jaunâtres. De la région supérieure descendent 25 à 30 bandes ondulées obliques d'arrière en avant. Première nageoire dorsale noirâtre. Sur toutes nos côtes.

19. Maigre commun (*Sciœna aquila*), appelé aussi *Aigle, Aigle de mer, Nègre, Haul-Bar, Mégro.* — 0ᵐ,40 à 0ᵐ,80, jusqu'à 2 mètres. Corps oblong, couvert d'écailles obliques, plus larges que longues. Tête grosse. Museau mousse. Mâchoires ayant les dents de la rangée externe plus fortes que les autres, mais sans canines. Dos gris plombé teinté de brun. Les flancs et le ventre sont d'un gris argenté. Chez les jeunes, les côtés sont très souvent marqués de taches arrondies d'un blanc argenté fort brillant. Les nageoires paires, la première dorsale et l'anale sont rougeâtres. Assez commun dans la Méditerranée et l'Océan.

20. Corbe noir (*Corvina nigra*), appelé aussi *Corbeau, Coracin de mer.* — 0ᵐ,18 à 0ᵐ,25. Corps oblong couvert d'écailles de moyenne grandeur. Tête forte. Museau gros, arrondi. Mâchoire supérieure plus longue et plus large que l'inférieure, garnies l'une et l'autre de dents en velours, avec une rangée externe de dents régulières plus développées que les autres. Nageoire anale à seconde épine très développée. Teinte générale brunâtre, d'un ton plus clair, jaunâtre piqueté de noir sous la gorge et le ventre. Les nageoires sont d'une coloration brunâtre. Les nageoires ventrales et anale ont leurs rayons mous d'un noir foncé. Assez commun dans la Méditerranée.

21. Maquereau (*Scomber scomber*), appelé aussi *Auriou, Auriol, Verrat, Baral.* — 0ᵐ,30 à 0ᵐ,40, quelquefois plus. Corps allongé. Tronçon de la queue grêle, ayant, de chaque côté deux petites crêtes entre les racines de la caudale. Tête longue, plus ou moins conique. Bouche grande. Mâchoires avec une rangée de petites dents pointues. Nageoires

Maquereau.

dorsales éloignées l'une de l'autre. Nageoire anale précédée d'une petite épine crochue et suivie, ainsi que la seconde dorsale, de cinq à six fausses nageoires. Le dos est verdâtre avec des lignes sinueuses d'un bleu très foncé. Le ventre est d'un blanc d'argent très brillant. Le dessus de la tête est d'un bleu noirâtre. Les nageoires dorsales, pectorales et caudale sont d'un brun plus ou moins foncé. L'anale et les ventrales sont d'un gris blanchâtre. Vit sur toutes nos côtes. En hiver se réfugie au fond de la mer. Se pêche pendant la nuit avec de grands filets appelés *manets*, surtout à Boulogne, Dieppe et Fécamp. Chair d'une digestion un peu difficile.

22. Scombre colias (*Scomber colias*), appelé aussi *Cavaluca, Bizel, Gros-Yol.* — 0ᵐ,20 à 0ᵐ,30. Diffère du précédent en ce que l'espace qui sépare les yeux est blanchâtre et plus ou moins transparent, au lieu d'être de teinte foncée et non transparent. Le dos est d'un bleuâtre tirant sur le vert avec des bandes et des taches noirâtres. Sur les côtés et le ventre sont des taches plus ou moins grandes d'un vert noirâtre. Assez commun dans la Méditerranée. Rare dans l'Océan.

23. Thon commun (*Thymnus thymnus*). — 0ᵐ,80 à 1ᵐ,50 et 2 mètres. Corp fusiforme. Tronçon de la queue portant, de chaque côté, une carène plus ou moins saillante et deux petites crêtes

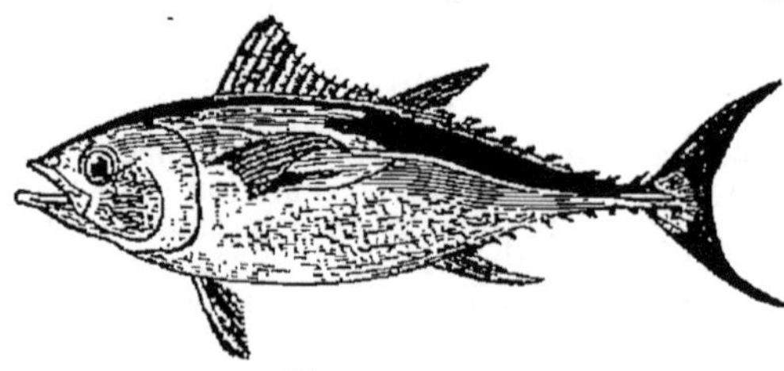

Thon commun.

entre les racines de la nageoire caudale. Museau pointu. Bouche assez grande. Dents fines. Nageoires dorsales rapprochées. Nageoire caudale en croissant. La coloration est d'un bleu plus ou moins foncé sur le dos ; elle est grisâtre sur les flancs et le ventre avec des taches nombreuses et rapprochées d'un blanchâtre argenté. La première dorsale, les pectorales et les ventrales sont d'un brun foncé. Les pinnules sont jaunâtres avec une bordure noire. Commun dans la Méditerranée. Assez commun dans le golfe de Gascogne. Très rare au Nord de la Gironde. A certain moment se rapproche des côtes. Se pêche surtout en Provence. On en fait surtout des conserves.

24. Germon (*Thymnus alalonga*), appelé aussi *Thon, Longue oreille, Thon aux longues ailes, Thon blanc, Alalonga.* — $0^m,50$ à 1 mètre. Se reconnaît facilement à ses longues nageoires pectorales qui dépassent en arrière la seconde nageoire dorsale. Dos d'un bleu très foncé. Côtés et ventre gris bleuâtre. Commun dans l'Océan, de la Bidassoa à la Loire. Assez commun jusqu'à Douarnenez.

25. Pélamide commune (*Pelamys sarda*), appelé aussi *Bonite.* — $0^m,30$ à $0^m,70$. Corps oblong. Tronçon de la queue portant de chaque côté une carène, plus deux petites crêtes vers la nageoire caudale. Dents très fortes sur les mâchoires. Nageoires dorsales contiguës. Six à neuf fausses nageoires. Dos bleuâtre. Côtés et ventre argentés. Dix à douze bandes verticales, d'un bleu clair, descendent de la région supérieure sur les flancs. Chez les adultes, bandes noirâtres, coupées de lignes brunâtres. Méditerranée (assez commun). Océan (rare).

26. Saurel commun (*Trachurus trachurus*), appelé aussi *Maquereau bâtard, Carangue, Makerelle, Chinchard, Chichard, Querelle, Cousloul, Chicharou, Bizet, Gascon, Séveron, Macreuse.* — $0^m,20$ à $0^m,30$ et $0^m,50$. Corps allongé, très semblable

à celui du maquereau. Tête longue. Dents sur les mâchoires et la langue. Ligne latérale ayant des boucliers sur toute sa longueur. La moitié supérieure du corps est d'un gris bleuâtre, l'autre d'un blanc d'argent. Une tache noire marque le bord postérieur de l'opercule. Une petite tache noirâtre existe à l'aisselle de la nageoire pectorale. Plus ou moins commun sur toutes nos côtes.

Les jeunes saurels ont la curieuse habitude d'accompagner en bandes les grandes méduses.

Ainsi que l'a observé M. Gadeau de Kerville, chaque bande est composée,

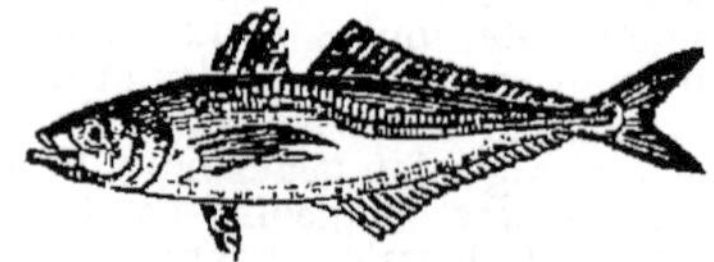

Saurel commun.

soit de quelques-uns seulement, soit d'un petit nombre, soit, parfois, de plusieurs douzaines d'individus. Les flottilles nombreuses accompagnent les gros rhizostomes, tandis que les petites sont indifféremment associées à des exemplaires gros ou de taille moyenne. Ces jeunes poissons nagent parallèlement au rhizostome et dans la même direction que lui. Ils se tiennent au-dessus, au-dessous, sur les côtés et en arrière de lui, mais ne s'avancent pas au delà du sommet de son « ombrelle », ainsi qu'on désigne assez justement la partie supérieure du corps de la méduse. Par moments, la flottille s'écarte de quelques mètres ; mais à la moindre alerte, immédiatement et avec une très grande vitesse, elle revient occuper auprès du rhizostome sa situation précédente. On voit alors souvent quelques-uns des poissons, plus effrayés que les autres sans doute, se réfugier sous la méduse et pénétrer même dans les cavités dont elle est creusée. Il est très facile de les y voir par transparence, attendant un moment d'accalmie pour en sortir.

Les jeunes saurels accompagnent les méduses non pour les manger, mais pour se faire protéger par elles. En effet, ceux-ci ne sont la proie d'à peu près aucun animal, à cause de leur consistance gélatineuse et de leurs propriétés urticantes. Par ce double fait, elles créent autour d'elles, et cela d'une manière absolument passive, une zone de protection où les jeunes de certaines espèces de poissons et quelques autres petites espèces animales, viennent se mettre à l'abri de leurs ennemis. Mais les saurels ne sont les commensaux des

méduses que pendant leur jeunesse ;
bien avant qu'ils soient adultes, ils les
quittent pour mener une vie absolument libre.

27. **Pilote** ou **Naucrate pilote**
(*Naucrates ductor*), appelé aussi *Fanfré,
Galafat*. — 0^m,20 à 0^m,30. Corps fusiforme.
Une carène latérale sur le tronçon de
la queue. Dents en velours jusque sur
la langue. Trois ou quatre épines
libres, isolées, courtes, formant la première nageoire dorsale, précédées d'une
épine fixe dirigée en avant. Dos gris
bleuâtre. Corps traversé par cinq ou six
larges bandes verticales d'un bleu
foncé. Assez commun dans la Méditerranée. Les pilotes accompagnent souvent les requins et, d'après les légendes
anciennes, servaient de garde à ceux-ci.

Mais il est plus probable que le pilote accompagne les requins pour manger
la nourriture que ceux-ci laissent
échapper. Geoffroy, dans ses mémoires
sur l'affection naturelle de quelques
animaux, prétend cependant que le pilote sert réellement de guide au requin.
Il remarqua qu'un requin suivait le navire et qu'il était accompagné de deux
pilotes ; ces derniers firent plusieurs
fois le tour du bâtiment et comme ils
ne trouvèrent rien à leur convenance,
ils s'efforcèrent d'attirer le squale autre
part ; à ce moment, un matelot jeta un
hameçon recouvert de lard. Les poissons s'étaient déjà assez éloignés, lorsque les pilotes, ayant entendu le bruit
que l'appât fit en tombant à l'eau, revinrent vers le navire, flairèrent l'appât, puis retournèrent vers le requin
qui prenait ses ébats à la surface des
flots. Les pilotes conduisirent le requin
à l'endroit précis où se trouvait le lard,
mais ils lui rendirent un bien mauvais
service, car le requin fut harponné ;
deux heures après, on captura un pilote
qui n'avait pas même quitté le navire.
D'autres observateurs racontent des
faits analogues. Mayer rapporte que le
pilote nage habituellement devant le
requin, qu'il reste en général abrité
sous une de ses nageoires pectorales et
qu'il s'en écarte brusquement à droite
ou à gauche ; il revient ensuite fidèle-
ment vers son ami. Il est un fait certain,
trop d'observateurs consciencieux racontent le fait, c'est qu'on rencontre très
fréquemment, dans les mers chaudes, des
pilotes accompagnant de grands squales,
plus particulièrement le requin bleu ; il
semble y avoir là une sorte de fait de
commensalisme. On a prétendu que le
pilote se tenant toujours dans le voisinage du requin recevait une protection
efficace de la présence de ce redoutable
compagnon ; que, trop faible pour se
défendre, il n'était cependant guère at-

taqué : il est plus probable que le pilote
se nourrit des bribes qui tombent de la
gueule du requin et des nombreux
crustacés qui, vivant en parasites,
s'attachent sur le monstre (Brehm).
Quant à ce dernier, il est probable qu'il
trouve un avantage à ce voisinage, car,
comment expliquer qu'il ne dévore pas
les pilotes, lui qui est si peu difficile
sur le choix de sa nourriture ?

28. **Liche glaycos** (*Lichia glaucus*),
appelé aussi *Lecca, Litcha, Nicha, Péla-
mida*. — 0^m,30 à 0^m,40. Corps oblong,
comprimé, couvert de petites écailles
lisses. Une épine fixe, dirigée en avant,
précède les aiguillons qui, en partie
libres, munis en arrière d'une petite
membrane triangulaire, forment la première nageoire dorsale. Seconde nageoire dorsale et nageoire anale, plus
ou moins en forme de faux. Queue
fourchue. Région supérieure d'un gris
ardoisé ou d'un bleu d'outremer. Flancs
et ventre d'un gris argenté. Trois ou
quatre taches, d'un gris ardoisé, forment sur les côtés de courtes bandes verticales. Méditerranée (assez commun.)

29. **Zée forgeron** (*Zeus faber*), appelé aussi *Dorée, Poule de mer, Saint-
Pierre, Rose, Saint-Christophe*. — 0^m,30 à
0^m,50. Tête haute, comprimée, nue, excepté sur les joues. Bouche très protractile, à fente oblique. Mâchoire supérieure moins avancée que la mandibule, garnies l'une et l'autre de dents
fines. Corps ovale, comprimé, couvert

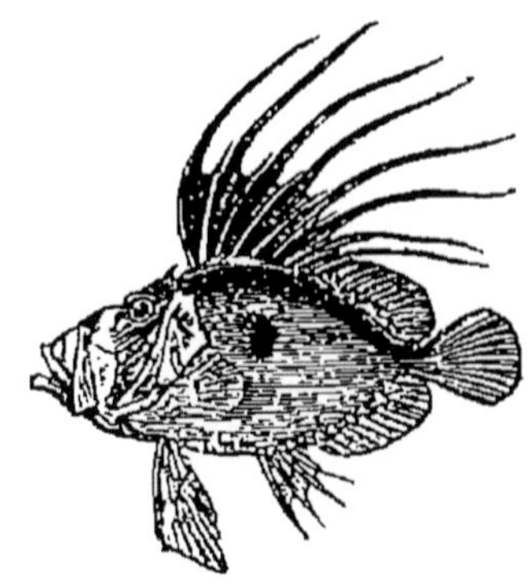

Zée forgeron.

de petites écailles non imbriquées. Carène du ventre formée de boucliers épineux. Deux nageoires dorsales contiguës. La première dorsale a une dizaine
d'aiguillons et de longs filaments soutenus par des appendices sétacés. Corps
d'un gris argenté lavé de jaune avec
une tache noirâtre, arrondie sur les
flancs. Nageoires d'une teinte brunâtre.
Commun sur toutes nos côtes. Chair
succulente.

30. Zée à épaule armée (*Zeus pungio*). Diffère du précédent par la présence sur les épaules d'une épine aussi longue que le diamètre de l'œil. La tache noire manque quelquefois. Très commun à Cette.

31. Lampris lune (*Lampris luna*), appelé aussi *Peï d'Africa, Riss.* — 0,40 à 1 mètre. Corps ovale, comprimé, couvert de petites écailles caduques. Tête à profil arrondi. Bouche petite. Mâchoires non dentées. Nageoire dorsale unique, plus ou moins haute en avant, très longue. Nageoire anale longue en forme de faux. Nageoires ventrales à rayons nombreux. Dos bleuâtre. Côtés violacés. Ventre rose. Des taches argentées sur tout le corps. Nageoires d'un rouge éclatant. Sur toutes nos côtes, mais rare.

32. Centrolophe pompile (*Centrolophus pompilus*), appelé aussi *Fanfré d'Amérique, Riss.* — 0ᵐ,30 à 0ᵐ,40. Corps plus ou moins écailleux. Une rangée de dents sur les mâchoires. Nageoire dorsale longue, écailleuse à sa base, ainsi que la nageoire anale. Dos et côtés d'un bleu foncé avec des taches jaunâtres ou grisâtres. Ventre bleu cendré. Nageoires ventrales bleuâtres, les autres brunes. Assez commun dans la Méditerranée.

33. Espadon-épée (*Xiphias gladius*), appelé aussi *Epée, Dard, Empereur.* — 1ᵐ,50 à 4 mètres et plus. Corps allongé, fusiforme. Peau presque nue. Tête fort longue. Museau s'avançant en bec pointu, formé par l'allongement de la mâchoire supérieure. Dents petites ou manquant. Nageoire caudale en croissant. La coloration est d'un bleu foncé sur le dos, d'un argenté brillant sur les côtés et le ventre. Assez commun dans la Méditerranée. Assez rare dans l'Océan.

Sa tête se prolonge en avant par un long sabre pointu, dont il se sert parfois pour transpercer les baigneurs imprudents et même les barques trop frêles. Il n'est pas rare de trouver dans la paroi des navires le bec brisé d'un espadon. — Sa chair est estimée. Sa pêche, sur laquelle M. V. Meunier donne les renseignements qui suivent, occupe encore aujourd'hui de nombreux pêcheurs, bien qu'elle soit moins pratiquée qu'autrefois.

« Un des procédés en usage chez les Grecs consistait à se servir de barques taillées d'après la forme de l'espadon, pourvues d'une pointe avancée qui représentait sa mâchoire, et peinte des couleurs foncées qui lui sont propres. L'espadon s'en approchait sans défiance croyant voir des poissons de son espèce ; les pêcheurs profitaient de son erreur, le perçaient avec des dards. Quoique surpris, l'animal se défendait vigoureusement, frappait de son épée les bordages des barques trompeuses, et souvent les mettait en danger. Les pêcheurs saisissaient le moment de cette attaque pour essayer de lui fendre la tête et de lui couper la mâchoire supérieure. Après avoir triomphé de sa résistance, ils l'attachaient à l'arrière de la barque et l'amenaient à terre. Oppien compare à une ruse de guerre cette manière de prendre l'espadon en le trompant par la forme des barques.

« Cette ruse fut également mise en usage par les Romains. La pêche de l'espadon était alors une des plus importantes qui se fissent sur les côtes de la mer Tyrrhénienne et sur celles de la Gaule narbonnaise. On le prenait aussi, mais accidentellement, dans la madrague, où il s'engageait imprudemment, emporté par son ardeur à poursuivre les thons et d'autres scombres. « Quoiqu'il puisse rompre les filets, dit « Oppien, il recule, il soupçonne quelque « que piège. Sa timidité le conseille « mal ; il finit par rester prisonnier « dans l'enceinte et par devenir la proie « des pêcheurs, qui, réunissant leurs « efforts, l'amènent sur le rivage, où il « trouve une mort certaine. »

Les choses ne se passaient cependant pas toujours ainsi, et assez souvent l'espadon, déchirant les parois de la *Chambre de mort*, rendait la liberté aux poissons tombés avec lui dans le piège.

La pêche de l'espadon se fait dans le détroit de Messine, à la lance pour les gros et au filet pour les petits ; ce filet,

Espadon-épée.

long de trente mètres, large de trois, à mailles serrées, faites de fortes ficelles, se nomme *palimadara*. Elle commence vers la mi-avril et se fait jusqu'à la fin de juin, le long des rivages de la Calabre, que suit alors le poisson entré dans le détroit par le Phare. Passé cette époque, la pêche se fait jusqu'au milieu de septembre, où elle prend fin, sur la rive opposée, sur les côtes de la Sicile, que longe alors l'espadon entré par la bouche du Sud. Quel motif l'attire ainsi alternativement d'un côté à l'autre ? Est-ce le même poisson qui passe et repasse ? Spallanzanie, à qui nous empruntons les détails qui vont suivre, pose ces questions sans les résoudre ; elles restent pendantes. La seule chose certaine, c'est que l'espadon ne côtoie la Sicile que quand il fraye ; on voit alors les mâles courir après les femelles. L'occasion est belle pour les prendre, car une fois que la femelle est tuée, les mâles ne s'en éloignent point et se laissent facilement approcher.

Il paraît d'ailleurs certain qu'ils se propagent dans la mer de Sicile et de Gênes, car depuis novembre jusqu'aux premiers jours de mars, on en prend chaque année dans le détroit de Messine, du poids d'une demi-livre jusqu'à douze livres.

Ce sont les jeunes qu'on pêche avec la palimadara. Entre deux bâtiments à grandes voiles latines, le filet descend jusqu'au fond de la mer. Les balancelles voguent à pleines voiles. Dans ses mailles étroites, le filet prend tout ce qui se trouve sur son passage. L'illustre observateur qu'on vient de citer s'élève avec raison contre cette méthode barbare.

« J'assistai plusieurs fois à cette pêche, écrit-il, et je ne puis dire combien de petits poissons en étaient les victimes ; n'étant bons à rien, on les rejetait à la mer, mais tous mutilés et déjà morts par le froissement qu'ils avaient éprouvé dans les mailles du filet. »

La pêche à la lance, outre qu'elle est tout à fait avouable, offre plus d'intérêt. La barque qu'on y emploie est longue de six mètres, large de six mètres soixante-six centimètres, haute de un mètre trente-trois centimètres, et plus large à la poupe qu'à la proue. Au milieu est planté un mât haut de cinq mètres soixante-six centimètres, surmonté d'un plancher de forme circulaire, et muni de marches pour faciliter l'accès de cette plate-forme. C'est là que se place la vigie, dont l'office est de suivre l'espadon dans ses tours et détours, et de l'indiquer de la main ou de la voix aux rameurs, que le poisson semble défier à la course. Le même mât est traversé près de sa base par une pièce de bois qui coupe la barque à angle droit dans toute sa largeur, et en dépasse les bords. A chacune de ses extrémités est attachée une rame qu'un homme fait agir, et à un certain moment la vigie elle-même, descendant de son poste, se place sur le milieu, et d'une main tenant la rame droite, de l'autre la gauche, en règle le mouvement et fait office de timonier. D'autres rameurs sont au milieu de la barque ;

d'autres encore, armés de rames plus petites, sont attachés à la poupe. A l'avant se tient debout l'homme dont le rôle est de frapper. Sa lance, qui a quatre mètres de long, est faite d'un bois de charme qui plie difficilement, terminée par un fer long de dix-huit centimètres environ, et munie latéralement des deux autres fers appelés *oreilles*, comme le premier aigus et tranchants, mais mobiles, et qui, se séparant de celui-ci, rendent la blessure plus large. Le fer principal lui-même, quand le coup a porté, se détache du bois et reste plongé dans la plaie. Il est attaché à une corde grosse comme le petit doigt et longue de deux cents mètres.

Ce n'est pas tout. Il est nécessaire encore d'avoir deux vigies sur la côte. Sur celles de Calabre, les vigies s'établissent sur les rochers ou écueuils. Ceux-ci manquant sur le rivage opposé, les hommes se tiennent sur un échafaudage établi tout exprès, et dont la hauteur est de vingt-sept mètres.

« Tout étant disposé, voici, dit Spallanzani, l'ordre de la pêche. Lorsque les deux explorateurs perchés sur la cime des rochers ou des mâts jugent de loin l'approche d'un espadon au changement de la couleur de l'eau, sous la surface de laquelle ce poisson nage, ils le signalent de la main aux pêcheurs, qui accourent avec leurs barques, et ils ne cessent de crier et de faire des signes que lorsque l'autre explorateur, monté sur le mât, l'a découvert et le suit des yeux. A la vue de celui-ci, la barque vogue tantôt à droite, tantôt à gauche ; tandis que le lancier, debout sur la proue, l'arme en main, cherche à le tenir sous le coup. Quand le poisson est à la portée de la lance, l'explorateur descend de son mât, se met au milieu des deux rames, les dirige selon les signes que lui fait le lancier. Celui-ci, saisissant le moment favorable, frappe sa proie souvent à la distance de dix pieds. Aussitôt après le coup, il lui lâche la corde qu'il tient en main pour lui donner *calme,* dit-il, tandis que la barque, voguant à toutes rames, suit le poisson blessé jusqu'à ce qu'il ait perdu ses forces. Alors il monte à la surface de l'eau ; les pêcheurs s'en approchent, le tirent à eux avec un crochet de fer et le transportent sur le rivage. Quelquefois il arrive que l'espadon, furieux de sa blessure, s'élance contre la barque et la perce de son épée ; aussi les pêcheurs se tiennent-ils sur leurs gardes au moment de l'abordage, surtout si l'animal est d'une grandeur considérable, et paraît conserver de la vie. Quelquefois il se sauve de leur poursuite, soit que le coup n'ait pas pénétré assez profondément, soit que la corde vienne à se rompre en laissant le fer dans la blessure. Si elle n'est que légère, il en guérit promptement, plusieurs ayant été pris couverts de cicatrices ; si elle est profonde, il meurt infailliblement et devient la proie des autres poissons. »

34. Échénéis rémora (*Echeneis remora*). — 0ᵐ,20 à 0ᵐ,35. Vit dans la Méditerranée (rare).

Ce poisson a un aspect très bizarre, qu'il doit surtout à la présence sur sa tête d'une large ventouse ovale formée de petites lamelles imbriquées. Autrefois, il régnait à son sujet des légendes absurdes. On croyait que, attaché à la carène des vaisseaux, il avait le pouvoir d'en retarder la marche. Pline même accorde foi à ces fables. En réalité, les rémoras sont absolument incapables d'arrêter les navires. Ils se collent à eux pour se faire voiturer sans fatigue ; mais aussitôt qu'on jette quelque aliment dans la mer, il lâchent prise, se précipitent sur l'objet et

Échénéis rémora.

l'absorbent pour revenir de suite, à grands coups de nageoires, se fixer sur le navire. Les rémoras se fixent d'ailleurs aussi sur de grands poissons, les requins en particulier. Ils ont de cette façon trois avantages : 1° ils se font transporter sans fatigue ; 2° ils bénéficient de la terreur qu'inspirent les requins aux autres habitants des mers ; 3° ils recueillent des brindilles de nourriture que les requins laissent échapper.

Fait curieux et également à noter, le dessous du corps des rémoras est plus foncé que le dessus.

« Chez l'échénéis, dit Léon Vaillant, la disposition des couleurs est d'autant plus intéressante qu'elle peut être mise en rapport avec les habitudes particulières de l'animal. Tandis que chez les poissons la partie dorsale est toujours plus vivement colorée que le ventre, dont la teinte est blanche, chez l'échénéis, c'est précisément le contraire : le ventre et les flancs sont d'un noir blanchâtre, chatoyant, tandis que le dos, surtout entre le disque céphalique et la dorsale, est bleuâtre, argenté. Aussi, en examinant le poisson, est-on tenté au premier abord de l'orienter au rebours de ce qui est la réalité, prenant la partie supérieure pour l'inférieure et inversement. En outre, les yeux sont tournés de ce même côté, étant débordés par la partie supérieure de la tête, et la bouche, dont la partie supérieure déborde l'inférieure, rappelle beaucoup celle d'un grand

nombre de poissons chez lesquels, au contraire, cette mâchoire supérieure est la plus courte. Cette disposition des teintes, inverse de ce qu'elle est d'habitude, résulte évidemment de ce que l'échénéis, fixé, par son disque céphalique, soit aux autres poissons, soit aux corps submergés, a sa partie dorsale en contact avec le support, et par conséquent à l'abri de la lumière, laquelle, au contraire, frappe les parties ventrales et latérales. »

Son disque adhère fortement ; pour le détacher, il faut pousser l'animal en avant ; plus on le tire en arrière, plus l'adhérence est forte. Une fois libre, l'animal nage avec sa nageoire caudale, et le ventre en l'air.

35. Lépidope argenté (*Lepidopus argenteus*), appelé aussi *Argentin, Jarretière*. — 0ᵐ,40 à 1ᵐ,50. Corps très comprimé. Peau sans écailles. Tête longue, pointue. Mâchoire supérieure plus courte que la mandibule, garnies l'une et l'autre de dents plus ou moins fortes, armées sur le devant de quelques dents crochues fort développées. Nageoire dorsale unique, très longue. Nageoire ventrale nulle. Queue fourchue. Corps couvert d'une espèce de pigment poisseux blanc argenté. Les joues et le dessus de la tête sont d'un blanc clair. Commun à Nice.

36. Cépole rougeâtre (*Cepola rubescens*), appelé aussi *Fouet, Calegnairis-Roudgeole*. — 0ᵐ,30 à 0ᵐ,40. Corps allongé couvert de fort petites écailles cycloïdes. Tête assez courte, obtuse. Bouche fendue obliquement, assez protractile. Mâchoires munies de dents. Nageoire dorsale allant de la nuque à la nageoire caudale. Nageoire anale très longue. Nageoire ventrale ayant une épine et cinq rayons mous. Dos et côtés rouges. Région inférieure d'un rouge jaunâtre assez clair. Assez commun dans la Méditerranée.

37. Sargue ordinaire (*Sargus vulgaris*). — 0ᵐ,18 à 0ᵐ,25. Corps comprimé ovale, couvert d'écailles pectinées. Tête plus haute que longue. Bouche peu fendue. Dents incisives plus ou moins aplaties, tranchantes, généralement au nombre de huit à chaque mâchoire. Molaires arrondies. Joues écailleuses. Nageoire dorsale ayant onze à douze aiguillons. Nageoires pectorales longues. Sur le tronçon de la queue se remarque une bande noirâtre qui gagne les rayons mous de la dorsale et même ceux de l'anale chez les jeunes animaux. La nageoire dorsale est tachetée **dans** sa partie épineuse. Corps gris argenté avec des bandes verticales d'un **gris**

doré et des bandes longitudinales de teinte jaunâtre. Une tache dorée se voit au-dessus de l'orbite. Commun dans la Méditerranée.

38. Sargue de Rondelet (*Sargus Rondeletii*), appelé aussi *Sar, Sargou, Chique-tabac, Mouchon.* -- 0ᵐ,20 à 0ᵐ,30. — Diffère du précédent en ce que la bande noirâtre ne se trouve que sur le tronçon de la queue ovalement. Commun dans la Méditerranée. Assez commun dans l'Océan. Diffère de l'espèce suivante par la présence sur le corps de 7 à 8 bandes brunâtres ventrales.

39. Sargue annulaire (*Sargus annularis*), appelé aussi *Sporaillon, Palaclet, Sparlin.* — 0ᵐ,12 à 0ᵐ,15. Bande noirâtre sur la queue seulement. Pas de bandes brunes sur le corps. Très commun de Nice à Port-Vendres.

40. Charax puntazzo (*Charax puntazzo*), appelé aussi *Moure-agut.* -- 0ᵐ,12 à 0ᵐ,25. Corps ovale, comprimé, couvert d'écailles de moyenne grandeur. Tête à profil oblique. Mâchoires ayant une seule rangée de dents, ce qui le distingue du genre sargue. Incisives tranchantes, proclives. Molaires fort petites. Corps d'un gris argenté, traversé par sept à neuf bandes verticales noirâtres. Une large bande noirâtre se montre sur le tronçon de la queue. Les flancs portent des bandes longitudinales dorées. Assez commun à Nice.

41. Bogue commun (*Box boops*), appelé aussi *Poli, Boga, Buga.* — 0ᵐ,20 à 0ᵐ,30. Corps oblong, couvert d'écailles de moyenne grandeur. Bouche petite. Incisives aplaties. Pas de molaires arrondies. Dents latérales coupantes ou pointues. Nageoire dorsale ayant une douzaine d'épines assez faibles. Pas de dents en arrière des incisives. Pas de tache noire à la base de la nageoire pectorale. Dos gris bleuâtre. Flancs et ventre argentés. Au-dessous de la ligne latérale se voient trois ou quatre bandes longitudinales dorées. Nageoires pâles. Très commun dans la Méditerranée. Assez commun dans l'Océan.

42. Bogue saupe (*Box salpa*), appelée aussi *Salpe, Saupe, Sarpa, Sapi.* — 0ᵐ,20 à 0ᵐ,30. Diffère du précédent en ce qu'il y a une tache noire bien marquée à la base de la nageoire pectorale. Commune dans la Méditerranée.

43. Oblade ordinaire (*Oblada melanura*), appelée aussi *Blade, Oblado, Blada.* — 0ᵐ,15 à 0ᵐ,25. Diffère des deux espèces précédentes en ce qu'il y a une rangée de petites dents en arrière des incisives.

44. Pagel (*Pagellus*). — Corps oblong, couvert d'écailles ciliées. Mâchoires garnies en avant de dents en velours ou en cardes fines, latéralement de molaires arrondies sur plusieurs rangées. Sept espèces habitent sur nos côtes et ayant divers noms vulgaires (*Rousseau, Cienela, Bugoravella, Tinié, Morme, Besugo, Gros-yeux*).

45. Daurade vulgaire (*Chrysophrys aurata*), appelée aussi *Dorade, Dorée, Dorette.* — 0ᵐ,35 à 0ᵐ,40. Corps oblong, couvert d'écailles assez petites, peu ciliées. Tête forte. Incisives coniques, développées au nombre de six généralement à chaque mâchoire. Molaires arrondies sur trois à cinq rangées à la mâchoire supérieure; sur deux rangs au plus à la mandibule. Nageoire dorsale à rayons épineux pas

Daurade vulgaire

plus nombreux que les rayons mous. Région dorsale d'un bleu foncé. Côtés d'un jaune argenté, avec des lignes longitudinales d'un brun clair. Une bande dorée forme une espèce de croissant entre les yeux. Nageoire dorsale bleuâtre. Très commune dans la Méditerranée. Commun dans l'Océan. Quand il fait froid, les daurades se retirent au fond de la mer. Chair bonne mais un peu sèche. Se trouve souvent dans les étangs salés.

46. Cauthère gris (*Cautharus griseus*), appelée aussi *Brême commune, Brême des rochers, Daurade, Sarde, Mange-Goëmon, Boucher, Gallet.* — 0ᵐ,20 à 0ᵐ,40. Corps ovale couvert d'écailles plus ou moins ciliées. Bouche petite. Dents toutes en velours ou en cardes. Nageoire dorsale à onze rayons. Gris brunâtre sur le dos, argenté sur les côtés avec quinze ou vingt-deux lignes longitudinales d'une jaune doré. Opercule bordé de brunâtre. Nageoire dorsale d'un gris violacé. Vit sur toutes nos côtes.

47. Denté ordinaire (*Dentex vulgaris*). -- 0ᵐ,30 à 0ᵐ,50. Corps ovale, comprimé, couvert d'écailles pectinées. Tête forte. Dents pointues, en velours ou en crochets. A chaque mâchoire, au moins quatre dents plus développées que les autres. Dos d'un bleu assez pâle. Flancs d'un jaune légèrement doré, à reflets argentés, parcourus par des bandes longitudinales grisâtres. Assez commun dans la Méditerranée.

48. Mendole (*Mœna*). — Corps oblong 0ᵐ,15 à 0ᵐ,20. Bouche très protractile. Mâchoires garnies de dents en velours. Une seule nageoire dorsale pouvant s'abaisser dans un sillon. Méditerranée. Quatre espèces. Chair estimée.

49. Picarel (*Smaris*). -- Diffère du genre précédent en ce que le milieu du palais n'est pas denté. Méditerranée. Cinq espèces.

50. Labre vieille ou **Vieille commune** (*Labrus bergylta*), appelée aussi *Vieille verte, Carpe de mer, Tanche de mer, Perroquet de mer, Grande vieille, Vras, Grahotte.* — 0ᵐ,30 à 0ᵐ,50. Corps oblong portant plus de 40 écailles dans une même ligne longitudinale. Museau nu, allongé. Bouche moyenne, à lèvres épaisses et plissées. Mâchoires ayant une seule rangée de dents coniques. Ligne latérale bien marquée, non interrompue. Nageoire dorsale ayant au moins vingt épines et de huit à douze rayons mous. Nageoire anale à trois aiguillons et huit à douze rayons mous. Un lambeau charnu dépasse ordinairement la pointe des épines, surtout à la nageoire dorsale. Nageoire caudale carrée, avec les angles arrondis, à base écailleuse. Le système de coloration est des plus variables. La teinte est rarement uniforme. Le corps et les nageoires sont marquées de taches plus ou moins arrondies. Souvent le corps est d'un ton verdâtre, traversé par des lignes plus ou moins régulières, d'une teinte rouge brique, limitant des mailles, avec les nageoires rouge brique. Parfois le corps est verdâtre avec des taches nacrées et toutes les nageoires sont vertes. Parfois le corps est bleuâtre avec des taches rougeâtres. Manche et Océan.

51. Labre mêlé (*Labrus mixtus*), appelé aussi *Violon, Vieille rayée, Coquette, Ronceau.* -- 0ᵐ,18 à 0ᵐ,30. Diffère de l'espèce précédente en ce que la nageoire dorsale a moins de vingt rayons épineux. Chez le mâle, dos brun verdâtre avec quatre ou cinq bandes longitudinales bleuâtres ; côtés jaunâtres. Femelle : teinte générale rouge plus ou moins vif. Assez commun en Méditerranée.

52. Crénilabre (*Crenilabrus*). Corps ovale ayant au plus 40 écailles dans une ligne longitudinale. Tête assez forte. Dents des mâchoires sur une seule rangée. Ligne latérale bien marquée, non interrompue. Nageoire dor-

sale à rayons épineux plus nombreux que les rayons mous. Nageoire caudale arrondie ou coupée carrément. La plupart de nos côtes. Treize espèces.

53. Sublet groin (*Coricus rostratus*), appelé aussi *Sublaire, Canadelle.* — 0ᵐ,08 à 0ᵐ,12. Tête allongée. Museau proéminent. Bouche très protractile. Préopercule dentelé. Pièces operculaires et joues écailleuses. Coloration très variable. Teintes ordinaires : rouge orangé, verdâtre avec des points rouges, jaune vert avec des points foncés, etc. Très commun à Nice.

54. Girelle commune (*Julis vulgaris*), appelée aussi *Donzella.* — 0ᵐ,15 à 0ᵐ,20. Corps oblong, couvert d'écailles de grandeur variable. Tête à peu près complètement nue. Mâchoires dentées. Les dents antérieures sont plus fortes et plus longues que les autres. Nageoire dorsale ayant huit à neuf épines et une douzaine de rayons mous. Dos brun bleuâtre avec une bande orange. Longue tache d'un noir bleuâtre. Vit dans la Méditerranée (commune).

55. Chromis castagneau (*Chromis castanea*), appelé aussi *Castagnole.* — Tête écailleuse. Bouche protractile. Mâchoires à dents en velours. Palais lisse. Ligne latérale interrompue sous la fin de la nageoire dorsale. Corps brun violacé, marron, glacé d'argent. Sur les côtés s'étendent cinq à huit bandes d'une teinte noirâtre. Nageoires brun violacé. Très commun dans la Méditerranée.

DOUZIÈME GROUPE.

1. Épinoche aiguillonnée (*Gasterosteus aculeatus*), appelée aussi *Picot, Épinglotte, Épidarde, Cordonnier, Arite.* — 0ᵐ,05 à 0ᵐ,08. Corps plus ou moins allongé, presque nu. Palais lisse. Yeux latéraux. Première nageoire dorsale formée par des épines isolées, munies en arrière d'une membrane triangulaire. Seconde nageoire dorsale ayant une épine et des rayons mous. Nageoire ventrale peu déve-

Épinoche aiguillonnée.

loppée, n'ayant qu'une épine et un ou deux rayons mous. Coloration verdâtre. Se trouve dans la plupart de nos cours d'eau ou marais.

En France l'épinoche est fort commune, on pourrait presque dire qu'il n'y a pas un petit ruisseau, qu'il n'y a pas un étang où l'on n'en puisse trouver. Avec un troubleau, on pêche très facilement ces petits poissons.

Quand on les met dans un aquarium, ils entrent dans une grande colère, nageant dans tous les sens et vont se cogner si fort aux parois que certains en périssent; puis le calme se rétablit lentement et ils finissent par vivre comme si de rien n'était. Mais il ne faut pas les exciter, car ils sont d'une irritabilité sans pareille; la colère se manifeste un peu comme pour nous, par des changements de couleur. « Les diverses passions, dit Brehm, exercent une grande influence sur la coloration des épinoches. La colère du vainqueur transforme la couleur vert argenté de son corps en teintes les plus vives; le ventre et la mâchoire inférieure deviennent d'un jaune vif, le dos passe du jaune rougeâtre au vert clair; l'œil luit d'un vert d'émeraude, cette coloration ne dure parfois qu'un instant, et, le vainqueur est-il vaincu à son tour, il pâlit de suite, tandis que l'adversaire, de gris, de terne qu'il était, revêt immédiatement la brillante parure de triomphateur. Evers a fait à ce sujet de nombreuses et curieuses observations, et rien qu'en voyant la coloration de ses petits hôtes, il

Épinoche et son nid.

pouvait savoir quels étaient, pour ainsi dire, les sentiments qui les faisaient agir. Tout mâle qui s'était emparé de la place qui lui convenait était paré des plus brillantes couleurs; ceux qui aspiraient à prendre cette place, de gré ou de force, étaient également parés; si, brusquement, une épinoche, soit un mâle, soit une femelle, devenait d'un rouge rosé, on pouvait affirmer qu'elle se préparait au combat; si la coloration disparaissait soudain, il était certain que l'animal avait échoué dans son entreprise, et que, tout honteux de sa défaite, il redevenait humble, ainsi que cela convient à un vaincu. Lorsqu'un animal paré de toutes ses couleurs était brusquement placé dans un autre bassin, la parure disparaissait de suite et ne revenait pas tant que la bête était au repos. Parfois, cependant les épinoches isolées ainsi se coloraient brusquement, sans qu'on pût bien exactement en savoir la cause; essentiellement irritable et despote, l'épinoche prenait feu et se

mettait en colère contre un roseau agité par le vent, contre un grain de sable ou un caillou qu'elle ne trouvait sans doute pas bien placé, parfois contre l'ombre de l'observateur. »

Ce qui caractérise surtout les épinoches, c'est qu'une partie de leur nageoire dorsale et leurs nageoires ventrales sont remplacées par des épines, des aiguillons aigus et très mobiles; au repos, ils sont presque invisibles, appliqués qu'ils sont contre la peau. Mais vient-on à effrayer l'animal, les épines se dressent pour menacer et blesser l'ennemi. Confiantes sans doute dans ces armes défensives, les épinoches sont très batailleuses : ces combats peuvent être observés facilement dans les aquariums.

Les épinoches sont aussi très voraces, vivant d'insectes, de mollusques et même d'autres poissons. On a vu une épinoche qui, en cinq heures, avait dévoré 75 vandoises, petits poissons de nos eaux douces.

Les épinoches nagent généralement tout près de la surface de l'eau et souvent en bande; quand elles rencontrent un ennemi, elles unissent leurs efforts.

Mais ce qu'il y a de plus remarquable dans l'épinoche, c'est son ingéniosité à fabriquer un nid.

Pour pouvoir assister aux différentes phases de la reproduction des épinoches, il est nécessaire de mettre un certain nombre de ces animaux, mâles et femelles, dans un aquarium assez grand dont on aura garni le fond d'une couche assez épaisse de vase et dont l'eau contiendra un certain nombre de plantes aquatiques. Ici, comme chez tant de poissons, c'est le mâle seul qui s'occupe de la progéniture. Il va chercher des fragments de plantes aquatiques, des algues, des conserves et vient les étaler à la surface de la vase. Il entre-croise les brins dans tous les sens et se frotte contre eux en sécrétant un mucus qui les agglutine entre eux et les colle à la vase. Bientôt sur celle-ci repose un épais tapis vert qui, bien que solidement fixé, tend, grâce à sa densité, à remonter. L'épinoche le sait bien; aussi va-t-elle récolter avec sa bouche des petits cailloux qu'elle dépose sur le tapis de verdure. De nouveau, elle construit un tapis vert et le fixe de la même façon. Quand cette première ébauche est suffisamment solide, l'épinoche, agissant toujours de la même façon, en exhausse les bords petit à petit de manière à former finalement une sphère creuse présentant deux orifices, l'un circulaire très net, l'autre plus irrégulier.

Pendant tout le temps de cette intéressante opération, on a pu assister à des changements de teintes remarquables. L'épinoche, qui naguère encore était d'une couleur verdâtre assez terne, s'est revêtue d'une brillante livrée ; le dos devient d'un beau vert émeraude, l'œil devient plus vif, l'abdomen et les joues deviennent d'un plus beau rouge vermeil. Dans tout l'éclat de son corps, il cherche parmi les épinoches femelles de son voisinage, une épouse digne de lui. Quand il a fait son choix, il s'en rapproche, tourne autour d'elle, lui fait mille gracieusetés. La femelle, finalement touchée de tant d'amabilités condescend à pénétrer dans le nid ; elle entre par l'orifice circulaire et ressort par l'orifice irrégulier ; au moment où elle traverse la cavité du nid, elle dépose ses œufs. Ceci fait, elle s'éloigne et ne s'occupe plus de sa progéniture. Le mâle cependant veille, il rétablit de son mieux le désarroi causé par la femelle, bouche complètement l'orifice irrégulier et se place tout près de l'orifice d'entrée qu'il ne va plus dès lors quitter de quelque temps. On le voit ainsi immobile, gardant son nid avec un soin jaloux, et en faisant manœuvrer constamment ses nageoires pectorales. Ce mouvement continu est destiné à n'en pas douter, à créer dans l'eau des courants qui renouvellent sans cesse le liquide en contact avec les œufs. De temps à autre, il fait pénétrer sa tête dans le nid pour voir si tout est bien en ordre et ressort pour faire le guet à la porte. Ce n'est pas là une sinécure, car le nid est l'objet de la convoitise des autres épinoches et des autres poissons. Il n'est pas jusqu'à la femelle elle-même qui, ne cherche à pénétrer dans le nid pour en dévorer les œufs. Dans la défense de son nid, le mâle se montre d'une audace et d'un courage à toute épreuve.

« Le mâle, dit L. Vaillant, lorsque les ennemis ne sont pas très nombreux, n'hésite pas à aller à leur rencontre et les attaque avec une énergie extraordinaire. Certains observateurs, Coste en particulier, prétendent qu'il peut faire preuve, dans d'autres cas, d'une intelligence surprenante pour écarter les ennemis, si leur trop grand nombre l'effraie, car, ayant crainte de ne pas être assez fort pour les vaincre, il a recours à la ruse. Il s'écarterait du nid, se précipitant à la recherche d'une proie imaginaire : les autres poissons le voyant aussi affairé et s'imaginant qu'il doit y avoir là quelque bon morceau à prendre, abandonnent le nid de l'ingénieux épinoche pour le suivre. Il parviendrait, par ce stratagème, à éloigner le déprédateur. Cette garde si active ne dure pas moins de quinze à vingt jours, pendant lesquels le mâle s'occupe d'une manière constante à soigner les œufs, à les protéger de toute espèce de manière. »

C'est bien pis quand on transporte un nid et son mâle dans un autre aquarium peuplé déjà d'épinoches. Evers raconte qu'il vit, dans ces conditions, ces dernières se précipiter avec une impétuosité sans exemple sur le nid dont elles arrachèrent les brindilles et sur le mâle qu'elles tentèrent de mettre à mort et qui se défendit avec l'énergie du désespoir. Evers tenta alors de soustraire une partie des œufs à la voracité de ces furies.

« Ce que nous vîmes alors, raconte-t-il, ne serait pas cru si nous ne l'avions absolument vu. A peine avais-je retiré le bâton à l'aide duquel j'avais découvert une partie du nid que les épinoches se précipitèrent pour en dévorer les œufs, mais avant qu'elles pussent y parvenir le mâle s'était élancé prompt comme l'éclair, avait repris de suite son ancien rôle de héros, et, par d'adroits mouvements en zigzag, les aiguillons dressés et menaçants, la gueule largement ouverte, repoussait les femelles terrifiées ; c'était une chasse furieuse, des combats incessants, des tournoiements rapides comme le vent ; bientôt le mâle effraya tellement des femelles que, timides, elles se réfugièrent dans le coin le plus reculé de l'aquarium ; elles pâlirent toutes alors, tandis que le vainqueur se revêtit de la pourpre la plus brillante. Le mâle se mit en devoir de restaurer la maison ; les brins d'herbe furent de nouveau remis en ordre et l'édifice ne tarda pas à être reconstruit dans son état primitif. »

Quand les jeunes sont éclos, ils veulent sortir du nid, comme les jeunes oiseaux, mais le mâle les force à réintégrer le domicile paternel. Ce n'est que quand ils sont suffisamment armés pour la lutte pour l'existence qu'il leur donne la clef des champs, si l'on peut employer cette métaphore « aérienne ».

2. Épinochette (*Gasterosteus pungita*) — 0^m,04 à 0^m,06. Diffère de l'espèce précédente en ce que la première nageoire dorsale a plus de cinq épines. Vit dans la plupart de nos eaux douces, au Nord du 45° de latitude.

3. Gastré ou **Épinoche de mer** (*Spinachia vulgaris*), appelé aussi *Quinze-épines, Etrangle-chat.* — 0^m,09 à 0^m,12. Corps allongé, anguleux. Écussons osseux sur le dos et les flancs. Tête longue, pointue. Mandibule avancée. Quinze épines avant les rayons mous de la seconde nageoire dorsale. Dos verdâtre. Ventre blanchâtre. Assez commun dans la Manche. Rare dans l'Océan.

4. Centrisque bécasse (*Centriscus scolopax*), appelé aussi *Trombetta, Bécasse de mer, Soufflet.* — 0ᵐ,10 à 0ᵐ,15. Corps ovale, comprimé, couvert de petites

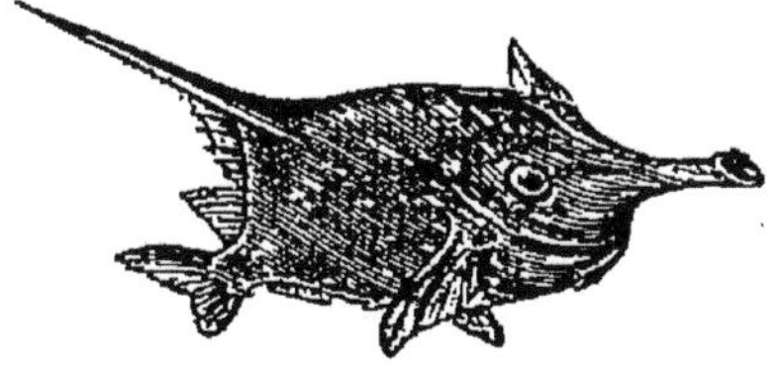

Centrisque bécasse.

écailles rugueuses. Tête écailleuse. Bouche non dentée au bout d'un museau étroit presque cylindrique. Rose doré ou gris doré sur le dos. Côtés et ventre d'un rose argenté. Méditerranée (assez rare).

5. Muge (*Mugil*). — Corps allongé, légèrement comprimé, couvert de grandes écailles très finement ciliées. Tête large en dessus. Museau obtus. Bouche terminale, fendue transversalement, mais un peu arquée. Lèvre supérieure plus ou moins grosse, avec une échancrure

Muge capiton.

médiocre dans laquelle s'enfonce le tubercule de la mâchoire inférieure. Dents ressemblant à des soies. Pas de ligne latérale. Seconde nageoire dorsale ayant une épine et 7 à 9 rayons mous. Nageoire caudale échancrée. Vit sur la plupart de nos côtes. 7 espèces, dont le plus commun est le Capiton (*Mugil capito*).

5. Athérine hepset ou **Sauclet** (*Atherina hepsetus*), appelée aussi *Mellet, Cabassoun, Siouclet.* — 0ᵐ,10 à 0ᵐ,12. Corps allongé, fusiforme, couvert d'écailles cycloïdes. Tête aplatie en dessus. Bouche très protractile, fendue obliquement. Mâchoire supérieure plus courte que l'inférieure, n'ayant l'une et l'autre que de fort petites dents. Deux nageoires dorsales éloignées l'une de l'autre. Une bande argentée très brillante sur les côtés. Opercule pointillé de noirâtre. Diamètre de l'œil ne faisant pas le tiers de la longueur de la tête. Très commune dans la Méditerranée..

6. Athérine prêtre (*Atherina pres-*

byler), appelé aussi *Capelan, Faux éperlan, Roseret, Prêtre, Troyne.* — 0ᵐ,10 à 0ᵐ,15. Diffère de l'espèce précédente en ce que le diamètre de l'œil fait le tiers au moins de la longueur de la tête. Dos verdâtre semé d'un pointillé noirâtre. Ventre blanchâtre. Belle bande argentée. Sur toutes nos côtes de l'Ouest. Très commun dans les marais salants de Noirmoutiers.

7. Spet ou **Sphyrène spet** (*Sphyræna spet*), appelé aussi *Lussi, Poisson cheville.* — 0ᵐ,30 à 0ᵐ,40. Corps allongé, arrondi, couvert de petites écailles cycloïdes. Tête longue. Museau pointu. Dents aiguës. Dos brun verdâtre. Méditerranée (assez rare).

TREIZIÈME GROUPE.

Malacoptérygiens symétriques.

1. Ammodyte lançon (*Ammodytes lanceolatus*), appelé aussi *Lançon.* — 0ᵐ,15 à 0ᵐ,30. Corps allongé, à peu près cylindrique, paraissant plus ou moins nu. Tête longue. Bouche grande. Mâchoires non dentées. Mâchoire supérieure plus courte que la mandibule, qui est terminée en pointe. Ligne latérale placée très haut, près de la base de la dorsale. Nageoire dorsale fort longue, composée, ainsi que la nageoire anale, de rayons articulés, simples, non branchus, pouvant se loger dans un sillon. Dos verdâtre. Manche. Vit dans le sable où il s'enfonce avec une rapidité extraordinaire, où il court sautillant. On peut le prendre, à marée basse, en le cherchant dans le sable avec une large bêche ; il faut avoir de la force et être prompt.

2. Ammodyte équille (*Ammodytes tobianus*), appelé aussi *Équille.* — 0ᵐ,12 à 0ᵐ,20. Mêmes mœurs que l'espèce précédente, dont elle diffère par la

Ammodyte équille.

bouche qui, ici, est protractile, c'est-à-dire se projette en avant quand on l'ouvre. Très commun dans la Manche et l'Océan.

3. Ophidie barbu (*Ophidium barbatum*), appelé aussi *Donzelle, Caligneiris.* — 0ᵐ,15 à 0ᵐ,20. Corps comprimé, allongé, couvert de petites écailles. Tête petite. Quatre barbillons sous la gorge. Couleur chair. Assez commun dans la Méditerranée.

4. Fierasfer. — Vit dans le corps des holothuries.

5. Gade capelan (*Gadus minutus*), appelé aussi *Capelan*. — 0ᵐ,15 à 0ᵐ,25. Corps plus ou moins allongé, couvert d'écailles lisses. Trois nageoires dorsales. Deux nageoires anales. Mandibule avec un barbillon. Nageoires ventrales à deux rayons externes très allongés, dépassant l'anus. Première nageoire anale séparée de la deuxième. Dos brun rougeâtre, piqueté de noir sur le dos et les côtés, gris argenté sous le ventre. Très commun dans la Méditerranée.

6. Gade tacaud (*Gadus luscus*), appelé aussi *Barraud-Godde, Morue borgne, Petite morue, Poule de mer, Moulet, Officier, Tacaud*. — 0ᵐ,20 à 0ᵐ,30. Diffère de l'espèce précédente en ce que la première nageoire anale est unie à la deuxième. Corps brunâtre, plus clair sous le ventre avec trois bandes verticales d'un gris blanchâtre. Extrêmement commun dans la Manche. Commun dans l'Océan.

7. Gade morue (*Gadus morhua*), appelé aussi *Morue* (proprement dite), *Morue franche, Cabeliau, Cabillaud, Mouluc*. — 0ᵐ,50 à 0ᵐ,80 et même 1ᵐ,50. Diffère des deux espèces précédentes en ce que les nageoires ventrales à deux rayons externes ne dépassent pas l'anus. Pas de tache sur le côté, au-dessous de la première dorsale. Teinte générale d'un gris olive avec de nombreuses taches jaunâtres ou brunes sur le dos et les côtés. Nageoires ventrales blanchâtres. Surtout dans la mer du Nord. Assez commun dans la Manche. Sa pêche en France est insignifiante.

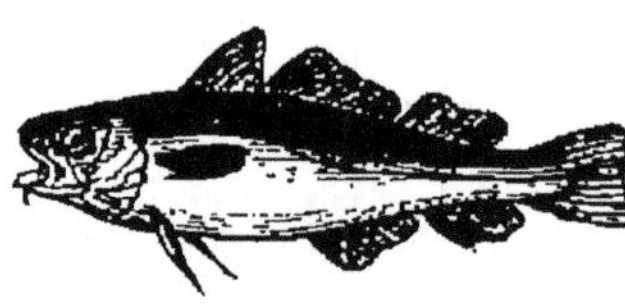

Gade morue.

8. Gade églefin (*Gadus æglefinus*), appelé aussi *Églefin, Égrefin, Morue de Saint-Pierre, Morue noire*. — Diffère de la morue en ce qu'il y a une tache bien marquée sur le côté, en dessous de la première nageoire dorsale. 0ᵐ,35 à 0ᵐ,60. Dos gris foncé. Partie inférieure blanchâtre, légèrement teintée de gris. Nageoires dorsales et caudales. Commun dans la mer du Nord. Assez commun dans la Manche et l'Océan. Chair savoureuse.

9. Merlan commun (*Merlangus vulgaris*). — 0ᵐ,25 à 0ᵐ,40. Le genre merlan diffère du genre gade en ce que la mandibule n'a pas de barbillon. Diamètre de l'œil plus petit que l'espace préorbitaire. Troisième nageoire dorsale plus longue que la deuxième. Mâchoire supérieure plus longue que l'inférieure. Dos gris verdâtre ou jaunâtre. Côtés d'un blanc souvent teinté de jaune. Ventre d'un blanc d'argent. Très commun dans la mer du Nord, la Manche et l'Océan. Se pêche à la ligne de fond.

10. Merlan jaune (*Merlangus pollachius*), appelé aussi *Lieu, Colin, Egrefin*. — 0ᵐ,50 à 1 mètre. Diamètre de l'œil plus petit que l'espace préorbitaire. Troisième nageoire dorsale plus longue que la deuxième. Mâchoire supérieure plus courte que l'inférieure. Ligne latérale courbe en avant. Dos vert jaunâtre. Flancs gris argenté. Ventre blanchâtre. Commun dans la Manche. Très commun dans l'Océan.

11. Merlan noir ou **Colin** (*Merlangus carbonarius*). — 0ᵐ,25 à 0ᵐ,60. Diffère du précédent en ce que la ligne latérale est droite. Région supérieure du

Merlan noir.

corps noirâtre. Région inférieure moins foncée. Nageoires dorsales, caudale et pectorale d'un brun plus ou moins foncé. Assez rare dans la Manche. Assez commun dans l'Océan.

12. Merlan poutassou (*Merlangus potassou*). — 0ᵐ,25 à 0ᵐ,35. Se reconnaît à sa troisième nageoire dorsale qui est plus courte que la deuxième. Dos gris brunâtre, argenté sur les côtés et le ventre. Assez commun dans la Méditerranée.

13. Merlus ordinaire (*Merlucius vulgaris*), appelé aussi *Merluche, Merlan, Colin*. — 0ᵐ,50 à 0ᵐ,70. Corps plus ou moins arrondi, couvert d'écailles de moyenne grandeur. Tête longue. Dents en plusieurs séries sur les mâchoires.

Merlus ordinaire.

Seconde nageoire dorsale plus longue que la nageoire anale. Dos et côtés grisâtres. Ventre blanc. Très commun dans la Manche et l'Océan.

14. Lote commune (*Lota vulgaris*), appelée aussi *Barbot, Barbotte, Lotte, Mo-*

telle.— 0ᵐ,35 à 0ᵉ,70. Corps allongé, arrondi en avant, comprimé en arrière, couvert de petites écailles. Deuxième nageoire dorsale et nageoire anale très

Lote commune.

longues. Mandibule à dents égales. Barbillon simple. Première nageoire dorsale à plus de huit rayons. Coloration jaunâtre avec des marbrures brunâtres. Commune dans les lacs de Suisse et la plupart de nos cours d'eau, surtout le Rhône et le Var.

15. **Lote molve** ou **lingue** (*Lota molva*), appelée aussi *Julienne, Grande Morue barbue, Morue longue, Molve.* — 1 mètre à 1ᵐ,50. Diffère de la précédente en ce que la mandibule a des dents très inégales. Sur nos côtes de l'Ouest.

16. **Physçis blennoïde** (*Physcis blennoides*). — 0ᵐ,25 à 0ᵐ,40. Corps allongé. Écailles lisses peu adhérentes. Tête écailleuse. Dents en velours. Nageoires plus ou moins développées dans une peau délicate. Seconde nageoire dorsale très longue commençant avant la nageoire anale. Dos et côtés gris violacé. Ventre gris argent. Commun dans la Méditerranée.

17. **Motelle** ou **Mustèle** (*Motella*). — Corps oblong, arrondi en avant, comprimé en arrière, à partir de l'anus. Couvert de petites écailles lisses. Tête aplatie en dessus. Trois barbillons au moins. 0ᵐ,20 à 0ᵐ,30. Sur nos côtes. Souvent appelée *Loche de mer.* 4 espèces.

18. **Lompe** (*Cyclopterus lumpus*), appelé aussi *Cycloptère, Cros-Mollet, Lièvre de mer, Gros-Seigneur.* — 0ᵐ,30 à 0ᵐ,70. Corps trapu, plus ou moins prismatique. Peau épaisse, couverte de granulations et de tubercules. Consistance du corps presque gélatineuse. Tête large, aplatie en dessus. Museau court. Bouche terminale. Mâchoires garnies de petites dents en velours. Sous le ventre une large ventouse simple. Teinte générale gris brunâtre. Manche et Océan, où il est assez rare.

19. **Lépadogaster.** — Les lépadogasters sont de petits poissons (0ᵐ,05 à 0ᵐ,08 environ) facilement reconnaissables à leur ventre qui possède deux ventouses séparées par un sillon transversal.

20. **Carpe commune** (*Cyprinus carpio*). — 0ᵐ,30 à 0ᵐ,50 et plus. Corps ovale couvert de larges écailles. Nageoire dorsale longue, ayant, ainsi que la nageoire anale, un rayon dentelé avant le premier rayon branchu. Des barbillons à la bouche. Coloration variable, généralement d'un brun verdâtre à reflets bleuâtres sur le dos, dorés sur les côtés. Très commune dans les eaux douces courantes ou stagnantes.

La carpe recherche les eaux calmes dont le fond est vaseux. Mange de tout. Peut supporter de longs jeûnes. Vit bien hors de l'eau si on a soin de l'humecter souvent. Peut se reproduire à 3 ans. Chaque femelle donne cinq à six mille œufs. Ponte en mai et juin. Les jeunes éclosent au bout de huit jours. Vit longtemps ; mais les carpes de Fontainebleau datant de François Iᵉʳ sont une légende.

Carpe commune.

Chair agréable. Se pêche à la ligne et aux filets, surtout le soir, deux heures avant le coucher du soleil ou le matin au soleil levant. On amorce avec des vers, de grosses fèves des marais, des mouches, de la mie de pain.

La carpe présente plusieurs variétés curieuses ; la plus connue est la *Carpe à miroirs,* ainsi nommée à cause des écailles démesurées qui garnissent ses flancs et font plus ou moins saillie.

21. **Carassin** (*Carassius vulgaris*). — 0ᵐ,20 à 0ᵐ,30. Diffère du précédent en ce qu'il n'y a pas de barbillons. Dos et côtés d'un brun verdâtre. Ventre jaunâtre. Dans quelques eaux douces de l'Est et du Nord.

21 *bis.* **Poisson rouge.** — C'est au même genre qu'appartient le *Cyprin doré* ou *Poisson rouge* (*Carassius auratus*) qui, originaire de Chine, est élevé dans les aquariums et les pièces d'eau. Il s'est naturalisé dans quelques-uns de nos fleuves, par exemple la Seine, mais alors, il est plus souvent blanchâtre ou verdâtre, plus ou moins marqué de noir.

Le cyprin doré est originaire de la Chine. On l'a importé en France, sous le règne de Louis XV. Le directeur de la Compagnie des Indes auxquels ils furent envoyés en fit hommage à Mᵐᵉ du Barry. Actuellement le cyprin s'est développé en Europe dans des proportions considérables ; non seulement il vit fort bien dans les aquariums, mais encore il s'est si bien acclimaté chez nous qu'il est commun dans presque tous les cours d'eau. Ici nous avons à faire une constatation bien intéressante au point de vue de la « plasticité » des espèces. Le cyprin, domestiqué dans les aquariums, a la belle couleur rouge dorée que tout le monde a admirée, tandis que celui qui vit à l'état sauvage, a une teinte beaucoup plus terne, verdâtre, mordorée, rappelant celle de la carpe. Si l'on prend cette variété et qu'on l'élève en captivité, au bout d'un petit nombre de générations, elle reprend sa livrée écarlate. En Chine, il en est probablement de même et il semble légitime de regarder la couleur rouge comme une conséquence de la domesticité.

Dans le Céleste Empire, on a créé une multitude de variétés des plus curieuses, dont certaines sont parfois importées en Europe. Nous ignorons les procédés que les Chinois mettent en œuvre pour fabriquer ces variétés, mais il est très probable qu'ils sont identiques à ceux qu'emploient les éleveurs pour nos animaux domestiques ; il serait fort intéressant de créer chez nous des variétés semblables.

Les cyprins se reproduisent facilement soit dans les aquariums un peu grands, soit dans les étangs, soit dans les rivières ; la condition essentielle est que les eaux ne soient pas trop froides.

Ils sont assez voraces et mangent un peu de tout ce qu'on leur donne, plantes, mie de pain, etc. Ils préfèrent de beaucoup les larves de chironome, les vers rouges des pêcheurs. C'est un spectacle assez amusant de voir plusieurs cyprins se disputer un même ver. Les cyprins ne sont pas très farouches, ils s'apprivoisent facilement au point de venir chercher eux-mêmes le ver à la main qui le leur présente.

Quand on élèvera des cyprins dans des étangs ou dans des bassins, il faudra veiller à ce qu'ils ne prennent pas une trop grande extension, car ils font périr les autres poissons de nos eaux douces.

Témoin l'histoire suivante, d'après M. L. Vaillant : « Dans la grande île de Madagascar, ceci menace de devenir un véritable fléau. Il y a environ une vingtaine d'années, on fit présent à la reine Ranavalo, de poissons rouges, dont pendant quelque temps elle se fit une distraction. Toutefois la lassitude vint et elle ordonna de verser ces animaux dans un des bassins du jardin attenant au palais. Les poissons rouges, puisqu'ils avaient de la chaleur, y trouvèrent des conditions particulièrement favorables ; aussi ne tardèrent-ils pas à s'y multiplier au delà de toute espérance. Dans ces pays tropicaux, les pluies excessivement abondantes et fréquentes font souvent déborder ces bassins qui se déversent alors dans les rivières, aussi les poissons rouges ne tardèrent-ils pas à franchir les bornes de l'enclos dans lequel ils étaient primitivement placés, pour se répandre dans les cours d'eau du pays, et il se passa, mais sur une beaucoup plus grande échelle, la propagation étant plus rapide, ce qui se passe dans les étangs, ils se mirent à manger le frai de tous les poissons d'eau douce. »

22. Barbeau commun (*Barbus fluvialilis*), appelé aussi *Barbillon*, *Barbel*, *Barbarin*. — 0ᵐ,25 à 0ᵐ,50, quelquefois 1 mètre. Corps allongé, fusiforme, couvert d'écailles minces, lisses. Tête longue. Bouche en dessous. Quatre barbillons généralement bien développés. Nageoire dorsale avec un rayon dentelé. Nageoire anale courte, sans rayon dentelé (ce qui le distingue des genres *Cyprinus* et *Carassius*). Dos gris bleuâtre ou verdâtre. Côtés d'un

Barbeau commun.

blanc d'argent. Commun dans la plupart de nos cours d'eau. Recherche les eaux rapides qui coulent sur un fond de cailloux. Ne sort guère que la nuit. Chair blanche et de bon goût. Se pêche à la ligne ou au filet.

23. Barbeau méridional (*Barbus meridionalis*), appelé aussi *Durgan*. — Diffère du précédent en ce que la nageoire dorsale n'a pas de rayon dentelé. 0ᵐ,15 à 0ᵐ,25.

24. Tanche vulgaire (*Tinca vulgaris*). — 0ᵐ,20 à 0ᵐ,35. Corps trapu, couvert de petites écailles très adhérentes. Bouche terminale. Un petit barbillon à l'angle de la bouche. Nageoires dorsale et anale courtes, arrondies, ainsi que les nageoires paires. Nageoire caudale à peu près carrée. Coloration olivâtre,

Tanche vulgaire.

quelquefois dorée avec des taches noires. Vit dans la plupart de nos rivières, même dans l'eau saumâtre. En hiver s'enfouit dans la vase. Frai au milieu de l'été. Chair fade et souvent à odeur de vase. Craintif, s'enfonce dans la vase au moindre bruit.

25. Goujon (*Gobio fluviatilis*). — 0ᵐ,10 à 0ᵐ,15, quelquefois 0ᵐ,20. Corps plus ou moins allongé et arrondi, couvert d'assez grandes écailles. Tête grosse. Museau arrondi. Bouche en dessous. De chaque côté, à l'angle de la bouche, un barbillon plus ou moins développé. Nageoires dorsale et anale courtes. Nageoire caudale fourchue. Dos brun verdâtre, marqué de six à sept tachés noirâtres. Ventre argenté. Le long des côtés se montrent dix à douze taches noires. La nageoire dorsale et la nageoire caudale sont grisâtres avec des points noirâtres.

Goujon.

Commun dans la plupart de nos rivières. Recherche les eaux courantes, peu profondes. Vit toujours par troupes. Cherche sa nourriture dans les graviers. Grande fécondité. Chair savoureuse. Se prend de toutes sortes de façon, même à la bouteille.

26. Bouvière (*Rhodeus amarus*), appelée aussi *Carpe de Vallières, Rosière, Péleuse*. — 0ᵐ,06 à 0ᵐ,08. Corps ovale, comprimé, couvert de grandes écailles. Tête petite. Museau court. Mâchoire supérieure avancée. Ligne latérale très courte, finissant à la cinquième ou sixième écaille. Nageoires dorsale et anale ayant chacune une douzaine de rayons. Nageoire caudale échancrée.

Bouvière.

Dos verdâtre. Ventre argenté. Nageoires grisâtres. Au moment du frai, le mâle est rosé avec une bandelette bleu verdâtre. Vit dans la plupart de nos cours d'eau.

Les jeunes de cette espèce habitent jusqu'à leur complet développement les branchies d'un mollusque bivalve également très commun, l'*unio* ou mulette des peintres. Au printemps, lorsqu'on ouvre les unios, on trouve souvent entre les feuillets branchiaux, dans ce qu'on appelle la chambre intrabranchiale, des œufs jaunes, ovoïdes, longs de trois millimètres environ. Ces œufs éclosent et donnent naissance à de petits *rhodeus*, qui restent engagés dans les branchies de leur hôte, non sans causer quelques dégâts (par places, l'épithélium branchial est enlevé). Quand on ouvre ces branchies ils s'échappent et nagent vivement, puis se posent sur le fond où ils restent immobiles, couchés sur le côté. Ils restent dans l'unio jusqu'à résorption complète de leur sac vitellin, et sortent alors du mollusque pour mener la vie libre.

Au moment du frai, la femelle du *rhodeus amarus* présente une particularité curieuse qui a autrefois fort intrigué les naturalistes : un peu en arrière de l'anus apparaît un long boyau rougeâtre, un peu conique, qui peut atteindre plusieurs centimètres de long, et n'est autre chose qu'un prolongement de l'oviducte. Au printemps, époque de la ponte, la femelle et son mâle, qui l'accompagne partout, se mettent en quête des mollusques convenables : lorsqu'ils en ont trouvé, la femelle se redresse verticalement, la tête en bas ; au moment où un œuf s'engage dans l'oviducte et le dilate, elle engage le tube dans les branchies du mollusque et y dépose un œuf ; on peut trouver dans le même unio jusqu'à une quarantaine de ces œufs. Pendant cette opération, le mâle surveille attentivement les mouvements de la femelle. La ponte terminée, le tube oviducal se flétrit graduellement et se réduit à une simple papille saillante. Il est à peine besoin de faire ressortir le caractère défensif de ce commensalisme passager ; les jeunes *rhodeus* passent tranquillement à l'abri la période critique de leur existence, qui est fatale à tant de jeunes poissons (L. Cuénot).

27. Vairon ou **Véron** (*Phoxinus lœvis*), appelé aussi *Arlequin, Lebelle, Verdelet, Loco*. — 0ᵐ,07 à 0ᵐ,10. Corps allongé, presque cylindrique, couvert de petites écailles. Tête grosse. Museau arrondi. Bouche terminale. Nageoires dorsale et anale courtes. Nageoire caudale fourchue. Dos gris bronzé. Flancs verdâtres. Ventre gris blanchâtre. Des bandelettes noirâtres descendent de la région dorsale vers les flancs. Commun dans la plupart des eaux douces, surtout dans le bassin de la Seine. Aime les petits ruisseaux remplis d'herbes. Fuit les eaux dormantes. Vit par bandes. Chair tendre un peu amère.

28. Brème commune (*Abramis brama*). — 0ᵐ,25 à 0ᵐ,50. Corps ovale, comprimé, couvert d'assez grandes écailles. Carène abdominale, entre l'insertion des ventrales et l'anus, à bord non garni d'écailles imbriquées et pliées en chevron. Mâchoire supérieure protractile, plus avancée que la mandibule.

Ligne latérale bien marquée, à convexité rapprochée du profil inférieur. Nageoire dorsale commençant en arrière de l'insertion des ventrales.

Brème commune.

Nageoire anale longue. Caudale fourchue. Dents pharyngiennes sur une seule rangée. Dos brun verdâtre. Côté gris bleuâtre. Ventre blanc argenté. Le tout finement pointillé de noir. Nageoires brunâtres. Assez commun dans nos eaux douces, sauf dans la Savoie et les Alpes-Maritimes.

Les brèmes, qui se réunissent habituellement par troupes, se tiennent dans les rivières dont les eaux coulent paisiblement sur un fond composé de marne, de glaise et d'herbages ; elles se tiennent au fond, de telle sorte que, lorsqu'elles aperçoivent un brochet, elles troublent l'eau et peuvent ainsi échapper à leur pire ennemi. La nourriture se compose de vers, de larves d'insectes, de petits mollusques, de matières végétales en décomposition et contenues dans la vase. Les brèmes quittent le fond de l'eau au printemps, à l'époque du frai et recherchent des rivages unis ou des fonds de rivière garnis d'herbes, où les eaux sont courantes ; lorsqu'elles le peuvent, elles remontent à ce moment les rivières. Chaque femelle est habituellement suivie de trois ou quatre mâles ; les plus grosses femelles pondent les premières, ensuite les moyennes, puis les jeunes ; les œufs sont déposés sur les herbes. D'après Yarrel, au moment de la ponte, les animaux sont parfois tellement rapprochés qu'on n'aperçoit qu'une seule masse compacte. La ponte a lieu habituellement pendant la nuit. A ce moment les brèmes se font entendre d'assez loin, car elles battent l'eau avec leur queue et nagent brusquement. Les œufs sont au nombre d'environ 140 000 pour un animal de taille moyenne ; aussi, bien que la brème ait de nombreux ennemis, est-elle très abondante dans les eaux qui lui conviennent ; on prend parfois par milliers de ces poissons dans certains lacs. Au moment de la ponte, il vient sur les écailles des mâles de petits boutons qui disparaissent ensuite. Lorsque les conditions sont favorables, la ponte est terminée en trois ou quatre jours ; si le temps devient tout à coup mauvais, les brèmes retournent au fond de l'eau, interrompant leur ponte. Les brèmes croissent assez rapidement ; leur résistance vitale étant grande, on peut les transporter facilement d'un étang dans un autre. La chair de la brème est blanche, assez délicate, à moins toutefois que l'animal n'ait été pêché dans un endroit vaseux, car il prend alors une odeur désagréable. Les meilleures brèmes sont celles qu'on prend dans les eaux vives et dont la taille est moyenne. On les pêche avec la senne, le tramail, l'épervier, la nasse ; on les prend facilement à la ligne amorcée avec des vers de terre (Brehm).

29. **Brème bordelière** (*Aramis bjœrkna*), appelée aussi *Brème blanche, Brème gardonnée, Petite Brème, Sans-nom.* — Diffère de l'espèce précédente en ce que les dents pharyngiennes sont sur deux rangées. Dos gris bleuâtre. Côtés gris blanc rosé, légèrement pointillé de noirâtre. Les nageoires dorsale et caudale sont pointillées de noir avec une bordure noire. La nageoire anale est noirâtre en avant, blanchâtre en arrière. Vit dans les rivières à faible courant, surtout dans les profondeurs. Très vorace. Chair molle.

30. **Ablette commune** (*Alburnus lucidus*), appelé aussi *Ovelle, Blanchet, Aublet, Mirandelle, Zyeux de verre.* — 0ᵐ,10 à 0ᵐ,20. Corps plus ou moins allongé et comprimé, garni d'écailles minces. Entre l'insertion des nageoires ventrales et l'anus, la carène de l'abdomen est tranchante et n'a pas le bord couvert d'écailles imbriquées. Bouche fendue obliquement. Ligne latérale à courbure convexe en bas, rapprochée du profil du ventre. Nageoire dorsale courte,

Ablette commune.

commençant en arrière de l'insertion des ventrales. Dessus de la tête et dos d'un gris verdâtre. Côtés et ventre argentés. Nageoire caudale bordée de noir. Dans la plupart des lacs et rivières, surtout la Seine et l'Yonne.

C'est de leurs écailles que l'on retire l'essence d'Orient, à l'aide de laquelle (en l'insufflant dans de minces boules de verre) on fabrique les fausses perles fines.

31. **Ablette spirlin** (*Alburnus bipunctatus*), appelée aussi *Spirin, Albegrise, Eperlan de Seine, Louvette, Lurette.* — 0ᵐ,08 à 0ᵐ,15. Diffère de l'espèce précédente en ce que la ligne latérale est placée entre deux séries de points noirs. Commune dans la plupart de nos cours d'eau.

32. **Rotengle** (*Scardinius erythrophthalmus*), appelé aussi *Rosse, Rousse, Rosselle, Gardon rouge, Gardon de fond*

Rousseau, Platelle. — Corps ovale, comprimé, couvert de larges écailles. Bord de la carène abdominale garni d'écailles imbriquées et pliées en chevron. Museau obtus. Mâchoire supérieure moins avancée que l'inférieure. Nageoire dorsale courte, commençant en arrière de l'insertion des ventrales et finissant au-dessus ou un peu en avant de l'origine de l'anale. Dos brun verdâtre, plus clair sur les flancs, argenté sous le ventre. Les nageoires ventrales et anale sont rouges. Commun dans la plupart des rivières et des lacs. Préfère les eaux calmes et dormantes. Prudent. Craintif. Pond dans les endroits herbeux.

33. Gardon commun (*Leuciscus nutilus*), appelé aussi *Roche, Rousse.* — 0ᵐ,15 à 0ᵐ,30. Corps ovale, plus ou moins comprimé, couvert d'assez grandes écailles. Nageoire dorsale commençant au-dessus de l'insertion des ventrales. Dents pharyngiennes sur une seule rangée. Dos verdâtre, ventre argenté. Coloration variable avec les eaux et les saisons. Rivières et lacs, très commun. Aime les eaux limpides et les fonds sablonneux. Vivent en troupe. Fouille dans le fond de l'eau. Ponte en avril. Chair un peu fade et remplie d'arêtes. Vif et très méfiant.

34. Chevaine. — Corps allongé, plus ou moins fusiforme, légèrement comprimé. Nageoire dorsale commençant au-dessus de l'insertion des ventrales. Dents pharyngiennes sur deux rangées.

a) **Chevaine souffie** (*Squalius souffia*), appelé aussi *Seuffe, Sars, Blageon.* — 0ᵐ,12 à 0ᵐ,20. Se reconnaît à la bande brune bien dessinée sur les flancs. Var, Rhône, lac du Bourget, lac d'Annecy. Très commune près de Dijon.

b) **Chevaine commune ou Meunier** (*Squalius cephalus*), appelée aussi *Cabot, Chabot, Chavanne, Rotinon, Vilain, Voiron.* — 0ᵐ,30 à 0ᵐ,50. Pas de bande brune sur les flancs. Diamètre de l'œil

Chevaine commune.

faisant la moitié de l'espace interorbitaire. Dos brun verdâtre plus ou moins foncé. Ventre argenté. Côtés grisâtres. Un des poissons les plus communs dans nos eaux douces. Chair molle, remplie d'arêtes et devenant jaune par la cuisson. Se pêche en été avec toutes sortes d'appâts.

c) **Chevaine vaudoise** (*Squalius leuciscus*), appelée aussi *Vaudoise, Seuffe, Gravelet, Cabotin, Gandoise, Soft, Dard.* — 0ᵐ,20 à 0ᵐ,35. Pas de bande brune sur les flancs. Diamètre de l'œil faisant les deux tiers de l'espace interorbitaire. Dos gris lavé de bleu. Flancs verts argentés. Ventre d'un blanc éclatant. Nageoires paires de couleur chair. Commune dans la plupart de nos eaux douces. Préfère les eaux claires, limpides et se tient habituellement vers la surface. La ponte a lieu sur les pierres. Chair agréable mais remplie d'arêtes.

35. Chondrostome nase (*Chondrostoma nasus*), appelé aussi *Nez, Ecrivain, Mulet, Aloge, Ame noire.* — 0ᵐ,20 à 0ᵐ,40. Corps allongé, garni d'écailles assez grandes. Museau avancé. Bouche en dessous à fente transversale et arquée. Mâchoires à bord tranchant, couvert d'un étui corné ou cartilagineux. Dos gris foncé parfois brunâtre. Côtés d'un gris clair. Ventre argenté. Nageoire dorsale brune. Intérieur du corps d'un noir très foncé. Vit dans la plupart de nos cours d'eau. Vit en troupe, restant couché sur le sable, immobile. Se roule fréquemment sur le sol, ce qui arrache souvent ses écailles. Mange des vers et des matières végétales. Quand on le prend il rejette beaucoup de limon, ce qui lui fait donner le nom de *Cracheur.* Fraye en avril et mai. Chair molle, fade, remplie d'arêtes. On le pêche à la ligne en amorçant avec des mouches.

36. Loche. — Corps allongé, couvert de très petites écailles. Tête nue. Bouche en dessous, petite, entourée de barbillons. Mâchoires non dentées. Nageoire dorsale unique, insérée au-dessus des ventrales.

La loche a un mode de respiration fort curieux. Elle avale l'air atmosphérique et le rend par l'anus. Elle respire en somme en partie par le tube digestif.

Trois espèces :

a) **Loche franche** (*Cobitis Barbatula*), appelée aussi *Barbelle, Barbotin, Moulelle, Moustache, Dormille.* — 0ᵐ,08 à 0ᵐ,12. Coloration très variable. Corps gris jaunâtre avec des taches nuageuses. Commune dans nos eaux douces. Six barbillons. Sous-orbitaire non épineux.

Loche franche

La loche franche se plaît dans les

eaux peu profondes et surtout les petits ruisseaux. Préfère les fonds de sable et de gravier. Se réfugie souvent sous les pierres et se tient comme collée sur le sable ou le gravier. Chasse pendant la nuit. Natation rapide et se faisant par bonds. S'élève bien en aquarium. On constate qu'elle monte à la surface quand un orage arrive : c'est un baromètre. Chair grasse et délicate surtout vers la fin de l'automne et au printemps.

b) **Loche de rivière** (*Cobitis tœnia*), appelée aussi *Satouille, Moutelle, Dormille.* — 0^m,08 à 0^m,12. Six barbillons. Sous orbitaire épineux. Dos gris verdâtre avec taches noirâtres. Côtés grisâtres pointillés de brun. Dans la plupart de nos rivières. Chair dure et de mauvais goût.

c) **Loche d'étang ou Misgurne** (*Cobitis ossilis*). — 10 barbillons. 0^m,15 à 0^m,25. Rare. Quand on la blesse, elle fait entendre un petit bruissement, vit dans les cours d'eau dont le fond est vaseux. Se cache souvent dans la vase. Chair molle, fade et sentant la vase.

36 Silure glanis (*Silurus glanis*). — 0^m,80 à 3 mètres. Se pêche quelquefois dans le Doubs.

C'est un gros poisson serpentiforme qui peut atteindre jusqu'à trois mètres de long, et peser de deux cents à deux cent cinquante kilos. Il est surtout abondant dans le Bas-Danube et dans divers lacs ou fleuves de l'Europe centrale ou orientale.

Le glanis, dit Brehm, est un animal aux allures lentes et paresseuses ; il se tient de préférence dans les endroits vaseux, s'enfonçant parfois même dans la boue. Il se tient sous les rochers, sous les troncs d'arbres. Il est averti de l'approche de sa proie par le moyen de

Silure glanis.

ses barbillons. Extrêmement vorace, il s'empare des poissons, des grenouilles et même des oiseaux aquatiques. « On peut dire, écrit Gesner, que cet animal est vorace, tellement qu'une fois on a trouvé dans l'un d'eux une tête humaine et une main portant deux anneaux d'or. Il dévore tout ce qu'il peut atteindre, oies, canards, n'épargnant pas même le bétail quand on le mène paître, et le noyant. Ces faits ont été confirmés par plusieurs observateurs, tout exagérés qu'ils paraissent être. D'après Valenciennes, on assure que le silure n'épargne même pas l'espèce humaine. En 1700, le 3 juillet, un paysan en prit un

auprès de Thorn, qui avait un enfant entier dans l'estomac. On parle en Hongrie d'enfants et de jeunes filles dévorés en allant puiser de l'eau, et l'on raconte même que, sur les frontières de la Turquie, un pauvre pêcheur en prit un jour un qui avait dans l'estomac le corps d'une femme, sa bourse pleine d'or et ses anneaux. Heckel et Kner rapportent également qu'on trouva dans l'estomac d'un glanis, capturé à Presbourg, les restes d'un jeune garçon ; dans celui d'un autre un caniche ; dans celui d'un troisième, une oie que l'animal avait noyée avant de la dévorer.

Les habitants du Danube et de ses affluents, écrivent les ichthyologistes dont nous venons de citer les noms, redoutent le silure. D'après Gmelin, le silure secoue avec sa queue, lors des inondations, les arbustes sur lesquels se sont réfugiés les animaux terrestres, de manière à les faire tomber et à s'en emparer. La femelle pond environ dix-sept mille œufs, qui heureusement n'arrivent pas tous à leur complet développement. C'est le mâle qui veille sur sa progéniture.

37. Hareng (*Clupea harengus*). — 0^m,20 à 0^m,30. Corps comprimé, à carène abdominale dentelée. Mâchoire inférieure plus longue. Nageoire dorsale commençant un peu avant les ventrales. Dents très petites, s'arrachant assez facilement et pouvant même complètement manquer. Dos vert bleuâtre ; flancs argentés. Très commun dans la mer du Nord et la Manche. Assez commun sur la côte de Bretagne mais ne dépasse guère l'embouchure de la Loire.

Hareng

Le frai du hareng est appelé *œillet* au Havre.

Les harengs sont des poissons migrateurs, mais on ne sait encore quelle route exacte ils suivent et quelles sont les raisons de leurs déplacements, Il est même possible, comme certains auteurs le prétendent, que ceux-ci se bornent à de faibles déplacements en profondeur.

« Si l'on examine une carte des profondeurs de la mer du Nord, écrit Carl Vogt, on se convainc facilement que la Grande-Bretagne repose sur un haut plateau d'une vaste étendue qui n'a nulle part plus de 200 mètres de profondeur et qui s'étend à une distance telle que la France, la Hollande, l'Allemagne du Nord et le Danemark seraient réunis en un seul continent avec l'Angleterre si le fond de la mer était rehaussé de 200 mètres. Ce continent se prolongerait sur le côté oriental de l'Angleterre jusqu'au voisinage de la Norvège, mais serait séparé de ce pays par un bras de mer étroit et profond, enveloppant à quelque distance l'extrémité méridionale de la Norvège. Du côté occidental de l'Angleterre au contraire le haut plateau s'étend seulement à dix milles environ des côtes de l'Angleterre et de Bretagne pour plonger par une pente escarpée dans la profondeur de l'Océan. Ces profondeurs sont le domicile du hareng, c'est de là qu'il se met en route, notamment pour frayer.

« Il est facile de donner la preuve irréfutable contre l'opinion admise des grandes migrations des harengs venus de la mer polaire. Parmi les harengs on distingue aussi de nombreuses races, bien qu'on ne puisse pas reconnaître une distinction d'espèces. Le hareng de la mer Baltique est le plus petit et le plus faible, celui de Hollande comme celui d'Angleterre sont déjà plus gros, tandis que le hareng des îles Shetland et des côtes de Norvège est le plus gros et le plus gras. Sur les côtes mêmes, les pêcheurs distinguent, tout comme les pêcheurs de saumon, le hareng côtier à l'embouchure des rivières, qui séjourne au voisinage du rivage et qui est habituellement plus gras mais d'un goût moins fin, du hareng de mer qui arrive de distances fort éloignées vers les côtes. Si l'hypothèse de la migration de troupes, partie d'un point central commun placé dans l'Océan glacial, était exacte, comment pourrait-il se faire que les différents bancs se séparent exactement suivant la grosseur, la forme et leurs caractères intimes, qu'ils parviennent en un temps déterminé à leurs lieux de rendez-vous comme les régiments et les bataillons d'une armée ?

« Mais ce qui renverse complètement l'édifice par sa base, c'est d'un côté la rareté relative de ces poissons dans les contrées septentrionales, de l'autre la différence qui existe entre les temps d'apparition du poisson aux divers endroits. Autour du Groënland où cependant passerait un courant principal pour se diriger vers l'Amérique, le hareng est si rare que beaucoup de naturalistes ne le citent même pas parmi les poissons du pays. On connaît, à la vérité, le hareng sur les côtes d'Islande, près desquelles toute la bande se diviserait, mais il n'y est jamais assez fréquent pour qu'on en fasse l'objet d'une pêche spéciale ; il en est de même dans le Finmark en Norvège, où l'on prend si peu de harengs qu'on ne se donne même pas la peine de les saler, tandis que dans la moitié méridionale entre Trondjem et le cap Lindesness, notamment dans les environs de Stavanger et du Molde-Fiord, la pêche du hareng constitue presque le seul moyen d'existence des riverains. Comment une telle distribution serait-elle possible, si le hareng venait du Nord, comme on l'a soutenu ? Comment pourrait-il se faire qu'il apparût plus tôt sur les côtes méridionales en Hollande et à Stavanger que sur les côtes de l'Écosse et de l'Irlande, ainsi que cela a été souvent observé, si le hareng venait réellement du Nord ? Comment enfin serait-il possible de prendre en tout temps de l'année sur les côtes des harengs de toute grosseur, si le voisinage de ces côtes n'était pas le lieu de leur naissance, de leur accroissement et de leur mort ?

« On a également cité comme preuve de la migration des harengs cette circonstance qu'autrefois dans la mer Baltique, notamment sur les côtes de Suède à Gothenbourg, on faisait une pêche très animée de ces poissons, tandis qu'aujourd'hui la chose a changé au point que les pêcheurs sont tombés dans la plus extrême pauvreté. Mais justement cette circonstance paraît être une preuve de plus pour notre opinion.

« On ne comprendrait pas pourquoi les bancs ne visitent plus la mer Baltique ; on devrait alors regarder les navires à vapeur qui parcourent le Cattégat comme étant la cause de leur effarouchement. La mer Baltique est un bassin très limité et peu profond vers sa partie supérieure, aussi a-t-elle été dépouillée à tel point de ses poissons que le hareng, pour le ménagement duquel on n'a pas eu le moindre égard, a presque été anéanti ou du moins très amoindri dans les eaux resserrées de Gothenbourg. Mais le hareng de Norvège ne s'est pas avisé de pénétrer dans le bassin de la Baltique en contournant le cap Lindesness, ni de combler la brèche produite ; aussi, si les Suédois voulaient avoir de nouveau une pêche au hareng, ce qu'ils auraient de mieux à faire, ce serait de prohiber complètement pendant quelque temps la pêche de ce poisson pour lui donner le temps de se reproduire plutôt que, suivant une confiance crédule, d'espérer en la bienveillance d'un roi quelconque du banc de harengs, qui doit envoyer ses sujets de nouveau sur les côtes. »

Le hareng quitte les profondeurs de la mer surtout dans le but de frayer. Les femelles pondent des œufs adhérents qui s'attachent soit aux rochers, soit aux algues. Un seul hareng peut donner naissance à plus de 63 000 œufs. Les jeunes éclosent en mai et en août.

39. Melette phalérique (*Meletta phalerica*). — 0ᵐ,09 à 0ᵐ,12. Assez commune dans la Méditerranée.

40. Melette commune (*Meletta vulgaris*), également appelé *Harenguet, Esprot, Melet*. — 0ᵐ,08 à 0ᵐ,16. Répandue dans la Manche et l'Océan.

40. Harengule blanquette (*Harengula latulus*), appelée aussi *Blanquette, Menise*. — 0ᵐ,07 à 0ᵐ,10. Corps peu développé, haut, couvert d'écailles adhérentes. Nageoire dorsale commençant sur la moitié antérieure du corps; bord antérieur de la ceinture scapulaire courbe. Dos verdâtre très clair. Ventre argenté. Toutes les nageoires blanches. Sur nos côtes de l'Ouest.

41. Sardinelle auriculée (*Sardinella aurita*). — 0ᵐ,15 à 0ᵐ,30. Méditerranée, où elle est assez rare.

42. Alose (*Alosa communis*), appelé aussi *Poisson de mai*. — Corps plus ou moins allongé, comprimé, à écailles tombant facilement. Pas de dents sur la langue. Opercule marqué de stries divergentes. Nageoire dorsale commençant au-dessus ou en avant des nageoires ventrales. Boucliers de la carène du ventre au nombre de 37 et plus, à épine fort saillante. Appendices lamelliformes du premier arc branchial au nombre de plus de 50.

Alose.

Longueur : 0ᵐ,30 à 0ᵐ,70 et plus. Dos vert bleuâtre. Les flancs et le ventre sont d'un vert clair argenté. Une tache irrégulière noirâtre se montre vers l'épaule. Au commencement du printemps, elle quitte les eaux saumâtres pour aller frayer dans les eaux douces. Elle se trouve sur toutes nos côtes, dans tous nos fleuves qu'elle remonte au commencement du printemps. Se pêche au filet. Chair bonne.

43. Finte (*Alosa finta*). 0ᵐ,30 à 0ᵐ,50. — Diffère de l'espèce précédente en ce que les appendices lamelliformes du premier arc branchial sont au nombre de moins de 50. Mêmes eaux que l'alose, mais fait sa montée plus tard.

44. Sardine (*Alosa sardina*), appelé aussi *Célan, Célerin, Royan*. — 0ᵐ,12 à 0ᵐ,25. Diffère des deux espèces précédentes en ce que les boucliers de la carène du ventre sont au nombre de 30 environ. Vit sur toutes nos côtes. La sardine se rapproche de nos côtes à certaines époques et s'en éloigne pour aller on ne sait où, sans doute dans les profondeurs de la mer. Suivant les années, elle est plus ou moins abondante, sans que l'on puisse en savoir les raisons. Dans tout l'Océan, on en pêche de grandes quantités pour la manger fraîche ou en faire des conserves à l'huile. On les capture avec de larges

Sardine.

filets : dans la Méditerranée on les prend sans appât tandis que dans l'Océan on ne la fait lever qu'avec la *roque* de morue, c'est-à-dire les œufs de ce poisson.

Certains indices annoncent que la sardine fait son apparition; quand les bancs de goémons flottent à la surface de l'eau, quand on voit des bandes de marsouins, ennemis nés de la sardine, prendre leurs ébats, quand on entend les cris perçants des goélands et des fous voltigeant au-dessus des vagues, c'est que le précieux poisson arrive en bancs pressés, il est temps d'appareiller alors et de commencer la pêche. Les bateaux, de juin à septembre, font, en général, deux sorties, le matin et le soir; comme ils ne sont qu'à une faible distance de la côte, ils peuvent facilement rentrer. C'est ordinairement au lever du soleil et le soir à son coucher que se trouve le moment le plus favorable pour pêcher. De septembre à novembre, les bateaux ne sortent qu'une seule fois par jour, ordinairement de grand matin, et la pêche a lieu à toute heure de la journée (E.-H. Sauvage).

Il arrive que sans que l'on aperçoive le poisson, sa présence est signalée par un phénomène particulier que les pêcheurs connaissent tous sous le nom de *lardin* ou *grasseur*. La mer a alors quelque chose d'épais, de gras, de huileux, et l'on a remarqué que, pour attirer dans ce cas la sardine, il convient de se placer sur les flancs du *lardin*, dont on la fait sortir par l'appât de la rogue. Sous le vent du *lardin*, on sent une odeur fade et douceâtre; la même chose a été observée pour le hareng. Les circonstances atmosphériques, l'électricité, paraissent avoir une grande action sur la sardine. Presque toujours à la veille d'une tempête, d'un violent orage, le poisson semble inquiet; il remonte facilement à la surface de l'eau; il est avide, affamé et se jette quelquefois en masse sur les filets. Généralement lorsque l'orage a éclaté, il s'enfonce et on le fait lever difficilement. Dans certains jours, l'appât fait monter la sardine, mais elle ne paraît pas friande; elle circule autour du filet sans chercher à le traverser pour saisir la nourriture qu'on lui présente (Caillo).

Debout à l'arrière du bateau, se tient le patron ayant près de lui une bacille pleine de rogue épluchée et délayée dans l'eau, mélangée de sable. Il sème cet appât des deux côtés du filet, d'abord avec parcimonie, et de temps en temps, pour forcer le poisson à venir à la surface de l'eau pour le lever, car tel est le terme consacré. Certains indices signalent aux pêcheurs la profondeur approchée à laquelle se trouve la sardine ; quand le goéland pique l'eau de son bec, le poisson est près de la surface ; quand le Fou de Bassan se laisse tomber à pic et de très haut, c'est que le poisson se tient à une certaine profondeur. Le plus souvent la sardine, très friande de l'appât qui arrive jusqu'à elle, vient vers la surface. Une fois le poisson levé, ce n'est plus de la rogue mêlée de sable, mais de la rogue pure qu'on lui donne ; de temps en temps aussi, et pour économiser la rogue dont le prix est élevé, le patron se contente de jeter une grande *échoppée* d'eau de mer ; cela fait du bruit et suffit souvent pour faire travailler la sardine. Essayer de décrire les évolutions d'une bande de sardines se précipitant sur l'appât qui lui arrive en abondance, est chose impossible, et tous les pêcheurs en parlent avec admiration. Lorsque la rogue vient à tomber, l'on voit les poissons s'élever rapidement du fond en colonne épaisse, sur un front de plusieurs mètres ; bientôt la bande se sépare ; quelques éclairs fugitifs commencent à sillonner les vagues de vert d'émeraude. Le patron jette à pleine main la manne dont le poisson est si friand. Ce sont alors des étincelles d'argent et d'acier qui roulent et roulent encore au milieu des flots et brillent au soleil ; ce sont des plongeons, des sauts à la poursuite des moindres bribes de l'appât ; c'est un fourmillement dont rien ne peut donner une idée ; les sardines vont, viennent, se croisent en tous sens. Au milieu de l'ivresse d'un festin si libéralement servi, le poisson ne voit pas les nappes traîtresses, ou plutôt perdant toute prudence, il se précipite à travers le filet pour dévorer la rogue qui tombe en avant (E.-H. Sauvage).

45. Anchois (*Engraulis encrasicholus*). — 0^m,15 à 0^m,20. Corps allongé, plus ou moins arrondi. Ventre sans carène dentelée. Museau avancé. Bouche très fendue. Mâchoire supérieure débordant l'inférieure, l'une et l'autre généralement dentées. Dos verdâtre. Ventre argenté. Peu de temps après la pêche, la région supérieure du corps devient d'un bleu plus ou moins foncé. Se trouve sur toutes nos côtes, surtout dans la Méditerranée.

Au printemps, les anchois se rapprochent des rivages en bataillons innombrables. Dans la Méditerranée, ces migrations se font d'occident en orient.

Par une nuit bien obscure, pendant laquelle la surface de la mer, doucement agitée par une légère brise, est toute resplendissante des phosphorescentes lueurs des méduses, des pyrosomes et de mille autres zoophytes, trois ou quatre bateaux montés chacun par trois hommes se rendent dans le plus profond silence vers les points où les anchois doivent être plus particulièrement abondants. Lorsque l'on

Anchois.

est arrivé à une ou deux lieues en mer, l'on allume un feu clair fait de branches de pin bien sèches. Dans l'ombre de ces bateaux s'avance doucement le *rissolier* qui porte des filets d'au moins soixante mètres de long sur près de deux mètres de chute. Bientôt les bateaux *fastiers* ou porte-feu s'espacent et se tiennent à une certaine distance les uns des autres. Attirés par la lueur des feux, les anchois se pressent en foule ; les bateaux fastiers se rapprochent alors les uns des autres et les poissons les suivent ; quand le pêcheur se voit entouré, il fait signe au bateau qui porte les filets, de venir et de mettre ses engins à la mer. Sans se presser, et doucement, le rissolier entoure le bateau fastier de ses filets qu'il laisse glisser à l'eau ; le cercle se resserre peu à peu ; puis les feux sont brusquement éteints, tandis que les pêcheurs battent l'eau de leurs rames en faisant le plus de bruit possible. Les anchois effrayés, éperdus, se sauvent de tous côtés, donnent de la tête dans les filets qui les entourent de toute part et s'emmaillent. Il ne reste plus alors qu'à relever le filet et à secouer le poisson dans la barque. Tant que la nuit est assez obscure, l'on peut aller recommencer la pêche plus loin. Quand une bande d'anchois s'approche de la côte pour frayer, l'on fixe au rivage un grand filet par une de ses extrémités de manière à ce qu'il forme une vaste enceinte. Le rissolier attend à l'ancre à l'extrémité mobile du filet ; pendant ce temps, le fastier va à la découverte et à l'aide de feux qui brillent à l'avant du bateau il s'efforce de rassembler le poisson et de l'amener vers le filet ; on éteint les feux à ce moment ; l'anchois se précipite vers le filet où une partie s'emmaille, tandis que l'autre se jette dans la poche ; on tire alors les filets vers le rivage (H.-E. Sauvage).

On conserve les anchois avec du sel dans des barils, ou dans de l'huile.

46. Brochet (*Esox lucius*). — 0^m,40 à 0^m,80, parfois plus d'un mètre. Corps allongé, couvert de petites écailles lisses. Bouche très fendue. Mâchoire supérieure plus courte que l'inférieure, pourvu de dents aiguës. Une seule nageoire dorsale, reculée vers la partie postérieure du corps, opposée à la nageoire anale. Queue fortement échancrée. Museau rappelant celui du canard par sa largeur. Coloration très variable. Ordinairement dos vert foncé, avec des taches d'un gris jaunâtre. Côtés verdâtre. Ventre argenté. Nageoires im-

Tête du Brochet.

paires rougeâtres, tachetées de vert. Nageoires paires rosées. Vit dans la plupart de nos cours d'eau et de nos étangs.

Le brochet est le requin des eaux douces ; il y règne en tyran dévastateur, comme le requin au milieu des mers. S'il a moins de puissance, il ne rencontre pas de rivaux aussi redoutables ; si son empire est moins étendu, il a moins d'espace à parcourir pour assouvir sa voracité ; si sa proie est moins variée, elle est souvent plus abondante, et il n'est point obligé, comme le requin, de traverser d'immenses profondeurs pour l'arracher à ses asiles. Insatiable dans ses appétits, il ravage avec une promptitude effrayante les rivières et les étangs. Féroce sans discernement, il n'épargne pas son espèce, il dévore ses propres petits. Goulu sans choix, il déchire et avale, avec une sorte de fureur, les restes mêmes des cadavres putréfiés. Lorsqu'il s'est élancé sur de gros poissons, sur des serpents, des grenouilles, des oiseaux d'eau, des rats, de jeunes chats, ou mêmes de jeunes chiens tombés ou jetés dans l'eau, et que l'animal qu'il veut dévorer lui oppose un trop grand volume, il le saisit par la tête, le retient avec ses dents nombreuses et recourbées, jusqu'à ce que la portion antérieure de sa proie soit ramollie dans son large gosier, et aspire ensuite le reste et l'engloutit. S'il prend une perche ou quelque autre poisson hérissé de piquants mobiles, il le serre dans sa gueule, le tient dans une position qui lui interdit tout mouvement et l'écrase, ou attend qu'il meure de ses blessures (Lacépède).

Croît très vite et vit longtemps. Fraye à diverses époques, et à ce moment se laisse prendre facilement. Chair blanche, ferme et de bon goût. On le chasse à l'aide de nasses, de filets, de l'hameçon amorcé d'un petit poisson, à l'aide d'un poisson artificiel brillant que l'on traîne derrière une barque (pêche à la cuillère). On peut aussi le tuer au fusil.

47. Orphie. — Corps très allongé. Tête se prolongeant en un bec extrêmement grêle. Mâchoire supérieure plus courte et plus étroite que l'inférieure. Tête aplatie en dessus. Mâchoires très allongées, garnies de nombreuses dents coniques. Nageoires dorsale et anale fort reculées, non suivies de pinnules.

Deux espèces :

a) **Orphie vulgaire** (*Belone vulgaris*), appelée aussi *Aiguille de mer, Aiguillette, Bécasse de mer.* — 0^m,50 à 0^m,80. Dos verdâtre. Ventre d'un blanc nacré. Commune sur nos côtes de l'Ouest. Assez commune dans la Méditerranée. Se pêche avec des filets. Quelquefois aux flambeaux. Peu recherché pour la nourriture à cause de la couleur bleue ou verte des os, qui effraye les consommateurs.

b) **Orphie aiguille** (*Belone acus*). — 0^m,40 à 0^m,70. Commune dans la Méditerranée et assez commune dans le golfe de Gascogne.

48. Exocet volant, appelé aussi *Hirondelle de mer, Hareng volant, Poisson volant.* — 0^m,25 à 0^m,45. Facilement reconnaissable à la longueur de ses nageoires pectorales. Ces curieux poissons se trouvent dans la Méditerranée où, d'ailleurs, ils sont assez rares.

On les voit s'élancer tout d'un coup de la mer, se précipiter dans l'air avec une grande rapidité et parcourir cinq à six mètres et même plus. Au bout de leur course, ils replongent dans l'eau, ou plus souvent s'abattent simplement à sa surface pour rebondir et parcourir un nouvel espace : ils font le ricochet. Leur trajectoire n'est pas, comme on pourrait le croire, régulière : en étendant ou en rétractant leurs nageoires soit d'un côté, soit de l'autre, ils peu-

Exocet volant.

vent faire subir un crochet à leur course ou bien suivre les ondulations des vagues dont ils s'écartent d'un mètre environ.

On est loin d'être d'accord sur l'espace que peut parcourir un exocet d'un seul bond. Certains voyageurs ont été jusqu'à dire qu'il pouvait franchir des arcs surbaissés de cent à cent vingt mètres : ces chiffres sont sans doute exagérés. Comme les exocets sont toujours réunis par troupes, on confond le vol de plusieurs exocets en un seul. Souvent on voit des troupes de cent à mille poissons s'élancer tous en même temps hors de l'eau et dans une direction constamment opposée à celle de la lame.

Le vol des exocets s'observe surtout quand la mer est agitée, violente même. Leur progression, d'abord rapide, va bientôt en diminuant; on en a vu dépasser un navire dont la marche était de dix milles à l'heure.

« Les poissons volants, dit le naturaliste Möbius, tombent souvent à bord des bateaux en marche ; cela n'arrive jamais pendant un temps calme ou du côté de dessous le vent, mais seulement avec une bonne brise et dans la direction du vent. Pendant la journée, les exocets évitent les navires, volant loin d'eux ; pendant la nuit ils volent fréquemment contre les bordages, contre lesquels ils sont portés par le vent, soulevés à une hauteur de parfois vingt pieds au-dessus de la surface de la mer. »

49. Saumon (*Salmo salar*). 0ᵐ,50 à 1 mètre et plus. Tête conique. Bouche largement ouverte. Mâchoire supérieure ordinairement un peu plus avancée que la mandibule, armées l'une et l'autre de fortes dents coniques. Langue munie de chaque côté de trois ou quatre dents aiguës. Opercule marqué de stries dirigées les unes vers le bord postérieur,

Saumon.

les autres vers son bord inférieur. La ligne latérale est un peu plus rapprochée du dos que du ventre. Dos bleu ardoisé. Flancs d'un gris argenté. Ventre argenté. Des taches noirâtres, plus ou moins arrondies, se montrent sur les pièces operculaires; d'autres en X, plus ou moins nombreuses, existant sur le corps, principalement au-dessus de la ligne latérale. Au moment du frai, des taches rougeâtres marquent le dos, les flancs, les pièces operculaires. Chair de couleur saumon. — Vit dans la plupart des rivières qui se jettent dans la Manche et dans l'Océan, surtout dans la Loire.

Les œufs de saumon sont déposés dans l'eau douce, et donnent naissance à de petits poissons pas bien jolis, d'une

teinte gris terne sur le dos, avec des bandes transversales sur les côtés. A un moment donné, ces jeunes saumons se transforment et deviennent *smolts,* comme disent les Anglais, c'est-à-dire qu'ils prennent leur costume de voyage : tout leur corps prend un magnifique éclat métallique. Jusqu'à ce moment ils vivaient chacun de leur côté ; mais devenus *smolts,* ils se rapprochent et se forment en troupes. Pendant tout le printemps, les bandes de saumonneaux descendent les rivières pour gagner la mer. Le voyage ne se fait pas d'ailleurs sans péripéties : ici, c'est la dent du vorace brochet qu'il faut éviter; là, danger terrible, ce sont les filets des pêcheurs qui, insidieusement, les menacent; ailleurs, c'est un remous violent qui les oblige momentanément à rebrousser chemin. Enfin, les bandes, un peu décimées, arrivent dans l'embouchure du fleuve; loin de se plonger dare dare dans l'onde amère, milieu qui, abordé sans transition, leur serait peut être fatal, les jeunes saumons restent dans l'eau saumâtre pendant deux ou trois jours. Enfin, l'accoutumance est faite et les bandes disparaissent dans la mer. Qu'y deviennent-elles? Je dois avouer que l'on n'en sait absolument rien. Tout au plus est-on à peu près certain que les saumons disparaissent dans les profondeurs de l'océan, où le filet des pêcheurs ne peut les atteindre. L'eau salée paraît leur être nécessaire pour leur fournir une nourriture abondante. De plus, elle leur donne sans doute ce « coup de fouet » que les villégiateurs vont chercher sur les plages du littoral et qui facilite grandement leur nutrition. La preuve en est que, si on les retient captifs dans l'eau douce, malgré l'abondance de la nourriture qu'on leur donne, ils ne « profitent » pas beaucoup et leur chair, décolorée, devient molle et sans saveur.

Toujours est-il qu'au bout de sept à huit semaines de leur fugue maritime, les saumons reparaissent à l'embouchure du même fleuve d'où ils étaient sortis. Mais ils sont tellement changés qu'on ne les reconnaît nullement et qu'autrefois on les prenait pour des poissons tout à fait différents. On fit un très grand nombre d'expériences en attachant un fil à la queue des *smolts* et en les lâchant dans la rivière. Deux mois après, on les voyait revenir saumons toujours avec leur marque distinctive. Avant le départ, chaque *smolt* ne pesait pas plus de deux à trois cents grammes; au retour, ils pèsent un kilogramme et demi à deux kilogrammes.

De même qu'à l'aller, les saumons s'arrêtent un instant dans l'eau saumâtre avant de s'engager dans l'eau douce. Puis les bandes se mettent à remonter le courant, les vieux individus en tête, les jeunes en arrière. Ces colonnes, d'ailleurs, ne sont pas toutes du même âge; celles qui reviennent les premières sont les plus vieilles; puis arrivent celles qui ont déjà effectué le voyage, et enfin les plus jeunes.

Dans cette montée, rien ne les arrête. S'ils donnent contre un filet, écrit Baudrillart, ils le déchirent ou cherchent à s'échapper par dessous ou par les côtés ; et dès qu'un de ses poissons a trouvé une issue, les autres le suivent et leur premier ordre se rétablit. Ils nagent au milieu du fleuve et près de la surface de l'eau ; et comme ils sont souvent très nombreux et qu'ils agitent l'eau violemment, ils font un bruit qu'on entend de loin. Lorsque le temps est chaud et à l'orage, ils rasent le fond de l'eau où se réfugient dans les endroits les plus profonds, où ils peuvent jouir de la fraîcheur qu'ils recherchent; et c'est par une suite de ce besoin de fraîcheur qu'ils aiment les eaux douces dont les bords sont ombragés par des arbres touffus. Les corps flottants sur l'eau et les couleurs les effraient et les forcent quelquefois à rétrograder. Si la température de la rivière et la qualité de l'eau leur conviennent, ils voyagent lentement; mais s'ils veulent se dérober à quelque sensation incommode ou à quelque danger, ils s'élancent avec tant de rapidité, que l'œil a de la peine à les suivre. On a remarqué qu'ils pouvaient parcourir en une heure un intervalle de dix lieues, et que lorsqu'ils ne sont pas forcés à des efforts prolongés, ils peuvent franchir en une seconde une étendue de vingt-quatre pieds. Les saumons ont dans leur queue une rame très puissante, et c'est également par son secours qu'ils franchissent des cataractes assez élevées. Ils s'appuient contre de grosses pierres, rapprochent de leur bouche l'extrémité de leur queue, en serrent le bout avec les dents, en font par là une sorte de ressort fortement tendu, lui donnent avec promptitude sa première fonction, débandent avec vitesse l'arc qu'elle forme, frappent avec violence contre l'eau, s'élancent à une hauteur de plus de quatre à cinq mètres, et franchissent la cataracte. Ils retombent quelquefois sans avoir pu s'élancer au delà des roches, ou l'emporter sur la chute de l'eau; mais ils recommencent bientôt leurs manœuvres, ne cessent de redoubler d'efforts après des tentatives très multipliées ; et c'est surtout lorsque le plus gros de leur troupe, celui que l'on a nommé le conducteur, a sauté avec succès, qu'ils s'élancent avec une nouvelle ardeur.

Quand les barrages sont trop hauts,

on a soin de mettre des « échelles à saumons » pour leur permettre de les franchir.

La chair du saumon, d'une teinte si particulière, — qu'elle partage cependant avec la truite saumonée, — est grasse, nourrissante, très agréable au goût.

On le prend surtout quand il remonte les rivières, à l'aide d'une seine que l'on traîne avec de petits bateaux. On peut aussi le capturer soit à la mouche, naturelle ou artificielle, soit avec des poissons artificiels.

50. Truite de mer (*Trutta marina*). 0ᵐ,40 à 0ᵐ,80. Museau arrondi. Bouche largement ouverte. Mâchoire supérieure légèrement plus avancée que l'inférieure, ayant, l'une et l'autre, des dents assez fortes, un peu crochues, ainsi que les palatins. La langue est munie de deux séries longitudinales de trois à cinq dents crochues. Opercule gravé de stries bien marquées. Dos gris verdâtre. Côtés blanchâtres. Ventre argenté. Taches noirâtres, irrégulières, en X le plus généralement, plus nombreuses au-dessus de la ligne latérale qu'au dessous. De la mer du Nord aux côtes de l'Océan. Mêmes mœurs que le saumon, mais ne remonte jamais aussi loin que lui.

51. Truite commune (*Trutta fario*), appelée aussi *Truite ordinaire* et *Truite saumonée* (quand la chair est rouge comme celle des saumons). — 0ᵐ,20 à 1 mètre. Corps généralement un peu ovale, comprimé. Tête forte. Museau gros. Bouche largement fendue. La mâchoire supérieure est ordinairement plus avancée que l'inférieure, portant l'une et l'autre une rangée de dents crochues. De chaque côté de la langue une rangée de trois ou quatre dents. Coloration extrêmement variable. Dos vert plus ou moins foncé. Gorge et ventre jaunâtre. Sur la tête, le dos et les flancs, il y a des taches noires plus ou moins arrondies. Des taches rougeâtres, parfois ocellées se montrent sur le corps et sur la dorsale. Commune dans la plupart de nos rivières.

La truite aime l'eau claire, froide, venant des lieux élevés et coulant avec rapidité sur un fond pierreux. Elle se déplace surtout la nuit et remonte les courants les

Truite commune.

plus rapides. Humeur farouche et prudence extrême, toujours aux aguets. Commence à frayer en octobre.

Lorsque les truites vont frayer, elles

remontent dans les ruisseaux ; elles se rapprochent des rives et se placent entre les grosses pierres, près des racines d'arbres, toujours sur un fond de gravier sur lequel coule l'eau avec un léger courant. Le plus habituellement les femelles sont suivies de plusieurs mâles, petits en général, dont plusieurs accourent pour dévorer les œufs qui vont être pondus. Avant la ponte, la femelle se frotte le ventre contre le sable ou le gravier, et, par des mouvements de la queue, creuse un trou plus ou moins profond, dans lequel elle dépose ses œufs ; puis elle fait place au mâle. Les œufs sont ensuite légèrement recouverts puis abandonnés à eux-mêmes ; ils ont souvent la grosseur d'un pois. Jamais une truite ne se débarasse de ses œufs en une seule fois ; la ponte se fait par interruption dans un espace de huit jours et la nuit, de préférence lorsqu'il fait clair de lune. La durée de l'incubation dure de quarante à soixante jours, suivant la température (Brehm).

La chair de la truite est très délicate, la meilleure que peut se procurer un pêcheur à la ligne.

Sa pêche a été fort bien décrite par de la Blanchère : si vous voyez, dit-il, une truite s'élancer sur une mouche naturelle, jetez la vôtre un peu au-dessus de l'endroit ou vous jugerez que peut être la tête, un peu plus à droite ou à gauche. Elle ne viendra probablement pas à votre première épreuve ; recommencez trois ou quatre fois... Mais elle ne saisira votre mouche que lorsqu'elle se présentera tout près d'elle et de manière à la tenter. La truite ne quittera pas sa position pour votre amorce, si celle-ci se trouve en dehors de sa tournée d'alimentation. Cependant quelques jets répétés peuvent l'attirer dans l'endroit désiré, et c'est lorsqu'elle nagera à la surface de l'eau qu'elle prendra la mouche sans hésiter, mais elle ne sortira pas de sa route pour saisir *aucune* mouche. Le temps a un effet extraordinaire sur ce poisson, et surtout sur sa disposition à manger ; avec le vent d'est, la truite ne se prend pas facilement ; elle a horreur des orages accompagnés de tonnerre ; les vents violents sont défavorables au pêcheur, de quelque côté qu'ils viennent. Pendant et après les pluies douces, sans trop de vent, voilà le moment par excellence pour prendre la truite. Il faut éviter un ciel très clair, à moins qu'il n'y ait assez de vent pour soulever sur l'eau de fortes rides et même alors, par un jour limpide, on prendra peu de truites. Au contraire, un temps sombre, succédant à une nuit lumineuse, est excellent pour remplir le panier, car les truites sont presque aussi timides dans une nuit éclairée par la lune que dans le jour ; aussi, pendant ces nuits-là, elles ne chassent pas. Si donc le lendemain le temps est couvert, la truite aura faim, se croira en sûreté et mordra âprement. Lors de la saison froide, pêchez seulement au milieu du jour ; dans la saison chaude, le matin et le soir. La soirée, en général, vaut mieux que la matinée, sans doute parce que les truites, ne mangeant pas du tout pendant la chaleur, ont faim le soir ; au contraire, si elles ont chassé librement pendant la nuit, elles sont moins friandes de l'amorce le matin. L'heure qui précède le crépuscule et celle qui le suit, si la nuit est très sombre, sont les plus favorables ; c'est le moment d'ailleurs où les gros poissons commencent leur tournée. À la pêche à *la surprise*, entre les arbres et les buissons, si l'on aperçoit un endroit où se tient probablement une truite, il faut descendre la mouche très doucement en lui imprimant un mouvement cadencé ; mais elle ne doit que toucher la surface sans que la plus petite portion de florence attaque l'eau. Cette précaution est essentielle pour réussir, car il est bien rare de prendre une truite à la ligne volante, si elle voit le plus petit morceau de florence dans le courant. Il arrive très souvent qu'on aperçoit une truite tout près du bord du ruisseau ou sous l'ombre d'un buisson ; rien n'est plus facile que de s'en emparer. Ne vous placez pas devant elle, mais, vous portant en arrière, descendez la mouche très doucement à quelques centimètres à côté de sa tête, mais jamais immédiatement en avant ; si vous laissiez tomber la mouche en avant, le poisson verrait la florence et fuirait, tandis qu'en la plaçant sur le côté, il ne sera prévenu de son approche que lorsqu'elle tombera à l'eau ; il n'aura pas le temps de l'examiner trop scrupuleusement, il s'élancera dessus involontairement... de crainte qu'elle ne s'en aille au courant.

52. Omble-chevalier (*Umbla salvelinus*). — 0ᵐ,30 à 0ᵐ,40, jusqu'à 0ᵐ,80. Mâchoires égales armées l'une et l'autre d'une rangée de dents assez fortes,

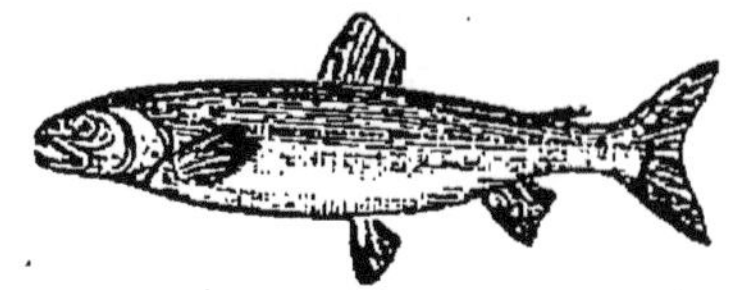

Omble-chevalier.

aiguës, crochues. La langue a de chaque côté une rangée de quatre à six dents fortes ; parfois, elle en a une petite sur le bout. La ligne latérale est droite. Dos gris verdâtre. Ventre d'un jaune orangé assez clair teinté de blanc ou de rose. Des taches blanchâtres ou jaunâtres, parfois ocellées, ayant au centre un point rougeâtre, se montrent sur le dos et les côtés, principalement chez les jeunes individus ; les taches, chez les sujets de grande taille, tendent à s'effacer et même disparaissent complètement. La nageoire anale et les nageoires paires sont d'un orangé pâle ; elles ont le premier rayon, parfois le deuxième et le troisième d'un blanc laiteux. Se trouve dans la Meurthe, les lacs des Vosges, le lac de Genève, le lac du Bourget.

53. Éperlan (*Osmerus eperlanus*). —

0ᵐ,15 à 0ᵐ,25. Corps allongé, plus ou moins fusiforme. Écailles très minces, caduques. Tête large en dessus. Bouche très grande. Première nageoire dorsale commençant au-dessus ou en arrière de l'insertion des ventrales. Queue four-

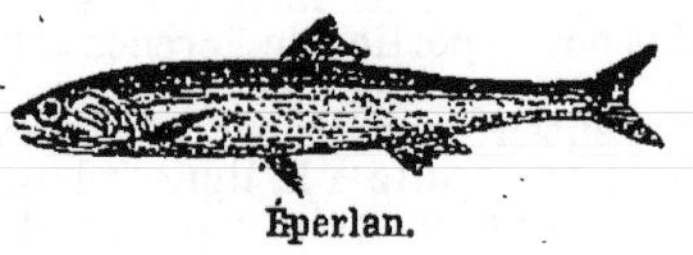

Éperlan.

chue. Dos gris verdâtre, transparent, pointillé de noir. Les flancs et le ventre sont argentés ; une bande verdâtre sépare la teinte des côtés de celle du dos. La première nageoire dorsale est d'un blanc teinté de noir. Les nageoires ventrales et anale sont blanches. La queue est grisâtre. Vit sur nos côtes de l'Ouest. Remonte les fleuves pour frayer. Dans la Seine, il va au delà de Rouen. Il suit plutôt le bord de l'eau. Se plaît dans les eaux un peu troubles et stagnantes. La montée se fait au printemps. Exhale une odeur assez forte au moment du frai. Se pêche avec des filets sédentaires. Se consomme frais.

54. Ombre ou Thymalle (*Thymallus vulgaris*). — 0ᵐ,20 à 0ᵐ,30.

Corps allongé, légèrement comprimé, couvert d'écailles assez grandes. Tête petite. Bouche peu fendue. Mâchoires garnies de dents fines,

Ombre.

courtes, pointues. Première nageoire dorsale aussi longue que la tête, avancée, commençant vers le milieu de l'espace séparant le bout du museau de la seconde dorsale. Queue fourchue. Dos blanc teinté de gris. Les flancs et le ventre sont d'un blanc argenté, légèrement grisâtre sur le bord des écailles. Souvent le corps est marqué de bandes longitudinales grisâtres. La première nageoire dorsale est d'un blanc rosé jaunâtre avec quelques séries de taches brunes formant des espèces de bandes dans les espaces des rayons. La nageoire anale est de couleur chair, teintée de brun. Queue d'un gris clair. Vit dans la Meurthe, la Moselle, la Meuse, le Doubs, l'Ain, le lac d'Annecy, le lac du Bourget, le Rhône, l'Hérault, la Loire, etc. Chair blanche et délicate. Fuit les eaux froides. Ne fraye qu'en hiver.

55. Corégone lavaret (*Coregonus lavaretus*). — 0ᵐ,20 à 0ᵐ,40.

Corps allongé, plus ou moins comprimé, couvert d'écailles assez petites. Bouche médiocre. Mâchoires non dentées. Maxillaire supérieur aplati, court, n'arrivant pas, en arrière, au prolongement du diamètre vertical de l'œil. Première nageoire dorsale commençant plus en avant que les ventrales, après le milieu de l'espace séparant le bout du museau de la seconde dorsale. Elle est généralement plus haute que longue. Dos gris bleuâtre à reflets argentés. Les côtés et le ventre sont argentés. Nageoires pointues. Très commun dans le lac du Bourget. Chair savoureuse.

56. Corégone féra (*Coregonus fera*). — 0ᵐ,25 à 0ᵐ,50.

Diffère de l'espèce précédente par sa mâchoire qui est plus avancée que la mandibule. Dos d'un brun clair à reflets verdâtres. Ventre blanchâtre. Nageoires dorsale et caudale grisâtres. Très commun dans le lac Léman. Chair excellente.

57. Argentine sphyrène (*Argentina sphyræna*). — 0ᵐ,14 à 0ᵐ,20.

Corps allongé, couvert d'écailles caduques, grandes et minces. Tête légèrement aplatie en dessous. Bouche peu fendue. Maxillaire supérieur peu allongé. Mâchoire inférieure non dentée. Corps d'un blanc nacré fort brillant. La première nageoire dorsale est d'un gris pâle. La caudale est d'un gris assez foncé. La vessie natatoire est enduite d'un pigment argenté recherché pour la fabrication des fausses perles. Assez commun dans la Méditerranée.

Poissons plats.

Les poissons plats ont le corps très comprimé, bordé sur une longue étendue par la dorsale et par l'anale. Coloré à l'état normal d'un seul côté, du côté correspondant à celui où se trouvent les yeux ; blanchâtre du côté opposé. Peau ordinairement couverte d'écailles, parfois de tubercules. Anus très avancé. Tête non symétrique. Dents parfois sur une seule moitié des mâchoires, celle loré. Nageoire dorsale commençant sur la tête et finissant très en arrière, ainsi que l'anale, qui est fort longue.

En somme, ce sont des poissons couchés sur un des côtés de leur corps et où la tête a subi un mouvement de tor-

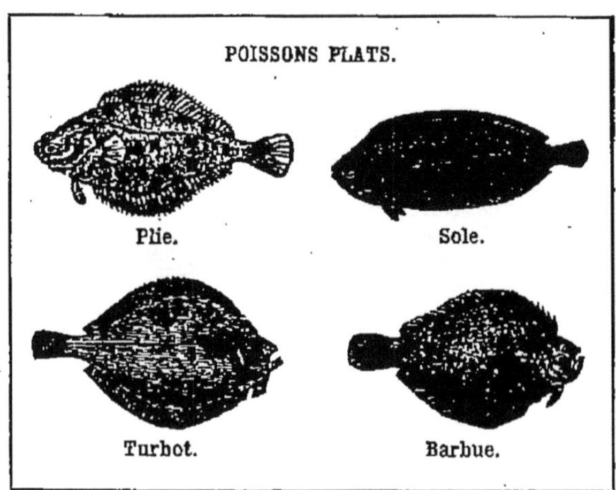

qui est du côté aveugle. Yeux placés du même côté, soit à droite soit à gauche, excepté chez les très jeunes animaux qui les ont d'abord symétriques. Narines à deux orifices. Ligne latérale généralement bien marquée du côté co- sion destiné à amener les yeux d'un même côté.

Il y a de nombreuses espèces. Le tableau suivant permettra de reconnaître les principaux genres :

Yeux à droite.	Nageoire dorsale commençant au-dessus de l'œil supérieur.	Base de la nageoire dorsale hérissée de tubercules épineux.			*Flet.*
		Base de la nageoire dorsale lisse.	Dents larges coupantes.		*Plie* ou *Carrelet.*
			Dents larges pointues.	Écailles pectinées..	*Limande.*
				Écailles lisses.	*Flétan.*
	Nageoire dorsale commençant en avant de l'œil supérieur.				*Sole.*
Yeux à gauche.	Nageoires impaires réunies.				*Plagusie.*
	Nageoires impaires libres.	Espace qui sépare les yeux plus petit que le diamètre vertical de l'œil..			*Pleuronecte.*
		Espace qui sépare les yeux égal au moins au diamètre vertical de l'œil.	Côté gauche garni d'écailles pectinées.		*Rombon.*
			Côté gauche garni d'écailles lisses ou de tubercules.	Des tubercules sur le côté gauche.	*Turbot.*
				Des écailles lisses sur le côté gauche..	*Barbue.*

Tous ces poissons plats sont assez communs sur nos côtes, où ils vivent à la surface du sable ou plus ou moins caché par lui. La plupart sont gris avec à la surface des taches orangées et des marbrures qui les font se confondre d'une manière complète avec le sable et le gravier environnant. Ils peuvent aussi modifier à volonté leur coloration dans une certaine étendue. Les pleuronectes fraient pendant la belle saison, le turbot et la barbue de mars à mai, la sole de mai à fin juin. Les œufs sont déposés sur les herbes. La chair de tous les poissons plats est bonne, surtout celle de la sole et du turbot.

QUINZIÈME GROUPE.

1. Orthagorisque môle (_Orthagoriscus mola_), appelé aussi _Môle, Lune, Poisson Lune, Lune de mer._ — 0ᵐ,50 à 1ᵐ,50 et plus. Corps tronqué en arrière, haut, comprimé. Peau couverte de tubercules et de scutelles, parfois hérissée d'épines chez les jeunes, dure, épaisse, non extensible. Bouche petite. Mâchoires sans séparation médiane. Na-

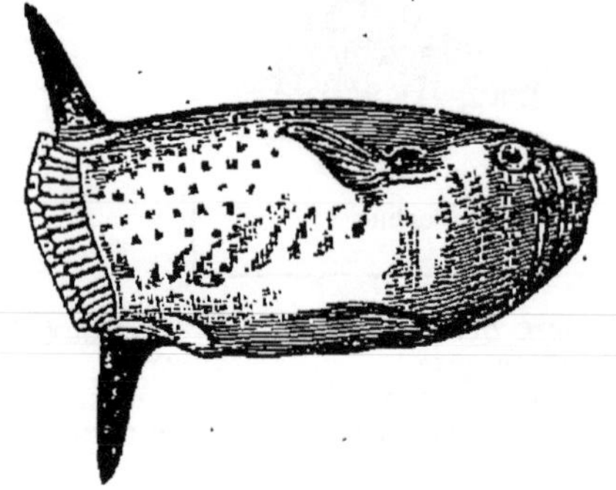

Orthagorisque môle.

geoires dorsale et anale hautes, reculées vers la nageoire caudale à laquelle elles sont plus ou moins unies. Pas de nageoires ventrales. Dos grisâtre. Côtés d'un blanc argenté très vif. Nageoires

brunâtres. Ce singulier poisson se trouve sur toutes nos côtes, mais il est toujours assez rare. Il nage au voisinage de la surface de la mer, en partie émergé, au point que les oiseaux de mer viennent se poser sur son dos.

2. Baliste caprisque (_Balistes capricus_). — 0ᵐ,15 à 0ᵐ,35. Corps ovale, comprimé, couvert de pièces rudes. Tête développée. Museau avancé. Deux nageoires dorsales, la première épi-

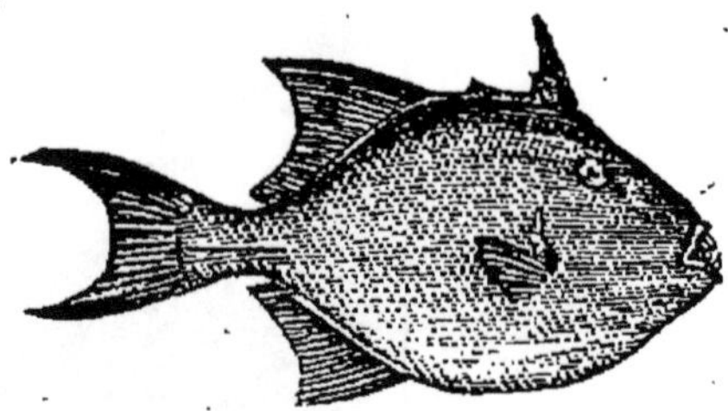

Baliste caprisque.

neuse. Dents plus ou moins aplaties sur deux rangées à la mâchoire supérieure. Peau rude formant une espèce de cuirasse formée de pièces losangiques, étroites et dures. Teinte gris brunâtre. Vit dans la Méditerranée où il est rare.

3. Coffre à bec (_Ostracion nasus_). — 0ᵐ,20 à 0ᵐ,30. Corps polyédrique à face abdominale aplatie, couvert d'une carapace. Une sorte de nez au-dessus de la branche. Vit dans la Méditerranée où il est extrêmement rare.

DEUXIÈME PARTIE

—

INVERTÉBRÉS

INVERTÉBRÉS

EMBRANCHEMENT DES ARTHROPODES

Animaux à symétrie bilatérale, à corps composé d'anneaux, différents les uns des autres, portant des organes de locomotion articulés.

On les divise en quatre groupes principaux :

1° Insectes (voir p. 226) ;
2° Arachnides (voir p. 378) ;
3° Myriapodes (voir p. 391) ;
4° Crustacés (voir p. 393).

CLASSE DES INSECTES

Animaux articulés à respiration aérienne (même quand ils vivent dans l'eau), à corps divisé en tête, thorax et abdomen. Tête portant une paire d'antennes. Thorax composé de trois anneaux plus ou moins soudés et portant trois paires de pattes, ainsi que, souvent, deux paires d'ailes.

On reconnaîtra facilement les groupes aux caractères suivants :

Bouche disposée pour sucer ou pour piquer. Ailes postérieures transformées en petits boutons ou manquantes. . . . . **Diptères** (p. 308).

Bouche disposée en trompe pour sucer. Quatre ailes semblables recouvertes d'écailles. Métamorphoses complètes.. . . . . **Lépidoptères** (p. 265).

Bouche disposée pour lécher. Quatre ailes membraneuses. Métamorphoses complètes.. **Hyménoptères**(p. 341).

Bouche disposée pour piquer et sucer. Ailes membraneuses ou à demi-coriaces.
Hémiptères (p. 289).

Bouche disposée pour broyer. Ailes antérieures transformées en élytres. Ailes postérieures se pliant deux fois au-dessous d'elles. Métamorphoses complètes.
Coléoptères (p. 226).

Pièces buccales disposées pour broyer. Deux paires d'ailes, les antérieures dures, les postérieures se pliant en long au-dessous d'elles. Métamorphoses incomplètes.. . . . . **Orthoptères** (p. 326).

. Bouche suceuse et broyeuse. Ailes articulées. Métamorphoses complètes.
Névroptères (p. 322).

Pas d'ailes. Corps couvert d'écailles (1). . . . . **Thysanoures** (p. 321).

Ordre des COLÉOPTÈRES

Insectes à ailes antérieures cornées (élytres) et à ailes postérieures membraneuses se repliant pour se cacher au repos sous les élytres. Pièces de la bouche conformées pour broyer. Métamorphoses complètes, c'est-à-dire que l'œuf donne naissance à une larve très différente de l'adulte. Thorax formé de trois anneaux: les deux postérieurs sont soudés à l'abdomen, l'antérieur est libre et porte le nom de corselet.

(1) Les autres insectes dépourvus d'ailes et d'écailles rentrent dans les autres groupes et surtout dans les Hémiptères.

FAMILLE DES CARABIDES.

Coléoptères carnassiers et armés pour cela de mandibules courtes et aiguës. Pattes organisées pour la course. Antennes en forme de fil à onze articles. Articles des tarses antérieurs élargis chez le mâle. Abdomen composé de six à huit anneaux, dont les trois antérieurs sont soudés entre eux. La plupart ne peuvent voler et certains même ont les élytres soudées. Ils courent avec rapidité. Ils chassent généralement la nuit, tandis que dans le jour, ils se cachent sous les pierres où il est facile de les trouver. Les larves sont allongées et possèdent des antennes à quatre articles, des pinces saillantes en forme de faucille, et des pattes assez longues, à cinq articles.

Citons les genres et les espèces les plus susceptibles d'être rencontrées :

Carabe. — La tribu des carabiques comprend un grand nombre de genres, mais ayant tous ceci de commun d'être carnassiers. Au point de vue de l'agriculture, ils présentent un grand intérêt, car ils dévorent une grande quantité d'autres insectes nuisibles. Aussi ne saurait-on trop les protéger, et, surtout ne pas les écraser, comme on le fait trop souvent quand on les rencontre dans les allées des jardins. Pour donner une idée de cette importance, il me suffira de citer le cas du physicien Bois-Giraud qui, à Toulouse, avait débarrassé *entièrement* son jardin des chenilles qui l'infestaient en y apportant tous les exemplaires d'un gros carabique, le calosome, qu'il rencontrait dans ses promenades.

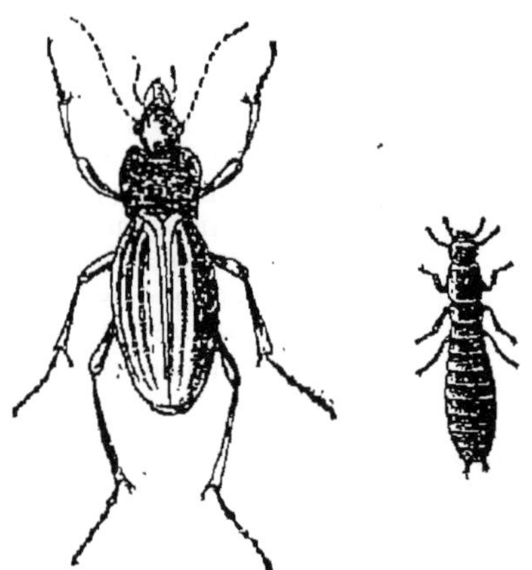

Carabe doré et sa larve.

Les carabes, et notamment le carabe doré sont connus de tout le monde ; car il est fréquent de les voir courir dans les chemins ou entre les herbes surtout à la tombée de la nuit. Dans la journée ils préfèrent rester au repos, le plus souvent cachés sous des pierres où il est facile de les trouver. Le soir ils se répandent dans la campagne et font alors un véritable carnage d'insectes, de limaces, de vers, etc., que, grâce à leurs mandibules très solides et très acérées, ils mettent à mort et dévorent en un clin d'œil ; les hannetons entre autres n'ont pas de pires ennemis. Agiles et courageux, ils s'attaquent souvent d'ailleurs à plus forte partie, et si leur ennemi est gros ils ne se laissent pas prendre sans vendre chèrement leur vie.

Le liquide injecté par les carabes, et qui leur a fait donner le nom de *vinaigriers*, brûle la peau et la fait tomber au bout de quelques jours : il contient surtout de l'acide butyrique.

L'espèce la plus commune est le carabe doré, dont les élytres, parcourus par des sillons longitudinaux, sont d'un vert métallique, avec des reflets bronzés.

Dans les campagnes, on le désigne avec raison sous le nom de jardinière, car c'est un excellent jardinier ne faisant aucun mal aux plantes potagères et au contraire en en dévorant les ennemis. On l'appelle aussi *sergent* ou *couturière.*

Carabe monilis.

Deux espèces également communes sont : le *Carabe purpurascens*, allongé, noir, avec un fin liséré métallique, et le *Carabe monilis*, tout couvert de points en reliefs ressemblant à autant de tirets. Enfin, dans les montagnes, on trouve beaucoup de carabes, tous plus jolis les uns que les autres par l'éclat métallique de leurs élytres, qui va du plus rouge rutilant au bleu le plus clair et au violet le plus pur : c'est le *splendens*, l'*auronitens*, le *rutilans*, tous termes qui indiquent bien l'admiration que professent pour eux les collectionneurs.

Nébrie. — Tête brièvement ovalaire, non retirée en arrière. Antennes grêles, au moins de la longueur de la moitié du corps. Élytres peu convexes ou même déprimés. A citer : le *Nebria brevicollis* (12 à 13 millimètres de couleur

Nébrie.

noire, très commun sous les pierres et le *Nebria complanata,* plus grand, de couleur blanche et vivant au bord de la mer, sous les épaves.

Bembidium. — Corps aplati, oblong. Tarses antérieurs dilatés chez les mâles. Ces carabiens de petite taille (un demi-centimètre environ) courent au bord des eaux, dans les débris abandonnés par le flot. « Leurs couleurs sont très variées et souvent fort belles. Doués d'une agilité surprenante, ils se plaisent dans les lieux les plus propices à leurs goûts carnassiers : les uns habitent les bords humides des rivières ou des ruisseaux ; les autres préfèrent les marais et les eaux stagnantes, aimant à se cacher sous les détritus et les feuilles mortes. Ceux-ci poursuivent leur proie sur le sable et trouvent un abri sous les cailloux ; ceux-là viennent presque dans nos champs et nos jardins nous faire admirer la rapidité de leurs courses. Quelques-uns se glissent même sous les écorces ou se promènent dans le feuillage, et plusieurs, tels que l'*aspericolle,* l'*ephippium,* le *sautillare* n'habitent qu'au bord des eaux sales ou, tels que *coccinnum, œneum, laterale,* etc., ne s'éloignent jamais des rivages battus par les flots de la mer. Ils volent ordinairement le soir ; certaines espèces, toutefois, prennent leur essor au milieu du jour » (J. du Val).

Æpus. — Palpes terminés en fuseau grêle, cordiformes. Élytres déprimés, arrondies, comme tronquées au bout. Pas d'ailes. Corps hérissé de poils. L'*Æpus Robini* vit au bord de la mer, dans les fentes des rochers. A marée haute, il est recouvert par l'eau de mer.

Sphodrus. — Mêmes caractères que le genre précédent, mais avec le corps déprimé. Le *Sphodrus leucophthalmus* est noir et vit dans les caves, sous les tonneaux. Ses yeux sont blanchâtres.

Amara. — Menton à dent bifide, mais peu saillante. Corselet plus large en arrière qu'en avant. Taille moyenne. Dans les chemins on voit très souvent courir un petit coléoptère (1 centimètre environ) de couleur bronzée, luisant et bien lisse : c'est l'*Amara trivialis.* Contrairement aux autres carabiens, les amaras semblent se nourrir aussi bien de matières végétales que d'insectes, de même que le genre suivant.

Zabre. — Tête élargie en arrière. Menton à dent peu saillante. Le corps est plus bombé que celui des amaras. Aspect massif. On le voit souvent grimper sur les épis de blé où sa présence

Zabre bossu.

étonne toujours l'entomologiste, qui est habitué à reconnaître les carabiens et à les rencontrer sous les pierres ou sur le sol. Le *Zabre bossu* (12 à 15 millimètres) est d'un brun noirâtre, à élytres striés. Il semble manger les grains de blés non encore mûrs.

Calosome. — Corps large, pourvu d'ailes sous les élytres. Mandibules striées. Tarses antérieurs des mâles à premiers articles dilatés. La plus belle espèce et la plus commune est le *Calosome sycophante,* que l'on rencontre en visitant les troncs de chênes sur lesquels il se promène. Son corselet est en forme de cœur et d'un bleu glacé de brun. Ses élytres, très larges relativement au corselet, sont striés en large et présentent trois rangées de petites fossettes. Elles sont d'un vert métallique ou d'un or bruni magnifique. C'est un insecte

Calosome.

utile qui fait une chasse acharnée aux chenilles vivant sur les arbres et notamment aux chenilles processionnaires. Sa larve qui est d'un noir lustré, se glisse aussi souvent dans les bourses soyeuses de ces mêmes chenilles et y sème le carnage. On la trouve aussi sur les peupliers et les bouleaux où elle attaque la chenille du léparis dispar.

Procrustes. — Corps ovalaire sans

ailes sur les élytres. Mandibules lisses. Dent du menton plus courte que les lobes latéraux. Le magnifique coléoptère qui a nom *Procrustes coriaceus* est de couleur noire mate, avec des élytres chagrinés. Taille grande.. Odeur infecte. Vit dans les haies et les mousses.

Bombardier. — Tibias antérieurs simples extérieurement. Abdomen formé de sept anneaux distincts extérieurement chèz la femelle et de huit chez le mâle. Echancrure du menton dépourvue de dent.

Ces jolis coléoptères vivent sous les pierres où on les trouve généralement réunis à plusieurs. On les reconnaît facilement à leur corselet rouge et leurs élytres bleus ou verts. Ils sont remarquables en ce que, lorsqu'on les tracasse, ils émettent, par la partie postérieure du corps, une série de petites explosions accompagnées chacune d'un petit nuage de fumées très acides, répandant une odeur nitreuse et brûlant les doigts.

Bombardier.

Les espèces les plus communes sont le *Brachinus crepitans* (4 millimètres environ) à élytres ardoisés et le *Brachinus displosor*, qui est plus grand et a de fortes lignes sous ses élytres.

Scarite. — Habite les plages sablonneuses de la Méditerranée. Tête grande. Mandibules arquées et très grandes. Antennes plus longues que les mandibules. Jambes disposées pour fouir dans le sol. Ne sort guère que le soir. Le *Scarites gigas*, qui est l'espèce la plus commune, creuse des terriers dans le sol et se tient le corps à moitié sorti de son trou, d'où il guette les insectes dont il fait sa nourriture.

Harpale. — Corps de forme oblongue. Élytres allongés presque parallèles. Corselet presque carré ou en forme de trapèze. Taille moyenne. Teintes généralement sombres. On les trouve courant dans les champs ou se cachant sous les pierres où ils sont très communs.

L'*Harpalus œneas* est l'espèce la plus fréquente; ses élytres sont finement striés, ses pattes et ses antennes d'un rouge ferrugineux; on la trouve dans tous les jardins.

Féronie. — Tête de forme ovale. Mandibules arquées et aiguës. Au milieu de l'échancrure du menton, il y a une dent bifide à l'extrémité. Les espèces de féronies sont très nombreuses, sous les pierres et les feuilles mortes. La plupart sont noires ou à reflets métalliques. A citer : *Feronia vulgaris* (noir), *Feronia caprea* (vert cuivré brillant).

Broscus. — Grosse tête ovalaire. Menton avec une dent simple au milieu de l'échancrure. Corselet large et plat. Élytres allongés, ovalaires, parallèles. Le *Broscus cephalotes* est assez commun dans les champs ou sous les pierres. Il est peu agile.

Pristonychus. — Corps allongé. Pas d'ailes sous les élytres. Yeux peu saillants. Corselet en forme de cœur. Tarses antérieurs des mâles à trois premiers articles dilatés. Le *Pristonychus terricola* se reconnaît facilement à ce qu'il vit dans les caves.

Cicindèle. — Les cicindèles sont de charmants coléoptères dont raffolent les collectionneurs. Elles sont moins connues du public en raison de leur timidité qui les fait toujours s'éloigner de l'observateur de 3 à 4 mètres.

La plupart d'entre elles vivent dans les endroits sablonneux et surtout ensoleillés; cachées dans les touffes d'herbe quand le temps est maussade ou simplement couvert, elles se rattrapent largement de leur immobilité quand le soleil paraît. On les voit alors, dans les allées sableuses, sur les plages au bord de la mer, courir de-ci de-là, ou, bien plus souvent, voler en parcourant de longs espaces, et en s'abattant lourdement sur le sol, où, dès lors, elles restent immobiles. Cette immobilité est telle qu'en se promenant dans une allée de jardin, on ne les aperçoit pas et l'on est tout étonné de les voir s'envoler de toutes parts comme si elles sortaient de terre.

Pour capturer les cicindèles, il n'y a qu'un moyen: c'est le filet à papillons. Mais quand vous aurez abattu le sac de gaze sur la bestiole, ce qui, en somme, n'est pas très difficile, n'allez pas vous imaginer que vous la tenez. Elle se retournera, se démènera, se débattra tant que bien souvent elle trouvera quelque interstice pour s'échapper et retrouver la liberté et le soleil, sans lesquels elle ne peut vivre. D'ailleurs, saisie avec les doigts qui, vu sa délicatesse, n'osent la serrer trop fort, elle s'agite si bien, avec ses pattes et ses mandibules qui arrivent parfois à mordre les épidermes délicats, que souvent elle parvient à s'enfuir. Mais soyez plus fort qu'elle et maintenez-la sans crainte, elle est plus robuste qu'elle n'en a l'air, et vous aurez alors, quand il s'agit d'un cicindèle champêtre, la satisfaction de sentir une très agréable odeur d'eau de rose, malheureusement bientôt souillée par une odeur âcre provenant d'un liquide jaunâtre dégorgé par l'animal en fureur, si fugace que soit cette odeur d'eau de rose, elle devait être signalée, car les insectes odorants sont relativement rares.' Malgré leur aspect léger, leurs pattes délicates, leurs fines mandibules, les dessins agréables qui ornent leurs élytres, les cicindèles sont de véritables bandits, négligeant le suc des fleurs qui semblent faites pour elles, ne vivant que de proies vivantes.

Leur vue est très perçante comme on s'en rend facilement compte quand on cherche à les prendre, et leur permet d'apercevoir les plus petites mouches dansant dans l'air, et de les pincer, en un clin d'œil, avec leurs mandibules déliées. Détruisant des insectes nuisibles, elles sont donc elles-mêmes utiles à l'agriculture.

A l'état adulte, les cicindèles nous présentent, on vient de le voir, plusieurs particularités intéressantes.

A l'état de larves, elles ne sont pas moins curieuses. Leur aspect d'abord est assez fantasque : au lieu d'avoir le corps régulièrement calibré, elles sont en quelque sorte bossues, avec une tête volumineuse, cornée, avec le dessous aplati et le 8e anneau sensiblement plus volumineux que les autres et armés de crochets.

Toutes ces particularités vont s'expliquer facilement par le mode de vie de cette larve. Elle vit en effet dans des trous verticaux qu'elle creuse dans le sol et venant s'ouvrir à ras de terre par un orifice arrondi. Quand tout est tranquille, la larve grimpe dans son tuyau comme un ramoneur dans une cheminée, non avec ses pattes, mais par les ondulations de son corps qui s'arc-boute sur les parois. Arrivée au sommet, la larve reste en repos, toujours contournée en S, et c'est alors que son huitième anneau saillant lui est d'une grande utilité pour la maintenir sans grande fatigue sur les parois de la loge, parois auxquelles ses crochets adhèrent fortement. Mais ce n'est pas encore là ce qu'il y a de plus curieux. La larve, en effet, se place de telle sorte

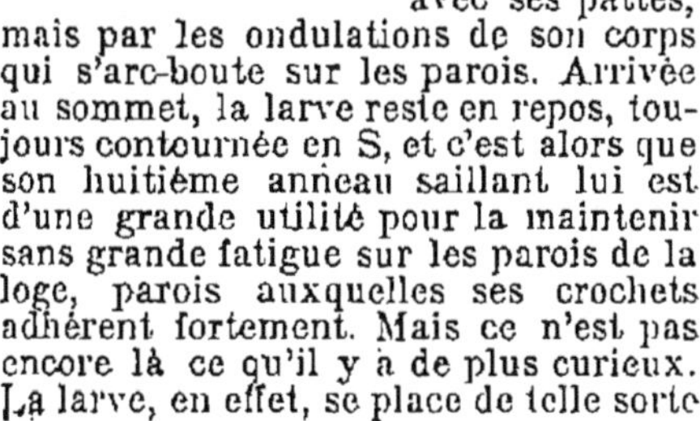

Larve de Cicindèle.

que sa tête vient effleurer exactement au niveau de l'orifice. Or, nous avons dit plus haut que cette tête était aplatie ; le plateau qu'elle porte vient se placer de manière à continuer en quelque sorte la surface du sol. On voit tout de suite que ce dispositif a pour résultat de faire disparaître l'orifice de l'habitation. Aussi les insectes des environs ne l'aperçoivent-ils pas et vaquent-ils à leurs affaires sans s'en inquiéter. Mal leur en prend, car si l'un d'eux vient à passer sur ce plancher mouvant, la larve dégringole au fond de son terrier, entraînant dans sa chute la bestiole dont elle se saisit aussitôt et la dévore. Le repas achevé, elle en rejette les restes et va de nouveau se mettre à l'affût : c'est une véritable trappe vivante.

Au moindre danger, la larve se réfugie au fond de son trou, ce qui fait qu'il est assez difficile de se la procurer. Pour y arriver, il faut introduire une paille fine dans le canal ; la larve, agacée, la pince et se laisse entraîner avec elle quand on la retire. Le nombre

Cicindèle champêtre.

des cicindèles vivant en France est assez peu considérable. La plus commune est la *Cicindèle champêtre*, d'un beau vert métallique un peu dépoli, avec des points blancs sur les élytres. A citer aussi la *Cicindèle hybride*, d'un bronzé jaunâtre relevé par des bandes et un croissant blanc ; la *Cicindèle des forêts*, grosse espèce à élytres rugueux.

FAMILLE DES DYTISCIENS.

Les Dytisciens ou Hydrocantharcs vivent dans les eaux douces. Ils sont exclusivement carnassiers. Leurs pattes postérieures et souvent aussi leurs pattes intermédiaires sont transformées en nageoires. Le corps est ovalaire, aplati en dessus, bombé en dessous. Quelques-uns sont de grande taille.

Dytique. — Le dytiscien que nous étudierons avec quelques détails est le *Dytique bordé* que sa grande taille indique tout de suite au regard. Il a environ 3 centimètres de long sur 1cm,5 de large. On le reconnaît facilement à son corps plat, seulement légèrement bombé sur le dos et sur le ventre, et d'une forme ovalaire très régulière.

Cet animal est très carnassier; si on le mettait dans un aquarium, il y amènerait avec lui la dévastation. Et cela est regrettable, car il est fort élégant quand il nage rapidement

Dytique bordé femelle.

dans l'eau, avec ses pattes postérieures. On le mettra dans un flacon séparé où on aura soin de lui fournir une abondante nourriture. Mais étudions tout d'abord sa constitution. Lorsqu'on l'examine par le dos, on voit que son corps est composé de trois parties distinctes articulées les unes avec les autres. C'est, en avant, la *tête*, portant deux gros yeux latéraux et une paire d'antennes filiformes. Ensuite vient le *corselet*, limité par un cercle plus clair que la région médiane. Enfin vient le corps proprement dit, recouvert par deux élytres, d'une couleur vert olivâtre, entourés par une bordure claire; c'est le liséré circulaire qui a fait donner à l'animal son nom de *bordé*. Les élytres représentent des ailes antérieures qui n'interviennent pas dans le vol; ils servent simplement à protéger les ailes postérieures. Celles-ci que l'on observera facilement en écartant les élytres, se distinguent par leur aspect membraneux, transparent. Quand elles sont étalées, elles sont beaucoup plus grandes que les élytres; on les voit alors parcourues par un système de nervures brunes dont le but est de leur donner de la solidité.

Aussi pour se placer au repos sous les élytres sont-elles obligées de se plier : à cet effet, chaque aile se plie d'abord longitudinalement, à peu près comme un éventail qui se ferme, puis transversalement en ramenant la moitié libre sur la partie adhérente. Ainsi repliées, les ailes se placent sous les élytres.

Enlevons les élytres et les ailes: nous apercevrons la partie supérieure de l'abdomen composée d'une série de segments.

Sur les côtés de ceux-ci, à droite comme à gauche, nous verrons des petits orifices ovalaires, garnis d'un bord assez résistant, ce sont les stigmates, au nombre total de neuf paires, chaque segment en présentant un. En enlevant, avec des ciseaux, la partie dorsale des téguments, nous verrons que ces stigmates aboutissent dans des tubes blancs, extrêmement ramifiés, nommés *trachées*; en mettant l'animal ainsi disséqué sous l'eau, ces trachées nous apparaîtront avec un aspect nacré, brillant, qui nous indiquera tout de suite qu'elles contiennent de l'air. C'est qu'en effet le système trachéen n'est autre que l'appareil respiratoire des insectes : l'air entre par les stigmates, et se rend par l'intermédiaire des trachées à tous les tissus qui peuvent ainsi respirer.

On voit que, chez le dytique, les orifices respiratoires sont recouverts complètement par les élytres. Examinons maintenant l'animal par la face ventrale. Nous apercevrons tout d'abord la bouche entourée de plusieurs pièces mobiles, cornées, qui servent à la mastication.

En les enlevant les unes après les autres, on pourra les étudier et l'on trouvera ainsi en allant d'avant en arrière : 1° une pièce impaire, la *lèvre supérieure*; 2° deux pièces très fortes, arquées, à extrémité pointue, les mandibules ; 3° deux pièces moins puissantes, composées de plusieurs parties, les *mâchoires* et portant latéralement deux sortes de petites antennes, les *palpes maxillaires*; 4° une pièce impaire, la *lèvre inférieure* qui porte également deux *palpes labiaux*. Les quatre parties que nous venons de décrire se rencontrent chez tous les insectes, mais comme ils sont souvent très déformés, il est parfois fort difficile de les retrouver ; la trompe du papillon, l'aiguillon du cousin, la trompe de la mouche, sont tous

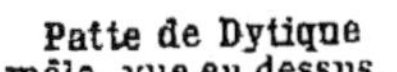

Patte de Dytique mâle, vue en dessus.   Patte de Dytique mâle, vue en dessous.

constitués essentiellement comme la bouche broyeuse du dytique. En arrière de la tête, nous verrons que le corselet porte deux paires de pattes. Puis vient une deuxième paire de pattes disposée pour grimper. Enfin, tout en arrière vient la troisième paire de pattes, celle-là rejetée très en arrière et éminemment bien disposée pour la natation. Chaque partie est arquée, presque tout d'une pièce et garnie de poils longs et rigides destinés à donner prise à l'eau.

Tout en arrière s'ouvre l'orifice génital, puis l'anus. Ajoutons enfin que les pourtours du corselet sécrètent, quand on capture le dytique, une matière visqueuse, blanche comme du lait, dégageant une odeur désagréable : c'est probablement une matière de défense,

Ainsi constitué, le dytique nage avec une grande facilité dans l'eau en faisant mouvoir ses pattes postérieures qui font l'office de rames : il est à noter que les mouvements des pattes natatrices sont exactement synchrones, comme ceux des jambes d'un nageur « classique ».

Son corps ovalaire et complètement lisse est éminemment bien disposé pour fendre l'eau, sans que celle-ci lui offre de la résistance : cette forme se rencontre d'ailleurs chez la plupart des coléoptères aquatiques, montrant ainsi leur adaptation parfaite au milieu liquide. Le dytique se promène constamment dans l'eau, en nageant par soubresauts ; quelquefois il se repose sur une plante aquatique en se cramponnant avec ses deux paires de pattes antérieures ; de temps à autre il se rapproche de la surface de l'eau pour respirer, comme nous l'expliquerons tout à l'heure.

Mais l'animal n'est jamais occupé qu'à une seule chose : à chasser ; aperçoit-il un têtard nageant tranquillement dans le bocal, il fond sur lui, le saisit soit à la nuque, soit par la queue et l'avale en le déchiquetant sans plus tarder. Nous ne saurions trop le répéter, il faut exclure les dytiques avec soin des grands aquariums même quand ceux-ci ne renferment que de gros animaux, comme des poissons ou des tritons. « Quelquefois, dit E. Blanchard, des dytiques s'attaquent à des grenouilles ; s'accrochant sur le dos de l'animal, ils en entaillent la peau avec leurs mandibules et se mettent à la ronger. La grenouille toute saignante se débat en vain contre les morsures des dytiques, elle finit toujours par succomber. »

Les mâles diffèrent sensiblement des femelles. Le *dimorphisme sexuel,* comme on appelle ce phénomène, est ici des plus marqués. Les élytres sont très lisses chez le mâle, tandis que, chez la femelle, ils sont parcourus par des sillons longitudinaux, profonds et poilus. Les pattes ne sont pas moins différentes : la paire antérieure ne présente rien de particulier chez la femelle ; mais chez le mâle, elle se termine par deux lames aplaties et garnies en dessous de ventouses, dont deux sont fort grandes, tandis que les autres sont beaucoup plus petites.

Évidemment ces cupules sont destinées à permettre au mâle de s'accrocher sur le dos de la femelle, dont les cannelures facilitent la préhension.

Lorsque l'eau est assez abondante et la nourriture copieuse, les dytiques se contentent de se déplacer avec leurs pattes. Mais lorsque les mares se dessèchent ou lorsque les victuailles font défaut, ils se servent de leurs ailes et s'envolent vers les lieux meilleurs. « Ils ne quittent jamais leur élément pendant le jour, mais seulement la nuit, en grimpant préalablement le long d'une plante aquatique pour prendre facilement leur essor. Il est aisé de comprendre, d'après cela, comment les plus grosses espèces sont amenées quelquefois à se réfugier dans les tonneaux à eau de pluie, dans les conduits ou divers autres réservoirs. Parfois on rencontre le matin ces insectes couchés sur le dos, résignés à leur sort, à la surface des vitres, des serres ou des couches qu'ils avaient prises pour la surface brillante d'une pièce d'eau. Beaucoup d'entre eux mettent à profit leur faculté de voler pour se rendre dans les bois et y passer l'hiver, cachés sous la mousse où on les trouve engourdis en compagnie des carabiques, de brachelytres et d'autres insectes » (Brehm).

Mis à terre ils marchent très difficilement, en sautillant ; leur ventre repose alors contre le sol et les pattes peuvent à peine y toucher, ce qui ne leur permet que de se traîner péniblement.

Nous avons dit que le dytique, comme la majorité des insectes, respirait l'air en nature. A cet effet, il est pourvu de trachées qui viennent s'ouvrir aux stigmates placés sur la face dorsale de l'abdomen, sous les élytres. Ajoutons que cette face est garnie d'un tissu feutré assez épais et que les stigmates postérieurs sont les plus volumineux. Lorsqu'un dytique veut respirer, on le voit quitter le fond et venir se placer au niveau supérieur de l'eau en faisant émerger à l'air la partie tout à fait postérieure de son abdomen. Étant ainsi suspendu en quelque sorte, il écarte légèrement ses élytres, ce qui permet à l'air extérieur de pénétrer et d'adhérer au tissu feutré qu'elles recouvrent. Lorsque la provision d'air est suffisante, le dytique referme ses élytres, et plonge en emportant avec lui une réserve d'air assez abondante, qui, pénétrant par les stigmates, surtout par les stigmates postérieurs, plus volumineux, jusque dans les trachées, va servir pendant un certain temps à la respiration. Quand cette réserve sera épuisée, le dytique viendra faire une nouvelle provision et ainsi de suite, pendant toute sa vie.

Comment se reproduisent les dytiques ? La manière dont ils pondent et l'endroit où ils déposent leurs œufs est resté longtemps inconnu.

C'est un jeune élève du lycée d'Évreux, plus tard le Dr Régimbard, qui a élucidé cette question. Nous tenons à citer une bonne partie du Mémoire du jeune savant ; il nous montrera qu'il n'est pas besoin d'avoir une science profonde et qu'il n'est pas nécessaire d'aller bien loin pour faire des observations intéressantes, précieuses même.

« Au mois de mars 1865, raconte-t-il, je vis une femelle de *Dytiscus marginalis* se poser d'une manière tout à fait insolite sur une tige de jonc ordinaire. Elle se tenait la tête en haut, les antennes cachées sous le corselet et les pattes antérieures et intermédiaires embrassant solidement la tige ; en même temps les pattes postérieures placées parallèlement au corps, s'agitaient doucement et régulièrement sur les côtés de l'abdomen dont l'extrémité s'écartait et se rapprochait alternativement des élytres. L'insecte, changeant de place, reprit deux ou trois fois cette position qu'il ne gardait que peu de temps, puis il monta prendre de l'air et redescendit, entraînant une énorme bulle. Il se replaça de la même manière sur une nouvelle tige de jonc, avec les mêmes mouvements des nageoires. Puis l'extrémité de l'abdomen s'étant fortement dilatée, en s'écartant des élytres, le dytique fit sortir sa tarière, en appliquant le tranchant sur le jonc et commença à la faire mouvoir d'avant en arrière ; il en résulta une incision longitudinale. Voulant étudier de plus près cette manœuvre qui m'était tout à fait inconnue, je dérangeai l'insecte qui prit la fuite en rentrant sa tarière. Presque au même moment, il la sortit de nouveau en nageant et laissa tomber un œuf.

« J'avais le mot de l'énigme : il ne me restait plus qu'à voir opérer l'animal jusqu'au bout sans le déranger. J'eus le bonheur de le voir, après quelques instants, remonter et prendre une grosse bulle d'air pour aller se fixer sur un jonc. La tarière se mut encore d'avant en arrière, avec assez de lenteur. Quand elle eut pénétré jusqu'au centre de la moelle, elle s'arrêta, dirigée obliquement en bas ; enfin elle se gonfla peu à peu et l'insecte la rentra dans son abdomen pour retourner prendre de l'air. La durée totale de l'opération fut à peu près d'une demi-minute.

« Ayant arraché ensuite quelques tiges de jonc, j'en trouvai qui avaient une ou plusieurs incisions. Ces incisions ressemblent à la fente longitudinale d'une greffe en écusson, intéressant l'écorce et la moelle, dans une profondeur qui varie un peu, suivant l'épaisseur de la tige. Ainsi, lorsqu'elles sont pratiquées dans le jonc, elles n'ont guère que 1 millimètre et demi de profondeur ; mais dans les pétioles de *Sagittaria*, j'en ai trouvé qui avaient tout près de 3 millimètres.

« L'œuf est cylindrique, légèrement arqué, arrondi aux deux extrémités. Il présente de 5 à 6 millimètres et demi de longueur sur 1 de largeur ; il est situé dans le sens de l'incision, c'est-à-dire parallèlement à l'axe de la tige. Ordinairement les deux lèvres de la fente ne se referment pas exactement sur lui, de sorte qu'on peut l'apercevoir du dehors. — Pourquoi ces insectes cachent-ils ainsi leurs œufs dans les plantes ? Tout d'abord il y a lieu de penser que c'est pour soustraire leur progéniture à la voracité de leurs nombreux ennemis, poissons, insectes et autres qui peuplent les eaux. Cette explication est certainement admissible ; mais je pense qu'il y a une autre raison.

« L'époque de l'éclosion des larves s'étend en général de la fin de l'hiver au milieu du printemps. Il est rare qu'elle se continue après la fin d'avril. Il n'en est pas de même de la ponte, qui se fait surtout en hiver et au printemps, mais qui a lieu aussi en été et en automne, de même que l'accouplement.

« Les œufs, suivant la saison de la ponte, sont donc susceptibles d'attendre plusieurs mois avant d'éclore. Comme le niveau de l'eau est sujet à baisser, ils pourraient se trouver exposés à l'air et se dessécher, mais ils sont contenus dans une plante qui les protège d'abord, et qui leur fournit ensuite l'humidité indispensable à leur conservation. Plus tard, les pluies d'automne et d'hiver feront remonter le niveau de l'eau, et les larves, étant de nouveau submergées, pourront éclore et trouver les conditions nécessaires à leur développement. »

Les œufs mettent environ douze jours pour éclore. On en voit alors sortir de petites larves qui dévorent tout ce

Larve de Dytique.

qu'elles rencontrent et grossissent rapidement ; en quatre jours elles atteignent 10 millimètres et changent une première fois de peau. Elles grandissent de plus en plus en changeant plusieurs fois de peau. Finalement elles atteignent une longueur de 5 à 6 centimètres. Leur corps, vermiforme, comprend douze anneaux qui vont en diminuant progressivement de longueur depuis la tête jusqu'à l'extrémité postérieure qui se termine par deux appendices poilus : c'est par cette extrémité que l'animal respire en venant la faire affleurer à la surface de l'eau. — Les premiers anneaux portent trois paires de pattes grêles non adaptées à la natation. La tête est fort large et très aplatie de haut en bas : elle porte de chaque côté six yeux disposés en deux séries transversales et une antenne filiforme. Mais ce qui lui donne un aspect particulier, c'est qu'elle porte deux mandibules assez longues, grêles, très aiguës et assez éloignées l'une de l'autre : on se demande comment l'animal peut se servir de tels instruments pour mastiquer ; c'est qu'en effet elles agissent surtout comme un appareil de succion. La bouche fait défaut ou du moins est très réduite mais elle est suppléée par les mandibules qui sont creuses et qui portent, un peu en arrière de leur point terminal, une fente qui livre passage aux matières absorbées par succion. Une pareille transformation des mandibules est fort rare chez les insectes. La larve du dytique est au moins aussi carnassière que l'adulte ; elle se tient en embuscade sur les plantes aquatiques et se précipite sur les petits animaux qui passent à sa portée et qu'elle suce avec ses mandibules : elle mange de préférence les larves des autres insectes et les vers ; mais elle dévore aussi ses frères et sœurs : son appétit n'a pas de limite.

Pour voir quelles sont les transformations ultérieures des larves, il convient de les mettre dans un vase dans lequel on aura au préalable placé de la terre, de telle façon que celle-ci vienne émerger à l'air sur une assez grande surface : on pourra la maintenir en place en y semant diverses plantes semi-aquatiques. Dans ces conditions on voit les larves grimper le long de la terre et y pénétrer de manière à devenir complétement invisibles. On laisse les choses en état pendant une quinzaine de jours. A cette époque, on fouille dans la terre délicatement ; on y trouve des cavités ovoïdes contenant chacune une nymphe qui ressemble à un jeune enfant couché dans son berceau. Au bout d'environ trois semaines, la peau de la nymphe se fend et le jeune dytique en sort.

Mais comme ses téguments sont extrêmement mous, il reste encore dans sa coque de terre : au bout de huit jours cependant, il se rend dans l'eau, prêt à affronter la lutte pour l'existence.

Autres Dytisciens. — Les autres insectes de la même famille que le dytique bordé que l'on rencontre dans les mares sont extrêmement abondants, tant en genres qu'en espèces et en individus. Leur histoire générale est à peu de chose près la même que celle que nous venons de décrire : aussi ne nous

y attarderons-nous pas longtemps. Citons cependant les types les plus communs que l'on pourra rencontrer.

Le *Cybister Rœselii* souvent pris par les commençants pour le dytique bordé. On le reconnaît facilement à son corps élargi en arrière. La femelle est presque lisse.

Cybister femelle.

L'*Acilius sulcatus* ressemble à un petit dytique, mais avec une forme plus ovalaire (15 millimètres). Le mâle est très lisse ; la femelle est poilue avec des cannelures très marquées.

Les *Hydaticus* sont encore plus petits que les précédents (7 à 10 millimètres) : les deux crochets de leurs tarses postérieurs sont inégaux.

Les *Colymbetes* sont très voisins des précédents. Leurs crochets sont encore plus inégaux.

Les *Hyphydrus* ont le corps très convexe ; leurs élytres sont couverts de dessins variés.

Enfin le *Pelobius Hermanni* se reconnaît facilement à son corps (19 millimètres) très convexe, renflé en dessous, et par ses élytres marqués d'une tache noire irrégulière : lorsqu'on le prend avec les doigts, il fait entendre un cri strident produit par le frottement des élytres contre l'abdomen.

Famille des Gyrinides.

Gyrins. — Les Gyrins s'éloignent notablement comme mœurs et comme organisation des dytiques. Leur taille est ordinairement de 1 centimètre. Les élytres sont d'un bleu métallique très foncé, tirant sur le marron. Le corps est un peu aplati sur la face ventrale et bombé sur la face dorsale. Les pattes antérieures sont fort longues. Au contraire les deux paires postérieures sont courtes, aplaties, très élargies, en un mot transformées en nageoires.

Gyrin.

Lorsque le temps est sombre, les gyrins se tiennent accrochés aux plantes aquatiques, le long de la rive. Mais lorsque le soleil est resplendissant, ils viennent à la surface de l'eau, appuyant leur ventre sur celle-ci, tandis que leur dos est dans l'air ; ce sont donc des animaux à moitié aquatiques et à moitié aériens.

Ils vivent ainsi généralement en troupes et décrivent, à la surface de l'eau, toute une série de cercles, de spirales, de courbes diverses, les unes dans un sens les autres dans un autre, ce qui leur a fait donner le nom vulgaire de *Tourniquets.* On ne peut mieux comparer leurs évolutions rapides qu'à celle d'un patineur habile, qui s'amuserait à décrire sur la glace les arabesques les plus compliquées. Ils patinent véritablement sans presque troubler l'eau dont la surface reste calme : le soleil, éclairant vivement leur dos métallique, donne à l'animal nageant l'aspect d'un petit globe de feu du plus joli effet. La rapidité de leur tournoiement est très grande ; aussi est-il presque impossible de les prendre avec la main. On ne peut s'en procurer qu'avec le troubleau, et encore faut-il aller très vite, car, dès l'instant qu'ils se sentent menacés, ils plongent dans l'onde et se réfugient dans la vase. Lorsqu'on les prend avec les doigts, ils laissent suinter de leur corps une liqueur à odeur assez désagréable.

Une particularité anatomique des plus remarquables est la constitution des yeux. Les gyrins possèdent, comme les autres coléoptères, deux yeux latéraux, mais ceux-ci sont divisés par le rebord latéral de la tête chacun en deux parties, l'une tournée vers le haut, l'autre tournée vers le bas : il y a donc en réalité quatre yeux, deux dorsaux et deux ventraux. Cette curieuse particularité est, à n'en pas douter, une conséquence de leur vie à la surface de l'eau. Les yeux supérieurs servent aux gyrins pour éviter le bec de l'hirondelle à laquelle ils échappent par un plongeon rapide, les yeux inférieurs leur permettent d'apercevoir dans l'eau les larves et autres animaux dont ils font leur nourriture.

Les gyrins sont très carnassiers ; ils s'attaquent aux animaux aquatiques quels qu'ils soient : souvent ils se dévorent entre eux. Comme les dytiques, ils peuvent voler, après avoir grimpé sur une plante aquatique pour se gonfler d'air et prendre leur essor.

La larve ressemble un peu à une scolopendre ; elle possède sur ses anneaux abdominaux des appendices poilus ; ses mandibules sont perforées comme celles du dytique. Quand elle va se transformer en nymphe, la larve se construit, sur une plante aquatique, une coque parcheminée pointue aux deux bouts.

Les dytiscides et les gyrénides que nous venons de passer en revue sont essentiellement carnassiers. La troisième famille de coléoptères aquatiques, les hydrophilides, sont herbivores ; ils ont d'ailleurs des antennes en forme de massue, tandis que celles des dytiques sont filiformes.

FAMILLE DES HYDROPHYLIENS.

Insectes vivants dans les eaux douces et se nourrissant de végétaux. Corps ovalaire, généralement plus bombé en dessus que celui des Dytisciens.

Hydrophile. — L'*Hydrophile brun* est le plus gros coléoptère des eaux douces de nos contrées. On retrouve chez lui la forme en carène de navire que nous avons déjà mentionnée chez le dytique. Mais, ici, le corps est plus allongé, plus pointu en arrière, plus bombé sur le dos et plus massif. Les élytres sont d'un noir assez foncé, un peu verdâtre, striés longitudinalement de lignes très fines.

Hydrophile brun.

L'hydrophile nage assez lourdement ; ses pattes sont d'ailleurs moins transformées en rames que celles des dytiques. Pour respirer, il vient à la surface de l'eau en faisant sortir sa tête : c'est alors qu'une des antennes se recourbe plusieurs fois, en faisant passer, par ce mouvement, de l'air sous le ventre. Celui-ci étant garni de poils, l'air atmosphérique y adhère quand l'animal vient à plonger : la couche d'air lui donne un aspect argenté comme du mercure. « Entre le thorax et l'abdomen, se trouve une grande vessie aérienne ballonnée, à paroi membraneuse, fort mince : cette vessie, en rapport avec les nombreuses ramifications trachéennes, permet d'accumuler une provision d'air considérable, et fait en même temps fonction de vessie natatoire » (Brehm).

Il se nourrit de plantes aquatiques, et, à défaut, d'autres végétaux, comme les salades. Il se conserve fort bien en captivité et peut être mis dans l'aquarium commun avec les poissons ; on le vend fréquemment chez les marchands de poissons rouges.

Mais il faut avoir soin de lui donner largement à manger, sans quoi il devient féroce, et s'attaque aux divers animaux aquatiques, même aux poissons, même à ses propres frères.

La manière dont l'hydrophile assure l'existence de sa race est très intéressante à étudier. Elle a été décrite avec soin et chacun pourra la vérifier chez les animaux, vivant dans un aquarium.

Voici comment Brehm décrit fort bien

la construction du cocon qui sert à protéger les œufs :

« La femelle se renverse sur le dos à la surface de l'eau et se tient sous une feuille flottante qu'elle maintient appliquée contre sa face ventrale. Elle fait alors saillir de l'extrémité abdominale deux tubercules bruns portant chacun un petit tuyau, véritable filière d'où s'échappent les fils blanchâtres qui, grâce à un mouvement de va-et-vient, finissent par constituer un tissu recouvrant tout l'abdomen de l'animal. Cela fait, la femelle se retourne, met le tissu sur son dos et se fabrique une deuxième feuille soyeuse qu'elle se met à rattacher à la première par les bords. Finalement, elle enfonce son abdomen dans cette sorte de sac ouvert qu'elle remplit d'œufs à partir du fond. Elle en pond une cinquantaine qu'elle range symétriquement la pointe en haut.

« A mesure que le sac se garnit, notre insecte s'avance et quand il est comble, il retire la pointe de son abdomen.

« Saisissant alors les bords de l'ouverture avec ses pattes postérieures, il y dépose fil sur fil, jusqu'à ce que l'orifice, rétréci de plus en plus, soit recouvert d'un bourrelet épais. Puis, filant encore une couche transversale, il achève de fermer l'orifice par une sorte de couvercle. — Au-dessus de ce couvercle, l'hydrophile établit encore une pointe en continuant de filer de haut en bas et *vice versa* ; en allongeant de plus en plus ses fils, il achève le dôme dont la pointe figure une corne recourbée. En quatre ou cinq heures et après y avoir encore fait çà et là quelques retouches, le chef-d'œuvre est achevé, et l'original petit esquif se balance sur l'eau au milieu des feuilles de plantes aquatiques. Un mouvement brusque des flots le renverse-t-il, aussitôt il reprend sa position la pointe en haut, selon les lois de la pesanteur, car les œufs placés au fond laissent la partie supérieure pleine d'air. Ces coques ovales, masquées par les végétaux auxquels elles restent attachées, échappent souvent au regard. » Ces coques sont gris clair et pourvues d'un long appendice conique.

La larve, à son maximum de développement, est volumineuse, vermiforme, avec des pattes assez petites. La tête est pourvue de fortes mandibules au moyen desquelles l'hydrophile dévore de petits mollusques, tels que les lymnées et les planorbes. Sa voracité l'a même fait appeler *ver assassin*, par Réaumur. Dans l'eau la larve est généralement verticale, plus ou moins contournée sur elle-même, en faisant affleurer à la surface l'extrémité postérieure de son abdomen au moyen de laquelle elle respire. La peau est ridée, noirâtre,

avec le dos plus foncé. Lorsqu'on veut s'en emparer, elle devient flasque et reste immobile : *elle fait le mort*, comme l'on dit.

Lorsqu'elle a atteint son maximum de taille, la larve pénètre dans la terre humide et, logée dans une cavité, elle se transforme en nymphe. Celle-ci a une apparence étrange due à la présence, sur les côtés de la tête et sur le dernier segment, de lames chitineuses en forme d'S ; il paraît que ces pièces sont destinées à permettre à la nymphe de ne pas toucher aux parois humides de sa prison, mais la chose n'est pas bien certaine et mériterait d'être étudiée à nouveau. C'est à la fin de l'été que l'hydrophile adulte sort de la nymphe ; en automne, par conséquent, les hydrophiles sont plus communs qu'à n'importe quelle autre époque de l'année.

Autres Hydrophiliens. — Parmi les autres hydrophiliens les plus communs, citons au hasard : l'*Hydrous caraboïdes*, sorte de petit hydrophile d'un noir brillant ; l'*Hydrobius*, mauvais nageur ; l'*Helcochares lividus*, qui porte avec lui, sous son ventre, le cocon qui contient ses œufs ; les *Helephorus* qui ne nagent pas, mais se promènent dans l'eau sous les herbes aquatiques ; les *Ochtebius* qui affectionnent les eaux courantes, etc. — Tous sont herbivores.

FAMILLE DES STAPHYLIENS.

Les Staphyliens ou Brachélytres sont extrêmement communs sous les pierres, autant par le nombre des individus que par celui des espèces. On les reconnaît sans hésitation possible à leur corps allongé, dont l'abdomen, en grande partie libre, est seulement recouvert en avant par deux petits élytres. Suivant l'expression de M. Girard, on dirait qu'ils portent un habit beaucoup trop court ou une veste laissant à découvert une partie de leur corps.

L'espèce la plus grosse et en même temps la plus commune est le *Staphylinus obens*, tout de noir habillé, que tout le monde a remarqué dans les jardins. Quand on cherche à saisir ce *diable*, comme on l'appelle, il relève l'abdomen sur la tête et prend un aspect menaçant ; en même temps, il répand une odeur spéciale que les uns trouvent

Staphylin.

agréable, les autres détestable. Comme tous ses congénères, il est très carnassier.

Une autre espèce également commune est le *Staphylinus cyaneus,* légèrement plus petit et de couleur bleu foncé.

Le *Staphylinus cœsareus* et quelques espèces voisines sont fort communs dans les charognes dont ils mangent la chair décomposée. Le *S. cœsareus* est noir avec les élytres rougeâtres.

A côté de ces trois géants se placent d'innombrables petites espèces, sur lesquelles il est inutile de s'arrêter : je citerai cependant le *Pœderus riparius,* tout rouge, à l'exception de la tête, de l'extrémité des antennes et des deux derniers anneaux abdominaux, qui sont d'un noir bleu ; il est très commun au bord des eaux.

Famille des Psélaphiens.

Dans la petite famille des psélaphiens on rencontre un curieux insecte, le *Claviger,* qui vit dans les fourmilières ; il y fait bon ménage avec les fourmis, qui lèchent le liquide sucré qui l'enduit. Il est très petit et remarquable par sa tête rétrécie par rapport au reste du corps et pourvue de deux antennes assez épaisses.

Famille des Silphiens.

La plupart des Silphiens ont des couleurs sombres et vivent dans les charognes et les détritus. Quelques-uns cependant fréquentent les fleurs. La majorité ont des antennes en massue ou en tête de clou.

Escarbot. — Les escarbots ou *Hister* se reconnaissent facilement à leur corps vaguement quadrangulaire, leur dureté relativement grande, leurs élytres noirs ou rougeâtres, très luisants, qui souvent, ne vont pas jusqu'au bout de l'abdomen. Quand on cherche à les saisir, ils rentrent la tête et les pattes sous leur corps et font les morts. Vivent sous les cadavres. A citer particulièrement l'*Hister quadrimaculatus* reconnaissable à ses taches rouges et l'*Hister cadaverinus,* entièrement noir.

Nécrophore. — Les nécrophores sont les types des coléoptères charogniers ou *fossoyeurs,* comme on les appelle. Ils se cachent sous les cadavres et, creusant le sol au-dessous, ils les enterrent. En voici l'histoire, racontée d'une façon très pittoresque par J.-H. Fabre dans ses *Souvenirs entomologiques.*

« En avril sur le bord des sentiers,

gît la taupe éventrée par la bêche du paysan ; au pied de la haie, l'enfant sans pitié a lapidé le lézard qui venait de revêtir son vert costume de perles. Le passant a cru méritoire d'écraser sous son talon la couleuvre rencontrée ; un coup de vent a fait choir de son nid un oisillon sans plumes. Que vont devenir ces petits cadavres et tant d'autres lamentables déchets de la vie ? Le regard

Nécrophore.

et l'odorat n'en seront pas longtemps offensés. Les préposés à l'hygiène des champs sont légion.

Ardent flibustier, propre à toute besogne, la fourmi accourt la première et commence la dissection par miettes. Bientôt le fumet de la pièce attire le diptère, générateur de l'odieux asticot. En même temps, s'empressent par escouades, venues on ne sait d'où, le silphe aplati, l'escarbot luisant trottemenu, le dermeste poudré à neige sous le ventre, le staphylin fluet, qui tous, d'un zèle jamais lassé, sondent, fouillent, tarissent l'infection.

Quel spectacle, au printemps, sous une taupe morte ! L'horreur de ce laboratoire est une belle chose pour qui sait voir et méditer. Surmontons notre dégoût ; relevons du pied l'immonde détritus. Quel grouillement là-dessous, quel tumulte de travailleurs affairés ! Les silphes, à larges et sombres élytres de deuil, fuient éperdus, se blottissent dans les fissures du sol ; les saprins, ébène jolie où miroite le soleil, trottinent à la hâte, désertent le chantier ; les dermestes, dont l'un porte pèlerine fauve mouchetée de noir, essayent de s'envoler, mais ivres de sanie, culbutent et montrent la blancheur immaculée de leur ventre, contraste violent avec l'obscurité de leur costume.

Que faisaient-ils là, tous ces enfiévrés de besogne ? Ils défrichaient la mort en faveur de la vie. Alchimistes transcendants, avec la putridité redoutable, ils faisaient produit animé, inoffensif. Ils épuisaient le périlleux cadavre au point de le rendre aride et sonnant ainsi qu'un reste de pantoufle tanné à la voirie par les frimas de l'hiver et les ardeurs de l'été. Ils travaillaient au plus pressé : l'innocuité de la dépouille.

D'autres ne tarderont pas à venir, plus petits et plus patients, qui reprendront la relique, l'exploiteront ligament par ligament, os par os, poil par poil, jusqu'à ce que tout rentre dans les trésors de la vie. Respect à ces assainisseurs. Remettons la taupe en place et passons.

Quelque autre victime des travaux agricoles printaniers, mulot, musaraigne taupe, crapaud, couleuvre, lézard, nous fournira le plus vigoureux et le plus célèbre des expurgateurs du sol. C'est le nécrophore, si différent de la plèbe cadavérique par sa taille, son costume, ses mœurs. En l'honneur de ses hautes fonctions, il fleure le musc ; il porte rouge pompon au bout des antennes, flanelle nankin sur la poitrine, et, en travers des élytres, double écharpe cinabre, à festons. Costume élégant, presque riche, bien supérieur à celui des autres, toujours lugubre ainsi qu'il convient à des employés des pompes funèbres.

Ce n'est pas un prosecteur d'anatomie, ouvrant son sujet et lui taillant les chairs avec le scalpel des mandibules ; c'est, à la lettre, un fossoyeur, un ensevelisseur. Tandis que les autres, silphes, dermestes, escarbots, se gorgent de la pièce exploitée, sans oublier, bien entendu, les intérêts de la famille, lui, sustenté de peu, touche à peine à sa trouvaille pour son propre compte. Il l'inhume entière sur place, dans un caveau où la chose mûrie à point sera la victuaille de ses larves. Il l'enterre pour y établir sa descendance.

Ce thésauriseur de morts, avec ses allures compassées, presque lourdes, est d'une étonnante promptitude dans l'emmagasinement des épaves. En une séance de quelques heures, une pièce relativement énorme, une taupe par exemple, disparaît englouttie sous terre. Les autres laissent à l'air la carcasse vidée, desséchée, des mois entiers encore jouet des vents ; lui, opérant en bloc, du premier coup fait place nette. Comme trace visible de son œuvre, il ne reste qu'une faible taupinée, tumulus de la sépulture. »

Silphe. — Les silphes sont aussi appelés *Boucliers* à cause de la forme ovalaire de leur contour. « En général sombre de couleur, de taille moyenne, d'odeur nauséabonde, dégorgeant en abondance une salive brune pour ramollir les chairs, ils vivent au milieu des cadavres putréfiés ; leur aplatissement leur permet de glisser avec facilité entre les interstices des organes, et leurs larves, également plates, ont les mêmes habitudes. Elles sont ovalaires, de couleur grisâtre, à anneaux amincis sur les côtés, à prothorax presque semi-circulaire, bien plus larges que les larves des nécrophores, remarquables par les anneaux prolongés en arrière en forts angles latéraux. Elles s'enfoncent en terre pour devenir nymphes. Les silphes n'enterrent pas les cadavres, et, quand on les dérange de leur utile mais dégoûtante fonction, se sauvent de toutes parts, adultes comme larves, et courent

rapidement sur le sol. Si on les saisit, au lieu d'essayer de mordre, comme les nécrophores, ils laissent écouler par la bouche et par l'anus un fluide brunâtre et infect, dû à leur genre de nourriture, car ils ne répandent pas d'odeur au moment de la sortie de la peau de nymphe, ni chez quelques espèces à régime végétal. Quand on inquiète ces animaux, ils commencent par dresser la tête et les antennes, puis, comme par une prompte réflexion, baissent et fléchissent un peu la tête sous le corselet, donnent à leurs pattes une certaine rigidité sans toutefois les contracter, et restent quelques instants immobiles. Nous mentionnerons quelques espèces communes partout et notamment aux environs de Paris. Ainsi : *Silpha quadripunctata*, à corps noir, à corselet et élytres d'un jaune pâle avec une tache sur le corselet et deux macules circulaires noires sur chaque élytre. Geoffroy qui a bien décrit ses mœurs, le nomme *Bouclier jaune à taches noires*. Différent de ses congénères, il vit exclusivement de chenilles vivantes. On le voit voler au printemps entre les arbres des bois, surtout entre les chênes. Il tombe si l'on secoue leurs branches et parfois les sentiers sont jonchés de chenilles à demi rongées sur lesquelles s'acharnent ces silphes. Le *Silpha thoracica*, noir avec corselet d'un jaune de rouille velouté et trois stries longitudinales sur les élytres, chasse aussi aux chenilles, mais, en outre, se rencontre dans les gros champignons pourris et dans les cadavres desséchés et exposés à la plus forte ardeur du soleil : c'est le *Bouclier à corselet jaune*. A côté de lui et souvent dans les mêmes débris, vit le *Bouclier noir*, à corselet raboteux et à élytres chiffonnés (*Silpha rugosa*).

Silphe de la betterave.

Les bois nourrissent le *Silpha lœvigata*, tout noir, avec les élytres lisses, finement chagrinés, à rebords très élevés, ce qui l'a fait appeler la *Gouttière* par Geoffroy. Cet espèce grimpe sur les plantes pour dévorer les mollusques du genre *Helix* (escargots) » (M. Girard). Le *Silpha sinuata*, noir, à corselet échancré, vit sous les cadavres très humides. Le *Silpha obscura*, d'un noir terne, finement ponctué, avec trois côtes sur les élytres, mange les feuilles, notamment celles des betteraves.

Leptinus. — Corps ovalaire, très déprimé, sans ailes. Pas d'yeux. Antennes presque filiformes. Dans les fagots et les feuilles mortes.

Famille des Dermestiens.

Corps ovale allongé. Antennes à onze articles terminés en massue, insérés sur le front. Hanches antérieures saillantes et se bouchant presque. Abdomen à cinq anneaux. L'insecte fait le mort quand on le touche. Les larves sont très allongées, sont revêtues de longs poils quelquefois disposés en touffes ; elles possèdent des antennes et des pattes courtes et vivent de matières animales mortes.

Dermeste. — Les dermestes, d'environ un centimètre de longueur, se distinguent facilement à la jonction étroite de leur tête, de leur corselet et de leur abdomen. Tous attaquent les matières animales desséchées. Leurs larves causent de grands dégâts dans la maison. Le *Dermeste du lard* (*Dermestes lardarius*) est le plus commun ; ses élytres sont noir brunâtre, avec une bande

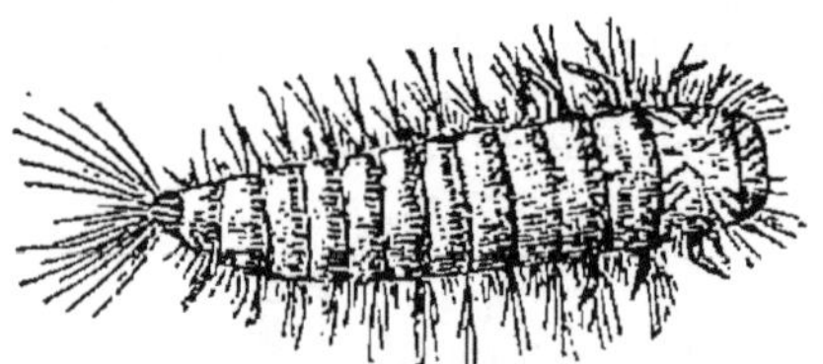

Larve de Dermeste.

transversale brun clair. Souvent on le voit voler dans les appartements et venir s'abattre sur les vitres ou le plancher. Comme tous les dermestiens, il fait le mort quand on cherche à le saisir. La larve, qui est particulièrement nuisible, est allongée, amincie en arrière : blanche sur le ventre, brune sur le dos, elle est tout hérissée de poils dirigés en arrière. Ceux de la partie postérieure forment des pinceaux. Elle marche souvent à reculons. On la trouve surtout dans les garde-mangers, les fourrures, les collections zoologiques. — Le *Dermeste ondulé* se rencontre quelquefois aussi dans ces dernières. Il est gris de souris et recouvert de poils serrés, lui donnant par leurs dessins un aspect marbré.

Attagène. — Les attagènes ont à peu près la même forme que les dermestes, mais ils sont plus petits et plus trapus. L'*Attagène des pelleteries* (*Attagenus pellio*) est gris noir, avec quelques points blancs formés de poils ras brillants. Habituellement, il vit sur les fleurs ; mais on le rencontre aussi dans les appartements, soit qu'il vienne de sortir de sa nymphe, soit qu'il y arrive pour déposer ses œufs. Très souvent il vient butter contre les vitres, tombe, recommence, retombe, et ainsi de suite. C'est surtout la larve qui vit dans les maisons. Elle est allongée avec un long

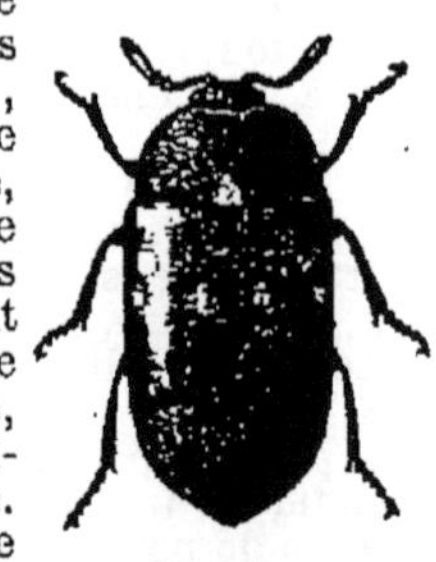

Attagène des pelleteries.

bouquet de poils en arrière. On la distingue de celle des dermestes en ce qu'elle n'a point d'appendice crochu à l'extrémité atténuée de son corps. Elle marche par saccades ; parfois elle replie en dessous la partie antérieure de son corps. Elle se nourrit de poils, de laines, de crins, de peaux ; elle ronge les tapis, les matelas, etc. — L'*Attagène moucheté* (*Attagenus pantherinus*) est couvert de jolis dessins.

Anthrène. — Les anthrènes sont les grands ennemis des collections entomologiques. L'*Anthrène des musées* (*Anthrenus museorum*) a $2^{mm},25$ de longueur. Son corps, globuleux, est couvert d'écailles grisâtres s'enlevant facilement. On le trouve très abondamment sur les fleurs et, malheureusement, aussi dans nos appartements. La larve est massive, couverte de poils bruns et terminée par un

Anthrène des musées.

Larve d'Anthrène.

long bouquet de poils. Elle s'attaque à tous les objets d'histoire naturelle et notamment aux collections d'insectes : on reconnaît sa présence en ce que, au-dessous de chaque insecte piqué, il y a de la poussière brune.

FAMILLE DES LUCANIENS.

Gros insectes à antennes coudées, à dix articles et terminées par une massue en forme de peigne. Les mandibules sont inégales dans les deux sexes.

Lucane. — Les lucanes sont connus de tout le monde sous le nom de *Grand cerf-volant*; c'est un des plus grands coléoptères de notre pays. Les mandibules du mâle sont énormes, tandis que celles de la femelle sont très petites. Ils vivent sous les chênes dont ils sucent la sève s'écoulant des petites blessures. Leur vitalité est très grande. On appelle la femelle : *Biche.*

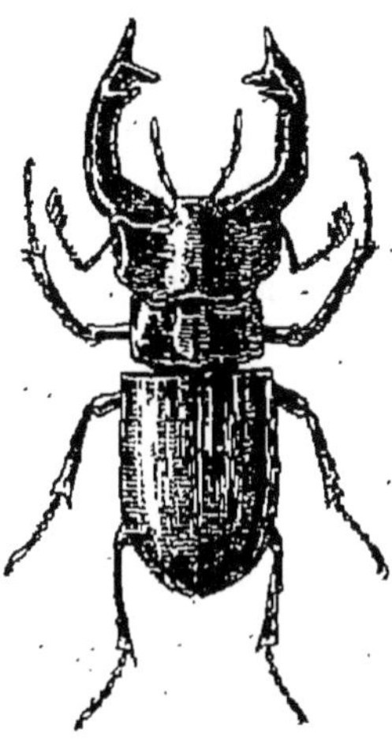

Grand Cerf-volant.

Dorcus. — Le *Dorcus parallelipipedus* est noir et peut être tout à fait comparé, comme aspect, à une lucane femelle ; on

Petite Biche.

l'appelle vulgairement la *Petite Biche*. Il se trouve sur différents arbres, les saules, les hêtres, etc. Il se tient souvent sur le tronc ou dans l'intérieur même.

Platycerus. — Le *Platycerus caraboïdes* est d'un bleu brillant. On se le procure en battant les taillis ; il tombe au moindre choc.

Spondyle. — Le *Spondylus buprestoïdes*

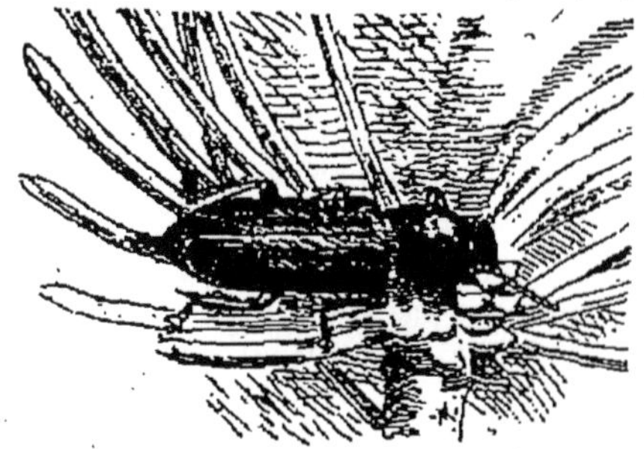

Spondyle.

vit le jour dans les souches des pins et vole le soir.

FAMILLE DES LAMELLICORNES.

Les Lamellicornes ou Scarabéiens constituent une grande famille dont les individus sont facilement reconnaissables à leurs antennes non coudées, et surtout terminées par plusieurs lamelles qui s'insèrent sur elles à angle droit : l'antenne bien connue du hanneton en est le type. Ils vivent sur les végétaux ou les bouses de vaches.

Ateuchus ou Scarabée sacré. — Parmi les lamellicornes vivant dans les bouses de vaches ou de divers autres mammifères, il n'en est certainement pas de plus curieux que les *Ateuchus*, désignés souvent sous le nom vulgaire de *Scarabées*. Prenons pour exemple l'*Ateuchus sacer* ou *Scarabée sacré*, ainsi nommé parce qu'il était autrefois adoré par les Égyptiens, comme nous aurons l'occasion de le dire plus loin. Abondant en Afrique, on ne le rencontre en France que dans le Midi, au-dessous de la latitude de Bordeaux. Sur les bords de la Méditerranée, et surtout aux environs de Marseille, c'est une espèce commune. Tout de noir habillé, son corps est large, aplati, avec des élytres cannelées en longueur. Deux points sont particulièrement à noter. La tête est fort large, aplatie, crénelée sur les bords : c'est, par sa

Scarabée.

forme et par ses fonctions, une pelle et un rateau. Les deux paires de pattes postérieures, comme celles de tous les insectes, sont terminées par une file de quelques petits articles, minces et délicats, dont l'ensemble s'appelle le *tarse.* Or, chose curieuse, les deux pattes antérieures sont dépourvues de tarse. Le scarabée serait-il donc construit sur un type différent de celui des autres insectes ? Il est bien probable que non. Mais alors comment expliquer l'absence des tarses ? Des discussions nombreuses se sont élevées à ce sujet entre les Naturalistes. Les uns, — les anciens, — soutenaient que l'animal se servant constamment de ses pattes pour creuser le sol, il n'était pas étonnant que les *tarses,* organes fragiles avant tout, se soient cassées ; si donc on ne les trouvait pas chez l'adulte, c'est que les animaux récoltés étaient trop vieux. Les autres, — les nouveaux, — soutiennent une théorie bien plus vraisemblable. Les *Ateuchus,* disent-ils, selon toute probabilité, creusent la terre et les bouses depuis fort longtemps : leurs tarses originels, organes inutiles et même gênants, ont subi la régression habituelle des appareils tombés en désuétude ; de génération en génération, et sans doute par voie de sélection, ils ont disparu pour le plus grand bien de la gent scarabée.

Mais ce sont là des théories ; arrivons aux faits.

A l'aide de sa tête, pelle et rateau, nous l'avons dit, il fait un triage rapide des meilleurs matériaux. Les jambes antérieures, très dentées également, jouent le même rôle ; elles rejettent au loin « le menu frétin » et ne gardent que les mets de choix. Ceci fait, les mêmes pattes ramassent les futurs aliments par brassées et les communiquent aux deux paires de pattes postérieures.

Fabre, l'illustre naturaliste d'Avignon, a étudié avec une grande sagacité les mœurs des scarabées. Voici comment il décrit la fin de l'opération en question. « Les jambes postérieures sont conformées pour le métier de tourneur. Leurs jambes, surtout celles de la dernière paire, sont longues et fluettes, légèrement courbées en arc et terminées par une griffe très aiguë. Il suffit de les voir pour reconnaître en elles un compas sphérique, qui, dans ses branches courbes, enlace un corps globuleux pour en vérifier, en corriger la forme. Leur rôle est en effet de façonner la boule. Brassées par brassées, la matière s'amasse sous le ventre, entre les quatre jambes, qui, par une simple pression, lui communiquent leur propre courbure, et lui donnent une première façon. Puis, par moments, la pilule dégrossie est mise en branle entre les quatre branches du double compas sphérique ; elle tourne sous le ventre du bousier et se perfectionne par la rotation. Si la couche superficielle manque de plasticité et me-

nace de s'écailler, si quelque point trop filandreux n'obéit pas à l'action du tour, les pattes antérieures retouchent les endroits défectueux : à petits coups de leurs larges battoirs, elles tapent la pilule pour faire prendre corps à la couche nouvelle et empâter dans la masse les brins récalcitrants. Par un soleil vif, quand l'ouvrage presse, on est émerveillé de la fébrile prestesse du tourneur. Aussi la besogne marche-t-elle vite : c'était tantôt une maigre pilule, c'est maintenant une bille de la grosseur d'une noix, ce sera tout à l'heure une boule de la grosseur d'une pomme. J'ai vu des goulus en confectionner de la grosseur du poing. »

Quand la boule de fiente est achevée, relevant son abdomen et se plaçant la tête en bas, l'insecte l'embrasse de ses longues pattes postérieures qui s'y implantent en deux points seulement. De cette façon la pilule peut tourner autour de cet axe virtuel, comme le fait la roue d'une brouette autour de son pivot. S'arc-boutant alors sur ses pattes intermédiaires, il fait mouvoir ses pattes antérieures de manière à marcher *à reculons,* c'est-à-dire à pousser la boule en arrière de lui. D'abord rateau, puis pelle, voilà notre ateuchus devenu brouette ! Il s'en va ainsi par monts et par vaux toujours poussant sa boule. De temps à autre, il change ses griffes postérieures de place, de manière à déplacer l'axe de rotation. Sans cette intelligente précaution, la boule deviendrait bientôt un cylindre. Un fait également curieux, c'est que le Scarabée, pour des raisons à lui seul connues, aime à grimper le long des talus, au lieu de suivre, ce qui serait bien plus simple, les régions basses. Aussi, nombreuses sont les culbutes qui s'effectuent pendant le voyage. La boule vient-elle à rencontrer un petit caillou, un fragment de racine, l'insecte s'incline-t-il légèrement, patatras ! tout dégringole, boule et scarabée. Celui-ci ne se décourage pas pour si peu ; il se remet en position et remonte le talus dangereux. Souvent le même accident se reproduit dix, quinze, vingt fois même, et presque toujours l'insecte s'entête dans son entreprise jusqu'à ce qu'il ait vaincu la difficulté.

On a cru longtemps que lorsqu'un scarabée trouve le fardeau trop fort pour lui, il va chercher un collègue qui, de bonne grâce d'ailleurs, lui donnerait un coup d'épaule. Ce n'est pas l'avis de Fabre. « C'est tout simplement, dit-il, tentative de rapt. L'empressé confrère, sous le fallacieux prétexte de lui donner un coup de main, nourrit le projet de détourner la boule à la première occasion. Faire sa pilule au tas demande fatigue et patience ; la piller quand elle est faite, ou du moins s'imposer comme convive est bien plus commode. Si la vigilance du propriétaire fait défaut, on prendra la fuite avec le trésor ; si l'on est surveillé de trop près, on s'attable à deux, alléguant les services rendus. Tout est profit en pareille tactique, aussi le pillage est-il exercé comme une industrie des plus fructueuses. Les uns s'y prennent sournoisement, comme je viens de le dire ; ils accourent en aide à un confrère qui nullement n'a besoin d'eux, et sous les apparences d'un charitable concours, dissimulent de très indélicates convoitises. D'autres, plus hardis peut-être, plus confiants dans leur force, vont droit au but et détroussent brutalement. Dans ce cas le voleur arrive, culbute le légitime propriétaire et se campe sur le haut de la boule. Remis de son émoi, l'exproprié fait alors le siège de son propre bien ; il culbute l'assaillant, tous deux se prennent corps à corps, jusqu'à ce que l'un d'eux se sentant plus faible abandonne la place. D'autres fois, l'intrus arrive tranquillement et s'attèle à la boule dans la position inverse du propriétaire, c'est-à-dire que la tête en haut, les bras dentés sur la boule, les pattes postérieures sur le sol, il attire le fardeau à lui. Il semble donc animé des meilleures intentions. Mais bientôt, sa bonne volonté semble l'abandonner ; il ramène les jambes sous le ventre, s'incruste autant qu'il le peut dans la boule et ne bouge plus. Et toujours le malheureux propriétaire pousse, roulant ainsi non seulement la pilule, mais encore le voleur qui demeure coi. De temps à autre cependant, l'acolyte se réveille : quand la pente est trop raide à gravir, il sort de sa léthargie et se met à tirer la pelote en avant tandis que l'autre la pousse de toutes ses forces en arrière. Puis quand l'obstacle est franchi, il reprend sa posture de paresseux et se fait carosser. Tout ceci prouve, on le voit, que l'ateuchus qui survient n'est qu'un voleur, et non comme on le croyait, un aide.

Pour élucider la question d'une manière encore plus frappante, Fabre a soumis les scarabées à des expériences variées, pour voir si, lorsqu'ils sont embarrassés, ils vont réclamer aide et assistance à un camarade. Pendant qu'un *Ateuchus* voyage, avec un intrus incrusté dans sa boule, on fixe celle-ci en terre par une épingle, de telle façon que la tête en soit complètement cachée. La pilule s'arrête, le scarabée n'y comprenant rien quitte son attelage, en fait le tour, grimpe dessus, redescend, inspecte les environs d'un air très perplexe.

Ce n'est qu'au bout d'un certain temps que l'acolyte étonné par l'immobilité de la voiture, se réveille et se met à son tour à inspecter les environs. A force de chercher, l'un d'eux essaye de se glisser sous la boule et rencontre l'épingle. L'obstacle est maintenant connu, il s'agit de le surmonter. Mais comment faire ? Oh, bien simplement. Le ou les scarabées s'insinuent sous la pilule, et, s'élevant peu à peu sur leurs pattes, ils la soulèvent lentement. Il arrive cependant qu'à force de « faire le gros dos » la plus grande hauteur qu'ils peuvent atteindre est atteinte. Dès lors, ils soulèvent la boule soit en s'élevant sur leurs pattes postérieures, soit en s'arc-boutant sur leurs pattes antérieures à la manière des clowns. Enfin la boule tombe à terre et la promenade recommence. Au lieu d'employer une épingle courte, servons-nous d'une fort longue dépassant de beaucoup la boule. Dans ce cas, malgré tous les efforts des *Ateuchus,* la boule ne peut pas être débrochée ; ils y arrivent cependant si on a soin de leur fournir au fur et à mesure qu'ils s'élèvent, de petites pierres plates, servant de piédestals sur lesquels ils s'exhaussent. Mais si on ne leur vient pas en aide de cette façon, voyant finalement que leurs efforts ne servent à rien, ils s'envolent et ne reviennent plus : jamais ils ne vont chercher des camarades pour leur faire « la courte échelle ».

L'*Ateuchus* après avoir parcouru un certain espace de terrain, trouve enfin un lieu à sa convenance. Il s'arrête, se dételle ; n'oublions pas que, souvent, sur la boule, il y a un acolyte qui fait le mort au moins pendant quelque temps ; nous le verrons reparaître sur la scène tout à l'heure. Le scarabée donc cherche dans le sable voisin un endroit bien propice, et là se met à creuser le sol à l'aide de ses deux pattes antérieures et de sa tête qui reprennent leurs fonctions de pelle et de râteau. Le creux grandit rapidement ; de temps à autre, le bousier en sort pour rejeter les déblais et voir si sa boule est toujours en place. « Cependant, raconte Fabre, la salle souterraine s'élargit et s'approfondit ; le fouisseur fait de plus rares apparitions, retenu qu'il est par l'ampleur des travaux. Le moment est bon. L'endormi se réveille, l'astucieux acolyte décampe chassant derrière lui la boule avec la prestesse d'un larron qui ne veut pas être pris sur le fait. Le voleur est déjà à quelques mètres de distance. Le volé sort du terrier, regarde et ne trouve plus rien. Coutumier du fait lui-même, sans doute, il sait ce que cela veut dire. Du flair et du regard, la piste est bientôt trouvée. A la hâte, le bousier rejoint le ravisseur ; mais celui-ci, roué compère, dès qu'il se sent talonné de près, change de mode d'attelage, se met sur les jambes postérieures et enlace la boule avec ses bras dentés, comme il le fait en ses fonctions d'aide. » Le propriétaire légitime qui décidément est tout ce qu'il y a de plus « bon enfant » ramène débonnairement la boule près du trou et recommence à creuser. Quand la cavité intérieure est suffisamment spacieuse, il y amène la boule (si le voleur ne s'est pas enfui avec) et la laisse tomber au fond, toujours avec son compagnon bien entendu. Ceci fait, il bouche la porte d'entrée et disparaît aux regards. Si on ouvre la chambre quelques jours plus tard, on trouve le ou les scarabées, le dos à la paroi et le ventre à table, mangeant, dégustant la boule sans trêve ni repos, comme le prouve le cordon ininterrompu qui se montre à la partie postérieure du corps de l'animal et dont la nature se devine aisément. Pendant dix, quinze jours, il mange sa provision si péniblement amassée. Quand elle est épuisée, il sort de son repaire, va faire une nouvelle boule et la même histoire recommence.

Tout ce que nous venons de dire s'observe surtout au printemps et au commencement de l'été. Pendant les fortes chaleurs du mois d'août et de celui de juillet, les scarabées restent dans leurs trous et n'en sortent qu'aux premiers jours de l'automne, où la même existence recommence, mais avec beaucoup moins d'entrain. Mais ici, une nouvelle question se pose : comment le scarabée se reproduit-il ? Les anciens pensaient que l'insecte dépose son œuf dans la boule de fiente et que c'est pour cela qu'il la voiture au loin avec tant de soin. Nous venons de voir qu'il n'en est pas ainsi : Fabre a ouvert des centaines de pelotes cueillies sur la route ou déjà enfoncées en terre et jamais il n'a rencontré ni œuf, ni jeune larve. Pour élucider la question, il éleva des *Ateuchus* dans une grande volière, mais, malgré le soin avec lequel il les nourrissait, les insectes se laissèrent mourir sans livrer leur secret.

Fabre avait fait la connaissance d'un jeune berger qu'il avait reconnu intelligent et qu'il avait chargé de noter les faits et gestes des scarabées. Or, un jour, le berger surprit l'insecte sortant de terre et, ayant fouillé au point d'émersion, trouva une mignonne poire, immédiatement portée à Fabre. Cet objet curieux semblait sorti d'un atelier de tourneur ; il était ferme sous les doigts et de courbure très artistique. D'autres furent trouvés bientôt après ; c'était là l'œuvre maternelle du scarabée ; plusieurs fois la mère fut trouvée en sa compagnie.

Le nid du scarabée se trahit au dehors par une petite taupinée, au-dessous de laquelle s'ouvre un puits d'un décimètre se continuant par une galerie horizontale, sinueuse, qui à son tour se termine dans une vaste salle où l'on pourrait loger le poing.

C'est sur le plancher de cet atelier qu'est couchée la poire, sur son grand axe horizontal. Les plus fortes dimensions sont 45 millimètres de longueur sur 35 millimètres de largeur ; les moindres montrent 35 et 28 millimètres. La surface est soigneusement lissée sous une mince couche de terre rouge. Molle au début, elle ne tarde pas à se durcir par dessiccation de manière à ne plus céder sous la pression des doigts.

En se rendant compte de la matière qui constitue les poires, on a tout de suite l'explication des insuccès obtenus par Fabre dans ses essais en volières. Elles sont, en effet, constituées exclusivement des déjections de moutons. Pour lui, la substance grossière du cheval et des mulets était suffisante. Mais pour sa progéniture, il choisit une pâte plus molle, plus fine, plus nourrissante, plus plastique. Si on ne la lui fournit pas, le scarabée refuse de nidifier, et c'est ce qui était arrivé à Fabre dans ses élevages.

L'œuf est placé dans la partie rétrécie de la poire, dans le col, creusé à l'intérieur d'une niche à parois luisantes et polies. Il mesure 19 millimètres de long sur 5 millimètres de large et n'adhère que par son extrémité postérieure au sommet de la niche. Pourquoi l'œuf est-il placé là et non au centre de la poire, où, semble-t-il, il serait mieux protégé contre les intempéries ? Sans doute pour permettre à l'oxygène de l'air supérieur de venir plus facilement en contact avec l'œuf et la larve naissante. Quant à la forme arrondie du nid, elle s'explique par la nécessité reconnue par le scarabée de diminuer l'évaporation qui aurait pour effet de rassir par trop le pain donné au ver. Or, la sphère est la forme qui englobe le plus de matière avec une surface minimum, c'est-à-dire très apte à diminuer l'évaporation ; la loge incubatrice, qui allonge cette sphère en poire, est, en quelque sorte, surajoutée au magasin de vivres.

La confection de la poire s'obtient de plusieurs manières. Souvent la boule est confectionnée sur place, puis véhiculée au loin jusqu'en un point facile à creuser. Là, la boule est emmagasinée telle quelle, ou bien d'abord déchiquetée au dehors, puis refaite à nouveau pour être introduite dans le nid. D'autres fois, enfin, les déjections des moutons sont récoltées telles quelles et introduites dans le nid où elles sont mode lées en boule. Il est fort difficile de suivre la confection de cette dernière, car l'animal ne peut travailler que dans l'obscurité. Dès qu'il aperçoit de la lumière, il se sauve et abandonne son ouvrage. Cependant, en l'élevant dans un bocal placé dans l'obscurité et en faisant de rapides visites, Fabre a pu en suivre les différentes phases. La pilule est construite sur place avec sa forme arrondie, et cela sans qu'il y ait rotation sur le sol, ainsi qu'on serait tenté de le croire. Quand elle est achevée, le scarabée confectionne sur le côté un fort bourrelet circulaire circonscrivant une sorte de cratère peu profond : à cet état, l'ouvrage ressemble à certains pots préhistoriques, à panse ronde, à grosses lèvres autour de l'embouchure. C'est dans ce cratère que sera pondu l'œuf ; les bords rapprochés par dessus constitueront la partie amincie de la poire.

L'incubation dure peu ; sous l'influence de la chaleur du soleil l'œuf éclot en cinq, six ou douze jours. Tout de suite, il se met à dévorer la manne mise à sa portée. Petit à petit, toute la nourriture disparaît, mais l'insecte ne touche pas à la croûte extérieure qui lui est si utile contre la chaleur desséchante du dehors. Ici se place un fait digne de remarque et certainement très étrange. Si l'on vient à ouvrir une brèche dans la croûte extérieure, on voit tout de suite la tête apparaître puis disparaître. Immédiatement après, la fenêtre se clot d'une pâte brune, molle, faisant prise rapidement. *A priori*, on pourrait penser que la larve prélève une partie de sa nourriture pour boucher l'orifice. Ce serait du gaspillage ; mais la larve est bien plus avisée. Le mastic n'est autre que sa propre fiente que l'animal étale avec la partie postérieure de son corps, tronqué en biseau et semblant fait tout exprès pour agir comme une truelle. La larve, d'ailleurs, contient toujours en réserve une masse énorme de ce mastic ; elle peut boucher cinq ou six fois de suite la brèche que l'on s'obstine à ouvrir. Toujours avec la même matière, le ver réunit les morceaux de sa poire quand elle vient à être écrasée. C'est là une propriété qui lui est précieuse, car les poires sont souvent attaquées par des moisissures qui tendent à la faire craqueler. Grâce à son mastic injecté dans les fentes, la larve met un frein à l'action dévastatrice du champignon.

En quatre ou cinq semaines, le complet développement est acquis. Avant de se transformer en nymphe, le ver double et triple l'épaisseur de la paroi de ce qui reste de la poire, toujours à l'aide de son ciment dont il a gardé une large provision en réserve.

C'est en août, généralement, que le scarabée est mûr pour la délivrance, grave moment pour le scarabée. Si le temps reste sec, en effet, il lui est impossible de sortir de sa prison. Pour se libérer, il est nécessaire qu'il pleuve. Alors, l'insecte, jouant des pattes et en poussant du dos, repousse la terre devenue malléable et sort.

En France, nous possédons trois espèces de scarabées. D'abord l'*Ateuchus sacer*, dont nous venons de parler et que l'on ne trouve guère qu'en Provence. Ensuite l'*Ateuchus semipunctatus*, plus petit, à élytres lisses et à corselet marqué de gros points, qui s'éloigne peu des bords méditerranéens. Enfin l'*Ateuchus laticollis*, à élytres marquées de six sillons et à corselet faiblement ponctué, qui a une aire de répartition beaucoup plus étendue que les espèces précédentes, puisqu'on le rencontre jusqu'aux environs de Lyon.

Gymnopleures. — Comme aspect, les *Gymnopleures* s'éloignent notablement des scarabées, mais, par leurs mœurs, ils s'en rapprochent beaucoup. Il y en a quatre espèces en France ; la plus commune est le *Gymnopleurus pilularius*. Cet insecte dont la taille atteint à peine un centimètre, se reconnaît facilement à ses longues pattes. Très abondant dans le centre de la France, notamment, on le rencontre souvent en grand nombre à la surface des bouses de vaches ou de chevaux. Pour les capturer, il faut une certaine habileté et surtout une grande rapidité de mouvement, car aussitôt que l'on approche de la bouse, ils s'envolent à tire d'ailes. Comme les *Ateuchus*, les gymnopleures, pendant l'été, fabriquent de grossières petites boulettes de fiente, les emportent et vont les dévorer tout à l'aise au sein de la terre. On a pu étudier avec soin la manière dont la subsistance de la progéniture est assurée.

Le gymnopleure sentant un beau jour le besoin de procréer, creuse en terre une chambre spacieuse ne communiquant avec le dehors que par un étroit goulot. Il se rend à la bouse la plus voisine, rassemble grossièrement des matériaux en une boulette qu'il rapporte dare-dare au nid. Il va en chercher une seconde, puis une troisième jusqu'à ce que la chambre en soit complètement remplie. Dès lors, il bouche l'ouverture extérieure et se met au travail. « Ce ne sont encore là, dit Fabre, que des matériaux bruts, amalgamés au hasard. Un triage minutieux est tout d'abord à faire : ceci, le plus fin, pour les couches internes dont la larve doit se nourrir ; cela, le plus grossier, pour les couches externes non destinées à l'alimentation et faisant seulement office de coque protectrice. Puis autour d'une niche centrale qui reçoit l'œuf, il faut disposer les matériaux assise par assise d'après l'ordre décroissant de leur finesse et de leur valeur nutritive ; il faut donner consistance aux couches, les faire adhérer l'une à l'autre, enfin feutrer les brins filamenteux des dernières, qui doivent protéger le tout. La couche la plus interne, celle qui tapisse la niche ovalaire où se trouve l'œuf est même très probablement mastiquée au préalable par le coléoptère. De ce travail véritablement intelligent résulte une grosse boule ayant l'œuf au centre. Celui-ci éclot et donne naissance à une petite larve frêle, délicate qui, à peine mise au monde, trouve à côté de lui, des matériaux de nutrition bien fins, très délicats, réconfortants, faciles à digérer. Puis, déjà plus forte, elle mange la bouillie pâteuse qui fait suite à cet espèce de lait. Et ainsi de suite, à mesure qu'elle grandit, elle dévore les couches successives, de plus en plus denses pour arriver enfin à la coque extérieure desséchée qu'elle respecte. Alors, arrivée à son maximum de croissance, la larve devient nymphe, puis insecte parfait et sort de terre pour s'envoler. »

Sisyphe. — Les Sisyphes se reconnaissent facilement à leur corps, très bombé, ovoïde, un peu pointu en arrière. Leurs pattes sont d'une longueur remarquable, ce qui les faisait désigner par Geoffroy sous le nom de *Bousiers-araignées.* Toute sa vie, le sisyphe fabrique des boules et les roule sans cesse. En France, il n'y a qu'une seule espèce, le *Sisyphus Schœferi* ; elle se rencontre dans le Centre et le Midi.

Copris. — Les Copris, quoique complétement noirs, brillent comme du jais. Ce sont de beaux insectes, abondant surtout dans le Midi. Ils vivent dans les bouses de vaches et creusent au-dessous d'elles, dans la terre, de longs trous cylindriques de la grosseur du doigt.

Contrairement à ce qui a lieu pour les genres précédents, le mâle se reconnaît aisément de la femelle. Le premier possède sur la tête une longue corne qui dans l'autre sexe fait défaut. Les copris fabriquent des boules de fiente, mais ils ne les emportent pas au loin ; ils se contentent de les enfoncer dans leurs trous, sous la bouse. Les pilules destinées aux larves présentent la même composition nutritive que celles des gymnopleures.

Leur reproduction est très intéressante.

Quand ils ont découvert une belle bouse, chacun d'eux creuse au-dessous d'elle une longue galerie terminée par une chambre de la grosseur du poing. Là, le copris emmagasine, d'une manière quelconque, un énorme amas de nourriture qu'il dévorera ensuite tranquillement. Au moment de la ponte, en mai-juin, le copris délaisse la manne des chevaux et des bœufs et s'adresse au produit mollet du mouton. Il creuse au-dessous de l'amas et l'enfouit tout entier sur place, lambeaux par lambeaux.

Chose curieuse, les deux sexes prennent part, généralement, au travail du terrier. Mais, une fois le logis bien pourvu, le mâle s'en va et laisse la femelle continuer, toute seule, le travail.

La pièce somptueuse emmagasinée affecte toutes les formes. On en voit d'ovoïdes, comme des œufs de dinde dont elles ont le volume, de rondes de circulaires et légèrement renflées à la face supérieure, etc. Mais toujours la surface en est lisse et régulièrement courbe. On peut d'ailleurs surprendre souvent le copris se promenant à la surface de sa miche, pour la raffermir et l'égaliser, et

Copris.

cela pendant plus d'une semaine. On se demande à quoi peut servir ce travail, puisque la masse est destinée à être morcelée. Peut-être ces soins et ces intervalles de temps permettent-ils à la masse de fermenter et de se bonifier ?

« Au moyen d'une entaille circulaire pratiquée par le couperet du chaperon et la scie des pattes antérieures, il détache de la pièce un lambeau ayant le volume réglementaire. L'enlaçant de son mieux de ses courtes pattes, si peu compatibles, ce semble, avec pareil travail, l'insecte arrondit le lambeau par le seul moyen de la pression. Gravement, il se déplace sur la pilule informe encore, il monte et il descend, il tourne à droite et à gauche, en dessus et en dessous ; il presse méthodiquement un peu plus ci, un peu moins là ; il retouche avec une inaltérable patience ; et voici qu'au bout de vingt-quatre heures, le morceau anguleux est devenu sphère parfaite de la grosseur d'une prune. Dans un coin de son atelier encombré, l'artiste courtaud, ayant à peine de quoi se mouvoir, a terminé son œuvre sans l'ébranler une fois sur sa base ; avec longueur de temps et patience, il a obtenu le globe géométrique que sembleraient devoir lui refuser son gauche outillage et son étroit espace. Longtemps encore l'insecte perfectionne, polit amoureusement sa sphère, passant et repassant avec douceur la patte jusqu'à ce que la moindre saillie ait disparu. Ses méticuleuses retouches semblent ne devoir jamais finir. Vers la fin du second jour cependant le globe est jugé convenable. La mère monte sur le dôme de son édifice ; elle y creuse, toujours par la simple pression, un cratère de peu de profondeur ; dans cette cuvette, l'œuf est pondu. Puis, avec une circonspection extrême, une délicatesse surprenante avec des outils si rudes, les lèvres du cratère sont rapprochées pour faire voûte au-dessus de l'œuf. La mère lentement tourne, ratisse un peu, ramène la matière vers le haut, achève de clôturer. C'est ici travail délicat entre tous. Une pression non ménagée, un refoulement mal calculé pourrait compromettre le germe sous son mince plafond. De temps en temps, le travail de clôture est suspendu. Immobile le front baissé, la mère semble ausculter la cavité sous-jacente, écouter ce qui se passe là-dedans. Tout va bien, paraît-il ; puis la patiente manœuvre recommence : fin ratissage des flancs en faveur du sommet qui s'effile un peu, s'allonge. Un ovoïde dont le petit bout est en haut remplace de la sorte la sphère primitive. Sous le mamelon, tantôt plus, tantôt moins saillant, est la loge d'éclosion avec l'œuf. Vingt-quatre heures se dépensent encore dans ce minutieux travail. » (Fabre).

La mère revient ensuite à la miche et y découpe deux et même trois nouveaux ovoïdes. Chose digne d'être signalée, pendant tout ce temps et même après, la mère ne mange pas, elle qui cependant est si vorace en temps ordinaire.

La ponte achevée, la mère, au lieu de s'en aller comme la femelle du scarabée, reste dans son terrier et veille sur sa progéniture. C'est là un fait unique dans l'ordre des coléoptères. Les mères ne remontent qu'en septembre, c'est-à-dire en même temps que les enfants devenus adultes.

Dans le terrier, la femelle va constamment d'une pilule à une autre, les palpant, les ratissant, les retouchant. Aussi sont-elles toujours d'une propreté absolue. Jamais on ne les voit fendillées ou couvertes de moisissures comme celles des scarabées. Une expérience montre bien l'efficacité de ces soins. On laisse deux pilules au copris et on en met deux à part. Ces dernières ne tardent pas à se couvrir de divers champignons microscopiques et sont destinées à être détruites. Prenons une de ces pelotes moisies et restituons-la à la mère. Quelques heures après, toute trace de

végétation a disparu. Vient-on à éventrer la surface de la pilule ? la mère intervient, soulève les lambeaux, les rapproche et les réunit avec des raclures cueillies sur les flancs. En une courte séance, tout est remis en place. Lorsque le ver est éclos, il essaye aussi de réparer les avaries avec son ciment, comme le fait le scarabée, mais il ne « prend » pas facilement et, en général, les efforts de la larve restent infructueux. Ainsi s'explique la nécessité des soins de la mère.

Onthophague. — Les onthophagues comprennent de nombreuses espèces. On les trouve toujours abondamment, se promenant dans la bouse, ou creusant de petits trous dans la terre sous-jacente. Leur couleur est assez sombre, les élytres quelquefois fauves, le corselet parfois verdâtre. Certaines espèces, du moins chez les mâles, présentent des cornes paires, l'une à droite, l'autre à gauche, qui les font ressembler à des taureaux (*Onthophagus taurus* par exemple). L'*O. Schreberi* se fait remarquer par son aspect brillant et les deux taches rouges de ses élytres. Tous déposent des sortes de petites boules de fiente au fond de leur terrier. Une exception bien curieuse à signaler est celle de l'*O. Maki*, qui s'introduit furtivement dans les boules des ateuchus, se fait voiturer tranquillement et plus tard dévore la pilule par l'intérieur, tandis que le scarabée la dévore par l'extérieur.

Les onthophagues nidifient au-dessous de la bouse qui leur sert de nourriture. Ils creusent dans le sol une sorte de dé à coudre de quatorze millimètres de longueur et de sept millimètres de large, et le comblent en partie avec les éléments de la bouse descendus pêle-mêle et tassés. La face supérieure du gâteau est un peu concave. La loge de l'œuf est en haut, à une petite distance de la surface, fixé par une de ses extrémités et verticalement dressé.

Le plus grand danger qui menace la larve à ce moment est la dessiccation : si elle devient trop forte, l'amas nutritif durcit, et la faible bestiole ne peut plus l'entamer. On peut étendre leur développement en mettant les amas dans des tubes de verre et en pratiquant une ouverture sur le flanc de la loge pour voir ce qui se passe à son intérieur. On met à l'ombre et on bouche le tube avec un tampon de coton. Celui-ci cependant est insuffisant pour empêcher la dessiccation ; on voit les affamés, impuissants à mordre le croûton, se rider et se ratatiner. Si à ce moment on remplace le coton sec par du coton mouillé, les outres s'imbibent lentement, et les mourants reviennent à la vie.

C'est là un curieux fait de reviviscence qui n'avait pas encore été signalé. M. Fabre a vu des larves d'onthophagues reprendre appétit, embonpoint et vigueur, sur le coton humide après trois semaines d'un jeûne qui les avait réduites à un globule ridé. C'est là, pour les larves, une propriété excellente qui leur permet d'attendre les quelques gouttes de pluie, si rares au mois d'août. Elles sont d'ailleurs en partie protégées contre l'ardeur du soleil par l'amas de déjections au-dessous desquelles sont creusés les nids. D'autre part, le péril n'est pas de très longue durée, car l'œuf donne un ver en moins d'une semaine, et la larve acquiert tout son développement en une douzaine de jours.

La larve est remarquable par une bosse énorme qui garnit son dos. Cette vaste gibbosité est occupée en partie par l'intestin rempli de matière fécale, avec laquelle la larve bouche les trous de sa demeure lorsqu'il vient à s'en produire, et renforce l'épaisseur de la muraille de son nid quand elle a tout dévoré à l'intérieur. La coque de l'onthophague taureau est particulièrement jolie ; le ciment y est déposé par gouttes, ce qui produit une mosaïque d'écailles.

Aphodius. — Les *Aphodius* sont certainement les coléoptères les plus abondants dans les bouses. On les reconnaît facilement à leur corps un peu allongé, à leurs élytres bombées, souvent striées. Quand on veut les saisir, ils simulent la mort. La couleur des élytres varie beaucoup : elle est brun rougeâtre (*Aphodius fimetarius*), livide ou jaunâtre (*Aphodius merdarius*) ou noires (*Aphodius fossor*). Leurs larves sont arquées.

Géotrupe. — Les géotrupes sont grands mangeurs de bouses. Fabre a essayé d'évaluer la quantité qu'ils peuvent faire disparaître. Vers le coucher du soleil, il sert à douze géotrupes captifs la valeur d'un panier de crottin de mulet. Le lendemain matin, le tas a disparu sous terre. En supposant que chacun ait pris une part égale, chaque géotrupe a mis en magasin bien près d'un centimètre cube de matière. Le soir du même jour, ces géotrupes enfouirent encore une quantité égale de nourriture. Et ainsi de suite tous les jours, lorsque les nuits restent belles. Le géotrupe est né enfouisseur. Il cache dans la terre les bouses qu'il rencontre, mais ne prélève de son butin qu'une petite quantité de nourriture ; il abandonne le reste. Ce gaspillage nous est utile indirectement, puisqu'il donne de l'engrais aux plantes et détruit des immondices.

Dans les campagnes, on dit généralement que lorsque les géotrupes volent, le soir, très affairés, cela indique un lendemain ensoleillé.

Quel que soit l'état du ciel, clair ou nuageux, les géotrupes signalent le beau temps ou l'orage par leur agitation affairée au crépuscule du soir. Ce sont des baromètres vivants.

C'est en septembre et octobre que les géotrupes songent à pondre et à nidifier. Tandis qu'en temps ordinaire, ils creusent des puits de plus d'un mètre de longueur, au moment de la reproduction ils ne percent que des trous de sonde de trois décimètres environ. Le terrier est creusé sous le monceau exploité. C'est un trou cylindrique, de la grosseur du col d'une bouteille, droit ou irrégulier, rempli, sur une longueur de deux décimètres, par une sorte de boudin qui s'y roule exactement. La face supérieure est un peu concave. Cette masse se débite en couches superposées qui la font ressembler à une pile de verres de montre. Une telle structure est due au mode de fabrication. Chaque verre de montre est produit par une brassée de matière descendue dans le puits et étalée pendant une cinquantaine de voyages.

C'est au bout inférieur du saucisson, bout toujours arrondi, que se trouve la chambre d'éclosion, de la grosseur d'une médiocre noisette. L'œuf y repose sans aucune adhérence. Il est blanc et mesure de sept à huit millimètres de longueur sur quatre de plus grande largeur, chez le géotrupe stercoraire.

Fait unique dans toute l'entomologie, le mâle prête mainforte à la mère. Le premier s'occupe à tasser les matériaux que la femelle lui descend au fur et à mesure. Celle-ci, en outre, enduit les parois du cylindre d'une couche de ciment hydrofuge.

La larve éclot au bout d'une à deux semaines. Elle dévore la partie du saucisson placée au-dessous d'elle, mais en respectant tout autour une paroi d'épaisseur considérable que le ver tapisse en outre de ses déjections, lui constituant une alcôve douillette et imperméable. Il festoie pendant cinq à six semaines. Lorsqu'arrivent les froids, il redescend, se creuse une niche dans ses propres déjections et s'endort du sommeil hivernal. Ses pattes postérieures sont atrophiées.

Les larves se réveillent aux premiers jours d'avril. Elles se nourrissent encore quelque temps, puis arrive la nymphose.

Trox. — Les *Trox*, au tégument raboteux et au marcher lent, se rencontrent quelquefois au milieu des chemins, couverts de poussière.

Hoplie. — *Hoplia cœrulea* est certainement, de nos coléoptères, sinon le plus brillant, du moins un des plus délicats par la fraîcheur et la pureté de sa teinte bleu azuré. Cette couleur est produite par de fines écailles, comme celles des papillons. Aussi l'hoplie est-il un insecte fragile. Les hoplies sont extrêmement communs en France, surtout dans la région de la Loire, au bord des eaux, où des industriels vont les récolter par milliers pour les livrer aux fleuristes, qui les collent sur leurs fleurs artificielles. La femelle n'est pas bleue, mais un peu noire.

Hoplie.

Rhizotrogue. — Les rhizotrogues ressemblent à de petits hannetons. Ils vivent très bien, surtout au crépuscule, où on les rencontre en abondance au voisinage des arbres. Le plus commun est le *Rhizotrogus solsticialis*, appelé aussi *petit Hanneton d'automne*. Les *Anisoplies* en sont très voisins.

Anisoplie.

Hanneton. — Les hannetons (*Melolontha vulgaris*) sont connus de tout le monde. « Quand le temps est favorable, le hanneton commence à sortir de terre au mois d'avril ; mais les gelées tardives reculent son apparition jusqu'aux premiers jours de mai. L'adulte nouvellement éclos sèche pendant quelque temps ses téguments au soleil, afin de donner à ses ailes la résistance nécessaire ; puis, écartant ses élytres, balançant son abdomen, il remplit d'air ses trachées et les vésicules disséminées dans son corps, et prend son essor. Pendant le jour, il se repose paresseusement accroché à la face inférieure d'une feuille qui ploie sous son poids ; il s'éveille au crépuscule, et c'est surtout par les soirées tièdes qu'il se montre actif, volant

Hanneton.

lourdement autour des haies et des cimes feuillues, et cherchant à la fois à manger et à s'accoupler. La copulation dure longtemps dans cette espèce, et se prolonge pendant le sommeil diurne.

Si la saison est favorable à sa multiplication, les feuilles de nos arbres fruitiers et même des essences forestières n'ont pas de plus redoutable ennemi. Les hannetons s'y suspendent par grappes, dévorent toutes les parties vertes, accumulant au-dessous d'eux, sur le sol, leurs excréments fétides, et ne laissant parfois, après leur passage, que des squelettes entièrement dénudés. Quand les arbres n'ont plus de feuilles, ils descendent jusqu'aux plantes basses, ravagent les champs de seigle, s'attaquent aux graminées développées à cette époque de l'année, et font partout place nette. Quelques jours après la fécondation, la femelle quitte son domicile élevé, gagne un sol meuble, s'y introduit jusqu'à une profondeur de 5 à 7 centimètres, et dépose en ce point une trentaine d'œufs de forme légèrement allongée et aplatie, gros comme un grain de chènevis ; puis elle meurt, sa mission remplie. Le mâle aussi ne survit que peu de temps à l'accouplement. Au

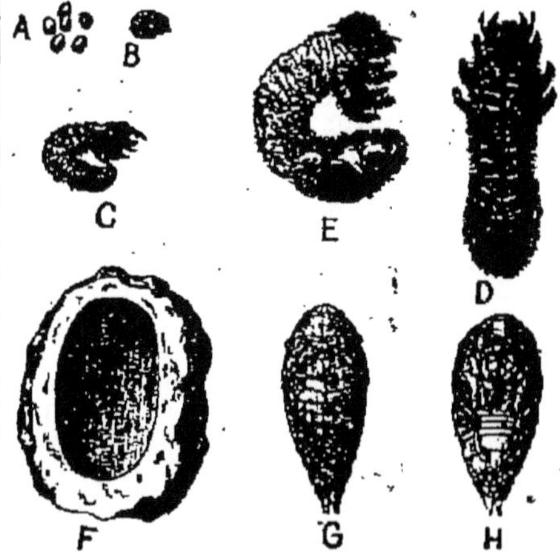

Hanneton. — A, œufs ; B, larve de 1re année C, larve de 2e année ; D, E, larves de 3e année ; F, coque de la nymphe ; G, nymphe, vue de dos ; H, nymphe, vue de face.

bout de quatre à six semaines, de chaque œuf sort une petite larve, d'abord très ténue, qui ronge immédiatement les radicelles dont le fin réseau l'entoure ; au mois de septembre, elle atteint une longueur de 2 centimètres, et s'enfonce plus profondément dans la terre ; vers cette époque, si le froid menace, il faut quelquefois l'aller chercher jusqu'à 60 centimètres de la surface.

La larve passe l'hiver engourdie dans sa retraite, qui la met à l'abri des intempéries. Au printemps, elle se rapproche de la surface, et se met, avec un appétit aiguisé par le jeûne hivernal, en quête des succulentes racines dont elle fait sa nourriture. Dès lors, comme elle augmente progressivement de volume, en même temps que de voracité, ses ravages deviennent de plus en plus appréciables. Courbée en demi-cercle, la racine dans ses mandibules, elle tourne autour de cette racine comme autour d'un pivot, et ne tarde pas à la couper entièrement ; le végétal, privé de son système radiculaire, frappé dans un organe essentiel à sa vitalité, se flétrit et meurt. Creusez la terre au pied de la tige fanée qui s'est couchée languissante sur le sol, vous y trouverez inévitablement la redoutable larve, qui s'appelle selon les contrées ver blanc, turc, meunier, man, et qui se reconnaît facilement à son corps ridé, blanc sale, courbé en arc, à ses antennes de quatre articles et terminées par une griffe simple.

A la fin de la deuxième année, les vers blancs quittent encore une fois les couches superficielles pour se mettre à l'abri de la gelée, et se réveillent au printemps suivant, prêts à recommencer leurs ravages. C'est généralement vers l'automne de la troisième année qu'ils arrivent à leur complet développement, et ils se transforment alors en nymphes. Ce stade les amène aux caractères définitifs du hanneton ; mais ils restent endormis du sommeil nymphal, dans leur coque terreuse placée à plus d'un mètre de la surface, pendant tout un hiver encore ; l'insecte adulte ne prend donc son essor qu'au troisième printemps qui suit la ponte de l'œuf d'où il est sorti, et son évolution larvaire dure trois années complètes. Ce cycle coïncide, dans nos régions, comme en Suisse et sur les bords du Rhin, avec la périodicité des apparitions plus nombreuses, des années à hannetons, pour parler le langage vulgaire. Dans les régions plus froides de l'Allemagne, le retour des éclosions en nombre n'a lieu que tous les quatre ans, ce qui donne à supposer que des causes climatériques peuvent augmenter d'une année la durée de la vie du hanneton à l'état de larve. » (A. Acloque).

Au bord de la mer, on rencontre

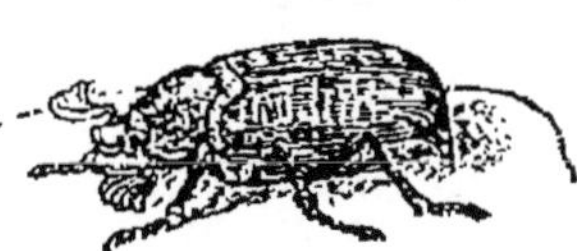

Hanneton foulou.

un autre hanneton, près du double en volume du hanneton vulgaire et aux élytres brunes parcourues par des marbrures blanches : c'est le *Hanneton foulon* (*Melolontha fullo*), une magnifique espèce.

Rhinocéros. — C'est dans les tanneries que l'on trouve les gros *Oryctes nasicornis*, aux élytres brun d'acajou et connus sous le nom de *Rhinocéros*, nom qui fait allusion à la grande corne que porte le mâle sur sa tête.

Rhinocéros.

Gnorimus. — Le *Gnorimus nobilis* peut, jusqu'à un certain point, être comparé, comme aspect, à une cétoine pourvue de grandes pattes. On le trouve sur les ombelles et les corymbes de sureaux.

Trichie. — Le *Trichius fasciatus* est un bien joli coléoptère ; ses élytres veloutées sont du plus beau jaune, avec une croix noire. On le trouve sur les ronces et les fleurs des prairies.

Valgus. — Le *Valgus hemipterus* vit sur les fleurs. La femelle est pourvue d'une pointe en arrière. Les élytres sont assez courtes et laissent voir l'abdomen en arrière.

Osmoderma. — L'*Osmoderma eremita* est un grand coléoptère exhalant une odeur de cuir de Russie très prononcée, qui suffit à le faire découvrir. Il vit sur les troncs pourris de divers arbres, des saules en particulier.

Cétoine. — Les cétoines sont les insectes des fleurs par excellence. L'espèce la plus commune est la *Cétoine dorée* également appelée *Bête à bon Dieu*, bien qu'on réserve plutôt ce nom à la coccinelle à sept points. « Qui ne connaît, dit Brehm, ce coléoptère vert doré, aux élytres coupées sur leur moitié postérieure de lignes transversales couvertes d'écailles ; qui ne l'a vu, sous les chauds rayons du soleil, voltiger çà et là, faisant entendre son bourdonnement sonore parmi les plantes et les arbustes en fleurs, tantôt se posant sur les roses, les spirées, les rhubarbes ou sur les épines, les troènes, les

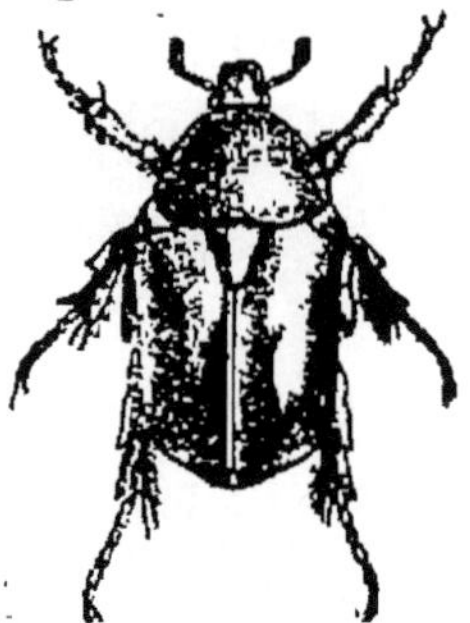

Cétoine dorée.

boule-de-neige sauvages, les lierres et tant d'autres ? Elles paraissent dormir alors que, tranquilles, elles rongent les étamines des fleurs ou boivent les sucs qui s'écoulent des nectaires. Souvent elles se réunissent sur l'inflorescence des ombellifères ensoleillées, et l'on aperçoit en même temps quatre ou cinq individus qui scintillent comme des pierres précieuses. Lorsque le soleil brille de tout son éclat, soudain, au gré de ses caprices, la cétoine part en bourdonnant, les ailes étendues hors des élytres à peine soulevées. Le ciel est-il couvert, elle reste posée des heures entières à la même place, comme endormie, et, si le temps devient désagréable, elle se cache au milieu de l'ombelle ou s'enfonce dans le cœur des roses. Si on la saisit, elle rejette par derrière un liquide blanc, gras, salissant, d'une odeur désagréable, dans le but évident de reconquérir sa liberté. » La *Cetonia aurata* est verte, la

Cétoine stictique.

Cetonia morio est noire, la *Cetonia affinis* est bronzée rougeâtre, la *Cetonia opaca* est d'un noir bleu. Deux espèces très communes, plus petites que les précédentes et beaucoup moins brillantes sont la *Cetonia hirtella*, hérissée de poils roux et la *Cetonia stictica*, d'un noir luisant avec quelques poils. — Les larves des cétoines ressemblent aux vers blancs du hanneton, mais, quoique pourvues de pattes, elles marchent sur le dos.

FAMILLE DES BUPRESTIDES.

Les buprestes, dont nous citons deux

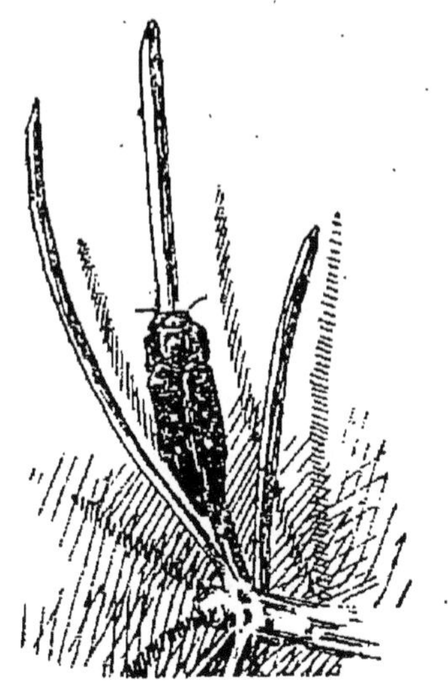

Bupreste (*Chrysobothris Solieri*).

espèces, le *Corœbus bifasciatus* et le *Chrysobothris Solieri*, ont de si bril-

lantes couleurs métalliques qu'on les appelle des *Richards*. Leur corps a une forme toute particulière, un peu allongée, oblongue, atténuée à la partie postérieure. Ils sont malheureusement peu communs en France, mais font la joie des collectionneurs. Le plus commun est le *Bupreste des pins (Buprestis mariana)*, gros coléoptère aux élytres bronzées qui vit dans les forêts de pins. On le rencontre quelquefois englué dans la résine.

FAMILLE DES ELATÉRIENS.

Les élatériens sont herbivores. Beaucoup sont diurnes et se tiennent en gé-

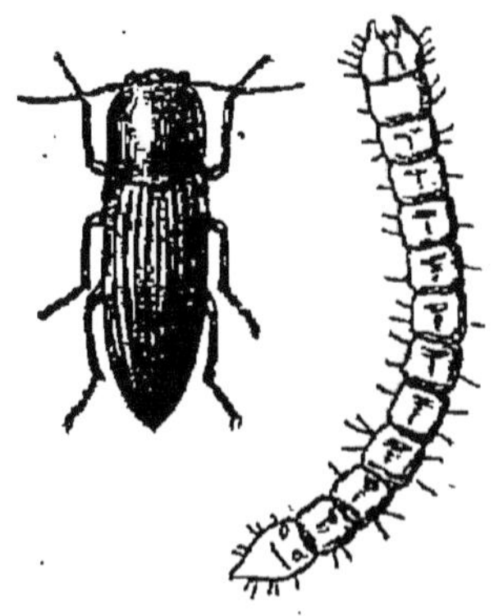

Taupin nébuleux.

néral sur les feuilles et aussi sur les fleurs, parfois les écorces. Ils sont facilement reconnaissables à la propriété qu'ils ont de sauter en l'air, même quand ils sont sur le dos, en rabattant brusquement le corselet en arrière et en produisant ainsi un petit

Taupin des moissons.

choc brusque. On les appelle vulgairement des *Taupins*. Ils font le mort pendant longtemps. A citer les genres *Elater*, *Lacon*, et *Agriotes*. Ils sont fort communs.

FAMILLE DES LAMPYRIENS
OU MALACODERMES.

La plupart des Malacodermes se rencontrent sur les feuilles, les fleurs, ou à terre.

Ver luisant. — Le *Lampyris noctiluca* mâle est pourvu d'ailes et vole la nuit. La femelle au contraire reste cachée sous les pierres et n'en sort que la nuit : c'est elle qui constitue le ver luisant. C'est une sorte de larve. Avec ses pattes, se traînant assez péniblement à terre ; le corps est noirâtre avec

Ver luisant, mâle et femelle.

de petites taches fauves sur le bord. Son appareil lumineux se trouve sous les trois derniers segments ventraux : pour que l'on voie bien sa lumière, il faut donc qu'elle relève son abdomen vers le haut, ce qu'elle fait.

Luciole. — Les jolies lucioles vivent dans le Midi de la France. Les mâles seuls volent vers neuf heures du soir, en mai-juin ; ils s'élancent dans les airs à une faible distance du sol. Comme ils sont phosphorescents, on croirait voir des étoiles filantes ou des bolides de petite taille traverser l'atmosphère. Les femelles ne volent pas et se traînent à terre ; elles sont cependant pourvues d'ailes bien développées ; elles sont également phosphorescentes.

Drile. — Le *Drile flavescent* est remarquable par ses antennes arborescentes, très élégantes. La femelle est

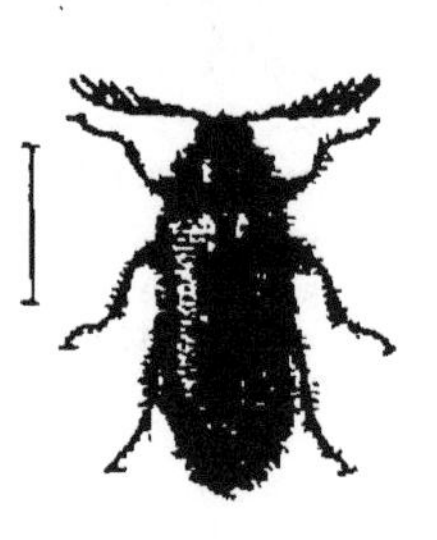

Drile mâle.

Drile femelle.

très différente du mâle et a l'apparence vermiforme, sans élytres et vit à terre, en s'y traînant péniblement.

Téléphore. — Les téléphores sont fort communs et bien connus sous le

nom de *Moines*. Leurs élytres sont molles et de couleur grise ou fauve. Ils volent facilement. Leur larve, terrestre, dévore

Ver de neige.

les chenilles et les vers de terre ; elle se promène même sur la neige, d'où le nom de *Ver de neige* qu'on lui donne quelquefois.

FAMILLE DES CLÉRIENS.

On rencontre les Clériens pour la plupart sur les fleurs et plus souvent encore sur les vieux bois et les écorces. Les larves sont carnassières. Celles de la plupart des espèces habitent dans les galeries des insectes xylophages, dont les larves deviennent leur proie ; d'autres se rencontrent dans les nids des hyménoptères mellifiques ; enfin certaines rongent les cadavres et les pelleteries.

Clairon. — Les clairons (*Clerus*) sont de fort jolis coléoptères. Le corps, finement poilu, est d'un rouge magnifique, avec des bandes du plus beau bleu ardoisé. On les rencontre aussi dans les bois, sous les écorces où ils font la chasse aux petits insectes.

Clairon.

Nécrobie. — Le *Necrobia ruficollis*, contrairement à la plupart des coléoptères qui vivent dans les maisons, est paré de brillantes couleurs : la tête est bleu verdâtre, les antennes noires, le corselet rouge, les élytres bleues, avec la base rouge. Il vit dans les peaux desséchées.

FAMILLE DES PTINIENS.

Les Ptiniens se nourrissent tous de substances desséchées, soit animales soit le plus souvent végétales.

Ptinus. — Les *Ptinus* se reconnaissent aisément à leur abdomen globuleux, bien distinct du corselet. Le *Ptinus voleur* (*Ptinus fur*) se promène surtout la nuit ; on le rencontre souvent dans les collections entomologiques et les herbiers. Des pattes relativement longues lui donnent au premier abord l'aspect d'une araignée. « Ce coléoptère, à peine long de $2^{cm},5$, est d'aspect insignifiant, mais différent suivant le sexe. La femelle a les élytres ovalaires fortement ponctuées, striées, ornées antérieurement et postérieurement de deux bandes blanchâtres pouvant disparaître, tandis que le mâle les a presque cylindriques, tachetées ou non ; le corselet, presque globuleux dans les deux sexes, un peu rétréci en arrière et creusé d'un sillon médian, relevé en carène seulement chez le mâle est orné de quatre fascicules de poils brisés, renversés en arrière ; les cuisses, très grêles à la base, se renflent subitement ; le corps est couleur de rouille dans les deux sexes » (Brehm). Il fait le mort quand on le touche. La larve, bleu grisâtre, est armée de puissantes mandibules. Le corps est recourbé en dedans. Elle mange les plantes des herbiers avec une voracité sans pareille et n'hésite pas à percer les feuilles de papier qui renferment les plantes : elle y sculpte une cavité irrégulière bien connue des amateurs d'herbiers et de vieux livres. — Le *Plinus hololeucos*, remarquable par sa fourrure jaune de laiton soyeux, a été importé d'Allemagne.

Vrillette. — Les *Anobium* ou vrillettes se distinguent des *Plinus* en ce que les antennes sont insérées au bord antérieur des yeux, au lieu d'être implantées sur le front. On les appelle vulgairement des *Boudeurs* parce qu'ils restent immobiles et comme morts quand on veut les prendre. Ces coléoptères creusent des galeries dans les meubles et les boiseries : ce sont eux qui causent ces trous bien connus des vieux meubles. Parfois, dans une chambre silencieuse, on entend un tic-tac assez régulier : il est produit par des *Anobium* qui frappent contre le bois de leurs galeries et qui ainsi s'appellent mutuellement en vue du rapprochement des sexes : cette particularité les fait quelquefois désigner sous le nom d'*horloge de la mort*. Les larves vivent aussi dans le bois, qu'elles rongent rapidement. Les adultes continuent leur travail. L'*Anobium tessellatum* ou *Vrillette marquetée* a le corselet creusé sur les bords. Le corps est brun et parsemé de marbrures. L'*Anobium pertinax* est plus foncé et plus petit. L'*Anobium paniceum* recherche le pain dur, les graineteries, les herbiers, les vieux livres. C'est le fléau des bibliothèques.

Ptilinus. — Le *Ptilinus pectinicornis* a un corps cylindrique et des antennes en forme de pique. Sa larve perce les meubles.

Les apatiens vivent dans les vieux bois, les branches desséchées, sous les écorces, sur les champignons desséchés.

Cis. — Le *Cis boleti* vit dans le champignon appelé polypore versicolore : c'est un insecte régulièrement cylindrique, avec de fortes mandibules.

Sinoxylon. — Le *Sinoxylon sixdentatum* attaque les tiges malades ou récemment mortes de la vigne, du figuier, de l'olivier, etc. On le trouve, dans le Midi, au mois de septembre ; il passe l'hiver sur les écorces.

Xylopertha. — Les *Xylopertha* ont les mêmes mœurs que le précédent.

Apate. — L'*Apate capucina*, remarquable par ses élytres rouges, est commun sur les échalas des vignes, dans l'Est de la France. Ses mandibules sont tellement fortes qu'elles peuvent percer jusqu'à du plomb.

Lyctus. — La larve du *Lyctus canaliculatus* attaque les meubles.

Les Ténébrioniens vivent un peu partout.

Pimélie. — Les pimélies se trouvent sur les bords des chemins où elles se font remarquer par leur grande taille, — celle d'une bille d'enfants, — leurs élytres dures et bleutées généralement, leur marche très lente et le liquide rouge qu'elles rejettent quand on les prend dans les doigts.

Tenebrion. — Le *Tenebrio molitor* est un assez grand coléoptère noir qui vole souvent dans les appartements. Quelquefois on le trouve emprisonné et mort dans le pain. La larve se trouve aussi quelquefois cuite dans le pain. Comme son nom vulgaire (*Ver de farine*) l'indique, elle vit dans la farine, chez les boulangers et dans les moulins. On la vend aussi dans le commerce pour nourrir les petits oiseaux, les lézards et divers autres animaux. Contrairement aux autres larves

Tenebrion.

Ver de farine.

de coléoptères, les téguments sont très rigides et luisants. La nymphose s'opère entre les joints des planchers. La nymphe est molle, avec des segments abdominaux élargis latéralement.

Diapéris. — Les *Diaperis* creusent des galeries irrégulières dans les champignons. Leurs élytres sont brillantes et ornées de bandes fauves.

Helops. — Les *Helops* vivent sous les écorces, dans les troncs d'arbres abattus, au pied des arbres.

Blaps. — Les *Blaps* sont les plus grands coléoptères de nos maisons. Leur corps est entièrement noir ; ils dégagent une odeur désagréable qui rappelle un peu celle du brou de noix. Les élytres sont soudées et les ailes avortées. Ils se nourrissent de matières organiques décomposées et aiment l'obscurité. Le *Blaps mortisaga* vit dans les caves, se promenant lourdement ou restant caché sous les poutres pourries.

Famille des Cantharidiens.

Les Cantharidiens sont presque toujours ailés et phytophages presque exclusivement à l'état adulte, se tenant sur les fleurs ou les feuilles, et pour la plupart, diurnes, très vifs et très agiles, surtout par les journées chaudes et au soleil. Plusieurs de leurs larves se rencontrent dans les nids d'Hyménoptères.

Œdemera. — Les *Œdemera* sont d'un beau bleu métallique. Leurs élytres, très étroites, sont comme recroquevillées. On les reconnaît en outre facilement aux cuisses des pattes postérieures, qui sont énormes, arrondies.

Cantharide. — Les cantharides, dont on voit souvent des échantillons desséchés, enfermés dans un flacon, à la devanture des pharmacies, sont très reconnaissables à leurs belles élytres vert doré, finement granuleuses à la surface. Il y a des années où les cantharides sont très nombreuses : elles préfèrent de beaucoup les frênes à tous les autres arbres ; c'est donc là qu'il faut les chercher. Elles ne dédaignent pas non plus les lilas, les troènes, etc.

Cantharide.

Mylabre. — Les mylabres, aux couleurs jaunes ou rouges, rayées de noir, se plaisent sur les graminées et les fleurs des plantes basses, ensoleillées.

Leurs larves vivent dans les nids de divers hyménoptères.

Méloë. — Les méloës ont un aspect tout particulier. Elles sont volumineuses et leur abdomen énorme dépasse longuement les élytres qui sont comme recroquevillées. Elles se traînent péniblement dans l'herbe au milieu des chemins. Elles déposent leurs œufs par petits tas, dans des trous qu'elles creusent à la surface du sol. Les larves éclosent, grimpent sur les fleurs où on peut les voir rassemblées en pelotes noires compactes. Ces *Triongulins*, comme on les appelle, s'accrochent à la toison des abeilles quand celles-ci viennent butiner sur les fleurs et se font transporter par elles dans des cellules gorgées de miel. Le triongulin dévore l'œuf et se transforme en une larve molle. Bientôt la peau se fend et il en sort une pseudochrysalide dépour-

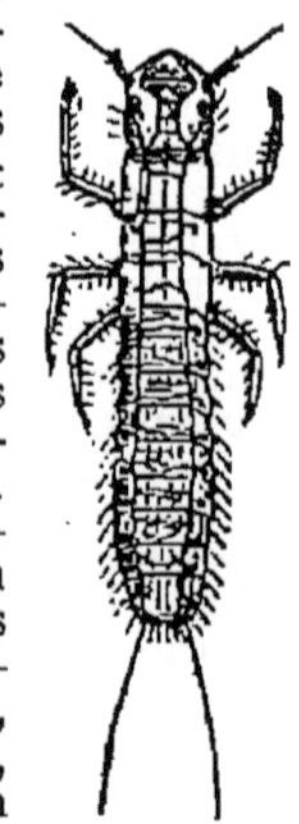

Triongulin.

Méloë mâle.

Méloë femelle.

vue de pattes, et qui, à son tour, donne une troisième larve ; celle-ci devient une nymphe véritable.

Famille des Scolytiens.

Les Scolytiens se rencontrent sur les arbres et surtout dans le bois, sous les écorces où ils creusent des galeries.

Scolyte. — Les scolytes occupent un bon rang parmi la trop nombreuse escouade des insectes s'attaquant aux arbres.

Au physique, ce sont des coléoptères peu remarquables, d'un demi-centimètre de longueur environ ; on les remarque aisément : leur corps est tout d'une venue, avec des pattes courtes et aplaties ; capons en diable, ils font le mort dès qu'on les touche, rentrant les pattes et les antennes, le long du corps dans des sillons ménagés à cet effet. On les prendrait ainsi pour de petites graines noires ou brunes sans danger aucun. En les examinant de près cependant on pourrait se rendre compte qu'ils sont bien faits pour creuser le bois avec leurs mandibules courtes, fortes et dentées, leurs pattes souvent dentées en rateau, et, chez certaines espèces, le corps tronqué obliquement en arrière en forme de pelle.

Scolyte et ses galeries.

Leur démarche est lente comme celle de tous les êtres dont le travail demande force et ténacité : ils volent cependant assez bien, ce qui leur permet de passer facilement d'un arbre à un autre.

On distingue parmi eux de nombreuses espèces qui, chacune, ont des mœurs bien déterminées. Les scolytes proprement dits s'attaquent aux arbres de la famille des amentacées, des ulmacées et aux arbres fruitiers. Les autres, c'est-à-dire les blastophages, les bostriches, etc., s'attaquent plutôt aux résineux. L'emplacement qu'ils choisissent dans les arbres comme lieu de leurs exploits varie aussi avec les espèces.

Les uns ne s'attaquent qu'aux branches inférieures des sapins ; ils provoquent la mort et la chute de ces branches : ceux-là ne sont, par conséquent, pas trop nuisibles : ils se contentent d'élaguer les arbres et justifient assez bien le nom de « *Jardiniers de la nature* » que leur donnait Linné. Les autres, au contraire, sont plus difficiles, et ce sont malheureusement les plus nombreux : ils attaquent les branches les plus grosses et les troncs les plus volumineux, finissent par faire périr les arbres tout entiers.

Le *scolyte typographe* notamment est très redoutable, quoique ses invasions soient intermittentes. Dans un même tronc, chaque espèce a ses droits particuliers, de telle sorte qu'un même arbre peut héberger jusqu'à 4 espèces différentes ne se gênant nullement, installées qu'elles sont dans le bois, les vieilles écorces, les écorces minces ou les jeunes pousses.

Le caractère le plus saillant de la vie des scolytes est la manière dont ils creusent les arbres : leurs galeries for-

mant d'élégants dessins que tout promeneur dans les bois a remarqué, principalement sur les vieux troncs abattus et décortiqués par la vieillesse. Ces galeries sont presque toujours composées d'une cavité médiane allongée, et rayonnant tout autour, des galeries

Scolyte typographe.

perpendiculaires à elles, allant et s'élargissant. Au premier abord, on ne se rend pas bien compte comment un pareil travail a pu s'opérer. Rien n'est cependant plus simple ; la galerie médiane est creusée par la femelle qui y trouve à la fois abri et nourriture.

Elle y pond aussi ses œufs et les dissémine tout le long de son habitation, enveloppés dans de petits tas de sciure de bois. Lorsque les œufs éclosent, la larve n'a rien de plus pressé que de se garnir l'estomac ; elle creuse le bois qui est à son contact et y pénètre. Et ainsi se produisent les galeries perpendiculaires, pouvant être appelées « galeries de larves » et qui naturellement, augmentent de diamètre à mesure que leurs habitants grandissent.

Il est remarquable que ces larves aient l'instinct de creuser toujours droit devant elles, ce qui fait que les galeries ne viennent jamais à s'entrecroiser. L'ensemble forme d'élégantes arborisations dont la disposition est caractéristique de chaque espèce et explique les noms spécifiques de « *Typographes* », « *Sténographes* », etc., que l'on donne à certaines d'entre elles. Ce sont surtout les écorces dans leur liber qui sont attaquées par le plus grand nombre de scolytiens, et c'est ce qui explique la gravité de leurs ravages en détruisant une région aussi essentielle pour la vie des arbres. On observe que ceux qui se logent dans les écorces épaisses creusent toutes les galeries dans sa partie profonde, mais que les espèces qui s'en prennent aux écorces minces établissent, tant adultes que larves, les galeries avec deux segments de leur circonférence, l'un à l'intérieur de l'écorce, l'autre à l'extérieur de l'aubier, de sorte qu'en détachant l'écorce on observe deux épreuves en creux des mêmes dessins l'un sur l'écorce, l'autre sur le bois. C'est afin, sans doute, de ne pas compromettre, en approchant trop de la surface, le fragile abri qu'offre une mince écorce.

M. E. Perris a divisé les espèces de scolytiens en catégories importantes pour les forestiers, d'après la forme des galeries et la partie de l'arbre qu'elles affectent.

Les plus nombreuses espèces font des galeries subcorticales. Tantôt la galerie de ponte est longitudinale et alors les galeries des larves sont transversales, ou selon des arcs de circonférence, mais peuvent devenir longitudinales avec flexion, si le diamètre de l'arbre ne se prête pas à tout leur développement transversal ; tantôt la galerie de ponte est transversale, ordinairement en accolade à partir du trou d'entrée, et les galeries des larves longitudinales. Enfin, il peut y avoir plusieurs galeries de ponte rayonnantes ou étoilées à partir du trou d'entrée, et alors les galeries des larves sont perpendiculaires aux rayons. Un petit nombre d'espèces font des galeries qui pénètrent dans le bois, soit perpendiculaires à l'axe de l'arbre, soit formant avec sa circonférence comme la corde d'un arc.

Les galeries des larves se détachent comme d'habitude à angle droit de part et d'autre de la galerie de ponte, et tantôt chaque larve fait sa galerie séparée, tantôt une galerie sert à plusieurs (Girard).

Les scolytes peuvent avoir plusieurs générations par an, deux en général.

Remarquons, en terminant, que les origines des ravages occasionnés par les scolytes ne sont pas bien connues. Il s'est formé même à cet égard deux écoles. La première estime que ces coléoptères sont susceptibles d'attaquer les arbres sains et de les faire périr. La seconde école prétend que les scolytes n'envahissent un arbre que lorsqu'il est déjà affaibli et ne font qu'en activer la mort, des expériences semblent démontrer que cette dernière est dans le vrai. Dans ce cas, pour éviter l'envahissement des scolytes, il suffit de mettre les arbres dans les conditions les meilleures pour leur existence. On fera bien aussi d'abattre tout arbre atteint, puisqu'il est voué à une mort certaine, et de l'emporter au loin afin de s'en servir pour le chauffage.

Blastophage. — Le *Blastophagus piniperda* pullule, aux mois de mars et avril, dans les forêts de pins. « La femelle choisit de préférence, pour effectuer sa ponte, les troncs récemment coupés ou les souches enracinées ; les galeries latérales commencent par un trou nettement taraudé, s'étendant jusque sous la face interne de l'écorce et se dirigent verticalement le long de celle-ci. Les galeries latérales sont très rapprochées les unes des autres et atteignent jusqu'à 8 centimètres de long » (Brehm). Le *Blastophagus minor* vit de la même façon, mais préfère les jeunes pins, dont l'écorce est encore lisse.

FAMILLE DES CURCULIONIDES.

Les Curculionides ou charançons sont extrêmement nombreux en genres et en espèces, mais se reconnaissent facilement à leur tête plus ou moins allongée en avant comme un nez ou une trompe (rostre). Celle-ci porte deux antennes coudées en leur milieu. La plupart attaquent les végétaux et notamment les arbres.

Apion. — Les apions sont de petits curculionides, très élégants, au rostre très allongé et pointu. Ils vivent en abondance sur les plantes basses et sur les branches des arbres.

Orcheste. — Les orchestes sautent comme des puces. On les trouve sur les hêtres et les aulnes.

Otiorynchus. — Les *Otiorynchus* sont communs dans les forêts, particulièrement sur les pins. En hiver, on les trouve engourdis sous les pierres.

Hylobius. — L'*Hylobius abietis* ou *Grand charançon des sapins* se trouve, en mai et en juin, sur les conifères, les sapins, les pins, etc. Il est brun marron, avec des taches de rouille.

Balanin. — Les balanins, si remarquables par leur rostre très long et très mince, se trouvent à l'état adulte sur les noisetiers et les chênes. Ce sont leurs larves qui mangent les noisettes (Ver des noisettes) et des noix.

Rhynchite. — Dans les campagnes, sur les peupliers ou les vignes, on trouve très fréquemment des feuilles enroulées sur elles-mêmes, tout à fait à la manière des cigares et pendant vers le sol. L'artisan de cette industrie est un coléoptère, un rhynchite, c'est-à-dire un des plus beaux insectes de nos contrées.

Comment ce petit insecte, qui n'a pas plus d'un centimètre de long, s'y prend-il pour effectuer un pareil travail ? Comment, avec ses pattes, paraissant même assez gauches, et avec le rostre, la sorte de trompe dont sa tête est pourvue, arrive-t-il à rouler la feuille sur elle-même, besogne à laquelle ne saurait même parvenir un enfant de quatre ou cinq ans ? C'est ce qu'a fait connaître J.-H. Fabre dans la septième série de ses « Souvenirs entomologiques ». Nous allons résumer ses observations.

Fabre a pris comme sujet d'études le *Rhynchite du peuplier* dont le nom indique suffisamment l'arbre sur lequel il vit :

« La mère, son choix fait, se campe sur la queue de la feuille, et là, patiemment, elle plonge le rostre, le tourne avec une insistance qui dénote le haut intérêt de ce coup de poinçon. Une petite plaie s'ouvre, assez profonde, devenue bientôt point mortifié. C'est fini : les aqueducs de la sève sont rompus, ne laissent parvenir au limbe que de maigres suintements. Au point blessé, la feuille cède sous le poids ; elle penche suivant la verticale, se flétrit un peu et ne tarde pas à prendre la souplesse requise. Le moment de la travailler est venu. Le rhynchite désire pour les siens une feuille assouplie, demi-vivante, paralysée en quelque sorte, qui se laisse aisément façonner en rouleau ; il connaît à merveille la cordelette, le pétiole, où sont rassemblés en un menu paquet les vaisseaux dispensateurs de l'énergie foliaire ; et c'est là, uniquement là, jamais ailleurs, qu'il insinue sa percerette. D'un seul coup, à peu de frais, s'obtient ainsi la ruine de l'aqueduc. »

La feuille du peuplier, chacun le sait, a, assez régulièrement, quatre côtés, c'est-à-dire la forme d'une lance dont les côtés se dilatent en ailerons pointus. C'est toujours par un des angles, celui de droite ou celui de gauche indifféremment, que débute la confection du rouleau, mais l'insecte se place toujours à la surface lisse de la feuille, moins rebelle à la flexion que l'autre. « Le voici à l'ouvrage. Il est placé sur la ligne d'enroulement, trois pattes sur la partie déjà roulée, les trois opposées sur la partie libre. D'ici comme de là, solidement fixé avec ses griffettes et ses brosses, il prend appui sur les pattes d'un côté tandis qu'il fait effort avec les pattes de l'autre. Les deux moitiés de la machine alternent comme moteurs, de manière que tantôt le cylindre formé progresse sur la lame libre, et que tantôt, au contraire, la lame libre se meut et s'applique sur le rouleau déjà fait. Il faut avoir assisté, des heures durant, à la tension obstinée des pattes, qui tremblotent exténuées et sont menacées de tout remettre en question si l'une d'elles lâche prise mal à propos ; il faut avoir vu avec quelle

prudence le rouleur ne dégage une griffe que lorsque les cinq autres sont fermement ancrées, pour se faire image exacte de la difficulté vaincue. D'ici ce sont trois points d'appui, de là trois points de traction ; et les six, un à un, petit à petit, se déplacent sans laisser un instant leur système mécanique faiblir. Pour un moment d'oubli, de lassitude, la pièce rebelle déroule sa volute, échappe au manipulateur. » Les tours de spires sont maintenus dans leur position par la force exclusive de l'insecte : aucune colle, aucun fil ne les empêche de se dérouler. Si le rhynchite va avec une extrême lenteur, c'est pour donner aux parties roulées le temps de prendre le « pli ».

Les volutes, ayant une certaine longueur, ne se font pas d'un seul coup ; l'insecte n'en a pas la force et se trouve obligé de se mouvoir le long de son « cigare » pour l'enrouler un peu plus. « D'habitude, le rhynchite travaille à reculons. Sa ligne finie, il se garde bien d'abandonner le pli qu'il vient de faire et revenir au point de départ pour en commencer un autre. La partie ployée en dernier lieu n'est pas encore suffisamment assujettie ; livrée trop tôt à elle-même, elle pourrait se rebeller, s'étaler à nouveau. L'insecte insiste donc en ce point extrême, plus exposé que les autres ; puis, sans lâcher prise, il s'achemine à reculons vers l'autre bout, toujours avec patiente lenteur. Ainsi se donne au pli frais surcroît de fixité et se prépare le pli qui suit. A l'extrémité de la ligne, nouvelle station prolongée et nouveau recul. De même le soc de labour alterne le travail des sillons. » Enfin, au bout d'une journée environ, le rouleau est achevé ; on comprend que l'insecte ne peut le laisser ainsi, sous peine de le voir se dérouler. La ruse qu'il emploie est fort ingénieuse : il appuie son rostre contre le bord de la feuille, le comprime dans tous les sens, le lisse comme le ferait une repasseuse avec son fer. Finalement, le bord est intimement collé au reste du rouleau et ne s'en détache qu'avec difficulté. La colle qui a produit cette adhérence n'est pas sécrétée par l'insecte ; elle provient de la feuille même, des glandes qui garnissent le bord, d'où le rhynchite la fait sourdre en abondance par la pression de son bec. L'animal ayant ainsi terminé son rouleau, comme une enveloppe que l'on achève de fermer avec de la cire à cacheter, passe à une autre feuille pour recommencer son ouvrage.

En même temps qu'elle travaille, — je dis « elle » parce que la femelle seule opère, — l'industrieuse petite bête pond un, deux, trois, quelquefois quatre œufs, qu'elle dépose un peu au hasard, entre les plis : les larves qui en naîtront trouveront ainsi gîte et nourriture à leur discrétion.

Le Rhynchite de la vigne qui, dans certaines localités, cause le désespoir des vignerons, procède de la même façon que le *Rhynchite du bouleau*, son proche parent à tous les points de vue. Mais, comme le remarque Fabre, l'ampleur de la feuille et ses profondes sinuosités

Rhynchite du bouleau.

presque jamais ne permettent travail régulier d'un bout à l'autre de la pièce. Alors des plis brusques se pratiquent, qui changent, à diverses reprises, le sens de l'enroulement, et laissent au dehors tantôt la face verte, tantôt la face cotonneuse, sans ordre appréciable, comme au hasard. Autre différence : le scellement des dentelures de la couche finale ne s'opère pas au moyen de glu, mais au moyen de la bourre cotonneuse dont les poils s'enchevêtrent et donnent adhésion.

Tous les rhynchites ne sont pas cigariers : ainsi celui du prunellier dépose ses œufs dans les fruits aigrelets de cet arbre. Inversement, tous les cigariers ne sont pas des rhynchites. Parmi les coléoptères, on peut encore en citer deux, également étudiés par Fabre, l'apodère du noisetier et l'attélabe curculionoïde.

Apodère. — L'apodère du noisetier est un curieux insecte, au corps d'un rouge vermillon, à la tête presque imperceptible, tant elle est petite, munie d'un mufle très court et large, au cou allongé comme s'il avait été serré par une corde. Cet insecte, qui vit aussi, malgré son nom, sur le verne, l'aulne glutineux, ne pique pas le pétiole de la feuille, comme le fait le rhynchite. Peut-être cela est-il dû à

Apodère du noisetier.

la brièveté de son rostre. « Toujours est-il que, des mandibules, l'apodère tranche transversalement la feuille du verne, à quelque distance de la base du limbe. Tout est coupé nettement, même la ner-

vure médiane. Reste seul intact le bord extrême, où pend flétri le grand lambeau détaché. Ce lambeau, majeure partie de la feuille, est alors plié en deux suivant la grosse nervure, la face verte ou supérieure en dedans ; puis, à partir de la pointe, le double feuillet est roulé en un cylindre. L'orifice d'en haut se clôt avec la partie du limbe que l'entaille a respectée ; l'orifice d'en bas, avec les bords de la feuille refoulés en dedans. Le gracieux tonnelet pendille vertical, se balance au moindre souffle. Il a pour cerceau la nervure médiane, qui fait saillie au bord supérieur. Entre les deux feuillets superposés, vers le centre de la volute, est logé l'œuf, d'un roux de résine et, cette fois, unique. »

Attélabe. — L'attélabe curculionoïde, qui partage avec le précédent sa belle couleur rouge, n'est pas moins habile, bien que les feuilles qu'il travaille — celles du chêne — soient fort coriaces. Il commence par inciser le limbe à droite et à gauche de la nervure

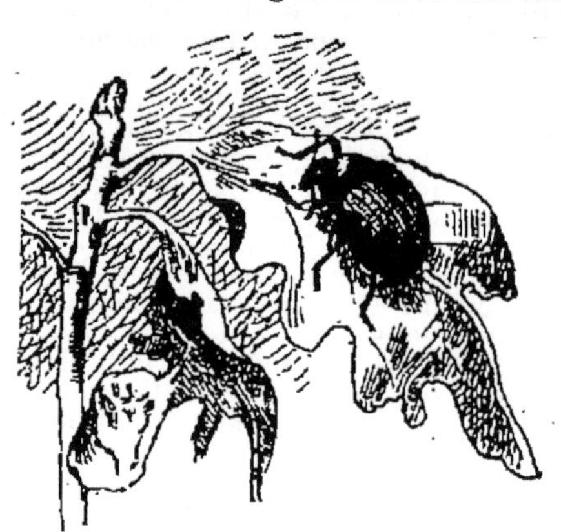

Attélabe.

médiane, tout en respectant celle-ci qui fournira un solide point d'attache. La feuille est alors pliée suivant sa longueur, la face supérieure en dedans. L'attélabe ne travaille que la nuit, sans doute parce qu'à ce moment la feuille est plus molle et se laisse mieux plisser.

Pissodes. — Le *Pissodes notatus* ou *Pissode ponctué des pins*, vulgairement *Petit charançon des pins*, s'attaque surtout aux jeunes pins. « Les galeries de la larve, dit Brehm, sont ordinairement établies au-dessous des premières branches ou un peu au-dessus. Elles serpentent irrégulièrement, en décrivant des circonvolutions peu prononcées, deviennent de plus en plus larges et prennent sous l'écorce une direction descendante, à mesure qu'elles s'étendent plus loin.

L'espace n'est point vide dans ces galeries ; il est rempli de débris conglomérés, affectant la forme de boudins, et mouchetés de brun et de blanc. A l'extrémité de ces boyaux, la larve, si l'écorce est mince, se creuse dans la profondeur du bois une cavité ovoïde qui, dans les petits troncs, pénètre même dans la moelle, et, dans cette retraite, se confectionne avec de fins copeaux qu'elle a fabriqués une sorte de coque ayant l'aspect d'un amas de charpie et dans lequel elle se transforme en nymphe. »

Lixus. — Les *Lixus*, curculionides au corps allongé, se trouvent sur les feuilles ou les tiges. Leur corps est recouvert d'une fine poussière grise.

Larinus. — Les *Larinus*, curculionides voisins des précédents, mais au corps plus trapu, vivent sur les feuilles et les fleurs des chardons. Leurs élytres sont fort dures. Sur les plantes qu'elles habitent, on trouve souvent des galles irrégulières, causées par leurs larves.

Baridius. — Le *Baridius chloris* se trouve à partir du mois de juin sur les fleurs de colza et d'autres crucifères. La larve ronge les parties intérieures de la tige. Le *Baridius picinus* vit sur les choux. Le *Baridius caprirostris* attaque surtout les choux-raves.

Ceutorhynques. — Le *Ceutorynchus sulcicollis* se trouve depuis le premier printemps jusqu'à l'été sur différentes crucifères cultivées ou sauvages, dont il dévore les fleurs et les feuilles. « La

Ceutorhynque.

emelle fécondée, dit Brehm, pond ses œufs au bas de la partie aérienne de la tige ou sous terre, contre le pivot de la racine de colza, des divers choux de nos potagers, mais aussi de la mauvaise herbe universellement répandue dans les champs, l'érysime sauvage. La place qui a été dotée d'un œuf se renfle et s'accroît de plus en plus par suite de l'irritation locale occasionnée par la dent de la larve, et une sorte de galle ne tarde pas à se produire. Les jeunes plantes qui portent cette galle globuleuse ras de terre, peuvent même être prises pour des plantes de radis. Si les

coléoptères sont très nombreux, plusieurs galles, ordinairement isolées, peuvent se trouver réunies sur un même pied et y constituer des renflements arrondis, irrégulièrement tuberculeux et informes dans l'intérieur desquels on trouve au milieu de leurs excréments jusqu'à 25 larves. » Le *Ceutorynchus assimilis*, très voisin du précédent, se montre sur les raves et les navets.

Calandre. — Les calandres hantent les magasins et les entrepôts de graines. On les reconnaît aisément à leur corps étroit, brun rougeâtre, à leurs élytres sillonnées et à leur rostre long et courbé. La *Calandra granaria* se promène dans les magasins des grainetiers, et, pendant l'hiver, se cache dans les fentes des planchers et les recoins du grenier. La larve vit dans

Calandre (*Calandra granaria*)

les grains de blé qu'elle dévore complétement. La *Calandra oriza* vit dans les grains de riz. On la reconnaît aux taches dont sont garnies ses élytres et ses épaules.

Hylobius. — L'*Hylobius abietis* vit sur les sapins.

Anthonome. — L'anthonome, attaque les fleurs de pommier et les fait périr en grand nombre. Au printemps, les arbres attaqués ne se distinguent pas, du moins dans leur ensemble, des arbres sains. Les branches se couvrent de bourgeons qui grandissent et semblent vouloir s'épanouir. Puis rien ne vient, le bouton reste tel quel, se dessèche et, suivant la comparaison adoptée, il devient semblable à un clou de girofle. Qu'est-il donc advenu ? En ouvrant l'un d'eux, au moment de son apparition, on trouve une petite larve blanchâtre, avec une tête un peu plus foncée et, qui, protégée qu'elle est par les pétales imbriquées, se met en devoir de dévorer tout l'intérieur, soit les étamines et le pistil. On comprend dès lors pourquoi le bouton, dépouillé de ses deux organes principaux, ne s'épanouit pas et ne donne pas de fruit. En inspectant l'intérieur d'un bouton déjà presque complétement desséché, on y rencontre la larve immobile ou déjà transformée en nymphe. Un peu plus tard, de celle-ci sort un coléoptère qui ne tarde pas à s'élancer dans l'air.

L'insecte appartient à la famille des curculionides, vulgairement appelés charançons : c'est l'anthonome du pommier. Sa couleur, difficile à définir, est brune et tire sur le gris. Le corps, ovalaire, se prolonge en avant par un long rostre assez étroit et portant des

Anthonome du pommier.

antennes coudées. Du sommet du bec à la partie postérieure du corps, la longueur est d'environ 5 à 6 millimètres. Les élytres en arrière sont marquées d'un croissant blanc.

Pendant l'été, l'anthonome vit sur les feuilles du pommier, enfonçant sa trompe à travers l'épiderme, dans le parenchyme dont il aspire les matériaux nutritifs. Il vole assez facilement, mais il se cramponne fort mal à la feuille sur laquelle il est posé ; nous verrons plus loin l'intérêt de cette remarque, insignifiante au premier abord. Les bourgeons n'existant pas encore, il ne peut évidemment y déposer sa ponte. Quand le froid commence à se faire sentir, il va hiverner, comme font tant d'insectes. Mais où se rend-il ? Quand on creuse la terre, au pied de l'arbre, on ne le rencontre pas ; il est donc inutile d'arroser le sol de sulfate de cuivre, de pétrole, ou d'autres insecticides. Si l'on enlève l'écorce du pommier, on trouve bien quelques anthonomes, que l'on peut faire périr en badigeonnant l'arbre soit avec le lait de chaux, la bouillie bordelaise, le sulfate de fer, etc.

Bruche. — Les bruches ont un rostre insignifiant, de sorte qu'on les retire quelquefois des curculionides pour en faire une famille particulière. Ils se trouvent sur les fleurs des pois et autres

Bruche des pois.

légumineuses. On les rencontre encore en aussi grande quantité dans les graines qui servent à notre alimentation.

Les bruches ont une forme ovale, très bombée en dessous, la tête penchée et les élytres assez courtes, ne recouvrant pas complètement l'abdomen. Parmi les nombreuses espèces de ce genre, citons seulement les suivantes. — Le *Bruchus pisi*, noir et couvert de poils gris blanchâtres. La larve vit dans les grains du pois dont elle dévore tout l'intérieur. Pour isoler les graines attaquées, il y a un moyen bien simple : on les jette dans l'eau. Les bonnes semences tombent au fond, tandis que les mauvaises surnagent. Celles-ci, en outre, présentent un petit orifice quand la nymphose s'est opérée. Le bruche adulte sort de la graine et reste engourdi, comme mort, au milieu des tas de pois. Quand la température devient plus chaude, il sort et va pondre dans les gousses des pois dans la campagne. — Le *Bruchus rufimanus* a le corselet plus long et les élytres plus courtes. La larve vit dans les fèves et les haricots, mais, ici, les graines attaquées ne présentent pas d'orifice. — Dans les haricots on trouve encore le *Bruchus obtectus*. — Le *Bruchus pallidicornis* a les pattes antérieures rougeâtres. Il vit dans les lentilles, en compagnie du *Bruchus lens*. — Le *Bruchus granarius* est d'un noir luisant avec des dessins blancs plus ou moins réguliers. On le trouve dans les vesces.

Famille des Longicornes.

Les Longicornes sont les Coléoptères amis des collectionneurs. Ils sont en général de grande taille, ont de jolies formes et leur taille élancée est rendue encore plus légère par les longues antennes que portent leur tête, — c'est à elles qu'ils doivent leur nom — et qui, généralement, se dirigent en arrière d'une façon très gracieuse. Ils vivent sur les arbres ou sur les fleurs. Leurs larves vivent surtout dans le bois.

Aromia. — L'*Aromia moschata* ou capricorne musqué est un joli longicorne d'un beau vert métallique, répandant une agréable odeur d'eau de rose. Il vit sur les saules, au bord des eaux. Sa larve se trouve dans les troncs des mêmes arbres.

Cerambyx. — Le *Cerambyx heros* ou capricorne est bien connu de tous les enfants à cause de ses grandes antennes et le plaisir qu'ils éprouvent à le garder dans leur... pu-

Capricorne.

pitre. On le trouve dans les forêts de chêne, se promenant sur les branches. Sa larve et sa nymphe vivent dans les troncs des arbres qu'elles minent profondément.

Rosalia. — Le *Rosalia alpina* est un fort joli coléoptère, avec des élytres gris perle, traversées de bandes noires. Il vit dans les montagnes sur les hêtres.

Lamia. — Le *Lamia Textor* ou *tisserand* se traîne lentement sur les murs, l'écorce ou les branches des saules. « La larve, dit Brehm, vit dans les branches de saule où elle pratique sa galerie en suivant la direction de la moelle pour en élargir ensuite l'extrémité dans laquelle elle prépare un lit

Tisserand.

de sciure destiné à la nymphe. » Cette larve est apode et se termine en arrière par un crochet en forme de verrue et constituant l'anus. Les deux premiers anneaux du corps sont ovales, les deux qui suivent sont fort courts, et les sept derniers sont marqués chacun d'un sillon profond sur le dos, et d'une dépression large, transversale, et rentrant au milieu.

Anthocinus. — L'*Anthocinus edulis* ou charpentier, comme on l'appelle vulgairement, est un bien joli longicorne, remarquable par ses antennes démesurément longues. Il se montre au printemps sur les troncs de pins encore debout ou abattus.

Saperde. — Le *Saperda carcharias* ou

Saperde chagrinée et sa larve.

Saperde chagrinée se trouve en juin-juil-

let sur les peupliers. Les larves vivent dans le cœur de l'arbre ; leur présence est révélée par les brins allongés de la sciure qu'elles rejettent par le trou-l'entrée. La *Saperda populnea* vit sur le tremble. Sa larve produit une excroissance noueuse de l'écorce.

Prione. — Le *Prionus coriarias* se fait remarquer par ses antennes ressemblant à des scies. Très lent dans ses mouvements, on le rencontre en juillet se promenant sur les vieilles souches de divers arbres ou dans la profondeur même des troncs : il a une existence très éphémère.

Ergates. — L'*Ergates faber*, grand longicorne, vit dans les souches de pins, mais il est assez rare. Aux environs de Toulon, on le trouve assez fréquemment.

Callidium. — Dans les bûches de bois dont on se sert pour le chauffage des appartements, il y a une grande quantité de coléoptères. L'un des plus communs est certainement le *Callidium variabile*, longicorne dont la couleur des élytres varie du plus beau rouge au noir le plus intense. Quand on met les bûches dans le feu, on voit sortir les *Callidium* en grand nombre et, semblables à des diablotins, courir effarés au milieu des flammes. — On trouve en même temps le *Callidium sanguineum*, noir et couvert d'un duvet épais, soyeux et rouge. — Le *Callidium melancholicum* vit dans les cercles de barriques, faits, comme on sait, avec des branches de châtaignier. On a vu quelquefois ces cercles éclater au moment de la fermentation : cet accident est presque toujours dû au *Callodium*.

Hylotrupes. — L'*Hylotrupes bajulus*, appelé aussi capricorne domestique est plat, avec des antennes courtes, le corselet discoïde et les élytres brun foncé. Il vit sur les écorces d'arbres et sa larve se rencontre souvent dans les charpentes des maisons.

Rhagium. — Le *Rhagium indigator* vit dans les conifères, dont il ronge le tronc.

Clytus. — Les *Clytus*, coléoptères fort élégants, ornés de dessins sur les élytres, se plaisent sur les plus belles fleurs des jardins et des bois. — Le *Clytus arietis* vit de préférence sur les fleurs des ronces ou les ombelles. — Le *Clytus rhamni* aime le nerprun. — Le *Clytus arcuatus* se montre quelquefois sur les fleurs ; on le trouve aussi dans les tas de bois.

Leptura. — Les *Leptura* se reconnaissent facilement à leur tête rétrécie en arrière des yeux. Ils fréquentent les plantes fleuries.

Strangalia. — Le *Strangalia armata* vit sur les fleurs des bois. Le mâle se distingue de la femelle par les dents, dont est armé le bord interne des jambes postérieures.

Agapanthia. — L'*Agapanthia cardui* vit sur différentes fleurs, en particulier sur celles des chardons.

Famille des Phytophages.

Les Phytophages sont essentiellement les Coléoptères des fleurs et des plantes basses. Beaucoup sont nuisibles.

Criocère. — A peine les lis commencent-ils à pousser qu'ils sont attaqués par un coléoptère et sa larve, tous deux avides de ses feuilles et de sa sève.

De l'adulte, il n'y a pas grand chose à dire. De la grosseur d'une bête à bon Dieu, il a les élytres du plus beau rouge avec, à la surface, de tous petits points leur donnant un aspect chagriné. La tête et les pattes sont d'un noir de jais faisant avec la couleur corail un agréable contraste. Ce criocère se promène lentement sur les tiges et surtout les feuilles dont il dévore le parenchyme, tout en respectant l'épiderme inférieur, lame translucide sur laquelle il s'appuie de manière à manger tout à son aise. Prenez l'un d'eux entre le pouce et l'index et portez-le près de votre oreille vous l'entendrez se plaindre très fortement par des grincements se succédant à intervalles très rapprochés. Ces sons paraissent dus au frottement d'avant en arrière d'une saillie cannelée située sur le milieu interrompu du dernier anneau abdominal contre de nombreuses petites saillies chitineuses placées à l'extrémité des élytres.

Examinez un pied de lis hanté par les criocères — ils le sont tous, — vous verrez à la surface des feuilles de petits paquets noir verdâtre que vous reconnaîtrez de suite comme étant formés d'excréments. Mais ce que ces masses ont de particulier et de vraiment curieux, c'est qu'elles se déplacent, lentement il est vrai. Pour avoir les raisons de cette locomotion insolite, rien n'est plus simple : surmontez un instant votre dégoût, ouvrez le paquet de fiente et vous y trouverez — en dessous — un ver pansu, lequel n'est autre que la larve du *Criocère du lis*. Autrement dit, la larve dodue, pour se cacher de ses ennemis et, entre autres, du bec des oiseaux, se fait un habit de ses excréments; au lieu de fienter en bas,

elle fiente en haut, permettant ainsi à ses déjections de la recouvrir d'un épais matelas à l'abri duquel elle peut brouter nos lis tout à son aise.

Que font les larves arrivées au maximum de leur taille? Elles descendent au pied du lis et se cachent dans la terre où elles confectionnent de petites cavités de la grosseur d'un pois. Ces coques sont irrégulières et polies à l'intérieur; elles sont faites de terre dont les grains sont agglutinés avec de la salive. Deux ou trois jours après s'y être enfermées, les larves, emmurées volontaires, se transforment en nymphes d'où, plus tard, sortent les adultes.

Notre jardin nous fournit malheureusement une autre espèce de criocère très commun, le *Criocère de l'asperge*.

Celui-là, quoique plus petit, est bien plus joli que son cousin amateur de lis. Elytres bleues, galonnées de blanc et ornées chacune de trois cocardes blanches, corselet rouge avec un disque bleu au centre, tout cela lui fait un costume tricolore qui rendrait le criocère sympathique s'il n'était un parasite d'un de nos meilleurs légumes. Sa larve, bien que très analogue comme aspect à celle du *Criocère du lis*, n'a pas les mêmes mœurs répugnantes. Toute sa vie elle reste nue et ne se recouvre pas de ses déjections. « Elle est, dit J.-H. Fabre, d'un jaune clair, assez corpulente en arrière, atténuée en avant. Son principal organe de locomotion est le bout de l'intestin, qui fait hernie, se recourbe en doigt flexible, enlace le rameau, soutient la bête et la pousse en avant. A elles seules, les vraies pattes, courtes et placées trop en avant par rapport à la longueur du corps, bien difficilement pourraient-elles traîner la lourde masse qui vient après. Leur auxiliaire, le doigt anal, est remarquable de vigueur. Sans autre appui, la larve se renverse la tête en bas, et reste suspendue quand elle déménage d'un brin de cordelette à l'autre.

A la surface de la larve, on aperçoit presque toujours deux ou trois points blancs qui ne sont autre que des œufs d'hyménoptères de tachinaires. Ces œufs donnent de petites larves qui pénètrent

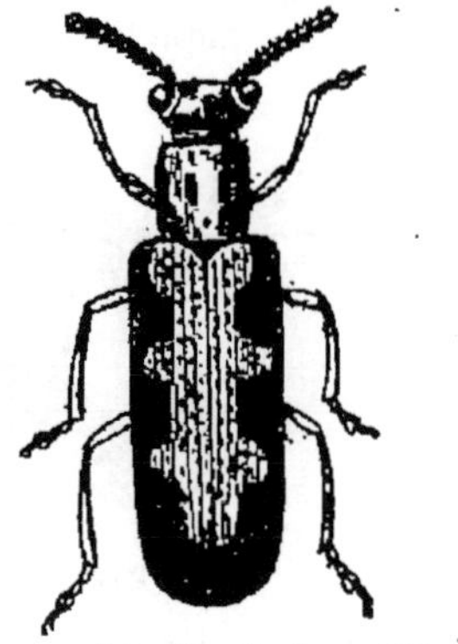

Criocère de l'asperge.

dans leur corps et les mangent, c'est le cas de le dire, toutes vivantes. C'est sans doute pour résister à des parasites du même genre que la larve du *Criocère du lis* se recouvre d'un habit.

Sur les asperges, on trouve encore un autre *Criocère*, celui dit « *à douze points* », dont les mœurs sont encore différentes. La mère implante ses œufs sur les fruits encore verts. « Le ver du *Criocère à douze points*, dit Fabre, est d'un blanc terne, avec écharpe noire interrompue sur le premier segment du thorax. Ce sédentaire n'a rien des talents de l'acrobate pâturant sur le mobile feuillage de l'asperge ; il ne sait pas empoigner avec son anus, converti en doigt capable d'enlacer. Dans sa boîte, que ferait-il de cette prérogative, lui, l'ami du repos, destiné à prendre graisse sans déambuler en quête de nourriture ? Dans le même groupe, à chacun ses dons, suivant le genre de vie qui l'attend. Le fruit envahi ne tarde pas à choir en terre. De jour en jour, il perd sa coloration verte à mesure que la pulpe se consomme. Il devient enfin joli globe d'opale diaphane, tandis que les fruits non atteints mûrissent sur la plante et se colorent d'un rouge vermillon. N'ayant plus rien à consommer sous la peau de sa pilule, le ver alors perce le ballon et descend en terre. »

Il semblerait que ces larves, enfermées dans un coffret, soient à l'abri des attaques des tachinaires. Il n'en est rien ; elles sont tout autant attaquées que celles du *Criocère de l'asperge*.

Clythre. — Les clythres sont de charmants coléoptères, ornés souvent de brillantes couleurs et d'agréables dessins, dont les nombreuses espèces vivent sur les plantes basses ou sur les arbres, les saules notamment.

La larve se fabrique un pot allongé dans lequel elle vit à l'instar de l'escargot dans sa coquille, avec cette différence qu'elle n'y est pas attachée d'une manière immuable. Elle ne sort cependant jamais de son élégante amphore.

Comme il convient à un habit bien confortable, le pot du clythre n'est pas ramolli par l'eau et supporte la pluie sans se désagréger. La matière fondamentale est de la terre dont les granulations sont réunies par un ciment sur la nature duquel on reste perplexe. Pour se rendre compte de son origine, il suffit d'examiner la larve pendant un instant. De temps à autre, on la voit par une soudaine reculade, rentrer dans son pot et y disparaître en entier. Au bout d'un instant, elle reparaît, les mandibules chargées d'une pelote brune, qu'elle se met à pétrir, à amal-

gamer avec un peu de terre cueillie sur le seuil de sa maison et qu'elle étale sur la margelle de l'étui. Puis, elle recommence son manège. Quelle est cette matière ?

On le devine, ce sont les déjections même de l'insecte.

Cette larve, habile à se confectionner un habit avec une si singulière substance, ne l'est pas moins pour agrandir son froc quand il devient trop étroit : elle le fait, tout en le laissant, sauf l'ampleur, ce qu'il était avant. « Sa paradoxale méthode consiste en ceci : de la doublure faite étoffe, reporter au dehors ce qui était en dedans. Petit à petit, à mesure que le besoin s'en fait sentir, le ver racle donc, décortique à l'intérieur la paroi de sa coque. Réduits en pâte liante au moyen d'un peu de mastic fourni par l'intestin, les gravats sont appliqués sur toute la surface externe, jusqu'à l'extrémité postérieure que, sans trop de peine et sans déménager, le ver peut atteindre grâce à sa parfaite souplesse d'échine. Ce retournement de l'habit se fait avec une délicate précision qui garde aux nervures ornementales leur arrangement symétrique ; enfin il augmente la capacité par un graduel transfert de la matière de l'intérieur à l'extérieur. »

Fait curieux, les premiers rudiments des fourreaux sont produits par la mère, d'une manière en quelque sorte automatique, sans que son intelligence y soit pour rien. Pour s'en rendre compte, il suffit d'examiner les pontes des clythres ou de leurs cousins aux mœurs analogues, les cryptocéphales, pontes qui sont parmi les plus jolies que l'on puisse voir. Voici d'abord celle de la *Clythre taxicorne* : les œufs d'un brun café et lisses ressemblent à des dés à coudre suspendus à plusieurs sur une branche à l'aide d'un assez long fil diaphane. Du bord de la margelle pend un onglet membraneux, blanchâtre et dont le rôle n'est pas connu. Quant à la masse ovulaire proprement dite, elle se compose de deux parties : au milieu, l'œuf proprement dit ; autour, une sorte de coquille surajoutée. Les œufs de la *Clythre à longs pieds* sont d'un brun très foncé et rappellent encore un dé à coudre, d'un millimètre de longueur, comparaison d'autant plus juste qu'ils sont criblés de fossettes quadrangulaires, rangées en séries spirales se croisant avec une rare précision. Ceux de la *Clythre à quatre points* ont une teinte pâle. Ils sont couverts d'écailles convexes, imbriquées en séries obliques, terminées en pointe à leur extrémité inférieure, qui est libre ou plus ou moins divergente : on dirait un cône de houblon minuscule. Les ornements des œufs des cryptocéphales consistent en huit côtes lamelleuses, tournant en tire-bouchon pour ceux du *Cryptocéphale doré* et en séries spirales de fossettes pour ceux du *Cryptocéphale à deux points.* Tous ceux répandus par la mère, un peu n'importe où, ne sont pas aussi parfaits : il en est parfois de tout nus, sans enveloppe extérieure. Il s'en trouve dont la base est enchâssée dans une cupule brune comme un œuf dans son coquetier. Ces productions incomplètes nous donnent la clef de leur organisation : la partie médiane, l'œuf, provient des ovaires ; la partie externe est un produit rajouté, que l'aspect indique comme étant des déjections : le cloaque moule celles-ci au fur et à mesure des besoins de la ponte et leur donne leur forme spécifique.

Quand l'œuf éclôt, le ver se trouve, de la sorte, tout de suite dans un dé à coudre qui lui sert de demeure : c'est un petit chapeau qui le couvre tout entier et qu'il emporte toujours avec lui. « Deux semaines ne sont pas encore écoulées qu'un liséré, dressé sur la margelle, double déjà la coquille de la clythre à longs pieds, afin de maintenir la capacité de la poterie en rapport avec la taille du ver, de jour en jour grandi. La partie récente, ouvrage de la larve, très nettement se distingue de la coque initiale, produit de la pondeuse : elle est lisse dans toute son étendue, tandis que le reste est orné de fossettes en rangées spirales. Rabotée à l'intérieur à mesure qu'elle devient trop étroite, la jarre à la fois s'amplifie et s'allonge. La poussière extraite, de nouveau pétrie en mortier, est reportée à l'extérieur, un peu de partout, et forme un crépi sous lequel disparaissent, à la longue, les élégances du début. Ce chef-d'œuvre à fossettes est noyé sous une couche de badigeon ; non toujours en plein cependant, même lorsque l'ouvrage arrive à ses finales dimensions. En promenant une loupe attentive entre les deux bosselures du fond, il n'est pas rare d'y voir, incrustés dans la masse terreuse, les restes de la coque de l'œuf.

Chrysomèle. — Les chrysomèles, au ventre plat et à dos bombé, sont pourvus parfois de brillants reflets métalliques.

Altise de la vigne avec sa larve (grossie).

Altise. — Les altises sont de petite taille et, grâce à leurs jambes postérieures très développées, elles sautent comme des puces. On les trouve trop souvent sur les plantes cultivées, la vigne par exemple, auxquelles elles causent de grands ravages.

Donacia. — Les *Donacia* sont de jolis insectes, que l'on se procure facilement en fauchant les herbes qui font saillie au-dessus de l'eau. On doit donner de fort coups de filet fauchoir, car l'insecte se cramponne très solidement aux plantes. Leurs élytres sont fort dures.

Lina. — Le *Lina du peuplier* a des élytres rouges et ressemble à une grosse coccinelle sans points. On la trouve sur les

[Lina du. peuplier.]

saules, les aulnes ou autres arbres du bord de l'eau. On les récolte facilement en abondance, mais il faut se hâter de

Lina du tremble avec sa nymphe.

les prendre car elles se laissent tomber quand elles voient approcher le chasseur. Une espèce voisine vit sur le tremble.

Hispa. — Les *Hispa,* si curieux par leur corps tout hérissé de poils drus, se rencontrent sur les cistes.

Galeruque. — Les galeruques sont fort communs sur les aulnes dont ils dévorent les feuilles en les perçant de mille trous.

Casside. — La forme des Cassides est bien particulière : elles ressemblent à de toutes petites tortues, de 1 centimètre au plus de longueur. Leur corps est aplati et cache complétement les pattes. Les cassides vivent sur les feuilles, où elles sont fort difficiles à apercevoir, à cause de leur couleur verte ou brune. A la mi-juin, on peut rencontrer leurs trois états côte à côte sur les chénopodiacées, plantes qui affectionnent les décombres et les lieux incultes.

Doryphora. — Le *Doryphora du*

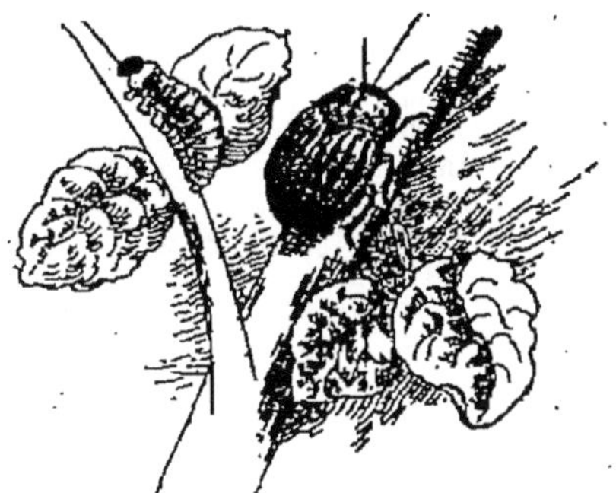

Doryphora du Colorado et sa larve.

Colorado vient d'Amérique et attaque les pommes de terre.

Hœmonia. — Nous savons que les coléoptères aquatiques appartiennent à deux familles, les dystiscides et les hydrophilides. Il n'y a qu'une exception à signaler, mais elle est fort intéressante. L'*Hœmonia equiseti* vit sous l'eau, fixé aux plantes aquatiques, et appartient à la famille des chrysomélides, dont les nombreuses espèces vivent généralement sur les fleurs.

Nous empruntons à Maurice Girard les renseignements suivants sur cette espèce. C'est à tort que les *Hœmonia* sont regardés comme rares ; il ne s'agit que de savoir les récolter. On ne trouve que difficilement les adultes, qui ne paraissent pas sortir de l'eau, et adhèrent si fortement aux tiges et aux feuilles submergées, que les secousses les plus énergiques données par le filet à pêcher ne parviennent pas à leur faire lâcher prise ; en outre leur couleur se confond avec celle des dépots vaseux, de sorte qu'il faut souvent éplucher les plantes feuille à feuille, avant de découvrir un adulte cramponné. On doit s'attacher au contraire à la recherche des premiers états. Les fonds de sable et de gravier et les eaux courantes sont peu propices pour rencontrer des larves d'*Hœmonia*. Il faut opérer au contraire, ses investigations dans les eaux calmes et à fond vaseux, et arracher à la main, et en plongeant le bras profondément, les touffes de plantes aquatiques avec

le chevelu de leurs racines, surtout les *Potamogeton*, les *Myriophyllum*, les *Equisetum*. On voit alors, et parfois en abondance, agglomérées autour des racines, des coques d'un brun rougeâtre, très semblables d'aspect à des pupes de diptères, et qui sont les coques nymphales d'*Hœmonia*. On élève très facilement les larves et les coques avec les plantes immergées dans l'eau, celles-ci même commençant à se décomposer.

La larve n'a que 8 à 10 millimètres de longueur. La tête est petite, roussâtre, avec des antennes de quatre articles et en arrière cinq petits points brunâtres, des ocelles. Le corps, convexe en dessus, n'a que onze segments couverts de petites soies spinuliformes. Le dernier, plus petit que les autres et aplati, est muni à sa partie supérieure de deux disques ferrugineux. Les trois segments thoraciques portent chacun une paire de pattes très courtes, d'un roux clair, armées d'un ongle brun très robuste et hérissées de soies plus fortes que celles du corps.

Les larves, observées dans des bocaux, ne cherchent pas à gagner la surface de l'eau pour atteindre l'air libre ; elles sont d'une extrême lenteur dans leurs mouvements, mettant plusieurs heures pour se déplacer de quelques centimètres.

Elles enfoncent la tête et une partie plus ou moins grande de leur corps dans la tige des *Potamogeton*, qu'elles creusent avec leurs mandibules pour se nourrir, soit de parenchyme, soit de sève. Au moment de la transformation, la larve s'accroche aux tiges et aux racines des végétaux, et y colle solidement une coque ellipsoïdale, dont la longueur varie de 8 à 9 millimètres sur 2, 3 à 5 de large. La coque est due à un liquide sécrété, ayant la propriété de durcir sous l'eau, comme un ciment hydraulique. Les nymphes sont molles, d'un blanc éclatant.

La durée totale de l'évolution des *Hœmonia* est de quatre à cinq mois entre la ponte des œufs et l'éclosion de l'adulte. Elle se renouvelle de mai à octobre, où l'on trouve à la fois les trois états, ce qu'explique le peu de variation des températures de l'eau. L'insecte demeure environ six semaines dans la coque, partie en larve, puis en nymphe, puis en adulte, attendant que ses téguments aient pris la consistance nécessaire. Alors il ronge circulairement la calotte supérieure de la coque, et va s'accrocher aux tiges des plantes sans sortir de l'eau, et ne paraît pas d'ordinaire enveloppé d'air. Ces adultes ont une grande tendance à s'accrocher à tout et partout, et, quand on les conserve captifs dans les vases, il n'est pas rare d'en voir des groupes de huit ou dix cramponnés les uns aux autres. Ils marchent lentement sur les plantes, ou restent immobiles des heures entières agitant un peu les antennes. Quand ils perdent leur appui, leur démarche est bien plus vive, et ils remontent et descendent aisément dans l'eau, non mouillés, en raison de leur pubescence soyeuse. Ils ont de l'air sous leurs élytres. On ne les voit jamais voler, bien qu'ils possèdent des ailes bien développées. On peut les conserver à sec, sans qu'ils paraissent souffrir. La ponte et les œufs sont inconnus.

Famille des Coccinelliens.

Les Coccinelliens sont des insectes globuleux sur le dos, arrondis. Malgré leur aspect tranquille, ils sont carnassiers et mangent des pucerons.

Coccinelle. — Les Coccinelles sont connues de tout le monde sous le nom de *Bêtes à bon Dieu.* L'espèce la plus commune est la *Coccinelle à sept points,* arrondie, aux élytres bombées, rouges et marquées de sept points noirs. Si on touche les coccinelles, elles replient les antennes et les pattes, en même temps qu'elles laissent échapper par les côtés du corps un liquide d'une odeur désagréable. Les larves sont oblongues, droites et souvent marquées de nombreuses verrues. L'hiver, les coccinelles adultes se réfugient sous les écorces des arbres. D'autres coccinelles ont plus de points, par exemple la *Coccinelle à vingt-deux points.* — A citer aussi le *Lasia globosa,* de même forme, mais d'un rouge fauve avec points noirs en nombre très variable, à élytres velues.

Coccinelle à sept points.

Coccinelle à vingt-deux points.

Ordre des PAPILLONS ou LÉPIDOPTÈRES

Insectes à pièces buccales transformées en une trompe roulée en spirale, munis de quatre ailes semblables, en général complètement recouvertes d'écailles et à métamorphoses complètes. Les chenilles, outre les pattes antérieures, articulées, portent en arrière des « fausses-pattes » en forme de ventouses.

I

Lépidoptères diurnes.

(Papillons de jour).

Les papillons de jour volent pendant le jour. Ils ont le corps élancé, et leurs ailes, au repos, se disposent verticalement, c'est-à-dire qu'elles se touchent par leur face supérieure. Les antennes sont grêles et en forme de massue. Ils sont, pour la plupart, pourvus de brillantes couleurs.

Machaon. — Le papillon grand porte-queue ou papillon Machaon (*Papilio machaon*) est une belle espèce fort commune dans les jardins. Ses ailes, jaunes, sont tachetées de noir. Les ailes postérieures portent en arrière une tache bleue et se terminent par deux prolongements. Il vole assez lentement. La chenille vit sur les ombellifères; elle est annelée de vert tendre et de noir velouté, alternativement ponctuée de rouge fauve.

Grand flambé. — Comme l'espèce précédente, le grand flambé (*Papilio podalirius*) a des ailes postérieures se terminant en queue en arrière. Ses ailes jaune paille, sont striées de noir. On le reconnaît facilement aux bandes noires, parallèles au corps, que portent les ailes. Chenille sur le pêcher, l'amandier et autres rosacées ; elle est verte et ornée de points rouges.

Grand flambé.

Grand papillon blanc du chou. — Cette espèce, la piéride du chou

(*Pieris brassicæ*) est certainement le papillon le plus commun dans les champs et surtout les jardins. Ses ailes supérieures, blanches, sont marquées de noir à l'extrémité. L'aile antérieure,

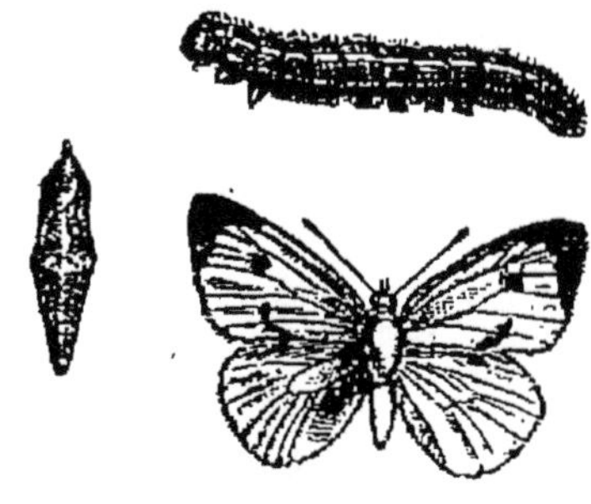

Grand Papillon blanc du chou.

noire, est ornée d'une tache sur le bord antérieur et de diverses taches sur sa surface. Il voltige en juillet. Chenilles jaunes tachetées de noir et vivant sur les choux qu'elles dévorent abondamment.

Petit papillon blanc du chou. — Cette espèce (*Pieris rapæ*) ne mesure que 5 centimètres tandis que l'espèce précédente avait 6^{cm},5. Il ressemble beaucoup au précédent, mais la pointe de l'aile antérieure est d'un noir plus mat et moins étendu. La chenille est, au contraire, très différente : elle est d'un vert sale. Sur le dos et les côtés, elle est ornée d'une raie jaune longitudinale. Elle dévore les choux et plusieurs autres espèces de plantes.

Petit papillon blanc veiné de vert ou **Piéride du navet.** — Le *Pieris napi* se reconnaît aux extrémités saupoudrées de noir des nervures sur la face supérieure des ailes antérieures et à la poussière noire verdâtre qui recouvre les nervures tout entières sur la face inférieure jaune des ailes postérieures. Vit dans les endroits un peu touffus. Chenille d'un vert assez foncé avec les parties latérales plus claires, parsemées de grains de poussière noire et blanchâtre. Ronge les choux et diverses autres plantes.

Piéride de l'aubépine ou **papillon blanc gazé.** — Le *Pieris cralægi* apparaît en juillet. Se reconnaît à ses nervures noires et à ses amas d'écailles noires qui se trouvent à leurs extrémités. Chenilles sur les pruniers, l'épine blanche, etc. Chenille grasse, luisante, assez velue, portant sur le dos des lignes noires et rouges longitudinales.

Aurore ou **Piéride aurore.** — Chez l'*Anthocaris cardaminis*, le mâle présente sur l'aile antérieure une grande tache d'un brun-rouge orangé et à la face inférieure de l'aile postérieure, des arborisations visibles par transparence dans les deux sexes. Chenille grêle, vert clair, sur divers crucifères des prés.

Citron ou **Coliade citron.** — Le *Rhodocera rhamni* est d'un brun jaune citron (mâle) ou d'un jaune pâle (femelle) : il est fort commun dès le commencement du printemps et tout le monde le connaît. Chenilles vertes, avec, sur le côté, une raie blanche, vivant sur le nerprun.

Polyommate de la verge d'or. — Le mâle du *Polyommalus virgauræa* a le dessus des ailes doré et fort brillant. La femelle est parsemée de taches noires. La face inférieure est semblable dans les deux sexes : l'aile antérieure est parsemée de petits points noirs ; l'aile postérieure a des mouchetures blanches. Il voltige activement en juillet-août, dans les bois ou dans leur voisinage. Chenille verte, striée de jaune, vivant sur la verge d'or.

Lycène icare ou **Papillon de l'arrête-bœuf.** — Le *Lycæna icarus* a la face supérieure de l'aile présentant un reflet bleu-rougeâtre et encadré de franges blanches entourées de noir. Chenille d'un vert pâle, vivant sur l'*Ononis spinosa*.

Lycène Cyllarus, appelé auss

Lycène.

Argus bleu à bandes brunes. — Il est assez rare. Ses ailes sont d'un beau violet.

Lycène-Adonis ou **Bel-Argus.** — Le *Lycæna adonis* est bien connu par sa petite taille et ses ailes ravissantes d'un bleu d'azur. Sa chenille vit sur diverses papilonacées.

Mars. — « Ces papillons comptent au nombre des plus beaux de nos pays ; la face supérieure des ailes se distingue chez le mâle par un magnifique reflet bleu ou violet ; en outre, chaque aile porte une tache ocellée, tantôt plus développée à la face supérieure, tantôt plus nette à la face inférieure. Les deux espèces indigènes, le *Mars bleu foncé changeant* (*Apatura iris*) et le *Petit Mars changeant* (*Apatura ilia*), apparaissent dans les bois et s'y montrent jusqu'à une époque un peu plus avancée de l'année. Elles se distinguent par leur vol continu et planant. Les chenilles, vertes et sans épines, sont effilées en arrière, ce qui leur donne l'apparence d'une limace ; elles se distinguent par deux pointes spéciales, dirigées en haut et implantées sur la tête, qui ont l'air de deux oreilles. Elles vivent sur les saules et les trembles » (Brehm).

Nymphale Jason ou **Jasius.** — Le *Nymphalis jasius* est un grand papillon, brun en dessus avec une bordure orangée. Le dessous offre un lacis de bandelettes brunes et rouge-brique, liserées de jaune. La chenille a un aspect curieux, au corps aplati en dessous, rempli au milieu, terminé en queue de poisson, à tête ornée de quatre cornes jaunes. Elle est d'un beau vert chagriné de blanc. Elle vit sur les arbousiers.

Nymphale petit-silvain. — Il est d'un noir velouté un peu terne, avec des bandes longitudinales de taches blanches. Sa chenille se trouve surtout sur le chèvrefeuille.

Grand Alcyon ou **Papillon du tremble.** — Le *Limenitis populi* a une étendue d'ailes dépassant 7 centimètres. La surface brune de l'aile est traversée par une bande de taches blanches. Il habite les forêts où il se pose dans les flaques d'eau et les fientes des bestiaux. Voltige en juin. Chenille jaune verdâtre, se montre sur les trembles.

Nymphale.

Limenitis sibylle. Le *Limenitis sybilla* a les ailes brun foncé, velouté, traversées par une bande blanche. Abonde dans les bois et se pose sur les ronces.

Limenitis camille. — Le *Limenitis camilla* a les ailes noires à reflets blanchâtres traversées par une bande blanche. Vit dans les bois humides. Chenille sur le chèvrefeuille.

Paon de jour ou **Vanesse io.** —

La *Vanessa io* a le fond d'un rouge brun décoré au voisinage des angles antérieurs de taches ocellées, brun noir, noires et bleues sur les ailes postérieures. Le bord antérieur présente un espace clair. Chenille épineuse, d'un noir luisant, avec de fines perles blanches, vivant sur l'ortie.

Vulcain ou **Amiral** ou **Vanesse atalante.** — La *Vanessa atalanta* a la face supérieure des ailes d'un noir velouté, avec des franges blanches et une bande vermillon. Le bord antérieur de l'aile postérieure est vermillon et

Vulcain.

présente quatre points noirs entre les nervures. Chenille épineuse et bariolée, vit sur les feuilles des orties.

Belle-dame ou **Vanesse du chardon.** — Cette espèce commune (*Vanessa cardui*) ressemble beaucoup à la précédente. Elle est tachetée de rouge, de noir et de blanc. La chenille vit sur les chardons. Quelquefois le papillon voyage en troupe.

Vanesse antiope ou **Morio.** — Cette espèce (*Vanessa morio*) mesure $0^{m},6$, et se reconnaît à la bordure jaune clair assez large qui encadre le velours

Chenille de la Vanesse antiope.

brun noir de l'aile. La chenille vit en colonie sur les bouleaux ; elle est d'un bleu noir foncé, ornée de taches rougeâtres le long du dos et pourvue d'épines sur tout le corps.

Vanesse Grande Tortue. — La *Vanessa polychloros* a les ailes bordées de taches bleues en forme de lune, sur un fond noir. Chenille d'un brun noir, avec des stries et des épines jaunes, vivant sur divers arbres.

Vanesse Petite Tortue ou **Vanesse de l'Ortie.** — La *Vanessa urticæ* est d'un brun un peu clair, avec la base des ailes noire. L'aile antérieure porte des taches noires et une tache blanche. Voltige partout et toute l'année, dès le début du printemps où elle tient compagnie au citron (voir plus haut). Chenilles noires et épineuses vivant sur les orties.

Vanesse carte-géographique. — La *Vanessa levana* est fauve à marqueterie noire et à trois taches blanches au sommet des ailes supérieures. Voltige en avril-mai. Chenilles sur les orties.

Argynne tabac d'Espagne. — L'*Argynnis paphia* est le plus grand des papillons nacrés (6 centimètres). Ailes rouge orangé, avec trois rangées de taches noires. Sur la face inférieure verte des ailes postérieures, il y a quatre raies violettes à reflets nacrés. Il se plaît dans les bois. Chenille brune, pourvue d'épines brunes et portant sur le dos une raie longitudinale jaune bordée de brun. Elle vit sur les framboisiers des bois.

Papillon nacré.

Papillon nacré. — L'*Argynnis aglaia* se reconnaît à son aile antérieure, dont le sommet, d'un jaune verdâtre, porte, à la face inférieure, six points argentés très brillants. Des taches semblables, ombrées de vert et disposées sur quatre rangées transversales, se montrent sur les ailes postérieures. Vole en juillet et se pose surtout sur les ronces. Chenille à spires noires et ramifiées, vivant sur les violettes.

Arge galathée. — L'*Arge galathea* est blanc, taché de noir. Il habite les lieux secs. Chenille sur les graminées.

Satyre Semele. — Le *Satyrus Semele* a la face supérieure brune, teintée de gris, avec des taches ocellées blanches. Farouche et leste, on le trouve en juillet dans les bois où il se pose souvent sur les troncs d'arbre. Chenille lisse, et couleur grise avec cinq stries vertes longitudinales, se nourrissant d'herbes.

Satyre Hermione. — Le *Satyrus Hermione* aime les bois secs ; il est fort commun à Fontainebleau. Il est noir brun, avec une large bordure blanche portant des taches ocellées.

Satyre janira. — Le *Satyrus janira* est très commun et voltige dans les prairies. Le mâle est brun foncé à la face supérieure, rouge-jaunâtre à la face inférieure. Chenille vert-jaunâtre, avec une ligne médiane d'un vert obscur ; vit sur les graminées.

Satyre

Satyre mégère. — Le *Satyrus megera* est pourvu de taches ocellées blanches et de franges blanches entre les nervures. La teinte blanc-grisâtre du revers est plus pâle chez les ailes postérieures, qui sont d'un brun jaunâtre. Se pose souvent sur les murs ou la terre. Chenilles vert pâle, veloutées, vivant sur les graminées.

II

Les papillons crépusculaires.

Les papillons crépusculaires se distinguent très facilement des papillons de jour. Ils ont le corps plus épais et plus large, très poilu. Les ailes, de couleur généralement terne, se disposent à plat au repos, c'est-à-dire horizontalement. A part quelques exceptions, ils restent immobiles pendant le jour et se laissent alors prendre sans difficulté. Ils volent au crépuscule ; leur vol rapide et soutenu se continue longtemps pendant la nuit.

Sphinx tête de mort. — Cet énorme papillon (*Acherontia atropos*) mesure transversalement 19^{mm},5, rien que pour l'épaisseur du corps. Il doit son nom à ce que le thorax porte sur le dos un dessin rappelant tout à fait une tête de mort, avec, au-dessous, deux os en croix. Les ailes antérieures sont d'un

Sphinx tête de mort.

brun foncé estompé de noir et de jaune d'ocre, partagées par deux bandes transversales jaunâtres. Les ailes postérieures jaune d'ocre possèdent deux bandes transversales noires. On le trouve surtout dans le Midi de la France, quelquefois dans le Nord. On le rencontre appliqué contre les murs, ou, la nuit, pénétrant dans un appartement éclairé où on le prend d'autant plus pour une chauve-souris qu'il émet un cri strident produit par une vésicule qui se trouve dans son abdomen et qui débouche dans l'œsophage. La chenille, énorme également (13 centimètres), paraît en juillet et août sur la pomme de terre, le lyciet, la stramoine, le jasmin, la carotte, la garance. Sur l'avant-dernier anneau, elle porte une corne incurvée. Habituellement elle est jaune verdâtre et constellée de points noir bleuâtre, avec, sur la face dorsale, une empreinte anguleuse d'un beau bleu. La nymphose se fait en terre.

Sphinx du troène. — Le *Sphinx ligustri* a les ailes de devant (10ᶜᵐ,8) d'un brun rougeâtre, mélangé de gris, avec une raie noire-brunâtre oblique. Ailes postérieures d'un rouge rosé traversé en travers par trois bandes noires transversales. Très commun, il voltige, avec un fort bourdonnement, en mai et en juin, au-dessus des fleurs. Sa chenille vit sur le lilas, les frênes, les troènes, les chèvrefeuilles, les spirées. Elle est d'un vert vif, striée en travers, avec, de chaque côté, des stries obliques, lilas en avant, blanches en arrière. Sur l'avant-dernier anneau, il y a une corne noire.

Sphinx du liseron. — Le *Sphinx convolvuli* a les ailes antérieures d'un gris-cendré, marbré de brun, avec deux petites lignes noires, deux taches brunes et une ligne blanche en zig-zag. Ailes postérieures grises avec trois bandes noires. Abdomen annelé de noir et de rose avec une bande longitudinale noire bordée de gris. Il vole de juin en septembre. Chenille brune sur le dos, blanche sur les côtés, couleur de chair sur le ventre, avec une ou plusieurs bandes latérales. Elle vit sur le liseron des champs.

Sphinx du pin. — Cette sombre espèce (*Sphinx pinastri*) est de la couleur des branches de pin sur lesquelles on la rencontre. La chenille a des raies longitudinales ; elle se tortille avec fureur quand on veut la prendre ; elle se trouve à la cime des arbres.

Sphinx de l'Euphorbe. — Le *Deilephila Euphorbiæ* est très commun. Ailes antérieures d'un jaune de cuir, avec une tache vert olive. Ailes postérieures rouge-rosé, avec des bandes noirâtres et un angle blanc. La chenille vit sur diverses euphorbes, l'*Euphorbia cyparissias* par exemple ; elle est luisante, noire et tigrée de petites taches jaunes ;

ses côtés sont ornés de deux rangées de taches.

Sphinx du laurier-rose. — Cette belle espèce (*Deilephila nerii*) est d'un vert d'herbe, avec les ailes de devant marquées de stries blanchâtres. L'aile

Sphinx du laurier-rose.

postérieure porte de large taches violacées. La chenille (10 centimètres) est verte ; sur le côté de son troisième anneau, il y a deux taches accolées : elle est pointillée. Elle vit sur le laurier-rose.

Sphinx elpénor. — Le *Deilephila elpénor* a les ailes antérieures vert olive, avec le bord et deux bandes roses. Ailes postérieures d'un rose foncé à base noire. Chenille, d'abord verte, puis brune, avec six raies grisâtres et deux taches en avant, vit sur les épilobes, les galliets, les fuchsias.

Smérinthe du peuplier. — Le *Smerinthus populi* a les ailes de devant divisées en trois parties par deux bandes brun-rougeâtre. Il y a aussi deux bandes sur les ailes postérieures. Chenilles vertes, parsemées de saillies rugueuses, avec des stries blanches obliques. Elles rampent sur les chemins et se couvrent de poussière.

Smérinthe demi-paon ocellé. — Le *Smerinthus ocellata* se reconnaît facilement à un œil de paon bleu sur l'aile postérieure, qui est rose-carmin. La chenille vit sur les saules et les peupliers.

Smérinthe du tilleul. — Le *Sme-*

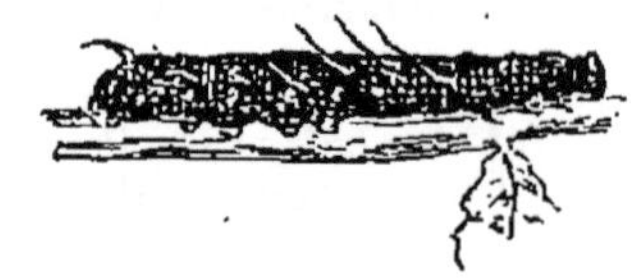

Chenille du Smérinthe du tilleul.

rinthus tiliæ a les ailes antérieures jaune d'ocre et très déchiquetées ; il est traversé par des bandes sombres. Chenille verte, avec, sur les côtés, sept traits obliques blanchâtres. Elle vit sur les tilleuls et les ormes.

Macroglosse du caille-lait. — Le *Macroglossa stellatarum* a les ailes postérieures jaune de rouille et les ailes antérieures divisées par quatre bandes sombres. Sur l'abdomen il y a des taches. Il vole pendant le jour et fuit avec une très grande rapidité. Chenille verte avec des taches perlées, des lignes longitudinales sur les côtés et une corne en arrière. Elle vit sur les *Galium* et les *Rubia*.

Sésie apiforme. — La sésie apiforme (*Trochilium apiforme*) a un aspect tout particulier en ce qu'elle ressemble à un frelon. De près, c'est un papillon singulier en ce que ses ailes sont transparentes, presque autant que celles des hyménoptères.

Sésie apiforme.

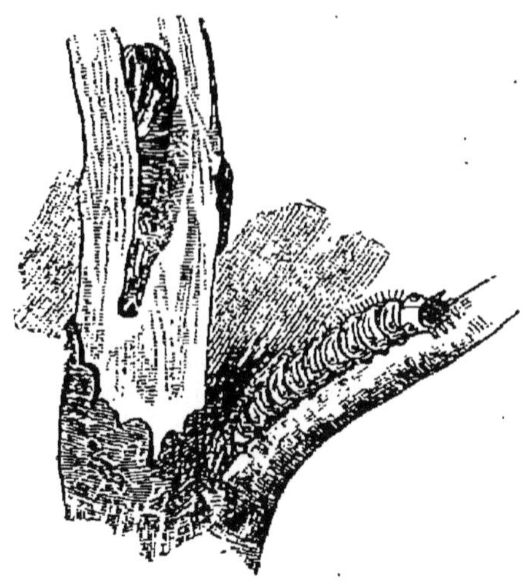

Chenille et nymphe de Sésie apiforme.

La chenille vit dans les troncs des jeunes peupliers et des trembles.

Sésie du pommier. — La *Sesia empiformis* a le corps d'un bleu noir luisant ; sur l'abdomen, il y a un étroit anneau rouge.

Zygène. — D'une manière générale, les zygènes sont désignées sous le nom de *Sphinx béliers* à cause de leurs an-

tennes un peu recourbées en cornes. Tout le monde les a remarqués pour leur nonchalance et les taches rouges de leurs ailes.

La *Zygæna filipendulæ* porte sur son aile antérieure six taches d'un rouge carmin se détachant sur un fond gris bleuâtre à reflets bronzés. On la trouve sur les plantes des prairies où elle reste immobile et ne vole que de temps en temps. La chenille est d'un jaune clair, orné de rangées de taches noires ; souvent elle rentre la tête dans le premier anneau. Elle vit sur toutes sortes de plantes basses, le trèfle, le pissenlit, les scabieuses, etc. Son corps est allongé, appliqué étroitement contre la tige et semblant fait avec du papier.

Zygène du trèfle. — La *Zygæna trifolii* a les ailes supérieures bleu indigo foncé avec cinq taches rouges. Les inférieures sont rouges avec une bordure bleue sinuée. Sa chenille vit sur le *Trifolium procumbeus* et le *Lotus corniculatus*.

Ecaille martée ou **Chélonie caja.** — La *Chelonia caja* est brun rouge velouté. L'aile antérieure a des marques blanches. Les ailes postérieures sont tachetées de noir bleuâtre. L'abdomen est vermillon avec des marques noires. Antennes blanches. Cette espèce vole lentement et posément au commencement de la nuit en juin et juillet. La chenille vit sur toutes sortes de plantes ; elle a des poils noirs à points blancs qui la rendent très velue.

Zygène hippocrepidis. — Espèce des collines sèches et calcaires. Ailes supérieures d'un bleu foncé.

Zygène hypocrepidis.

Ecaille pudique. — La *Chelonia pudica* a les ailes supérieures d'un blanc teinté de carmin avec des taches noires. Les ailes postérieures sont d'un blanc rosé. Elle fait entendre une sorte de stridulation très accentuée. La chenille vit sur les graminées.

Cossus rouge-bois ou **Cossus des saules.** — Le *Cossus ligniperda* a ses ailes et le thorax marbrés de taches linueuses brunes ou grises. Les ailes postérieures sont gris jaunâtre, assombries sur le bord. Abdomen gris zébré de blanc. La chenille ronge le tronc du divers arbres auxquels ainsi elle cause de grands dommages ; elle est de couleur

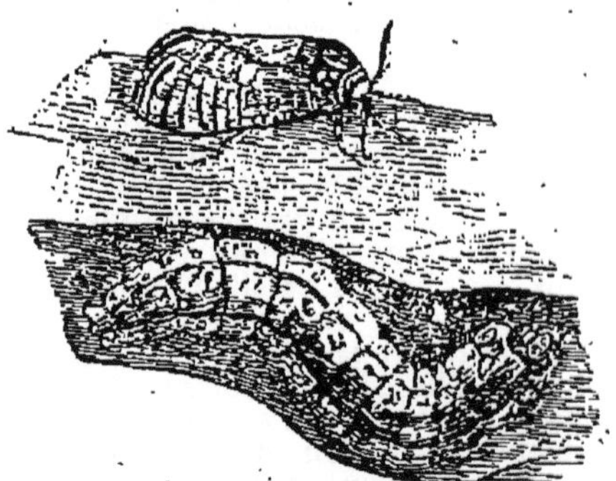

Cossus ronge-bois et sa larve.

chair malpropre sur les côtés ; les anneaux sont colorés en brun sur le dos.

Zeuzère du marronnier.

— La *Zeuzera œsculi*, appelée aussi *Coquelle*, est blanche avec de nombreux points bleu métallique. Le corps est aussi orné de gros points de même couleur. La chenille est jaune et couverte de points noirs ; elle creuse les troncs de nombreuses sortes d'arbres.

Psyché.

— La biologie des psychés est des plus intéressantes, tant par les mœurs de leurs chenilles que par la structure insolite des femelles.

La chenille n'est pas nue comme celle de la plupart des papillons. Elle se construit un fourreau très curieux. Tapissé de soie intérieurement, ce fourreau,

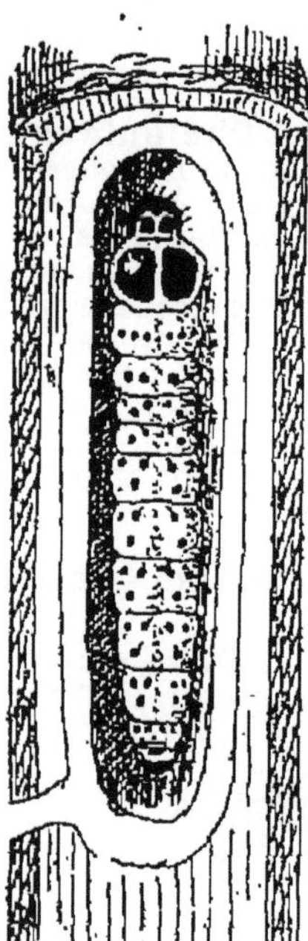

Chenille de la Zeuzère du marronnier.

ouvert aux deux bouts, est recouvert de débris végétaux ou minéraux : ces matières étrangères sont le plus souvent constituées par des brins de paille disposés longitudinalement ou transversalement, et mélangés de débris de tiges et de feuilles. D'autres fois, le fourreau est simplement recouvert de poussière terreuse ou de petits grains de graviers. La forme générale en est

conique ou cylindrique, quelquefois roulée sur elle-même à la manière d'une coquille d'escargot. La chenille vit constamment à l'intérieur de sa demeure ; quand elle veut se déplacer, elle fait saillir la tête, le thorax, les pattes, et se met à marcher en emportant son fourreau avec elle. A cet état, chenille et fourreau, surtout quand celui-ci est formé de brindilles de paille, se confondent avec les herbes au milieu desquelles vit l'animal : c'est un cas de mimétisme fort intéressant. A la moindre alerte, la chenille se cramponne au support à l'aide de ses

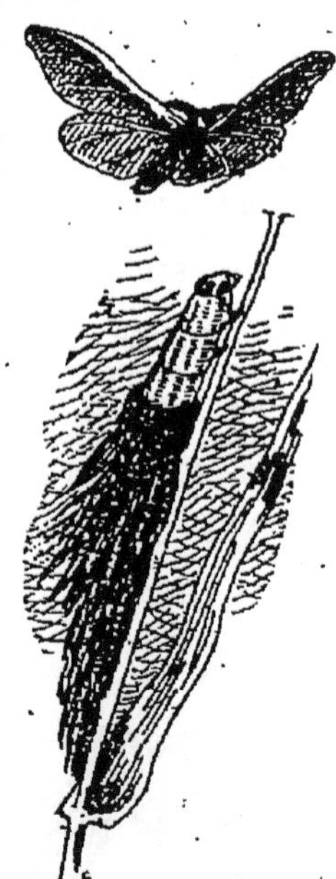

Psyché et sa larve.

mandibules, et ramène son fourreau sur sa tête par une brusque contraction de son corps : elle reste ainsi immobile jusqu'à ce qu'elle juge que le danger a disparu.

Au moment de sa nymphose, la chenille fixe son fourreau à l'aide de quelques fils de soie, soit sur une plante, soit sur un rocher, et se retourne à l'intérieur. En examinant les chrysalides, on peut savoir si elles donneront des mâles ou des femelles ; celles de la femelle n'offrent aucune trace d'ailes visibles par transparence à travers la peau.

Les chenilles des psychés sont assez difficiles à élever en captivité : il leur faut un endroit aéré et exposé aux rayons du soleil levant. Les mâles éclosent le matin, toujours avant onze heures du matin ; aussitôt sortis de la dépouille de la nymphe, ils se mettent à voler assez irrégulièrement : ce sont de petits papillons brun-noirâtre dont les ailes sont pectinées ; ils sont assez rares. Un bon moyen pour s'en procurer est de mettre une femelle dans une petite cage ; on ne tarde pas à voir les mâles arriver de toute part, attirés par son odeur.

Les femelles, et c'est là un point très curieux de l'histoire des psychés, sont absolument dépourvues d'ailes et n'ont que des pattes rudimentaires : elles vivent à l'intérieur du fourreau que leur ont légué les chenilles dont elles proviennent. Au moment de l'accouplement, les femelles se conduisent de deux manières différentes suivant les espèces. Les unes sortent de leur fourreau pour attendre la visite du mâle ; si on les effraye, elles rentrent aussitôt dans leur demeure ; elles sont munies à la partie postérieure d'un long oviscapte aussi grand qu'elles-mêmes et à l'aide duquel elles vont déposer leurs œufs jusqu'au fond du fourreau. Les autres ne quittent jamais l'intérieur du fourreau ; elles se contentent de se retourner à l'intérieur et de pondre leurs œufs dans l'intérieur de la pellicule même de la chrysalide.

Chez un certain nombre d'espèces les femelles donnent des jeunes par *parthénogénèse*, c'est-à-dire sans avoir reçu la visite du mâle. Tout est aberrant chez ces insectes.

Les jeunes chenilles dévorent les restes du corps de leur mère et se partagent fraternellement les lambeaux du fourreau pour se construire des demeures propres.

Généralement les chenilles des psychés n'intéressent que les naturalistes. Certaines années, grâce à la sécheresse qui facilite leur développement, elles se multiplient à un point dont il est difficile de se faire une idée. D'après M. Mégnin, elles dévorent toute l'herbe des prairies de l'Ardèche et forment à la surface du sol une couche de trois à quatre centimètres d'épaisseur. Dans le Cantal, les pacages du Mont-Dore sont envahis par des colonnes serrées de chenilles, masses énormes de 10 à 15 centimètres d'épaisseur, qui dévorent tout sur leur passage.

Les moyens de destruction que l'on a essayés jusqu'à ce jour sont assez peu efficaces ; ils consistent surtout à brûler toutes les herbes et à labourer ensuite la terre. On peut aussi « rouler » les pâturages pour en écraser les chenilles. Le meilleur moyen, paraît-il, est de récolter celles-ci à l'aide du filet fauchoir des entomologistes. Mais il est bien évident, comme le fait remarquer M. Mégnin, que lorsque les chenilles se multiplient à ce point, c'est que l'on a tué beaucoup de destructeurs naturels des insectes, les oiseaux insectivores, qui disparaissent faute d'une répression énergique du braconnage.

Dasychire pudibonde. — La *Dasychira pudibonda* est ornée de marques brunes, grisâtres et blanches. Sa chenille cause des dégâts dans les hêtres et divers autres arbres. Très poilue, elle est d'un jaune soufré ; le pinceau de la queue est rouge, elle a souvent la tête baissée. Elle vit sur les feuilles, qu'elle ronge. A cause de sa livrée à trois couleurs, les paysans l'appellent *Chenille de la République.*

Liparis dispar. — Le mâle de cette espèce est petit, gris-brunâtre, avec des lignes en zigzags sur l'aile antérieure et de longs poils sur les antennes. La femelle est lourde et paresseuse, avec des ailes d'un blanc sale et un abdomen se terminant par un coussinet velu. Elle pond ses œufs sur les arbres et les recouvre de poils qu'elle arrache elle-même à son abdomen. Les chenilles portent des rangées de verrucosités bleues. Avant de se métamorphoser elles tendent quelques fils entre les feuilles. Elles vivent sur les chênes et divers arbres. Très nuisibles.

Liparis nonne. — Le *Liparis monacha* est d'un blanc pur dans les deux sexes. Sur les ailes antérieures, il y a d'étroites bandes noires en zigzags. Les ailes postérieures sont d'un gris cendré pâle, coupées transversalement par une bande obscure. Les chenilles vivent sur les pins, en colonies que les forestiers appellent *miroirs.*

Liparis du saule. — Le *Liparis salicis* a les ailes blanches, sans dessins, ni lignes ; les pattes sont très velues et annelées de blanc. Il voltige la nuit autour des peupliers. Les œufs sont disposés dans les fissures de l'écorce et revêtus de mucus. Les chenilles, un peu velues, présentent des verrucosités rouges.

Liparis chrysorrhée ou **Cul brun** — Le *Liparis chrysorrhœa* est d'un blanc uniforme, mais l'extrémité de l'abdomen

Liparis chrysorrhée et sa chenille.

est rouge-brunâtre. Antennes d'un jaune-rouillé. Il pond, à la face supérieure des feuilles, des paquets d'œufs entourés de poils. Les jeunes chenilles manifestent un penchant à la sociabilité : on les voit toutes réunies en bataillons serrés, en files parallèles très régulières, dévorant le parenchyme supérieur des feuilles. De temps à autre, elles tapissent les feuilles, à moitié dévorées, d'une tente de soie au-dessous de laquelle elles se réfugient momentanément, soit pour se reposer, soit pour digérer tout à leur aise ; mais ce sont là des abris provisoires. Bientôt elles fabriquent de vastes nids où elles viennent se grouper en nombre considérable. Ces nids sont fort communs et se montrent toujours à l'extrémité des branches. Tantôt aplatis, tantôt arrondis, ils présentent des angles plus ou moins irréguliers. Les cavités intérieures, limitées par les feuilles et les toiles, forment un véritable labyrinthe ; les cloisons en sont cependant percées de place en place, de telle sorte que toutes les loges communiquent les unes avec les autres. Les chenilles habitent ces nids pendant huit ou neuf mois de l'année, et particulièrement en hiver où elles vivent engourdies. Elles ont soin de ronger les bourgeons de la tige où elles ont bâti leur édifice pour que les branches, en poussant, ne viennent pas le démolir. Elles se chrysalident dans la dernière semaine de juin.

Liparis doré ou Cul doré. — Le

Liparis auriflua ressemble au précédent, mais le bord interne de l'aile antérieure est entouré de longues franges et les touffes de poils du bout de l'abdomen sont très dorées. Les chenilles ne vivent pas en communauté.

Orgya antique. — La femelle de

l'*Orgya antiqua* est facile à reconnaître : elle est gris-jaunâtre avec des ailes rudimentaires réduites à des moignons. Chez le mâle, les ailes supérieures brunes sont traversées par des bandes sinueuses avec une lunule blanche. Les ailes postérieures sont frangées de jaune. La chenille vit sur une foule d'arbres.

Processionnaire du pin (*Cnethocampa pityocampa*). — Les chenilles urti-

cantes sont dangereuses par les poils qui les recouvrent, lesquels poils viennent se loger dans la peau ou dans les yeux en y produisant une inflammation parfois très grave. Les poils de cette chenille, appliqués sur la peau, la font rougir et se couvrir bientôt de boursouflures lenticulaires analogues à celles que produit la piqûre de l'ortie. Examinés au microscope, ils se montrent rigides, très acérés à l'un et l'autre bout, et armés de barbelures sur leur moitié antérieure.

La première question à se poser est de savoir si la démangeaison est produite par les poils eux-mêmes ou par une substance qui les imprègne. L'expérimentation y répond facilement. Recueillons les peaux que les chenilles rejettent à chaque mue, peaux couvertes de poils et mettons-les à infuser pendant vingt-quatre heures dans de l'éther, puis filtrons le tout et laissons le liquide se concentrer par évaporation spontanée.

Les poils ainsi traités par l'éther, appliqués sur la peau, n'y produisent pas le moindre effet, même quand on en enduit la commissure des doigts, point très sensible au prurit de l'urtication.

Quant à la solution éthérée, appliquée sur la peau par l'intermédiaire d'un papier buvard recouvert d'une feuille de caoutchouc pour éviter une trop prompte dessiccation, elle ne produit rien pendant une dizaine d'heures.

Puis vient une démangeaison croissante et une sensation de brûlure assez vive pour produire de l'insomnie. Après vingt-quatre heures de contact, un stigmate rouge, un peu tuméfié, occupe le carré que recouvre le papier. Endolorie comme par un caustique, la peau s'y montre rugueuse ainsi qu'un morceau de peau de chagrin. Chacune de ces menues pustules pleure une larme de sérosité qui se concrète en une matière semblable, de coloration, à la gomme arabique. Ce suintement se maintient deux jours et au delà. Puis l'inflammation se calme, la douleur s'apaise, l'épiderme se dessèche et se détache par petites pellicules. Quant au stigmate rouge, il persiste encore très longtemps, trois semaines et plus.

La conclusion à tirer de cette expérience est que les poils ne sont pas toxiques par eux-mêmes, mais par un virus qui les enduit ; les barbelures des poils n'en font que hâter la pénétration dans l'épiderme.

À noter en passant que les démangeaisons causées par les poils des chenilles urticantes cessent presque aussitôt quand on frotte les parties atteintes avec une plante quelconque, par exemple du pourpier, des feuilles de tomates, des feuilles de laitues, etc. C'est un remède de bonne femme, mais très efficace.

D'où vient le liquide urticant des chenilles ? Il n'y a pas d'appareil glandulaire spécial pour le sécréter. Fabre a fait cette intéressante découverte qu'il existe dans le sang. Celui-ci, extrait de la chenille et appliqué sur la peau, provoque, en effet, prurit, gonflement, sensation de brûlure, suintement de sérosité et enfin modification de l'épiderme.

On le trouve aussi dans les déjections de l'animal. Celles-ci, mises à macérer dans l'éther sulfurique, donnent un liquide qui, appliqué à la peau, produit les mêmes troubles que ceux que nous avons décrits plus haut.

Ce fait est déjà curieux. Le suivant ne l'est pas moins : le crottin de toutes les chenilles est urticant. « Je m'adresse, raconte Fabre, au ver à soie. S'il est une chenille inoffensive au monde, c'est bien celle-là. Des femmes, des enfants la manient par poignées dans nos magnaneries et rien de fâcheux n'en résulte pour leurs doigts délicats. Le ver satiné est d'une innocuité parfaite sous un épiderme presque aussi doux que le sien. Mais ce défaut de virus caustique n'est qu'apparence. Je traite par l'éther les crottins secs des vers à soie, et l'infusion, concentrée en quelques gouttes, est expérimentée suivant l'habituelle méthode. Le résultat est merveilleux de netteté. Un cuisant ulcère au bras, pareil dans son mode d'apparition et dans ses effets à celui que m'ont valu les déjections de la processionnaire, m'affirme que la logique avait raison. Le virus du ver à soie n'est d'ailleurs pas inconnu dans mon village. La vague observation de la paysanne a devancé l'observation précise du savant. Les personnes chargées de l'éducation, femmes et jeunes filles, les magnanarelles enfin, se plaignent de certaines tribulations dont les causes seraient, disent-elles, *lou verin di magnan*, le venin des vers à soie. Cela consiste en une vive démangeaison aux paupières rougies et gonflées. Les plus impressionnables ont des exfoliations d'apparence dartreuse de l'avant-bras, que ne protègent plus pendant le travail les manches retroussées. La cause de vos petites misères, je la sais maintenant, vaillantes magnanarelles. Ce n'est pas le ver qui, par son contact, vous endolorit ; son maniement n'est en rien à craindre. C'est de la litière seule qu'il faut se méfier. Il y a là, pêle-mêle, avec les débris du feuillage, copieux amas de crottins, imprégnés de la matière qui vient si douloureusement de vous rougir la peau ; il y a là, et seulement là, *lou verin*, comme vous l'appelez. »

Le crottin de la vanesse grande tortue, la mélitée athalie, la piéride du chou, le sphinx de l'euphorbe, le grand-paon, l'achérontie atropos, la dicranure fourchue, l'artie marte, le liparis de l'arbousia, ont donné des résultats identiques. C'est donc un fait très général.

Mais comment se fait-il que, toutes les chenilles contenant un liquide vireux, les unes soient inoffensives et les autres, bien moins nombreuses, soient à craindre ? Fabre émet à cet égard une hypothèse très ingénieuse : « Je remarque, dit-il, que les chenilles signalées comme urticantes vivent en société et se filent des habitacles de soie où longtemps elles stationnent. De plus elles sont velues. De ce nombre sont la processionnaire du pin, la processionnaire du chêne et les chenilles de divers liparis. Considérons en particulier la première. Son nid, volumineuse bourse filée à la cime d'un rameau, est superbe de soyeuse blancheur au dehors ; au dedans, c'est un odieux dépotoir. La colonie s'y tient toute la journée et la majeure partie de la nuit. Elle n'en sort, en procession, aux heures avancées du crépuscule, que pour aller brouter le feuillage voisin. Ce long internement a pour conséquence un amas de crottins au sein de la demeure.

Or, c'est au milieu de cette ordure que les chenilles vont et viennent, circulent, grouillent, sommeillent. La processionnaire ne souille pas sa toison au contact de ces granules arides ; elle sort de chez elle avec un costume correctement lustré, ne laissant rien soupçonner des immondices. N'importe : frôlant sans cesse le crottin, les poils inévitablement s'enduisent de virus et empoisonnent leurs barbelures. La chenille devient urticante, parce que son genre de vie la soumet au contact prolongé de son ordure.

Voyez, en effet, la hérissonne. Pourquoi est-elle bénigne malgré sa farouche pilosité ? Parce qu'elle vit isolée et vagabonde. Jamais sa crinière, très apte à recueillir et garder les particules irritantes, ne nous causera de prurit, par la raison toute simple que la chenille ne stationne pas sur ses déjections. Disséminés à travers champs et plus nombreux d'ailleurs à cause de l'isolement de la bête, les crottins, vireux cependant, ne peuvent transmettre leurs énergies à une toison sans rapport avec eux.

Au premier aspect, les chambrées des magnaneries paraissent remplir les conditions nécessaires à la virosité superficielle des vers à soie. Chaque changement de litière élimine des claies du crottin par corbeilles. Sur cet amas d'ordures grouillaient des vers amoncelés. Comment se fait-il qu'ils ne contractent pas la virosité de leurs déjections ? J'y vois deux motifs. D'abord ils sont nus et la brosse d'une toison pourrait bien être indispensable à la collecte du virus. En second lieu, loin de stationner parmi les immondices, ils sont au-dessus de la couche souillée, largement séparés d'elle par le lit de feuilles renouvelé chaque jour à plusieurs reprises. Malgré son entassement, la population d'une claie n'a rien de comparable aux ordinaires habitudes de la processionnaire ; aussi se maintient-elle inoffensive en dépit de sa toxine stercorale. »

Un dernier point avant de terminer. Les déjections des chenilles sont formées de deux parties : les résidus de la digestion et les produits urinaires. Quelle est de ces deux portions celle qui contient le poison ? Pour le savoir, adressons-nous à des papillons au moment de leur éclosion : ils rejettent alors par l'anus une masse constituée presque exclusivement de sédiments urinaires. Traitons cette masse par l'éther et appliquons le liquide sur la peau : nous obtenons les mêmes douleurs qu'avec le poison qui enduit les poils des chenilles. Donc : le poison se trouve dans le sang et est éliminé par les organes urinaires.

Processionnaire du chêne. —

Le *Cnethocampa processionea* est d'un gris brunâtre ; les ailes antérieures possèdent des raies transversales plus foncées. L'aile postérieure est d'un blanc jaunâtre. Les chenilles vivent sur les pins et sont garnies de poils au sujet desquelles nous pourrions redire ce qui précède sur leurs propriétés urticantes. Elles vivent en sociétés très nombreuses et se promènent en files très longues, guidées par un chef. Si l'on dérange celui-ci, les autres s'éparpillent et ne peuvent plus se réunir. Elles sont blanches sur les côtés et présentent un large dos bleu noirâtre qui porte sur ses verrucosités jaune rougeâtre des poils disposés en étoile.

Bombyx à livrée ou Neustrien.

— Le bombyx neustrien est d'un jaune d'ocre clair avec des bandes transversales plus claires, presque droites et à peu près parallèles. Les chenilles, qui se rencontrent fréquemment le long des troncs d'arbres fruitiers sont bleu clair, striées de jaune, portant sur leur dos une raie

Bombyx neustrien et bague d'œufs.

blanchâtre et sur la tête deux taches noires. Le papillon dépose ses œufs en amas simulant une bague autour des branches. Cocon jaune entre les feuilles.

Bombyx du chêne. —

Le *Bombyx quercus* est d'un brun foncé et limité par une très large bande jaune fauve. Les ailes supérieures portent un point blanc cerclé de noir. La femelle est jaune paille et beaucoup plus grande que le mâle. Il vole très rapidement pendant le jour. Les chenilles vivent un peu sur toutes les plantes.

Bombyx de la ronce. —

Le *Bombyx rubi* est d'un brun roux assez clair. La chenille mange un peu de tout ; on la rencontre errant dans les chemins ; quand on la touche, elle s'enroule en anneau.

Lasiocampe des sapins. —

Le *Lasiocampa pini* est variable de teinte, mais se reconnaît à la tache blanche en forme de lune que porte l'aile antérieure, ainsi qu'à la bande rouge brun transversale située en arrière. La chenille vit dans les pins ; elle est alternativement brun et blanc grisâtre ; elle possède des poils touffus à reflets nacrés. Quand on l'irrite, elle frappe de sa tête.

Lasiocampe feuille-morte. —

Le *Lasiocampa quercifolia* se distingue à ses quatre ailes dentelées et les ailes inférieures dépassant les supérieures : quand il est posé, il ressemble à des feuilles mortes. La chenille s'attaque aux arbres fruitiers. Elle est gris cendré avec une paire de colliers bleus entourés de noir sur le 2ᵉ et le 3ᵉ anneau. Sur le 11ᵉ anneau, il y a une éminence conique.

Ver à soie ou Bombyx du mûrier.—

Le *Bombyx mori* n'est pas français, mais d'origine chinoise ; nous n'en parlerons donc pas ici.

Bombyx du mûrier.

Grand paon de nuit. —

Le *Saturnia pyri* est le plus gros de nos papillons de nuit (12 centimètres d'envergure). Ses ailes grises sont bordées d'une bande blanche et ornées chacune d'une sorte d'œil cerclé de noir, à prunelle presque transparente. La chenille est verte et porte des verrucosités pédiculées d'un beau bleu de turquoise ; elle se nourrit des feuilles du pommier, du poirier, du prunier, de l'orme, etc. Cocon grossier.

Petit paon. —

Le *Saturnia pavonia* est plus petit que le précédent et possède aussi quatre taches en forme d'yeux, mais la teinte des ailes antérieures (brunes) et des ailes postérieures (jaune fauve) n'est pas la même. La chenille vit en famille sur les ormes, les charmes, les prunelliers.

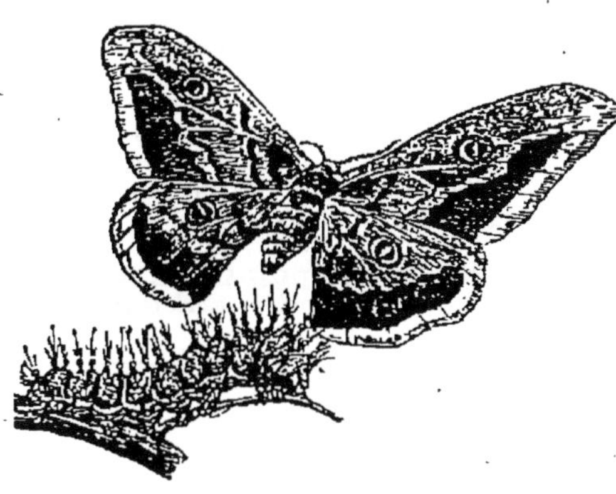

Grand Paon de nuit et sa chenille.

Harpie grande queue fourchue.

— Les harpies ont des chenilles singulières. « Elles portent, en place de pattes anales, deux appendices filiformes dirigés vers le haut; elles peuvent ainsi faire saillir de ces sortes de baguettes un fil mince, plus long encore, qui s'y rattache comme la lanière au manche du fouet; ce qui leur a valu la désignation très descriptive de *Chenilles-à-fouet*. C'est seulement quand elles sont irritées qu'elles montrent leurs fouets. On a désigné à la fois sous le nom de

Chenille de la Harpie grande queue fourchue.

queues-en-fourches ces appendices, les chenilles qui les portent, et les papillons qui en proviennent. Au repos, ces animaux adoptent une position singulière sur la feuille de l'arbuste ou de l'arbre qu'ils habitent. Ils reposent, en effet, sur leurs pattes ventrales et redressent en l'air la partie antérieure et surtout la partie postérieure du corps; leur tête est alors enfoncée profondément et cachée, à l'exception de la face, dans la partie antérieure du corps qui se trouve ainsi renflée et qui fait en avant une saillie anguleuse de chaque

côté » (Brehm). L'*Harpya vinula* paraît blanc avec des nervures jaunes. Il reste immobile pendant le jour. La chenille porte sur le dos une tache violette; on la rencontre sur les peupliers.

Harpie des hêtres.

— Le *Stauropus fagi* est d'un gris brunâtre. La chenille d'un brun de cuir a un aspect extraordinaire. Ses six pattes de devant sont très allongées et l'extrémité de l'abdomen porte deux appendices en forme de baguettes. Quand on la touche elle prend une attitude menaçante.

Diloba à tête bleue ou Double oméga.

— Le *Diloba cœruleo-cephala* a l'aile antérieure de couleur chocolat, traversée par deux lignes transversales noires très anguleuses. Deux taches antérieures se confondent. L'aile postérieure est blanc grisâtre, tachetée de couleur sombre vers l'angle interne. Il vole à l'automne. Les chenilles apparaissent au printemps; elles sont épaisses, d'un blanc grisâtre, striées de jaune, avec des verrucosités noires. La tête est bleue. Elle vit sur les pruniers et les épines-noires. Sa coque est faite avec des copeaux ou des débris de bois.

Acronycte des érables (*Acronycta aceris*).

— Papillon gris blanchâtre. Aile antérieure poudrée de jaune et de brun. Chenille jaune avec des touffes de poils jaunes sur les côtés et une série de taches blanches sur le dos. Elle vit sur divers arbres des villes et sur les chênes.

Orion.

— Le *Dipthera orion* est d'un vert clair avec des marques nombreuses noires et blanches. On le trouve en mai, reposant la tête en bas sur les arbres des forêts. Chenille d'un noir velouté.

Hadène du chiendent.

— L'*Hadena basilinea* est d'un brun de cuir. La chenille est brun grisâtre et vit sur diverses graminées.

Noctuelle ou Mamestre de l'herbe-aux-puces.

— La *Mamestra persicariæ* a les ailes antérieures d'un brun noir à reflet bleuâtre, marbrées de jaune. Chenille verte, avec l'avant-dernier anneau portant une crête; assez commun dans nos jardins.

Noctuelle ou Mamestre du chou.

— La *Mamestra brassicæ* se reconnaît à une ligne extérieure bordant l'aile antérieure et formant en un point un M couché caractéristique. La chenille ravage les choux et les choux-fleurs; elle est verte ou grise.

Noctuelle des fourrages. — La *Neuronia popularis* a les ailes antérieures d'un beau brun rouge avec un reflet rouge. Tête brune. Chenille grasse, d'un brun bronzé luisant, avec trois lignes claires longitudinales. Elle se couche pendant le jour et sort le soir pour dévorer diverses graminées et surtout le chiendent.

Noctuelle du gramen. — Le *Phareas graminis* a les ailes antérieures d'un vert olivâtre. La chenille vit sur les graminées.

et brillant. Sa chenille dévore d'autres chenilles.

Noctuelle des moissons. — L'*Agrotis segetum* a les ailes antérieures d'un brun grisâtre. La chenille appelée *Ver gris* ou *Court ver* est de couleur terreuse, brunâtre, parsemée de gris et de vert. Très nuisible aux moissons.

A côté de cette espèce, il faut en citer plusieurs qui en sont très voisines, notamment la *Noctuelle potagère*, la *Noctuelle du chou*, la *Noctuelle à double tache*, la *Noctuelle fiancée*.

Noctuelle point d'exclamation. — L'*Agrotis punctum exclamationis* a les

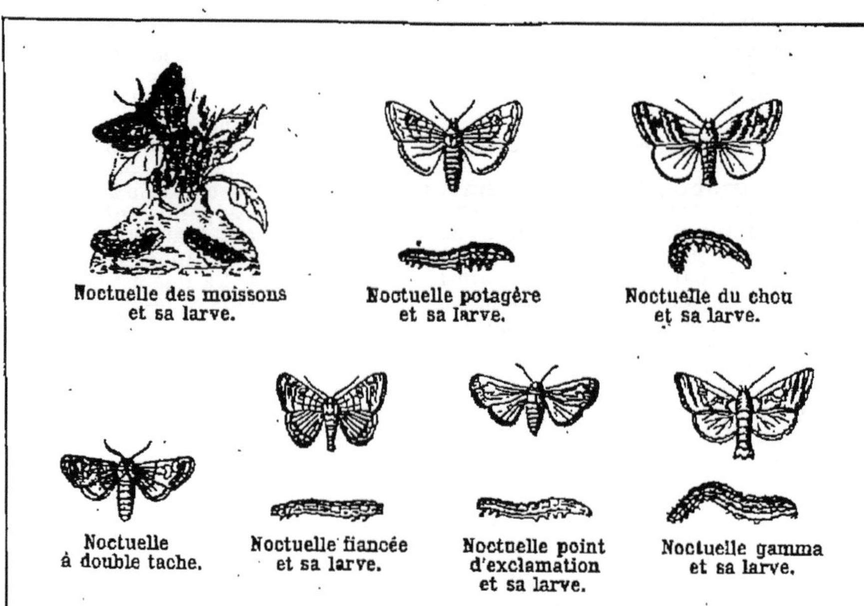

Noctuelle des moissons
et sa larve.

Noctuelle potagère
et sa larve.

Noctuelle du chou
et sa larve.

Noctuelle
à double tache.

Noctuelle fiancée
et sa larve.

Noctuelle point
d'exclamation
et sa larve.

Noctuelle gamma
et sa larve.

Noctuelle méticuleuse. — Le *Brotolomia meticulosa* a la lisière de l'aile antérieure déchiquetée. Ailes jaune de cuir. Chenille verte ou brune vivant sur toutes sortes de plantes basses.

Noctuelle des roseaux. — Le *Nonagria arundinis* (39 millimètres d'envergure) a la couleur du jonc. Chenille couleur de chair vivant dans les roseaux.

Noctuelle des sapins. — Le *Trachea piniperda* a les ailes antérieures d'un rouge de cannelle. Chenille d'un beau vert avec plusieurs lignes blanches et des stries rosées, vivant sur les sapins.

Noctuelle de l'orme. — La *Posmia diffinis* est d'un brun marron, lisse

ailes antérieures d'un gris rouge. Sa chenille cause des ravages dans nos plantes cultivées.

Noctuelle gamma. — La *Plusia gamma* doit son nom à ce que ses ailes antérieures sont ornées de la lettre grecque γ. Ailes antérieures grises. Ailes postérieures brun clair. Chenille d'un vert jaunâtre, rayé de blanc, détruisant diverses plantes cultivées.

Lichnée mariée. — Le *Patocala nupta* a les ailes antérieures à revêtement grisâtre et les ailes postérieures d'un rouge sanguin. La chenille se reconnaît aux franges qui occupent l'abdomen.

Phalène des bouleaux. — L'*Amphidasis Betularia* est de grande taille.

La teinte fondamentale est blanche. Chenille gris verdâtre sur les bouleaux et divers autres arbres. De même que plusieurs espèces voisines, elle appartient au groupe des *chenilles arpenteuses,* c'est-à-dire qui, pour marcher, ont besoin de se contourner en arc de cercle pour rapprocher la partie postérieure de la partie inférieure. Quand on donne un choc à la branche qui les porte, elles se redressent obliquement et se raidissent de manière à simuler une petite branche et à passer ainsi inaperçues.

Phalène velue. — L'abdomen du mâle du *Phigalia pilosaria* est orné d'une crête et se termine par une brosse de poils. La femelle n'a pas d'ailes.

Hibernie défeuillée. — L'*Hibernia defoliaria* porte un point central foncé sur chacune de ses ailes. Chenille rouge brunâtre vivant de bourgeons.

Cheimatobie hiémale. — Le mâle de la *Cheimatobia brumata* a les ailes délicates et arrondies, d'un gris poussiéreux. La femelle a de longues pattes tachetées de blanc et ne possède que de petits moignons d'ailes grisâtres. La chenille demeure entre des débris de feuilles réunies et en partie desséchées. Comme elle ne peut voler, on se protège efficacement de ses œufs et par suite de ses chenilles en entourant les arbres d'un anneau de goudron, qui les empêche de monter.

Phalène des groseillers. —

Phalène du groseiller et sa chenille.

L'*Abraxas grossulariata* a des ailes blan-ches parsemées de gros points noirs. La chenille a les mêmes teintes que l'adulte. Elle vit sur le groseiller.

Erastria. — Dans le Midi de la France, et particulièrement dans les Bouches-du-Rhône, le Var, et les Alpes-Maritimes, les oliviers, source de revenus pour le pays, sont attaqués par un insecte, une sorte de cochenille, le *Lecanium oleæ*. Celle-ci s'installe de préférence à la face inférieure des feuilles, le long des nervures; les femelles fécondées se fixent et grossissent en prenant l'aspect d'une petite tortue dépourvue de tête et de pattes; elles sont absolument informes. Non contentes d'aspirer la sève de la plante, elles sécrètent un liquide sucré qui se répand à la surface des feuilles et dont les fourmis sont très friandes. Cette matière favorise le développement d'un champignon à organisation très simple, le *fumago*: les feuilles jaunissent et disparaissent en se recouvrant d'une matière pulvérulente noire, tout à fait analogue à la suie. Les oliviers épuisés par les cochenilles et les champignons ne tardent pas à périr ou tout au moins ne donnent pas de fruits.

L'*Erastria scitula* se reproduit avec exubérance; on peut compter en effet par an jusqu'à cinq générations successives d'adultes : une, peu importante, vers le milieu de mai; une moyenne, vers la troisième semaine de juin; une très abondante, vers le milieu de juillet; une autre, également importante, fin août; une dernière, faible, vers la fin de septembre ou les premiers jours d'octobre.

Les papillons sont assez difficiles à apercevoir quand ils sont au repos; car, à ce moment, ils simulent une fiente de petit passereau : c'est un cas intéressant de *ressemblance protectrice,* de *mimétisme,* comme l'on dit aujourd'hui. Le mâle ressemble beaucoup à la femelle. Un fait curieux à noter, mais relativement assez commun chez les lépidoptères, c'est que tous les papillons issus de cocons conservés quelque temps sous cloche, c'est-à-dire soumis à des conditions spéciales d'éclairage et d'humidité, se montrent toujours bien moins colorés que ceux capturés en liberté. L'éclosion des papillons a lieu de préférence à la fin du jour. « Les jeunes sujets dont les ailes sont encore repliées et comme réduites à des moignons, sont, dès leur première entrée dans le monde, extrêmement vifs et agiles. Quel que soit le lieu de fixation du cocon, les papillons se laissent invariablement choir à terre au sortir de cette enveloppe; ils sautent, se roulent sur le dos, font vibrer leurs ailes pendant une quarantaine de secondes et tombent ensuite dans une immobilité complète. Trois ou quatre minutes après leur naissance, leurs ailes s'étant complètement étalées, ils s'élancent sur les feuilles ou les rameaux de la plante d'où ils sont probablement tombés. »

Les mâles ne vivent qu'un jour ou deux. Les femelles vivent beaucoup plus longtemps ; elles pondent pendant plusieurs jours une centaine d'œufs chacune : les œufs sont déposés isolément et séparés les uns des autres par de larges intervalles. La mère les dissémine de préférence sur les feuilles ou les jeunes pousses, c'est-à-dire dans les endroits où les futures larves trouveront facilement des proies ; souvent même ces œufs sont pondus directement sur le dos des cochenilles. L'œuf, transparent, est garni au centre d'une rosace en relief et recouvert d'un réseau très élégant à mailles rectangulaires.

Les jeunes larves, dès leur sortie de l'œuf, changent de peau, pénètrent dans le corps des grosses cochenilles et rongent un point quelconque de leur bouclier dorsal. Quand la proie est complètement vidée, la petite chenille l'abandonne et se met en quête d'une nouvelle cochenille ; lorsqu'elle l'a trouvée, elle se hâte d'attaquer sa nouvelle victime et de s'introduire sous sa carapace ; cette opération ne demande que quelques minutes ; elle se trouve donc tout de suite à l'abri.

La larve de l'*Erastria* mène cette existence pendant une dizaine de jours. « Passé cette période, dit M. Rouzaud, et probablement après avoir subi quelques mues, ladite chenille va se dissimuler d'une manière permanente. On ne la trouvera plus, en effet, que complètement recouverte d'une dépouille de grosse cochenille, tapissée de soie à l'intérieur et convenablement agrandie dans son pourtour par une membrane de la même substance. A cette membrane restent toujours attachés extérieurement des excréments, des amas de fumagine ou des débris de cochenilles, servant à colorer convenablement cette portion soyeuse de la coque et à donner à l'ensemble un aspect extérieur uniforme. Cette bordure latérale, destinée à augmenter la capacité de l'enveloppe protectrice et à la maintenir toujours en rapport avec la taille de la larve protégée, est filée brin à brin par cette dernière ; elle s'accroît donc par additions successives. »

La larve, courte et ventrue, ne quitte jamais cette coque et l'emporte avec elle, quand elle se déplace pour aller dévorer plusieurs cochenilles par jour. Dès que la chenille est arrivée à son maximum de taille, elle cherche un endroit favorable, généralement l'aisselle de deux rameaux ou dans les creux des branches, plus souvent encore le collet de l'arbre ; là, elle commence par nettoyer très soigneusement une surface exactement égale à celle de l'ouverture de sa coque, puis elle tapisse celle-ci de soie et la fixe au substratum. Les détritus produits par le nettoyage de l'emplacement ont été utilisés au dehors et collés aux alentours ou sur les bords antérieurs de la coque au moyen de quelques brins de soie, de telle sorte que la dissimulation du cocon est aussi parfaite que sa fixation ; il faut une grande habitude pour l'apercevoir.

Fait également très curieux, la chenille a soin de préparer en un point de sa coque un orifice par où pourra sortir le papillon. Dès qu'elle a terminé son cocon, elle refoule au dehors, à coups de mandibules, la portion de l'ancienne coque qui se trouve placée immédiatement au devant de sa tête. La paroi refoulée cède peu à peu, s'amincit en se distendant et l'on voit apparaître à l'extérieur du cocon une sorte de hernie, que la chenille incise en y pratiquant quatre ou cinq fentes rayonnantes et qu'elle referme sommairement avec quelques brins de soie. C'est en écartant ces fentes d'un léger coup de tête que le papillon pourra sortir.

Les cocons avec les nymphes qu'elles contiennent se transportent fort bien ; c'est sans doute par eux et par des élevages en grand, que l'on répandra les *Erastria* et qu'on pourra les faire servir à la destruction des cochenilles.

III

MICROLÉPIDOPTÈRES

Les Microlépidoptères, dont il n'existe pas moins de 2 700 espèces en France, n'ont de caractère commun que d'être de petite taille. La plupart sont néanmoins très nuisibles par leur abondance.

Tortrix des chênes. — La *Tortrix viridiana* se reconnaît à la teinte vert clair de la partie antérieure du corps et des ailes antérieures. L'abdomen et les ailes postérieures sont de couleur grise. Chenille d'un vert jaunâtre avec un écusson sur la tête, perforant les bourgeons des chênes.

Tortrix de Bergmann. — La *Tortrix Bergmanniana* a les ailes jaunes, finement bariolées de brun roussâtre et coupées par trois raies transversales argentées. Les chenilles brunes ou grises se trouvent sur les bourgeons des rosiers.

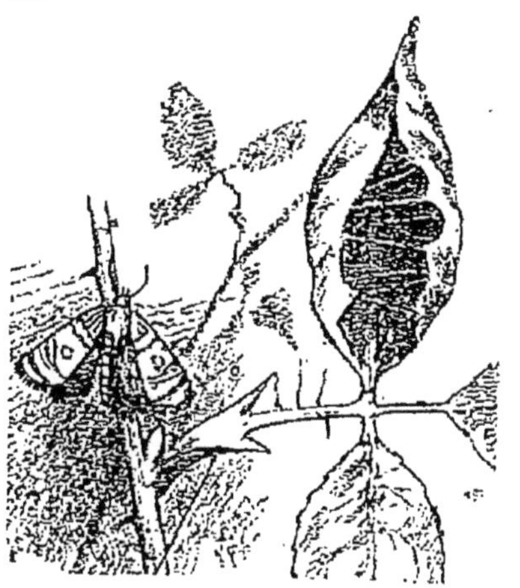

Tortrix de Bergmann.

Tortrix de la vigne.—La *Tortrix* ou *Cochylis ambiguella* a les ailes blanc jaunâtre traversées par une bande brune. La chenille est connue sous les noms de *Larve du raisin, Ver sauteur, Ver coquin, Ver à tête rouge*; elle est couleur de chair et dévore les fleurs de la vigne.

Tortrix de la vigne.

Pyrale de la vigne. — La *Tortrix pilleriana* a les ailes supérieures d'un jaune fauve ou roussâtre, à reflets métalliques et traversées par trois petites bandes brunes. Les ailes inférieures sont grises. Aussitôt les œufs éclos, les chenilles descendent le long d'un fil et vont se cacher dans les anfractuosités de l'écorce où elles se protègent par une coque de soie. Au commencement de mai, elles se réveillent, elles grimpent sur les bourgeons et, peu à peu, envahissent toutes les parties de la vigne en jetant des fils çà et là. — Le meilleur moyen de les détruire est de badigeonner les échalas avec de l'eau bouillante, alors qu'elles y sont encore.

Pyrale de la vigne.

Tortrix des galles de sapins. — La *Retina resinella* est d'un brun très

Tortrix des galles du sapin.

foncé et porte des marques argentées sur les ailes antérieures. La chenille pénètre dans les tiges des pins et y provoque l'apparition de tumeurs.

Tortrix des pousses du sapin ou Tordeur du Buol. — La *Retina Buoliana* a les ailes antérieures d'un roux vif, sur lesquelles il y a des marques blanches d'un éclat argenté. Le dessous des ailes et les ailes postérieures sont d'un rouge gris, sans dessins. Ce papillon dépose sur les bourgeons des sapins ses œufs qui éclosent à l'automne. Les chenilles les dévorent, ce qui se reconnaît à ce que les pousses s'infléchissent.

Tortrix du prunier. — La *Tortrix pruniana* a les ailes supérieures d'un brun noir à la base et à l'extrémité, d'un blanc pur dans l'intervalle. Les ailes inférieures sont d'un gris assez foncé. Ses chenilles vivent dans les bouquets de fleurs des cerisiers, des pruniers, des prunelliers, ainsi que dans les jeunes feuilles qu'elles rapprochent avec quelques fils.

Tortrix fauve des pois. — La *Grapholitha nebritana* a des ailes fauves à reflets métalliques; sur le bord antérieur il y a des raies noires alternant avec de petites entailles marginales. Ailes postérieures noires à reflets bronzés, avec des franges uniformément blanches. Chenille d'un vert pâle, à seize pattes (8^{cm},7) vivant dans les pois ou les lentilles.

Tortrix des pommes (*Carpocapsa pomonella*). — C'est la chenille de ce papillon qui rend les pommes « véreuses ». Beaucoup de personnes s'imaginent que, lorsqu'une pomme présente un petit trou à sa surface, cela veut dire qu'elle contient un « ver », c'est-à-dire une chenille; il n'en est rien. En effet la femelle dépose son œuf sur une pomme quand celle-ci est encore extrêmement jeune. La toute petite chenille qui en naît pénètre bientôt à l'intérieur, mais l'orifice, en raison de son étroitesse ne tarde pas à s'oblitérer et à disparaître. La pomme n'en continue pas moins son développement et à grossir comme si de rien n'était. Pendant ce temps, la chenille dévore l'intérieur en creusant des galeries remplies de déjections. Pour respirer, elle creuse à la surface un petit orifice, mais à peine visible. A ce moment, la chenille ayant grossi, le fruit tombe à terre, ce qui indique de suite qu'il est attaqué. A ce moment, la chenille agrandit l'orifice de sortie, se rend au dehors et va former une coque dans les écorces ou à la surface de la terre. La présence d'un grand trou sur une pomme indique donc que le « ver » est déjà sorti : c'est dans les fruits tombés et non troués qu'il faut le chercher. Généralement, on ne rencontre qu'une seule chenille par fruit, notamment dans les reinettes. Elle est surtout commune dans les poires cultivées pour la table, rare dans les fruits à cidre.

Tortrix brillante (*Carpocapsa splendens*). — Les trois quarts des marrons sont attaqués par cette chenille, qui ne dédaigne pas non plus les noix, les amandes et les châtaignes. Le papillon a les ailes supérieures d'un gris brunâtre avec une tache arrondie cerclée d'argent et de noir.

Papillon du biscuit de troupe. — Les biscuits de mer sont attaqués par une chenille qui en dévore le contenu en creusant des canaux irréguliers dans la masse et les rendant immangeables.

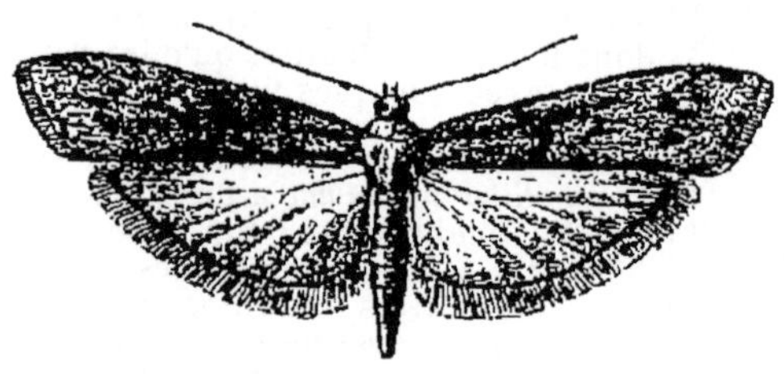

Papillon du biscuit de troupe.

La chenille qui produit ces ravages appartient à un petit papillon, l'*Ephestia elutella* : elle est parfois accompagnée de celles de l'*Ephestia interpunctella* et de l'*Asopia farinalis*. Elle n'a guère plus d'un centimètre de longueur : elle est jaune terne avec la tête et les pattes d'un brun jaunâtre. Son papillon, — que l'on désigne quelquefois sous le nom de *Papillon gris*, — a de 16 à 18 millimètres d'envergure. Les ailes inférieures sont luisantes et grises, tandis que les ailes supérieures sont d'un gris cendré et traversées par deux lignes plus claires bordées de noir. Ce papillon dépose ses œufs sur les biscuits ; les larves qui en sortent pénètrent dans l'intérieur, après avoir tapissé l'orifice d'entrée d'une toile irrégulière, semée d'excréments.

Pourquoi les ravages de l'*Ephestia* sont-ils beaucoup plus importants aujourd'hui qu'il y a une trentaine d'années, alors que la production du biscuit de troupe était cependant la même qu'aujourd'hui ? M. J. Danysz vient de nous donner la clé du mystère. Ce savant a commencé par faire des recherches expérimentales. Il plaça des œufs d'Ephestia dans des bocaux maintenus à des températures différentes, les uns sur un balcon découvert, les autres dans une pièce non chauffée, d'autres dans une salle à température constante de 20° à 25°. Il s'est ainsi rendu compte que « l'incubation des œufs exposés à une température inférieure à 6° dure plus de trois mois et demi ; qu'à une température inférieure à 10°, le développement des larves dure plus de deux mois, et enfin qu'à une température constante de 20° à 25°, la durée de l'évolution complète n'est que de deux mois et neuf jours ».

Or, dans les anciens moulins, où la température n'était jamais très élevée, et où la fabrication était souvent interrompue, il ne se produisait guère que *deux* générations de papillons par an. Aujourd'hui, au contraire, dans les moulins modernes, qui se servent généralement de la vapeur comme force motrice et où la production est continue, les larves trouvent des conditions de température éminemment favorables à leur développement rapide, et il peut se produire jusqu'à *six* générations par an. Si l'on remarque que les femelles déposent en moyenne 300 œufs à chaque ponte, on voit quelle extension considérable peut prendre le fléau. En outre, les moyens de transport sont plus faciles, ce qui rend les contaminations d'autant plus fréquentes et plus générales.

Tortrix des prunes. — La chenille de la *Grapholitha funebrata* vit dans la pulpe des prunes, surtout dans celle des prunes de Monsieur, de reine-claude et de mirabelle, et des abricots, surtout les variétés hâtives. Quand elle a atteint toute sa taille, la chenille sort du fruit et s'enfonce dans la terre.

Teigne de la graisse (*Aglossa pin-*

guinalis). — La chenille vit en cachette dans la graisse, le beurre et le lard. Il arrive souvent que l'homme l'absorbe avec ses aliments ; il paraît qu'alors

Teigne de la graisse (grossie).

elle sort vivante avec les déjections. La nymphose s'opère sur les murs des salles à manger ou dans les coins poussiéreux.

Teigne de la cire (*Galeria mellonella*). — La chenille cause de grands ravages dans les ruches. Son odeur est nauséabonde et la fait reconnaître de suite. Elle dévore la cire en creusant à son intérieur des canaux anastomosés, des conduits tapissés d'un tissu de fils lâches, auxquels sont attachés de petits grains noirâtres, qui ne sont autres que des excréments. Le papillon vole assez rarement.

Teigne des farines (*Asopia farinalis*). — Le papillon a l'habitude de relever et de recourber son abdomen en avant pendant le repos. La chenille se nourrit de farine.

Teigne des farines (grossie).

ver et de recourber son abdomen en avant pendant le repos. La chenille se nourrit de farine.

Botys des semences de navette (*Botys margaritalis*). — Le papillon a l'aile antérieure d'un jaune de soufre. La chenille vit dans les siliques de divers crucifères, siliques qui prennent, dès lors, une forme de flûte.

Teigne des grains (*Tinea granella*). — Cette teigne se rencontre surtout dans les greniers où l'on conserve du blé ou des graines d'autres céréales. C'est là que le papillon vient pondre deux fois par an, en mai et en juillet. La chenille réunit ensemble à l'aide de fils de soie plusieurs grains au milieu desquels elle établit une coque soyeuse,

Dans ce repaire, elle mange tout à l'aise les grains qui l'entourent. Au moment de la nymphose, elle construit une coque et va l'attacher aux poutres du grenier ; cette coque ressemble à un grain de blé recouvert de poussière.

Teigne des fourrures (*Tinea tapezella*). — La chenille se trouve principalement chez les drapiers et les marchands de fourrures. Elle creuse une sorte de berceau dans le drap et l'enduit de toile. Elle se recouvre en outre de débris de draps qui la cachent à la vue et qui semblent simplement un endroit défectueux de l'étoffe. Elle attaque aussi les collections d'insectes et les animaux empaillés.

Teigne des vêtements (*Tinea pellionella*). — Ces teignes sont trop communes dans nos maisons, où elles rongent nos vêtements et nos fourrures. Avec

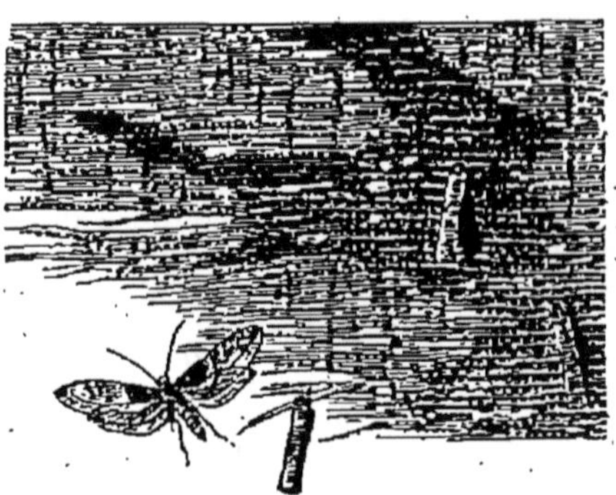

Teigne des vêtements.

les débris de nos vêtements, elles se font à elles-mêmes des fourreaux dont Réaumur a admirablement décrit la confection : « Leur tête, leurs serres et les six jambes situées proche de la tête et peut-être une partie du premier anneau, sont tout ce qu'elles ont d'écailleux : sur le reste de leur corps, il y a une peau blanche, mince, transparente et par conséquent délicate. L'habit nécessaire pour le couvrir, n'a pas une figure fort recherchée, le corps de l'insecte est d'une forme qui approche de la cylindrique, pour le loger il ne lui faut qu'une espèce de tuyau : telle est aussi son enveloppe, c'est un tuyau creux dans toute sa longueur, ouvert par les deux bouts près desquels il a ordinairement un peu moins de diamètre que vers le milieu. Celui des plus vieilles teignes a environ quatre à cinq lignes de longueur, il en a rarement six.

Tout l'extérieur de ce tuyau, de cet étui, ou comme nous l'appellerons plus souvent, de ce fourreau, est une sorte de tissu de laine, tantôt bleue, tantôt verte, tantôt rouge, tantôt grise, etc., selon la couleur de l'étoffe à laquelle l'insecte s'est attaché et qu'il a dépouillée. Quelquefois diverses couleurs s'y trouvent mélangées de façon fort singulière ; plus souvent ces différentes couleurs sont rapportées les unes auprès des autres par bandes. Ce n'est au reste que l'extérieur de ce fourreau qui est de laine, tout l'intérieur est gris blanc et de soie. C'est une doublure qui fait corps avec le reste de l'étoffe, ou plutôt le fourreau est fait d'une sorte d'étoffe dont la plus grande partie de l'épaisseur est de laine, et dont le reste est de soie.

L'état des teignes comme celui de toutes les chenilles est passager, elles doivent de même se métamorphoser en papillons, et c'est sous cette dernière forme que les femelles déposent les œufs qui perpétuent leur espèce. Depuis le milieu du printemps jusque vers le milieu de l'été, on voit voler sur les tapisseries, sur les chaises et sur les lits de petits papillons d'un blanc un peu gris mais argenté : ce sont les papillons dans lesquels des teignes se sont transformées. Pour suivre nos insectes dès leur naissance, j'ai pris plusieurs papillons de cette espèce, j'en ai renfermé de vivants et vigoureux dans des poudriers de verre où j'avais mis des morceaux d'étoffes : quelques-uns y

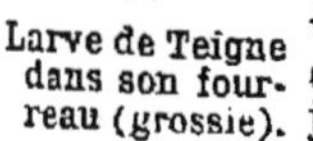

Larve de Teigne dans son fourreau (grossie).

ont fait des œufs. Ces œufs sont très petits ; c'est tout ce que peuvent faire de bons yeux, sans être aidés d'une loupe, que de les voir.

On reconnaît pourtant que leur figure est assez semblable à celle des œufs ordinaires, qu'ils sont blancs et qu'ils ont une sorte de transparence.

Il ne m'a pas été possible ni d'observer les chenilles dans le temps qu'elles sortent de leurs œufs, ni même de savoir précisément combien elles font éclore, ce que je sais, c'est qu'environ trois semaines après que les papillons ont eu déposé des œufs, j'ai trouvé de petites teignes et que je n'ai plus trouvé les œufs dont j'avais marqué les places.

Peu après qu'elles sont nées, elles travaillent à se vêtir, on les trouve logées dans des fourreaux pareils à ceux que je viens de décrire, dans un temps où elles sont si petites qu'on ne peut bien s'assurer que ce qu'on voit sont des fourreaux, sans se servir du secours de

la loupe. Ce que la nature apprend est su de bonne heure. Pour suivre l'artifice du travail de nos teignes, il faut les prendre dans un âge plus avancé.

Arrêtons-nous, comme j'ai fait, à une teigne qui est parvenue à une grandeur sensible, comme à celle de deux ou trois lignes et qui est dans le fort de son accroissement.

Dès que son corps va croître, son fourreau sera bientôt trop court pour le couvrir ; aussi s'occupe-t-elle journellement à l'allonger, elle en est entièrement couverte quand elle est dans l'inaction. Nous avons dit qu'il est ouvert par les deux bouts, quand l'insecte veut travailler à l'allonger, il fait sortir sa tête par celui des bouts dont elle est le plus proche ; on voit ensuite cette tête chercher avec vivacité à droite et à gauche les poils de laine les plus convenables. Elle change de place continuellement. Si les poils qui sont proches ne sont pas tels que la teigne les veut, elle tire quelquefois plus de la moitié de son corps hors du fourreau, pour aller choisir mieux plus loin. A-t-elle trouvé un poil tel qu'elle le veut, la tête se fixe pour un instant, elle le saisit avec deux dents ou serres qu'elle a au-dessous de la tête, près de la bouche ; elle arrache ce poil après des efforts redoublés. Aussitôt elle l'apporte au bout de son tuyau contre lequel elle l'attache. Elle répète plusieurs fois de suite une pareille manœuvre, sortant tantôt en partie du tuyau et y rentrant ensuite pour coller contre un de ses bords un nouveau brin de laine.

J'ai dit que la teigne arrache ce brin de laine de l'étoffe ; on voit effectivement qu'elle le tire comme pour l'arracher. Je ne sais néanmoins si quelquefois elle ne le coupe pas, la figure et la disposition des deux serres ou dents qu'elle a en dessous de la tête, et l'usage qu'elle en fait en d'autres circonstances, concourent à donner la dernière idée. Chacune de ses dents est une lame écailleuse assez semblable à celles de nos ciseaux ; leur base est large et elles se terminent en pointe ; leurs deux plans sont à peu près parallèles entre eux et parallèles à celui du dessous de la tête ; ainsi elles sont faites et disposées comme les deux lames des ciseaux.

Si la teigne répétait toujours la manœuvre que nous venons de lui voir faire, au même bout du fourreau, elle ne l'allongerait que par ce bout, elle ne lui donnerait pas la figure d'un fuseau qui lui est assez ordinaire. Il faut donc qu'elle l'allonge successivement par chaque bout, aussi le fait-elle. Après avoir travaillé pendant une minute, et quelquefois pendant quelques secondes à un des bouts, elle songe à l'allonger par l'autre.

On est tout étonné de voir sortir par celui-ci la tête qui sortait par le précédent. On est tenté de croire que l'insecte a deux têtes, ou au moins que le bout de sa queue est fait comme la tête, et qu'il a une pareille adresse pour choisir et pour arracher les brins de laine.

Le vrai est pourtant que c'est la tête qui paraît successivement à l'un et l'autre bout du fourreau et qui successivement laisse la place à la queue. Ce fourreau est large, plus qu'il n'est besoin pour contenir le corps de l'insecte, et environ du double plus large; dès que la tête a assez agi vers un des bouts, il se plie; il se tourne et avance la tête vers le côté où est la queue, il continue de l'avancer jusqu'à ce qu'il soit plié à peu près en deux parties égales, alors il retire sa queue vers l'autre côté; ainsi l'insecte se retourne bout à bout dans son tuyau. Cette manœuvre est si prompte, qu'on n'imagine pas qu'il ait eu le temps de la faire, quoiqu'il soit évident qu'il n'a pas pu en faire une autre.

J'ai voulu la lui voir exécuter : le moyen en a été facile. En pressant doucement un des bouts d'un fourreau, j'obligeais la teigne à s'avancer un peu vers l'autre bout, alors j'emportais avec des ciseaux la partie que je l'avais forcé d'abandonner. Le même manège répété successivement à chaque bout, a réduit un fourreau à n'avoir que le tiers de sa première longueur. L'insecte ainsi plus d'à moitié à découvert, est mis dans la nécessité d'achever de se vêtir, y a bientôt travaillé. C'est alors que j'ai vu comment il se replie en deux lorsqu'il a à faire changer sa tête de côté. Le gros du pli, pareil à celui d'une corde pliée en deux, se trouvait en dehors du tuyau dans cette circonstance, mais ordinairement il se trouve au milieu et c'est pour cette raison que le tuyau y est plus renflé qu'ailleurs. C'est quand on a ainsi raccourci ou même beaucoup moins, le fourreau d'une de ces petites chenilles, qu'il est plus aisé de la voir travailler, elle fait plus de besogne en 24 heures qu'elle n'en ferait en plusieurs mois : la nécessité de se vêtir l'y force.

Au reste, quand la teigne qui travaille à allonger son fourreau ne trouve pas de poils à son goût où sa tête peut atteindre, elle change de place, et elle en change de temps en temps. Elle marche, et même assez vite, emportant toujours son fourreau avec elle. Alors la tête et les six jambes écailleuses en sont dehors; car c'est au moyen de ses six jambes antérieures qu'elle marche.

Les membraneuses, soit intermédiaires, soit postérieures, lui servent pour le cramponner contre le fourreau, elles le retiennent et font qu'il avance avec le corps, lorsque ses autres jambes le tirent en avant. Elle s'arrête où elle juge être mieux en état de couper des poils convenables et de travailler à agrandir son fourreau.

Lorsque le fourreau est devenu trop étroit, la teigne est-elle obligée de l'abandonner comme nous avons vu ailleurs que les chenilles quittent leur peau? J'ai eu beau les observer depuis leur naissance jusqu'à leur parfait accroissement, je n'en ai jamais vu qui d'elle-même ait quitté son vieil habit pour s'en faire un neuf. J'ai donc reconnu qu'elles n'y savent autre chose, quand il est trop étroit, que de l'élargir.

J'ai mis des teignes dont les fourreaux étaient d'une seule couleur, sur des étoffes d'une seule et autre couleur, des teignes à fourreaux bleus sur du rouge, des teignes à fourreaux rouges sur du vert ou sur du gris, etc. Au bout de quelque temps, je vis les tuyaux allongés et élargis. Comme des bandes circulaires faites de poils de la nouvelle étoffe que je leur avais donné à ronger, montraient l'allongement de chaque bout, de même des bandes qui s'étendaient en ligne droite d'un bout à l'autre, montraient l'élargissure qui avait été faite. Ces deux bandes étaient parallèles l'une à l'autre, et chacune à peu près également distante du dessus et du dessous du fourreau. Je nomme le dessous la partie qui couvre le ventre de l'insecte.

A force de les observer en différents temps, j'ai vu que le moyen qu'elles emploient est précisément celui auquel nous aurions recours en pareil cas. Nous n'y saurions autre chose pour élargir un étui, un fourreau d'étoffe trop étroit que de le fendre tout du long et de rapporter une pièce de grandeur convenable entre les parties que nous aurions réparées. Nous rapporterions une pareille pièce de chaque côté, si la figure du tuyau le demandait. C'est aussi précisément ce que font nos teignes, avec une précaution de plus, et qui leur est nécessaire pour ne point rester à nu pendant qu'elles travaillent à élargir leur vêtement. Au lieu de deux pièces qui auraient chacune la longueur du fourreau, elles en mettent quatre qui ne sont pas plus longues chacune que la moitié d'une des précédentes.

J'en ai vu qui commençaient à ouvrir la fente vers le milieu du fourreau et qui la poussaient jusqu'à un des bouts. Les mêmes dents dont elles se servent pour arracher les poils du drap, sont les outils avec lesquels elles fendent leur fourreau. Elles le coupent quelquefois si exactement en ligne droite, les deux bords de la coupure sont si peu frangés, que nous ne pourrions espérer de faire mieux, soit avec des ciseaux, soit avec un rasoir : la fente n'a nullement l'air d'avoir été faite par déchirement, aucun poil n'excède les autres. C'est entre les deux bords de cette fente que doit être ajustée la petite pièce qui fera l'élargissement de ce côté-là. Pour mieux voir la largeur qu'elle aurait et le temps que l'insecte ferait à la faire, j'ai encore pris diverses fois un fourreau ainsi coupé qui était d'une seule couleur, je l'ai posé sur une étoffe d'une autre couleur. Une teigne à fourreau bleu ou vert a été mise sur un drap rouge : là elle a fait l'élargissure de laine rouge. Elle fait cette pièce précisément comme elle fait les bandes qui allongent le fourreau, elle arrache des poils, elle les porte contre un des bords de la fente et elle les y attache.

C'est au fond de la fente ou à l'endroit le plus proche du milieu du fourreau qu'elle commence à attacher les poils qui ensemble doivent composer la pièce ; elle est plus ou moins large selon que la teigne est plus ou moins grosse. Les plus larges que j'ai observées n'ont jamais guère eu que la largeur que peut produire l'épaisseur de cinq à six poils de laine couchés les uns auprès des autres. Pour achever d'élargir le tuyau, la teigne a encore à faire trois élargissures pareilles à la précédente ; elle s'y occupe successivement, en suivant précisément la manœuvre décrite. Il semble qu'il est assez indifférent pour elle en quel ordre elle fasse les trois autres élargissures, aussi les pratiques de différentes teignes varient sur cela.

J'en ai vu qui, après avoir mis la première élargissure, pour mettre la seconde, fendaient leur fourreau depuis l'origine de la première jusqu'à l'autre bout. D'autres faisaient la seconde élargissure diamétralement opposée à la première, c'est-à-dire qu'elles commençaient à percer le tuyau au milieu du côté opposé à celui où elles avaient mis une pièce, et qu'elles le fendaient jusqu'au bout opposé à celui où se terminait la première élargissure. — J'en ai vu d'autres au contraire, faire la seconde élargissure immédiatement vis-à-vis la première, ainsi toute une moitié du tuyau est élargie, l'autre restant étroite. Les teignes varient ici leurs manières d'opérer de toutes les façons dont il est possible de les varier.

J'en ai vu aussi qui n'avaient pas commencé les fentes nécessaires aux élargissures par le milieu, elles les avaient prises dès le bord, ou auprès du bord, et elles les poussaient insensiblement jusqu'au milieu. A l'égard de la durée de chacune de ces façons, elle n'est pas à beaucoup près égale, Pour la seule façon de fendre, j'en ai vu qui, après avoir percé le fourreau au milieu, ont employé deux heures à pousser cette fente jusqu'au bout où elle devait aller : d'autres l'ont fait plus vite et d'autres plus lentement. Mais la pièce qui doit remplir cette fente a toujours été mise d'un jour à l'autre.

Leur industrie, soit pour allonger, soit pour élargir leur fourreau, nous est à présent assez connue ; mais nous n'avons peut-être pas encore assez expliqué quelle est la tissure de l'étoffe dont il est fait.

Le premier coup d'œil apprend que des tondures de laine en sont la principale matière, et nous avons déjà dit que si on regarde les fourreaux de plus près, on reconnaît que la soie entre aussi dans leur composition, que leur couche extérieure est laine et soie et que leur couche intérieure est pure soie. Comment est appliquée cette doublure de soie ? par quel artifice les brins de laine sont-ils liés ensemble ?

Les procédés que ce travail exige ne sont pas difficiles à deviner lorsqu'on sait que nos insectes sont des chenilles, qui, comme les autres chenilles, sont en état de filer, qu'elles filent dès qu'elles sont nées et que leur fil sort aussi un peu au-dessous de la tête comme celui des chenilles ordinaires. Il est si délié qu'il est difficile de l'apercevoir sans un bon microscope. Il est cependant assez fort pour tenir l'insecte suspendu en bien des circonstances et c'est pour cet effet qu'on s'assure d'abord qu'il existe.

C'est avec ce fil que l'insecte lie ensemble les différents brins de laine qui composent le fourreau, de sorte que le tissu de la partie supérieure peut être comparé à une étoffe dont la chaîne serait de laine et la trame de soie. Il n'est pas pourtant aisé de voir si l'entrelacement est aussi régulier que nous le ferions en pareil cas ; mais il est sûr que nous aurions peine à en faire un aussi serré. Peut-être même que l'entrelacement n'est pas nécessaire ici. Les insectes qui filent ont un avantage que nous n'avons pas, les fils qui ne viennent que de sortir de leur corps, sont encore gluants, il suffit qu'ils soient appliqués et pressés contre d'autres fils ou contre d'autres corps pour s'y attacher solidement. Il semble pourtant que notre teigne entrelace les fils avec les brins de laine, qu'elle ne se contente pas de les y coller ; on voit que le trou qui est au-dessous de sa bouche fournit comme le ferait une navette, un fil propre à l'entrelacement, et on voit faire à la tête des mouvements vifs et prompts en des sens opposés.

Dans le travail ordinaire, on ne saurait découvrir si l'insecte commence par faire la portion du tissu qui est laine et soie, ou celle qui est pure soie; mais on le force à nous manifester tous ses procédés en le contraignant à se vêtir de neuf. Pour y obliger une teigne, j'ai introduit dans un des bouts de son fourreau un petit bâton d'un diamètre à peu près égal à celui de son corps; poussant ensuite ce bâton peu à peu, je l'ai forcée à lui céder la place, et ainsi je l'ai chassée de son fourreau. La teigne nue a été mise dans la nécessité de se faire un nouvel habit.

Dans diverses expériences pareilles que j'ai faites, la teigne a toujours mieux aimé en venir à se faire un nouveau vêtement, que de rentrer dans celui dont elle avait été chassée, et qui cependant lui avait coûté tant de mois de travail. J'ai eu beau remettre auprès d'elles leurs fourreaux, je ne leur ai jamais vu faire de tentatives pour y rentrer.

Quelques-unes, après avoir été dépouillées, sont restées un demi-jour inquiètes, errantes, et se sont enfin fixées. Alors elles ont commencé à se filer une enveloppe un peu plus blanche que les toiles des araignées des maisons, mais à peu près de pareille consistance. Cette enveloppe a été ordinairement finie dans une nuit; je l'ai quelquefois trouvée au milieu de tontures de laine qui ne lui étaient pas adhérentes. Enfin au bout de cinq à six jours au plus, le tuyau de soie a été entièrement recouvert de laine. Dans peu de jours la teigne avait fait l'ouvrage qu'elle n'a coutume de finir qu'en plusieurs mois.

Les teignes forcées de se vêtir de neuf s'y prennent précisément comme elles le font lorsqu'elles sont nouvellement nées. J'ai observé de celles qui n'étaient écloses que depuis peu de jours qui commençaient par se faire un fourreau de pure soie. Je les ai vu ensuite attacher au milieu et tout autour de ce fourreau un anneau composé de petits brins de laine couchés parallèlement les uns aux autres et tous un peu inclinés à la longueur du fourreau.

Les insectes allongeaient ensuite cet anneau par un nouveau rang de brins de laine collés à chaque bord du premier anneau; mais ils ne l'allongent jamais à tel point les premiers jours qu'il ne soit beaucoup débordé par la partie de pure soie.

Cette partie du tissu est constamment faite la première, elle est destinée à porter les brins de laine qui y doivent être attachés par d'autres fils de soie.

L'habit que s'est fait une teigne nouvellement née, tout petit qu'il est, lui est excessivement large comme si elle voulait s'épargner la peine de l'élargir si tôt; mais aussi elles ne tiennent presque pas dedans. J'ai quelquefois secoué un morceau de drap couvert de ces jeunes teignes et récemment vêtues, sur un autre morceau de drap où je les voulais faire travailler, et je voyais que je n'y avais fait tomber que des teignes nues, leurs habits étaient restés sur le premier morceau de drap.

Comme chaque année ces insectes se transforment en papillons, il y a chaque année bien des fourreaux abandonnés. Les jeunes teignes m'ont paru prendre par préférence la laine dont ils sont faits, à celle des étoffes; ils leur offrent des matériaux tout préparés, les brins de laine qui les composent sont choisis et sont coupés de longueur ou à peu près. Des teignes nées sur du drap bleu, sur du drap rouge, etc., m'ont souvent paru vêtues de toutes autres couleurs, quand il y avait de vieux fourreaux dans les endroits où je les avais renfermées; celles que je croyais voir avec des fourreaux rouges ou bleus, en avaient de bruns, de verts, ou de quelque autre couleur.

De là vient qu'il est rare de rencontrer des fourreaux de laine blanche à des teignes nouvellement nées sur des draps de couleur; peut-être qu'elles aiment mieux, dans cet âge tendre, la laine qui n'est pas altérée par la teinture, qu'elles choisissent les brins sur lesquels la couleur n'a pas pris.

Parmi les brins d'une étoffe de couleur, la loupe en fait apercevoir de blancs. J'ai observé de ces mêmes teignes un peu plus vieilles qui, quoique sur un drap gris de souris ou cannelle, avaient cependant des bandes d'un très beau rouge et d'un très beau bleu : aussi ces draps avaient-ils été faits de laine de différentes couleurs; en les observant à la loupe, je distinguais des brins rouges, des bleus et des verts : les teignes en avaient choisi de ceux-là par préférence.

Nous avons dit que leur fourreau a assez souvent la forme d'un fuseau; telle est constamment la forme de ceux qui sont refaits entièrement à neuf, comme ceux dont nous venons de parler ou des tuyaux nouvellement élargis; mais ceux qui ont été allongés depuis l'élargissure faite ont ordinairement des ouvertures évasées dont le diamètre surpasse celui de la partie qui les précède quoique pourtant moindre que celui du milieu du tuyau.

Pendant certains jours nos insectes restent dans l'inaction, et tels sont tous ceux de l'hiver. Ils ont aussi de ces temps de repos, mais plus courts, tant en été qu'en automne; alors ils fixent leur fourreau sur l'étoffe qu'ils ont rongée ci-devant. Si le tuyau était simplement couché sur l'étoffe; il pourrait être jeté à terre par une infinité d'accidents, mais l'insecte le fixe de façon qu'il ne peut avoir rien à craindre. Il attache à chaque bout de ce fourreau plusieurs paquets de fils, tous collés par leur extrémité contre l'étoffe; ce sont différents cordages qui, pour ainsi dire, tiennent le fourreau à l'ancre.

Les laines de nos étoffes ne leur fournissent pas seulement de quoi se vêtir, elles leur fournissent aussi de quoi se nourrir, elles les mangent et elles les digèrent. S'il est singulier que leur estomac ait prise sur de pareilles matières, qu'ils les dissolvent, il ne l'est pas moins qu'ils ne puissent rien sur les couleurs dont ces laines ont été teintes. Pendant que la digestion de la laine s'opère, sa couleur ne s'altère nullement.

Les excréments sont de petits grains qui ont précisément la couleur de la laine que les insectes ont mangée.

Enfin, quand elles sont parvenues à leur parfait accroissement, quand le temps de leur métamorphose approche, elles abandonnent souvent ces étoffes de laine qui leur ont fourni jusque là de quoi se nourrir et se vêtir. Elles cherchent les endroits qui leur donnent des appuis plus fixes que ne sont des tissus que tout peut agiter.

Il y en a alors qui vont s'établir dans les angles des murs, d'autres grimpent jusqu'aux planchers. Celles-ci, pendant le cours de l'année, ont ravagé les dessus et les dos des fauteuils, se nichent alors volontiers dans les petites fentes qui restent entre l'étoffe et le bois. Celles que j'ai tenu renfermées dans des bouteilles dont l'ouverture avait un grand diamètre, se sont ordinairement rassemblées sous le couvercle. Quel que soit l'endroit qu'elles ont choisi, elles y attachent leur fourreau, tantôt par les deux bouts et tantôt par un seul bout. Quelques-unes le fixent parallèlement à l'horizon, d'autres sous des angles qui y sont différemment inclinés; il ne m'a pas paru qu'il y eût des positions qu'elles affectassent de leur donner; mais ce à quoi elles ne manquent pas, c'est à bien clore avec un tissu de soie les ouvertures des deux bouts du fourreau.

Hyponomeute du pommier (*Hyponomenta malinella*). -- Il vit sur le pommier. La chenille se fait remarquer par le voile léger dont elle enveloppe les feuilles qu'elle choisit pour sa nourriture et qu'elle étend au fur et à mesure de ses besoins. Comme les œufs sont

pondus par groupes, les chenilles se trouvent en colonies et plusieurs de ces colonies se fusionnent assez fréquemment; aussi, une branche entière de pommier peut-elle être enveloppée d'une toile, et sous ce nid à réseaux, la

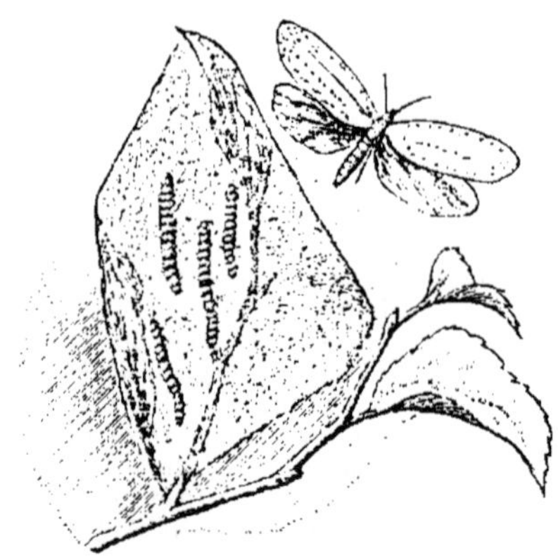

Hyponomeute du pommier et ses chenilles.

verdure disparaît peu à peu, à mesure que les feuilles passent à l'état de squelette. Les chenilles, qui déploient beaucoup d'activité à l'intérieur de ces nids ont l'habitude de se reposer après chaque repas et après chaque mue. En cas d'attaque, chacune descend le long d'un fil, pour s'enfuir sur le sol aussi rapidement que possible (Kunckel).

Alucite des céréales (*Sitotroga cerealella*). -- La femelle pond ses œufs rouges dans les épis de blé. La chenille pénètre dans les graines et en dévore l'embryon. Au dehors on ne voit aucune trace du dégât, car l'animal se contente d'en dévorer la farine intérieure et respecte la partie corticale. On reconnaît ces graines en jetant le blé dans de l'eau : les semences attaquées surnagent.

Gracilaire ou **Teigne des lilas** (*Gracilaria syringella*). — La chenille, vert clair, s'attaque non seulement au lilas, mais encore au troène, au frêne, au fusain, à l'aubépine. Elle ronge d'abord la cuticule supérieure, puis le parenchyme situé au-dessous et ne respecte que la cuticule inférieure. Une fois qu'elle a mué, elle partage son temps en deux parties: pendant la nuit, elle enroule les feuilles des lilas suivant leur longueur, et, pendant le jour, elle ronge le parenchyme intérieur de ce tube. Quand celui-ci est complètement dévoré, à l'exception de la cuticule interne, elle cherche une nouvelle feuille fraîche, qu'elle traite comme la précédente; à cet effet, elle se suspend à un fil et va à la recherche d'une retraite.

Gracilaire ou Teigne des lilas.

Ptérophore. — Les papillons du genre ptérophore sont très remarquables par leurs ailes découpées en lanières. La chenille de l'espèce la plus commune, le *Pterophorus monodactylus*, vit dans les jardins, les bois, etc., se tenant immobile sur diverses plantes basses. La chenille du *Pterophorus pentadactylus* vit sur les liserons. Celle du *Pterophorus spilodactylus* s'enroule sur elle-même au moindre contact.

Chenille aquatique. — On rencontre dans les eaux courantes, un certain nombre de chenilles qui se transforment en nymphe dans le même milieu, et ne donnent que plus tard des papillons aériens.

La chenille aquatique la mieux connue est celle de l'*Hydrocampa nympheata*, que l'on désigne quelquefois sous le nom vulgaire de *Phalène de l'épi de l'eau*. Pour la découvrir, il faut d'abord en bien connaître les mœurs singulières. Dans les mares et les rivières des environs de Paris, il est fréquent de rencontrer des *Potamogeton*, en grande partie submergés, mais dont certaines feuilles, à l'aspect luisant, flottent à la surface de l'eau. En examinant un plus ou moins grand nombre de celles-ci, il n'est pas rare de voir sur leur face inférieure, c'est-à-dire celle qui est en contact avec l'eau, de voir, dis-je, une petite élévation à contour ovale et formée par une portion de feuille. On re-connaît bien vite que ce lambeau est réuni à la feuille par quelques fils de soie, et qu'il cache tantôt une petite chenille, tantôt une petite chrysalide. On rencontre aussi, souvent, des coques formées de deux morceaux de feuilles égaux et attachés l'un à l'autre par de la soie. Ces coques sont réunies à la feuille flottante, soit à son limbe, soit à son pétiole. D'après M. Goosens, on ne les trouve sur les *Potamogeton* que du mois d'avril au mois de mai ; en juin, elles sont sur les nénuphars.

La chenille est d'un blanc jaunâtre, à l'exception des premiers anneaux qui sont bruns, et de la tête qui est d'un noir luisant. Sa peau est parsemée de poils blancs. Sur les flancs, on aperçoit des stigmates identiques à ceux des chenilles terrestres. L'intérieur de la coque est rempli d'air ; comme les lambeaux de feuilles sont appliqués intérieurement l'un contre l'autre, l'eau extérieure ne peut y pénétrer.

En un point cependant, les deux valves présentent une petite solution de continuité par laquelle la chenille, de temps à autre, montre la tête à l'extérieur. Mais comme l'animal bouche exactement l'orifice, l'eau ne peut pénétrer dans la demeure.

Tant qu'elle n'est pas arrivée à son maximum de taille, la chenille se fabrique des coques non adhérentes aux feuilles, et qu'elle transporte avec elle dans toutes ses pérégrinations. Quand son volume est devenu trop considérable pour la coque qu'elle habite, la chenille s'en fait une nouvelle plus spacieuse. A cet effet, elle coupe, avec ses mandibules, un lambeau de feuille et va l'appliquer contre la face inférieure d'une feuille intacte. « Elle commence, dit Réaumur, par arrêter légèrement, par faufiler, pour ainsi dire, la pièce contre la feuille entière ; elle laisse apparemment tout autour, entre la feuille et la pièce, d'intervalles en intervalles, mais assez proches les uns des autres, des endroits par où elle peut faire sortir la tête. Ce qu'il y a de certain, c'est que la pièce qu'elle a attachée lui sert de modèle pour en couper une égale et semblable dans la première feuille. Ce sont ces deux pièces ensemble qui font un habit complet ; la chenille achève de les assembler très bien dans leur pourtour, excepté à un des bouts, où les deux moitiés de la coque restent simplement appliquées l'une contre l'autre. »

La chenille sort sa tête de temps en temps pour manger la face inférieure des feuilles. Quand le moment de la nymphose est arrivé, la chenille ne fait plus qu'une coque fixée, dont elle tapisse l'intérieur de soie et où elle se transforme en nymphe. On ne sait pas encore comment en sort le papillon, et comment il fait pour ne pas mouiller ses ailes. Ce papillon a le corps blanc, les ailes supérieures brunes semées de taches nacrées, les ailes inférieures blanches; il est très commun de juin en septembre, sur le bord des ruisseaux. La femelle pond sur les bords et à la face inférieure des feuilles de potamot, des œufs jaunâtres réunis en une plaque visqueuse, souvent recouverte d'un morceau de feuille de potamot ou d'un petit paquet de lentilles aquatiques.

Ordre des HÉMIPTÈRES

Insectes à bouche pourvue d'une trompe droite et piquante qu'ils plongent dans les plantes — et quelquefois dans les animaux — pour en sucer les sucs. Les métamorphoses sont incomplètes, c'est-à-dire que la larve qui sort de l'œuf n'a qu'à acquérir des ailes pour devenir identique à l'adulte. Beaucoup répandent une odeur désagréable.

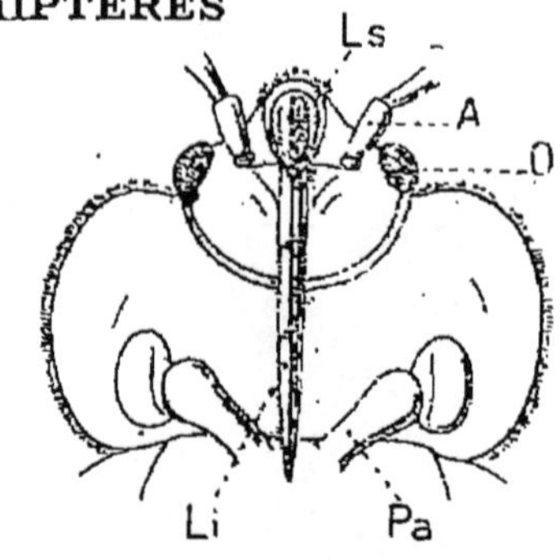

Tête de la punaise des lits (vue par dessous et grossie).

Ls, lèvre supérieure; Li, lèvre inférieure allongée en une trompe rigide; A, base de l'antenne; O, œil; Pa, Base de la première paire de pattes.

Tous les Hémiptères sont des animaux nuisibles, car les uns — les Poux, par exemple, — s'attaquent aux animaux, et les autres, — le Phylloxera, par exemple, — s'attaquent aux plantes cultivées.

Phylloxera.

Œufs déposés sur les racines.

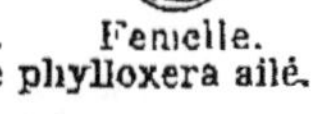

Mâle. Femelle.
Œufs de phylloxera ailé.

Nymphe.

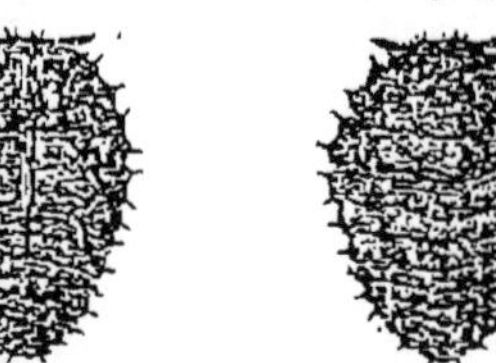

Phylloxera des racines.

Œuf d'hiver
(Phyl. femelle pondant l').

Aptères (vulgairement *Poux des animaux*).

Hémiptères dépourvus d'ailes, munis d'un bec court et rétractile et d'un appareil destiné à piquer, parfois avec des pièces buccales rudimentaires disposées pour mâcher. Thorax non distinctement articulé. Ils vivent en parasites, sur l'homme et les animaux.

Le tableau suivant permettra leur détermination :

Pou du veau. Pou du porc.

Vivant sur l'homme ou les mammifères.

— Bouche disposée en forme de petites aiguilles pour sucer.

— — Vivant sur l'homme.

— — — Partie qui porte les pattes plus étroite que le reste du corps.

— — — — Antennes plus petites que la tête. Mâle : 1^{mm},8. Femelle : 2^{mm},7 . . . . 1. *Pou de tête.*

— — — — Antennes au moins aussi longues que la tête. Mâle : 3^{mm}. Femelle : 3^{mm}3 . . . . . . 2. *Pou des vêtements.*

— — — Partie qui porte les pattes plus large que le reste du corps . . 3. *Pou du bas-ventre.*

— — Ne vivant pas sur l'homme.

— — — Vivant sur le cheval et l'âne . . . . 4. *Pou macrocéphale.*

— — — Vivant sur le porc . . . . 5. *Pou du porc.*

— — — Vivant sur le bœuf . . . . 6. *Pou eurysterne.*

— — — Vivant sur les veaux . . . . 7. *Pou du veau.*

— — — Vivant sur la chèvre . . . . 8. *Pou stenops.*

— — — Vivant sur le chien et le furet . . . . 9. *Pou pilifère.*

— — — Vivant sur le cobaye . . . . 10. *Gyrope.*

— Bouche disposée pour mastiquer et non pour piquer et sucer. Antennes courtes divisées en trois parties . . . . 11. *Trichodecte.*

Vivant sur les oiseaux (Poux des volailles).

— Antennes divisées en cinq parties.

— — Antennes semblables dans les deux sexes.

— — — Vivant sur les poules et les pigeons . . . . 12. *Goniocote.*

— — — Vivant sur les cygnes et les canards . . . . 13. *Docophore.*

— — Antennes différentes dans les deux sexes.

— — — Corps arrondi, à peu près aussi large que long. 14. *Goniode.*

— — — Corps étroit plus de deux fois plus long que large . . . . 15. *Lipeure.*

— Antennes divisées en quatre parties . . . . 16. *Menopon.*

N. B. — Avec les espèces précédentes, il est fréquent de trouver d'autres petits parasites, les Acariens, que l'on désigne improprement sous le nom de *poux*. On les en distingue facilement en ce qu'ils ont huit pattes, alors que les poux proprement dits n'en ont que six : ils sont décrits au mot *Acarien*.

Poux de l'homme.

1. Pou de tête (*Pediculus capilis*). — Couleur cendrée grisâtre. Ventre un peu plus foncé sur les côtés. Mâle : $1^{mm},8$ sur $0^{mm},7$. Femelle : $2^{mm},7$ sur 1 millimètre. Vit dans les cheveux, surtout des gens malpropres, principalement chez les enfants et les vieillards : les enfants les mieux soignés peuvent d'ailleurs en attraper momentanément à l'école. On les trouve aussi dans différentes parties du corps, par exemple la barbe, le cou et le dos ; très souvent dans les gilets de flanelle. En six jours, la femelle pond une cinquantaine d'œufs qu'elle fixe le long des cheveux où ils sont bien connus sous le nom de *Lentes*. Les jeunes éclosent au bout de six jours et peuvent, à leur tour, se reproduire dix-huit jours après. Un pou peut donc, au bout de huit

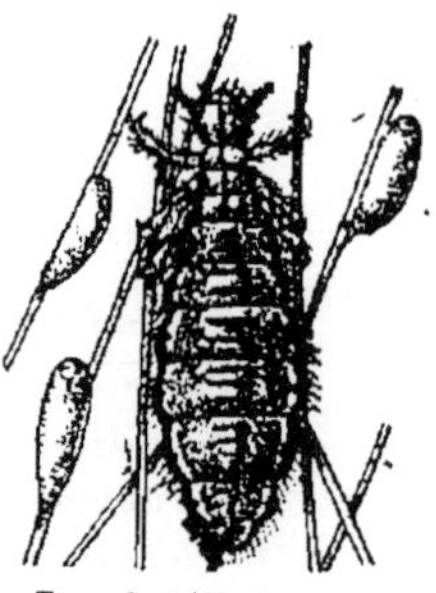

Pou de tête (grossi).

semaines, avoir donné naissance à 2 500 individus et à 125 000 au bout de douze semaines. Les poux ont la teinte de l'hôte sur lequel ils vivent : ceux des nègres sont plus noirs que ceux des blancs. Ils se nourrissent en enfonçant leur rostre dans la peau du cuir chevelu, ce qui, ajouté au chatouillement de leurs griffes, détermine une démangeaison très désagréable qui peut même aboutir à la production de papules et des croûtes sous lesquelles fourmillent les parasites et qui exhalent une odeur repoussante : c'est la maladie appelée *pédiculose*. Pour se débarasser des poux, le mieux est de se peigner au peigne fin et de tuer les parasites que l'on enlève chaque fois ; il faut recommencer l'opération pendant plusieurs jours et, en même temps, tenir la tête dans un grand état de propreté, en la lavant à l'eau tiède.

2. Pou des vêtements (*Pediculus vestimenti*), dit aussi *Pou de corps.* — Plus grand que le précédent (mâle : 3 millimètres sur 1 millimètre, femelle : $3^{mm},3$ sur $1^{mm},14$). Teinte uniforme blanc sale. Tête moins arrondie en avant. Antennes plus longues. Vit dans les vêtements de l'homme les plus voisins de la peau. Il s'y dissimule dans les plis et ne va sur le corps que pour aller sucer le sang. Très exceptionnellement, il va sur la tête. La femelle pond ses lentes sur les coutures des vêtements ou les fils des tissus, où elles sont disposées en

rangées régulières. Se rencontre surtout chez les mendiants qui changent rarement de chemise. Provoque sur la peau (nuque, épaules, rein, taille, poignets), des saillies roses et des papules qui se recouvrent d'une croûte brunâtre. Quand les démangeaisons deviennent très vives, le mendiant se gratte tellement que la peau s'épaissit et prend une teinte bronzée rappelant celle des nègres : cette mélanodermie est ce qu'on appelle la maladie des vagabonds. Le traitement de la pédiculose des vêtements est simple : enlever les vêtements, les faire laver et prendre des bains, sulfureux de préférence.

3. Pou du bas ventre (*Phthirius pubis*). — Corps plus trapu que celui des autres poux. Pattes relativement plus grandes et armées de griffes plus fortes qui leur permettent de se cramponner solidement aux poils. Teinte blanchâtre, un peu jaunâtre. Tête rétrécie en avant. Mâle : $2^{mm},3$ sur $0^{mm},8$. Femelle : $1^{mm},5$ sur 1 millimètre. Vit sur le bas ventre où il demeure immobile. S'attrape souvent dans les lits d'hôtels et les water-closets publics munis d'une lunette pour s'asseoir. Peut aussi gagner la barbe et les moustaches. Femelle pond 15 œufs en forme de poires sur les poils. Provoque une démangeaison intolérable surtout la nuit. Cause l'apparition de petites papules roses et de taches d'un gris bleuâtre, surtout visibles à contre-jour, que l'on croyait autrefois être une manifestation de la fièvre typhoïde. Traitement : lotion à la liqueur de Van Swieten (eau, 400 grammes ; alcool, 100 grammes ; sublimé corrosif, 1 gramme) ou bains dans une baignoire, avec 10 grammes de sublimé et où on reste une demi-heure. L'onguent gris est efficace, mais dangereux et trop salissant.

Poux des mammifères.

4. Pou macrocéphale (*Hematopinus macrocephalus*). — Tête très allongée et très étroite. Abdomen ovale. Une série de poils courts sur chaque segment. Tête et abdomen gris jaunâtre ; thorax brun marron. Taches noirâtres. Peau ridée. Mâle : $2^{mm},4$. Femelle : $3^{mm},5$. Vit sur le cheval, à la base de la queue, dans la crinière et le toupet. Quand il est sur l'âne, il est plus foncé et sa tête moins poilue.

5. Pou du porc (*Hematopinus suis*). — Le plus grand des poux. Tête étroite, allongée. Cuisses un peu étranglées au milieu. Tête et abdomen gris jaunâtre. Thorax brun marron. Pattes fauves. Mâle : 4 millimètres. Femelle : 5 millimétres. Sur le porc, auquel il cause des démangeaisons intenses.

6. Pou eurysterne (*Hematopinus eurysternus*). — Abdomen à bords ondulés. Tête et thorax fauve. Abdomen jaunâtre ou grisâtre, large chez la femelle. Dans les poils longs et fourrés du bœuf, surtout là où la langue ne peut atteindre. Mâle : 2 millimètres. Femelle : 3 millimètres.

7. Pou du veau (*Hematopinus vituli*). — Teinte générale châtain foncé. Mâle : 2mm,5. Femelle : 3 millimètres. Sur les veaux de lait.

8. Pou stenops (*Hematopinus stenopsis*). Tête étroite. Abdomen avec deux appendices terminaux. Jaune paille. Abdomen grisâtre. Mâle : 1mm,5. Femelle : 2 millimètres. Sur la chèvre domestique.

9. Pou pilifère (*Hematopinus pilifer*). — Abdomen sans divisions transversales, avec nombreux poils. Jaune sale, très pâle. Mâle : 1mm,5. Femelle : 2 millimètres. Sur les furets et les chiens, surtout à longs poils.

10. Gyrope. — Les gyropes vivent sur les cobayes. On rencontre surtout le gyrope grêle (Mâle : 1mm,05. Femelle : 1mm,2. Blanc sale ou jaune d'ocre) et, moins fréquemment le gyrope ovale (Mâle : 1 millimètre. Femelle : 1mm,2. Poilus. Blanchâtre).

11. Trichodecte. — Les trichodectes ont le corps large et plat, des antennes à trois divisions. Principales espèces :

Trichodecte vêtu (*Trichodectes vestitus*). — Sur le cheval et l'âne. Mâle : 1mm,6. Femelle : 1mm,8 à 2 millimètres. Tête plus large que longue, couvert de poils. Jaunâtre. Bandes brun marron.

Trichodecte pubescent (*Trichodectes parumpilosus*). — Sur le cheval. Mâle : 1mm,4. Femelle : 1mm,6. Abdomen blanchâtre, à bandes noirâtres. Tête ferrugineuse, à bandes brun marron.

Trichodecte scalaire (*Trichodectes scalaris*). — Sur les diverses régions du corps du bœuf. Mâle : 1mm,2. Femelle : 1mm,5. Tête très poilue. Fond blanchâtre. Bandes plus foncées. Taches ferrugineuses.

Trichodecte à tête sphérique (*Trichodectes sphærocephalus*). — Sur les moutons mal soignés, dont il détériore quelquefois la toison. Mâle 1mm,4. Femelle : 1mm,6. Poils courts. Blanchâtre. Tête et taches ferrugineuses.

Trichodecte échelle (*Trichodectes climax*). Sur la chèvre, surtout au milieu des poils de la région dorsale. Mâle : mm,3. Femelle : 1mm,6. Tête grosse, rouge

brun. Abdomen jaune pâle. Taches brun marron. Bandes noirâtres.

Trichodecte large (*Trichodectes latus*). — Sur les chiens, qu'il tourmente peu, surtout les très jeunes et les très vieux. Mâle : 1mm,4. Femelle : 1mm,5. Abdomen très large, jaune clair, avec taches plus foncées. Tête avec bandes brun noir.

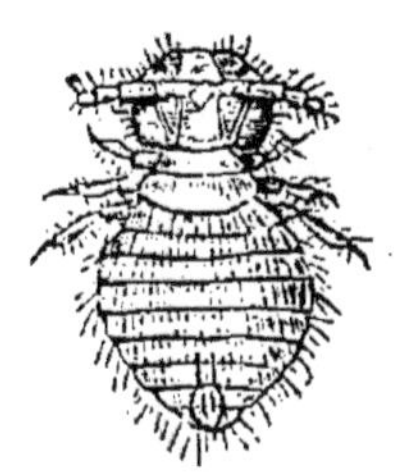

Trichodecte large (très grossi).

Trichodecte subrostré (*Trichodectes subrostratus*). — Sur le chat. Mâle et femelle : 1mm,2. Tête plus longue que large. Abdomen blanchâtre. Tête et thorax jaune clair. Bandes et taches plus foncées.

Poux des volailles.

(Souvent appelés *Ricins*.)

12. Goniocote. — Corps large et plat. Antennes à cinq divisions. Taille généralement petite. Principales espèces :

Goniocote géant (*Goniocotes gigas*). — Taille exceptionnelle. Mâle : 3mm,3. Femelle : 4 millimètres. Sur les poules. Tête presque aussi longue que large. Teinte générale jaunâtre. Sur le bord de l'abdomen, taches à bord noirâtre.

Goniocote compagnon (*Goniocotes compar*). — Sur les pigeons. Mâle : 1 millimètre. Femelle : 1mm,4. Couleur blanc sale. Bandes à peine colorées.

Goniocote rectangulé (*Goniocotes rectangulatus*). — Sur le paon. Mâle : 0mm,8. Femelle : 1mm,5. Teinte générale jaune pâle, avec bandes un peu plus foncées.

Goniocote chrysocéphale (*Goniocotes chrysocephalus*). — Sur les faisans. Mâle : 0mm,8. Femelle : 1mm,5. Jaunâtre.

Goniocote hologastre (*Goniocotes hologaster*). — Sur

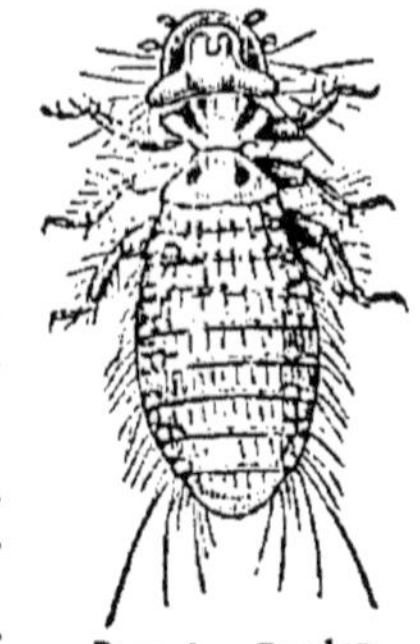

Pou des Poules (très grossi).

les poules. Mâle : 0mm,8. Femelle : 1mm,3.

13. Docophore. — Chez le *Docophore ictérique* (*Docophora icterodes*), qui vit sur les canards, le mâle a 1mm,05, la femelle 1mm,3. Couleur générale rouge brunâtre. — Le docophore du cygne vit sur cet animal.

14. Goniode. — Les espèces principales sont le goniode nain (sur les pigeons. Mâle : 1ᵐᵐ,45. Femelle : 1ᵐᵐ,7. Blanc sale ou jaune pâle); le goniode damicorne (sur les pigeons. Mâle : 2ᵐᵐ,1. Femelle : 2ᵐᵐ,3); le goniode stylifer (sur les dindons, quelquefois sur les pintades. Mâle : 3ᵐᵐ,5. Femelle : 3 millimètres. Facile à reconnaître à ses tempes qui forment chacune une longue corne acuminée en arrière et terminée par une soie simple); le goniode dissemblable (très commun sur les poules. Mâle : 1ᵐᵐ,95. Femelle : 2ᵐᵐ,6. Blanc sale avec bandes fauves); le goniode de faisan (sur les faisans. Mâle : 2 millimètres. Femelle : 2ᵐᵐ,1); le goniode tronqué (sur le faisan commun. Mâle : 2ᵐᵐ,3. Femelle : 3 millimètres. Blanchâtre, avec bandes très foncées); le goniode de la pintade; le goniode falsicorne (commun sur le paon. Mâle : 3ᵐᵐ,05. Femelle : 3ᵐᵐ,3. Blanc sale avec taches fauve foncé); le goniode à petite tête (sur le paon. Mâle : 1ᵐᵐ,95. Femelle : 1ᵐᵐ,90).

15. Lipeure. — Les lipeures ont le corps allongé et étroit, à côtes presque parallèles. Les principales espèces sont le *Lipeure baguette* (sur les pigeons. Mâle : 1ᵐᵐ,8. Femelle : 2ᵐᵐ,1. Blanc sale. Taches jaune clair. Bandes presque noirâtres); le *Lipeure sale* (très commun sur le canard domestique. Mâle : 2ᵐᵐ,5. Femelle : 2ᵐᵐ,85. Jaune fauve. Taches tranverses fauves); le *Lipeure affamé* (sur les oies. Mâle : 2ᵐᵐ,5 à 3 millimètres. Femelle : 3ᵐᵐ,1 à 3ᵐᵐ,57); le *Lipeure hétérographe* (sur la poule. Mâle : 2 millimètres. Femelle : 1ᵐᵐ,85. Jaune pâle. Taches fauves. Bandes noirâtres); le *Lipeure variable* (sur les poules. Mâle : 1ᵐᵐ,9 à 2ᵐᵐ,2. Femelle : 2ᵐᵐ,15 à 2ᵐᵐ,43); le *Lipeure polytrapèze* (sur le dindon. Mâle : 2ᵐᵐ,8 à 3ᵐᵐ,6. Femelle : 3 millimètres à 3ᵐᵐ,7. Jaunâtre. Taches fauves. Bandes noirâtres).

16. Ménopon. — Tête en forme de croissant. A citer le ménopon large (sur le pigeon domestique. Mâle : 1ᵐᵐ,4. Femelle : 2ᵐᵐ,2. Jaunâtre. Taches fauve clair); le *Ménopon pâle* (sur la poule. Mâle : 1ᵐᵐ,8. Femelle : 1ᵐᵐ,75. Jaune sale. Taches fauve clair); le *Ménopon bisérié* (sur la poule, le faisan, le dindon. Mâle : 2ᵐᵐ,95 à 3ᵐᵐ,3. Femelle : 2ᵐᵐ,75 à 3ᵐᵐ,22); le *Ménopon allongé* (sur le faisan. Mâle : 1ᵐᵐ,5. Femelle : 1ᵐᵐ,8); le *Ménopon à bouche noirâtre* (sur le paon. Mâle : 1ᵐᵐ,6. Femelle : 1ᵐᵐ,5 à 1ᵐᵐ,75. Jaunâtre. Taches fauves); le *Ménopon de la pintade;* le *Ménopon obscur* (sur le canard domestique. Mâle : 1ᵐᵐ,5. Femelle : 1ᵐᵐ,55. Fauve foncé).

Destruction des poux des volailles. — Lorsqu'un poulailler est par trop envahi par les poux, on le désinfecte avec de l'eau bouillante et de l'eau de chaux. On peut aussi employer les fumigations de sulfure de carbone et la projection de poussière de chaux vive ou de plâtre contre les murs et le plafond. Ajouter au sable où les volailles se « poudrent » de la fleur de soufre ou de la poudre de pyréthre. Les poux sont malheureusement difficiles à atteindre, car ils ne quittent jamais leur hôte comme le font les acariens parasites.

2ᵉ SOUS-ORDRE.

Phytophthires (vulgairement *Poux des plantes*).

Petits Hémiptères munis en général de deux paires d'ailes membraneuses, peu réticulées, et de quatre soies rigides représentant les mandibules et les mâchoires.

Aphide ou **Puceron.** — Les pucerons se nourrissent de sucs végétaux qu'ils pompent sur les racines, les feuilles et les bourgeons de certaines plantes; ils habitent dans des cavités ou galeries, dans les difformités des feuilles, sortes de boursouflures déterminées par la piqûre de ces insectes (*Galles*). Beaucoup d'entre eux possèdent sur la face dorsale de l'antépénultième segment abdominal « deux tubes à miel » (*Cornicules*), qui sécrètent des gouttelettes sucrées dont les fourmis sont très avides. Les membranes larvaires rejetées avec leur enduit cireux, blanchâtre, semblable à de la moisissure, se collent contre les tiges et les feuilles au moyen de ce suc mielleux. Les particularités que présente la reproduction de ces insectes, et qu'ont déjà observées au siècle dernier Réaumur, de Geer et Bonnet, sont remarquables sous plus d'un rapport. Avant tout, ce qu'il y a de curieux, c'est le polymorphisme et la parthénogénèse qui en est une des conséquences. Outre les femelles, en général aptères, qui apparaissent seulement en automne, en même temps que les mâles ailés, et qui pondent après l'accouplement des œufs fécondés, il y a des générations vivipares, le plus souvent ailées, qui se montrent au printemps et en été, et qui produisent un très grand nombre de nouvelles générations sans le secours des mâles. Bonnet avait déjà observé neuf générations d'aphides vivipares issues sans interruption les unes des autres. Les individus ainsi vivipares se distinguent des véritables femelles, non seulement par la forme et la couleur et très fréquemment par la présence des ailes, mais encore par des modifications essentielles de l'appareil génital et des œufs. D'ordinaire, les aphides vivipares et ovipares alternent d'une manière régulière ; les œufs pondus en automne hivernent et donnent naissance, au printemps, à des

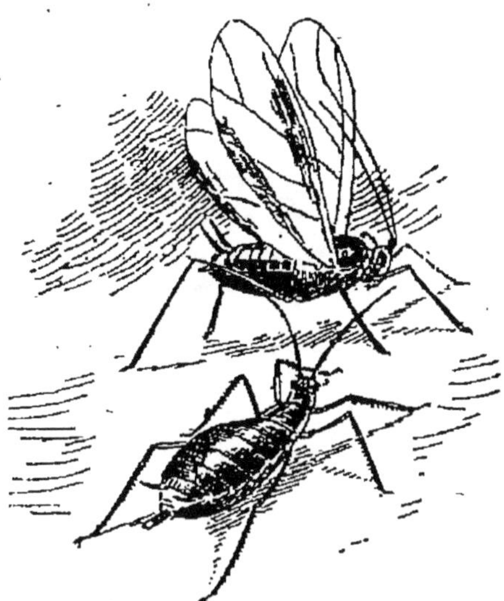

Puceron du rosier, femelle aptère et individu ailé (très grossis).

aphides vivipares, dont la descendance est également vivipare et se perpétue de la sorte pendant tout l'été. A l'automne seulement, apparaissent des mâles et des femelles ovipares qui s'accouplent. Chez quelques femelles il paraîtrait que certains individus vivipares passent l'hiver. Probablement ces nourrices peuvent produire au printemps des individus des deux sexes (Claus). Citons quelques espèces.

Lachnus du saule (*Lachnus punctatus*). — Se trouve sur les bourgeons de saule dès le printemps. Il est gris cendré avec des pattes brunes. Sur l'abdomen, il y a des séries de points noirs.

Lachnus du chêne (*Lachnus quercus*). — Ce puceron a 6 millimètres de long, avec un rostre trois fois plus long. Ses antennes sont sans aucun mouvement. On le trouve sur les branches de chênes.

Puceron lanigère (*Schizoneura lanigera*). — Les pucerons sans ailes sont de couleur jaune de miel et ont le dos recouvert d'un duvet blanchâtre. Longueur moyenne: 1mm,5. Les pucerons ailés sont noirs ou de couleur chocolat. Quand on les écrase, ils laissent une

tache rouge. On les trouve rassemblés à grand nombre sur les arbres fruitiers,

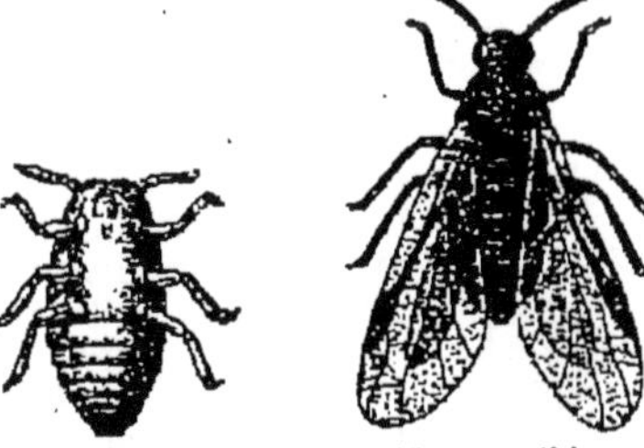

Puceron lanigère (très grossi).

sur les jeunes branches et le tronc, là notamment où il y a des cicatrices. Très nuisible.

Puceron velu de l'orme (*Schizoneura lanciginosa*). Pucerons noirâtres revêtus d'un duvet blanchâtre. Ils déterminent sur les galles de l'orme des soulèvements vésiculeux revêtus de poils.

Puceron des galles des Térébinthacées (*Pemphigus Terebinthe*). — Ce puceron détermine sur l'arbre méridional appelé *Térébinthe* des galles volumineuses en forme de cornes plus ou moins contournées et à l'intérieur desquelles ils vivent en nombreuse famille.

Puceron des galles du peuplier (*Pemphigus bursarius*). — Provoque dans les feuilles de peupliers l'apparition de galles un peu contournées.

Phylloxera du chêne (*Phylloxera quercus*). — Ce puceron vit au revers des feuilles des chênes.

Phylloxera de la vigne (*Phylloxera vastatrix*). — « C'est d'Amérique que sont parties les colonies du redoutable insecte. Là-bas, il pullule à l'aise, sur les vignes sauvages et cultivées, du Canada à la Floride, d'un océan à l'autre. Son introduction en Europe doit être attribuée à l'importation des vignes américaines, et, fait singulier, comme si ses propriétés étaient devenues subitement plus funestes en passant la mer, tandis qu'il ne tue pas les ceps américains, ses effets sur nos espèces indigènes sont littéralement désastreux.

« Ce puceron offre dans la succession de ses générations à peu près les mêmes phases que les aphis proprement dits, avec toutefois cette différence que les femelles ne pondent pas leurs petits vivants. Le cycle de sa reproduction se ferme par trois conditions: des agames sédentaires, pourvus d'un rostre, mais dépourvus d'ailes, produisant des œufs d'où sortent de nouveaux agames aptères; des agames ailés et rostrés, issus d'œufs semblables aux autres et destinés à fonder ailleurs de nouvelles colonies; des sexués dépourvus à la fois d'ailes et de rostre. La larve du phylloxéra est, au sortir de l'œuf, d'un jaune clair. Elle est primitivement très active, et à peine née, son premier souci est de chercher à l'extrémité d'une radicelle une place où elle pourra sucer à l'aise.

Phylloxéra mâle (grossi).

Ainsi fixée, elle subit deux mues, et après chacune d'elles ses téguments deviennent plus foncés. A la troisième mue, elle est adulte, passe à l'état de mère pondeuse, et sans l'intervention d'aucun mâle, pond une quarantaine d'œufs, d'abord d'un jaune soufre, et finalement rembrunis. Elle mesure à cette époque environ sept à huit dixièmes de millimètre en longueur.

« Des œufs sortent des femelles également parthénogénésiques, qui atteignent leur développement complet en deux semaines environ, et sont alors aptes à pondre comme leur mère. Si l'on songe que chaque femelle pond en moyenne sur les racines de cent à deux cents œufs, et que, selon la chaleur, cinq à huit générations peuvent se succéder dans l'espace d'une année, on arrive à reconnaître que la descendance d'une seule femelle, de mars à novembre, s'élève à plusieurs milliards d'individus. Il n'en faut pas tant, à beaucoup près, pour ravager un vignoble. La dernière génération des phylloxeras aptères passe l'hiver; aux approches de la mauvaise saison, ces individus, tous jeunes et dits hibernants, prennent une teinte d'un jaune cuivreux et cherchent un refuge dans les crevasses des racines. Au printemps, réveillés de leur engourdissement, ils deviendront le point de départ d'une nouvelle pullulation.

Phylloxéra femelle ailée (très grossie).

« Dans les générations qui éclosent vers la fin de la saison, quelques individus se distinguent des autres par leur forme plus allongée et leur tête petite. Ces individus ne sont pas destinés à devenir des mères pondeuses à la troisième mue. Ils en subissent, au contraire, une quatrième qui leur donne des rudiments d'ailes, et une cinquième après laquelle ils se montrent pourvus d'ailes grandes et relativement fortes. Ils ont un rostre plus court que les aptères, et, au lieu de rester confinés aux racines, ils montent à la surface pour achever leurs dernières transformations au-dessus du sol. Les pondeuses ailées se fixent sur la face inférieure des feuilles et déposent sur leur duvet, quelquefois aussi sur les bourgeons, le tronc et les branches, des œufs de deux

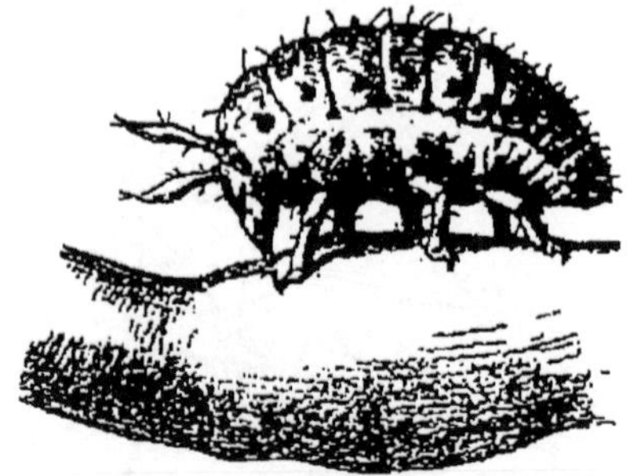

Phylloxéra femelle aptère (très grossie).

grosseurs différentes, les plus gros donnant naissance à des femelles aptères, les plus petits à des mâles. Ces sexués n'ont pas de rostre, mais en revanche leurs organes générateurs sont très développés. Le mâle peut féconder successivement plusieurs femelles. La femelle pond un œuf unique, dit œuf d'hiver, qu'elle introduit dans le bois même de la vigne, et qui, au printemps, donne naissance à une mère parthénogénésique. L'invasion se propage surtout par les mères ailées, qui peuvent ffranchir des distances considérables, jusqu'à cent kilomètres, dit-on.

« L'importance des dégâts causés par le redoutable insecte s'est imposée à la préoccupation publique, et a été la cause de recherches nombreuses, d'études approfondies sur les moyens à employer pour enrayer sa marche. Le plus radical, et en même temps l'un des plus efficaces, consiste dans la submersion totale des vignes contaminées, submersion qui doit durer de quarante à cinquante jours. Elle a pour conséquence la destruction complète des parasites. Mais elle n'est pas applicable partout. Partant de ce fait que le phylloxera ne tue pas les vignes américaines, et ne fait périr en Amérique que les espèces importées d'Europe, on a imaginé, pour combattre le mal dans notre pays, de remplacer les vignes indigènes par des ceps américains. Quelques variétés donnent des cépages véritablement résistants; mais toutes ne peuvent pas produire un vin utilisable, et beaucoup ne sauraient être employés que comme porte-greffes. Dans ces conditions, on a obtenu du procédé d'assez bons résultats; mais on ne peut le généraliser, car le vin des vignes américaines ne paraît pas pouvoir lutter avec les exquis produits de nos vignes françaises.

« Un troisième moyen, et c'est le meilleur, consiste dans l'emploi d'insecticides appropriés, capables de tuer le phylloxéra sans nuire à la vigne. De tous les produits essayés, le seul sulfure de carbone a donné des résultats assez concluants pour qu'on n'ait plus guère aujourd'hui recours qu'à lui. Cette substance est injectée dans le sol à l'aide d'un pal spécial muni de tous les engins accessoires, à la dose de 20 grammes au moins et de 25 au plus par mètre carré. Il est indispensable, pour réussir, de traiter l'ensemble des vignes envahies, et non pas seulement les taches; les injections doivent être faites toutes entre les ceps de telle manière que chacun de ceux-ci soit compris entre quatre trous. Le traitement doit être mis en action de novembre à mars, et on doit l'arrêter au moment où la sève commence à monter. Cependant, on a remarqué que l'emploi du sulfure de carbone en été, à faibles doses, n'avait aucune influence mauvaise sur la végétation de la vigne; opéré à cette époque, le traitement offre l'avantage de faire périr les femelles ailées.

« Le sulfure de carbone ne pénètre pas facilement dans les terres où le sol peu épais repose sur un sous-sol argileux imperméable; il est difficile aussi de faire pénétrer le pal dans les terrains pierreux. On a conseillé de le remplacer en pareil cas par le sulfo-carbonate de potassium, qui, mêlé à l'eau, peut être aisément introduit dans le sol, et qui a l'avantage de dégager lentement du sulfure de carbone, qui tue le phylloxera, et de laisser dans la terre du carbonate de potasse, excellent engrais pour la vigne. Toutefois l'emploi de ce produit est très dispendieux, et peut coûter jusqu'à 500 francs par hectare. Il est indispensable de compléter le traitement par la destruction des œufs d'hiver; on arrive à ce résultat soit par le flambage des écorces, soit par un badigeonnage avec un mélange composé

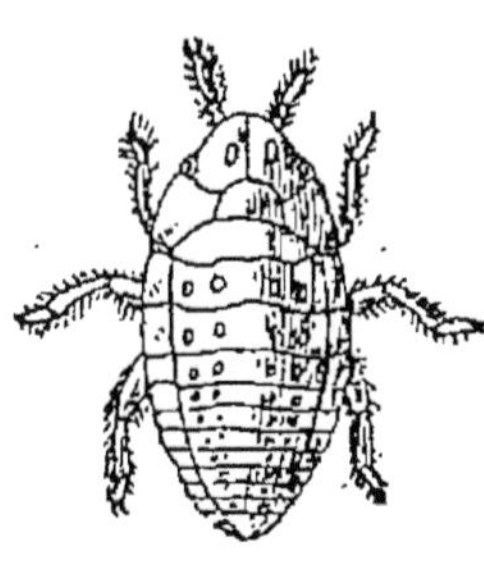

Chermès des sapins (très grossi).

d'une partie d'huile lourde et de neuf

parties de goudron de houille » (Acloque).

Chermès des sapins (*Adelges abietis*). — Ce petit puceron est bien connu en ce qu'il provoque sur les branches de sapins des galles tout à

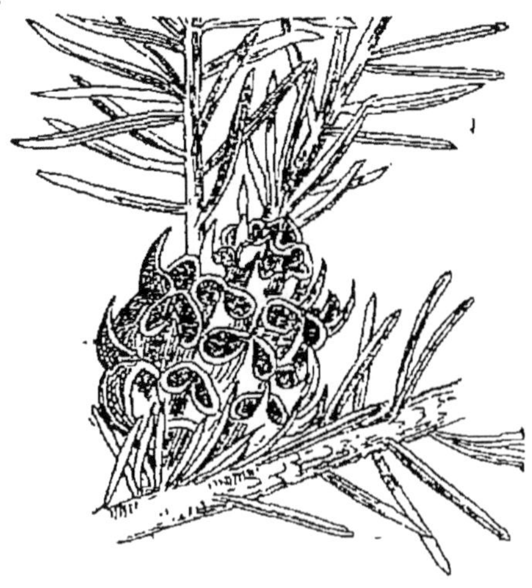

Galle du Chermès des sapins.

fait spéciales ayant un peu la forme de pommes de pins et de sapins. Chacune des écailles de ces galles est produite par une feuille s'étant accrue en largeur et non en hauteur.

Aspidiote du laurier rose (*Aspidiotus nerii*). — Les pucerons du groupe des coccides sont très singuliers en ce que les femelles prennent la forme de boucliers ou de tortues sans pattes: tout le monde les a remarqués à la face inférieure des feuilles des orangers, du laurier-rose, etc. « Les femelles proviennent de larves mobiles chez lesquelles on peut reconnaître, à la face inférieure de la tête, des antennes et un rostre, et dont le corps, en forme de bouclier et échancré au niveau des articulations, permet de distinguer six pattes à tarses de deux ou trois articles pourvus d'une ou de deux griffes. Le rostre externe composé de trois articles n'est pas rétractile comme chez les espèces précédentes et cache dans sa cavité quatre soies. Celles-ci prennent naissance au niveau de la tête, s'enfoncent dans l'intérieur du corps et reviennent du côté de la tête après avoir fait une boucle. Grâce à cette disposition, ces soies peuvent atteindre une longueur très grande et pénétrer profondément dans les plantes dont les sucs constituent l'unique aliment de ces insectes. Les antennes, filiformes ou noueuses, s'accroissent d'un article à chaque mue, sans jamais atteindre une longueur bien grande. Les yeux, lorsqu'ils existent, sont simples. Dans les premiers temps, les larves courent çà et là sur leur plante nourricière avec hésitation ; elles y cherchent une place appropriée où elles se fixeront pour puiser les sucs et où elles mourront un peu plus tard. Lorsqu'elles ont trouvé un endroit propice, elles commencent par s'accroître et prennent un aspect informe ; jamais elles n'acquièrent d'ailes. Après l'accouplement, elles enflent de plus en plus ; on ne distingue plus à leur face supérieure aucune trace de segmentation et sur la face inférieure, qui se gonfle également, on reconnaît à peine les antennes, le rostre, les pattes qu'on discernait nettement précédemment, et dans certains genres on ne les distingue plus du tout. Elles sont souvent entourées d'une matière cireuse, floconneuse, ou d'une croûte résineuse. Ces femelles déposent, en général, — quelques-unes étant vivipares — sous elles, dans un tissu feutré, fragile et parfois blanchâtre, de nombreux œufs ; après leur mort, leur corps reste au-dessus d'eux, comme un bouclier protecteur ; rarement il s'en sépare. Lorsque ce coussinet soyeux devient visible à l'extérieur et que la carapace n'est plus appliquée par ses bords sur la place nourricière, on peut en conclure que la mère a cessé de vivre. Avant de quitter ce berceau, les petits qui éclosent de ces œufs subissent une première mue. Le développement des mâles est essentiellement différent. Au début, le mâle est une larve analogue à la précédente, mais un peu plus petite et plus grêle ; il se fixe également pour sucer la plante, et s'accroît ; mais il confectionne une coque, ou bien sa surface sécrète une couche protectrice comme cela a lieu du reste dans quelques cas chez certaines femelles. Dans cette coque, la larve se transforme en une pupe immobile, et finalement l'extrémité postérieure de la coque donne issue à un être délicat, muni seulement de deux ailes. Il est caractérisé par trois échancrures principales le long du corps, par des antennes filiformes ou noueuses, par des yeux simples, par un rostre atrophié, par des tarses très nets, et souvent par deux longues soies caudales entre lesquelles l'organe sexuel fait une saillie très proéminente. Les mâles s'observent rarement ; ils vivent très peu de temps » (Kunckel).

L'Aspidiotus nerii est très commun sur le laurier rose et quelques autres plantes ; il est particulièrement abondant le long de la nervure médiane des feuilles, en dessous.

Pou de San José. — L'Europe est menacée d'un nouvel ennemi sur lequel on ne saurait trop veiller, car il vise les cultivateurs déjà si éprouvés. Comme son trop célèbre prédécesseur le phylloxera, l'ennemi en question arrive d'Amérique et n'attend qu'une occasion de s'introduire chez nous.

Dans le Nouveau Monde, où l'agriculture tient une si large place, le pou de San José — *San José scale* — est extrêmement répandu sur les arbres fruitiers qu'il fait périr en foule ; c'est un parasite des plus dangereux que l'on ne peut mieux comparer qu'au Phylloxera pour l'importance de ses dégâts. On le rencontre sur un grand nombre d'arbres : le tilleul, l'acacia, l'orme, le noyer, l'aulne, le saule pleureur, etc. ; mais il manifeste un goût tout particulier pour les arbres à fruits : amandier, pêcher, abricotier, prunier, cerisier, framboisier, poirier, pommier, cognassier, groseiller, etc. Je n'ai pas entendu dire, qu'on l'ait trouvé sur la vigne.

L'Aspidiotus perniciosus — c'est ainsi que les naturalistes l'ont baptisé — paraît avoir été amené en Californie avec des plantes provenant du Chili. De là, il a envahi presque tous les États-Unis. On l'a signalé à l'île Vancouver et le Canada ne tardera certainement pas à être envahi.

L'Aspidiotus est un hémiptère appartenant à la famille des coccides ou cochenilles, c'est-à-dire à la famille de ces insectes en forme d'écailles que tout le monde a remarqués sur les orangers et les lauriers roses. Il s'attaque indifféremment à toutes les parties du végétal — feuilles, branches, fruits, — et c'est ce qui en rend la destruction fort difficile. Comme sa fécondité est grande, il pullule littéralement et il n'est pas rare de voir des branches entières recouvertes d'une véritable poussière d'*Aspidiotus*. Tous ces petits animaux se nourrissent à l'aide de leur dard qu'ils enfoncent dans l'écorce et avec lequel ils puisent la sève de la plante. On comprend facilement qu'à ce régime, celle-ci s'épuise et ne donne que des fruits tordus, rugueux, craquelés, impossibles à mettre dans le commerce. L'arbre, d'abord improductif, ne tarde pas d'ailleurs à périr.

Comme les autres coccides, les insectes jeunes se promènent à la surface de la plante, mais ne tardent pas à se fixer en un point quelconque et à sécréter une *écaille* cireuse en forme de bouclier qui les recouvre entièrement. Voici la description de l'insecte et de sa vie, due à Brocchi :

Écailles des femelles. — Les écailles des femelles sont circulaires, avec une très faible saillie au centre et d'un diamètre de 1 à 2 millimètres.

Écailles des mâles. — Celles-ci sont de forme allongée, ovales, ordinairement d'une coloration plus foncée que celle des femelles.

Larves nouvellement écloses. — Les jeunes larves sont de couleur orangée pâle. Elles ont de $0^{mm},24$ à 1 millimètre. Leur suçoir a presque trois fois la longueur du corps ; il est filiforme. Les antennes ont cinq articles, les deux derniers plus longs que les autres. La tête est un peu concave en avant et les yeux de couleur légèrement pourprée.

Mâle adulte. — Le mâle est ailé ; il a deux ailes délicates irisées, de longues antennes et un seul style anal. Sa coloration générale est rayée avec une tache plus sombre au prothorax. La tête est plus foncée que le reste du corps : les yeux sont d'un pourpre foncé, quelquefois noirs. Les antennes sont jaunes, les pattes et le style anal sont sombres ; le thorax est régulièrement ovoïde, comprimé antérieurement : il porte une bande transversale brune ; les antennes ont dix articles. Longueur du corps : $0^{mm},6$; style : $0^{mm},2$.

Femelle adulte. — Le corps de la femelle est jaunâtre et presque circulaire ; la segmentation est visible, bien que peu distincte. Le dernier segment présente les caractères suivants : il y a seulement deux paires de lobes visibles. Ces lobes présentent plusieurs entailles et épines. La femelle a de $0^{mm},8$ à 1 millimètre de longueur.

Vie de l'insecte. — Pendant l'hiver, les insectes adultes sont réfugiés et immobiles sous leur revêtement résineux. Au commencement d'avril, l'hibernation des mâles prend fin et vers la moitié de mai, les femelles commencent à donner de nouvelles générations. Elles donnent naissance immédiatement à des larves ; en d'autres termes elles sont vivipares, contrairement à ce qui se passe chez d'autres espèces pondant simplement des œufs.

Au moment de sa naissance, la larve est microscopique, de couleur jaune orangé, de forme ovale, ayant six pattes et deux antennes ; le rostre filiforme est bien développé. Elle reste d'abord immobile, antennes et pattes repliées, puis elle cherche une place à sa convenance sur la plante, enfonce son suçoir dans les tissus et reste dès lors immobile. Elle replie ses antennes et ses pattes et prend la forme circulaire. Aussitôt commence le développement de l'*écaille*. La sécrétion se montre sous forme de filaments de cire, d'abord excessivement ténus, et bientôt tout le corps est recouvert d'une couche cireuse épaisse.

Au commencement, les écailles qui recouvrent les mâles et celles qui recouvrent les femelles sont exactement semblables. Il en est ainsi jusqu'au moment de la première mue qui survient douze jours après la naissance de la larve. A partir de ce moment, les mâles sont un peu plus gros que les femelles ; ils ont de gros yeux de couleur pourprée, tandis que ces organes manquent chez les femelles. De plus, après cette première mue, les pattes et les antennes disparaissent dans les deux sexes.

Les mâles sont allongés, pyriformes ; les femelles sont presque circulaires, réduites à une sorte de sac, sans segmentation distincte, sans organes visibles, sauf un long suçoir filiforme faisant saillie près du centre et à la partie inférieure du corps. La coloration est d'un jaune citron clair dans les deux sexes.

Dix-huit jours après leur naissance, les mâles subissent une nouvelle mue ; cette deuxième mue n'a lieu chez les femelles qu'un peu plus tard (vingt jours après la naissance).

Enfin les insectes arrivent à la forme adulte et bientôt la femelle commence à donner des jeunes. Cette période de production dure pendant presque tout l'été et cesse avec les premiers froids de l'automne.

Moyens de destruction. — L'emploi de l'acide cyanhydrique à l'état gazeux a été très recommandé. Mais il nous paraît d'une application difficile et semble fort dangereux pour les hommes qui l'appliquent. D'autre part, si la durée de l'action de l'acide n'est pas suffisamment longue, il n'y a que 70 pour 100 d'Aspidiotus tués.

L'émulsion de savon et de pétrole donne de meilleurs résultats. Pour la préparer, on fait dissoudre un quart de livre de savon dans 1 gallon d'eau bouillante ; puis on ajoute 2 gallons de pétrole et on agite avec force jusqu'à ce que la consistance soit devenue crémeuse. Au moment de s'en servir on le dilue dans de l'eau de chaux ou dans de l'eau de pluie.

Certains préfèrent l'émulsion de lait (pétrole, 2 gallons ; lait aigre, 1 gallon) que l'on dilue dans une eau quelconque.

D'autres enfin emploient une émulsion obtenue avec de la résine et de la soude caustique. On met 20 livres de résine pulvérisée et 5 livres de soude caustique également en poudre, dans 2 pintes 1/2 d'huile de poisson, et 100 gallons d'eau. On fait bouillir pendant une ou deux heures, puis on dilue dans l'eau chaude.

Toutes ces émulsions s'emploient en badigeons ; mais, pulvérisées, elles donnent de meilleurs résultats. Auparavant, les arbres doivent être soigneusement élagués, ce qui rend l'application de l'insecticide plus aisée. De plus, les *Aspidiotus* échappés du massacre ne trouvent plus que difficilement à se nourrir. On a également proposé de détruire les *Aspidiotus* en favorisant l'extension de quelques-uns de leurs ennemis, notamment d'une sorte de petite coccinelle. En 1896, on en introduisit un grand nombre en Californie. En 1897, on revint voir ce qu'elles avaient fait... c'étaient elles qui avaient disparu, dévorées sans doute par les oiseaux ! Le Pʳ Rolfs a préconisé un champignon, *Sphœrostilbe coccophila*, qui attaque l'*Aspidiotus.*

Diaspis du rosier (*Diaspis rosæ*). — Connu également sous le nom de *Pou* ou *Punaise blanche du rosier.* Il couvre les branches des rosiers d'une croûte pulvérulente et écailleuse produite par les boucliers des femelles.

Lécanium des Hespérides (*Lecanium hesperidum*). — Connu aussi sous le nom de *Pou de l'oranger.* Il est très commun au-dessous de la feuille des orangers, où tout le monde a remarqué les *boucliers* fournis par les femelles et dont, au premier abord, il est difficile de déterminer l'état civil. C'est un insecte très nuisible, non seulement par lui-même, mais encore par un liquide sucré qu'il secréte : celui-ci favorise le développement d'un champignon du genre *Fumago* ; cette moisissure envahit ensuite la plante en provoquant la maladie applée *fumagine.*

Céroplaste du figuier (*Ceroplastes caricæ*). — Cette espèce présente sur le dos d'élégants dessins qui la font ressembler à une minuscule tortue. Elle abonde sur les figuiers, en Provence, aussi bien sur les feuilles et les tiges que sur les fruits.

Kermès des teinturiers (*Kermès vermilio*). — Cette curieuse espèce est globuleuse, lisse, rouge. La larve est d'un beau rouge. La peau est parsemée de filières et de marques brunes, épaisses. Elle vit sur le *Quercus coccifera* (chêne Kermès). Autrefois on la récoltait pour en extraire une matière tinctoriale rouge.

Cochenille (*Coccus cacti*). — On la trouve quelquefois dans le midi de la France sur les larges raquettes des cactus. Elle est d'un beau rouge.

Cochenille des serres (*Dactylophius adonidum*). — Cette espèce est très commune dans les serres. On la trouve à la face antérieure des feuilles, on la

reconnait à ce qu'elle est tout entière hérissée de poils très blancs. Elle marche rarement, à moins qu'on ne la dérange.

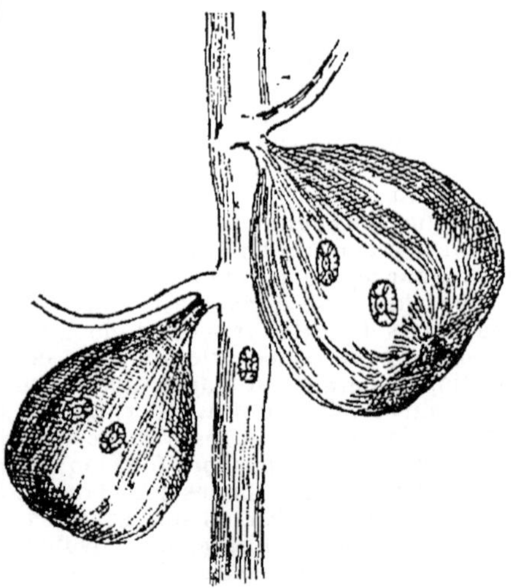

Céroplaste du figuier.

Cochenille des orangers (*Dactylophius citri*). — Cette cochenille est brun-rougeâtre et saupoudrée d'une poussière cireuse blanche (de 3 à 4 millimètres de long). Vit sur *les orangers* et les citronniers dans le Midi de la France.

Orthésie de l'ortie (*orthesia urticæ*). — La femelle de cette espèce diffère beaucoup par son aspect des femelles des espèces précédentes, en ce que le corps entier, à l'exception des antennes et des pattes sont enveloppés d'une gaine tubulaire d'un blanc de neige. Elle vit sur la grande Ortie en juillet et août.

3° SOUS-ORDRE.

Les Homoptères ou Cicadaires.

Hémiptères à bec allongé formé de trois articles, à antennes courtes, à ailes coriaces et membraneuses, à pattes fréquemment conformées pour sauter.

Cigale. — Les cigales, dont le chant est célèbre, vivent sous terre, à l'état de larves pendant près de quatre ans. Elles se déplacent dans le sol et se nourrissent du suc des racines qu'elles puisent avec leur trompe. Au bout de quatre ans, elles font choix d'un terrain très sec et exposé au soleil. Elles s'y creusent des canaux verticaux, longs de 40 centimètres, terminés en bas par une petite loge où elles vivent la plupart du temps. Le reste du canal est plutôt un observatoire météorologique où elles grimpent pour voir si la chaleur est à point pour permettre leur sortie. Fait curieux, les parois du canal sont noyées sous une couche d'enduit, et, au dehors, on ne remarque aucune terre rejetée. Qu'est donc devenue celle qui remplissait la cavité ? J.-H. Fabre remarque que la larve émet à sa partie postérieure un abondant liquide auquel il donna provisoirement le nom d'urine, faute d'en connaître l'origine ; pour lui, ce liquide mélangé au terreau déblayé lui permet de pénétrer dans les interstices du sol grossier : la partie la mieux délayée s'infiltre avant : le reste se comprime, se tasse, en occupant les espaces vides. Ainsi se vide la galerie, sans qu'il y ait pour cela aucune fantasmagorie à invoquer. Une fois sortie de sa terre, la larve grimpe sur une branche, une menue broussaille, et s'y cramponne solidement. Bientôt le dos de l'insecte antérieur faisant hernie, fait éclater le dos de la dépouille. La tête sort ensuite, ainsi que les pattes et les ailes. Pour faciliter son travail, la cigale se renverse en arrière, d'abord horizontalement, puis verticalement en bas, l'abdomen toujours enfermé dans son étui. Quand la partie antérieure est bien dégagée, l'insecte se relève et, se cramponnant avec ses pattes, permet à l'abdomen de sortir. Enfin la voilà libre, mais molle et incapable de voler. Une demi-heure de soleil et les ailes durcissent. La cigale s'envole et se rend sur un arbre dont elle suce la sève avec son rostre, toujours tournée vers le soleil. Quand on l'agace, elle envoie un jet d'urine à celui qui la trouble. J.-H. Fabre a décrit d'une manière très exacte et très agréable le chant de la cigale. Nous croyons donner le passage de ses *Souvenirs entomologiques* où il l'a exposé de main de maître.

« De son propre aveu, Réaumur n'a jamais entendu chanter la cigale ; il n'en a jamais vu de vivante. L'insecte lui arrivait des environs d'Avignon dans de l'eau de-vie chargée de sucre. En ces conditions, suffisantes pour l'anatomiste, pouvait se donner une exacte description de l'organe sonore. Le maître n'y a pas manqué. Son œil clairvoyant a très bien démêlé la structure de l'étrange boîte à musique, si bien que son étude est devenue la source où puise quiconque veut dire quelques mots sur le chant de la Cigale.

« Après lui la moisson est faite ; restent seuls à glaner quelques épis dont le disciple espère faire une gerbe. J'ai à l'excès ce qui manquait à Réaumur ; j'entends bruire plus que je ne le désirerais l'étourdissant symphoniste ; aussi obtiendrai-je peut-être quelques

vues nouvelles en un sujet qui semble épuisé. Reprenons donc la question du chant de la Cigale, ne répétant des données acquises que le nécessaire à la clarté de mon exposition.

« Dans mon voisinage, je peux faire récolte de plusieurs espèces de cigales, savoir : *Cicada plebeia*, Lin. ; *Cicada orni*, Lin. ; *Cicada hematodes*, Lin. ; *Cicada atra*, Oliv. Les deux premières sont extrêmement communes ; les autres sont des raretés, à peine connues des gens de la campagne. La cigale commune est la plus grosse, la plus populaire est celle dont l'appareil sonore est habituellement décrit.

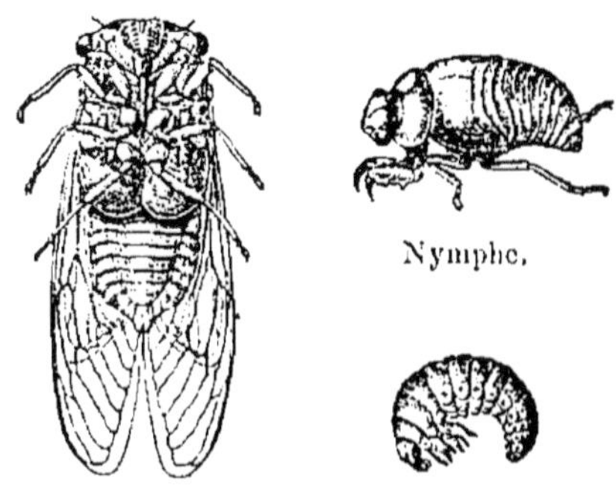

Cigale (*Cicada plebeia*).

« Sous la poitrine du mâle, immédiatement en arrière des pattes postérieures, sont deux amples plaques semi-circulaires, chevauchant un peu l'une sur l'autre, celle de droite sur celle de gauche. Ce sont les volets, les couvercles, les étouffoirs, enfin les *opercules* du bruyant appareil. Soulevons-les. Alors s'ouvrent, l'une à droite, l'autre à gauche, deux spacieuses cavités connues en Provence sous le nom de chapelle (*li capello*). Leur ensemble forme l'église (*la glèiso*). Elles sont limitées en avant par une membrane d'un jaune crème, fine et molle ; en arrière par une pellicule aride, irisée ainsi qu'une bulle de savon et dénommée miroir en provençal (*mirau*).

« L'église, les miroirs, les couvercles, sont vulgairement considérés comme les organes producteurs du son. D'un chanteur qui manque de souffle, on dit qu'il a les miroirs crevés (*a li mirau creba*). Le langage imagé le dit aussi du poète sans inspiration. L'acoustique dément la croyance populaire. On peut crever les miroirs, enlever les opercules d'un coup de ciseaux, dilacérer la membrane jaune antérieure, et ces mutilations n'abolissent pas le chant de la cigale ; elles l'altèrent simplement, l'affaiblissent un peu. Les chapelles sont des appareils de résonance. Elles ne produisent pas le son, elles le renforcent par les vibrations de leurs membranes d'avant et d'arrière ; elles le modifient par leurs volets plus ou moins entr'ouverts.

« Le véritable organe sonore est ailleurs et assez difficile à trouver pour un novice. Sur le flanc externe de l'une et de l'autre chapelle, à l'arête de jonction du ventre et du dos, baille une boutonnière délimitée par des parois cornées et masquées par l'opercule rabattu. Donnons-lui le nom de *fenêtre.* Cette ouverture donne accès dans une cavité ou *chambre sonore* plus profonde que la chapelle voisine, mais d'ampleur bien moindre. Immédiatement en arrière du point d'attache des ailes postérieures se voit une légère protubérance, à peu près ovalaire, qui, par sa coloration d'un noir mat, se distingue des téguments voisins, à duvet argenté. Cette protubérance est la paroi extérieure de la chambre sonore.

« Pratiquons-y large brèche. Alors apparaît à découvert l'appareil producteur du son, *la cymbale.* C'est une petite membrane aride, blanche, de forme ovalaire, convexe au dehors, parcourue d'un bout à l'autre de son grand diamètre par un faisceau de trois ou quatre nervures, brunes, qui lui donnent du ressort, et fixée en tout son pourtour dans un encadrement rigide. Imaginons que cette écaille bombée se déforme, tiraillée à l'intérieur, se déprime un peu, puis rapidement revienne à sa convexité première par le fait de ses élastiques nervures. Un cliquetis résultera de ce va-et-vient.

« Il y a une vingtaine d'années, la capitale s'était éprise d'un stupide jouet appelé criquet ou cri-cri, si je ne me trompe. C'était une courte lame d'acier fixée d'un bout sur une base métallique. Pressée et déformée du pouce, puis abandonnée à elle-même, tour à tour ladite lame, à défaut d'autre mérite, avait un cliquetis fort agaçant.

« La cymbale membraneuse et le criquet d'acier sont des instruments analogues. L'un et l'autre bruissent par la déformation, d'une lame élastique et le retour à l'état primitif. Le criquet se déforme par la pression du pouce. Comment se modifie 'a convexité des cymbales ? Revenons à l'église, et crevons le rideau jaune qui délimite en avant chaque chapelle. Deux gros piliers musculaires se montrent, d'un orangé pâle, associés en forme de V, dont la pointe repose sur la ligne médiane de l'insecte, à la face inférieure. Chacun de ces piliers charnus se termine brusquement en haut, comme tronqué, et de la troncature s'élève un court et mince cordon qui va se rattacher latéralement à la cymbale correspondante.

« Tout le mécanisme est là, non moins simple que celui du criquet métallique. Les deux colonnes musculaires se contractant et se relâchant, se raccourcissent et s'allongent. Au moyen du lien terminal, elles tiraillent donc chacune sa cymbale, la dépriment et aussitôt l'abandonnent à son propre ressort. Ainsi vibrent les deux écailles sonores.

« Veut-on se convaincre de l'efficacité de ce mécanisme ? Veut-on faire chanter une cigale morte, mais encore fraîche ? Rien de plus simple. Saisissons avec des pinces l'une des colonnes musculaires et tirons par secousses ménagées. Le cri-cri mort ressuscite ; à chaque secousse bruit le cliquetis de la cymbale. C'est très maigre, il est vrai, dépourvu de cette ampleur que le virtuose vivant obtient au moyen de ses chambres de résonance, l'élément fondamental de la chanson n'en est pas moins obtenu par cet artifice d'anatomiste.

« Veut-on au contraire, rendre muette une cigale vivante ? Par la boutonnière latérale que nous avons nommée fenêtre, introduisons une épingle et atteignons la cymbale au fond de la chambre sonore. Un petit coup de rien, et se tait la cymbale trouée. Pareille opération sur l'autre flanc achève de rendre aphone l'insecte, vigoureux d'ailleurs comme avant, sans blessure sensible.

« Les opercules, plaques rigides solidement encastrées, sont immobiles. C'est l'abdomen lui-même qui, se relevant ou s'abaissant, fait ouvrir ou fermer l'église. Quand le ventre est abaissé, les opercules obturent exactement les chapelles, ainsi que les fenêtres des chambres sonores. Le son est alors affaibli, sourd, étouffé. Quand le ventre se relève, les chapelles baillent, les fenêtres sont libres, et le son acquiert tout son éclat. Les rapides oscillations de l'abdomen, synchroniques avec les contractions des muscles moteurs des cymbales, déterminent donc l'ampleur variable du son, qui semble provenir de coups d'archet précipités.

« Si le temps est calme, chaud, vers l'heure méridienne, le chant de la cigale se subdivise en strophes de la durée de quelques secondes, et séparées par de courts silences. La strophe brusquement débute. Par une ascension rapide, l'abdomen oscillant de plus en plus vite, elle acquiert le maximum d'éclat ; elle se maintient avec la même puissance quelques secondes, puis faiblit par degrés et dégénère en un frémissement qui décroît à mesure que le ventre revient au repos. Avec les dernières pulsations abdominales survient le silence, de durée variable suivant l'état de l'atmosphère. Puis soudain nouvelle strophe, répétition monotone de la première. Ainsi de suite indéfiniment.

« Il arrive parfois, surtout aux heures des soirées lourdes, que l'insecte, enivré de soleil, abrège les silences, et les supprime même. Le chant est alors continu, mais toujours avec alternance de crescendo et de decrescendo. C'est vers les sept ou huit heures du matin que se donnent les premiers coups d'archet, et l'orchestre ne cesse qu'aux lueurs mourantes du crépuscule, vers les huit heures du soir. Total, le tour complet du cadran pour la durée du concert. Mais si le ciel est couvert, si le vent souffle trop froid, la cigale se tait.

« La seconde espèce, de moitié moindre que la cigale commune, porte dans le pays le nom de *Cancan*, imitation assez exacte de sa façon de bruire. C'est la *Cigale de l'Orne* des naturalistes, beaucoup plus alerte, plus méfiante que la première. Son chant rauque et fort est une série de can ! can ! can ! sans aucun silence subdivisant l'ordre des strophes. Par sa monotonie, son aigre raucité, il est des plus odieux.

« Bien que construit sur les mêmes principes fondamentaux, l'appareil vocal offre de nombreuses particularités qui donnent au chant son caractère spécial. La chambre sonore manque en plein, ce qui supprime son entrée, la fenêtre. La cymbale se montre à découvert, immédiatement en arrière de l'insertion de l'aile postérieure. C'est encore une aride écaille blanche, convexe au dehors et parcourue par un faisceau de cinq nervures d'un brun rougeâtre.

« Le premier segment de l'abdomen émet en avant une large et courte languette rigide qui, par son extrémité libre, s'appuie sur la cymbale. Cette languette peut être comparée à la lame d'une crécelle qui, au lieu de s'appliquer sur les dents d'une noix en rotation, toucherait plus ou moins les nervures de la cymbale vibrante. De là doit résulter en partie, ce me semble, le son rauque et criard. Il n'est guère possible de vérifier le fait en tenant l'animal entre les doigts : le cancan effarouché est loin de faire entendre alors sa normale chanson.

« Les opercules ne chevauchent pas l'un sur l'autre ; ils sont, au contraire, séparés par un assez long intervalle. Avec les languettes rigides, appendices de l'abdomen, ils abritent à demi les cymbales, complètement à découvert sur l'autre moitié. Sous la pression du doigt, l'abdomen bâille peu dans son articulation avec le thorax. Du reste, l'insecte se tient immobile quand il chante ; il ignore les rapides trémoussements du ventre, source de modu-

lations dans le chant de la cigale commune.

« Les chapelles sont très petites, presque négligeables comme appareil de résonance. Il y a toutefois des miroirs, mais fort réduits, et mesurant un millimètre à peine. En somme, l'appareil de résonance, si développé dans la cigale commune, est ici très rudimentaire. Comment alors se renforce, jusqu'à devenir intolérable, le maigre cliquetis des cymbales ?

« La *Cigale de l'Orne* est ventriloque. Si l'on examine l'abdomen par transparence, on le voit translucide dans ses deux tiers antérieurs. D'un coup de ciseaux, retranchons le tiers opaque où sont relégués, réduits au strict indispensable, les organes dont ne peuvent se passer la propagation de l'espèce et la conservation de l'individu. Le reste du ventre largement bâille et présente une ample cavité, réduite à ses parois tégumentaires, sauf à la face dorsale, qui, tapissée d'une mince couche musculaire, donne appui au fin canal digestif, un fil presque. La vaste capacité formant près de la moitié du volume total de la bête, est donc vide, ou peu s'en faut. Au fond se voient les deux piliers moteurs des cymbales, les deux colonnes musculaires assemblées en V. A droite et à gauche de la pointe de ce V brillent les deux miroirs minuscules ; et entre les deux branches, dans les profondeurs du thorax, se prolonge l'espace vide.

« Ce ventre creux et son complément thoracique sont un énorme résonnateur, comme n'en possède de comparable nul autre virtuose de nos régions. Si je ferme du doigt l'orifice de l'abdomen que je viens de tronquer, le son devient plus grave, conformément aux lois des tuyaux sonores ; si j'adapte à l'embouchure du ventre ouvert un cylindre, un cornet de papier, le son gagne en intensité aussi bien qu'en gravité. Avec un cornet réglé à point et de plus immergé par son large bout dans l'embouchure d'une éprouvette renforçante, ce n'est plus chant de cigale, c'est presque beuglement de taureau.

« La cause de la raucité de son paraît être la languette de crécelle frôlant les nervures des cymbales en vibration ; la cause de l'intensité est, à n'en pas douter, le spacieux résonnateur du ventre.

« La *Cigale rouge* (*Cicada hematodes*) est un peu moindre que la cigale commune. Elle doit son nom au rouge de sang qui remplace le brun de l'autre, sur les nervures des ailes et quelques autres linéaments du corps. Elle est rare. Je la rencontre de loin en loin sur les haies d'aubépine. Par l'appareil musical, elle est intermédiaire entre la *Cigale commune* et la *Cigale de l'Orne.* De la première, elle possède le mouvement oscillatoire du ventre, qui rend le son plus fort ou plus faible en faisant entr'ouvrir ou fermer l'église : de la seconde, elle a les cymbales découvertes, non accompagnées de chambre sonore et de fenêtre.

« Les cymbales sont donc à nu, immédiatement en arrière du point d'attache des ailes postérieures. Blanches et assez régulièrement convexes, elles ont huit grandes nervures parallèles d'un brun rougeâtre et sept autres beaucoup plus courtes, insérées une à une dans les intervalles des premières. Les opercules sont petits, échancrés à leur bord interne de façon à ne recouvrir qu'à demi la chapelle correspondante. Le pertuis laissé par l'échancrure operculaire, a pour volet une petite palette fixée à la base de la patte postérieure, qui, s'appliquant contre le corps ou bien se soulevant un peu, ferme ou laisse libre l'ouverture. Les autres cigales ont un appendice analogue, mais plus étroit, plus pointu.

« En outre, le ventre est largement mobile de bas en haut et de haut en bas, comme pour la *Cigale commune.* Ce mouvement oscillatoire, combiné avec le jeu des palettes fémorales, ouvre ou ferme les chapelles à des degrés divers.

« Les miroirs, sans avoir l'ampleur de ceux de la *Cigale commune* ont le même aspect. La membrane qui leur fait face du côté du thorax est blanche, ovalaire, très fine, bien tendue quand l'abdomen est relevé, flasque et ridée quand l'abdomen est abaissé. En l'état de tension, elle paraît apte à vibrer et à renforcer le son.

« Le chant, modulé et subdivisé en strophes rappelle celui de la *Cigale commune,* mais, il est beaucoup plus discret. Son défaut d'éclat pourrait bien provenir de l'absence des chambres sonores. A parité d'énergie, les cymbales vibrant à découvert ne peuvent avoir l'intensité de son de celles qui vibrent au fond d'un vestibule de résonance. La bruyante *Cigale de l'Orne* est dépourvue, il est vrai, elle aussi, de ce vestibule ; mais elle y supplée largement par l'énorme résonnateur de son ventre.

« Je n'ai pas rencontré la troisième espèce de cigale figurée par Réaumur et décrite par Olivier sous le nom de *Cicada tomentosa.* Elle est connue en Provence, disent-ils l'un et l'autre, sous le nom de *Cigalon,* ou plutôt *Cigaloun* (petite cigale). — Cette appellation est inconnue dans mon voisinage.

« Je suis en possession de deux autres espèces que Réaumur a probablement confondues avec celle dont il nous

a donné la figure. L'une est la *Cigale noire* (*Cicada atra,* Oliv.) rencontrée une seule fois ; l'autre est la *Cigale pigmée* (*Cicada pigmœa,* Oliv.) dont j'ai fait récolte suffisante. Disons quelques mots de cette dernière.

« C'est la plus petite du genre de ma région. Elle a la taille d'un médiocre taon et mesure deux centimètres environ. Hyalines avec trois nervures d'un blanc opaque, les cymbales, à peine abritées par un repli du tégument, sont visibles en plein, sans vestibule aucun ou chambre sonore. — Remarquons, en terminant notre revue, que ce vestibule se trouve uniquement dans la *Cigale commune;* toutes les autres en sont privées.

« Les opercules, séparés l'un de l'autre par un large intervalle, laissent amplement bâiller les chapelles. Les miroirs sont relativement grands. Leur configuration rappelle la silhouette d'un haricot. L'abdomen n'oscille pas lorsque l'insecte chante ; il reste immobile comme celui de la *Cigale de l'Orne.* De là, pour l'une et l'autre, défaut de variété dans la mélodie.

» Le chant de la *Cigale pigmée* est un bruissement monotone, aigu, mais faible et perceptible à peine à quelques pas de distance dans le calme des énervantes après-midi de juillet. »

Les cigales déposent leurs œufs à l'intérieur de rameaux secs, qu'elles perforent avec leur tarière. En été, quand vient à frapper fortement le soleil, les petites cigales sortent, pas plus grosses que des puces et s'enfoncent en terre où, dès lors, leur histoire est mal connue.

Fulgore d'Europe (*Pseudophana Europœa*). — Facilement reconnaissable à sa tête conique et proéminente dont le sommet, bordé d'une crête, est traversé par une carène longitudinale. Front divisé en trois languettes. Taille : $8^{mm},75$. D'un vert de gazon. Midi de la France, dans les prairies, notamment sur les achillées.

Aphrophore écumeuse (*Aphrophora spumaria*). Petite cigale d'un gris cendré, avec deux raies claires sur chaque élytre. Les larves vivent dans un amas liquide tout à fait analogue à la salive crachée ou à de la fine mousse de savon. Cette écume est placée sur les plantes et sort de l'anus de l'insecte. On la trouve souvent sur les saules où, dans certaines circonstances, elle tombe à terre sous forme de « pleurs ».

Cicadelle des roses (*Thyphlocyba rosœ*). — D'un jaune citron pâle, rayé, en arrière de stries brunes. Saute et voltige autour des rosiers.

4ᵉ Sous-ordre.

Les Hétéroptères.

a) Punaises terrestres.

Dans ce groupe se montrent les Punaises des bois, facilement reconnaissables à leur odeur (toutes ne la dégagent cependant pas), la punaise des lits et diverses espèces aquatiques.

Scutellaire rayée (*Gnaphosoma lineatum*). — Punaise des bois rouge, avec quelques lignes noires longitudinales. Vit dans les bois.

Punaise hottentote (*Eurygaster maurus*). — Punaise de bois jaunâtre avec deux petites taches claires. Dans les buissons.

Cydne triste (*Cydnus tristis*). — Punaise des bois noire et ponctuée. Coupe ovalaire, frangée tout autour.

Punaise des bois à pattes fauves (*Pentatoma ruflpes*). — Dos brun-jaunâtre ou rougeâtre, à reflets bronzé, avec un pointillé noir. Antennes et pattes rouges. Grimpe sur les arbres et dévore des chenilles.

Punaise des bois grise (*Rhaphigaster grisea*). — Grisâtre, variée de noir.

Punaise ensanglantée (*Acanthosoma dentatum*). — D'un vert jaunâtre, à l'exception de l'extrémité de l'abdomen, qui est colorée en rouge. Vit sur les saules.

Punaise potagère (*Eurydema oleraceum*). — 6 à 7 millimètres. D'un vert bleuâtre ou d'un vert métallique, ornée de taches rouges ou blanches. Commune sur les choux, dont elle suce la sève.

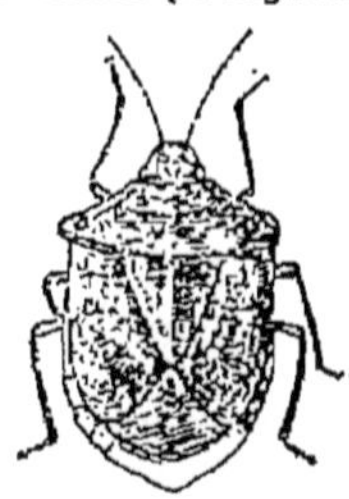

Punaise potagère.

Punaise ornée (*Eurydema ornata*). — Tête noire, bordée de rouge. Elytres rouges avec lignes et points noirs. Antennes et pattes noires. Vit sur les choux.

Punaise acuminée (*Ælia acuminata*). — Espèce grêle. Dos jaune pâle, avec un pointillé foncé et trois lignes blanches longitudinales. Dans les bois.

Pyrrhocore aptère (*Pyrrhocoris apterus*). — Extrêmement commune sur le tronc des arbres ou le bas des murs, où tout le monde l'a remarquée. Sa coloration rouge et noire lui a fait donner le nom de Soldat. Ne dégage pas l'odeur habituelle des punaises des bois. Pique assez fortement. Les larves et les nymphes ont une mauvaise odeur.

Calocoris strié (*Calocoris striatullus*). — Corps orangé revêtu de poils blanchâtre, avec des marques noires. 7 millimètres. Sur les ombellifères.

Pyrrhocore aptère.

Tigre (*Tigris pyri*). — Insecte bizarre, avec des prolongements lobés et des expansions contournées. Couleur brune et blanche avec une tache brune. Vit sur les feuilles des poiriers dont il suce la sève.

Punaise des lits (*Cimex lectularius*) — Elle est parasite par son mode d'alimentation, mais elle ne l'est pas tout à fait par son existence relativement libre. Son

Tigre.

corps est très aplati de haut en bas, disposition très avantageuse pour lui permettre de se glisser entre les draps. La couleur générale est brunâtre, ou plutôt rouge acajou. L'abdomen, composé d'anneaux, paraît complètement nu ; mais en le regardant avec soin, on aperçoit

Punaise des lits.

tout près du corselet, des rudiments d'élytres. La tête, garnie de deux petits yeux, porte deux antennes assez courtês; la bouche est garnie d'un rostre allongé, pointu. Les punaises vivent habituellement dans les jointures des lits, le long des murs, sous les tapisseries, sous les tableaux. Pendant le jour, elles ne donnent pas signe de vie. Mais, la nuit venue, à peine s'est-on introduit dans les draps, que les punaises, guidées sans doute par l'odorat, se glissent insidieusement dans la couche et viennent piquer et sucer le sang. Quand elles sont abondantes, le sommeil devient impossible et, le lendemain, le corps est couvert de taches rosées. Les punaises mettent longtemps, plusieurs semaines, à digérer le sang qu'elles ont absorbé. Elles peuvent aussi rester des mois entiers sans nourriture. Le meilleur moyen de s'en débarrasser est d'employer la poudre de pyrèthre, avec des badigeonnages au pétrole.

Réduve masqué (*Reduvius personatus*). — Sorte de punaise des bois qui vit dans les appartements. Couverte de poils, les

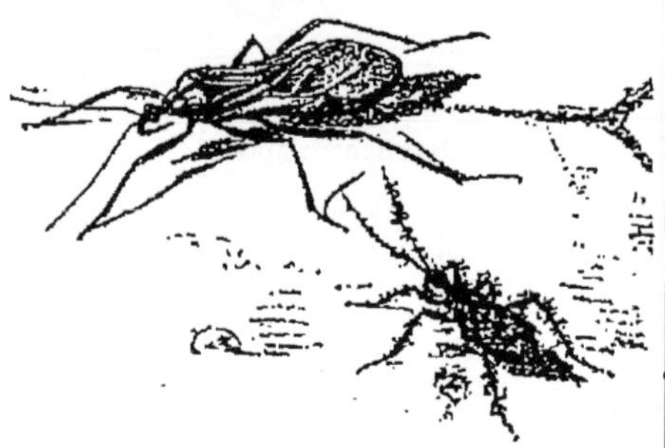

Réduve masqué (adulte et larve).

débris de poussière ne tardent pas à l'entourer et à la rendre méconnaissable. Elle se nourrit d'insectes. Elle pique fortement.

b) Punaises aquatiques.

Les Hémiptères aquatiques sont pour la plupart fort curieux; ils ont été étudiés avec grand soin par Léon Dufour auquel nous ferons quelques emprunts, relatifs surtout à la respiration de ces insectes.

Nèpe cendrée. — Le premier hémiptère aquatique que nous étudierons est la *Nèpe cendrée*, animal d'ailleurs fort disgracieux, à l'aspect bizarre. Il est plat, souvent couvert de boue, et marche lentement avec ses deux paires de pattes postérieures. Les deux pattes de la première paire sont constamment relevées et ressemblent assez bien aux pinces du scorpion, apparence qui fait désigner la nèpe sous le nom de *Scorpion d'eau.*

La tête est terminée par un bec pointu

à l'aide duquel elle suce le sang des petits animaux dont elle fait sa nourriture et qu'elle capture à l'aide de ses deux premières pattes ravisseuses qui se replient sur elles-mêmes à la manière d'un avant-bras qui se replie sur le bras proprement dit. Enfin le corps se termine par une

Nèpe cendrée.

sorte de stylet filiforme, composé de deux parties qui parfois s'éloignent l'une de l'autre.

Comment se fait la respiration de la nèpe ? En regardant l'animal par la face ventrale, on voit sur celle-ci trois paires de stigmates volumineux, occupant seulement la région inférieure de l'abdomen : ils sont ovales et occupent le même niveau que les téguments où ils siègent. Mais ce qu'ils présentent de bien curieux, c'est qu'ils *ne sont pas ouverts* ; ils n'offrent ni fente médiane, ni disposition valvulaire, ni cils, ni villosités. Le diaphragme qui les oblitère a une consistance cornée; en les regardant à la loupe, on voit qu'il est en dehors, d'un doré pâle, métallique, avec des points plus brillants. Les stigmates de la nèpe ne peuvent donc pas servir à l'introduction de l'air. On peut alors se demander quelle est la raison de leur existence : il ne semble y avoir qu'une seule solution à cette question. Il est probable que, autrefois, l'animal était terrestre et qu'alors les stigmates étaient ouverts et facilitaient la respiration. Puis plus tard, la nèpe, pour des raisons qui nous échappent, est devenue aquatique, tandis que ses stigmates, devenus inutiles, se sont bouchés. Les faux stigmates sont donc des vestiges d'un état antérieur; ce sont, comme l'on dit des caractères *ataviques.* Par où donc la nèpe peut-elle puiser de l'air ? En examinant une nèpe, on remarque tout de suite un long stylet aigu qui termine l'abdomen. Au premier abord, on est tenté de comparer cet appareil à d'autres appendices semblables que l'on rencontre chez certains insectes terrestres, tels que les sauterelles; chez ces derniers, le tube sert à conduire les œufs dans une fente d'arbre, au fond de la terre ou ailleurs; on l'appelle alors un *oviscapte.* Il n'en est rien. En effet, chez les insectes auxquels nous venons de faire allusion, l'oviscapte n'existe que chez la femelle; le tube de la Nèpe se trouve aussi bien chez le mâle que chez la femelle. Le rôle est tout autre:

le siphon qui termine l'abdomen des nèpes sert à la respiration.

« Ce siphon, délié comme une soie de porc, droit et assez raide, a la couleur et la consistance cornée du reste du corps. Il égale en longueur l'abdomen de la nèpe. Il est formé par la contiguïté, l'adossement de deux tiges sétacées, canaliculées ou creusées en gouttière sur la face par laquelle elles s'adaptent l'une à l'autre. Cette gouttière a ses deux bords garnis intérieurement de poils très fins » (Dufour).

Le tube ainsi formé est ouvert à son extrémité libre. A sa base, il contient deux petits stigmates, qui conduisent dans tout le système trachéen, de l'animal. On voit que ces trachées sont extrêmement ramifiées et se renflent par places dans la région thoracique. Nous appelons l'attention sur deux petits sacs qui reçoivent un petit tronc trachéen ; ils paraissent jouer un certain rôle dans l'aspiration de l'air. — Voici ce qu'en dit Léon Dufour :

« En promenant une loupe attentivement sur les divers compartiments du thorax de la nèpe, dans le but d'y découvrir des stigmates, je ne tardai pas à constater, tout près de l'angle postérieur et externe de la région dorsale du métathorax, l'existence constante d'un petit sachet transversalement ovalaire, d'un blanc terne, d'une consistance souple, formant là comme un commencement de hernie, et marqué de quelques légères plissures dirigées dans le sens de son petit diamètre. Les bords correspondants de la base de l'abdomen et du métathorax sont en cet endroit échancrés, et la scissure ou l'hiatus résultant de ces deux échancrures, est le siège. J'ai reconnu que, dans certains cas, celui-ci était plus saillant et utriculiforme, et que, dans d'autres, il paraissait au contraire affaissé, ridé. Je soupçonnais alors que ces changements étaient sous l'influence de la fonction respiratoire, et les vivisections m'ont paru la confirmer. »

En se contractant et en se relâchant successivement, ils refouleraient et aspireraient l'air du système trachéen. - Ceci étant dit, voyons comment se fait la respiration. C'est Dufour qui a éclairci cette question. Voici ses intéressantes observations et expériences que chacun peut répéter :

« Quoique la nèpe soit un insecte aquatique, on n'aperçoit, dans sa structure extérieure, rien qui puisse la faire reconnaître pour un insecte nageur. Ses pattes glabres et arrondies ne sont propres qu'à l'ambulation ou à la préhension, son corps plat, cuirassé et compact, gagne promptement le fond de l'eau, et ses téguments, habituellement salis par la boue, annoncent assez son habitude de ramper dans la vase. Aussi ces hémiptères choisissent-ils, pour leur habitation ordinaire, les eaux tranquilles ou un fond vaseux où les plantes aquatiques abondent. A la faveur de ces dernières, ils peuvent grimper pour se rapprocher de la surface du liquide, où on les voit émerger de temps en temps la pointe de leur siphon respiratoire, pour y puiser l'air atmosphérique. J'ai conservé pendant plusieurs mois ces insectes dans des bocaux qui réunissaient les deux conditions dont je viens de parler et j'ai pu ainsi étudier à loisir leurs habitudes. Je les ai vus passer des heures entières le bout du siphon à fleur d'eau, et le corps immergé, comme suspendus sur les plantes qui leur servent de support. J'ai été à même de constater alors, avec le secours de la loupe, le mouvement presque insensible de l'inhalation de l'air, et l'attention la plus soutenue ne m'a jamais décelé le moindre travail, la moindre action dans les faux stigmates. Cette observation cent fois répétée me donnait déjà la presque certitude que cet insecte respirait uniquement par le siphon caudal. Cependant je voyais aussi la nèpe gagner le fond de l'eau et y demeurer longtemps, ou immobile en guettant sa proie, ou rampant pour l'atteindre.

« Une expérience décisive devait lever tous mes doutes. Il s'agissait de déplacer des nèpes dans l'eau même sans élément vital. Je renfermai donc deux nèpes bien portantes dans un flacon assez large, rempli d'eau jusqu'au goulot, et hermétiquement bouché, de manière à ne laisser aucune couche d'air entre le bouchon et le liquide. Voulant d'ailleurs respecter les autres habitudes de l'insecte, j'eus le soin de laisser au fond du flacon et de la vase et des détritus végétaux, conditions favorables aussi aux animalcules dont les nèpes peuvent se nourrir. Au bout de deux heures de cette réclusion, ces insectes donnèrent des signes non équivoques de malaise et de souffrance. Après avoir vainement redressé leur siphon, on les voyait faire jouer l'une sur l'autre les deux tiges de celui-ci, les entr'ouvrir, les refermer pour les tenir de nouveau écartées. Un vide considérable, qui s'observait entre la région dorsale à l'abdomen et les élytres, témoignait de l'oppression extrême de l'insecte. Enfin, au bout de dix heures, les deux nèpes étaient mortes sans retour, et les branches du siphon demeuraient dans le plus grand état de divergence. Je renouvelai deux fois cette expérience et j'obtins le même résultat, avec quelque légère différence pour l'heure de la mort.

« De ce que nous venons d'exposer sur l'appareil respiratoire de la nèpe, il résulte de ce fait, rigoureusement établi et nouveau pour la science, que cet insecte ne respire que par les stigmates du siphon caudal. »

Les œufs déposés sur les plantes aquatiques sont ovales et couronnés en avant par sept soies plus ou moins conniventes.

Ranâtre. — L'hémiptère le plus voisin de la nèpe est la *Ranâtre linéaire* qui a la même constitution et les mêmes mœurs qu'elle : elle en diffère seulement par son corps très étroit, allongé, et par ses grandes pattes. On l'appelle vulgairement la *Punaise à queue* ou encore le *Scorpion d'eau à aiguille*. L'abdomen est rouge en dessus, jaune sur les côtés. Les œufs sont d'un blanc sale. Les œufs sont allongés et terminés par deux longues soies seulement.

Notonecte. — Les deux espèces précédentes sont très disgracieuses et se traînent péniblement dans la vase.

Il n'en est pas de même des notonectes qui sont de forts jolis animaux, tant par leurs brillantes couleurs que que par leur rapidité natatoire et la singulière propriété qu'ils possèdent de se tenir le ventre en l'air.

« Elles nagent sur le dos, de manière que le ventre est supérieur ou tourné en haut, et c'est cette singularité que Linnœus a si bien exprimée par le nom, d'étymologie grecque, qu'il leur imposa. Une région dorsale relevée en dos d'âne ou de carène arrondie, et revêtue d'un velouté qui la rend imperméable, des franges fines et nombreuses qui garnissent soit les pattes postérieures, soit les bords de l'abdomen et du thorax, soit enfin, en double rangée, une légère crête médiane de la paroi ventrale, et qui s'étalent ou se ploient au gré de l'insecte, comme de véritables nageoires, favorisent et cette attitude en supination et la prestesse des mouvements natatoires de la notonecte. Puisque la nature avait condamné cet animal à passer sa vie dans une posture renversée, il fallait bien, pour le maintien de son existence, qu'elle lui donnât une organisation en harmonie avec cette attitude. C'est aussi dans ce but que la tête est fortement inclinée sur la poitrine ; que les yeux, de forme ovalaire, peuvent exercer la vision en haut et en bas ; que les pattes antérieures, ainsi que les intermédiaires, agiles et arquées, uniquement destinées à la préhension, peuvent se débander en quelque sorte, à la faveur des hanches allongées qui les lient au corps, et accrochent solidement leur proie avec les griffes robustes qui terminent leurs tarses. Les notonectes sont, dans tous leurs états, des insectes essentiellement carnassiers ; et quand on les saisit sans précaution, ils font avec leur bec des piqûres fort douloureuses. Ils sont très inhabiles à la marche, et, lorsqu'on les place hors de l'eau, sur le sol, on les voit, toujours, sauter par saccades irrégulières. »

Les œufs de notonecte sont oblongs, presque cylindriques, non tronqués, jaunâtres ; ils sont pondus dans les entailles faites à des plantes aquatiques.

Les larves offrent les mêmes mœurs que les adultes, mais elles n'ont pas d'ailes et ont une teinte vert jaunâtre. Elles changent de peau trois ou quatre fois. Rien n'est plus curieux à voir que ces mues qui affectent le tégument tout entier. L'animal en sort et la dépouille reste flottante à la surface de l'eau, en figurant à s'y méprendre un animal vivant.

Les notonectes respirent par l'extrémité postérieure de leur abdomen qu'elles viennent étaler à la surface de l'eau. Elles nagent par soubresauts avec leurs pattes natatoires ; quand on les met à terre, elles marchent sur le ventre en sautillant maladroitement. Elles volent très facilement.

Corise. — La *Corise de Geoffroy* ressemble fort à la notonecte, mais elle nage sur le ventre. Le corselet est rayé de jaune, le bec est caché. Les élytres sont d'un noir verdâtre, traversés par des lignes jaunes ondulées.

Les corises sont remarquables par la structure insolite et hétéromorphe de leurs pattes. Celles-ci semblent destinées, les antérieures, à la préhension, les intermédiaires à une sorte d'ambulation dans l'eau, et les postérieures uniquement à la natation. Les premières sont courtes et insérées tout près de la tête. Sa dernière pièce est arquée et organisée de manière à saisir, à retenir et à déchirer une proie : elle est garnie sur ses deux bords de longues soies cornées, raides et un peu arquées, lui donnant l'aspect d'un peigne.

« Ajoutons, pour le complément du mécanisme ou de la fonction de ces pattes, que les deux tarses agissent de concert, formant par leur connivence, en même temps une cage et une pince dont la faculté préhensive s'exerce avec d'autant plus d'énergie que ces membres sont courts et assez robustes. »

Les pattes intermédiaires sont plus longues et plus minces que les deux autres paires : elles se terminent par deux ongles allongés tantôt rapprochés, tantôt écartés au gré de l'insecte. « Ces pattes paraissent surtout destinées, en s'accrochant aux corps environnants, à fixer l'animal lorsqu'il veut ou guetter ou dévorer sa proie. J'ai souvent observé les corises suspendues entre deux eaux sur un support, à la faveur des ongles des tarses intermédiaires et maintenues dans leur équilibre horizontal par les mouvements insensibles des pattes postérieures, qui alors faisaient à la fois l'office de balanciers et de nageoires. J'ai bien constaté aussi dans ce cas que les pattes intermédiaires et antérieures concourent à exercer la progression lorsque l'insecte est immergé. Les pattes postérieures sont franchement natatoires, surtout par leur dernier article, qui constitue véritablement une rame et une nageoire ; il est aplati, lancéolé, formé de deux pièces, dont la terminale, bien plus courte, est tout à fait dépourvue d'ongles. Il est garni, soit sur ses bords, soit sur son disque, près de ceux-ci de branches ou de barbes fines, souples, serrées, susceptibles de s'étaler largement dans l'eau, et plus longues, plus fournies au bord inférieur qu'au supérieur. » (L. Dufour.)

Hydromètre. — Une autre espèce bien curieuse est l'*Hydromètre des marais* que tout le monde connaît sous le nom de *Savetier* ou de *Cordonnier*, si remarquable par son corps allongé et ses pattes filiformes, au moyen desquelles la bestiole marche sur l'eau, absolument comme un patineur sur la glace, en faisant de grandes enjambées. Les pattes antérieures sont ravisseuses : les pattes postérieures seules servant à la locomotion. Celles-ci sont enduites d'une graisse qui fait que l'extrémité seule de la patte pénètre dans l'eau et c'est ce qui permet à l'insecte de se maintenir sur l'eau, en ayant même l'air de ne pas l'effleurer. On sait que, pour faire tenir une aiguille dans un verre d'eau, il suffit de l'enduire au préalable de graisse ; ici le phénomène est identiquement le même. Une mauvaise farce à faire à un hydromètre consiste à lui tremper les pattes dans de l'éther qui dissout la matière grasse ; remis sur l'eau, l'animal est devenu incapable de se maintenir à la surface et tombe au fond.

Limnobate. — Le *Limnobate des étangs*, appelé vulgairement la *Punaise aiguille*, affecte la même forme que l'espèce précédente, mais son corps est beaucoup plus grêle avec une tête épaisse en avant en forme de massue.

Vélie. — La *Vélie des ruisseaux* marche également à la surface de l'eau. Son corps est trapu : l'abdomen est rouge orangé ; on la voit plus souvent à l'état aptère qu'à l'état d'insecte parfait. Elle aime les eaux parcourues par un faible courant.

Naucore. — La *Naucore cimicoïde* est ovale et aplatie. Le dos est légèrement bombé, d'un brun verdâtre luisant.

« Ces hémiptères aquatiques, munis d'un bec très piquant et de pattes antérieures ravisseuses, sont insectivores ; ils sont plus voraces que la plupart des autres hétéroptères cohabitants de l'eau, et ils paraissent être supérieurs à ceux-ci en courage et en force. J'ai souvent remarqué que, placés dans un même bocal, ils finissaient par les dévorer tous. Ils supportent facilement la captivité pendant plusieurs mois. On les voit rarement à la surface de l'eau, comme les corises et les notonectes, et ils ne rampent point dans la vase, comme les nèpes et les ranâtres. Ils se tiennent au milieu des charagnes, des conferves ou autres plantes touffues pour y chasser leur proie. Les espèces ailées quittent souvent le soir leur demeure aquatique et s'envolent, soit pour poursuivre les petits insectes dans les airs, soit plutôt pour rechercher une localité plus appropriée. » (L Dufour.)

Il y a chez nous deux espèces : 1° La *Naucore aptère*, et 2° la *Naucore cimicoïde*. La première diffère de la seconde par l'absence des ailes, par les cinq taches du corselet et une plus petite taille. En outre, chez la *N. aptère*, chaque élytre se termine en pointe mousse, dépourvue de portion membraneuse et d'une texture coriacée uniforme. Au contraire, chez la *N. cimicoïde*, elle est pourvue d'une portion membraneuse et largement tronquée à son extrémité. Elles pondent leurs œufs vers la fin d'avril, en les collant contre des brins de plantes aquatiques, dans lesquelles elles pratiquent, au préalable, une entaille avec leur tarière.

Ordre des DIPTÈRES.

Insectes à pièces de la bouche disposées pour sucer (mouches) ou pour piquer (moustiques). Ailes de devant membraneuses, ailes postérieures insignifiantes ou transformées en petits boutons pédiculés appelés balanciers. Métamorphoses complètes.

Moustique (*Culex pipiens*). — Le moustique ou *cousin* est un animal à grandes pattes, à corps allongé et maigre, ayant l'air un peu bossu.

L'abdomen allongé comprend huit anneaux. Les balanciers sont très développés. Le cousin, comme la mouche, est un diptère, c'est-à-dire qu'il ne possède que deux ailes, rabattues sur le dos, à l'état de repos. Fait extrêmement rare dans le groupe des mouches, on peut distinguer à la loupe, sur les ailes des cousins, des écailles disposées le

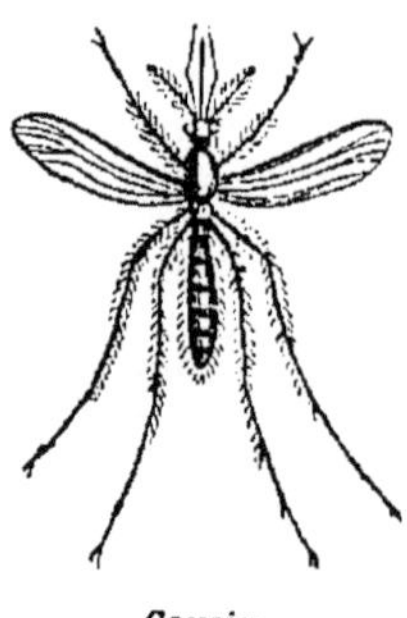

Cousin.

long des nervures et tout à fait comparables à celles que l'on rencontre sur l'aile des papillons. On trouve aussi des écailles analogues sur le corselet et l'abdomen. Les antennes, fort élégantes, se montrent sous l'aspect d'un panache, très fourni chez le mâle, plus réduit chez la femelle. Les yeux, très développés, occupent une grande partie de la tête ; ils sont verts avec des reflets rougeâtres sous une certaine incidence.

La trompe, organe très complexe, mérite une attention spéciale. Quand on l'examine à l'état de repos, on ne voit qu'une gaine cylindrique, laissant quelquefois passer en avant une petite pointe aiguë. Lorsqu'on tient un cousin par les deux ailes et qu'on le tourmente avec un objet quelconque, on voit la gaine se fendre en deux valves et laisser voir en son centre un faisceau de filaments allongés.

Le fourreau, à cause de son diamètre, ne peut pénétrer dans la peau, et ce sont les filaments qu'il contient qui seuls traversent l'épiderme. Or, ces filaments ne sont pas extensibles, ils ne peuvent augmenter de longueur. Comment donc vont-ils s'y prendre pour opérer, gênés qu'ils sont par la gaine ? La chose est facile à élucider en se faisant piquer par un cousin. L'extrémité libre des stylets s'enfonce dans la peau, tandis que la gaine vient buter à sa surface. L'insecte pousse son instrument plus fort ; alors la gaine, qui est flexible, se recourbe en arrière : à ce moment, elle dessine un arc de cercle dont la corde est constituée par les filaments devenus extérieurs. Les stylets s'enfoncent ainsi jusqu'à leur base, et la gaine, se courbant de plus en plus en arrière, finit par former un angle et enfin par se plier sur elle-même. Quand l'opération est terminée, le cousin retire ses stylets, et la gaine, grâce à sa grande élasticité, reprend sa forme primitive pour les abriter. Quand on ne dérange pas le cousin, il reste cinq à six minutes au même point et aspire le sang de manière à s'en remplir complètement le tube digestif, que l'on voit même se vider en partie par l'anus.

En même temps que la trompe pénètre dans l'épiderme, elle sécrète un liquide, destiné peut-être à délayer le sang absorbé, mais qui, en tout cas, produit chez nous une assez violente inflammation, d'où production d'un gros bouton et de démangeaisons désagréables, assez vives.

Quand les cousins se posent soit sur une plante, soit sur une vitre ou sur des rideaux, ils se montrent agités d'une trémulation fort curieuse et dont l'utilité n'est pas encore établie. Les pattes agissent comme des ressorts, leurs extrémités ne bougent pas, mais le corps est abaissé et soulevé successivement avec une grande rapidité.

Chez nous, on est, en somme, assez rarement piqué par les moustiques. D'ailleurs, les plaies qu'ils causent sont rapidement abolies par une goutte d'ammoniaque diluée dans l'eau. Mais, dans certains pays chauds, le Brésil par exemple, les cousins, par leur nombre immense, sont une véritable plaie. On est réduit à se réfugier sous des moustiquaires, c'est-à-dire des tentes de gaze. On peut aussi les éloigner des maisons, en brûlant tout autour des herbes humides, donnant beaucoup de fumée. Il paraît qu'en se frottant le corps avec de l'essence de girofle ou de la naphtaline mêlée à de la vaseline, on est à l'abri des piqûres des moustiques.

Les cousins femelles vont pondre dans l'eau, trois cents œufs en moyenne.

Il n'est pas une eau qui ne renferme en abondance des larves de cousins. Souvent même, elles se développent dans les aquariums en apparence spontanément, mais en réalité parce que quelque moustique est venu y déposer ses œufs sans qu'on s'en soit aperçu.

Les larves sont assez petites ; elles atteignent à peine un centimètre : elles sont cependant bien visibles à l'œil nu, grâce à leur transparence et à la délicatesse de leurs formes. Dans l'eau de l'aquarium, on les voit placées verticalement, la tête en bas et l'autre extrémité en haut, venant affleurer à la surface de l'eau : dans cette position singulière, elles restent en général tranquilles et on peut les considérer tout à son aise. Mais il faut bien se garder de faire le moindre bruit ou de toucher à l'aquarium, car à la moindre inquiétude elles descendent au fond en se contournant sans cesse sur elles-mêmes de la façon la plus comique qu'on puisse imaginer : au bout de quelques minutes, elles remontent en se contournant de la même façon, sans qu'il soit possible de les observer avec soin. Profitons du moment où une larve est au repos pour l'examiner. Nous verrons dans ces conditions qu'elle est dépourvue de pattes et que sa forme rappelle celle d'un ver : elle est formée de dix anneaux très nets portant latéralement, à droite et à gauche des touffes de poils. Le onzième anneau est fort petit, rejeté un peu sur le côté et garni de poils et de palettes formant une sorte d'éventail ou de bouquet. De l'avant-dernier anneau part un

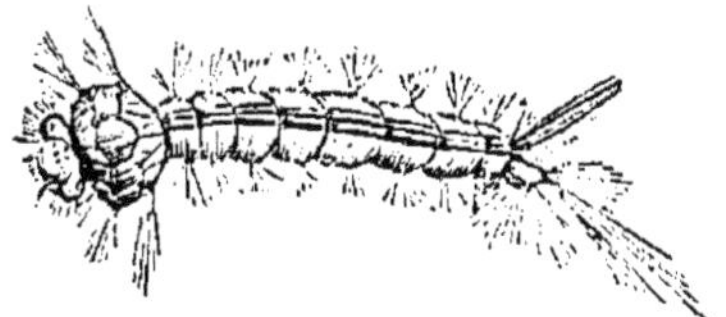

Larve de Cousin.

long tube cylindrique, délicat, terminé à son extrémité libre par un orifice entouré d'une couronne de poils : c'est ce tube qui vient affleurer à la surface de l'eau, où il vient puiser l'air atmosphérique.

Ce tube et le dernier anneau font entre eux un certain angle, de telle sorte que, au premier abord, on se demande quel est celui d'entre eux qui est la vraie continuation du corps. Mais l'incertitude disparaît lorsqu'on remarque que c'est du dernier que sortent les excréments verdâtres ; c'est donc lui qui porte l'anus ; il porte quatre lamelles aplaties servant peut-être à la natation. L'anneau qui suit la tête est beaucoup plus volumineux que tous les autres et porte trois paires de touffes de poils. En examinant la larve avec une loupe, on peut voir facilement son intestin, grâce à la transparence de leur tégument ; on l'aperçoit rempli de différentes matières, les unes vertes, les autres brunes ; on peut aussi voir les mouvements péristaltiques qui poussent lentement ces matières jusqu'à l'anus. On aperçoit aussi par transparence les trachées sous la forme de deux tubes blancs qui tous deux viennent aboutir au sommet du siphon respirateur. La tête est un peu aplatie de haut en bas. Voici quelle description en donne Réaumur :

« De chaque côté on aperçoit une tache brune, qui est un des yeux, au moins cette tache est-elle placée où se trouvera par la suite l'œil du cousin, mais elle n'a pas de réseau. On ne trouve point de dents à cette tête ; mais autour de la bouche on voit plusieurs espèces de barbillons. Swammerdam en compte sept, dont deux, plus considérables que les autres, ont la figure d'espèces de croissants, dont le côté concave est garni d'une frange bien fournie de poils très pressés les uns contre les autres. On observe avec

plaisir la vitesse avec laquelle le cousin fait jouer ces deux espèces de houppes. Si on les considère au travers d'une loupe, on voit qu'alternativement le cousin les retire en arrière et les porte en avant, et toujours très vite : ces deux sens ne sont pourtant pas les seuls sens dans lesquels elles paraissent être agitées. On remarque ensuite de petits courants de liqueur, qui sont sans doute déterminés par le mouvement des houppes, à se diriger vers l'ouverture qui est entre elles, vers la bouche. Les autres barbillons, d'un volume moins considérable, sont partiellement garnis de poils, et servent encore à agiter l'eau. Les courants portent au ver l'aliment qui lui est nécessaire, des insectes imperceptibles, de petites plantes, et peutêtre même des corps terreux qui nagent dans l'eau. Quand les vers ne trouvent pas, auprès de la surface de l'eau, de quoi se nourrir, ils en vont chercher ailleurs. Souvent je les ai vus descendre au fond d'un poudrier de verre et s'y tenir pendant un temps assez considérable ; ils se plaçaient auprès d'une espèce de terreau qui s'y était déposé, ils en détachaient de petits grains avec les barbes de leurs croissants ; ils donnaient aux petits grains un mouvement qui les portait vers leur bouche, où ils entraient apparemment ; car, après les avoir vus aller en avant, je ne les voyais pas retourner en arrière. La tête de ces vers (*sic*) a un ornement dont nous devons dire quelque chose : elle a deux espèces d'antennes courbées en arc ; la concavité de l'une est tournée vers celle de l'autre. Ce sont des antennes d'une structure différente de celle des antennes des insectes ailés, car on n'y trouve aucune autre articulation que celle de leur base ; mais elles n'en sont pas moins agréables à voir au microscope. Leur côté concave est lisse : sur la plus grande partie de la longueur de la partie convexe, il y a de distance en distance un poil qui ressemble à une épine et qui est presque couché sur la tige dont il part, ou qui s'en éloigne peu en se dirigeant vers le bout de l'antenne. À quelque distance de ce bout est une jolie houppe fournie de poils très larges, quoique raides. Enfin le bout de l'antenne a trois ou quatre poils d'une médiocre longueur, et deux plus longs et plus gros que ceux de la houppe. »

Les larves changent plusieurs fois de peau. Laissons la parole à Réaumur qui paraît être le premier à l'avoir constaté.

« Lorsque le ver veut quitter une dépouille, il se met à la surface de l'eau, dans une position différente de celle où il avait coutume de s'y tenir. Il y est d'abord allongé et étendu, ayant le dos en dessus; il se recourbe ensuite un peu, il enfonce sa tête et sa queue sous l'eau, à fleur de laquelle est son premier anneau, celui que l'on peut appeler le corselet. Cet anneau se fend alors, bientôt la fente se prolonge sur un ou deux des anneaux qui le suivent, et dans l'instant cette fente devient assez considérable pour laisser sortir le corselet du ver, et successivement toutes les parties qui paraissent à jour couvertes d'une peau plus tendre que celle dont elles viennent de se tirer. Au reste, la dépouille que le ver laisse alors est très complète, il n'y manque rien de ce que l'extérieur du ver nous montre. »

La larve change ainsi deux fois de peau et conserve la même forme après chaque mue. Une troisième fois, elle change de peau, mais alors il en sort un animal tout différent, la nymphe, qui, au premier abord, affecte la forme d'une lentille : cette apparence est due à ce que les premiers anneaux sont extrêmement dilatés, tandis que l'abdomen reste petit et s'applique étroitement sur les bords des premiers. Quand l'animal se meut, on voit fort bien ces deux parties qui donnent alors à l'animal la forme d'un point d'interrogation. Cette nymphe nage dans l'eau en ramenant brusquement et en éloignant de même l'abdomen de la tête. Au repos elle est placée tout près de la surface de l'eau. On voit que la nymphe diffère ici, notablement, de celles des autres insectes, où elle se fait remarquer par son immobilité absolue; elle rappelle cependant ces dernières en ce qu'elle ne se nourrit pas, n'ayant, d'ailleurs, pas de bouche pour absorber des aliments. Sur la tête, on aperçoit deux sortes de petits cornets qui ne sont que des tubes respiratoires dont la position, on le voit, est fort différente de ce qu'elle était chez la larve.

La nymphe nage pendant environ une semaine : puis, passé cette époque, elle reste immobile à la surface de l'eau. Examinons-la alors attentivement, et nous assisterons à un spectacle intéressant. Réaumur a bien décrit les phénomènes qui vont se passer.

« L'insecte, qui est parvenu au moment où ses enveloppes ne lui sont plus nécessaires, se tient comme auparavant en repos à la surface de l'eau : mais au lieu que, dans les autres temps où il ne changeait pas de place, la partie postérieure de son corps était contournée et comme enroulée en dessous, alors il redresse cette partie, il la tient étendue à la surface de l'eau, au-dessus de laquelle son corselet est élevé. A peine a-t-il été un moment dans cette position qu'en gonflant les parties intérieures et antérieures de son corselet, il oblige la

peau de se fendre assez près de ses deux stigmates, ou même entre ces deux stigmates qui ont la figure d'oreilles ou de cornets. Cette fente n'a pas plus tôt paru qu'on la voit s'allonger et s'élargir très vite, elle laisse à découvert une partie du corselet du cousin, aisée à reconnaître par la fraîcheur de sa couleur, qui d'ailleurs est verdâtre, et différente de celle de la peau qui l'enveloppait auparavant. Dès que la fente est assez agrandie, et l'agrandir assez est l'affaire d'un instant, la partie antérieure du cousin ne tarde pas à se montrer : bientôt on voit paraître la tête, qui s'élève au-dessus des bords de l'ouverture. Mais ce moment et ceux qui suivront jusqu'à ce que le cousin soit entièrement hors de sa dépouille, sont des moments bien critiques pour lui, des moments où il est en terrible danger. Cet insecte qui vivait dans l'eau et qui aurait péri si on l'eût tenu dehors pendant un temps assez court, a subitement passé à un état où il n'a rien autant à craindre que l'eau. S'il était renversé sur l'eau, si elle touchait son corselet et son corps, c'en serait fait de lui. — Voici comment il se conduit dans une situation si délicate :

« Dès qu'il a fait paraître la tête et son corselet, il les élève autant qu'il peut au-dessus des bords de l'ouverture qui leur a permis de paraître au jour. Le cousin tire la partie postérieure de son corps vers la même ouverture, ou plutôt cette partie s'y pousse en se contractant un peu et s'allongeant ensuite; les rugosités de la dépouille dont elle s'efforce de sortir lui donnent des appuis. Une plus longue portion du cousin paraît donc à découvert, et en même temps la tête s'est plus avancée vers le bout antérieur de la dépouille; mais, à mesure qu'elle s'avance vers ce côté, elle se redresse, elle s'élève de plus en plus; le bout antérieur du fourreau et son bout postérieur se trouvent donc vides. Le fourreau alors est devenu pour le cousin une espèce de bateau dans lequel l'eau n'entre point, et où il serait fort dangereux qu'elle entrât; elle ne saurait trouver de passage pour arriver au bord postérieur, et les bords de la fente du bout antérieur ne sauraient être submergés que lorsque ce bout est considérablement enfoncé.

Le cousin s'élève successivement jusqu'à devenir lui-même le mât de son petit bateau. Toute la différence qu'il y a ici, c'est que le cousin est un mât qui devient plus long à mesure qu'il s'élève davantage. A mesure qu'il s'élève, une nouvelle partie du corps sort du fourreau : quand il est parvenu à être presque dans un plan vertical, il ne reste plus dans le fourreau qu'une portion assez courte de son bout postérieur. On a peine à s'imaginer comment il a pu se mettre dans une position si singulière, qui lui est absolument nécessaire, et comment il peut s'y conserver. Ni les jambes ni les ailes n'ont pu l'aider en rien, celles-ci sont encore trop molles et comme empaquetées, et les autres sont étendues et couchées tout le long du ventre, les anneaux seuls ont pu agir. Le devant du bateau est beaucoup plus chargé que le reste, aussi a-t-il beaucoup plus de volume.

« Quoique l'insecte ne soit que comme une espèce de mât, parce que les ailes et les jambes sont appliquées contre le corps, il est peut-être, par rapport à son petit berceau, une voilure beaucoup plus grande qu'aucune de celles qu'on ose donner à un vaisseau. On ne peut s'empêcher de craindre que le petit bateau ne soit couché sur le côté, ce qui arrive quelquefois dans les temps ordinaires, et très souvent, lorsque les cousins se transforment dans des jours où le vent a trop prise sur la surface de l'eau du baquet. Dès que le bateau a été renversé, dès que le cousin a été couché sur la surface de l'eau, il n'y a plus de ressource pour lui. J'ai vu quelquefois l'eau toute couverte de cousins qui, par cet accident, avaient péri en naissant. Il est pourtant plus ordinaire que le cousin parvienne à faire son opération, car heureusement elle n'est pas de longue durée. Le cousin, après s'être dressé perpendiculairement, tire ses deux premières jambes du fourreau et il les porte en avant, il tire ensuite les deux suivantes ; alors il ne cherche plus à conserver sa position gênante, il se penche vers l'eau, il s'en approche, il pose dessus ses jambes, l'eau est pour elles un terrain assez ferme et assez solide qui, sans céder trop, peut les soutenir, quoique chargées du corps de l'insecte. Dès que le cousin est ainsi sur l'eau, il y est en sûreté, les ailes achèvent de se déplier et de se sécher, ce qui est fait plus vite qu'on ne peut le dire ; enfin, le cousin est en état d'en faire usage, et bientôt on le voit s'envoler, surtout si on tente de le prendre. »

Nous aurons terminé l'histoire des cousins quand nous aurons dit de quelle façon se fait la ponte. On aperçoit souvent à la surface de l'eau des baquets, sortes de petits radeaux blanchâtres, un peu allongés, pointus à un bout, arrondis à l'autre ; ce sont autant de pontes de moustiques, dont chacune renferme un très grand nombre d'œufs. Le radeau n'a pas un centimètre de long ; aussi, pour l'étudier, faut-il se servir d'une loupe. Les œufs sont allongés et ressemblent assez bien à des quilles que l'on aurait réunies ensemble en grand nombre. Chaque œuf a une extrémité arrondie et une autre terminée par une sorte de petit goulot de bouteille. Il est à remarquer que ces œufs, pour arriver à bien, doivent flotter ; s'ils étaient submergés, ils périraient. Comment le cousin arrive-t-il à fabriquer une aussi jolie ponte ? Il se cramponne avec ses deux parties de pattes antérieures sur un fragment de feuille flottante ; en même temps il allonge ses deux pattes postérieures horizontalement au-dessus de l'eau. Le dernier anneau qui porte l'anus se relève. C'est de l'avant-dernier que sortent les œufs qui de suite reposent sur les pattes, dont le rôle est de les soutenir. Les œufs sortent un à un très rapidement.

Quand leur nombre devient déjà grand, le cousin croise ses jambes postérieures de manière à rapprocher de plus en plus de l'orifice qui continue à laisser sortir les œufs.

Lorsque le radeau est achevé, l'animal le dépose à la surface de l'eau et s'envole pour mourir bientôt.

Anophèle. — Les cousins de ce genre en nous piquant sont susceptibles de nous inoculer les germes d'une maladie bien connue, le paludisme ou fièvre intermittente, surtout répandue dans les régions marécageuses.

Tipule (*Tipula oleracea*). — Les tipules ressemblent à des cousins de grande taille, mais sont incapables de piquer : ils ne possèdent qu'une simple petite trompe. Les larves vivent dans la terre. Insectes ni utiles ni nuisibles à l'état adulte, mais leurs larves attaquent les racines.

Tipule.

Ver militaire ou **Sciare funèbre** (*Sciara militaris*). — L'adulte est une petite mouche complètement noire, à l'exception des pattes, dont la teinte est brune. Sur l'abdomen il y a des lignes jaunes. Les larves sont parfois réunies en masses considérables qui se suivent à la queue leu-leu dans les bois, comme des bataillons. Cette particularité les fait appeler *Vers processionnaires* ou *Vers militaires*. Ces larves ressemblent à des petits asticots, sans pattes ni poils.

Cécydomie du froment. — (*Ceci-*

domya tritici). — La femelle a 2 millimètres de long avec des yeux noirs, le thorax et l'abdomen jaune citron. Le mâle est plus foncé, avec des ailes teintées de noir. Les femelles enfoncent leur tarière dans les épis de froment tout jaunes et y déposent leurs œufs.

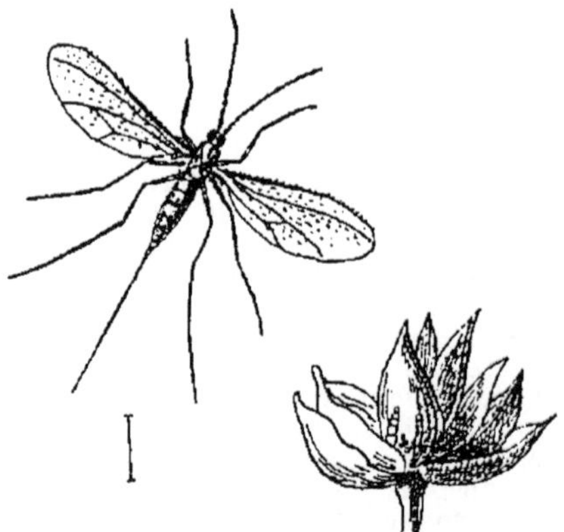

Cécidomye du froment.

« Il est à remarquer, dit M. Bazin, que cette ponte a lieu dès le premier moment où les épis commencent à sortir de la feuille qui leur sert de gaine avant la floraison. Dès que les étamines paraissent, ou autrement dit quand le blé entre en fleur, les cécidomyes finissent leur ponte. Elles ne confient pas leurs œufs à un épi défleuri. Le grain qui se forme aussitôt la fécondation serait trop avancé quand, huit ou neuf jours après avoir été déposés, les œufs donneraient naissance à des larves pour lesquelles est nécessaire une nourriture tout à fait liquide. L'instinct apprend à leurs mères les secrets de la végétation. Si dans un champ de blé quelques épis sont sur les bordures, en retard de fleurir, ce sera sur ceux-ci seulement qu'on rencontrera des cécidomyes occupées à pondre. La ponte la plus active a lieu dans les derniers jours de juin ; elle commence vers le milieu de ce mois et se prolonge jusque vers la mi-juillet.

D'abord blanchâtres, les larves deviennent bien vite d'un jaune vif, et sous cette dernière couleur on les voit très facilement au nombre de cinq, de dix et même de vingt pour un seul grain. Elles se nourrissent des sucs qui montent pour former le grain de blé. Si elles sont nombreuses, il ne prend aucun développement, il manque complètement ; quinze larves, dix larves et même moins, qui en quelques jours atteignent un développement complet de deux millimètres environ, suffisent bien pour absorber tous les sucs qui auraient produit un grain de blé. Si des balles renferment seulement quelques larves, celles-ci partagent avec le grain de blé l'aliment qui devait revenir à lui seul, et suivant qu'elles se seront établies dans le haut ou dans les parties latérales, le grain n'aura pas tout son développement, soit en hauteur, soit en largeur. De là, ces grains mal faits, tronqués, bossus, contournés, amaigris, qui iront au vannage grossir le tas de ce qu'on appelle le petit blé, ramassis moins riche souvent en farine qu'en son.

« Les grains se trouvent ainsi détruits en totalité ou en partie par les larves de cécidomyes, au moment de leur formation avant que les épis n'aient passé du vert au jaune. Le commencement de juillet est l'époque de leur plus grand concours : la fin, l'époque de leur disparition. Pendant leur séjour, leur présence est accusée ordinairement à l'extérieur par une couleur livide que prend la glume à l'endroit où elles résident, vers sa base le plus souvent. On comprend que, par un séjour assez prolongé et continu, cette place soit maculée et flétrie.

« Lorsque l'épi, sous l'action du soleil, tend à quitter sa couleur verte, les endroits qui sont tachés par la présence des cécidomyes deviennent moins apparents, la différence des nuances est moins tranchée. Au surplus les épillets victimes de leurs dégâts jaunissent plus promptement que les autres ; cette tendance est naturelle : ne renfermant pas de grains pour entretenir à l'intérieur une certaine humidité, ils sont pour le soleil une paille légère qu'il dessèche facilement.

« A mesure que les larves de cécidomyes atteignent leur entier développement, elles gagnent la terre et s'y abritent. Pour exécuter cette manœuvre, elles se courbent en arc de cercle et se lancent dans l'espace. Si elles se laissaient tomber sans se donner cette impulsion, elles pourraient être retenues dans les anfractuosités de l'épi qu'elles habitaient et ne pas rencontrer le lieu qui convient à leur nouvel état de larves accomplies.

« Il y a cependant exception à cette règle.

« Quelques-unes restent dans les épis qui les ont nourries et sont transportées avec les gerbes dans les granges, où celles qui échappent aux dangers du battage et du van pourront devenir cécidomyes parfaites l'année suivante.

« La grande majorité des larves de cécidomyes, disons-nous, a gagné la terre bien avant la récolte ; là elles s'abritent près de la tige du blé ou se cachent dans le sol à une petite profondeur. Elles ont à passer le reste de l'été, l'automne, l'hiver, le printemps dans cette situation d'immobilité qui n'est pas la mort, qui n'est pas la vie active ; assoupissement que les naturalistes appellent l'état dormant. Quelque temps avant de quitter cette position, la larve passe de l'état dormant à l'état de nymphe, la nymphe peu après devient insecte ailé, insecte parfait, vers le milieu de juin, avons-nous dit.

« La multiplication excessive des cécydomies sera ordinairement le présage de leur prochaine disparition, grâce à l'intervention des parasites. C'est le résultat d'une loi générale souvent observée dans l'étude des insectes. Le développement inquiétant de certaines espèces est arrêté par l'action destructive d'autres espèces nées pour les combattre.

« Les dégâts qui seront causés par les cécidomyes peuvent être prévus dès le mois de juin, suivant le plus ou moins grand nombre de ces insectes, qui s'abat sur les épis. Ils peuvent être constatés positivement au milieu de juillet, alors que tous les blés sont défleuris et toutes les larves écloses.

Bibion de Saint-Marc (*Bibio Marci*).

— Cette mouche apparaît dès le premier printemps et se reconnaît facilement à son corps velu, tout noir, ses pattes pendantes et son vol lourd : elle se cogne à tous les obstacles et, tombée, a toutes les peines à se relever et à s'envoler. Son aspect n'est pas agréable ; plusieurs personnes en ont peur, mais elle est inoffensive. Elle pond ses œufs dans le sol : certaines années, le nombre des larves qui en sortent est très grand et elles grouillent sur le sol. En 1871, notamment, elles furent très abondantes : on les crut apportées par les Allemands et on les désigna sous le nom de *Mouches prussiennes*.

Taon des bœufs.

— (*Tabanus bovinus*). — Cette grosse mouche a les antennes échancrées en demi-lune, les yeux non recouverts de poils, les ailes d'un brun jaunâtre, les jambes d'un jaune clair, l'abdomen portant sur le dos des taches triangulaires. Couleur fondamentale d'un jaune de cire foncé. Elle bourdonne autour des bestiaux et les pique de temps à autre pour sucer leur sang : elle peut ainsi leur inoculer diverses maladies. Les larves vivent dans la terre et éclosent en juin.

Taon des bœufs.

Anthrax.

— Les mouches du genre des anthrax ont le vol puissant. Elles planent avec lenteur au-dessus de terre.

Elles pondent leurs œufs dans les nids de divers hyménoptères.

Stratiomys Caméléon (*Stratiomys chameleon*).

— Ils vivent au bord des mares. Leurs larves surtout sont intéressantes : elles sont effilées aux deux bouts et tranchantes sur les côtés. Les anneaux peuvent rentrer les uns dans les autres comme les diverses parties d'une lunette d'approche. La queue se termine par une ouverture que la larve fait sortir à l'air : elle est bordée par une couronne de cils. Ils hivernent dans la terre.

Syrphes.

— Les syrphes sont des mouches ayant un peu l'aspect de guêpes.

Ils voltigent au soleil en bourdonnant avec une vivacité extrême ; mais le bruit faible qu'ils font entendre est tout spécial : ils volent suspendus en l'air, un temps plus ou moins long, en faisant vibrer leurs ailes sans trêve ni repos, les pattes pendantes : on nomme ce vol sur place le *vol stationnaire*, puis ils s'abattent sur une fleur ou une feuille, et s'envolent de nouveau, aussi vite qu'ils sont venus, pour recommencer leur jeu. Pendant les jours gris et maussades, ils se montrent aussi lourds et paresseux qu'ils se montraient naguère forts et infatigables. On voit sur les feuilles, en été, au milieu des pucerons, des larves vermiformes, d'une couleur verte tantôt pure, tantôt grisâtre, qui ressemblent à des sangsues par leur aspect et par leurs mouvements. Ce sont les larves des nombreuses espèces de syrphes. Leur souplesse et leur force sont considérables, car elles peuvent non seulement étirer leur corps en l'afflilant, mais encore rétracter les deux bouts vers le centre de façon à figurer une sorte d'ovale : c'est la posture qu'elles affectent quand on les saisit. Fixées à l'aide de viscosités charnues par leur extrémité postérieure, elles tâtent les objets environnants avec la partie antérieure du corps qui est plus longue et qui se rétrécit de plus en plus. A l'extrémité antérieure on ne distingue que deux crochets écailleux entre lesquels s'étend un petit plateau corné, armé de trois pointes ; à l'aide des crochets, la larve fixe l'extrémité antérieure de son corps après l'avoir étiré tout du long ; elle lâche alors l'extrémité postérieure qu'elle rétracte et progresse ainsi par ampans. A l'aide des pointes du plateau écailleux, elle perce sa victime, un pauvre puceron inoffensif et immobile ; elle rétracte alors cette partie antérieure de son corps, en sorte que le puceron s'applique comme un bouchon de carafe contre le bord circulaire qui en résulte. (Kunckel)

Les syrphes détruisent beaucoup de pucerons, insectes nuisibles, et doivent donc être protégés.

Volucelle. — Cette mouche, au corps annelé de noir et de jaune, a revêtu les teintes des frelons et des guêpes pour mieux les tromper : la mère déposera ses œufs dans leurs habitations ;

Volucelle.

cette mouche, au corps noir parsemé de touffes de longs poils jaunes ou bruns, rappelant la livrée des bourdons, ira pondre dans le nid de ces industrieux hyménoptères.

« Rien n'est attachant comme l'observation des manœuvres des volucelles autour des habitations souterraines des guêpes : que de fois ai-je contemplé leurs évolutions capricieuses ! Posées sur un brin d'herbe auprès d'un guêpier, elles en étudiaient les approches, puis soudain, prenant leur vol vers les fleurs voisines, recueillant à la hâte quelques gouttelettes de miel, quelques grains de pollen, pour revenir bientôt après prendre leur poste d'inspection. Pendant deux jours, j'ai suivi les allées et venues d'une *Volucella inanis* ; dissimulée par les herbes, elle s'avançait vers l'entrée de la demeure des *Vespa vulgaris*, mais une guêpe, sentinelle vigilante, fondait sur elle et l'obligeait à s'éloigner ; loin d'être découragée, notre mouche renouvelait ses tentatives, et si je ne l'ai pas surprise entrant dans le nid, plus d'une, poussée par un merveilleux instinct maternel, avait fini par lasser la patience des ouvrières laissées à la garde de l'entrée.

« J'ai en effet observé un grand nombre d'œufs sur les enveloppes des guêpiers, et de plus j'ai trouvé dans l'intérieur des nids de jeunes larves venant d'éclore. Il est probable que les volucelles profitent du sommeil des guêpes pour se glisser jusqu'au nid afin d'effectuer leur ponte.

« A l'automne, les sociétés des guêpes sont en pleine prospérité ; si, au lieu de vouer leur demeure souterraine à une brutale destruction, on l'examine attentivement, très souvent un étrange spectacle se présentera. Partout des débris, partout les restes d'un carnage, les cellules sont vides, les larves, les nymphes prêtes à éclore ont été massacrées et les guêpes, au milieu de leur cité dépeuplée, continuent leurs travaux, elles s'efforcent de réparer l'œuvre d'extermination en se hâtant d'éle-

ver quelques larves. Entre les gâteaux, entre les enveloppes du nid, enfoncés dans les cellules ou grimpant d'étage en étage, de gros vers grisâtres hérissés d'épines cherchent leur proie. Suivons ce ver qui chemine sur un gâteau ; il passe son existence dans la plus profonde obscurité, il est aveugle, mais un mystérieux instinct le dirige ; il agite çà et là la partie antérieure de son corps et plonge enfin sa tête dans une cellule ; celle-ci est vide, il continue son exploration ; celle-là est fermée, il en brise la porte, et la nymphe immobile, sans défense, est bientôt dévorée.

« Les guêpes sont là pourtant, elles si hardies, si belliqueuses, ont-elles oublié l'avenir de leur colonie pour laisser ainsi décimer leur couvain ? Les dards acérés, les mâchoires puissantes sont des armes inutiles pour entamer l'épais tégument de leurs ennemis : au moindre toucher, la larve de volucelle rentre sa tête, contracte les anneaux de son corps, et, tout en conservant une grande élasticité, présente une masse couverte de plis et d'épines à l'épreuve de l'aiguillon le plus aigu, des mandibules les plus robustes. On pourrait se montrer surpris que les guêpes, si avides de proies vivantes, si pleines d'audace quand elles font la chasse aux mouches et aux papillons, n'aient pas songé à détruire les larves de volucelles, petites et faibles lorsqu'elles viennent d'éclore. Il est une particularité d'organisation qui expliquerait peut-être la répugnance des hyménoptères nidifiants : ces larves de syrphides rejettent par l'anus, lorsqu'elles sont saisies, un liquide excrémentitiel qui se répand par capillarité sur tout le corps et possède une odeur urineuse désagréable ; n'y aurait-il pas là un moyen de protection ?

« Dans son ensemble, l'organisation des larves des volucelles est adaptée avec une grande perfection à leur genre de vie ; l'examen comparé des téguments de différentes larves suffit à lui seul pour en fournir la démonstration la plus manifeste.

« Les larves des volucelles ont une teinte grise plus ou moins foncée, suivant la nature du sol où elles vivent ; mais elles ont en réalité une couleur blanc jaunâtre lorsqu'elles ont été débarrassées des parcelles de terre qui les dissimulent et leur permettent d'échapper aux yeux de leurs ennemis. Leur corps étroit à la partie antérieure, s'élargissant jusqu'à la partie postérieure mesure environ 2 centimètres, quelquefois plus (20 à 25 millimètres), et se compose d'une tête rétractile cachée par le premier anneau, et de onze anneaux dont il est difficile aux extrémi tés de déterminer les limites respectives, les anneaux étant creusés en dessous des sillons transversaux assez profonds et très rapprochés. Lorsque la larve est au repos, la tête est toujours rentrée dans l'intérieur du premier anneau ; lorsqu'elle est en marche, les antennes seules font saillie au dehors et sont portées en avant de côté et d'autre pour être utilisées comme organe de tact ; la nature n'ayant pourvu la larve d'aucun appareil optique, ou plutôt ne lui ayant donné aucun organe dont la structure soit comparable à un œil, nous ne savons pas si ces antennes, indépendamment de leur fonction tactile, ne perçoivent pas quelques vagues sensations lumineuses.

« Un des traits de l'organisation extérieure des larves de volucelles les caractérise entre presque toutes les larves de diptères, elles sont munies de pattes comparables aux pattes membraneuses des chenilles, quant à la position et à l'usage, mais dissemblables quant à la forme et à la structure. » (Kunckel.)

Ver de vase. — Les larves les plus communes dans nos eaux douces après celles des cousins sont celles du *Chironoma plumosa*. Le vulgaire les appelle des *Vers rouges* ou des *Vers de vase* ; ce ne sont pas des *vers,* mais des larves d'insectes ; c'est là une confusion qu'il faut éviter. Ces vers rouges abondent dans toutes les mares ; à Paris, on en vend de grandes quantités aux pêcheurs à la ligne qui s'en servent en guise d'appât.

Ce sont eux aussi que l'on donne généralement en pâture aux poissons des aquariums d'appartement.

Les vers rouges vivent dans la vase où ils se construisent de petits fourreaux protecteurs. Quand on les sort de leur retraite et quand on les lance dans l'eau claire, ils se tortillent en tous sens, restant généralement au fond du bocal. Comme leur nom l'indique, leur couleur est d'un beau rouge sang ; parfois, cependant, elle devient brune. Leur taille permet de les examiner à l'œil nu. On voit que le corps est formé d'une série d'articles placés à la file les uns des autres. Près de la tête, on voit deux sortes de petits moignons : ce ne sont pas des pattes véritables, car elles ne sont pas articulées, elles sont analogues aux fausses pattes des chenilles. On voit deux paires de filaments semblables, mais plus longs à l'avant-dernier anneau et à la jonction de celui-ci avec le dernier. — Réaumur s'était imaginé que ces sortes de tentacules étaient semblables aux tentacules des polypes ; aussi désignait-il les vers rouges sous le nom de *Vers polypes*. Leur rôle principal est de permettre à l'animal de se cramponner à son fourreau de vase. L'anus, vaguement quadrangulaire, porte à chacun de ses quatre angles, un petit corps oblong comme une olive. De ces quatre corps, il y en a deux plus antérieurs qui se distinguent en outre en ce qu'ils portent deux autres masses ovoïdes terminées chacune par un orifice entouré d'une couronne de poils raides. La larve quitte de temps à autre son tuyau de vase pour se rapprocher de la surface de l'eau et venir respirer à l'aide des organes en question. Ceux-ci servent encore à l'animal à se fixer sur n'importe quels débris nageant dans l'eau : le corps s'agite alors dans tous les sens.

Réaumur a vu des larves construire un fourreau de vase.

« J'ai tout lieu de croire que ce ver sait filer, qu'il tire d'auprès de sa bouche des fils, dont il se sert pour réunir les petits grains qui, ensemble, doivent composer le tuyau qui est pour lui un logement convenable. Je n'ai pourtant pas pu parvenir à voir ces fils ; mais je crois qu'ils m'ont échappé par leur finesse, car j'ai vu faire au ver, que j'avais mis dans la nécessité de se construire un logement, tous les mouvements d'un insecte occupé à filer. Celui qui a été mis hors de son ancienne habitation, et qui commence à travailler pour s'en faire une nouvelle, fixe la partie postérieure ; là il prend un point d'appui sur lequel le reste du corps se donne une infinité de mouvements pour se porter tantôt à droite, tantôt à gauche, tantôt en haut, tantôt en bas et pour se contourner de toutes façons.

« Dans chacun des endroits où la tête se trouve successivement, elle cherche de petits grains solides, et d'une qualité convenable. Dès que les parties qui environnent la bouche en ont touché et saisi un, les deux bras ou moignons dont nous avons parlé s'avancent pour aider à le tenir. Le corps se recourbe ensuite, de manière que la tête, amenée tout près de la partie postérieure, y peut déposer et arrêter le petit grain. C'est dans ces petits grains apportés successivement et déposés les uns sur les autres, que se forme un tuyau. La tête n'abandonne pas absolument le petit grain après qu'il a été mis en place, elle se donne des mouvements vifs, elle retourne en arrière ; mais sur-le-champ elle se rapproche du grain. Les deux bras ne sont pas alors dans l'inaction ; il semble qu'ils s'approchent de la tête pour saisir le fil qui en sort, et l'appliquer sur le grain. Un ver que je tirai un jour de son fourreau et que je mis dans un poudrier plein d'eau dont le fond était couvert d'une terre que je croyais convenable, ne réussit point à se couvrir ; mais il me montra, mieux qu'aucun autre que j'ai vu en œuvre, les mouvements semblables à ceux d'un insecte qui file, et l'effet de ces fils. Il forma à différentes reprises, et successivement en différents endroits, de petites lames de grains liés ensemble ; mais, que ce fût son intention ou non, il ne parvint point à faire prendre une figure courbe à ces lames plates qui flottaient dans l'eau. »

C'est dans le tube de vase que la larve se transforme en nymphe. Sous cet état, l'animal présente une tête volumineuse portant latéralement deux grosses touffes de poils. De même, à l'extrémité postérieure, on voit un panache poilu. Les nymphes rappellent celles du cousin, en ce qu'elles peuvent se mouvoir aussi bien que la larve. Au moment de la métamorphose, elles se rapprochent de la surface et restent immobiles pendant quelque temps. Bientôt on en voit sortir un insecte ailé qui ressemble au premier coup d'œil à un cousin, mais qui en diffère profondément en ce qu'il n'a pas d'aiguillon et qu'il est par suite incapable de piquer. La tête est ornée d'antennes plumeuses très élégantes ; chaque aile a trois petites taches brunes.

Eristale et Ver à queue de rat. — La larve de l'*Eristale gluante* (*Eristalis tenax*), est vraiment repoussante : c'est une grosse masse blanche, presque informe qui remue à peine et qui se termine à la partie postérieure par une longue queue fort mince ; cette dernière particularité lui a fait donner le nom vulgaire de *Ver à queue de rat* ou encore de *Ver souris*. Elle semble dépourvue de membres : cependant en regardant avec soin la face ventrale, on peut voir sept paires de petites pattes membraneuses rudimentaires, bordées de crochets très fins. A quoi peut bien servir la longue queue qui termine le corps ?

Pour le savoir, il suffit de placer des Vers à queue dans un bocal rempli d'eau. On ne tarde pas à voir les queues, d'abord contractées, s'allonger petit à petit, comme une longue-vue que l'on tire, et venir faire affleurer l'extrémité libre à la surface de l'eau : évidemment la queue est un organe respiratoire. Si l'on verse encore de l'eau dans le bocal, la queue s'allonge d'autant. On peut lui faire ainsi atteindre une longueur de 15 centimètres. Au moment de la métamorphose, la larve quitte le milieu aquatique et rampe sur la vase, traînant péniblement derrière elle sa queue. Puis elle s'enfonce dans le sol et n'en sort plus qu'à l'état d'une jolie mouche.

Mouche domestique (*Musca domestica*). — Son corps est formé de trois parties, la tête, le thorax et l'abdomen, et possède trois paires de pattes ; comme diptère, elle est pourvue seulement de deux ailes membraneuses, tandis que les hyménoptères, ses proches parents, en possèdent quatre. On peut avec la mouche observer un grand nombre de caractères anatomiques ; on les dévoile facilement avec une bonne loupe. Nous attirons l'attention sur les yeux, très volumineux : avec un faible grossissement, on voit à leur surface une mosaïque fort régulière, très élégante. Chacun des hexagones superficiels correspond à un œil simple : l'ensemble constitue un œil composé. Les mouches voient fort bien, comme il est facile de s'en assurer quand on veut s'emparer d'elles : il est cependant fort difficile de se rendre compte de la manière dont se fait la vision. L'œil composé voit-il comme le nôtre, ou bien chacun des yeux élémentaires voit-il une partie de l'espace ou l'espace tout entier ? On n'en sait absolument rien. Quand on veut empêcher les mouches de pénétrer dans une pièce, sans fermer la fenêtre, voici comment l'on procède : on oblitère complètement l'ouverture de la fenêtre avec un filet de corde à mailles assez larges. Fait curieux et inexpliqué, les mouches du dehors ne pénètrent pas dans la pièce : quelques-unes viennent même se poser sur le réseau, mais ne pénètrent *jamais* dans la salle. Il est très probable que ce phénomène est dû à la vue spéciale des insectes. Il faut ajouter cependant que s'il se trouve une fenêtre éclairée en face de la précédente, les mouches traversent le filet comme s'il n'existait pas.

La bouche est garnie d'une trompe mobile, pliée en deux et rabattue sous la tête en temps de repos, mais projetée en avant, quand l'animal veut boire ou sucer les objets dont il fait sa nourriture. La trompe agit absolument à la manière d'un suçoir.

Deux organes bien curieux, tant par leur forme que par leur fonction, se rencontrent en arrière des ailes : ce sont les *balanciers*. On leur donne ce nom à cause de leur forme. Imaginez deux petits pédicules insérés sur le corps et terminés par une boule à leur extrémité libre. On croyait autrefois que les diptères s'en servaient comme les danseurs de corde de l'appareil de même nom. Leur petitesse exclut évidemment cette manière de voir. Et cependant, il est certain que ce sont des organes d'équilibre : voici une expérience facile à faire et qui va vous le démontrer. On attrape une mouche le plus délicatement possible : de la main gauche, on la maintient entre le pouce et l'index, tandis que la main droite armée de fins ciseaux va sectionner les deux balanciers à leur base. La perte de substance est presque insignifiante pour la mouche; mais quand, l'opération terminée, on met celle-ci en liberté, on assiste à un spectacle vraiment curieux. Les ailes s'agitent violemment, la mouche s'élève lourdement, puis elle retombe brusquement, comme une masse, la tête en bas. De nouveau, elle essaye de voler, mais retombe de suite : elle a perdu l'équilibre. Comment cela se fait-il? Personne n'a encore donné d'explication plausible.

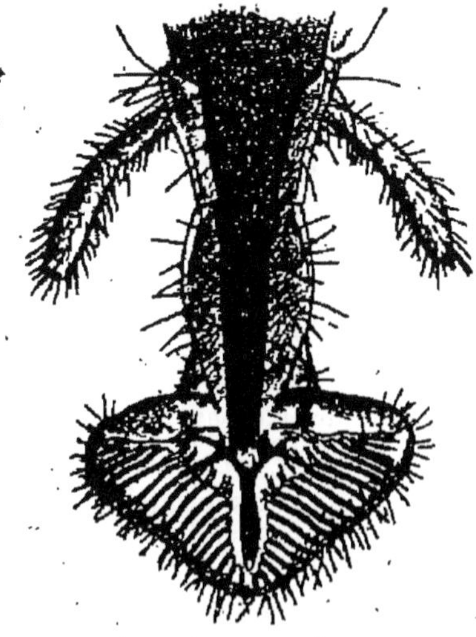

Bouche de Mouche.

Tout le monde a entendu le bourdonnement si désagréable des mouches. Mais à quoi ce bruit est-il dû? Voici ce que peu de personnes connaissent. Un illustre savant allemand, Landois, a étudié la question avec beaucoup de soin et est arrivé aux conclusions suivantes : le bourdonnement est le produit de trois sons différents. Le son le plus bas est produit par les vibrations des ailes et des balanciers en mouvement. Attrapons une mouche et immobilisons ces deux organes, aussitôt nous percevrons un deuxième son plus haut que le précédent; en examinant à ce moment les anneaux, on les voit se frotter les uns contre les autres, convulsivement. C'est évidemment à ce frottement qu'est dû le second bruit, car il cesse aussitôt que l'on immobilise l'abdomen, et se trouve remplacé par un son encore plus haut. Pour comprendre ce dernier, il faut se rappeler que les insectes respirent par des *trachées*, c'est-à-dire des tubes ramifiés dans tout le corps, remplis d'air, et venant s'ouvrir au dehors sur les côtés du thorax et de l'abdomen, par des orifices, les *stigma-*

tes. Chez les mouches, les stigmates sont limités par un rebord corné, et les trachées, avant d'y aboutir, se renflent en une grosse vésicule. L'air expiré avec force par la vésicule vient buter contre l'anneau corné et entre en vibration : c'est un appareil analogue à un tuyau sonore. Le troisième bruit, on le devine, est produit par les trachées : quand on oblitère les stigmates avec de la cire, il cesse complètement.

Quand on saisit une mouche avec les doigts, on observe un bourdonnement très fort, en même temps qu'un chatouillement désagréable : l'un et l'autre sont produits par les mouvements de vibration rapides des muscles du thorax et de l'abdomen.

Les mouches pondent leurs œufs dans les matières organiques, plus ou moins en décomposition, le fumier par exemple. Les larves qui en naissent, bien connues sous le nom général d'asticots, sont blanches, ventrues, sans trace de tête ni d'appendices locomoteurs. Dévorant la substance où elles se trouvent, elles se métamorphosent rapidement en nymphes immobiles. Puis ces dernières se rompent et mettent les mouches en liberté.

On sait assez mal ce que deviennent les mouches en hiver. La plupart restent pendant toute la mauvaise saison à l'état de nymphes. Quelques-unes cependant, paraît-il, se conservent adultes en se réfugiant soit dans les fermes soit dans d'autres endroits chauds.

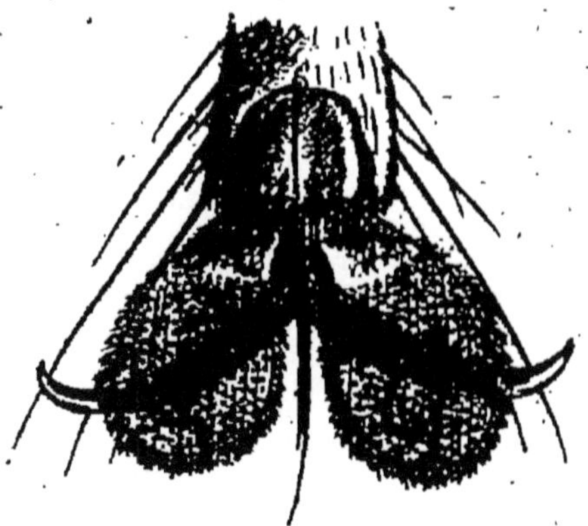

Pelotes adhésives de la patte de la mouche (grossies).

Il arrive parfois, surtout à la fin de la belle saison, de voir des mouches mortes, appliquées solidement par leur trompe contre les vitres, les glaces ou les murs. Elles sont entourées par un cercle complet, humide, poussiéreux, que le vulgaire croit être « l'haleine de la mouche ». En examinant l'animal avec attention, on voit que son abdomen est très enflé et que les anneaux sont divisés par des l gnes blanches. D'un mot nous allons expliquer tous ces phénomènes au premier abord incompréhensibles : la mouche est morte attaquée par un champignon, l'*Ampusa Muscæ*, de la famille des entomophtorées. Les parties blanches des anneaux ne sont autres que les extrémités des filaments du champignon qui sont venus faire saillie au dehors. Quant à « l'haleine », c'est tout simplement un anneau formé par les spores qu'a projetées au loin le champignon. Rappelons que c'est avec un champignon analogue que l'on a récemment cherché à détruire les vers blancs et les sauterelles d'Algérie.

Les animaux domestiques sont fort agacés parfois par les mouches ; pour les en préserver, il suffit de les frictionner avec de l'huile de cade, de l'huile de poisson ou une infusion de feuilles de noyer.

Quand il fait de l'orage, les mouches deviennent, pour nous, véritablement insupportables. Dans ces moments-là, le mieux est de faire une obscurité presque complète dans la pièce où on se trouve. On peut également suspendre au plafond des banderoles de papier ou des branches d'arbre, où, paraît-il, les mouches vont se poser et rester au repos.

Mouche de la viande.

La mouche de la viande (*Calliphora vomitaria*) est cette grosse mouche bleue qui bourdonne si fortement en volant et qui vient se cogner contre les vitres, dans une chambre. Cet animal malfaisant pond environ deux cents œufs dans la viande que l'on laisse à sa portée. Les larves éclosent avec une rapidité remarquable, au bout d'une journée même, quand la température extérieure est élevée ; les jeunes larves se mettent de suite à dévorer la viande ; leur présence accélère sa putréfaction.

Ce sont surtout les larves de la *Calliphora* que l'on emploie, sous le nom d'asticots, à la pêche à la ligne. Pour s'en procurer, on étend à terre des morceaux de viande de basse qualité et on les recouvre d'un peu de paille pour en empêcher le dessèchement. Les mouches de toutes espèces y viennent pondre : quelques jours après, ce n'est qu'une masse grouillante d'asticots ! A la campagne, un excellent moyen consiste à suspendre au plafond un foie de veau, mets particulièrement apprécié par les mouches. Les asticots qui commencent « à prendre du ventre » tombent dans un vase que l'on a soin de placer au dessous de l'appât. En été, pour les conserver, on peut les mettre dans du son humide. En hiver, on les place dans de la terre glaise, où ils s'engourdissent. « Lorsque l'on pêche à l'asticot, dit M. A. Locard, il faut avoir bien soin que son esche soit toujours en vie ; il importe essentiellement qu'elle grouille encore dans l'eau pour attirer le poisson. On doit donc, le piquer avec le plus grand soin, jamais par ses extrémités, mais bien de manière à ce que la pointe de l'hameçon pénètre sur les flancs de la larve. » Les asticots du commerce appartiennent à plusieurs espèces, la mouche à viande, la mouche domestique, la mouche César, la mouche du bœuf, etc. Il est presque impossible de les distinguer l'une de l'autre. Pour savoir à quelle espèce on a affaire, il faut les faire éclore.

Ajoutons enfin que l'on se sert des diverses mouches adultes et vivantes pour pêcher les poissons de surface.

Platyparée des Asperges (*Platyparea pœciloptera*).

— Mouche d'un rouge brun avec des ailes d'un noir brunâtre et présentant des taches claires transversales. Elle pond ses œufs au bout des asperges commençant à pousser. Les larves qui en naissent s'y enfoncent alors de haut en bas en creusant l'asperge de canaux longitudinaux.

Spilographe des cerises (*Spilographa cerasi*).

— Mouche d'un noir luisant. Sa larve vit dans les cerises. Elle présente cette particularité que si on l'avale entière avec les cerises, elle peut ressortir vivante du tube digestif.

Dacus des Olives (*Dacus oleæ*).

— Petite mouche dont la larve vit dans les olives et leur est très nuisible.

Œstre du cheval (*Gastrophilus equi*).

— Grosse mouche dont le front et la face dorsale du thorax sont recouverts d'une épaisse fourrure brun jaunâtre. Elle harcèle les chevaux et dépose ses œufs sur leur peau entre leurs poils. En se léchant, les chevaux avalent ces œufs ou les petites larves qui en sont déjà sorties et celles-ci pénètrent jusque dans l'estomac. Là, loin d'être digérées, elles vivent tranquillement, changent de peau et s'accrochent solidement aux parois. Au bout d'un certain temps elles se décramponnent et se laissent entraîner dans l'intestin où, pendant le passage, elles accomplissent la suite de leur développement. La larve, sortie avec les déjections, s'enfonce en terre, se transforme en nymphe, d'où finalement sort la mouche adulte.

Œstre du mouton (*Œstrus ovis*).

— Petite mouche brune presque sans poils, dont l'abdomen semble divisé en car-

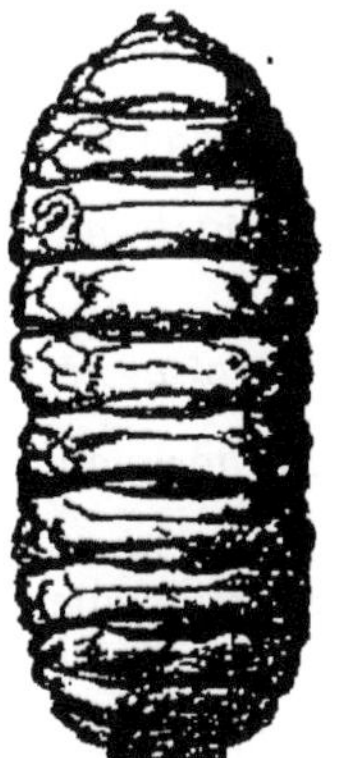

Larve d'Œstre du mouton.

reaux. Les œufs sont déposés dans les poils du mouton : les larves qui en sortent pénètrent dans les cavités nasales du mouton, où elles se fixent jusqu'à ce qu'elles se laissent entraîner par les éternuements.

Hypoderme du bœuf (*Hypoderma bovis*).

— Mouche noire revêtue de poils serrés, avec, sur le dos, des crêtes mousses et saillantes. Elle dépose ses œufs dans les poils des bœufs et de divers autres ruminants. Les larves rongent la peau et y produisent des tumeurs.

Mélophage du mouton.

Mélophage du mouton.

— Mouche ferrugineuse à abdomen brun. Les larves habitent les toisons des moutons. Ce sont elles que viennent capturer les étourneaux quand ils viennent voltiger autour des troupeaux.

Thryps des céréales (*Thryps cerealium*).

— Les thryps, dont on fait quelquefois un groupe particulier, — celui des thysanoptères —, sont de très petites mouches à quatre

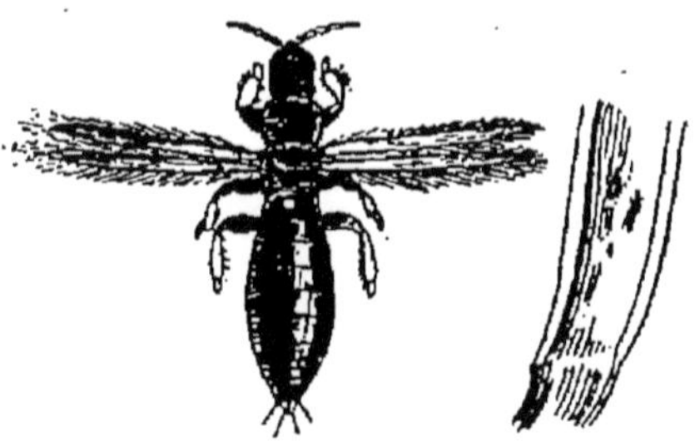

Thryps des céréales (très grossi).

ailes brunes, posées à plat sur le dos et longuement frangées de poils. Ils s'installent dans les épis de diverses graminées et les font avorter en les suçant.

Puces.

— Les puces sont des insectes sans ailes que les naturalistes font rentrer dans l'ordre des diptères et dans le sous-ordre des aphaniptères. Leur corps est comprimé latéralement. La tête est petite et ne se détache pas nettement du reste du corps, qui semble la

prolonger. On ne voit que difficilement les antennes, qui, au repos, sont couchées dans une petite fossette. La bouche est garnie d'une série de petits stylets très fins que l'insecte fait pénétrer dans la peau pour en sucer le sang. Thorax formé de trois parties distinctes. Les pattes augmentent de longueur d'avant en arrière. Elles sont essentiellement disposées pour le saut, ainsi que l'indiquent les cuisses volumineuses.

Puce irritante (très grossie).

Les puces pondent des œufs surtout dans les fentes des parquets, au milieu de la poussière. Il en sort une larve allongée, semblable à un ver, dépourvue de pattes. La tête, pourvue d'yeux, est suivie de douze anneaux. La bouche est disposée, non pour piquer, mais pour mastiquer : la larve ronge la poussière.

Larve de Puce (très grossie).

Le dernier anneau possède deux appendices qui servent à la marche. Arrivée à son maximum de développement, la larve se transforme en une nymphe enfermée dans un cocon soyeux. L'insecte adulte en sort au bout d'un temps variable. Les puces sont des parasites non dangereux, mais insupportables, en ce qu'elles sont constamment en mouvement et opèrent une piqûre que l'on perçoit nettement : chaque piqûre est ordinairement entourée pendant quelques heures d'une auréole rose. Le meilleur moyen de les chasser consiste à être d'une grande propreté aussi bien sur soi que dans l'appartement : il faut notamment laver avec soin les fentes des parquets. On peut les chasser des niches à chien en y plaçant une couverture de cheval ou des feuilles fraîches de noyer. Sur le corps même des animaux, on peut les détruire en les lavant avec de l'eau crésylée à 5 ou 10 pour 100 à plusieurs reprises. Les puces qui vivent sur les animaux peuvent venir sur l'homme, mais momentanément : aussitôt que l'occasion s'en présente, elles retournent sur leur hôte habituel. L'inverse est également vrai.

Pour les distinguer, il faut remarquer que certaines espèces ont sur la tête ou en arrière (sur le thorax) des sortes d'épines dont l'ensemble ressemble à un peigne (seulement visible à la loupe).

Pas de peigne ni à la tête ni en arrière.. . . . Milieu des antennes noir en forme de pomme de pin. Vit sur l'homme. . . . . **1.** *Puce irritante.*

Milieu des antennes en forme de pomme de pin.. . . . . . **2.** *Puce du renard.*

Pas de peigne sur la tête. Un peigne en arrière, comprenant.. . 18 épines. Corps rouge brun, 5 millimètres.. . . **3.** *Puce du blaireau.*

Corps brun sombre, 3 millimètres. . . . **4.** *Puce de l'écureuil.*

24 à 26 épines.. . . . . **5.** *Puce des oiseaux.*

Deux peignes, l'un à la tête, l'autre en arrière. . . Tête arrondie. Peigne de la tête à deux épines. . . . **6.** *Puce du hérisson.*

Peigne de la tête à plus de deux épines . . . **7.** *Puce du chien.*

Tête anguleuse. . . . . . . **8.** *Puce à tête anguleuse.*

---

1. Puce irritante (*Pulex irritans*). — Vit sur l'homme. Pond une dizaine d'œufs blanchâtres, longs de 0ᵐᵐ,7, larges de 0ᵐᵐ,4. En été, les larves éclosent en 4 ou 6 jours. Se transforment en nymphes en 11 jours, puis en adultes en 12 jours. En hiver, l'évolution totale demande six semaines. Cosmopolite. Préfère certains épidermes à d'autres. Chez les individus très malpropres, elle pond dans la crasse elle-même.

2. Puce du Renard (*Pulex globiceps*). — Vit sur le renard et le blaireau.

3. Puce du Blaireau (*Pulex melis*). — Vit comme la précédente.

4. Puce de l'Écureuil (*Pulex sciurorum*). — Vit sur l'écureuil.

5. Puce des Oiseaux (*Pulex avium*). — Corps allongé. Brun varié. Tête arrondie. Mâle : 2 à 3 millimètres. Femelle : 3 millimètres à 3ᵐᵐ,8. Commune dans les colombiers. Moins dans les poulaillers. Attaque beaucoup d'espèces d'oiseaux.

6. Puce du Hérisson (*Pulex erinacei*). — Vit sur le hérisson.

7. Puce du Chien (*Pulex serraticeps*). — Rouge brun clair. Mâle : 2 millimètres. Femelle : 3 millimètres. Vit sur les chiens et les chats (où elle est plus petite). Pond souvent ses œufs dans le pelage si on ne lave pas souvent les animaux.

8. Puce à tête anguleuse (*Pulex goniocephalus*). — Brun jaunâtre. Mâle : 1ᵐᵐ,6. Femelle : 2 millimètres. Sur les lièvres et les lapins, sauvages et domestiques. Abandonne l'animal aussitôt qu'il est tué, avec une rapidité remarquable.

On trouve aussi d'autres puces sur la taupe et le campagnol des champs (*Hystrichopylla obtusiceps*, qui n'a pas d'yeux) ; sur les chauves-souris (*Typhlopsyllus octatenus, hexactenus,* etc), sur la taupe et la musaraigne (*Typhlopsyllus gracilis*) ; sur les souris et les rats (*T. musculi*), sur la taupe, les musaraignes, les mulots (*T. assimilis*).

Ordre des **THYSANOURES.**

Insectes dépourvus d'ailes, au corps velu et couvert d'écailles. Corps terminé par de longues soies. Quatre antennes.

Lépisme. — Les lépismes ou *poissons d'argent* se rencontrent fréquemment dans les greniers, les caves et les pièces

Lépisme.

où on ne va pas souvent. Ils sont allongés, couverts de fines écailles qui leur donnent un éclat argenté et ils se faufilent dans les fentes des parquets avec une rapidité extraordinaire. Ils grignotent toutes sortes de matières alimentaires.

Podure. — Les podures ont le corps ramassé, tout couvert de poils. A l'extrémité postérieure du corps il y a deux larges appendices que l'insecte tient au dessous de son corps. Quand il est effrayé, ce ressort se détend brusquement et fait sauter l'insecte comme une puce. On trouve les podures dans les caves et les serres, même à la surface de la neige (*Puce des glaciers*).

Ordre des **NÉVROPTÈRES.**

Insectes à pièces buccales disposées pour mâcher et pour sucer, à prothorax libre, à ailes membraneuses réticulées et à métamorphose complète.

Fourmilion (*Formica leo*). — La larve du Fourmilion ou *Formica leo* a imaginé, pour capturer les insectes dont elle fait sa nourriture, un procédé très ingénieux. Elle creuse à la surface du sable de lar-

Fourmilion, adulte.

ges entonnoirs, au fond desquels elle se blottit : tout insecte qui vient à passer dégringole dans l'entonnoir et arrive au fond où de suite il est happé par la larve. En outre, si la proie tend à s'échapper, elle envoie sur lui des pelletées de

Larve de Fourmilion.

sable, pelletées qui la font tomber au fond encore plus vite. — La larve est une sorte de grosse punaise dont la tête est armée de deux grands crochets dentés à leur partie interne. Quand elle est au fond de son entonnoir, elle se cache complètement dans le sable et ne

Entonnoir de la larve de Fourmilion.

laisse émerger que ses deux mandibules. Une fois maîtresse de sa proie, elle la retire presque entièrement sous le sable et la suce tout à son aise ; un quart d'heure lui suffit pour vider complètement une fourmi et en deux ou trois heures, elle a retiré tout ce qu'il y a de succulent dans le corps d'une grosse mouche bleue de la viande. Après quoi, d'un coup de tête, elle envoie la dépouille hors de son piège.

Le fourmilion a souvent soin d'établir sa construction dans un endroit où il n'a rien à redouter de la pluie, par exemple au pied des vieux murs et dans les endroits les plus dégradés. Il n'y reste d'ailleurs pas indéfiniment. Quand les éboulements ont rendu les pentes de son entonnoir trop douces, le Fourmilion l'abandonne et va en construire un autre à petite distance.

Réaumur a étudié avec soin la construction de l'entonnoir.

« Pour donner à cet entonnoir de justes proportions, pour creuser dans le sable un trou conique dont la pente soit assez précipitée, il y a peut-être plus de façons de la part de notre insecte qu'on ne s'y attendrait, et dont aucune n'est inutile. Il commence par en tracer l'enceinte, c'est-à-dire par faire un fossé semblable à celui qu'il creuse en cheminant, mais un fossé qui entoure un espace circulaire plus ou moins grand, selon que le fourmilion veut donner plus ou moins de diamètre à l'entrée de l'entonnoir, et plus ou moins grand encore, selon que le fourmilion est plus vieux ou plus jeune. Les très jeunes ne font que des petits entonnoirs ; ils n'entreprennent que des ouvrages proportionnés à leurs forces et ne cherchent pas à tendre un piège à de gros insectes : ceux qui ne font presque que de naître ne donnent quelquefois à la plus grande ouverture des leurs qu'une ligne ou deux de diamètre ; et ceux qui sont près d'avoir pris tout leur accroissement habitent quelquefois dans des trous dont le diamètre de l'entrée a plus de trois pouces. Les entonnoirs où d'autres se tiennent ont des grandeurs moyennes ; on en voit communément dont le diamètre de l'ouverture est d'un pouce, et de quelques lignes de plus ou de quelques lignes de moins. La grandeur du trou n'est pourtant pas toujours proportionnée à celle de l'insecte qui y est logé.

« La profondeur des entonnoirs nouvellement faits a environ les trois quarts du diamètre de la grande ouverture. J'ai trouvé neuf lignes de profondeur à ceux qui en avaient douze à leur entrée, un pouce de profondeur à ceux dont l'entrée avait seize lignes. L'ouvrage que le fourmilion a à faire après avoir tracé une enceinte est donc d'enlever un cône de sable renversé dont la base a un diamètre égal à celui de l'intérieur de l'enceinte, et dont la hauteur est à peu près les trois quarts de ce diamètre. Quand il s'est déterminé à travailler sérieusement, il se met donc en marche : ce n'est pas pour aller sur une ligne droite, c'est pour en suivre une du même genre que celle que parcourent les chevaux qui font tourner une meule, il veut et doit suivre en marchant, la circonférence intérieure de l'enceinte, comme s'il avait à tracer un second fossé concentrique au premier.

« Dès qu'il a fait un pas, il s'arrête pour charger sa tête de sable. Elle n'est pas plutôt chargée qu'il l'élève brusquement, et jette ainsi celui qui le couvrait par-delà la circonférence de l'enceinte.

« Ceux qui ont parlé de cet insecte ne semblent pas s'être arrêtés à considérer la manière dont il charge sa tête de sable, et n'ont pas pris toutes les précautions nécessaires pour parvenir à voir comment il le fait : ils semblent avoir cru que sa manœuvre alors était telle que celle qu'on lui voit faire lorsque, cherchant un lieu pour se fixer, il marche presque couvert de sable et fait sauter en l'air celui sous lequel sa tête se trouve nécessairement à la fin de chaque pas. Le fourmilion qui travaille à l'excavation de l'entonnoir y procède pourtant d'une autre façon digne d'être sue : le sable qu'il jette ne doit pas être pris d'une enceinte qu'il n'a pas intention d'agrandir, celui qui est enlevé ne doit être tiré que de la masse intérieure. Or si le fourmilion se contentait de marcher à reculons pour charger sa tête de sable, il la chargerait également du plus proche de l'enceinte, et de celui qui est vers l'intérieur. Il agit avec plus de régularité ; il ne fait passer sur sa tête que le sable qui est entre elle et l'axe du cône. La manœuvre par laquelle il parvient est sûre ; il se sert d'une de ses jambes de la première paire, de celle qui est du côté de l'intérieur comme d'une main pour pousser sur sa tête le sable qui est du même côté. Les mouvements de cette jambe sont extrêmement prompts et se succèdent sans intervalle. La tête est chargée deux ou trois fois de suite dans le même lieu, et deux ou trois fois elle lance une pluie de sable.

« Le fourmilion fait ensuite un nouveau pas en arrière, au bout duquel il s'arrête, et se sert encore de sa même jambe comme d'une main pour couvrir sa tête de sable qui est encore jeté par celle-ci comme par une pelle.

« Après une suite de pas, il se retrouve presque au même lieu dont il était parti, il a parcouru un cercle. Il continue de marcher pour en parcourir un second plus proche du centre, ou, plus exactement, le fourmilion décrit dans la route une spirale de l'espèce de celles qui sont tracées sur un cône. Quand il a suivi deux ou trois tours de spirale, la quantité du sable qui a été ôtée, est très sensible : il s'est formé au-dedans de l'enceinte un fossé plus large et plus profond qui entoure un cône de sable. Ce cône n'a pas la base en haut, comme l'avait celui que nous avons fait imaginer lorsque l'insecte a commencé à fouiller. Le sommet du nouveau cône est en haut ; le sable qui s'est éboulé de la partie la plus élevée de cette masse de laquelle le fourmilion en a ôté à tant de reprises, le sable, dis-je, qui s'en est éboulé, a été cause que la partie supérieure a eu bientôt moins de diamètre que n'en a sa base, et que peu à peu elle est devenue presque pointue. C'est toujours à la base de ce cône que le fourmilion prend le sable qu'il jette hors du trou, qui lui-même sera conique quand tout le cône de sable aura été enlevé. La base de celui-ci devient de plus en plus petite à mesure que l'insecte en a parcouru le tour plus de fois : son sommet s'abaisse en même temps, parce que des grains s'en éboulent à chaque instant. Le cône de sable devient donc à la fin si petit que sa base n'a qu'un diamètre égal à celui que doit avoir le fond de l'entonnoir et qu'il a à peine une ligne ou deux de hauteur : quelques coups de tête suffisent pour jeter hors du trou ce petit reste de sable.

« La jambe qui fait l'office de main pour charger la tête de sable, ne peut manquer de se fatiguer ; quand il a agi assez longtemps le fourmilion la laisse reposer et se détermine à se servir au même usage de l'autre jambe de la même paire qui apparemment n'est pas moins adroite que la première ; mais pour la faire travailler il faut qu'elle se trouve placée, comme l'était la première, vers l'intérieur du trou, ce qui demande que le fourmilion se retourne bout pour bout, et qu'il décrive ensuite des cercles dans un sens contraire à celui où il en décrivait auparavant. Pour se retourner il n'aurait qu'à pirouetter sur lui-même, qu'à amener son derrière où était sa tête : mais cette manœuvre n'est pas apparemment pour lui la plus aisée, car alors il en fait une autre, il traverse le cône composé de sable qui reste à enlever : il passe de l'endroit où il est à l'endroit opposé diamétralement. Quand il y est rendu, il se met en marche pour faire ses circonvolutions dans un sens contraire à celui où il les faisait ; la jambe qui auparavant était la plus proche de l'enceinte extérieure est alors la plus proche de l'axe de l'entonnoir, et c'est alors à elle à charger la tête de sable.

« Quelquefois le fourmilion achève son entonnoir tout de suite, et en vient à bout en moins d'une demi-heure ou même d'un quart d'heure ; quelquefois il le fait à bien des reprises ; il prend des intervalles de repos, tantôt plus courts, tantôt plus longs ; il se tient quelquefois tranquille pendant des heures entières, et cela apparemment selon qu'il est plus ou moins pressé par la faim. On ne peut guère attribuer qu'à ce besoin la diligence avec laquelle il y en a qui expédient leur ouvrage pendant que d'autres restent dans l'inaction.

« Ceux qui font leurs entonnoirs à la campagne n'ont pas toujours à leur disposition un sable aussi fin et aussi égal que celui que donne un observateur à ceux qu'il tient dans son cabinet. Parmi les grains de sable ordinaire, il se trouve de gros grains de gravier, de petites pierres : le fourmilion qui façonne un trou dans une terre pulvérisée rencontre des grumeaux de terre, aussi voit-on souvent de gros graviers, de petites pierres et des grumeaux d'une terre dure, sur le bord d'un trou dont l'intérieur n'a que des grains extrêmement fins.

« M. Bonnet a eu la curiosité de savoir quel parti prenait le fourmilion dans le cas où la petite pierre, où la petite masse de terre dure était d'un tel poids qu'il ne pouvait se promettre de la lancer en l'air avec sa tête, par de à le bord du trou commencé. Le fourmilion se détermine à porter la masse incommode où il ne la peut jeter ; il sort du sable, il se montre en entier à découvert, en avançant ensuite un peu à reculons, il fait passer le bout de son derrière sous la petite pierre, et, en allant encore un peu en arrière, et en faisant faire à ses anneaux des mouvements convenables, il la conduit vers le milieu de son dos, et l'y met en équilibre. Mais le difficile est de la conserver dans cet équilibre pendant le transport en montant à reculons le long d'une pente déjà escarpée. De moment en moment la charge est prête à tomber, soit à droite, soit à gauche ; ce n'est qu'en abaissant ou élevant à propos certaines portions de ces anneaux que le fourmilion parvient à la retenir. Enfin, malgré tous ses efforts et malgré tout son savoir en tours d'équilibre, la pierre lui échappe quelquefois, elle roule dans le fond du précipice. Il a le courage d'aller l'y rechercher et faire de nouveaux essais de son adresse, de sa force et de sa patience.

« Il y a des entonnoirs faits, pour ainsi dire, à la hâte, qui n'ont pas autant de profondeur, ni un talus aussi raide que ceux pour lesquels nous avons vu les fourmilions employer tout leur art.

L'insecte se contente de jeter avec sa tête le sable de l'endroit où il s'est fixé ; il forme ainsi en peu d'instants une cavité conique, mais qui n'a ni la grandeur ni les proportions de celles dont l'enceinte a été tracée régulièrement. »

Le fourmilion est donc obligé pour se nourrir d'attendre que le hasard fasse passer un insecte dans le voisinage de son piège. Heureusement pour lui, il est doué d'une grande résistance à l'inanition ; on en a vu plusieurs rester sans manger pendant plusieurs mois. En outre, il a la faculté de pouvoir manger beaucoup quand les proies sont abondantes, de sorte qu'en quelques minutes il peut se nourrir pour plusieurs mois.

Au moment de la nymphose, le fourmilion s'enfonce dans le sable pour faire sa coque. Celle-ci est constituée à l'extérieur par des grains bien arrangés, réunis par des fils de soie, et à l'intérieur par de la soie pure et artistement tissée. La nymphe est entourée d'un large voile. « Il est vrai, remarque Réaumur, que quelque disposé qu'on soit à accorder de l'adresse au fourmilion, on a d'abord quelque peine à imaginer qu'il puisse parvenir à se faire la coque dont nous parlons. Il se trouve au milieu d'un tas de grains extrêmement mobiles dont les supérieurs s'appuient nécessairement sur son corps ; comment viendra-t-il à bout de ménager dans ce sable une cavité plus grande que celle que son corps peut remplir, telle qu'est la cavité de l'intérieur de chaque coque ? Si on y prend garde, la difficulté pourtant se réduit à faire une voûte de sable hémisphérique ; dès qu'on supposera cette voûte faite et capable de résister à la pression du sable supérieur, le fourmilion pourra ménager un vide au-dessous, il pourra pousser en bas et vers les côtés une partie du sable qui est sous la voûte. Or l'insecte qui sait filer, quoique posé au milieu d'un massif de sable, peut attacher les uns aux autres les grains qui se trouvent au-dessus de lui, et coller assez de ces grains pour former une calotte hémisphérique ; cela fait, le reste ne demande plus que du temps. Cet ordre dans la construction, qui nous a paru le seul que le fourmilion pût suivre, est aussi celui qu'il suit. On s'en convaincra si on trouble ces insectes dans un travail qu'ils n'ont que commencé. J'ai enlevé avec précaution les couches de sable sous lesquelles des fourmilions étaient occupés à bâtir ; lorsque j'ai mis ainsi à découvert des coques qui n'étaient pas encore finies, ça toujours été en dessous que je les ai trouvées ouvertes.

« Au reste, on peut forcer un fourmilion à montrer les principales manœuvres au moyen desquelles il parvient à se bâtir une coque, si on le tire de celle qu'il a commencée, avant qu'il ait eu le temps de la fermer ; alors il lui reste encore dans le corps une provision de liqueur à soie, et il fait tout ce qui est en lui pour l'employer utilement si on lui donne du sable à sa disposition. Ce qu'on remarquera d'abord, c'est que le fourmilion, à qui on vient d'ôter l'ouvrage auquel il s'occupait, n'est pas étendu comme ils le font tous dans l'état ordinaire ; sa tête et son corps ne se trouvent plus dans une ligne droite. Ce dernier est recourbé en arc de cercle ; il semble être devenu le moule sur lequel la coque doit prendre de la rondeur ; la convexité que les premiers anneaux forment du côté du dos, ramène le col et la tête en dessous, vers le ventre, de manière que si on appuie un peu sur les cornes, elles touchent en dessous le bout du derrière : il n'est plus alors en son pouvoir de se redresser entièrement : tout ce qu'il peut, c'est de se courber un peu moins. Si on pose le côté convexe ou le dos de ce fourmilion sur une couche de sable trop peu épaisse pour qu'il puisse y être enterré, on lui voit faire des tentatives pour se construire une coque. C'est alors qu'il fait paraître la filière, qu'il l'allonge autant qu'elle peut être allongée ; il la porte à droite et à gauche, en dessus et en dessous, pour chercher le sable ; lorsque son bout en a touché successivement deux grains, ils sont liés ensemble. On voit avec plaisir les mouvements de la filière se répéter avec une grande vitesse, comment elle s'incline et se courbe de différents côtés, et enfin on voit ce que ses mouvements ont produit. On distingue une ou plusieurs larges files de grains de sable qui ont été attachés ensemble et qui forment des morceaux de rubans étroits.

« Tout ce travail pourtant ne lui donne point une coque : il ne peut venir à bout de s'en faire une, à moins que la couche de sable ne soit assez épaisse pour le couvrir : ce n'est que quand il est couvert de sable qu'il parvient à réunir les grains qui forment la voûte qui est, pour ainsi dire, le fondement de l'édifice ; celui de ce petit bâtiment en doit être la partie la plus élevée. »

Les coques ne sont pas toutes de la même grosseur : les plus grosses donnent des femelles, les plus petites des mâles. Les adultes sont pourvus de quatre ailes et ressemblent un peu aux libellules, mais avec moins d'élégance et de légèreté.

A noter enfin que les larves de certaines espèces de fourmilions ne font pas d'entonnoirs et se contentent de s'enfoncer dans le sable en ne laissant passer que leurs mandibules à ras de terre.

Sialis de la vase. — On rencontre souvent, sous les feuilles des roseaux ou des iris, des œufs rangés par plaques avec une régularité remarquable ; ce sont des œufs de sialis de la vase. Les larves qui en sortent se rendent dans l'eau, où elles se livrent à la chasse des petites bêtes. La tête est assez grande ; l'abdomen, mou, porte latéralement des branchies trachéennes qui servent à la fois à la respiration et à la natation. Ces larves sont brunes et marquées de taches claires. Elles sortent de l'eau pour se transformer en insectes parfaits.

Phrygane. — Les derniers névroptères que nous ayons à examiner, les phryganes, sont extrêmement intéressants ; il faut être prévenu de leur présence, sans quoi on risquerait de ne point les apercevoir dans le troubleau qui les a pêchés.

Les larves de phryganes se construisent en effet un nid qui les enveloppe complètement et les cache à la vue. Ce nid est une sorte de fourreau

Phrygane et larve dans son fourreau.

cylindrique ouvert à ses deux extrémités ; nous représentons divers spécimens de nids de phryganes : les matières employées sont extrêmement variables, mais il ne faudrait pas croire que chacun d'eux correspond à une espèce spéciale. Non, les différences entre les fourreaux tiennent simplement aux matières que la larve a eues sous la main (si l'on peut s'exprimer ainsi) pour les construire. Généralement ce sont des petites bûchettes de bois d'une régularité remarquable et disposées transversalement en laissant au centre un espace cylindrique tapissé par de la soie. D'autres fois ce sont de simples brindilles de plantes, de fragments de végétaux verts, de vase, de cailloux, de coquilles, de petites planorbes, de feuilles mortes, etc. Une mention spéciale doit être faite pour une coque délicate, en forme de coquille, qui a été trouvée à Tenesse. Le plus souvent le fourreau est entièrement libre dans l'eau ; ce n'est qu'exceptionnellement qu'il est fixé à quelque plante aquatique. A l'état de repos, la larve y est complètement cachée, mais lorsqu'elle veut se déplacer, on voit sortir, d'une extrémité, la tête et les anneaux antérieurs munis de pattes. En arrière, elle

Larves de Phryganes dans leurs tubes.

est solidement cramponnée au nid par des crochets.

Pour l'examiner en détail, il faut l'extraire du nid et cela n'est pas très facile. On y arrive cependant en faisant pénétrer par l'arrière du fourreau la tête d'une épingle que l'on pousse petit à petit. La larve, agacée, finit par sortir ; on voit, dans ces conditions, que tout son abdomen est recouvert de sortes de poils blancs très jolis qui, sous la loupe, se montrent contenir des trachées ; ce sont des branchies trachéennes dont nous avons vu tant d'exemples chez les larves des névroptères. La larve, une fois sortie, marche avec assez de rapidité, mais dès qu'elle a retrouvé son nid, elle y pénètre par l'avant, puis fait volte-face et se trouve ainsi revenue à sa position originelle. Mais si on ne lui donne pas de nid, elle s'en fabrique généralement un autre.

Quand le moment de la nymphose est arrivé, la larve fixe son fourreau à une plante aquatique. A son intérieur, elle se transforme progressivement en une nymphe d'un blanc jaunâtre, ornée sur ses quatre derniers segments d'une strie latérale noire. Auparavant, elle a bouché les deux extrémités du fourreau avec de la soie.

Au printemps, la nymphe s'agite, perce son cocon et sort de l'eau. En nageant sur le dos, à la façon des notonectes, elle se rend à l'air sur une plante aquatique, puis elle se fend pour mettre en liberté l'insecte parfait.

Ordre des ORTHOPTÈRES.

Insectes à pièces buccales disposées pour mâcher, munis de deux paires d'ailes à nervation en général dissemblables et à métamorphose incomplète.

1ᵉʳ Sous-Ordre.

Orthoptères proprement dits.

Ailes antérieures étroites et dures, parfois coriaces. Ailes postérieures membraneuses et larges, se repliant en long.

Blatte. — De tous les insectes, celui qui inspire le plus de dégoût — après la punaise toutefois — est certainement la blatte qui n'a vraiment rien d'attrayant. Sa couleur noire, son corps aplati, ses formes disgracieuses, ses mœurs nocturnes, les dégâts qu'elle cause, son odeur désagréable, tout est fait pour nous la faire prendre en aversion et, n'était sa grande fécondité, il est probable qu'on l'aurait fait disparaître depuis longtemps de la surface de la terre.

Les blattes sont connues aussi sous les noms de cafards, cancrelats, kakerlacs, etc. En Russie, on les appelle des *Prussiens,* et en Allemagne, des *Russes.* C'est un prêté pour un rendu. Elles vivent dans les maisons, les casernes, les restaurants, les cuisines, les docks, tous endroits où elles trouvent à repaître

Blatte.

leur appétit toujours inassouvi. Très souvent elles arrivent à pénétrer dans les navires à l'intérieur desquels, de concert avec les rats et les souris, elles deviennent un véritable fléau. On cite aussi des villages où elles se sont multipliées à un tel point que les paysans se sont vus obligés d'abandonner leurs demeures.

Elles mangent pour ainsi dire tout ce qui leur tombe sous les mandibules : pain, cuir, matières alimentaires, papier, cirage, graines, etc. Il n'est pas rare de voir un sac parti rempli de blé ou de riz, arriver rempli de cafards. On les rencontre surtout dans les cuisines dont la chaleur paraît leur être très agréable. Dans le jour, elles restent cachées pour ne sortir que la nuit ; elles sont alors très timides et le moindre bruit suffit à les faire sauver.

Dans les boulangeries, la chaleur du four étant très favorable à leur reproduction, elles se multiplient beaucoup et mangent une grande quantité de farine.

Au moment de la reproduction, l'abdomen de la femelle gonfle énormément et on ne tarde pas à en voir sortir une masse très volumineuse dont les dimensions semblent hors de proportion avec l'insecte qui lui a donné naissance. Cette masse est une oothèque, c'est-à-dire un sac contenant des œufs ; elle a environ 6 millimètres de long. Sur l'un des bords allongés, on remarque une suture entrelacée ; sur les faces, il y a des stries transversales. L'intérieur en est divisé par une cloison longitudinale en deux cavités contenant chacune 18 œufs. La femelle porte cette volumineuse oothèque pendant assez longtemps, puis elle l'abandonne dans un coin. Les jeunes ne tardent pas alors à sortir au niveau de la suture entrelacée, secondés en cela par la mère qui les aide à déchirer la coque.

Pour détruire les blattes, on peut employer les poudres insecticides ou des matières alimentaires enduites de poison. On peut encore employer un bol entouré d'un linge et à l'intérieur duquel on met de la bière. Les blattes attirées par l'odeur, grimpent le long de la serviette et tombent dans le bol d'où elles ne peuvent se sauver.

Perce - oreilles. — Les perce-oreilles ne payent pas de mine, mais ils sont cependant moins dangereux qu'on ne le croit généralement. Le public s'imagine, en effet, qu'ils ont l'habitude de pénétrer dans les oreilles dans le but peu louable d'aller percer le tympan à l'aide de la pince, en apparence formidable qui termine leur abdomen. Il n'en est rien ; le nom lui-même de perce-oreilles ne vient nullement de cette soi-disant habitude, il fait seulement allusion à la pince qui ressemble tout à fait à un appareil que l'on employait jadis pour percer le lobe

de l'oreille des petites filles et leur permettre ainsi de s'orner le visage avec des boucles d'oreilles.

En général ce sont des insectes assez inoffensifs qui se contentent de lécher la sève des arbres ou le nectar des feuilles. Cependant quand ils se développent beaucoup, ils arrivent à devenir très nuisibles en dévorant les fleurs et les fruits dans les jardins. Ils ne sortent guère que la nuit ; durant la journée ils se cachent dans les coins, les feuilles enroulées, etc. Quand on les dérange ils courent avec rapidité et peuvent s'envoler, quoique assez difficilement.

On observe chez les femelles un curieux

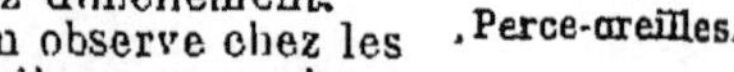

. Perce-oreilles.

trait d'amour maternel. Elles pondent leurs œufs dans des petites cavités du sol, mais ne les laissent pas sans protection ; elles les rassemblent, les soignent, les retournent, les lèchent sans cesse. Au moment de l'éclosion les petits se réfugient sous leur mère, comme les poussins sous la poule, et la mère les défend avec un grand courage.

Les perce-oreilles sont lucifuges, c'est-à-dire qu'ils fuient la lumière. Aussi, dans la journée, se cachent-ils dans les endroits obscurs, tels que les fissures des pierres et le dessous des écorces. Pour les attirer, on met des morceaux de fruits sous un pot de fleurs renversé. Vers midi, on fait la visite à ces appâts-pièges et on en brûle les habitants ; il ne faut pas les jeter à l'eau puisqu'ils nagent fort bien et se sauvent. On peut aussi les donner à manger aux poules qui en sont très friandes.

Criquet. — Les criquets doivent leur nom aux sons qu'ils émettent.

Dans la catégorie des musiciens, ils doivent prendre place parmi les violonistes. On y observe d'ailleurs toutes les gradations, mais l'appareil se résume toujours en un archet constitué par les pattes, frottant contre les ailes faisant, par suite, fonction de violon. Le plus compliqué se montre chez un criquet des plus bruyants, le *Stenobothrus*. Sur le flanc de chaque élytre, on aperçoit une tache plus ou moins translucide formée d'une membrane sèche et élastique, qui est la chanterelle ; elle est rehaussée, au-dessus, d'une forte nervure longitudinale et, des deux côtés, par deux autres nervures beaucoup plus fines et de nervures encore plus petites. Tout cela forme un ensemble rugueux ; en y faisant glisser une épingle, la membrane entre en vibration. Quant à l'archet, il est représenté par la cuisse postérieure qui, sur la face interne, présente une gouttière limitée par une petite côte saillante s'étendant tout le long du membre et striée en dentelière comme une lime. Plus cet archet frotte fort et vite sur la chanterelle, plus le

Criquet au vol.

son est fort Sur l'animal mort, on peut reproduire artificiellement cette friction et produire un chant ; mais, remarque que l'on peut faire pour tous les insectes stridulants, ce lui-ci est sensiblement moins fort que chez l'animal vivant ; mais cela tient très probablement à ce que nous ne savons pas nous servir de l'instrument aussi bien que l'insecte.

Chez les autres acridiens, la chanterelle est moins détachée du reste de l'élytre. Le plus souvent même. à l'endroit de la friction, les nervures ne sont ni plus abondantes ni plus âpres que partout ailleurs. Quant aux archets, ils sont nervés aussi bien en dedans qu'en dehors, ce qui prouve que les nervures, d'ailleurs lisses, n'ont pas été faites spécialement pour striduler. Malgré l'imperfection de cet appareil, le son produit s'entend assez bien : pour le produire, l'insecte s'arrête sur les quatre pattes de devant et plie les pattes postérieures de manière que la jambe soit logée dans la rainure de la cuisse qui lui est destinée. Puis les archets se mettent en mouvement, tantôt ensemble, tantôt l'un après l'autre, provoquant un grincement qui paraît faire plaisir à l'insecte. Les uns exécutent leur stridulation d'une manière continue ; les autres se contentent de passer trois ou quatre fois leurs cuisses sur leurs élytres, puis de se reposer un temps assez long. Un assez grand nombre exécutent ces mouvements, mais sans qu'il nous soit possible de percevoir le moindre son : cela tient sans doute à l'imperfection de notre appareil auditif, mais il serait bien intéressant d'étudier la question avec un microphone. Les femelles, notamment, sont pourvues d'archets lisses et ne donnent aucun son : mais, cependant, on les voit assez souvent frotter leurs cuisses sur leurs élytres, comme pour chanter. Mais peut-être est-ce là un mouvement produit par esprit d'imitation.

Les sons émis par les acridiens sont franchement en rapport avec la nécessité pour les mâles de charmer les femelles. Les premiers préludes de l'accouplement sont, en effet, la stridulation des mâles, qui est plus variée que dans les autres tribus d'orthoptères bruyants. « Chez le *Stenobothrus biguttulatus*, si commun dans toute l'Europe, elle est d'abord croissante en intensité, puis décroissante, et remarquable par son timbre métallique. On peut saisir dans beaucoup d'espèces, des rythmes assez nets pour qu'ils aient été notés en musique, aussi bien sur des espèces d'Europe que sur celles d'Amérique. On a mis en musique également les bruits de certains grylliens et locustiens, où les différences de rythme sont bien moins grandes que chez les acridiens violonistes. Les criquets musiciens, surtout les stenobothrus, toujours diurnes, montent sur les tiges des graminées, sur les feuilles des bas buissons, et font constamment retentir l'air d'une chanson aigre et monotone, composée de couplets sans nombre, de huit à dix secondes de durée, séparés par une pause de deux ou trois secondes. Lorsqu'ils ont ainsi chanté pendant un certain temps, s'ils ne voient venir aucune femelle, ils s'envolent, et vont se poser sur une autre tige, où ils recommencent leur stridulation. S'ils sont avertis de l'approche ou du voisinage d'une femelle, ils redoublent d'ardeur tant qu'elle est au loin ; mais, lorsqu'elle est voisine, ils changent la note en baissant le ton, adoucissent leurs accents d'appel, et ne font plus entendre qu'une stridulation douce et tendre, le chant d'amour. D'autres acridiens, à son moins éclatant, se tiennent presque toujours sur la terre, où ils marchent avec facilité et courent avec une assez grande vitesse. Ils y restent silencieux jusqu'au moment où ils aperçoivent une femelle ; alors ils courent à sa rencontre et s'arrêtent à petite distance. Là ils font entendre une stridulation faible, formée de quelques cris, et qu'il faut écouter avec attention si l'on veut la percevoir. Si la femelle reste immobile, ils s'élancent sur elle ; si elle continue à marcher, le mâle s'éloigne, pour revenir ensuite ou se mettre en quête d'une autre. » (M. Girard).

Sauterelle. — Si les criquets sont des violonistes, les locustiens ou sauterelles rentrent eux dans la catégorie des amateurs de tambour de basque. Chez eux, en effet, les sons sont produits par la friction des deux élytres, (chevauchant l'un sur l'autre), en deux points rugueux qui, tous deux, entrent en vibration, surtout l'un d'eux qui, semblable à la membrane d'un tambour, a reçu, en raison de son aspect brillant, le nom de « miroir ». Nous pourrons prendre, comme exemple, le dectique, sorte de sauterelle courte, comme dans le Midi, et que J. H. Fabre a décrit (1) : « Cela débute par un bruit sec, aigu, presque métallique, fort semblable à celui que fait entendre le tourde sur le qui-vive, quand il se gorge d'olives.

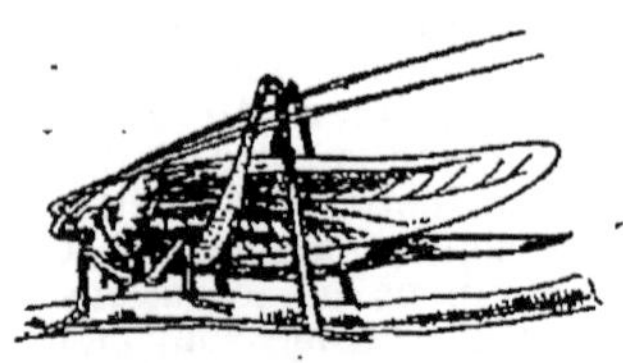

Sauterelle.

C'est une suite de coups isolés, *tik-tik*, longuement espacés. Puis, par *crescendo* graduel, le chant devient un cliquetis rapide où le *tik-tik* fondamental s'accompagne d'une sourde basse continue. En *finale*, le *crescendo* devient tel que la note métallique s'éteint et que le son se transforme en un simple bruit de frôlement, en un *frrr-frrr-frrr* de grande rapidité... Les élytres du dectique se dilatent à la base et forment sur le dos une dépression plane en triangle allongé. Voilà le champ sonore. L'élytre gauche y chevauche sur l'élytre droit et masque en plein, au repos, l'appareil musical de celui-ci. De cet appareil, la partie la mieux distincte, la mieux connue de temps immémorial, est le *miroir*, ainsi dénommé à cause du brillant de sa fine membrane ovalaire, enchâssée dans le cadre d'une nervure. C'est la peau d'un tambour, d'un tympanon d'exquise délicatesse, avec cette différence qu'elle résonne sans être percutée. Rien n'est en contact avec le miroir quand le dectique chante. Les vibrations lui sont communiquées, parties d'ailleurs. Et comment? Le voici. Sa bordure se prolonge à l'angle interne de la base par une obtuse et large dent, munie à l'extrémité d'un pli plus saillant, plus robuste que les autres nervures, çà et là réparties. Je nommerai ce pli *nervure de friction*. C'est là le point de départ de l'ébranlement qui fait résonner le miroir. L'évidence se fera quand le reste de l'appareil sera connu. Ce reste, mécanisme moteur, est sur l'élytre gauche, recouvrant l'autre de son rebord plan. Au dehors, rien de remarquable, si ce n'est, et encore quand on est averti, une sorte de bourrelet transversal, un peu oblique, que l'on pren-

(1) *Souvenirs entomologiques*, 6ᵉ série. Delagrave, édit.

drait tout simplement pour une nervure plus forte que les autres. Mais soumettons à l'examen de la loupe la face inférieure. Le bourrelet est bien mieux qu'une vulgaire nervure. C'est un instrument de haute précision, un superbe *archet* à crémaillère, merveilleux de régularité dans sa petitesse. Sa forme est celle d'un fuseau courbe. D'une extrémité à l'autre, il est gravé en travers d'environ 80 dents triangulaires, bien égales, en matière dure, inusable, d'un brun marron foncé. L'usage de ce bijou mécanique saute aux yeux. Si l'on soulève un peu sur le dectique mort le rebord plan des deux élytres pour mettre ceux-ci dans la position qu'ils prennent en résonnant, on voit l'archet engrener sa crémaillère sur la nervure terminale que je viens de nommer nervure de friction ; on voit le passage des dents qui, d'un bout à l'autre de la série, ne s'écartent jamais des points à ébranler ; et si la manœuvre est conduite avec quelque dextérité, le mort chante, c'est-à-dire fait entendre quelques notes de son cliquetis. La production du son chez le dectique n'a plus rien de caché. L'archet denté de l'élytre gauche est le moteur ; la nervure de friction de l'élytre droit est le point d'ébranlement ; la pellicule tendue du miroir est l'organe résonnateur qui vibre par l'intermédiaire de son cadre ébranlé. Notre musique a bien des membranes vivantes, mais toujours par percussion directe. Plus hardi que nos luthiers, le dectique associe l'archet avec le tympanon. La même association se retrouve chez les autres locustiens. La plus célèbre d'entre eux est la *Sauterelle verte* qui, au mérite d'une taille avantageuse et d'une belle coloration verte, joint l'honneur de la renommée classique. Pour La Fontaine, c'était la cigale qui vient quémander auprès de la fourmi, lorsque la bise est venue. A quelques détails près, son instrument musical est celui du dectique. Il occupe, à la base des élytres, une ample dépression en triangle courbe et brunâtre cerné de jaune obscur. C'est une sorte d'écusson nobiliaire, chargé d'hiéroglyphes héraldiques. L'élytre gauche, superposée au droit, est gravé en dessous de deux sillons transverses et parallèles dont l'intervalle fait saillie en dessous et constitue l'archet. Celui-ci, fuseau de couleur brune, a les dents fines, très régulières et très nombreuses. Le miroir de l'élytre droit est presque circulaire, bien encadré, avec forte nervure de friction. L'insecte stridule en juillet et août, au crépuscule du soir, vers les dix heures. C'est un rapide bruit de rouet, accompagné d'un subtil cliquetis métallique, sur la limite des sons perceptibles. Le ventre, amplement rabaissé, palpite et bat la mesure. Cela dure des périodes non réglées et brusquement cesse ; cela s'entremêle de fausses reprises réduites à quelques coups d'archet, hésite, recommence en plein. »

Éphippigère. — Chez l'éphippigère, le son est plus intense ; il fait entendre un plaintif et traînant *tchiū-tchiū-tchiū*, en mode mineur. Mais il faut remarquer que, chez lui, les élytres, trop courts,

Éphippigère.

ne servent plus à voler et ont pu se transformer ainsi tout entiers en organes de chant. L'écaille de gauche porte en dessous une crémaillère de 80 denticulations transversales très vigoureuses. L'écaille de droite porte le miroir avec une forte nervure. Tandis que chez les autres locustiens, le mâle seul stridule; ici les deux sexes peuvent chanter, mais, fait curieux, le mâle est gaucher et opère de l'élytre supérieur, alors que la femelle est droitière et racle de l'élytre inférieur. Chez elle, d'ailleurs, il n'y a pas de miroir et le chant est plus plaintif que celui du mâle.

Les éphippigères n'ont que des ailes très réduites. Leur prothorax est rugueux et ressemble à un bouclier. Elles mangent des raisins.

Mante religieuse. — L'aspect de la mante ne manque pas d'élégance, bien qu'il paraisse un peu « excentrique » au premier abord. Sa taille est svelte ; ses longues ailes de gaze sont du plus beau vert et son fin museau, porté par un long cou, lui donne l'air espiègle. Seule de tous les insectes, elle dirige son regard dans tous les sens, inspectant sans cesse les environs. Cette mobilité de la tête donne à l'insecte un air étrange qui est encore augmenté par la présence de ses longues pattes et surtout celles de la paire antérieure que l'animal est obligé de tenir constamment pliées.

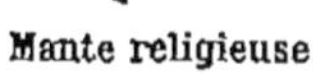

Mante religieuse.

La mante se tient en général sur les plantes basses, immobile et se contentant de tourner la tête de droite et de gauche,

Malgré son nom et son aspect mystique, la mante est un des insectes les plus féroces de nos champs, c'est un véritable bandit qui passe son existence à semer le carnage parmi les bestioles à six pattes qui l'environnent. Si elle ne remue pas, c'est dans le but de laisser celles-ci s'approcher, et, si elle tient ses pattes relevées, c'est pour être toute prête à la capture. Ces pattes antérieures — que l'on a si bien nommées les *pattes ravisseuses* — sont en effet ses instruments de mort. La hanche en est d'une longueur inaccoutumée pour permettre de lancer rapidement au loin le véritable piège à loup qu'elle porte à l'extrémité. Ce piège est formé de deux parties : la cuisse, sorte de scie à deux lames parallèles, laissant au milieu une gouttière, et la jambe, scie également double mais à pointe plus fine qui se replie sur la première. La jambe, enfin, se termine par un croc canaliculé très aigu.

Les pattes ravisseuses forment donc une vaste tenaille qui fait même de cruelles blessures au doigt imprudent qui vient s'y laisser prendre. Au repos, elles sont repliées sous la poitrine ; mais vienne à passer une proie, le traquenard, déployé en un clin d'œil, est projeté sur elle, déployé, puis brusquement refermé : l'insecte est pris, broyé et malgré sa force ne peut plus échapper.

Les Mantes, surtout au moment où elles sont remplies d'œufs, sont entre elles assez mauvaises camarades ; les femelles ne se font pas faute non plus de manger les mâles, sensiblement moins forts qu'elles. Ceux-ci d'ailleurs savent à quoi ils s'exposent, car en se rapprochant d'elles, ils ne le font qu'avec circonspection.

Le nid de la mante mérite attention. C'est une masse volumineuse de quatre centimètres de longueur sur deux de largeur, sorte de gâteau de couleur blonde accolé sur les souches des vignes, les pierres, le bois, les tiges sèches des herbages, les brindilles des arbrisseaux, etc. La face supérieure en est régulièrement convexe avec trois zones longitudinales bien accentuées. La médiane est formée de lamelles imbriquées, laissant entre elles des fissures destinées à faciliter la sortie des jeunes au moment de l'éclosion. Les zones latérales ne présentent aucun entrebâillement. Si l'on coupe ce nid en travers, on voit que les œufs sont noyés dans une gangue jaunâtre d'aspect corné, rangés par couches concentriques et courbes. Fabre a pu se rendre compte du mode de formation du nid ; nous allons résumer ses observations.

Pendant la ponte, le bout du ventre est constamment immergé dans un flot d'écume d'un blanc grisâtre, un peu visqueuse et presque semblable à de la mousse de savon. Deux minutes après, elle est solidifiée et sa consistance est celle que l'on constate sur un vieux nid. La masse spumeuse se compose en majeure partie d'air emprisonné dans

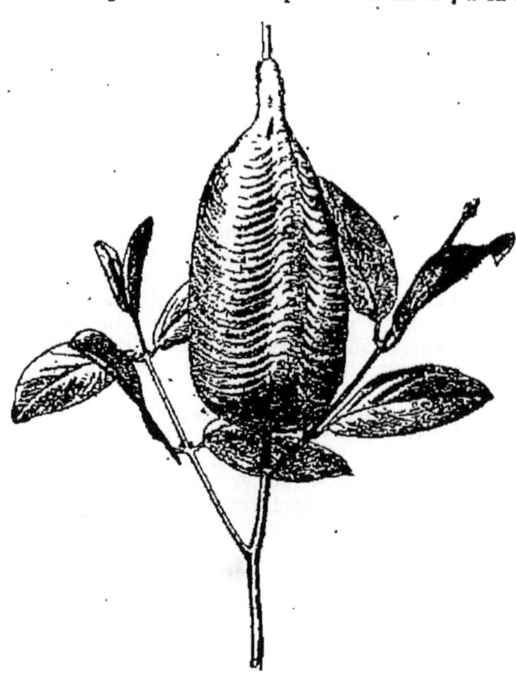

Ponte de Mante religieuse.

de petites bulles. Cet air, qui donne au nid un volume bien supérieur à celui du ventre de la mante, ne provient pas évidemment de l'insecte, quoique l'écume apparaisse dès le seuil des organes génitaux ; il est emprunté à l'atmosphère. La mante construit donc surtout avec de l'air, éminemment apte à protéger le nid contre les intempéries. Elle rejette une composition gluante, analogue au liquide à soie des chenilles, et de cette composition amalgamée avec l'air extérieur, elle produit l'écume.

Elle fouette son produit comme nous fouettons le blanc des œufs pour le faire gonfler et mousser. L'extrémité de l'abdomen, ouverte d'une longue fente, forme deux amples cuillers latérales qui se rapprochent, s'écartent d'un mouvement rapide, continuel, battent le liquide visqueux et le convertissent en écume à mesure qu'il est déversé au dehors. On voit en outre, entre les deux cuillers baillantes, monter et descendre, aller et venir, en manière de tiges de piston, les organes internes, dont il est impossible de démêler le jeu précis,

noyés qu'ils sont dans l'opaque flot mousseux.

Le bout du ventre, toujours palpitant, ouvrant et refermant ses valves avec rapidité, exécute des oscillations de droite à gauche et de gauche à droite à la façon d'un pendule. De chacune de ces oscillations résultent à l'intérieur une couche d'œufs, à l'extérieur un sillon transversal. A mesure qu'il avance dans l'arc décrit, brusquement, à des intervalles très rapprochés, il plonge davantage dans l'écume, comme s'il enfonçait quelque chose au fond de l'amas mousseux. Chaque fois, à n'en pas douter, un œuf est déposé.

C'est ordinairement vers le 10 juin que se fait l'éclosion. Les nouveau-nés glissent sur les lames médianes et sortent au dehors. Mais combien ils sont différents des adultes ! La tête est opalescente et obtuse : sous une tunique générale, on voit de gros yeux noirs. Les pièces de la bouche sont étalées contre la poitrine et les pattes sont collées au corps d'avant en arrière. Cet emmaillotage est évidemment destiné à protéger la jeune larve des injures des coques vides et des voies tortueuses qu'il leur faut traverser.

Cette « larve primaire » ne reste pas à cet état. « Sous les lamelles de la zone de sortie, les larves primaires se montrent. Dans la tête se fait un puissant afflux d'humeurs qui la ballonnent, la convertissant en une hernie diaphane, à continuelles palpitations. Ainsi se prépare la machine de rupture. En même temps, à demi engagé sous son écaille, l'animalcule oscille, avance, se retire. Chacune de ces oscillations est accompagnée d'un accroissement dans la turgescence céphalique. Enfin le prothorax fait gros dos, la tête s'infléchit fortement vers la poitrine. La tunique se rompt sur le prothorax. La bestiole tiraille, se démène, oscille, se courbe, se redresse. Les pattes sont extraites de leurs fourreaux ; les antennes, deux longs fils parallèles, se libèrent semblablement. L'animal ne tient plus au nid que par un cordon en ruine. Quelques secousses achèvent la délivrance. Voilà l'insecte avec sa véritable forme larvaire. Il reste en place une sorte de cordon irrégulier, une nippe informe que le moindre souffle agite comme un frêle duvet. C'est, réduite à un chiffon, la casaque de sortie violemment dépouillée. »

A peine sorties du nid, les jeunes

larves sont en butte à une multitude d'ennemis, parmi lesquels les lézards et les fourmis sont particulièrement à citer.

Grillon. — Par les belles journées ensoleillées du printemps et de l'été, les champs exhalent une joyeuse musique. Cette fanfare, composée de cri-cri-cri souvent répétés, est due à des insectes, des grillons, dont la livrée, il faut bien l'avouer, n'est pas digne de leur ramage. Avec leur tête volumineuse, leur teinte noire uniforme, leur ventre

Grillon.

bedonnant et mou, ils seraient considérés comme de vilaines bêtes, si leur chant si gai ne leur attirait les sympathies. En les fréquentant, on finit même par les trouver « très gentils » ; quel est l'enfant qui, à l'école, n'en a élevé dans son pupitre, au risque de s'attirer des pensums et des retenues?

Le mâle, d'ailleurs, est plus joli que la femelle : ses élytres sont durs et ornés de dessins artistiques rappelant assez bien le cuir repoussé; ceux de la femelle sont plus mous et moins ornés.

Les grillons vivent dans les champs et les prairies, où ils se creusent des trous assez profonds, de la grosseur environ du pouce. Souvent ces terriers s'enfoncent d'abord horizontalement, puis, faisant un coude, deviennent verticaux. Chaque trou est habité par un seul individu qui creuse son puits lui-même ou, très souvent, s'empare d'un puits déjà existant. Parfois un grillon, à la recherche d'un domicile gratuit, s'introduit dans le tuyau et, arrivant au fond, rencontre un premier occupant : il en résulte une lutte terrible où l'un des combattants laisse souvent sa vie, à moins qu'il n'ait pu s'échapper à temps, mais toujours plus ou moins éclopé.

L'insecte demeure une grande partie de la journée dans son trou et se contente de venir de temps en temps mettre sa tête à la fenêtre pour lancer dans l'air sa joyeuse chanson. La nuit, il en sort tout à fait pour aller se réconforter avec des brins d'herbe ou de petits insectes. Mais, au moindre bruit, il revient à son puits pour s'y réfugier, il n'en sort que lorsque toute crainte de danger a disparu ; néanmoins, les enfants trouvent moyen de l'en faire déguerpir en introduisant une paille jusqu'au fond du trou. Le grillon, furieux, saisit le brin d'herbe avec ses mandibules et, comme il ne lâche pas prise, se laisse traîner au dehors. Il s'élève bien en captivité; on le nourrit avec de la farine et du pain, le tout avec un peu d'eau et de l'herbe fraîche.

Pour creuser son trou, le grillon enlève la terre avec ses mandibules et l'emporte assez loin en marchant à reculons pour la rejeter en arrière par un brusque mouvement des pattes postérieures, et revient alors à son trou pour recommencer le même manège. La longueur de celui-ci varie de 15 à 22 centimètres ; il n'est pas assez large pour permettre à l'animal de s'y retourner ; aussi le grillon a-t-il soin d'y entrer à reculons.

Les grillons sont d'une grande propreté ; ils passent une grande partie de leur matinée à nettoyer leurs antennes et leurs pattes. A cet effet ils font passer ces appendices entre leurs mandibules. Ils marchent et sautillent très mal, et d'autre part, ne possédant que des ailes très rudimentaires, ils ne peuvent voler.

Le mâle seul chante, en partie, semble-t-il, pour son plaisir, en partie pour appeler la femelle. Son cri-cri est produit par le frottement des ailes. Voici, d'après M. Girard, la description de cet appareil stridulent :

« En examinant avec attention l'élytre du mâle, on voit que le champ discoïdal est formé d'une membrane sèche, mince, translucide, qui produit un son très distinct quand on la froisse. On y voit deux plans comprenant entre eux un angle droit, en arête renforcée par quatre nervures droites, longitudinales et parallèles, l'un des plans couvre le dos de l'insecte, l'autre le flanc. La région qui recouvre le dos est divisée en un grand nombre d'aréoles par d'autres nervures courbes, régulièrement contournées, formant deux systèmes principaux.

« Le premier est composé de quatre nervures ou cordes qui s'appuient sur une nervure remarquable, l'*archet*, branche basilaire de la nervure interno-médiane (Fischer) anguleuse de l'aile ; le second est formé de trois nervures prenant leur origine à la brosse, faisceau de poils courts et raides situé au bord interne, au-dessous de l'origine de l'archet. Entre les deux systèmes de nervure, est un espace subtrigone, la *chanterelle*, plus translucide que le reste, circonscrit par une nervure ; le bout de l'élytre est réticulé. Pour bien voir l'archet, il faut regarder l'élytre en dessous avec une forte loupe ; c'est une nervure partant du bord interne vers la base de l'élytre, s'étendant transversalement un peu en remontant et se terminant par un retour qui s'élève vers l'origine de l'élytre. Cette grosse nervure, plus épaisse à son milieu qu'à ses extrémités, est saillante en dessous et denticulée d'une manière très subtile et très serrée par des stries transverses simulant une lime ou des dents de peigne.

« Si on examine des grillons captifs, on voit très bien la manière dont le mâle chante. L'insecte commence par se poser les pattes étendues, la poitrine contre terre et l'abdomen un peu relevé; dans cette attitude, il soulève ses élytres et les frotte rapidement l'un contre l'autre.

« Le son produit est d'autant plus vif et plus fort que le mouvement est plus rapide et la pression plus considérable. Si l'on se représente les deux élytres croisés et flottant l'un sur l'autre, on voit que l'archet du supérieur passe sur la chanterelle de l'inférieur et que ses stries frottant sur les bords de celui-ci y excitent des vibrations qui se répètent sur tout l'élytre par la loi acoustique de la communication des mouvements vibratoires. Par réaction, l'archet vibre lui-même et met en vibration l'élytre auquel il est attaché, en sorte que la stridulation résulte de la vibration simultanée des deux élytres. Les nervures transversales divisent la surface en un grand nombre d'aéroles de formes variées, ayant chacune un son partiel, et la résultante de ces sons forme la stridulation. On peut donc comparer l'appareil musical du grillon à un tambour de basque qui serait divisé en un grand nombre de compartiments par des cordes incrustées dans la peau, et qui serait en outre traversé par une grosse corde à nœuds sur laquelle on passerait une lame élastique.

« Lorsque l'insecte croise ses élytres rapidement l'un contre l'autre et qu'il fait passer l'archet dans toute sa longueur sur la chanterelle, il produit la stridulation vive et bruyante qu'on entend ordinairement et qui est son chant d'appel ; mais lorsqu'il frotte seulement la brosse contre le bord interne de la chanterelle et l'élytre inférieur, le chant devient doux et tendre, expression de contentement du mâle, joyeux d'avoir trouvé une femelle disposée à s'accoupler. On peut produire artificiellement le chant sur un insecte vivant ou sur un insecte mort dont les articulations ont conservé leur souplesse ; il faut pour cela soulever les élytres et les frotter l'un contre l'autre à l'aide d'une épingle. On fait encore résonner l'archet en passant la pointe d'une épingle sur les stries dont il est rayé. Les sons ne sont pas aussi éclatants qu'à l'état de vie et de liberté, mais suffisent pour démontrer le mécanisme de la stridulation.

« On n'aperçoit aucune différence dans la structure des élytres du grillon champêtre, parfaitement symétriques et qui peuvent rendre des sons, quel que soit l'ordre de leur croisement ; mais ordinairement, comme chez tous les grillons, l'élytre droit est placé au-dessus du gauche. »

Fait curieux, tous les grillons chantent de manière à faire concorder leurs rythmes.

Lorsque la femelle est attirée par le chant, celui-ci change de ton. Au lieu d'être criard, il se fait doux, les notes deviennent tendres et s'entremêlent d'un son vif et bref qui revient régulièrement à des intervalles très rapprochés. C'est le chant d'amour succédant aux cris d'appel.

La femelle pond au fond de son trou et les jeunes qui en naissent bientôt se répandent dans la campagne en se cachant sous les pierres ou les mottes de terre. Ce n'est que lorsqu'ils sont plus grands qu'ils commencent à se creuser des terriers où ils passent l'hiver dans un engourdissement presque complet.

L'histoire que nous venons de rapporter est celle du grillon des champs. Celle du grillon domestique est à peu près la même avec cette différence qu'il vit dans les maisons, notamment dans les cuisines où en compagnie des blattes, il cause quelques dégâts.

Bien entendu, les grillons domestiques ne peuvent se creuser des puits comme leurs collègues des champs, mais, heureusement pour eux, les endroits où ils peuvent se cacher ne manquent pas. La femelle insinue ses œufs dans les coins et dans les balayures, surtout dans les endroits chauds ; la tiédeur de l'âtre est pour elle et sa progéniture une place de choix.

Taupe-grillon. — La taupe-grillon ou courtilière (*Gryllotalpa vulgaris*) est bien connue des jardiniers. C'est un très gros insecte, à l'aspect ré

Courtilière.

pugnant, remarquable par ses pattes de devant, très larges et disposées pour servir de pelles ou de rateaux, ses ailes très réduites et dont les postérieures ressemblent plutôt à un fouet, ce qui ne les empêche pas de voler quelquefois. Elle vit dans la terre à la manière des taupes et coupe les racines dont elle se nourrit. Le soir, elle sort de terre et court à la surface du sol. Elle pond dans la terre. C'est un animal très nuisible : pour le capturer, le plus simple est de répandre dans les jardins des abris humides tels que des nattes ou des tranches de citrouille déposées sur le sol. On les visite le matin et, bien souvent, on y trouve des taupes-grillons à demi engourdies et que l'on s'empresse de couper d'un coup de bêche.

2ᵉ SOUS-ORDRE.

Orthoptères pseudo-névroptères.

Ailes membraneuses ne se pliant généralement pas.

Termite. — Les termites sont les uns *mâles*, les autres *femelles*, d'autres *neutres*, c'est-à-dire sans sexe. Parmi ces derniers, les plus gros sont appelés *soldats*. Les termites habitent presque

Termite mâle.   Termite femelle.

tous les pays chauds. Dans le Sud-Ouest de la France, on en rencontre cependant une espèce, le termite lucifuge qui, ainsi que son nom le rappelle, craint beaucoup la lumière, comme tous les autres termites d'ailleurs. Ce sont d'ailleurs des animaux très nuisibles. « Quand la termitière est placée dans une maison, elle est installée en général dans le voisinage d'un four, d'une forge, ou d'une cheminée, c'est-à-dire dans les endroits où règne constamment une douce chaleur. Les termites n'en sortent jamais à découvert pour travailler. En général, toutes les fois qu'ils veulent se rendre d'un point à un autre, ils construisent avec des matériaux agglutinés par leur abondante salive des tubes cylindriques très friables, d'un brun grisâtre, larges de 4 millimètres environ, de façon à former une galerie couverte, réunissant les deux points opposés. De la termitière partent de semblables galeries, qui se ramifient tantôt dans les planches, les solives, les lambris, tantôt dans les murs ou sur les murs, tantôt enfin dans la terre.

« Elles s'étendent en toutes direc-tions, à des distances de 30 à 40 mètres, de sorte que souvent la maison voisine est plus infestée que celle où se trouve la termitière. On voit de ces tubes verticaux allant le long du mur, du plancher supérieur au plancher inférieur d'une pièce, et sans cesse remplie de termites voyageant : ce tube en construction s'allonge, dit-on, de près d'un décimètre par jour. Les tuyaux de cheminement sont formés de parcelles de bois mêlées aux excréments, ce qui explique pourquoi on ne trouve presque pas de crottins dans des bois pleins d'insectes et entièrement rongés, sauf aux surfaces exposées à la lumière. Il est fort curieux de voir avec quelle précision les termites construisent leurs galeries pour pénétrer dans les objets à ronger par les points obscurs. C'est toujours immédiatement sur le pied d'un meuble qu'ils entrent pour exercer leurs ravages. Ils ne se trompent jamais sur la largeur, même très petite, de ce pied, en sortant de la planche sur laquelle il repose, car jamais on ne voit ailleurs de faux trous. Des marrons séparés les uns des autres sur les étagères d'un fruitier se sont trouvés dévorés, et il n'y avait qu'un très petit trou sous chacun d'eux. Un sac d'avoine, debout dans un grenier sur un plancher neuf, à 3 mètres des murs, contenait à sa base, quand on le déplaça, plus de 100 000 termites qui, pour arriver immédiatement au-dessous, avaient dû perforer l'intérieur d'une planche d'un mur au sac. » (M. Girard.)

Termite neutre

De Quatrefages, qui avait été chargé d'étudier les dégâts causés par les termites, a pu observer comment les termites se comportent au début de la formation de leurs termitières. Il tenait les termites dans un bocal à moitié plein ; ses prisonniers ne pouvaient ainsi escalader les parois de verre, et en les garantissant de la lumière, en les observant le soir ou les surprenant à l'improviste, il a pu suivre en détail les travaux qui leur firent transformer en une petite termitière l'amas confus de terreau et de débris au milieu desquels ils étaient ensevelis d'abord. A peine le bocal était-il installé depuis quelques instants, que chacun chercha à se réunir à ses compagnons. Quelques-uns essayèrent de grimper le long des parois lisses de leur prison ; mais après quelques tentatives inutiles, ils s'enfoncèrent sous terre. La troupe entière fut bientôt dégagée, et on la vit partagée en petites bandes dans le fond du bocal, du côté le plus obscur. Au bout de quelques heures, ces groupes étaient réunis en un seul. A partir de ce moment les travaux commencèrent et marchèrent avec ensemble.

« Le premier soin des termites, raconte de Quatrefages, fut d'établir autour du bocal une espèce de grande route, et comme les matériaux étaient très inégalement répartis, ils eurent à faire pour cela des déblais et des remblais. Les premiers étaient faciles ; les seconds donnèrent plus de peine. Les ouvriers transportèrent d'abord une certaine quantité de terre destinée à élever suffisamment le sol, puis au-dessus ils installèrent une voûte. Je les voyais arriver à la suite les uns des autres, chacun portant entre ses mâchoires une petite masse de terre qu'il appliquait, sans presque s'arrêter, au bord saillant de l'ouvrage puis il descendait par une espèce de rampe ménagée exprès, et rentrait sous terre par une galerie spéciale. Quelques-uns me semblèrent dégorger sur les matériaux déjà en place un liquide destiné sans doute à les consolider. Pendant tous ces travaux, les soldats me parurent jouer bien évidemment le rôle de chefs et de surveillants. Je les voyais en petit nombre mêlés aux ouvriers, toujours isolés et ne travaillant jamais eux-mêmes. Par moments, ils faisaient avec le corps entier une sorte de trémoussement et frappaient le sol de leurs pinces ; aussitôt tous les ouvriers voisins exécutaient le même mouvement et redoublaient d'activité. En vingt heures, la galerie circulaire se trouva en état de servir ; il est vrai que les parois du bocal en formaient presque la moitié. En même temps, le terrain avait été consolidé, sa surface aplanie, et un bouchon que j'y avais déposé était à moitié enterré. Je leur en donnai alors trois autres ; j'y ajoutai successivement une boule de papier très serrée et une grosse boule de mie de pain. Ces divers matériaux restèrent exactement dans la position résultant du hasard de leur chute, et je crus d'abord qu'ils étaient dédaignés par les termites; mais ayant renversé le bocal sens dessus dessous au bout de quelques jours, ils restèrent tous en place malgré leur poids. Ils avaient été soudés l'un à l'autre, et je pus reconnaître plus tard, en les ouvrant, que les insectes y avaient percé plus d'une galerie, bien que ce travail de soudure et d'érosion fût parfaitement inappréciable à l'intérieur. Le travail de mes prisonniers me parut marcher d'abord sans discontinuité : il se ralentit lorsque les gros ouvrages furent terminés. Au reste, peu de jours leur suffi-

rent pour achever la termitière. A cette époque, mon grand bouchon était presque entièrement enterré, et le terrain avait été élevé au niveau des deux autres. Toute la surface du sol était unie, sans ouverture apparente, et le terreau, qui au commencement de l'expérience était aussi mobile que du sable fin, avait été si bien consolidé qu'il s'en détachait à peine quelques parcelles lorsqu'on renversait le bocal. Sous cette espèce de route, et tout à fait dans le bas, régnait tout autour du bocal une galerie large de 1 centimètre et haut de 1 centimètre et demi, en forme de demi-voûte, appuyée contre les parois transparentes du verre. Plusieurs ouvertures partaient de ce chemin de ronde et donnaient accès dans les chambres à voûtes, surbaissées, assez spacieuses pour contenir trente à quarante ouvriers. Celles-ci communiquaient avec d'autres appartements intérieurs par des portes très basses, où cinq ou six ouvriers pouvaient passer de front. » Les Termites se tinrent ensuite tranquilles.

Éphémère. — On a fait de l'éphémère, l'emblème de tout ce qui est passager, fugace, et ne dure qu'un jour. Peu d'êtres ont, en effet, comme lui, une vie aussi courte et la plupart, au moins les mâles, nés le matin, meurent le soir, grisés de soleil et d'amour. Ceci n'est vrai, cependant, que si l'on ne considère l'animal que sous sa forme adulte; il faut remarquer qu'il vit très longtemps à l'état de larve, se promenant, mangeant, respirant, menant, en un mot, une existence indépendante et active.

Larve
d'Éphémère.

Dans ces conditions, la vie de l'éphémère ne diffère en rien de celle des autres êtres vivants.

Les éphémères se reconnaissent facilement à leur vol qui est irrégulier et non « bourdonnant » comme celui des cousins, leurs ailes relativement longues et délicates, les deux, trois longues soies qui terminent leur abdomen et les longues pattes antérieures étendues en avant pour équilibrer le vol et ressemblant à des antennes. Quant à leur bouche, elle est dépourvue de tout appendice; elle ne peut ni mastiquer, ni piquer. Ne vivant qu'un jour, les éphémères n'ont pas besoin de manger.

A certaines époques de l'année, les éphémères apparaissent en grand nombre et viennent voltiger au-dessus des eaux douces; beaucoup se noient et sont de suite happés par les poissons, leur procurant ainsi une nourriture aussi abondante qu'agréable. Leur présence amène dans la gent poissonnière un remue-ménage dont savent profiter les pêcheurs, lesquels donnent aux éphémères le nom de « manne ». Ils ont dès son éclosion, et en l'empêchant par suite de s'accoupler on peut le garder vivant pendant près d'une semaine.

Quant à la femelle, elle va à la surface de l'eau et y dépose ses œufs sous forme d'une grappe qui ne tarde pas à aller au fond. Si elle se sent valide, elle

Palingénies, au vol.

air, comme disent les pêcheurs, de danser au-dessus de l'eau ; cette apparence vient de ce qu'ils ne volent pas latéralement, mais s'élèvent en ligne droite. Arrivés en haut de leur course, ils se laissent tomber en étendant leurs ailes, formant parachute, puis remontent à nouveau et ainsi de suite. C'est dans sa courte existence aérienne que le mâle recherche une femelle. Le couple ne s'arrête pas, mais c'est plutôt la femelle qui vole, supportant le mâle cramponné sur son dos. Quand ils se séparent, le mâle va quelquefois offrir ses services à une autre femelle, puis à une autre et ainsi de suite, mais aussitôt le crépuscule venu, il meurt et tombe à l'eau pour la plus grande joie des poissons. — En capturant un mâle accepte de nouveau un mâle et pond une nouvelle grappe d'œufs. Puis elle recommence jusqu'à ce qu'ayant suffisamment fait pour la conservation de l'espèce, elle meure épuisée.

Les éphémères éclosent surtout quelques heures après le lever du soleil ou peu de temps avant son coucher, presque jamais au milieu du jour. On a de tout temps remarqué que l'éclosion est particulièrement abondante lorsqu'un orage se prépare : leur venue abondante est donc un signe de pluie. « Pictet dit avoir presque toujours vu en particulier le *Bœtis semihyalina* se montrer régulièrement quand le temps va devenir pluvieux. — En Hollande, pays aux multiples canaux, on voit souvent le ciel s'obscurcir tout à coup comme s'il était couvert de nuages, et cette apparence est due à un nombre immense d'éphémères, qui naissent tous à la fois, et qui, après leur mort, couvrent les rivages, les bateaux, etc., en formant quelquefois une couche de trois centimètres d'épaisseur.

« A Paris, on observe par moment la *Palingenia* assez abondante pour présenter, comme le dit Latreille, l'apparence d'une neige tombant à gros flocons : les journaux, en racontant le fait, les prennent d'ordinaire pour des pluies de papillons blancs. A Genève, de Candolle rapporte qu'une petite espèce envahit une fois les chambres éclairées de sa maison située sur le bord du lac, au point que les meubles en furent couverts d'une couche épaisse. » (M. Girard.)

Au bord de quelques rivières, l'Oise par exemple, les riverains allument de grands feux, qui attirent les éphémères et ne tardent pas à les asphyxier : ils tombent notamment dans l'eau, assurant pour le lendemain une belle pêche. Ailleurs, on récolte les cadavres des éphémères, on les malaxe avec de l'argile, et on en fait des boulettes, dont on se sert comme amorces pour la pêche.

Les habitants de la Carniole utilisent les éphémères comme engrais. Leur nombre en est si abondant que, près du lac de Laz, on peut en juin, en récolter 20 chariots que l'on va répandre sur les champs pour lesquels ils constituent une excellente fumure. En Hollande, on les utilise de la même façon.

Les œufs pondus dans l'eau donnent naturellement naissance à des larves aquatiques. Celles-ci sont remarquables en ce qu'elles possèdent à droite et à gauche du corps une série de palettes arrondies qui leur servent, non à nager comme on pourrait le croire, mais à respirer. Elles donnent naissance à des nymphes, d'où sort, particularité unique dans le monde des insectes, non l'insecte adulte, mais une forme intermédiaire, qui ne donne naissance à l'animal parfait qu'après s'être dépouillée encore une fois de sa peau y compris les ailes.

« Cette nymphe active ou *Subimago*, dit Brehm, se tient immobile un certain temps, les ailes étendues horizontalement, puis commence à imprimer à tout son corps un tremblement continu : sous cette influence, l'abdomen se fend, et la déchirure produite se prolonge lentement vers la partie antérieure. Dans cette opération, les épines, qui garnissent latéralement les anneaux jouent un rôle important en fournissant un point d'appui très utile qui s'oppose à tout mouvement de recul.

« La pression exercée par l'animal au niveau de la région thoracique et céphalique de cette nymphe active, produit une violente tension de cette membrane à la partie dorsale du thorax et finit par la faire éclater suivant la ligne médiane. Les bords de cette fente s'écartent du côté des ailes, et la face dorsale du thorax de l'éphémère, complètement développée, apparaît blanche et brillante au milieu de la dépouille de la nymphe ; sous les efforts répétés de l'insecte, la tête apparaît au dehors. Les ailes de la nymphe retombent alors en forme de toit le long du corps, tandis que celles de l'insecte adulte ou *Imago* sortent presque en même temps que les pattes antérieures qui, d'abord appliquées contre le corps, s'étendent au moment où les ailes récemment développées se dressent en l'air ; ses tarses se fixent alors solidement à l'objet sur lequel reposait la nymphe. L'insecte se repose quelques secondes, dégage son abdomen ainsi que ses soies caudales et ses pattes postérieures, nettoie sa tête et ses antennes à l'aide de ses pattes antérieures, et d'un vol rapide disparaît aux yeux de l'observateur. »

Libellule. — Les libellules abondent particulièrement au-dessus des marais et au bord des rivières. — Presque toujours en mouvement, elles traversent l'air comme une flèche, en droite ligne, puis, brusquement, font un coude à droite ou à gauche. Un instant après, elles dévient encore au moment où l'on s'y attend le moins.

Leur corps est pourvu de couleurs métalliques admirables, où dominent le bleu, le rouge et le vert, le tout d'un éclat incomparable et comme velouté. Chez certaines espèces, les ailes elles-mêmes sont, en outre, entièrement colorées ou présentent au bout des taches fort jolies.

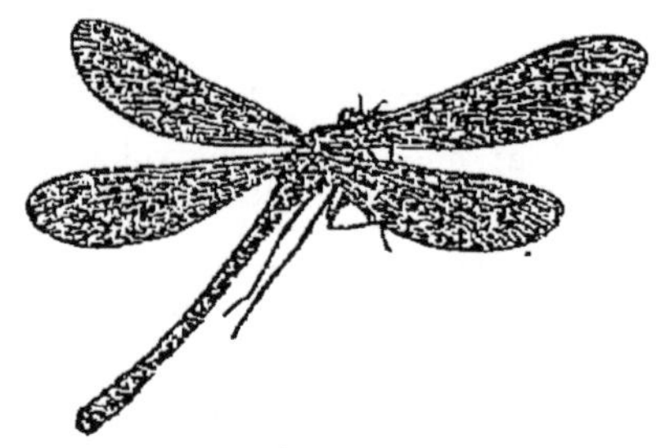

Libellule.

Vues de près, cependant, les libellules sont moins agréables à voir qu'au vol : il y a véritablement une disproportion trop grande entre leur tête volumineuse, pourvue de deux yeux énormes, leur thorax également bouffi par suite de la présence à l'intérieur des muscles puissants faisant mouvoir les ailes, et l'abdomen démesurément long et grêle, semblant même desséché. Leur sveltesse, jointe à leurs reflets soyeux et bariolés et à leurs mouvements joyeux et souples, leur a fait donner en France le nom de « demoiselles ».

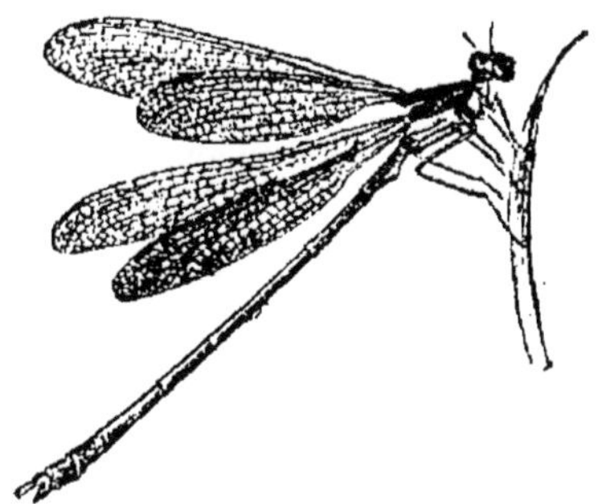

Demoiselle.

Les ailes des libellules sont au nombre de quatre et transparentes comme du papier à calquer ; de consistance un peu sèche, elles sont soutenues par un riche réseau de nervures, à mailles serrées et aplaties comme une feuille de papier. Le nom de « libellula » est, d'ailleurs, un diminutif de « libellus », c'est-à-dire « petit livre », leurs ailes étant étendues comme les feuillets d'un livre. Chez les grandes espèces, la première paire peut seule suffire au vol, mais non la paire postérieure. Chez les petites espèces, les agrions, le vol peut se faire avec l'une ou l'autre des deux paires : en coupant l'une d'elles avec de fins ciseaux, on ne les empêche pas de voler : il est vrai de dire que leur vol est peu soutenu. Ces ailes, quand l'animal est au repos, sont ou étalées horizontalement ou relevées sur le dos, verticalement, mais jamais croisées.

Dans nos pays, elles se rencontrent depuis juin jusqu'à novembre, les unes ne s'éloignant jamais des eaux qui ont abrité leur enfance, les autres allant de temps en temps faire des incursions dans les jardins, les prairies et les bois. Les petites espèces se posent souvent et se laissent capturer avec la main sans grande difficulté. Les moyennes sont un peu plus défiantes. Quant aux grosses, c'est la sauvagerie personnifiée : à peine a-t-on fait le moindre mouvement pour les saisir qu'elles se sauvent à tire d'ailes hors portée. On ne peut les prendre qu'avec un filet à papillons, et encore faut-il se hâter ; de grand matin ou après le coucher du soleil, elles sont engourdies et c'est alors que leur capture est la plus facile. Elles se posent à ce moment plus volontiers et

dans une immobilité complète ; mais elles sont de même sur leurs gardes et s'envolent au moindre bruit.

Les libellules sont carnassières et mangent les insectes qu'elles capturent au vol. Si elles se déplacent constamment, ce n'est pas pour le plaisir de se promener : ce qu'elles recherchent dans leur vol rapide, ce sont des moucherons. A peine leurs gros yeux, qui, contrairement à ceux des autres insectes, sont fort bons, leur en ont-ils fait voir un, qu'elles fondent sur lui avec la rapidité de la flèche et, le saisissant avec leurs fortes mandibules, le font passer de vie à trépas en un instant. Elles capturent ainsi aussi bien les insectes au vol que ceux qui sont posés, les entraînant ensuite pour les triturer tout en volant et faisant un bol alimentaire qu'elles déglutissent tranquillement. Chaque espèce et même chaque individu a son territoire de chasse auquel il revient toujours et au-dessus duquel on peut le voir « croiser » constamment, même en y revenant plusieurs jours après une première observation.

Dévorant beaucoup d'insectes, les libellules sont donc utiles à l'agriculture et ne doivent pas être détruites. On fera bien cependant de les chasser lorsqu'elles fréquenteront les alentours des ruches ; elle ne se font pas faute, en effet, d'attaquer les abeilles et de les mettre en pièces. Mais c'est un cas assez exceptionnel.

En été, on peut assister au mariage des libellules ; on les voit, les grandes espèces, voler réunies d'une singulière façon, le mâle semblant tenir la femelle par le cou à l'aide de la pince dont est garni le bout de son abdomen. Les petites espèces, elles, se posent sur les plantes aquatiques, le mâle cramponné à la femelle et tous deux ayant le corps recourbé en arc comme deux points d'interrogation.

La ponte a lieu dans l'eau. Chez la plupart des espèces, la femelle se contente de laisser tomber ses œufs dans l'eau au hasard ou en y plongeant sans cesse l'abdomen par un mouvement de pendule.

Les espèces du genre agrion ou æschnes ont un mode de ponte tout différent, observé en détail par le naturaliste Siebold. Le mâle et la femelle, maintenus par leur pince, se rendent sur les tiges des scirpes ou des sagittaires ; la femelle courbe son abdomen contre la plante, de haut en bas, et ouvrant l'orifice de ponte, entaille le parenchyme avec ses soies, loge un œuf à chaque lésion, dont elle referme l'ouverture ensuite autour de l'œuf. Celui-ci est cylindrique, avec un bout arrondi, qui est d'abord enfoncé dans le tissu du jonc, et l'autre point qui reste tourné vers le dehors. On y voit par transparence, au bout de quelque temps, les yeux noirs de la larve courbée, avec les antennes, les six pattes rapprochées de l'abdomen, la queue en trident se recourbant dans l'extrémité arrondie de l'œuf et atteignant la tête. Quand la femelle, le couple descendant le long de la plante, arrive à la surface de l'eau, elle enfonce dans l'eau, ainsi que le mâle, et continue la ponte jusqu'à la base de la plante.

Avant de s'immerger et parfois au bout d'un quart d'heure à une demi-heure, les deux insectes rapprochent l'un contre l'autre leurs quatre ailes, et la femelle ne continue à pondre dans les incisions du jonc que lorsque le mâle est tout à fait immergé avec elle. Celui-ci replie son abdomen comme elle, de sorte que leurs corps forment deux courbes : revenus au contact de l'air, ils s'envolent sur une autre plante et recommencent ce curieux manège. (M. Girard.)

Les libellules sont, comme je l'ai dit plus haut, très attachées aux lieux qui les ont vu naître. Parfois cependant, et pour des raisons qui ne sont pas connues, elles se réunissent en grand nombre, et tout comme les hirondelles auxquelles il faut encore les comparer, elles émigrent.

Occupons-nous maintenant de la larve des libellules, qui vit dans nos eaux douces et qui est aussi vilaine que l'adulte est élégante. Le corps, de couleur terne, massif, se termine par une grosse tête pourvue de deux gros yeux. Sur le dos, on remarque deux sortes d'ailes rudimentaires, rigides. Sur la face ventrale, il y a trois paires de pattes, ne présentant rien de particulier. Le corps se termine en arrière par une sorte de pyramide formée par la réunion de plusieurs épines, qui de temps à autre s'éloignent l'une de l'autre comme les pétales d'une fleur qui s'épanouit. En examinant une larve au repos, on peut voir s'établir autour de cette extrémité des courants d'eau très rapides ; c'est en effet dans cette région que la larve respire. Les épines sont généralement au nombre de trois ; on voit entre elles un orifice par lequel sortent des excréments : c'est évidemment l'anus. Si, sur un animal mort, nous fendons la cavité à laquelle ce dernier donne accès, nous tombons dans une vaste poche à parois feutrées ; cette poche rectale est tapissée d'une grande quantité de branchies trachéales. On comprend dès lors comment peut s'opérer la respiration. Le rectum se dilate, l'eau entre, baigne les branchies ; puis le rectum se contracte

et chasse l'eau qu'il contient. Et ainsi, par la contraction et le relâchement successifs de la poche rectale, l'eau est sans cesse renouvelée, condition essentielle à la respiration. Le même organe sert aussi à la locomotion ; lorsqu'on cherche à prendre une larve, celle-ci contracte brusquement sa poche et expulse l'eau qu'elle contient, comme dans cet appareil appelé *tourniquet hydraulique,* il se produit un mouvement en sens inverse de l'orifice, mouvement qui projette la bête en avant.

Un autre appareil particulier que nous offre la larve de libellule est le *masque,* c'est-à-dire la pièce buccale connue sous le nom de *lèvre inférieure,* mais ici profondément modifiée. Il se trouve au-dessous de la tête et il est presque impossible de l'apercevoir quand l'animal est au repos, posé sur une plante : c'est qu'à ce moment le masque est replié deux fois sur lui-même. En se servant d'une pince, on peut le déployer ; on voit alors qu'il est fort long et composé de deux parties principales articulées l'une sur l'autre : c'est d'abord une sorte de mandrin étroit qui s'insère à la base de la bouche et c'est ensuite une partie qui va en s'évasant progressivement et se termine enfin par deux sortes de mâchoires aiguës rabattues l'une sur l'autre. La larve, grâce à sa couleur terne, passe souvent inaperçue quand elle repose sur la vase ou sur les plantes aquatiques : les petits animaux aquatiques se laissent tromper à cette apparence, ils nagent autour de la larve qui, sans en avoir l'air, guette sa proie. Aussi quand un têtard, par exemple, passe à sa portée, le masque, d'abord caché, se déploie, happe le têtard, se replie et amène ce dernier à la bouche qui ne tarde pas à l'engloutir.

Un autre spectacle aussi bien intéressant est celui qui montre comment la larve donne naissance à une libellule. On lira sans doute avec plaisir le passage suivant que nous empruntons à Réaumur :

« J'en ai eu de la même espèce qui se sont métamorphosées une heure ou deux après être sorties de l'eau, et d'autres qui ont passé un jour entier avant que de prendre une nouvelle forme. L'opération est de quelque durée ; ceux qui la verront commencer ne la quitteront pas avant qu'elle soit finie. On ne peut pas se lasser à l'attendre, on peut lire pour ainsi dire dans les yeux de la nymphe si elle est prête à se transformer, si elle ne tardera pas plus d'un quart d'heure ou d'une demi-heure ; les siens, qui jusque là ont été ternes et opaques, deviennent brillants et transparents. Cet état, qui n'est pas propre aux cornées de la nymphe, est dû à celles de la demoiselle, qui sont alors appliquées immédiatement sous les autres, et qui ont acquis tout le luisant qu'elles doivent avoir dans la suite; c'est de quoi je me suis assuré en enlevant les cornées à des nymphes après qu'elles avaient semblé être devenues transparentes ; j'ai trouvé sous chacune un œil de la demoiselle auquel il ne manquait rien. Enfin, si l'on veut se procurer le plaisir de voir et de revoir ce qui se passe pendant la transformation de ces nymphes, on se fournira au printemps, comme je l'ai fait, d'un bon nombre de celles de quelques espèces que l'on jettera dans un bassin ou que l'on tiendra dans des baquets pleins d'eau. Quand des dépouilles trouvées aux environs auront appris qu'il y a eu des nymphes qui se sont métamorphosées, on examinera à différentes heures du jour les bords de l eau où l'on tient les autres et l'on prendra celles qui se sont rendues sur ces bords : elles y restent ordinairement quelque temps pour se ressuyer et se sécher parfaitement, avant que de songer à aller plus loin. La nymphe, après être restée au bord de l'eau d'où elle est sortie autant de temps qu'il lui en a fallu pour se bien sécher, se met en marche et cherche un lieu où les manœuvres qui doivent opérer le grand changement auquel elle se prépare se puissent faire commodément : souvent elle se détermine pour une plante sur laquelle elle grimpe ; après l'avoir parcourue, elle se fixe soit contre la tige, soit contre une branche, soit même contre une feuille, quelquefois elle s'attache à un brin de bois sec : mais elle se place toujours la tête en haut, il lui est essentiel d'être dans cette position. Ce qui ne lui est pas moins nécessaire, c'est de se cramponner de manière que des efforts assez considérables ne soient pas capables de la faire changer de place. Elle y parvient sans peine et sans industrie, car elle n'a plus qu'à presser le haut de ses pieds contre le corps sur lequel elle veut s'arrêter : chaque pied est terminé par deux crochets raides et dont la pointe est si fine qu'elle pénètre dans des plantes, dans du bois, etc., qu'elle ne fait presque que toucher. J'ai souvent décroché des fourreaux d'où les demoiselles s'étaient tirées, et j'ai admiré ensuite la facilité avec laquelle je les accrochais solidement contre les corps sur lesquels je les posais sans les presser sensiblement. Pour être en état de répéter mes observations avec facilité, j'ai eu à la fois pendant plusieurs jours à la campagne un grand nombre de nymphes fixées dans un lieu où il m'était aisé de les voir toutes d'un coup d'œil. Une des pièces d'une tapisserie de toile peinte d'une chambre bien éclairée, et la pièce qui était dans le plus beau jour, en étant très garnie, on apportait sur cette pièce toutes les nymphes qu'on avait prises hors de l'eau : elles s'y trouvaient bien et la plupart se cramponnaient à des racines assez près de l'endroit où on les avait placées : aussi y avait-il peu d'heures dans le jour où cette pièce de tapisserie ne me fournit un spectacle amusant et varié. Pour l'essentiel, la métamorphose de ces nymphes en demoiselles n'a rien de différent de celle des chrysalides en papillons et de celles de différentes autres nymphes en mouches, soit à deux, soit à quatre ailes : dans toutes c'est toujours un animal qui quitte une dépouille sous laquelle étaient cachées, et hors d'état de se développer, des parties qui, quand elles sont mises au jour, le font paraître tout autre qu'il n'était auparavant. La métamorphose dont il s'agit à présent a pourtant ses particularités que nous allons détailler.

« La nymphe qui s'est fixée, et dont les cornées paraissent beaucoup plus transparentes qu'elles ne l'avaient paru jusque-là, se tient tranquille ; les mouvements par lesquels la transformation est préparée se passent dans son intérieur : le premier effet sensible qu'ils produisent est de faire fendre en dessus la partie du fourreau qui couvre le corselet ; par la fente qui s'est faite, on voit une portion du corselet de la dépouille, cette portion qui s'élève bientôt au-dessus des bords de la fente, se gonfle et fait ainsi l'office de coin pour l'obliger à devenir plus longue. Elle gagne l'extrémité antérieure du corselet, elle touche ensuite au col, enfin elle avance jusque sur le crâne à la hauteur des yeux. Là se voit une seconde fente dont la direction est perpendiculaire à celle de la première, elle va vers l'une et l'autre cornée et s'étend jusqu'au centre de chacune et par delà. Pour faire cette dernière fente et la partie de l'autre qui se trouve sur le crâne, il a été accordé à la demoiselle prête à naître de pouvoir gonfler la tête : cette tête qui, quand elle sera devenue dure et écailleuse, aura une forme constante, peut, alors qu'elle est encore molle, en prendre successivement de différentes, se gonfler et se contracter comme si elle était membraneuse. A mesure que la fente du fourreau qui est au-dessus du corselet s'agrandit, une plus grande portion de celui-ci devient à découvert et s'élève ; et, dès que cette fente est parvenue jusqu'à l'endroit du crâne où elle doit aller, et que la fente transversale qui s'étend jusqu'aux cornées a été faite, la tête de la demoiselle, trop pressée auparavant, est plus à l'aise et en état de se dégager : elle se tire un peu en arrière et sort de la dépouille ; elle s'élève au-dessus des bords d'une fente assez grande pour la laisser passer. La tête de la mouche est si grosse alors qu'on a peine à concevoir qu'elle ait pu être contenue quelques instants auparavant sous le crâne de la dépouille. La partie antérieure de la mouche, dans laquelle je comprends sa tête et son corselet, est donc à découvert et à l'air, au-dessus du fourreau, hors duquel elle se tire de plus en plus : les jambes qui tiennent au corselet ne tardent pas à commencer à se montrer, à sortir en partie de leurs étuis, qui sont ces jambes que la nymphe a si bien cramponnées contre quelque corps solide ; pour dégager encore davantage celles qui lui sont propres, la mouche naissante renverse en arrière la partie qui est hors du fourreau. Pendant que les jambes se dégagent, on peut observer de chaque côté deux cordons blancs attachés chacun par un bout à la partie de la dépouille qui couvrait auparavant le corselet : ces quatre cordons sont les quatre gros troncs de trachées de la nymphe, dont nous avons eu occasion de parler, ils ne doivent pas servir à la demoiselle, ils sortent de son intérieur par les quatre stigmates de son corselet. A mesure qu'elle s'élève davantage sur sa dépouille, la posture de chaque trachée qui parait hors de son corps, et qui en est sortie, devient plus longue ; mais pour faire sortir une plus longue posture de ces trachées devenues inutiles et surtout pour achever de tirer ses jambes de leurs étuis, la demoiselle pousse le renversement en arrière plus loin qu'elle n'avait fait, elle se renverse à un tel point qu'elle se trouve avoir la tête pendante en bas : elle n'est alors soutenue que par ses derniers anneaux qui sont restés dans la dépouille ; ils forment une espèce de crochet qui l'empêche de tomber. »

Elle continue à s'agiter, puis, cessant tout mouvement, elle reste immobile, comme morte. Cet arrêt est destiné à lui permettre de se reposer, en même temps que ses tissus deviennent plus rigides :

« Dans cet état de faiblesse apparent, ou plutôt de tranquillité, son corps étant un peu contourné, étant concave du côté du dos et convexe du côté du ventre, elle lui donne une courbure directement contraire, elle se rend concave du côté du ventre, elle se recourbe ensuite davantage dans le même sens, et si subitement qu'elle semble faire une espèce de saut qui met sa tête à la hauteur de la partie du fourreau dans laquelle elle avait logé ; ses jambes se trouvent au-dessus de la grande ouverture ; bientôt leurs crochets saisissent la partie antérieure du fourreau et s'y cramponnent. Il est donc essentiel que cette manœuvre ne se fasse qu'après que les crochets ont pris de la raideur. Il est aisé alors à la demoiselle d'achever de tirer la partie postérieure du corps de la dépouille dans laquelle elle était restée jusque-là ; elle augmente la courbure du corps, elle le plie presque en deux, et par ce dernier mouvement elle en conduit le bout jusqu'à l'ouverture par laquelle elle tarde peu à le faire sortir ; elle étend ensuite son corps à peu près en ligne droite et elle se trouve dans une attitude plus naturelle. »

Ordre des HYMÉNOPTÈRES.

Insectes à pièces buccales disposées pour broyer et lécher, à prothorax soudé, munis de quatre ailes membraneuses présentant peu de nervures, à métamorphoses complètes.

Abeille domestique (*Apis mellifica*). — Lorsque les abeilles vivent à l'état sauvage, elles bâtissent leurs alvéoles dans un creux naturel du sol ou dans la cavité d'un tronc d'arbre vermoulu ; jamais elles ne le creusent elles-mêmes, réservant tout leur temps au façonnage de la cire et à l'approvisionnement des cellules en miel et en pollen.

Si l'on examine un creux occupé par des abeilles, on voit pendre du plafond des sortes de murailles plus ou moins parallèles les unes aux autres et laissant entre elles des intervalles d'un centimètre environ, des sortes de rues permettant la circulation des intéressantes bêtes industrieuses. Chaque muraille est un *gâteau de cire* dont les deux surfaces sont couvertes d'alvéoles hexagonaux d'une régularité merveilleuse et plus ou moins remplis de miel et de pollen. Ces cellules se rejoignent par le fond au milieu du gâteau et sont un peu inclinées d'avant en arrière et inversement, de manière que le miel qu'elles contiennent ne puisse s'écouler.

« Il n'y a pas de vides entre les plans d'une cellule et ceux de ses voisines, chaque pan de cire étant commun à deux cellules, de sorte que les six faces latérales d'une cellule sont en même temps chacune la face latérale de six cellules, ses voisines immédiates. Les cellules des deux faces du gâteau ne sont pas exactement opposées l'une à l'autre, car les cellules ne se terminent pas par des fonds plats, mais par des pyramides creuses, composées chacune,

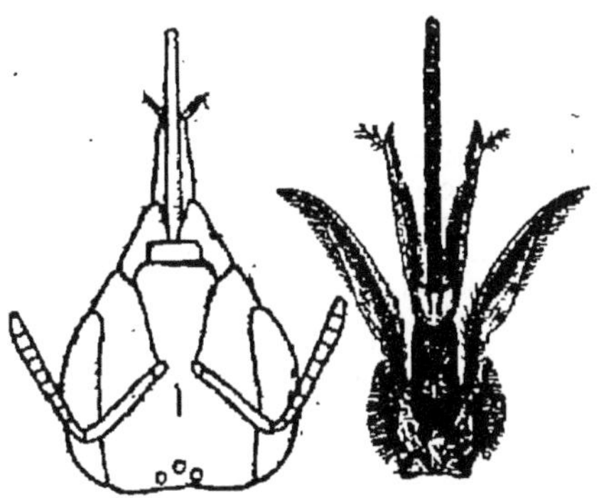

Tête et pièces buccales d'abeille.

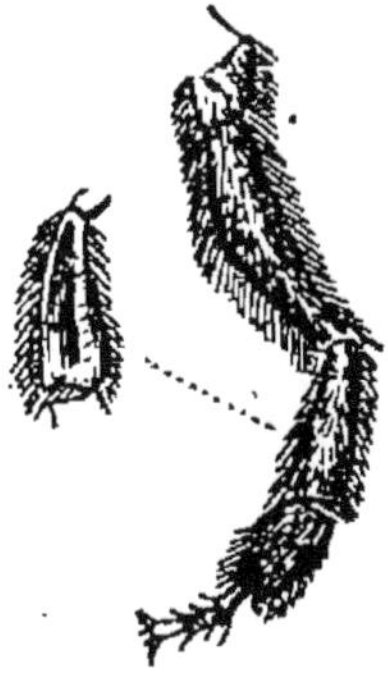

Patte d'abeille.

d'un bourrelet de cire. On peut dire que, sous ce double but, l'instinct a porté les abeilles à résoudre certaines questions qui ont exercé les mathématiciens. Ainsi, la nécessité de l'adossement des cellules ne donne plus que trois figures pour leurs sections droites, le carré, le triangle équilatéral et l'hexagone régulier, car ce sont les seules figures planes qui peuvent se juxtaposer sans vides, et par suite trois prismes seuls sont possibles. Les deux premières figures offriraient trop d'espace en angles perdus pour les larves, qui ne peuvent utiliser pour leurs coques nymphales que le cercle inscrit, lequel diffère au contraire bien moins de l'hexagone que du carré et du triangle. L'hexagone régulier a un contour moins long que le triangle équilatéral et que le carré de même surface ; on voit donc déjà que, parmi les solutions possibles, celle que les Abeilles ont adoptée donne lieu au moindre développement dans les parois latérales de l'enceinte, et à la plus petite dépense de cire pour la formation de ces murailles destinées à contenir soit le couvain, soit la provision de miel et de pollen. » (M. Girard.)

au moyen de troncatures obliques dans le prisme, de trois losanges égaux, en sorte que le fond d'une cellule appartient en même temps aux fonds de trois cellules du rang opposé. L'adossement des cellules et le fond pyramidé en creux sont destinés à économiser le plus possible la cire employée et l'espace destiné à contenir la postérité et la nourriture de celle-ci et des habitants de la ruche. On a calculé que la cire nécessaire pour édifier cinquante

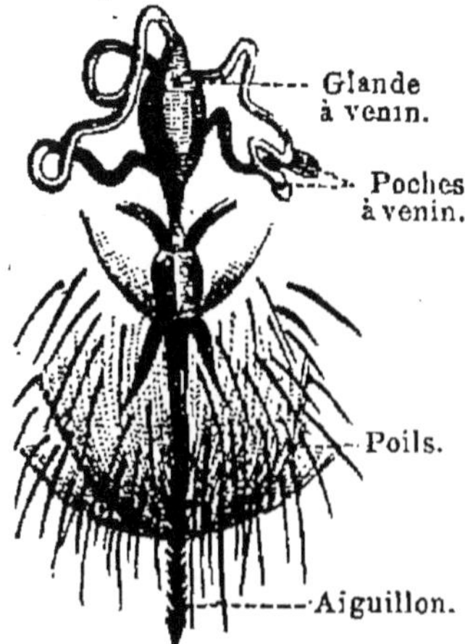

Appareil venimeux de l'Abeille
(très grossi).

Dans les gâteaux d'abeilles, il y a surtout deux sortes de cellules, les unes petites, les autres grandes. Dans les premières naîtront des *ouvrières,* dans les secondes, des *mâles.* Ordinairement les cellules des ouvrières, qui représentent les 7/8 des galeries, occupent le centre et les cellules des mâles la périphérie ; elles sont raccordées entre elles par des cellules intermédiaires.

En outre, les abeilles construisent sur

Abeille mère ou reine
(avec aiguillon).

Abeille mâle (sans aiguillon).

Abeille ouvrière
(avec aiguillon).

cellules à fond plat permet d'en construire cinquante et une à fond pyramidé. Le pied des cellules est renforcé

le bord des gâteaux un très petit nombre de vastes cellules assez irrégulières, en forme de dé à coudre auquel elles ressemblent en outre par leur surface portant des enfoncements. Ces cellules sont très grandes et contiennent cent fois plus de cire que les alvéoles ordinaires. C'est à leur intérieur que se développent les *mères* ou *reines*, d'où le nom de *cellules royales* qu'on leur donne.

La cire est sécrétée exclusivement par les ouvrières, et suinte entre les segments de l'abdomen. « Les lames de cire, qu'on peut retirer avec la pointe d'une aiguille, sont plus fragiles et moins blanches que la cire des alvéoles toute récente, et ne se comportent pas de même à l'égard de certains dissolvants. La salive de l'ouvrière modifie un peu cette cire qu'elle retire des glandes avec la pince des pattes postérieures, saisit ensuite avec les crochets des tarses antérieurs, et la porte, afin de la triturer, entre ses mandibules, taraudées en creux au bout, de façon que la cire devient plus collante, plus malléable.

« Buffon croyait que les abeilles, travaillant toutes ensemble aux alvéoles de leurs rayons, produisaient des cavités toutes égales. Ce n'est pas ainsi que les choses se passent; les cellules se font une à une, de place en place et non toutes à la fois. Les ouvrières se rassemblent en haut de la ruche. Une d'elles, bien chargée de cire, refoule les autres, et forme, en tournant, un espace vide où l'on doit construire. Elle façonne un ruban de cire sur lequel elle étend sa longue lèvre inférieure comme une truelle, de façon à incorporer à la cire la salive dont cette lèvre est chargée, à la blanchir et à rendre glutineuse, et attache au plafond un petit bloc formé de toute la cire que lui donnent ses glandes abdominales. Une autre lui succède et augmente le petit tas cireux déposé par sa compagne, qui lui sert de guide et d'amorce, puis une troisième, etc. De ces opérations résulte un bloc de cire raboteux, informe, sans trace de figures de cellules, descendant verticalement de la voûte, sur une longueur de 24 à 36 millimètres. C'est une simple cloison en ligne droite et sans inflexion, occupant la place du plan axile du futur gâteau, avec une épaisseur égale environ aux deux tiers du diamètre d'une cellule, moindre vers l'extrémité. Puis une abeille creuse avec ses mandibules une niche cylindrique à fond arrondi à la partie supérieure de la cloison de cire, et accumule des déblais en deux cloisons verticales. Une autre la remplace, etc. Ensuite deux ouvrières, vis-à-vis l'une de l'autre, creusent ensemble sur les deux parois du gâteau futur, puis deux nouvelles en outre, puis davantage, de sorte que bientôt une centaine d'abeilles travaillent à la fois aux cellules, et il ne devient plus possible de suivre leurs multiples opérations. Les contours des cellules, d'abord arrondis, sont ensuite excavés en angles de 60 degrés et les fonds hémisphériques changés en fonds pyramidaux, par pans obliques, avec angles sortants et rentrants; puis le bord des cellules est vernissé d'un peu

Cellules hexagonales.

de propolis. Les cellules de la première rangée, celles du haut, ont été mal façonnées, car les abeilles savent qu'elles sont provisoires. En effet, le travail fini, le peloton d'Abeilles se trouble quelques instants; elles mordillent la première rangée de cellules, la détruisent et façonnent la cire de ces cellules en colonnettes irrégulières d'attache et de consolidation. » (M. Girard). Ce travail fatigue beaucoup les abeilles; aussi dans les élevages artificiels, leur donne-t-on généralement des gâteaux de cire tout préparés; les abeilles n'ont ainsi à s'occuper que de la récolte du miel.

Les abeilles vont lécher le nectar sur les fleurs; il s'accumule dans leur jabot et là subit de légères modifications. Quand elles le dégorgent dans les alvéoles, c'est le *miel*. — Quant au *pollen*, elles le rapportent fixé à leurs pattes. — Enfin, les abeilles récoltent sur

Larve d'abeille.   Nymphe d'abeille.

certains arbres, une matière résineuse, le *propolis*, qui leur sert à boucher les fentes des ruches et à enduire d'un vernis imperméable les animaux qui s'introduisent dans la ruche et qu'elles mettent à mort.

Les œufs ne sont pondus que dans un certain nombre de cellules, dites à couvain. Les autres cellules ne servent que d'outres à miel; c'est là que les abeilles viennent le chercher pour se nourrir elles-mêmes ou donner à manger à leurs larves. Les deux sortes de cellules sont absolument identiques.

Bourdon des mousses (*Bombus muscorum*). — Le bourdon des mousses est un insecte assez commun, et dont les mœurs intéressantes peuvent être facilement vérifiées. On se procure les nids construits par cet insecte au moment des moissons ; les faucheurs les mettent à jour et les connaissent bien.

Bourdon.

Le nid, construit entre les tiges des plantes, ressemble à un nid retourné ou encore à une motte de terre hémisphérique. Il est uniquement formé de brins de mousse desséchés, non adhérents les uns aux autres, mais entremêlés assez étroitement. En un point de la base, il y a un orifice, une porte pour permettre aux bourdons d'entrer et de sortir. Souvent même on voit partir de la porte un couloir qui s'étend assez loin du nid ; de cette façon, les hôtes peuvent rentrer chez eux sans être vus.

On peut retourner ces nids sans crainte, car les bourdons ne cherchent pas à piquer et continuent même leur travail. Rien n'est plus intéressant que de voir ces insectes construire leur nid. Les bourdons, avec leurs mandibules, coupent dans les environs du nid de pétits fragments de mousse. Généralement ils se placent en file indienne, les uns derrière les autres, et toujours la tête tournée en sens inverse du nid. Le bourdon le plus éloigné saisit le brin de mousse avec ses mandibules et le passe à ses deux pattes antérieures. De celles-ci le brin passe aux pattes intermédiaires, puis aux pattes postérieures. A ce moment, la mousse est saisie par le second bourdon, qui la passe au troisième, et ainsi de suite jusqu'au nid. Là, le dernier insecte s'occupe d'emmêler, de tresser les brins de mousse que ses camarades lui ont passé : c'est l'architecte.

Jamais on ne voit les bourdons apporter la mousse, en volant, de lieux éloignés ; ils ne se servent que de la mousse environnante.

Cet amas de mousse n'est pas partout aussi irrégulier qu'à la surface extérieure. Il est creusé à l'intérieur d'un certain nombre de cavités dont les parois sont relativement lisses et constituées par une couche mince de cire gris-jaunâtre. En malaxant celle-ci entre les doigts, on peut en faire de petites boulettes ; mais, contrairement à la cire des abeilles, elle ne fond pas, même à une température assez élevée. Si on la chauffe trop cependant, elle s'enflamme.

A l'intérieur de ces cavités, si bien protégées contre la pluie, se trouvent des amas de coques ovoïdes, amas très variables tant par leur nombre et par leur grosseur que par leur forme, qui est très irrégulière. Il n'est pas rare d'en voir deux ou trois superposés.

Les coques qui composent ces amas ressemblent à de petits œufs d'oiseaux ; leur couleur est jaune pâle ou blanchâtre ; il y en a de trois grosseurs différentes. Quelques-unes d'entre elles sont vides et ouvertes par le pôle inférieur ; ce sont celles d'où les bourdons sont déjà sortis.

A la surface des amas et remplissant l'intervalle des coques, il y a des corps singuliers dont la nature embarrasse au premier abord, mais que, avec un peu d'observation, on finit par élucider. Ce sont de petites masses noirâtres, irrégulières, que l'on ne peut mieux comparer qu'à des truffes. Au premier abord, on les prend pour les excréments des bourdons ; mais, en les ouvrant avec un canif, on voit qu'au centre il y a un vide occupé par quinze ou vingt œufs oblongs, d'un beau blanc un peu bleuâtre. De ces œufs naissent de jeunes larves qui dévorent la matière environnante : celle-ci est donc une substance déposée par les bourdons adultes pour la nourriture de leur progéniture. Quand ces larves sont suffisamment grandes, elles tissent les coques ovoïdes décrites plus haut et qui sont tout à fait comparables au cocon des papillons. En en ouvrant plusieurs, on y trouve des larves, dont quelques-unes sont transformées en nymphes.

Au milieu des coques soyeuses on remarque aussi des pots de cire contenant du miel : ce sont sans doute des réserves de nourriture pour les bourdons adultes. Ajoutons enfin que ceux-ci se présentent sous quatre grosseurs différentes : les plus gros sont les femelles, les autres sont les mâles et les ouvrières.

Il est intéressant de noter que toutes ces catégories travaillent, quel que soit leur sexe, fait qui ne se rencontre pas chez l'abeille domestique.

Bourdon des jardins (*Bombus terrestris*). — Il a des mœurs analogues au précédent sauf qu'il dépose ses urnes à miel dans une cavité du sol. — C'est un insecte bien connu qui rôde lourdement d'une fleur à l'autre pour en recueillir le nectar, soit en se glissant au milieu soit en la perçant sur le côté.

Odynère alpestre. — L'odynère alpestre niche dans les coquilles d'escargots. Fabre nous a appris ce qui suit sur ses mœurs. Affranchi par l'hélice de la rude besogne du forage, il se spécialise dans la mosaïque. Ses matériaux sont, d'une part la résine cueillie probablement sur l'oxycèdre ; d'autre part, de petits graviers. Sa méthode s'écarte beaucoup de celle de deux autres hyménoptères, les anthidies (voir plus loin) résiniers qui se logent dans la coquille de l'escargot. Ceux-ci noient complètement dans le mastic, à la face externe de l'opercule, leurs grossiers moellons anguleux ; inégaux de volume, de nature variable et parfois à demi-terreux, de façon que l'ouvrage, où les morceaux sont juxtaposés au hasard, dissimule son incorrection sous un enduit de résine. A la face interne, le mastic ne comble pas les intervalles, et les pièces agglutinées apparaissent avec toutes les irrégulières saillies et leur gauche arrangement.

L'odynère alpestre travaille d'après d'autres plans : il économise la poix en utilisant mieux la pierre. Sur un lit de mastic encore visqueux sont enchâssés à la face externe, exactement l'un contre l'autre, des grains siliceux ronds, à peu près tous du même volume, celui d'une tête d'épingle, et choisis un à un par l'artiste au milieu des débris de nature diverse dont le sol est semé. Quand il est réussi, cas fréquent, l'ouvrage fait songer à quelque broderie en perles de quartz sommairement façonnées. Habituellement, l'odynère n'incruste que des perles de silex. Il les aime tellement qu'il en met partout. Les cloisons qui subdivisent l'hélice en chambre sont la répétition de l'opercule : mosaïque soignée de silex translucides sur la face d'avant. Enfin, souvent, de même que chez l'anthidie, il y a, tout en avant des loges, une barricade de graviers mobiles et de nature incohérente.

Odynère des murailles. — Les odynères sont à la fois fouisseuses et maçonnes. Elles creusent leur nid dans les talus exposés au soleil et garnissent l'entrée d'un tube courbe dont l'orifice est tourné vers le bas. Cette cheminée est une véritable dentelle à jour, formée de grains terreux, non disposés en assises continues et laissant entre eux de petits espaces vides ; sa longueur est

d'environ un pouce et son diamètre de cinq millimètres. Cette cheminée conduit dans le couloir creusé dans le talus, c'est-à-dire dans un sol si dur que la pioche peut à peine l'entamer.

Odynère des murailles.

De ce couloir qui descend obliquement sur une longueur d'environ un centimètre, partent d'autres canaux rayonnant dans différents sens et que l'hyménoptère bouche quand il l'a approvisionné. « C'est vers la fin de mai, dit Réaumur, que ces guêpes se mettent à l'ouvrage, et on peut en voir d'occupées à travailler pendant tout le mois de juin. Quoique leur véritable objet ne soit que de creuser dans le sable un trou profond de quelques pouces, et dont le diamètre surpasse peu celui de leur corps, on leur en croirait un autre ; car pour parvenir à faire ce trou, elles construisent en dehors un tuyau creux qui a pour base le contour de l'entrée du trou, et qui, après avoir suivi une direction perpendiculaire au plan où est cette ouverture, se contourne en bas. Ce tuyau s'allonge à mesure que le trou devient plus profond ; il est construit du sable qui en a été tiré ; il est fait en filigrane grossier ou en espèces de guillochés. Il est formé par de gros filets grainés, tortueux, qui ne se touchent pas partout. Les vides qu'ils laissent entre eux le font paraître construit avec art ; cependant il n'est qu'une sorte d'échafaudage au moyen duquel les manœuvres de la mère sont plus promptes et plus sûres. Quoique je connusse les deux dents de ces insectes pour de fort bons instruments, capables d'entamer des corps très durs, l'ouvrage qu'elles avaient à faire me paraissait un peu rude pour elles. Le sable entre lequel elles avaient à agir, ne le cédait guère en dureté à la pierre commune ; du moins les ongles attaquaient avec peu de succès sa couche extérieure, plus desséchée que le reste par les rayons du soleil. Mais étant parvenu à observer ces ouvrières au moment où elles commençaient à percer un trou, elles m'apprirent qu'elles n'avaient pas besoin de mettre leurs dents à une aussi forte épreuve. Je vis que la guêpe commence par ramollir le sable qu'elle veut enlever. Sa bouche verse dessus une ou deux gouttes d'eau qui sont bues promptement par le soleil : dans l'instant, il devient une pâte molle que les dents râtissent et détachent sans peine. Les deux jambes de la première paire se présentent aussitôt pour le réunir en une petite pelote, grosse environ comme un grain de groseille. C'est avec cette première pelote détachée que la guêpe jette les fondements du tuyau que nous avons décrit. Elle porte sa pelote de mortier sur le bord du trou qu'elle vient de faire en l'enlevant ; ses dents et ses pattes la contournent, l'aplatissent et lui font prendre plus de hauteur qu'elle n'en avait. Cela fait, la guêpe se remet à détacher du sable et se charge d'une autre pelote de mortier. Bientôt elle parvient à avoir tiré assez de sable pour rendre l'entrée du trou sensible, et avoir fait la base du tuyau. Mais l'ouvrage ne peut aller vite qu'autant que la guêpe est en état d'humecter le sable. Elle est obligée de se déranger pour renouveler sa provision d'eau. Je ne sais si elle allait simplement se charger d'eau à quelque ruisseau, ou si elle tirait de quelque plante ou de quelque fruit une eau plus gluante ; ce que je sais mieux, c'est qu'elle ne tardait pas à revenir et à travailler avec une nouvelle ardeur. J'en observai une qui parvint dans une heure environ à donner au trou la longueur de son corps et éleva un tuyau aussi haut que le trou était profond. Au bout de quelques heures, le tuyau était élevé de deux pouces et elle continuait même à approfondir le trou qui était au-dessous. Il ne m'a pas paru qu'elle eût de règle par rapport à la profondeur qu'elle lui donne. J'en ai trouvé dont le trou était à plus de quatre pouces de l'ouverture, d'autres dont le trou n'en était distant que de deux ou trois pouces. Sur tel trou, on voit aussi un tuyau deux ou trois fois plus long que celui d'un autre. Tout le mortier enlevé du trou n'est pas toujours employé à sa prolongation. Dans le cas où elle lui a donné à son gré une longueur suffisante, on la voit simplement arriver à l'orifice du tuyau, avancer la tête par delà le bord et jeter aussitôt sa pelote qui tombe à terre. Aussi ai-je observé souvent une quantité de décombres au pied de certains trous. La fin pour laquelle ce trou est percé dans un mur massif de mortier ou de sable ne saurait paraître équivoque : il est clair qu'il est destiné à recevoir un œuf avec une provision d'aliments. Mais on ne voit pas aussi bien à quelle fin cette mère a bâti un tuyau de mortier. En continuant à suivre ses travaux, on saura qu'il est pour elle ce qu'un tas de moellons bien arrangé est pour les maçons qui bâtissent un mur. Tout le trou qu'elle a creusé ne doit pas servir de logement à la larve qui doit naître dedans : une partie lui suffira. Il a été cependant nécessaire qu'il fût fouillé jusqu'à une certaine profondeur, afin que la larve ne se trouvât pas exposée à une chaleur trop grande, quand les rayons du soleil tomberont sur la couche extérieure de sable. Elle ne doit habiter que le fond du trou. La mère sait la capacité qu'elle doit laisser vide et elle la conserve ; mais elle bouche tout le reste et elle fait rentrer dans la partie supérieure du trou tout ce qu'il faut du sable qu'elle a ôté, pour le boucher. C'est pour avoir ce mortier à sa portée qu'elle a formé ce tuyau. Une fois l'œuf déposé et les provisions d'aliments mises à sa portée, on voit la mère venir ranger le bout du tuyau, après l'avoir mouillé, porter cette pelote dans l'intérieur, et revenir ensuite en prendre d'autres de la même manière, jusqu'à ce que le trou soit bouché jusqu'à l'orifice. »

Les tuyaux des odynères ne sont donc que des édifices temporaires.

Anthophore. — Certaines espèces d'anthophores agissent absolument de la même façon que les odynères, c'est-à-dire qu'elles creusent des trous dans

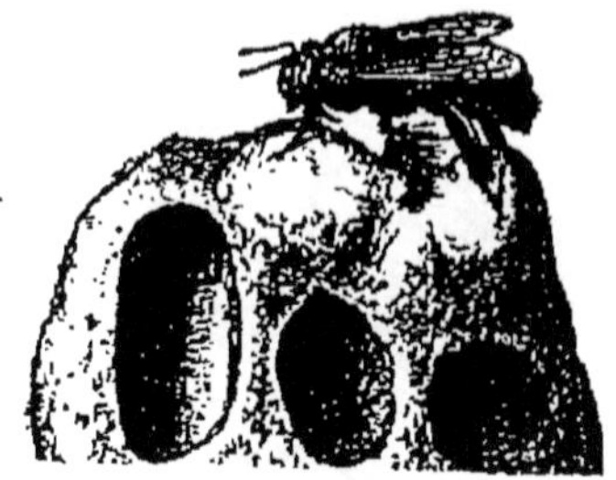

Anthophore.

les talus et en prolongent l'entrée par un tube recourbé vers le bas. Elles démolissent ensuite cette muraille pour boucher les orifices internes. Il paraît aussi probable que cette fortification externe est destinée à gêner l'entrée de nombreux parasites ou ennemis.

Xylocope violacé. — Son aspect est celui d'un gros bourdon ; on l'en distingue de suite à cause de sa teinte

Xylocope violacé.

bleu violacée presque métallique. La femelle creuse des canaux dans les troncs vermoulus et les divise en chambres. Dans chacune d'elles, elle dépose un œuf et un mélange de miel et de pollen.

Andrène. — Les andrènes placent leurs nids dans les sols sablonneux.

Halyctes. — Les halyctes creusent leur nid dans la terre durcie.

Collète. — Les collètes creusent dans le sol une galerie horizontale, de laquelle se détachent de courts diverticules verticaux. Ceux-ci sont remplis de miel et renferment un œuf.

Eumène. — Les eumènes confectionnent avec de la boue de petites cou-

Eumène.

pes qu'ils attachent aux rameaux des plantes basses.

Chalicodome. — Les chalicodomes méritent bien le nom d'Abeilles ma-

connes que Réaumur leur donnait avant l'établissement de la nomenclature. Elles construisent, en effet, avec un véritable mortier des demeures si solides qu'il faut des instruments de fer pour les entamer. Ces nids sont établis sur des pierres ou, plus souvent, sur des murs toujours tournés vers le midi et ressemblent tout à fait à des paquets de boue étalés comme s'ils avaient été projetés par les roues des voitures ou les pieds des chevaux. Les maçonnes tiennent si bien à la solidité de leurs habitations qu'elles se gardent bien de les attacher sur des murs enduits de quelque crépi et qu'elles ont soin de les édifier sur les pierres elles-mêmes et non sur le ciment qui les réunit. De plus, elles choisissent presque toujours, pour établir leurs nids, les endroits où ils peuvent être le plus solidement assujettis : c'est surtout dans les angles formés par les plinthes, les corniches, les entablements, les saillies des fenêtres qu'elles travaillent le plus volontiers.

Ainsi que l'a noté Fabre, les chalicodomes emploient comme matériaux de construction de la terre argilo-calcaire, mélangée d'un peu de sable et pétrie avec la salive même du maçon. Les lieux humides, qui faciliteraient l'exploitation et diminueraient la dépense en salive pour gâcher le mortier, sont dédaignés des chalicodomes, qui refusent la terre fraîche pour bâtir, de même que nos constructeurs refusent plâtre éventé et chaux depuis longtemps éteinte. De pareils matériaux, gorgés d'humidité pure, ne feraient pas convenablement prise. Ce qu'il leur faut, c'est une poudre aride, qui s'imbibe avidement de la salive dégorgée et forme, avec les principes albumineux de ce liquide, une sorte de ciment romain prompt à durcir, quelque chose enfin de comparable au mastic que nous obtenons avec de la chaux vive et du blanc d'œuf.

Les chalicodomes mâles ont le corps recouvert de velours d'un rouge ferrugineux assez vif ; chez les femelles, cette toison est d'un superbe noir velouté avec des ailes d'un agréable violet sombre. Ce sont les dernières seules qui se chargent de l'édification du nid. A cet effet, elles se rendent dans un endroit aride, ratissent du ciment et en font une boulette de la grosseur d'un grain de plomb à lapin qu'elles emportent entre leurs mandibules. Arrivées à l'endroit choisi, elles déposent leur pelote sur la muraille et la disposent en un bourrelet circulaire. De temps à autre, elles vont chercher des grains de sable ou du gravier qu'elles enchâssent dans la masse encore molle.

Pour faire économie de main-d'œuvre et de mortier, l'hyménoptère emploie de gros matériaux, de volumineux graviers, pour lui vraies pierres de taille. Il les choisit un à un avec soin, bien durs, presque toujours avec des angles qui, agencés les uns dans les autres, se prêtent mutuel appui et concourent à la solidité de l'ensemble. Des couches de mortier, interposées avec épargne, les maintiennent unis. Le dehors de la cellule prend ainsi l'aspect d'un travail d'architecture rustique, où les pierres font saillie avec leurs inégalités naturelles ; mais l'intérieur, qui demande une surface plus fine pour ne pas blesser la peau du ver, est revêtu d'un crépi de mortier pur. Du reste, cet enduit interne est déposé sans art, on pourrait dire, à grands coups de truelle : aussi le ver a-t-il soin, lorsque la pâtée de miel est finie, de se faire un cocon et de tapisser de soie la grossière paroi de sa demeure. » (Fabre.)

Quand le chalicodome a établi son bourrelet circulaire, il en exhausse peu à peu la muraille de manière à limiter au centre une cavité de la forme d'un dé à coudre, à orifice tourné vers le haut. Lorsque cette cuvette est achevée, l'hyménoptère abandonne son métier de maçon, pour aller recueillir la nourriture nécessaire à sa future progéniture. On le voit courir affairé au milieu des fleurs et se plonger avidement dans celles des genêts, d'où il revient bientôt le jabot gorgé de miel et le corps couvert de pollen. Aussitôt arrivé à sa cellule, il y plonge la tête pour y dégorger son miel ; puis il sort et se brosse avec soin de manière à faire tomber le pollen dans la cavité. Ce nettoyage achevé, on le voit rentrer de nouveau dans la cavité pour mélanger le pollen avec le miel et en faire une pâtée bien homogène. Puis il s'en va chercher de nouvelles provisions.

La cellule une fois à demi pleine, le chalicodome y dépose un œuf et, sans tarder, se met en demeure de fermer le domicile avec un couvercle de mortier pur qu'il construit progressivement de la circonférence au centre. Deux jours ont suffi au travail complet.

Tout de suite après, la maçonne construit, tout contre la première, une deuxième cellule identique, puis une troisième, et ainsi de suite, jusqu'à huit ou dix. Bien que les cellules soient closes de toutes parts, elles ne tarderaient pas sans doute, vu la faible épaisseur du couvercle, à éclater par suite des chaleurs de l'été et à être démolies de fond en comble par les pluies d'automne ou les gelées de l'hiver. Aussi la femelle a-t-elle soin de ne pas les laisser en cet état.

Toutes les cellules terminées, elle maçonne sur le groupe un épais couvert, qui, formé d'une matière inattaquable par l'eau et conduisant mal la chaleur, à la fois dépend de l'humidité, du chaud et du froid. Cette matière est l'habituel mortier, la terre gâchée avec de la salive ; mais cette fois, sans mélange de menus cailloux. L'hyménoptère en applique, pelote par pelote, truelle par truelle, une couche de un centimètre d'épaisseur sur l'amas des cellules, qui disparaissent complètement noyées au centre de la minérale couverture. Cela fait, le nid a la forme d'une sorte de dôme grossier, équivalant en grosseur à la moitié d'une orange (Fabre).

Le nid dont nous venons d'étudier la formation a été fait de toute pièces. C'est un cas fréquent, mais non absolu. En effet, très souvent, quand les chalicodomes rencontrent d'anciens nids, plus ou moins détériorés, ils se contentent de les « rafistoler » pour les mettre en état de recevoir leur progéniture. Les réparations sont, en effet, peu importantes, puisqu'elles consistent seulement à boucher les trous par où sont sortis les jeunes du premier architecte, et à arracher les lambeaux de cocon tapissant la paroi.

Ce que nous venons de dire est relatif au *Chalicodome des murailles* qui est essentiellement solitaire et même très jaloux de son bien. Qu'il l'ait construit lui-même ou l'ait seulement tiré d'un vieux nid, il veut le garder pour lui tout seul et éloigne avec une grande vigueur tout autre animal qui voudrait s'en emparer. Il existe en France une autre espèce dont les mœurs sont légèrement différentes, surtout en raison de sa sociabilité. C'est le *Chalicodome des hangars.* D'après les observations de Fabre, c'est par centaines, très souvent même par milliers qu'il s'établit à la face inférieure des tuiles d'un hangar ou du rebord d'un toit. Ce n'est pas ici véritable société, avec des intérêts communs, objet de l'attention de tous, mais simple rassemblement, où chacun travaille pour soi et ne se préoccupe pas des autres ; enfin une cohue de travailleurs rappelant l'essaim d'une ruche uniquement par le nombre et l'ardeur. Le mortier mis en œuvre est le même que celui du chalicodome des murailles, aussi résistant, aussi imperméable, mais plus fin et sans cailloutage. Les vieux nids sont d'abord utilisés. Toute chambre libre est restaurée, approvisionnée et scellée. Mais les anciennes cellules sont loin de suffire à la population, qui, d'une année à l'autre, s'accroît rapidement. Alors, à la surface du nid, dont les habitacles sont dissimulés sous l'ancien couvert général de mortier, d'autres cellules sont bâties, tant qu'en réclament les besoins de la ponte. Elles sont couchées horizontalement ou à peu près, les unes à côté des autres, sans *ordre aucun dans leur disposition.*

Chaque constructeur a les coudées franches. Il bâtit où il veut et comme il veut, à la seule condition de ne pas gêner le travail des voisins ; sinon les houspillages des intéressés le rappellent à l'ordre. Les cellules s'amoncellent donc au hasard sur ce chantier où ne règne aucun esprit d'ensemble. Leur forme est celle d'un dé à coudre partagé suivant l'axe, et leur enceinte se complète soit par les cellules adjacentes, soit par la surface du vieux nid. Au dehors, elles sont rugueuses et montrent une superposition de cordons noueux correspondant aux diverses assises de mortier. Au dedans, la paroi en est égalisée sans être lisse, le cocon du ver devant plus tard suppléer le poli qui manque. A mesure qu'elle est bâtie, chaque cellule est immédiatement approvisionnée et murée. Semblable travail se poursuit pendant la majeure partie du mois de mai. Enfin tous les œufs sont pondus, et les abeilles, sans distinction de ce qui leur appartient et de ce qui ne leur appartient pas, entreprennent en commun l'abri général de la colonie. C'est une épaisse couche de mortier qui remplit les intervalles et recouvre l'ensemble des cellules. Finalement, le nid commun a l'aspect d'une large plaque de boue sèche, très irrégulièrement bombée, plus épaisse au centre, noyau primitif de l'établissement, plus mince aux bords, où ne sont encore que des cellules *de fondation nouvelle,* et d'une étendue fort variable suivant le nombre des travailleurs, et par conséquent suivant l'âge du nid premier fondé. Tel de ces nids n'est guère plus grand que la main ; tel autre occupe la majeure partie du rebord d'une toiture et se mesure par mètres carrés.

Anthidie. — Nous ne parlerons que de l'anthidie à sept dents dont nous allons succinctement relater l'histoire.

Le lieu où elle niche est singulier : c'est la coquille vide d'un escargot. On reconnaît qu'une de celles-ci est habitée quand, en la regardant par transparence, on voit une masse obscure dans *les derniers tours de spires,* c'est-à-dire les plus étroits. L'anthidie préfère de beaucoup l'escargot des vignes, *Helix aspersa,* mais elle se contente aussi d'espèces plus petites, l'*Helix nemoralis* et l'*Helix cespitum* notamment. Le nid est établi plus ou moins profondément suivant la largeur de la coquille. En pénétrant dans les tours de spires, on rencontre d'abord une façade formée de graviers anguleux cimentés par une résine qui, probablement, vient du gené-

vrier oxycèdre. En arrière vient une barricade de débris incohérents, nullement cimentés entre eux et composés surtout de graviers calcaires, de parcelles terreuses, de bûchettes, de fragments de mousse, de chatons et d'aiguilles d'oxycèdre, de déjections sèches d'escargots : c'est un véritable matelas friable et, par suite, bien disposé pour entretenir la chaleur interne sans mettre un obstacle trop dur à la sortie des jeunes. L'hyménoptère ne fait d'ailleurs usage de cette barricade que dans les grosses coquilles, celles, par conséquent, où il n'occupe que le fond. Dans *les petites qu'il habite intérieurement,* il néglige les remblais défensifs.

Continuons notre chemin dans la coquille et nous arrivons aux loges qui, habituellement, sont au nombre de deux ; l'antérieure, plus ample, est l'habitation du mâle ; la postérieure, plus petite, est la demeure de la femelle. Ces loges sont limitées, en avant et en arrière, par des cloisons translucides, faites en résine absolument pure ne présentant aucune incrustation de matières étrangères.

D'autres anthidies bâtissent aussi en résine, mais non dans une coquille d'escargot. L'*Anthidie à quatre lobes* et l'*Anthidie de Latreille* nichent en effet sous les pierres, dans les creux des talus ensoleillés, dans un trou abandonné de scarabée, etc. ; c'est un amas de cellules accolées les unes aux autres dont l'ensemble forme une masse de la grosseur du poing ou d'une petite pomme. « Au premier abord, dit J.-H. Fabre, on reste très indécis sur la nature de l'étrange boule. C'est brunâtre, assez dur, légèrement poisseux, d'odeur bitumineuse. A l'extérieur sont enchâssés quelques graviers, des parcelles de terre, des têtes de fourmis de grande taille, qui sont pour lui des moellons de valeur pareille à celle des cailloux. Chacun emploie ce qu'il trouve sans longues recherches. L'habitant de l'hélice, pour construire sa barricade, fait cas de l'excrément sec de l'escargot son voisin ; l'hôte des dalles et des talus hantés par les fourmis met à profit les têtes des défuntes, prêt à les remplacer par autre chose quand elles manquent. Du reste, l'incrustation défensive est clairsemée ; on voit que l'insecte n'y donne pas grande importance, confiant qu'il est dans la robuste paroi des loges. La matière de l'ouvrage fait d'abord songer à quelque cire rustique, beaucoup plus grossière que celle des bourdons, ou mieux à quelque goudron d'origine inconnue. Puis on se ravise, on reconnaît dans la substance problématique la cassure translucide, l'aptitude à se ramollir par la chaleur, puis à brûler avec flamme fumeuse, la solubilité dans l'alcool ; enfin tous les caractères distinctifs de la résine. »

Pélopée. — L'hyménoptère connu sous le nom de *Pélopée tourneur* (*Pelopœus spirifex*, L.) se rencontre exclusivement dans le Midi. Extrêmement frileux, il recherche avant tout les endroits les plus chauds pour y construire le nid d'argile destiné à sa progéniture. Il nidifie sous les corniches, dans les hangars, les granges, mais surtout dans l'intérieur même des maisons.

L'endroit que préfèrent les pélopées est l'intérieur des grandes cheminées. On se demande comment les malheureux insectes, qui vont et viennent constamment, ne sont pas asphyxiés par la fumée ou grillés par le feu. Fabre a observé que lorsqu'on fait la lessive, les pélopées n'interrompent pas leur travail et traversent rapidement le rideau de vapeur chaude sans en être incommodés ; il serait intéressant de savoir s'ils peuvent traverser une flamme de la même façon. L'observateur que nous venons de citer, et auquel nous empruntons la plupart de ces détails, a vu construire des nids au-dessus d'une chaudière, c'est-à-dire en un point où la température atteignait 40 degrés.

C'est à des époques très variables de l'année que le Pélopée construit son nid. A cet effet, il se met en quête, dans la campagne, d'un terrain détrempé, boueux. Il est alors remarquable de voir les soins qu'il prend pour ne pas se salir.

« Les ailes vibrantes, dit Fabre, les pattes hautement dressées, l'abdomen noir bien relevé au bout de son pédicule jaune, ils ratissent de la pointe des mandibules, ils écrèment la luisante surface de limon.

Le pélopée cueille ainsi une boulette de terre humide de la grosseur d'un pois ; la maintenant avec ses mandibules, il s'envole avec elle et va la déposer à l'endroit qu'il a choisi. Sans la mélanger de salive, il la façonne grossièrement, l'applique à grand coup de truelle sur l'ouvrage déjà en train. Il fabrique d'abord une cellule ovoïde, de trois centimètres environ de longueur, dont l'intérieur est creux : la paroi interne est lisse, fine, tandis que l'extérieur est irrégulier. A côté de cette première loge, le pélopée en fabrique une seconde, puis une troisième, et ainsi de suite, le tout étant sur un même plan. Souvent, sur celle-ci, une seconde série est construite, quelquefois même une troisième.

Maintenant que nous connaissons la maçonnerie du nid, voyons comment l'intérieur est garni de victuailles et où se trouve l'œuf. Quand on ouvre une loge, on rencontre une certaine quantité d'araignées de diverses espèces superposées les unes au-dessus des autres, mortes ou tout au moins paralysées. Comment le pélopée a-t-il pu faire un pareil approvisionnement ? Tout ce qu'on sait à ce sujet se résume en ceci : le pélopée aperçoit une araignée à son goût, il se précipite sur elle, l'emporte immédiatement et va la déposer dans son nid. Voilà. Mais à quel moment le dard de l'hyménoptère s'enfonce-t-il dans sa victime. Où pénètre-t-il ? L'araignée est-elle tuée ou simplement paralysée ? Autant de choses que l'on ignore. Fabre pense que l'araignée est tuée, car si on l'extrait du nid, on la voit moisir au bout de quelques jours. Quoi qu'il en soit, le pélopée s'empare d'une araignée, ordinairement un epeire de petite taille, la porte dans une cellule et dépose un œuf sur l'abdomen charnu de sa victime ; puis il va en capturer une seconde et la dépose sur la première, mais sans y pondre l'œuf. Quand la loge est remplie, l'hyménoptère la ferme et passe à une autre cellule. Peu de jours après la ponte l'œuf éclôt, et la larve, se trouvant en contact avec une partie éminemment charnue, n'a aucune peine à la dévorer. Le festin terminé, la larve, déjà grande, passe successivement à chacune des pièces du gibier que la mère avait déposées. Quand il ne reste plus rien à manger, la larve, repue, se met à filer un cocon de soie, dont la trame intérieure est infiltrée d'une sécrétion spéciale, et s'y transforme en nymphe. Finalement, l'insecte parfait perce la partie supérieure mince de la cellule et s'envole. Il semble y avoir trois générations par an.

Quand la construction des cellules est achevée, le pélopée les recouvre d'un enduit grossier de boue qui fait ressembler le nid à une motte de glaise que l'on a projetée contre un mur. Fabre a eu l'ingénieuse idée d'enlever le nid avant son complet achèvement, pour voir ce que ferait l'insecte. L'édifice est enlevé, mis en poche ; son ancien emplacement montre maintenant la couleur blanche de la muraille, il ne reste plus qu'un mince filet discontinu marquant le pourtour de la motte de boue.

« Arrive le pélopée avec sa charge de glaise. Sans hésitation que je puisse apprécier, il s'abat sur l'emplacement désert, où il dépose sa pilule en l'étalant un peu. Sur le nid lui-même, l'opération ne serait pas autrement conduite. D'après le zèle et le calme du travail, il est indubitable que l'insecte croit vraiment crépir sa demeure, alors qu'il n'en crépit que le support mis à nu. La nouvelle coloration des lieux, la surface plane remplaçant le relief de la motte disparue, ne l'avertissent pas de l'absence du nid. Et, ainsi trente ou quarante fois, il revient et recommence l'inutile travail. »

Autre expérience non moins curieuse, qui montre bien que l'instinct dont sont pourvus tant d'animaux est immuable. La cellule vient d'être achevée ; une araignée et un œuf y sont déposés ; le pélopée va faire une nouvelle victime. Pendant son absence, Fabre enlève avec une pince la pièce de gibier et l'œuf. Le pélopée va-t il comprendre que le nid étant vide, il est inutile de le remplir ? Non.

« Il apporte en effet, dit Fabre, une seconde araignée, qu'il met en magasin, puis une troisième, une quatrième, d'autres encore que je soustrais à mesure en son absence, de façon qu'à chaque retour de chasse l'entrepôt est retrouvé vide. Pendant deux jours s'est maintenue l'opiniâtreté du pélopée à vouloir remplir le pot insatiable ; pendant deux jours ma patience ne s'est pas démentie non plus pour vider la jarre à mesure qu'elle se garnissait. A la vingtième proie, il s'est mis à clôturer la cellule ne contenant rien du tout. »

Mégachile. — L'aspect de cet insecte est celui d'une abeille au costume grisâtre.

Dans les jardins, tout le monde a remarqué que les feuilles du rosier ou du lilas sont souvent entamées par d'étranges découpures, les unes rondes, les autres ovalaires et d'une régularité presque mathématique ; on les croirait découpées à l'aide de ciseaux ou avec un emporte-pièce. L'artisan qui a pratiqué ces entailles n'est autre que le mégachile qui emporte les parties enlevées pour en tapisser son nid ; il semble avoir l'instinct géométrique inné en lui, car il découpe ses ronds et ses ovales de manière qu'ils s'adaptent exactement à celui-ci ; il est donc de toute nécessité que l'insecte se souvienne du diamètre du nid. Quand la rondelle est découpée, le mégachile la fait passer entre ses pattes, un peu recourbée, et l'emporte au vol.

Le nid est établi dans une cavité qui n'est pas l'œuvre de la mère, mais dans un moule creusé par un autre animal et abandonné : ce sont tantôt les galeries des antophores, tantôt les tuyaux de mine des gros vers de terre, les puits creusés dans le bois par la larve du capricorne, les habitations du chalicodome des galets, les roseaux creux ou même les interstices des murs. Le mégachile se contente de combler ces ca-

vités avec les morceaux de feuilles, du miel et du pollen, le tout rangé avec un ordre que nous a fait connaître Fabre, chez le mégachile à ceintures blanches, qui niche surtout dans les puits de lombric. Ce mégachile n'utilise de la galerie du ver que la portion antérieure, deux décimètres au plus. Avant de façonner sa première outre à miel, il obstrue le couloir avec une forte barricade composée de feuilles empilées sans beaucoup d'ordre ; il n'est pas rare de compter dans le rempart de feuillage quelques douzaines de pièces roulées en cornets et agencées l'une dans l'autre, à la façon d'une pile d'oublies. Les morceaux qui les composent sont taillés grossièrement et empruntés à des feuilles robustes (vigne, ciste, yeuse, aubépine, grand roseau, etc.).

Immédiatement après la barrière défensive, vient la série des cellules, en nombre très variable, de cinq à douze en moyenne. Non moins variable est le nombre de pièces assemblées pour la confection d'une loge, pièces de deux sortes, les unes ovalaires, formant le nid à miel, les autres rondes, servant de couvercle. Les premières, au nombre de huit à dix, ne sont pas d'égales dimensions et, sous ce rapport, se classent en deux catégories. Celles de l'extérieur, plus grandes, embrassant à peu près chacune le tiers de la circonférence et chevauchant un peu l'une sur l'autre ; leur bout inférieur s'infléchit en courbe concave pour former le fond de l'outre. Celles de l'intérieur, notablement moindres, épaississent la paroi et comblent les vides laissés par les premières. La tailleuse de feuilles sait donc modifier ses coups de ciseaux d'après le travail à faire : d'abord les grandes pièces, qui rapidement avancent l'ouvrage, mais laissent des intervalles vides, puis les petites pièces qui s'ajustent dans les intervalles vides. Un autre avantage résulte des découpures à dimensions inégales. Les trois ou quatre pièces de l'extérieur, les premières mises en places, étant les plus longues de toutes, débordent à l'embouchure, tandis que les suivantes, plus courtes, sont un peu en retrait. Ainsi s'obtient une feuillure qui maintient les rondelles de l'opercule et les empêche d'atteindre le miel lorsque l'hyménoptère les comprime en un couvercle concave.

Quand l'insecte a rempli ce godet d'un mélange de miel et de pollen et y a déposé un œuf, il le recouvre d'un couvercle composé uniquement de pièces rondes plus ou moins nombreuses. Parfois le diamètre de ces pièces est d'une précision presque mathématique, si bien que les bords de la rondelle reposent sur la feuillure.

Lorsqu'une loge est achevée, l'abeille en construit une autre par-dessus, et ainsi de suite, pour terminer la série des nids par une barricade analogue à celle qui se trouve à la partie inférieure.

Fabre a fait de nombreux relevés de la flore des mégachiles et il est arrivé à cette conclusion que, pour construire leurs outres, les coupeuses de feuilles, chacune suivant les goûts propres de son espèce, n'exploitent pas tel ou tel végétal à l'exclusion des autres ; leurs pièces de feuillage varient suivant la végétation des alentours. Tout leur est bon, l'exotique comme l'indigène, l'exceptionnel comme l'habituel, pourvu que le morceau coupé soit d'emploi commode. Certains mégachiles même, au lieu de feuilles, emploient les pétales : c'est le cas, par exemple, du *Mégachile imbecilla* qui tapisse souvent avec les pétales du vulgaire géranium des jardins.

Ce cas exceptionnel est normal dans un genre voisin, chez l'anthocope du pavot, qui creuse des terriers à peu près verticaux dans les chemins battus qui séparent les champs, chacun ne contenant qu'une alvéole par nid : il en tapisse l'intérieur avec les pétales délicats du coquelicot ; c'est un véritable sac que l'animal ferme à la partie supérieure en en rabattant les bords et en le recouvrant de terre.

Anthocope du pavot. — Il creuse des terriers à peu près verticaux dans les chemins battus, chacun ne contenant qu'un alvéole par nid : il en tapisse l'intérieur avec les délicats pétales du coquelicot ; c'est un véritable sac que l'insecte ferme à la partie supérieure en en rabattant les bords et en le recouvrant de terre.

Guêpe. — C'est au mois d'avril qu'on voit les femelles fécondes occupées soit à rechercher un lieu favorable pour la construction de leur nid, soit à recueillir les premiers matériaux nécessaires pour l'établir.

Ce sont les fortes mandibules, dont les dents de l'une s'engrènent entre celles de l'autre, qui servent le plus aux mères guêpes et aux ouvrières, soit pour l'édification d'un nid, soit pour alimenter les larves. Les parcelles d'écorces ou de bois plus ou moins ramollies par les pluies, sont roulées par ces mandibules, façonnées ensuite en une petite boule que l'insecte emporte entre ses mandibules, jusqu'au lieu où il doit en faire usage. On voit souvent, posées sur des planches ou des appuis de fenêtres, des guêpes ou des polistes ouvrant leurs mandibules et appuyant en même temps leur tête pour enfoncer dans le bois leurs dents apicales, puis détachant, en cherchant à fermer ces mandibules, des fibres d'environ 2 millimètres de longueur : ces fibres sont ensuite comprimées à plusieurs reprises, et divisées souvent en fibrilles, suivant leur longueur, puis agglutinées ensemble par une salive gluante, ce qui facilite le transport

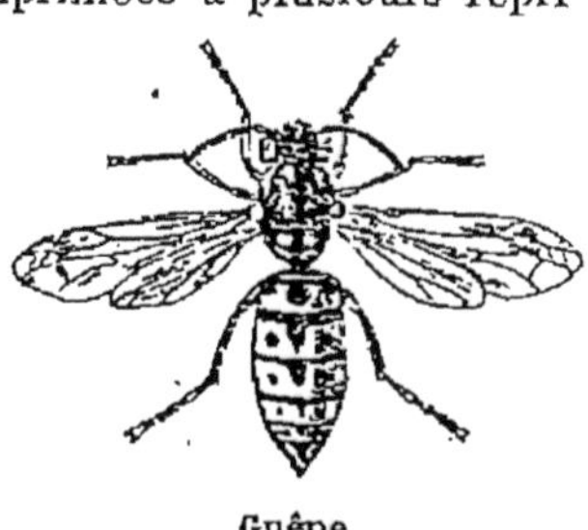

Guêpe.

au guêpier. C'est là que pressée de nouveau par les mandibules, la masse ligneuse est réduite en une lame papyracée, à peu près comme un morceau de métal est étalé en feuilles par les cylindres du laminoir. La langue achève ce premier ouvrage et polit la lamelle, pour la rendre rebelle à l'eau, en l'induisant à la surface de la liqueur gluante qui est déjà entrée dans sa composition intérieure.

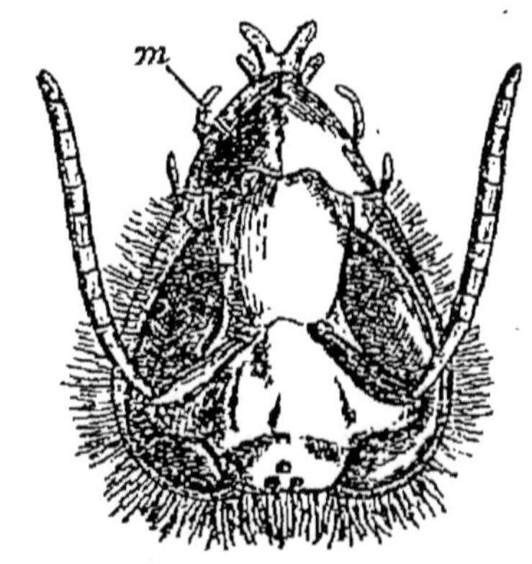

Tête de Guêpe, face inférieure, montrant les mandibules *m.*

Les guêpiers, du moins ceux de nos guêpes indigènes, ont des rayons indépendants les uns des autres, ceux-ci étant soutenus par des piliers spéciaux.

Chaque nid se compose de trois parties bien distinctes :

1° Un ou plusieurs rayons ou gâteaux formés par l'assemblage d'alvéoles hexagonaux, sur une seule rangée, juxtaposés, ayant leur ouverture en bas ;

2° De piliers, colonnes, destinés soit à fixer le rayon unique à la voûte ou à la branche d'appui, ou à une solive de toiture, soit à réunir les rayons entre eux, s'il y en a plusieurs, soit enfin à lier l'enveloppe aux rayons ;

3° D'une enveloppe d'abord simple, mais composée le plus souvent par la suite de plusieurs couches ou membranes de papier superposées, chacune de forme conchoïdale, la convexité à l'extérieur. Ces membranes sont assujetties les unes aux autres par leurs bords, laissant entre elles un léger intervalle à cause de la convexité extérieure de chacune, ce qui donne à l'enveloppe, dans son ensemble, une texture celluleuse. Ces convexités externes tendent à s'opposer à l'infiltration de l'eau dans le nid, en raison surtout de ce que les bords des membranes extérieures sont soudés sur les convexités des intérieures, et que le toit est recouvert, par la langue des guêpes, d'un vernis gommeux, qui donne à l'extérieur des nids récents un reflet argentin. En outre cette enveloppe celluleuse, renfermant un grand nombre de lamelles d'air, très mauvais conducteur, est essentiellement propre à maintenir à l'intérieur du guêpier une température plus élevée que celle de l'air ambiant, et qui est nécessaire au développement du couvain ; l'excès peut atteindre 14° à 15° centigrades dans les guêpiers populeux.

La plupart de nos guêpes construisent leurs nids dans la terre, dans les arbres creux, dans les vieux murs, sous les toitures, dans l'intérieur des maisons. On a même rencontré des guêpiers dans de vieux tonneaux ou à l'intérieur de ruches d'abeilles, dont le miel avait probablement nourri les guêpes. Quelques espèces nidifient à l'air libre, fixant alors, le plus souvent, la demeure commune aux branches des arbres ou des arbustes.

Nos guêpes indigènes emploient deux sortes de matériaux pour leurs constructions.

Certaines espèces, *Vespa crabro, Vespa vulgaris,* se servent de parcelles de bois mort et déjà ramolli par un commencement de décomposition, ou de parcelles d'écorce que l'insecte broie et agglutine au moyen d'un liquide analogue à de la colle ; alors le nid et surtout l'enveloppe sont cassants et friables ; seuls les piliers sont durs et résistants pour supporter le poids des rayons superposés, remplis de larves et de nymphes. Ces nids ont une nuance d'un brun jaunâtre, de couleur de feuille morte plus ou moins foncée, selon le bois utilisé, souvent avec des veines de teintes plus claires, surtout sur l'enveloppe.

D'autres espèces, *Vespa sylvestris, Vespa media, Vespa arborica,* se servent de fibres ligneuses détachées par les mandibules de la guêpe dans le bois travaillé, comme les planches, ou fendu, ou simplement dépouillé de son écorce (lattes, pieux, poteaux), soit dans les tiges sèches de diverses plantes, lorsque ces matières ligneuses, par une assez longue exposition à l'eau et à l'humidité, ont éprouvé une macération analogue au rouissage du chanvre ; les guêpiers sont alors souples et élastiques et très papyracés ; l'enveloppe surtout est analogue à du papier gris à filtrer, avec des veines plus claires diversement apparentes. On peut dire que les guêpes ont su faire du papier de tout temps et avant l'homme.

Bien différente de la reine abeille, c'est une seule femelle qui fonde le guêpier.

Les nids souterrains, qui sont les plus nombreux, sont ordinairement commencés dans des galeries creusées par les taupes ou les mulots, puis abandonnées.

Le guêpier, caché ou aérien, commence par un pédicule plus long que les piliers futurs, qui s'évase en cupule renversée, ordinairement 1 à 2 centimètres carrés de surface, et où la femelle construit quelques cellules hexagonales juxtaposées, au nombre de huit à dix d'ordinaire. Elle est seule pour faire ce travail, ce qui constitue une grande différence avec les abeilles qui, elles, opèrent plusieurs à la fois. Comme il n'y a jamais qu'un seul plan de cellules, celles-ci n'ont pas les fonds pyramidaux, mais arrondis en soucoupes peu profondes, dont les bords portent six pans de prisme hexagonal plus ou moins régulier et formant chacun une paroi de la cellule accolée. Ce commencement de nid est protégé par une enveloppe simple qui part du pétiole d'attache en cupule sphéroïde s'élevant peu à peu autour des cellules, d'abord formant une simple collerette, puis se fermant peu à peu et englobant les alvéoles dans une sphère où est ménagée une ouverture pour le passage de la mère. La femelle agrandit le nid à plusieurs reprises en ajoutant de nouvelles cellules au pourtour, comme en rosace autour de la cellule centrale ; elle modifie les dimensions de l'enveloppe en rapport avec celles du rayon, et parfois une ou deux enveloppes concentriques plus externes sont ébauchées autour de la première, qu'elles emboîtent plus ou moins, à partir du pétiole. La mère pond des œufs, exclusivement d'ouvrières, dans les cellules qu'elle a construites seule, et sort fréquemment pour aller aux provisions et revenir donner la nourriture à ses larves. Lorsque celles-ci, après la nymphose, sont devenues adultes, la mère cesse de sortir, et l'on ne voit plus sur les fleurs et sur les arbres suintants que des ouvrières très reconnaissables à leur plus faible taille. La mère, dont la ponte doit devenir la plus nombreuse, n'aura plus d'autre occupation, et devient dès lors pareille à la reine abeille ; nourrie par ses premiers enfants, elle ne s'occupe plus ni de la bâtisse, ni de l'alimentation des larves, soins qui incombent désormais aux ouvrières seules.

Les ouvrières doivent agrandir le nid, et, quand il est souterrain, sont obligées à un travail considérable de creusement. On voit alors fréquemment les guêpes sortir par l'ouverture extérieure, en tenant entre leurs mandibules une parcelle de terre qu'elles emportent au loin en volant. Dans les terrains calcaires, ce travail est souvent augmenté par la présence de petites pierres. Celles qui n'excèdent pas deux fois le poids de la guêpe sont transportées loin du nid ; celles plus grosses, de 30 à 40 centigrammes, que l'insecte peut seulement traîner, sont amoncelées à l'entrée du guêpier, dont elles décèlent souvent l'existence. Les grosses pierres, minées en dessous, descendent à la base de la cavité du nid ; enfin les pierres par trop fortes sont ou contournées ou enchâssées dans le guêpier.

Les ouvrières augmentent le rayon commencé par la mère fondatrice en ajoutant de nouvelles cellules à sa circonférence, consolident le pétiole de suspension, qui aboutit ordinairement au centre de ce rayon, et en ajoutent d'autres, fixés à la voûte, de la cavité du nid, s'il est souterrain, sur divers points de la partie supérieure de ce même rayon, les deux extrémités de tous ces pétioles étant élargies pour augmenter la surface adhésive. Un second rayon est ensuite construit pour les ouvrières, toujours du centre à la circonférence, fixé au premier par des piliers en nombre suffisant, un intervalle étant ménagé entre les deux rayons, juste suffisant pour la circulation des insectes, la partie supérieure des piliers étant toujours construite de manière à ne former aucune alvéole. Plus tard de nombreux rayons sont placés au-dessous des premiers, maintenus par des piliers, leur nombre total pouvant s'élever à dix ou douze, s'il n'y a aucun obstacle dans le sens vertical, les rayons les plus larges étant ordinairement ceux qui se trouvent au milieu de la hauteur du nid ; si, au contraire, le développement du guêpier est gêné dans ce sens, mais si la place libre existe dans le sens horizontal, les rayons sont alors très étendus, mais peu nombreux.

Les rayons supérieurs, façonnés par les ouvrières de plusieurs générations, ne sont que des cellules de bien plus faibles dimensions, destinées uniquement aux larves d'ouvrières ; les rayons inférieurs, les derniers édifiés, contiennent au contraire des cellules destinées aux larves des mâles et des femelles fécondes, ces dernières recevant peut-être une nourriture spéciale. Ces cellules sont plus profondes que celles des ouvrières, et, en outre, pour la plupart des espèces de guêpes, les cellules de femelles sont plus larges. Le plus souvent, les rayons n'ont que des cellules d'un même diamètre ; quelquefois cependant, les larges rayons ont un mélange de grandes cellules de femelles et de cellules plus étroites de mâles.

Les ouvrières augmentent également l'enveloppe du nid dans les proportions nécessaires, lui donnant parfois plus de dix couches de feuillets, sur une épaisseur totale variant de 1 à 3, 5 centimètres. Des piliers latéraux fixent l'enveloppe aux rayons et maintiennent entre elle et ces derniers un espace suffisant pour rendre facile la communication entre les divers étages des rayons superposés. A la partie inférieure de l'enveloppe est ménagée une ouverture à peu près de la largeur du doigt, destinée à l'entrée et à la sortie des guêpes ; parfois il y a deux ouvertures. En outre, si le nid est souterrain, le trou d'entrée et de sortie communique avec le dehors par une galerie de longueur et de largeur variables, rarement en ligne droite, et dont la longueur rectifiée dépasse quelquefois 50 centimètres : c'est un grand obstacle à l'introduction des insectes ennemis, l'entrée du nid étant, en outre, au moins pendant le jour, défendue par de vigilantes sentinelles. La partie extérieure de l'enveloppe des nids souterrains ne touche pas à la voûte ni aux parois ; elle reste séparée par un intervalle de 1 à 2 centimètres, et les piliers plus ou moins nombreux fixent les parois supérieures et latérales de l'enveloppe à celle du creux souterrain.

Quand la croissance complète des larves est achevée, elles tapissent d'une légère couche de soie le fond et les parois de la cellule, puis ferment les cellules en tissant sur l'ouverture un couvercle de soie plus épais, formé de deux couches superposées. Ce ne sont pas la mère ni les ouvrières qui mettent l'opercule aux cellules. Dès que les premières ouvrières nées remplacent la mère dans ses fonctions d'architecte et de nourrice, elles nettoient les cellules à mesure qu'un insecte en est sorti, afin que la femelle y ponde un nouvel œuf.

Parmi les guêpes de nos pays, les plus fréquentes sont la *Vespa vulgaris* et la *Vespa Germanica,* souvent confondues sous l nom de guêpe commune

Les nids de la *Vespa vulgaris*, plus petits et moins peuplés, ont des matériaux analogues à ceux du frelon, consistant principalement en parcelles de bois décomposé et d'écorce d'arbre ; ils sont, à raison de leur nature cassante et friable, employés par l'insecte en couches un peu plus épaisses que ceux qui composent le nid de la *Vespa Germanica*. Les nids, plus faciles à rencontrer, de cette dernière sont le plus souvent en terre, plus rarement dans les arbres creux, dans les vieux murs, sur les toits, soit à l'extérieur, sous les parties en saillie et sous les hangars, soit à l'intérieur dans les greniers, dans les chambres inhabitées et mal closes, et alors à l'angle des murs ou du plancher ou dans l'embrasure d'une fenêtre, dans les cheminées, etc. Les matériaux consistent en fibres ligneuses de bois roui longtemps à l'air et à la pluie, comme des barrières de clôture et les échalas de vignes. La couleur des nids est grise et la consistance analogue à celle du papier brouillard ; la matière en est souple et disposée en couches minces. Le plus souvent, les nids sont sphéroïdes et d'un diamètre de 30 centimètres. D'autres, déformés en raison d'obstacles, atteignent parfois 40 centimètres, soit en hauteur verticale, soit en longueur horizontale. Ils peuvent avoir, quand leur grand axe est vertical, jusqu'à douze rayons. Le nombre des cellules excède quelquefois 20 000.

La guêpe rousse, *Vespa rufa,* habite de préférence des bois et construit des nids souterrains peu volumineux.

La guêpe sylvestre, *Vespa sylvestris,* a un nid suspendu aux toits des maisons ou aux branches des arbres ; il est plus ou moins sphéroïde, composé d'une triple enveloppe grise, de couches concentriques régulières sous laquelle est un noyau de gâteaux. Il est percé au bas d'un seul orifice. Le nid au début est fixé, renversé par un pétiole à la branche qui lui sert d'appui et offre une première coque papyracée interne, entourée d'une seconde coque extérieure très incomplète. A l'intérieur, et porté par le pétiole prolongé, est un groupe en cupule renversée d'une dizaine de cellules hexagonales. Puis la seconde

enveloppe presque achevée, entoure la première, et une troisième est commencée autour du pétiole d'attache, etc.

Le frelon, *Vespa crabro,* établit son nid principalement dans les arbres creux, quelquefois dans la terre ou sous de grosses racines, dans les poteaux pourris, dans les vieux murs, sous les toits de chaume, dans les cheminées, niches

Frelons et leur nid.

vides, etc. Comme il est formé de parcelles de bois mort et déjà décomposé, sa consistance est friable ; aussi l'insecte dispose la matière en couches d'une certaine épaisseur. Quand les nids sont placés simplement sous un abri, comme le toit d'un bâtiment, ils ont une enveloppe consistant en une seule couche. Si au contraire ils sont dans une cavité close de toutes parts, avec des rayons proportionnés à son volume, les parois de la cavité tiennent lieu d'enveloppe et sont quelquefois revêtues d'une couche de matière semblable à celle qui compose le nid ; des piliers latéraux lient alors les rayons à ces parois, maintenant entre celles-ci et la circonférence des rayons un espace suffisant pour permettre la communication d'un étage à l'autre. Quand le nid n'est protégé qu'en partie par les parois de la cavité, la portion libre est seule pourvue d'une enveloppe ; parfois les nids ont une enveloppe épaisse, munie d'intervalles celluleux, et dans les nids souterrains le haut de la cavité est quelquefois garni d'une mousse sèche assez serrée. Les cellules destinées aux femelles n'ont pas un plus grand diamètre que les autres ; mais leur volume intérieur, ainsi que celui des cellules destinées aux mâles, se trouve augmenté par la très grande convexité de l'opercule tissé par la larve sur l'ouverture de son alvéole, et sans doute aussi par la plus grande profondeur de celui-ci.

Poliste. — Les nids du genre polistes sont essentiellement caractérisés par l'absence d'enveloppe extérieure. Ceux des polistes de France sont formés par un simple rayon, quelquefois, mais très rarement, doublé par un rayon superposé, maintenu à distance du premier par des piliers. Ils sont placés

Poliste et son nid.

dans un lieu chaud, abrité du vent, souvent exposés au midi. Le rayon est fixé à un point d'appui, rameau, tige de plante, paroi de mur ou de rocher ; les cellules sont tournées en bas quand le pédicelle est vertical, ou bien vers l'extérieur si le pédicelle est attaché perpendiculairement à une paroi verticale. Ces nids sont fréquents sur les espaliers.

Les matériaux sont analogues à ceux de la guêpe germanique, et recueillis par les polistes sur le bois mort exposé à l'air et sur les tiges sèches de diverses plantes ; le nid a une couleur grise tirant un peu sur le brun. Le support, quand il est unique, n'est pas placé exactement au centre du rayon, mais plus près de sa partie supérieure si celui-ci est vertical ou à peu près ; quand il y a plusieurs supports destinés à donner plus de solidité au rayon, ils sont ordinairement placés sur une ligne s'écartant peu de la verticale. Les nids

ont le plus souvent la forme de coupe, parfois subcirculaire, parfois, au contraire, très oblongue, avec des alvéoles en rangées de nombre très variable.

C'est vers le milieu d'avril que, chez nous, les femelles d'hivernation commencent isolément leurs nids, consistant dans le support et dans quelques cellules hexagonales peu profondes, formant un petit rayon d'un centimètre environ de diamètre, qui est ensuite augmenté graduellement par la femelle, en allant du centre au pourtour. Une fois les premières ouvrières nées, elles agrandissent le rayon. La mère fondatrice ne travaille plus et s'absente peu, occupée à la ponte. Les ouvrières lui donnent souvent de la nourriture qu'elles lui présentent au bout de leur langue ou entre les mandibules. A la fin de l'été ou au commencement de l'automne, le rayon a acquis tout son développement et présente une forme plus ou moins régulièrement circulaire. Il n'y a pas de cellules spéciales pour les mâles et les femelles ; les cellules qui ont déjà donné naissance à des ouvrières, sont seulement rendues plus profondes par le prolongement de leurs parois, à l'époque où se développent les larves des mâles et des femelles. A ce moment les ouvrières commencent à faire des provisions de miel dans les cellules situées sur les bords du gâteau, et ce miel a très bon goût. Les ouvrières vont alors butiner sur les fleurs.

Bembex. — Les bembex, au physique, n'ont rien de remarquable : ils ressemblent assez aux guêpes ordinaires, à cause des bandes transversales claires, le plus souvent jaunes, qui se détachent sur le fond noirâtre de leurs anneaux abdominaux ; ils s'en distinguent cependant par leur tête arrondie en avant, par leurs gros yeux légèrement enfoncés et surtout par leur lèvre supérieure, qui se prolonge en forme de cône au-dessous de la face. Ils vivent dans les endroits ensoleillés et les terrains sablonneux un peu arides, ordinairement découverts, plus rarement abrités par de malingres arbrisseaux.

Les bembex sont des hyménoptères solitaires ; chacun creuse son terrier pour lui tout seul et élève seul sa famille. Néanmoins, on peut observer, chez eux, un rudiment de sociabilité. C'est ainsi qu'il leur arrive très souvent d'établir leurs terriers côte à côte, simulant ainsi des bourgades comprenant une dizaine d'habitants par mètre carré. Mais il est difficile de dire si cette réunion est due à la présence, en un même lieu, de conditions favorables ou à un amour de la communauté. Cette dernière hypothèse semble la plus vraisemblable chez une espèce américaine, étudiée par M. et Mme Peckham. « A certains moments, tous les individus paraissent être là, creusant leur nid, emmagasinant leur butin, fondant les uns sur les autres ou chassant les parasites. Puis, soudain, tous sont partis, aucun ne reste ; mais une multitude de mouches tiennent leur danse étourdissante au-dessus du champ qui reste désert 10 ou 15 minutes. Alors les guêpes commencent à rentrer : plusieurs reviennent en même temps et, comme par magie, la scène redevient vivante. »

Malgré leur aspect délicat, les bembex sont des fouisseurs émérites, des terrassiers habiles, qui savent creuser des galeries dans le sable et en éviter les éboulements. Au dehors, rien n'en indique l'emplacement. « En raclant légèrement la dune avec la lame d'un couteau au point où le bembex se tient de préférence, on ne tarde pas à découvrir le vestibule d'entrée qui, tout obstrué qu'il est dans une partie de sa longueur, n'est pas moins reconnaissable à l'aspect particulier des matériaux remués. Ce couloir, du calibre du doigt, rectiligne ou sinueux, plus long ou plus court, suivant la nature et les accidents du terrain, mesure de 2 à 3 décimètres. Il conduit à une chambre unique, creusée dans le sable frais, dont les parois ne sont crépies d'aucune espèce de mortier qui puisse prévenir les éboulements et donner du poli aux surfaces raboteuses. Pourvu que la voûte tienne bon pendant l'éducation de la larve, cela suffit : peu importe les effondrements futurs, lorsque la larve sera renfermée dans le robuste cocon, espèce de coffre-fort que nous lui verrons construire. Le travail de la cellule est donc des plus rustiques : tout se réduit à une grossière excavation sans forme bien déterminée, à plafond surbaissé et d'une capacité qui donnerait place à deux ou trois noix. » (Fabre.) La confection de ce terrier est, on le comprend, assez dure. « C'est aux tarses antérieurs seuls, dit M. Bouvier, qu'est dévolu le travail d'extraction et de balayage, car seuls ils sont pourvus, sur le bord externe de leurs premiers articles, d'une rangée de soies longues et bien développées. Fortement campé sur ses pattes des deux dernières paires, l'animal gratte et balaye avec les tarses du train d'avant, repoussant le sable par petits jets violents, qui passent sous le corps et vont retomber à 8 ou 9 centimètres en arrière. Aux moments de grande activité, les jets de sable se succèdent presque sans intervalle, et, à chaque fois, l'abdomen de la bête se relève d'un soubresaut, pour leur permettre plus facilement de passer. Quand la galerie atteint des veines résistantes ou des graviers trop volumineux, la besogne devient rude et la guêpe prend, comme nos mineurs, les attitudes les plus variées : tantôt penchée sur le côté, parfois même presque renversée sur le dos, elle gratte avec les pattes, arrache avec les mandibules et ne se rebute que devant les difficultés vraiment insurmontables. Un jour, je profitai du départ d'un bembex pour obstruer l'entrée de sa galerie avec la coquille d'un petit escargot ; au retour, la guêpe ne put déplacer l'obstacle, mais ne se rebuta point pour si peu ; elle se mit à creuser tout autour et, de la sorte, parvint à s'ouvrir une voie latérale qui la conduisit au terrier. Tournant les corps trop volumineux, détachant les graviers et coupant les menues racines, la guêpe finit toujours par avancer dans son travail de forage ; on la voit sortir du trou, emportant, avec ses mandibules, les plus grosses des particules arrachées au sol. Puis le balayage recommence, plus actif et plus fiévreux, avec les mêmes soubresauts de l'abdomen et la même oscillation générale du corps. »

Voici le terrain préparé, avec son orifice de sortie plus ou moins obstrué. Le bembex va maintenant l'approvisionner avec des pièces de gibier sur lesquelles il pondra son œuf. Comme gibier, il choisit exclusivement des diptères, c'est-à-dire des mouches.

Différant en cela des autres hyménoptères prédateurs, le bembex ne sert à sa larve qu'une seule pièce à la fois qui ne tarde pas à être dévorée et que la mère remplace par une nouvelle. Cela est tout à fait analogue à l'oiseau donnant la becquée à ses petits.

Les mouches servies ainsi au jour le jour à la larve du bembex sont immobiles, mais sont-elles seulement paralysées ou mortes ? C'est à cette dernière alternative que M. Fabre s'est arrêté. Mises dans de petits cornets de papier ou dans des tubes de verre, les victimes, c'est-à-dire les erystales, les syrphes, tous ceux enfin dont la livrée présente quelque vive coloration, perdent en peu de temps l'éclat de leur parure. « Les yeux de certains taons, magnifiquement dorés avec trois bandes pourpres, pâlissent vite et se ternissent. Tous ces diptères, grands et petits, enfouis dans des cornets où l'air circule, se dessèchent en deux ou trois jours et deviennent cassants ; tous, préservés de l'évaporation dans des tubes de verre où l'air est stagnant, se moisissent et se corrompent. Ils sont donc morts, bien réellement morts lorsque l'hyménoptère les apporte à la larve. Si quelques-uns conservent encore un reste de vie, peu de jours, peu d'heures terminent leur agonie. Ainsi, par défaut de talent dans l'emploi de son stylet ou pour tout autre motif, l'assassin tue à fond ses victimes. Le diptère a parfois la tête tournée sens devant derrière, comme si le ravisseur lui eût tordu le cou ; ses ailes sont déformées ; sa fourrure, quand il en possède, est ébouriffée. J'en ai vu le ventre ouvert d'un coup de mandibules et des pattes emportées dans la bataille. D'habitude, cependant, la pièce est intacte. » Plusieurs auteurs ne sont pas de l'avis de Fabre. M. Ferton et M. Bouvier, notamment, croient plutôt que les proies sont simplement paralysées. « Jamais trace de mutilation sur les insectes, dit ce dernier, mais à peine deux ou trois mouches avec la tête retournée sens devant derrière ou sur le côté, ce qui peut se produire très accidentellement, je pense, lorsqu'on ravit la mouche à la guêpe, ou lorsque celle-ci l'introduit dans son terrier. Les diptères sont bien paralysés et, au moindre mouvement, allongent leur trompe, agitent leurs tarses et font mouvoir l'extrémité souvent dévaginée de leur abdomen. Les petites mouches ne réagissent pas très longtemps de la sorte et, souvent même, ne réagissent pas du tout, même quand on vient de les enlever à la guêpe. A ce moment, les grosses réagissent fréquemment d'elles-mêmes sans excitation, et parfois remuent assez fortement les pattes. La paralysie n'est pas égale chez tous les représentants de la même espèce ; tel individu réagit fortement et pendant cinq ou six jours, tel autre réagit peu et pendant beaucoup moins de temps. » Tout cela semble prouver que les bembex ne sont pas d'habiles paralyseurs et, conscients de leur incapacité, ne donnent les proies qu'une à une pour ne pas craindre de les voir se corrompre.

En revenant avec sa proie sous le ventre, le bembex s'abat exactement sur l'emplacement de son nid et, sans la lâcher, pénètre avec elle dans le sable où il disparaît en un clin d'œil.

J'ai déjà dit que l'emplacement du nid n'apparaissait nullement à l'extérieur, d'autant moins que l'insecte a soin d'en balayer la surface comme pour en dissimuler la présence. Dans ces conditions, comment l'hyménoptère le retrouve-t-il ? M. Fabre admet un « sens spécial » qui les guide dans cette reconnaissance des lieux. M. Bouvier n'est pas de cet avis et ses expériences le prouvent. En plaçant une pierre plate sur l'entrée du nid, l'insecte s'y abat quand il revient, se guidant sans doute sur les objets environnants pour retrouver l'emplacement de son terrier. « Pourtant la présence de la pierre n'est pas sans dépayser un peu la guêpe qui vole quelques instants avant de s'y poser. Elle s'arrête sur la pierre, mais non pas juste au-dessus de l'entrée du terrier. Elle se met à gratter la dalle, s'envole après un quart d'heure d'efforts, revient sans sa mouche, gratte, puis repart encore ; enfin, elle se met à fouiller le sol sur les côtés, tantôt en un point, tantôt en un autre, mais toujours du côté le plus ensoleillé, qui est celui le plus éloigné du logis. Elle déplace la pierre de façon que l'orifice du terrier se trouve très près de ce bord, et la guêpe finit par entrer. Ainsi le bembex ne s'obstine pas inutilement au point où devrait être l'entrée de son nid, il se déplace et cherche dans le voisinage un point plus favorable. Ce n'est pas tout à fait acte instinctif et purement machinal.

« Ayant laissé la pierre en place, je pus m'assurer, le lendemain, que l'orifice du nid avait été ramené sur l'un de ses bords. Le surlendemain, je revins au même endroit et, profitant de la sortie du bembex, je déplaçai la pierre et la mis à 2 décimètres au delà, en un point qui ressemblait beaucoup à celui où elle était restée les deux jours précédents. L'insecte revint bientôt chargé d'une mouche et, sans hésitation appréciable, alla s'abattre sur le bord de la pierre, c'est-à-dire à 2 décimètres de l'entrée de son terrier, puis se mit à faire comme s'il se fût trouvé à la bonne place. Je le chassais deux fois de la pierre, deux fois il y revint et se livra au même manège. Enfin je remis la pierre où elle était d'abord, et aussitôt l'insecte retrouva l'entrée de son logis. Ici, très évidemment, l'instinct avait été mis en défaut ; l'animal avait très exactement fixé dans sa mémoire la topographie du lieu, et comme la pierre était un des éléments essentiels de cette topographie, on comprend qu'elle servît de repère pour trouver l'entrée du nid. » De cette expérience et d'autres analogues, M. Bouvier conclut que l'insecte est merveilleusement servi, dans ses voyages et le retour au nid, par la vue et par le souvenir, qu'il a une mémoire topographique excellente et que sa confiance en cette mémoire est presque illimitée.

Nous avons vu la mère bembex (le mâle ne prend pas part à ce travail) rapporter des mouches paralysées dans son nid. Sur la première, elle dépose un œuf, d'où ne tarde pas à sortir une larve, laquelle se met aussitôt en devoir de manger une pièce de gibier, puis la seconde que la mère lui apporte, et ainsi de suite. Quand elle a atteint toute sa taille, elle se file un cocon de soie et y incruste des grains de sable. C'est là qu'elle se transforme en nymphe laquelle devient plus tard un bembex adulte.

Sphex. — Ils nourrissent leurs lar-

Sphex traînant une éphippigère dans son nid.

ves avec des grillons ou des éphippi-gères.

Ammophile. — Les ammophiles donnent en nourriture à leurs larves des chenilles de noctuelles paraly-sées.

Cerceris. — Ils donnent en nourri-

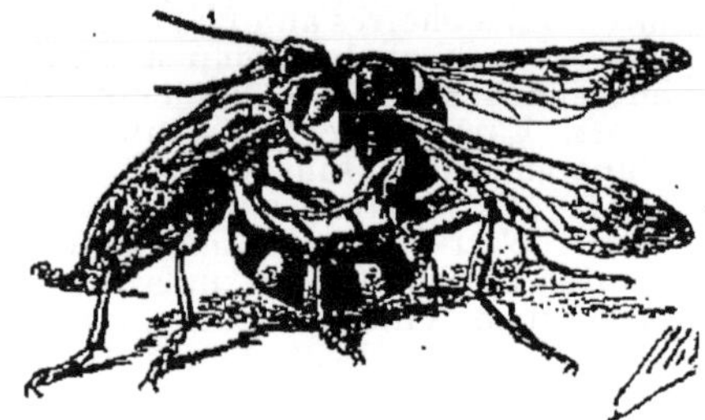

Cerceris piquant un charançon.

ture à leurs larves des buprestes ou des cléones (coléoptères) paralysés.

Pompile. — Les pompiles paraly-sent des araignées.

Scolie. — Les scolies paralysent les larves de l'*Oryctes nasicornis*, coléoptère vulgairement appelé *Rhinocéros*.

Philanthe. Les philanthes paraly-sent des mouches en les transperçant de leur dard et les emportent dans leur nid.

Philanthe apivore.

Chrysis. — Les chry-sis sont des sortes de petites guêpes aux bril-lantes couleurs métalli-ques. Elles pondent dans les nids d'autres hyménoptères.

Ichneumon. — Lorsqu'on élève des chenilles pour obtenir des papillons, il n'est pas rare de les voir, au bout d'un certain temps, s'arrêter ou ne se traîner qu'avec peine. Bientôt, de toute part, à

travers leur peau, on voit sortir des sortes d'asticots, de petites larves qui se filent un tout petit cocon de soie, tandis que la chenille elle-même meurt. Ces larves n'appartiennent pas à la pa-renté de la chenille ; elles proviennent

Ichneumon.

d'un hyménoptère parasite, un ichneu-mon. Celui-ci est pourvu à l'extrémité postérieure d'une longue tarière à l'aide de laquelle il perce les chenilles et dé-pose ses œufs à l'intérieur de son corps.

Certains ichneumons, avec leur ta-rière, percent les troncs des arbres pour aller, à l'aide du même organe, déposer leurs œufs à l'intérieur du corps des nymphes ou des larves qui s'y trouvent.

Sirex. — Ils déposent leurs œufs sur les pins et les sapins.

Cynipide. — Un grand nombre

Cynipide.

d'hyménoptères piquent les plantes et déposent leurs œufs dans leurs tissus.

A la suite de cette piqûre se produit un boursouflement, une déformation qui porte le nom de *galles*. Celles-ci sont extrêmement variées de forme. Sous le chêne notamment, il y a un grand nombre d'espèces. La plupart contiennent du tanin, ce qui les fait employer dans la fabrication de l'encre. A citer encore la galle ramifiée des rosiers, que l'ancienne pharmacie employait jadis sous le nom de *Bédéguar*, et celle des pins qui ressemble à un petit cône écailleux. Le nombre des cynipides producteurs de galles est tellement grand que nous renonçons à en donner même une idée.

Mouche à scie. — Les *Tenthrèdes* ou mouches à scie qui, auparavant, n'étaient guère connues que des collectionneurs, ont fait beaucoup parler d'elles, depuis, en prenant une grande extension et en attaquant diverses cultures, les navets notamment.

Cet insecte est une sorte de moucheron, — un hyménoptère, pour parler plus exactement, — qui s'ébat joyeusement dans l'air, butinant de fleur en fleur où on le remarque à cause de sa tête noire, son thorax rouge, son abdomen jaunâtre.

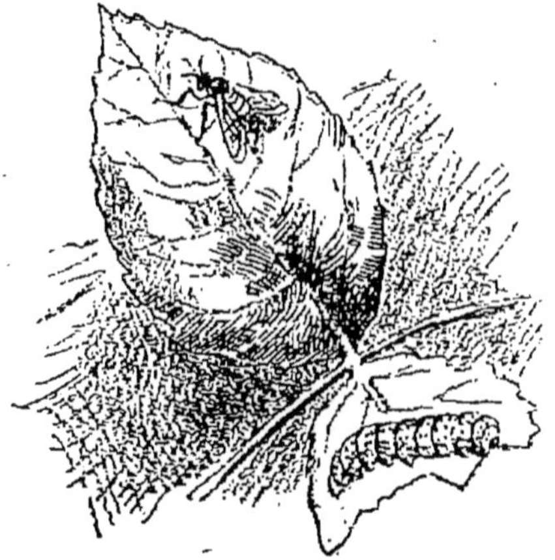

Mouche à scie et sa chenille.

Par elle-même, la tenthrède (*Athalia spinarum*) n'est pas nuisible, car pour se nourrir elle se contente d'un peu de miel et peut-être d'infimes grains de pollen. Mais où la chose commence à se gâter, c'est lorsqu'elle a des petits. La tenthrède, pour notre malheur, a deux générations par an : les adultes de la première génération apparaissent aux mois de mai et juin, ceux de la seconde en août-septembre. Quand les adultes veulent faire souche, on les voit tournoyer d'un air louche autour de diverses plantes : si l'on examine celles-ci, on voit que la plupart appartiennent à la famille des crucifères. Quand la fe-

melle a trouvé une plante à son idée, elle se rend au-dessous des feuilles et l'extrémité de son abdomen s'entr'ouvre pour laisser sortir tout un arsenal de chirurgien. Il y a en dehors deux valves en forme de demi-fourreaux, et intérieurement deux stylets garnis d'entailles en dents de scie : c'est à cette particularité que les tenthrèdes doivent leur nom plus pittoresque de *Mouches à scie*. Grâce à cet appareil, elles entaillent le parenchyme des feuilles et y déposent leurs œufs, isolés ou réunis par petits groupes.

Les larves sortent de l'œuf dans les 3 ou 5 jours qui suivent ; leur évolution dure trois semaines, pendant lesquelles on les voit changer à plusieurs reprises de couleur et de peau. Ces chenilles ont la tête noire ; au début, elles sont presque incolores et peuvent se suspendre à un fil ; puis, elles prennent une teinte verdâtre et finalement une couleur ardoisée avec une bande longitudinale plus pâle de chaque côté du corps. Après quoi elles se laissent tomber sur le sol, pénètrent dans ce dernier et s'y tissent une coque ovalaire sur laquelle viennent s'agglutiner les particules de terre voisines. C'est dans l'intérieur de la coque terreuse que s'effectue la nymphose. Trois mois plus tard, quand il s'agit de la première génération, et au printemps suivant quand il s'agit de la seconde, l'adulte éclôt et abandonne sa prison pour venir s'ébattre et s'accoupler au dehors. Il y a donc, pour le moins, deux invasions principales des chenilles, l'une vers le commencement de l'été et l'autre dans les premières semaines de l'automne, comme l'a démontré M. E.-L. Bouvier.

Ces chenilles ressemblent tout à fait par leur allure à celles des papillons. On peut se rendre compte que, comme on les appelle, ce sont des *fausses chenilles* en examinant leurs fausses pattes qui sont au nombre de huit paires, tandis que les vraies chenilles n'en ont que deux ou au plus cinq paires. Elles ont l'habitude de se rouler en spirale et, quand on les touche, elles redressent la tête ou la queue.

Les chenilles des mouches à scie sont très nuisibles, car, d'un appétit dévorant, elles ne tardent pas à manger les feuilles des navets et à les réduire à leurs nervures. Heureusement, elles sont attaquées par un grand nombre de parasites — on en connaît neuf, six ichneumonides, deux chalcidides, un tachinaire — qui, un jour qu'ils voudront s'y mettre, en auront raison en un clin d'œil. En attendant, il est fort difficile de les détruire tant elles sont nombreuses : on a proposé d'introduire, dans les champs infestés, des bandes de jeunes canards très friands des larves de la mouche à scie, et, *a priori*, cette méthode ne doit pas être mauvaise. Quant à l'emploi d'émulsion de pétrole, d'huile de graine, de cendres de bois, de chaux pulvérisée, de suie, de superphosphate, etc., il n'a rien donné et, dans quelques cas, a fait souffrir la plante sans tuer le parasite.

Il semble bien plus efficace de s'adresser non aux chenilles, mais aux adultes. Une méthode excellente, dit M. Rivière, qui l'a expérimentée, consiste à déposer de petits refuges, confectionnés avec de la paille, dans les planches à navets. Ces sortes de petites ruches étant placées debout un peu avant le coucher du soleil, les mouches à scie viennent s'y abriter pour y passer la nuit. Le matin, pendant qu'elles sont encore engourdies par le froid, il suffit de secouer les petites ruches de paille au-dessus d'un seau contenant un peu de pétrole pour les capturer facilement.

Fourmi. — Les fourmis sont des hyménoptères vivant en sociétés innombrables dans des constructions diverses appelées fourmilières. Elles sont remarquables par leur intelligence et leur instinct. Dans une même fourmilière, on trouve toujours trois sortes d'individus, des mâles ailés, des ouvrières (ou neutres), toujours dépourvues d'ailes, et des femelles qui ne possèdent des organes de vol que pendant une partie de leur existence. De ces trois sortes d'individus, les ouvrières

Cocon grossi. Larve grossie. Nymphe grossie.

Mâle. Ouvrière. Femelle.

Fourmi.

sont de beaucoup les plus nombreuses : ce sont elles qui vont et viennent autour de la fourmilière, qui vaquent aux provisions, soignent les larves, etc. Dans certaines fourmilières, il y a plusieurs sortes d'ouvrières, les unes petites, les autres grandes. Quand la différence est très sensible entre les deux, on donne à ces dernières le nom de *soldats* et elles

paraissent avoir pour rôle de défendre la colonie.

Dans la fourmilière, on trouve, en outre, des œufs, des larves et des nymphes. Les œufs ressemblent à une petite graine blanchâtre et un peu translucide. Les larves se présentent sous la forme d'un ver dont le corps s'élargit d'avant en arrière ; elles sont aveugles et dépourvues de pattes ; ce sont les ouvrières qui les nourrissent. Quand les larves ont atteint leur taille maximum, elles se transforment en nymphes, dont la forme générale est celle des fourmis, avec ces différences qu'elles sont blanches, que leurs téguments sont mous et que, recroquevillées sur elles-mêmes, elles sont plongées dans une immobilité complète. Ces nymphes sont tantôt nues, tantôt entourées.

Que mangent les fourmis ? Un peu de tout, aussi bien un insecte mort qu'une pomme tombée de l'arbre. On ne peut rien dire de général à cet égard sauf que les matières dont elles se nourrissent doivent être juteuses : leurs mandibules ne sont pas faites pour broyer. Aussi se contentent-elles de lécher et de laper les sucs au moyen de leur langue.

« Les entrailles des proies succulentes, dit M. E. André, le nectar des fleurs, la pulpe savoureuse des fruits mûrs et entamés sont leurs mets ordinaires, auxquels il faut joindre la liqueur émise par les pucerons, qui entre pour une large part dans l'alimentation de beaucoup d'espèces.

« La prédilection des fourmis pour les sirops et les sucreries leur a valu une réputation de gourmandise. C'est en effet un de leurs péchés capitaux, l'autre étant la colère.

« Ces deux penchants, qui se partagent la direction instinctive des fourmis, entrent quelquefois en lutte, et il est curieux de voir les hésitations de la bestiole sollicitée à la fois par ses deux conseillers et ne sachant auquel obéir. Si l'on met en présence un certain nombre de fourmis appartenant à des nids différents, un combat à outrance s'engagera aussitôt et les crocs et l'aiguillon joueront leur rôle meurtrier. Mais qu'on jette, au plus fort de la mêlée, un peu de miel ou des parcelles de sucre, on verra les guerriers s'arrêter sur ces friandises, les quitter, puis revenir à elles, et finalement recommencer la lutte, ou, au contraire, s'attabler sans plus de façon, selon que l'un des instincts l'emportera sur l'autre, d'après le tempérament personnel de chaque individu.

« Modifiant l'une des expressions de Lubbock, j'ai placé, un jour, quelques *Lasius emarginatus* dans une petite cage fermée d'un morceau de tulle, et je l'ai recouverte d'une cloche de verre sous laquelle furent introduites quelques ouvrières de *Formica rufibarbis.* Ces dernières, à la vue des *Lasius*, entrèrent en fureur et cherchèrent à les attaquer à travers l'écran de tulle qui les emprisonnait. Quand je les vis bien occupées à assiéger la cage, je soulevai la cloche et y glissai un fragment de carte sur laquelle j'avais déposé un peu de confitures. Dès que mes *Rufibarbis* aperçurent ce plat sucré, elles y goûtèrent avidement, mais de temps en temps elles revenaient à l'attaque des *Lasius,* et ces alternatives de festin et de combat se répétèrent trois ou quatre fois, après quoi elles ne quittèrent plus la table et abandonnèrent tout à fait le siège de la petite cage des *Lasius.*

« Dans ce cas, la gourmandise l'avait emporté sur la haine, et je crois qu'il doit en être ainsi toutes les fois que cette dernière n'est pas entretenue et excitée par les démonstrations que j'avais empêchées en séquestrant la partie adverse.

« J'ai répété l'expérience en mettant sous la cloche, avec une provision de confiture, un nombre égal des deux fourmis empruntées au même nid, mais cette fois sans emprisonner l'un des partis, et aucune de mes fourmis ne toucha à l'appât jusqu'à ce que tous les *Lasius* fussent tombés sous les coups des *Formica,* qui alors s'attablèrent pour célébrer leur victoire. Le résultat eût été moins décisif si, comme je l'ai constaté en d'autres circonstances, les adversaires n'avaient pas été confinés dans un aussi petit espace, qui ne leur permettait pas de s'isoler, même momentanément, les uns des autres. »

L'intelligence des fourmis ne semble faire aucun doute et il suffit de les examiner pendant quelque temps pour se convaincre de sa réalité. La chose devient encore plus nette lorsqu'on observe pendant longtemps les mêmes individus.

Voici à titre d'exemple, quelques observations rapportées par le célèbre entomologiste Charles Bonnet :

« A Hyère, raconte Hébrard, je prenais plaisir à observer une habitation de fourmis hercules (*Camponotus herculeanus*), la plus volumineuse de nos fourmis indigènes, qui dans le midi se loge dans la terre sous les rochers, et en Bresse, pays humide, se creuse une demeure dans les troncs d'arbres, dans les poutres qui couronnent les barrières des prairies. Un jour, je pris une de ces fourmis, et lui enfonçant une épingle à travers le corps, cruauté dont je rougis en ce moment, je la fixai dans le sol aux alentours de la fourmilière, en un en-

droit très passager. Plusieurs fourmis passèrent auprès d'elle sans y faire attention, mais une autre s'en approcha, échangea avec elle des mouvements d'antennes, la saisit par les mandibules, et chercha à l'entraîner.

« Ses efforts restant sans effet, elle lâcha prise, tournant autour de la captive, elle en examina tout le corps avec ses antennes, reconnut la nature de l'obstacle, saisit l'épingle, et la prenant de diverses manières, fit des efforts pour l'arracher. Ne pouvant y réussir, elle alla caresser la tête de la pauvre fourmi et se retira. J'eus pitié de cette dernière et je mis fin à son supplice.

« Dans l'intention de constater l'utilité des antennes, je coupai ces organes à une fourmi fauve et je la replaçai ensuite sur la fourmilière où je l'avais prise, dans une partie bien découverte. Elle allait à gauche et à droite errant à l'aventure. Des fourmis s'approchèrent d'elle, lui touchèrent la tête avec leurs antennes, léchèrent ses plaies, petite opération à laquelle la blessée se prêta par son immobilité. Enfin l'une d'elles la saisit par l'extrémité de l'une de ses pattes de devant et la conduisit ainsi avec douceur jusqu'à l'une des entrées.

« Sur la même fourmilière je pris, un moment après, une fourmi à laquelle je coupai une patte de devant, et que je déposai à l'endroit où j'avais mis la première fourmi ; celles de ses compagnes qui la rencontrèrent s'approchèrent d'elle, échangèrent des attouchements d'antennes, léchèrent également la plaie, puis l'une d'elles la saisit par ses mandibules, et l'emporta dans l'intérieur de la fourmilière, la blessée ayant replié son corps de manière à rendre le fardeau moins embarrassant.

« Les actes que je viens de décrire sont certainement des manifestations du dévouement de ces insectes les uns à l'égard des autres. La manière intelligente, différente selon le siège de la blessure, dont les fourmis ont agi envers leurs compagnes blessées, la tranquillité de celles-ci, montrent assez qu'elles n'ont été conduites ou portées dans la fourmilière que pour y prendre du repos, pour y guérir, et non pas pour y être dévorées.

« Voici encore un fait d'assistance mutuelle dont j'ai eu plusieurs exemples sous les yeux :

« Une fourmi éloignée de sa demeure, et chez laquelle la lenteur de la marche dénotait la fatigue, rencontrait-elle une autre fourmi, une de ses concitoyennes venant de la fourmilière et dont l'agilité dénotait la vigueur, elle s'en approchait, et lui touchait la tête avec ses antennes ; la seconde fourmi saisissait alors par les mandibules sa compagne fatiguée, et retournant sur ses pas, l'emportait à un point rapproché de la fourmilière.

« Estropiez une fourmi sur le chemin qu'elle suit, aussitôt vous produisez partout un trouble très violent ; l'invalide sera visitée et examinée en deux ou trois minutes par plus de 500 de ses compagnes de route. — Si l'on voit qu'elle peut guérir, on l'aide jusqu'à ce qu'elle soit remise sur pied et puisse aller de l'avant avec la foule, comme si de rien n'était, si elle meurt, les autres l'emportent hors du grand passage de la foule... et les affaires reprennent leur train ! »

Les fourmis édifient, la plupart, de vastes demeures désignées sous le nom de fourmilières. Ces habitations, véritables tumulus, sont remarquables par leurs grandes dimensions et l'intelligence avec laquelle elles sont construites et aménagées. Avant d'en faire la description, il convient de faire une remarque générale qui ne manque pas d'intérêt : c'est que les fourmis savent se plier aux circonstances et aux lieux dans lesquels elles se trouvent. Leurs plans ne sont pas uniformes et la même espèce par exemple, établira en un endroit aride son nid sous une pierre, alors qu'ailleurs, elle établira un dôme de brindilles. « Le trait caractéristique de l'art de l'architecture des fourmis, fait remarquer Forel, consiste dans le manque presque absolu d'un plan immuable. Les fourmis s'entendent à merveille à modifier, selon les circonstances, leurs constructions, et à tirer parti de chaque avantage. Au surplus, chaque ouvrière travaille pour son propre compte, en suivant un plan particulier ; et parfois elle n'est aidée par ses compagnes que quand celles-ci ont compris et adopté son plan. Naturellement, il se produit de fréquents conflits ; l'une détruit ce que l'autre a érigé. Ceci nous donne la clef des constructions des labyrinthes. En général, c'est la même ouvrière qui, après avoir trouvé le mode le plus profitable de construction ou montré le plus de persistance, réussit, non sans lutte et sans rivalité, à faire adopter son idée par la plupart de ses compagnes et finalement par la colonie entière. Mais à peine a-t-elle atteint son but, qu'une autre se présente et comme celle-ci traîne à sa suite ses partisans, la première se perd vite dans la foule. »

Nids faits en terre impure. — La grande majorité des fourmis creusent leurs nids dans le sol et le surmontent d'un dôme en terre également parcouru de galeries et plus ou moins mélangé de matériaux étrangers.

Parmi celles qui, dans les bois, élèvent les monticules les plus remarquables par leur grandeur, il faut citer la fourmi fauve sur laquelle Huber a fait d'intéressantes observations. « Le monticule, dit-il, qui, au premier coup d'œil, ne paraît qu'un amas de matériaux confusément épars, est cependant, par sa simplicité et son organisation, une invention ingénieuse pour éloigner les eaux de la fourmilière, pour la dé-

Fourmilière (Coupe).

fendre des injures de l'air, des attaques de ses ennemis, et pour ménager la chaleur du soleil, ou la conserver dans l'intérieur du nid. L'assemblage des divers éléments dont il est composé présente toujours l'aspect d'un dôme arrondi, dont la base, souvent couverte de terre et de petits cailloux, forme une zone au-dessus de laquelle s'élève en pain de sucre la partie ligneuse du bâtiment.

« Mais ce n'est encore là que la couverture extérieure de la fourmilière ; la portion la plus considérable en est cachée à nos yeux, et s'étend dans la terre à une profondeur plus ou moins grande.

« Des avenues, ménagées soigneusement en forme d'entonnoirs, assez irréguliers, conduisent du faîte de la fourmilière dans l'intérieur ; leur nombre dépend de sa population et de son étendue ; l'ouverture en est plus ou moins large ; on en trouve quelquefois une principale au sommet ; souvent il y en a plusieurs à peu près égales, autour desquelles beaucoup de passages plus étroits sont placés presque dans un ordre symétrique, circulairement et jusqu'à la base du monticule.

« Ces portes sont nécessaires pour laisser une issue libre à cette multitude d'ouvrières dont leurs peuplades sont composées : non seulement leurs travaux les appellent au dehors, mais, bien différentes des autres espèces se tiennent volontiers dans leur nid, et à l'abri du soleil, les *Fourmis fauves* semblent au contraire préférer de vivre en plein air, et ne pas craindre de faire en notre présence la plupart de leurs opérations.

« Si l'on observe la *Fourmi jaune* la *noire cendrée*, la *sanguine*, la *lésane*, etc.

on ne verra jamais chez elles d'entrées assez spacieuses pour laisser à leurs ennemis un accès facile, ou permettre à l'eau des pluies de s'introduire dans leur habitation ; elle est couverte d'un dôme de terre fermé de tous côtés ; elle n'a d'issue que près de sa base, et même on n'y parvient souvent que par une galerie longue et tortueuse qui serpente dans le gazon à plusieurs pieds de la fourmilière. D'ailleurs, la petitesse de ses portes, toujours bien gardées au dedans, prévient l'entrée des insectes ou des reptiles qui pourraient s'y glisser.

« Les *Fourmis fauves* établies en foule pendant le jour sur leur nid, ne craignent pas d'être inquiétées au dedans, mais le soir, lorsque, retirées dans le fond de leur habitation, elles ne peuvent s'apercevoir de ce qui se passe au dehors, comment sont-elles à l'abri des accidents dont elles sont menacées ? Comment la pluie ne pénètre-t-elle pas dans cette demeure, ouverte de toutes parts ?...

« Je m'aperçus que l'aspect de ces fourmilières changeait d'une heure à l'autre, et que le diamètre de ces avenues spacieuses, où tant de fourmis pouvaient se rencontrer à la fois, au milieu du jour, diminuent graduellement jusqu'à la nuit. Leur ouverture disparaissait enfin : le dôme était fermé de toutes parts, et les fourmis retirées au fond de leur demeure. Cette première observation en dirigeant mes regards sur les portes de ces fourmilières, éclaircit infiniment mes idées sur le travail de leurs habitants, dont auparavant je ne devinais pas précisément le but.
il règne une telle agitation à la surface du nid ; on y voit tant d'insectes occupés à charrier des matériaux, dans un sens et dans l'autre, que ce mouvement n'offre d'autre image que celle de la confusion.

« Je vis donc clairement qu'elles travaillent à fermer leurs passages : elles apportaient d'abord, pour cela, de petites poutres auprès des galeries dont elles voulaient diminuer l'entrée ; elles les plaçaient au-dessus de l'ouverture, et les enfonçaient même quelquefois dans le massif de chaume. Elles allaient ensuite en chercher de nouvelles, qu'elles disposaient au-dessus des premières, dans un sens contraire, et paraissaient en choisir de moins fortes, à mesure que l'ouvrage était plus avancé. Enfin elles employèrent des morceaux de feuilles sèches, ou d'autres matériaux d'une forme élargie, pour recevoir le tout.

« Voilà nos fourmis en sûreté dans leur nid ; elles se retirent graduellement dans l'intérieur avant que les dernières portes soient fermées, et il en reste une ou deux en dehors ou cachées derrière les portes, pour faire la garde, tandis que les autres se livrent au repos ou à différentes occupations dans la plus parfaite sécurité.

« J'étais impatient de savoir comment les choses se passaient le matin sur ces fourmilières ; j'allai donc, un jour de très bonne heure, les visiter : je les trouvai encore dans le même état où je les avais laissées la veille : quelques fourmis rôdaient sur les dehors du nid : cependant il en sortait de temps en temps quelques-unes, par dessous les bords des petits toits pratiqués à l'entrée des galeries, et j'en vis bientôt qui essayèrent d'enlever les barricades : elles y réussirent aisément.

« Ce travail les occupa pendant plusieurs heures, et je vis enfin les passages libres de tout obstacle et les matériaux qui les obstruaient répartis çà et là sur la fourmilière.

« Chaque jour, soir et matin, pendant la belle saison, j'ai revu les mêmes faits, à l'exception cependant des jours de pluie, où les portes restent fermées sur toutes les fourmilières. Lorsque le ciel est nébuleux dès le matin, les fourmis, qui paraissent s'en apercevoir, n'ouvrent qu'en partie l'entrée de leurs avenues, et lorsque la pluie commence, elles se hâtent de les refermer : il paraît, d'après cela, qu'elles n'ignorent pas la raison pour laquelle elles construisent ces clôtures momentanées.

« Pour concevoir la formation du toit de chaume, voyons ce qu'était la fourmilière dans l'origine. Elle n'est, au commencement, qu'une cavité pratiquée dans la terre ; une partie de ses habitants va chercher aux environs des matériaux propres à la construction de la charpente extérieure ; ils les disposent ensuite dans un ordre peu régulier, mais suffisant pour en recouvrir l'entrée. D'autres fourmis apportent de la terre qu'elles ont enlevée au fond du nid dont elles creusent l'intérieur, et cette terre, mélangée avec les brins de bois et de feuilles qui sont apportés à chaque instant, donne une certaine consistance à l'édifice. Il s'élève de jour en jour. Cependant les fourmis ont soin de laisser des espaces vides pour ces galeries qui conduisent au dehors ; et comme elles enlèvent le matin les barrières qu'elles ont posées à l'entrée du nid la veille, les conduits se conservent, tandis que le reste de la fourmilière s'élève. Elle prend déjà une forme bombée, mais on se tromperait si on la croyait massive. Ce toit devait encore servir sous un autre point de vue à nos insectes ; il était destiné à contenir de nombreux étages, et voici de quelle manière ils sont construits. Je puis en parler pour l'avoir vu au travers d'un carreau de verre que j'avais ajusté contre une fourmilière.

« C'est par excavation, en minant leur édifice même, qu'elles y pratiquent des salles très spacieuses, fort basses à la vérité, et d'une construction grossière ; mais elles sont commodes pour l'usage auquel elles sont destinées : celui de pouvoir y déposer les larves et les nymphes à certaines heures du jour. Ces espaces vides communiquent entre eux par des galeries faites de la même manière. Si les matériaux du nid n'étaient qu'entrelacés les uns avec les autres, ils céderaient trop facilement aux efforts des fourmis, et tomberaient confusément lorsqu'elles porteraient atteinte à leur ordre primitif ; mais la terre contenue entre les couches dont le monticule est composé, étant délayée par l'eau des pluies et durcie ensuite par le soleil, sert à lier ensemble toutes les parties de la fourmilière, de manière, cependant, à permettre aux fourmis d'en séparer quelques fragments sans détruire le reste ; d'ailleurs, elle s'oppose si bien à l'introduction de l'eau dans le nid que je n'en ai jamais trouvé (même après de longues pluies) l'intérieur mouillé à plus d'un quart de pouce de la surface, à moins que la fourmilière n'eût été dérangée ou ne fût abandonnée par ses habitants. »

Nids en terre pure. — Plusieurs fourmis bâtissent en terre pure et méritent jusqu'à un certain point le nom de fourmis maçonnes qu'Huber leur a donné.

« Il y a, dit-il, plusieurs espèces de fourmis maçonnes ; la terre dont leurs nids sont formés est plus ou moins compacte. Celle qu'emploient les fourmis d'une certaine grandeur, telles que la noire cendrée et la mineuse, paraît être moins choisie et d'une pâte moins fine que celle dont la *Fourmi brune*, la *microscopique* et la *jaune* construisent leur demeure. Elle est proportionnée à leurs moyens, à leurs usages et à la nature de l'édifice qu'elles se proposent d'élever.

« Si l'on veut juger du plan intérieur des fourmilières, il convient de choisir celles qui n'ont pas été gâtées accidentellement et dont la forme n'a pas été altérée par les circonstances locales. Il suffira alors d'une attention médiocre pour s'apercevoir que les fourmilières d'espèces différentes ne sont pas construites dans le même système.

« Ainsi, le monticule élevé par les *Fourmis noires-cendrées* offrira toujours des murs épais, formés d'une terre grossière et raboteuse, des étages bien prononcés et de larges voûtes, soutenues par des piliers solides ; on n'y trouvera ni chemins, ni galeries proprement dites, mais des passages en forme d'œil-de-bœuf : partout de grands vides, de gros massifs de terre, et l'on remarquera que les fourmis ont conservé une certaine proportion entre les piliers et la largeur des voûtes auxquelles ils servent de support.

« La *Fourmi brune*, l'une des plus petites, se fait particulièrement remarquer par la perfection de son travail. Elle a le corps d'un brun rougeâtre luisant, la tête un peu plus foncée, les antennes et les pattes plus claires, l'abdomen d'un brun obscur, l'écaille étroite, carrée, et faiblement échancrée : la longueur du corps est une ligne.

« Cette fourmi, l'une des plus industrieuses, construit son nid par étages de 4 à 5 lignes de haut, dont les cloisons n'ont pas plus d'une demi-ligne d'épaisseur, et dont la matière est d'un grain si fin que la surface des murs intérieurs en paraît fort unie. Ces étages ne sont point horizontaux ; ils suivent la pente de la fourmilière ; de sorte que le supérieur recouvre tous les autres ; le suivant embrasse tous ceux qui sont au-dessous de lui et ainsi de suite jusqu'au rez-de-chaussée, qui communique avec les logements souterrains. Cependant ils ne sont pas toujours arrangés avec la même régularité, car les fourmis ne suivent pas un plan bien fixe, il semble au contraire que la nature leur ait laissé une certaine latitude à cet égard, et qu'elles peuvent, selon les circonstances, le modifier à leur gré ; mais quelque bizarre que puisse paraître leur maçonnerie, on reconnaît toujours qu'elle a été formée par étages concentriques.

« Si l'on examine chaque étage séparément, on y voit des cavités travaillées avec soin, en forme de salle, des loges plus étroites et des galeries allongées qui leur servent de communication. Les voûtes des places les plus spacieuses sont supportées par de petites colonnes, par des murs fort minces ou enfin par de vrais arcs-boutants. Ailleurs on voit des cases qui n'ont qu'une seule entrée : il en est dont l'orifice répond à l'étage inférieur ; on peut encore y remarquer des espaces très larges percés de toutes parts et formant une sorte de carrefour où toutes les rues aboutissent.

« Tel est à peu près l'esprit dans lequel sont construites les habitations de ces fourmis ; lorsqu'on les ouvre, on trouve les cases et les places les plus étendues remplies de fourmis adultes, mais on voit toujours que leurs nymphes sont réunies dans les loges plus ou moins rapprochées de la surface, suivant les heures et la température, car à cet égard les fourmis sont douées d'une grande sensibilité et paraissent connaître le degré de chaleur qui convient à leurs petits.

« La fourmilière contient quelquefois plus de vingt étages dans sa partie supérieure, et, pour le moins, autant au-dessous du sol. Combien de nuances de chaleur doit admettre une telle disposition, et quelle facilité les fourmis ne se procurent-elles pas par ce moyen, pour la graduer ? Quand un soleil trop ardent rend leurs appartements supérieurs plus chauds qu'elles ne le désirent, elles se retirent avec leurs petits dans le fond de la fourmilière. Le rez-de-chaussée devenant à son tour inhabitable pendant les pluies, les fourmis de cette espèce transportent tout ce qui les intéresse dans les étages les plus élevés, et c'est là qu'on les trouve rassemblées avec leurs nymphes et leurs œufs, lorsque leurs souterrains sont submergés...

« Il ne suffisait pas de connaître la disposition intérieure de ces fourmilières, il fallait encore découvrir comment les fourmis, travaillant dans une matière assez dure, avaient pu ébaucher et finir des ouvrages aussi délicats, avec le seul secours de leurs dents ; comment elles savaient ramollir la terre pour la miner, la pétrir et la maçonner ; quel ciment elles employaient pour joindre ensemble ses particules.

« Les habitants de celle que j'avais choisie demeuraient pendant le jour enfermés chez eux, ou sortaient par des galeries souterraines dont l'issue était à quelques pieds dans la prairie. Il y avait cependant deux ou trois petites ouvertures à la surface du nid, mais on n'en voyait sortir aucune ouvrière, parce qu'elles étaient exposées à l'ardeur du soleil, ce que ces insectes redoutent infiniment. Cette fourmilière avait une forme arrondie ; son dôme s'élevait dans l'herbe, au bord d'un sentier, et n'avait été altéré par aucune cause étrangère.

« Je ne tardai pas à m'apercevoir que la fraîcheur et la rosée invitaient ces fourmis à se promener sur leur nid ; elles y pratiquaient de nouvelles issues. On les voyait arriver plusieurs à la fois, mettre leur tête hors du trou, en remuant leurs antennes, et sortir enfin pour aller et venir dans les environs.

« Ayant donc épié les mouvements de ces insectes pendant la nuit, je m'assurai qu'ils étaient presque toujours dehors, et occupés sur le dôme de leur habitation, après le coucher du soleil. C'était l'opposé de ce que j'avais vu chez les *Fourmis fauves*, qui ne sortent que le jour et ferment leurs portes le soir. Le contraste était encore plus étonnant que je ne l'avais supposé d'abord ; car ayant visité les fourmis bru-

nes quelques jours après, par une pluie douce, je pus les voir déployer tous leurs talents pour l'architecture.

« Dès que la pluie commença, je les vis sortir en assez grand nombre de leurs souterrains ; elles rentrèrent aussitôt, mais revinrent ensuite tenant entre leurs dents des molécules de terre, qu'elles déposèrent sur le faîte de leur nid. Je ne concevais pas au premier abord ce qui devait en résulter, mais je vis bientôt s'élever de toutes parts de petits murs qui laissaient entre eux des espaces vides. En plusieurs endroits, des piliers placés à distance les uns des autres annonçaient déjà la forme des salles, des loges et des chemins que les fourmis se proposaient d'établir : c'était, en un mot, l'ébauche d'un nouvel étage.....

« Cependant je craignais quelquefois que leur édifice ne pût pas résister à sa propre pesanteur et que ces plafonds si larges, soutenus seulement par quelques piliers, ne s'écroulassent sous le poids de l'eau qui tombait continuellement et semblait devoir les démolir ; mais je me rassurai en voyant que la terre apportée par ces insectes adhérait de toutes parts au plus léger contact, et que la pluie, au lieu de diminuer la cohésion de ses particules, semblait l'augmenter encore. Ainsi, loin de nuire au bâtiment par sa chute, elle contribue donc à le rendre plus solide. Ces parcelles de terre mouillée, qui ne tiennent encore que par juxtaposition, n'attendent qu'une averse qui les lie plus étroitement, et vernisse, pour ainsi dire, la surface du plafond qu'elles composent, ou les murs et les galeries restées à découvert. Alors les inégalités de la maçonnerie disparaissent ; le dessus de ces étages, composés de tant de pièces rapportées, ne présente plus qu'une seule couche de terre bien unie, et n'a besoin, pour se consolider entièrement, que de la chaleur du soleil.

« Ce n'est pas qu'une pluie trop violente ne détruise quelquefois plusieurs cases, surtout lorsqu'elles sont peu voûtées ; mais les fourmis ne tardent pas à les relever avec une patience admirable.

« Ces différents travaux s'exécutaient à la fois sur toutes les parties de la fourmilière qu'on vient de décrire ; ils se suivaient de si près dans ses nombreux quartiers, qu'elle se trouva augmentée d'un étage complet en sept à huit heures. Car toutes ces voûtes, jetées d'un mur à l'autre, étant à la même distance du plan sur lequel elles s'élevaient, ne formèrent qu'un seul plafond lorsqu'elles furent terminées et que les bords des unes atteignirent ceux des autres.

« A peine les fourmis eurent-elles achevé cet étage qu'elles en bâtirent un nouveau ; mais elles n'eurent pas le temps de le finir ; la pluie cessa avant que leur plafond fût entièrement construit. Elles travaillèrent cependant encore quelques heures, en profitant de l'humidité de la terre ; mais le vent du nord s'étant levé avec violence, il la dessécha trop promptement, de manière que les fragments rapportés n'avaient plus la même adhérence et se réduisaient en poudre : les fourmis, voyant le peu de succès de leurs efforts, se découragèrent enfin et renoncèrent à bâtir ; mais ce dont je fus étonné, c'est qu'elles détruisirent toutes les cases et les murs qui n'étaient pas encore recouverts et répartirent les débris de ces ébauches sur le dernier étage de la fourmilière.

« Ces faits prouvent incontestablement qu'elles n'emploient ni gomme, ni aucune autre espèce de ciment pour lier ensemble les matériaux de leur nid : elles sont donc instruites à se servir de l'eau pour maçonner la terre, et savent profiter du soleil et du vent pour durcir leur ouvrage. »

Nids creusés dans les arbres. — La fourmi brune, la noire cendrée, la fauve, la mineuse, la sanguine, la fuligineuse, la jaune, creusent leurs nids dans les vieux troncs d'arbres déjà morts. La mieux connue à cet égard est la *Fourmi fuligineuse.* « Qu'on se représente, dit Huber, l'intérieur d'un arbre entièrement sculpté, des étages sans nombre, plus ou moins horizontaux, dont les planchers et les plafonds, à cinq ou six lignes de distance les uns des autres, sont aussi minces qu'une carte à jouer, supportés tantôt par des cloisons verticales, qui forment une infinité de cases, tantôt par une multitude de petites colonnes assez légères qui laissent voir entre elles la profondeur d'un étage presque entier ; le tout d'un bois noirâtre et enfumé et l'on aura une idée assez juste des cités de ces fourmis.

« La plupart des cloisons verticales qui divisent chaque étage en compartiments, sont parallèles ; elles suivent le sens des couches ligneuses, toujours concentriques, ce qui donne un air de régularité à l'ouvrage. Les planchers, pris dans leur ensemble, sont horizontaux ; les petites colonnes sont d'une à deux lignes d'épaisseur, plus ou moins arrondies, d'une hauteur égale à l'élévation de l'étage qu'elles supportent, plus larges en bas et en haut que dans le milieu, un peu aplaties à leur extrémité, et rangées en lignes, parce qu'elles ont été taillées dans des cloisons parallèles.

« Le bois dans lequel les fourmis de cette espèce sculptent ces labyrinthes prend une couleur noirâtre. Est-elle due aux sucs des vaisseaux de l'arbre, qui étant extravasés se seraient combinés avec les principes de l'air, ou avec les émanations des fourmis elles-mêmes, dont l'odeur très forte peut n'être pas sans influence sur ces fluides ? Ou les couches du bois étant mises à découvert par ces insectes, auraient-elles subi quelques décompositions par l'effet de l'acide formique ? C'est ce que je ne déciderai point ; mais ce que je puis assurer, c'est que le bois travaillé par ces fourmis est toujours noirâtre à l'extérieur, de même couleur au dedans, s'il est très mince, et de couleur naturelle intérieurement lorsqu'il a quelque épaisseur ; que le bois de chêne, de saule et celui de tous les autres arbres où j'ai vu ces fourmis établies, prend également ces couleurs.

« J'ai observé aussi plusieurs autres espèces de fourmis logées dans l'intérieur des arbres, et celles-ci ne lui donnaient jamais cette apparence. J'ai très souvent vu, au pied de ceux qui étaient habités par les *Fourmis fuligineuses,* un suc noir et liquide très abondant : à quoi doit-il être attribué ? La végétation de ces arbres ne paraissait point altérée par les travaux de ces insectes.

« La *Fourmi rouge* un peu plus grande que la précédente, sait sculpter dans les arbres des logements analogues, mais ils sont sur une petite échelle. Ce sont encore des étages où l'on remarque différents degrés de développement, les uns sont divisés en petites cases, ou loges, dont les parois sont excessivement minces ; les autres sont soutenues par une infinité de petites colonnes, ressemblant, à la grandeur et à la couleur près, à celles dont nous avons déjà parlé ; car ici le bois n'est point noirci comme celui qui a été noirci par les *Fourmis fuligineuses,* il conserve sa couleur naturelle ; il est ordinairement moins dur et de la consistance du liège.

« Mais ce qu'il y a peut-être de plus singulier dans l'histoire des *Fourmis rouges,* c'est qu'elles ne sont pas seulement sculpteuses, mais encore d'habiles maçonnes, et qu'elles établissent le plus souvent leur demeure dans la terre : elles possèdent donc deux genres d'industrie fort différents. Ce n'est pas la seule espèce qui puisse, au besoin, déployer plus de talent en ce genre. »

Mac Cook a étudié aussi avec grand soin une fourmi qui creuse dans le bois : c'est la *Fourmi charpentière de Pensylvanie.*

« En examinant de près le labyrinthe des cellules et leur structure systématique, on aperçoit nettement la disposition des étages et des demi-étages. Le sol des galeries, bien que n'étant pas uni, est disposé sur le même niveau général. Plusieurs de ces étages sont formés par des galeries tubulaires qui deviennent de plus en plus larges et s'entrecroisent finalement. On y aperçoit des corridors ou des salles, d'une forme parfaitement accusée, disposés parallèlement en série de deux, de trois et plus. Ils sont séparés par des colonnes et des arches ou bien par des cloisons très minces, en plusieurs endroits complètement interrompues. Dans un endroit, la section d'une de ces salles est entièrement fermée, et forme une chambre triangulaire d'un quart de pouce de hauteur et d'un pouce et demi à sa base. Dans l'échantillon que nous avons, elle ressemble à une sorte de fenêtre en saillie élevée au-dessus de la galerie. Le plafond de cette chambre sert de plancher à la chambre supérieure, et son fond est évidemment le plafond de la grande salle de dessous. Le mur de cette chambre est usé et très mince, il présente une petite ouverture semblable à une fenêtre ; en plongeant la sonde dans cette dernière, j'ai pu constater que la chambre en question est une cavité. Son entrée est par derrière. Le plus grand nombre d'excavations se trouve dans le bloc qui a douze pouces de hauteur et forme la partie inférieure de la fourmilière.

« Les séries de galeries ci-dessus sont terminées et surmontées d'un dôme irrégulier qui, par ses colonnes penchantes, ressemble à une voûte d'une grotte calcaire avec ses stalactites. C'est le vrai plafond de la fourmilière principale. Il peut être considéré comme la première des nouvelles séries de la construction. L'architecture de cette seconde série, caractérisée par un dôme ou une voûte, est tout à fait différente de celle de la première série, le caractère principal de cette dernière étant un système de galeries et de salles. La première peut être appelée *à colonnades,* tandis que la seconde est une série de *cavernes.* Le dôme a une hauteur de presque un pouce et demi. Au-dessus de celui-ci se trouve une voûte irrégulière ou une série de voûtes dont les hauteurs varient entre trois quarts et trois pouces, et qui communiquent avec deux escaliers tubulaires ou montés. Le sol, les murs et les voûtes de ces cavités sont assez lisses et noirâtres, comme s'ils étaient tachés avec de l'acide formique. L'une de ces cavités est séparée du système central et n'est reliée avec celui-ci qu'à l'aide d'une galerie circulaire de cinq pouces de longueur. Le sol de cette caverne est d'une forme irrégulière ; la surface en est inégale comme celle des

galeries et des salles, mais présente en outre, dans quelques endroits, des coupures et des rainures semblables à celles faites avec un couteau. Elle ne porte pas de taches que l'on observe dans les autres séries.

« La voûte est taillée en forme de diamant, et par deux de ses angles communique en haut et latéralement sur la distance de plusieurs pouces, comme cela a été prouvé par le sondage, avec des galeries et de vastes salles. Les cavités semblables à celles que nous avons décrites plus haut sont creusées dans la principale fourmilière et en forment la partie inférieure, mais de dimensions réduites.

« Il serait important de déterminer rigoureusement l'économie de ces différentes cavités, mais par des raisons bien simples, nous sommes forcés de nous borner à l'étude générale de leur destination.

« M. Huber jeune a essayé d'accoutumer la *Fourmi fuligineuse,* espèce de *Fourmi charpentière de l'Europe,* à vivre et à travailler sous ses yeux. Mais l'instinct de réclusion de ces créatures n'a pu être surmonté par les efforts ingénieux de l'éminent naturaliste. Si j'avais su aussi bien, avant la division du bloc, les faits détaillés que je viens d'exposer, j'aurais pu observer avec plus de soins la distribution des larves et des nymphes, dont un très grand nombre a été trouvé dans les cavités. Je puis dire que, lorsque le bloc a été scié en pièces, nous en avons trouvé dans toutes les parties de la fourmilière. Elles étaient rangées sur le sol des galeries, et je crois qu'elles se trouvaient en masse au fond des cavernes.

« Quant à la chambre fermée et à la caverne isolée, on ne saurait définir positivement leur destination ; toutefois je me permets de poser la question suivante : Ne seraient-ce pas les pièces royales, l'appartement de la fourmi-reine, ou bien les nourriceries servant à élever les futures souveraines de la colonie ? Ou bien encore (et ce serait peut-être une question plus importante) ce sont les chambres où les ouvrières déposent les œufs que laisse tomber de son corps la reine féconde.

« Le volume de la poutre occupée par la fourmilière est de deux pieds de longueur sur sept pouces de largeur et sept de hauteur. La fourmilière s'élevait au-dessus du sol de vingt-quatre pieds ; les cellules inférieures dépassaient de quatre pieds le plancher du second étage du moulin que les fourmis ont choisi pour leur habitation. Les fourmis sont ainsi préservées de l'humidité et de la température extérieure dont souffrent leurs congénères des champs ; toutefois il est difficile de comprendre comment elles parviennent à obtenir par les différentes altitudes des salles et des cavernes la température nécessaire à la bonne santé des larves et des nymphes comme c'est le cas par exemple dans les constructions des *Formica rufa.*

« Les portes oblongues ou rondes servent d'entrée à la fourmilière : elles sont percées irrégulièrement sur tout le pourtour de la poutre. Ces trous donnent généralement dans les galeries tubulaires ou circulaires qui communiquent avec l'intérieur. Quelques-unes néanmoins conduisent directement dans les vestibules spacieux qui servent probablement de séjour aux larves et aux nymphes, lorsqu'on veut les exposer à l'air. La disposition des portes ainsi que de l'ensemble des galeries permet une ventilation parfaite. La fissure verticale dans la poutre présentait d'après mes observations la principale voie de communication avec l'intérieur. Les ouvrières en sortaient continuellement, portant dans leurs mandibules des fibres de bois. Ces dernières étaient déposées sur la traverse disposée à dix-huit pouces plus bas et y formaient un petit tas. Des ouvrières se rassemblaient en grand nombre sur ce tas ; elles étaient toutes occupées à transporter avec soin les fibres de bois au bord de la traverse et à les jeter de là sur les marches de l'escalier. Le meunier m'informa que les fourmis travaillaient aussi sur les marches ; mais apercevant qu'il les balayait chaque jour, elles abandonnèrent définitivement cette partie de leurs travaux comme étant complètement superflue et se bornèrent dans leur entreprise à la fente de la traverse.

« La quantité de bois creusé durant une journée est relativement très grande. Les mandibules sont l'instrument au moyen duquel ce travail est effectué ; ce sont des organes triangulaires, très rigides, disposés à l'extrémité de la tête. Elles sont noires, dentelées, convexes en dehors et concaves en dedans comme les paumes de la main. Les dents, au nombre de cinq, sont très fortes, l'extérieure est la plus longue et pointue ; elle est située un peu en dehors de la face, tandis que celle de l'intérieur, plutôt émoussée, est située en dedans. Les muscles qui font mouvoir ces organes doivent être nécessairement très forts pour arriver à de pareils résultats. Je suppose qu'ils peuvent se contracter verticalement et latéralement, de sorte que les mandibules fonctionnent tantôt comme une scie, tantôt comme une racloire. Toutefois il est plus que probable que le bois est généralement raclé par les mandibules. L'aspect général de l'architecture, l'organisation des mandibules et l'observation sur les insectes renfermés dans des boîtes conduisent à cette conclusion. La vue extérieure des mandibules présente plus qu'une simple ressemblance avec la main ou la patte des animaux vertébrés. L'analyse anatomique sous le microscope, faite par des personnes compétentes, a démontré des analogies frappantes de structure. La forme dentelée des mandibules n'appartient qu'aux femelles et aux ouvrières ; les mandibules des mâles sont en massue et lisses, et les rendent ainsi impropres au travail et à la défense. C'est un fait remarquable que ce qu'on peut appeler les « facultés morales » de l'insecte est l'apanage exclusif de la femelle.

« La période d'activité ou peut-être de la plus grande activité dans les travaux d'architecture dure à partir du 15 juin jusqu'à la moitié du mois de juillet. Mes propres observations conduisent du moins à cette conclusion. Cela indique probablement l'époque, lorsque les besoins d'élever les nourrissons ou la perspective de l'accroissement de famille demandent l'agrandissement de l'habitation ».

Construction de chemins. — La plupart des fourmis construisent des canaux et des chemins couverts qui les protègent lorsqu'elles passent d'un point de la fourmilière à un autre ou lorsqu'elles exploitent pour leur nourriture un riche emplacement éloigné de leur domicile.

« Une fourmilière, dit Forel, doit le plus souvent chercher sa subsistance hors de son nid, surtout sur les arbres, où elle va traire les pucerons au bout des branches. Toutes les constructions dont nous allons parler sont faites dans ce but. Elles manquent chez beaucoup d'espèces, surtout chez celles qui ne font que de petites fourmilières.

1° *Canaux souterrains.* — Toutes les fourmis savent à l'occasion creuser des canaux qui, partant de la partie souterraine de leur nid et se tenant plus ou moins loin de la surface du terrain, s'en vont aboutir à une distance souvent assez considérable.

« Leur but est soit de relier deux nids d'une colonie chez les espèces à mœurs souterraines, soit de procurer aux habitants d'un nid une issue éloignée du dôme qui leur permette de sortir et d'entrer sans dévoiler à leurs ennemis le lieu qui recèle leur couvée.

« Chez les *Lasius flavus*, ils sont pratiqués en outre dans toutes les directions pour aller à la recherche des pucerons de racine. (Huber.)

« Chez les *Formica fugax*, ils servent principalement à relier entre elles de petites agglomérations de cases, éloignées les unes des autres, et qu'on peut regarder comme nids séparés, si l'on veut, car les canaux qui les réunissent n'ont souvent pas un demi-millimètre de diamètre, de sorte que les femelles seules peuvent y passer. Huber parle déjà de ces « galeries tortueuses » souterraines. Ebrard les décrit très bien chez les *Formica fusca* et chez l'*Aphaengaster barbara*, espèce du Midi de l'Europe.

« Il est difficile de les suivre directement dans leur parcours ; mais les incursions des *Polyergus rufescens* chez la *Formica fusca* nous fournissent un moyen très curieux de nous assurer de l'existence des communications souterraines.

« Le *Polyergus rufescens* vient en armée serrée attaquer les *Formica fusca* ; l'armée entre dans le nid par la première porte qu'elle trouve ouverte et en ressort quelques minutes après chargée de cocons volés aux propriétaires du nid.

« Ebrard cite un cas où les *Polyergus rufescens* étant entrés subitement dans le nid de *Formica fusca* par le dôme, il vit ces dernières émerger tout à coup du milieu d'une touffe d'herbe située à quarante centimètres du dôme, et s'enfuir avec leurs nymphes et leurs jeunes ouvrières encore blanches.

« Moi-même je vis une armée de *Polyergus rufescens* arrivant rapidement sur un nid de *Formica fusca* s'arrêter à dix centimètres du dôme et entrer tout entière par une ouverture pratiquée dans le gazon et que je n'avais pas vue. Je bouchai cette ouverture lorsque toutes les envahisseuses furent sous terre, et j'en pratiquai une ou deux sur le dôme des *Formica fusca*. L'armée tout entière ressortit au bout de deux ou trois minutes par les ouvertures que je venais de faire.

« Une autre armée des mêmes *Polyergus rufescens* envahit un petit dôme de *Formica fusca*, à peine gros comme une pomme. J'aperçois alors à 30 ou 40 centimètres de là, un second dôme analogue au premier ; j'y fais alors une ouverture, et bientôt les *Polyergus rufescens* ressortent en deux colonnes, partant, l'une du premier dôme et l'autre du second, preuve indubitable d'une communication souterraine entre les deux.

« Mais les nids de *Formica fusca* n'ont souvent point du tout de dôme, et il leur arrive dans ce cas fréquemment de ne s'ouvrir que par des canaux s'éloignant du nid. C'est alors que les *Polyergus rufescens* ont le plus de peine à les découvrir.

« Je note ici comme comparaison une observation de Bates sur une énorme fourmi bien connue au Brésil, l'*Atta cephalotes* (probablement plutôt l'*Atta sexdens*). On voulait ensoufrer un de ces nids pour tuer les habitants comme on le fait chez nous pour les nids de guêpes. Quel ne fut pas l'étonnement de Bates, lorsqu'il vit la fumée de soufre ressortir à soixante-dix pas du nid !

2° Chemins. — Certaines espèces de fourmis, allant en files assez serrées exploiter tel pré, tel arbre ou telle haie, se construisent à cet usage de véritables grandes routes battues, qui leur facilitent énormément la circulation, surtout dans les prés où les entrecroisées des graminées gênent extrêmement leur marche, principalement lorsqu'elles portent un fardeau. Tandis que Mayr croit que ces chemins se font seuls par le simple fait du passage continuel des fourmis, Christ et Huber avaient déjà vu qu'elles travaillaient elles-mêmes à les creuser.

« Le fait que d'autres fourmis qui marchent en files assez serrées pour exploiter leurs arbres ne laisse rien apercevoir de semblable, suffirait à lui seul pour prouver que ces chemins demandent un travail spécial. Les chemins dont je veux vous parler sont particuliers aux *Formica rufa* et *pratensis*, ainsi qu'au *Lasius fuliginosus*, surtout aux deux premières.

« Les petites fourmilières n'en font pas ou bien n'en font qu'un seul ; plus une fourmilière est considérable, plus elle a de chemins. Leur direction ne dépend ni du soleil, ni d'un certain instinct qui pousse les fourmis à partir en ligne droite, comme le prétend M. E. Robert, mais simplement des endroits qu'elles peuvent exploiter, et de la manière la plus commode d'y parvenir. Le chemin a avantage à passer dans des endroits riches en butin, car les fourmis peuvent en profiter pour chasser sur tout son parcours, en s'écartant un peu à droite et à gauche.

« Si une fourmilière est au bord d'une haie, elle construira d'abord un chemin le long de la haie à droite, et un autre à gauche ; ces chemins allant en sens contraire serviront à exploiter les deux bouts de la haie ; ils iront en diminuant graduellement d'importance jusqu'à une certaine distance du nid où ils deviendront indistincts. Dans ce cas la haie est ordinairement située entre une route et un pré ; alors, si la fourmilière est puissante, elle envoie un certain nombre d'ouvrières à travers la route, pour exploiter la seconde haie située de l'autre côté.

« Mais il est impossible et inutile aux fourmis de faire un chemin à travers la grande route, aussi n'est-ce de l'autre côté de celle-ci que deux ou plusieurs chemins partant du point où arrive la colonne de fourmis et se dirigent des deux côtés de la haie ou dans une autre prairie.

« D'autres fois, si elles y trouvent avantage, les fourmis traversent la route en deux endroits.

« Mais les chemins les mieux battus sont ceux qui partent directement du nid pour exploiter le pré du même côté ou les arbres qui s'y trouvent. Quelquefois un chemin s'en va droit à un arbre, où il s'arrête net, les fourmis allant presque toutes sur l'arbre ; le plus souvent ils vont en devenant de moins en moins marqués, et finissent par disparaître peu à peu. Souvent un chemin se bifurque ; d'autre fois il repart d'un arbre ou d'un bout de haie en formant un angle avec sa direction précédente.

« Les fourmis profitent des passages naturels où elles peuvent circuler sur un certain espace sans avoir besoin de creuser avec peine une route ; ainsi, du pied d'un mur, du bord d'une allée. Dans les bois et les taillis, leurs chemins sont plus simples à creuser, car il y a moins de plantes basses enchevêtrées ; la circulation est ordinairement très facile pour les fourmis dans ce qui est pour les hommes un taillis inextricable. Elles y font cependant des routes dont elles ôtent les feuilles sèches et autres embarras.

« Enfin les chemins servent à réunir divers nids d'une colonie.

« Ils varient beaucoup en fréquentation, en largeur et en longueur. La première de ces qualités dépend naturellement de l'importance du lieu d'exploitation où il conduit.

« Dans les bois où la construction de la route est facile, mais où des feuilles qui tombent, des débris de toute sorte viennent constamment l'obstruer, les fourmis ont soin de lui donner beaucoup de largeur, jusqu'à dix centimètres, mais peu de profondeur.

« Dans les prairies, au contraire, où la construction est difficile, mais stable, ces chemins sont étroits et profonds ; ils ont à peine 4 à 6 centimètres de largeur sur 1 millimètre à 2 centimètres de profondeur. Les *Formica rufa* et *pratensis* creusent leurs routes en déblayant la terre, en ôtant les objets qui encombrent le passage, et en coupant ou plutôt en sciant les tiges des petites plantes qui les gênent, au moyen de leurs mandibules. Elles ne commencent pas à les creuser à partir de leur nid, mais elles fréquentent d'abord toutes les lignes où elles veulent creuser des chemins, et travaillent à les construire sur toute leur longueur en même temps.

« Ce n'est qu'en observant d'une manière suivie qu'on se rend compte de tous les efforts qu'a coûtés aux fourmis la construction de ces chemins, surtout dans les prairies.

« Ils ne diffèrent de ceux que font les hommes qu'en ce qu'ils sont concaves au milieu et relevés sur les bords, de sorte que la pluie les submerge.

« Leur longueur, avons-nous dit, varie beaucoup. Ils peuvent s'étendre jusqu'à 80 et même 100 pas (60 à 80 mètres) de distance du nid. Un seul grand nid peut en envoyer huit ou dix. Quelquefois ils vont tous d'un même côté, ne s'écartant qu'à angle aigu les uns des autres : c'est le cas quand ce côté est le seul à exploiter.

« Tout ce que nous avons dit se rapporte aux chemins des *Formica rufa* et *pratensis.*

« Les *Lasius fuliginosus* ne font ordinairement pas de chemins battus, leur passage d'un arbre à l'autre n'étant pas difficile. J'ai observé cependant dans quelques-unes de leurs grandes colonies des chemins analogues à ceux des fourmis précédentes, mais plus étroits quoique aussi indistinctement creusés. Plusieurs routes semblables partaient d'un énorme châtaignier, non loin de Lugano, et se dirigeaient vers d'autres arbres. Les *Lasius fuliginosus* sortaient du tronc de ce châtaignier jusqu'à 3 mètres du sol.

3° *Chemins couverts et pavillons.* — Cette industrie est propre seulement à un petit nombre d'espèces suisses. Huber l'a si bien décrite qu'il n'y a presque rien à ajouter. Ces fourmis sont avant tout les *Lasius niger* et *alienus,* puis les *Lasius bruneus* et *emarginatus* enfin le *Myrmica lævinodis, scabrinodis,* etc. Elles ont aussi des plantes, des arbres même à exploiter malgré leur petitesse, mais ce sont surtout leurs pucerons qu'elles veulent aller visiter en paix et protéger contre d'autres fourmis ou contre leurs ennemis nombreux (larves de coccinelles, etc).

« A cet effet, le *Lasius niger* creuse des chemins analogues à ceux des *Formica rufa,* mais il a le plus souvent de la terre de déblai lorsqu'elle est humide pour couvrir ces chemins d'une voûte maçonnée. A certains endroits trop exposés, il sait percer des tunnels qui ressortent plus loin pour se continuer dans un nouveau chemin couvert. Lorsque le chemin passe en un endroit abrité, tel que le pied d'un mur, les fourmis suppriment la voûte, et il devient identique aux chemins ouverts des *Formica rufa* ; il en est de même lorsque les *Lasius niger* traversent une grande route ; ils essaient bien de faire des voûtes, mais elles sont constamment détruites.

« On comprend quel aspect varié et intéressant présentent ces chemins. J'en ai vu un qui était entièrement voûté et fait en terre ; il avait un ou deux centimètres de large sur un centimètre à peine de haut et montait sur le pan d'un mur élevé. Il traversait ensuite le sommet de ce mur et redescendait de l'autre côté jusqu'à terre : tout cela pour passer d'une cour dans un jardin.

« Deux autres chemins de *Lasius niger* traversaient une route large de cinq mètres et demi.

« Ces chemins servent dans une colonie à conduire d'un nid à l'autre ; mais bien plus souvent ils aboutissent à une plante ayant des pucerons sur les tiges. Arrivé au pied de la plante, le chemin s'arrête, mais les fourmis élèvent le long de la tige des galeries maçonnées qui enferment complètement les pucerons et cela jusqu'à deux ou trois décimètres au-dessus du sol. Elles y bâtissent même souvent plusieurs cases soutenues par les feuilles de la plante.

« Le *Lasius niger* sait enfin aussi se servir de détritus de l'écorce pourrie pour faire des galeries analogues le long des troncs des arbres où vivent ces pucerons ; mais c'est surtout, comme l'a déjà fait remarquer Roger, l'industrie du *Lasius brunneus* qui ne vit presque que de cette manière, en cultivant d'énormes pucerons d'écorce qu'il protége à l'aide de voûtes construites en détritus.

« Les *Myrmica* ne font guère que des chemins couverts. Elles bâtissent par contre des cases en terre sur les plantes autour de leurs pucerons. Les unes sont en communication, avec le nid, par une voûte en terre rampant le long de la tige : les autres sont bâties entièrement en l'air sans communication couverte avec le sol. Ce sont surtout ces dernières que nous appellerons avec Huber des *pavillons*. Les pucerons, et surtout les gallinsectes sont littéralement murés par ces fourmis ; leur prison est du reste assez large, et une petite ouverture permet aux fourmis d'y entrer et d'en sortir. J'ai observé un pavillon de *Myrmica scabrinodis* situé à quelques centimètres au-dessus du sol, sur un rameau de chêne ; il avait la forme d'un cocon et était long d'un centimètre et demi. Il recouvrait des *Chermes* que les fourmis cultivaient avec soin. Quand les pavillons communiquent avec le nid des fourmis, celles-ci y portent souvent leurs larves, et ils deviennent une simple dépendance du nid. J'ai observé un pavillon bâti ainsi autour d'une plante pour des *Lasius emarginatus*. Ce pavillon recouvrait aussi des *Chermes*. »

L'activité des fourmis en dehors des fourmilières est très grande, ainsi que tout le monde a pu le constater ; elle ne l'est pas moins à l'intérieur. Les ouvrières y sont constamment occupées aux soins du ménage, c'est-à-dire à entretenir la propreté des chambres et à veiller aux provisions. Mais ce qui leur demande surtout du travail, c'est l'entretien des larves qui, sans elles, ne pourraient vivre.

A peine les œufs sont-ils pondus que les ouvrières s'en emparent pour les transporter hors de la case des femelles et les lécher avec soin, cela pour des raisons encore inconnues. Et, loin de les laisser éclore tranquillement, elles les transportent sans cesse de la cour au grenier et réciproquement, si le temps est trop chaud, elles les descendent dans les cellules inférieures, pour les remonter plus haut dès que le temps devient défavorable.

Ce sont elles aussi qui nourrissent les larves depuis leur éclosion jusqu'à leur transformation en nymphes. Elles se rendent au dehors pour se gorger de jus sucré ; puis elles reviennent au nid et dégorgent une goutte de miel dans la bouche de chacune des larves. Comme pour les œufs, les ouvrières transportent leurs nourrissons d'un point à un autre du nid suivant l'état de la température, mais surtout dans les endroits chauds ; il paraît même que lorsque le temps est beau, elles les portent au dehors pour leur faire prendre l'air.

Les ouvrières ne se contentent pas de promener les larves et de leur donner à manger ; elles veillent aussi à leur propreté en les nettoyant avec leur langue ou leurs pattes. Quand les larves se changent en nymphes, les fourmis ne les abandonnent pas et leur continuent leurs soins : ce sont elles qui déchirent aussi le cocon au moment de l'éclosion. Les ouvrières elles-mêmes se nettoyent souvent et prennent alors des attitudes des plus comiques pour se laver toutes les parties du corps.

Les jeunes fourmis paraissent se consacrer aux soins du ménage, c'est-à-dire à rester dans la fourmilière ; ce n'est que lorsqu'elles sont plus grandes qu'elles sortent au dehors pour quérir des provisions. Il semble d'ailleurs, que, dans un même nid, chaque fourmi est chargée d'un travail spécial.

Les ouvrières qui restent dans la fourmilière sont nourries par celles qui vont au dehors et qui, au retour, leur dégorgent du liquide sucré dans la bouche.

Les *Fourmis amazones* sont des êtres essentiellement organisés pour le combat, et cependant elles ne peuvent manger seules ni même se construire un nid ou élever leurs larves. Aussi, pour subsister, ont-elles l'instinct de réduire en esclavage d'autres fourmis, lesquelles leur rendent les services qu'il leur est impossible à elles-mêmes de se procurer. Ces faits furent découverts par un grand naturaliste de Genève, Huber, et étudiés plus tard avec soin par Auguste Forel.

Les *Fourmis amazones,* les *Polyergus rufescens* des naturalistes, vivent dans toute l'Europe centrale et méridionale ; on en trouve en France, en Allemagne, en Suisse, etc. Elles ont une couleur rouge tirant sur le brun ou le jaune, assez mate ; leur taille ne dépasse guère six à sept millimètres.

On sait que chez toutes les fourmis on trouve trois sortes d'individus : les *mâles* et les *femelles,* pourvus d'ailes, et les *ouvrières,* qui n'en possèdent pas. Les deux premières catégories servent à fournir des œufs, tandis que les ouvrières sont chargées des soins du ménage, construction du nid, entretien des chambres, soins donnés aux larves, etc. Ce sont elles qui sont de beaucoup les plus nombreuses.

Mais, dans l'espèce que nous considérons, les ouvrières sont des paresseuses qui ne veulent pas travailler et qui d'ailleurs ne le peuvent pas, à cause de la mauvaise constitution de leurs mandibules : celles-ci ne sont plus ces armes solides et résistantes que l'on a l'habitude de rencontrer chez les fourmis ; ce sont de faibles pinces arquées qui peuvent tout au plus mordre dans des corps mous, mais non transporter les lourdes maçonneries indispensables pour élever une fourmilière. Aussi vont-elles se mettre en marche pour aller attaquer une autre espèce de fourmis, rapporter chez elles les ouvrières de ces dernières et les réduire en esclavage. Elles s'adressent de préférence à la *Fourmi brune* (*Formica rufa*), ainsi qu'à la *Fourmi barbe-rousse* (*Formica rufibarbis*).

Les expéditions des amazones n'ont lieu qu'à la fin de l'été, au commencement de l'automne.

« Vers cette époque, dit Lespés, les individus ailés des espèces esclaves ont déjà quitté les nids, les amazones se gardent bien de se charger des bouches inutiles. Les brigands quittent leur camp vers les trois ou quatre heures de l'après-midi, par un temps pur et serein. D'abord il n'y a point d'ordre dans leurs mouvements ; mais au moment où toutes les forces sont rassemblées, une colonne régulière se forme.

« Cette colonne avance avec une grande rapidité, en rangs serrés. Les amazones, qui marchent en tête, semblent chercher quelque chose à terre. D'ailleurs cette tête de colonne change continuellement dans sa composition ; les chefs de files, arrêtés à tous moments, sont remplacés par d'autres. Ce qu'elles cherchent à terre avec tant d'attention, c'est la piste de l'espèce qu'elles se préparent à attaquer, et l'odorat leur sert de guide sûr. Elles flairent le sol comme des chiens de chasse cherchant la piste du gibier, et, quand elles l'ont trouvée, elles s'avancent avec impétuosité, entraînant toute la colonne sur leurs pas.

« Les plus petits corps d'armée que j'ai observés se composaient pour le moins de quelques centaines d'individus ; mais j'en ai vu aussi d'autres quatre fois plus nombreux. Les fourmis forment alors des colonnes de cinq mètres de long et de quinze centimètres de large.

« Après une marche qui dure quelquefois une heure entière, voici la colonne arrivée au nid de l'espèce esclave.

« La *Formica rufibarbis,* la plus forte de toutes, oppose en vain une résistance sérieuse, les amazones forcent facilement l'entrée du nid. Qu'y a-t-il dans la fourmilière ? Des ouvrières en grand nombre, des larves et des nymphes ; ces dernières sont destinées à se transformer en ouvrières. »

Qu'est-ce que viennent chercher les amazones ? Vont-elles prendre à bras-le-corps les ouvrières et les emporter ? Que non. Les ouvrières adultes ont trop d'intelligence pour rester dans une demeure qu'elles savent étrangère. Ce que veulent les amazones, ce sont les larves et les nymphes, qui n'ont pas conscience encore de leur propre existence. Mais les choses ne vont pas se passer sans que les légitimes propriétaires de ces larves opposent une vive résistance ; un véritable combat va s'engager entre les assaillants et les assiégés. Les amazones pénètrent dans la place.

« Elles reparaissent, ajoute Lespés, au bout d'un moment, tandis qu'en même temps les assiégés surgissent en masse.

« Ce sont les larves et les nymphes qui sont l'objet principal du conflit. Les amazones cherchent à les enlever, et les autres essayent de les dérober à leurs poursuites, ou du moins d'en sauver le plus grand nombre possible.

« Pour cela, sachant parfaitement que les amazones ne grimpent point, elles gagnent avant tout, avec leur précieuse charge, les plantes et les buissons du voisinage, où elles sont à l'abri de leurs atteintes. Puis elles se mettent à poursuivre les ravisseurs, s'efforçant à leur tour de leur enlever le plus de butin possible. »

Mais les amazones, plus agiles, déguerpissent au plus vite. D'abord harcelées par les fourmis barbe-rousses, elles ne tardent pas à les distancer et à se mettre hors de leurs atteintes, emportant dans leurs mandibules la progéniture de leurs victimes. Elles reviennent ainsi en colonne serrée en suivant exactement le chemin qu'elles ont pris pour venir, guidées en cela par l'odorat. Arrivées dans leurs foyers, elles abandonnent leur butin aux esclaves déjà existantes, et, à partir de ce moment, ne s'en préoccupent plus.

Aussitôt les esclaves emportent les larves et les nymphes dans les chambres d'habitation, les nettoient, leur donnent à manger, en un mot les dorlotent comme une mère le ferait pour son enfant. Sous ces soins affectueux les nymphes ne tardent pas à éclore, ne se souvenant plus des terribles péripéties de leur jeunesse. Nées dans le nid des amazones, elles prennent celles-ci pour leurs mères, et, comme le devoir l'exige, elles vont prendre de leurs ravisseuses un soin tout particulier, et vraiment celles-ci en ont bien besoin. Elles vont en effet devenir incapables de se remuer ni même de se nourrir. Les esclaves changent en quelque sorte de rôle ; ils deviennent en somme les maîtres du lieu, tenant absolument leurs maîtres sous leur dépendance.

Certaines fourmis accumulent des graines dans leurs nids en guise de provisions. Le fait est connu depuis la plus haute antiquité.

Le fait de la prévoyance des fourmis semblait bien établi, lorsque des doutes s'élevèrent sur sa véracité. « La prévoyance des fourmis, dit Buffon, n'est qu'un préjugé : on la leur avait accordée en les observant, on la leur a ôtée en les observant mieux ; elles sont engourdies tout l'hiver, leurs provisions ne sont donc que des amas superflus, amas accumulés sans vues, sans connaissance de l'avenir, puisque par cette connaissance même elles en auraient prévu toute l'inutilité ».

En réalité elle subsiste tout entière, et voici comment : dans le Midi de l'Europe, les fourmis font des provisions qu'elles mangent pendant l'hiver, époque où elles ne s'engourdissent pas. À mesure qu'on remonte vers le Nord, les mêmes espèces, chez lesquelles la prévoyance est innée, font toujours des provisions, mais ne s'en servent que rarement parce qu'elles hivernent tout en se réveillant de temps à autre. Enfin, tout à fait au Nord, elles s'engourdissent complètement en hiver et, si elles font des provisions, il faut en chercher la raison dans les habitudes de leur race : l'instinct de la prévoyance est utile dans le Midi, inutile dans le Nord : il n'est jamais nuisible ; c'est pour cela qu'il ne disparaît pas.

Donc la prévoyance des fourmis est un fait indéniable pour celles qui habitent le Midi de la France. Leur histoire nous est maintenant bien connue grâce aux beaux travaux de Moggridge.

« J'avais à peine mis le pied, raconte-t-il, sur la *garrigue*, nom sous lequel on désigne (à Menton et dans toute la Provence) les terrains incultes, que je rencontrai une longue colonne de fourmis formée de deux files, dont chacune suivait une direction contraire, les unes avec la bouche pleine, les autres avec la bouche vide.

« Il n'était pas difficile de trouver le nid auquel appartenaient ces fourmis, pour cela il fallait simplement suivre la file de celles qui étaient chargées de graines ou de capsules entières, et alors à peu près à 10 yards de distance à l'ombre d'un buisson de cistus, se trouvait le nid, à l'entrée duquel on voyait le courant incessant des entrants et des sortants.

« Les travailleurs séchaient leur récolte à une certaine distance du nid et allaient la chercher dans un champ où les herbes étaient plus abondantes et plus variées. Dans quelques cas, quand les terrasses étaient trop éloignées, elles se contentaient de ravager les graminées, les fleurs des pois, les mélinets et autres habitants de la garrigue. Une fois je pouvais suivre la colonne des travailleurs à partir du nid jusqu'à la terrasse où se trouvaient les végétaux dont elles recueillaient et je trouvais que la longueur de cette double file était à peu près de 2 yards. Cela ne donne qu'une idée approximative du nombre de fourmis qui sont au service de la colonie, car des centaines d'entre elles étaient déjà disséminées parmi les plantes sur la terrasse, et occupées à trier les matériaux, tandis que d'autres étaient retenues par les soins domestiques au fond du nid.

« Ce ne sont pas seulement les graines, mais encore quantité d'objets, tels que des insectes morts, des fragments de coquilles, des corolles, des morceaux de bois ou des fragments de feuilles, qui sont charriés ainsi dans les nids. Mais je n'ai jamais vu, soit de l'*Atta barbara*, soit de l'*Atta structor*, porter de Pucerons dans les nids.

« Il arrive parfois à une fourmi de faire un mauvais choix et d'apprendre, à son retour, que ce qu'elle avait apporté avec tant de peine ne peut servir à aucun usage. La chose lui ayant été démontrée dans le nid, on l'oblige à jeter dehors son tribut.

« L'*Atta structor* et l'*Atta barbara* n'emploient aucune matière pour la construction de leurs nids, ils les creusent simplement dans la terre ou dans une roche sableuse et les grands amas formés principalement de substances végétales qu'on trouve souvent à l'entrée de leur nid, ne sont autre chose que les déchets et les débris alimentaires de chaque établissement. Ces amas que l'on trouve toujours dans le voisinage de leurs nids, consistent en partie en grains de sable et en parcelles de terre jetées hors du nid, mais principalement en débris végétaux, c'est-à-dire en menue paille, en gousses, en capsules vides et autres choses semblables dont la présence aurait trop encombré l'intérieur du nid. Pendant qu'une légion d'ouvrières est occupée à se procurer et à apporter les objets nécessaires, d'autres sont employées à classer et à trier ces matériaux, à débarrasser les graines de leurs enveloppes, et une fois celles-ci épluchées, à les charrier hors du nid. Aussi ces amas de débris atteignent-ils parfois, dans les endroits écartés, des proportions considérables.

« En octobre 1873, j'ai trouvé, auprès de l'entrée du nid de l'*Atta structor*, de ces amas de déchets, de forme arrondie, ayant 27 pouces de diamètre et 2 pouces d'épaisseur, et dont la composition laissait supposer qu'une grande quantité de graines devait se trouver dans le nid. Dans le fait, en ouvrant quelques nids et en les examinant de plus près, j'y trouvai des amas de semences soigneusement cachées dans des pièces écartées dont le contenu albuminoïde était extrait à travers des trous percés dans l'enveloppe.

« Le sol des caves à grains était bien cimenté et se distinguait par son aspect du terrain environnant. Les pièces elles-mêmes étaient de différentes formes et de différentes grandeurs, la plupart de la grosseur d'une montre d'homme. Dans chacune se trouvaient environ 5 grammes de semences, et la quantité entière contenue dans un nid, qui souvent se composait de 80 à 100 pièces, pouvait être évaluée à une livre et plus. Ces semences proviennent parfois de plantes très différentes, et j'ai trouvé, par exemple, dans un des nids que j'ai ouverts, des graines de douze espèces différentes de plantes, appartenant pour le moins à sept familles distinctes ; mais ce sont les graines des céréales cultivées, contenant le plus de matière alimentaire, qui sont de préférence recherchées par les fourmis. »

Mais ce qui surprit le plus Moggridge (1) comme Lespès, c'est le procédé encore imparfaitement connu, employé par les fourmis pour empêcher le grain de germer et de croître. Les semences ne sauraient rester longtemps sous terre, dans l'intérieur humide et chaud du nid, sans commencer à germer, à s'épanouir en herbes et en plantes, ce qui ferait manquer le but auquel tendent les fourmis. Et pourtant, c'est à peine si, dans vingt et un nids fouillés par lui, Moggridge trouva parmi des milliers de grains quelques échantillons qui eussent germé ; encore près de la moitié de ceux-ci étaient-ils entamés de manière à en enrayer la croissance.

Il est donc hors de doute que les fourmis, à l'aide d'un procédé mystérieux, enrayent la germination du grain, tout au moins pour quelque temps, c'est-à-dire pour des semaines et des mois. Malgré des recherches et des observations maintes fois répétées, Moggridge ne put parvenir à obtenir la solution du problème. Ce qui est certain, c'est qu'il lui suffisait d'empêcher les fourmis de pénétrer dans un des greniers, pour constater que les semences commençaient à germer : ce ne sont donc pas les circonstances extérieures, mais bien la volonté des fourmis qui met obstacle à la germination. De même, dans les parties abandonnées ou isolées du nid, les graines se développent aussi en herbes.

Une fois l'époque arrivée où les graines sont employées comme aliment, cette substance est enlevée, et le grain amolli à dessein retrouve sa puissance germinative. Mais comme une croissance plus avancée ne manquerait pas d'en altérer les qualités nutritives, les fourmis s'empressent de ronger le germe nouvellement poussé et de couper la radicule. Ce n'est qu'après avoir fait subir aux graines cette mutilation qu'elles les sèchent au soleil, après quoi elles les emmagasinent de nouveau. S'il arrive que le grain soit mouillé par la pluie, elles emploient le même procédé pour le sécher.

Le résultat de la germination est de modifier la semence et notamment les grains des céréales, de façon que l'amidon qui y est contenu se transforme en matière sucrée et en gomme. En même temps, l'enveloppe dure éclate, le grain tout entier gonfle et devient mou. Quand les choses en sont arrivées au point désiré par les fourmis, celles-ci dévorent les parties molles du grain, surtout les substances sucrées dont elles sont très friandes ; ou bien elles en nourrissent au printemps les larves, élevées par elles avec tant de sollicitude. Pour ce qui regarde les enveloppes, elles les rejettent sous la forme de *son* ainsi que l'avait constaté Lespès, et c'est là ce qui constitue l'élément essentiel des déchets ci-dessus mentionnés.

Ce procédé, comme chacun le remarquera avec Moggridge, est tout à **fait**

(1) Nous empruntons la suite des Observations de Moggridge à M. Kunckel d'Herculais,

identique à celui dont se sert le brasseur pour obtenir la drèche ou *malt* avec l'orge et le blé. « Il n'est donc pas douteux, selon la juste remarque de Büchner, que les fourmis ne soient versées dans une des branches les plus importantes du savoir ou de l'industrie humaine, qu'elles ne l'aient connue et pratiquée, selon toute vraisemblance bien avant que l'homme soit apparu sur la surface terrestre. Ce n'est certes pas « l'instinct », mais l'*expérience,* qui a pu leur enseigner quelque chose de semblable. L'adaptation à un but prémédité d'expérience, due au hasard, ne saurait être que la suite d'un acte conscient, réfléchi, dont la trace, se transmettant par l'hérédité chez certaines races, a fini par constituer une aptitude intellectuelle. »

A l'aide de l'éclairage artificiel, Moggrigde examina comment ces petites bêtes, tenues en captivité, s'y prenaient pour ronger le grain ou plutôt son contenu. Dans un groupe de Fourmis, il en découvrit une, qui tenait solidement une petite masse blanche et ronde. — Cette masse avait l'apparence des particules farineuses du grain de mil ; deux ou trois fourmis l'ébréchaient de leurs mandibules tranchantes et la portaient à leur bouche. Ceci se répéta à plusieurs reprises, après quoi, elles cédèrent la place à leurs camarades.

Il s'ensuit que les Fourmis moissonneuses peuvent se nourrir de substances solides, en quoi elles diffèrent des autres fourmis qui, comme nous l'avons dit, ne vivent que de substances molles ou liquides.

Pourtant, elles n'absorbent que la farine molle, un peu moite, des grains dont la germination a été arrêtée, et qui ont été soumis à l'asséchement, dédaignant la farine plus dure et plus sèche des grains ordinaires non ramollis. C'est dans ses recherches sur la nutrition artificielle des fourmis que Moggridge a fait ces intéressantes observations. Les Fourmis moissonneuses ne font une exception que pour les résidus gras et huileux du chènevis, qu'elles rongent dans tous les sens, sans qu'il ait été préalablement ramolli par l'eau. Dans les circonstances ordinaires, l'enveloppe dure du chènevis et de la plupart des autres grains rend la chose impossible ; mais, par la germination, l'enveloppe du grain éclate et les fourmis peuvent en dévorer la substance amollie et modifiée. En général, l'appareil buccal des fourmis n'est approprié, comme nous l'avons déjà dit, qu'à l'absorption des substances molles ou liquides ; cependant elles peuvent très bien râcler ou gratter de petites particules de farine, à l'aide de leurs mâchoires supérieures, dures et garnies de dents.

Les fourmis sont trop intelligentes pour se laisser gouverner par les aptitudes intellectuelles dont elles ont hérité, au point de ne pouvoir abandonner à propos la fatigante corvée de la moisson et de dédaigner d'augmenter leurs provisions, soit par les pillages des provisions ou des greniers des hommes, soit par le vol, ou comme on le dit aujourd'hui par l'annexion des greniers de leurs semblables. Moggridge découvrit, dans la principale rue de Menton, une colonie florissante de l'*Atta destructor,* qui s'était établie fort commodément à la porte d'un marchand de blé, où elle n'avait que la peine de ramasser les grains éparpillés d'avoine et de froment. Un autre nid, situé dans une partie de la ville, avait pour principale ressource les grains de millet, que des oiseaux tenus en cage laissaient tomber dans la rue. Moggridge réussit aussi à découvrir certains passages secrets conduisant des nids isolés, vrais repaires de voleurs, à des greniers à blé situés dans le voisinage ; le percement de pareils conduits souterrains est d'autant plus admissible que les espèces étudiées par Moggridge sont en état, comme il l'a démontré, d'ouvrir des galeries et des passages jusque dans la pierre dure (grès).

Mais c'est surtout aux dépens de leurs propres sœurs que les fourmis moissonneuses, de même que les hommes, trouvent agréable et commode de se livrer au vol et au pillage. — Peut-être y sont-elles poussées par cet instinct belliqueux et farouche, qui caractérise la plupart de leurs espèces. C'est l'*Atta barbara,* luisante et noire comme le jais, qui se distingue le plus par des exploits de ce genre ; elle entreprend des campagnes de pillage, qui durent des jours et des semaines.

Les fourmis ont des relations bien curieuses avec certains insectes. Examinons un instant, je suppose, une branche de rosier attaquée par des pucerons. Nous ne tarderons pas à voir arriver des fourmis agitant fébrilement leurs antennes. Lorsqu'une fourmi vient à rencontrer un puceron, on la voit caresser la petite bête de ses antennes, comme si elle sollicitait quelque chose. Ce quelque chose ne va pas tarder à apparaître. Si vivement sollicité par les caresses de la fourmi, le puceron laisse échapper de la partie postérieure de l'abdomen une gouttelette de liquide sucré, que la fourmi se hâte de happer, car elle en est extrêmement friande. La fourmi va de nouveau « traire » un autre puceron et ainsi de suite.

Il y a fort longtemps que l'on connaît les rapports si curieux des fourmis et des pucerons : Linné, pour cette raison, avait même donné à ces dernières le nom bien significatif de « vache des fourmis ». Mais ce qu'il y a de plus intéressant encore, c'est que les *Fourmis jaunes* (*Lasus flavius*), trouvant peu pratique de courir constamment après leur bétail, ont imaginé d'emporter les pucerons dans leurs retraites et là de les traire quand bon leur semble. Elles vont les chercher sur les plantes, les rapportent délicatement à la fourmilière, les emprisonnent dans les chambres, comme les paysans mettent des vaches dans une étable, les soignent, les nourrissent, les dorlottent avec un soin jaloux ; en échange de ces bons procédés, les pucerons ne semblent pas faire de difficulté pour céder à leurs maîtres la goutte sucrée qu'il sollicitent.

Certaines espèces se comportent autrement. « Hubert, dit Brehm, a découvert aussi que les fourmis sont tellement avides de cette liqueur sucrée que, pour s'en procurer plus commodément, elles pratiquent des chemins couverts qui, de la demeure de la tribu, s'étendent jusqu'aux plantes qu'habitent ces vaches en miniature. Parfois on les voit pousser la prévoyance jusqu'à un point encore plus incroyable. Afin d'obtenir plus de produits des pucerons, elles les laissent sur les végétaux qu'ils sucent habituellement, et, avec de la terre finement gâchée, leur bâtissent là des espèces de petites étables dans lesquelles elles les emprisonnent. Le savant que nous venons de citer a découvert plusieurs de ces étonnantes constructions. C'est donc un fait irrécusable. »

Ajoutons qu'une fois domestiqués, les pucerons sécrètent beaucoup plus de liqueur sucrée que lorsqu'ils vivent à l'état sauvage : cela devient même chez eux un besoin ; car si on les abandonne à eux-mêmes, ils se délivrent brusquement de leur excès de liqueur, mais cela paraît leur être sensible. Les fourmis, en venant les traire, leur rendent un véritable service.

Les fourmis enfin peuvent utiliser un certain nombre de bêtes qui vivent naturellement dans la fourmilière. De ce nombre sont les clavigères. « On savait, raconte Émile Blanchard, que divers insectes cohabitent avec les fourmis sans être ni inquiétés, ni maltraités par ces dernières ; mais le genre de relations qui pouvait exister entre les maîtres du logis et les hôtes restait ignoré. Lespès dévoila le mystère. Seulement dans les fourmilières vivent de très petits coléoptères d'un aspect étrange. Tout luisants, d'un roux uniforme, les clavigères, ainsi qu'on les appelle, ont d'énormes antennes, des élytres courts, des pinceaux de poils sur les côtés.

« Triste semble la condition de ces êtres : aveugles, ils sont condamnés à une existence sédentaire ; ayant la bouche singulièrement conformée, ils sont dans l'impossibilité de manger seuls. Nulle part on ne voit l'exercice de la liberté plus entravé ; par bonheur, ces malheureux insectes n'en ont sans doute pas conscience. Les fourmis sont pleines de soins et d'attention pour les clavigères.

« A ces pauvres créatures, elles donnent la becquée. L'œuvre, il est vrai, n'est pas désintéressée. Les poils des petits coléoptères s'imprègnent d'un liquide visqueux et sucré fourni par des glandes ; avides de cette matière, les fourmis se délectent à lécher les poils qui en sont enduits. Elles trouvent avantage à nourrir et à soigner de véritables animaux domestiques. »

Il n'y a pas que les clavigères qui rendent des services aux fourmis. « Des coléoptères agiles, ajoute le même auteur, de la famille des staphylins, dont les élytres laissent à découvert l'extrémité postérieure du corps, habitent les fourmilières : ce sont les loméchuses. Mieux partagés que les clavigères, ils sont d'humeur vagabonde. Clairvoyants, pourvus d'ailes, ils sortent des nids, mais ils sont bien forcés d'y revenir ; lorsque la faim les presse, ils n'ont pas d'autre ressource. Incapables de prendre eux-mêmes leur nourriture, ainsi que Lespès l'a constaté, ils la demandent aux fourmis. Celles-ci ne refusent pas de rendre un bon office à des créatures qui ont quelque chose à donner. Les loméchuses sécrètent une matière sirupeuse, que retiennent les bouquets de poils placés sur les côtés de l'abdomen. Les poils se trouvant cachés par les organes du vol, le coléoptère écarte ses ailes pour que la fourmi puisse lécher la liqueur. »

CLASSE DES ARACHNIDES

Animaux articulés, respirant par des trachées, dépourvus d'ailes, présentant un céphalothorax, deux paires de mâchoires, quatre paires de pattes et un abdomen sans pattes.

Ordre des ARANÉIDES ou ARAIGNÉES proprement dites.

Arachnides munis de crocs en forme de griffes contenant des glandes venimeuses, de palpes maxillaires conformés comme des pattes, à abdomen inarticulé et pédiculé dont l'extrémité porte quatre à six filières.

Le nombre des espéces est considérable et elles sont fort difficiles à déterminer. Nous ne pouvons citer que les plus faciles à reconnaître.

Epeire diadème (*Epeira diadema*). — Tout le monde a remarqué ces toiles en forme de roue, d'une régularité parfaite, que l'on trouve si souvent tendues entre les herbes et dans les allées des jardins. Tout au milieu se tient une grosse araignée, à l'abdomen volumineux et portant un diadème en forme de croix : c'est l'epeire diadème ou *Araignée porte-croix*. Voici ce qu'en dit Brehm :

« Elle se tient généralement à une hauteur de 31 à 157 centimètres au-dessus du sol et s'installe volontiers au voisinage des fossés, des mares, des lacs, et dans tous les endroits où elle peut espérer la visite d'une foule de mouches et de moustiques. Au commencement de mai éclosent les petits qui, pendant une huitaine de jours environ, présentent l'aspect d'une pelote qui s'entortille et se relâche tour à tour jusqu'au moment de la première mue. Ils sont d'abord demi-transparents et blanchâtres au niveau de la tête et des pattes, et leur abdomen est d'un jaune rougeâtre, sans aucune marque ; les yeux sont entourés d'un cercle rougeâtre, et les tarses sont revêtus de poils fins. Avec les différentes mues, apparaissent peu à peu les marques qui font de cette epeire adulte une des plus belles araignées de nos pays.

Sitôt après s'être dispersées, les jeunes epeires se mettent chacune à tisser leur toile, qu'on remarque moins aisément, en raison de ses petites dimensions, que celle de l'araignée adulte, tissée à une époque plus tardive et mesurant 31 centimètres de diamètre ou même davantage. »

Epeire diadème.

Quelques observateurs affirment que l'araignée porte-croix répare ses toiles déchirées ; d'autres auteurs nient le fait. Comme leur provision de matière textile dépend de l'alimentation sans que l'on puisse en estimer la richesse d'après l'aspect extérieur de l'araignée, et comme la convenance de la résidence est plus appréciable pour l'araignée même que pour l'homme qui l'observe, il est présumable que, dans certains cas, l'animal répare sa toile et que, dans d'autres cas que nous ne saurions distinguer, elle reconstruit un nouveau réseau dans un autre endroit.

L'araignée porte-croix se comporte de diverses manières, non seulement lorsqu'il s'agit d'établir le cadre de la toile, de capturer sa proie ou de la dévorer, mais encore lorsqu'il s'agit d'échapper à quelque danger. Le moyen qu'elle emploie habituellement consiste à descendre le long d'un fil auquel elle reste suspendue dans l'air quand cette précaution lui paraît suffire, ou à se jeter à terre pour y faire la morte et pour regrimper tranquillement. On a remarqué également qu'elle descendait à terre parfois le long d'un ruban de fil assez large, et qu'elle s'enfuyait ensuite à toutes jambes. Elle paraît mettre en usage ce procédé surtout dans les cas d'alerte absolument imprévue, par exemple lorsqu'un choc brusque ébranle le rameau sur lequel elle repose paisiblement au fond de sa retraite. C'est très probablement aussi dans le but de se protéger qu'elle exécute au centre de sa toile des mouvements singuliers : fortement assujettie à son réseau, elle commence à se balancer et imprime de la sorte à la toile entière un mouvement de vibration si vif dans le sens antéro-postérieur que son corps disparaît presque tout à fait aux yeux de l'observateur.

En automne, dans les contrées où les araignées abondent, on peut compter parmi les araignées porte-croix un mâle sur douze ou quinze femelles.

A la fin de l'automne, les œufs sont suspendus avec leur sac résistant dans quelque endroit abrité où ils passent l'hiver ; l'abdomen des femelles diminue alors tellement qu'on a peine à les reconnaître. Elles meurent avant l'entrée de l'hiver. Celles qui survivent, cachées dans la mousse ou sous les écorces des arbres, sont rares : elles appartiennent à des couvées tardives.

Tétragnathe allongée (*Tetragnatha extensa*). — Cette espèce confectionne une toile plate analogue à celle de l'épeire, mais placée de préférence dans les roseaux. L'araignée elle-même se reconnaît en ce que son corps est très allongé, ses pattes très longues et ses crocs pourvus de très fortes denticulations.

Linyphie des montagnes (*Linyphia montana*). — Cette espèce ressemble à la précédente, mais elle est plus petite (5 millimètres) ; son abdomen blanchâtre est orné d'un écusson brun. On a trouve un peu partout, aussi bien

dans les montagnes que dans la plaine. Son piège est constitué par une toile horizontale très large, au-dessus et au-dessous de laquelle sont tendus des fils nombreux dirigés en tous sens. Habituellement, l'araignée se suspend au-dessous par les pattes, le dos en bas, et c'est dans cette position qu'elle attend ses victimes.

Théridion rayé (*Theridium lineatum*). — Cette petite araignée de 5 millimètres de long est, lorsqu'elle est jeune, blanche et transparente, sauf à la face dorsale de l'abdomen, où il y a des taches noires. Plus tard elle devient jaune pâle, avec des taches rouges. Elle se tient au milieu des feuilles qu'elle réunit par des fils. Elle est très indolente et se contente de manger sans se presser les insectes qui viennent se prendre dans sa toile irrégulière. La femelle fixe son sac à œufs, bleuâtre et hémisphérique, à une feuille quelconque et veille sur lui jusqu'à l'éclosion.

Théridion civil (*Theridion civilis*). — Cette toute petite araignée est très commune sur les murs, même ceux des grandes villes. Elle tend ses fils dans les interstices des pierres, où, généralement, ils se recouvrent de poussière. Ce sont ces araignées qui salissent tant les monuments publics.

Malmignathe (*Latrodectus Malmignatha*). — Le malmignathe mesure 13 millimètres de long ; son abdomen sphéroïdal, un peu ciflé en arrière, d'un noir de poix, est orné de 13 taches d'un rouge sanguin, dont 2 se trouvent sous le ventre. Elle s'établit au milieu des pierres, entre lesquelles elle tend quelques fils. Quand elle aperçoit une proie, fût-elle aussi grosse qu'une sauterelle, elle s'élance sur elle et, grâce à son venin, la met rapidement à mort. Elle ne vit que dans le Midi de la France et en Espagne, où sa morsure est redoutée.

Tégénaire (*Tegenaria domestica*). — C'est cette espèce que l'on trouve si fréquemment dans les appartements mal entretenus. Le mâle a 11 millimètres et la femelle 19 millimètres. La teinte générale est jaune d'or moucheté de marques brunes. Sur l'abdomen, il y a une ligne médiane d'un rouge jaunâtre. Les pattes sont jaune d'ocre et ornées de cercles foncés et de dentelles. Les filières se terminent par des saillies en forme de queue.

Lorsqu'elle veut installer son nid, la tégénaire applique ses filières contre la paroi à quelques pouces de l'angle qu'elle compte occuper ; elle marche le long de cette paroi jusqu'à l'angle où elle va rejoindre l'autre paroi pour y fixer son fil à la même distance de l'angle, après l'avoir tendu. Ce fil, qui doit être le plus externe et le plus résistant,

Tégénaire.

est doublé ou même triplé par l'araignée, qui, dans son va-et-vient continuel, assujettit de même aux deux parois des fils parallèles, de plus en plus courts, jusqu'au voisinage de l'angle. A cette première trame, l'animal ajoute des fils transversaux et termine ainsi le piège qui constituera le milieu de la

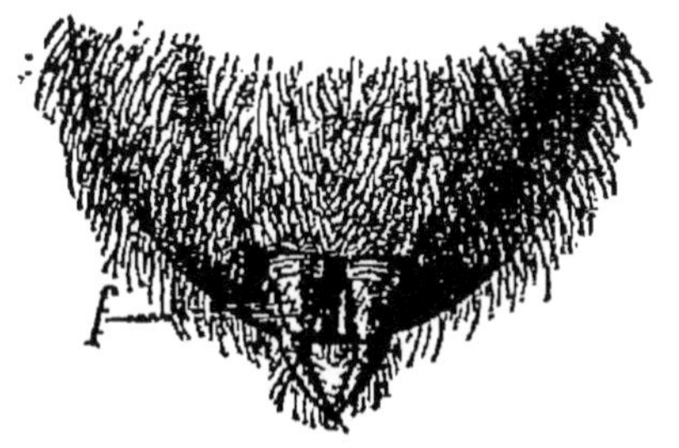

Filières de Tégénaire ; *f*, une filière.

toile ; mais l'édifice n'est pas encore complet. Elle tisse, pour elle-même, un tube ouvert aux deux bouts et appliqué dans l'angle, formant une sorte de pédicule court au réseau primitivement

Terminaison d'une des filières de la Tégénaire.

construit. Comme elle adopte de préférence les coins où les murs présentent des trous et des lézardes, son tube aboutit généralement à quelque crevasse de ce genre où la bête se réfugie en cas de danger. Dans la partie antérieure de ce tube, elle se tient à l'affût de sa proie ; elle saisit en un clin d'œil le moustique ou la mouche qui se jette dans son réseau et les entraîne au fond de son antre pour les dévorer tout à l'aise. Lorsqu'elle veut pondre, cette tégénaire file près de sa toile un flocon

de soie blanche qu'elle carde avec ses pattes, puis entoure d'un sac en fils bruns, qu'elle leste avec des graviers et des débris d'insectes. Cela fait, elle pond et entoure ses œufs d'un cocon de soie blanche ; puis elle va déposer précieusement ce cocon sur le flocon blanc ; elle ferme alors l'ouverture du sac, s'installe au-dessus et, mère vigilante, veille nuit et jour. Les tégénaires passent l'hiver à un stade de développement peu avancé (Dr Herculais).

On sait que, dans les campagnes, on a coutume d'étaler des toiles d'araignées sur les blessures dans le but de les faire cicatriser plus vite. C'est là une pratique absurde et même dangereuse, car les toiles sont toujours recouvertes de poussières et, par suite, de microbes pouvant être dangereux.

Agélène (*Agelena labyrinthica*). — Cette grosse espèce a de 13 à 22 millimètres de long. Le céphalothorax est jaune grisâtre et marqué de deux raies longitudinales d'un brun noirâtre qui se terminent en pointe auprès des yeux latéraux. L'abdomen est mélangé de gris et de noir et porte une bande médiane de poils gris-rougeâtres. Les hanches et les cuisses sont jaunes. Elle vit sur les coteaux ensoleillés et fabrique une toile horizontale en forme de hamac et à laquelle se rattache un tube cylindrique, où elle se tient à l'affût. Les œufs sont déposés dans une sorte de bouteille dont la face externe est recouverte de grumeaux de terre et de débris végétaux. La mère veille sur ce nid, attaché aux plantes basses, jusqu'à l'éclosion des petites araignées.

Argyronète. — Les araignées paraissent avoir un profond dédain pour l'eau : on n'en trouve qu'une seule espèce aquatique.

C'est l'*Argyronète*. Examinée en elle-même, elle ne présente rien de bien spécial que nous ne rencontrions pas chez les araignées terrestres. Son corps est divisé en deux parties : l'une antérieure, le céphalothorax ; l'autre postérieure, l'abdomen. La première porte quatre paires de pattes. La couleur générale est terne, elle varie du brun au noir. Sur la tête, il y a huit yeux très petits. Enfin tout le corps est revêtu d'un velouté de poils très fins et très serrés. L'argyronète se rencontre dans l'Europe centrale ; en France, on la trouve surtout dans le Nord ; elle est rare aux environs de Paris.

Les argyronètes semblent préférer les eaux stagnantes ou à faible courant, contenant surtout des plantes aquatiques. Dans ces endroits, elles habitent une demeure des plus curieuses et que l'on ne peut se lasser d'admirer : c'est une véritable cloche à plongeur. Sa forme est absolument comparable à celle d'un dé à coudre, mais d'une délicatesse sans égale. Elle est tout entière tissée avec des fils de soie qui s'entrecroisent dans tous les sens en formant un feutrage épais très résistant. La cloche, plongée entièrement dans l'eau, l'orifice tourné vers le bas, est remplie d'air. Elle est d'ailleurs fixée dans cette position par de nombreux fils qui la relient aux plantes voisines. C'est dans la cavité pleine d'air que vit l'argyronète en temps de repos. Quand la faim se fait sentir, elle sort de son repaire et se met à nager dans l'eau avec une grande prestesse ; elle offre alors un aspect très curieux, celui d'une boule d'argent. Cela est dû à ce que le corps est recouvert, comme nous l'avons dit, de poils très fins qui retiennent une couche d'air assez épaisse. L'argyronète nage donc ou vient à la surface ; dès qu'elle a aperçu une proie à sa convenance, elle s'en empare et va la dévorer tout à son aise soit à l'air, soit en l'entraînant dans sa cloche. Quelquefois même elle la fixe à l'intérieur de cette dernière pour ne la dévorer que plus tard, quand la disette se fera sentir.

Comment l'argyronète a-t-elle construit sa singulière demeure, comment a-t-elle pu construire une cloche à plongeur dans l'eau, alors que l'homme ne peut la construire qu'à l'air ?

« Lorsque cette araignée veut bâtir le nid qu'elle habite ordinairement et qui est situé à une certaine distance au-dessous de la surface de l'eau, elle rapproche et maintient, à l'aide de fils, un certain nombre de feuilles ou de tiges délicates de plantes aquatiques, puis tisse un réseau d'une ténuité infinie disposé de façon que tous les fils se croisent en un même point. Cela fait, elle s'élève à la surface de l'eau, relève son abdomen dont la pointe émerge à l'air, écarte ses filières et replonge rapidement. De cette façon elle entraîne, indépendamment du revêtement argenté de son abdomen, une vésicule plus ou moins grosse, remplie d'air, et fixée à l'extrémité de son corps. Elle nage, ainsi accoutrée, jusqu'à l'endroit qu'elle a choisi préalablement pour y établir sa résidence, et là, à l'aide de ses tarses postérieurs, elle détache une bulle d'air qui va se loger sous sa toile et la soulever légèrement. Elle recommence son manège, lâche une deuxième bulle qui se réunit à la première, et ainsi peu à peu se constitue une sorte de cloche à plongeur, de la grosseur d'une noisette et dont l'orifice est situé en

bas. Les fils qui maintiennent ce nid pendant qu'il s'accroît sont habilement disposés de façon à empêcher l'eau de pénétrer dans les vésicules dont l'air s'échapperait sans cela sous forme de perles qui viendraient éclater à la surface ; d'ailleurs lorsqu'il a atteint un centimètre et demi de diamètre, l'araignée le couvre de fils de plus en plus serrés. Cette cloche en miniature adhère aux herbes voisines par un nombre considérable de fils, comme les liens multiples qui retiennent un aérostat, jusqu'au moment où on lui permet de s'élancer dans les nuages ; eux aussi, ils empêchent que l'air amassé n'enlève leur demeure. » (Brehm)

En captivité, les argyronètes font souvent leur nid dans un des coins de l'aquarium. Contrairement à ce qui a lieu chez les autres arachnides, le mâle est plus fort que la femelle. Au moment de la reproduction, le mâle vient tisser une cloche à côté de celle de la femelle et relie les deux par un tunnel creux.

« La femelle, dit Brehm, pond deux fois par an, au printemps, dans les mois de mai et de juin ; en été, dans le mois d'août ; elle construit alors, pour abriter ses œufs, une nouvelle demeure, le nid proprement dit, dont le sommet fait toujours saillie au-dessus de la surface de l'eau. C'est une sorte de cloche, très solidement construite, à tissu très résistant, divisée en deux chambres ; la supérieure contient les œufs, l'inférieure tient lieu d'habitation temporaire à la mère qui veille avec une vigilance admirable, prête à défendre ses œufs et ses jeunes. De Troisvilles observa que les jeunes araignées commencèrent à éclore le 3 juin et s'élevèrent jusqu'à l'air qu'elles aspirent. Plusieurs d'entre elles se préparèrent de petites cloches le long d'une plante qui se trouvait dans leur bassin ; mais elles n'en continuaient pas moins à aller et venir dans leur nid originel. Quelques-unes se jetèrent sur la dépouille d'une larve de libellule qu'elles mirent en pièces comme des chiens affamés déchirent un morceau de viande. Le cinquième jour elles effectuèrent leur mue et l'eau fut recouverte de leurs dépouilles.

En hiver, l'argyronète ferme l'ouverture de la cloche et reste ainsi sans bouger pour passer la mauvaise saison. D'autres fois, elle s'installe dans une coquille vide d'un gastéropode dont elle bouche l'ouverture avec de la soie.

Clubione (*Clubiona holosericea*). — Cette espèce mesure 7 à 8 millimètres. Le céphalothorax est allongé et ovale, blanc jaunâtre plus foncé en avant. L'abdomen est elliptique d'un gris violacé à pubescence argentée. Les pattes sont noirâtres au bout. Elle vit surtout sur l'écorce des arbres, sur les murs et même dans les maisons. Elle confectionne une soie blanche remarquable par son éclat. De cette retraite, l'animal bondit sur tout insecte qui passe ; elle va aussi dans les environs, surtout pour manger les œufs d'autres araignées.

Ségestrie sénoculée (*Segestria senoculata*). — Cette espèce commune se reconnaît à son corps allongé, ovalaire, d'un brun de poix luisant, deux fois plus longue que large, écourtée en avant et en arrière ; à son abdomen cylindrique d'un jaune brunâtre, orné d'un revêtement de poils et portant sur la face dorsale une marque d'un brun foncé, figurant une rangée longitudinale formée de six à sept taches qui diminuent vers l'arrière et qui sont réunies par une raie médiane. Les pattes portent une série de places noires. Elle vit sous les pierres, sous les écorces d'arbres, dans la mousse, et s'installe dans un tube de soie, long et blanchâtre et aux deux bouts duquel elle tisse des fils entrecroisés dans tous les sens. Elle s'y tient à l'affût, deux pattes en arrière et six à l'avant et saute sur les gros insectes, même les bourdons, qui passent.

Ségestrie perfide (*Segestria perfida*). — Cette espèce, également com-

Ségestrie perfide.

mune, se distingue facilement de la précédente, dont elle a les mêmes mœurs, par sa teinte moins violacée et ses chélicères d'un beau vert métallique.

Thomise (*Thomisus viaticus*). — Les Thomises se distinguent de toutes les araignées par la forme aplatie de leur corps et par leur marche saccadée, qui leur donne l'apparence de glisser. Les pattes postérieures sont sensiblement plus petites que les autres. Elles vivent dans les fleurs et présentent des colorations tendres, très variées d'un individu à un autre.

C'est à propos des thomises que nous devons parler des *Fils de la Vierge*, lesquels doivent être considérés comme de véritables aérostats.

« Les aérostats dont il s'agit, dit M. H. de Varigny, sont bien connus de chacun : ce sont ces *fils de la Vierge* qui, vers l'automne, emplissent l'air ; dans les villes mêmes, on en peut voir des quantités qui flottent, tantôt tombant avec lenteur, tantôt montant dans les bouffées d'air échauffé, et avec le vent, courant à des hauteurs souvent très considérables. Ces fils sont fabriqués par certaines espèces d'araignées, comme le savent sans doute nos lecteurs : nous dirons tout à l'heure comment.

« Quelques chiffres seront utiles pour indiquer à quel point ces aérostats sont efficaces, dans quelle mesure ils peuvent favoriser la dispersion et le transport des araignées. Darwin dit, dans son *Voyage d'un Naturaliste*, qu'à 96 kilomètres de terre, à l'embouchure de la Plata, le navire se trouva entouré d'une quantité de ces fils de la Vierge, et ces fils venaient de terre, naturellement. Le vent était très léger en ce moment, et il est évident qu'avec une brise plus forte, les mêmes araignées auraient pu être transportées à une distance double.

M. Blackwall, il y a presque près de 60 ans déjà, a fait sur ce sujet d'intéressantes observations. Se promenant un jour d'automne aux environs de Manchester, dans le milieu de la journée, il remarqua que les haies et les champs étaient remplis d'araignées et de fils brillants et nombreux : il ne pouvait marcher dans l'herbe sans que ses chaussures fussent en peu de temps recouvertes d'abondantes toiles entrecroisées. C'est durant la matinée de ce jour que toiles et araignées avaient fait leur apparition ; la veille, elles ne s'y trouvaient point, non plus qu'au matin. S'arrêtant à considérer ce phénomène, Blackwall s'aperçut que les fils ne restaient point à terre : du sol s'élevaient des quantités de longs filaments blancs, formant par leur enchevêtrement des sortes de lambeaux légers, ayant 1^m,50 de long et plus encore, et larges à leurs bases de plusieurs centimètres : ils diminuaient de largeur à mesure qu'ils s'allongeaient dans l'air. A mesure que le sol et l'air s'échauffaient sous l'action du soleil, ces lambeaux de toile se détachaient du sol et s'élevaient avec l'air chaud, perpendiculairement, de façon à monter à plusieurs centaines de pieds de hauteur.

Plus tard, dans l'après-midi, à mesure que l'échauffement de l'air diminuait, les toiles commençaient à redescendre vers terre. Après avoir regardé les toiles, Blackwall dirigea son attention sur les araignées. Celles-ci couraient à terre par milliers, par multitudes innombrables, et il ne fut point difficile de voir à quoi elles étaient occupées.

« Elles grimpaient sur tous les objets en saillie, tels que les brins d'herbe, les tiges des buissons, les portes, les murs, les palissades, et une fois arrivées aux points les plus élevés, elles se raidissaient sur leurs pattes étendues toutes droites, elles baissaient la tête en relevant l'abdomen et sécrétaient par leurs filières du fil en abondance. A peine formé, ce fil était dressé verticalement par l'action de la colonne d'air chaud ascendante.

« Quand ceci n'avait pas lieu, l'araignée, avec ses pattes de derrière, coupait le fil qui restait allongé à terre, reposant sur l'herbe, et y formant des sortes de toiles irrégulières, les fils qui adhéraient aux objets voisins étant inutiles et même nuisibles au but que se proposait l'animal. Quand celui-ci se trouvait avoir sécrété une quantité et un nombre suffisants de fils, et que ceux-ci demeuraient droits, sans s'accrocher aux brins d'herbe, et c'est pour éviter ceci qu'il grimpait aux objets élevés, il lâchait pied et partait pour son voyage aérien, entraîné par les fils qui étaient emportés par l'air chaud ascendant.

« C'est donc dans un but bien déterminé, celui d'être transportée au loin par l'air, que l'araignée dont il s'agit sécrète ses fils.

« Il suffit de quelques secondes pour que le fil atteigne la longueur d'un mètre, et avec une telle rapidité de production, on conçoit qu'il faille peu de temps pour la sécrétion d'un fil assez long pour entraîner l'insecte.

« D'après M. Murray, qui, à son tour, en 1829 (les observations de Blackwall sont de 1826) a étudié ce fait, l'électricité jouerait un rôle considérable dans le phénomène. La colonne ascendante d'air chaud ne serait pas nécessaire à la réussite de l'opération : l'absence, la présence et le sens du vent ou de la brise seraient indifférents, car l'araignée aurait même le pouvoir de faire flotter son fil contre le vent : celui-ci posséderait une force inhérente particulière qui pourrait le diriger en sens inverse du vent, et ce serait de l'électricité. Murray a remarqué à cet égard certains faits curieux. Dans l'atmosphère la plus immobile, les fils sécrétés par l'animal s'élèvent verticalement, en divergeant, sans se mêler et s'enchevêtrer, ou bien encore ils se dirigent horizontalement, sans s'agiter (ce qui prouve l'absence d'un mouvement aérien), et cette divergence s'expliquerait par le fait qu'ils seraient chargés d'une même sorte d'électricité. Quand on approche un morceau de cire à cacheter d'un fil, celui-ci est repoussé : il serait donc chargé d'électricité négative, et si l'on pose une araignée sur de la cire à cacheter qui a été frottée pour développer de l'électricité, l'araignée rebondit avec énergie.

« Deux fils se repoussent mutuellement, cela est aisé à voir par l'expérience ; d'après Murray, un morceau de verre, frotté, les attire.

« Plus récemment, M. Lincecum a recueilli quelques observations au sujet des araignées aéronautes. Dans leur ensemble, elles confirment celles de Blackwall et de Murray. Il a vu arriver à terre nombre de faisceaux de fils, et dans chacun d'eux il a trouvé une araignée avec une demi-douzaine de petits. C'est généralement à la fin de l'après-midi, quand l'air en contact avec le sol s'y échauffe moins que durant la journée, que l'on voit arriver les filaments : aussitôt qu'ils ont touché terre ou heurté un buisson ou une branche, tout le petit équipage se hâte d'en sortir ; il se jette dans l'espace en filant un fil pour ne point tomber, et dès qu'il a touché terre, il coupe le fil.

« Lincecum dit avoir vu de ces filaments à une hauteur d'un à deux mille pieds, soit 300 et 600 mètres, et il estime qu'avec un bon vent, ils peuvent franchir 225 à 275 kilomètres de distance en un seul voyage. Pour lui, ce voyage n'a d'autre but que de favoriser la dispersion de l'espèce, et de permettre aux araignées de coloniser des régions où il leur sera plus aisé de trouver à se nourrir que si elles restaient toutes ensemble. Lui aussi, il a vu des araignées préparer leur départ, et a assisté à la scène qu'a décrite Blackwall : il a vu filer les fils par la mère qui portait sur son thorax ses petits nouveaux-nés, et a été témoin de l'enlèvement. Il décrit l'appareil de navigation aérienne comme une sorte de toile allongée et irrégulière, en enchevêtrement de fils lâchement tissés ensemble. Il est un point que Darwin a noté et qui n'a pas été signalé par les autres observateurs ; c'est la soif ardente que semblent avoir les voyageuses à l'arrivée à terre. Strack a cependant vu ce fait, et il a remarqué qu'elles boivent avidement les gouttes d'eau qu'elles rencontrent. Le voyage les a altérées, sans doute, l'air étant sec et chaud. »

Les fils de la Vierge sont surtout produits chez nous par les thomises et certaines lycoses. Au printemps, au moment où les araignées abandonnent leurs quartiers d'hiver, il y a parfois émissions de fils de la Vierge.

Chiracanthium. — Dans les champs d'avoine, il n'est pas rare de rencontrer des panicules qui sont plus ou moins enveloppées de fils d'araignées, entrecroisés dans tous les sens, feutrés de manière à constituer des nodules blanchâtres, de la grosseur d'un œuf de pigeon, et englobant dans leur tissu les épillets et parfois les feuilles de la céréale. Ce sont les nids d'une araignée, la *Chiracanthium carnifex*, qui est de couleur gris jaunâtre et présente, sur la face dorsale de l'abdomen, une bande brunâtre.

En ouvrant un de ces nids, on voit que l'intérieur en est creux et qu'une très faible partie seulement de sa cavité est occupée par les œufs et la mère. Les premiers sont réunis ensemble dans un petit cocon sphérique, dont l'enveloppe est formée de soie comme la paroi du nid à laquelle, du reste, elle est rattachée solidement. La femelle qui a pondu les œufs reste à l'intérieur du nid ; on la trouve souvent posée sur le cocon lui-même, mais elle quitte souvent cette place. Quand on pratique une ouverture dans sa paroi, elle vient se rendre compte de ce qui arrive. Elle peut même sortir alors au dehors, mais elle ne s'éloigne pas et ne tarde pas à rentrer. Elle se met ensuite immédiatement à tisser une toile de réparation sur la brèche qui a été faite au nid. Son amour pour le cocon est manifeste, car elle ne l'abandonne jamais d'elle-même, même quand elle est fortement tracassée ; mais jusqu'où va cet amour maternel et pendant combien de temps subsiste-t-il ? Telle est la question qu'a essayé de résoudre M. A. Lécaillon, en remplaçant la mère véritable de chaque nid par une étrangère, que nous appellerons la « pseudo-mère ». Voici quelques-unes de ses expériences :

Après avoir fait une brèche dans la toile du nid, on en retire la mère et on place la pseudo-mère sur celui-ci. Elle y pénètre sans hésitation, en parcourt l'intérieur et vient immédiatement commencer à en fermer l'entrée ; l'adoption est complète. On apporte alors la mère sur le nid ; elle se dirige vers l'entrée et veut y pénétrer, mais elle s'arrête en voyant le nid occupé. La pseudo-mère, qui ne peut sortir, car son adversaire est restée à l'entrée, cherche à se défendre contre l'attaque dont elle est menacée et se met sur la défensive. La mère donne alors les signes d'une violente colère ; elle se balance de droite à gauche et de gauche à droite sur ses pattes et agite son abdomen dans le même sens. Au travers de l'ouverture,

les deux araignées échangent des coups de pattes.

La mère a les chélicères (crocs) écartés, menaçants, prêts à saisir son adversaire ; elle a une attitude violemment offensive, tandis que la pseudo-mère, — qui ne peut parvenir à se sauver puisque l'ouverture est assiégée, — a une attitude peureuse et seulement défensive : elle a conscience de ne pas être chez elle. A deux reprises, l'assiégeante quitte l'entrée et cherche un peu plus loin s'il n'y a pas d'autre endroit pour pénétrer dans le nid ; l'assiégée essaie alors chaque fois de franchir l'ouverture du nid pour se sauver, mais la mère, s'en apercevant, revient précipitamment pour la saisir. La pseudo-mère, incomplètement sortie, n'a que le temps de se rejeter dans le nid. Enfin, l'assiégeante s'étant écartée une troisième fois, l'assiégée se précipite « en coup de vent » et s'échappe. L'assiégeante, qui s'est élancée vers elle, ne peut la saisir.

Le siège du nid par la mère avait duré un quart d'heure. Celle-ci, après quelques secondes passées à s'assurer que sa rivale a disparu, entre dans son nid, puis en sort à deux reprises successives pour l'explorer encore à l'extérieur. Enfin, elle y rentre définitivement et, après cinq minutes d'immobilité, commence à en boucher la brèche.

A trois reprises successives, on ramène la pseudo-mère sur le nid, mais elle refuse catégoriquement de s'approcher de l'endroit et s'enfuit avec précipitation. Cette expérience montre que la pseudo-mère adopte facilement un autre nid, même quand elle a été séparée du sien depuis quelques heures, mais ne le défend pas contre l'attaque de la mère. Quand celle-ci même est présente dans le nid, elle refuse d'essayer d'y entrer. La mère, au contraire, n'hésite pas à assiéger son ennemie jusqu'à ce qu'elle soit parvenue à rentrer en possession de son nid.

On recommence l'expérience après avoir éloigné la mère de son nid pendant vingt-quatre heures et on constate que la mère est encore complètement attachée à ce nid et apporte une grande ténacité à vouloir le reconquérir. Mais, en même temps, on remarque que la pseudo-mère est devenue, avec le temps, très attachée à son nid d'adoption, ne l'abandonne pas volontiers, et même le défend vigoureusement contre l'attaque de la véritable mère.

Refaite après avoir éloigné la mère pendant huit jours, cette expérience montre que cette dernière ne s'intéresse plus à ses œufs et ne cherche pas à les reprendre quand on la met dans leur voisinage.

L'amour maternel chez l'araignée que

nous venons d'étudier est donc très manifeste, mais diminue avec l'éloignement et finit par disparaître.

Tarentule à ventre noir. — La *Tarentule* à ventre noir, ou *Lycose de Narbonne*, est une grosse araignée du midi de la France. Elle a la face inférieure parée de velours noir, sous le ventre surtout, chevronnée de brun sur l'abdomen, annelée de gris et de blanc sur les pattes.

On la rencontre dans les terrains arides, caillouteux, à végétation rôtie par le soleil où elle se creuse des terriers, d'un pied de profondeur environ, d'abord verticaux, puis infléchis en coude. Le diamètre moyen de ces puits est d'un pouce ; sur le bord de l'orifice s'élève une margelle, formée de paille, de menus brins

Tarentule.

de toute nature, jusqu'à de petits cailloux de la grosseur d'une noisette, le tout, maintenu en place, cimenté avec de la soie : cette margelle, qui semble destinée à prévenir les inondations du terrier, varie beaucoup de hauteur ; telle enceinte est une tourelle d'un pouce de hauteur, telle autre se réduit à un simple rebord.

La tarentule vit dans ce terrier presque constamment : quand on passe à côté, on l'aperçoit fixant l'étranger de ses quatre gros yeux brillants (ses quatre autres petits yeux ne se voient pas dans la demi-obscurité) et descendre dans son puits quand on s'en approche.

La tarentule ne construit pas de toiles. Son terrier lui sert à la fois de maison et de hutte d'où elle guette les animaux dont elle se nourrit : quand un gros insecte, un bourdon ou une sauterelle, par exemple, vient à passer, elle se lance sur lui, lui plonge ses crocs dans le corps et l'entraîne dans son puits pour le dévorer tout à son aise. Comment se fait cet assassinat ? Fabre a reconnu que la tarentule plonge toujours, — quand elle le peut, — ses armes empoisonnées dans la nuque de sa victime, c'est-à-dire tout au voisinage du cerveau : c'est ce qui explique que la proie même la plus volumineuse et la plus vivace, tombe foudroyée. On peut montrer que la nuque est un point d'élection choisi par l'araignée : si on la force à percer sa victime à un autre endroit, à l'abdomen par exemple, l'animal meurt bien, c'est vrai, mais beaucoup plus tardivement. Le poison est bien

plus long, dans ce cas, à aller agir sur les centres nerveux.

Ce poison, d'ailleurs, est très actif. Un petit oiseau piqué par la tarentule meurt au bout de quelques jours. Une taupe mordue au bout du groin passe de vie à trépas en trente-six heures.

Fabre a pu se rendre compte de la manière dont se fait la ponte. Pour cela, il mit une femelle sur du sable sous une cloche.

Sur le sable, dans l'étendue à peu près de la paume de la main, un réseau de soie est d'abord filé, tout grossier, informe, mais solidement fixé. C'est la planche sur laquelle va opérer l'araignée. Voici que sur cette base, qui garantira du sable, la tarentule travaille une nappe ronde, de l'ampleur d'une pièce de deux francs et faite d'une superbe soie blanche. D'un mouvement doux, isochrone, comme réglé par les rouages d'une fine horlogerie, le bout du ventre s'élève, s'abaisse, en touchant chaque fois un peu plus loin le plan d'appui, jusqu'à ce que l'extrême portée de la mécanique soit atteinte. Alors, sans déplacement de l'araignée, l'oscillation reprend en sens inverse. A la faveur de ce va-et-vient, entrecoupé de nombreux contacts, s'obtient un segment de la nappe en un tissu très compact. Cela fait, l'araignée se déplace un peu suivant une ligne circulaire, et le métier fonctionne de la même façon sur un autre segment. La rondelle de soie, sorte de patène à peine concave, ne reçoit maintenant plus rien des filières dans sa partie centrale ; seule la zone marginale augmente d'épaisseur. La pièce devient ainsi une écuelle à cuvette hémisphérique entourée d'un large bord plat.

C'est le moment de la ponte. D'une seule et rapide émission, les œufs, glutineux, et d'un jaune pâle, sont déposés dans la cuvette, où leur ensemble se moule en un globe qui fait largement saillie hors de la cavité. Les filières fonctionnent de nouveau. A petits coups, le bout du ventre s'élevant et s'abaissant comme pour le tissage de la nappe ronde, elles voilent l'hémisphère à découvert. Le résultat est une pilule enchâssée au centre d'un tapis circulaire.

Les pattes, inoccupées jusqu'ici, travaillent maintenant. Elles harponnent et rompent un à un les fils qui maintiennent la nappe ronde tendue sur le grossier réseau d'appui. En même temps, les crochets saisissent cette nappe, la soulèvent petit à petit, l'arrachent de sa base et la rabattent sur le globe des œufs. Finalement, celui-ci est libre de toute adhérence. C'est une pilule de soierie blanche, douce au toucher et tenace. Le volume en est celui d'une moyenne cerise. Suivant l'équateur, on reconnaît un pli que la pointe d'une aiguille peut soulever sans rupture. Cet ourlet, en général peu distinct du reste de la surface, n'est autre que le bord de la nappe circulaire rabattue sur l'hémisphère inférieur. L'autre hémisphère, par où se perce la sortie des jeunes, est moins fortifié : il a pour unique enveloppe le tissu filé sur les œufs immédiatement après la ponte.

Le cocon une fois fait, la mère ne l'abandonne pas, elle l'attache au-dessous de son ventre, à ses filières, par un bref ligament et l'emmène partout avec elle.

Si on lui arrache son sac à œufs et qu'on le lui laisse à sa disposition, elle a tôt fait de le remettre en place et de se l'attacher avec quelques fils issus des filières. Si, au lieu de sa propre pilule, on lui donne celle d'un autre individu, elle s'en empare de même. Elle témoigne à cet égard d'une véritable stupidité ou plutôt d'un manque de réflexion, car, privée de son sac, elle se précipite sur toute sorte d'objets, des billes de liège, pelotes de fil, boulettes de papier, et se les attache immédiatement.

Arrive enfin l'éclosion. Les jeunes, au nombre d'environ deux cents, grimpent de suite sur le dos de leur mère et s'y tiennent immobiles, serrés l'un contre l'autre. Dans une tranquillité parfaite, tels les petits de la sarigue, ils se laissent doucement voiturer, et ceci pendant six à sept mois. Durant tout ce temps, les petits ne semblent pas manger ; du moins on ne les voit jamais se restaurer, et, en tout cas, ils ne grossissent pas.

Mygale. — Les mygales se creusent

Mygale.

dans le sol des terriers munis d'un couvercle.

Saltique (*Sallicus scenicus*). — Les saltiques sont de petites araignées ayant la propriété de bondir. Le céphalothorax est ovoïde, rétréci en arrière, portant une large bande latérale de poils blancs. L'abdomen est ovoïde, allongé, la face dorsale d'un brun velouté ou d'un noir luisant portant quatre marques blanches incurvées et quelques autres petites marques.

Dès les premiers jours du printemps, on voit paraître sur les murs, sur les cloisons en planches et sur les autres parois ensoleillées, le saltique d'Arlequin. Il erre çà et là, en quête d'une mouche ou d'un moustique. Lorsqu'il a découvert une proie, il s'en approche en rampant et se jette d'un seul bond sur son dos, entraînant à sa suite un fil qui lui sert à assurer sa descente. Une ou deux morsures suffisent à priver la mouche de tous ses moyens de résistance ; l'araignée descend alors, et, tenant sa proie au-devant d'elle, se met en devoir de la sucer. Pendant cette occupation, elle surveille avec prudence tout ce qui pourrait la troubler, et se dérobe tantôt à droite, tantôt à gauche, suivant les événements. Ses mouvements sont parfois véritablement comiques ; en fixant son attention sur elle, on ne peut méconnaître la ruse qu'elle déploie et le véritable plan d'attaque qu'elle suit pour s'emparer d'une mouche. On peut observer ses manœuvres, par exemple, sur la rampe en bois d'un escalier ou sur le châssis d'une treille. Tandis que les mouches et d'autres insectes s'y installent volontiers sur la face exposée au soleil, l'araignée se tient à l'affût sur la face opposée, comme assurée de la convenance de cette place. Elle grimpe par-dessus la rampe de façon à surgir juste au-dessus de la mouche qu'elle sait se tenir de l'autre côté et à se jeter sur elle du haut de son poste. Si la direction qu'elle a suivie ne l'emmène pas juste sur sa victime, elle remonte au-dessus d'elle en passant en avant ou en arrière, et s'esquive de nouveau par-dessus la rampe sans se faire remarquer ; elle cherche alors à rectifier sa direction,

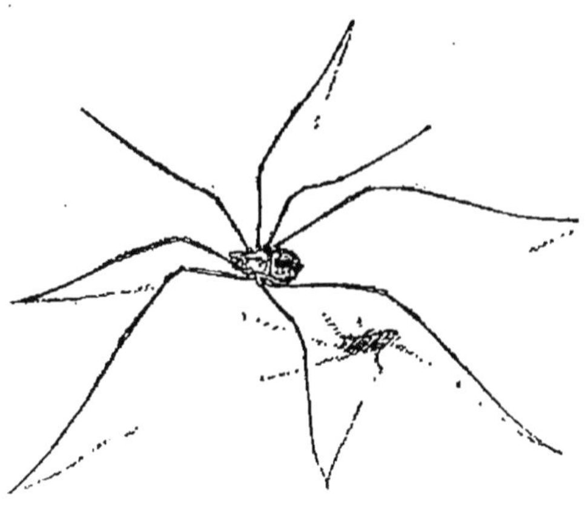

Faucheur.

toujours à la partie supérieure de la

rampe, de manière à tomber exactement sur sa proie. La mouche, de son côté, poursuit sa route sans souci : l'araignée marche parallèlement à elle, se retrouve en même temps qu'elle, en sorte que toutes deux paraissent animées d'une volonté unique. Parfois la mouche prend son vol et revient se poser en arrière de l'araignée. Avec la rapidité de l'éclair, celle-ci fait volte-face au même instant, de façon à ne pas perdre de vue sa victime ; après de telles manœuvres, effectuées avec une patience inouïe, l'araignée saisit enfin le moment propice pour exécuter le bond qu'elle préméditait, et rarement elle manque sa victime. (D'Herculaïs.)

Faucheur. — Les faucheurs (*Phalangium parietum*) sont ces araignées à pattes démesurées et au corps réduit à une boule que l'on voit ici souvent se promener dans les jardins. Ils forment, parmi les araignées, un groupe un peu à part en ce que le céphalothorax est soudé à l'abdomen en un tout unique. Ils mangent toutes sortes de petits insectes sur lesquels ils se jettent.

Ordre des SCORPIONS

Les scorpions sont des arachnides de grande taille, à l'abdomen divisé en deux parties, l'une antérieure, large, l'autre postérieure, étroite, qui peut se relever vers le haut et se termine par une vésicule globuleuse, pointue, renfermant du venin. Le céphalothorax porte deux longues pinces, avec lesquels l'animal prend sa proie, mais qui ne sont pas venimeuses. — On ne les trouve guère que dans le midi de la France, sous les pierres ou dans les maisons.

L'espèce la plus commune est le *Buthus europæus*. Quand on l'excite, ce scorpion relève son abdomen terminal, et, le renversant en avant, pique avec sa glande à venin. Cette piqûre n'est généralement pas mortelle, mais elle peut rendre très malade : elle est particulièrement dangereuse pour les enfants. L'animal est carnivore et ne sort que la nuit.

Scorpion.

Ordre des PSEUDO-SCORPIONS

Les pseudo-scorpions diffèrent des vrais scorpions, en ce que l'abdomen n'a pas de queue.

Chélifer des livres (*Chelifer cancroïdes*). — Ce petit animal, d'un centimètre environ de long, a l'apparence d'un petit scorpion, qui aurait perdu sa queue. Il est brunâtre et se reconnaît facilement à ses deux longues pinces de devant. Très plat, il se glisse dans les vieux livres, où on le trouve fréquemment. Inoffensif pour nous, il se nourrit d'acariens, qu'il poursuit également dans les bibliothèques, les herbiers, etc. Il se meut de côté ou à reculons comme les écrevisses. — Une autre espèce, l'*Obisium muscorum*, vit dans les mousses.

Ordre des ACARIENS

Les Acariens ou mites (1) sont presque tous microscopiques ou tout au moins à peine visibles à l'œil nu. Ils ont presque tous l'aspect de boules plus ou moins poilues, où le céphalothorax est soudé à l'abdomen en un tout unique. Il y a quatre paires de pattes, mais la première patte joue souvent le rôle d'antennes. Contrairement aux autres arachnides, ils présentent des métamorphoses, les petits naissant avec six pattes seulement. Les uns sont parasites, les autres vivent de matières plus ou moins décomposées.

Nous ne citerons que les plus importantes parmi les milliers d'espèces.

Rouget (*Trombidium holosericum*). — Ce petit acarien, appelé aussi *Aoûtat*, est très commun dans les prairies, où il est facilement reconnaissable à sa couleur rouge écarlate, qui le fait res-

(1) On désigne aussi sous le nom de *Mites* différentes bestioles nuisibles, par exemple les petits papillons des maisons, dont les larves rongent les vêtements, les fourrures, etc.

sembler à une goutte de sang. Son corps est épais, charnu, de 2 millimètres de long environ, fortement bombé et présentant des rides sur le dos. Lorsqu'on se couche dans l'herbe, il se répand sur la peau de l'homme, implante son rostre à la base des cheveux et cause des démangeaisons insupportables. On éloigne ce parasite momentanément en se frottant avec de l'alcool, de la benzine ou du jus de tabac.

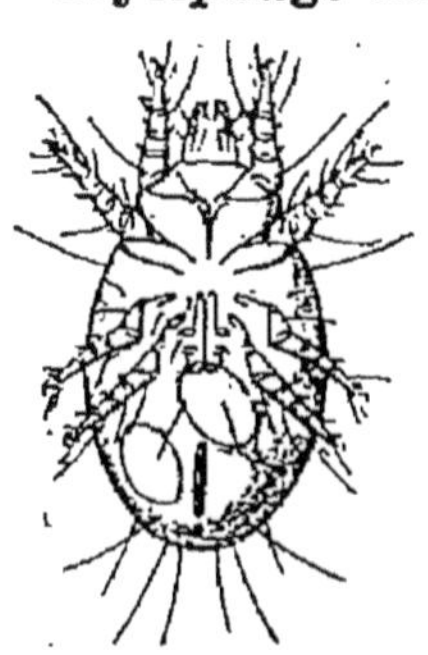

Glyciphage domestique; femelle (très grossi).

Glyciphage domestique.

— Il se trouve dans les maisons, un peu partout.

Rhizoglyphe à pattes épineuses.

— Ses pattes sont fort courtes et comme annelées.

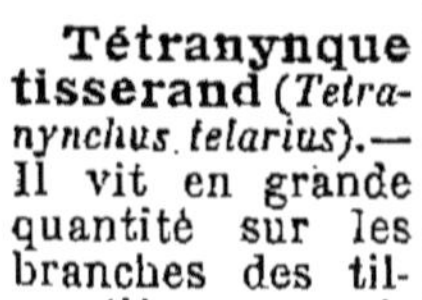

Rhizoglyphe à pattes épineuses (très grossi).

Tétranynque tisserand (*Tetranynchus telarius*).

— Il vit en grande quantité sur les branches des tilleuls, auxquelles il constitue un revêtement lisse et brillant. On en trouve aussi beaucoup, en été, au-dessous des feuilles, qu'ils recouvrent d'un lacis de fils entrecroisés.

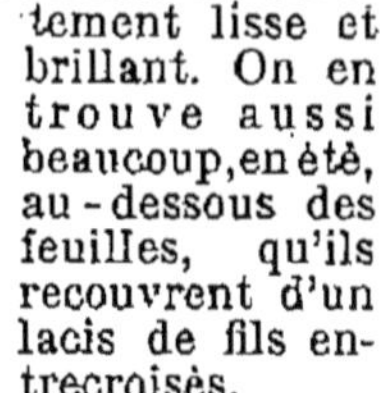

Tétranynque tisserand (grossi).

Cheyletes (*Cheyletes eruditus*).

— Quand on consulte de vieux livres, de vieux herbiers, etc., on trouve presque toujours cette espèce qui n'a pas de couleur, est tout juste visible à l'œil nu et court avec une rapidité remarquable pour sa taille.

Phytoptus.

— Les *Phytoptus* provoquent l'apparition de galles sur de nombreuses plantes. Ils sont reconnaissables à leur abdomen annelé. Le mieux connu est le *Phytoptus vitis*, qui attaque la vigne.

Acariens des eaux douces.

— Dans nos eaux douces, il est très fréquent de rencontrer trois types d'acariens. Les *Atax* ont un corps ovoïde, des yeux très écartés, un ventre court et des palpes très longs. Les *Arrénurés* ont un corps assez bombé, aplati à la face ventrale, rétréci à son extrémité postérieure, et portent sur le dos une croix blanche à plusieurs branches ; les palpes se terminent en massue. Les *Hydrachnes* ont un corps bariolé, une taille assez grande, et des palpes munis d'un appendice en forme de griffes. Leurs œufs sont pondus sur des plantes aquatiques. Les petites larves qui en sortent ne possèdent que trois paires de pattes. En nageant, elles vont se fixer sur un coléoptère ou un hémiptère aquatique et vivent sur lui en parasite. Puis, à un certain moment, elles abandonnent leur hôte, muent et tombent au fond de l'eau, dans la vase où elles restent immobiles. Enfin, elles subissent une dernière mue et sortent munies de quatre paires de pattes.

Acariens marins.

— Dans la mer on rencontre divers acariens. Les plus fréquents appartiennent au groupe des *Halacariens*.

Ils marchent sur le fond ou grimpent sur les algues, mais ne nagent pas. Leur taille est microscopique, car ils dépassent rarement un demi-millimètre. Leur corps est ovoïde, bouché, terminé en avant par un rostre conique très distinct, portant une paire de mandibules en forme de griffes et une paire de palpes maxillaires en forme de petites pattes ou d'antennes. Les pattes, assez grêles, sont insérées sur les côtés du corps et se terminent par des griffes falciformes souvent pectinées. Les téguments sont constitués par une cuirasse formée de plaques chitineuses dures, souvent élégamment sculptées. Il existe toujours trois yeux, simples ou doubles, sur le dessus des céphalothorax. Ces animaux se nourrissent par succion des matières en décomposition animales ou végétales. On les rencontre souvent sur les colonies de zoophytes ou de bryozoaires, sur le corps des échinodermes et la coquille des mollusques dont les déjections servent à leur nourriture. Ils sont très communs sur les corallines et les algues rouges qui tapissent les rochers dans la zone des laminaires. (E.-L. Trouessart.)

Gamase des coléoptères.

— Pour trouver cette espèce, il suffit de se mettre à la recherche des géotrupes, coléoptères qui habitent les bouses de vaches ou des nécrophores, hôtes des cadavres en putréfaction. Presque toujours, sous leur ventre, pullulent de petits acariens bruns qui appartiennent à cette espèce (*Gamasus coleopterorum*). Ces acariens ne sont pas parasites ; ils se contentent de se faire transporter d'un point à un autre par les coléoptères. On en trouve aussi sur d'autres insectes, les bourdons, par exemple.

Acariens des oiseaux. — Dans

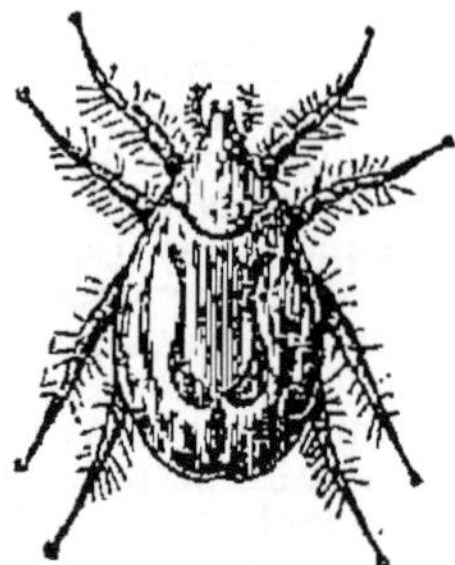

Acarien des oiseaux
(*Dermanyssus*) (grossi).

les poulaillers et les volières mal entretenus, les acariens abondent au milieu des déjections et sur le plancher. De temps à autre ils grimpent sur les oiseaux, auxquels ils causent des démangeaisons insupportables, et sucent leur sang. La plupart appartiennent au genre *Dermanyssus*.

Pterope. — Le *Pteropus vespertilionis* vit sur les chauves-souris.

Tique des chiens (*Ixodes ricinus*). — Mâle : 2 millimètres ; corps ovo-triangulaire ; dard très différent de celui de la femelle. Femelle : 4 millimètres ; corps ovale, aplati, rouge jaunâtre pâle ; pattes groupées sur le thorax. La femelle suce beaucoup de sang et décuple son volume ; son corps, ovoïde comme une graine de ricin, est grisâtre comme du plomb. Elle retire

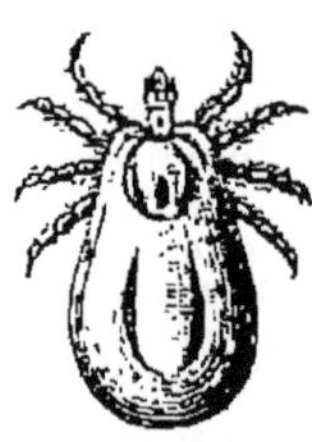

Tique des chiens
(grossie).

son rostre, tombe à terre et pond 12 000 œufs. Les larves se répandent sur les herbes et s'accrochent aux animaux qui passent à leur portée : elles s'attaquent surtout aux chiens, quelquefois aux hommes qui parcourent les landes et les fourrés.

Sarcopte de la gale de l'homme (*Sarcoptes scabiei*). — La femelle, qui vit dans les sillons creusés dans notre épiderme, y laisse échapper ses œufs. L'œuf, ovale, gris perle, brillant, éclôt en trois ou six jours. Il en sort une larve à six pattes, portant deux soies au bord postérieur et dix épines disposées en quatre rangs sur la face dorsale ; cette larve quitte la galerie, se promène sur la peau, puis s'enfonce dans l'épiderme. Six jours après, elle

mue et devient nymphe octopode, à douze épines sur le dos et à quatre soies postérieures. Il y a de petites nymphes qui donnent des mâles et de grosses nymphes qui donnent des femelles. Quatre semaines après l'éclosion, le sarcopte se fraye un chemin à travers l'épiderme et erre librement à sa surface. Le mâle a le corps grisâtre, tétragone, et vit sous les écailles et les croûtes épidermiques. La femelle s'enfonce dans la peau en creusant

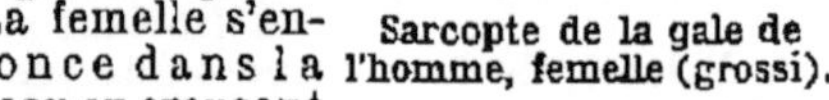

Sarcopte de la gale de
l'homme, femelle (grossi).

une galerie, où se rend le mâle. Ensuite, la femelle mue et devient « femelle ovigène ». Son corps est oblong, son céphalothorax séparé de l'abdomen par un profond sillon transversal, ondulé ; téguments transparents un peu jaunâtres ; un orifice de ponte à la face inférieure du corps. Cette femelle pond ses œufs et finit par mourir dans sa galerie ; il y a de 15 à 50 œufs dans chaque galerie. La galerie a une profondeur de

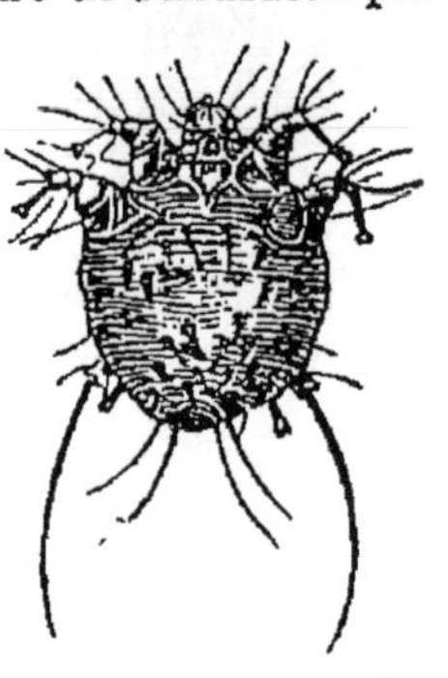

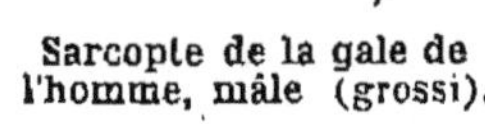

Sarcopte de la gale de
l'homme, mâle (grossi).

0^{mm},5 à 3 millimètres, quelquefois jusqu'à 5 centimètres ; rarement droite, elle se cantonne de façons diverses. Les sillons de la gale se rencontrent surtout aux poignets, aux interstices et à la face dorsale des doigts, au bord cubital et à la paume de la main, et, en général, dans toutes les régions où il y a des frottements. On en trouve aussi sur presque tous les autres points du corps. La présence du parasite produit des démangeaisons violentes. Sur les mains, il y a des vésicules isolées et excoriations spéciales dues au venin déversé par le sarcopte. La gale est très répandue à la surface du globe, surtout chez les populations ignorantes et sales et parmi les grandes agglomérations humaines, telles que les armées. Elle se transmet d'homme à homme par le contact. C'est une affection non dangereuse, mais désagréable. Autrefois on la croyait incurable. Aujourd'hui la guérison s'obtient facilement : on frictionne avec du savon noir mélangé d'eau, pendant une vingtaine de minutes ; on fait prendre un bain tiède pendant une heure; puis on frictionne vivement avec une pommade composée d'axonge, de soufre et de carbonate de potassium.

Sarcopte de la gale du chat. — Le *Sarcoptes noctodus* se rencontre surtout chez le chat, mais s'observe quelquefois chez l'homme. Il ne creuse pas de sillon sous l'épiderme, mais un véritable nid : les vésicules sont remplies par la mère et les œufs.

Acarus du fromage. — En examinant au microscope la poussière qui recouvre les vieux fromages secs et durcis, tels que le gruyère et le roquefort, on voit de petits acariens couverts de longs poils : ce sont des *Tyroglyphus siro*. On les trouve aussi dans les farines et différentes autres matières alimentaires.

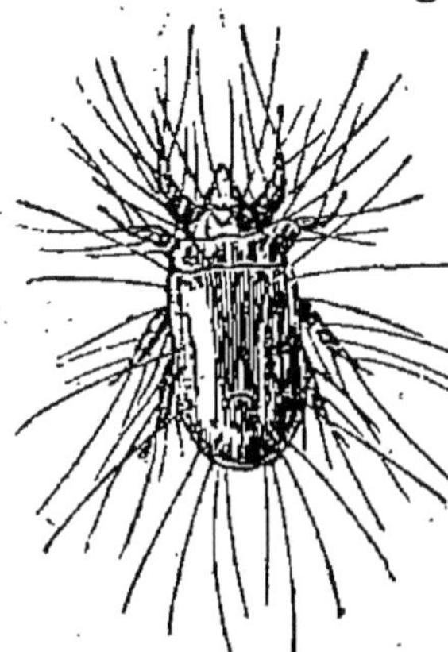
Acarus du fromage (grossi).

Acariens des plumes des oiseaux. — Lorsqu'on plume un pigeon ou un autre oiseau, on sait combien y sont nombreux les parasites. Les uns appartiennent au groupe des insectes (poux, etc.). D'autres sont des acariens, généralement un peu allongés : citons par exemple le *Proctophyllodes glandarinus*.

Ver du nez (*Demodex folliculorum*). — Le mâle a 0^{mm},30. Corps effilé, glabre. Céphalothorax rigide. Abdomen mou, conoïde, strié finement en travers. Bouche pourvue d'un rostre. Vit dans les glandes sébacées du visage et surtout du nez; la tête est toujours tournée vers le fond de la glande, l'animal étant appuyé sur ses quatre paires de pattes rudimentaires. Dans chaque glande, il y a de 1 à 20 parasites, lesquels se trouvent même dans les glandes saines. Ne produit pas d'acci-

Ver du nez (grossi).

dents. Il ne faut pas les confondre avec ce boyau jaune qui sort des glandes engorgées quand on les perce avec une épingle ; ce boyau n'est pas un ver ni un acarien, mais un simple tortillon de pus. Souvent celui-ci peut d'ailleurs contenir des *Demodex*.

Linguatule (*Linguatula rhinaria*). — La linguatule, dont on fait quelquefois un petit groupe distinct de celui des acariens proprement dits, vit dans les fosses nasales et les sinus frontaux et maxillaires du chien, quelquefois aussi chez l'homme. Les animaux atteints éternuent et le mucus expulsé contient des œufs. L'embryon est ovale, avec une queue en arrière, sa bouche possède un appareil perforant. Deux paires d'appendices ou moignons portant de longues griffes. Cet embryon, projeté sur les plantes par l'éternuement, reste à l'état de vie latente. Quand l'embryon vient à être mangé par un lapin, il se réveille, traverse les parois du tube digestif et va s'enkyster dans les tissus. Cette larve mue plusieurs fois. Si le lapin est mangé par un chien ou un homme, le kyste est dissous et l'animal gagne les narines de son hôte. L'adulte est blanc, transparent, lancéolé, de 18 à 85 millimètres. Corps aplati, annelé, couvert de spicules chitineux. Deux paires de pattes en forme de griffes et jouant le rôle d'organes de fixation.

Pycnogonide. — Les pycnogonides peuvent être considérés comme des acariens marins, mais de grande taille (un centimètre environ) et pourvus de grandes pattes, à l'intérieur desquels pénètrent des diverticules de leur estomac. Ils vivent sur les roches marines, au milieu des algues, perchés sur leurs longues pattes et marchant avec une extrême lenteur. Leur teinte est généralement blanche.

Tardigrade. — Les tardigrades forment un groupe un peu à part. Ils sont microscopiques et vivent au milieu des mousses ou des grains de sable, où ils se déplacent avec une lenteur extraordinaire (d'où vient leur nom), à l'aide de quatre paires de petites pattes terminées par plusieurs griffes. Ils rentrent dans la catégorie des animaux « reviviscents » (comme les rotifères que l'on trouve souvent à côté d'eux), c'est-à-dire qu'ils se dessèchent en même temps que le milieu et reviennent à la vie quand on les humecte.

CLASSE DES MYRIAPODES

Animaux articulés terrestres, à corps composé d'une tête distincte et de nombreux anneaux semblables, pourvus d'une paire d'antennes. Nombreuses paires de pattes. Respiration aérienne.

CHILOGNATHES

Myriapodes à corps cylindrique ou sub-cylindrique, pourvus de deux paires de pattes sur les anneaux médians et postérieurs.

Iule. — Les iules ressemblent au premier abord à des vers, mais ils s'en distinguent par les nombreuses pattes qui garnissent leur face ventrale. Ils se proménent sur la terre, dans les foréts et les jardins et se nourrissent de matières végétales. Quand on les touche ils s'enroulent en spirale sur eux-mêmes. L'espèce la plus commune est l'*Iule terrestre*.

Blaniule (*Blaniulus guttulatus*). — On distingue les blaniules des iules en ce qu'ils ne possèdent pas d'yeux. Ils vivent dans les jardins et mangent des racines ou des fruits.

Glomeris (*Glomeris limbata*). — Les *Glomeris* ressemblent à des cloportes, et, comme eux, s'enroulent sur eux-mêmes de manière à faire une boule parfaite. Leurs anneaux sont très bran-

Iule.

chés sur le dos et très luisants. On les trouve se promenant souvent dans les forêts ou sous les pierres.

DEUXIÈME ORDRE

CHILOPODES

Myriapodes à corps en général déprimé, munis de longues antennes et présentant une seule paire de pattes sur chaque anneau.

Scutigère (*Scutigera coleoptrata*). —

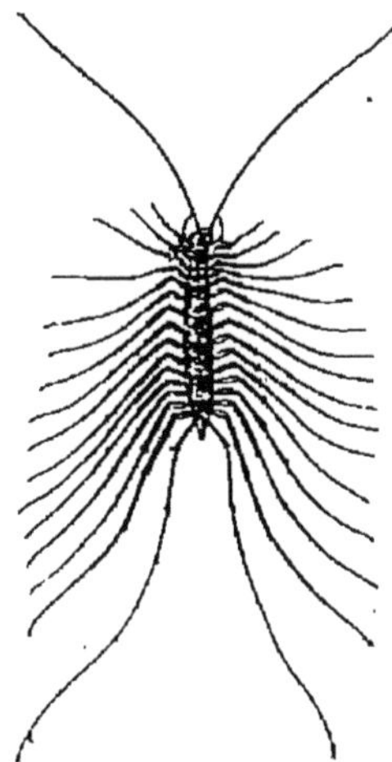

Scutigère.

Longueur : $2^{cm},6$. Ce mille-pattes se reconnaît facilement à la longueur de ses pattes et de ses antennes. Il vit dans les boiseries vieilles.

Scolopendre (*Scolopendra morsitans*). — Cette espèce, de 9 centimètres de

Scolopendre.

long, de couleur fauve variée de verdâtre au dos, est répandue en Provence, sous les pierres. Sa morsure est douloureuse.

Géophile (*Geophilus longicornis*). — Ce long mille-pattes (7 à 8 centimètres)

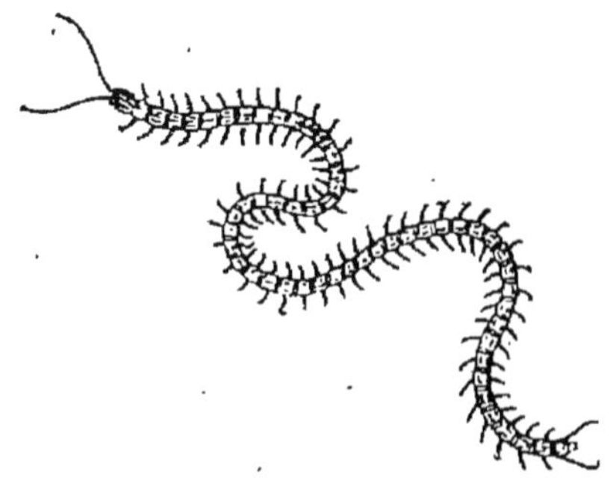

Géophile.

vit dans les jardins et se nourrit de légumes, ainsi que de vers de terre. Ses antennes sont revêtues de poils fins. Teinte générale ferrugineuse.

CLASSE DES CRUSTACÉS

Animaux munis de pattes articulées, vivant dans l'eau (en général), respirant par des branchies, munis de deux paires d'antennes, de nombreuses paires de pattes thoraciques en partie transformées en pattes-mâchoires, et fréquemment aussi de pattes abdominales.

Voici un tableau de détermination d'un assez grand nombre d'espèces :

Vivant fixés constamment sur les rochers, les épaves ou les coquilles.

- Pourvus d'un pédoncule mou, au bout duquel l'animal est enfermé entre des sortes de coquilles. . . . . **Anatife.**
- Animaux dépourvus de pédoncules. Fixés directement sur les rochers ou les coquilles. Apparence générale d'un petit cône calcaire renfermant le crustacé. . . . . . **Balane.**

Ne vivant pas constamment fixés sur les rochers, les épaves et les coquilles.

Vivant en parasites.

- Sur les poissons. Corps ovale trapu ressemblant un peu aux cloportes. . . . . **Nérocile.** / **Lernéopode.**
- Sous la queue des crabes ou le corps des Bernard-l'Ermite. . . . . **Sacculine.**
- Sur les crevettes. . . . . **Bopyre.**
- Sur les cétacés. . . . . **Cyame.**
- Dans les moules, les coques et autres mollusques bivalves. . . . . **Pinnothère.**

Ne vivant pas en parasites.

- Vivant en partie ou en totalité cachés dans les coquilles turbinées ou divers autres objets creux (vulgairement : Bernard-l'Ermite). . . **Pagures.**

Ne vivant pas dans les coquilles.

- Animaux terrestres. . . . . **Cloportes.**

Non terrestres.

- Vivant dans l'eau douce. (Exemple : écrevisse, crevettine, cyclope, daphnie, etc.). . . . . Voir ci-dessous le Tableau n° 1

Vivant dans la mer.

- Yeux portés par des sortes de petites tiges mobiles. (Ex.: homard, crabe, crevette, langouste, etc.). . . . . Voir ci-dessous le Tableau n° 2
- Yeux non portés par des sortes de petites tiges mobiles, c'est-à-dire insérées à ras du tégument. (Exemple : Talitre). . . . . Voir ci-dessous le Tableau n° 3

TABLEAU I (Crustacés d'eau douce).

Corps ayant plus de 8 centimètres de long. Yeux portés par des pédoncules. . . . . **Écrevisse.**

Corps ayant moins de 8cm. de long. Yeux non portés par des pédoncules.

Pattes aplaties (toutes en forme de feuilles) et servant à la natation.

Pas de carapace sur le dos. . . . . **Branchipe.**

Une carapace sur le dos.

40 à 60 paires de pattes. . . . . **Apus.**

10 à 27 paires de pattes. . . . . **Limnétis.**

Pattes non toutes aplaties, les unes servant à marcher, les autres à nager.

Pas de carapace recouvrant le dos.

Moins de 1 centimètre de long. **Cyclope.**

Plus de 1 cm. de long.

Corps aplati du dos au ventre. Animal ordinairement en marche, nageant mal. . **Aselle.**

Corps aplati latéralement. Animal ordinairement à la nage. **Crevettine.**

Une vaste carapace recouvrant presque entièrement le corps.

Carapace articulée sur le dos, c'est-à-dire formant deux valves susceptibles de se refermer l'une sur l'autre. . **Cypris.**

Carapace non articulée sur le dos, c'est-à-dire d'un seul morceau. . . . . **Daphnie.**

TABLEAU II (CRUSTACÉS D'EAU DE MER).

- **Cinq paires de pattes. Une carapace d'un seul morceau recouvrant largement le thorax.**
  - Abdomen très petit (queue) recourbé en dessous du corps, de sorte qu'il faut examiner l'animal avec soin sous la face ventrale pour le voir (forme bien connue des crabes). . . . . **Crabe.**
  - **Abdomen bien développé non reployé sous le corps.**
    - **Antennes pourvues près de la base d'une lame mobile.**
      - Lame de l'antenne très petite, en forme de fer de lance.
        - Yeux arrondis. . . . . **Homard.**
        - Yeux en forme de rein. . . . . **Néphrops.**
      - Lame de l'antenne très grande, ovale ou triangulaire.
        - Les grandes antennes attachées sur la même ligne que les petites antennes (Crevette grise). . . . . **Crangon.**
        - Les grandes antennes non attachées sur la même ligne que les petites antennes.
          - Carapace pourvue en avant entre les deux yeux d'un rostre en forme de lame et garni de dentelures de scie sur le bord.
            - Chaque petite antenne (antennule) pourvue de deux fouets.
              - Carapace renflée.. . , ... **Gnatophylle.**
              - Carapace non renflée.
                - Animal ayant au moins 5 centimètres. **Pandale.**
                - Animal ayant moins de 5 centimètres.. . **Hippolyte.**
            - Chaque petite antenne (antennule) avec trois fouets (forme de la crevette rose ou bouquet). **Palémon.**
          - Rostre nul ou insignifiant.
            - Pattes grêles comme celles des crevettes. . . **Pénée.**
            - Pattes robustes au moins autant que celles de l'écrevisse.
              - Carapace un peu prolongée en avant de manière à recouvrir les yeux comme d'un toit.. . . . . **Alphée.**
              - Carapace non prolongée en avant de manière à recouvrir les yeux comme d'un toit.. . . . . **Athanase.**
    - **Antennes non pourvues près de la base d'une lame mobile.**
      - Espace qui, à la face ventrale, sépare les pattes (sternum), réduit à une ligne.
        - Vivant enfoncé dans le sable.. . . . . **Callianasse.**
        - Ne vivant pas enfoncé dans le sable. . . . . **Gébie.**
      - Espace qui, à la face ventrale, sépare les pattes (sternum), très large.
        - La 5e paire de pattes en partant de la tête ne servant pas à la locomotion.
          - Rostre denté.. . . . . **Galathée.**
          - Rostre non denté.
            - Avec une épine à droite et à gauche du rostre. **Munide.**
            - Rostre simple, sans épines latérales. . . . **Diptyche.**
        - La 5e paire de pattes en partant de la tête semblable aux autres et servant à la locomotion.
          - Antennes aplaties.
            - Rostre peu saillant.. . **Arcte.**
            - Rostre très saillant. . **Scyllare.**
          - Antennes cylindriques. . . . . . **Langouste.**
- **Sept à huit paires de pattes. Carapace nulle, ou, quand elle existe, recouvrant très incomplétement le thorax.. . .**
  - Pattes toutes semblables.
    - Bouche rapprochée de la base des antennes. . . . . . . **Mysis.**
    - Bouche très éloignée de la base des antennes. . . . . . **Lucifer.**
  - Pattes non toutes semblables. . . . . **Squille.**

TABLEAU III (CRUSTACÉS D'EAU DE MER).

Corps comprimé du dos au ventre.
- Pas de carapace.
  - Une très petite carapace recouvrant la tête et le commencement du thorax.
    - Petites antennes plus longues que les antennes. . . . . ***Rhoée.***
    - Petites antennes aussi longues que les antennes. . . . . ***Tanaïs.***
  - Abdomen bien plus étroit que le thorax. . . . . ***Ancée.***
  - Abdomen non bien plus étroit que le thorax.
    - Bouche disposée pour sucer. . . . . ***Anilocre.***
    - Bouche disposée pour mastiquer.
      - Pas de petites antennes. . . . . . ***Ligie.***
      - Possédant de petites antennes.
        - Forme allongée, presque linéaire. . . . . . ***Idotée.***
        - Forme ovale.
          - Se roulant en boule.
            - Couvert de poils. ***Limnorée.***
            - Non couvert de poils. ***Sphérome.***
          - Ne se roulant pas en boule. . ***Rocinèle.***

Corps comprimé latéralement (Exemple : Puce de mer). . . . . ***Talitre.***

Corps mince comme un fil avec très peu de pattes. Animal se déplaçant très lentement). . . . . ***Caprelle.***

Parmi les espèces citées dans les tableaux précédents, nous ne donnerons des détails que sur quelques-unes.

I

PODOPHTALMAIRES

Crustacés à yeux pédonculés, présentant un grand céphalothorax qui recouvre le thorax, deux ou trois paires de pattes-mâchoires et cinq ou six paires de pattes thoraciques bifides ou simples.

Décapodes.

Crustacés pourvus d'une carapace qui est généralement soudée avec tous les anneaux de la tête et du thorax, de deux ou trois paires de pattes-mâchoires et de dix ou douze paires de pattes ambulatoires en partie armées de pinces.

a) BRACHYURES.

Corps ramassé, le plus souvent avec une carapace large, triangulaire, arrondie ou quadrangulaire, dont la face sternale excavée est recouverte par l'abdomen replié en avant, court chez les mâles et large chez les femelles.

1. Pinnothère (*Pinnotheres pisum*). — 5 à 10 millimètres. Tout le monde sait qu'en ouvrant des Moules ou beaucoup d'autres mollusques marins, on trouve, en outre du mollusque, un petit Crabe arrondi : c'est le *Pinnotheres pisum*, ainsi nommé parce qu'il ressemble un peu à un pois. Il règne à son égard une série de fables dont il est bon de faire justice. Certaines personnes lui attribuent l'action toxique que produisent parfois les moules, alors que celles-ci ne causent d'empoisonnement que lorsqu'elles ont été élevées dans une eau de mer où venaient se déverser des égouts. On a aussi prétendu que le Pinnothère était très utile à la moule en l'avertissant des dangers : s'il apercevait par exemple un ennemi, il pinçait immédiatement la moule et l'obligeait ainsi à se fermer. Tout cela est très beau, mais fantaisiste. On a dit aussi que le Pinnothère était en quelque sorte le cuisinier de la moule ; qu'il prenait les matières animales pour lui et laissait les matières végétales à son camarade : il n'en est rien ; Crabe et moule mangent les mêmes aliments. Non, le Crabe reste dans la Moule simplement parce qu'il s'y trouve bien ; il ne lui est d'ailleurs en rien nuisible.

2. Crabe commun (*Carcinus mænas*), appelé aussi *Crabe enragé, Crabe vert.* C'est le crabe le plus commun sur nos côtes et facilement reconnaissable à sa teinte verdâtre et à sa carapace au contour un peu pentagonal. Ceux dont la carapace est molle (appelés quelquefois *Crabes espagnols*), sont des crabes venant de muer, c'est-à-dire de rejeter leur carapace dure.

Les Crabes vivent sous les rochers où il est facile de les découvrir. Ils se promènent souvent sur la plage à sec ou sous l'eau. Quand ils se voient observés, ils s'enfoncent le plus rapidement possible dans le sable.

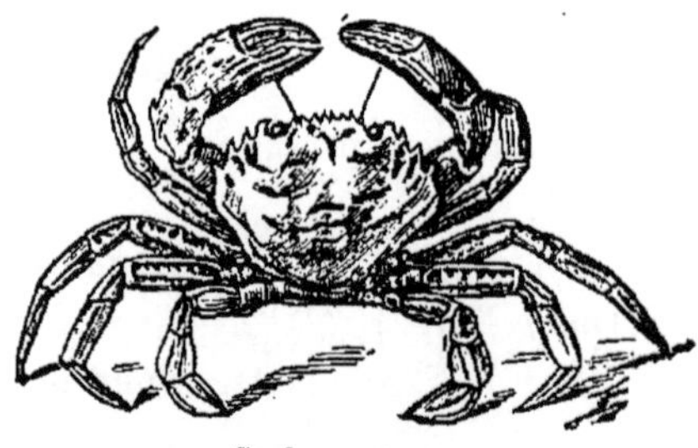

Crabe commun.

Les larves de crabes ont un aspect très bizarre ; la tête, pourvue d'un large rostre, porte sur le front une large corne dirigée en arrière. Ces *Zoés*, comme on les désigne, nagent dans l'eau de mer ; elles sont grosses comme des têtes d'épingles.

Les crabes sont des sujets d'étude très favorables pour un phénomène fort curieux, l'*autotomie* (1). On désigne sous ce nom l'acte au moyen duquel certains animaux échappent à l'ennemi qui les a saisis par un membre ou par la queue, en provoquant la rupture de l'extrémité captive.

Les crabes sont faciles à saisir par la carapace ; mais essayez d'en prendre un par une patte, celle-ci vous restera dans les doigts. Courez après votre crabe et rattrapez-le par une autre patte ; le phénomène se reproduira. Vous pourrez répéter ainsi l'expérience autant de fois que l'animal a de pattes, et chaque fois vous obtiendrez le même résultat.

Les pattes des crabes étant composées d'articles formés en grande partie de matière dure, placés bout à bout et reliés par une substance molle et moins résistante, il est naturel de penser que les ruptures se produisent au niveau des articulations ; il n'en est rien cependant. Examinez, en effet, les cassures ; vous remarquerez, non sans étonnement sans doute, que les ruptures se sont produites, sur toutes les pattes cassées, au milieu d'un article rigide, le deuxième à partir du corps de l'animal. C'est qu'aussi la rupture d'une patte de crabe dans les circonstances indiquées plus haut n'est pas due à la fragilité de la patte, mais à un mécanisme particulier dont nous parlerons plus loin. Si, en effet, on suspend, à l'une des pattes

d'un crabe mort, un poids de plus en plus fort, la patte ne se brise pas, même lorsque ce poids atteint cent fois celui du corps de l'animal : c'est donc un organe extrêmement résistant. Cependant, sous un poids plus considérable, la rupture finit par se produire, mais jamais au milieu d'un article et toujours au niveau d'une articulation.

La rupture sur l'animal vivant et capturé a lieu suivant une ligne circulaire visible extérieurement. C'est l'animal lui-même, qui, par la contraction brusque et énergique de certains muscles spéciaux, s'ampute lui-même.

Nous venons de démontrer que la rupture de la patte n'est due aucunement à sa fragilité, mais qu'elle est produite par l'activité même de l'animal. On peut se demander si oui ou non la volonté de l'animal est pour quelque chose dans cette rupture. La réponse à cette question a été donnée par les expériences suivantes, dues à M. Frédéricq.

On attache délicatement un fil à la patte d'un crabe et on fixe ce fil à un clou planté dans une table. On effraye l'animal, qui fait effort pour se sauver, retenu qu'il est par une patte. S'il pouvait faire intervenir sa volonté pour s'amputer une patte, il est évident que ce serait là ou jamais le moment d'appliquer sa puissance. Or, il n'en est rien. Le crabe tire indéfiniment sans pouvoir s'échapper. Au contraire, vient-on à pincer vivement la patte du même crabe mis en liberté, aussitôt celle-ci se brise à sa base. Dans ce cas, le pincement rapide a produit une forte excitation qui, après avoir gagné les ganglions par un nerf de la patte, est revenue, par un autre nerf, exciter les muscles de cette patte et provoquer la rupture. Ainsi l'influx nerveux dû au pincement s'est rendu aux ganglions qui l'ont renvoyé dans les nerfs des muscles : il y a eu dans les ganglions nerveux un phénomène analogue à celui d'un miroir qui renvoie un rayon lumineux que l'on fait tomber sur lui. Il s'est produit ce que l'on appelle une *action réflexe*, phénomène passif, qui n'a rien à voir avec la volonté de l'animal.

Dans la première partie de l'expérience que nous venons de rapporter, il n'y a pas d'action réflexe, parce que le fil trop peu serré n'excite pas le nerf intérieur. L'expérience suivante met bien en évidence la nécessité d'une excitation relativement forte du nerf. On place un crabe sur le dos ; l'animal remue les pattes pour chercher, mais en vain, à se retourner. Si alors, à l'aide d'une paire de ciseaux, on sectionne brusquement le bout de la patte, aussitôt celle-ci se détache plus haut. Certes, dans ce cas, on ne peut attribuer la rup-

1. Du grec *autos*, lui-même ; *tomé*, coupure.

ture de la patte à sa fragilité. Ajoutons, pour achever la démonstration, qu'on peut aussi produire la rupture en plaçant le bout de la patte dans un excitant chimique ou dans la flamme d'une bougie.

Il arrive souvent qu'un crabe, attaqué par un ennemi, lui échappe en lui abandonnant une de ses pattes. Grâce au nombre de ses appendices, la perte de l'un d'eux n'a qu'une importance assez faible au point de vue de la locomotion.

Mais tout n'est pas fini. D'abord dans chaque patte se trouve une artère qui contient du sang. On pourrait penser que, lorsque la patte est cassée, ce sang va s'écouler au dehors, ce qui ne tarderait pas à faire périr l'animal. Celui-ci aurait donc évité un danger pour tomber dans un autre au moins aussi grand. Mais en réalité il n'en est pas ainsi; d'abord parce que le muscle auquel la rupture est due a, en se contractant, fermé l'orifice du vaisseau, et, de plus, par la propriété qu'a le sang de ces animaux de se prendre en masse, de se coaguler très rapidement : aussi la première goutte de sang qui tend à s'écouler au dehors, dès qu'elle arrive à l'air, se coagule et bouche ainsi l'ouverture béante de l'artère.

Voici maintenant notre crabe qui perd une patte chaque fois qu'il rencontre un ennemi puissant qui le saisit par un de ses appendices. Malgré son nombre de huit pattes et de deux pinces, ce qui fait dix appendices, l'animal ne pourrait recommencer souvent la même opération si la nature n'y avait pourvu par la faculté donnée aux pattes de se régîner. Lorsqu'on garde dans un aquarium un crabe dont une patte a été cassée, on ne tarde pas, en effet, à voir pousser à la place de celle-ci un petit moignon qui grandit de plus en plus et qui, finalement, redonne une patte nouvelle.

Le *Crabe enragé* peut être mangé, mais sa chair n'est pas très délicate. On lui préfère généralement l'espèce suivante.

3. Tourteau (*Cancer pagurus*), appelé aussi *Crabe pagure, Crabe rouge.* — Facilement reconnaissable à sa carapace ovale, un peu festonnée sur le bord, et sa teinte rouge brunâtre. Il atteint souvent des tailles énormes et peut peser jusqu'à 6 ou 7 kilogrammes. Il ne vient pas autant que l'espèce précédente au bord des plages. Il vit dans les rochers à une certaine distance des côtes et ne peut guère alors se chasser qu'aux moyennes ou grandes marées. Il a un caractère un peu endormi. Sa chair est excellente. C'est celui que les pêcheuses recherchent le plus pour le vendre dans les villes d'eaux ou les envoyer à Paris. Elles se servent pour cela de crochets qu'elles

introduisent dans les fentes des rochers pour les en retirer.

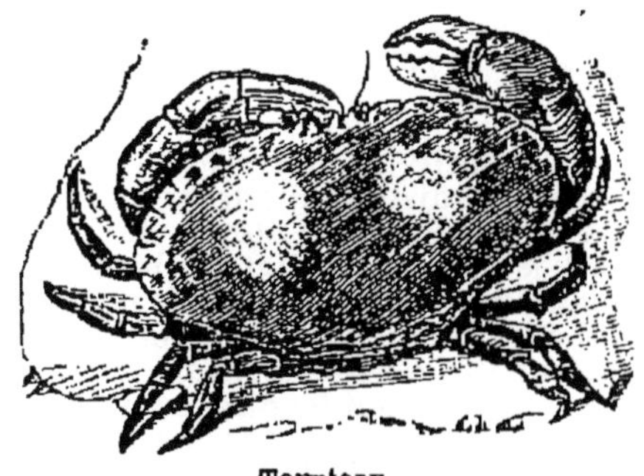

Tourteau.

4. Portunia étrille (*Portunus puber*), appelé aussi *Étrille, Crabe à laine, Crabe velours, Crabe espagnol.* Facilement reconnaissable à sa carapace, couverte d'un véritable velours rude, et à ses pattes postérieures manifestement étalées pour la natation. Il vient rarement sur la plage. Il ne quitte guère la profondeur de la mer d'où les pêcheurs le ramènent avec le chalut. Se méfier de ses pinces déliées qui mordent ferme. C'est peut-être le meilleur de tous nos crabes.

5. Sténorhynque longirostre (*Stenorhynchus longirostris*). — Corps triangulaire, boursouflé, terminé en avant par un rostre; teinte variable. Pattes minces, de longueur démesurée, se séparant avec une extrême facilité. Vit sous les rochers ou les algues marines, où il se déplace avec une extrême lenteur.

6. Araignée de mer (*Maia squinado*), appelée aussi *Maïa.* — Ce grand crabe est fort curieux par sa carapace rougeâtre, hérissée d'épines, et ses pattes assez longues couvertes de poils. Il vit

Araignée de mer.

dans les rochers où il se tapit dans une immobilité presque complète. On le chasse beaucoup au moment des grandes marées, parce qu'il constitue, — à certaines époques seulement, — un mets délicat. Sa carapace est toujours garnie d'algues qui le cachent plus ou moins. C'est l'animal lui-même qui détache ces boutures aux algues et les implante sur sa carapace pour se dérober à la vue de ses ennemis.

7. Dromie (*Dromia vulgaris*). — Les Dromies se distinguent des autres crabes par l'insertion plus élevée de la cinquième paire de pattes ou bien de la quatrième et de la cinquième paire, qui s'attachent sur la face dorsale. L'animal porte généralement sur le dos une vaste éponge qui le dissimule et qu'il maintient en place avec ses dernières pattes relevées. Nature indolente.

8. Porcellane (*Porcellana plathycheles*). — Lorsque, à basse mer, on retourne les morceaux de rochers sur une plage, on voit, sur la face inférieure de celle-ci, grouiller et se sauver de tout petits crabes, de la taille d'un centime, à pinces larges et à abdomen relativement volumineux, quoique retourné sur le ventre. Presque tous ces crabes appartiennent au genre Porcellane.

b) Macroures.

Abdomen très développé, plus long que la carapace, portant cinq paires de pattes. Quelquefois abdomen déformé, tordu.

1. Bernard-l'Ermite, appelé aussi *pagure.* — C'est un bien singulier animal que le Bernard-l'Ermite, et au premier abord incompréhensible, même pour les personnes ayant déjà des notions d'histoire naturelle. Quand, sur la plage, on

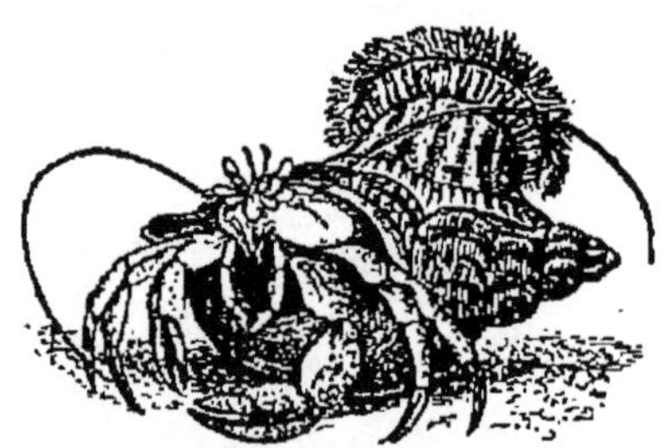

Bernard-l'Ermite dans sa coquille.
(Sur la coquille se trouve une anémone de mer.)

retourne une de ces grosses pierres, de ces blocs de rochers si communs à la grève, il n'est pas rare de trouver de petites coquilles turbinées de mollusques servant d'asile à un animal qui rentre immédiatement dans son logis et disparaît bientôt à la vue. Qu'est-ce à dire ? Voilà, tout à côté, une coquille absolument semblable, de laquelle on voit sortir un animal au corps mou qui a l'air de se préoccuper fort peu de notre présence et qui ne se presse guère de rentrer chez lui quand nous l'excitons quelque peu. Voilà qui est vraiment extraordinaire : la même coquille pourrait donc contenir deux animaux très différents, et dont l'un même, le premier, nous a paru posséder des pattes et des antennes ? Ceci mérite d'être examiné de plus près. Rapportons quelques échantillons à la maison et mettons-les dans une cuvette remplie d'eau de mer.

Nous ne tarderons pas à voir sortir de certaines coquilles un animal mou, pourvu d'une large lame musculaire sur laquelle il rampe, et qui, à n'en pas douter, est un mollusque. Si nous l'excitons, il rentre dans la coquille, dont l'orifice se trouve dès lors bouché par une petite plaque cornée, l'*opercule,* qui l'oblitère complètement. En cassant la coquille avec un marteau, mais en ne donnant que de petits coups secs, nous pourrons voir que le mollusque est réuni très intimement à la coquille par un muscle puissant qui, en quelque sorte, fait corps avec elle : coquille et mollusque sont donc un seul et même animal. En est-il de même pour l'autre animal ? A peine l'aurons-nous mis dans notre aquarium improvisé que nous verrons sortir une tête énorme avec de gros yeux supportés par des pédoncules, des antennes, des pinces inégales, ressemblant à celles de l'écrevisse, des pattes, etc. Toutes ces parties sont recouvertes par une carapace calcaire qui nous indique immédiatement que notre animal est un crustacé, comme le homard, la langouste, le crabe, etc. Cassons la coquille, et nous verrons que le le *Bernard-l'Ermite,* c'est ainsi qu'on le désigne, est simplement cramponné à son habitation, mais qu'il n'y adhère en aucun point intimement. Nous pouvons déduire de là dès maintenant que le Bernard est un crustacé, qui s'est logé dans une coquille de mollusque. Cette constatation si simple, comme nous venons de le voir, ne s'est pas introduite d'emblée dans la science. Aristote cependant avait déjà dit que le Bernard était logé dans une coquille d'emprunt. Plus tard Rondelet arriva à la même conclusion. Mais Schwammerdam, le grand naturaliste à qui nous devons tant d'observations intéressantes, battit en brèche cette théorie.

« Je suis très surpris, dit-il, de ce que Rondelet avance que le Bernard-l'Ermite se loge dans la coquille d'autrui et qu'il n'en a point en propre; car de même que dans l'escargot, non seulement les muscles sont attachés à la coquille, mais les tendons des muscles y sont incorporés et comme identifiés. » Mais les études récentes sont venues montrer que ce prétendu muscle n'était en réalité qu'un simple repli de téguments, n'adhérant que par simple contact avec la coquille.

Ici une nouvelle question se pose. Comment le Bernard se trouve-t-il ainsi dans une coquille et comment s'est-il emparé de celle-ci? Lorsque les mollusques meurent, leur corps se décompose et disparaît, tandis que leur coquille, vide dès lors, subsiste et devient le jouet des flots. Beaucoup de naturalistes pensent que le Bernard s'empare seulement de coquilles vides. Il est cependant remarquable que celles-ci sont toujours d'une grande fraîcheur, au lieu d'être usées et cassées, comme cela devrait être si elles avaient été roulées par les vagues. C'est pour cela que plusieurs zoologistes, Thomas Bell entre autres, croient que le Bernard commence par tuer le mollusque, le dévore et s'empare de suite de son domicile.

« Je pense, dit cet auteur, qu'il en est ainsi dans la plupart des cas... On trouve si fréquemment l'animal dans une coquille fraîche qu'on peut à peine douter qu'il s'empare de son habitation par la violence. Les pêcheurs de nos côtes en sont parfaitement persuadés. Un pêcheur de Bogpor, très intelligent, m'a assuré qu'il avait très souvent observé ce fait ainsi que beaucoup d'autres pêcheurs. L'agresseur saisit vivement sa victime, le buccin par exemple, derrière la tête, la tue ou la met hors de combat, la mange, puis pénètre dans la coquille vacante qu'il s'approprie. » Nous voulons bien le croire, mais la plus petite observation consciencieuse ferait bien mieux notre affaire : les mollusques vivants ne sont pas bien féroces, mais quand on les attaque, ils se contractent, rentrent profondément dans leur coquille, et, ma foi, nous voudrions bien savoir comment le Bernard, tout astucieux qu'il est, les en fait déloger.

Les *Bernard-l'Ermite* sont souvent désignés scientifiquement sous le nom de *Pagures*. En Angleterre, on les appelle *Soldiercrab*, c'est-à-dire « crabes-soldats », allusion sans doute à leur livrée rouge et à leur humeur batailleuse. Sur beaucoup de nos côtes, en Normandie par exemple, on les appelle aussi des « soldats ». Au Portel, ce sont les *consilieux* (de conseilleur). Quand ils sont jeunes et de petite taille, ils vivent sur les côtes, mais quand ils deviennent plus vieux, ils se réfugient au fond des mers, d'où les pêcheurs les ramènent en grand nombre dans la pêche au chalut ou à la drague. Jeunes, ils vivent dans les coquilles de Murex, de Natices, de Littorines. Plus tard, il leur faut des grandes coquilles de Cassidaires et de Buccins. Quand un Bernard change de coquille, il a soin d'en choisir une trop volumineuse pour lui : il peut ainsi grandir pendant quelque temps sans être obligé de changer continuellement de domicile.

Le Pagure, enlevé de sa coquille, se montre divisé en deux parties bien distinctes, l'une antérieure, solide, le céphalothorax, l'autre, postérieure, molle, l'abdomen. Au-dessus de la bouche on voit d'abord deux gros yeux extrêmement mobiles, que l'animal fait mouvoir dans tous les sens pour inspecter constamment l'horizon. Entre les deux, on aperçoit deux petits tentacules constamment en mouvement et qui créent dans l'eau ambiante des courants se dirigeant tous vers la bouche, et apportant ainsi de l'oxygène et des matières nutritives. Puis viennent deux longues antennes filiformes servant surtout au toucher. Les pinces sont remarquables en ce qu'elles sont asymétriques : l'une, celle de droite, est extrêmement forte : quand l'animal rentre dans la coquille, elle vient en boucher presque complètement l'orifice. L'autre, celle de gauche, est beaucoup plus petite, mais non moins active. Les Pagures sont des bêtes batailleuses : quand on en met plusieurs dans un même aquarium, ils se livrent des combats acharnés, des plus amusants, et à la suite desquels l'un des deux adversaires reste presque toujours sur le carreau. Lorsqu'on a attrapé un Pagure par sa pince, celle-ci se détache et vous reste dans la main : c'est un cas d'*autotomie*, si fréquente chez les crustacés. Les deux paires de pattes que l'on trouve en arrière des pinces servent à la locomotion.

Mais la partie la plus intéressante est surtout l'abdomen, vaste sac à parois molles et contourné en spirale. A la surface on aperçoit seulement quelques plaques calcaires rappelant, mais combien réduite ! la carapace des autres crustacés. On y voit aussi des appendices rougeâtres, poilus, impairs, qui ne sont autres que des pattes abdominales atrophiées ; il y en a trois chez les mâles et quatre chez la femelle, où elles sont bifurquées et servent à retenir les œufs. Enfin le dernier anneau est beaucoup plus solide et porte deux crochets: c'est grâce à eux surtout que le Pagure s'attache solidement à son habitation. Comme on le voit, cet abdomen se signale par deux caractères bien spéciaux, d'abord sa mollesse et ensuite son asymétrie. L'un et l'autre sont évidemment connexes à l'existence dans une coquille spirale et protectrice.

Mais où est la cause et où est l'effet? Toujours l'éternelle question. Tout ce qu'on peut dire, et c'est là un point mis tout récemment en évidence, c'est que l'embryon est d'abord rigoureusement symétrique par rapport à un plan. A ce moment, il est libre et se promène en nageant dans l'eau de mer. Peu de temps après, son corps devient asymétrique, et c'est seulement *après* qu'il pénètre dans une coquille turbinée. Puis l'abdomen devient mou et grossit. Il faut enfin noter que, chez la plupart des Crustacés, le foie est placé dans le céphalothorax : chez le Bernard, au contraire, il est refoulé dans l'abdomen où il est mieux protégé, en même temps que, par ce même phénomène, la partie antérieure du corps acquiert plus de mobilité.

Sur nos côtes, les pêcheurs mangent volontiers les nombreux «soldats» qu'ils ramènent accidentellement dans leurs chaluts. On les met tout près du feu, à sec, ou encore sur une plaque de fer chauffée. Ils chauffent ainsi lentement. On les fait cuire aussi comme des crabes ; on mange la grosse pince, qui a le même goût que celles des crabes ou des écrevisses. Mais c'est surtout l'abdomen qui constitue le régal des marins.

Quand la drague rapporte de grands exemplaires de Bernard-l'Ermite (*Pagurus Prideauxii*), on trouve très fréquemment installée sur la coquille, une grande actinie, une anémone de mer, aussi grosse à elle seule que la coquille et le Pagure réunis. La couleur de l'actinie est grisâtre, maculée de pourpre, avec des bandes longitudinales inégalement épaisses et diversement colorées. Les tentacules sont très nombreux et d'une belle couleur blanche : c'est une espèce des plus élégantes ; les naturalistes lui ont donné le nom d'*Adamsia palliata*.

Ce qu'il y a de remarquable, c'est qu'on ne la trouve jamais sur une coquille contenant encore son mollusque ni sur une coquille vide : chaque fois que l'on verra une anémone de mer fixée sur une coquille de buccin, on sera sûr que celle-ci est habitée par un Pagure.

De quelle nature sont donc les relations de ces deux bêtes si différentes comme organisation ? Est-ce du parasitisme ? Cela n'est pas vraisemblable ; on ne voit pas comment l'actinie pourrait vivre aux dépens du Pagure. Non, l'association est ici tout autre : c'est du *commensalisme*, c'est-à-dire que les deux associés se rendent des services mutuels.

On rencontre aussi presque toujours, dans les coquilles habitées par un Bernard, un petit crustacé amphipode, le *Podoceropsis rimapalmata* ; on l'a trouvé en abondance sur les côtes du Boulonais.

Un autre commensal du Bernard qu'il nous reste à examiner est certainement le plus curieux sous de nombreux rapports ; c'est l'*Hydractinie épineuse.* Comme l'anémone de mer, cet animal se rencontre exclusivement sur les coquilles habitées par des Pagures. Lorsqu'on l'examine à l'œil nu, c'est une masse gris-blanchâtre formant une croûte sur la coquille, mais seulement sur le dernier tour de spire, c'est-à-dire celui qui porte l'ouverture par où sort et rentre le Bernard. Cette croûte solide se prolonge même en formant un bourrelet qui surplombe cette ouverture. De la croûte, on voit émerger des sortes de polypes blanchâtres qui, lorsque l'animal est retiré de l'eau, s'affaissent les uns sur les autres et ne peuvent, par suite, être étudiés en détail. Pour ce faire, il faut placer la coquille dans de l'eau de mer bien pure, et, autant que possible, s'armer l'œil d'une loupe. On aperçoit alors un spectacle des plus intéressants. Disons de suite que l'Hydractinie n'est pas un animal unique, mais une colonie d'individus. La croûte apparaît sous la forme de masses polygonales, étroitement appliquées l'une sur l'autre. Quand on étudie la manière dont se forme cette croûte, on voit qu'elle est formée de nombreux canaux ramifiés et anastomosés entre eux et qui n'ont pris cette forme polygonale que par suite de la pression réciproque. Mais cela n'empêche pas qu'un point quelconque de la croûte est mis en relation avec n'importe quel autre point par les canaux creux qui serpentent dans la profondeur. Par places, la croûte se soulève et forme des épines évidemment protectrices. Ce sont les polypes qui sont particulièrement intéressants à considérer ; ils sont loin d'être tous semblables.

Les uns s'élèvent de la croûte en augmentant peu à peu de diamètre, pour enfin aboutir à un orifice, la bouche. Au pourtour de celle-ci, il y a une couronne de tentacules chargés de capsules urticantes, de nématocystes. La bouche donne accès dans un vaste estomac qui communique, à sa partie inférieure, avec les canaux de la croûte. Les polypes servent évidemment à nourrir la colonie : les tentacules leur permettent de saisir les petites proies ; la bouche, de les ingérer ; l'estomac, de les digérer, et les canaux, de distribuer les produits à toute la colonie.

Tout à fait sur le bord de la coquille, on remarque des polypes à forme bizarre, contournés en spirale. Ceux-là sont allongés, dépourvus de bouche et terminés par des gros paquets de Nématocystes. Ces Polypes spéciaux, quelquefois appelés *dactylozoïdes*, s'agitent dans tous les sens, tantôt à droite, tantôt à gauche, tantôt en avant, tantôt en arrière. Il ne semble pas y avoir de doute que ce sont là des polypes défenseurs de toute la colonie : leur agitation continuelle et leurs nématocystes les rendent particulièrement aptes à cet exercice.

D'autres enfin, disséminés entre les polypes nourriciers, sont, comme les précédents, dépourvus de bouche ; mais ils en diffèrent au premier coup d'œil par des sacs volumineux qui se montrent vers le milieu de leur longueur : ce sont les polypes reproducteurs. Les vésicules qu'ils portent finissent par éclater et par mettre en liberté des petites larves qui vont nager dans l'eau, puis se fixer sur une coquille, et former une nouvelle colonie. « On peut donc, dit M. Ed. Perrier, se figurer une colonie d'Hydractinies comme une espèce de ville dans laquelle les individus se sont partagé les devoirs sociaux et les accomplissent ponctuellement. Les uns sont de véritables officiers de bouche ; ils se chargent d'approvisionner la colonie ; ils chassent et mangent pour elle ; d'autres la protègent ou l'avertissent des dangers qu'elle peut courir, ce sont les agents de police. Sur les autres repose la prospérité numérique de l'espèce, et ils sont de trois sortes, à savoir : les individus reproducteurs chargés de reproduire les bourgeons sexués, les individus mâles et les individus femelles. »

Le dernier commensal qui nous reste à examiner est un ver, le *Nereilepas fucata*, qui vit dans les coquilles de Buccin habitées par des Bernard-l'Ermite. Il se loge dans les premiers tours de spire, c'est-à-dire dans une chambre presque complètement close, oblitérée qu'elle est en avant par la partie postérieure du Bernard. Par son habitat, le Nereilepas est admirablement protégé contre les ennemis et les injures extérieurs : quand on le retire de son logement, on est étonné de sa longueur (il atteint souvent plus d'un décimètre de long) et de sa fraicheur.

Quels sont les rapports du ver et du crustacé ? Est-ce un *parasite? un commensal?* Tous deux se rendent-ils des services mutuels ou sont-ils, autrement dit, des *mutualistes?* Pour le savoir, examinons un Pagure ayant un Nereilepas comme colocataire. Comment se nourrit ce dernier ? Le Pagure se nourrit de deux manières principales. En temps ordinaire, il se contente de manger les particules que les mouvements rapides de ses appendices amènent au contact de sa bouche : ces matières, une fois digérées, sont rejetées en dehors ; on les voit en grande abondance dans le cristalloir où on les élève. Cette simple observation montre déjà combien est fausse l'hypothèse que le ver dévore ces déjections et sert ainsi au Pagure en l'en débarrassant. Ce qui faisait croire qu'il en était ainsi, c'est que pendant tout le temps que dure cette alimentation, l'Annélide ne se montre pas au dehors et ne donne pas signe de vie : elle attend le moment favorable. Les choses ne se passent pas en effet de même lorsqu'on donne au Bernard un gros morceau, comme par exemple un lambeau de ces mollusques comestibles appelés *Cardium* ou coques. Satisfait de cette bonne aubaine, on le voit de suite mastiquer avec animation ; il sort même une partie de son corps au dehors et mange avec avidité. Mais presque aussitôt, on voit, entre la base des pattes droites et le corps du crustacé, s'avancer lentement la partie antérieure du ver. Celui-ci, sans hésiter, va directement explorer la bouche de son camarade ; là, rencontrant le morceau, il le pince fortement avec ses deux puissantes mandibules, et, dès lors, ne le lâche plus. Se rétractant en arrière, il attire à lui le butin.

Ces observations et d'autres analogues, qu'il serait trop long de rapporter ici, montrent que l'Annélide se nourrit exclusivement des grosses proies que le Pagure se propose de manger. Elle fait donc à ce dernier un tort notable, puisqu'elle lui soustrait une bonne partie de sa nourriture : c'est un véritable parasite, au sens où l'on entend ce mot dans le langage courant, mais un parasite en somme assez bénin.

2. Langouste (*Palinurus vulgaris*). — La langouste commune a une carapace épineuse, hérissée de poils courts et raides. Sa couleur est brun verdâtre, mais devient rouge par la cuisson. La tête est garnie de deux yeux et de deux longues antennes aussi grandes que le corps et couverte de poils. Il n'y a pas de grosses pinces comme chez le homard.

Les langoustes sont très voraces ; elles se nourrissent de poissons, de mollusques, de vers, d'étoiles de mer, etc. Elles se promènent dans les rochers à une certaine profondeur et ne nagent que rarement. Elles aiment beaucoup à grimper. La langouste femelle, en septembre et novembre, pond près de deux cent mille œufs qui viennent s'attacher aux pattes de la queue.

D'après les renseignements que donne H. de la Blachère, la durée de l'incubation est de six mois. Non seulement la langouste femelle sème ses embryons en redressant et étendant sa queue lorsque le moment est venu, mais M. Coste a vu une langouste contribuer directement à cette espèce d'échenillage. Elle promenait sur les grappes d'œufs, arrivés à terme, les articles bifides et dentelés de sa dernière paire de pattes ambulatoires, et se servait de ces espèces de peignes pour détacher les œufs. A peine nés, les jeunes s'éloignent en toute hâte pour gagner la haute mer. Les formes primitives de ces êtres diffèrent tellement des formes adultes qu'il serait difficile, à l'éclosion des phyllosomes (comme on appelle ces larves), de les reporter à l'espèce dont ils proviennent. Ces embryons ont le corps aplati comme une feuille, membraneux et transparent, divisé en deux parties, dont l'antérieure, beaucoup plus grande que la seconde et ovale, forme la tête ; la seconde, plissée en réseau, porte les pieds et se termine en arrière par un abdomen court et grêle. Les yeux, gros, sont portés par un long pédoncule. Les pieds sont longs et minces. Ils nagent pendant quatre jours, après quoi ils se transforment en petites langoustes.

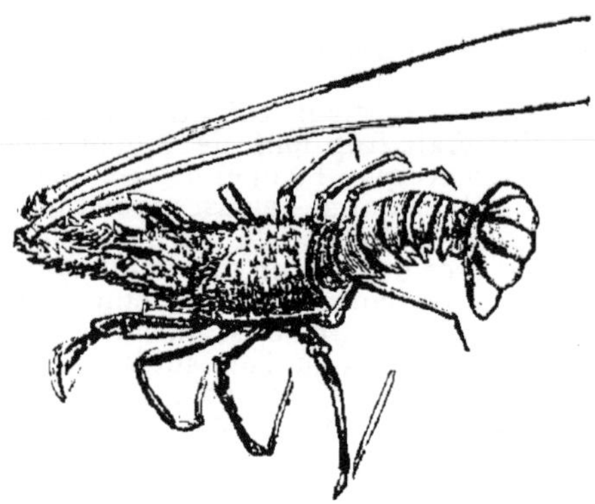

Langouste.

On ne peut pas songer à cultiver des langoustes dans des viviers, parce que les larves s'en vont en pleine mer. La langouste se trouve abondamment dans la Méditerranée, on la prend sur les côtes occidentales et méridionales de la France. On la capture au piège, au moyen de paniers circulaires en osier, construits sur le principe des nasses et amorcés avec des viandes de boucherie. On assure que les langoustes mangées au moment où elles ont l'abdomen garni d'œufs peuvent causer des malaises, mais la chose n'est pas certaine. Toujours est-il qu'il ne faut manger la langouste que très fraîche, car sa chair s'altère très rapidement.

3. Homard (*Homarus vulgaris*). — Le homard, qui est une espèce et même un genre parfaitement distinct de la langouste, est reconnaissable à sa carapace unie, d'un brun verdâtre ou bleuâtre (devenant rouge à la cuisson), et à ses deux énormes pinces, dont l'une est beaucoup plus volumineuse que l'autre. Les antennes ne sont pas aussi longues que chez les langoustes. On rencontre les homards depuis les côtes de Norvège jusque dans la Méditerranée. Ils sont très abondants dans les eaux norvégiennes et anglaises.

Ils vivent constamment immergés sur les bancs et les terrasses qui s'étendent le long du continent, surtout dans les fonds pierreux recouverts d'algues. L'hiver, ils se tiennent dans les profondeurs, mais en été ils se rapprochent des côtes. Ils sont très batailleurs et se livrent entre eux des combats terribles.

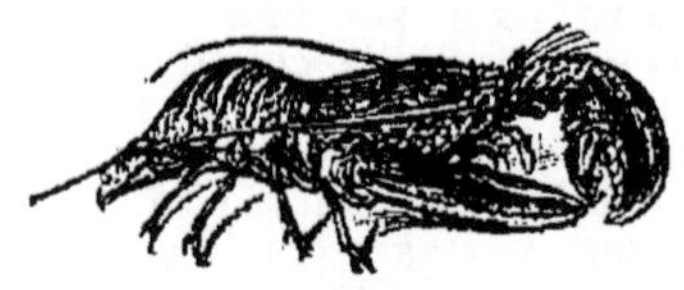

Homard.

La femelle pond plus de douze mille œufs qu'elle porte, pendant six mois, attachés à son abdomen. Les petits, une fois éclos, s'en vont nager en pleine mer où la plupart deviennent la proie de nombreux ennemis qui les guettent. Au bout du trentième ou du quarantième jour, ils changent de peau, perdent leurs organes natatoires et tombent au fond de l'eau, où dès lors, ils deviennent marcheurs.

On capture les homards comme les langoustes, à l'aide de paniers en osier, appelés « casiers ». On en récolte environ deux millions par an sur les côtes de France. Ce sont les côtes de la Bretagne et des îles de l'Atlantique qui en donnent le plus. Comme la récolte varie énormément d'un jour à l'autre, on met les homards capturés dans de vastes viviers, d'où on ne les retire qu'au fur et à mesure des besoins ; les jeunes aussi y grossissent. Il y a sur nos côtes d'immenses viviers à homards, notamment à Roscoff, à Concarneau, aux îles Glénans, etc. On n'y met pas seulement les homards français, mais aussi des homards et des langoustes de Norvège et d'Espagne.

Près de Southampton, il y a un réservoir pouvant contenir cinquante mille de ces crustacés. Ces homarderies sont établies de manière que l'eau de mer y circule constamment. Si l'on n'y prenait garde, ces crustacés aux instincts batailleurs auraient vite fait de se manger ou de se blesser les uns les autres. Mais on a soin d'introduire une petite cheville à la base de la partie mobile de chaque pince. Celle-ci, dès lors, ne peut plus s'ouvrir et le homard se trouve dépourvu de son principal organe d'attaque.

En Amérique, il y a une quantité considérable de homards : c'est avec eux que l'on fait, principalement à Terre-Neuve, ces conserves de homards à bon marché et d'ailleurs d'un goût agréable.

4. Crevette grise (*Crangon vulgaris*). — La crevette grise ou *crangon* est extrêmement commune sur les côtes de l'Océan et de la Manche. C'est le premier animal peut-être que rencontrent les baigneurs. La pêche à la crevette est le complément nécessaire des bains de mer. En promenant un filet emmanché ou trouble dans la mer et les flaques

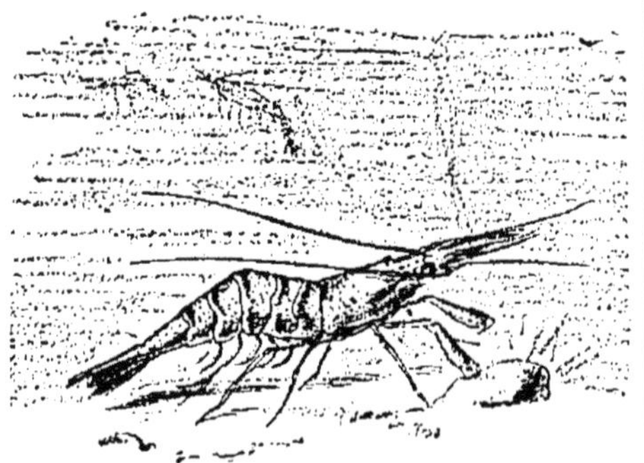

Crevette grise.

d'eau, à marée basse, on en récolte presque toujours. Le corps du *crangon* est presque transparent et couleur vert d'eau très clair. En avant, il ne possède pas le *rostre* aigu et dentelé de la crevette rose ; il y a à sa place une série de lames aplaties. Les crangons cuits sont un mets excellent, supérieur, peut-être, à celui que donnent les crevettes roses ; ils gardent leur couleur blanche, mais deviennent opaques.

5. Crevette rose (*Palæmon serratus*). — La crevette rose ou *bouquet* se reconnaît tout de suite à la sorte de scie « rostre » que porte la tête, à son corps comprimé latéralement et à ses antennes très longues. Elle est transparente et blanchâtre durant sa vie, la cuisson la fait devenir rose. C'est un animal des plus élégants quand il nage. Si à ce moment on l'excite, il donne de forts coups de queue et recule brusquement en arrière en formant des zigzags. Les crevettes roses recherchent plutôt les endroits obscurs ; on les rencontre notamment dans les prairies marines constituées par des zostères. C'est là qu'on les pêche en abondance avec de grandes troubles, mais il faut une certaine force, parce que ces grands filets sont difficiles à pousser dans les herbes. Elles se déplacent d'ailleurs

fréquemment et tel banc qui est riche un jour devient pauvre le lendemain. Elles mangent tout ce qu'elles rencontrent : on peut très bien les élever en aquarium en les nourrissant avec des

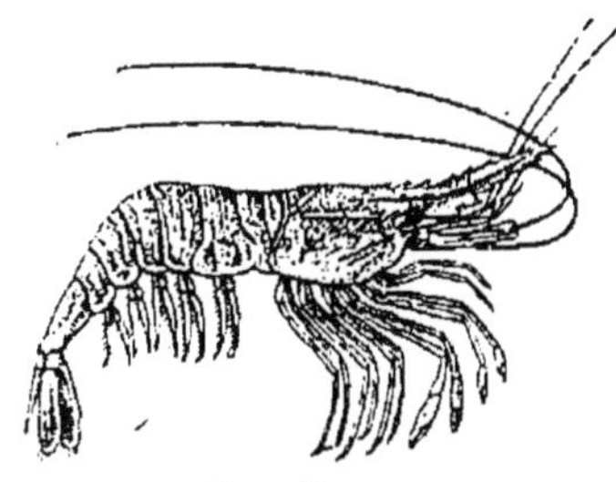

Crevette rose.

morceaux de gruyère ; rien n'est plus amusant que de les voir se disputer les morceaux qu'on leur jette et que l'on voit bientôt par transparence dans leur estomac. Comme la crevette grise, le bouquet porte ses œufs sous la queue.

On la pêche seulement aux moyennes et surtout aux grandes marées, tandis que la crevette grise est plus rapprochée des côtes et peut dès lors se pêcher en tous temps.

6. Écrevisse (*Astacus fluviatilis*). — L'écrevisse vit dans les rivières fraîches où l'eau est souvent renouvelée et dont le fond rocailleux leur offre de nombreux abris. Il paraît qu'elle est plus abondante dans les rivières orientées est-ouest que dans celles dirigées nord-sud, qui leur procurent moins d'ombre. Pendant le jour, en effet, elle craint la chaleur du soleil et demeure au repos sous les pierres ou dans le creux des rives. Ce n'est guère qu'à la tombée de la nuit qu'elle sort de son refuge et se met en chasse.

En hiver, les écrevisses tombent dans un état de torpeur et hivernent dans les crevasses naturelles du ruisseau ou dans celles qu'elles se sont creusées elles-mêmes. Les galeries qu'elles creusent dans le sol mou et tourbeux atteignent souvent de très grandes dimensions. 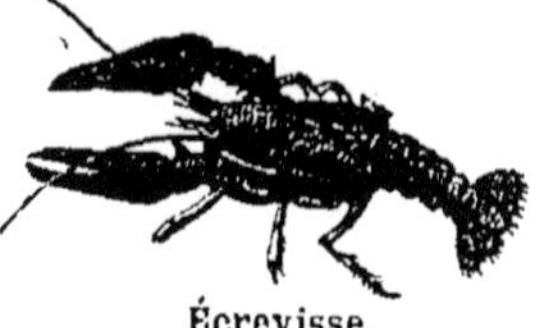

Écrevisse.

On a remarqué que les orifices des terriers étaient situés d'autant plus profondément que les rivières étaient plus sujettes à geler. Tant que le froid n'est pas vif, les crustacés restent à l'entrée de la galerie, dont ils oblitèrent l'orifice avec leurs grosses pinces, ne laissant flotter dans l'eau que leurs antennes, grâce auxquelles ils peuvent se rendre compte des matières alimentaires mortes ou vivantes qui viennent à passer, et les saisir avec les pinces. On assure même qu'ils ne se font pas faute non plus de capturer par la patte les rats d'eau qui viennent à passer et de les maintenir submergés jusqu'à ce que mort s'ensuive.

Leur nourriture est très variée : très voraces, les écrevisses dévorent en somme tout ce qui est à leur portée. Les mollusques, les têtards, les débris de viandes, les choux, les carottes, tout leur est bon. Les mâles dévorent parfois leurs femelles, ce qui est une singulière perversion de l'instinct et cause un grave obstacle à l'élevage artificiel. Le fait a été maintes fois constaté *de visu* : le mâle saisit sa victime par la tête, déchire sa carapace et continue par le dos en faisant sauter la carapace jusqu'à la queue. L'expérience suivante, faite en 1892 en Allemagne, montre bien l'importance de cette « écrevissophagie ». Dans un étang alimenté d'eau de source et sans trace d'issues, on introduisit 165 mâles et 165 femelles. On les nourrit abondamment avec des poissons. Ceci se passait en septembre. En mars de l'année suivante, on dessécha l'étang et on n'y trouva plus que 52 femelles. Les 165 mâles en avaient dévoré 113 en six mois !

La respiration a lieu au moyen de branchies situées de chaque côté du corps, sous la carapace, juste à l'endroit de l'insertion des pattes.

Nous ne parlerons pas de l'organisation interne, ce qui nous entraînerait trop loin. Nous nous contenterons de signaler la présence dans l'estomac, en été, de deux masses calcaires, autrefois employées en médecine, que tout le monde connaît sous le nom d'yeux d'écrevisses. Ce sont des réserves de calcaire qui servent à l'animal lorsqu'il mue, c'est-à-dire lorsqu'il change de carapace. A ce moment les « yeux » tombent dans l'estomac, sont broyés, dissous, et leur substance passe dans le sang, pour, de là, être sécrétée par la peau, au dehors.

Ce phénomène de la mue est fort curieux. L'animal se débarrasse entièrement de sa carapace comme une personne retire ses vêtements au moment de se coucher. Dans sa célèbre monographie, Huxley a fort bien décrit les phases successives de cette mue : nous y renvoyons le lecteur.

Pendant que la nouvelle carapace se forme, les écrevisses sont molles et, dépourvues de moyens de défense, deviennent très timides. Elles se cachent alors dans les anfractuosités les plus étroites.

Les écrevisses muent au moins huit fois la première année, cinq fois la seconde, deux fois la troisième, puis une fois par an jusqu'à la mort.

La ponte a lieu au commencement de l'hiver. La femelle se couche sur le dos et replie son abdomen (communément appelé la queue) de manière à constituer une sorte de cavité incubatrice. Les 200 œufs, dès leur sortie, sont fixés par une matière agglutinante aux pattes de l'abdomen. L'incubation dure à peu près tout l'hiver. Au printemps, les jeunes sortent de l'œuf et se cramponnent aux pattes natatoires de leur mère. Leur aspect général ne diffère que peu de celui de leur mère, sauf que la carapace est très bombée. Un peu plus tard, ils quittent de temps à autre le giron maternel, mais reviennent s'y blottir à la moindre trace de danger.

A la fin de la première année, l'écrevisse a près de 5^{cm},5 de longueur. A deux ans, elle a 7^{cm},5, à trois ans 9^{cm},5, à quatre ans 12 centimètres, à cinq ans 13^{cm},5. Elle croît ensuite lentement de manière à atteindre au plus 19 à 20 centimètres. A partir de cinq ans, les écrevisses sont aptes à la reproduction, mais elles peuvent vivre, croit-on, jusqu'à quinze ou vingt ans.

En Europe, on trouve quatre espèces principales d'écrevisses : l'écrevisse à pieds rouges (*Astacus fluvialilis*) ; l'écrevisse à pieds blancs (*Astacus pallipes*) ; l'écrevisse des torrents (*Astacus torrentium*) et l'écrevisse à pieds grêles (*Astacus leptodactylus*). Les deux premières habitent presque toute l'Europe ; on les rencontre notamment en France. La troisième espèce habite surtout les régions montagneuses et les plateaux de l'Europe centrale. L'écrevisse à pieds grêles est celle dont la répartition géographique est la plus étendue.

En Europe, les écrevisses sont en butte à une multitude d'ennemis, notamment de petites sangsues (*Branchiobdella*) qui s'attachent à la face inférieure de l'abdomen et aux branchies, de petits mollusques (*Cyclas*) qui se fixent aux bouts des pattes, de champignons (*Saprolégniées*) qui envahissent tout le corps, et enfin de vers parasites (*Distoma cirrigerum*) qui farcissent parfois les muscles des écrevisses. Suivant les lieux et les époques, c'est tel ou tel parasite qui se développe. Il n'y a donc pas, comme on le dit trop souvent, *une* maladie, mais *des* maladies de l'écrevisse. La maladie due au distome paraît être la plus fréquente et la plus mortelle : c'est elle qui a décimé les écrevisses en Alsace en 1878 et en France, ainsi qu'en Allemagne en 1884.

La pêche aux écrevisses est très facile. Le plus souvent on se borne à pénétrer, les pieds nus, dans les ruisseaux, et à retourner les pierres qui brisent le courant ou à plonger les bras dans les anfractuosités de la rive. Le difficile est de ne pas se laisser pincer. On peut encore disposer dans le courant des fagots très branchus où les écrevisses viennent chercher un refuge. En retirant brusquement les fagots on fait une ample récolte, surtout quand on est habile. Mais le mode de chasse le plus répandu et le plus pratique repose sur l'emploi des balances. Ce sont des filets en forme de troncs de cônes renversés et maintenus par des cercles de fil de fer galvanisé. Le cercle supérieur est réuni, par trois cordelettes, à une baguette placée sur la rive. Au fond de la balance, on fixe une grenouille éventrée, des intestins de lapin, du foie ou de grosses moules de rivières. La balance, placée de manière à affleurer le fond, près des berges non éclairées, est relevée de quart d'heure en quart d'heure. On enlève en même temps les écrevisses, qui, dans l'espoir d'un bon déjeuner, avaient pénétré dans les filets. On voit qu'une seule personne peut surveiller en même temps un grand nombre de balances et anéantir rapidement toute la population d'une rivière.

C'est là, à n'en pas douter, qu'il faut rechercher les causes de la dépopulation des rivières européennes en écrevisses. Les diverses maladies y sont bien pour quelque chose, mais c'est là un facteur presque négligeable à côté de la destruction à laquelle se livrent les approvisionneurs de nos restaurants.

Il faut bien remarquer en effet que, pour qu'une écrevisse soit apte à reproduire, et ait en même temps une valeur marchande, il lui faut au moins *cinq ans*. Si l'on veut qu'une rivière contienne toujours à peu près le même nombre d'habitants, il ne faut par an en détruire qu'un cinquième. Or, les pêcheurs d'écrevisses en font disparaître un bien plus grand nombre.

On a de tout temps aimé les écrevisses, mais autrefois, la consommation était beaucoup moins élevée que de nos jours. On les dégustait pour ainsi dire *sur place*, ou tout au moins à une petite distance de l'endroit où on les pêchait.

L'écrevisse est une victime des chemins de fer. Dès que ces puissants agents de transports eurent fait leur apparition, des cargaisons entières furent dirigées sur Paris et les grandes villes, où elles trouvèrent un débouché très lucratif. Il en résulta que la consommation s'accrut dans des proportions considérables.

Voici quelques chiffres qui montrent l'importance de cette consommation à Paris.

Il a été apporté aux Halles :

En 1853, 1 843 000 écrevisses.
— 1868, 5 500 000 —
— 1873, 5 400 000 —
— 1874, 4 972 000 —
— 1875, 3 900 000 —
— 1876, 4 700 000 —
— 1884, 7 881 000 —
— 1885, 5 532 000 —
— 1886, 4 233 000 —

Les prix des premières écrevisses apportées à Paris étaient très peu élevés. Ils augmentèrent rapidement à mesure que les approvisionnements devenaient plus difficiles. Ils redescendirent quand on commença à en importer d'Allemagne, puis de Russie. Les plus hauts prix sont atteints en février, c'est-à-dire au moment des grands dîners ; ils arrivent parfois à 100 francs le cent. Les plus bas prix sont atteints en août ; ils descendent alors à 15, 10 ou 8 francs le cent (en gros).

Aujourd'hui la récolte des écrevisses françaises est absolument nulle. Nous sommes obligés de nous adresser depuis de longues années à l'Allemagne et à l'Autriche. Elles-mêmes se sont dépeuplées et s'adressent à la Russie. Mais, dans ce pays encore, elles commencent à décroître et ne tarderont pas à disparaître. En Russie, qui est, jusqu'à nouvel ordre, notre grand approvisionneur des divers marchés ou autres, les gens du peuple ont pour la plupart un préjugé contre les écrevisses, qu'ils ne consomment guère. Aussi leur bon marché y est-il extrême ; ainsi, à Volsk (gouvernement de Saratof), on en a une centaine pour 7 copecks, soit 21 centimes. A Saint-Pétersbourg, cependant, on commence à déguster avec plaisir les écrevisses, qui y valent de 9 à 21 centimes pièce ; mais la capitale Saint-Pétersbourg ne reçoit guère d'écrevisses que des localités les plus voisines : de Finlande et des gouvernements de Pskof et de Novgorod. Les écrevisses des autres localités sont dirigées sur les autres pays, et, parfois, employées à faire des conserves.

Pour la fabrication des conserves, les queues d'écrevisses fraiches sont dépouillées de leur enveloppe écailleuse, que l'on ouvre de deux côtés à l'aide de ciseaux ; la queue ainsi dégagée, on retire l'intestin postérieur. Les queues sont ensuite rangées dans des boîtes de fer-blanc par couches séparées entre elles par un lit de sel fin blanc. Une fois remplies, les boîtes sont fermées aussitôt et bouchées soigneusement par une soudure, après quoi on les plonge dans des chaudières d'eau bouillante pendant 10 à 20 minutes. Quelquefois, avant de les boucher, on saupoudre les conserves d'un peu d'entiseptine (préparation à l'acide borique) vendue dans tous les dépôts de produits pharmaceutiques. Cette dernière précaution est même superflue si la boite de fer-blanc a été bien soudée et bouillie, c'est-à-dire chauffée à 80 degrés, température à laquelle les microorganismes de la décomposition animale sont détruits. Dans ces conditions, sans accès de l'air atmosphérique, les conserves ne peuvent pas se gâter.

Quels remèdes opposer à la dépopulation croissante et bientôt complète des écrevisses en Europe ? Evidemment, il n'y en a que deux. Ou repeupler les cours d'eau ou faire de l'élevage artificiel. La première méthode est certainement la meilleure, puisqu'on peut amener des écrevisses vivantes de Russie et même de contrées plus éloignées. Mais elle ne donnera de bons résultats que si elle est protégée par une loi très dure sur le braconnage, qui, malheureusement, est fort difficile à enrayer. Il faudrait interdire la pêche pendant au moins cinq ou six ans.

Quant à l'élevage artificiel, en principe, il ne soulève pas de grandes difficultés, et presque tous ceux qui l'ont tenté l'ont réussi. On élève les écrevisses dans de petits étangs artificiels ou dans des cuves en bois dont le fond est garni de rocailles, et, point le plus important, où l'eau est très fréquemment renouvelée. On les nourrit avec des débris de viande de boucherie. Malheureusement la croissance des écrevisses est, avons-nous dit, fort lente. Il faut donc attendre longtemps avant de pouvoir tirer parti du capital engagé, sans compter les frais parfois très grands qu'entraînent le renouvellement de l'eau et la nourriture. De plus, la fécondité des écrevisses est relativement médiocre, et enfin ces crustacés, ainsi que nous le disons plus haut, se dévorent très souvent entre eux. Tous ces inconvénients font que l'élevage artificiel est assez aléatoire et force à vendre les produits à un prix très élevé. Cet élevage ne peut donner de résultats pratiques que s'il est utilisé pour la production de petites écrevisses. On n'a guère de cette façon qu'à nourrir les parents. Quand les petits ont atteint une année, on les jette dans les ruisseaux naturels, qu'ils repeuplent lentement mais sûrement.

L'élevage naturel ou artificiel se butte d'ailleurs à un grave inconvénient : ce sont les maladies qui, parfois, déciment les écrevisses sans que l'on puisse rien opposer au fléau.

c) SCHIZOPODES.

Petits crustacés avec une grande carapace généralement membraneuse et huit paires de pattes semblablement conformées et divisées en deux branches, qui portent fréquemment des branchies libres et saillantes.

1. Mysis. — Les Mysis vivent dans la mer où elles donnent l'impression de minces crevettes grises au corps un peu plus allongé, très transparent et pourvu de gros yeux.

d) STOMATOPODES.

Crustacés de forme allongée, à carapace courte ne recouvrant pas les anneaux thoraciques, pourvus de cinq paires de pattes buccales, de trois paires de pattes fourchues et de branchies en touffes sur les pattes de l'abdomen, qui est très développé.

1. Squille mante (*Squilla mantis*). — 18 à 25 centimètres de long. Blanc nacré, nuancé de bleu, de violet et d'outremer. Yeux d'un vert doré. Deux taches d'un bleu violet irisé situées sur le dernier anneau de l'abdomen. Celui-ci large rappelant un peu celui de l'écrevisse. Pince ressemblant aux pattes de l'insecte appelé Mante. Vit dans la Manche, l'Atlantique et surtout la Méditerranée. Bon à manger.

II

ÉDRIOPHTALMES

Crustacés aux yeux latéraux sessiles, d'ordinaire avec sept anneaux thoraciques séparés, plus rarement six ou moins encore et un nombre correspondant de paires de pattes.

1. Cloportes. — Les Cloportes sont des crustacés terrestres extrêmement communs dans les caves, les feuilles mortes, sous les pierres, dans les jardins. Leur corps est ovale, formé d'articles tous semblables, portant chacun une paire de pattes, d'où le nom de *mille-pattes* qu'on leur donne souvent. La plupart ont la faculté de se rouler en boule quand on les touche. Ils mangent diverses matières végétales. Nuisibles. Il y en a de nombreuses espèces (*Armadillo, Oniscus, Porcellio,* etc).

Cloporte.

2. Lygie (*Lygia oceanica*). — Les Lygies sont des cloportes marins que l'on voit courir sur les rochers ou les pierres des jetées. Leur taille est plus grande que celle des cloportes terrestres. Ils ne se roulent pas en boule.

3. Bopyre (*Bopyrus squillarum*). — Sur les côtés de la carapace des crevettes, tout près de la tête, il n'est pas rare de voir une grosse bosse ovoïde d'un peu moins d'un centimètre de longueur. En soulevant la carapace à cet endroit, on trouve au-dessous un animal assez informe au corps un peu arqué. C'est le Bopyre, crustacé parasite des crevettes, surtout du bouquet.

4. Aselle aquatique (*Asellus aquaticus*), appelée aussi *Cloporte d'eau.* — 13 millimètres de long. Il est très commun dans les cours d'eau et les mares. Il diffère des cloportes terrestres en ce que son corps est beaucoup plus aplati et que ses appendices locomoteurs sont plus longs. Il ne nage généralement pas, mais court avec une assez grande rapidité sur les herbes aquatiques, et il reste constamment sous l'eau. Son corps est grisâtre avec quelques taches blanches irrégulières, peu distinctes. En l'examinant par la face dorsale, on distingue neuf anneaux. Le premier porte deux yeux latéraux et deux paires d'antennes. Le corps tout entier est transparent.

5. Perce-bois (*Limnoria lignorum*), appelé aussi *Limnorie perforante.* 2 à 4 millimètres. Aspect d'un cloporte, avec des petites pattes et le dernier anneau du corps creusé en cuillère. S'attaque aux pilotis dans la mer et les ronge ainsi que le bois des navires.

6. Sphérome (*Sphæroma serratum*). — 13 millimètres. Corps court, large, très convexe, se roulant en boule. Le dernier anneau du corps est beaucoup plus long que les autres. Vit dans la mer et l'eau saumâtre, où il est souvent d'une abondance extrême.

7. Crevette des ruisseaux (*Grammarus pulex*), appelée aussi *Crevettine.* — On la rencontre dans les ruisseaux peu profonds, surtout dans ceux qui renferment des plantes en décomposition, comme des feuilles mortes. Elle n'aime cependant pas les eaux stagnantes et préfère un léger courant. Elle atteint 1 à 2 centimètres et se distingue tout de suite par son corps aplati latéralement comme celui des crevettes marines, et en partie recourbé sur lui-même sur la face ventrale. La tête porte deux paires d'antennes. Les anneaux antérieurs portent des pattes assez longues et généralement au repos. Les derniers anneaux dans la région abdominale sont pourvus d'appendices nombreux et assez petits, que l'animal agite constamment avec une rapidité remarquable. C'est au moyen de ces mouvements que l'animal peut nager dans l'eau avec une vitesse assez grande, et en décrivant de grandes courbes. Le mâle est plus gros que la femelle. Généralement, ils se tiennent ensemble, la dernière placée sous le ventre du mâle : tous deux nagent en faisant mouvoir leurs pattes abdominales. Les *Gammarus* n'aiment pas la lumière ; ils restent le plus souvent cachés au fond de l'eau. Les œufs que pond la femelle sont repris par elle et mis avec soin dans une poche ventrale formée par les pattes médianes. Quand les petits éclosent, ils restent d'abord dans cette poche ; un peu plus tard, ils quittent ce qu'on pouvait appeler le « giron » de leur mère, pour aller se promener dans les environs. Mais à la moindre alerte ils viennent se réfugier dans la poche où la mère les protège contre leurs ennemis.

8. Puce de mer (*Talitrus saltator*), appelée aussi *Talitre.* — 12 à 20 millimètres. Les puces de mer sont extrêmement communes sur toutes les plages, où elles se réfugient dans le sable à marée basse. Aussitôt que la mer arrive, elles en sortent et sautent sans discontinuer. Quand elles ont trouvé le débri d'un animal, elles le dévorent avec une rapidité remarquable. Sans elles, les plages, où ces débris animaux subsisteraient, deviendraient inhabitables. Sous les paquets d'algues et de varechs, elles sont d'une abondance extrême parce qu'elles trouvent à leur surface une grande quantité d'animaux à manger. Les oiseaux du voisinage en font une grande consommation.

9. Orchestie (*Orchestia littorale*). — On confond souvent les Orchesties avec les puces de mer dont elles ont les mêmes mœurs. Elles s'en distinguent par leurs deux paires de pattes-mâchoires terminées par une pince ; la seconde paire large et puissante chez le mâle est petite et faible chez la femelle. Moins communes que les talitres, sauf sur les côtes rocailleuses où ceux-ci ne les suivent pas. Très commune au Croisic, dit M. Chevreux, elle ne descend jamais au-dessous du niveau des pleines mers, mais au-dessus de cette limite, on la trouve dans tous les endroits un peu humides : dans les jardins, à plusieurs centaines de mètres de la mer, dans les caves et les cuisines des maisons, sous le fumier des écuries, au bord des mares d'eau douce et des réservoirs des marais salants, enfin sur les falaises à pic, dominant de 15 mètres le niveau de la mer. Corps de 15 à 20 millimètres, de couleur verte.

10. Chelure (*Chelura tenebrans*). — Se reconnaît à ses antennes inférieures très developpées, à fouet converti en large lamelle et ses appendices caudaux étalés d'une manière bizarre. Perce les pilotis au-dessous du niveau moyen des basses mers de vive-eau; s'attaque aussi aux bois flottants.

11. Poux de Baleine (*Cyamus ovale*). — Corps ovalaire. Pinces larges. Pattes grosses. Apparence générale d'un pou. Parasites sur la peau des baleines.

PHYLLOPODES

Crustacés à corps allongé, souvent nettement segmenté, présentant ordinairement un repli cutané, constituant un test ou carapace, aplati en forme de bouclier, ou bivalve, et comprimé latéralement, et munis d'au moins quatre paires de rames lamelleuses, lobées.

1. Branchipe des étangs (*Branchipus stagnalis*). — Se rencontre surtout dans le Midi de la France et particulièrement dans la région maritime. Son corps, fort élégant, est d'un blanc verdâtre, légèrement rougeâtre. A sa face ventrale, il porte une série de lamelles aplaties, constamment en mouvement.

Branchipe des étangs.

2. Artémie saline (*Artemia salina*). — 8 à 11 millimètres. Vit dans la mer, mais peut aussi subsister dans l'eau saumâtre et même l'eau douce; elle présente alors diverses modifications.

3. Apus cancriforme (*Apus cancriformis*). — 3 à 4 centimètres. Il est généralement assez rare, mais, parfois, après des inondations, on le voit pulluler. Il se distingue tout de suite par une vaste carapace verdâtre qui recouvre une grande partie de la face dorsale du corps, ne laissant saillir au dehors que les derniers anneaux terminés par une languette médiane, portant deux appendices longs et poilus. En avant, on distingue de longues antennes, et sur la carapace une masse oculaire centrale. Cette masse, vue à la loupe, se montre en réalité formée de deux yeux latéraux et d'un œil médian plus petit. La carapace est un simple prolongement postérieur de la tête ; elle n'adhère pas au corps. En la soulevant et en la regardant par transparence, on y voit deux taches ovalaires qui représentent des glandes. Toute la face ventrale est garnie d'appendices locomoteurs ayant l'apparence de feuilles. Les femelles sont beaucoup plus communes dans les mares que les mâles : la onzième paire de pattes aplaties de la femelle est transformée en deux petites cupules destinées à recevoir les œufs.

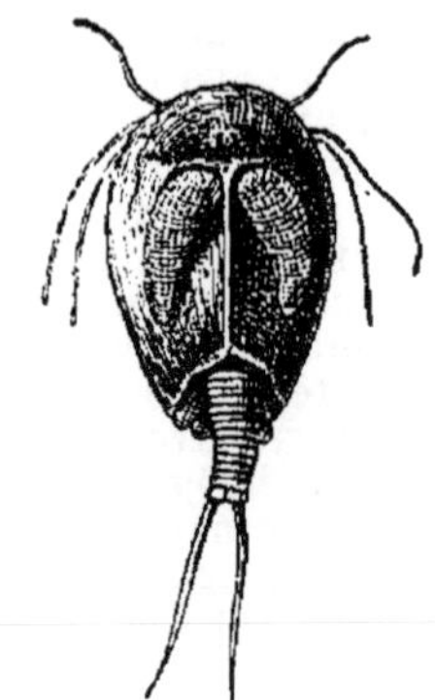

Apus cancriforme.

4. Daphnie puce (*Daphnia pulex*). — Ce petit crustacé, à peine visible à l'œil nu, est arrondi, un peu aplati latéralement, enfermé dans une vaste carapace qui ne laisse sortir que les antennes et les pattes antérieures. Les œufs s'accumulent dans la région dorsale de la carapace, qui joue ainsi le rôle d'une cavité incubatrice. Les œufs se développent en embryons, qui, lorsqu'ils sont suffisamment formés, sortent les uns à la suite des autres. Les Daphnies sont quelquefois très abondantes et donnent à l'eau une coloration jaune rougeâtre, surtout quand elles viennent à la surface. Elles constituent une nourriture importante pour les poissons. Au commencement de l'hiver, les daphnies pondent des œufs différents de ceux d'été en ce que leur coque est beaucoup plus dure. Des œufs sont également déposés sous la carapace, mais celle-ci se détache, tombe au fond de l'eau et constitue ainsi une sorte de sac appelé *éphippium*, qui protège les œufs jusqu'au printemps suivant, époque où ils écloront.

OSTRACODES

Petits crustacés d'ordinaire comprimés latéralement avec une carapace bivalve entourant complètement le corps. Sept paires d'appendices seulement servant d'antennes, de mâchoires, de pieds pour nager et ramper, des palpes mandibulaires en forme de pattes et un abdomen court.

1. Cypris. — Un demi-centimètre environ. Vit dans les mares. Il a une vaste carapace articulée sur le dos, qui forme deux petites valves se rabattant l'une sur l'autre de façon à cacher complètement l'animal quand quelque danger le menace.

2. Cypridine. — Un appendice frontal allongé. Marin.

COPÉPODES

Crustacés à corps allongé, avec deux paires d'antennes, une paire de mandibules, une paire de mâchoires, deux paires de pattes-mâchoires, quatre ou cinq paires de pattes biramées et un abdomen à cinq articles et dépourvu de membres.

1. Cyclopes. — 1 à 2 millimètres. Se reconnaissent à leur couleur blanche et à leur natation saccadée. Leur front est garni d'un œil unique (d'où leur nom). Ils

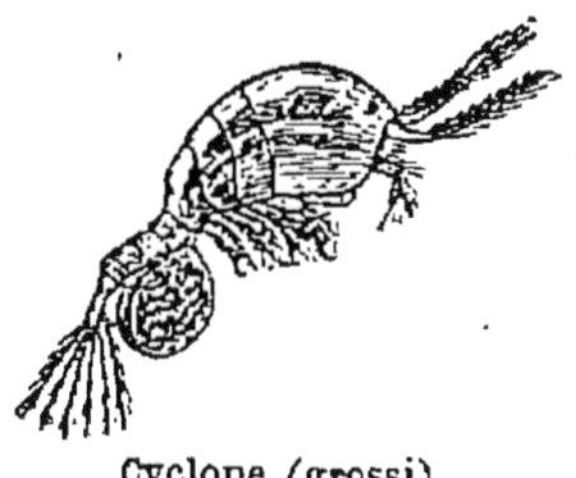
Cyclope (grossi)

présentent ce fait particulier de nager avec leurs antennes, tandis que les autres crustacés nagent avec leur pattes.

L'extrémité postérieure de leurs corps est bifurquée en deux longs appendices poilus. Enfin la femelle porte latéralement et en arrière deux longs sacs blancs ou bruns contenant des œufs. Dans les mares.

2. Copépodes parasites. — Un grand nombre de copépodes (*Calige, Lernée,* etc.) sont parasites, mais alors tellement transformés qu'on ne les prendrait même pas pour des crustacés. On reconnaît cependant encore les femelles en ce qu'elles portent en arrière deux sacs d'œufs comme ceux des cyclopes.

CIRRHIPÈDES

Crustacés à corps indistinctement articulé, entouré par un repli cutané renfermant des plaques calcaires, munis de six paires de pattes en forme d'antennes.

1. Anatife (*Lepas anatifera*). — Sur les épaves rejetées sur la plage, on rencontre parfois de longs tubes bruns, mous (longueur : 10 à 20 centimètres), terminés par une coquille blanche formée de plusieurs pièces. Ce sont des Anatifes. En entr'ouvrant la coquille, on en voit les nombreuses pattes. Non comestibles.

Anatife lisse.

2. Pollicipes. — Pédoncule épais, aminci à l'extrémité, couvert d'écailles pressées les unes contre les autres. Coquille formée de 18 pièces calcaires. Dans la mer.

3. Balane (*Balanus tintinnabulum*). — Les balanes sont extrêmement communes sur les coquillages, les galets et les rochers qu'ils recouvrent presque entièrement. Ce sont de petits cônes dont

la partie supérieure est ouverte. Demandez aux baigneurs des plages ce que sont ces organismes, ils vous répondront invariablement que ce sont de « petites huîtres ». C'est inexact ; les

Balanes sur une coquille de moule.

Balanes n'ont aucun rapport avec les huîtres, puisque ce sont des crustacés. A l'intérieur du cône calcaire, il y a deux plaques verticales, et entre les deux un animal bizarre, garni de longues pattes recourbées sur elles-mêmes. Les balanes restent à sec à marée basse. A marée haute, elles se réveillent et on voit les animaux faire saillie de leur maison pour y rentrer de suite après, puis en sortir de nouveau, etc,

4. Coronule. — Les coronules sont de larges balanes parasites de la peau des baleines.

5. Sacculine (*Sacculina Carcini*). — Animal en forme de sac placé sous la queue des crabes, sur lesquels il vit en parasite.

6. Peltogaster (*Peltogaster curvatus*). — Animal en forme de sac vivant en parasite sur le corps du Bernard-l'Ermite.

EMBRANCHEMENT DES MOLLUSQUES

Animaux mous, ne formant qu'une seule masse, c'est-à-dire non divisés en anneaux comme les vers ou les insectes, dépourvus de pattes, très souvent recouverts par une coquille simple ou double.

PREMIÈME CLASSE

LAMELLIBRANCHES ou ACÉPHALES ou BIVALVES.

Mollusques, à tête non distincte, enfermés dans une coquille composée de deux valves réunies par un ligament dans la région du dos. Tous aquatiques.

Huître. — L'huître comestible (*Ostrea edulis*) a deux valves inégales, l'inférieure un peu concave, la supérieure plane. On la cultive dans des parcs spéciaux, notamment à Arcachon, à Marennes, à Ostende, etc. En général, on met à sa disposition des briques,

L'huître portugaise (*Ostrea angulata*) est beaucoup plus irrégulière comme forme. Elle se développe pour ainsi dire sans soin et avec une grande exubérance : son prix est abordable à toutes les bourses, mais elle est bien moins fine que l'espèce précédente.

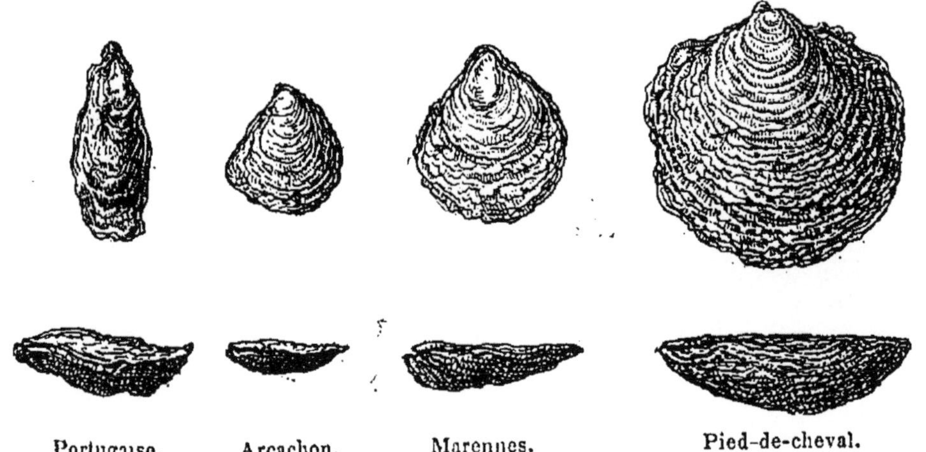

où les jeunes embryons viennent se fixer en nageant. Dans certains parcs, on se contente de recueillir ces jeunes huîtres, que l'on transporte ensuite dans une autre localité pour s'y engraisser ou verdir. Ce verdissement paraît être dû à une algue parasite qui se développe dans les branchies. L'industrie ostréicole est une des plus importantes de nos côtes.

Anomie. — Sur les coquilles d'huîtres, même celles que l'on apporte au marché, il est fréquent de voir d'autres coquilles irrégulières et remarquables en ce qu'elles sont entièrement nacrées, même à l'extérieur : ce sont des *Anomies* (*Anomia ephippium*). Elles sont attachées à la coquille par une sorte d'osselet osseux qui traverse de part en part la valve inférieure, laquelle, par suite, est percée d'un trou. Ces anomies, quoique fort jolies, sont nuisibles : il leur arrive parfois de se développer au point de recouvrir entièrement les bancs d'huîtres et de les étouffer. Dans ces cas, le plus simple est d'enlever les anomies à la main, et, pour les utiliser, de les répandre sur les champs, où ils servent d'engrais.

Coquille Saint-Jacques (*Pecten Jacobæus*). — Les *Coquilles Saint-Jacques*, si appréciées des gourmets, ne vivent pas sur les côtes, bien qu'on trouve parfois leurs valves rejetées sur la plage. On ne les rencontre qu'à une profondeur assez grande où, au repos, elles reposent librement à plat. Pour nager, elles ouvrent largement leurs valves,

Coquille Saint-Jacques (largeur 0ᵐ,15)
Valves inférieure et supérieure.

puis les referment brusquement. Il en résulte un mouvement de recul beaucoup plus rapide qu'on ne se l'imaginerait en voyant l'animal à l'apparence lourde. On recueille les coquilles Saint-Jacques à l'aide des dragues, en même temps que les turbots et autres poissons plats. Sur tout le pourtour de leur corps, on voit de petits boutons brillants : ce sont autant d'yeux.

Petoncle (*Pecten varius*). — Les *Petoncles* sont comparables à de petites coquilles Saint-Jacques ; ils sont très appréciés des gourmets qui peuvent les déguster comme les huîtres, sans les faire cuire.

Lime. — La *Lime bâillante* (*Lima hyans*) est un mollusque nageur ; lorsqu'elle se déplace dans l'eau, elle ressemble à un papillon voltigeant dans l'air : ses deux valves battent presque aussi vite que des ailes d'insectes. Dans certaines circonstances, encore mal déterminées, la lime bâillante se fabrique une sorte de nid, en s'entourant de débris divers. Nous reproduisons à ce propos ce que dit O. Schmidt :

« Je recueillis un jour une masse qui mesurait environ 12 centimètres de diamètre et qui paraissait extérieurement peu bosselée. Elle était composée de petites pierres et de fragments de coquillages ; au premier coup d'œil on reconnaissait qu'elle était consolidée par un fouillis de ligaments bruns et jaunâtres. Je vis briller à travers une fente assez étroite la coquille blanche de la lime bâillante. J'extirpai l'animal de son nid, et l'ayant placé dans un verre assez large, je ne pus me lasser de contempler la magnificence de son manteau et la vivacité de ses mouvements. La coquille allongée, à valves semblables, est du blanc le plus pur ; elle s'ouvre aux deux extrémités, et surtout à l'avant, et laisse émerger une foule de franges orangées appartenant au manteau. Quand l'animal est au repos, celles-ci présentent les mouvements vermiculaires les plus variés, et quand il exécute ses mouvements de natation tout à fait spéciaux, elles traînent derrière lui, ainsi qu'une queue couleur de feu. A peine a-t-on placé ce coquillage en liberté dans l'eau qu'il ouvre et referme ses valves avec violence et nage ainsi par saccades dans toutes les directions. Dans ces mouvements, quelques-unes de ces belles franges sont détachées ; mais elles paraissent acquérir par là une vitalité spéciale, car elles continuent, sur le fond du vase, leurs contorsions spontanées comparables à celles des lombrics. Ce phénomène, lorsque l'eau est entretenue fraîche, peut durer deux heures. Lorsque l'animal reste dans son nid, il laisse flotter, à travers l'ouverture du nid, d'épaisses touffes de franges qui émanent du bord interne du manteau fendu presque entièrement. Ces franges, recouvertes de cils vibratiles très actifs, servent évidemment à amener de petites proies microscopiques, ainsi que l'eau nécessaire à la respiration. On ne s'explique pas pourquoi ce coquillage, si actif, habite dans un nid qu'il ne quitte évidemment pas.

« Examinons le nid d'un peu plus près. L'animal assujettit, au moyen de filaments de byssus d'une espèce grossière, une foule d'objets situés dans son voisinage. Les nids que j'ai vus en Norvège étaient composés seulement de petites pierres légères et de petits fragments de coquillages ; celui que M. Lacaze-Duthiers a trouvé dans un lieu peu profond du port de Mahon est formé de matériaux bariolés, tels que bois, pierres, coraux, coquilles de gastéropodes, etc., qui lui donnent un aspect beaucoup moins léger que ceux que j'ai observés. On n'a pas encore vu la lime construire son nid ; mais, comme on peut constater aisément, chez les mytilacées, que l'animal possède la faculté de détacher à son gré les filaments du byssus, on doit attribuer la même propriété à la lime bâillante.

« Après avoir aggloméré les grossières parois de sa retraite et après avoir assemblé au moyen de centaines de filaments les pierres de sa construction, l'animal en tapisse l'intérieur à l'aide d'un tissu plus fin, et à ce point de vue sa demeure rappelle les nids d'oiseaux très fins et très douillets à l'intérieur, et dont l'extérieur est plus grossier. Ce nid constitue, pour l'animal, peu abrité par sa coquille entrebâillée, un abri sûr qui écarte les poissons de proie les plus rapaces. D'après la façon dont les limes pénétrèrent à plusieurs reprises dans mes filets, en Norvège, à 20 et 30 pieds de profondeur environ, je suis porté à admettre qu'à une profondeur plus grande, où elles ne sont troublées ni par les vagues ni par les courants, elles ne recherchent pas tout d'abord sous les grosses pierres un emplacement pour leurs nids. Ceux que le zoologiste français a recueillis à Mahon se trouvaient tous dans une eau plus profonde, et à l'abri de grosses pierres. Desséchés, les filaments qui réunissent ces matériaux deviennent très cassants ; aussi ces nids, quoique peu rares, sont très difficiles à conserver dans les collections. »

Cyclas. — La *Cyclas rivicola* habite les eaux douces. Sa coquille atteint au plus un centimètre ; les valves sont minces, transparentes, incolores. Elle abonde au milieu des plantes aquatiques où elle se déplace, grâce à son « pied » musculeux, avec une rapidité étonnante.

Moule. — Les *Moules* (*Mytilus edulis*) sont les bivalves les plus familiers à tous, car, dans les villes, on les trouve à acheter à très bon marché, et, au bord de la mer, c'est un plaisir que d'aller les récolter sur les rochers. Elles vivent en effet toujours fixées sur ceux-ci ou des pilotis à l'aide de filaments cornés, appelés familièrement la « barbe » et scientifiquement le « byssus ». Celui-ci sert aux moules non seulement pour se fixer, mais aussi pour se hisser le long de ces fils ainsi qu'au long d'une corde. Lorsqu'une moule s'est installée dans quelque endroit où elle ne se trouve pas enclavée par ses voisines ou emprisonnée par leurs filaments, elle se hisse, si cette résidence cesse de lui convenir, aussi près que possible du point où le byssus est assujetti. Elle dirige alors de nouveaux fils dans le sens où elle veut progresser, et quand ceux-ci se trouvent fixés, elle pousse son pied entre les fils anciens pour les rompre l'un après l'autre, d'un mouvement brusque. Elle se trouve alors suspendue aux fils qui viennent d'être tissés, et qu'elle va rompre à leur tour quand ils lui auront servi à s'assujettir dans une direction nouvelle. » (De Rochebrune.) A l'intérieur de la moule vivante on trouve souvent un petit crabe inoffensif, le pinnothère. Dans beaucoup de localités on se contente de recueillir les moules qui se développent d'elles-mêmes sur les rochers ; dans d'autres, on facilite leur établissement. « La culture des moules, dit H. de la Blanchère, remonte à environ huit siècles ; elle fut découverte sur les bords de l'Océan, dans la baie d'Aiguillon, par un pauvre naufragé irlandais, et les pratiques qu'il

Moule.

institua sont encore en usage aujourd'hui. Walton, c'est le nom du naufragé, vivait du produit de la chasse des oiseaux marins. Pour profiter de l'habitude qu'ont ces oiseaux de voler la nuit en rasant l'eau, il fabriqua un immense filet de nuit qu'il nomma *filet d'allouret.* C'était une toile de trois cents mètres tendue horizontalement sur des piquets enfoncés dans la vase. Malheureusement les barques ne pouvaient pas avancer dans la baie d'Aiguillon, où Walton opérait ses chasses, parce que cette baie n'est qu'un immense lac de boue. Notre chasseur inventa alors l'*acon,* sorte de caisse en bois, large et profonde, dont l'extrémité antérieure se relève en forme de proue. Pour faire manœuvrer l'acon, le batelier en saisit les bords avec les mains, appuie un genou contre le fond et lui donne l'impulsion en enfonçant et retirant successivement de la vase l'autre jambe armée d'une énorme botte, et restée en dehors de la caisse. C'est sur cette barque que Walton allait ramasser ses chasses dans la baie d'Aiguillon. Or, il fit bientôt une remarque qui devait changer la face du pays. Il s'aperçut que les jeunes moules, qui abondaient dans la baie, de même que sur la côte, venaient s'attacher constamment à la partie inférieure et submergée des pieux. Ceci était simplement curieux. Mais il remarqua que les moules qui se trouvaient suspendues par leurs byssus, au-dessus de la vase, devenaient évidemment plus grosses, plus grasses, plus savoureuses et plus délicates que celles qui restaient plongées dans l'eau vaseuse ou dans la vase elle-même. Walton eut l'intuition, le génie de sa découverte, et cette remarque lui fit créer, à son usage, toute une industrie. Il inventa les *bouchots,* c'est-à-dire qu'au niveau des basses marées, il traça de grandes palissades convergentes vers la haute mer et semblables à la première lettre de son nom. Les côtés de ces W immenses se prolongent de deux cents mètres au moins sur le rivage et s'écartent les uns des autres sous un angle de 45°. Chacun des côtés de ces palissades est formé de pieux plantés à la distance de un mètre les uns des autres, et dont les intervalles sont remplis de branchages entrelacés. » Au printemps, les moules émettent dans l'eau de très petites larves nageuses qui viennent se fixer sur ces dernières et s'y développent rapidement. Au mois de juillet, ce « naissain » s'est déjà transformé en moules de la grosseur d'un haricot. Au bout d'un an, elles sont devenues susceptibles d'être vendues.

Anodonte. — L'*Anodonte des étangs* (*Anodonta cygnea*) peut atteindre 15 centimètres de longueur. On en trouve dans les rivières parcourues par un très faible courant, presque complètement enfouie dans la vase : mais à sa grande taille on la reconnaît toujours. Sa reproduction est bien curieuse. Les jeunes embryons, dans les premiers stades de leur développement, se logent dans les branchies de la mère. Là, chaque petit embryon sécrète une coquille munie sur ses bords de deux ongles crochus. Une glande, le byssus, sécrète un long cordon et des organes sensoriels apparaissent sur le dos du manteau. Ces larves, que l'on désigne sous le nom de *Glochidium,* nagent dans l'eau en ouvrant et fermant alternativement leur coquille. Elles vont ainsi se fixer sur les branchies d'un poisson. Arrivées là, les tissus de l'hôte prolifèrent autour d'elles et leur forment une sorte de kyste à l'intérieur duquel s'accomplissent diverses modifications. Le byssus disparaît, et la coquille définitive se forme. Enfin le glochidium se détache de son hôte et devient une anodonte adulte. Donc, pour que les anodontes puissent se reproduire, il faut mettre des poissons dans l'étang où elles vivent. Les anodontes peuvent être mangées crues ou cuites comme des moules, malheureusement elles ont souvent un goût de vase peu agréable.

Mulette. — La *Mulette des peintres* (*Unio pictorum*) vit comme l'anodonte dans les eaux douces et a la même histoire. Elle est sensiblement plus petite.

Dreissène. — La *Dreissène* (*Dreissena polymorpha*) peut être comparée, comme aspect, à une petite moule dont le côté qui porte la charnière aurait été aplati. Sa couleur est jaunâtre ou brune, marbrée de violet ou de vert, suivant les localités. On la trouve sur les quais des grandes rivières, fixée le long des parois par une série de fils cornés.

Mulette perlière.

Coque. — Les *Coques* ou *Palourdes* (*Cardium edule*) vivent au bord de la mer, à demi enfoncées dans le sable, mais toujours facilement visibles à marée basse. Elles se déplacent aisément, soit à la surface du sol, soit à son intérieur, à l'aide de leur « pied », masse charnue qui peut s'allonger beaucoup et se rétracter quand les valves sont

Coque.

entr'ouvertes. On en mange beaucoup sur le littoral ou dans les grandes villes, où on les vend à très bon marché. Sur les plages leurs valves bombées, blanchies par la mer, comptent parmi les « coquillages » les plus communs.

Tapes. — Chez les marchands de poissons, l'espèce précédente est très

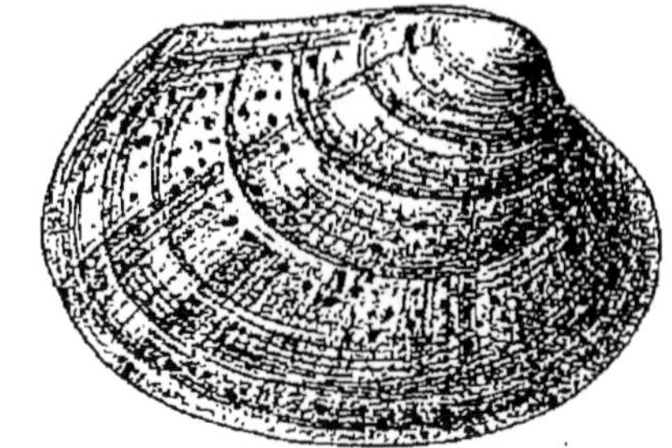

Tapes ou Clovisse.

souvent mélangée avec d'autres mollusques, tout aussi bons d'ailleurs au point de vue comestible, mais dont la coquille est plus longue que large, moins bombée, marquée de fines ponctuations et parcourue par des bandes un peu plus foncées qui partent du crochet. Ce sont des *Tapes* ou *Clovisses*, dont on trouve les coquilles également en abondance sur les plages.

Venus. — Les *Venus* sont tout à fait semblables aux coques, mais s'en distinguent par de gros tubercules que présente la coquille, soit sur toute sa surface, soit sur un de ses côtés.

Lucine. — Les *Lucines* sont ces coquilles très lisses, luisantes, à bord un peu crénelé que les enfants se plaisent toujours à ramasser sur les plages quand ils en rencontrent.

Mye. — La *Mye des sables* (*Mya arenaria*) est un mollusque de grande taille — large comme la main environ — qui vit dans la vase, à l'embouchure des rivières. Les deux coquilles ne s'appliquent pas directement l'une sur l'autre quand elles sont fermées. L'animal se prolonge par un long tube charnu, le siphon, par où l'eau entre et sort.

Couteau. — Les *Couteaux* (*Solen vagina*) ont une coquille tellement à part qu'ils sont connus de tout le monde ; celle-ci est, en effet, allongée comme leur nom l'indique ; les deux valves ne s'appliquent pas exactement l'une sur l'autre et laissent notamment deux espaces aux deux bouts. Les couteaux vivent enfoncés verticalement dans le sable, où ils s'enfoncent avec une rapidité étonnante. On peut les récolter en remuant le sable avec une bêche, mais c'est un travail pénible, car l'animal s'enfonce au fur et à mesure. Il est préférable, à marée basse, de déposer une poignée de sel à l'entour de leur trou : le couteau vient voir ce qui se passe et on en profite pour le faire sauter d'un coup de bêche. Les couteaux sont comestibles cuits ; ils constituent aussi un appât excellent pour la pêche du merlan et du maquereau.

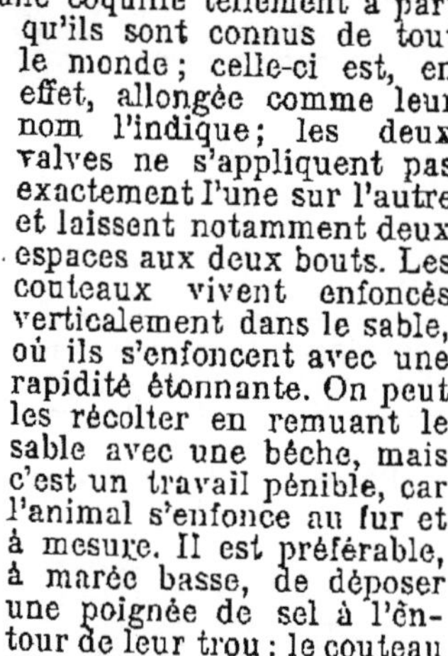

Couteau.

Taret (*Teredo navalis*). — Il faut être prévenu pour considérer les *Tarets* comme des mollusques bivalves, car ils ne possèdent qu'une petite coquille informe qui ne réunit que la partie antérieure de l'animal. Le reste du corps est extrêmement allongé, vermiforme, et entouré par un tube calcaire lisse, simplement divisé par une cloison. Les ta-

rets perforent les bois submergés ; leurs dégâts sont parfois considérables. Ils

Taret.

détruisent les carcasses des navires, les digues, les ponts, etc., qui finissent par ne plus pouvoir résister à la mer.

Cythérée. — La *Cythérée* a une

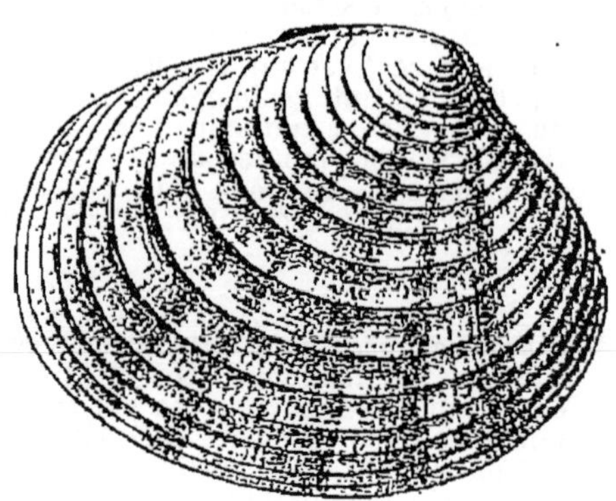

Cythérée.

coquille luisante comme de la porcelaine ; sa couleur est brun jaunâtre.

Pholade (*Pholas dactylus*). — La *Pholade* a été le sujet de travaux fort intéressants, qui nous engagent à jeter un coup d'œil sur ses mœurs et sa physiologie.

Sur nos côtes maritimes, les pholades les plus communes sont au nombre de deux : l'une grosse, la *Pholade dactyle*, l'autre plus petite, la *Pholade candide*. Toutes deux vivent dans des rochers ou dans l'argile : elles habitent un trou vertical, plus ou moins profond, suivant la taille du sujet. Le trou a la forme d'une bouteille

Pholade.

dont l'ouverture affleure à la surface du sol ; c'est dans la partie renflée que se tient l'animal. Quand on le laisse s'épanouir, on lui voit émettre une sorte de longue trompe, un long *siphon*, comme on l'appelle, qui occupe exactement le volume du goulot et vient jusqu'à l'orifice qu'il ne dépasse pas.

Pour se procurer des pholades, il suffit de briser à coups de marteau les rochers qui en contiennent. Malheureusement, par ce procédé, il est bien rare d'en avoir d'intactes. Le mieux est de recueillir celles qui vivent dans la vase ; on choisit alors l'instant où la marée est basse, seul moment favorable ; il est cependant assez difficile de les trouver. A la surface du sol, on voit des orifices vaguement arrondis : pour savoir dans quoi ces derniers donnent accès, il suffit d'y plonger le doigt. Si l'on sent un corps mou qui se rétracte brusquement, c'est, à n'en pas douter, qu'il y a une pholade : d'ailleurs, on voit partir un jet, une véritable trombe d'eau, rejetée par le siphon. Si l'on ne perçoit rien, c'est que l'on a affaire à un trou accidentel, ou à une cavité habitée par un ver ou un cardium. Il s'agit maintenant de déterrer l'animal sans le briser, ce qui n'est pas si facile qu'on le croirait au premier abord. A 25 centimètres du trou et tout autour de lui, on décrit un carré. A l'aide d'une bêche, on transforme celui-ci en un fossé qui isole, au centre, un paquet de terre contenant la pholade. Avec les déblais argileux ainsi retirés, on fabrique sur tout le pourtour du fossé une grossière muraille, qui empêche l'eau extérieure de couler dans le creux et de troubler le travail. Ceci fait, d'un coup de bêche, et sans rien brusquer, on enlève la motte de terre, et on aperçoit le sommet de la coquille avec le siphon rétracté. Avec les doigts, ou un petit instrument _ad hoc,_ on isole petit à petit la pholade, qui s'extrait bientôt sans aucune difficulté.

Sur plusieurs points de nos côtes, dans la Charente-Inférieure notamment, la chair de la pholade est un mets très recherché : on a soin au préalable d'enlever la coquille et de couper les siphons, qui sont trop durs. On mange les pholades à la manière des huîtres, sous le nom de _daills_ on _dayls._

La coquille présente ce fait particulier et assez rare, d'être _bâillante._ Les bords ne s'appliquent pas exactement l'un sur l'autre, comme cela se voit chez les huîtres, les moules, les coques, etc. ; les valves sont assez éloignées l'une de l'autre, aux deux extrémités, pour laisser passer le siphon et le pied. Le mode d'articulation diffère aussi de ce que l'on rencontre chez les autres mollusques du même groupe : les valves ne sont pas réunies par un ligament élastique, mais simplement par des muscles, qui sont en outre recouverts par un nombre plus ou moins grand de plaques calcaires, des sortes de petites valves

supplémentaires. Les anciens auteurs, frappés de la multiplicité des valves chez les pholades, les avaient, pour ce fait, placées parmi les _Multivalvia,_ à côté des cirrhipèdes, qui, comme on sait, sont des crustacés.

La partie de la coquille qui se trouve en contact avec le fond du trou est couverte d'aspérités pointues qui la font ressembler à une râpe. C'est aussi à ce niveau, dans l'entrebâillement de la coquille, que l'on voit une masse charnue, musculaire, blanche, aplatie : le _pied._

Nous sommes maintenant en mesure d'aborder le problème de la perforation des rochers par les pholades.

Une des hypothèses qui a eu le plus grand succès dans la science, a été émise en 1763 par De la Faille, et développée par divers naturalistes, notamment Deshayes. D'après cette hypothèse, l'animal sécréterait un acide qui, en attaquant la roche, produirait le trou. Caillaud démontre que cela est inadmissible ; car s'il est vrai qu'on trouve presque toujours des pholades dans des roches calcaires, on en trouve aussi dans des terrains inattaquables aux acides, tels que les gneiss et les micaschistes. D'autre part, on n'a jamais pu mettre en évidence l'existence de ce prétendu acide.

Une deuxième hypothèse est celle de Hancock, qui fait jouer un rôle actif au pied. Il aurait découvert dans celui-ci un certain nombre de petites pointes brillantes, réfractant la lumière, cristallines, réunies par groupes, résistant à l'action de l'acide acétique et de l'acide azotique, et considérées comme siliceuses. L'animal, à l'aide de cet appareil, userait donc la roche comme avec un papier de verre. La chose n'est pas encore démontrée d'une manière certaine.

Reste enfin l'hypothèse d'une action mécanique de la coquille agissant comme une râpe. Elle a d'abord été émise en 1684, par Buonami, qui remarqua que les parois du trou présentaient des stries annulaires, qui ne pouvaient être produites que par les épines de la coquille. Léendert Bomme, en 1773, observa des pholades en train de creuser, et les vit tourner dans leurs trous par un mouvement de va-et-vient. « Cela prouve à l'évidence, dit-il, que l'animal perfore la pierre par le bout le plus épais de sa coquille arrangée en lime, et qu'en la limant, il la réduit en poussière. » Mais c'est surtout Caillaud qui a étudié avec soin l'hypothèse de la perforation mécanique. Prenant en main une coquille vide de pholade, il montra que, malgré l'apparente fragilité de celle-ci, on pouvait creuser un trou dans le calcaire et le gneiss, à la condition d'opérer sous l'eau ; ainsi, il lui a suffi d'une heure et demie pour pratiquer une excavation de 18 millimètres de profondeur. « Ses expériences sur ces animaux, dit M. Fischer, sont très intéressantes. Après avoir pratiqué quelques trous dans le gneiss, il y a introduit des pholades qui les ont approfondis. Ces animaux, durant leur travail, contractent leurs siphons et écartent leurs valves ; le pied se fixe comme une ventouse au fond du trou, et attire les valves de son côté, suivant qu'il est placé et à droite et à gauche ; ou bien le muscle adducteur des valves, en se contractant, détermine un frottement des épines des valves sur les parois. »

Comment se fait la nutrition chez la pholade ? Pour s'en rendre compte, il faut savoir que le corps proprement dit de l'animal est enveloppé d'une membrane, le *manteau,* qui ne laisse qu'une ouverture pour permettre au pied de sortir au dehors. C'est dans cette cavité que se trouvent la bouche, les branchies, etc. Le siphon n'est que le prolongement du manteau, mais il est divisé en deux tubes. Les branchies sont couvertes de cils vibratiles, très nombreux, qui déterminent un courant d'eau très actif. L'eau pénètre donc par l'un des siphons, en amenant avec elle les matières solides qu'elle tient en suspension. L'eau seule pénètre dans les branchies qui y puisent l'oxygène, et ressort par l'autre siphon.

Quant aux matières solides, elles se comportent de différentes façons. Les unes, les plus petites, pénètrent par la bouche et sont digérées : ce sont surtout des animalcules. Quant aux autres, les plus grosses, on ne savait pas, jusqu'aujourd'hui, comment elles parvenaient à en sortir. Nous avons étudié, récemment, ce sujet, et nous en avons communiqué les résultats à l'Académie des sciences.

La bouche, comme chez tous les acéphales, est garnie de quatre lames aplaties, terminées en pointes, les *palpes labiaux.* Dans la majorité des mollusques du même groupe que les pholades, ces palpes, par leurs cils vibratiles, servent à guider les matières nutritives jusqu'à la bouche. Ici, en raison du mode de vie particulier que présentent les pholades, il y a un renversement complet. Le jeu des cils vibratiles a pour effet de rejeter les matières étrangères, les grains de sable, les particules vaseuses, dans des sillons spéciaux de la masse viscérale et du manteau, qui sont riches en cellules vibratiles et en cellules muqueuses. Les particules étrangères sont ainsi agglutinées en un cordon mucilagineux et rejetées par le siphon même qui sert à l'entrée de l'eau. L'animal n'a pas besoin, comme on le

croyait autrefois, de les avaler, pour les faire passer par le siphon de sortie des excréments. Les faits que nous venons d'exposer expliquent ce que deviennent les particules détachées dans la roche par l'animal. Ces particules pénètrent dans la seule issue qui se présente à eux, c'est-à-dire dans la cavité du manteau, en passant par le léger vide laissé autour du pied. Là, elles sont de suite saisies par les palpes labiaux, qui les conduisent jusque dans le siphon, d'où elles sortent au dehors. Les cils vibratiles se les transmettent à la manière des hommes faisant « la chaîne » et se passant des seaux d'eau. Sans cette disposition, les pholades se verraient obligées de manger le rocher qu'elles creusent, d'être de véritables lithophages, ce qui sans doute serait dangereux pour l'intégrité de leur tube digestif, à parois si délicates qu'on peut à peine les toucher sans les blesser.

Quand on met une pholade dans de l'eau de mer et que l'on agite la cuvette qui la contient, on voit le mucus se répandre dans le liquide, qui s'illumine comme par enchantement. La substance lumineuse n'est pas sécrétée par toute la surface du corps, mais seulement par certains organes photogènes contenus à l'intérieur du corps de l'animal. Pour voir ceux-ci, il suffit de couper longitudinalement le siphon et le manteau d'une pholade et de faire tomber sur elle un mince filet d'eau. Le courant entraîne tout le mucus, et, dans l'obscurité, on n'aperçoit plus de lumineux que certaines taches, découvertes par Panceri :

1° Un arc correspondant au bord supérieur du manteau, et qui se prolonge jusqu'à la moitié environ des valves ; 2° deux petites taches de forme irrégulièrement triangulaire, placées à l'entrée du siphon branchial ; 3° deux longs cordons parallèles situés dans le même siphon. Si l'on cesse de faire couler le filet d'eau, ces taches se mettent à sécréter un mucus lumineux, qui se répand sur tout le corps, et le fait paraître phosphorescent dans sa totalité. La luminosité persiste assez longtemps après la mort, même sur les animaux putréfiés ; elle cesse au bout d'une heure, quand on suspend l'animal dans une cloche remplie d'acide carbonique.

M. Raphaël Dubois, professeur à la Faculté des sciences de Lyon, a étudié avec soin la fonction photogène. Voici quelques-unes des expériences et des conclusions auxquelles il est arrivé :

Dans l'état normal, que la pholade soit en mouvement ou en repos, étendue ou contractée, on ne voit jamais le siphon devenir spontanément lumineux. M. R. Dubois a eu l'occasion d'observer plusieurs fois, par un temps sombre, un banc de pholades dont les demeures étaient creusées dans des argiles oxfordiennes et qui émergeait complètement à marée basse, sans jamais observer d'émission de lumière ; on pouvait faire rejeter le liquide des siphons en frappant le sol du pied, mais il ne se montrait lumineux que lorsque l'animal était directement et fortement excité. Dans ces cas, les parois du siphon s'illuminent du dedans au dehors, et il s'écoule de tous côtés un mucus phosphorescent qui, mélangé à l'eau de mer, rend celle-ci très lumineuse dans l'obscurité.

La luminosité apparaît sous l'action d'un phénomène réflexe dont le centre est situé dans les ganglions viscéraux.

Le phénomène photogène n'exige, pour s'accomplir, ni l'intégrité de l'organe, ni l'intégrité des éléments anatomiques qui constituent les éléments de l'organe. Le milieu où s'accomplit la production de la lumière doit présenter trois conditions fondamentales : contenir de l'eau, être oxygéné et posséder une réaction légèrement alcaline. Toutes les causes qui suspendent ou suppriment la vitalité des ferments solubles ou figurés, ou, d'une manière plus générale, l'activité du protoplasme, suspendent ou détruisent le pouvoir photogène de la substance extraite du siphon.

On peut se demander, maintenant, quels avantages la pholade retire de la présence de ses organes photogènes ? Aucun auteur n'a abordé cette question. On nous permettra d'émettre, à ce sujet, une hypothèse sinon vraie, du moins vraisemblable. On sait que le siphon de la pholade est divisé en deux tubes, complètement distincts ; l'un donnant accès dans le manteau où se trouvent les branchies et la bouche, l'autre qui conduit dans les cavités des branchies ;

c'est par ce dernier aussi que sortent les produits de la digestion et de l'excrétion. Or, c'est seulement dans la cavité où est la bouche que l'on rencontre des organes lumineux. N'y aurait-il pas un lien entre ces deux faits ? La lumière ne serait-elle pas destinée à attirer, dans le siphon branchial, les innombrables animalcules de la mer qui perçoivent et aiment la lumière, quoique dépourvus d'organes visuels ? D'autre part, il est probable que les organes photogènes forment, par leur réunion, des traînées qui conduisent jusqu'à la bouche et y amènent, par conséquent, les infusoires qui ont pénétré dans le siphon.

La pholade nous offre encore à considérer un phénomène fort curieux et fort important. Quand on arrache un de ces animaux de sa demeure et qu'on le place dans une cuvette avec de l'eau de mer, on voit le siphon s'étaler et prendre des dimensions démesurées. Si alors, avec la main, on intercepte brusquement le rayon lumineux qui l'éclaire, on voit le siphon se rétracter brusquement. Un nuage de fumée qui passe, une allumette qui éclate dans l'obscurité suffisent à produire le même phénomène. On pourrait croire, d'après ces expériences, que le mollusque est pourvu d'yeux et que c'est par eux qu'il perçoit la lumière ; en réalité il n'en est rien, le siphon est absolument dépourvu d'organes visuels, c'est par son tégument seul qu'il voit.

M. Raphaël Dubois, qui a fort bien étudié cette propriété curieuse de la peau, lui a donné le nom de *fonction dermatoptique.* Il est facile de démontrer que, dans un rayon lumineux, c'est la lumière seule qui agit sur le siphon et non la chaleur. En effet, en approchant de l'animal un ballon rempli d'eau bouillante, mais noirci à sa surface, il n'y a aucune contraction.

SCAPHOPODES

Cette petite classe ne comprend que le *Dentale* (*Dentalium Tarentinum*), dont la coquille ressemble tout à fait à une défense d'éléphant à la taille près toutefois, car elle n'a guère que deux à trois centimètres. De plus elle est creuse. L'animal qui l'habite vit à demi enfoncé dans la vase.

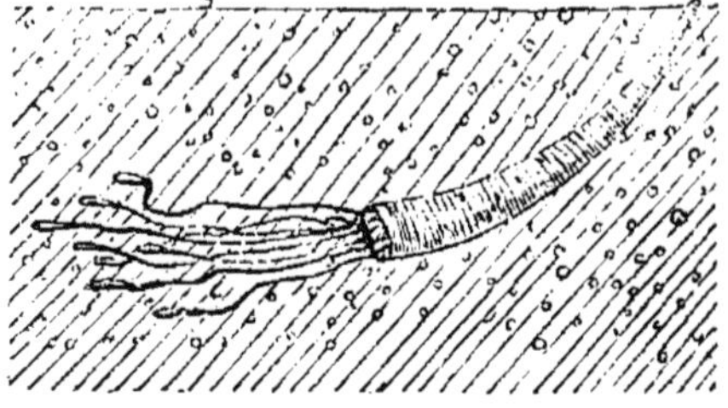

Dentale.

TROISIÈME CLASSE

GASTÉROPODES

Mollusques à tête plus ou moins distincte, ordinairement pourvus d'une coquille enroulée sur elle-même, quelquefois nus, pourvus d'une masse musculaire ventrale sur laquelle ils rampent habituellement.

ORDRE DES PROSOBRANCHES

Gastéropodes vivant presque tous dans la mer, quelques-uns dans les eaux douces pourvus d'une coquille. Les espèces en sont tellement nombreuses que nous ne pouvons citer que les plus facilement reconnaissables.

Patelle (*Patella vulgata*). — Les *Patelles* sont ces mollusques à coquille conique que l'on trouve si fréquemment sur les rochers au bord de la mer. Pour s'en emparer, il faut profiter du moment où la coquille n'est pas exactement appliquée sur le roc ; on introduit rapidement un couteau entre les deux et on fait sauter l'animal. Si l'on n'opère pas suffisamment vite, la patelle s'applique si bien sur le rocher et avec une telle force qu'il est d'autant plus impossible de l'en détacher que la main n'a aucune prise sur la coquille. Certains pêcheurs mangent les patelles crues, sous le nom de *flies*.

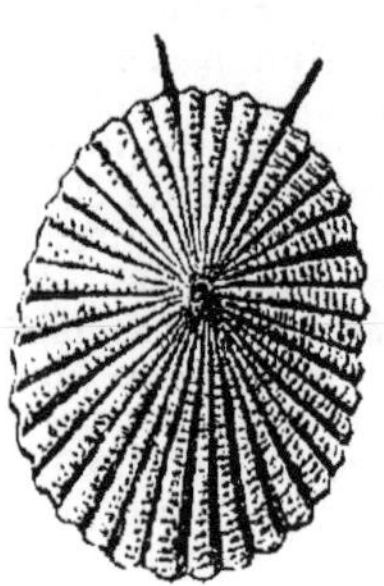

Patelle.

Haliotide (*Haliotis tuberculata*). — Les coquilles d'*Haliotides* se trouvent chez tous les marchands de coquillages dans les villes de bains de mer ;

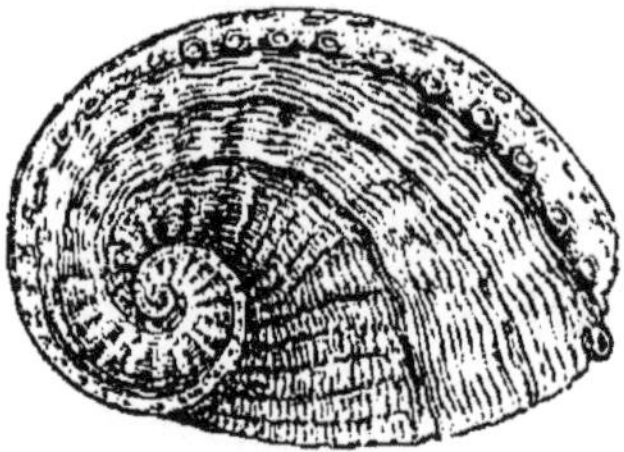

Haliotide.

on les rencontre aussi rejetées sur quelques plages. Elles sont fort faciles à reconnaître, car elles ont une forme toute particulière. Elles sont ovales, oblongues, avec une ouverture tellement grande que l'on croirait avoir affaire à une coquille de bivalve ; mais on reconnaît qu'elles appartiennent à des gasté-ropodes en ce que, en un point excentrique, il y a un tout petit tortillon creux, à peine indiqué. Mais ce qui lui donne son caractère bien particulier, c'est une série de trous qui traversent les coquilles suivant une ligne parallèle à un des bords. L'intérieur de la coquille de l'haliotide est constitué par de la belle nacre, que l'on exploite d'ailleurs. On vend quelquefois les haliotides dans un but comestible : on les mange cuites. On y trouve quelquefois des perles utilisables en bijouterie.

Fissurelle.

Fissurelle. — Les *Fissurelles* ressemblent aux patelles, mais le sommet du cône de la coquille, au lieu d'être plein, est percé d'un trou.

Bigorneaux. — Sur les rochers, au bord de la mer, on récolte de petites coquilles habitées par leur animal et que l'on mange sous le nom de *Bigorneaux*.

Littorine.

Troque.

Ce sont différentes espèces qui, naturellement, diffèrent d'un point à un autre. Parmi les plus communes, il faut citer la *Nérite polie*, reconnaissable à sa forme hémisphérique et à l'ouverture semilunaire que présente la coquille ; la *Lit-*

torine littorale, à coquille très épaisse, ovale, à sommet aigu, striée transversalement, d'un gris fauve, ornée de bandes plus foncées ; les *Troques,* dont les tours de spires ne sont pas toujours très nets et dont le contour général de la coquille est plutôt conique.

Cyprée. — Sur quelques plages, les enfants se plaisent à récolter cette espèce (*Cyprea coccinea*), qu'ils désignent sous le nom de *grains de café.* Elles sont rosées, arrondies, marquées de fines lignes, et l'ouverture se présente en long, au-dessous de la coquille.

Pourpre (*Purpura lapillus*). — La coquille de cette espèce très commune est courte, ovale, aiguë, striée verticalement, d'un cendré jaunâtre garni de bandes brunes ; l'ouverture en est épaisse, dentée en dedans. L'animal se promène sur les rochers. Son histoire mérite de nous arrêter.

Coquille de Pourpre.

Ce mollusque sécrète en effet un liquide devenant rouge à la lumière et utilisé autrefois en teinture.

« Depuis Tripoli jusque bien au delà de Jaffa, sur les côtes de Syrie, aux environs de Navarin et de Modon, sur les côtes de Morée, se trouvent d'immenses dépôts de coquillages appartenant tous à trois ou quatre espèces seulement. Près de ces amas de coquilles existent de grands trous, en forme de gigantesques mortiers creusés dans le roc ; c'est l'emplacement d'anciennes fabriques de pourpre.

« Les mollusques que les naturalistes désignent sous le nom de Murex sont des animaux marins vivant dans toutes les mers, sous toutes les latitudes, se tenant depuis le niveau du balancement des marées jusque vers la profondeur de 100 mètres ; ils sont particulièrement abondants en espèces sur la côte occidentale de l'Amérique tropicale, dans les mers de Chine, sur la côte occidentale de l'Afrique, aux Antilles. Les Murex ou Rochers sont carnassiers et se nourrissent de tous les débris organiques qu'ils peuvent trouver ; à l'aide de leur langue, ils percent souvent d'autres coquilles. Les Pourpres, jolies coquilles, souvent coquettement ornées de stries, de tubercules, habitent surtout les régions chaudes du globe, bien que quelques espèces soient des côtes de France. Les espèces que l'on trouve exclusivement dans les amas de coquilles dont nous venons de parler appartiennent exclusivement à ces deux genres ce sont : la petite Massue ou *Murex brandaris,* le Rocher hérisson ou *Murex erinaceus,* le Rocher fascié ou *Murex trunculus,* la Bouche de sang ou *Purpura hæmastoma.* C'est le *Murex brandaris* qui forme presque exclusivement les amas sur les côtes de Syrie ; on recueille surtout le *Murex trunculus* sur les côtes du Péloponése et de la grande Grèce. On a découvert, à Pompéi, des tas de coquilles de la *Purpura*

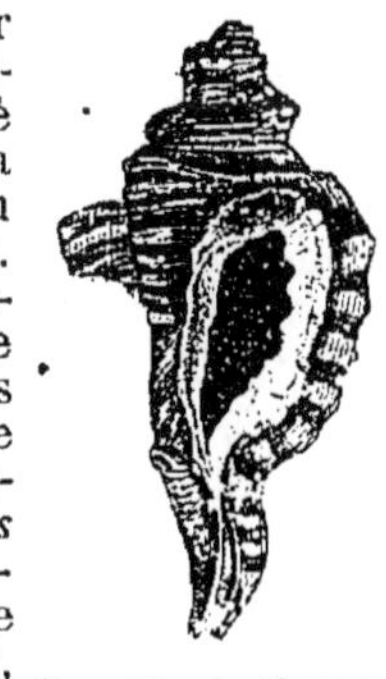

Coquille de Murex.

hæmastoma auprès de la boutique de plusieurs teinturiers.

« Les mollusques dont nous venons de parler ont, près de l'appareil respiratoire, une petite glande ayant la forme d'une bandelette. Les Pourpres, dit Pline, vivent sept ans. Comme les Murex, elles restent cachées trente jours vers le milieu de la canicule, et se frottant les unes contre les autres, elles jettent une liqueur gluante qui forme une espèce de cire ; les Murex en font autant. Mais cette fleur de pourpre, si recherchée pour la teinture, se trouve au milieu du gosier. C'est une petite goutte de liqueur contenue dans une veine blanche, et dont la couleur est celle d'un rose foncé ; le reste du corps n'en a pas. Deux sortes de coquillages nous donnent la pourpre et la couleur conchylienne, car pour l'une et pour l'autre la matière est la même, la différence est dans la combinaison. La plus petite est le Buccin ; il doit son nom à sa ressemblance avec un autre coquillage duquel on tire un son de trompette et qui a son ouverture arrondie en bouche. L'autre se nomme Pourpre ; son bec se prolonge contourné en volute et creusé d'un canal pour donner passage à la langue ; de plus, sa coquille est couverte de points jusqu'au sommet. Les Pourpres se divisent en plusieurs. variétés, qui diffèrent entre elles par leur nourriture et par leur séjour. La Pourpre, qui se nourrit de limon, et l'*Algensis,* qui se nourrit d'algues, sont les moins estimées ; la *Tæniensis,* qu'on trouve sur les bancs de rochers, vaut mieux, cependant elle donne une couleur trop légère et trop claire ; la *Calcalensis,* ainsi nommée du sable sur lequel on la trouve, est excellente pour la couleur conchylienne. »

Belon, en 1555, s'exprime de même : « Ce dont on teignoit anciennement l'escarlate, dit-il, estoit la sanie d'un Limace de mer, que les Grecs nommoyent

Porphyra et les Latins Purpura. Il ressemble proprement à un gros Limace terrestre, n'estoit qu'il est entouré de picquerons, dont les Latins l'ont nommé Murex. Les anciens, qui avoient leur teinture en grande recommandation, les cherchoient diligemment et les surnommoient celles qu'on trouve en la fange, *Lutenses,* celles de dedans les algues, *Algenses.* » A la même époque que Belon, en 1558, Rondelet écrit : « L'humeur qui servoit à teindre est entre le col et dans une veine blanche, reluisante comme une rose bien fort rouge. » Dans ces dernières années, de Lacaze-Duthiers a étudié, avec grand soin, la structure de cette glande et a fait de curieuses expériences sur la propriété photogénique de la liqueur qui y est contenue.

La couleur donnée est différente suivant les espèces que l'on emploie, bien que dans certaines circonstances encore inexpliquées la coloration puisse varier pour une même espèce.

La liqueur contenue dans la poche purpurifère est incolore, ou du moins faiblement jaunâtre, parfois un peu grisâtre. Soumise à l'action de la lumière, cette liqueur, chez la petite Massue, devient d'abord jaune citron, puis jaune verdâtre, puis verte, puis d'un violet rutilant, à reflets changeants. Il faut un certain temps d'exposition au soleil pour obtenir la coloration, et ce temps varie suivant l'intensité des rayons lumineux. — Dans ses expériences, de Lacaze-Duthiers a pu constater que, dans le midi de l'Europe, la teinte violette se développait après deux ou trois minutes seulement ; avec un ciel nuageux, il fallait une demi-heure et même trois quarts d'heure ; avec la lumière diffuse, très faible, le temps nécessaire était encore plus long. Pendant que la couleur apparaît, il se dégage une odeur très vive et fort pénétrante qui a été comparée à l'odeur de la poudre qui vient de détonner, à l'odeur de l'oignon brûlé, de l'ail, de l'assa fœtida ; cette odeur se conserve longtemps et apparaît à nouveau, mais plus faiblement, chaque fois que l'étoffe vient à être mouillée. Un fait très curieux, c'est que la substance purpurigène, tant qu'elle n'a pas pris la couleur violette, est soluble dans l'eau, dans l'eau salée surtout, tandis qu'elle est absolument inaltérable alors qu'elle a acquis sa coloration définitive. De Lacaze-Duthiers a fait observer avec beaucoup de raison que, sous le climat brûlant et le ciel toujours si lumineux de l'Italie méridionale et de la Grèce, la Pourpre ne se fanait pas comme les autres couleurs rouges tirées du règne végétal. La Cochenille dont parle Pline et qui fournissait l'écarlate, ne pouvait pas résister longtemps à l'action d'un soleil de feu et la couleur devait se passer rapidement. L'action du soleil sur la pourpre était seulement de renforcer la coloration et de la faire virer à une teinte plus foncée.

Le Rocher hérisson donne un violet bleuâtre ou rosé moins délicat, moins rutilant que celui fourni par la petite Massue ; le Rocher fascié produit du violet bleuâtre ; la Pourpre teinture un violet des plus beaux avec des reflets bleuâtres fort agréables ; avec la Pourpre bouche de sang, on obtient un violet léger.

Pline est le seul auteur de l'antiquité qui nous ait laissé des renseignements circonstanciés sur la matière dont on obtenait la précieuse teinture. Aristote a également parlé de la pêche des coquillages servant à fabriquer la pourpre.

La pêche de ces mollusques se faisait au printemps !

« On prend la Pourpre en jetant dans la mer de petites nasses à larges mailles dans lesquelles on met pour appât des coquillages qui s'ouvrent et se ferment comme les Moules. Les Pourpres les attaquent et avancent la langue pour les percer ; celles-ci, excitées par la douleur, se referment, les Pourpres se trouvent prises victimes de leur avidité, et on les enlève suspendues par la langue. »

« Jule Poll, dit Rondelet, a descrit le moien duquel usoient les Phéniciens pour prendre les Pourpres, pour amasser leur liqueur pour teindre. Ils avoient une corde forte é longue pour la pouvoir estendre loin de la mer, à laquelle ils attachoient plusieurs petits vaisseaux près l'un de l'autre faits de genest ou ionc comme clochettes, desquels l'entrée estoit fermée é estroite, de laquelle ils faisoient tout à propos pendre les bouts de genest ou ionc desquels les vaisseaux estoient faits, de sorte que les Pourpres aisement le pouvaient desmeller pour i entrer, non pas sortir. Les pescheurs des Pourpres laissoient tomber ces vaisseaux pleins d'apas dedans les lieux pierreux, la chorde nageant sur l'eau avec du liège pour soutenir la proie. Ils la lessoient là de nuit, souvent de jour, puis ils tiroient les vaisseaux pleins de Pourpres. »

On prend les coquillages vivants, parce qu'en mourant ils jettent leur liqueur. D'après Aristote, on brisait les grandes coquilles pour en extraire l'animal ; les petites coquilles étaient pilées.

« On ôte aux Pourpres, dit Pline, la veine dont il a été parlé. Il est nécessaire d'y mettre du sel dans la proportion de 20 onces par quintal. On laisse la liqueur se macérer trois jours au plus, car elle a d'autant plus de force qu'elle est plus nouvelle. On la fait bouillir dans du plomb. Cent amphores doivent se réduire à cinq cents livres de matière. Il faut une chaleur modérée, qu'on se procure au moyen d'un tuyau correspondant à un foyer éloigné.

« Après que les chairs adhérentes aux veines ont été enlevées avec l'écume, et lorsque la fusion est complète, le deuxième jour on trempe, pour épreuve, un morceau de laine bien dégraissée, et la cuisson continue jusqu'à ce qu'elle ait atteint le point désiré. Le rouge vif vaut moins qu'un rouge foncé. La laine trempe cinq heures ; on la retire pour la replonger ensuite jusqu'à ce qu'elle soit entièrement saturée de liqueur.

« Le Buccin ne s'emploie pas seul, la couleur ne tiendrait pas ; on le mêle à la Pourpre ; de ce mélange on obtient une teinture que l'on recherche, et qui est le résultat du sombre de la Pourpre et du brillant de l'écarlate. Les deux couleurs ainsi combinées se prêtent du sombre et de l'éclat. Pour avoir une excellente teinture, il faut, pour cinquante livres de laine, mêler deux cents livres de Buccin à cent onze livres de Pourpre : c'est ainsi qu'on obtient une superbe couleur d'améthyste. Pour la couleur tyrienne, on trempe d'abord la laine dans la Pourpre avant que la cuisson soit parfaite, puis on la plonge dans le Buccin. La plus belle couleur tyrienne est celle qui a la couleur du sang figé, et qui paraît noirâtre quand on la voit de face et brillante dans ses reflets ; aussi Homère donne-t-il au sang l'épithète de pourpré. On suit le même procédé pour la couleur Conchylienne, si ce n'est qu'on ne fait pas usage de Buccin.

« En outre, on verse dans la teinture de l'eau et de l'urine en parties égales, et on ajoute une moitié de plus en suc de pourpre. C'est ainsi qu'au moyen d'une saturation incomplète, on obtient cette couleur tant vantée et d'autant plus claire que la laine est moins rassassée. »

Ainsi qu'on vient de le voir par le passage de Pline que nous avons tenu à citer dans son entier d'après la traduction Ajasson de Grandsagne, car c'est le seul auteur qui nous fasse connaître les procédés employés par les anciens, l'on connaissait deux pourpres : l'une, d'un rouge vif, venait de Syrie ; l'autre violette, portait le nom de pourpre de Tarente et se préparait dans la partie la plus méridionale de l'Italie et sur les côtes du Péloponèse.

Suivant certains auteurs, la pourpre de Tyr, qui était la plus estimée, se tirait du *Murex brandaris ;* on obtenait la pourpre de Tarente avec le *Murex trunculus ;* d'après des recherches récentes, il semblerait que des insectes du genre Coccus ou Cochenille entraient dans la composition de la pourpre de Tyr.

Pour nous autres modernes, ce que nous appelons pourpre est une couleur d'un rouge violacé ; ce n'est qu'assez tard, et à l'aide de certaines manipulations dont nous ne connaissons pas exactement le secret, que l'on rendit la nuance de la pourpre plus ou moins rouge.

Buccin. — Cette espèce (*Buccinum undatum*) possède une coquille turbinée que l'on pourrait presque définir ainsi : « la plus grosse que l'on trouve sur les plages ». Elle est ovale, ventrue, sillonnée transversalement, et striée de lignes très fines, disposées longitudinalement ; elle est blanchâtre ou d'un gris jaunâtre. L'animal vivant habite plutôt les endroits de la mer d'où celle-ci ne se retire jamais ; aussi les marins en rapportent-ils beaucoup quand ils pêchent au chalut. Quelques coquilles de Buccin, d'ailleurs, y sont toujours privées de leur mollusque, lequel est remplacé par un Bernard-l'Ermite. La ponte des Buccins se trouve fréquemment rejetée sur les plages où elle se présente sous la forme d'une boule coriace constituée par une série de petits sacs creux et percés chacun d'un trou : ainsi constituée, elle est vide. Je ne connais pas de plage où l'on ne trouve pas abondamment ces productions dont la nature intrigue toujours les baigneurs.

Paludine. — Les Prosobranches sont représentés dans les eaux douces par le genre **Paludina.**

La *Paludina vivipara,* la plus grande espèce ; peut atteindre 3 à 4 centimètres ; sa coquille jaune verdâtre est parcourue par des lignes brunes parallèles autour de spires. Quand elle se promène, on aperçoit une tête molle, aplatie, portant deux tentacules. Au-dessus de la tête, on peut voir une cavité ; c'est la cavité palléale où se trouvent les branchies. La Paludine rampe sur une lame musculaire, le pied ; on remarque sur la partie supérieure et postérieure de celui-ci un organe résistant, aplati, parcouru par des spires : c'est l'*opercule.* Quand on excite l'animal, il se contracte, et rentre dans la coquille, de telle façon que l'opercule vient boucher complétement l'orifice de cette dernière : l'animal devient ainsi invisible. La Paludine met au monde des jeunes tout vivants ; c'est de là que vient son nom de *vivipare.*

Ordre des OPISTHOBRANCHES.

Gastéropodes marins soit nus, soit pourvus d'une coquille plus ou moins cachée par les téguments. A citer particulièrement :

Aplysie (*Aplysia depilans*). — L'Aplysie est vulgairement appelée *Lièvre de mer*, à cause de ses tentacules qui rappellent les oreilles d'un lièvre. Elle vit en temps normal à des profondeurs considérables, mais elle se rapproche de nos côtes pour déposer ses œufs. Lorsqu'on cherche à prendre l'animal vivant, on le voit s'entourer d'un nuage d'un beau violet. Le corps est convexe et présente en avant un cou très long se

Aplysie.

terminant par une tête assez forte portant deux tentacules volumineux. La face dorsale de l'animal est protégée par deux lames charnues, rabattues l'une sur l'autre.

Doris. — Les *Doris* ont un corps ovalaire, avec, en arrière, une couronne de branchies, véritable diadème de dentelles, qui s'épanouit ou se rétracte à la volonté de l'animal.

Æolis. — Les *Æolis* sont de charmants animaux dont tout le dos est recouvert par un grand nombre de végétations très élégantes ; c'est un spectacle agréable que de les voir ramper sur un rocher dans un petit aquarium.

Ordre des PULMONÉS.

Gastéropodes terrestres ou d'eau douce, respirant par des poumons.

Escargot. — Le genre *Escargot* comprend un grand nombre d'espèces ; les plus communs sont le gros Escargot de Bourgogne (*Helix pomatia*), à la coquille claire, si apprécié des gourmets ; l'Escargot des Vignes (*Helix hortensis*), celui que l'on trouve pour ainsi dire à chaque pas à la campagne et dont la coquille est

Escargot des buissons.

plus noircie que la précédente ; l'Escargot des buissons (*Helix nemoralis*), très commun aussi, surtout dans les jardins, et reconnaissable à sa coquille, plus petite que la précédente, tantôt rose, tantôt jaune et parcouru par des bandes brunes ; l'Escargot pointu (*Helix acutus*), qui, en certains points, pourrait se ramasser à pleines mains, reconnaissable à sa coquille petite et allongée, en

cône au lieu d'être globulaire. Les Escargots sont aussi appelés Limaçons ou Colimaçons.

Les Escargots se nourrissent de matières végétales, surtout de fruits et de légumes. Ils vivent partout mais ne sortent guère que lorsqu'il fait humide. Lorsqu'ils rampent, on peut voir les deux sortes de tentacules — vulgairement des cornes — les plus grands étant terminés par des yeux et se rétractant aussitôt qu'on les touche. Tout près de la coquille, l'animal montre un orifice : c'est celui du poumon ; tout à côté de lui, presque de son intérieur, sortent les déjections. Quand on excite trop l'animal il rentre tout entier dans sa coquille. En rampant, il sécrète un mucus épais, qui, en se desséchant, devient brillant. C'est aussi avec ce mucus que l'animal se colle aux murs quand il fait sec. Les Escargots pondent leurs œufs dans la terre. On sait que les Escargots sont comestibles, mais il faut, avant de les manger, les faire jeûner de manière à ce qu'ils rejettent tout ce qu'ils ont dans le tube digestif. Sans cette précaution, on risque d'ingérer, en même temps qu'eux, les plantes vénéneuses qu'ils auraient pu brouter. En hiver, les Escargots s'enfoncent dans le sol et bouchent l'ouverture de leur coquille à l'aide d'une sécrétion calcaire, qui ne disparaîtra qu'au printemps suivant. Ces Escargots « operculés » sont aussi bons à manger que ceux qui sont à l'état de vie active : des gourmets même les préfèrent.

Limaces. — Les Limaces vivent dans les champs et surtout dans les jardins, quelquefois dans les caves. Elles ont les mêmes mœurs que les Escargots. Elles n'ont pas de coquille et ne portent sur le dos qu'un repli de tégument, tout près duquel on voit l'orifice du poumon. Parmi les espèces les plus communes, il faut citer : la *Limace rouge* ou *Arion roux*, ou *loche* (*Arion*

Arion roux.

rufus), longue de 12 à 15 centimètres, de couleur rouge orangée et très plissée sur le dos; l'*Arion des jardins* (*Arion fuscus*), longue de 4 centimètres, à tête noire, au corps jaunâtre, nuancé de gris ou de verdâtre ; la *Limace cendrée* ou *grande Loche grise* (*Limax maximus*), tigrée de brun foncé sur fond jaunâtre ou gris; la *Limace tachetée* ou *Limace variée* ou *Limace des caves* (*Limax variegatus*), dont la peau est rousse et maculée

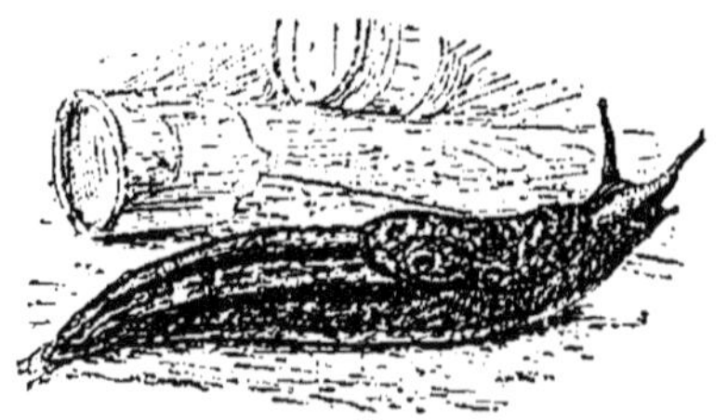

Limace variée.

de taches claires ; la *Limace agreste* ou *Petite limace* (*Limax agrestis*), longue de 5 centimètres, de couleur variant du gris au roux. Les Limaces sont des animaux très nuisibles. Dans les jardins, le plus simple, pour les détruire, est de disposer de place en place sur le sol des débris de végétaux charnus, tels que des rognures de navets, des peaux de melons, etc. Le matin, on va visiter ces amas et on prend à la main les limaces qui s'y trouvent; on peut donner ces limaces à manger aux poules, qui en sont très friandes.

Testacelle. — La *Testacelle* ressemble à une limace, mais possède à la partie postérieure de son corps une petite coquille plate à peine visible. Elle

pénètre dans les trous des vers de terre et dévore ceux-ci.

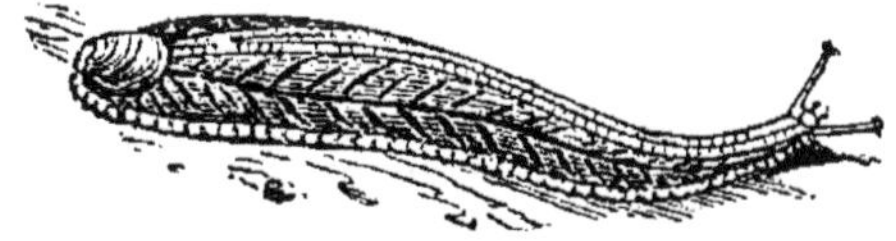

Testacelle.

Lymnée. — La *Lymnée des étangs* (*Lymnæa stagnalis*) est connue de tout le monde. Sa coquille, mince, turbinée, se termine en pointe. Quand elle se promène sur les herbes aquatiques, on distingue, comme chez la Paludine, un pied et une tête, mais il n'y a pas d'opercule. En outre, à la place de la cavité branchiale, on aperçoit un grand orifice circulaire, le *pneumostome* qui conduit dans le poumon. Quand la Lymnée veut respirer, elle se rapproche de la surface et met son pneumostome au contact de l'air. Quand elle a suffisamment absorbé d'air, elle redes-

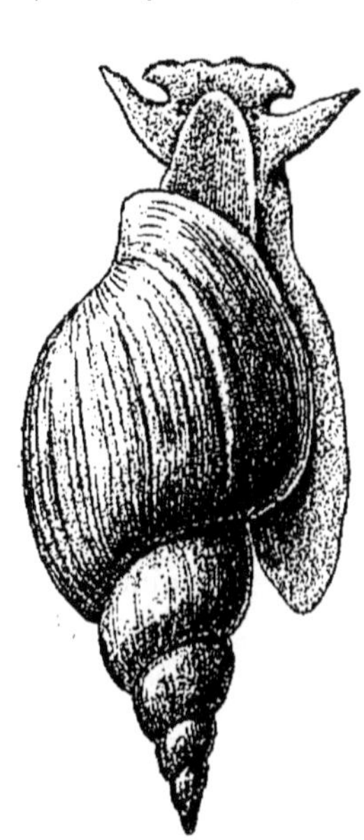

Lymnée.

cend et se promène de nouveau dans l'eau. Les mouvements d'ondulation du pied pendant la reptation sont curieux à examiner. Généralement le déplacement s'effectue sur les plantes ou sur les parois de l'aquarium ; mais où il devient encore plus singulier, c'est quand il s'opère à la surface de l'eau, l'animal étant la tête en bas comme s'il prenait une surface d'appui dans l'air.

« On peut aisément, dit Johnston, par un jour d'été, voir des Lymnées errer ainsi à la surface des étangs, en décrivant de légères ondulations ou en demeurant renversées. Tandis qu'on contemple ces êtres ainsi disposés, ils changent soudain leur attitude et tombent rapidement jusqu'au fond, d'où ils remontent à la surface habituellement, en grimpant sur quelque objet montant. Parfois cependant, j'en ai vu s'élever en ligne droite à travers l'eau; je ne m'explique le fait qu'en leur supposant la faculté de comprimer l'air dans leur cavité pulmonaire lorsqu'ils veulent s'enfoncer, et de la laisser se dilater de façon à rendre leur corps plus léger lorsqu'ils veulent remonter. »

L'explication de la reptation à la surface de l'eau est plus difficile.

« On distingue, ajoute le même observateur, le long du pied, des mouvements d'ondulation insignifiants, qui ne sauraient entrer en ligne de compte. On peut attacher plus d'importance aux cils vibratiles qui revêtent le pied ; mais on n'explique pas ainsi comment l'animal, en train de glisser, peut s'arrêter brusquement. Le point le plus difficile à résoudre et tout à fait inexpliqué jusqu'ici consiste dans l'adhérence même de l'animal à la surface du niveau. On dirait vraiment que la colonne d'air exerce sur ces corps une attraction, et qu'au moment où l'animal s'enfonce il se produit une sorte d'arrachement. Néanmoins, il m'a semblé que, pendant qu'il glisse le long de la surface, le pied s'excave légèrement, ainsi que le creux de la main, de telle sorte que l'animal flotterait comme un bateau. Son poids spécifique n'étant que peu supérieur à 1, il suffit d'une concavité minime pour qu'il se maintienne juste au niveau de l'eau ; des contractions insensibles du bord du pied aplanissent cette concavité et l'animal sombre soudain ; telle serait, à mon avis, l'explication la plus simple et la plus satisfaisante. »

Les Lymnées, comme tous les autres Pulmonés, déposent le long des parois de l'aquarium ou sur les plantes aquatiques de petites masses gélatineuses, transparentes : ce sont des pontes ; au microscope, elles montrent des œufs arrondis, contenant déjà de petites coquilles ou seulement des embryons, qui, chose curieuse, tournent constamment sur eux-mêmes d'un mouvement lent et continu. Les espèces de Lymnées sont fort nombreuses.

Planorbe. — L'histoire des *Planorbes* est la même que celle des Lymnées.

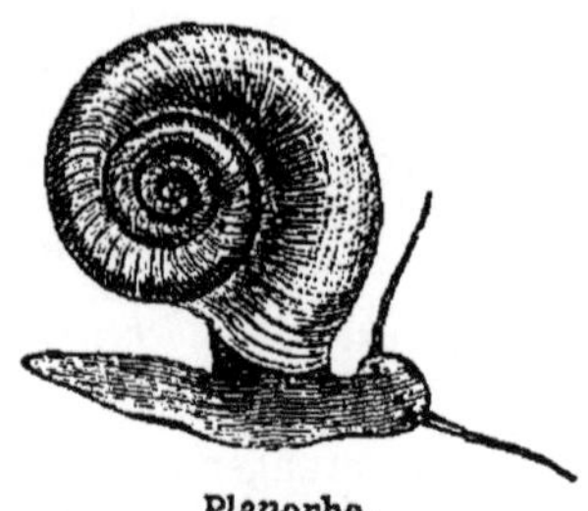

Planorbe.

Le corps est complètement noir et les tours de spires se font dans un même plan.

Vitrine. — Les *Vitrines* et autres Pulmonés analogues ne sont pas à proprement parler des animaux aquatiques, ils vivent presque toujours sur les feuilles aériennes des plantes aquatiques. Quand on les met dans l'eau, ils ne tardent pas à en sortir.

CLASSE DES CÉPHALOPODES

Mollusques à tête très distincte, pourvue de deux grands yeux latéraux, d'un cercle de bras, armés de ventouses autour de la bouche.

Poulpe. — Il y a peu d'animaux marins qui inspirent autant de répugnance que le poulpe. Ses bras tentaculaires, ses ventouses nombreuses, son toucher visqueux, tout cela est bien fait pour produire du dégoût et même de la crainte. Ses mœurs et sa biologie sont cependant fort intéressantes, comme nous allons le voir par la suite.

On peut se procurer des poulpes en explorant le dessous des rochers encore cachés par l'eau à marée basse, ou en plongeant dans la mer des crochets de fer sur lesquels sont embrochés des crabes, et en relevant l'appât de temps à autre. Le mieux est encore d'accompagner les marins qui vont pêcher à peu de distance des côtes ; quand vous les entendrez pousser des jurons, vous pourrez être sûr qu'ils ont pris involontairement un poulpe ou une seiche qui ont noirci le filet, nous verrons comment tout à l'heure.

Le poulpe ou *pieuvre* (*Octopus vulgaris*) vit dans les creux des rochers complètement submergés ; de temps à autre il va se promener dans la mer, et c'est ce qui explique qu'on le trouve souvent pris dans les filets des pêcheurs. Son corps charnu, de forme ovale, porte une grosse tête assez rigide, munie de deux gros yeux ressemblant étonnamment à ceux des poissons ou des chats. Plus haut, la tête se termine par huit grands bras s'effilant jusqu'à leur extrémité et garnis, à leur face interne, de nombreuses ventouses servant à l'animal pour s'emparer de sa proie. C'est au centre de la couronne des bras qu'est placée la bouche, armée d'un bec corné qu'on ne peut mieux comparer qu'à celui d'un perroquet. Leur taille est assez considérable : un ou deux mètres de longueur sont assez communs. On doit faire cependant table rase des récits fantaisistes des marins. Ceux-ci racontent, le plus sérieusement du monde, qu'ils ont

Poulpe.

vu des poulpes atteignant la grosseur d'un cuirassé, et que d'autres ont avalé une barque devant eux. Ce sont là des histoires à dormir debout, comme celle du serpent de mer que tout mathurin qui se respecte a vu... de loin.

Quand il est dans son rocher, le poulpe est placé de telle sorte que ses bras touchent le fond par leurs ventouses tout en se recourbant en arrière, et que le sac, infléchi d'avant en arrière, décrit un arc à concavité inférieure : il a l'air de marcher sur la pointe des bras à peine recourbés.

Comme nombre de plantes et d'animaux marins dont le corps est généralement mou, le poulpe est très disgracieux quand on le place à sec sur un rocher ou sur le sable. Mis dans l'eau, au contraire, ses formes s'épanouissent, et il devient très élégant, surtout quand il nage, comme il le fait, avec aisance. Il progresse ainsi presque toujours en arrière et par soubresauts. Il peut aussi nager en avant ; mais les bras, réunis en deux faisceaux symétriques, sont alors rabattus d'avant en arrière par la résistance de l'eau.

La voracité du poulpe ou de la pieuvre, comme l'appellent les matelots, est extrême. On peut le nourrir avec ces coquillages que l'on mange sous le nom de cardiums, de palourdes, de coques, etc. Malgré les deux valves qui sont rabattues très fortement l'une sur l'autre, il trouve moyen, à l'aide de son bec, de manger l'animal intérieur.

« Dès que le poulpe, raconte M. P. Fischer, voit un de ces crustacés s'approcher de sa retraite, il se précipite sur lui, le couvre complètement de ses bras étendus ; les bras se replient au-tour de sa victime, qui, saisie de toutes parts par un corps qui s'attache et se moule à ses téguments, ne peut plus exécuter de mouvements défensifs. Pendant une minute, le malheureux crustacé agite faiblement ses membres maintenus dans la flexion, puis les laisse tomber inertes. Alors le poulpe emporte la proie dans son abri. Là il fait prendre au corps du crabe différentes positions dont on peut juger par la forme des saillies de la membrane interbrachiale, mais il ne l'abandonne jamais, et une heure après en rejette les débris. Plusieurs fois j'ai fait lâcher prise aux poulpes qui avaient saisi des crabes depuis une ou deux minutes ; mais ceux-ci étaient déjà morts sans présenter à l'extérieur aucune lésion apparente. »

Le poulpe est assez intelligent. Il a soin de protéger l'entrée du creux de son rocher avec les résidus de ses copieux festins, soit surtout des coquilles ou des carapaces de crustacés ; il va même chercher au loin des petits cailloux et en barricade sa porte. Lorsqu'un ennemi cherche à le saisir dans sa tanière, il présente sa bouche avec son bec entouré par la couronne étalée des bras couverts de ventouses, en même temps que sa peau devient très foncée et se couvre de papilles hérissées. Son aspect est alors véritablement terrifiant.

Le poulpe est employé à la pêche comme appât. Dans le midi de la France, et particulièrement en Espagne, on le mange conjointement avec la seiche, la sépiole, l'élédone ; on l'assaisonne de différentes façons, et l'on y ajoute habituellement du safran. Son goût tient le milieu entre celui du poisson et de la moule cuite : en général il plaît peu aux palais parisiens. Il paraît que, sur la côte méditerranéenne, les pêcheurs mangent les poulpes sans les faire cuire, à la manière des huîtres.

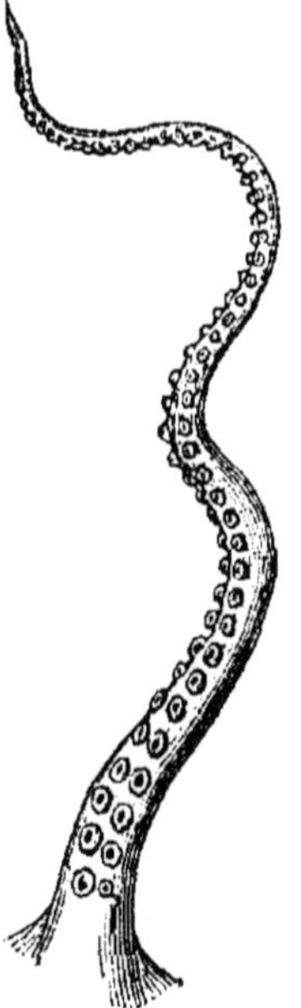

Bras de Poulpe.

Le poulpe nous offre un bel exemple

d'un phénomène très curieux et assez répandu, le *mimétisme*.

L'animal au repos présente une couleur jaune pâle analogue à celle du sable ; mais cette couleur n'est pas fixe. Quand l'animal se transporte d'un point à un autre où le fond n'a pas la même teinte, on la voit se modifier et faire place à la couleur du nouveau milieu qui se propage à la surface de l'animal en formant des ondulations marbrées. En quelque point qu'il se trouve, l'animal se confond de la sorte avec les objets environnants.

A cette faculté de changer constamment de couleur, utile pour échapper à la vue, le poulpe joint celle de pouvoir troubler l'eau autour de lui lorsqu'il est attaqué par un ennemi. Il possède à cet effet une assez grosse glande, la *poche du noir* ou *poche à encre*, contenant un liquide noirâtre. Lorsqu'on veut s'emparer d'un poulpe, celui-ci contracte brusquement sa glande, et aussitôt un nuage noir très obscur se répand autour de lui. En même temps sa peau, naguère claire, devient très foncée, de telle sorte que nuage et poulpe se confondent à tel point, qu'il est impossible aux plus clairvoyants de dire où l'animal est passé.

Celui-ci profite du moment de stupeur de son ennemi pour s'échapper au plus vite à reculons ou pour s'enfoncer non moins rapidement dans le sable en se couvrant de granulations difficiles à distinguer des grains de sable. C'est avec le contenu de la poche du noir que l'on fabriquait autrefois la sépia, employée en peinture.

Ces changements de coloration sont produits par de petits organes disséminés dans la peau et qui, à cause de leur propriété, ont reçu le nom de *chromatophores*. Ce sont de tout petits corps d'une forme vaguement arrondie et renfermant de nombreuses granulations de différentes couleurs. Tout autour d'eux s'attachent de petites fibres musculaires qui, en se contractant, les font augmenter de volume. C'est à ces contractions plus ou moins puissantes que sont dus les changements de couleur. En effet, à l'état ordinaire les chromatophores forment des taches à peine visibles ;

mais s'ils s'étalent, ils prennent une coloration de plus en plus intense.

Les phénomènes que nous venons de décrire peuvent s'observer non seulement chez le poulpe, mais encore chez les autres céphalopodes que l'on a souvent l'occasion de capturer sur le bord de la mer, à savoir les seiches, les calmars, les élédones et les sépioles.

Seiche (*Sepia officinalis*). — Les *seiches* se trouvent fréquemment dans les filets des pêcheurs. En outre des huit bras ordinaires, elles possèdent deux très longs tentacules terminés par des ventouses qu'elles dardent au loin sur les animaux qu'elles veulent capturer. C'est leur coquille interne que l'on donne aux oiseaux pour aiguiser leur bec, sous le nom d'os de seiche ; ces préten-

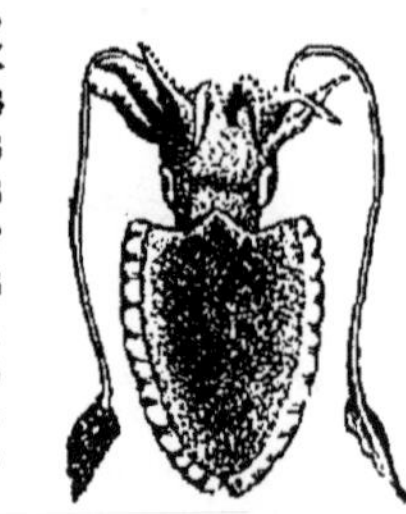

Seiche.

dus os sont souvent rejetés par le flot sur la plage. Elles pondent de gros œufs noirs réunis en paquets sur les plantes aquatiques ; les pêcheurs les appellent des *raisins de mer*.

En ouvrant les œufs déjà mûrs, on en fait sortir de toutes petites seiches qui se mettent à nager quand on les met dans un peu d'eau.

Calmar (*Loligo vulgaris*). — Les *calmars* ont le corps plus allongé ; ils possèdent aussi deux longs bras tentaculaires ; un long os corné se trouve à l'intérieur de leur corps.

Élédone (*Eledona maschata*). — Les *élédones* sont de petits poulpes à une seule rangée de ventouses sur les bras. Elles dégagent une odeur musquée qui n'a rien d'agréable.

Sépiole (*Sepiola Rondeletii*). — Les *sépioles*, pourvues de deux petites nageoires latérales arrondies, vivent dans les flaques d'eau ; leur corps, d'environ quatre ou cinq centimètres de long, présente des reflets irisés produisant un effet charmant. On ne peut se lasser de les admirer.

EMBRANCHEMENT DES VERS

Animaux bilatéraux à corps inarticulé ou formé de segments semblables, dépourvus de membres articulés. Libres ou parasites (1).

Le tableau ci-dessous — bien qu'artificiel — guidera dans la voie de la détermination des principales espèces.

Vers visibles à l'œil nu.	Vers parasites.	Vers cylindriques souvent réduits à un fil.	Parasites de l'homme et des animaux (vers intestinaux)..	***Nématodes*** parasites des animaux, p. 438.
			Parasites des plantes. { Du blé.. .	***Nématodes*** parasites des plantes, p. 443.
			{ De la betterave. .	***Hétérodéra***, p. 444.
		Vers aplatis.	Semblables à un long ruban divisé en anneaux successifs (vers solitaires)..	***Ténia***, p. 432.
			Non divisé en anneaux, semblables à une petite feuille..	***Trématodes***, p. 436.
	Vers non parasites.	Bouche garnie d'une ventouse.. . . .		***Sangsues***, p. 448.
		Bouche non garnie d'une ventouse.	Corps strié en travers. { Vivant dans la terre et dans l'eau douce. Pas de nageoires sur les côtés.. . . .	***Oligochètes***, p. 451.
			Corps strié en travers. { Vivant dans la mer.	***Polychètes***, p. 453.
			Corps lisse. Cylindriques. { Aplati.	***Planaires***, p. 437.
			Corps lisse. Cylindriques. { Vers blancs ou unicolores. . . .	***Nématodes***, p. 438.
			Corps lisse. Cylindriques. { Vers brillamment colorés. . . .	***Némertes***, p. 437.
Vers microscopiques..				***Rotifères***, p. 455.

(1) On désigne sous le nom de vers un grand nombre d'espèces très différentes les unes des autres. Il faut notamment prendre garde de confondre les vers proprements dits (qui n'on jamais de pattes articulées) avec les larves d'insectes (asticots, chenilles, vers des fruits, etc.); ces larves, improprement désignées sous le nom de vers, se reconnaissent facilement avec un peu d'habitude, en ce qu'ils possèdent des pattes ou des rudiments de pattes; en ce que, à l'intérieur du corps, il y a de nombreux fils d'un éclat nacré (trachées), et surtout en ce qu'ils se transforment tôt ou tard en insectes adultes bien caractérisés.

CLASSE DES VERS PLATS

Vers à corps plus ou moins allongé, pourvus d'un ganglion cérébral, armés souvent de ventouses et de crochets.

PREMIER ORDRE.

CESTODES OU TÉNIAS

Les Ténias ou Vers solitaires sont des Vers du groupe des Cestodes. Comme aspect, on ne saurait mieux les comparer qu'à un long ruban aplati et divisé en une série de petits parallélogrammes (dits cucurbitins) par des lignes transversales. Ils vivent dans les intestins de divers animaux, attachés solidement à la muqueuse par une tête généralement garnie de crochets ou de ventouses; à l'autre extrémité, les animaux se détachent et sont entraînés au dehors avec les œufs qu'ils renferment. Ces œufs avalés par un autre animal, d'espèce différente de l'hôte d'où ils proviennent, donnent naissance à des larves (cysticerques, etc.); pour que celles-ci redonnent un ténia, il faut que la viande qui les contient soit mangée par un carnivore.

Passons en revue les principales espèces vivant à l'état adulte.

A) Chez l'homme ;

B) Chez le chien ;

C) Chez le chat ;

D) Chez les ruminants ;

E) Chez les rats et les souris.

A) VERS SOLITAIRES DE L'HOMME.

1. Ténia inerme (*Tænia saginata*).
— De 3 à 8 mètres, mais pouvant aller jusqu'à 74 mètres. Tête arrondie, un peu carrée, dépourvue de crochets, avec quatre ventouses arrondies larges de $0^{mm},8$. Cou moitié plus étroit que la tête. Segments plus larges que longs, sauf tout à fait à l'extrémité, où ils arrivent rapidement à atteindre 18 millimètres de long sur 5 de large. Vit dans l'intestin grêle de l'homme, où il est cramponné par sa tête à la muqueuse. A l'autre extrémité, les anneaux se détachent au fur et à mesure qu'ils sont mûrs et sont entraînés au dehors dans les déjections. En examinant celles-ci, on constate facilement leur présence : ce sont des carrés blancs remuant un peu, à l'intérieur desquels on voit une sorte de dessin formé d'une ligne médiane, portant de chaque côté 20 branches latérales un peu ramifiées : ce dessin est produit par l'utérus distendu par les œufs. Sa larve

(*Cysticerque du bœuf*) vit dans les muscles et les viscères du bœuf : c'est une vésicule oblongue, de 4 à 8 millimètres de long sur 3 millimètres de largeur, remplie d'eau et montrant en un point une tache blanc jaunâtre, où, au microscope, on reconnaît la tête du ténia. Si on mange de la viande de bœuf contenant des cysticerques et insuffisamment cuite, la vésicule est détruite par les sucs digestifs, et la tête se fixe à la paroi de l'intestin, où elle ne tarde pas à s'allonger et à donner un ver solitaire. Comme tous les autres ténias, celui-ci n'a pas d'appareil digestif : il absorbe les matières alimentaires au travers de la peau par osmose. En général il n'y a qu'un ver dans chaque intestin, mais il n'est pas rare d'en rencontrer deux ou trois. Surtout chez les hommes de 20 à 30 ans et surtout les femmes. Vit très longtemps, même plus de 40 ans, période pendant laquelle il donne un milliard et demi d'œufs. Sa présence dans l'intestin produit un sentiment de gêne, surtout au moment des repas, un appétit capricieux, tantôt nul, tantôt immodéré, des vertiges, des bourdonnements, des troubles de la vue, parfois des accès d'épilepsie, une démangeaison à l'anus.

pelée *ladrerie*, mais peu importante pour lui.

2. Ténia armé (*Tænia solium*). — De

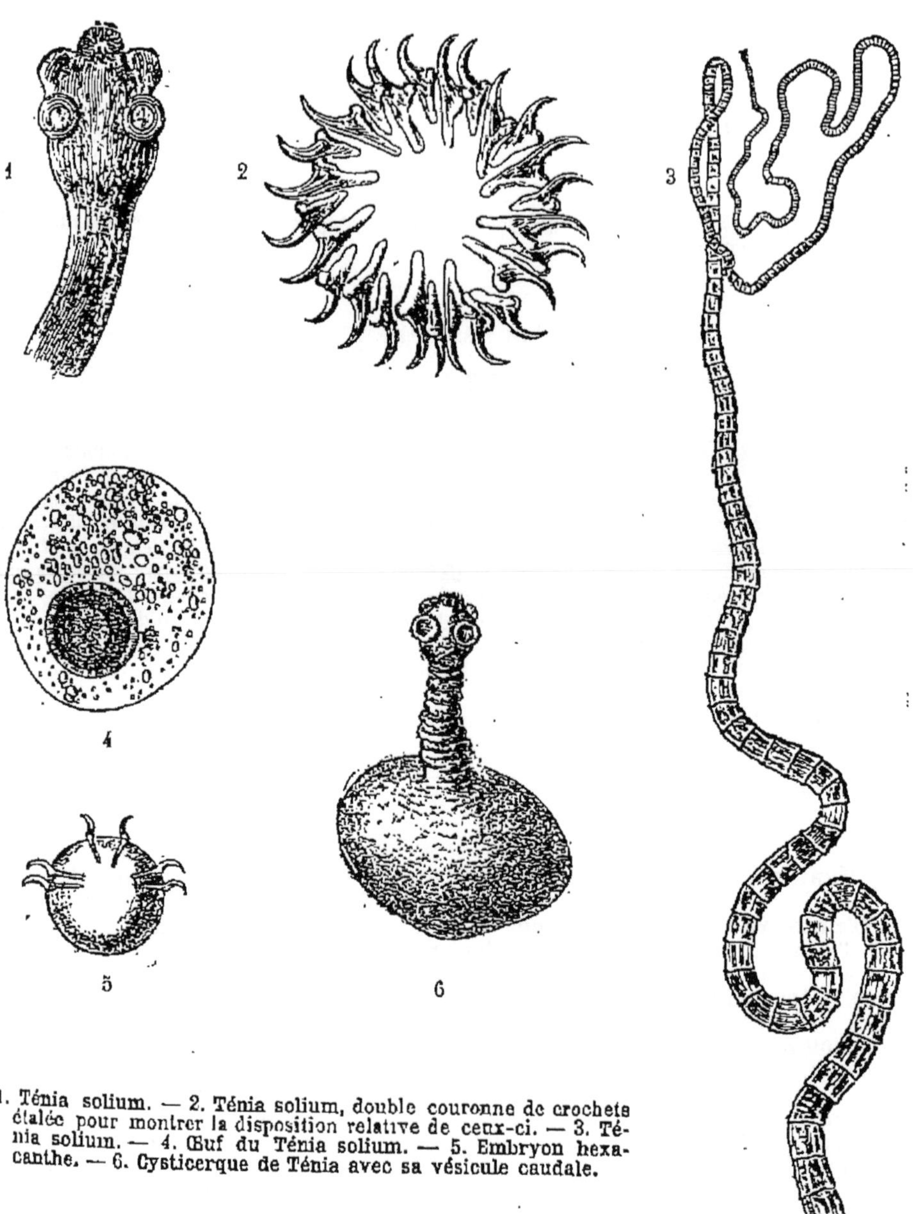

1. Ténia solium. — 2. Ténia solium, double couronne de crochets étalée pour montrer la disposition relative de ceux-ci. — 3. Ténia solium. — 4. Œuf du Ténia solium. — 5. Embryon hexacanthe. — 6. Cysticerque de Ténia avec sa vésicule caudale.

Pour l'expulser, on fait prendre au malade de l'extrait éthéré de fougère mâle, puis une forte purgation. Il faut regarder avec soin les déjections, car si la tête est restée dans l'intestin, elle régénérera un ténia. Quant au cysticerque, il provoque chez le bœuf la maladie ap-

2 à 3 mètres, quelquefois 6 mètres. Tête globuleuse de $0^{mm},6$, avec double couronne de crochets un peu bifurqués et quatre ventouses arrondies, saillantes, larges de $0^{mm},4$ à $0^{mm},5$. Anneaux mûrs mesurant 10 à 12 millimètres de long sur 5 à 6 de large. Vit dans l'intestin

grêle de l'homme. Sa larve (*Cysticercus cellulosæ*) habite les muscles et les viscères du Porc, mais a été trouvée aussi chez l'homme, le chien, le chat, le rat : c'est une vésicule ellipsoïde, de 6 à 20

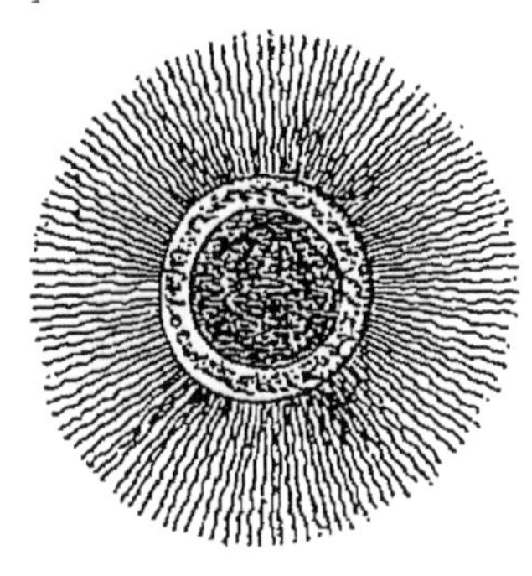

Embryon cilié de Bothriocéphale.

Tête de Bothriocéphale.

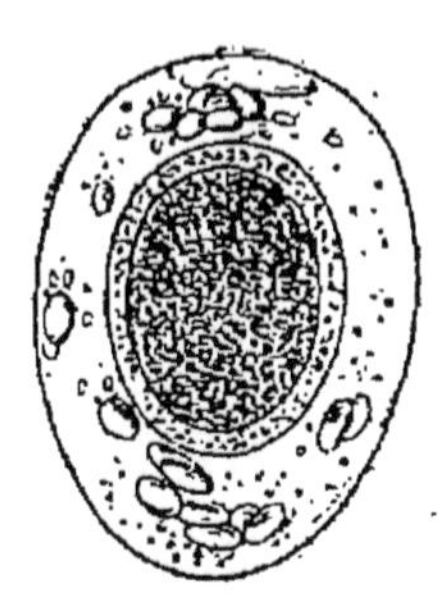

Bothriocéphale.   Œuf de Bothriocéphale.

millimètres de long sur 5 à 10 de large, offrant une tache sur le milieu de sa longueur. Ce cysticerque périt à une température de 47 à 48°. Le *Ténia solium* produit les mêmes troubles que le *Tænia saginata*. Le Cysticerque produit la *ladrerie* du Porc : on reconnaît cette maladie facilement en examinant le dessous de la langue du Porc, où l'on voit les boules de Cysticerques. Il peut arriver que les Cysticerques se développent chez l'homme lui-même qui est ainsi atteint de *ladrerie* : ils se logent surtout dans le tissu conjonctif des muscles striés et dans l'encéphale ou ses enveloppes. Pour éviter le ver solitaire, il suffit de ne manger que de la viande de porc bien cuite et non simplement fumée comme les jambons qui viennent d'Allemagne.

3. **Hyménolépis nain** (*Hymenolepis nana*). — 10 à 15 millimètres. Large de $0^{mm},5$ à $0^{mm},7$. Tête large, avec un rostre armé de 24 à 30 crochets. Ventouses larges. Premiers anneaux à peine distincts, puis s'élargissent jusqu'au bout où les anneaux atteignent $0^{mm},92$. Vit dans l'intestin grêle de l'homme. S'observe surtout chez les enfants. Évolution inconnue.

4. **Bothriocéphale large** (*Bothriocephalus latus*). — 2 à 7 mètres, pouvant atteindre 20 mètres. Gris roussâtre. Tête oblongue parcourue dans toute sa longueur par deux fentes latérales. Pas de crochets ni d'autres ventouses. Chaîne de 3 000 à 4 000 anneaux. Les anneaux sont facilement reconnaissables de ceux des Ténias en ce que les orifices sont au milieu de la face plate au lieu d'être sur le bord. Anneaux d'environ 2 à 4 millimètres de long sur 10 à 12 millimètres de large. Derniers anneaux flétris et ridés. Œufs brunâtres, ellipsoïdes. Vit dans l'intestin grêle de l'homme. La larve vit dans les muscles et les viscères de divers poissons d'eau douce : c'est par eux, quand ils sont insuffisamment cuits qu'on le contracte. Se rencontre surtout chez les personnes vivant autour des lacs. Sa patrie classique est la Suisse. Ordinairement solitaire dans l'intestin. Sa présence amène les mêmes troubles que ceux causés par les Ténias ordinaires.

B) VERS SOLITAIRES DU CHIEN.

1. **Ténia en scie** (*Tænia serrata*). —

Longueur de 0ᵐ,50 à 2 mètres, ordinairement 1 mètre. Tête globuleuse, un peu carrée, large de 1ᵐᵐ,3, armée d'une double couronne de 40 crochets environ. Coudé 1 à 2 millimètres. Segments étroits devenant carrés. Chaque segment un peu évasé en arrière, ce qui donne à l'animal l'aspect denté en scie. Vit dans l'intestin grêle du chien domestique. Sa larve (cysticerque en forme de pois) se trouve dans le péritoine (abdomen) du lapin : c'est une petite ampoule du volume d'un pois, rempli de liquide et entouré d'une couche un peu plus dure. L'adulte se trouve en petit nombre dans l'intestin du chien, qui n'en est pas incommodé.

2. Ténia bordé (_Tænia marginata_). — En moyenne : 2 mètres. Tête de 1 millimètre en forme de rein, avec double couronne de 38 crochets. Bord postérieur de chaque segment emboîtant comme une manchette l'anneau suivant. Environ 50 à 70 anneaux mûrs. Vit dans l'intestin grêle des chiens de berger et de boucher ; sa larve, appelée _boule d'eau_ par les bouchers, se rencontre dans le péricarde ou la plèvre (thorax) de divers ruminants ou porcins : c'est une vésicule de la grosseur d'un œuf de pigeon.

3. Ténia cénure (_Tænia cenurus_). — 40 à 60 centimètres. Tête en poire, avec double couronne de 25 crochets environ. Cou long et grêle. Anneaux étroits, à bord postérieur à angles un peu saillants. Les derniers anneaux mûrs ont 8 à 12 millimètres de long, et 3 à 4 millimètres de large. Vit dans la moitié postérieure de l'intestin grêle du chien.

Sa larve est le _Cénure cérébral_ qui se développe dans l'encéphale du mouton. C'est une vésicule pouvant atteindre la grosseur d'un œuf de poule. Paroi mince, translucide, remplie de liquide et parsemée de petites taches blanches, rassemblées en groupes irréguliers. Ces taches correspondent à autant de têtes de ténias. Ce Cénure donne lieu à une maladie particulière, caractérisée par le tournoiement de l'animal et désignée pour cela sous le nom de _tournis_.

4. Ténia sérial (_Tænia serialis_). — De 45 à 72 centimètres. Tête de 0ᵐᵐ,45 à 5ᵐᵐ,3, double couronne de 26 à 32 crochets. Cou assez long. Dans l'intestin grêle du chien.

Sa larve est le _Cénure sérial_, qui se trouve surtout chez le Lapin, dans le tissu conjonctif des diverses régions du corps. C'est une vésicule avec des diverticules plus ou moins accusées et contenant soit des têtes de ténias très nombreuses, soit d'autres boules.

5. Ténia échinocoque (_Tænia hinococcus_). — Petit : 2ᵐᵐ,5 à 5 millimètres. Tête avec 28 à 50 crochets. Pas plus de 3 à 4 anneaux, dont le dernier mesure 2 millimètres de long sur 0ᵐᵐ,6 de large. En grand nombre dans la première partie de l'intestin grêle du chien, fixé entre les villosités. Sa larve (_Echinocoque polymorphe_) est une vésicule, à parois épaisses, de teinte laiteuse. A la face interne, il y a des petites vésicules où se forment les têtes de ténias. Elle vit chez l'homme, où elle produit le _kyste hydatique_, et chez toutes sortes d'animaux, le cheval, etc.

6. Dipylidium du chien (_Dipylidium caninum_). — 10 à 40 centimètres de long. 1ᵐᵐ,5 à 3 millimètres de large. Tête petite, avec, en avant, un rostre en forme de massue, avec 3 ou 4 couronnes de crochets en aiguillons de rosiers. Ventouses assez grandes, un peu elliptiques. Premiers anneaux courts et étroits, puis devenant plus longs que larges et en forme de gaines de melon. Dans la moitié postérieure de l'intestin grêle du chien. Sa larve vit dans la puce du chien et du trichodéite du chien. C'est en avalant ses puces que le chien contracte ce ver solitaire.

Ténia échinocoque du chien.

C) Vers solitaires du chat.

1. Ténia crassicol (_Tænia crassicollis_). — 15 à 76 centimètres. Tête épaisse, cylindrique en avant, de 1ᵐᵐ,7 de large. Double couronne d'environ 34 crochets. Ventouses très saillantes. Cou peu distinct. Derniers anneaux longs de 8 à 10 millimètres, larges de 5 à 6 millimètres. Assez commun dans l'intestin grêle du chat. Sa larve (Cysticerque fasciolaire) se trouve dans le foie des rats et des souris, sa vésicule est à peine développée, mais le reste du ver est très long.

D) Vers solitaires parasites des ruminants.

1. Moniezia étendu (_Moniezia ex_

pansa). — Blanchâtre en avant, jaunâtre en arrière. 4 à 5 mètres de long. Tête obtuse. Ventouses saillantes. Pas de crochets. Anneaux beaucoup plus larges que longs. Largeur pouvant atteindre 16 millimètres, avec un orifice à droite et un à gauche. Dans l'intestin grêle de divers ruminants (mouton, chèvre, bœuf).

E) Vers solitaires des rats et des souris.

1. Hyménolépis des muridés (*Hymenolepis murina*). — De 25 à 40 millimètres de long. 0ᵐᵐ.55 à 0ᵐᵐ.90 de large. Tête large, avec une petite couronne de 20 à 24 crochets. Ventouses larges. Anneaux atteignant 0ᵐᵐ,15 de large. Dans l'intestin du surmulot et de la souris. Se développe sans hôte intermédiaire.

Deuxième ordre.

TRÉMATODES

Vers plats parasites, à corps inarticulé, le plus souvent aplati comme une feuille, présentant une bouche et un tube digestif dépourvu d'anus. Souvent une ventouse sur le ventre.

Les trématodes sont des vers plats qui vivent en parasites chez divers animaux. Leur corps n'est pas segmenté et ils sont pourvus d'un tube digestif incomplet, sans anus. Ils possèdent une ou plusieurs ventouses.

1. Douve du foie. — Le plus connu est le *Distome hépatique* ou *Douve du foie* (*Distoma hepaticum*) que l'on peut se procurer très facilement en examinant des foies de moutons, dont il habite les canaux biliaires. C'est une sorte de feuille d'un brun pâle, ayant en moyenne 20 à 30 millimètres de long avec une largeur de 8 à 13 millimètres. Il est ovale, oblong, élargi en avant où il présente une sorte de cou étroit et se terminant par la bouche, laquelle est entourée d'une ventouse. Au milieu de la face ventrale il y a aussi une ventouse, plus large, mais non percée d'un orifice. Les œufs sont ovoïdes, brun jaunâtre, longs d'environ 130 millièmes de millimètre et larges de 80 millièmes de millimètre.

Douve.

Les œufs tombent du foie dans l'intestin et sont rejetés au dehors avec les déjections. Au bout de deux à trois semaines, l'embryon intérieur en sort en soulevant l'opercule qui occupe l'un des pôles. Son corps est allongé, couvert de cils vibratiles, et possède un œil très rudimentaire en forme d'X. Il nage dans l'eau avec rapidité et ne tarde pas à périr, à moins qu'il ne rencontre un hôte intermédiaire dans le corps duquel il puisse se développer. Cet hôte est un mollusque bien connu de nos eaux douces, la lymnée ; l'embryon de la Douve se cramponne à sa peau, la perce et finit par arriver dans l'intérieur même du corps ; il se fixe généralement dans la chambre pulmonaire et, grossissant, devient une masse appelée *Sporocyste*, à l'intérieur de laquelle se forment d'autres organismes appelés *Rédies*. Celles-ci, arrivées à leur complet développement, percent le sac qui les environne et viennent se fixer dans le foie du mollusque. C'est un corps cylindrique qui possède, au voisinage de l'extrémité postérieure amincie, deux courts prolongements latéraux. La Rédie possède d'ailleurs un appareil digestif avec un pharynx très musculeux. C'est de nouveau à l'intérieur de ces Rédies qu'apparaissent d'autres organismes, au nombre de 15 à 20, les *Cercaires,* qui percent la peau et s'échappent de manière à devenir libres dans l'eau. Leur corps est aplati, ovalaire (280 millièmes de millimètres de long), et possède une queue plus de deux fois plus longue que le corps. La Cercaire nage pendant quelque temps dans l'eau, puis se fixe sur une plante submergée où elle s'attache par du mucus, tandis que sa queue tombe. Le mucus durcit de plus en plus et la cercaire finit par être entourée d'un kyste d'une blancheur de neige. C'est en broutant l'herbe ainsi infectée que le mouton se contamine ; dans son estomac, le kyste se dissout, et la jeune cercaire gagne le foie où elle devient une Douve.

Les Douves sucent le sang des vaisseaux du foie et provoquent une maladie connue sous le nom de *cachexie aqueuse*, de *pourriture* ou de *distomatose,* affection courante dans les localités humides, mais se manifestant plutôt par épizooties qui surviennent surtout à la suite des inondations. Il y a généralement une dizaine de Douves dans un même foie, mais on en a signalé jusqu'à 600 et même 800.

La Douve attaque divers autres animaux domestiques que le mouton et même l'homme.

2. Distome lancéolé. — En même temps que l'espèce précédente, on rencontre, dans les foies du mouton, un autre Distome plus petit (4 à 9 millimètres de long sur $1^{mm},5$ à 2 millimètres de large) et au corps lancéolé, ne présentant pas de cou en avant. L'histoire de ce *Distome lancéolé* est mal connue.

TROISIÈME ORDRE.

TURBELLARIÉS OU PLANAIRES

Vers plats non parasites, ovales ou foliacés, à peau molle revêtue de cils vibratiles, sans crochets ni ventouses, pourvus d'une bouche et d'un tube digestif, mais dépourvus d'anus.

Ce sont des vers aplatis, qui vivent dans l'eau douce ou dans l'eau de mer et glissent sur les objets sans qu'on les voie s'agiter. L'un des plus connus est la Convoluta, qui est si petite qu'on la distingue à peine à l'œil nu. Mais, au bord de la mer, les Convolutas sont si abondantes qu'elles recouvrent diverses parties de la plage de larges taches vertes. A marée haute, elles se cachent dans le sable et n'en sortent qu'à la basse mer suivante. Certaines espèces atteignent un ou deux centimètres et ressemblent un peu à des feuilles : on les désigne sous le nom général de Planires.

QUATRIÈME ORDRE.

NÉMERTES

Corps allongé, fréquemment rubané. Tube digestif droit, muni d'un anus et d'une trompe distincte, protactile. Deux fossettes ciliées à la région céphalique.

Ce sont des vers semblables à des cordonnets, ayant parfois plusieurs mètres de long, qui vivent au bord de la mer, ordinairement sous les pierres, et enroulés, pelotonnés sur eux-mêmes. Ils sont ornés de brillantes couleurs et se cassent facilement.

CLASSE DES NÉMATHELMINTHES
OU VERS RONDS

Vers cylindriques, tubuleux ou filiformes, non segmentés, munis de papilles ou de crochets à leur extrémité antérieure, à sexes séparés.

PREMIER ORDRE.

NÉMATODES

Vers ronds, allongés, fusiformes ou filiformes, munis d'une bouche et d'un canal digestif, le plus souvent parasites.
Pour la commodité de l'étude, nous les divisons en trois groupes :
1ᵉʳ Groupe : Nématodes parasites des animaux.
2ᵉ Groupe : Nématodes parasites des plantes.
3ᵉ Groupe : Nématodes non parasites.

PREMIER GROUPE.

Nématodes parasites des animaux.

A) Vers parasites de l'homme.

1. Ascaride lombricoïde. — Corps blanc laiteux, raide et élastique, plus mince aux extrémités qu'au milieu. Mâle : 15 à 17 centimètres de long sur 3ᵐᵐ,2 d'épaisseur. Femelle : 20 à 25 centimètres sur 5ᵐᵐ,5 d'épaisseur. Le mâle a la queue un peu enroulée. Improprement appelé lombric, à cause de sa ressemblance avec les vers de terre. Vit dans l'intestin grêle de l'homme (assez commun). Les œufs sont expulsés avec les déjections ; lorsqu'ils arrivent dans de l'eau, l'embryon se forme à son intérieur mais n'en sort que si l'eau est ingérée par un homme. Aussi les Ascarides sont-ils plus fréquents dans les campagnes que dans les villes où on filtre l'eau. S'observe surtout chez les enfants et les adolescents jusqu'à vingt ans. Plus commun chez la femme que chez l'homme. Il y en a généralement deux à six ensemble ; mais on a pu en trouver jusqu'à 1 000. Cette multiplicité, rare dans les pays tempérés, est commune dans les pays chauds. Il y a trois ou quatre fois plus de femelles que de mâles. Généralement leur présence passe inaperçue, quoiqu'elle cause quelquefois des congestions cérébrales, des attaques épileptiformes, des convulsions. Quelquefois, ils remontent dans l'estomac où leur présence provoque un vomissement qui les expulse, ou se réfugient dans le larynx ou la trachée où ils provoquent la mort par suffocation. Généralement, ils sont plutôt expulsés par l'anus avec les excréments. On en a vu percer la paroi de l'intestin et pénétrer dans la cavité abdominale. On reconnaît leur présence en regardant les déjections qui contiennent de petits œufs teintés de brun, ellipsoïdes, irrégulièrement mamelonnés (50 à 75 millièmes de millimètre). Pour s'en mettre à l'abri : boire de l'eau filtrée ou bouillie. On peut les expulser en prenant du semen-contra.

Ascaride.

2. Oxyure vermiculaire. — Blanchâtre. En avant, un petit renflement. Bouche entourée de trois petites lèvres. Mâle : 3 à 5 millimètres, avec queue sinueuse pendant la vie, enroulée en spirale après la mort. Femelle : 9 à 12 millimètres, avec queue longue, légèrement ondulée. Œufs lisses, oblongs, de 50 à 54 millièmes de millimètre, contenant un embryon. Vit dans l'intestin de l'homme, surtout dans le cæcum. Les

Oxyure vermiculaire.

œufs ne paraissent pas pouvoir éclore dans l'intestin. Il faut qu'ils en sortent et que les œufs soient avalés par un homme. Déposés avec les déjections, celles-ci se dessèchent, s'effritent, et les œufs sont entraînés par le vent sur les fruits et les légumes. C'est ainsi qu'ils pénètrent dans notre estomac où ils sont mis en liberté par la dissolution de la coque. On reconnaît facilement leur présence en examinant les déjections où quelques-uns sont entraînés et où ils apparaissent sous forme de petits fils blancs. Surtout commun chez les enfants : c'est de lui qu'on parle quand on dit que ceux-ci « ont des vers ». Peut se rencontrer aussi chez les adultes. Plus abondant au printemps. Vivent en grand nombre à la fois. Presque inoffensifs, sauf qu'ils provoquent des démangeaisons à l'anus, particulièrement désagréables et sensibles quand le patient vient de se mettre au lit. Quelquefois, quand leur nombre est par trop grand, ils peuvent causer des convulsions, etc. Quittent l'intestin moins souvent que les Ascarides. On s'en débarrasse par des lavements et des vermifuges (semen-contra, etc). Le traitement doit être continué longtemps.

3. Ankylostome duodénal, appelé aussi *Uncinaire duodénale.* — Corps cylindrique, blanc rosé, un peu atténué en avant. Mâle : 8 à 11 millimètres, terminé par une partie un peu élargie et deux spécules longs et grêles. Femelle : 10 à 18 millimètres, terminée en pointe obtuse. Vit dans l'intestin grêle de l'homme. Les œufs, expulsés avec les déjections, ont commencé à se diviser, mais ils ne se développent bien qu'ensuite, lorsqu'ils sont dans des matières demi-solides. Ils donnent alors des embryons de 210 millièmes de millimètre, terminés par une queue effilée. Ces larves s'accroissent très vite ; elles gagnent environ 80 à 100 millièmes de millimètre par jour. Leur dimension maximum

est atteinte au bout de 4 à 8 jours. A ce moment, elles changent de peau, mais restent dans l'ancienne qui leur fait office de manteau protecteur. Elles gagnent généralement l'eau, et c'est par ce liquide sans doute qu'elles pénètrent dans notre tube digestif. Là, se fixe à la muqueuse qu'il ronge pour arriver jusqu'aux vaisseaux sanguins. Il suce le sang qui s'écoule des blessures. Le malade s'affaiblit de plus en plus. Maladie commune chez les mineurs (anémie des mineurs). On en trouve parfois des centaines et des milliers dans l'intestin. Dans les déjections des malades, on trouve surtout des œufs, rarement des vers. Pour éviter : boire de l'eau filtrée, et, encore mieux, bouillie. Pour guérir : anthelminthiques puissants, tels que l'extrait de fougère mâle.

4. Trichocéphale de l'homme (*Trichocephalus dispar*). — Mâle et femelle : 35 à 45 millimètres, avec une partie antérieure effilée comme un cheveu. Vit dans le cæcum de l'homme,

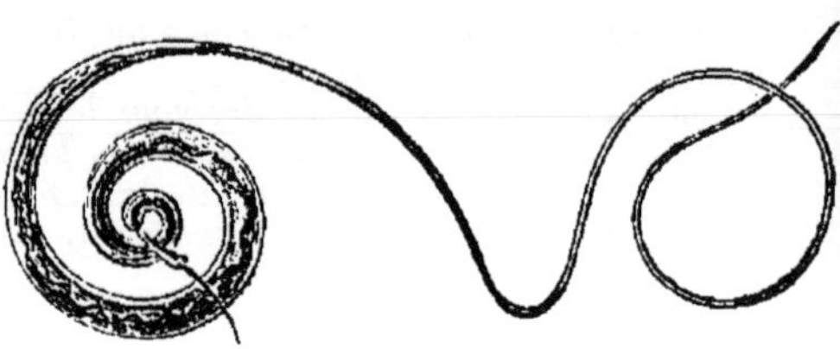

Trichocéphale.

quelquefois dans l'appendice cæcal, en petit nombre chez le même individu. La partie effilée est enfoncée dans la muqueuse ; le reste est enroulé sur lui-même. Sa présence n'entraîne pas d'accidents graves. Autrefois était plus abondant qu'aujourd'hui parce qu'on ne se servait pas d'eau filtrée.

5. Trichine spirale. — (Voir : Vers parasites des porcs).

B) Vers parasites du porc.

1. Ascaride du Porc. — Ressemble à l'Ascaride lombricoïde (voir ce mot). Vit dans l'intestin grêle du porc. Les œufs n'ont que 66 millièmes de millimètre.

1. Œsophagostome denté. — Blanchâtre ou gris brunâtre. Bouche circulaire avec une couronne de soies convergentes. Mâle : 10 millimètres : Femelle : 12 millimètres. Dans l'intestin du porc et du sanglier.

3. Trichocéphale crénelé. — Partie antérieure très effilée et pénétrant dans la muqueuse du gros intestin. Reste du corps enroulé en spirale. Mâle : 35 millimètres. Femelle : 40 millimètres. Ne détermine pas de troubles appréciables.

4. Trichine spirale. — Les Trichines sont de petits vers à peine visibles à l'œil nu. Mâle : 1ᵐᵐ,4. Femelle : 3 à 4 millimètres. Les adultes vivent dans l'intestin de divers mammifères, mais les larves auxquelles ils donnent naissance traversent l'intestin et vont émigrer dans tous les tissus de leur hôte, principalement dans les muscles. Arrivées là, les jeunes trichines s'enroulent en spirale et s'entourent chacune d'une capsule protectrice ovoïde, appelée *kyste*. Les trichines ainsi enkystées restent immobiles et ne donnent plus signe de vie jusqu'à ce que la chair contaminée soit absorbée par un autre être, un homme par exemple. Alors le kyste se dissout, la larve, mise en liberté, devient adulte et donne naissance à des embryons qui vont infecter leur nouvel hôte. C'est donc en mangeant de la viande de porc insuffisamment cuite que l'on contracte la *trichinose*. « La *salaison* les tue en

Kystes de Trichine spirale au milieu de fibres musculaires.

général plus ou moins rapidement, mais il n'y a rien d'absolu à cet égard, et on en trouve encore de parfaitement vivantes dans les jambons américains importés depuis plus d'un an. Le *fumage,* quoique paraissant un peu plus efficace, est loin de suffire dans tous les cas à rendre les viandes inoffensives. Reste l'action des basses et des hautes températures. On n'est pas absolument d'accord sur l'influence du froid. H. Bouley et Gibier ont vu les trichines périr en soumettant deux gros morceaux de jambon pendant deux heures et demie à une température de — 22 à — 25° ; mais Leuckant a constaté la présence de trichines vivantes dans des jambons frais exposés pendant trois jours à une température de — 20 à — 25°. Du reste, cette question n'a pas une importance pratique, car ces expé-

riences se placent en dehors des conditions usuelles de l'économie domestique. Il n'en est plus de même en ce qui se rapporte à l'influence de la chaleur. La plupart des expérimentateurs estiment qu'une température de + 70° suffit à faire périr les larves enkystées. Mais les parties centrales des morceaux de viande n'atteignent cette température qu'après un temps plus ou moins long, variant avec leur volume et leur mode de cuisson. Pour les viandes bouillies, par exemple, il faut prolonger l'ébullition pendant une demi-heure au moins pour chaque kilogramme. Les viandes rôties sont toujours plus dangereuses, car la couche extérieure « saisie » par la cuisson retarde la pénétration de la chaleur dans les parties profondes. Dans la pratique, on gage que la cuisson est suffisante lorsque la viande a perdu sa couleur rouge, et qu'il ne s'écoule plus de jus saignant sur une coupe. Enfin, les indications de la prophylaxie comportent des mesures de police sanitaire, et en particulier une inspection minutieuse des viandes de porc. En Allemagne, une véritable armée d'experts, hommes et femmes, est employée à ce contrôle. L'examen est des plus simples : on prélève, à l'aide de ciseaux fins et en suivant le sens des faisceaux, une mince tranche de muscle, qu'on étale sur une lame de verre. On dépose à la surface une goutte d'eau ou une solution d'acide acétique (de 1 à 5 pour 1 000), on dissocie quelque peu à

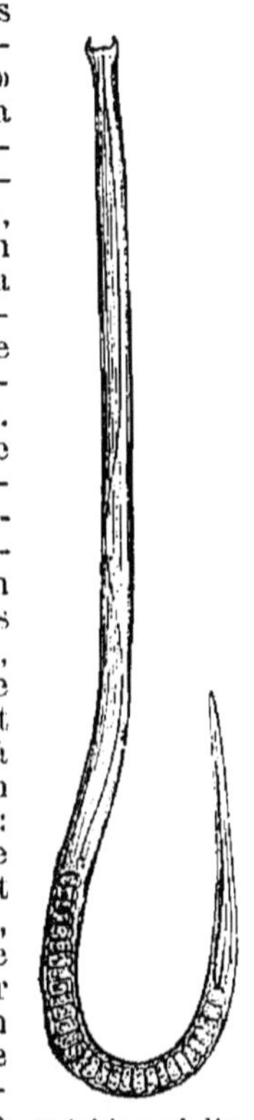

Trichine adulte mâle.

l'aide d'aiguilles fines, et on recouvre d'une lamelle qu'on comprime légèrement. En examinant toute l'étendue de la préparation à un grossissement de 30 à 100 diamètres, on découvre les kystes avec la plus grande facilité. » (A. Raillet.)

La trichine s'observe non seulement chez le porc et chez l'homme, mais aussi chez d'autres animaux : sanglier, rat noir, surmulot, souris, lapin, cobaye, veau, agneau, cheval, chien, chat, renard, martre, putois, blaireau, ours, taupe, hérisson, furet, etc.

5. Gigantorynque géant. — Corps

d'un blanc laiteux, ridé en travers, pourvu d'une trompe garnie de 5 à 6 rangs de crochets, recourbés en arrière. Mâle : 6 à 10 centimètres sur 3 à 5 millimètres. Femelle : 20 à 35 centimètres sur 4 à 9 millimètres. Dans l'intestin du porc, fixé à la muqueuse par sa trompe.

C) *Vers parasites des chevaux et des ânes.*

1. Ascaride des Équidés. — Blanc jaunâtre uniforme. Raide. Élastique. Mâle : 15 à 25 centimètres, avec queue portant deux petites expansions latérales. Femelle : 18 à 37 centimètres. Œufs de 90 à 100 millièmes de millimètre. Vit dans l'intestin grêle du cheval, de l'âne, du mulet, ordinairement en petit nombre. On a pu en rencontrer 1 000 chez un même cheval. Se tiennent surtout dans le duodénum, rassemblés en faisceaux, rarement en pelotons. En général, n'altèrent pas la santé de l'hôte. Pour les expulser, donner aux chevaux 1 à 2 grammes par jour d'acide arsénieux, pendant quinze à vingt jours.

2. Oxyure des Équidés. — Corps blanchâtre, assez épais. Mâle : 9 à 12 millimètres ; queue obtuse avec une expansion en forme de bourse et un spécule droit. Femelle : 40 à 150 millimètres ; corps arqué en avant, brusquement atténué en arrière en une queue de longueur variable. Vit dans le gros intestin du cheval, de l'âne, du mulet, surtout dans la courbure diaphragmatique du gros côlon : Se rencontre aussi dans les crottins. Inoffensif : mange les déjections.

3. Strongle d'Arnfield. — Filiforme. Blanchâtre. Vit dans les bronches du cheval et de l'âne. Mâle : 28 à 30 millimètres. Femelle : 43 à 55 millimètres.

4. Sclérostome équin ou Strongle armé. — Gris ou brun rougeâtre, droit, raide, moins épais en arrière qu'en avant. Bouche orbiculaire, tendue par plusieurs anneaux chitineux concentriques, dont les plus intérieurs sont garnis de denticules et le plus extérieur porte six papilles. Mâle : 18 à 35 millimètres. Femelle : 20 à 55 millimètres. Vit fixé dans l'intestin du cheval où il est très commun, surtout dans le cæcum, rarement dans le gros côlon. Plusieurs sont réunis deux à deux. Se trouve aussi dans des anévrismes de la grande artère mésentérique, les artères hépatiques, rénales, occipitales, la veine porte, le pancréas, le foie, le poumon et les nodules, sous-muqueuse de l'intestin. Les œufs évoluent dans l'eau ou le crottin humide.

5. Sclérostome tétracanthe. — Blanchâtre, nuancé de rouge. Bouche munie d'un rebord articulaire saillant qui porte six papilles. Mâle : 8 à 17 millimètres. Femelle : 10 à 12 millimètres. Vit avec l'espèce précédente.

6. Spiroptère mégastome. — De 7 à 10 millimètres. Connu sous le nom de *crinon.* Se trouve dans des tumeurs du sac droit de l'estomac du cheval.

D) *Vers parasites des veaux et des bœufs.*

1. Ascaride du veau. — Vit dans l'intestin grêle des veaux, surtout dans le midi de la France. Ressemble à l'ascaride lombricoïde (voir ce mot).

2. Strongle d'Ostertag. — Filiforme. Brun clair. Peau rayée en travers par 34 arêtes longitudinales. Mâle : 7 à 9 millimètres. Femelle : 10 à 13 millimètres. Vit dans la caillette du bœuf, où il siège sous l'épithélium, dans des nodules déprimés, d'un volume variant de celui d'une tête d'épingle à celui d'une lentille. Chaque nodule présente une petite ouverture centrale, d'où sort la tête du ver.

3. Œsophagostome à cou gonflé. — Blanchâtre. Bouche circulaire, suivie d'un renflement puis de deux dilatations latérales. Mâle : 14 millimètres. Femelle : 18 millimètres. Dans le gros intestin du bœuf.

E) *Vers parasites des moutons.*

1. Strongle filaire. — Ver filiforme, blanchâtre. Mâle : 3 à 8 centimètres. Femelle : 5 à 10 centimètres. Œufs ellipsoïdes, contenant un embryon dont les mouvements en déforment la coque. Dans les voies respiratoires du mouton, surtout dans les bronches de diamètre moyen. Ce ver détermine une inflammation catarrhale (bronchite vermiculaire) ; on reconnaît sa présence en examinant au microscope le jetage et les mucosités expectorées : il y a des embryons. La maladie sévit surtout pendant la belle saison et chez les agneaux. Traitement : fumigations de goudron, de cônes de genévrier. Se trouve aussi chez la chèvre.

2. Strongle roussâtre. — Ver très grêle. Teinte brun rougeâtre caractéristique. Mâle : 18 à 28 millimètres. Femelle : 25 à 35 millimètres. Vit fixé dans le poumon, sous la forme de filaments entortillés et extrêmement grêles. Produit chez les moutons et les chèvres une pneumonie vermineuse qui sévit surtout chez les adultes. Vit aussi chez la chèvre.

3. Strongle contourné. — Filiforme. Rouge ou blanchâtre. A peu de distance de l'extrémité antérieure, deux petites papilles latérales, en forme de dents dirigées en arrière. Peau purement située en travers. Mâle : 10 à 20 millimètres. Femelle : 20 à 30 millimètres. Vit dans l'estomac (caillette) du mouton, de la chèvre, du chamois, dont il attaque la muqueuse pour sucer le sang. Produit une sorte d'anémie, connue en Algérie sous le nom de *R'och*, et, en Allemagne, sous le nom de *Magenwurmsenche*.

4. Sclérose hypostome. — Blanc. Cylindrique. Tête un peu renflée, inclinée sur le ventre. Bouche avec double rangée de denticules droites et aiguës. Six papilles. Mâle : 1^{mm},5. Femelle : 20 millimètres. Assez commun dans le gros intestin du mouton et de la chèvre.

5. Trichocéphale voisin (*Trichocephalus affinis*). — Partie antérieure très effilée et pénétrant dans la muqueuse du gros intestin. Le reste, souvent contourné en spirale. Mâle : 50 à 80 millimètres. Femelle : 50 à 70 millimètres. Peu grave.

F) *Vers parasites des lapins.*

1. Oxyure ambigu. — Corps blanc, fusiforme. Mâle : 3 à 5 millimètres, terminé par une queue grêle. Femelle : 8 à 12 millimètres, avec longue queue. Dans le gros intestin des lapins et des lièvres. Assez commun en France.

2. Strongle rayé. — Filiforme. Rouge sanguin. Mâle : 8 à 16 millimètres. Femelle : 11 à 20 millimètres. Dans l'estomac du lapin et du lièvre, auxquels il cause de l'anémie quand il est abondant. Les œufs se développent dans l'eau ; il faut donc assécher le plus possible le sol.

3. Strongle à spicules tordus. — Capillaire. Blanchâtre ou jaunâtre. Mâle : 6 millimètres, avec deux petits spécules un peu tordus. Femelle : 7 millimètres. Dans l'intestin grêle du lapin et du lièvre.

G) *Vers parasites des chiens.*

1. Ascaride à moustaches. — Blanchâtre, un peu brunâtre. Extrémité antérieure un peu enroulée, avec deux lames latérales qui lui donnent la forme d'une pointe de flèche. Œufs globuleux à surface alvéolée. Vit dans l'intestin grêle du chat et du chien. Mâle : 4 à 6 centimètres. Femelle : 6 à 10 centimètres. Fréquent chez les jeunes chiens, dès leur naissance, et les chats.

2. Eustrongle géant. — Corps cylindrique. Bouche sans lèvres, entourée de papilles. Rouge sanguin. Peau finement striée en travers. Mâle : 14 à 40 centimètres sur 4 à 6 millimètres. Femelle : 20 centimètres à 1 mètre sur 5 à 12 millimètres (c'est le plus grand des nématodes). Parasite dans les reins des chiens et de beaucoup d'autres mammifères (phoque, loutre, martre, putois, loup, bœuf, cheval, homme). Plus commun dans les contrées où se trouvent des eaux contenant des crustacés et des mollusques. Assez rare en France. Le chien atteint devient triste et méchant ; la voix est rauque, la marche vacillante, les narines sanguinolentes. Mais l'animal dépérit rarement.

3. Strongle des vaisseaux. — Filiforme. Rougeâtre ou blanchâtre. Peau striée en long. Mâle : 15 millimètres. Femelle : 20 millimètres. Dans le cœur droit et l'artère pulmonaire du chien. A la base des deux lobes du poumon, le tissu devient compact, grisâtre, plus dense que l'eau, criblé de granulations grises et demi-transparentes, très fines, atteignant rarement le volume d'une tête d'épingle. Après de longs mois de maladie les animaux meurent. Fréquent à Toulouse.

4. Uncinaire trigonocéphale. — Blanchâtre. Bouche avec, à l'intérieur, trois dents recourbées en crochet. Mâle : 9 à 12 millimètres, terminé par une petite partie élargie. Femelle : 9 à 21 millimètres. Vit dans l'intestin grêle du chien, du chat, du loup, du renard. Produit une anémie pernicieuse, surtout chez les chiens de meute. Les animaux s'affaiblissent de plus en plus et ont de fréquents saignements de nez. Les œufs des vers se développent dans les chenils relativement secs.

5. Trichocéphale déprimé. — Partie antérieure très effilée, pénétrant dans la muqueuse du cæcum. Le reste recourbé un peu en spirale : 45 à 75 millimètres de long.

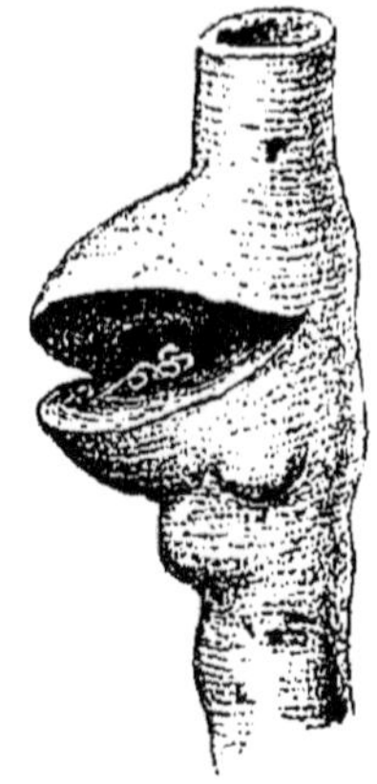

Spiroptère ensanglanté dans l'aorte d'un chien.

6. Filaire cruelle (*Filaria immilio*).
— Ver filiforme. Mâle : 15 centimètres.
Femelle : 25 à 30 centimètres. Dans
l'appareil circulatoire et surtout le cœur
droit des chiens, surtout des chiens de
chasse.

7. Spiroptère ensanglanté. —
Corps rouge sang. Mâle : 3 à 5 centimètres. Femelle : 6 à 8 centimètres. Vit
dans des tumeurs de l'estomac.

H) Vers parasites des chats.

1. Ascaride à moustaches. —
Voir : Vers parasites des chiens.

2. Strongle nain. — Vit dans le
poumon du chat où il produit une pneumonie : toux fréquente, par accès, souvent avec vomissement. Puis l'animal
maigrit, devient triste, son poil se hérisse. Enfin vient une diarrhée forte,
puis la mort. Le ver, filiforme, a $4^{mm},9$
(mâle) et $9^{mm},6$.

3. Uncinaire trigonocéphale. —
Voir : Vers parasites des chiens.

4. Ollulan à trois pattes. — Petit
vers assez épais. Mâle terminé par une
partie élargie en deux lobes. Femelle :
un millimètre au plus. Vit dans l'épaisseur de la muqueuse stomacale du chat,
qui présente une teinte rouge et se montre souvent couverte d'ecchymose. La
femelle donne directement naissance à
des embryons relativement grands (320
millièmes de millimètre). Souvent, ces
vers quittent l'estomac, gagnent l'intestin, le traversent et vont dans divers
organes où ils s'enferment en spirale
dans de petites tumeurs (kystes), où ils
finissent cependant par disparaître.

I) Parasites des oiseaux.

1. Hétérakis à lorgnon. — Blanc
jaunâtre. Mâle : 3 à 8 centimètres à
queue tronquée obliquement, avec une
aile membraneuse de chaque côté. Femelle : 6 à 12 centimètres. Dans l'intestin grêle de la poule et du dindon.
Cause quelquefois des épizooties.

2. Hétérakis taché. — Blanc. Un
peu translucide. Mâle : 16 à 26 millimètres. Femelle : 20 à 34 millimètres. Dans
l'intestin du pigeon. Quand ils s'y développent beaucoup, les intestins en sont
comme bourrés et le pigeon meurt.

3. Hétérakis papilleux. — Blanc.
Mâle : 7 à 13 millimètres. Femelle : 10
à 15 millimètres, queue effilée. Très
commun chez les poules. Dans les cæ-
cums intestinaux, quelquefois en quantité prodigieuse.

4. Hétérakis dissemblable. —
Blanc, aminci aux deux bouts, avec, en
arrière, deux expansions latérales. Mâle :
11 à 18 millimètres. Femelle : 11 à 23 millimètres. Dans l'intestin des oies du
Louit.

5. Syngame trachéal. — Appelé
aussi *Ver rouge* ou
Ver fourchu. La bou-
che est large, pour-
vue d'une capsule
chitineuse qui la
maintient béante.
Le mâle est petit (2 à
6 millimètres), il vit
sur la femelle (5 à 20
millimètres), à la-
quelle il est attaché
par sa partie pos-
térieure : comme il
reste presque cons-
tamment ainsi, cela
ressemble à un ver
à deux têtes ; on ne
peut d'ailleurs les
séparer. Vit dans la
trachée et les gros-
ses bronches de di-
vers oiseaux (poule,
dindon, paon, per-
drix, pie, corneille
mantelée, chocard,
pie-vert, étourneau,
martinet), mais sur-
tout chez le faisan.
Les gallinacés at-
teints ont une toux
sifflante, éternuent
et bâillent ; en quel-

Syngame trachéal,
a, mâle ; *b*, femelle.

ques jours ils meurent asphyxiés. Les
vers sont fixés à la trachée comme de
petites sangsues.

6. Trichosome contourné. — Partie antérieure amincie et couverte de
toutes petites épines. Dans l'œsophage
d'un grand nombre d'échassiers, palmipèdes, rapaces, passereaux. Mâle : 12 à
17 millimètres. Femelle : 31 à 38 millimètres. Tantôt libre, tantôt engagé sous
la muqueuse. L'abondance de ces vers
amène parfois la mort.

DEUXIÈME GROUPE.

Nématodes parasites des plantes.

1. Anguilluline du blé (ou *Anguillule du blé*). — Corps blanchâtre, cylindrique, atténué aux deux extrémités.
Bouche petite, ronde. Mâle : $2^{mm},3$ sur
$0^{mm},1$, avec une queue terminée par une
petite bourse. Femelle : 4 millimètres

sur 0^{mm},25, presque toujours enroulée en spirale. Détermine dans le blé la maladie connue sous le nom de *nielle.* « Si l'on examine, après la maturité du blé, un épi atteint de nielle, on trouve un certain nombre de grains, et souvent tous les grains, complètement déformés : ils sont petits, arrondis, noirâtres, et leur coque, épaisse et dure, renferme une sorte de poussière blanche. Cette substance ne contient aucune trace de fécule ; elle est constituée par des milliers de petits vers desséchés, qui ne sont autres que des larves d'anguillulines. Si on les humecte, en effet, on les voit peu à peu reprendre leur aspect normal et leur activité. Elles sont grêles, filiformes, longues de 800 millièmes de millimètre, larges de 12 à 25 millièmes de millimètre ; leur tégument ne paraît pas strié, mais elles possèdent déjà l'aiguillon buccal. Quand on sème du blé niellé, les grains altérés se gonflent, se ramollissent et se pourrissent. Sous l'influence de l'humidité, les larves reprennent leur activité et s'en dégagent au bout de quelques semaines ; elles rampent dans la terre et gagnent ainsi les tiges issues de grains sains. Elles pénètrent alors entre les gaines des feuilles et vont se cacher à l'aisselle des plus jeunes, c'est-à-dire des plus internes. Si la saison est humide, elles montent à mesure que la tige s'accroît ; si elles sont surprises par la sécheresse, elles retombent en état de vie latente jusqu'à ce qu'une pluie vienne leur permettre de reprendre leur activité. Finalement elles atteignent l'épi alors que celui-ci est encore très jeune, s'introduisent dans les tissus parenchymateux des fleurs naissantes et y deviennent promptement adultes. Après l'accouplement, la femelle pond un grand nombre d'œufs dans lesquels on aperçoit bientôt un embryon ; celui-ci, une fois éclos, demeure dans la cavité qui renferme ses parents. Comme l'a montré Davaine, le grain niellé n'est donc pas un grain de blé envahi par les vers : c'est une galle développée aux dépens des diverses parties de la fleur. Le blé niellé vient mal : la tige s'accroît lentement, les feuilles se dégagent avec difficulté, et leur limbe se crispe ; les épis mûrissent en retard et restent souvent irréguliers. On le qualifie de *blé avorté* ou *rachitique.* » (A. Raillet.)

2. Hétérodera. — L'Hétérodera

(*Heterodera Schactii*) est un ver du groupe des Nématodes qui cause de grands ravages dans les plantations de betteraves.

Loin de se montrer uniquement et constamment localisé sur la betterave, l'*Heterodera* présente un habitat des plus variés ; les choux, les céréales, le colza, les navets, le cresson alénois, la navette, les épinards, etc., peuvent également l'héberger. On se tromperait gravement si l'on supposait que le parasitisme constitue pour lui une condition fatale et inéluctable : il peut également vivre d'une existence libre et l'on peut l'étudier à ses divers âges dans la terre humide. Toutefois, il est possible que, dans ce milieu, la propagation de l'espèce se ralentisse, en raison d'une alimentation plus difficile et moins abondante ; dans tous les cas, on doit toujours se rappeler qu'il peut persister durant plusieurs mois dans une terre qui n'offre aucune trace apparente de végétation.

L'*Heterodera* est un ver du groupe des *nématodes.* Ici, contrairement à ce qui se rencontre chez les autres représentants du groupe, le dimorphisme sexuel est si accentué qu'il semble impossible de rapporter à la même espèce des animaux aussi dissemblables que le mâle et la femelle.

Le mâle est long de 8 millimètres en moyenne. Le diamètre transversal se maintient égal dans toute l'étendue du ver, sauf aux deux extrémités, qui revêtent un aspect spécial. Sur toute la longueur, le mâle présente une striation des plus régulières. La tête porte une coiffe caractéristique. L'anguillule trouve dans celle-ci un organe protecteur des plus efficaces durant les cheminements qu'elle doit effectuer dans les profondeurs du sol pour parvenir jusqu'aux racines. Puis, lorsqu'il s'agit d'attaquer celles-ci, la coiffe fournit un point d'appui qui facilite singulièrement le jeu du stylet. L'extrémité caudale du mâle se rétrécit rapidement et se termine par une pointe obtuse ; elle est légèrement recourbée.

La femelle adulte diffère totalement du mâle ; elle est courte, globuleuse et opaque. La longueur de l'adulte varie entre 8 millimètres et 1^{mm},3 ; sa largeur entre 5 et 9 millimètres ; elle tend ainsi vers la forme sphéroïdale. Sa coloration varie du rouge au brun. Elle contient de 300 à 400 œufs.

Complètement développé, l'œuf mesure 8 millimètres en longueur, et 4 millimètres en largeur. De forme elliptique et souvent déprimé sur une de ses faces, on peut, jusqu'à un certain point, le comparer à un haricot.

L'éclosion de l'œuf se trouve précédée de divers phénomènes qui se manifestent à l'intérieur de l'œuf : animé de mouvements d'ondulation qui deviennent de plus en plus fréquents, l'embryon cherche à se dérouler, distendant ainsi la coque ovulaire qui cède et se rompt, le mettant en liberté. L'évolution de l'anguillule n'est pas à ce moment terminée, car il lui faut subir encore une série de métamorphoses extrêmement remarquables. Le dimorphisme du mâle et de la femelle ne retentit pas seulement sur leur forme et sur leur organisation intérieure, il s'affirme déjà dans les premiers stades de leur évolution. Celle-ci est très différente pour les deux sexes : le mâle seul en parcourt intégralement le cycle qui, chez la femelle, au contraire, s'abrège notablement. Mais, résultat assez inattendu, c'est le mâle seul qui rappellera, sous sa forme adulte, les traits de la larve, bien que le cycle évolutif n'ait subi pour lui aucune abréviation. On doit distinguer dans le développement post-embryonnaire de l'*Heterodera Schachtii* les états suivants : 1° première larve ; 2° deuxième larve ; 3° cocon du mâle. La femelle passe seulement par les formes de première larve et de deuxième larve ; la forme cocon est propre au mâle.

La première larve se montre sous l'aspect d'un petit ver blanchâtre, très agile, mesurant en moyenne 45^{mm},35 de longueur. L'extrémité caudale est allongée en pointe.

Après avoir mené, durant un temps variable avec les circonstances, une vie libre, la larve cherche à s'introduire dans une plante nourricière. Elle a, en effet, épuisé la majeure partie de sa réserve alimentaire, qui n'est plus représentée que par des granules épars dans la cavité générale. De terricole, la larve va devenir parasite. L'helminthe s'attaque à de petites racines, mesurant à peine quelques millimètres de diamètre. Grâce à son aiguillon, il perfore l'épiderme, atteint le parenchyme et mue. La femelle a dès lors atteint son complet développement ; elle est adulte et apte à la fécondation. Si elle est encore enfouie dans les tissus de la racine, ce n'est plus que pour fort peu de temps ; son exode est proche. L'énorme et rapide accroissement de l'helminthe a peu à peu distendu les tissus végétaux, au milieu et au-dessus desquels il s'est développé ; la tumeur corticale est devenue impuissante à contenir plus longtemps le parasite et se rompt pour lui livrer passage. La femelle, ainsi dégagée, se trouve donc mise en liberté dans la terre ambiante, où le mâle ne viendra la rejoindre que plus tard.

Pour le mâle, le développement est plus lent et plus compliqué. Les téguments s'endurcissent et deviennent opaques. Distendue par la croissance rapide des parties internes, cette membrane tégumentaire s'en écarte peu à peu, constituant à la périphérie une sorte de cocon dans l'intérieur duquel va s'achever l'organisation du mâle. Le ver ainsi inclus est d'abord court et gros, presque claviforme, semblant vouloir devenir ovoïde. Mais cette phase est fugace, et le ver s'allonge rapidement. Bientôt il brise son enveloppe, perfore l'écorce de la racine et gagne la terre ambiante.

Lorsqu'on examine des betteraves *nématodées*, c'est-à-dire attaquées par l'anguillule, on constate souvent, mais non toujours, d'importantes modifications dans l'aspect des feuilles : normalement colorées en vert foncé, elles passent au jaune verdâtre ; elles deviennent moins brillantes et leur vitalité décroît rapidement. Le matin, elles se redressent tardivement ; le soir, elles s'inclinent plus lentement qu'à l'état sain. Bientôt elles meurent. Le fait le plus saillant, celui qui frappe tout d'abord, s'exprime par un véritable arrêt de développement : la racine nématodée atteint à peine le quart de la taille que présente une racine saine de même semaille. Pour s'expliquer cette atrophie, il suffit de considérer les myriades de parasites qui se montrent à l'intérieur et à l'extérieur des radicelles. De place en place, celles-ci offrent de petits points blanchâtres, souvent innombrables, comparables à des citrons microscopiques, et représentant autant de femelles gorgées d'œufs ou de larves.

Parfois, au lieu de trouver des points blanchâtres sur les betteraves, on trouve dans la couche de terre qui les entoure des *kystes bruns*, découverts par M. J. Chatin, et dont l'intérêt est très grand. Ce sont des femelles remplies d'œufs qui se sont enkystées, c'est-à-dire se sont sécrété une enveloppe solide grâce à laquelle les œufs peuvent passer la mauvaise saison. L'époque d'apparition des kystes bruns n'est pas immuable ; c'est surtout à la fin de la belle saison qu'ils se montrent en grande abondance, mais ils peuvent aussi se former beaucoup plus tôt : un été précoce et chaud, une helminthiasis intense, tels sont les deux facteurs principaux de l'enkystement prématuré. Le kyste est un véritable sac d'œufs. De forme variable, il mesure en moyenne 6 millimètres suivant son grand axe. Il est de couleur brunâtre, protégé par des parois très épaisses et difficilement perméables. On s'explique aisément comment un kyste ainsi constitué peut traverser la mauvaise saison, assurant une puissante protection aux œufs qu'il renferme. Plus tard, sous l'influence de conditions favorables à sa déhiscence, ses parois se gonfleront, se ramolliront, et laisseront échapper œufs et larves.

L'anguillule de la betterave, dont nos lecteurs connaissent l'histoire, est fort difficile à détruire. L'un des moyens les plus efficaces a été imaginé par un auteur allemand, Kühn : c'est celui des *plantes-pièges.* M. Joannès Chatin donne les conseils suivants sur ce sujet :

On sème les plantes-pièges, c'est-à-dire les plantes sur lesquels l'animal se jette avec voracité, quand on les met à sa portée, du mois d'avril au mois d'août, en faisant trois récoltes au moins ; la première doit être arrachée cinq semaines après la levée ; pour les deux autres, l'arrachage sera pratiqué trois ou quatre semaines après la levée. Ces délais ne doivent pas être dépassés, car, en attendant davantage, on laisserait aux larves le temps de subir leurs métamorphoses, les femelles donneraient naissance à des milliards de jeunes, et la plante-piège n'aurait servi qu'à la propagation du parasite.

Lors de l'arrachage, il faut tout enlever, autant les plantes-pièges que les plantes adventices. Le ver se fixant sur les racines, il faut avoir soin de ne pas les secouer ; on recueille les plantes, avec la terre adhérente, dans des paniers doublés d'un prélart, et l'on place le tout dans des voitures. Kühn conseillait de renverser celles-ci sur des champs ou des prairies ne portant jamais de betteraves ; M. Chatin proscrit cette pratique comme imprudente et dangereuse. S'il s'agit d'un champ, le nématode attaquera les céréales, etc., qui pourront y être cultivées, et l'on aura fait naître un nouveau foyer d'infection vermineuse. La maladie se propagera plus lentement, s'il s'agit d'une prairie, mais elle y trouvera cependant des hôtes favorables au développement de l'helminthe qui, plus ou moins promptement, et grâce aux mille chances de propagation qui viennent journellement en aide aux parasites, ne tardera pas à infester de nouvelles cultures. Il est donc indispensable de détruire toutes les plantes arrachées, en les soumettant à une incinération complète, en les traitant par la chaux vive, etc.

Lorsque le champ a été débarrassé de la première récolte des plantes-pièges, on le laboure aussitôt et on sème immédiatement la deuxième récolte ; de même pour la troisième. On doit recommander, pour la première semaille, les diverses variétés de choux cultivés et, pour les deux autres, la navette d'été. Il convient de les semer en lignes distantes de 10 à 15 centimètres, et à raison de 28 à 32 kilogrammes par hectare. Il ne faut jamais limiter la culture des plantes-pièges aux points qui semblent localement attaqués. Le ver émigre facilement, et se trouve bientôt à 30 ou 40 mètres des limites de la tache d'huile, avec une rapidité variable avec les circonstances.

M. J. Chatin recommande cette méthode tout particulièrement. Les frais qu'elle entraîne sont peu considérables ; elle offre le grand avantage de ne comporter que des opérations faciles, journellement exécutées dans la pratique agricole ; enfin elle assure à celle-ci tous les heureux effets d'une culture sidérale.

M. J. Chatin a découvert un petit acarien, le *Gramasus crassipes,* qui attaque les kystes bruns de l'anguillule et en dévore le contenu. Peut-être qu'en facilitant la propagation de cet arachnide, on arrivera à détruire l'*Heterodera* complètement. Mais c'est encore une pure hypothèse.

TROISIÈME GROUPE.

Nématodes non parasites.

1. Anguillule du vinaigre (*Rhabditis aceti*). — Vers filiforme, $0^{mm},8,$ à $1^{mm},5,$ presque transparents, surtout bien visibles à la loupe ou au microscope. Se

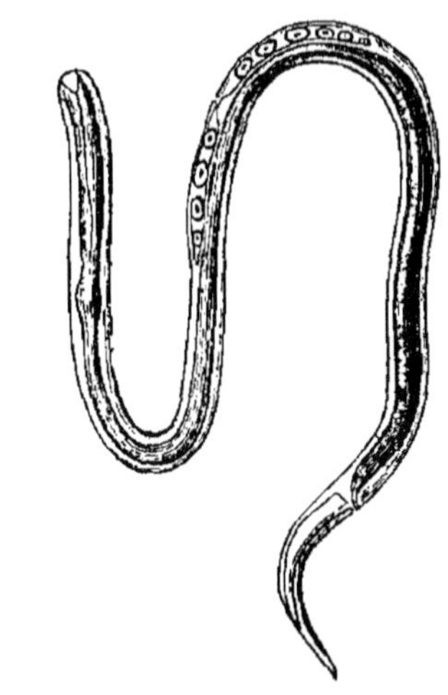

Anguillule du vinaigre (très grossie).

contournent de mille manières dans le vinaigre. « Les plus grands ennemis des fabricants de vinaigre sont les anguillules qui se multiplient souvent avec une rapidité extraordinaire au sein du liquide ; leur présence, considérée autrefois comme nécessaire à la fabrication, est, au contraire, fort nuisible : les anguillules, en effet, ne peuvent vivre qu'au contact de l'air, et par conséquent dans les couches superficielles du liquide ; le voile mycodermique leur intercepte l'oxygène ; aussi, lorsqu'il est insuffisamment formé, les anguillules qui envahissent les couches supérieures le disjoignent, l'entraînent au sein du liquide, et empêchent le développement de la plante ; quand au contraire le mycoderme l'emporte, elles se réfugient sur les parois du tonneau où elles forment une couronne blanchâtre grouillante ; aussi les fabricants considèrent-ils la marche d'un tonneau comme normale lorsque, en plongeant le doigt par la bonde, ils sentent l'humidité gluante de cette accumulation d'animalcules sur les parois. » (H. Quantin.)

2. Anguillule de la colle de farine aigrie (*Rhabditis glutinis*). — Très analogue à l'espèce précédente. Environ 1mm,5. Son nom indique exactement l'endroit où on la trouve. C'est un des animaux que montrent de préférence les camelots vendeurs de petits microscopes.

3. Rhabditis de la terre (*Rhabditis terricola*). — Corps blanchâtre. Mâle : 1mm,5, avec muqueuse en pointe. Femelle : 2 millimètres. Dans la terre humide et les substances en putréfaction. Peut accidentellement devenir parasite de l'homme.

A citer encore, dans les eaux douces, l'*Enoplus rivalis*, le *Dorylaimus stagnalis*, l'*Oncholaimus fonearum* ; dans la mer, parmi les algues, l'*Enoplus à trois dents*, l'*Enoplus microstomus*, le *Dorylaimus marinus*, l'*Oncholaimus attenuatus* ; dans les touffes de mousses, l'*Oncholaimus muscorum*.

DEUXIÈME ORDRE.

ACANTHOCÉPHALES

Vers cylindriques à trompe protractile portant des crochets, dépourvus de bouche et de canal digestif.

Échinorynque polymorphe. — Corps rouge orangé, fusiforme, avec une trompe ovoïde, armée de 8 rangées de 8 crochets. Mâle : 4 à 6 millimètres. Femelle : jusqu'à 25 millimètres. Dans l'intestin grêle du canard, de l'oie, du cygne, où il vit la trompe enfoncée profondément dans la muqueuse. Se trouve aussi chez l'écrevisse.

L'*Echinorhynchus miliarus* qui vit dans un crustacé, le Gammarus pulex, est sa forme jeune.

A citer encore l'*E. proteus*, qui vit dans l'intestin de nombreux poissons d'eau douce. Les embryons vivent dans la cavité du corps du *Gammarus pulex*, restent longtemps immobiles et atteignent une taille considérable avant que la transformation en Echinorhynque ne s'opère. — L'*E. angustatus* vit dans la perche, et, dans le jeune âge, remplit la cavité viscérale presque tout entière de l'*Asellus aquaticus*. Les embryons deviennent immobiles dès qu'ils ont traversé la paroi digestive du crustacé et la métamorphose commence aussitôt. — L'*E. gigas*, de la grosseur d'une Ascaride lombricoïde, vit dans l'intestin grêle du porc. L'embryon, d'après Schneider, vit dans la larve du hanneton (Brehm).

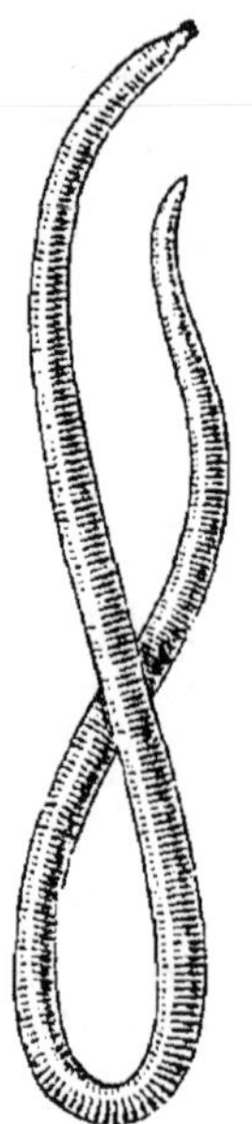

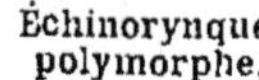

Échinorynque polymorphe.

Tête d'Échinorynque (grossie).

TROISIÈME ORDRE.

GÉPHYRIENS

Les livres classiques de zoologie sont généralement muets sur les Géphyriens, qui n'ont pas encore une place bien nette dans la classification. Il en résulte qu'ils sont en général fort mal connus du grand public, qui cependant est susceptible d'en rencontrer quelques représentants, par exemple, au bord de la mer, en bêchant la vase pour récolter des Arénicoles, ou en explorant les fentes des rochers pour y trouver des moules : un coup d'œil sur les principales formes de ces êtres, très voisins des Vers, ne sera donc pas superflu.

Les types de Géphyriens que l'on trouve le plus fréquemment sont les Sipuncles, qui vivent dans la vase, au bord de la mer, et que l'on prendrait au premier abord pour des vers intestinaux analogues à ceux qui abondent chez le cheval. Ils sont allongés, cylindriques, lisses et seraient des plus banals si on ne voyait à certains moments sortir de leur partie antérieure une longue trompe garnie de petites papilles crochues. La bouche se trouve tout à fait à l'extrémité de la trompe, entourée de dix à vingt tentacules. Quant à l'anus, que l'on s'attendrait à trouver à l'extrémité opposée, il faut le chercher à la base de la trompe. L'animal se creuse des canaux dans le sable et mange celui-ci au fur et à mesure, digérant la matière organique qu'il renferme. Assez mou en temps ordinaire, il se contracte quand on cherche à le prendre et devient alors dur comme de la pierre, moyen de défense assez singulier. Sa larve a la forme d'une toupie qui nage au moyen d'une ceinture de cils vibratiles.

Il faut citer, à côté du Sipuncle, une série de formes plus ou moins bizarres, mais se rapprochant de la sienne, notamment le Phascolosome, qui vit dans des tubes ou des coquilles de Mollusques que l'animal, rappelant en cela le Bernard-l'Ermite, transporte partout avec lui ; l'Aspidosiphon, à la trompe rejetée un peu sur le côté et qui possède deux « boucliers » chitineux, l'un à l'extrémité postérieure du corps, l'autre à la base de la trompe ; l'Onchnesoma, remarquable par sa longue trompe, et le Priapule, qui possède un volumineux appendice caudal couvert de végétations et comparable à une branchie.

L'Échiure présente aussi un aspect vermiforme, avec, à l'avant, une assez longue trompe creusée d'une gouttière. Celle-ci n'est pas comparable à celle du Sipuncle, parce que la bouche se trouve à sa base et non à son sommet. Sur la face ventrale on remarque deux toutes petites soies. L'animal rampe et se nourrit d'infimes particules alimentaires, qu'il recherche avec sa trompe, laquelle n'est pas ou presque pas rétractile. Sa taille atteint de $0^m,10$ à $0^m,15$.

Bien plus curieuse est la Bonellie que, le long de la Méditerranée, on peut rencontrer dans les fentes des rochers. C'est une masse verte piriforme, très molle, qui se prolonge à la partie supérieure par une très longue trompe, terminée par deux cornes disposées à angle droit. Par elle-même, elle est curieuse ; mais où elle devient extraordinaire, c'est lorsqu'on l'étudie au point de vue de la reproduction. Les mâles sont, en effet, on ne peut plus différents des femelles : tandis que celles-ci ont de $0^m,02$ à $0^m,10$, les mâles ne mesurent que 1 à 2 millimètres ; ils n'ont d'ailleurs avec les premières aucune analogie de forme ni de structure. Ils vivent en parasites sur le corps même des femelles dans une cavité spéciale que l'on a nommée la *chambre des mâles*, et Lacaze-Duthiers, qui les a découverts, les croyait appartenir à une espèce toute différente. C'est un petit être planariforme qui n'a ni bouche, ni anus, ni, naturellement, de tube digestif. Son corps ne renferme guère qu'une glande mâle allant s'ouvrir en avant et deux petits crochets lui permettant de se cramponner aux téguments. Dans un genre voisin, les *Hamingia*, on remarque un dimorphisme sexuel tout aussi accentué, avec cette différence que les petits mâles vivent dans le pharynx de la femelle.

QUATRIÈME ORDRE.

ANNÉLIDES

Vers cylindriques ou aplatis à corps segmenté.

PREMIER SOUS-ORDRE.

HIRUDINÉES OU SANGSUES

Vers non annelés ou à anneaux courts, à tête non distincte du corps, pourvus d'une ventouse terminale et ventrale, dépourvus de pieds, vivant en parasites, au moins momentanément, sur d'autres animaux.

On peut les diviser, pour l'étude, en deux groupes, les sangsues d'eau douce et les sangsues de mer.

PREMIER GROUPE.

Sangsues d'eau douce.

Sangsue médicinale (*Hirudo medi-* cinalis). — Elle se rencontre très souvent dans les étangs et les cours d'eau ; c'est elle aussi que l'on trouve chez tous les pharmaciens. Son corps est allongé, légèrement renflé au milieu. Lorsque l'animal est à son maximum d'extension, sa taille peut atteindre de 15 à 25 centimètres. Au contraire, quand il est contracté, elle n'est plus que de 6 centimètres environ. La teinte générale est brun verdâtre, tirant sur le roux : par places, on aperçoit des taches noires, mais d'un dessin différent suivant les variétés (on en a décrit sept) et même suivant les individus. On reconnaît facilement la face dorsale de la face ventrale en ce que la première est plus foncée et porte six bandes longitudinales claires, tandis que la seconde a une teinte plus pâle portant des taches noires. On voit en outre une série de stries transversales extrêmement fines. Le corps se termine, en avant, par une ventouse assez petite, en forme de cuilleron, percée en son centre d'un orifice, la bouche. En arrière, il se termine aussi par une large ventouse arrondie, membraneuse, charnue, mais non percée d'un orifice : elle ne sert qu'à la fixation et à la locomotion. Celle-ci se fait d'une manière spéciale. La sangsue commence par fixer sa ventouse postérieure, puis elle allonge son corps et fixe en avant sa ventouse antérieure. Ceci fait, la ventouse postérieure lâchant prise, le corps se contracte de manière à amener les deux ventouses l'une à côté de l'autre.

Sangsue (long. 0^m,10).

De nouveau, la ventouse postérieure se fixe, l'antérieure se détache, le corps s'allonge et ainsi de suite. La marche est la progression qu'affectionne la sangsue ; mais elle peut aussi nager, assez lourdement il est vrai, en effectuant des mouvements d'ondulation dans l'eau. La sangsue ne se nourrit que de sang, qu'elle aspire à l'aide de son pharynx, après avoir fait à l'animal trois entailles avec les trois petites mâchoires cachées dans sa bouche. Mais il semble que les sangsues, suivant leur âge, choisissent des animaux différents pour se nourrir à leurs dépens. Quand elles sont jeunes, elles sucent le sang des insectes, puis elles s'adressent à celui des grenouilles et des poissons. Ce n'est que plus tard qu'il leur faut des animaux à sang chaud, l'homme, les bestiaux, etc., qui viennent à se rendre dans l'eau. C'est sur ce goût des sangsues pour les mammifères qu'est basée la pêche en grand de ces animaux. On emploie, à cet effet, des chevaux hors d'usage, ou même l'homme lui-même, bien que cette sorte de pêche lui soit très pénible. En restant dans l'eau pendant un certain temps, les sangsues viennent se fixer à la peau

et on n'a qu'à les recueillir. Les sangsues peuvent rester fort longtemps sans manger : dans les pharmacies, on les conserve dans des bocaux recouverts d'une mousseline.

Au moment où va s'effectuer sa ponte, la sangsue sort de l'eau et se creuse un refuge dans la vase ou dans la terre humide. Une fois hors du contact du liquide, on voit sortir de sa bouche une sorte de glaire collante dont elle se revêt tout le corps. La région qui contient les œufs se gonfle énormément et prend le nom de *clitellum*. Les glandes volumineuses de celles-ci sécrètent une pellicule assez résistante qui forme en ce point un anneau complet autour du corps. Cette sécrétion paraît assez pénible à la sangsue, qui, fixée par la ventouse postérieure, s'agite en tous sens, comme si elle souffrait beaucoup. Peu de temps après, les œufs sortent les uns après les autres et viennent s'accumuler entre le corps et la pellicule qui se distend de plus en plus, sauf aux deux extrémités où elle pince le corps assez fortement. Il se forme de cette façon un cocon qui enserre le clitellum. Quand il est complètement rempli, on voit la sangsue se contracter violemment pendant vingt-cinq minutes et sortir du cocon à reculons. Quand celui-ci est devenu libre, les deux extrémités se contractent, se ferment en grande partie. Finalement le cocon n'est plus formé que d'une membrane extérieure présentant à ses deux pôles deux points, traces de l'endroit où passait la mère. L'animal le complète en l'entourant de son corps et en sécrétant à sa périphérie une nouvelle membrane protectrice spongieuse. Chaque sangsue fabrique ainsi un à deux cocons, quelquefois trois. Vingt-cinq jours après, on voit sortir de toutes petites sangsues, longues de 17 à 20 millimètres.

On sait l'usage que l'on fait de la sangsue en médecine pour pomper le sang de certains malades. L'animal est mis dans un verre que l'on applique au lieu choisi. Sa ventouse antérieure se fixe énergiquement sur la peau, et, en faisant mouvoir ses dents, fait à celle-ci trois petites fentes qui se réunissent bientôt en une étoile. Lorsque la peau est fendue, l'animal aspire peu à peu le sang jusqu'à ce qu'il en soit rempli : il se détache alors pour digérer tout à son aise ; on le voit rester immobile dans une sorte de torpeur. Un fait très curieux, c'est que le sang qu'il absorbe ne se coagule pas dans son estomac : l'animal met six mois à un an pour le digérer. Une grosse sangsue absorbe jusqu'à dix fois son poids de sang. La saignée que fait la sangsue présente un grave inconvénient ; c'est que, une fois l'animal retiré, l'hémorragie continue et peut devenir parfois très dangereuse.

Sangsue de cheval (*Hirudo sanguisuga*). — Cette sangsue, appelée aussi *Voran*, ressemble beaucoup à la précédente. Elle a le corps allongé, rétréci en avant, d'un brun verdâtre. Les bords, à peine saillants, sont ornés d'une barbe jaune ou rougeâtre. Le ventre est d'un noir d'ardoise et plus foncé que le dos. Commune dans le midi de la France et surtout en Espagne et en Afrique. Ses mâchoires sont moins puissantes que celles de la Sangsue officinale ; aussi se fixe-t-elle rarement sur la peau de l'homme et des animaux. « Le Voran, dit R. Blanchard, suce le sang des vertébrés, mais ses faibles mâchoires lui permettent seulement d'entamer les muqueuses. Il s'introduit dans l'arrière-bouche, le larynx et les fosses nasales des chevaux, des bœufs et même de l'homme. Pendant la campagne d'Égypte, en 1799, et pendant celle d'Espagne et de Portugal, nos soldats se mettaient à plat ventre pour boire dans les ruisseaux ; leur bouche et leurs amygdales étaient fréquemment piquées par le Voran. » Les cocons de la sangsue de cheval sont plus petits et plus ovoïdes que ceux de la sangsue médicinale.

Aulastome vorace (*Aulastoma gulo*). — Cette espèce, très commune, ressemble beaucoup aux deux précédentes. Elle est remarquable par son corps allongé et très grêle. La face dorsale est d'un noir très foncé, avec de très rares points plus clairs. La face ventrale est verdâtre et la ventouse postérieure grise. C'est un animal presque terrestre : il sort fréquemment de l'eau et va se promener dans les prairies, à la recherche des vers de terre. Quand il en a rencontré un, il se jette dessus avec voracité et l'engloutit en une seule fois. Il se nourrit aussi d'insectes et de petits poissons.

Trochète verdâtre (*Trocheta subviridis*). — Cette sangsue, comme l'espèce précédente, sort de l'eau pour aller à la recherche des Lombrics. On la reconnaîtra à son corps très allongé, souvent aplati en forme de ruban, extensible et à bords tranchants. Le dos est gris olivâtre.

Clepsine à deux yeux (*Clepsine oculata*). — Cette sangsue a le corps oblong et fort large par rapport à sa longueur. On y distingue des stries transversales et très nettes. L'animal, très aplati, est toujours appliqué fortement soit contre les pierres, soit contre les feuilles : c'est là un caractère qui frappe quand on l'observe et qui suffit à le faire reconnaître. De temps à autre, on voit saillir de la bouche une petite trompe exscitile, cylindrique. Elle ne possède que des yeux. La Clepsine suce le sang des mollusques, tels que les limnées et les planorbes, mais elle ne peut quitter l'eau. Elle ne fabrique pas de cocon, mais conserve ses œufs en dessous de son corps qui, à cet effet, présente une concavité. Lorsque les petits naissent, ils restent quelque temps attachés à leur mère.

Néphélis octoculée (*Nephelis octoculata*). — Cette espèce est très commune dans les plantes submergées des rivières ; il est rare d'en arracher sans en trouver à la surface. Elle se distingue par sa faible taille (quelques centimètres), son corps très aplati et sa coloration toujours très claire, souvent couleur de chair. Sur sa ventouse antérieure, on distingue huit points oculaires. Son corps est assez transparent ou mieux translucide. C'est chez elle que l'on peut suivre le plus facilement tous les détails de la fabrication du cocon, telle que nous l'avons expliqué plus haut au sujet de la sangsue médicinale ; le cocon est déposé sur les feuilles des plantes aquatiques : il est ovoïde, aplati. Incolore au moment de la ponte, il brunit rapidement. Il présente un cercle ovale plus foncé que le reste avec deux points placés aux deux pôles : ce sont les deux points par lesquels la mère est sortie à reculons. Les Néphélis ne sucent pas le sang des vertébrés ; elles se nourrissent de planaires, d'infusoires et d'autres animaux.

Branchiobdelle de l'écrevisse (*Branchiobdella astaci*). — Cette sangsue a le corps allongé, déprimé, presque cylindrique, ventouse terminale insérée obliquement. Corps transparent, d'un jaune doré. Vit attachée aux branchies de l'écrevisse, surtout en décembre et en janvier (longueur : un centimètre environ). Marche en serpentant. Les jeunes ont la grosseur d'un fil.

DEUXIÈME GROUPE.

Sangsues de mer.

Pontobdelle muriquée (*Pontobdella muricata*). — Sangsue au corps cylindro-conique, très atténué en avant, hérissé de verrues un peu épineuses. Couleur cendrée, quelquefois tachetée de brun. Ventouses très décortiquées. Vit sur le poisson de mer, les raies notamment ; se fixe quelquefois aux rochers.

Branchellion de la Torpille (*Branchellio Torpedinis*). — Sangsue caractérisée par des appendices latéraux, comprimés, minces à leur bord et se présentant comme autant de feuillets demi-circulaires, ondulés, disposés symétriquement. Corps allongé, déprimé, brun noirâtre, à dos couvert de petits points blancs. Ventouse antérieure très petite, en forme de godet. Ventouse postérieure grande. Vit en parasite sur différents poissons de mer, la Torpille par exemple.

Malacobdelle épaisse (*Malacobdella grossa*). — Cette sangsue est lancéolée, un peu allongée, transparente, d'un blanc jaunâtre. Elle vit sur les branchies de divers mollusques bivalves, par exemple les *Venus* et les *Mya*.

Deuxième sous-ordre.

ANNÉLIDES OLIGOCHÈTES

Vers annelés vivant librement, pourvus de scies plus ou moins nettes, souvent invisibles à l'œil nu. Se trouvent en général dans la terre ou l'eau douce.

Premier groupe.

Annélides oligochètes.
Vivant principalement dans la terre.

Ver de terre ou **Lombric** (*Lumbricus terrestris*). — Beaucoup de personnes même, se basant sur ce que le ver vit dans la terre, le considèrent comme un être nuisible, détruisant les racines des plantes. — Les recherches de l'illustre naturaliste Darwin sont venues montrer que ce chétif animal jouait un rôle immense dans la nature à divers points de vue, principalement dans la formation de la terre végétale, c'est-à-dire de cette terre, où poussent les plantes indispensables à notre entretien.

Lombric.

Pour bien se rendre compte de ce rôle, il est nécessaire de connaître le genre de vie et les habitudes des vers de terre.

Ces vers vivent principalement dans la terre des champs et des bois où leur présence est souvent indiquée par de petits monticules de terre concrétionnés provenant de leurs déjections. Pendant la nuit ils rampent de tous côtés en grand nombre, ou bien se tiennent à l'entrée de leur trou ayant seulement une partie du corps dehors ; le jour, ils restent enfermés dans la terre, où ils se déplacent en creusant des galeries. En même temps qu'ils fouissent le sol, ils absorbent par la bouche une énorme quantité de terre, un grand nombre de feuilles à demi décomposées ou fraîchement tombées. Ces feuilles sont traînées par les vers à l'intérieur de leurs galeries jusqu'à une profondeur de 1 à 3 pouces, et arrosées d'une sorte de salive particulière qui les transforme en les ramollissant.

Ces vers saisissent aussi avec leur bouche des fragments d'autres matières, telles que des rameaux vermoulus, des feuilles de papier, des plumes d'oiseaux, des crins de cheval, etc. : mais ils ne les mangent pas et s'en servent simplement pour boucher l'ouverture de leurs galeries. Dans les allées où se trouve du gravier, ils emploient, dans le même but, de petites pierres.

Pour creuser leurs galeries, les vers procèdent de deux façons : ou bien ils refoulent la terre de tous côtés, ou bien absorbent par la bouche pour rejeter par l'autre extrémité de leur tube digestif.

Il est fort probable que cette ingestion n'a pas seulement pour but le creusement du terrier ; mais qu'elle est encore utile à l'animal par les matières nutritives contenues dans la terre avalée.

Ordinairement, les vers vivent près de la surface du sol, mais, pendant une grande sécheresse ou par un froid rigoureux longtemps prolongé, ils creusent jusqu'à une profondeur considérable qui atteint parfois 66 pieds. Les galeries descendent verticalement ou un peu obliquement. Elles sont revêtues à l'intérieur d'une couche mince de terre fine et se terminent en général par une petite chambre où il paraît que les vers passent l'hiver enroulés en pelote.

Lorsqu'il a ingéré une certaine quantité de terre, le ver remonte à la surface du sol pour la rejeter. Ce sont ces déjections qui constituent les petits amas dont nous avons parlé plus haut.

C'est ainsi que la terre est ramenée à la surface. Si on remarque que les vers sont très abondants dans le sol et que la quantité de terre qu'ils rejettent est énorme, on verra facilement que l'action des vers sur le sol est considérable. On a calculé en effet que, dans un hectare de terrain, il y a environ 133 000 vers et que chaque ver rejette à peu près 20 onces de terre par an. Or la terre végétale forme seulement à la surface une couche de 4 à 12 pouces. Ainsi, par l'action des vers, la couche de terre, appauvrie par la végétation, retrouve une grande partie de sa fécondité.

Outre le rôle qu'ils jouent dans la circulation de la terre végétale, les vers rendent encore cette terre plus nutritive pour les plantes en séparant les parties les plus fines des plus grosses et en mêlant le tout de débris végétaux.

De plus, leurs galeries permettent à l'air de pénétrer dans le sol et concourent ainsi à la respiration des racines. En se multipliant, ces galeries amènent tôt ou tard un effondrement du sol qui produit un labourage naturel.

Enfin, il faut aussi considérer le rôle des vers de terre dans l'émiettement du sol. Les parties les plus dures et les plus compactes sont plus ou moins pulvérisées par les vers. Si le sol est un peu incliné, cette terre divisée est entraînée dans la vallée par les eaux de pluie, ou roule le long de la pente. Si le sol est horizontal, elle est emportée dans une certaine direction par les vents dominants de la contrée.

Par tous ces moyens, la terre végétale est continuellement labourée, transformée, transportée, unifiée grâce à ces êtres si pauvrement doués tant par leur conformation que par leur intelligence et leurs organes des sens, les vers de terre.

Voilà pour l'actif des vers de terre.

Mais, comme en toutes choses, il faut voir le revers de la médaille. Les vers de terre, qui nous sont si utiles à tant d'égards, comme nous venons de le voir, nous sont aussi nuisibles à un point de vue qui a été mis en lumière par Pasteur. Les moutons de nos bergeries sont souvent attaqués par une maladie qui les fait périr avec une grande rapidité, le *charbon*. Cette maladie, qui attaque aussi l'homme, est causée par un microbe, le *bacillus anthracis*.

Les éleveurs croient protéger leurs troupeaux en enterrant à 1ᵐ,50 environ dans le sol les moutons morts du charbon. Or Pasteur a montré que, tandis que le corps de l'animal pourrit dans la terre, le microbe n'en subsiste pas moins, non à l'état parfait, mais de spores très résistantes. Cela serait sans inconvénient si les vers de terre n'existaient pas. Nous savons, en effet, qu'ils ramènent à la surface du sol la terre de la profondeur. Si cette terre contient des microbes, ceux-ci sont ramenés avec elle à la surface. Un troupeau de moutons vient-il à paître dans un champ où ont été enterrés des animaux charbonneux, les bêtes, en broutant les plantes, absorbent des spores qui, introduites dans les tissus, ne tardent pas, en s'y multipliant, à amener la mort de l'animal.

Le préjudice causé par les vers de terre, bien que fort regrettable, ne doit pas nous faire oublier les immenses services que nous rendent ces chétives créatures qui sont comme les laboureurs naturels de notre sol végétal.

Deuxième groupe.

Oligochètes.
Vivant principalement dans l'eau douce.

Naïs à trompe (*Naïs proboscidea*). — C'est un petit ver, de 10 à 12 millimètres de long et fin comme un cheveu, que l'on observe quelquefois en récoltant des plantes aquatiques dans les marais et en les plaçant dans une cuvette avec de l'eau. La tête porte deux yeux et se prolonge en avant par une trompe qui s'agite en tous sens. Ce qu'il y a de remarquable, c'est que l'on trouve souvent deux ou trois Naïs placées à la suite les unes des autres et soudées intimement entre elles. Puis elles se séparent pour vivre chacune de leur côté. Ce phénomène provient de ce qu'une Naïs grandit constamment, et, arrivée au terme de sa croissance, différencie un de ses anneaux moyens en une tête, ce qui a pour résultat de créer deux individus, d'abord soudés, puis libres.

Dero. — On peut observer des phénomènes analogues à ceux de l'espèce précédente chez le *Dero obtusa*, qui vit dans les eaux dormantes, sous les pierres ou sous les feuilles, où il se promène très lentement. Son corps se termine en arrière par un large pavillon qui se rétrécit ou s'épanouit à la volonté de l'animal, en montrant quatre digitations que l'on doit considérer comme des branchies. A cette extrémité, les anneaux augmentent constamment en nombre.

Tulifex des ruisseaux (*Tulifex rivulorum*). — On appelle aussi cette espèce « ver rouge », mais il ne faut pas le confondre avec le « ver rouge » ou « ver de vase » que l'on donne à manger aux poissons d'aquarium et qui est l'état larvaire d'un diptère, le Chironome plumeux. Ces vers rouges vivent à demi enfoncés dans la vase et agitant sans cesse la partie émergeant dans l'eau. Ils sont généralement si abondants qu'ils forment au fond des marais de larges taches de sang. Les vers rouges sont très craintifs et disparaissent dans la vase au moindre bruit.

TROISIÈME SOUS-ORDRE.

ANNÉLIDES POLYCHÈTES OU VERS MARINS

Vers annelés marins, dont le corps est pourvu de soies locomotrices portées par des mamelons plus ou moins distincts portant aussi, pour la plupart, de petites branchies. Tête en général bien distincte, portant des tentacules.

PREMIER GROUPE.

Sédentaires ou Tubicoles.

Annélides vivant dans un tube plus ou moins bien confectionné et dont elles ne sortent que rarement.

Serpule. — Sur les coquilles vides rejetées par le flot sur la plage, on remarque très souvent des masses de tubes calcaires, d'un blanc sale, allongés, contournés et entrelacés en tous sens. Ces tubes sont vides et appartiennent à des vers du groupe des Annélides et du

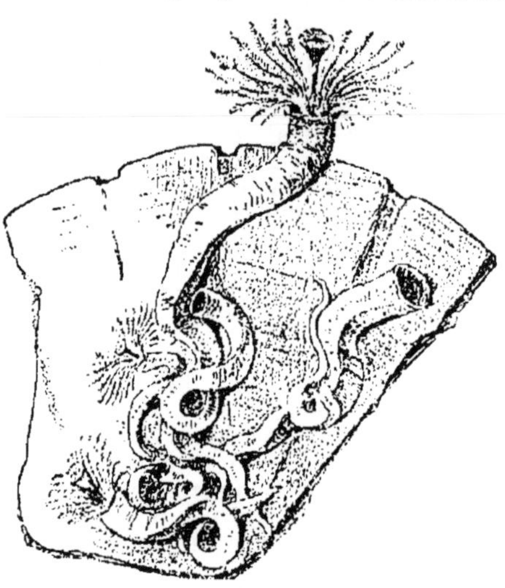

Serpule.

genre *Serpule.* Pour observer l'animal vivant, ce qui est surtout intéressant, il faut examiner les coquilles que les pêcheurs ramènent avec leur chalut et mettre celles qui sont couvertes de serpules dans une cuvette d'eau de mer. Examinez alors sans toucher à l'eau, car au moindre bruit, l'animal rentre dans son domicile. On aperçoit d'abord à l'ouverture, dit Alfred Frédol, une espèce de bouton écarlate, en forme de cône renversé, porté par une longue tige flexible : c'est un tentacule destiné à fermer l'entrée du tuyau, quand l'animal s'y retire tout à fait. Le bouton est richement nuancé de vermillon et d'orangé, parfois strié de blanc pur. Son extrémité aplatie est divisée par des sil-

lons qui rayonnent du centre à la circonférence, où ils sont armés de dents microscopiques. Quand l'Annélide sort de son fourreau, elle épanouit peu à peu un splendide panache disposé en entonnoir. Ce panache est composé de filaments d'un beau rouge ou d'un brun clair, ou variés de jaune et de violet. Il paraît toujours en mouvement, mais le mouvement est doux et onduleux. Dans plusieurs espèces, l'appareil se roule en spirale au moment où il s'enferme dans le tube. L'animal grimpe dans son tube tout à fait comme un petit ramoneur dans une cheminée.

Spirorbe. — Un autre animal analogue aux Serpules et plus commun qu'elles, se rencontre sur les coquilles,

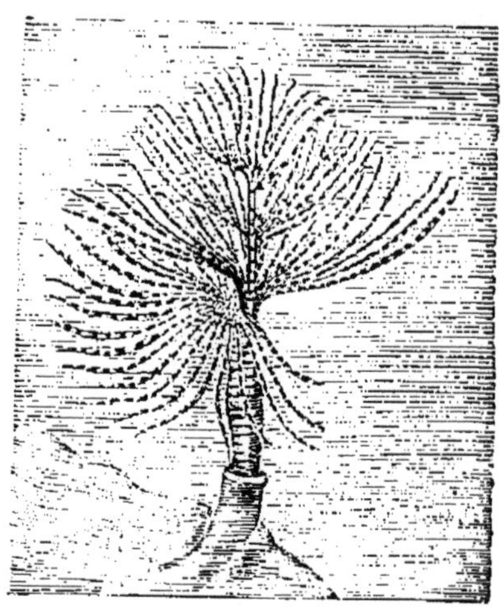

Spirorbe.

les rochers ou sur les *fucus*, ces algues glissantes si dangereuses pour les baigneurs. Ce sont des sortes de petites coquilles blanches (environ 1 ou 2 millimètres de diamètre) enroulées à plat sur elles-mêmes et collées intimement par toute une face sur leur support. On croirait tout à fait que ce sont des coquilles de mollusques. Il n'en est rien, et pour vous en convaincre, il vous suffira de mettre ces tubes de *Spirorbes,* c'est ainsi qu'on les nomme, dans une cuvette avec de l'eau de mer. On voit émerger de l'ouverture une couronne de six tentacules plumeux. Ces tentacules sortent et rentrent successivement avec une grande rapidité.

Sabelle. — Les sabelles sont fréquentes sur nos côtes où elles fabriquent des fourreaux cornés ayant l'apparence du parchemin. Ces fourreaux sont enfoncés verticalement dans le sol; on les voit très facilement, surtout quand une tempête a enlevé le sable tout autour. Le ver qui est à l'intérieur est pourvu autour de la tête d'un très beau panache, de longs tentacules raides qui s'étalent lorsque l'animal veut sortir en partie de son tube.

Filigrane. — Les Filigranes sont des vers fins comme des cheveux; leurs tubes sont d'une finesse extrême et entrelacés d'une manière inextricable; on les trouve appliqués sur les coquilles ou les rochers.

Térébelle. — Les Térébelles sont des vers marins, au corps extrêmement mou, et dont la tête est ornée d'une grande quantité de tentacules démesurément longs; elles sont enveloppées dans un long étui formé de toutes sortes de

Térébelle.

matériaux assemblés un peu irrégulièrement, et surtout de débris de coquilles. Ces tubes sont enfoncés dans le sable ou fixés à la surface d'une pierre. L'animal peut y rentrer entièrement, mais, en temps de repos, il laisse s'étaler sa tête et ses tentacules, filaments pêcheurs qui vont capturer les bestioles dont la Térébelle se nourrit. Lorsque ces tubes sont enfoncés dans le sable, l'extrémité qui sort dans la mer est garnie de franges canaliculées et formées

également de débris. L'intérieur du tube est parcheminé.

Hermelle. — Les Hermelles sont de jolis vers au corps rouge vineux. Elles se confectionnent des tubes, groupés à plusieurs, d'une manière irrégulière, et constitués par de la vase agglutinée et par suite d'une assez faible consistance. On en voit souvent sur les rochers qui se découvrent de temps à autre (par exemple à Boulogne, à Saint-Pair, etc.).

Chétoptère. — C'est un ver énorme et au corps très étrange par ses diverses régions très distinctes (23 centimètres de long sur 35 millimètres de large). Il vit dans un large tube parcheminé, irrégulier à la surface, enfoncé dans le sable en forme d'U. Après une tempête, il est fréquent de voir ces tubes rouler sur la grève, les uns vides, les autres encore pourvus de leur singulier habitant.

DEUXIÈME GROUPE.

Errantes.

Annélides vivant dans le sable, la vase, les crampons des algues, mais sautant souvent pour nager.

Arénicole. — Quand le flot s'est retiré depuis déjà un certain temps, la planitude de la plage n'est plus interrompue que de place en place par de petits amas de tortillons de sable, formant par leur ensemble une petite taupinière. Ces amas ne sont autre chose que les déjections d'un ver, l'*Arénicole des pêcheurs* (*Arenicola piscatorum*). D'un coup de bêche donné profondément, défoncez le sol à cet endroit, et vous verrez bientôt à vos pieds un long ver de 1 à 2 centimètres qui se contournera, c'est le cas de le dire, comme un ver. L'arénicole en somme n'est pas bien jolie, mais elle vaut d'être connue parce qu'elle est fort commune. D'autre part, elle est très utile aux pêcheurs qui s'en servent pour amorcer leurs lignes flottantes ou leurs lignes de fond. Son corps ne présente que peu d'organes; tout au plus pourra-t-on remarquer, dans la région moyenne, des paires d'organes arborescents rou-

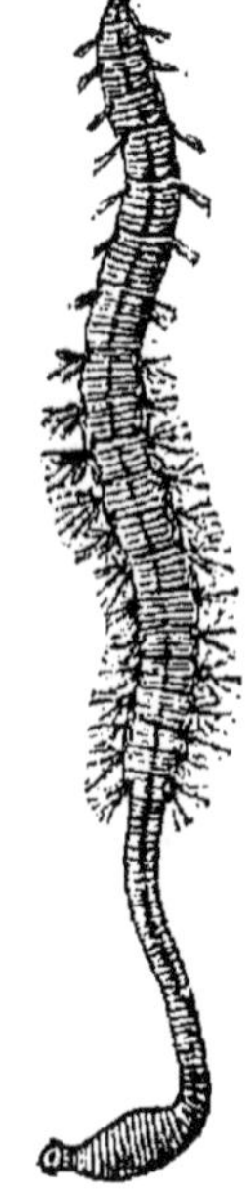

Arénicole.

geâtres, qui ne sont autres que des branchies, c'est-à-dire des organes servant à la respiration. Plus en avant, on distingue des touffes de soies raides qui servent à l'animal pour se déplacer. Il se creuse dans le sable une galerie en U et venant par conséquent s'ouvrir deux fois à la surface : au moindre ébranlement du sol, l'animal se réfugie au fond.

Aphrodite. — Cette magnifique bête ne ressemble nullement à un ver, et, quand on la voit ramper sur le sable, on croirait plutôt avoir affaire à un animal d'un autre embranchement. Son corps est ovalaire et couvert de soie ou de spécules qui resplendissent de tons irisés. En enlevant la couche dorsale de ces spécules, on trouve au-dessous une série de plaques molles, imbriquées à droite et à gauche, comme les tuiles d'un toit.

Autres vers marins. — Les autres vers marins sont fort difficiles à distinguer les uns des autres ; en creusant la vase des plages, par exemple, on peut

Aphrodite.

s'en procurer de grandes quantités. Mis dans l'eau, ils montrent toute l'élégance de leur forme et de leurs couleurs. Contentons-nous de citer les genres *Cirratule, Syllis, Phyllodoce, Nephtys, Glycère, Néréis, Eunice, Marphyse, etc.*

CINQUIÈME ORDRE.

ROTIFÈRES

Les Rotifères sont de petits vers que l'on ne peut voir qu'au microscope et que, d'ailleurs, on confondait autrefois avec les Infusoires. Ils sont formés d'un très petit nombre d'anneaux et se terminent souvent en avant par deux amas de cils qui, en battant l'eau, ont l'air de tourner sur eux-mêmes comme deux roues. Les Rotifères peuvent résister longtemps à la sécheresse et reprendre vie quand on vient à les humecter.

APPENDICE AUX VERS.

BRYOZOAIRES

Les Bryozoaires sont des animaux très petits, mais qui vivent en colonies et peuvent ainsi former des masses parfois très grosses. Ces colonies sont tantôt massives, tantôt élégamment ramifiées ; leur consistance est également variée, tantôt cornée, tantôt dure comme de la pierre. Elles ressemblent, en somme, beaucoup aux colonies de polypes (cœlentérés) et on ne peut guère les en distinguer qu'avec une forte loupe ou même un microscope. La très grande majorité des Bryozoaires vivent dans la mer, formant des croûtes ou de petits arbuscules fixés aux algues ou aux coquilles ; d'autres fois ce sont des amas très durs attachés aux coquilles, aux galets ou aux rochers. Dans l'eau douce, il n'y a guère que deux espèces intéressantes à signaler, la Plumatelle et la Cristatelle. Les espèces de Bryozoaires sont extrêmement nombreuses ; citons seulement celles que l'on trouve le plus fréquemment.

Plumatelle à panache (*Lophopus cristallinus*). — C'est une sorte de petite masse gélatineuse, remarquable par sa transparence, assez commune dans les eaux stagnantes et les rivières à faible courant, où on la rencontre fixée à la face inférieure des feuilles de Nénuphar ou de Potamot, ou encore sur les morceaux de bois flottants, ou même sur les pierres submergées. Lorsque l'on met l'espèce en question dans un vase plein d'eau et qu'on la laisse en repos, on ne tarde pas à voir saillir de la gangue gélatineuse un certain nombre de petits panaches très élégants, qui rentrent rapidement à la moindre alerte. Ce *Lophopus* n'est pas un animal unique ; mais une colonie d'animaux. Chaque panache de tentacule représente un animal.

Cristatelle moisissure (*Cristatella mucedo*). — C'est une espèce très curieuse, car, quoique formée en colonie, elle se conduit comme un être unique et se déplace. « Le point le plus important, dit M. Ed. Perrier, c'est que cette plaque n'est pas fixe comme dans les autres colonies de Bryozoaires, sa face inférieure constitue une sorte de pied sur lequel la colonie rampe, comme une limace sur son ventre. Elle peut même s'infléchir autour des tiges d'un suffisant diamètre et les embrasser assez étroitement pour grimper sur elles, à la façon d'un ver. Cela suppose qu'une coopération s'est établie entre les mouvements des diverses loges confondues, qu'une conscience générale a commencé à se développer, en d'autres termes, que la colonie a acquis un degré assez élevé d'individualité. C'est déjà presque un animal à un seul corps, mais à une multitude de bouches et d'appareils digestifs. » Les Cristatelles ont été surtout étudiées par Paul Gervais ; elles avaient été découvertes par Rœsel. « S'étant fait apporter, pour ses recherches de micrographie, de l'eau d'un marais voisin de sa demeure, Rœsel qui, le premier, fit connaître la cristatelle, observa dans la vase où cette eau était placée, quelques globules mêlées à un grand nombre d'autres petits êtres ; ils reposaient au fond de l'eau et ressemblaient bien plus à des grains de matière muqueuse ou aux œufs de certains mollusques, qu'à de véritables bryozoaires ; mais, examinés à la loupe, après quelque temps de tranquillité, ils montrèrent des panaches à doubles pédoncules, supportant chacun deux rangées de tentacules à collerette, au-devant et sur les parties latérales de la bouche ; quelques globules montraient jusqu'à sept panaches et même plus. Il y a donc, dans chacun de ces petits sacs charnus, autant d'individus que de panaches ; chaque individu est retenu à la masse commune, mais celle-ci est libre, elle change de place assez volontiers, mais lentement, et se fixe tantôt en un lieu, tantôt en un autre. » (Gervais.) Dans les étangs on reconnaîtra facilement les cristatelles, car elles se montrent sous l'aspect de longs filaments de la grosseur d'une plume d'oie et rappellent assez bien ces cordons de passementeries que l'on appelle *chenilles* ; leur villosité est produite par les tentacules.

Rétépore dentelle de mer (*Retepora cellulosa*). — Ce Bryozoaire marin se trouve sur les rochers où il forme une larve libre, sauf en un point, dure comme de la pierre et percée d'un grand nombre de trous, qui en font une véritable dentelle.

Membranipore poilu (*Membranipora pilosa*). — Les colonies de cette espèce forment des lames, des croûtes, qui s'étendent à la surface des corps marins. A la loupe on voit que ces lames sont constituées par un grand nombre de petites cavités, de petites loges bordées d'épines marginales.

Flustre foliacée (*Flustra foliacea*). — C'est une espèce que l'on trouve pour ainsi dire sur toutes les plages, rejetée

Flustre foliacée.

par le flot. On la prendrait pour une algue, — un fucus — desséchée, mais en l'examinant de près on voit que sa surface est toute criblée de petites loges. Elle est formée de larges surfaces membraneuses flexibles et plus ou moins ramifiées sur le même plan.

Bugule. — Les Bugules forment de petits arbuscules ramifiés fixés par leur base sur des algues ou des zostères.

EMBRANCHEMENT DES TUNICIERS

Les Tuniciers vivent tous dans la mer ; ils affectent des formes multiples, que l'on ne croirait pas appartenir au même embranchement. Citons les principaux types.

Ascidies simples. — Elles se présentent sous la forme de masses généralement irrégulières, en général assez dures, qui, lorsqu'on les récolte sur les rochers ou les filets des chalutiers, ne présentent aucun orifice. Mais si on les met au repos dans de l'eau de mer, on voit apparaître deux trous, bordés de crans plus ou moins colorés ; l'eau de mer entre par l'un et ressort par l'autre ; si on les presse brusquement, un jet d'eau jaillit à plus d'un mètre de distance. Certaines ascidies simples sont ternes à la surface, d'autres présentent des teintes claires, plus ou moins lavées et transparentes, souvent fort jolies.

Ascidies composées. — Dans ces algues si abondantes que l'on rencontre au bord de la mer, on rencontre souvent

Ascidie composée (Botrylle violacé).

des plaques gélatineuses, assez irrégulières et présentant à la surface de petites taches ornées de brillantes couleurs bleues, roses, vertes, etc. Ces taches sont plus ou moins groupées en rosette autour d'un orifice central. Chaque tache est une petite Ascidie. Toutes les Ascidies sont ainsi groupées à plusieurs dans une tunique commune, d'où le nom d'*Ascidies composées* qu'on leur a donné. Celle que l'on rencontre le plus souvent appartient au genre Botrylle. Mises dans un bocal avec de l'eau de mer renouvelée tous les jours, elles vivent fort bien et il arrive fréquemment qu'on voit nager dans l'eau (surtout sur le bord supérieur du verre) des sortes de petits têtards d'un demi-millimètre de longueur. Ces têtards minuscules ne sont autres que les larves des Ascidies ; elles nagent pendant quelque temps, puis perdent leur queue et se fixent pour se transformer en Botrylles.

A citer encore les *Amarouciums* qui se présentent sous la forme d'une masse orangée, pulpeuse, parfois pédonculée, formée d'un grand nombre de petites ascidies cylindriques. On les trouve fixés aux rochers.

Salpes. — Au lieu d'être fixées comme les deux types précédents, les Salpes sont des animaux de haute mer, flottant au gré des flots. Ce sont de petits corps un peu ovoïdes, transparents comme du cristal, présentant, comme tous les autres Tuniciers, deux orifices, l'un pour l'entrée, l'autre pour la sortie de l'eau. Ce qui les fera toujours reconnaître, c'est qu'au lieu d'être isolées, elles sont réunies les unes aux autres, comme collées entre elles, en formant de longues chaînes dont la largeur est égale à celle de deux salpes réunies sur le côté. Ces salpes présentent encore un autre phénomène curieux : c'est qu'elles sont phosphorescentes et brillent la nuit d'un bel éclat.

EMBRANCHEMENT DES ÉCHINODERMES

Animaux rayonnés, au corps revêtu d'un tégument coriace, souvent hérissé de piquants.

Oursins. — Les Oursins sont abondants sur toutes nos côtes. Dans la Manche, on les recueille en explorant les rochers à marée basse. Dans la Méditerranée, où il n'y a pas de marée, il faut se promener dans une barque, tout près du bord et examiner le fond : on aperçoit les oursins dans les creux de rochers et on les prend avec une longue pince *ad hoc*. Si la brise ride la surface de la mer et empêche de voir le fond, on trempe une plume dans de l'huile et on la plonge dans la mer : l'huile s'étale en nappe et fait disparaître les vagues.

L'espèce de beaucoup la plus connue est le *Toxopneustes lividus*, de la grosseur d'un œuf de poule. C'est une masse sphérique, solide, un peu aplatie au pôle et couverte de piquants acérés de couleur verte ou violacée. Le corps est entouré d'une cuirasse calcaire presque continue. Les piquants sont articulés à la base et peuvent se mouvoir dans tous les sens. Entre eux on remarque une myriade de tubes terminés par des ventouses (ambulacres). L'animal peut se déplacer assez rapidement au moyen de ces ambulacres, même sur la paroi verticale du verre d'un aquarium. Enfin, entre les ambulacres et les piquants, on remarque de singuliers organes : ce sont

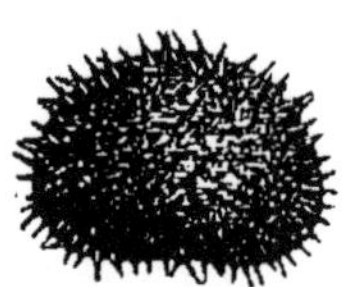

Oursin (diam. 0^m,08).

des sortes d'ambulacres minces et terminés par deux ou trois petites pinces pouvant se rabattre l'une sur l'autre : il y en a des milliers. Supposons qu'on dépose un petit ver au milieu des piquants, il est de suite saisi par une de ces petites pinces, de ces *pédicellaires*, comme on les appelle. Ce pédicellaire passe la proie à son voisin, qui la passe à son tour à un autre, et ainsi de suite jusqu'à la bouche. Placez un Oursin vivant sur le dos de votre main, attendez quelques minutes et essayez de l'enle-

ver : vous vous rendrez compte que l'oursin adhère à votre main par ces pédicellaires qui ont saisi les petits poils la garnissant. C'est à l'un des pôles aplatis, celui sur lequel rampe l'oursin, que se trouve la bouche, facilement reconnaissable à la présence de cinq dents blanches, pointues et convergeant l'une vers l'autre. En ouvrant l'animal, on voit que ces dents ne sont que la partie externe d'un appareil volumineux, calcaire, et que son aspect général a fait désigner sous le nom bizarre de *Lanterne d'Aristote*. Les Oursins vivent dans les rochers où ils creusent eux-mêmes de petites cavités. On reconnaît les échantillons femelles à ce qu'ils portent généralement sur le dos de petits cailloux ou des débris de coquilles. Ce sont les seuls que l'on mange. On les consomme crus. On les ouvre, et, à l'intérieur, on trouve cinq masses rougeâtres qui, enlevées au couteau, constituent un mets assez savoureux.

L'espèce précédente est arrondie dans tout son pourtour. Sur nos côtes, par exemple à Berck, à Boulogne, etc., on trouve une autre espèce, l'*Echinocardium*, qui est allongée dans un sens. Elle est d'ailleurs facilement reconnaissable à sa teinte grise et à ses piquants si minces qu'ils en sont presque soyeux. On la trouve à marée basse rampant sur le sable.

Étoiles de mer. — Les Étoiles de mer vivent normalement dans les rochers ou au fond de la mer, mais on en trouve très souvent sur les plages où le flot les a rejetées. L'une des espèces que l'on rencontre le plus fréquemment est l'*Asteracanthium rubens*. Comme son mot l'indique, c'est une véritable étoile rougeâtre, à cinq branches terminées en pointe. La surface dorsale, c'est-à-dire celle sur laquelle l'animal ne rampe pas, est garnie de petites épines à peine piquantes. Sur la surface inférieure, on remarque que les rayons ou bras sont parcourus dans toute leur longueur par des sillons, dont le fond est garni de sortes de tubes blanchâtres, cylindriques, qui, lorsque l'animal est vivant, s'étirent et se rétractent en se montrant terminés par une ventouse. Les personnes qui voient ces « ambulacres » pour la première fois, s'imaginent volontiers que ce sont des suçoirs servant à l'animal pour absorber sa nourriture. Il n'en est rien ; les ambulacres ne sont que des appareils de locomotion. La bouche de l'animal est située tout au centre de la partie inférieure, là où convergent les sillons à entrelacer.

Astérie ou Étoile de mer.

Elles mangent d'une façon toute particulière et presque unique dans le règne animal : elles retournent complétement leur estomac en dehors et l'étalent sur leur proie qu'elles digèrent. Elles arrivent ainsi à manger divers mollusques à deux valves et causent, de ce fait, des ravages importants dans les pays à huîtres. Lorsqu'un des bras de l'étoile vient à être coupé accidentellement, le moignon qui reste repousse et constitue un nouveau bras.

De temps à autre, surtout sur les côtes de la Manche, on trouve une autre Étoile de mer, de couleur beaucoup plus rouge que la précédente et pourvue de onze à quatorze aplatis : c'est le *Solaster à aigrettes* (*Solaster papposus*).

Enfin, sur les pierres du bord de l'eau, on trouve très souvent une étoile de mer petite, de 3 à 4 centimètres de diamètre, ne présentant pas de bras : c'est une simple lame pentagonale recouverte de petites écailles. Cette jolie petite étoile de mer est l'*Asterina gibbosa*.

Aucune étoile de mer n'est comestible.

Ophiures. — Dans les Étoiles de mer, les bras vont en augmentant de largeur depuis la pointe jusqu'au point où ils se réunissent au corps. Chez les *Ophiures,* qui leur ressemblent beaucoup, les cinq bras gardent partout le même

Ophiure.

diamètre et se réunissent au disque médian sans se toucher les uns les autres. Autrement dit, le disque est bien mieux limité que celui des Étoiles de mer. L'espèce la plus commune est l'*Ophiotrix fragilis,* ainsi nommée parce que les bras se cassent avec une extrême facilité et qu'il est presque impossible d'avoir des échantillons complets. Ces bras sont couverts de piquants irréguliers et peu solides également. Cette ophiure se trouve, à marée basse, en retournant les pierres.

Crinoïdes. — Dans le groupe des Crinoïdes, il faut citer la *Comatule,* que l'on ne saurait mieux comparer qu'à une ophiure à dix bras, ceux-ci aboutissant deux à deux au disque, étant recouverte de tentacules mous. La teinte générale est noire. Elle vit au milieu des algues, les bras souvent repliés sur eux-mêmes.

Holothuries. — Les Holothuries ne se trouvent que rarement, à très basse mer, sous les rochers. Ce sont des sortes de cornichons terminés en avant par un panache de tentacules et au corps parcouru par cinq branches d'ambulacres (voir plus haut) servant à la locomotion. Certaines espèces ont un ventre et un dos.

Une espèce très curieuse est la *Synapte,* reconnaissable à son corps lisse et se coupant de lui-même en morceaux quand on le touche.

EMBRANCHEMENT DES CŒLENTÉRÉS

Méduses. — Les méduses vivent toujours à la surface de la mer ; on peut les observer souvent sur le littoral, où bon nombre s'échouent à marée basse.

Le rhizostome de Cuvier est une des méduses les plus communes de nos côtes. On la rencontre surtout dans l'océan Atlantique et la Manche. Elle nage presque à fleur d'eau, mais il lui arrive fréquemment d'être rejetée sur la plage, où, par son aspect gélatineux, elle excite généralement le dégoût des baigneurs. Surmontez un peu ce sentiment, et plongez la dite méduse soit

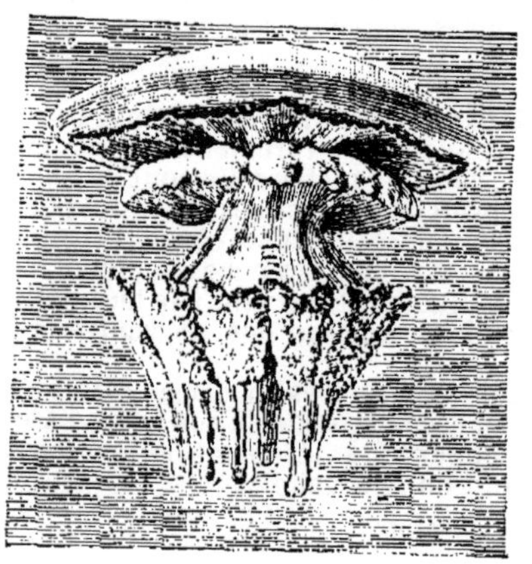

Méduse.

dans un seau d'eau, soit dans un aquarium, vous serez alors frappé de l'élégance de son corps. Sa constitution est très simple ; c'est, en somme, une cloche munie de son battant. La cloche, qu'on appelle aussi, avec juste raison, « l'ombrelle », est transparente comme du cristal, et, n'était une légère teinte bleue opalescente, elle serait invisible au milieu de l'eau de mer. Elle a au maximum 50 centimètres de diamètre.

Le battant de la cloche se résout, à sa partie inférieure, en un grand nombre de lames ondulées, framboisées ; c'est tout à fait à l'extrémité de ces digitations que se trouvent *les* bouches de l'animal. Dans la mythologie, la divinité *Méduse* avait une tête horrible dont les cheveux étaient remplacés par des serpents sifflants. Le nom de méduse a été attribué aux animaux que nous étudions parce que l'ombrelle ressemble un peu à une tête et que les filaments du battant, de même que ceux qui ornent souvent le bord de l'ombrelle, ressemblent vaguement à des serpents. En temps ordinaire, les rhizostomes se laissent aller au gré de l'eau, dont l'agitation les maintient à la surface. De temps à autre, elles se mettent à nager. Pour ce faire, elles dilatent leur corps qui se remplit d'eau, puis elles se contractent brusquement : c'est le mouvement de recul ainsi produit (comme dans le tourniquet hydraulique) qui fait progresser l'animal.

Ces mouvements successifs de dilatation et de contraction avaient déjà été remarqués des anciens, qui donnaient aux méduses le nom de « poumons de mer ». Les méduses nagent un peu sur le côté, l'ombrelle en avant, le battant en arrière. Grâce à ce mouvement, elles peuvent progresser beaucoup plus vite qu'on le croirait au premier abord. Les rhizostomes peuvent même être considérés comme des migrateurs ; cela explique pourquoi, à certaines époques de l'année, très variables, ils peuvent être abondants ou manquer complètement en un même point.

Tout le corps des rhizostomes est revêtu d'une multitude de petites capsules microscopiques qui, excitées, projettent au dehors un petit filament et sécrètent en même temps une goutte de liquide irritant : ces « capsules urticantes », comme on les appelle, foudroient littéralement les petits animaux dont les rhizostomes font leur nourriture. Elles peuvent aussi produire des démangeaisons désagréables sur la peau des personnes, surtout des dames et des enfants, qui viennent à les toucher, et même provoquer un peu de fièvre ; aussi recommande-t-on toujours aux baigneurs de toucher le moins possible aux méduses. Cela est un peu exagéré en ce qui concerne les rhizostomes, mais, néanmoins, le conseil est bon à suivre pour certaines autres méduses ; il en est, en effet, dont les piqûres font presque autant de mal que celles des orties et produisent une rougeur que l'on prendrait pour un eczéma.

Une des plus redoutables sous ce rapport est la méduse chevelue (*Cyanea capillata*). Le pendant de sa cloche forme une véritable chevelure flottante et diaphane qui vient se coller aux bras et aux jambes des baigneurs, auxquels elle reste adhérente quand l'animal se sauve.

Une autre méduse également commune est l'*Aurelia aurita*, dont le corps est blanc rosé et laiteux. La *Cyanea capillata*, remarquable par sa couleur jaune et ses dessins bruns et pourprés, n'est pas, non plus, très rare.

De nombreuses espèces sont phosphorescentes pendant la nuit ; elles paraissent devoir cette propriété à divers petits organismes qui habitent leur corps. La conservation des méduses en collection est pour ainsi dire presque impossible : l'alcool lui-même les dessèche, les blanchit, les racornit, et finalement ne laisse qu'une masse informe. Quand on les laisse se décomposer sur la plage, elles disparaissent très vite et fondent en quelque sorte ; elles ne renferment à leur intérieur aucun corps solide qui puisse subsister. Certaines espèces pesant 5 à 6 kilogrammes, ne pèsent plus, desséchées, que 10 à 12 grammes : tout le reste est de l'eau. Les méduses sont toutes marines ; mises dans l'eau douce, elles y meurent rapidement. Elles se nourrissent de tous les animaux qui flottent dans la mer : crustacés, poissons, mollusques, vers, etc. Elles avalent leurs proies sans les manger, et, quand elles sont volumineuses, il n'est pas rare de voir la partie ingérée presque digérée, alors que la partie qui est au dehors vit encore : tous ces faits seraient bien intéressants à observer dans un aquarium, malheureusement les méduses y meurent très rapidement, quelque soin que l'on mette à renouveler l'eau et à les nourrir.

Les méduses sont fort curieuses au moment de la reproduction. On voit apparaître sur leur corps des taches brillamment colorées qui ne sont autres que des amas d'œufs. De chaque œuf naît une larve vermiforme qui, après avoir nagé quelque temps, se fixe, grandit, et se transforme en une sorte de verre à boire dont le bord se garnit de tentacules. Le verre s'allonge toujours, et, bientôt, on voit apparaître à la surface des sortes de pincements qui s'accentuent rapidement. Les étranglements continuant, le verre se trouve divisé en une série de disques empilés les uns sur les autres, comme des assiettes placées les unes sur les autres. Le tout se désarticule, chaque disque s'isole et flotte dans la mer, en se transformant progressivement en une méduse. Ceci ne s'applique qu'aux grandes méduses. Les petites naissent sur des polypiers.

Les polypes hydraires sont de taille généralement faible ; on les trouve fixés aux algues et aux rochers. Ils forment des colonies de polypes quelquefois tous semblables, mais plus souvent encore profondément différents les uns des autres : certains polypes se consacrent à la nutrition de la colonie ; les autres jouent le rôle de défenseurs ; d'autres, enfin, servent exclusivement à la reproduction.

Parfois l'on observe chez eux un phénomène fort curieux ; les polypes reproducteurs se détachent de la colonie et vont nager dans la mer, sous la forme de petites méduses transparentes comme du cristal et rappelant jusqu'à un certain point les grandes méduses que nous venons d'étudier. Ces petites méduses affectent la forme d'une cloche, pourvue sur ses bords d'yeux colorés et de longs tentacules des plus fragiles et des plus élégants. Les œufs qu'elles portent tombent au fond de l'eau et redonnent des polypiers : c'est le phénomène des *générations alternantes*.

Béroës. — En même temps que les

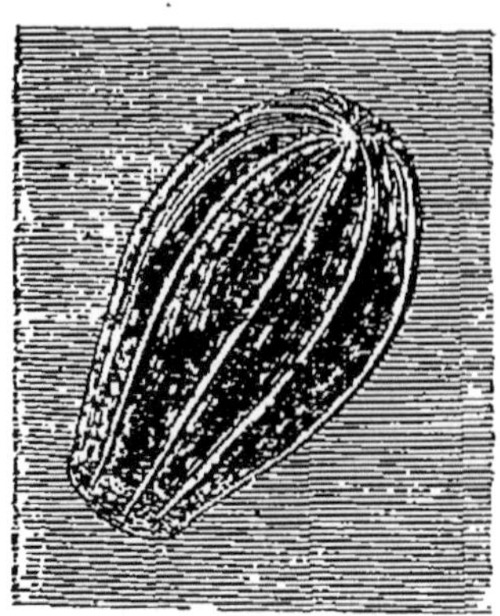

Béroë.

méduses, on voit fréquemment flotter

dans la mer d'autres animaux gélatineux transparents comme du cristal ; l'un de ceux que l'on rencontre le plus souvent est une sorte de boudin ou plutôt de cornichon, si transparent qu'on a de la peine à le voir nager au sein de l'eau. Le *béroë*, comme on l'appelle, est garni de palettes, disposées en rangées longitudinales et constamment en mouvement ; c'est grâce à ces palettes aux reflets irisés que l'animal nage.

Cydipe. — Un autre animal analogue est le cydipe, qui ne diffère guère du béroë qu'en ce que son corps est une boule de la grosseur d'une noix au lieu d'être un cylindre. Il a comme lui des palettes natatoires, mais en outre il possède deux longs filaments plumeux, grâce auxquels il peut capturer les petits animaux dont il fait sa nourriture.

Ceste de Vénus. — Mais un des plus curieux de ces animaux gélatineux est le Ceste de Vénus, qui semble une

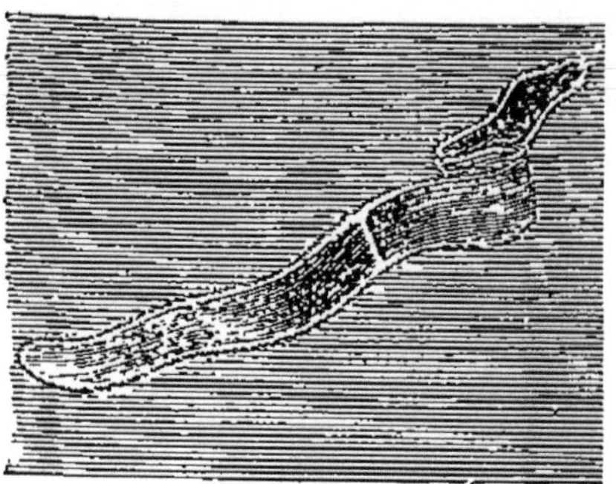

Ceste de Vénus.

longue ceinture de cristal et que l'on croirait de verre s'il n'avait la faculté de se ployer de mille façons. Sa surface est irisée et brille de mille couleurs quand le soleil vient la frapper. Il nage lentement et semble indifférent au monde extérieur. Mais ce calme n'est que trompeur ; vient-on, en effet, à le troubler brusquement, il s'enroule sur lui-même en spirale, en commençant par une de ses extrémités.

Siphonophores. — Les siphonophores comptent, à juste titre, parmi les animaux les plus élégants de la mer. Pour comprendre leur constitution, il faut imaginer qu'une méduse plus ou moins déformée vienne à bourgeonner un grand nombre d'individus secondaires, individus à fonctions diverses, les uns reproducteurs, les autres nourriciers, les autres défenseurs, etc. On

obtient ainsi une colonie transparente, à individus multiples et variés.

« Bien peu d'animaux, dit M. Ed. Perrier, excitent l'étonnement au même degré que les siphonophores ; bien peu offrent des formes aussi capricieuses, aussi variées, aussi inattendues. Qu'on imagine de véritables lustres vivants, laissant flotter nonchalamment leurs mille pendeloques au gré des molles ondulations de la mer tranquille, repliant sur eux-mêmes leurs trésors de pur cristal, de rubis, de saphirs, d'émeraudes, ou les égrenant de toutes parts comme s'ils laissaient tomber de leur sein une pluie de pierres précieuses, chatoyant des innombrables reflets de l'arc-en-ciel, montrant en un instant à l'œil ébloui les aspects les plus divers, tels sont ces êtres merveilleux, bijoux animés que

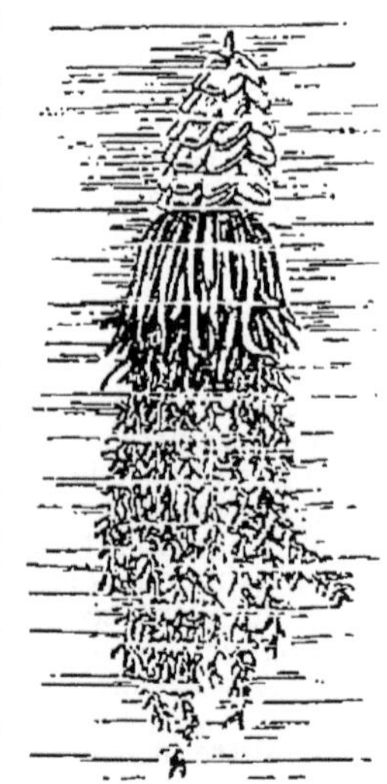

Exemple de siphonophore
(Physophore).

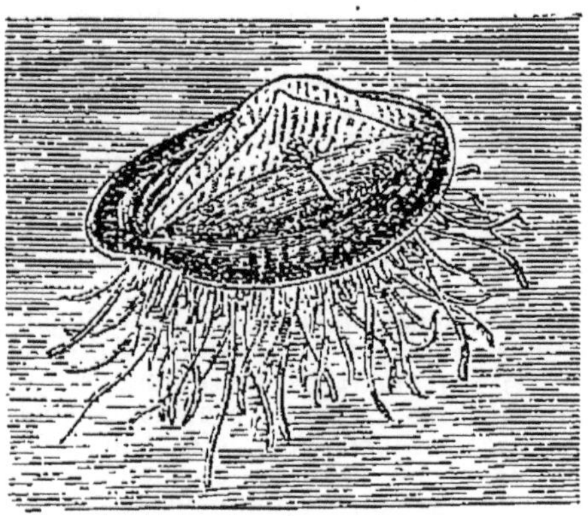

Siphonophore (Velelle bleue).

l'on croirait fraîchement sortis de l'écrin de quelque reine de l'Océan. L'esprit ne saurait rien rêver de plus riche, et c'est précisément pourquoi la froide analyse des naturalistes est demeurée longtemps confondue en présence d'organismes qui ne semblaient relever que de la fantaisie d'un divin joaillier. Les siphonophores sont bien connus des navigateurs, qui désignent l'un d'entre eux, la *physalie,* sous le nom de *galère.* C'est surtout dans les mers chaudes et tempérées

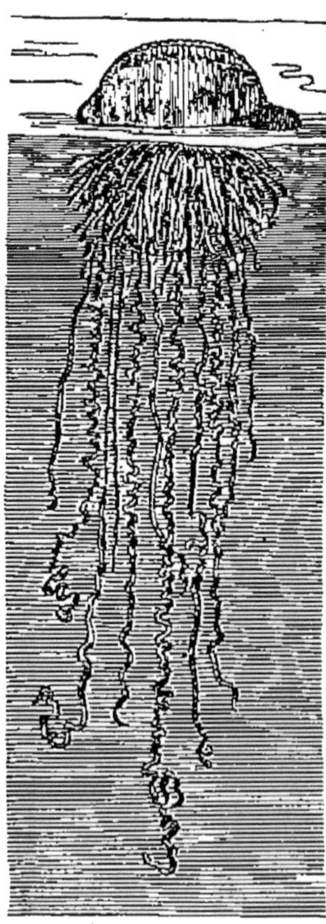

Physalie.

qu'ils abondent. Par les temps calmes, ils viennent à la surface et se laissent aller à la dérive, emportés par les courants, mais ils savent aussi très bien se soustraire à la poursuite de leurs ennemis. Après avoir suivi plus ou moins longtemps la même route, on les voit tout à coup changer d'allure. L'extrême complexité de leurs corps, fait pour flotter et non pour nager, n'est pas un embarras pour eux, toutes ses parties se mettent admirablement au service de la volonté directrice, leurs mouvements se coordonnent de la façon la plus précise. »

Les siphonophores sont tellement délicats que la plupart, dans l'eau de mer où ils flottent, passent inaperçus. Il n'y a guère que la galère comme espèce « familière » aux marins.

« Parmi les êtres marins qui flottent au gré des forces brutales de la mer, dit le prince de Monaco, il en est un, du groupe des cœlentérés, muni de certains caractères intéressants pour quiconque ne passe pas avec indifférence devant l'infinie variété des formes lancées par la nature dans la lutte pour l'existence : je veux parler de la physalie, plus connue sous les noms familiers de « galère » ou de « frégate portugaise », et que l'on trouve dans les eaux chaudes, notamment vers les latitudes açoréennes. Cet animal, de consistance gélatineuse, comme les méduses, présente une couronne très fournie de filaments extensibles qui se partagent les rôles dans l'existence de l'organisme, et suspendue à un flotteur gonflé de gaz, rappelant, par sa forme, un chapeau de général, sans être plus gros que les deux poings. Les filaments, d'un beau bleu marine, peuvent s'allonger de trois ou quatre mètres ; ils portent de nombreuses vésicules presque invisibles, qui renferment chacune un petit dard fixé au bout d'un fil roulé sur lui-même, prêt à se détendre sur une proie, et mouillé d'une certaine liqueur très caustique. La physalie s'oriente-t-elle volontairement ou inconsciemment ? Le fait est qu'elle offre toujours son flotteur au vent sous un angle favorable pour la navigation. Elle possède les plus chatoyantes couleurs du vieux verre de Venise ; c'est une merveille à contempler dans un vaste récipient d'eau où ses filaments s'allongent et se rétractent indépendamment les uns des autres, mais sans interruption. Quelque petit poisson rêveur laisse-t-il passer sur lui le doucereux ballon, touche-t-il à peine un des fils caressants ? aussitôt les vésicules stimulées lancent leur dard baigné de poison, et la victime, instantanément paralysée, n'oppose aucune résistance au sort qui l'attend. Car déjà une autre couronne de filaments plus courts, chargés de la digestion, commence son œuvre ; et le poisson, naguère frétillant sous le reflet de ses écailles argentées, se couvre d'une bave corrosive qui met à nu ses chairs mortes. Les derniers jours qui précédèrent notre arrivée aux Açores furent occupés à recueillir les physalies près desquelles nous passions, pour étudier les gaz qu'elles mettent dans leur flotteur et la façon dont elles les extraient du sein de la mer. Il y avait mérite à cela, car, en dépit de sa méfiance, l'opérateur ne pouvait éviter complétement les flèches urticantes, qui lui causaient chaque fois pendant plusieurs heures une vive souffrance. On n'échappe guère à ce désagrément si l'on manipule beaucoup de physalies, dont la substance très fragile s'émiette un peu sur tous les objets qui les touchent sans que, durant plusieurs

jours, la virulence de leur venin s'amoin-
drisse. »

Les récits relatifs aux dangers qu'il
y a de toucher aux galères abondent
d'ailleurs dans les relations des voyageurs.

Campanulaire. — Les Campanu-
laires se présentent sous la forme de
petits arbuscules, simples ou ramifiés,
blanchâtres, de 1 à 2 centimètres de
hauteur, environ. On les trouve fixées
aux algues marines ou aux zostères,
ainsi qu'aux coquilles ou aux roches. Au
microscope, on voit que les branches se
terminent par de petites cavités en forme
de coquetier, duquel s'épanouit de temps
à autre un polype à nombreux tentacules. De place en place, à certaines
époques, s'en détachent de petites méduses qui vont disséminer l'espèce.

Hydre d'eau douce (*Hydra viridis*).
— Les hydres d'eau douce se rencontrent au-dessous de nombreuses plantes
aquatiques, telles que les lentilles d'eau,
et surtout sous les feuilles de la *veronica
beccabunga*, bien connue par ses fleurs
bleues à deux étamines. En regardant
attentivement la face inférieure des
feuilles de cette plante, on voit souvent
une toute petite masse verdâtre à l'aspect gélatineux, et paraissant d'une immobilité absolue. Qu'est-ce? Un animal,
une plante? Il serait bien difficile de le
dire à un simple coup d'œil.

Plaçons notre plante dans l'aquarium
et attendons dix minutes, un quart
d'heure, une demi-heure s'il le faut, et
nous ne regretterons certainement pas
notre temps. La masse verdâtre immobile commence à s'agiter, puis elle s'allonge avec prudence, enfin elle prend
une forme élancée, et l'on voit pendre
de longs bras très fins, fort jolis, qui
s'agitent avec élégance dans l'eau ; c'est
une hydre d'eau douce, appelée aussi
hydre verte, à cause de sa couleur ou
encore *hydre de Trembley*, en souvenir
des expériences que ce naturaliste a faites sur cet organisme, expériences que
nous allons décrire et que nous pourrons
effectuer à nouveau.

Avec une paire de ciseaux bien aigui-
sée, une bonne loupe et une soie de
porc, nous aurons tous les objets nécessaires.

Les hydres d'eau douce ont été découvertes par Leuwenhœck, l'un des in-
venteurs du microscope. Mais elles ne
furent étudiées que beaucoup plus tard
par Trembley, en 1744, et, depuis cette
époque, elles devinrent très célèbres
dans la science.

On trouve dans nos eaux douces trois
espèces d'hydres : l'hydre verte, l'hydre
brune et l'hydre aux longs bras. Le

corps de chacune de ces espèces affecte
la forme d'un long cornet dont l'extrémité fermée s'étale en une sorte de ventouse au moyen de laquelle l'animal
s'accroche aux corps étrangers, tandis
que l'autre extrémité est ouverte et se
prolonge par des bras au nombre de six
à dix-huit, longs, flexibles, mobiles.
L'orifice limité par la base de ces tentacules est l'ouverture par laquelle péné-
trent les matières alimentaires, en même
temps qu'elle sert à l'expulsion des résidus de la digestion ; c'est à la fois une
bouche et un anus.

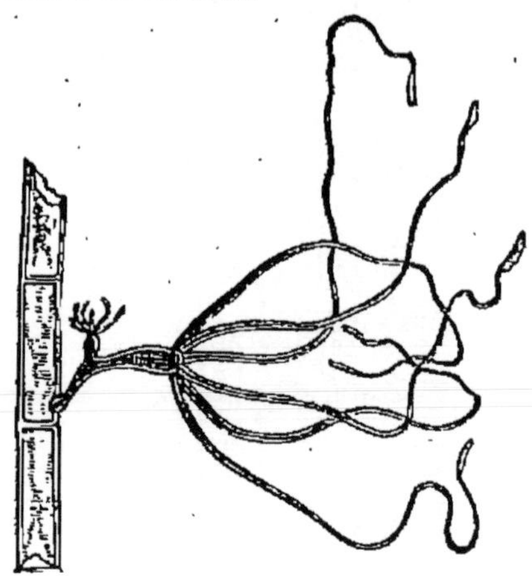

Hydre d'eau douce.

Les bras ou tentacules sont des filaments extrêmement grêles et parfois
remarquablement longs ; on en a vu qui
atteignaient plusieurs décimètres, alors
que le corps n'avait pas plus de 2 à
3 millimètres. L'animal les étend de toutes parts, les accrochant aux objets environnants ou les promenant lentement
dans l'eau. Si un petit animal, un petit
crustacé, une daphnie par exemple,
vient à heurter l'un de ces bras, aussitôt on voit la bestiole rester immobile,
comme paralysée, pendant que le bras
l'entoure petit à petit, puis se rétracte
pour l'amener jusqu'à la bouche où il la
fait pénétrer. Chaque bras est en effet
pourvu de milliers de petites capsules
que l'on appelle des nématocystes. Ce
sont des cellules renfermant à l'état
de repos un long filament enroulé sur
lui-même à la manière d'un ressort à
boudin ; ce filament est garni de bar-
bules sur les bords. Lorsque la cellule subit une excitation quelconque,
le filament se déroulant brusquement
est projeté au dehors, en devenant rigide et emportant sans doute avec lui
un peu de liquide vénéneux contenu
dans la capsule. Aussi, dès qu'un animal vient toucher un bras, tous les nématocystes excités dardent leurs flèches

sur la bestiole qui est paralysée et ne tarde pas à mourir. D'ailleurs, quand on prend une hydre avec la main, on s'aperçoit qu'elle colle aux doigts ; cette adhérence est produite par les filaments des nématocystes qui pénètrent dans l'épiderme de la main. Ici les nématocystes n'ont pas une puissance très grande, mais, chez d'autres cœlentérés marins, tels que les anémones de mer, les méduses, etc., leurs propriétés nocives sont très développées ; le contact de la main avec un de ces animaux produit une rougeur intense et même une fièvre parfois assez forte. Chez l'hydre, une puissance pareille serait bien inutile ; ses faibles nématocystes suffisent à paralyser les bestioles dont elle fait sa nourriture.

L'hydre peut se déplacer facilement et son mode de locomotion est fort curieux.

On la voit, dit M. Ed. Perrier, courber son corps en arc, se fixer par la bouche, détacher son pied et le ramener vers la bouche, puis détacher celle-ci, la fixer de nouveau et ramener vers elle comme précédemment sa partie postérieure ; l'hydre marche alors exactement comme le font les chenilles arpenteuses qui ont l'air de mesurer le terrain sur lequel elles se meuvent. Mais l'animal procède quelquefois d'une façon plus expéditive. Il fait son premier pas comme précédemment, se fixe par la bouche, puis se dresse verticalement, recourbe son corps du côté opposé, fixe son pied et le remet debout exactement comme un gymnaste exécutant une culbute. C'est ordinairement pour aller vers la lumière qu'elles aiment beaucoup, bien qu'elles n'aient pas d'yeux, que les hydres exécutent tous ces mouvements ; mais elles se déplacent aussi pour chercher leur proie.

Les hydres sont, on le voit, des animaux à structure extrêmement simple et pouvant en somme se résumer en un sac dont le côté le plus extérieur serait la peau, tandis que le côté le plus interne serait la paroi digestive. A l'état normal, l'une sert à protéger l'animal contre les actions extérieures, l'autre sert à digérer les aliments. Il semble donc y avoir, au point de vue fonctionnel, une différence profonde entre ces deux parois ; en réalité, cette différence n'est pas aussi grande qu'il y paraît au premier abord. Trembley a, en effet, montré que la peau pouvait aussi bien digérer que la paroi interne.

Il arrive parfois que l'on trouve des hydres toutes déformées, monstrueuses, qui ne ressemblent presque plus à des hydres normales. Ce sont des hydres attaquées par un parasite. Nous trouvons dans Brehm les rensei-

gnements suivants, empruntés à Rœsel, sur ce parasite, le *trichodina pediculus* :

« Quant au parasite en question, qui peut harceler jusqu'à la mort ces polypes, et qu'on trouve en tout temps avec des dimensions variables, il est clair et transparent ; mais on découvre néanmoins dans son corps des points sombres. Lorsque ces parasites nagent dans l'eau, leur forme est ovalaire, et ils se meuvent tantôt suivant une ligne sinueuse, tantôt suivant une ligne spiralée. Leurs mouvements sont très rapides, car ils se meuvent rapidement en tous sens à travers l'eau.

« Lorsqu'ils s'installent sur un polype ou sur quelque autre corps, leur forme ovalaire s'altère et ils s'effilent en avant ainsi qu'en arrière. A l'aide du microscope on constate non sans étonnement la rapidité avec laquelle ils courent çà et là sur le polype sans qu'on puisse distinguer les nombreuses pattes d'un seul et même individu. (Ici le microscope de Rœsel a été insuffisant.) Au début, le polype se donne beaucoup de mal pour chasser cet hôte importun ; il cherche à s'en débarrasser, non seulement à l'aide de ses bras, mais encore en se contractant et en s'étirant à plusieurs reprises, mais il n'y réussit guère, car le parasite se fixe immédiatement au bras à l'aide duquel le polype veut le chasser et se met à grimper le long de ce bras. J'ai même vu souvent le parasite s'échapper avec la rapidité de l'éclair de la place qu'il occupait, pour nager dans l'eau en suivant une ligne courbe et revenir bientôt sur le polype avec la même rapidité. Il semble enfin que le polype se lasse de lui résister, il est fréquemment si couvert de ces parasites qu'on peut à peine reconnaître en lui une hydre ; tantôt ses bras disparaissent et il perd en même temps la vie. »

Quelles sont les merveilles que l'hydre peut encore nous offrir ? Profitons du moment où elle est en état d'extension pour la sectionner transversalement en deux parties d'un coup de ciseaux ; nous nous attendons à la voir périr par suite de cette terrible opération ; pas du tout, nous dirions même au contraire. La partie supérieure détachée qui porte les bras se met à nager avec ses tentacules jusqu'à ce qu'elle rencontre la paroi de l'aquarium ; arrivée là, l'ouverture que les ciseaux ont pratiquée se referme, se cicatrise, puis se soude au substratum : une nouvelle hydre est constituée. Quant à la portion restée adhérente, après le moment de stupeur causée par la section, on la voit de nouveau s'étaler, s'épanouir, en présentant une large ouverture béante qui va devenir la bouche, tandis que, sur tout son pourtour, vont apparaître des mamelons qui en s'allongeant beaucoup redonnent des bras : nous avons ainsi une seconde hydre. Si, au lieu de la couper transversalement nous la coupons longitudinalement, les choses se passeront de même. Bien plus, nous pouvons couper une hydre autant de fois que nous voudrons. Trembley en a sectionné une en cinquante parties, et chacun de ses lambeaux reconstitua un nouvel animal.

La multiplication des hydres par section est, en somme, artificielle ; elle ne se rencontre que rarement à l'état naturel. Mais ici il y a un mode de reproduction qui n'est pas moins curieux. Lorsqu'une hydre est bien nourrie, et c'est là une condition essentielle pour que l'expérience réussisse, on voit apparaître à la surface de son corps des petites bosselures qui grandissent lentement et qui sont creusées d'une cavité en communication avec la cavité digestive de l'hydre que l'on examine. Ces bosses grandissent et finalement se percent à leur sommet chacune d'une bouche, laquelle s'entoure d'une couronne de tentacules : il s'est formé des hydres filles, dont l'estomac est encore en communication avec celui de la mère. Les choses en restent à cet état pendant quelques jours ; mais si l'on a soin de ne pas laisser les animaux sans nourriture, chaque petite hydre nouvelle se sépare de sa mère pour aller se fixer ailleurs.

Parfois, souvent même, les hydres filles bourgeonnent à leur tour, tout en restant fixées sur l'hydre mère : il n'est pas rare de trouver trois ou quatre générations fixées les unes sur les autres ; Trembley a pu obtenir une hydre qui portait dix-neuf petites hydres appartenant à trois générations successives ; c'était un véritable arbre généalogique vivant.

Pennatule rouge.

Pennatule.

— Les Pennatules vivent au fond de la mer à demi enfoncées dans le fond. Ce pédoncule enterré se prolonge en haut par un tuyau charnu portant, à droite et à gauche, des barbes placées comme les barbes d'une plume. C'est sur ces barbes que se trouvent de petits polypes. Elles sont phosphorescentes.

Vérétille. — La Vérétille ressemble un peu à la Pennatule, mais son pédon-

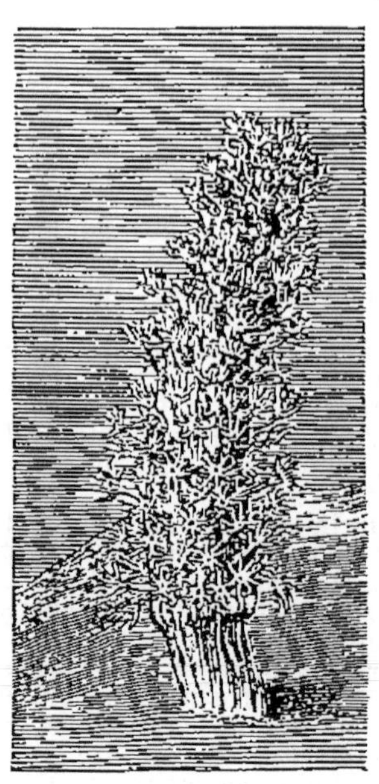

Vérétille.

cule, enfoncé dans la vase, est entièrement charnu.

Alcyon. — L'Alcyon est cylindrique

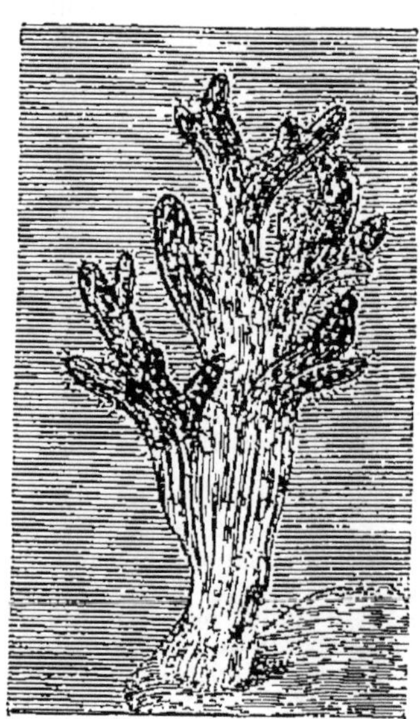

Alcyon.

à la base et divisé supérieurement en

plusieurs lobes membraneux couverts de petits polypes. La couleur générale est rouge foncé au sommet et jaunâtre à la base. Vit au fond de la mer, fixé dans le sable.

Corail rouge. — On ne le trouve

Corail.

que très exceptionnellement sur nos côtes méditerranéennes.

Gorgone verruqueuse. — Cette espèce est un Polypier se présentant sous forme d'arbuscules très rameux, dont les branches sont en général étalées en éventail sur un même plan. A la surface des branches, qui sont blanches, il y a des élévations où, quand le polypier est vivant, il y a des polypes. Elle vit au fond de la mer, mais on la trouve quelquefois sur les plages rejetée par le flot. Sa taille peut atteindre celle des deux mains réunies à plat. La consistance en est très solide quoique un peu flexible.

Actinies ou Anémones de mer. — Sous les pierres immergées du bord de la mer, on rencontre des masses molles, à l'apparence visqueuse et revêtues de brillantes couleurs ; ce sont des sortes de cônes mous fixés par la base et dont le sommet est un orifice plus ou moins ouvert laissant voir des tentacules.

A l'aide d'un couteau, enlevons délicatement l'animal du rocher et transportons-le dans une cuvette d'eau de mer. Bientôt il s'épanouit et l'on peut alors voir son élégance : c'est une colonne charnue qui, à la partie supérieure, montre une couronne très fournie de tentacules constamment en mouvement, couronne au centre de laquelle se trouve un orifice, la bouche. Ces organismes ressemblent à de véritables fleurs animées et méritent bien le nom d'*Anémone de mer* qu'on leur a donné ; les naturalistes les appellent des *Actinies*. Il ne faut pas songer à décrire toutes les espèces que l'on est susceptible de rencontrer ; il y en a d'innombrables. Con-

tentons-nous de dire que la colonne charnue présente habituellement des bandes longitudinales colorées. Quant aux tentacules, ils forment tantôt un cercle unique, tantôt un grand nombre de cercles concentriques. Leur longueur est en général inférieure à celle de la colonne. Leurs couleurs sont magnifiques ; tantôt variant depuis la base des tentacules jusqu'à leur sommet. Quand

Quelques Anémones de mer.

on touche une Actinie, tous ces tentacules se rabattent vers le milieu et se cachent à l'intérieur de la colonne dont l'orifice se resserre à son tour. Il y a encore là tous les degrés : chez les unes, les tentacules rentrent entièrement dans le corps ; chez d'autres, ils n'y rentrent qu'à moitié : enfin, chez certaines, ils ne rentrent pas du tout. Si l'on met le doigt près de la bouche de l'Actinie, les tentacules se rabattent sur lui et s'y collent si bien qu'il est difficile de le retirer. Cette adhésion est due à ce que les tentacules sont recouverts de très petites capsules qui projettent au dehors des filaments très fins, qui pénètrent dans l'épiderme des doigts. C'est grâce à ces filaments microscopiques que les Actinies peuvent capturer des proies même volumineuses. Pour vous en convaincre, il vous suffira de prendre un Crabe bien vivace et de le déposer sur la bouche de l'Actinie. Aussitôt les tentacules se rabattent sur lui et l'immobilisent malgré tous les efforts qu'il fait pour se sauver. Bientôt le Crabe est poussé dans la bouche où il disparaît pour quelque temps. Arrivé dans l'intérieur de la colonne, c'est-à-dire dans l'estomac, le Crabe y est digéré entièrement, à l'exception de la carapace et des autres parties dures qui sont rejetées par le même orifice où la proie était entrée. Les Actinies peuvent ainsi manger des Crabes ou des poissons plus gros qu'elles-mêmes.

Les Anémones de mer ne sont pas fixées au rocher d'une manière immuable ; elles n'y tiennent qu'à la manière des ventouses ; elles peuvent donc se déplacer et ne manquent pas de le faire quand elles en éprouvent le besoin. Certaines autres vivent plus ou moins enfoncées dans le sable et ne plongent guère que leur panache de tentacules dans la mer. Quand on les touche, celles-là se contractent et disparaissent entièrement dans le sable. On ne paraît pas manger les Anémones, du moins de nos jours. Il paraît cependant qu'autrefois on les dégustait après les avoir fait bouillir dans de l'eau de mer ; elles deviennent fermes et acquièrent une odeur d'Ecrevisse.

L'Actinie rappelle, tant par sa vie propre que par son mode de reproduction, le Polype d'eau douce. On pourrait dire qu'elle est un Polype perfectionné ; c'est ce que démontrait Alfred Frédol, à qui nous empruntons les descriptions suivantes, qui concernent les modes de reproduction de l'Actinie :

« A certaines époques, on remarque, *dans* les tentacules des Anémones, des germes et des embryons ; les premiers en repos, les autres en mouvement...

« Ces animaux portent donc leurs œufs et leurs petits, non pas sur leurs bras, mais *dans leurs bras ?*

« Généralement, les larves passent des tentacules dans la cavité stomacale, et sont ensuite rejetées par la bouche, en même temps que le résidu de l'alimentation.

« Voilà une bouche qui cumule, en dehors de ses fonctions habituelles, deux emplois bien singuliers !

« Les *Anémones pâquerettes* du jardin zoologique de Paris ont vomi plusieurs fois de jolis petits embryons, lesquels se sont éparpillés et fixés dans divers endroits de l'aquarium, et ont produit des miniatures d'Anémones exactement semblables à leur mère...

« Chez quelques espèces, les petits se forment et naissent à la base de la bourse, en dehors. Par exemple, dans l'*Anémone déchirée*, la partie inférieure du corps devient rugueuse, surtout pendant les mois d'août et de septembre. On aperçoit bientôt, aux bords de cette base, des espèces de bourgeons ou gemmes, lesquels se transforment en embryons, et se séparent de la mère pour constituer autant de nouvelles Actinies...

« Parlons maintenant d'un autre mode reproducteur, bien plus extraordinaire. Une *Anémone œillet* de l'aquarium de M. J. Hogg, adhérait si fortement à la paroi du réservoir, qu'au lieu de se détacher sous l'influence d'efforts très violents, elle se déchira inférieurement, et laissa contre le verre six petits fragments du bord extérieur de sa base. Ces morceaux, solidement collés, ne servirent, pendant plusieurs jours, qu'à indiquer l'endroit où l'Anémone avait vécu. Au bout d'une semaine, M. Hogg, essayant de les enlever avec une baguette, découvrit, à sa grande surprise, que lesdits fragments se contractaient lorsqu'ils étaient touchés. Peu de jours après, il distingua une rangée de tentacules poussant sur la partie supérieure de chacun d'eux. Bientôt il y eut autant d'Anémones parfaitement formées qu'il y avait de petits morceaux.

« De son côté, la mère s'était guérie de sa perte de substance et se trouvait aussi complète, aussi bien portante qu'avant la déchirure.

« Les Anémones jouissent, comme les Polypes d'eau douce, de l'admirable faculté de reproduire les morceaux qu'on leur enlève. Si on leur ampute les tentacules, ces organes repoussent avec rapidité, et l'on peut répéter l'expérience, pour ainsi dire, à l'infini.

« Si l'on coupe la bête transversalement par le milieu, la moitié inférieure du corps produit une couronne de tentacules et se complète. Quant à la moitié supérieure, elle continue à saisir des proies et à les engloutir comme par le passé, sans faire attention que la nourriture sort immédiatement par l'ouverture inférieure. Mais bientôt l'Anémone se ravise, et apprend à retenir son repas ; et voici ce qui arrive. Tantôt cette seconde ouverture se resserre, se ferme, et il s'organise une nouvelle base ; tantôt il naît des tentacules à son pourtour, et il se forme une seconde bouche, opposée à la première ; en sorte que l'animal saisit des proies et les avale par en haut et par en bas. Plus tard, il s'opère un étranglement vers le milieu du corps, d'abord faible et graduellement plus fort. Il en résulte deux Anémones attachées base à base ou dos à dos. A cet étranglement succède une rupture, et l'on a des animaux parfaitement indépendants.

« Si l'on divise un de ces zoophytes dans le sens vertical, de manière à partager sa bourse en deux parties égales, en peu de jours les bords se soudent dans chaque demi-bête, et l'on obtient deux Anémones complètes, mais un peu plus étroites que dans l'état habituel. »

EMBRANCHEMENT DES SPONGIAIRES

Les Éponges sont très communes sur nos côtes, mais aucunes ne sont utilisables. On les trouve rejetées sur les plages, soit détachées des rochers où elles vivaient, soit encore fixées à une pierre ou à un coquillage. Il est impossible d'en décrire ici les espèces, lesquelles ne peuvent guère se reconnaître qu'après une étude microscopique. On les reconnaîtra cependant à leur consistance qui est celle de l'éponge ordinaire et aux nombreux trous dont est percée la surface. Ce sont tantôt des amas irréguliers, tantôt des branches plus ou moins divisées comme les doigts de la main. Beaucoup forment une croûte à la surface de galets ou de vieilles coquilles. Certaines sont composées exclusivement de spicules siliceux et sont alors dures comme de la pierre.

Il y aussi des Éponges dans nos eaux douces. La *Spongille d'eau douce*, par exemple, n'est pas rare. Elle forme des croûtes à la surface des pierres des ruisseaux ou des pilotis. Sa consistance est dure, quoique friable, et elle n'a pas de forme bien définie. Couleur vert bleuâtre ou jaunâtre,

---

EMBRANCHEMENT DES PROTOZOAIRES

Animaux microscopiques constitués par une seule cellule.

Les *Infusoires* s'observent facilement, soit dans les eaux douces, soit dans l'eau de mer, en examinant des algues diverses, ou en mettant quelques jours, dans de l'eau, du foin, des débris de plantes, etc. Il y en a aussi dans le contenu de l'intestin de beaucoup d'animaux. Leurs espèces, toutes visibles seulement au microscope, sont des myriades. Les plus faciles à reconnaître sont le *Stentor*, qui a la forme d'une corne d'abondance, et la *Vorticelle*, formée d'une masse arrondie et d'un pédoncule, fixé à la base, qui, au moindre ébranlement du liquide, se contracte en spirale.

A citer aussi les *Noctiluques*, petites boules transparentes auxquelles est due la phosphorescence de la mer ; les *Foraminifères*, qui vivent surtout dans la mer et sont enveloppées d'une coquille percée à jour et que, parfois, on croirait appartenir à un mollusque ; les *Radiolaires*, enveloppées d'un squelette treillisé ou traversées de part en part par des spicules ; les *Grégarines*, qui vivent en parasites dans l'intestin de beaucoup d'animaux, fixées aux parois, et les *Amibes*, petites masses molles, sans formes définies, qui se déplacent en étirant et rétractant successivement les bords de leur corps.

Tous sont de merveilleux sujets d'observations microscopiques.

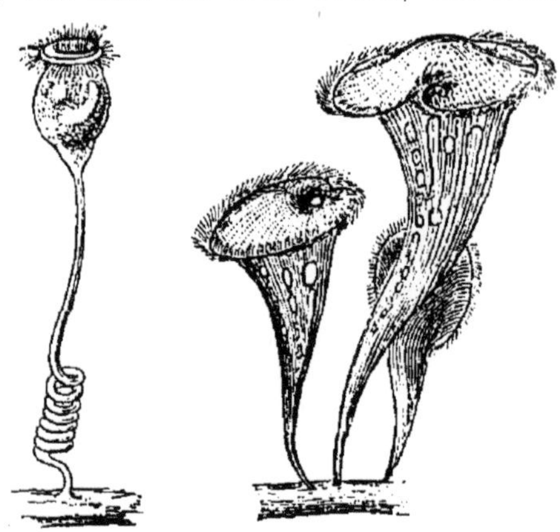

Vorticelle.   Stentor.
(vus au microscope).

INDEX ALPHABÉTIQUE

INDEX ALPHABÉTIQUE

Les noms d'ordres et de classes sont imprimés en caractéres gras italiques (*Rapaces*);

Les noms scientifiques des espéces en caractéres gras romains (**Aigle**);

Les noms vulgaires et locaux des espéces en caractéres italiques (*Vautour des agneaux*).

A

Abeille domestique, 341.
Ablette commune, 211 ; — spirlin, 211.
Acanthias commun, 179.
Acanthocéphales, 447.
Acanthodactyle, 159.
Acariens, 387.
Acariens des eaux douces, 388 ; — marins, 388 ; — des oiseaux, 389 ; — des plumes des oiseaux, 390.
Acarus du fromage, 390.
Accenteur alpin, 150 ; — mouchet, 151.
Acéphales, 413.
Acilius, 234.
Acronycte des érables, 276.
Actinies, 468.
Æolis, 425.
Æpus, 228.
Agapanthia, 261.
Agélène, 380.
Agriotes, 250.
Agugliat, 179.
Aguïat, 179.
Aigle, 111 ; — fauve, 111 ; — doré, 111 ; — royal, 111 ; — criard, 111 ; botté, 111 ; — de mer, 111.
Aigle, 196 ; — *de mer,* 196.
Aigrette, 104 ; — blanche, 104 ; — garzette, 104 ; — (grande), 104.
Aiguïat, 179.
Aiguillat de Blainville, 179 ; — commun, 179.
Aiguille de mer, 217.
Aiguillette, 217.
Aile de velours, 84.
Ainette, 79.
Alalouga, 197.
Albatros, 81.
Albe grise, 211.
Alcyon, 154.
Alcyon, 467.
Alène, 181.
Alène, 182.
Aloge, 212.

Alose, 215.
Alouette, 144 ; — des champs, 144 ; — lulu, 145 ; — cochevis, 145 ; — calandrelle, 145 ; — calandre, 145 ; — *percheuse,* 145 ; — *(petite),* 145 ; — *huppée,* 145 ; — *pipi,* 146.
Alouette de mer, 95, 99, 100.
Alucite des céréales, 287.
Alyte accoucheur, 170.
Amara, 228.
Ame noire, 212.
Amiral, 267.
Ammocète, 186.
Ammodyte lançon, 206 ; — équille, 206.
Ammophile, 359.
Amphibiens, 166.
Amphioxus, 186.
Anadélo, 195.
Anatife, 400,
Anchois, 216.
Anchou, 180.
Andrène, 347.
Ane, 51.
Anémones de mer, 468.
Ange, 190.
Ange, 179 ; — *de mer,* 180.
Angel, 180.
Angelot, 180.
Anguille lampresse, 185.
Anguille vésarde, 186.
Anguilles, 186 ; — vulgaire, 186 ; — *de mer,* 187 ; — *à museau large,* 187 ; — *plat-bec,* 187.
Anguillule du vinaigre, 446 ; — de la colle de farine, 447.
Anguilluline du blé, 443.
Anisoplie, 248.
Ankylostome duodénal, 439.
Annélides, 449.
Anobium, 252.
Anodonte, 416.
Anomie, 413.
Anophèle, 312.

Anoures, 167.
Anthidie, 349.
Anthios sacré, 196.
Anthocinus, 260.
Anthocope du pavot, 352.
Anthonome, 258.
Anthophore, 346.
Anthrax, 314.
Anthrène, 239.
Anvin, 159.
Anvronais, 159.
Apate, 252.
Apatiens, 252.
Aphide, 293.
Aphodius, 247.
Aphrophore écumeux, 303.
Aphrodite, 455.
Aphye pellucide, 191.
Apion, 255.
Aplysie, 425.
Apodère, 257.
Apron commun, 195.
Aptéres, 280.
Apus cancriforme, 409.
Arachnides, 378.
Araignée de mer, 398.
Araignées proprement dites, 378.
Aranéides, 378.
Arcanette, 80.
Archibuse, 113.
Arénicole, 454.
Arge galathée, 268.
Argentin, 201.
Argentine sphyrène, 221.
Argus bleu à bandes brunes, 266.

Argynne tabac d'Espagne, 268.
Argyronète, 380.
Arion, 426.
Arite, 203.
Arlequin, 78.
Arlequin, 210.
Aromia, 259.
Aronde, 192.
Arondelle, 192.
Arounce-bras, 183.
Artémie saline, 409.
Arthropodes, 226.
Ascaride lombricoïde, 438 ; — du porc, 439 ; — des équidés, 441 ; — du veau, 441 ; — à moustaches, 442, 443.
Ascidies simples, 457 ; — composées, 457.
Asé, 193.
Aselle aquatique, 408.
Aspic, 164.
Aspidiote du laurier-rose, 296.
Ateuchus, 240.
Athérine hepset, 206 ; — prêtre, 206.
Attagène, 239.
Attélabe, 257.
Aublet, 211.
Augustine, 181.
Aulastome vorace, 450.
Auriol, 196.
Auriou, 196.
Aurore, 266.
Autour des palombes, 113.
Autruche d'Europe, 93.
Avive, 188.
Avocette, 95.

B

Baguette, 102.
Balane, 410.
Balanin, 255.
Balbuzard, 112.
Baleine, 49.
Baleinoptère, 48.
Baliste caprisque, 223.
Bâne, 193.
Bar commun, 195 ; — tacheté, 195.
Baral, 196.
Barbarin, 191, 209 ; — *petit*, 191.
Barbastelle, 7 ; — synote, 7.
Barbeau, 191.
Barbeau commun, 209 ; — méridional, 209.
Barbet, 209.
Barbette, 212.
Barbier, 196.
Barbillon, 209.
Barbot, 207.
Barbotin, 212.
Barbotte, 207.
Barbue, 222.
Bardoulin, 180.
Barge, 100 ; — à queue noire, 100 ; — rousse, 100 ; — *grande*, 100 ; — *œgocéphale*, 100 ; — *commune*, 100 ; —

aboyeuse, 100 ; — *à queue carrée*, 100 ; — *grise*, 98 ; — *brune*, 98.
Baridius, 258.
Barlan, 193.
Barraud-Godde, 207.
Bartavelle, 68.
Bartramie à longue queue, 97.
Batraciens, 166.
Baudroie commune, 190 ; — budegassa, 191.
Bavecca, 189, 190.
Baveuse, 189, 190.
Bavoua, 190.
Bécasse, 100.
Bécasse de mer, 96, 206, 217.
Bécasseau, 99 ; — cocorli, 99 ; — cincle, 99 ; — brunette, 100 ; — platyrhynque, 100 ; de Temminck, 100 ; minule, 100. — *des bois*, 98 ; — *culblanc*, 98 ; — *maubèche*, 98 ; — *violet*, 99 ; — *falcinelle*, 99 ; — *échasse*, 100.
Bécassine, 101 ; — (double), 101 ; — ordinaire, 101 ; — (petite), 102 ; — *sourde*, 102.
Bécasson, 102.
Bec-croisé, 132.
Bec de perroquet, 89.

Bec-de-scie, 75.
Bec-figue, 137.
Bec-figue, 146.
Bécot, 100, 102.
Bel-Argus. 266.
Belette, 35.
Belle dame, 267.
Bélugan, 193.
Bélugo, 193.
Bembex, 356.
Bembidium, 228.
Berge, 97.
Bergeronette, 147 ; — boarule, 147 ; — printanière, 147 ; — grise, 148 ; — à tête noire, 148 ; — *jaune*, 147.
Bernache, 76 ; — nonette, 76 ; — cravant, 77 ; — à cou roux, 77.
Bernard l'ermite, 399.
Béroës, 462.
Bérus, 163.
Besugo, 202.
Bête à bon Dieu, 249, 265.
Bête à sept trous, 185.
Bibion de Saint-Marc, 31.
Biche, 240 ; — *petite*, 240 4
Bièvre, 15, 75.
Biganon, 80.
Bigorneaux, 421.
Bigoula, 189.
Bihoreau, 105.
Bilan, 179, 181.
Bioou, 187.
Bissa de Mar, 187.
Bivalves, 413.
Bizet, 62, 196, 197.
Bizette, 77.
Blac, 113.
Blada, 202.
Blade, 202.
Blageon, 212.
Blaireau, 37.
Blanchet, 211.
Blaniule, 391.
Blanquetta, 182.
Blanquette, 215.
Blaps, 253.
Blastophage, 255.
Blatte, 326.
Blennie, 189 ; — paon, 189 ; — papillon, 189 ; — gagnette, 190 ; — gattorugine, 190 ; — tentaculaire, 190 ; — palmicorne, 190 ; — pholis, 190.
Blérande, 102.
Blérie, 102.
Bleu, 178.
Blongios nain, 106.
Boarule, 147.
Bœuf, 53.
Boga, 202.
Bogue commun, 202 ; — saupe, 202.
Bombardier, 229.
Bombyx à livrée, 275 ; — neustrien, 275 ; du chêne, 275 ; — de la ronce, 275 ; — du mûrier, 275.
Bondrée apivore, 112.
Bondrée apivore, 112.

Bonite, 197.
Bopyre, 408.
Borgne, 159.
Bothriocéphale large, 434.
Botta, 193.
Botys des semences de navette, 282.
Bouca-douça, 179 ; — *à sept trous*, 179.
Boucaud, 191.
Boucher, 202.
Bouclé, 181.
Bouclée, 181.
Bouclier, 238.
Boudereux, 188.
Bouderoc, 188.
Bouftémi, 100.
Bouillard, 98.
Bouiron, 186.
Bouquetin, 54.
Bourdon des mousses, 343 ; — des jardins, 345.
Bourgeois, 180.
Bourget, 180.
Bourguette, 191.
Bourre, 79.
Bourreau, 193.
Bourrugat, 196.
Bourrugue, 196.
Bouscarle, 153.
Bout Bout, 123.
Bouvière, 210.
Bouvreuil, 133 ; — vulgaire, 133 ; — cini, 133 ; — ponceau, 133.
Brachyures, 396.
Braillou, 98.
Branchellion de la torpille, 451.
Branchiobdelle de l'écrevisse, 450.
Branchiostome, 186.
Branchipe des étangs, 409.
Brante roussâtre, 78.
Brème commune, 210 ; — bordelière, 210 ; — *blanche*, 210 ; — *gardonnée*, 210 ; — *petite-*, 210.
Brème commune, 202 ; — *des rochers*, 202.
Brigue, 195.
Brochet, 217.
Broscus, 229.
Broucu, 181.
Bruant, 131 ; — des roseaux, 131 ; — jaune, 131 ; — zizi, 131 ; — fou, 131 ; ortolan, 132 ; — proyer, 132 ; — des neiges, 132 ; — *des haies*, 131.
Brunelle, 182.
Bryozoaires, 455.
Buccin, 424.
Buga, 202.
Bugoravella, 202.
Bugule, 456.
Buholte, 191.
Bune, 95.
Bupreste, 250.
Buprestides, 250.
Bure, 95.
Busard, 114 ; — harpage, 114 ; — Saint-Martin, 114 ; — *des marais*, 114.
Buse vulgaire, 112 ; — *pattue*, 113.
Butor, 106 ; — *étoilé*, 106.

C

Cabaret, 137.
Cabassoun, 206.
Cabau, 191.
Cabeliau, 207.
Cabillaud, 287.
Cabiouna, 193.
Cabot, 190.
Cabot, 193.
Cabot, 212.
Cabote, 193.
Cabotin, 212.
Cabot-Vorage, 190.
Cabre, 195.
Cachalot, 47.
Cacheux de Bœufs, 106.
Cafard, 193.
Cagnot, 178.
Cagnot, 178 ; — bleu, 178.
Caille, 69.
Caine, 196.
Calandre, 145.
Calandre, 258.
Calandrelle, 145.
Calegnairis-Roudgeole, 201.
Caligneiris, 206.
Calinatta, 192.
Callidium, 260.
Callionyme lyre, 190 ; — tacheté, 190 ;
   — lacert, 190 ; — bélène, 190.
Callopellis d'Esculape, 162.
Calmar, 429.
Calocoris strié, 304.
Calosome, 228.
Camard, 193.
Campagnol, 22 ; — rougeâtre, 22 ; — am-
   phibie, 22 ; — des neiges, 22 ; — des
   champs, 22 ; — souterrain, 22.
Campanulaire, 465.
Canadelle, 203.
Canard, 79 ; — sauvage, 79 ; — franc, 79 ;
   — siffleur, 80 ; — pénélope, 80 ; — fai-
   san, 80 ; — à queue fourchue, 80 ; —
   marchand, 77 ; — édredon, 77 ; — petit-
   rouge aux yeux blancs, 78 ; — pie, 78 ; —
   — aux yeux d'or, 78 ; — de Miquelon, 79 ;
   — à longue queue de Terre-Neuve, 79 ;
   — hollandais, 79 ; — de Flandre, 79 ; —
   spatule, 79.
Canepétière, 93.
Canepétière (Petite), 95.
Canicule, 178.
Cantharide, 253.
Cantharidiens, 253.
Capelan, 206.
Capelan, 207.
Capiton, 206.
Capoun, 193.
Capoutchin, 182.
Capricorne, 259.
Carabe, 227.
Carabides, 227.
Caraman, 192.
Carangue, 197.

Carassin, 208.
Cardinal, 193.
Cardouniera, 193.
Carnivores, 26.
Carpe commune, 208.
Carpe de mer, 203.
Carpe de Vallières, 210.
Carrelet, 222.
Cartier, 80.
Casse-noix, 141.
Casside, 263.
Castagnole, 203.
Castor, 15.
Cat, 185.
Cat marin, 87.
Cata rouquiëyda, 176.
Cauthère gris, 202.
Cavaluca, 196.
Cavau, 186.
Cavilloun, 193.
Cécidomye du froment, 312.
Célan, 215.
Célerin, 215.
Célopellis, 163.
Centrine humantin, 180.
Centrisque bécasse, 206.
Centrolophe pompile, 199.
Centrophore granuleux, 180.
Céphalopodes, 427.
Cépole rougeâtre, 201.
Cerambyx, 259.
Cerceris, 359.
Cerf, 56.
Cernier brun, 195.
Ceroplaste du figuier, 299.
Ceste de Vénus, 463.
Cestodes, 430.
Cétacés, 41.
Cétoine, 249.
Cetti bouscarle, 153 ; — luscinoïde,
   153 ; — à moustaches, 154.
Ceutorhynques, 258.
Chabaon, 193.
Chaboiseau, 193.
Chabot, 212.
Chaca, 193.
Chagrin, 195.
Chalicodome, 347.
Chamois, 55.
Chamsot, 193.
Chandarma, 178.
Chapsot, 193.
Chaquedet, 188.
Charançons, 255.
Charax puntazzo, 202.
Charcharodonte lamie, 177.
Chardonneret, 135.
Chasseur, 190.
Chat, 30 ; — sauvage, 30 ; — domesti-
   que, 30.
Chat de mer, 87.
Chat-huant, 115.
Chatouille, 186.

Chauves-souris, 3.
Chavanne, 212.
Cheimatobie hiémale, 278.
Chélidon de muraille, 126.
Chélidon de fenêtre, 126.
Chélifer des livres, 387.
Chélonée franche, 160 ; — caouanne, 160.
Chélonie caja, 270.
Chelure, 409.
Chenille, 181.
Chenille aquatique, 288.
Chermès des sapins, 296.
Chétoptère, 454.
Chétusie, 94.
Chen, 76.
Chevaine, 212 ; — souffie, 212 ; — commune, 212 ; — vaudoise, 212.
Cheval, 51,
Chevalier, 98 ; — aboyeur, 98 ; — arlequin, 98 ; — à pieds rouges, 98 ; — des étangs, 98 ; — sylvain, 98 ; — cul-blanc, 98 ; — gris, 98 ; — aux pieds verts, 98 ; — brun, 98 ; — à pieds rouges (grand), 98 ; — Gambette, 98 ; — à longs pieds, 98 ; — combattant, 97.
Chevalier tourne-pierre, 95.
Cheval marin, 186.
Chevêche, 116.
Chevêchette, 116.
Chèvre, 54.
Chevreuil, 58.
Cheyletes, 388.
Chibaon de ma, 186.
Chichard, 197.
Chicharon, 197.
Chien, 26 ; — domestique, 30.
Chien broquiv, 179.
Chien de mer, 178, 179 ; — épineux, 179.
Chilognathes, 391.
Chilopodes, 392.
Chimère monstrueuse, 185.
Chimères, 185.
Chinchard, 197.
Chipeau bruyant, 79.
Chique-tabac, 202.
Chiqueur, 190.
Chiracanthium, 384.
Chironome, 316.
Chiroptères, 3.
Chocard, 139.
Chondrostome nase, 212.
Choucas, 139.
Chouch, 183.
Chrau, 196.
Chromis castagneau, 203.
Chrysis, 359.
Chrysobothris, 250.
Chrysomèle, 263.
Cicadaires, 299.
Cicadelle des roses, 303.
Cicindèle, 229.
Cieucla, 202.
Cigale, 299.
Cigogne, 107 ; — blanche, 107 ; — noire, 107.
Cingle-plongeur, 141.

Cini, 133.
Circaète, 112.
Cirrhipèdes, 410.
Cis, 252.
Cistude d'Europe, 160.
Citron, 266.
Civelles, 186.
Clairon, 251.
Clavelada, 181.
Claviger, 237.
Cleppe, 95.
Clepsine à deux yeux, 450.
Clériens, 251.
Cloportes, 407 ; — d'eau, 408.
Clouée, 181.
Clovisse, 415.
Clythre, 262.
Clytus, 260,
Cobaye, 24.
Coccinelle, 265.
Coccinelliens, 265.
Cochenille, 299 ; — des serres, 299 ; — des orangers, 299.
Cochevis, 145.
Cochon, 52 ; — d'Inde, 24.
Cochon de mer, 180.
Cochylis, 280.
Cocorli, 99.
Cœlentérés, 461.
Coffre, 180.
Coffre à bec, 223.
Coléoptères, 226.
Coliade citron, 266.
Coliart, 181.
Colin, 207 ; Colin, 207.
Collète, 347.
Colombe bizet, 62.
Colubro de mer, 187.
Col-vert, 79.
Colymbetes, 234.
Combattant, 97 ; — variable, 97
Conducteur, 46.
Congre commun, 187.
Convoluta, 435.
Copépodes, 410 ; — parasites, 410.
Copris, 245.
Coq, 70 ; Grand — de bruyère, 66 ; — à queue fourchue, 67 ; — Petit — de bruyère, 67.
Coq d'été, 123.
Coq de bois, 123.
Coq puant, 123.
Coque, 416.
Coquette, 203.
Coquille Saint-Jacques, 414.
Coracin de mer, 196.
Corail rouge, 468.
Corbeau, 196.
Corbeau, 138 ; — ordinaire, 138 ; — corneille, 138 ; — mantelé, 139 ; — freux, 139 ; — choucas, 139 ; — (grand), 138 ; — des clochers, 139.
Corbeau plongeon, 88.
Corbe noir, 196.
Corbichet, 96.
Cordigeau, 96.
Cordonnier, 82, 203.

Corégone lavaret, 221 ; — féra, 221.
Corise, 307.
Corla, 96.
Corlieu, 97.
Corlui, 96.
Cormoran, 86 ; — ordinaire, 86 ; — huppé, 86 ; — pygmée, 86.
Cornard, 190.
Corneille, 138 ; — de Belle-Isle, 139.
Corneille de mer, 88.
Corœbus, 250.
Coronelle légère, 162 ; — bordelaise, 162 ; — lisse, 162.
Coronule, 411.
Cossus ronge-bois, 270 ; — des saules, 270.
Cotte chabot, 193 ; — de rivière, 193 ; — scorpion, 193 ; — à longues épines, 193.
Cotteret, 97.
Cotyle de rivage, 126.
Coucou gris, 117.
Couleuvre à quatre raies, 162 ; — à échelons, 162 ; — à collier, 162 ; — chersoïde, 163 ; — vipérine, 163 ; — maillée, 163 ; — d'Esculape, 162 ; — verte et jaune, 162 ; — lisse, 162 ; — borde-laise, 162 ; — proprement dite, 162 ; — des dames, 162 ; — de Montpellier, 163.
Coulombé, 95.
Coulon chaud, 95.
Coungré, 187.
Courbagest, 96.
Courieu, 96.
Courlieu, 96, 97.
Courlis, 96 ; — cendré, 96 ; — (petit), 97 ; — (grand), 96.
Courlis de terre, 95.
Courlis vert, 104.
Courtilière, 333.
Courvageot, 96.
Courvite, 95 ; — gaulois, 95.
Cousin, 308.
Cousloul, 197.
Couteau, 417.
Crabe commun, 396 ; — à laine, 398 ; — velours, 398 ; — espagnol, 398.
Crabier chevelu, 105.
Crac, 80.
Cracheur, 212.
Crak, 195.
Crapaud, 190.

Crapaud de mer, 193.
Crapaud volant, 124.
Crapaud vulgaire, 169 ; — calamite, 169 ; — vert, 169 ; — accoucheur, 170 ; — des joncs, 169 ; — pluvial, 171.
Crave, 139, 140.
Créac, 185.
Crécerellette, 111.
Crécerelle vulgaire, 110 ; — crécerine, 111 ; — rouge, 111.
Crécerine, 111.
Crénilabre, 203.
Crèpe, 80.
Cresserine, 111.
Crève-chien, 103.
Crevette grise, 404 ; — rose, 404 ; — des ruisseaux, 408.
Crevettine, 408.
Crex des prés, 102.
Criard (petit), 85.
Crinoïdes, 460.
Criocère, 261.
Criquar, 80.
Criquet, 80.
Criquet, 327.
Cristatelle moisissure, 455.
Crocidure, 12 ; — étrusque, 12 ; — blan-che, 12 ; — des sables, 12.
Cropécherot, 86.
Crossope, 12 ; — aquatique, 12.
Crustacés, 393.
Cul-blanc, 98.
Cul-blanc, 148.
Cul-blanc de Paris, 97.
Cul-brun, 272 ; — doré, 273.
Cunaote, 186.
Cungre, 187.
Curculionides, 255.
Cybister, 234.
Cyclas, 415.
Cyclopes, 410.
Cycloptère, 208.
Cydipe, 463.
Cydne triste, 304.
Cygne, 81 ; — sauvage, 81 ; — de Ber-vick, 81.
Cynipide, 359.
Cyprée, 422.
Cyprin doré, 208.
Cypris, 409.
Cysticole, 154.
Cythérée, 417.

D

Dactyloptère volant, 191.
Dacus des olives, 319.
Daim, 57.
Daine, 196.
Daphnie puce, 409.
Dard, 199.
Dard, 212.
Dasychire pudibonde, 272.
Dauphin, 195.
Dauphin, 46 ; — commun, 47 ; — bordé, 47 ; — douteux, 47 ; — grand, 47.

Daurade, 202.
Daurade vulgaire, 202.
Décapodes, 396.
Delphinorhynque, 47.
Demi lilvau, 98.
Demodex, 390.
Demoiselle, 182.
Dentale, 420.
Denté ordinaire, 202.
Deriveux (petit-), 79.
Dermeste, 239.

Dermestiens, 239.
Dero, 452.
Diable, 190.
Diable, 236.
Diablé, 189.
Diale, 131.
Diaperis, 253.
Diaspis du rosier, 299.
Diloba à tête bleue, 276.
Dinde sauvage, 107.
Dindon, 70.
Diptères, 308.
Dipylidium du chien, 435.
Distome lancéolé, 437.
Docophore, 292.
Donacia, 263.
Donzella, 203.
Donzelle, 206.
Dorade, 202.

Dorcus, 240.
Dorée, 198.
Dorée, 202.
Dorelle, 202.
Doris, 425.
Dormille, 212.
Dormille, 213.
Doryphora, 264.
Double oméga, 276.
Doucet, 190.
Doucelle, 178.
Douve du foie, 436.
Draine, 143.
Dreissène, 416.
Drile, 251.
Dromie, 399.
Durgan, 209.
Dytique, 230.
Dytisciens, 230.

E

Ebourgeonneurs, 133.
Ecaille martrée, 270 ; — **pudique,** 270.
Echabot, 193.
Echasse blanche, 96.
Echassiers, 89.
Echelette, 124.
Echéneis rémora, 201.
Echinodermes, 459.
Echinorynque polymorphe, 447.
Ecrevisse, 404.
Ecrivain, 212.
Ecureuil, 14 ; — **commun,** 14.
Edicnème, 95 ; — **criard,** 95.
Edredon, 77.
Edriophthalmes, 407.
Effarvate, 153.
Effraie, 117.
Eglefin, 207.
Egrefin, 207.
Eider, 77 ; — **vulgaire,** 77 ; — **à tête grise,** 77.
Elanion, 113.
Elaphe, 162 ; — *à quatre raies,* 162 ; — *d'Esculape,* 162.
Elater, 250.
Elatériens, 250.
Elédone, 429.
Emerillon, 110.
Emissole commune, 178 ; — **lisse,** 178,
Empereur, 199.
Engoulevent, 124.
Eniconette, 77.
Epaulard, 46.
Epée, 199.
Epeiche, 118.
Epeichette, 119.
Epeire diadème, 378.
Eperlan, 221.
Eperlan de Seine, 211.
Eperlan (faux-), 206.

Epervier, 183.
Epervier, 114 ; — **commun,** 114 ; — (grand), 114.
Ephémère, 335.
Ephestia, 281.
Ephippigère, 330.
Epicarde, 203.
Epinette, 179.
Epinglotte, 203.
Epinoche aiguillonnée, 203 ; — **de mer,** 205.
Epinochette, 205.
Epouvantail, 82.
Epouvantail, 84 ; — *satanite,* 84.
Equidés, 51.
Equille, 206.
Erastria, 278.
Ergates, 260.
Erimisture, 79.
Eristale, 317.
Escarbots, 237.
Escargot, 425.
Esclavon, 88.
Escorpit, 193.
Espadon-épée, 199.
Esprot, 215.
Estidioum, 185.
Estorjeon, 185.
Esturgeons, 185.
Esturgeon ordinaire, 185.
Etaillet, 83.
Etaillet, 84, 85.
Etoiles de mer, 459.
Etourneau, 142.
Etrille, 398.
Eumène, 347.
Eudourmidouijda, 183.
Eustrongle géant, 442.
Exocet volant, 217.

F

Faisan, 65.
Falcinelle, 104 ; — **éclatant,** 104.

Fanfré, 108.
Fanfré d'Amérique, 199.

Farlin, 97.
Farlouse, 146.
Faucheur, 387.
Faucon, 109 ; — commun, 109 ; — *pèlerin*, 108 ; — *à pieds rouges*, 110.
Fauvettes terrestres, 149 ; — à gorge bleue, 150 ; — à tête noire, 151 ; — mélanocéphale, 151 ; — babillarde, 151 ; — des jardins, 151 ; — orphée, 151 ; — grisette, 152 ; — passerinette, 152 ; — à lunettes, 152 ; — pitchou, 152 ; — des roseaux, 153.
Faux, 177.
Félat, 187.
Féronie, 229.
Ferraza, 183.
Fichelette, 149.
Fierasfer, 207.
Fifre, 185.
Filaire cruelle, 443.
Filigrane, 454.
Fils de la vierge, 382.
Finte, 215.
Fissurelle, 421.
Flamant rose, 103.
Flambé (grand-), 265.
Flet, 222.

Flétan, 222.
Flossade, 182.
Flustre foliacée, 456.
Fossoyeurs, 237.
Fou de Bassan, 86.
Fouet, 201.
Fougère, 195.
Fouine, 33.
Foulque, 102 ; — proprement dite, 102 ; à crête, 102.
Fourmi, 364.
Fourmilion, 322.
Fraine-buisson, 151.
Francolin, 68.
Frégate marine, 86.
Frelon, 355.
Freux, 139.
Fringilles, 133.
Friquet, 134.
Fulgore d'Europe, 303.
Fuligule miquelonaise, 79.
Fuligule, 78 ; — nycora, 78.
Fulmar, 82.
Fuma, 182.
Fumat, 181.
Furet, 36.

G

Gachet, 84.
Gade-capelan, 207 ; — tacaud, 207 ; — morue, 207 ; — églefin, 207.
Galafat, 198.
Galéruque, 263.
Galina, 183.
Galinella, 193.
Gallet, 202.
Gallina, 191.
Gallina, 193.
Gallinacés, 64.
Galliné, 193.
Gallinule, 102.
Gallinule, 103.
Galla causieriera, 180.
Gamase des coléoptères, 388.
Gambette, 98.
Gandoise, 212.
Garde-bœuf, 105.
Gardon commun, 212 ; — *rouge*, 211 ; — *de fond*, 211.
Garrot, 78 ; — vulgaire, 78 ; — histrion, 78.
Garzette, 104.
Gascon, 197.
Gastéropodes, 421.
Gastré, 205.
Galla d'Arga, 176.
Galie, 180.
Gau, 193.
Gauga cata, 69.
Geai, 140.
Gécine vert, 119 ; — *cendré*, 119.
Gecko des murailles, 159.
Gélinotte, 67.
Genderelle, 102.

Genette, 33.
Géophile, 392.
Géotrupe, 247.
Géphyriens, 447.
Gerfault blanc, 111.
Germon, 197.
Gianelli, 191.
Gigantorynque géant, 440.
Girardine, 103.
Girelle commune, 203.
Globicéphale, 46.
Gloméris, 391.
Glyciphage domestique, 388.
Gnorimus, 249.
Gobe-mouches, 137 ; — gris, 137 ; — noir, 137 ; — à collier, 138.
Gobie, 191.
Godet, 193.
Goéland, 83 ; — bourgmestre, 83 ; — leucoptère, 84 ; — à manteau noir, 84 ; — à pieds jaunes, 84 ; — à manteau blanc, 84 ; — railleur, 84 ; — cendré, 84 ; — *à manteau gris*, 83 ; — *marin*, 84 ; — *à ailes de velours*, 84 ; — *brun*, 82, 84 ; — *à manteau argenté*, 84 ; *à pieds bleus*, 84.
Goëlette, 85.
Goniocote, 292.
Goniode, 293.
Gorge-bleue, 150.
Gorgone verruqueuse, 468.
Gornito, 193.
Goujon, 210.
Goujon perchat, 193.
Gracilaire des lilas, 287.
Gragnao, 193.

Grahotte, 203.
Grains de café, 421.
Grand Alcyon, 267.
Grand-duc, 116.
Grand paon de nuit, 275.
Grano, 193.
Gravelet, 193.
Gravelet, 212.
Gravelot, 95 ; — proprement dit, 95 ; — à collier interrompu, 95 ; — fluviatile, 95.
Grèbe, 87 ; — huppé, 87 ; — *jougris*, 87 ; — esclavon, 88 ; — à cou noir, 88 ; — castagneux, 88 ; — *cornu*, 87 ; — *à cou brun*, 88.
Gremille commune, 195.
Grenouille pêcheuse, 190.
Grenouille verte, 170 ; — rousse, 170 ; — agile, 171 ; — *commune*, 170 ; — *pisseuse*, 171.
Grillon, 332.
Grimon, 195.
Grimpereau, 123 ; — *bleu*, 122 ; — *des Alpes*, 124 ; — des murailles, 124.
Griset, 179.
Grisette, 152.
Grive, 143 ; — musicienne, 143 ; — draine, 143 ; — litorne, 143 ; — mauvis, 143.

Grizette, 77.
Grondin, 192 ; — *rouge*, 192 ; — *barbarin*, 193 ; — *gris*, 193.
Gros-bec, 133.
Gros-Mollet, 208.
Gros-Seigneur, 208.
Gros-Yeux, 202.
Gros-Yol, 196.
Grosse tête, 193.
Grouch, 187.
Grougnant, 193.
Grue cendrée, 106.
Guêpe, 352.
Guêpier, 155.
Guifette, 84; — fissipède, 84; — leucoptère, 84; — hybride, 85; — *noire*, 84.
Guignard, 94.
Guignette vulgaire, 97.
Guillemot, 88; — troïle, 88; — bridi, 88; — grylle, 88; — *à miroir*, 88.
Guiot, 88.
Gurnard, 193.
Gymnopleures, 244.
Gypaète, 115.
Gyps fauve, 114.
Gyrin, 234.
Gyrinides, 234.
Gyrope, 292.

H

Hadène du chiendent, 276.
Halbran, 79.
Haliotide, 421.
Halyctes, 347.
Hamster, 20.
Hanneton, 248.
Haout boy, 185.
Harelde glaciale, 79.
Hareng, 213 ; — *volant*, 217.
Harenguet, 215.
Harengule blanquette, 215.
Harle, 75 ; — bièvre, 75 ; — huppé, 75 ; — piette, 75 ; *Grand* —, 75 ; — *commun*, 75 ; — *blanc*, 75.
Harpale, 229.
Harpaye, 114.
Harpie grande queue fourchue, 276 ; — des hêtres, 276.
Has, 178.
Haut, 178.
Haut-Bar, 196.
Heleochares, 236.
Helephorus, 236.
Helops, 253.
Hémidactyle verruculeux, 159.
Hémiptères, 289.
Hère, 75.
Hérisson, 11 ; — européen, 11.
Hermelle, 454.
Hermine, 35.
Héron, 104 ; — pourpré, 104 ; — cendré, 105 ; — mélanocéphale, 105 ; — *gazelle*, 104 ; — *commun*, 105 ; — *à tête noire*, 105 ; — *de nuit*, 105 ; — *étoilé*, 106.

Hétérakis à lorgnon, 443 ; — taché, 443 ; — papilleux, 443 ; — dissemblable, 443.
Hétérodéra, 444.
Hétéroptères, 304.
Hexanche, 179.
Hibernie défeuillée, 278.
Hibou, 115 ; — vulgaire, 115 ; — brachyote, 115 ; — *des forêts*, 115 ; — *de marais*, 115.
Hippocampe moucheté, 186 ; — à museau court, 186.
Hippocampes, 186.
Hirondelle, 125 ; — rustique, 125 ; — de fenêtre, 126 ; — de rivage, 126 ; — de roche, 126 ; — *de cheminée*, 125 ; — *domestique*, 125 ; — *à cul blanc*, 126.
Hirondelle de marais, 93.
Hirondelle de mer, 217.
Hirondelle de mer, 84, 85 ; — *moustac*, 85 ; — *(grande)*, 85.
Hirondelles de mer, 192.
Hirondelle de fleuve, 85.
Hirudinées, 448.
Hispa, 263.
Hister, 237.
Hobereau commun, 110.
Hoche-cul, 98.
Hoche-queue, 147.
Hœmonia, 264.
Holothuries, 460.
Homard, 403.
Homoptères, 299.
Hoplie, 248.
Houbara, 93 ; — *ondulé*, 93 ; — *macquecnii*, 93.

Houvière, 94.
Huître, 413.
Huîtrier, 93 ; — *pie*, 93.
Hulotte, 116.
Huppe, 123.
Hurlin, 194.
Hydaticus, 234.
Hydre d'eau douce, 465.
Hydrobius, 236.
Hydrocampa, 288.
Hydromètre, 308.
Hydrophile, 235.

Hydrophyliens, 235.
Hydrous, 236.
Hylobius, 258.
Hylobius, 255.
Hylotrupes, 260.
Hyménolépis des muridés, 436.
Hyménolépis nain, 434.
Hyménoptères, 341.
Hyperoodon, 47.
Hyphydrus, 234.
Hypoderme du bœuf, 320.
Hyponomeute du pommier, 287.

I

Ibis falcinelle, 104.
Ichneumon, 359.
Idagna, 188.
Imbriaco, 193.

Insectes, 226.
Insectivores, 9.
Invertébrés, 225.
Iule, 391.

J

Jacobin, 78.
Jacquard, 193.
Jarretière, 201.
Jaseur, 137.
Jasius, 267.

Jaune-Verte, 162.
Jean-le-Blanc, 112.
Joselle, 102.
Judelle, 102.

K

Kermès des teinturiers, 299.
Kluit, 95.

Kobez vesperal, 110.

L

Labbe, 82 ; — cataracte, 82 ; — pomarin,
  82 ; — parasite, 82 ; — longicaude, 82.
Labre vieille, 203 ; — mêlé, 203.
Lachnus du saule, 294.
Lacon, 250.
Ladalle, 195.
Lagopède, 65.
Lambert, 190.
Lamea, 177.
Lamellibranches, 413.
Lamellicornes, 240.
Lamia, 177.
Lamia, 260.
Lamie, 177.
Lamie long-nez, 177.
Lampré, 185.
Lamprillon, 185.
Lampris lune, 190.
Lamproie marine, 185 ; —fluviatile, 185 ;
  (*grande —*), 185 ; — *marbrée*, 185 ; —
  d'alose, 185.
Lamproies, 185.
Lampyriens, 250.
Lampyris, 250.
Lancelle, 183.
Lançon, 206.
Landole, 192.
Langouste, 402.
Lapin, 24.

Lapouriche, 188.
Larinus, 258.
Lasiocampe des sapins, 275 ; — feuille-
  morte, 275.
Lauveau, 159.
Lavandière, 147.
Lavandière, 190.
Lebelle, 210.
Lébra, 189.
Lécanium des Hespérides, 299.
Lecca, 198.
Lentèque, 190.
Lentillat, 178.
Lentillat, 181.
Lépadogaster, 208.
Lépidope argenté, 201.
Lépidoptères, 265.
Lépidoptères diurnes, 265.
Lépisme, 321.
Leptinus, 239.
Leptocardiens (et non *Leptocardierus*),
  186.
Leptura, 260.
Lernia, 195.
Lérot, 16.
Lézard ocellé, 158 ; — des murailles,
  158 ; — des souches, 158 ; — vivipare,
  158 ; — vert, 158 ; — *gris*, 158.
Lézards, 157.

Libellule, 337.
Liche, 180.
Liche, 180.
Liche glaycos, 198.
Lichénée mariée, 277.
Lièlre, 188.
Lieu, 207.
Lièvre, 190.
Lièvre, 24, 25 ; — changeant, 25.
Lièvre de mer, 208.
Limaces, 426.
Limande, 222.
Lime, 414.
Limenitis sibylle, 267 ; — carnille, 267.
Limnobate, 308.
Limnorie, 408.
Lina, 263.
Linguatule, 390.
Lingue, 208.
Linola, 193.
Linotte ordinaire, 136 ; — montagnarde,
  136 ; — venturon, 136.
Linyphie des montagnes, 379.
Liparis dispar, 272 ; — nonne, 272 ; —
  du saule, 272 ; — chrysorrhée, 272 ; —
  doré, 273.
Lipeure, 293.
Litcha, 198.
Litorne, 143.
Littorine, 422.
Livergin, 97
Lixus, 258.
Lloumbrigna, 193.
Loca, 190.
Loche, 426.
Loche franche, 212 ; — de rivière, 213 ;
  — d'étang, 213.
Loco, 210.
Locustelle tachetée, 152.
Loir, 15 ; — vulgaire, 16.

Lombric, 451.
Lompe, 208.
Longicornes, 259.
Long nez, 177.
Longue oreille, 197.
Loquelle, 190.
Loriot, 144.
Lote commune, 207 ; — molve, 208.
Lotte, 190.
Lotte, 207.
Loubas, 195.
Loubasson, 195.
Loubine, 195.
Loubineau, 195.
Louchard, 79.
Loup, 195.
Loup, 27 ; — cervier, 30.
Loutre, 36.
Loup licassal, 195.
Louvelle, 211.
Lucane, 240.
Lucaniens, 240.
Lucine, 417.
Luciole, 251.
Lulu, 88.
Lulu, 145.
Lumme, 87.
Lune, 223 ; — de mer, 223.
Lupin, 195.
Lurelle, 211.
Luscinoïde, 153.
Lussi, 206.
Luth, 160.
Lycène icare, 266 ; — cyllarces, 266 ; —
  adonis, 266.
Lyctus, 272.
Lygie, 407.
Lymnée, 426.
Lynx, 30.
Lyrure des bouleaux, 67.

M

Macareux arctique, 89.
Machaon, 265,
Macreuse, 197.
Macreuse, 102.
Macreuse, 77 ; — ordinaire, 77 ; — dou-
  ble, 77 ; — à lunettes, 77 ; — *à large*
  bec, 77 ; — brune, 77.
Macroglosse du caille-lait, 270.
Macroramphe, 101.
Macroule, 102.
Macroures, 390.
Madame, 183.
Madeleine, 101.
Madeleine, 190.
Maïa, 398.
Maigre commun, 196.
Maillotin, 95.
Makerelle, 197.
Malacobdelle épaisse, 451.
Malacodermes, 250.
Malard, 79.
Malarmat, 192.
Malmignathe, 379.

Mamestre de l'herbe aux puces, 276 ; —
  du chou, 276.
Mammifères, 2.
Mange-goëmon, 202.
Mangeur de varech, 77.
Mangin, 179.
Mante religieuse, 330.
Maquereau, 196 ; — *bâtard*, 197.
Marache, 190.
Marbrada, 182.
Maréqui, 80.
Margadon, 84.
Margas (gros), 84.
Marmotte, 15.
Maroueth, 103.
Mars, 267.
Marsouin, 45.
Marte, 33, 34.
Marteau commun, 178.
Marteu, 178.
Martinet, 124 ; — noir, 124 ; — alpin,
  125.
Martin-pêcheur, 154.

Martin-roselin, 141.
Martrame, 180.
Maubèche, 99 ; — canut, 99 ; — maritime, 99 ; — *(petite)*, 99.
Mauves, 82 ; — *(petite)*, 83 ; — *(grande)*, 84.
Mauvis, 144.
Méchant requin, 179.
Méchant souras, 179.
Méduses, 461.
Mégachile, 351.
Mégaptère, 49.
Mégro, 196.
Meisssolo, 178.
Mélantoun, 177.
Melet, 215.
Melette phalérique, 215 ; — commune, 215.
Mellet, 206.
Méloë, 253.
Mélophage du mouton, 320.
Membranipore poilu, 456.
Mendole, 203.
Menise, 215.
Ménopon, 293.
Mergule nain, 88.
Merlan commun, 207 ; — jaune, 207 ; — noir, 207 ; — poutassou, 207.
Merle, 142 ; — noir, 142 ; — à plastron, 143.
Merluche, 207.
Merlus ordinaire, 207.
Méro, 195.
Mésange, 127 ; — noire, 128 ; — bleue, 128 ; — charbonnière, 128 ; — huppée, 128 ; — nouette, 128 ; — à longue queue ; — à moustaches, 129 ; — rémiz, 129.
Meunier, 193.
Miaulard, 84 ; — *Miaule*, 83 ; — *(grande)*, 84.
Microlépidoptères, 279.
Milan, 113 ; — noir, 113 ; — royal, 113.
Milandre, 178.
Milandri, 178.
Mille-pattes, 407.
Milouinau, 78.
Minioptère, 6 ; — de Schreberg, 7.
Miragliet, 182.
Miraiete, 182.
Mirandelle, 211.
Misgurne, 213.
Missoila, 178.
Missola, 178.
Missola (grande), 178.
Mites, 387.
Moine, 251.
Moine de mer, 89 ; — *(petit)*, 89.
Moineau de mer, 95.
Moineau des dunes, 132.
Moineau des roseaux, 131.
Moineaux, 133 ; — domestique, 134 ; — soulcie, 135.
Mole, 223.
Mollusques, 413.
Molosse, 6 ; — de Ceston, 6.
Moniezia étendu, 435.

Moraton, 80.
Mordacle, 180.
Mordoret, 190.
Morelle, 102.
Moret, 80.
Moreton, 78.
Morillon, 78.
Morio, 267.
Morme, 202.
Morou, 180.
Morue borgne, 207 ; — *petite*, 207 ; — *proprement dite*, 207 ; — *franche*, 207 ; — *de Saint-Pierre*, 207 ; — *noire*, 207.
Motelle, 208.
Molelle, 208.
Molleux, 148.
Mouche à scie, 360.
Mouche domestique, 317 ; — de la viande, 319.
Mouches prussiennes, 314.
Mouchette (grande), 95 ; — *(petite)*, 95.
Mouchon, 202.
Mouette, 82 ; — tridactyle, 82 ; — atricille, 82 ; — rieuse, 82 ; — mélanocéphale, 82 ; — pygmée, 82 ; — de Sabine, 82 ; — *blanche*, 82 ; — *cendrée (petite)*, 83 ; — *à capuchon*, 83 ; — *à bec grêle*, 84.
Mouflon, 53.
Mougnon, 191.
Moule, 415.
Moulet, 207.
Moulelle, 190.
Moulette, 212.
Mouluc, 207.
Mouné, 193.
Mounche gris, 179 ; — *roux*, 179.
Mounge clavelat, 181.
Moure-agut, 202.
Mourena, 187.
Mourina, 183.
Mourine, 183.
Moustache, 212.
Moustique, 308.
Moutelle, 178.
Moutelle, 213.
Mouton, 53.
Moyen Duc, 115.
Muge, 206.
Mulet, 212.
Mulette, 416.
Mulle Surmulet, 191 ; — Rouget, 191 ; — brun, 191.
Mulot, 19.
Muou, 187.
Murène Hélène, 187.
Murin, 8.
Musaraigne, 13 ; — vulgaire, 13 ; — des Alpes, 13 ; — pygmée, 13 ; — *des sables*, 12 ; — *d'eau*, 12 ; — *carrelet*, 13.
Muscardin, 15.
Musette des sables, 12.
Mussole, 187.
Mustela de mar, 178
Mustèle, 208.
Mygale, 386.
Mylabre, 253.

Myliobate aigle, 183.
Myriapodes, 391.

Mye, 417.
Mysis, 407.

N

Naïs à trompe, 452.
Nas-Harg, 177.
Naucore, 308.
Naucrate pilote, 198.
Nébrie, 227.
Nécrobie, 251.
Nécrophore, 237.
Nègre, 196.
Némathelminthes, 438.
Nématodes, 438.
Némertes, 437.
Néophron, 115.
Nèpe cendrée, 305.
Néphélis octoculée, 450.
Nérite, 421.
Névroptères, 322.
Nez, 177.
Nez, 212.

Nicha, 198.
Nielle, 159.
Noctuelle de l'herbe-aux-puces, 276 ; — du chou, 276 ; — des fourrages, 277 ; — du gramen, 277 ; — méticuleuse, 277 ; — des roseaux, 277 ; — des sapins, 277 ; — de l'orme, 277 ; — des moissons, 277 ; — point d'exclamation, 277 ; — gamma, 277.
Noctule, 9.
Noir-brouillard, 98.
Nomat, 191.
Notonecte, 307.
Nouelle, 128.
Nounat, 191.
Nyctale, 115.
Nymphale Jason, 267.
Nymphale petit sylvain, 267.

O

Oblade ordinaire, 202.
Oblado, 202.
Ochtebius, 236.
Odynère alpestre, 345 ; — des murailles, 345.
Œdemera, 253.
Œnanthe, 148.
Œsophagostome denté, 439 ; — à cou gonflé, 441.
Œstre du cheval, 319 ; — du mouton, 319.
Officier, 207.
Oie, 76 ; — cendrée, 76 ; — des moissons, 76 ; — rieuse, 76 ; — à bec court, 76 ; — naine, 76 ; — *de neige*, 76 ; — *des Esquimaux*, 76 ; — *sauvage vulgaire* 76 ; — *à front blanc*, 76 ; — *d'Egypte* 77 ; — *renard*, 77 ; — *du Nil*, 77 ; — *à duvet*, 77.
Oignard, 80.
Oigne, 80.
Oiseau des tempêtes, 82.
Oiseau-pipe, 95.
Oiseaux, 60.
Oligochètes, 451.
Ollulan à trois pattes, 443.
Omble-chevalier, 220.
Ombre, 221.
Ombrine commune, 196.
Onthophague, 246.
Ophidie barbu, 206.
Ophisure serpent, 187.

Ophiures, 460.
Opisthobranches, 425.
Orcheste, 255.
Orchestie, 408.
Oreillard, 88.
Oreillard, 7 ; — ordinaire, 7.
Oreille, 187.
Orgue, 193.
Orgya antique, 273.
Orion, 276.
Orphée, 151.
Orphie vulgaire, 217 ; — aiguille, 217.
Orque, 46.
Orthagorisque môle, 223.
Orthésie de l'ortie, 299.
Orthoptères, 326.
Ortolan, 132 ; — *de neige*, 132.
Orvet, 159 ; — *fragile*, 159.
Osmoderma, 249.
Ostracodes, 409.
Otiorynchus, 255.
Otogyps, 115.
Ouette, 76, 77.
Ouret, 97.
Ours brun, 37.
Oursins, 459.
Outarde, 93 ; — barbue, 93 ; — (petite), 93 ; — (grande), 93 ; oie —, 93.
Ovelle, 211.
Oxyrhine de Spallanzani, 177.
Oxyure vermiculaire, 439 ; — des équidés, 441 ; — ambigu, 442.

P

Pagel, 202.
Pagophile blanche, 82.
Pagure, 399.
Pailles-en-cul, 80.

Pale, 106.
Palette, 106.
Palloun, 178.
Palmipèdes, 72.

Palombe à collier, 62.
Paloun, 178.
Palourde, 416.
Paludine, 424.
Paon de jour, 267.
Paon de mer, 97.
Papegay, 171.
Papillon blanc du chou (grand —), 265 ;
  — (petit). 266.
Papillon blanc gazé, 266.
Papillon blanc veiné de vert (petit —),
  266.
Papillon de l'arrête-bœuf, 266.
Papillon du biscuit de troupe, 281.
Papillon du tremble, 267.
Papillon nacré, 268.
Papillons, 265.
Papillons crépusculaires, 268.
Papillons de jour, 265.
Pas-de-bœuf, 102.
Passereaux, 120.
Passerinelle, 152.
Pasténagra, 184.
Pastenague commune, 184.
Pataclel, 202.
Pata roussa, 176.
Patelle, 421.
Patonyé, 176.
Pâtre, 149.
Pattes en cul, 88.
Peau bleue, 178.
Pecten, 443.
Pei ange, 180.
Peï-boulant, 192.
Pei can, 178.
Peï d'Africa, 199.
Pëi espaza, 177.
Pei fuorca, 192.
Peï luna, 178.
Peï porc, 180.
Peï ratou, 177.
Pélamida, 198.
Pélamyde commune, 197.
Pèlerin, 176.
Péliade, 163.
Pélican, 85.
Pélidne cingle, 99 ; — *à collier*, 100.
Pélobate, 171 ; — brun, 171 ; — cul-
  tripe, 171.
Pelobius, 234.
Pélodyte ponctué, 169.
Pélopée, 350.
Peltogaster, 411.
Penmarin, 82.
Pennard, 80.
Pennatule, 467.
Penru, 80.
Perce-bois, 408.
Perce-oreilles, 327.
Perchaude, 194.
Perche de rivière, 194.
Perche goujonnière, 195.
Percnoptère, 115.
Perdreaux, 68.
Perdrix, 68 ; — grecque, 68 ; — rouge,
  68 ; — *saxatile*, 68 ; — *grise*, 68 ; —
  commune, 68.

Perdrix de mer, 93.
Perdrix de mer, 194.
Perlon, 179.
Perlon, 193.
Perroquet de mer, 89.
Perroquet de mer, 203.
Péteuse, 210.
Petit-duc, 116.
Petit paon, 275.
Petite de mer, 99, 100.
Petite Lampresse, 185.
Petoncle, 414.
Pétrel, 82 ; — glacial, 82 ; — du Cap, 82
  — damier, 82.
Pétrocincle, 141 ; — de roche, 141 ; —
  bleu, 142.
Pétrol gris, 100 ; — *rouge*, 100.
Phalarope dentelé, 96.
Phalène des bouleaux, 277 ; — velue,
  278 ; — des groseilliers, 278.
Phénicoptère, 103.
Philanthe, 359.
Pholade, 417.
Phoque, 40 ; — proprement dit, 40 ; —
  marbré, 40 ; — barbu, 40 ; — moine,
  41 ; — à casque, 41.
Phragmite des joncs, 154 ; — aquatique,
  154.
Phrygane, 325.
Phyllopodes, 409.
Phylloxera du chêne, 294 ; — de la
  vigne, 294.
Physalie, 464.
Physcis blennoïde, 208.
Physophore, 460.
Phytophages, 261.
Phytophthires, 293.
Phytoptus, 388.
Piballe, 185.
Pic, 118 ; — épeiche, 118 ; — épeichette,
  119 ; — mar, 119 ; — vert, 119 ; —
  noir, 119 ; — cendré, 119 ; — (grand),
  118 ; — bigarré, 118 ; — rouge, 118 ; —
  (petit), 119 ; — bleu, 120.
Picarel, 203.
Pichouse, 171.
Picot, 203.
Pie, 140.
Pie de mer, 93.
Pie grièche rousse, 130 ; — écorcheuse,
  130 ; — méridionale, 130 ; — grise,
  130 ; — d'Italie, 131.
Piéchion, 124.
Pied-rouge, 98.
Pieds-rouges, 95.
Pied-vert, 98.
Pieds-verts, 97.
Pierre-Garin, 85.
Piéride du navet, 266. : — de l'aubépine,
  266 ; — aurore, 266.
Piette, 75.
Pieuquette, 146.
Pieuvre, 426.
Pigeons, 61 ; — sauvages, 61 ; — colom-
  bin, 62 ; — domestique, 62 ; — ra-
  mier, 62 ; — blanc, 62 ; — bizet, 62 ; —
  de Roche, 62 ; — des champs, 62.

Pilai, 100.
Pilet, 80 ; — *huppé,* 78 ; — *maillé,* 78 ; — *cendré,* 78 ; — *tanné,* 78 ; *gros — à tête noire,* 78 ; *petit —,* 79.
Pilote, 198.
Pilni, 100.
Pimélie, 252.
Pimperneau, 187.
Pinaou, 190.
Pinaou, 193.
Pingouin macroptère, 88 ; — *(grand),* 88.
Pinnipèdes, 40.
Pinnotère, 396.
Pinson du Nord, 132.
Pinson ordinaire, 135 ; — des neiges, 135 ; — des Ardennes, 135 ; — royal, 133.
Pintade, 69.
Pintou roussou, 176.
Pionne, 133.
Piotte, 75.
Pipi, 146 ; — richard, 146 ; — rousseline, 146 ; — des prés, 146 ; — à gorge rousse, 146 ; — des arbres, 146 ; — spioncelle, 146 ; — obscur, 147 ; — spipolette, 146.
Pipistrelle, 9.
Pique, 195.
Pirtou, 193.
Pisova, 181.
Pissodes, 257.
Pitchou, 152.
Pitili, 98.
Pivert, 119.
Pivette, 97.
Pivette, 98.
Plagusie, 222.
Planaires, 437.
Planorbe, 427.
Platycerus, 240.
Platydactyle des murailles, 159.
Platyparée des asperges, 319.
Pleuronecte, 222.
Plie, 222.
Plongeon, 87, 88 ; — imbrin, 87 ; — lumme, 87 ; — cat-marin, 87 ; — du Nord (grand), 87 ; — ordinaire, 87 ; — damier, 87 ; — petit, 88 ; — (petit), 89.
Plu, 178.
Plumard, 78.
Plumatelle à panache, 455.
Pluvier, 94 ; — doré, 94 ; — varié, 94 ; gris, 94.
Pluvier ribaudet, 95 ; — *(grand) à collier,* 95 ; — *(petit) à collier,* 95 ; — *fluviatile,* 95 ; — *à collier interrompu,* 95 ; — *de Kent,* 95 ; — *(grand),* 95 ; — *épielle,* 98.
Podophtalmaires, 396.
Podure, 321.
Pœderus, 237.
Pointard, 80.
Poisson cheville, 206.
Poisson d'argent, 321.
Poisson de mai, 245.
Poisson épée, 177.
Poisson lune, 223.

Poisson rouge, 208.
Poisson volant, 217.
Poissons, 174.
Poissons plats, 221.
Poli, 202.
Poliste, 356.
Pollicipes, 410.
Polychètes, 453.
Polyommate de la verge d'or, 266.
Pompile, 359.
Pontobdelle muriquée, 450.
Porc, 180.
Porcellane, 399.
Porchat, 106.
Porcins, 52.
Porphyrion, 103.
Porquet, 180.
Portunia étrille, 398.
Porzane, 103 ; — poussin, 103 ; — Baillon, 103 ; — marouette, 103.
Pou de tête, 291 ; — des vêtements, 291 ; — du bas ventre, 291 ; — macrocéphale, 291 ; — du porc, 291 ; — eurysterne, 292 ; — du veau, 292 ; — stenops, 292 ; — pilifère, 292 ; — de San-José, 297.
Pouacre, 106.
Pouillot, 152.
Poule, 70 ; — des coudriers, 67.
Poule d'eau, 103.
Poule de mer, 82.
Poule de mer, 198.
Poule de mer, 207.
Poule des sables, 93.
Poule sultane, 103.
Poulpe, 427.
Pourpre, 422.
Poussin d'eau, 88.
Poux de baleine, 409.
Poux des animaux, 289 ; — *de l'homme,* 291 ; — *des mammifères,* 291 ; — *des volailles,* 292 ; — *des plantes,* 293.
Poveret, 83.
Prêtre, 206.
Prione, 260.
Pristiure à bouche noire, 176.
Pristonychus, 229.
Processionnaire du pin, 273 ; — du chêne, 275.
Procustes, 228.
Prosobranches, 421.
Protozoaires, 471.
Proyer, 132.
Psammodrome hispanique, 159 ; — d'Edwards, 158.
Psélaphiens, 237.
Pseudo-scorpions, 387.
Psyché, 271.
Ptérope, 389.
Ptérophore, 288.
Ptilinus, 252.
Ptiniens, 251.
Ptinus, 251.
Puce de mer, 408.
Puce des glaciers, 321.
Puceron, 293 ; — lanigère, 294 ; — velu de l'orme, 294 ; — des galles des Téré-

binthacées, 294 ; — des galles du peuplier, 294.
Puces, 320.
Puffin, 81 ; — majeur, 81 ; — cendré, 81 ; — de Maux, 81 ; — Yelkouan, 81 ; — fuligineux, 81 ; — *des Anglais*, 81.
Pulmonés, 425.
Punaise hottentote, 304 ; — des bois à pattes fauves, 304 ; — des bois grise, 304 ; — ensanglantée, 304 ; — pota-gère, 304 ; — ornée, 304 ; — acuminée, 304 ; — des lits, 304.
Punaises terrestres, 304 ; — *aquatiques*, 305.
Puorc marin, 180.
Putois, 35.
Pycnogonide, 390.
Pygargue, 112.
Pyrrhocore aptère, 304.

Q

Querelle, 197.

R

Raie, 181.
Raie bouclée, 181 ; — au long nez, 181 ; — batis, 181 ; — blanche, 182 ; — à petits yeux, 182 ; — à courte queue, 182 ; — ponctuée, 182 ; — étoilée, 182 ; — ondulée, 182 ; — au bec pointu, 182 ; — miraillet, 182 ; — *grise*, 181 ; — *cendrée*, 181 ; — *commune*, 181 ; — *mêlée*, 182 ; — *bâtarde*, 182 ; — *blanche*, 182 ; — *lisse*, 182 ; — *douce*, 182 ; — *mosaïque*, 182.
Raine, 168.
Rainette verte, 168.
Râle aquatique, 102 ; — des genêts, 102 ; *d'eau*, 102 ; — noir, 102 ; — doré, 102 ; — *rouge*, 102 ; — *poussin*, 103 ; — Baillon, 103 ; — perlé, 103.
Ramage, 98.
Ramier, 62.
Ranâtu, 307.
Rapaces, 108.
Rascassa, 193.
Rascasse, 193 ; — *blanche*, 187.
Rascasson, 193.
Rascoun, 193.
Rat, 182.
Rat, 16 ; — *des moissons*, 18 ; — d'eau, 22.
Rat, 187.
Rat de mer, 185.
Ratapenada, 191.
Ravard, 193.
Razza, 182.
Réduve masqué, 305.
Religieuse, 75.
Religieuse, 76, 77.
Religieuse, 95.
Rémiz penduline, 129.
Rémora, 201.
Renard, 29 ; — *charbonnier*, 29 ; — *croisé*, 29 ; — *à ventre noir*, 29.
Renard (Poisson), 176.
Reptiles, 156.
Requin bleu, 178 ; — à museau obtus, 178 ; — de Milbert, 179.
Responsadoux, 187.
Rétépore dentelle de mer, 456.
Rhabditis de la terre, 447.
Rhagium, 260.
Rhinéchis à échelons, 162.
Rhinocéros, 249.
Rhinolophe, 4 ; — grand fer à cheval, 4 ; petit fer à cheval, 6 ; — euryale, 6.
Rhizoglyphe à pattes épineuses, 388.
Rhizotrogue, 248.
Rhynchite, 255.
Richard, 250.
Ricins, 292.
Ridenne, 79.
Ridenne (Grande —), 75.
Ringan, 79.
Ripoupée, 75.
Riss, 199.
Robin, 123.
Roi des harengs, 185.
Roi-poisson, 195.
Roitelet, 127 ; — huppé, 127 ; — à moustaches, 127 ; — *à triple bandeau*, 127.
Rollier, 140.
Rombon, 222.
Rondole, 192.
Rongeurs, 13.
Rosalia, 260.
Rose, 187.
Rose, 198.
Roseret, 206.
Rosière, 210.
Rosse, 211.
Rossette, 211.
Rossignol, 149 ; — de murailles, 150.
Rotengle, 211.
Rotifères, 455.
Rotinon, 212.
Roucaou, 203.
Rouge, 79.
Rouge d'Yport, 191.
Rouge-gorge, 150.
Rouge-queue, 150.
Rouget, 192.
Rouget, 387.
Rouget, 191 ; — *barbel*, 191.
Rouget de rivière, 79.
Rousse, 176.
Rousse, 211.
Rousseau, 202,
Rousseline, 146.

Rousserolle turdoïde, 153 ; — effarvate, 153 ; — verderolle, 153.
Roussette (grande —), 176 ; —(petite —), 176 ; — à petites taches, 176 ; — à grandes taches, 176.

Roussignoon, 195.
Royan, 215.
Rubiette rouge-queue, 150.
Ruminants, 53.

S

Sabanolle, 193.
Sabelle, 454.
Saccarailla, 193.
Sacculine, 411.
Sagre, 180.
Saint-Christophe, 198.
Saint-Germer, 95.
Saint-Martin, 114.
Saint-Pierre, 198.
Salamandre, 172 ; -- terrestre, 172 ; -- noire, 172 ; — élégante, 173.
Salpe, 202.
Salpes, 457.
Saltique, 386.
Sanderling des sables, 99.
Sanglier, 52.
Sangogne, 158.
Sangsue médicinale, 448 ; — de cheval, 450.
Sans-nom, 211.
Sansonnet, 142.
Saperde, 260.
Sapi, 202.
Sar, 202.
Sarcé, 80.
Sarcelle, 80 ; — d'été, 80 ; — d'hiver, 80 ; double —, 80 ; — d'Egypte, 78 ; — de mars, 80 ; petite —, 80 ; — sarcelline, 80.
Sarcopte de la gale de l'homme, 389 ; — de la gale du chat, 390.
Sarde, 202.
Sardine, 215.
Sardinelle auriculée, 215.
Sargou, 202.
Sargue ordinaire, 201 ; — de Rondelet, 202 ; — annulaire, 202.
Sarpa, 202.
Sars, 212.
Sassot, 193.
Satoille, 186.
Satyre Semele, 268 ; -- Hermione, 268 ; — Janira, 268 ; — mégère, 268.
Sauclet, 206.
Saumon, 218.
Saupe, 202.
Saurel commun, 197.
Sauterelle, 328.
Savary, 190.
Scaphopodes, 420.
Scarabée sacré, 240.
Scarite, 229.
Schizopodes, 407.
Sciare funèbre, 312.
Sclérose hypostome, 442.
Sclérostome équin, 441 ; — tétracanthe, 441.
Scolie, 359.

Scolopendre, 392.
Scolyte, 253.
Scolytiens, 253.
Scombre colias, 196.
Scops, 116.
Scorpène truie, 193 ; — rascasse, 193 ; — brune, 193.
Scorpions, 387.
Scutellaire rayée, 304.
Scutigère, 392.
Scymne commun, 180.
Sébaste dactyloptère, 193.
Séchot, 193.
Ségestrie sénoculée, 382 ; — perfide, 382.
Seiche, 429.
Sénateur, 82.
Sépiole, 429.
Seps, 159.
Sept-œil, 185.
Sept-œil rouge, 186 ; — aveugle, 186.
Ser de mar, 186.
Ser de mer, 187.
Serène, 190.
Séroline, 8.
Serpent de mer, 186.
Serpents, 160 ; — d'Esculape, 162 ; — de verre, 159 ; — aveugle, 159.
Serpule, 453.
Serran, 195 ; — cabrille, 195.
Sésie apiforme, 270 ; — du pommier, 270.
Sel-ulls, 185.
Seuffe, 212.
Séveron, 197.
Sialis de la vase, 325.
Sifflasson, 97.
Sifflasson, 98.
Siffleur huppé, 78.
Silphe, 238.
Silphiens, 237.
Silure glanis, 213.
Singe de mer, 177.
Sinoxylon, 252.
Siouclet, 206.
Siphonophores, 463.
Siphonostome typhle, 186.
Sirène, 190.
Sirex, 359.
Sisyphe, 245.
Sittelle, 122.
Six-deniers, 190.
Smérinthe du peuplier, 269 ; — demi-paon ocellé, 269 ; — du tilleul, 269.
Sofl, 212.
Sole, 222.
Sonneur, 196.
Sonneur à ventre de feu, 171.

Sonneur igné, 471.
Sorcier, 195.
Sotte, 97.
Souchet, 79.
Soufflet, 206.
Souffleur, 47.
Souras, 179.
Sourd, 159.
Souris, 19 ; — naine, 18 ; — *des bois*, 19.
Souris de mer, 193.
Sparlin, 202.
Spatule blanche, 106.
Spet, 206.
Sphérome, 408.
Sphex, 359.
Sphinx tête de mort, 268 ; — du troène, 269 ; — du liseron, 269 ; — du pin, 269 ; — de l'Euphorbe, 269 ; — du laurier-rose, 269 ; — elpénor, 269.
Sphodrus, 228.
Sphyrène spet, 206.
Spilographe des cerises, 319.
Spirin, 211.
Spiroptère mégastome, 441 ; — ensanglanté, 443.
Spirorbe, 453.
Spondyle, 240.
Spongiaires, 471.
Spongille d'eau douce, 471.
Sporaillon, 202.
Squales, 176.
Squille mante, 407.
Stapazin, 148.
Staphyliens, 236.
Staphylinus, 236.

Starne, 68.
Sténorhynque longirostre, 398.
Stentor, 471.
Stercoraire, 82.
Sterne, 85 ; — tschegrava, 85 ; — Hansel, 85 ; — caujek, 85 ; — hirondelle, 85 ; — arctique, 85 ; — de Dougal, 85 ; — minule, 85 ; — *paradis*, 85 ; — *naine*, 85.
Stoéland brun, 82.
Stomatopodes, 407.
Strangalia, 261.
Stratiomys caméléon, 314.
Streglia de fanga, 191.
Strigiceps bleuâtre, 114.
Strongle d'Arnfield, 441 ; — armé, 441 — filaire, 441 ; — roussâtre, 441 ; — contourné, 442 ; — rayé, 442 ; — à spécules tordus, 442 ; — des vaisseaux, 442 ; — nain, 443.
Sturioun, 185.
Sublaire, 203.
Sublet groin, 203.
Suce-pierre, 186.
Sucet, 186.
Surmulet, 191.
Surmulot, 16.
Symphémie, 99.
Synapte, 457.
Syngame trachéal, 443.
Syngnathe aiguille, 186.
Syngnathes, 186.
Syrène, 190.
Syrphes, 314.
Syrrapte paradoxal, 69

T

Tacaud, 207.
Tadorne de Belon, 79.
Talitre, 408.
Tanche de mer, 203.
Tanche vulgaire, 209.
Taon des bœufs, 314.
Tape-à-mouques, 137.
Tapes, 416.
Tardigrade, 390.
Tare, 183.
Tarente, 159.
Tarentule à ventre noir, 385.
Taret, 417.
Tarier, 149.
Tarin, 136.
Tartane, 84 ; — *(petite)*, 84.
Taupe, 177.
Taupe, 10 ; — européenne, 11 ; — aveugle, 11.
Taupe-grillon, 333.
Taupin, 250.
Tégénaire, 379.
Teigne de la graisse, 281 ; — de la cire, 282 ; — des farines, 282 ; — des grains, 282 ; — des fourrures, 282 ; — des vêtements, 282 ; — des lilas, 287.

Téléphore, 251.
Tenebrion, 252.
Ténébrioniens, 252.
Ténias, 432 ; — inerme, 432 ; — armé, 433 ; — en scie, 434 ; — bordé, 435 ; — cénure, 435 ; — sérial, 435 ; — échinocoque, 435 ; — crassicol, 435.
Tenthrède, 360.
Tère, 184.
Térébelle, 454.
Termite, 334.
Terre, 183, 184.
Terrefranche, 183.
Testacelle, 426.
Testard, 193.
Tête d'aze, 193.
Tétragnathe allongée, 379.
Tétrarynque tisserand, 388.
Tétras, 66 ; — urogalle, 66 ; — lyre, 67.
Tette-chèvre, 124.
Thalassidrôme tempête, 82.
Théridion rayé, 379 ; — civil, 379.
Thomise, 382.
Thon, 197 ; — *aux longues ailes*, 197 ; — *blanc*, 197.
Thon commun, 196.
Thryps des céréales, 320.

Thymalle, 221.
Thysanoures, 321.
Tierce, 79.
Tigre, 304.
Tilvau, 98.
Tinié, 202.
Tipule, 312.
Tique des chiens, 389.
Tirançon, 98.
Tire, 181.
Tisserand, 260.
Tithys, 150.
Tili, 98.
Toquet, 188.
Torchepot, 120.
Torcol, 118.
Tordeur du Buol, 280.
Torpille marbrée, 183.
Tortrix des chênes, 279 ; — de Berg-
  mann, 279 ; — de la Vigre, 280 ; — des
  galles de sapins, 280 ; — des pousses
  de sapin, 280 ; — du prunier, 280 ; —
  fauve des pois, 280 ; — des pommes,
  280 ; — brillante, 281 ; — des prunes,
  281.
Tortues, 160 ; — grecque, 160 ; — *jaune*,
  160 ; — *bourbeuse*, 160 ; — *luth*, 160 ;
  — *caret*, 160.
Touare, 184.
Touille, 177.
Touille, 178.
Touille à l'épée, 177.
Touille-bœuf, 177.
Tourne-pierre, 95.
Tourpya, 183.
Tourteau, 398.
Tourterelle, 61.
Tout-nu, 191.
Traquet, 148 ; — motteux, 148 ; — sta-
  pazin, 148 ; — oreillard, 148 ; — rieur,
  148 ; — tarier, 149 ; — pâtre, 149 ; —
  (grand), 149 ; — rubicole, 149.
Traquet d'Angleterre, 137.
Trelle, 87.
Trématodes, 436.
Tremblant, 183.

Tremble, 183.
Tremoulina, 183.
Trichie, 249.
Trichine spirale, 439, 440.
Trichocéphale crénelé, 439.
Trichocéphale de l'homme, 439 , — voi-
  sin, 442 ; — déprimé, 442.
Trichodectes, 292.
Trichodrome des murailles, 124.
Trichosome contourné, 443.
Trigle pin, 192 ; — imbriato, 193 ; —
  morrude, 193 ; — gornard, 193 ; —
  milan, 193 ; — lyre, 193 ; — cor-
  beau, 193 ; — cavillonne, 193 ; — rude,
  193.
Triocha, 180.
Triongulin, 253.
Triton à crête, 173 ; — marbré, 173 ; —
  alpestre, 173 ; — ponctué, 173 ; —
  palmé, 173 ; — *lobé*, 173 ; — *vulgaire*,
  173 ; — *helvétique*, 173.
Trochète verdâtre, 450.
Troglodyte, 126.
Trombella, 206.
Trompette, 186.
Tropidonote à collier, 162 ; — *chersoïde*,
  163 ; — *vipérine*, 163.
Tropidosaure, 158.
Troque, 421.
Trox, 247.
Troyne, 206.
Trufleur, 80.
Truite de mer, 219 ; — commune, 219 ;
  — ordinaire, 219 ; — saumonée, 219.
Tulifex des ruisseaux, 452.
Tuniciers, 457.
Turbellariés, 437.
Turbot, 222.
Turdoïde, 153.
Turlu, 96.
Turlu, 95.
Turlui, 95.
Turlui, 96.
Turtur, 184.
Tyroglyphe, 390.

U

Uncinaire trigonocéphale, 442, 443.
Uranoscope rat, 187.

Urodèles, 172.

V

Vasa, 193.
Vache, 176.
Vairon, 210.
Valgus, 249.
Vaudoise, 212.
Vanesse io, 267 ; — attalante, 267 ; — du
  chardon, 267 ; — antiope, 267 ; —
  grande tortue, 267 ; — petite tortue,
  267 ; — de l'ortie, 267 ; — carte-géo-
  graphique, 268.
Vanneau huppé, 94 ; — suisse, 94 ; — à
  gorge noire, 94 ; — pluvier, 94.

Vautour moine, 114 ; — *fauve*, 114 ; — *des
  agneaux*, 115.
Vélelle, 460.
Veneto roux, 100.
Vénus, 417.
Ver à queue de rat, 317
Ver à soie, 275.
Ver de farine, 252.
Ver de terre, 451.
Ver de vase, 316.
Ver des noisettes, 255.
Ver du nez, 390.

Ver luisant, 250.
Ver militaire, 312.
Verdelet, 210.
Verderolle, 153.
Verdier, 134.
Verdière, 131.
Vérétille, 467.
Verniaux, 186.
Véron, 210.
Verrat, 196.
Verrue, 196.
Vers, 431 ; — *plats*, 432 ; — *solitaires*, 432 ; — *ronds*, 438 ; — *marins*, 453.
Vertébrés, 1.
Vespérien, 8 ; — sérotin, 8 ; — boréal, 8 ; — discolore, 9 ; — noctule, 9 ; — de Leisler, 9 ; — maure, 9 ; — pipistrelle, 9 ; — de Kuhlius, 9.
Vespertilion, 7 ; — de Cappacinius, 7 ; — des étangs, 7 ; — de Daubenton, 7 ; — échancré, 8 ; — de Natterer, 8 ; — de Bechstein, 8 ; — murin, 8 ; — à moustaches, 8.

Vieille commune, 203 ; — *verte*, 203 ; — *rayée*, 203 ; — *grande*, 203.
Vigron, 78.
Vignon, 80.
Vilain, 193.
Vilain, 212.
Vingeon, 80.
Violon, 196.
Violon, 203.
Vipère bérus, 163 ; — aspic, 164 ; — ammodyte, 164 ; — *péliade*, 163.
Vison, 35.
Vitrine, 427.
Vive, 187 ; — (petite), 188 ; — commune, 188 ; — à tête rayonnée, 188 ; — araignée, 188 ; — (grande), 188.
Vive de mousse, 193.
Voiron, 212.
Volucelle, 315.
Vorticelle, 471.
Vras, 203.
Vrillette, 252.
Vulcain, 267.

W

Woinibre à longue queue, 80.

Wuiot, 80.

X

Xylocope violacé, 347.

Xylopertha, 252.

Z

Zabre, 228.
Zée forgeron, 198 ; — à épaule armée, 199.
Zeugère du marronnier, 271.

Zoarcès vivipare, 190.
Zyeux de verre, 211.
Zygène, 270 ; — du trèfle, 270 ; — hippocrepidis, 270.

TABLE DES TABLEAUX

Pages.

CLASSIFICATION GÉNÉRALE.   VIII

VERTÉBRÉS

Divisions des Vertébrés.   1
Classe des Mammifères..   2
   Ordre des Chauves-Souris..   5
     —   Insectivores.   10
     —   Rongeurs.   13
     —   Carnivores.   26
     —   Cétacés.   45
Classe des Oiseaux.   61
   Ordre des Pigeons. Pigeons domestiques.   63
     —   Gallinacés..   64
     —   Palmipèdes (4 tableaux).   72-75
     —   Echassiers (4 tableaux)..   89-92
     —   Rapaces (2 tableaux)..   108-109
     —   Grimpeurs.   117
     —   Passereaux (10 tableaux).   120-122
     —   Hirondelles.   125
Classe des Reptiles..   156-157
   —   Serpents.   161
   —   Batraciens (2 tableaux).   167-168
   —   Urodèles.   172
   —   Poissons.   176
       Poissons plats..   222

INVERTÉBRÉS

EMBRANCHEMENT DES ARTHROPODES :
Classe des Insectes.   226
   Hémiptères : Poux.   290
   Diptères : Puces.   321
Classe des Crustacés (4 tableaux).   393-396
EMBRANCHEMENT DES VERS.   431

TABLE DES MATIÈRES

Pages,

PRÉFACE.. V
Notice sur la classification générale VI

PREMIÈRE PARTIE
VERTÉBRÉS

Notions et divisions générales.. 1
Classe des Mammifères.. 2
    Chiroptères ou Chauves-Souris.. 3
    Insectivores. 9
    Rongeurs. 13
    Carnivores.. 26
    Pinnipèdes ou Phoques. 40
    Cétacés. 41
    Équidés.. 51
    Porcins.. 52
    Ruminants.. 53
Classe des Oiseaux. 60
    Pigeons.. 61
    Gallinacés. 64
    Palmipèdes.. 72
    Échassiers. 89
    Rapaces.. 108
    Grimpeurs.. 117
    Passereaux.. 120
Classe des Reptiles. 156
    Lézards.. 157
    Tortues.. 160
    Serpents.. 160
Classe des Batraciens ou Amphibiens. 166
    Anoures.. 167
    Urodèles.. 172
Classe des Poissons. 174
    Groupe 1. Squales.. 176
      — 2. Raies.. 181
      — 3. Chimères. 185
      — 4. Esturgeons.. 185
      — 5. Lamproies.. 185
      — 6. Leptocandierus. 186

Pages.

Groupe 7. Syngnathes..   186
   —   8. Hippocampes.   186
   —   9. Anguilles.   186
   —   10.   187
   —   11.   191
   —   12.   203
   —   13. Malacoptérygiens symétriques..   206
   —   14. Poissons plats..   221
   —   15.   223

DEUXIÈME PARTIE

INVERTÉBRÉS

EMBRANCHEMENT DES ARTHROPODES

Classe des Insectes.   226
   Ordre des Coléoptères..   226
   Famille des Carabides..   227
      —   Dysticiens.   230
      —   Gyrinides..   234
      —   Hydrophyliens..   235
      —   Staphyliens..   236
      —   Psélaphiens..   237
      —   Silphiens..   237
      —   Dermestiens..   239
      —   Lucaniens..   240
      —   Lamellicornes.   240
      —   Buprestides..   250
      —   Elatériens.   250
      —   Lampyriens..   250
      —   Clériens.   251
      —   Ptiniens.   251
      —   Apatiens.   252
      —   Ténébrioniens.   252
      —   Cantharidiens.   253
      —   Scolytiens.   253
      —   Curculionides.   255
      —   Longicornes..   259
      —   Phytophages..   261
      —   Coccinelliens.   265
   Ordre des Papillons ou Lépidoptères..   265
      I. Lépidoptères diurnes..   265
      II. Les papillons crépusculaires.   268
      III. Microlépidoptères.   279
   Ordre des Hémiptères.   289
      I. Aptères..   289
         Poux de l'homme.   291
            — des mammifères..   291
            — des volailles..   292
      II. Phytophtires (Poux des plantes)..   293
      III. Homoptères.   299
      IV. Hétéroptères   304
         A. Punaises terrestres.:   304
         B.   —   aquatiques.   305

Pages.

Ordre des Diptères. 308
—   *Thysanoures*. 321
—   *Névroptères*. 322
—   *Orthoptères*. 326
I. Orthoptères proprement dits. 326
II.   —   pseudo-névroptères. 334
Ordre des Hyménoptères. 341
Classe des Arachnides. 378
Ordre des Aranéides ou Araignées. 378
—   Scorpions. 387
—   Pseudo-scorpions. 387
—   Acariens. 387
Classe des Myriapodes. 193
I. Chilognathes. 391
II. Chilopodes. 392
Classe des Crustacés. 393
I. *Podophtalmaires*. 396
A. Brachyures. 396
B. Macroures. 399
C. Schizopodes. 407
D. Stomatopodes. 407
II. *Edriophtalmes*. 407
III. *Phyllopodes*. 409
IV. *Ostracodes*. 409
V. *Copépodes*. 410
VI. *Cirrhipèdes*. 410

EMBRANCHEMENT DES MOLLUSQUES. 413

Lamellibranches ou Acéphales ou Bivalves. 413
Scaphopodes. 420
Gastéropodes. 421
Ordre des Prosobranches. 421
—   *Opisthobranches*. 425
—   *Pulmonés*. 425
Classe des Céphalopodes. 427

EMBRANCHEMENT DES VERS. 431

Classe des vers plats. 432
I. *Cestodes ou Ténias*. 432
A. Vers solitaires de l'homme. 432
B.   —   du chien. 434
C.   —   du chat. 435
D.   —   des ruminants. 435
E.   —   des rats et des souris. . 436
II. *Trématodes*. 436
III. *Turbellariés ou Planaires*. 437
IV. *Némertes*. 437
Classe des Némathelminthes ou Vers ronds. 438
I. *Nématodes*. 438
1. Nématodes parasites des animaux. 438
A. Vers parasites de l'homme. 438

Pages.

B. Vers parasites du porc. 439
C.   —   des chevaux et des ânes. . 441
D.   —   des veaux et des bœufs. . 441
E.   —   des moutons. 441
F.   —   des lapins. 442
G.   —   des chiens. 442
H.   —   des chats.. 443
I.   —   des oiseaux.. 443
2. Nématodes parasites des plantes. 443
3.   —   non parasites. 446
II. *Acanthocéphales*. 447
III. *Géphyriens*. 447
IV. *Annélides*.. 448
   1. Hirudinées ou Sangsues.. 448
     Sangsues d'eau douce.. 448
     Sangsues de mer. 450
   2. Annélides oligochètes. 451
     Annélides oligochètes vivant principalement
     dans la terre. 451
     Oligochètes vivant principalement dans l'eau
     douce.. 452
   3. Annélides polychètes ou vers marins.. . . . 453
     Sédentaires ou Tubicoles. 453
     Errantes. 454
V. *Rotifères*. Rotifères. 455
Appendice aux Vers : Bryozoaires.. 455

EMBRANCHEMENT DES TUNICIERS. 457

EMBRANCHEMENT DES ECHINODERMES. . . . 459

EMBRANCHEMENT DES COELENTÉRÉS. . . . 461

EMBRANCHEMENT DES SPONGIAIRES. . . . 471

EMBRANCHEMENT DES PROTOZOAIRES. . . . 471

INDEX ALPHABÉTIQUE.. 475
TABLE DES TABLEAUX. 495

CHARTRES. — IMPRIMERIE DURAND, RUE FULBERT.

DICTIONNAIRE
ENCYCLOPÉDIQUE · ILLUSTRÉ
⊛ ARMAND COLIN ⊛

Envoi franco, sur demande, du prospectus-spécimen DICTIONNAIRE ARMAND COLIN.

Le LIVRE par excellence.

Le LIVRE de tous les âges.

1 o3o Pages o o o o o

85 ooo Mots o o o o

200 ooo Lignes o o o

2 5oo Articles o o o

o o o encyclopédiques

3oo Cartes o o o o o

o o o o o o et Plans o

Alphabets des langues

o mortes et vivantes

4 5oo Gravures o o o

25 Planches de style

1oo Tableaux o o o o

o o o o o et Graphiques

4 pl. en couleur o o

o o o o o o hors texte

35o Portraits o o o o

Armes de Villes o o

o o Chants nationaux

Toute une encyclopédie

en un seul volume

léger et maniable.

Un vol. in-4° couronne (24° × 19° × 6° 1/2), relié toile *rouge* ou *orange*, fers spéciaux d'après RUTY (*indiquer la couleur de la reliure toile choisie*). Prix............. **10 francs.**

Relié demi-chagrin, plats toile. **14 fr.**

Envoi *franco*, en France, contre mandat-poste (gare la plus rapprochée).

(N° 037)

Dictionnaire-manuel-illustré des Sciences usuelles, par M. E. BOUANT. Un volume in-18 jésus, *2 500 gravures*, relié toile, tr. rouges. 6 »

Ce livre n'est pas un dictionnaire scientifique complet, mais c'est un commode ouvrage de référence. En l'écrivant, l'auteur s'est proposé de fournir, sur les différentes branches des applications des sciences, les renseignements rapides dont on a constamment besoin. Chacun des sujets qui s'y trouve traité forme un tout, de telle manière que la lecture du mot correspondant satisfasse immédiatement la curiosité du lecteur, sans l'obliger à de nouvelles recherches. Les mots techniques peu connus sont soigneusement évités; on a tâché d'employer toujours le langage courant.

De nombreuses vignettes et, chaque fois que la nécessité s'en fait sentir, des figures d'ensemble, des figures groupées, facilitent la compréhension du texte.

Dictionnaire-manuel-illustré des Connaissances pratiques, par M. E. BOUANT. Un volume in-18 jésus, *1 600 gravures*, relié toile, tranches rouges. 6 »

Les notions les plus simples, les plus essentielles, contenues dans les livres spéciaux de législation, de médecine, de pêche, de chasse, de cuisine, de sport, de jeux, etc., sont ici abrégées et classées dans l'ordre alphabétique. Un fort grand nombre de recettes d'une application facile, répondant à une foule de besoins de la vie pratique, s'ajoutent à ces notions variées. A côté de la législation usuelle, l'auteur a placé des renseignements précis sur les carrières que peuvent embrasser les jeunes gens, sur les écoles spéciales qui y conduisent, sur les chances d'avenir qu'on y rencontre.

Les illustrations, très nombreuses et très soignées, ont l'avantage de préciser les notions et de les fixer dans la mémoire.

www.ingramcontent.com/pod-product-compliance
Ingram Content Group UK Ltd.
Pitfield, Milton Keynes, MK11 3LW, UK
UKHW022050120726
13694UKWH00001B/74